JN431142

Elementary Linear Algebra

8e Metric Version

제8판

기본 선형대수학

Ron Larson 지음
수학교재편찬위원회 옮김

Cengage

KYOWOO

Elementary Linear Algebra

8e Metric Version

Ron Larson

Cengage

Australia • Brazil • Canada • Mexico • Singapore • United Kingdom • United States

Cengage

***Elementary Linear Algebra, International Edition*, 8th Edition**

Ron Larson

© 2025 Cengage Learning Korea Ltd. ALL RIGHTS RESERVED.

Original edition © 2017, Brooks Cole, a part of Cengage Learning.
Elementary Linear Algebra, International Metric Edition, 8th Edition by Ron Larson
ISBN: 9781337556217

This edition is translated by license from Brooks Cole, a part of Cengage Learning, for sale in Korea only.

No part of this work covered by the copyright herein may be reproduced or distributed in any form or by any means, except as permitted by U.S. copyright law, without the prior written permission of the copyright owner.

For permission to use material from this text or product, email to
asia.infokorea@cengage.com

ISBN-13: 979-11-251-0405-6

Cengage Learning Korea Ltd.
14F YTN Newsquare 76 Sangamsan-ro
Mapo-gu Seoul 03926 Korea
Tel: (82) 1533 7053
Fax: (82) 2 330 7001

Cengage is a leading provider of customized learning solutions with employees residing in nearly 40 different countries and sales in more than 125 countries around the world. Find your local representative at: **www.cengage.com**.

To learn more about Cengage Solutions, visit **www.cengageasia.com**.

Every effort has been made to trace all sources and copyright holders of news articles, figures and information in this book before publication, but if any have been inadvertently overlooked, the publisher will ensure that full credit is given at the earliest opportunity.

Printed in Korea
Print Number: 01 Print Year: 2025

서문

기본 *선형대수* 국제 미터법 버전 8판을 함께 공부하게 된 것을 환영합니다. 본 미터법 버전에서는 대부분의 예제와 연습 문제의 측정 단위를 인치 등을 사용하는 미국의 관습적 단위에서 미터법을 사용하는 메트릭 단위로 변경하였습니다. 야구장의 크기나 미국 우편 요금과 같이 미국 관습적 단위에 특화된 문제는 변환하지 않았습니다. 이전 버전에서처럼, 여러분이 보내주신 의견으로부터 유용한 코멘트를 채택하여 적용했습니다. 또한, 이번 개정판의 많은 변화에도 계속해서 여러분이 기대하는 대로 탄탄하고 수학적으로 정확하며 모든 것을 담고 있는 교재가 될 것입니다. 게다가, 기쁘게도 LarsonLinearAlgebra.com이라는 웹사이트를 여러분께 제공하게 되었습니다. 이 교재의 모든 판에서의 본 저자의 목표는 학생들이 선형대수학을 완벽하게 이해하는데 필요한 도구를 제공하는 것입니다. 이번 개정판의 변화와 Larson Linear Algebra.com이 선형대수의 완벽한 이해라는 목표를 달성하는 데 여러분들께 도움이 되길 바랍니다.

이 판의 새로운 점

새로운 LarsonLinearAlgbra.com

이 웹사이트는 여러분의 학습을 보완하는 다양한 도구와 자료를 제공합니다. 이 기능들은 무료로 이용하실 수 있습니다. 교재 내용을 설명하는 비디오를 시청하고, 예제들을 살펴보며, 데이터 세트를 다운로드하며 등 다양한 활용이 가능합니다.

개선된 연습문제 세트

연습 문제 세트는 적절한 난이도와 정의에 부합하는 정확성을 갖추고 서로 연관이 있으며, 선형대수학의 기본을 이해하는 데 필요한 모든 주제를 다루도록 주의 깊게 검토되었습니다. 연습 문제들은 순서대로 제시되고 제목이 붙여져 있어 예제와 연습 문제들 간의 관련성을 쉽게 파악할 수 있습니다. 많은 새로운 기술 향상, 도전적인, 응용 연습 문제들이 추가되었습니다. 이전 판들과 마찬가지로 다음과 같은 교육적으로 검증된 유형의 연습 문제들이 포함되어 있습니다.

- 참 또는 거짓 연습 문제
- 증명 문제
- 단계별 증명 문제
- 서술형 연습 문제
- 공학도구를 사용하는 연습 문제 (본문 내에 로 표시됨)

전자 데이터 세트를 활용하는 연습 문제들은 로 표시되며 CengageBrain.com에서 찾을 수 있습니다.

내용 수정 표

시장 조사 및 독자들의 피드백을 바탕으로, 이전 판에서의 2.5절 (행렬 연산의 응용)은 마코프 체인(Markov chains)에 관한 내용을 포함하여 하나의 절에서 두 개의 절로 확장되었습니다. 따라서 이제 2장에는 두 개의 응용 절이 있습니다: 2.5절 (마코프 체인)과 2.6절 (행렬 연산의 더 많은 응용). 게다가, 7.4절 (고유값과 고유벡터의 응용)은 제약 최적화에 관한 내용이 포함되어 확장되었습니다.

신뢰할 수 있는 기능

CalcChat®

지난 몇 년 동안 별도의 웹사이트인 CalcChat.com은 교재의 모든 홀수 번호 문제에 대한 무료 해답을 제공해 왔습니다. 수천 명의 학생들이 이 사이트를 방문하여 생생한 선생님들로부터 숙제와 연습에 도움을 받았습니다. 또한 각 연습 문제 세트의 시작 부분에 있는 아이콘 을 스마트폰의 QR 코드 리더를 사용하여 스캔하여 해답을 확인할 수도 있습니다.

장의 시작

각 장 개시자는 해당 장 전체에서 찾을 수 있는 선형대수학의 다섯 가지 실생활 응용을 강조합니다. 이러한 응용 중 많은 것들은 다음 페이지에서 설명하는 '선형대수학 응용' 특징을 참조합니다. 이러한 응용 프로그램들의 전체 목록은 표지 내부의 '응용 프로그램 색인'에서 찾을 수 있습니다.

절의 학습목표

각 절의 시작 부분에 나열된 학습 목표들은 불릿 형식의 목록으로 제공됩니다. 이를 통해 앞으로 공부할 절에서 제시될 내용을 미리 미리 살펴볼 수 있습니다.

정리, 정의, 성질

정리, 정의 및 속성들은 명확하고 수학적으로 정확한 언어로 제시되며, 강조와 쉬운 참조를 위해 강조표시가 되어 있습니다.

개요형태의 증명

연습 문제들에 나오는 증명들 외에도, 일부 증명들은 개요 형태로 제시됩니다. 이는 번거로운 계산을 하지 않도록 합니다.

발견

발견 항목은 수학적 개념과 관계에 대한 직관적인 이해를 발전시키는 데 도움이 됩니다.

기술 노트

기술 노트는 그래프 도구와 소프트웨어 프로그램을 문제 해결 과정에 적절하게 활용하는 방법을 보여줍니다. 많은 기술 노트들은 CengageBrain.com의 기술 가이드를 참조합니다.

선형대수의 응용

선형대수학 응용 항목은 해당 절에서 논의된 개념들의 실생활 응용을 설명합니다. 이러한 응용은 생물학과 생명 과학, 경제학과 비즈니스, 공학과 기술, 물리학, 통계학과 확률 등 다양한 분야를 포함합니다.

캡스톤 연습문제

캡스톤 연습 문제는 주요 주제들을 통합하여 학생들의 해당 절 개념에 대한 이해도를 확인하는 개념적 문제입니다. 본 저자는 이를 풀어보는 것을 권장합니다.

프로젝트

프로젝트는 각 장마다 두 개씩 제공되며, 그룹 활동이나 더 확장된 숙제 과제를 수행할 수 있는 기회를 제공합니다. 이 프로젝트들은 이론적 개념이나 응용에 초점을 맞추고 있으며, 대부분의 경우 공학도구를 사용하는 것을 권장합니다.

감사의 글

이 책을 쓰면서 도움을 주신 많은 분께 감사의 말씀을 전합니다. 특히, 선형대수학을 가르치는 방법에 대한 세세한 설문조사에 참여하여 피드백을 제공해준 여러 강사 선생님들께 감사드립니다. 또한 이 책이 출판되는 동안 유용한 제안을 제공해주신 다음과 같은 동료들의 노력에도 감사드립니다:

Michael Brown, *San Diego Mesa College*
Nasser Dastrange, *Buena Vista University*
Mike Daven, *Mount Saint Mary College*
David Hemmer, *University of Buffalo, SUNY*
Wai Lau, *Seattle Pacific University*
Jorge Sarmiento, *County College of Morris.*

기본 선형대수의 이전 판 집필에 기여해주신 University of Florida,의 Bruce H. Edwards와 The Pennsylvania State University, The Behrend College의 David C. Falvo에게 감사의 말씀을 전합니다.

또한 개인적으로 제 아내 Deanna Gilbert Larson에게 그녀가 보내준 사랑, 인내, 그리고 지원에 대해 감사드립니다. 그리고 R. Scott O'Neil에게도 특별한 감사의 인사를 전합니다.

Ron Larson, Ph.D.
Professor of Mathematics
Penn State University
www.RonLarson.com

역자 서문

선형대수는 모두가 아는 것처럼 연립일차방정식의 해를 구하고 해의 의미를 파악하고 이를 활용하여 다양한 문제를 해결하는 수학이다. 연립일차방정식의 성질을 이용하여 벡터공간과 벡터에 대한 일반적인 이론을 세우고 다양한 문제를 설명하는 수학이기도 하다. 최근 인공지능과 딥러닝과 같이 정보를 처리하고 인간의 사고방식을 모방하는 기술이 발달하면서 선형대수가 자주 언급되곤 한다. 인공지능과 딥러닝 등과 같은 분야 사용되는 선형대수를 이해하기 위해서는 선형대수의 기초에 대한 이해가 꼭 필요하다.

이 책은 대부분의 선형대수학의 책처럼 연립일차방정식의 풀이 방법부터 시작해서 행렬의 개념을 배우고, 이를 도구로 하여 벡터공간과 벡터들의 성질을 파악하는 순서로 서술되어 있다. 이 과정에서 이 책은 선형대수를 처음 공부하는 학생들도 단계 하나하나를 쉽게 이해할 수 있도록 서술되어 있고, 다양한 공학도구와 예제를 활용하여 이론을 쉽게 이해할 수 있도록 구성되었다. 그래서 선형대수의 기초를 쉽게 이해할 수 있으며, 이 책에서 제공되는 다양한 응용 분야의 예를 통해 선형대수가 실제로 어떻게 활용되는지도 알 수 있도록 구성되었다.

이러한 구성은 선형대수의 기초가 없는 학생도 이 책을 통해 선형대수에 쉽게 접근할 수 있으며 꼭 알아야 할 선형대수의 기본 개념과 이론을 배울 수 있게 한다. 따라서 이 책은 선형대수를 전혀 모르거나, 선형대수의 기본 개념이 정확하지 않은 학생들이 공부하면 좋을 것이다. 그래서 이 책을 공부하면 선형대수의 여러 개념을 확실하게 이해하고 다양한 응용에 적절히 사용할 수 있을 것으로 기대한다.

이 책을 출판하기 위해 도움을 주신 분들과 교우사 여러분께 감사를 전하며 글을 맺는다. 더불어 이 책을 공부하는 모든 이들의 큰 발전을 바란다.

역자 씀

CONTENTS

06 선형변환

07 고윳값과 고유벡터

부록 수학적 귀납법과 여러 가지 증명 방법 / 595

01

연립일차방정식

1.1 연립일차방정식의 소개

1.2 가우스 소거법과 가우스-조던 소거법

1.3 연립일차방정식의 응용

01 연립일차방정식

1.1 연립일차방정식의 소개

- n개의 변수를 가진 일차방정식의 구별
- 해집합의 매개변수 표현 찾기
- 연립일차방정식이 해를 갖는지 그렇지 않은지 판별하기
- 역대입법과 가우스 소거법을 이용하여 연립일차방정식 풀기

n 개의 원소를 가진 일차방정식

선형대수학을 공부하려면 대수, 해석기하, 그리고 삼각함수에 익숙해야 한다. 간혹 미분적분학과 관련된 지식이 필요한 예제나 연습문제를 다룰 수도 있는데 이와 같은 내용은 본문에 표시되어 있다.

선형대수 공부를 시작하는 초기에는 산술적 계산을 이용해서 푸는 것들이 많은데 풀이의 정확성을 위해서는 각자의 풀이 과정을 확인해보는 것이 중요하다. 소프트웨어나 계산기를 이용하여 풀이 과정이 맞는지 확인하고 반복적인 계산을 해도 된다.

이 장의 몇몇 주제에 대해서는 익숙할지라도 본문에서 제시되는 방법들은 주의깊게 공부해야 한다. 그래야 이후에 나오는 지금보다 더 추상적인 주제를 직관적으로 이해할 수 있고, 그 이해를 명확히 할 수 있다.

2차원 공간의 직선의 방정식은

$$a_1x + a_2y = b,\ a_1,\ a_2,\ b\text{는 상수}$$

와 같은 꼴을 가진다는 것을 해석기하에서 배웠음을 기억하자. 이 식은 두 변수 x와 y를 가진 일차방정식이다. 비슷하게 3차원 공간에서의 평면의 방정식은

$$a_1x + a_2y + a_3z = b,\ a_1,\ a_2,\ a_3,\ b\text{는 상수}$$

와 같은 꼴을 가진다. 이 식은 세 변수 x, y, z를 가진 일차방정식이다 n개의 변수를 가진 일차방정식은 다음과 같다.

n개의 변수를 가진 일차방정식의 정의(Definition of a Linear Equation in n Variables)

n개의 변수 x_1, x_2, ..., x_n을 가진 일차방정식은

$$a_1x_1 + a_2x_2 + a_3x_3 + \cdots + a_nx_n = b$$

와 같은 꼴을 가진다. **계수**(coefficient) a_1, a_2, a_3, ..., a_n은 실수이고, **상수항**(constnat term) b도 실수이다. a_1은 **선행계수**(leading coefficient)이고 x_1은 **선행변수**(leading variable)이다.

일차방정식은 변수의 곱이나 제곱근이 없고 삼각함수, 지수함수, 또는 로그함수를 변수로 갖지 않는다. 변수는 1차 항만 나타난다.

예제 1 일차방정식과 일차방정식이 아닌 방정식

다음 방정식은 일차방정식이다.

a. $3x + 2y = 7$ b. $\frac{1}{2}x + y - \pi z = \sqrt{2}$ c. $(\sin\pi)x_1 - 4x_2 = e^2$

다음 방정식은 일차방정식이 아니다.

a. $xy + z = 2$ b. $e^x - 2y = 4$ c. $\sin x_1 + 2x_2 - 3x_3 = 0$

■

해와 해집합

n개의 실수 s_1, s_2, s_3, ..., s_n을

$$x_1 = s_1,\ x_2 = s_2,\ x_3 = s_3,\ \ldots,\ x_n = s_n$$

으로 치환하여 주어진 일차방정식에 대입했을 때 이 방정식을 만족하면 s_1, s_2, s_3, ..., s_n을 n개의 변수를 가진 일차방정식의 **해**(solution)라고 한다. 예를 들어 $x_1 = 2$, $x_2 = 1$은 방정식 $x_1 + 2x_2 = 4$를 만족한다. $x_1 = -4$와 $x_2 = 4$, $x_1 = 0$과 $x_2 = 2$, $x_1 = -2$와 $x_2 = 3$은 또 다른 해이다.

일차방정식의 모든 해의 집합이 그 방정식의 **해집합**(solution set)이다. 그리고 이 집합을 찾는 것을 **방정식을 푼다**(solve the equation)라고 한다. 일차방정식의 모든 해를 나타내기 위해 예제 2와 3에서 제시한 것처럼 **매개변수 표현**(parametric representation)을 사용한다.

예제 2 해집합의 매개변수 표현

일차방정식 $x_1 + 2x_2 = 4$를 푸시오.

풀이

두 개의 변수를 가진 방정식의 해집합을 구하려면 변수 중 하나를 나머지 변수로 풀어야 한다. x_1을 x_2로 풀면

$$x_1 = 4 - 2x_2$$

이다. 이 식에서 변수 x_2는 자유변수인데 이는 x_2는 아무 실수나 될 수 있다는 의미이다. 변수 x_1은 자유변수가 아닌데 왜냐하면 x_1의 값은 x_2의 값이 선택됨에 따라 달라지기 때문이다. 이 방정식의 무수히 많은 해를 나타내려면 **매개변수**(parameter)라고 하는 세 번째 변수 t를 사용하는 것이 편리하다. $x_2 = t$라고 하면 해집합은

$$x_1 = 4 - 2t,\ x_2 = t,\ t\text{는 임의의 실수}$$

라고 나타낼 수 있다.

특정한 해를 구하려면 매개변수 t에 특정 값을 대입하면 된다. 예를 들어 $t = 1$이면 해는 $x_1 = 2$와 $x_2 = 1$이고, $t = 4$이면 해는 $x_1 = -4$와 $x_2 = 4$이다. ■

예제 2의 일차방정식의 해집합을 다른 방법을 이용해서 매개변수로 표현하면 x_1을 자유변수로 선택할 수 있다. 그러면 매개변수로 표현된 해집합은

$$x_1 = s,\ x_2 = 2 - \frac{1}{2}s,\ s\text{는 임의의 실수}$$

이다. 편의상, 방정식이 하나 이상의 자유변수를 가질 때 마지막에 나타나는 변수들을 자유변수로 택하자.

예제 3 해집합의 매개변수 표현

일차방정식 $3x + 2y - z = 3$을 푸시오.

풀이

마지막에 나타난 두 변수 y와 z를 자유변수로 택하여 x를 풀면

$$3x = 3 - 2y + z$$

$$x = 1 - \frac{2}{3}y + \frac{1}{3}z$$

$y = s,\ z = t$라고 하면 매개변수 표현

$$x=1-\frac{2}{3}s+\frac{1}{3}t,\ y=s,\ z=t,\ \text{단 } s\text{와 } t\text{는 임의의 실수}$$

를 얻는다. 두 개의 특수한 해는

$$x=1,\ y=0,\ z=0\text{과 } x=1,\ y=1,\ z=2$$

이다. ■

연립일차방정식

n개의 변수를 가진 m개의 일차방정식의 연립방정식(a system of m linear equations in n variables)은 m개의 방정식의 집합이고 각 방정식은 다음과 같이 n개의 변수를 가진 일차방정식이다.

$$\begin{aligned}
a_{11}x_1+a_{12}x_2+a_{13}x_3+\cdots+a_{1n}x_n&=b_1\\
a_{21}x_1+a_{22}x_2+a_{23}x_3+\cdots+a_{2n}x_n&=b_2\\
a_{31}x_1+a_{32}x_2+a_{33}x_3+\cdots+a_{3n}x_n&=b_3\\
&\vdots\\
a_{m1}x_1+a_{m2}x_2+a_{m3}x_3+\cdots+a_{mn}x_n&=b_m
\end{aligned}$$

연립일차방정식을 **연립방정식**(linear system)이라고도 한다. **연립방정식의 해**(solution of a linear system)는 연립방정식의 각 방정식의 해가 되는 실수의 나열 $s_1,\ s_2,\ s_3,\ \ldots,\ s_n$이다. 예를 들어 연립방정식

$$\begin{aligned}
3x_1+2x_2&=3\\
-x_1+x_2&=4
\end{aligned}$$

는 $x_1=-1$과 $x_2=3$을 해로 갖는데 $x_1=-1$과 $x_2=3$은 두 방정식을 모두 만족한다. 반면 $x_1=1$과 $x_2=0$은 첫 번째 방정식만 만족하므로 연립방정식의 해가 아니다.

탐구활동

1. 두 직선

$$\begin{aligned}
3x-y&=1\\
2x-y&=1
\end{aligned}$$

을 xy–평면에 그리시오. 두 직선은 어디서 만나는가? 이 연립일차방정식의 해는 몇 개인가?

2. 다음 두 쌍의 직선

$$\begin{aligned} 3x - y &= 1 \\ 3x - y &= 0 \end{aligned} \quad \text{과} \quad \begin{aligned} 3x - y &= 1 \\ 6x - 2y &= 2 \end{aligned}$$

에 대하서도 위와 같은 방법으로 해의 개수를 구하시오.

3. 두 개의 변수를 갖는 일차방정식 두 개로 이루어진 연립방정식에 대하여 가능한 해집합의 기본적인 형태는 어떠한지 살펴보시오.

이런 유형의 연습문제에 대한 대화형은 LarsonLinearAlgebra.com을 참고하시오.

선형대수의 응용

화학반응에서 원자는 하나 혹은 그 이상의 물질로 구성되어 있다. 예를 들어, 메탄가스(CH_4)는 산소(O_2)와 결합하여 산화하면 이산화탄소(CO_2)와 물(H_2O)이 형성된다. 화학자는 이 과정을 다음과 화학반응식으로 나타낸다.

$$(x_1)CH_4 + (x_2)O_2 \rightarrow (x_3)CO_2 + (x_4)H_2O$$

화학 반응은 없던 원자를 만들어 내거나 있던 원자를 없애지 않는다. 그래서 화살표의 왼쪽에 있는 모든 원자는 화살표의 오른쪽에 있어야 한다. 이를 화학 반응식의 균형(balancing)이라고 한다. 위의 예에서 화학자는 연립일차방정식을 이용하여 화학 반응식이 균형을 이루는 x_1, x_2, x_3, x_4의 값을 찾을 수 있다.

연립일차방정식은 유일한 해를 갖거나 무수히 많은 해를 갖거나 해가 없을 수 있다. 연립일차방정식이 적어도 하나의 해를 가질 경우 **해를 가짐**(consistent)라 하고 해가 없는 경우 **해가 없음**(inconsistent)이라 한다.

예제 4 두 개의 미지수를 가지는 두 방정식의 연립방정식

각 연립일차방정식을 풀고 그래프를 그리시오.

a. $x + y = 3$
$x - y = 1$

b. $x + y = 3$
$2x + 2y = 6$

c. $x + y = 3$
$x + y = 1$

풀이

a. 이 연립방정식은 유일한 해 $x = 1$과 $y = 2$를 갖는다. 해를 구하는 한 가지 방법은 두 방정식을 변변 더하면 $2x = 2$이 되고 $x = 1$이다. 그리고 $y = 2$이다. 이 연립방정식의 그래프는 그림 1.1(a),처럼 서로 만나는 두 직선이다.

b. 이 연립방정식은 무수히 많은 해를 가지는 데 두 번째 방정식은 첫 번째 방정식에 2를 곱해서 얻을 수 있기 때문이다. 해집합을 매개변수를 이용하여 나타내면

$$x=3-t,\ y=t,\ (t\text{는 임의의 실수})$$

이다. 이 연립방정식의 그래프는 그림 1.1(b)처럼 일치하는 두 직선이다.

c. 이 연립방정식은 해가 없는데 두 수의 합이 3이면서 동시에 1이 될 수 없기 때문이다. 이 연립방정식의 그래프는 그림 1.1(c)처럼 평행한 두 직선이다.

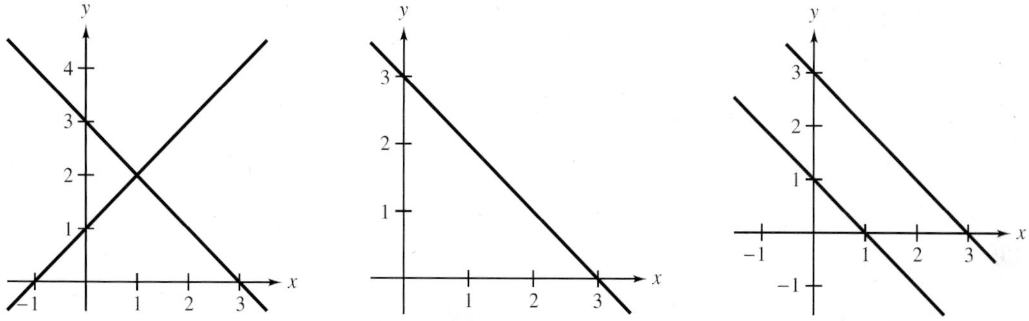

a. 서로 만나는 두 직선: $x+y=3$, $x-y=1$

b. 일치하는 두 직선: $x+y=3$, $2x+2y=6$

c. 평행한 두 직선: $x+y=3$, $x+y=1$

그림 1.1 ■

예제 4는 연립일차방정식이 가질 수 있는 해집합의 세 가지 기본 유형을 보여준다. 이는 다음과 같이 증명 없이 서술한다. (증명은 이후의 정리 2.5에서 다룬다.)

연립일차방정식의 해의 개수

연립일차방정식은 다음 중 정확히 하나만 성립한다.

1. 연립방정식은 유일한 해를 가진다. (해가짐 연립방정식, consistent system)
2. 연립방정식은 무수히 많은 해를 가진다. (해가짐 연립방정식, consistent system)
3. 연립방정식은 해가 없다. (해없음 연립방정식, inconsisten system)

연립일차방정식 해법

다음 중 어떤 연립방정식이 대수적으로 풀기 쉬운가?

$$\begin{aligned} x-2y+3z&=9 \\ -x+3y&=-4 \\ 2x-5y+5z&=17 \end{aligned} \qquad\qquad \begin{aligned} x-2y+3z&=9 \\ y+3z&=5 \\ z&=2 \end{aligned}$$

오른쪽 연립방정식이 확실히 풀기 더 쉽다. 이 연립방정식의 형태를 행사다리꼴이라고 하는데, 행사다리꼴이라는 것은 제일 처음 나타나는 선행 변수의 계수가 1이고 계단식으로 연립방정식이 표현되어 있음을 의미한다. 이러한 연립방정식을 풀기 위해 **역대입법**(back-substitution)을 사용하자.

예제 5 행사다리꼴에서 역대입법 사용하기

역대입법을 사용하여 연립방정식

$$\begin{aligned} x-2y &= 5 && \text{식 (1)} \\ y &= -2 && \text{식 (2)} \end{aligned}$$

을 푸시오.

풀이

식 (2)로부터 $y=-2$임을 알 수 있다. 이 y의 값을 식 (1)에 대입하면

$$\begin{aligned} x-2(-2) &= 5 && -2\text{를 } y\text{에 대입} \\ x &= 1 && x\text{의 값을 구함} \end{aligned}$$

이 연립방정식은 유일한 해 $x=1$과 $y=-2$를 가진다. ■

*역대입법*이라는 용어는 뒤에서부터 거꾸로 거슬러 올라가며 계산함을 의미한다. 예를 들어, 예제 5에서는 두 번째 방정식에서 y의 값을 구한 후 그 값을 거꾸로 거슬러 올라 첫 번째 방정식에 대입하여 x의 값을 구했다. 예제 6은 이러한 과정을 좀 더 자세히 보여준다.

예제 6 행사다리꼴에서 역대입법 사용하기

연립방정식

$$\begin{aligned} x-2y+3z &= 9 && \text{식 (1)} \\ y+3z &= 5 && \text{식 (2)} \\ z &= 2 && \text{식 (3)} \end{aligned}$$

를 푸시오.

풀이

식 (3)으로부터 z의 값을 알 수 있다. y의 값을 구하기 위해 $z=2$를 식 (2)에 대입하여

$$\begin{aligned} y+3(2) &= 5 && 2\text{를 } z\text{에 대입} \\ y &= -1 && y\text{의 값을 구함} \end{aligned}$$

를 얻는다. 그 다음 $y=-1$과 $z=2$를 식 (1)에 대입하여

$x-2(-1)+3(2)=9$ −1을 y에, 2를 z에 대입

$x=1$ x의 값을 구함

해는 $x=1,\ y=-1,\ z=2$이다. ■

두 연립일차방정식이 같은 해집합을 가지면 두 연립방정식은 **동치**(equivalent)이다. 행사다리꼴이 아닌 연립방정식을 풀기 위해서는 우선 연립방정식을 다음에 열거한 연산을 이용하여 동치인 행사다리꼴 연립방정식으로 바꾼다.

동치인 연립방정식을 만드는 연산

연립일차방정식에 다음 연산을 적용하면 동치인 연립방정식을 얻을 수 있다.

1. 두 방정식의 순서를 바꾼다.
2. 0이 아닌 상수를 하나의 방정식에 곱한다.
3. 하나의 방정식에 상수를 곱한 후 다른 방정식에 더한다.

연립일차방정식을 행사다리꼴로 바꾸는 과정은 위의 세 가지 기본 연산 중 하나를 사용해서 얻은 동치인 연립방정식들의 연속된 나열로 나타낼 수 있다. 이 과정은 독일 수학자 칼 프리드리히 가우스(Carl Friedrich Gauss, 1777~1855)의 이름을 따서 **가우스 소거법**(Gaussian elimination)이라고 한다.

칼 프리드리히 가우스 (Carl Friedrich Gauss, 1777~1855)

독일 수학자 칼 프리드리히 가우스는 뉴톤, 아르키메데스와 함께 역사적으로 위대한 세 명의 수학자 중 한 사람으로 알려져 있다. 가우스는 그의 연구에서 가우스 소거법이라고 알려진 방법을 사용했다. 이 방법은 그의 이름을 따서 이름 붙여졌지만 중국인은 거의 동일한 방법을 가우스보다 약 2000년 먼저 사용했다.

예제 7 소거법을 사용하여 연립방정식을 행사다리꼴로 변형하기

이런 유형의 예제의 대화형은 LarsonLinearAlgebra.com을 참고하시오.

연립방정식

$$\begin{aligned} x-2y+3z &= 9 \\ -x+3y \quad &= -4 \\ 2x-5y+5z &= 17 \end{aligned}$$

을 푸시오.

풀이

연립방정식의 해를 구하기 위한 방법이 여러 가지가 있지만 미지수와 방정식을 더 많이 포함하고 있는 연립방정식에 적용할 수 있는 체계적인 방법을 사용하고자 한다. 연립방정식의 왼쪽 위에 있는 x는 남기고 첫째 열에서 나머지 x항을 소거하면서 연립방정식의 왼쪽 위에서부터 풀기 시작한다.

$$\begin{aligned} x-2y+3z &= 9 \\ y+3z &= 5 \\ 2x-5y+5z &= 17 \end{aligned}$$

← 첫 번째 방정식을 두 번째 방정식에 더해서 새로운 두 번째 방정식을 만든다.

$$\begin{aligned} x-2y+3z &= 9 \\ y+3z &= 5 \\ -y-\ z &= -1 \end{aligned}$$

← 첫 번째 방정식의 -2개를 세 번째 방정식에 더해서 새로운 세 번째 방정식을 만든다.

이제 첫 번째 열에서 첫 번째 x를 제외한 모든 x를 제거했고 두 번째 열에도 같은 작업을 하자.

$$\begin{aligned} x-2y+3z &= 9 \\ y+3z &= 5 \\ 2z &= 4 \end{aligned}$$

← 두 번째 방정식을 세 번째 방정식에 더해서 새로운 세 번째 방정식을 만든다.

$$\begin{aligned} x-2y+3z &= 9 \\ y+3z &= 5 \\ z &= 2 \end{aligned}$$

← 세 번째 방정식에 $\frac{1}{2}$를 곱하여 새로운 세 번째 방정식을 만든다.

이 연립방정식은 예제 6에서 풀었던 연립방정식과 같은 것이고 이때 해는 $x=1,\ y=-1,\ z=2$이었다. ■

예제 7에서 세 방정식은 각각 3차원 좌표공간에서 평면을 나타낸다. 연립방정식의 유일한 해는 점 $(x,y,z)=(1,-1,2)$이므로 세 개의 평면은 그림 1.2에서처럼 이 점에서 만난다.

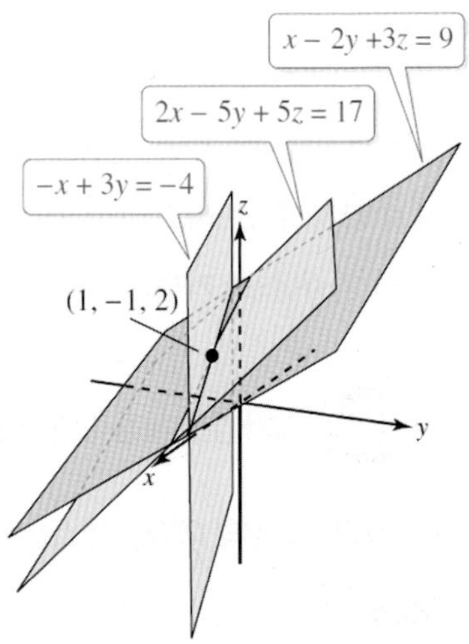

그림 1.2

연립일차방정식을 풀기 위해서는 때때로 여러 단계의 계산이 필요하다. 그래서 계산을 하는 과정에서 실수하기 쉽다. 그래서 여러분은 구한 해를 원래의 연립방정식에 대입해서 해가 맞는지 확인하는 습관을 들이는 것이 좋다. 예를 들어 예제 7에서 해 $x=1,\ y=-1,\ z=2$를 다음과 같이 확인한다.

식1: $(1)-2(-1)+3(2)=\ 9$
식2: $-(1)+3(-1)\qquad =-4$
식3: $2(1)-5(-1)+5(2)=\ 17$

해를 원래 연립방정식의 각 방정식에 대입하여 계산한다.

다음 예제는 해없음 연립방정식(해를 갖지 않는 연립방정식)에 대한 것이다. 해없음 연립방정식에서 중요한 점은 가우스 소거법을 하는 과정에서 $0=-2$와 같은 모순식이 나타난다는 것이다.

예제 8 해없음 연립방정식

연립방정식

$$\begin{aligned} x_1 - 3x_2 + \ \ x_3 &= \ \ 1 \\ 2x_1 - \ \ x_2 - 2x_3 &= \ \ 2 \\ x_1 + 2x_2 - 3x_3 &= -1 \end{aligned}$$

을 푸시오.

풀이

$$\begin{aligned} x_1 - 3x_2 + \ \ x_3 &= \ \ 1 \\ 5x_2 - 4x_3 &= \ \ 0 \\ x_1 + 2x_2 - 3x_3 &= -1 \end{aligned}$$

← 첫 번째 방정식의 -2배를 두 번째 방정식에 더하여 새로운 두 번째 방정식을 만든다.

$$\begin{aligned} x_1 - 3x_2 + \ \ x_3 &= \ \ 1 \\ 5x_2 - 4x_3 &= \ \ 0 \\ 5x_2 - 4x_3 &= -2 \end{aligned}$$

← 첫 번째 방정식의 -1배를 세 번째 방정식에 더하여 새로운 세 번째 방정식을 만든다.

(이 연산은 세 번째 방정식에서 첫 번째 방정식을 빼서 새로운 세 번째 방정식을 만든다고 할 수도 있다.)

$$\begin{aligned} x_1 - 3x_2 + \ \ x_3 &= \ \ 1 \\ 5x_2 - 4x_3 &= \ \ 0 \\ 0 &= -2 \end{aligned}$$

← 세 번째 방정식에서 두 번째 방정식을 빼서 새로운 세 번째 방정식을 만든다.

방정식 $0 = -2$은 거짓이다. 그러므로 이 연립방정식은 해를 갖지 않는다. 더욱이 이 연립방정식은 원래 연립방정식과 동치이다. 따라서 원래 연립방정식도 해를 갖지 않는다. ■

예제 7에서처럼 예제 8의 세 방정식은 3차원 좌표공간에서 평면을 나타낸다. 하지만, 이 예제에서 연립방정식은 해가 없다. 그래서 세 평면은 오른쪽 그림처럼 교점을 갖지 않는다.

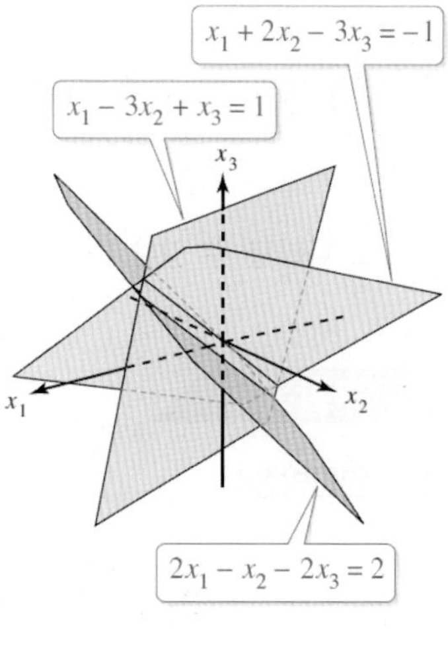

마지막으로 무수히 많은 해를 갖는 연립일차방정식의 예를 살펴보자. 이러한 연립방정식의 해집합은 예제 2와 3에서처럼 매개변수를 이용해서 나타낼 수 있다.

예제 9 무수히 많은 해를 갖는 연립방정식

연립방정식

$$\begin{aligned} x_2 - x_3 &= 0 \\ x_1 \qquad - 3x_3 &= -1 \\ -x_1 + 3x_2 \qquad &= 1 \end{aligned}$$

를 푸시오.

풀이

다음과 같이 행사다리꼴로 변형하면서 풀이를 시작하자.

$$\begin{aligned} x_1 \qquad - 3x_3 &= -1 \\ x_2 - x_3 &= 0 \\ -x_1 + 3x_2 \qquad &= 1 \end{aligned}$$

← 처음 두 방정식의 순서를 바꾼다.

$$\begin{aligned} x_1 \qquad - 3x_3 &= -1 \\ x_2 - x_3 &= 0 \\ 3x_2 - 3x_3 &= 0 \end{aligned}$$

← 첫 번째 방정식을 세 번째 방정식에 더해 새로운 세 번째 방정식을 만든다.

$$\begin{aligned} x_1 \qquad - 3x_3 &= -1 \\ x_2 - x_3 &= 0 \\ 0 &= 0 \end{aligned}$$

← 두 번째 방정식의 -3배를 세 번째 방정식에 더해서 세 번째 방정식을 제거한다.

세 번째 방정식은 모든 실수에 대해 성립하므로 필요없는 식이다. 그래서 다음과 같이 세 번째 방정식을 생략하여 나타낸다.

$$\begin{aligned} x_1 \qquad - 3x_3 &= -1 \\ x_2 - x_3 &= 0 \end{aligned}$$

해를 나타내기 위해 자유변수로 x_3를 택하고 이를 매개변수 t로 나타낸다. $x_2 = x_3$이고 $x_1 = 3x_3 - 1$이므로 해집합을

$$x_1 = 3t - 1,\ x_2 = t,\ x_3 = t,\ t\text{는 임의의 실수}$$

로 나타낼 수 있다. ■

탐구활동

1. 연립방정식

$$\begin{aligned} x - 2y &= 1 \\ -2x + 3y &= -3 \end{aligned}$$

를 나타내는 두 직선을 그리시오.

2. 이 연립방정식을 다음과 같이 가우스 소거법을 이용하여 푸시오.

$$\begin{aligned} x - 2y &= 1 \\ -1y &= -1 \end{aligned}$$

$$\begin{aligned} x - 2y &= 1 \\ y &= 1 \end{aligned}$$

$$\begin{aligned} x &= 3 \\ y &= 1 \end{aligned}$$

이 과정의 각 단계에서 얻은 연립방정식의 그래프를 그리시오. 이 직선들을 통해 관찰한 것은 무엇인가?

이런 유형의 연습문제에 대한 대화형은 LarsonLinearAlgebra.com을 참고하시오.

참고

연습문제 91번과 92번은 이러한 그래프 분석 문제이다.

1.1 연습문제

일차방정식 1~6번에서는 방정식이 변수 x와 y에 대한 일차방정식인지 확인하시오.

1. $2x - 3y = 4$

2. $3x - 4xy = 0$

3. $\frac{3}{y} + \frac{2}{x} - 1 = 0$

4. $x^2 + y^2 = 4$

5. $2\sin x - y = 14$

6. $(\cos 3)x + y = -16$

매개변수 표현 7~10번에서는 일차방정식의 해집합을 매개변수를 이용하여 구하시오.

7. $2x - 4y = 0$

8. $3x - \frac{1}{2}y = 9$

9. $x + y + z = 1$

10. $12x_1 + 24x_2 - 36x_3 = 12$

그래프 분석 11~24번에서는 연립일차방정식의 그래프를 그리시오. 그리고 연립방정식을 풀고 제시한 답을 그래프를 이용하여 설명하시오.

11. $\begin{aligned} 2x + y &= 4 \\ x - y &= 2 \end{aligned}$

12. $\begin{aligned} x + 3y &= 2 \\ -x + 2y &= 3 \end{aligned}$

13. $\begin{aligned} -x + y &= 1 \\ 3x - 3y &= 4 \end{aligned}$

14. $\begin{aligned} \frac{1}{2}x - \frac{1}{3}y &= 1 \\ -2x + \frac{4}{3}y &= -4 \end{aligned}$

15. $\begin{aligned} 3x - 5y &= 7 \\ 2x + y &= 9 \end{aligned}$

16. $\begin{aligned} -x + 3y &= 17 \\ 4x + 3y &= 7 \end{aligned}$

17. $\begin{aligned} 2x - y &= 5 \\ 5x - y &= 11 \end{aligned}$

18. $\begin{aligned} x - 5y &= 21 \\ 6x + 5y &= 21 \end{aligned}$

19. $\begin{aligned} \frac{x+3}{4} + \frac{y-1}{3} &= 1 \\ 2x - y &= 12 \end{aligned}$

20. $\begin{aligned} \frac{x-1}{2} + \frac{y+2}{3} &= 4 \\ x - 2y &= 5 \end{aligned}$

21. $\begin{aligned} 0.05x - 0.03y &= 0.07 \\ 0.07x + 0.02y &= 0.16 \end{aligned}$

22. $\begin{aligned} 0.2x - 0.5y &= -27.8 \\ 0.3x - 0.4y &= 68.7 \end{aligned}$

23. $\begin{aligned} \frac{x}{4} + \frac{y}{6} &= 1 \\ x - y &= 3 \end{aligned}$

24. $\begin{aligned} \frac{2x}{3} + \frac{y}{6} &= \frac{2}{3} \\ 4x + y &= 4 \end{aligned}$

역대입법 25~30번에서는 역대입법을 이용하여 연립방정식을 푸시오.

25. $\begin{aligned} x_1 - x_2 &= 2 \\ x_2 &= 3 \end{aligned}$

26. $\begin{aligned} 2x_1 - 4x_2 &= 6 \\ 3x_2 &= 9 \end{aligned}$

27. $\begin{aligned} -x + y - z &= 0 \\ 2y + z &= 3 \\ \frac{1}{2}z &= 0 \end{aligned}$

28. $\begin{aligned} x - y &= 5 \\ 3y + z &= 11 \\ 4z &= 8 \end{aligned}$

29. $\begin{aligned} 5x_1 + 2x_2 + x_3 &= 0 \\ 2x_1 + x_2 &= 0 \end{aligned}$

30. $\begin{aligned} x_1 + x_2 + x_3 &= 0 \\ x_2 &= 0 \end{aligned}$

그래프 분석 31~36번에서는 연립방정식에 대하여 (a)~(e)에 대해 답하시오.

(a) 그래프 작성 도구를 이용하여 연립방정식의 그래프를 그리시오.

(b) 그래프를 이용하여 연립방정식의 해가 존재성을 확인하시오.

(c) 연립방정식이 해를 가지면 그래프를 이용하여 해를 추정하시오.

(d) 연립방정식의 해를 대수적인 방법으로 구하시오.

(e) (d)에서 그래프를 이용해서 구한 해와 (c)에서 구한 해를 비교하시오. 어떤 결론을 도출할 수 있는지 설명하시오.

31. $\begin{aligned} -3x - y &= 3 \\ 6x + 2y &= 1 \end{aligned}$

32. $\begin{aligned} 4x - 5y &= 3 \\ -8x + 10y &= 14 \end{aligned}$

33. $\begin{aligned} 2x - 8y &= 3 \\ \frac{1}{2}x + y &= 0 \end{aligned}$

34. $\begin{aligned} 9x - 4y &= 5 \\ \frac{1}{2}x + \frac{1}{3}y &= 0 \end{aligned}$

35. $\begin{aligned} 4x - 8y &= 9 \\ 0.8x - 1.6y &= 1.8 \end{aligned}$

36. $\begin{aligned} -14.7x + 2.1y &= 1.05 \\ 44.1x - 6.3y &= -3.15 \end{aligned}$

연립일차방정식 37~56번에서는 연립일차방정식을 푸시오.

37. $\begin{aligned} x_1 - x_2 &= 0 \\ 3x_1 - 2x_2 &= -1 \end{aligned}$

38. $\begin{aligned} 3x + 2y &= 2 \\ 6x + 4y &= 14 \end{aligned}$

39. $\begin{aligned} 3u + v &= 240 \\ u + 3v &= 240 \end{aligned}$

40. $\begin{aligned} x_1 - 2x_2 &= 0 \\ 6x_1 + 2x_2 &= 0 \end{aligned}$

41. $\begin{aligned} 9x - 3y &= -1 \\ \frac{1}{5}x + \frac{2}{5}y &= -\frac{1}{3} \end{aligned}$

42. $\begin{aligned} \frac{2}{3}x_1 + \frac{1}{6}x_2 &= 0 \\ 4x_1 + x_2 &= 0 \end{aligned}$

43. $\begin{aligned} \frac{x-2}{4} + \frac{y-1}{3} &= 2 \\ x - 3y &= 20 \end{aligned}$

44. $\begin{aligned} \frac{x_1+4}{3} + \frac{x_2+1}{2} &= 1 \\ 3x_1 - x_2 &= -2 \end{aligned}$

45. $\begin{aligned} 0.02x_1 - 0.05x_2 &= -0.19 \\ 0.03x_1 + 0.04x_2 &= 0.52 \end{aligned}$

46. $\begin{aligned} 0.05x_1 - 0.03x_2 &= 0.21 \\ 0.07x_1 + 0.02x_2 &= 0.17 \end{aligned}$

47. $\begin{aligned} x - y - z &= 0 \\ x + 2y - z &= 6 \\ 2x - z &= 5 \end{aligned}$

48 $\begin{aligned} x + y + z &= 2 \\ -x + 3y + 2z &= 8 \\ 4x + y &= 4 \end{aligned}$

49. $\begin{aligned} 3x_1 - 2x_2 + 4x_3 &= 1 \\ x_1 + x_2 - 2x_3 &= 3 \\ 2x_1 - 3x_2 + 6x_3 &= 8 \end{aligned}$

50. $\begin{aligned} 5x_1 - 3x_2 + 2x_3 &= 3 \\ 2x_1 + 4x_2 - x_3 &= 7 \\ x_1 - 11x_2 + 4x_3 &= 3 \end{aligned}$

51. $\begin{aligned} 2x_1 + x_2 - 3x_3 &= 4 \\ 4x_1 + 2x_3 &= 10 \\ -2x_1 + 3x_2 - 13x_3 &= -8 \end{aligned}$

52.
$$\begin{aligned} x_1 + 4x_3 &= 13 \\ 4x_1 - 2x_2 + x_3 &= 7 \\ 2x_1 - 2x_2 - 7x_3 &= -19 \end{aligned}$$

53.
$$\begin{aligned} x - 3y + 2z &= 18 \\ 5x - 15y + 10z &= 18 \end{aligned}$$

54.
$$\begin{aligned} x_1 - 2x_2 + 5x_3 &= 2 \\ 3x_1 + 2x_2 - x_3 &= -2 \end{aligned}$$

55.
$$\begin{aligned} x + y + z + w &= 6 \\ 2x + 3y - w &= 0 \\ -3x + 4y + z + 2w &= 4 \\ x + 2y - z + w &= 0 \end{aligned}$$

56.
$$\begin{aligned} -x_1 + 2x_4 &= 1 \\ 4x_2 - x_3 - x_4 &= 2 \\ x_2 - x_4 &= 0 \\ 3x_1 - 2x_2 + 3x_3 &= 4 \end{aligned}$$

연립일차방정식 57~62번에서는 소프트웨어 프로그램이나 공학용 계산기를 이용하여 연립일차방정식을 푸시오.

57.
$$\begin{aligned} 123.5x + 61.3y - 32.4z &= -262.74 \\ 54.7x - 45.6y + 98.2z &= 197.4 \\ 42.4x - 89.3y + 12.9z &= 33.66 \end{aligned}$$

58.
$$\begin{aligned} 120.2x + 62.4y - 36.5z &= 258.64 \\ 56.8x - 42.8y + 27.3z &= -71.44 \\ 88.1x + 72.5y - 28.5z &= 225.88 \end{aligned}$$

59.
$$\begin{aligned} x_1 + 0.5x_2 + 0.33x_3 + 0.25x_4 &= 1.1 \\ 0.5x_1 + 0.33x_2 + 0.25x_3 + 0.21x_4 &= 1.2 \\ 0.33x_1 + 0.25x_2 + 0.2x_3 + 0.17x_4 &= 1.3 \\ 0.25x_1 + 0.2x_2 + 0.17x_3 + 0.14x_4 &= 1.4 \end{aligned}$$

60.
$$\begin{aligned} 0.1x - 2.5y + 1.2z - 0.75w &= 108 \\ 2.4x + 1.5y - 1.8z + 0.25w &= -81 \\ 0.4x - 3.2y + 1.6z - 1.4w &= 148.8 \\ 1.6x + 1.2y - 3.2z + 0.6w &= -143.2 \end{aligned}$$

61.
$$\begin{aligned} \frac{1}{2}x_1 - \frac{3}{7}x_2 + \frac{2}{9}x_3 &= \frac{349}{630} \\ \frac{2}{3}x_1 + \frac{4}{9}x_2 - \frac{2}{5}x_3 &= -\frac{19}{45} \\ \frac{4}{5}x_1 - \frac{1}{8}x_2 + \frac{4}{3}x_3 &= \frac{139}{150} \end{aligned}$$

62.
$$\begin{aligned} \frac{1}{8}x - \frac{1}{7}y + \frac{1}{6}z - \frac{1}{5}w &= 1 \\ \frac{1}{7}x + \frac{1}{6}y - \frac{1}{5}z + \frac{1}{4}w &= 1 \\ \frac{1}{6}x - \frac{1}{5}y + \frac{1}{4}z - \frac{1}{3}w &= 1 \\ \frac{1}{5}x + \frac{1}{4}y - \frac{1}{3}z + \frac{1}{2}w &= 1 \end{aligned}$$

해의 개수 63~66번에서는 연립방정식이 적어도 하나 이상의 해를 갖는 이유를 설명하시오. 그 후 연립방정식을 풀어 해가 유일한지 무수히 많은지 판별하시오.

63.
$$\begin{aligned} 4x + 3y + 17z &= 0 \\ 5x + 4y + 22z &= 0 \\ 4x + 2y + 19z &= 0 \end{aligned}$$

64.
$$\begin{aligned} 2x + 3y &= 0 \\ 4x + 3y - z &= 0 \\ 8x + 3y + 3z &= 0 \end{aligned}$$

65.
$$\begin{aligned} 5x + 5y - z &= 0 \\ 10x + 5y + 2z &= 0 \\ 5x + 15y - 9z &= 0 \end{aligned}$$

66.
$$\begin{aligned} 16x + 3y + z &= 0 \\ 16x + 2y - z &= 0 \end{aligned}$$

67. **영양** 사과주스 240 ml 들이 한 컵과 오렌지 주스 240 ml 들이 한 컵에는 모두 227 mg의 비타민C가 들어 있다. 사과 주스 240 ml 들이 두 컵과 오렌지 주스 240 ml 들이 세 컵은 총 578 mg의 비타민C가 들어 있다. 각 주스 240 ml 들이 한 컵에 들어 있는 비타민C의 양은 얼마인가?

68. **비행기 속력** 두 대의 항공기는 로스앤젤레스 국제공항을 출발하여 서로 반대방향으로 비행한다. 두 번째 항공기는 첫 번째 항공기가 출발하고 30분 후에 출발한다. 하지만 두 번째 항공기의 속력이 첫 번째 항공기의 속력보다 80 km/h 더 빠르다. 첫 번째 항공기가 출발하고 나서 2시간 후 항공기는 서로 3,200km 떨어져 있다. 각 항공기의 속력을 구하시오.

참 또는 거짓? 69번과 70번에서는 각 명제가 참 또는 거짓인지 판별하시오. 만약 명제가 참이라면 그 이유를 제시하거나 본문에서 적절한 명제를 찾아 제시하시오. 만약 명제가 거짓이라면 명제가 참이 아니라는 예를 제시하고나 본문에서 적절한 명제를 찾아 제시하시오.

69. (a) 미지수가 두 개인 하나의 일차방정식으로 이루어진 연립방정식은 항상 해를 가진다.

(b) 미지수가 세 개인 두 개의 일차방정식으로 이루어진 연립방정식은 항상 해를 가진다.

(c) 하나의 연립일차방정식이 해를 가지면 그 방정식은 무수히 많은 해를 가진다.

70. (a) 하나의 연립일차방정식은 정확히 두 개의 해를 가진다.

(b) 두 개의 연립일차방정식이 같은 해집합을 가지면 두 연립방정식은 동치이다.

(c) 미지수가 두 개인 세 개의 일차방정식으로 이루어진 연립방정식은 항상 해를 갖지 않는다.

71. 미지수 x_1, x_2에 대한 두 방정식으로 이루어져 있고 해집합이 $x_1 = t$, $x_2 = 3t-4$ (t는 실수)의 매개변수 표현으로 나타내어지는 연립방정식을 구하시오. 그리고 구한 연립방정식의 해는 $x_1 = \frac{4}{3} + \frac{t}{3}$, $x_2 = t$로도 나타낼 수 있음을 보이시오.

72. 미지수 x_1, x_2, x_3에 대한 두 방정식으로 이루어져 있고 해집합이 $x_1 = t$, $x_2 = s$, $x_3 = 3+s-t$ (s, t는 실수)의 매개변수 표현으로 나타내어지는 연립방정식을 구하시오. 그리고 구한 연립방정식의 해는 $x_1 = 3+s-t$, $x_2 = s$, $x_3 = t$로도 나타낼 수 있음을 보이시오.

치환 73~76번에서는 $A = \frac{1}{x}$, $B = \frac{1}{y}$, $C = \frac{1}{z}$로 치환하여 연립방정식을 푸시오.

73.
$$\begin{aligned} \frac{12}{x} - \frac{12}{y} &= 7 \\ \frac{3}{x} + \frac{4}{y} &= 0 \end{aligned}$$

74.
$$\begin{aligned} \frac{3}{x} + \frac{2}{y} &= -1 \\ \frac{2}{x} - \frac{3}{y} &= -\frac{17}{6} \end{aligned}$$

75.
$$\begin{aligned} \frac{2}{x} + \frac{1}{y} - \frac{3}{z} &= 4 \\ \frac{4}{x} \qquad\quad + \frac{2}{z} &= 10 \\ -\frac{2}{x} + \frac{3}{y} - \frac{13}{z} &= -8 \end{aligned}$$

76.
$$\begin{aligned} \frac{2}{x} + \frac{1}{y} - \frac{2}{z} &= 5 \\ \frac{3}{x} - \frac{4}{y} \qquad &= -1 \\ \frac{2}{x} + \frac{1}{y} + \frac{3}{z} &= 0 \end{aligned}$$

삼각함수 계수 77번과 78번에서는 x와 y에 대한 연립일차방정식을 푸시오.

77.
$$\begin{aligned} (\cos\theta)x + (\sin\theta)y &= 1 \\ (-\sin\theta)x + (\cos\theta)y &= 0 \end{aligned}$$

78.
$$\begin{aligned} (\cos\theta)x + (\sin\theta)y &= 1 \\ (-\sin\theta)x + (\cos\theta)y &= 1 \end{aligned}$$

계수 결정 79~84번에서는 연립일차방정식이 지정된 개수의 해를 갖도록 k의 값을 결정하시오.

79. 해없음
$$\begin{aligned} x + ky &= 2 \\ kx + y &= 4 \end{aligned}$$

80. 유일한 해
$$\begin{aligned} x + ky &= 0 \\ kx + y &= 0 \end{aligned}$$

81. 유일한 해
$$\begin{aligned} kx + 2ky + 3kz &= 4k \\ x + y + z &= 0 \\ 2x - y + z &= 1 \end{aligned}$$

82. 해없음
$$\begin{aligned} x + 2y + kz &= 6 \\ 3x + 6y + 8z &= 4 \end{aligned}$$

83. 무수히 많은 해
$$\begin{aligned} 4x + ky &= 6 \\ kx + y &= -3 \end{aligned}$$

84. 무수히 많은 해
$$\begin{aligned} kx + y &= 16 \\ 3x - 4y &= -64 \end{aligned}$$

85. 연립일차방정식이 유일한 해를 갖지 않도록 k의 값을 결정하시오.
$$\begin{aligned} x + y + kz &= 3 \\ x + ky + z &= 2 \\ kx + y + z &= 1 \end{aligned}$$

86. **캡스톤** 연립일차방정식이 (a) 유일한 해를 갖는 경우, (b) 무수히 많은 해를 갖는 경우, (c) 해가 없는 경우에 대한 a, b, c의 값을 구하시오. 그리고 그 이유를 설명하시오.

$$\begin{aligned} x + 5y + \ \ z &= 0 \\ x + 6y - \ \ z &= 0 \\ 2x + ay + bz &= c \end{aligned}$$

87. 서술 x와 y에 대한 연립일차방정식

$$\begin{aligned} a_1x + b_1y &= c_1 \\ a_2x + b_2y &= c_2 \\ a_3x + b_3y &= c_3 \end{aligned}$$

에 대하여, xy 평면 위에 연립방정식이 (a) 유일한 해를 갖는 경우, (b) 무수히 많은 해를 갖는 경우, (c) 해가 없는 경우에 대한 그래프를 그리고 그 모양에 대해 서술하시오.

88. 서술 87번의 연립일차방정식은 c_1, c_2, c_3가 모두 0인 경우 반드시 해를 가져야 하는데 그 이유를 서술하시오.

89. 모든 x에 대하여 $ax^2 + bx + c = 0$이면 $a = b = c = 0$임을 보이시오.

90. x와 y에 대한 연립일차방정식

$$\begin{aligned} ax + by &= e \\ cx + dy &= f \end{aligned}$$

이 유일한 해를 갖기 위한 조건을 구하시오.

탐구 91번과 92번에서는 연립방정식을 나타내는 직선을 그리시오. 그리고 가우스 소거법을 이용하여 연립방정식을 푸시오. 각 과정에 나타나는 연립방정식에 해당하는 직선을 그리시오. 이렇게 그린 직선들을 통해 알 수 있는 것은 무엇인가?

91. $\begin{aligned} x - 4y &= -3 \\ 5x - 6y &= 13 \end{aligned}$

92. $\begin{aligned} 2x - 3y &= 7 \\ -4x + 6y &= -14 \end{aligned}$

서술 93번과 94번에서 두 방정식에 대한 그래프가 서로 평행으로 보인다. 두 방정식에 대한 연립방정식을 대수적으로 푸시오. 그래프가 오해를 하게 만든 이유를 설명하시오.

93. $\begin{aligned} 100y - x &= 200 \\ 99y - x &= -198 \end{aligned}$

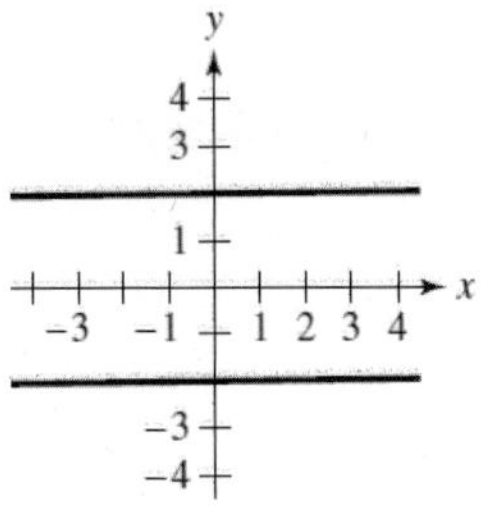

94. $\begin{aligned} 21x - 20y &= 0 \\ 13x - 12y &= 120 \end{aligned}$

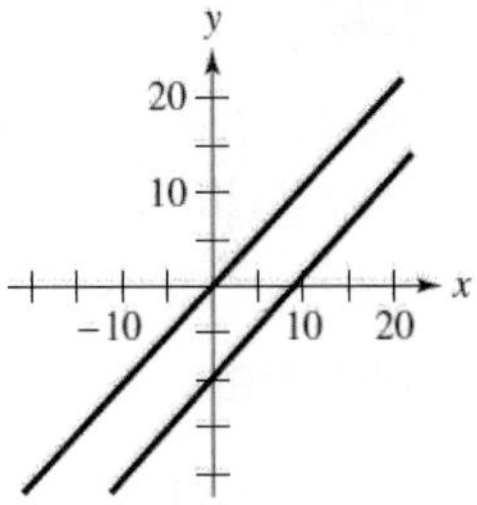

1.2 가우스 소거법과 가우스-조던 소거법

- 행렬의 크기를 결정하고 연립일차방정식으로부터 덧붙인행렬 또는 계수행렬 만들기
- 연립일차방정식을 행렬과 가우스 소거법, 역대입법을 이용하여 풀기
- 연립일차방정식을 행렬과 가우스-조던 소거법을 이용해서 풀기
- 동차연립일차방정식 풀기

행렬

1.1절에서 연립일차방정식을 푸는 방법으로 가우스 소거법을 소개하였다. 이번 절에서는 몇 가지 정의를 시작으로 해서 조금 더 자세히 공부하려 한다. 우선, **행렬**(matrix)의 정의를 소개한다.

참고

행렬의 성분이 실수일 때, 행렬을 실수행렬(real matrix)라고 한다. 다른 언급이 없는 한 본문에서 사용되는 모든 행렬은 실수행렬이다.

행렬의 정의

m, n이 양의 정수일 때, $m \times n$ (“m by n”으로 읽는다) 행렬은 직사각형 모양의 배열

	1열	2열	3열	$\cdots$	n열
1행	a_{11}	a_{12}	a_{13}	$\cdots$	a_{1n}
2행	a_{21}	a_{22}	a_{23}	$\cdots$	a_{2n}
3행	a_{31}	a_{32}	a_{33}	$\cdots$	a_{3n}
$\vdots$	$\vdots$	$\vdots$	$\vdots$		$\vdots$
m행	a_{m1}	a_{m2}	a_{m3}	$\cdots$	a_{mn}

이다. 여기서 각 **성분**(entry) a_{ij}는 실수이다. $m \times n$행렬은 m개의 행과 n개의 열을 가지고 있다. 일반적으로 행렬은 영문자 대문자로 나타낸다.

성분 a_{ij}는 i번째 행과 j번째 열에 위치한다. 첨자 i는 성분이 놓여 있는 행을 나타내므로 행 **번호**(row subscript)라 하고, 첨자 j는 성분이 놓여 있는 열을 나타내므로 **열 번호**(column subscript)라 한다.

m개의 행과 n개의 열을 가진 행렬의 크기는 $m \times n$이다. $m = n$일 때 행렬을 n**차 정사각 행렬**(square matrix of order n)라 하고 $a_{11}, a_{22}, a_{33}, \ldots, a_{nn}$을 **주대각성분**(main diagonal entry)라 한다.

예제 1 행렬의 크기

각 행렬은 표시된 크기의 행렬이다.

a. $[2]$ 크기: 1×1 b. $\begin{bmatrix} 0 & 0 \\ 0 & 0 \end{bmatrix}$ 크기: 2×2 c. $\begin{bmatrix} e & 2 & -7 \\ \pi & \sqrt{2} & 4 \end{bmatrix}$ 크기 2×3

행렬을 사용하는 일반적이 예 중 하나는 연립일차방정식을 나타내는 것이다. 연립일차방정식의 계수와 상수항을 이용하여 만든 행렬이 연립방정식의 **덧붙인 행렬**(augmented matrix)이다. 연립방정식의 계수로만 이루어진 행렬이 **계수행렬**(coefficient matrix)이다. 예를 들면 다음과 같다.

연립방정식	덧붙인 행렬	계수행렬
$\begin{aligned} x - 4y + 3z &= 5 \\ -x + 3y - z &= -3 \\ 2x \quad\quad - 4z &= 6 \end{aligned}$	$\begin{bmatrix} 1 & -4 & 3 & 5 \\ -1 & 3 & -1 & -3 \\ 2 & 0 & -4 & 6 \end{bmatrix}$	$\begin{bmatrix} 1 & -4 & 3 \\ -1 & 3 & -1 \\ 2 & 0 & -4 \end{bmatrix}$

참고

방정식의 미지수를 같은 것끼리 세로로 정렬하자. 행렬에서 0은 계수가 0임을 나타낼 때 사용하자. 덧붙인 행렬의 4번째 열은 상수항을 나타냄을 주목하자.

기본행연산

앞 절에서 동치인 연립일차방정식을 만드는 세 가지 연산을 공부했다.

1. 두 식의 교환
2. 하나의 식에 0이 아닌 상수 곱하기
3. 하나의 식에 상수를 곱하여 다른 식에 더하기

행렬에서의 용어로 바꾸어 말하면 세 연산은 **기본행연산**(elementary row operation)이라 한다. 덧붙인 행렬에 기본행연산을 적용하면 새로운 (하지만 원래의 연립방정식과 동치인) 연립방정식에 대응하는 새 덧붙인 행렬을 만들 수 있다. 유한 번의 기본행연산을 적용하여 하나의 행렬로부터 다른 행렬을 얻을 수 있으면 두 행렬은 **행동치**(row-equivalent)라 한다.

> 기본행연산
> 1. 두 행을 교환
> 2. 하나의 행에 0이 아닌 상수 곱하기
> 3. 하나의 행에 상수를 곱하여 다른 행에 더하기

기본행연산은 비교적 계산하기 쉽지만 이 과정은 많은 계산을 포함하고 있다. 그래서 실수가 종종 일어난다. 각 단계에서 수행한 기본행연산을 적어 놓으면 계산결과를 확인하는 것이 훨씬 쉬워진다.

연립방정식을 풀 때 많은 단계를 포함할 수도 있으므로 수행한 기본행연산을 추적하기 위해 약식으로 표기하면 추적과 확인에 도움이 된다. 다음 예제에서 이러한 표기법을 소개하고자 한다.

예제 2 기본행연산

a. 첫 번째 행과 두 번째 행의 교환

원래 행렬	새로운 행동치 행렬	기호
$\begin{bmatrix} 0 & 1 & 3 & 4 \\ -1 & 2 & 0 & 3 \\ 2 & -3 & 4 & 1 \end{bmatrix}$	$\begin{bmatrix} -1 & 2 & 0 & 3 \\ 0 & 1 & 3 & 4 \\ 2 & -3 & 4 & 1 \end{bmatrix}$	$R_1 \leftrightarrow R_2$

b. 첫 번째 행에 $\frac{1}{2}$를 곱해 새로운 첫 번째 행 만들기

원래 행렬	새로운 행동치 행렬	기호
$\begin{bmatrix} 2 & -4 & 6 & -2 \\ 1 & 3 & -3 & 0 \\ 5 & -2 & 1 & 2 \end{bmatrix}$	$\begin{bmatrix} 1 & -2 & 3 & -1 \\ 1 & 3 & -3 & 0 \\ 5 & -2 & 1 & 2 \end{bmatrix}$	$\left(\frac{1}{2}\right)R_1 \rightarrow R_2$

c. -2를 첫 번째 행에 곱하여 세 번째 행에 더해서 새로운 세 번째 행 만들기

원래 행렬	새로운 행동치 행렬	기호
$\begin{bmatrix} 1 & 2 & -4 & 3 \\ 0 & 3 & -2 & -1 \\ 2 & 1 & 5 & -2 \end{bmatrix}$	$\begin{bmatrix} 1 & 2 & -4 & 3 \\ 0 & 3 & -2 & -1 \\ 0 & -3 & 13 & -8 \end{bmatrix}$	$R_3 + (-2)R_1 \rightarrow R_3$

1행의 -2배를 3행에 더하는 것은 1행에 영향을 주지 않음에 주의하자. ■

> **기술**
> 대부분의 공학용 계산기와 소프트웨어 프로그램은 행렬에 대한 기본행연산을 처리할 수 있다. 공학용 계산기를 이용해서 예제 2 (c)를 계산할 때 아래 그림과 비슷한 화면을 볼 수 있다. CengageBrain.com의 기술 가이드를 참고하면 기본행연산을 계산기를 이용하여 수행할 때 도움이 될 것이다.

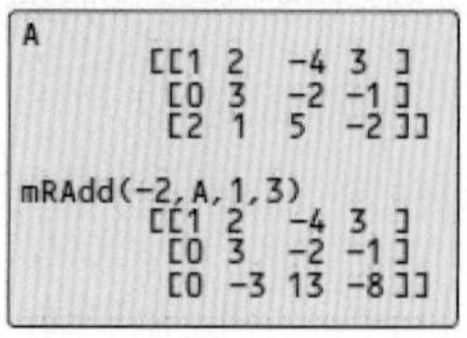

1.1절의 예제 7에서 연립일차방정식을 가우스 소거법과 역대입법을 이용해서 풀었다. 다음은 가우스 소거법을 행렬에서 어떻게 사용하는지를 보여주는 예제이다. 두 방법은 근본적으로는 같은 방법이다. 기본적인 차이는 행렬을 사용하면 미지수를 적지 않아도 된다는 것이다.

예제 3 기본행연산을 이용하여 연립방정식 풀기

연립일차방정식	대응하는 덧붙인 행렬
$\begin{aligned} x-2y+3z&=9\\ -x+3y\quad&=-4\\ 2x-5y+5z&=17\end{aligned}$	$\begin{bmatrix} 1 & -2 & 3 & 9\\ -1 & 3 & 0 & -4\\ 2 & -5 & 5 & 17\end{bmatrix}$
첫 번째 식을 두 번째 식에 더한다.	첫 번째 행을 두 번째 행에 더해서 새로운 두 번째 행을 만든다.
$\begin{aligned} x-2y+3z&=9\\ y+3z&=5\\ 2x-5y+5z&=17\end{aligned}$	$\begin{bmatrix} 1 & -2 & 3 & 9\\ 0 & 1 & 3 & 5\\ 2 & -5 & 5 & 17\end{bmatrix}$ $R_2+R_1\rightarrow R_2$
첫 번째 식의 -2배를 세 번째 식에 더한다.	첫 번째 행의 -2배를 세 번째 행에 더하여 새로운 세 번째 행을 만든다.
$\begin{aligned} x-2y+3z&=9\\ y+3z&=5\\ -y-z&=-1\end{aligned}$	$\begin{bmatrix} 1 & -2 & 3 & 9\\ 0 & 1 & 3 & 5\\ 0 & -1 & -1 & -1\end{bmatrix}$ $R_3+(-2)R_1\rightarrow R_3$
두 번째 식을 세 번째 식에 더한다.	두 번째 행을 세 번째 행에 더해서 새로운 세 번째 행을 만든다.
$\begin{aligned} x-2y+3z&=9\\ y+3z&=5\\ 2z&=4\end{aligned}$	$\begin{bmatrix} 1 & -2 & 3 & 9\\ 0 & 1 & 3 & 5\\ 0 & 0 & 2 & 4\end{bmatrix}$ $R_3+R_2\rightarrow R_3$
세 번째 식에 $\frac{1}{2}$를 곱한다.	세 번째 행에 $\frac{1}{2}$를 곱해서 새로운 세 번째 행을 만든다.
$\begin{aligned} x-2y+3z&=9\\ y+3z&=5\\ z&=2\end{aligned}$	$\begin{bmatrix} 1 & -2 & 3 & 9\\ 0 & 1 & 3 & 5\\ 0 & 0 & 1 & 2\end{bmatrix}$ $\left(\frac{1}{2}\right)R_3\rightarrow R_3$

참고

*사다리꼴(echelon)*이라는 용어는 행렬에서 0이 아닌 원소가 계단형태의 모양을 만든 것을 나타낸다.

1.1절의 예제 6에서처럼 역대입법을 통해 해를 구하자. 해는 $x=1,\ y=-1,\ z=2$이다.

예제 3에서 마지막 행렬을 **행사다리꼴**(row-echelon form)이라 한다. 행렬이 행사다리꼴이 되려면 다음을 만족해야 한다.

행사다리꼴과 기약행사다리꼴

행사다리꼴의 행렬을 다음의 성질을 만족한다.

1. 모든 성분이 0인 행은 행렬의 제일 아래쪽에 위치한다.
2. 적어도 하나의 성분이 0이 아닌 각 행에서 처음으로 0이 아닌 성분은 1이다. (이를 **선행** 1(leading one)이라 한다.)

3. 적어도 하나의 성분이 0이 아닌 이웃한 두 행에 대하여, 위쪽 행에 있는 선행 1은 아래쪽 행에 있는 선행 1보다 왼쪽에 위치한다.

행사다리꼴 행렬이 **기약행사다리꼴**(reduced row echelon form)이 되려면 선행 1을 포함하는 열은 선행 1의 위와 아래 성분이 모두 0이어야 한다.

예제 4 행사다리꼴

각 행렬이 행사다리꼴인지 판별하시오. 만약 행사다리꼴이라면 기약행사다리꼴도 될 수 있는지 판별하시오.

a. $\begin{bmatrix} 1 & 2 & -1 & 4 \\ 0 & 1 & 0 & 3 \\ 0 & 0 & 1 & -2 \end{bmatrix}$ b. $\begin{bmatrix} 1 & 2 & -1 & 2 \\ 0 & 0 & 0 & 0 \\ 0 & 1 & 2 & -4 \end{bmatrix}$

c. $\begin{bmatrix} 1 & -5 & 2 & -1 & 3 \\ 0 & 0 & 1 & 3 & -2 \\ 0 & 0 & 0 & 1 & 4 \\ 0 & 0 & 0 & 0 & 1 \end{bmatrix}$ d. $\begin{bmatrix} 1 & 0 & 0 & -1 \\ 0 & 1 & 0 & 2 \\ 0 & 0 & 1 & 3 \\ 0 & 0 & 0 & 0 \end{bmatrix}$

e. $\begin{bmatrix} 1 & 2 & -3 & 4 \\ 0 & 2 & 1 & -1 \\ 0 & 0 & 1 & -3 \end{bmatrix}$ f. $\begin{bmatrix} 0 & 1 & 0 & 5 \\ 0 & 0 & 1 & 3 \\ 0 & 0 & 0 & 0 \end{bmatrix}$

기술

예제 4(b)와 4(e)에서의 행렬의 행사다리꼴과 예제 4(a), 4(b), 4(c), 4(e)의 기약행사다리꼴을 찾기 위해 공학용 계산기나 소프트웨어 프로그램을 사용해보자. *CengageBrain.com*의 기술 가이드는 행사다리꼴이나 기약행사다리꼴을 계산기를 이용하여 구할 때 도움이 될 것이다. 유사한 연습문제와 프로젝트를 위의 웹사이트에서 이용할 수 있다.

풀이

(a), (c), (d), (f)의 행렬은 행사다리꼴이다.
(d)와 (f)의 행렬은 선행 1을 포함하는 모든 열에서 선행 1의 위와 아래 성분이 모두 0이므로 기약행사다리꼴이다.
(b)의 행렬은 성분이 모두 0인 행이 행렬의 제일 아래쪽에 위치하지 않았기 때문에 행사다리꼴이 아니다.
(e)의 행렬은 2행에서 처음으로 0이 아닌 성분이 1이 아니므로 행사다리꼴이 아니다. ■

모든 행렬은 적당한 행사다리꼴 행렬과 행동치이다. 예를 들어 예제 4(e)에서 두 번째 행에 $\frac{1}{2}$를 곱하여 행렬을 행사다리꼴로 만들 수 있다.

가우스 소거법과 역대입법을 사용하는 과정은 다음과 같이 정리할 수 있다.

가우스 소거법과 역대입법

1. 연립일차방정식을 덧붙인 행렬로 나타낸다.
2. 기본행연산을 사용해서 행렬을 행사다리꼴로 나타낸다.
3. 행사다리꼴 행렬에 대응하는 연립일차방정식을 만들고 역대입법을 사용해서 해를 구한다.

가우스 소거법과 역대입법은 연립일차방정식을 직접 풀거나 컴퓨터를 이용해서 풀 때 효과적이다. 이 알고리즘에서 어떤 순서로 기본행연산을 사용하는 가는 중요하다. 왼쪽 열에서 오른쪽 열로 이동하면 기본행연산을 사용해서 선행 1의 바로 아래의 모든 성분이 0이 되게 하자.

선형대수의 응용

위성항법장치(Global Positioning System, GPS)는 항법장치로 미군이 개발한 24개의 위성과 연동되는 네트워크이다. 오늘날, GPS 기술은 배달, 농업, 광업, 구조, 건설, 은행, 기상예보, 재난구호와 같은 폭넓은 민간 응용 분야에서 사용된다. GPS 수신기는 위치를 계산하기 위해 인공위성 신호를 이용해서 작동한다. 3차원 공간에서 수신기는 "삼각측량"을 하기 위해 4개 이상의 위성으로부터의 신호를 사용한다. 이를 간단히 수식화하면 4개의 미지수(3차원 좌표와 시간)를 가진 3개의 일차방정식으로 이루어진 연립방정식이 수신기의 위치를 시간의 함수로 나타내기 위해 사용된다.

예제 5 가우스 소거법과 역대입법

연립방정식

$$\begin{aligned} x_2 + x_3 - 2x_4 &= -3 \\ x_1 + 2x_2 - x_3 &= 2 \\ 2x_1 + 4x_2 + x_3 - 3x_4 &= -2 \\ x_1 - 4x_2 - 7x_3 - x_4 &= -19 \end{aligned}$$

을 푸시오.

풀이

주어진 연립방정식을 덧붙인 행렬로 나타내면 다음과 같다.

$$\begin{bmatrix} 0 & 1 & 1 & -2 & -3 \\ 1 & 2 & -1 & 0 & 2 \\ 2 & 4 & 1 & -3 & -2 \\ 1 & -4 & -7 & -1 & -19 \end{bmatrix}$$

첫 번째 열에서 제일 위의 성분이 선행 1이 되고 나머지 성분은 0이 되게 한다.

$$\begin{bmatrix} 1 & 2 & -1 & 0 & 2 \\ 0 & 1 & 1 & -2 & -3 \\ 2 & 4 & 1 & -3 & -2 \\ 1 & -4 & -7 & -1 & -19 \end{bmatrix}$$

⬅ 처음 두 행을 바꾼다. $R_1 \leftrightarrow R_2$

$$\begin{bmatrix} 1 & 2 & -1 & 0 & 2 \\ 0 & 1 & 1 & -2 & -3 \\ 0 & 0 & 3 & -3 & -6 \\ 1 & -4 & -7 & -1 & -19 \end{bmatrix}$$

⬅ 첫 번째 행의 -2배를 세 번째 행에 더해서 새로운 세 번째 행을 만든다. $R_3 + (-2)R_1 \rightarrow R_3$

$$\begin{bmatrix} 1 & 2 & -1 & 0 & 2 \\ 0 & 1 & 1 & -2 & -3 \\ 0 & 0 & 3 & -3 & -6 \\ 0 & -6 & -6 & -1 & -21 \end{bmatrix} \leftarrow$$

첫 번째 행의 -1배를 네 번째 행에 더해서 새로운 네 번째 행을 만든다.

$$R_4 + (-1)R_1 \to R_4$$

첫 번째 열은 원하는 형태가 되었으므로 두 번째 열을 아래와 같이 변형하자.

$$\begin{bmatrix} 1 & 2 & -1 & 0 & 2 \\ 0 & 1 & 1 & -2 & -3 \\ 0 & 0 & 3 & -3 & -6 \\ 0 & 0 & 0 & -13 & -39 \end{bmatrix} \leftarrow$$

두 번째 행의 6배를 네 번째 행에 더해서 새로운 네 번째 행을 만든다.

$$R_4 + (6)R_2 \to R_4$$

세 번째와 네 번째 열을 적절한 형태로 바꾸기 위해 세 번째 행에 $\frac{1}{3}$을 곱하고 네 번째 행은 $-\frac{1}{13}$을 곱하자.

$$\begin{bmatrix} 1 & 2 & -1 & 0 & 2 \\ 0 & 1 & 1 & -2 & -3 \\ 0 & 0 & 1 & -1 & -2 \\ 0 & 0 & 0 & 1 & 3 \end{bmatrix} \begin{matrix} \\ \\ \leftarrow \\ \leftarrow \end{matrix}$$

세 번째 행에 $\frac{1}{3}$을, 네 번째 행에 $-\frac{1}{13}$을 각각 곱해서 새로운 세 번째 행과 네 번째 행을 만든다.

$$\left(\frac{1}{3}\right)R_3 \to R_3$$
$$\left(-\frac{1}{13}\right)R_4 \to R_4$$

행렬은 이제 행사다리꼴이 되었고 이에 대응하는 연립방정식은 다음과 같다.

$$\begin{aligned} x_1 + 2x_2 - x_3 \quad\quad &= 2 \\ x_2 + x_3 - 2x_4 &= -3 \\ x_3 - x_4 &= -2 \\ x_4 &= 3 \end{aligned}$$

역대입법을 이용하여 해를 구하면 $x_1 = -1,\ x_2 = 2,\ x_3 = 1,\ x_4 = 3$이다. ■

연립일차방정식을 풀 때 해가 없을 수도 있음을 기억하자. 만약 소거과정 중에서 제일 오른쪽 열의 성분만 제외하고 나머지 성분이 모두 0인 행이 나타나면 계속해서 연립방정식을 풀 필요는 없다. 이런 경우 해가 없다고 결론지을 수 있다.

예제 6 해가 없는 연립방정식

연립방정식

$$\begin{aligned} x_1 - x_2 + 2x_3 &= 4 \\ x_1 \quad\quad + x_3 &= 6 \\ 2x_1 - 3x_2 + 5x_3 &= 4 \\ 3x_1 + 2x_2 - x_3 &= 1 \end{aligned}$$

을 푸시오.

풀이

주어진 연립방정식의 덧붙인 행렬은 다음과 같다.

$$\begin{bmatrix} 1 & -1 & 2 & 4 \\ 1 & 0 & 1 & 6 \\ 2 & -3 & 5 & 4 \\ 3 & 2 & -1 & 1 \end{bmatrix}$$

덧붙인 행렬에 가우스 소거법을 적용하자.

$$\begin{bmatrix} 1 & -1 & 2 & 4 \\ 0 & 1 & -1 & 2 \\ 2 & -3 & 5 & 4 \\ 3 & 2 & -1 & 1 \end{bmatrix} \qquad R_2+(-1)R_1 \rightarrow R_2$$

$$\begin{bmatrix} 1 & -1 & 2 & 4 \\ 0 & 1 & -1 & 2 \\ 0 & -1 & 1 & -4 \\ 3 & 2 & -1 & 1 \end{bmatrix} \qquad R_3+(-2)R_1 \rightarrow R_3$$

$$\begin{bmatrix} 1 & -1 & 2 & 4 \\ 0 & 1 & -1 & 2 \\ 0 & -1 & 1 & -4 \\ 0 & 5 & -7 & -11 \end{bmatrix} \qquad R_4+(-3)R_1 \rightarrow R_4$$

$$\begin{bmatrix} 1 & -1 & 2 & 4 \\ 0 & 1 & -1 & 2 \\ 0 & 0 & 0 & -2 \\ 0 & 5 & -7 & -11 \end{bmatrix} \qquad R_3+R_2 \rightarrow R_3$$

이 행렬의 세 번째 행은 마지막 성분을 제외하고 모두 0이다. 이것은 원래 연립일차방정식이 해가 없다는 것을 의미한다. 왜 그런지를 살펴보려면 마지막 행렬을 연립일차방정식으로 바꾸어보자.

$$\begin{aligned} x_1 - x_2 + 2x_3 &= 4 \\ x_2 - x_3 &= 2 \\ 0 &= -2 \\ 5x_2 - 7x_3 &= -11 \end{aligned}$$

세 번째 식은 성립할 수 없고 그래서 연립방정식은 해가 없다. ■

가우스-조던 소거법

가우스 소거법을 사용하면 기본행연산을 이용하여 행렬을 (행동치인) 행사다리꼴 행렬로 변형할 수 있다. 칼 프리드리히 가우스와 빌헬름 조던(Wilhelm Jordan, 1842~1899)의 이름을 딴 **가우스-조던 소거법**이라고 하는 두 번째 소거법은 기약행사다리꼴을 얻을 때까지 계속해서 행렬을 축소하는 것이다. 예제 7에서 이 과정의 예를 볼 수 있다.

예제 7 가우스-조던 소거법

이 유형의 예제에 대한 대화형은 LarsonLinearAlgebra.com을 참고하시오.

가우스-조던 소거법을 이용하여 연립방정식

$$\begin{aligned} x - 2y + 3z &= 9 \\ -x + 3y \quad\quad &= -4 \\ 2x - 5y + 5z &= 17 \end{aligned}$$

을 푸시오.

풀이

예제 3에서 가우스 소거법을 이용하여 다음과 같은 행사다리꼴을 얻었다.

$$\begin{bmatrix} 1 & -2 & 3 & 9 \\ 0 & 1 & 3 & 5 \\ 0 & 0 & 1 & 2 \end{bmatrix}$$

이제 다음과 같이 각 선행 1의 위쪽 성분이 모두 0이 될 때 기본행연산을 수행하자.

$$\begin{bmatrix} 1 & 0 & 9 & 19 \\ 0 & 1 & 3 & 5 \\ 0 & 0 & 1 & 2 \end{bmatrix} \quad R_1 + (2)R_2 \to R_1$$

$$\begin{bmatrix} 1 & 0 & 9 & 19 \\ 0 & 1 & 0 & -1 \\ 0 & 0 & 1 & 2 \end{bmatrix} \quad R_2 + (-3)R_3 \to R_2$$

$$\begin{bmatrix} 1 & 0 & 0 & 1 \\ 0 & 1 & 0 & -1 \\ 0 & 0 & 1 & 2 \end{bmatrix} \quad R_1 + (-9)R_3 \to R_1$$

행렬은 이제 기약행사다리꼴이 되었다. 연립일차방정식으로 바꾸면 다음과 같다.

$$\begin{aligned} x &= 1 \\ y &= -1 \\ z &= 2 \end{aligned}$$

■

참고

행렬에 어떤 기본행연산을 선택하거나 어떤 순서로 기본행연산을 적용해도 같은 기약행사다리꼴을 얻는다.

이번 절에서 설명한 소거과정은 분수계수를 만들기도 한다. 예를 들어 연립방정식

$$\begin{aligned} 2x - 5y + 5z &= 14 \\ 3x - 2y + 3z &= 9 \\ -3x + 4y \quad\quad &= -18 \end{aligned}$$

에 대한 소거과정에서 선행 1을 만들기 위해 1행에 $\frac{1}{2}$을 곱하려 할 수 있다. 그런데 이렇게 하면 분수계수를 가지고 계산하게 될 것이다. 수행해야 할 기본행연산과 그 순서를 신중히 선택하면 분수계산을 피할 수도 있다.

탐구활동

1. 어떠한 행연산도 사용하지 않고 다음 연립일차방정식이 해를 갖는 이유를 설명하시오.

$$\begin{aligned} 2x_1+3x_2+\ \ 5x_3&=0\\ -5x_1+6x_2-17x_3&=0\\ 7x_1-4x_2+\ \ 3x_3&=0 \end{aligned}$$

2. 다음 연립방정식은 식의 개수보다 많은 미지수를 가지고 있다. 이 연립방정식이 무수히 많은 해를 가지는 이유를 설명하시오.

$$\begin{aligned} 2x_1+3x_2+\ \ 5x_3+\ \ 2x_4&=0\\ -5x_1+6x_2-17x_3-\ \ 3x_4&=0\\ 7x_1-4x_2+\ \ 3x_3+13x_4&=0 \end{aligned}$$

다음 예제는 가우스-조던 소거법을 이용해서 무수히 많은 해를 갖는 연립방정식을 어떻게 푸는지 보여준다.

예제 8 무수히 많은 해를 갖는 연립방정식

연립일차방정식

$$\begin{aligned} 2x_1+4x_2-2x_3&=0\\ 3x_1+5x_2\qquad\ &=1 \end{aligned}$$

을 푸시오.

풀이

주어진 연립방정식의 덧붙인 행렬은 다음과 같다.

$$\begin{bmatrix} 2 & 4 & -2 & 0\\ 3 & 5 & 0 & 1 \end{bmatrix}$$

공학용 계산기, 소프트웨어 프로그램 또는 가우스-조던 소거법을 이용하여 덧붙인 행렬의 기약행사다리꼴이 다음과 같은지 확인할 수 있다.

$$\begin{bmatrix} 1 & 0 & 5 & 2\\ 0 & 1 & -3 & -1 \end{bmatrix}$$

이에 대응하는 연립방정식은

$$\begin{aligned} x_1\qquad +5x_3&=\ \ 2\\ x_2-3x_3&=-1 \end{aligned}$$

이다. 이제 x_3를 매개변수 t라고 하면

$$x_1 = 2 - 5t,\ x_2 = -1 + 3t,\ x_3 = t,\ (t\text{는 임의의 실수})$$

이다. ■

예제 8에서 임의의 매개변수 t는 선행변수가 아닌 변수 x_3를 나타낸다. 변수 x_1과 x_2는 t에 대한 함수이다. 연립일차방정식을 푸는 두 가지 소거법에 대해 살펴보았다. 어떤 방법이 더 효과적일까? 대답은 어느 정도는 개인의 취향 따라 달라질 것이다. 실생활의 선형대수 응용에서는 연립일차방정식을 종종 컴퓨터로 푼다. 대부분의 소프트웨어는 오차를 줄이고 데이터 저장용량을 최소화를 목표로 하면서 가우스 소거법을 사용한다. 이 책의 예제와 연습문제는 기본 개념에 초점을 두고 있어서 여러분은 두 가지 소거법을 모두 알고 있어야 한다.

동차연립일차방정식

상수항이 모두 0인 연립일차방정식을 **동차**(homogeneous)라 한다. 미지수가 n개인 m개의 방정식으로 이루어진 동차연립일차방정식은 다음과 같다.

$$\begin{aligned} a_{11}x_1 + a_{12}x_2 + a_{13}x_3 + \cdots + a_{1n}x_n &= 0 \\ a_{21}x_1 + a_{22}x_2 + a_{23}x_3 + \cdots + a_{2n}x_n &= 0 \\ &\vdots \\ a_{m1}x_1 + a_{m2}x_2 + a_{m3}x_3 + \cdots + a_{mn}x_n &= 0 \end{aligned}$$

동차연립방정식은 적어도 하나의 해를 갖는다. 특히, 동차연립방정식의 모든 변수가 0이면 각 방정식은 성립한다. 이런 해를 **자명한 해**(trivial solution)라고 한다.

참고

세 미지수 x_1, x_2, x_3에 대한 세 방정식으로 이루어진 동차연립방정식은 자명한 해 $x_1 = 0$, $x_2 = 0$, $x_3 = 0$을 갖는다.

예제 9 동차연립일차방정식 풀기

연립일차방정식

$$\begin{aligned} x_1 - x_2 + 3x_3 &= 0 \\ 2x_1 + x_2 + 3x_3 &= 0 \end{aligned}$$

을 푸시오.

풀이

덧붙인 행렬

$$\begin{bmatrix} 1 & -1 & 3 & 0 \\ 2 & 1 & 3 & 0 \end{bmatrix}$$

에 가우스-조던 소거법을 적용하면 다음과 같은 행렬을 얻는다.

$$\begin{bmatrix} 1 & -1 & 3 & 0 \\ 0 & 3 & -3 & 0 \end{bmatrix} \quad R_2 + (-2)R_1 \to R_2$$

$$\begin{bmatrix} 1 & -1 & 3 & 0 \\ 0 & 1 & -1 & 0 \end{bmatrix} \quad \left(\frac{1}{3}\right)R_2 \to R_2$$

$$\begin{bmatrix} 1 & 0 & 2 & 0 \\ 0 & 1 & -1 & 0 \end{bmatrix} \quad R_1 + R_2 \to R_1$$

이 행렬에 대응하는 연립방정식을 구하면 다음과 같다.

$$\begin{aligned} x_1 \qquad + 2x_3 &= 0 \\ x_2 - \ x_3 &= 0 \end{aligned}$$

매개변수 $t = x_3$라고 하면 해집합은 $x_1 = -2t,\ x_2 = t,\ x_3 = t$이고 여기서 t는 임의의 실수이다. 이 연립방정식은 무수히 많은 해를 가지며 이것들 중 하나가 자명한 해($t = 0$)이다. ■

예제 9에서 보여준 바와 같이 미지수의 개수보다 식의 개수가 적은 동차연립방정식은 무수히 많은 해를 가진다.

정리 1.1 동차연립방정식의 해의 개수

모든 동차연립일차방정식은 해를 가진다. 더욱이 연립방정식이 가지고 있는 식의 개수가 미지수의 개수보다 작으면 무수히 많은 해를 가진다.

정리 1.1은 예제 9의 과정을 일반적인 행렬에 대해 적용하여 증명할 수 있다.

1.2 연습문제

행렬의 크기 1~6번에서는 행렬의 크기를 결정하시오.

1. $\begin{bmatrix} 1 & 2 & -4 \\ 3 & -4 & 6 \\ 0 & 1 & 2 \end{bmatrix}$

2. $\begin{bmatrix} -2 \\ -1 \\ 1 \\ 2 \end{bmatrix}$

3. $\begin{bmatrix} 2 & -1 & -1 & 1 \\ -6 & 2 & 0 & 1 \end{bmatrix}$

4. $[-1]$

5. $\begin{bmatrix} 8 & 6 & 4 & 1 & 3 \\ 2 & 1 & -7 & 4 & 1 \\ 1 & 1 & -1 & 2 & 1 \\ 1 & -1 & 2 & 0 & 0 \end{bmatrix}$

6. $[1 \quad 2 \quad 3 \quad 4 \quad -10]$

기본행연산 7~10번에서는 새로운 행동치 행렬을 얻기 위해 사용한 기본행연산을 구하시오.

7. *원래 행렬* $\begin{bmatrix} -2 & 5 & 1 \\ 3 & -1 & -8 \end{bmatrix}$ *새로운 행동치 행렬* $\begin{bmatrix} 13 & 0 & -39 \\ 3 & -1 & -8 \end{bmatrix}$

8. *원래 행렬* $\begin{bmatrix} 3 & -1 & -4 \\ -4 & 3 & 7 \end{bmatrix}$ *새로운 행동치 행렬* $\begin{bmatrix} 3 & -1 & -4 \\ 5 & 0 & -5 \end{bmatrix}$

9. *원래 행렬* $\begin{bmatrix} 0 & -1 & -7 & 7 \\ -1 & 5 & -8 & 7 \\ 3 & -2 & 1 & 2 \end{bmatrix}$ *새로운 행동치 행렬* $\begin{bmatrix} -1 & 5 & -8 & 7 \\ 0 & -1 & -7 & 7 \\ 0 & 13 & -23 & 23 \end{bmatrix}$

10. *원래 행렬* $\begin{bmatrix} -1 & -2 & 3 & -2 \\ 2 & -5 & 1 & -7 \\ 5 & 4 & -7 & 6 \end{bmatrix}$ *새로운 행동치 행렬* $\begin{bmatrix} -1 & -2 & 3 & -2 \\ 0 & -9 & 7 & -11 \\ 0 & -6 & 8 & -4 \end{bmatrix}$

덧붙인 행렬 11~18번에서는 제시된 덧붙인 행렬로 나타내어지는 연립일차방정식의 해집합을 구하시오.

11. $\begin{bmatrix} 1 & 0 & 0 \\ 0 & 1 & 2 \end{bmatrix}$

12. $\begin{bmatrix} 1 & 0 & 2 \\ 0 & 1 & 3 \end{bmatrix}$

13. $\begin{bmatrix} 1 & -1 & 0 & 3 \\ 0 & 1 & -2 & 1 \\ 0 & 0 & 1 & -1 \end{bmatrix}$

14. $\begin{bmatrix} 1 & 2 & 1 & 0 \\ 0 & 0 & 1 & -1 \\ 0 & 0 & 0 & 0 \end{bmatrix}$

15. $\begin{bmatrix} 2 & 1 & -1 & 3 \\ 1 & -1 & 1 & 0 \\ 0 & 1 & 2 & 1 \end{bmatrix}$

16. $\begin{bmatrix} 3 & -1 & 1 & 5 \\ 1 & 2 & 1 & 0 \\ 1 & 0 & 1 & 2 \end{bmatrix}$

17. $\begin{bmatrix} 1 & 2 & 0 & 1 & 4 \\ 0 & 1 & 2 & 1 & 3 \\ 0 & 0 & 1 & 2 & 1 \\ 0 & 0 & 0 & 1 & 4 \end{bmatrix}$

18. $\begin{bmatrix} 1 & 2 & 0 & 1 & 3 \\ 0 & 1 & 3 & 0 & 1 \\ 0 & 0 & 1 & 2 & 0 \\ 0 & 0 & 0 & 0 & 2 \end{bmatrix}$

행사다리꼴 19~24번에서는 행렬이 행사다리꼴인지 판별하시오. 만약 행사다리꼴이라면 기약행사다리꼴인지도 판별하시오.

19. $\begin{bmatrix} 1 & 0 & 0 & 0 \\ 0 & 1 & 1 & 2 \\ 0 & 0 & 0 & 0 \end{bmatrix}$

20. $\begin{bmatrix} 0 & 1 & 0 & 0 \\ 1 & 0 & 2 & 1 \end{bmatrix}$

21. $\begin{bmatrix} -2 & 0 & 1 & 5 \\ 0 & -1 & 2 & 1 \\ 0 & 0 & 0 & 2 \end{bmatrix}$

22. $\begin{bmatrix} 1 & 0 & 2 & 1 \\ 0 & 1 & 3 & 4 \\ 0 & 0 & 1 & 0 \end{bmatrix}$

23. $\begin{bmatrix} 0 & 0 & 1 & 0 & 0 \\ 0 & 0 & 0 & 1 & 0 \\ 0 & 0 & 0 & 2 & 0 \end{bmatrix}$

24. $\begin{bmatrix} 1 & 0 & 0 & 0 \\ 0 & 0 & 0 & 1 \\ 0 & 0 & 0 & 0 \end{bmatrix}$

연립일차방정식 25~38번에서는 가우스 소거법과 역대입법을 이용하거나 가우스-조던 소거법을 이용해서 연립방정식을 푸시오.

25. $\begin{aligned} x+3y &= 11 \\ 3x+y &= 9 \end{aligned}$

26. $\begin{aligned} 2x+6y &= 16 \\ -2x-6y &= -16 \end{aligned}$

27. $\begin{aligned} -x+2y &= 1.5 \\ 2x-4y &= 3 \end{aligned}$

28. $\begin{aligned} 2x-y &= -0.1 \\ 3x+2y &= 1.6 \end{aligned}$

29. $\begin{aligned} -3x+5y &= -22 \\ 3x+4y &= 4 \\ 4x-8y &= 32 \end{aligned}$

30. $\begin{aligned} x+2y &= 0 \\ x+y &= 6 \\ 3x-2y &= 8 \end{aligned}$

31. $\begin{aligned} x_1 \qquad -3x_3 &= -2 \\ 3x_1+x_2-2x_3 &= 5 \\ 2x_1+2x_2+x_3 &= 4 \end{aligned}$

32.
$$\begin{aligned} 3x_1 - 2x_2 + 3x_3 &= 22 \\ 3x_2 - x_3 &= 24 \\ 6x_1 - 7x_2 &= -22 \end{aligned}$$

33.
$$\begin{aligned} 2x_1 + 3x_3 &= 3 \\ 4x_1 - 3x_2 + 7x_3 &= 5 \\ 8x_1 - 9x_2 + 15x_3 &= 10 \end{aligned}$$

34.
$$\begin{aligned} x_1 + x_2 - 5x_3 &= 3 \\ x_1 - 2x_3 &= 1 \\ 2x_1 - x_2 - x_3 &= 0 \end{aligned}$$

35.
$$\begin{aligned} 4x + 12y - 7z - 20w &= 22 \\ 3x + 9y - 5z - 28w &= 30 \end{aligned}$$

36.
$$\begin{aligned} x + 2y + z &= 8 \\ -3x - 6y - 3z &= -21 \end{aligned}$$

37.
$$\begin{aligned} 3x + 3y + 12z &= 6 \\ x + y + 4z &= 2 \\ 2x + 5y + 20z &= 10 \\ -x + 2y + 8z &= 4 \end{aligned}$$

38.
$$\begin{aligned} 2x + y - z + 2w &= -6 \\ 3x + 4y + w &= 1 \\ x + 5y + 2z + 6w &= -3 \\ 5x + 2y - z - w &= 3 \end{aligned}$$

연립일차방정식 39~42번에서는 소프트웨어 프로그램이나 공학용 계산기를 사용하여 연립일차방정식을 푸시오.

39.
$$\begin{aligned} x_1 - 2x_2 + 5x_3 - 3x_4 &= 23.6 \\ x_1 + 4x_2 - 7x_3 - 2x_4 &= 45.7 \\ 3x_1 - 5x_2 + 7x_3 + 4x_4 &= 29.9 \end{aligned}$$

40.
$$\begin{aligned} x_1 + x_2 - 2x_3 + 3x_4 + 2x_5 &= 9 \\ 3x_1 + 3x_2 - x_3 + x_4 + x_5 &= 5 \\ 2x_1 + 2x_2 - x_3 + x_4 - 2x_5 &= 1 \\ 4x_1 + 4x_2 + x_3 - 3x_5 &= 4 \\ 8x_1 + 5x_2 - 2x_3 - x_4 + 2x_5 &= 3 \end{aligned}$$

41.
$$\begin{aligned} x_1 - x_2 + 2x_3 + 2x_4 + 6x_5 &= 6 \\ 3x_1 - 2x_2 + 4x_3 + 4x_4 + 12x_5 &= 14 \\ x_2 - x_3 - x_4 - 3x_5 &= -3 \\ 2x_1 - 2x_2 + 4x_3 + 5x_4 + 15x_5 &= 10 \\ 2x_1 - 2x_2 + 4x_3 + 4x_4 + 13x_5 &= 13 \end{aligned}$$

42.
$$\begin{aligned} x_1 + 2x_2 - 2x_3 + 2x_4 - x_5 + 3x_6 &= 0 \\ 2x_1 - x_2 + 3x_3 + x_4 - 3x_5 + 2x_6 &= 17 \\ x_1 + 3x_2 - 2x_3 + x_4 - 2x_5 - 3x_6 &= -5 \\ 3x_1 - 2x_2 + x_3 - x_4 + 3x_5 - 2x_6 &= -1 \\ -x_1 - 2x_2 + x_3 + 2x_4 - 2x_5 + 3x_6 &= 10 \\ x_1 - 3x_2 + x_3 + 3x_4 - 2x_5 + x_6 &= 11 \end{aligned}$$

동차연립방정식 43~46번에서는 주어진 계수행렬에 대응하는 동차연립일차방정식을 푸시오.

43. $\begin{bmatrix} 1 & 0 & 0 \\ 0 & 1 & 1 \\ 0 & 0 & 0 \end{bmatrix}$

44. $\begin{bmatrix} 1 & 0 & 0 & 0 \\ 0 & 1 & 1 & 0 \end{bmatrix}$

45. $\begin{bmatrix} 1 & 0 & 0 & 1 \\ 0 & 0 & 1 & 0 \\ 0 & 0 & 0 & 0 \end{bmatrix}$

46. $\begin{bmatrix} 0 & 0 & 0 \\ 0 & 0 & 0 \\ 0 & 0 & 0 \end{bmatrix}$

47. **금융** 어느 소규모의 소프트웨어 회사는 소프트웨어 공정라인을 확장하기 위해 \$500,000를 융자받았다. 회사는 돈의 일부는 3%, 일부는 4%, 그리고 나머지 일부는 5%의 대출이율로 융자받았다. 1년의 대출이자가 \$20,500이고 4% 이율로 빌린 대금이 3% 이율로 빌린 대금의 $2\frac{1}{2}$배일 때 대출이율별 대출금은 각각 얼마인지 연립방정식을 이용하여 구하시오. 연립방정식은 행렬을 이용해서 푸시오.

48. **봉사료** 어느 음식점 종업원이 8시간 교대 근무 후 봉사료로 버는 돈의 액수를 조사하였다. 종업원은 \$1, \$5, \$10, \$20짜리 지폐로 총 \$95를 벌었다. 이 때 지폐는 모두 26장이었다. \$5짜리 지폐의 개수는 \$10짜리 지폐의 개수의 4배이고 \$1짜리 지폐의 개수는 \$5짜리 지폐의 수의 2배보다 1이 적다. 이를 연립일차방정식을 이용하여 나타내고 행렬을 이용하여 각 지폐의 개수를 구하시오.

행렬표현 49번과 50번에서는 주어진 행렬은 어떤 연립일차방정식의 덧붙인 행렬이 할 때, (a) 식의 개수와 미지수의 개수를 결정하고, (b) 연립방정식이 해를 갖는 k의 값을 구하시오. 그 후 행렬을 어떤 동차연립일차방정식의 계수행렬이라 가정하고 (a)와 (b)를 다시 구하시오.

49. $A = \begin{bmatrix} 1 & k & 2 \\ -3 & 4 & 1 \end{bmatrix}$

50. $A = \begin{bmatrix} 2 & -1 & 3 \\ -4 & 2 & k \\ 4 & -2 & 6 \end{bmatrix}$

계수 결정 51번과 52번에서는 주어진 연립일차방정식이 (a) 유일한 해를 갖는 경우, (b) 해가 없는 경우, (c) 해가 무수히 많은 경우에 대한 a, b, c의 값을 (존재한다면) 구하시오.

51.
$$\begin{aligned} x + y \quad\;\; &= 2 \\ y + z &= 2 \\ x \quad\;\; + z &= 2 \\ ax + by + cz &= 0 \end{aligned}$$

52.
$$\begin{aligned} x + y \quad\;\; &= 0 \\ y + z &= 0 \\ x \quad\;\; + z &= 0 \\ ax + by + cz &= 0 \end{aligned}$$

53. 다음 연립방정식의 해는 $x = 1$, $y = -1$, $z = 2$이다.

$$\begin{aligned} 4x - 2y + 5z &= 16 && \text{식 } 1 \\ x + y \quad\;\; &= 0 && \text{식 } 2 \\ -x - 3y + 2z &= 6 && \text{식 } 3 \end{aligned}$$

다음과 같이 주어진 연립방정식을 푸시오.

(a) 식 1과 식 2로 이루어진 연립방정식

(b) 식 1과 식 3으로 이루어진 연립방정식

(c) 식 2와 식 3으로 이루어진 연립방정식

(d) 각각의 경우, 연립방정식의 해의 개수는 몇 개인가?

54. 다음 연립방정식이 유일한 해를 갖는다고 하자.

$$\begin{aligned} a_{11}x_1 + a_{12}x_2 + a_{13}x_3 &= b_1 && \text{식 } 1 \\ a_{21}x_1 + a_{22}x_2 + a_{23}x_3 &= b_2 && \text{식 } 2 \\ a_{31}x_1 + a_{32}x_2 + a_{33}x_3 &= b_3 && \text{식 } 3 \end{aligned}$$

식 1과 식 2로 이루어진 연립방정식은 유일한 해를 가질까? 아니면 해가 없거나 해가 무수히 많은가?

행동치 55번과 56번에서는 주어진 행렬과 행동치인 기약행사다리꼴 행렬을 구하시오.

55. $\begin{bmatrix} 1 & 2 \\ -1 & 2 \end{bmatrix}$

56. $\begin{bmatrix} 1 & 2 & 3 \\ 4 & 5 & 6 \\ 7 & 8 & 9 \end{bmatrix}$

57. **서술** 2×2 행렬 중 기약행사다리꼴인 행렬을 모두 구하시오. 예를 들어 여러분의 답을 설명하시오.

58. **서술** 3×3 행렬 중 기약행사다리꼴인 행렬을 모두 구하시오. 예를 들어 여러분의 답을 설명하시오.

참 또는 거짓 59번과 60번에서는 각 명제가 참 또는 거짓인지 판별하시오. 만일 명제가 참이면 이유를 제시하거나 본문에서 적정한 명제를 찾아 제시하시오. 만일 명제가 거짓이면 성립하지 않는 예를 제시하거나 본문에서 적절한 명제를 찾아 제시하시오.

59. (a) 6×3 행렬은 6개의 행을 가지고 있다.

(b) 모든 행렬은 적당한 행사다리꼴 행렬과 행동치이다.

(c) 연립일차방정식의 덧붙인 행렬의 행사다리꼴이 $[1 \quad 0 \quad 0 \quad 0 \quad 0]$꼴의 행을 포함하면 원래 연립방정식은 해가 없다.

(d) 6개의 미지수를 가진 4개의 일차방정식으로 구성된 동차연립방정식은 무수히 많은 해를 가진다.

60. (a) 4×7 행렬은 4개의 열을 가지고 있다.

(b) 모든 행렬은 유일한 기약행사다리꼴을 갖는다.

(c) 4개의 미지수를 가진 4개의 일차식으로 구성된 동차연립방정식은 항상 해를 가진다.

(d) 행렬의 한 행에 상수를 곱하는 것은 기본행연산이다.

61. **서술** 미지수의 개수보다 식의 개수가 적은 연립일차방정식은 해가 없을 수 있는가? 만일 그렇다면 예를 제시하시오.

62. **서술** 행렬은 유일한 행사다리꼴을 갖는가? 예를 들어 답을 설명하시오.

행동치 63번과 64번에서는 행렬 $\begin{bmatrix} a & b \\ c & d \end{bmatrix}$이 주어진 행렬과 행동치가 될 수 있는 a, b, c, d에 대한 조건을 결정하시오.

63. $\begin{bmatrix} 1 & 0 \\ 0 & 1 \end{bmatrix}$

64. $\begin{bmatrix} 1 & 0 \\ 0 & 0 \end{bmatrix}$

동차연립방정식 65번과 66번에서는 주어진 동차연립일차방정식이 자명하지 않은 해를 갖는 λ(그리스 문자 람다)의 값을 모두 구하시오.

65.
$$\begin{aligned} (\lambda-2)x + \qquad\quad y &= 0 \\ x + (\lambda-2)y &= 0 \end{aligned}$$

66.
$$\begin{aligned} (2\lambda+9)x - 5y &= 0 \\ x - \lambda y &= 0 \end{aligned}$$

67. 다음 덧붙인 행렬은 어떤 연립일차방정식을 가우스-조던 소거법을 이용하여 축소하여 나타낸 것이다. 주어진 기약행사다리꼴이 나타낼 수 있는 연립방정식을 계수가 0이 아닌 연립방정식으로 나타내시오.

$$\begin{bmatrix} 1 & 0 & 3 & -2 \\ 0 & 1 & 4 & 1 \\ 0 & 0 & 0 & 0 \end{bmatrix}$$

답이 여러 개다.

> **68 캡스톤**
> 행사다리꼴 행렬과 기약행사다리꼴 행렬의 차이점을 여러분 자신만의 말로 설명하시오. 여러분의 설명을 보충해줄 예도 함께 제시하시오.

69. **서술** 2×2행렬 $\begin{bmatrix} a & b \\ c & d \end{bmatrix}$에 다음 행연산을 차례로 수행하시오.

(a) 두 번째 행의 (-1)를 첫 번째 행에 더하시오.

(b) 첫 번째 행의 1배를 두 번째 행에 더하시오.

(c) 두 번째 행의 (-1)배를 첫 번째 행에 더하시오.

(d) 첫 번째 행에 (-1)을 곱하시오.

원래 행렬은 어떻게 되었는가? 일반적으로 두 번째와 세 번째 기본행연산만을 사용해서 두 개의 행의 위치를 바꾸려면 어떻게 해야하는지 서술하시오.

70. **서술** (a) 해가 없는 연립일차방정식에 대응하는 덧붙인 행렬의 행사다리꼴과 (b) 무수히 많은 해를 갖는 연립일차방정식에 대응하는 덧붙인 행렬의 행사다리꼴에 대해 서술하시오.

1.3 연립일차방정식의 응용

- 데이터를 나타내는 점의 집합에 적합한 다항함수를 찾기 위해 연립방정식을 세우고 풀기
- 네트워크를 나타내는 연립방정식을 세우고 풀기

연립일차방정식은 다양한 응용에서 폭넓게 사용된다. 이번 절에서는 두 가지 응용을 살펴볼 것이며 다음 장에서는 더 많은 내용을 살펴볼 것이다. 첫 번째 응용은 평면 위의 데이터 점의 집합에 적합한 다항함수를 찾는 방법에 대한 것이다. 두 번째 응용은 네트워크와 키르히호프(Kirchhoff)의 전기회로 법칙에 대한 것이다.

다항함수 곡선 맞추기

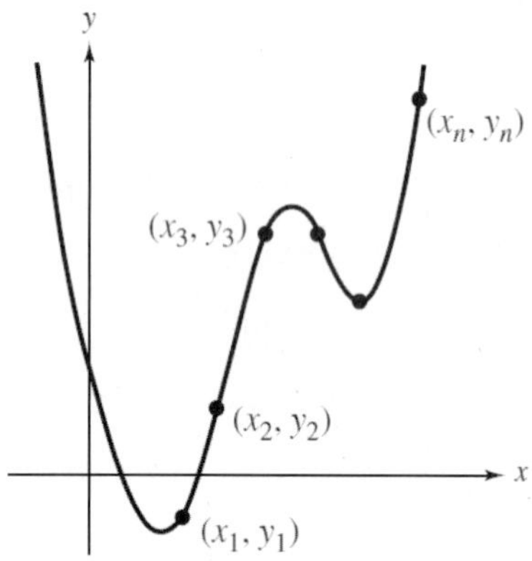

다항함수 곡선맞춤

그림 1.3

xy-평면 위의 n개의 점

$$(x_1,y_1),\ (x_2,y_2),\ \ldots,\ (x_n,y_n)$$

이 데이터의 집합을 나타낸다고 하고 이들 점을 모두 지나는 $n-1$차 다항함수

$$p(x) = a_0 + a_1x + a_2x^2 + \cdots + a_{n-1}x^{n-1}$$

를 찾으려 한다. 이러한 과정을 **다항함수 곡선맞춤**(polynomial curve fitting)이라 한다. 점의 x좌표가 모두 다를 때, 그림 1.3에서처럼 n개의 점을 지나는 $n-1$ 혹은 그 이하의 차수의 다항함수가 정확히 하나 존재하게 된다.

다항함수 $p(x)$의 n개의 계수를 찾기 위해서 n개의 점을 다항함수에 각각 대입하여 n개의 변수 a_0, a_1, a_2, …, a_{n-1}을 가진 n개의 일차방정식으로 이루어진 연립방정식

$$\begin{aligned}
a_0 + a_1x_1 + a_2x_1^2 + \cdots + a_{n-1}x_1^{n-1} &= y_1 \\
a_0 + a_1x_2 + a_2x_2^2 + \cdots + a_{n-1}x_2^{n-1} &= y_2 \\
&\ \ \vdots \\
a_0 + a_1x_n + a_2x_n^2 + \cdots + a_{n-1}x_n^{n-1} &= y_n
\end{aligned}$$

을 얻는다. 예제 1은 2차 다항식을 구하는 과정을 보여준다.

예제 1 다항함수 곡선맞춤

세 점 $(1,4)$, $(2,0)$, $(3,12)$를 모두 지나는 다항함수 $p(x)=a_0+a_1x+a_2x^2$을 구하시오.

풀이

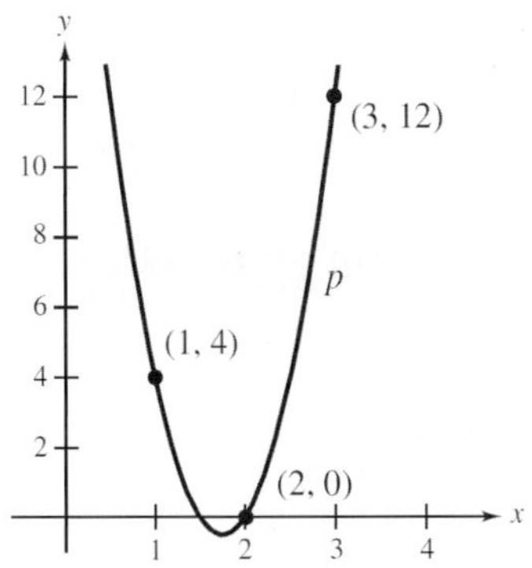

그림 1.4

$x=1,\ 2,\ 3$을 $p(x)$에 대입하여 얻은 값이 각각 y값과 같다고 놓으면 다음과 같은 $a_0,\ a_1,\ a_2$를 변수로 가진 연립일차방정식을 얻는다.

$$\begin{aligned} p(1) &= a_0+a_1(1)+a_2(1)^2 = a_0+\ a_1+\ a_2= 4 \\ p(2) &= a_0+a_1(2)+a_2(2)^2 = a_0+2a_1+4a_2= 0 \\ p(3) &= a_0+a_1(3)+a_2(3)^2 = a_0+3a_1+9a_2=12 \end{aligned}$$

연립방정식의 해를 구하면

$$a_0=24,\ a_1=-28,\ a_2=8$$

이고 다항함수는

$$p(x)=24-28x+8x^2$$

이다. 함수 p의 그래프는 그림 1.4와 같다. ■

예제 2 다항함수 곡선맞춤

이 유형의 예제에 대한 대화형은 LarsonLinearAlgebra.com을 참고하시오.

5개의 점 $(-2,3)$, $(-1,5)$, $(0,1)$, $(1,4)$, $(2,10)$을 모두 지나는 다항함수를 구하시오.

풀이

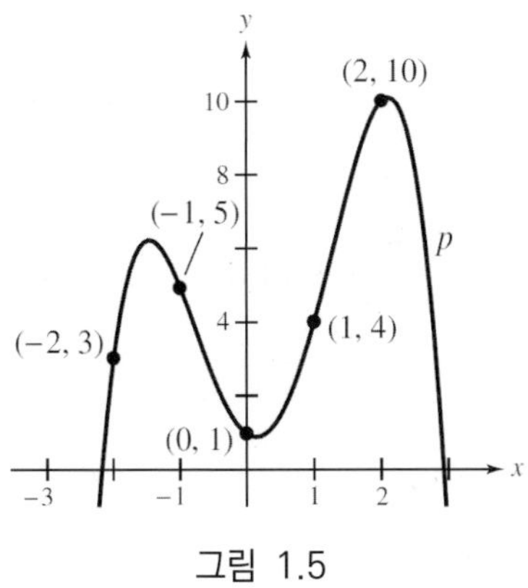

그림 1.5

5개의 점을 지나야 하므로 4차 다항함수

$$p(x)=a_0+a_1x+a_2x^2+a_3x^3+a_4x^4$$

를 생각하자. 각 점의 $p(x)=y$에 대입하여 다음과 같은 연립일차방정식을 얻는다.

$$\begin{aligned} a_0-2a_1+4a_2-8a_3+16a_4 &= 3 \\ a_0-\ a_1+\ a_2-\ a_3+\ a_4 &= 5 \\ a_0 &= 1 \\ a_0+\ a_1+\ a_2+\ a_3+\ a_4 &= 4 \\ a_0+2a_1+4a_2+8a_3+16a_4 &= 10 \end{aligned}$$

연립방정식의 해를 구하면

$$a_0=1,\ a_1=-\frac{5}{4},\ a_2=\frac{101}{24},\ a_3=\frac{3}{4},\ a_4=-\frac{17}{24}$$

이고 구하는 다항함수는

$$p(x)=1-\frac{5}{4}x+\frac{101}{24}x^2+\frac{3}{4}x^3-\frac{17}{24}x^4$$

이다. 함수 p의 그래프는 그림 1.5와 같다. ■

예제 2의 연립일차방정식은 x값이 작기 때문에 비교적 풀기 쉽다. x값이 큰 점의 집합에 대해서는 곡선맞춤을 하기 전에 x값을 변환하는 것이 좋다. 다음 예제는 이런 방법의 예를 보여준다.

예제 3 곡선맞춤 전 커다란 x값을 변환하기

5개의 점

$$\overbrace{(2011,3)}^{(x_1,y_1)},\ \overbrace{(2012,5)}^{(x_2,y_2)},\ \overbrace{(2013,1)}^{(x_3,y_3)},\ \overbrace{(2014,4)}^{(x_4,y_4)},\ \overbrace{(2015,10)}^{(x_5,y_5)}$$

을 모두 지나는 다항함수를 구하시오.

풀이

주어진 x값이 크기 때문에 $z=x-2013$을 이용해서 변환하면

$$\overbrace{(-2,3)}^{(x_1,y_1)},\ \overbrace{(-1,5)}^{(x_2,y_2)},\ \overbrace{(0,1)}^{(x_3,y_3)},\ \overbrace{(1,4)}^{(x_4,y_4)},\ \overbrace{(2,10)}^{(x_5,y_5)}$$

을 얻는다. 이는 예제 2에서의 점과 같다. 따라서 이들 점을 모두 지나는 다항함수는

$$P(z)=1-\frac{5}{4}z+\frac{101}{24}z^2+\frac{3}{4}z^3-\frac{17}{24}z^4$$

이다. 이제 $z=x-2013$이라고 하면

$$p(x)=1-\frac{5}{4}(x-2013)+\frac{101}{24}(x-2013)^2+\frac{3}{4}(x-2013)^3-\frac{17}{24}(x-2013)^4$$

이다. ■

예제 4 곡선맞춤의 응용

다음 표에서 태양으로부터 가장 가까운 세 개의 행성의 공전주기를 태양으로부터의 평균거리에 대한 다항함수로 나타내시오. 그리고 구한 다항함수를 이용하여 화성의 공전주기를 계산하고 표의 값과 비교하시오. (평균거리는 천문단위이며 공전주기의 단위는 년이다.)

행성	수성	금성	지구	화성
평균거리	0.387	0.723	1.000	1.524
공전주기	0.241	0.615	1.000	1.881

풀이

세 점

$$(0.387, 0.241),\ (0,723, 0.615),\ (1, 1)$$

을 모두 지나는 2차식

$$p(x) = a_0 + a_1x + a_2x^2$$

을 구하자. 세 점을 $p(x)$에 대입하여 얻은 연립일차방정식은 다음과 같다.

$$\begin{aligned} a_0 + 0.387a_1 + (0.387)^2a_2 &= 0.241 \\ a_0 + 0.723a_1 + (0.723)^2a_2 &= 0.615 \\ a_0 + \quad a_1 + \quad a_2 &= 1 \end{aligned}$$

이다. 연립방정식의 해의 근삿값을 구하면

$$a_0 \approx -0.0634,\ a_1 \approx 0.6119,\ a_2 \approx 0.4515$$

이고 다항함수의 근사함수는

$$p(x) = -0.0634 + 0.6119x + 0.4515x^2$$

이다. 함수 $p(x)$를 이용하여 화성의 공전주기를 구하면

$$p(1.524) \approx 1.918\text{년}$$

이다. 화성의 공전주기를 표에서 보면 1.881이다. 다음 그림은 표에 나타난 값과 다항함수에서의 값을 그래프를 이용해서 비교한 것이다. ■

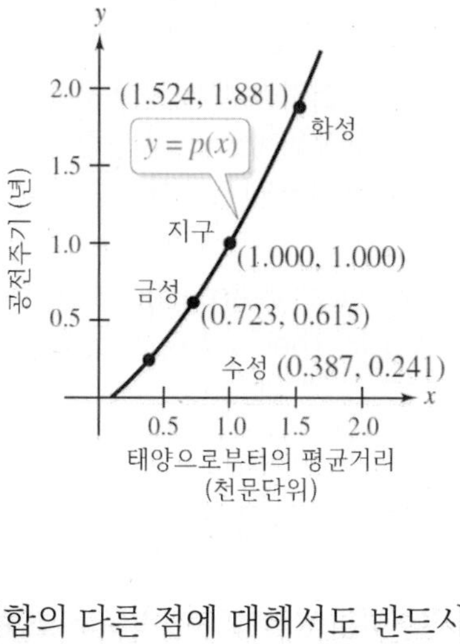

예제 4와 같이, 데이터 집합의 몇 개의 점을 지나는 다항함수가 데이터 집합의 다른 점에 대해서도 반드시 적절한 모델이라고 할 수는 없다. 일반적으로 다른 점이 다항함수를 구할 때 사용한 점으로부터 멀면 멀수록 그 정확도는 점점 떨어진다. 예를 들어, 태양으로부터 목성까지의 평균거리는 5.203 천문단위인데 예제 4에서

구한 $p(x)$를 이용하여 공전주기를 구하면 약 15.343년이다. 이는 실제 목성의 공전주기가 11.862년인 것에 비하면 터무니없는 차이를 보인다.

곡선맞춤 문제는 쉽지 않은 경우도 있다. 다항함수가 아닌 다른 종류의 함수라면 훨씬 효과적일 수 있다. 예를 들어 예제 4의 곡선맞춤문제를 다시 살펴보자. 거리와 공전주기를 자연로그를 이용해서 나타내면 다음 표와 같은 결과를 얻는다.

행성	수정	금성	지구	화성
평균거리 x	0.387	0.723	1.000	1.524
$\ln x$	-0.949	-0.324	0.0	0.421
공전주기 y	0.241	0.615	1.000	1.881
$\ln y$	-1.423	-0.486	0.0	0.632

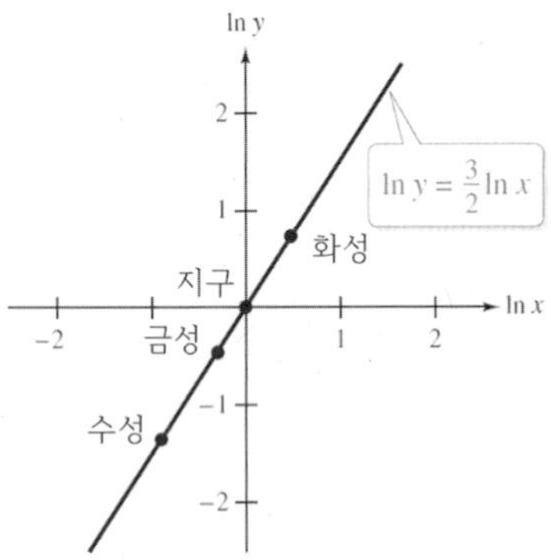

이제 거리와 공전주기의 로그값에 대한 다항함수는 $\ln y = \frac{3}{2}\ln x$라는 선형관계로 나타나는데, 다음은 이에 대한 그래프이다.

$\ln y = \frac{3}{2}\ln x$이므로 $y = x^{3/2}$ 또는 $y^2 = x^3$이다. 다시 말해 각 행성의 공전주기(년)의 제곱은 태양으로부터의 평균거리(천문단위)의 세제곱과 같다. 요하네스 케플러는 1619년에 이런 관계를 처음으로 발견하였다.

선형대수의 응용

혼잡한 삼거리에서 차량이 만들어 내는 음향 소음의 수준을 연구하는 이탈리아의 연구원은 교차로에서의 교통흐름을 모델링하기 위해 연립일차방정식을 이용한다. 연립방정식을 세우는데 도움을 주기 위해 "운영자"는 교차로를 따라 다양한 위치에 자리 잡고 교차로를 통과하는 자동차의 수를 세었다.
(출처: Acoustical Noise Analysis in Road Intersections: A Case Study, Guarnaccia, Claudio, Recent Advances in Acoustics & Music, Proceedings of the 11th WSEAS International Conference on Acoustics & Music: Theory & Applications)

네트워크 분석

분지(branch)와 접합(junction)으로 구성된 네트워크는 경제, 교통분석, 전기공학 등의 분야의 모델로 사용된다. 네트워크 모델에서 접합으로 흘러들어오는 흐름의 총량은 접합에서 흘러나가는 흐름의 총량과 같다고 가정한다. 예를 들어, 다음 그림에서 보여주는 접합은 25 단위가 접합으로 들어오고 있으므로 25 단위가 접합

에서 흘러나가야 한다. 이를 일차방정식

$$x_1 + x_2 = 25$$

로 나타낼 수 있다.

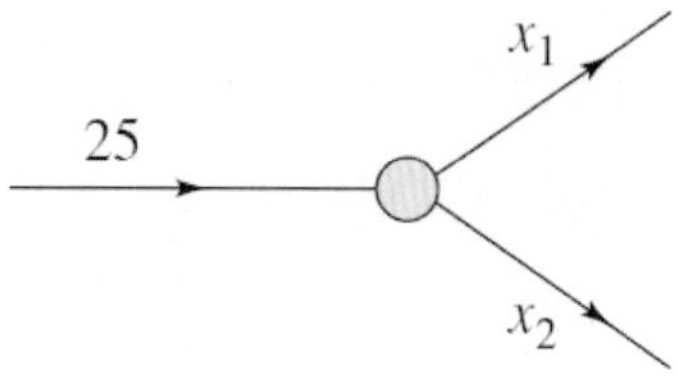

네트워크에 있는 각 접합은 일차방정식으로 나타낼 수 있고, 이 방정식들의 연립방정식의 해를 구하여 여러 개의 접합으로 구성된 네트워크를 지나는 흐름을 분석할 수 있다. 예제 5는 이러한 과정을 잘 보여준다.

예제 5 네트워크 분석

그림 1.6의 네트워크를 나타낼 수 있는 연립일차방정식을 구하시오. 그리고 구한 연립방정식을 푸시오.

풀이

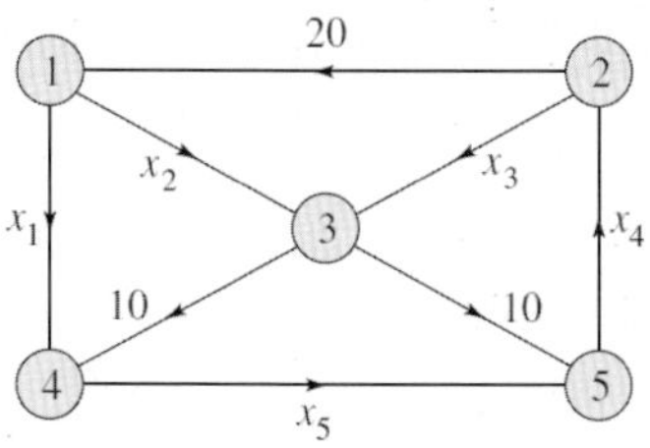

그림 1.6

네트워크에 있는 다섯 개의 접합을 일차방정식으로 나타내면 다음과 같다.

$$\begin{array}{lr} x_1 + x_2 \qquad\qquad = 20 & \text{접합1} \\ x_3 - x_4 \qquad = -20 & \text{접합2} \\ x_2 + x_3 \qquad\quad = 20 & \text{접합3} \\ x_1 \qquad\qquad - x_5 = -10 & \text{접합4} \\ -x_4 + x_5 = -10 & \text{접합5} \end{array}$$

연립방정식의 덧붙인 행렬은 다음과 같다.

$$\begin{bmatrix} 1 & 1 & 0 & 0 & 0 & 20 \\ 0 & 0 & 1 & -1 & 0 & -20 \\ 0 & 1 & 1 & 0 & 0 & 20 \\ 1 & 0 & 0 & 0 & -1 & -10 \\ 0 & 0 & 0 & -1 & 1 & -10 \end{bmatrix}$$

가우스-조던 소거법을 이용하여 기약행사다리꼴 행렬

$$\begin{bmatrix} 1 & 0 & 0 & 0 & -1 & -10 \\ 0 & 1 & 0 & 0 & 1 & 30 \\ 0 & 0 & 1 & 0 & -1 & -10 \\ 0 & 0 & 0 & 1 & -1 & 10 \\ 0 & 0 & 0 & 0 & 0 & 0 \end{bmatrix}$$

를 얻는다. 이로부터 연립방정식

$$x_1 - x_5 = -10,\ x_2 + x_5 = 30,\ x_3 - x_5 = -10,\ x_4 - x_5 = 10$$

을 얻는다. $x_5 = t$라 하면,

$$x_1 = t-10,\ x_2 = -t+30,\ x_3 = t-10,\ x_4 = t+10,\ x_5 = t$$

이고 t는 임의의 실수이다. 따라서 이 연립방정식은 무수히 많은 해를 갖는다. ■

예제 5에서 x_5라고 이름 붙은 분지를 따라 흐르는 흐름의 양을 조절할 수 있다면 다른 변수로 이름 붙은 분지의 흐름도 조절할 수 있다. 예를 들어 $t = 10$이라고 하면 오른쪽 그림과 같은 흐름을 만들 수 있다. (정말 그런지 확인해 보자!)

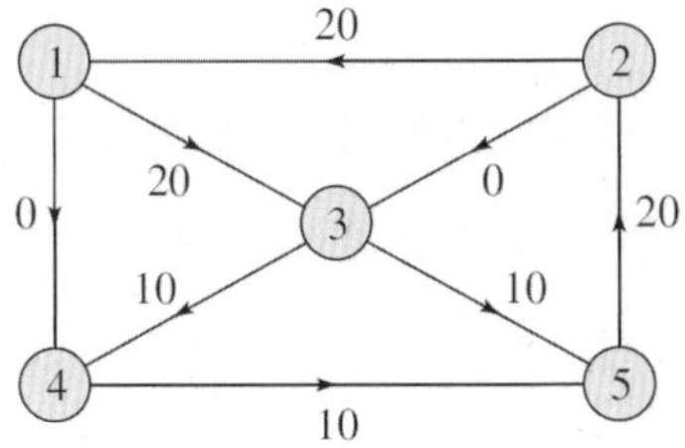

예제 5에서 보여준 것과 같은 네트워크 분석기법이 도시 내 도로를 지나는 교통량 또는 관개용수 시스템을 통한 물의 흐름과 관련한 문제에서 어떻게 사용되는지 이해할 수 있을 것이다.

네트워크 분석이 종종 사용되는 네트워크의 또 다른 예로는 전기회로가 있다. 전기회로와 같은 시스템에서의 네트워크 분석은 키르히호프 법칙이라고 알려진 전기회로에 대한 두 가지 성질을 이용한다.

1. 한 접합으로 들어온 모든 전류는 그 접합으로부터 모두 빠져나간다.
2. 닫힌 경로 내의 IR(I는 전류이고 R은 저항임)의 합은 그 경로 전체의 총 전압과 같다.

참고

닫힌 경로는 첫 번째 분지의 시작점이 마지막 분지의 끝점과 같은 여러 분지들의 나열이다.

전기회로에서 전류의 단위는 암페어(amperes, A), 저항의 단위는 옴(ohms, Ω(그리스문자 '오메가')), 전류와 저항의 곱의 단위는 은 볼트(volts, V)를 사용한다. 기호 —|⊢— 은 배터리를 나타낸다. 긴 세로선은 전류가 흘러나가는 쪽이다. 기호 -\/\/\/- 은 저항을 나타낸다. 분지에 그려진 화살표는 전류가 흐르는 방향을 나타낸다.

예제 6 ▸ 전기회로 분석

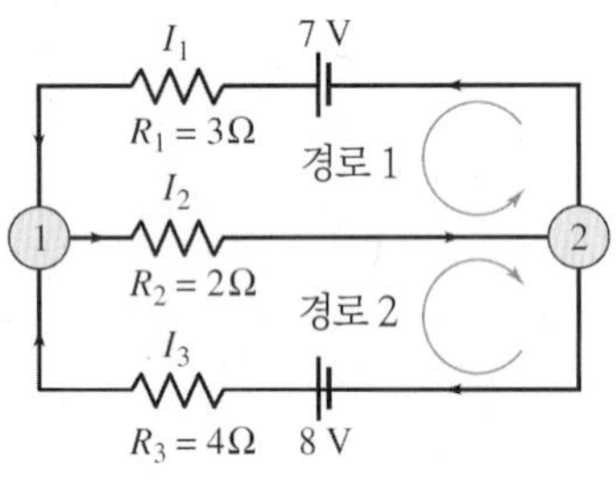

그림 1.7

그림 1.7의 전기회로에서 전류 I_1, I_2, I_3를 구하시오.

풀이

키르히호프의 제 1법칙을 각 접합마다 적용하면 다음 식을 얻는다.

$I_1 + I_3 = I_2$ 접합 1 또는 접합2

그리고 키르히호프의 제 2법칙을 두 경로에 적용하면 다음 식을 얻는다.

$$R_1I_1 + R_2I_2 = 3I_1 + 2I_2 = 7 \qquad \text{경로 1}$$
$$R_2I_2 + R_3I_3 = 2I_2 + 4I_3 = 8 \qquad \text{경로 2}$$

따라서 다음과 같은 세 변수 I_1, I_2, I_3를 미지수로 하는 세 개의 일차방정식으로 이루어진 연립방정식을 얻는다.

$$\begin{aligned} I_1 - I_2 + I_3 &= 0 \\ 3I_1 + 2I_2 \qquad &= 7 \\ 2I_2 + 4I_3 &= 8 \end{aligned}$$

덧붙인 행렬 $\begin{bmatrix} 1 & -1 & 1 & 0 \\ 3 & 2 & 0 & 7 \\ 0 & 2 & 4 & 8 \end{bmatrix}$에 가우스-조던 소거법을 적용하면 기약행사다리꼴 행렬

$$\begin{bmatrix} 1 & 0 & 0 & 1 \\ 0 & 1 & 0 & 2 \\ 0 & 0 & 1 & 1 \end{bmatrix}$$

를 얻는다. 이로부터 $I_1 = 1(\text{A})$, $I_2 = 2(\text{A})$, $I_3 = 1(\text{A})$임을 알 수 있다. ■

예제 7 전기회로 분석

다음 그림과 같은 전기회로에서 전류 I_1, I_2, I_3, I_4, I_5, I_6를 구하시오.

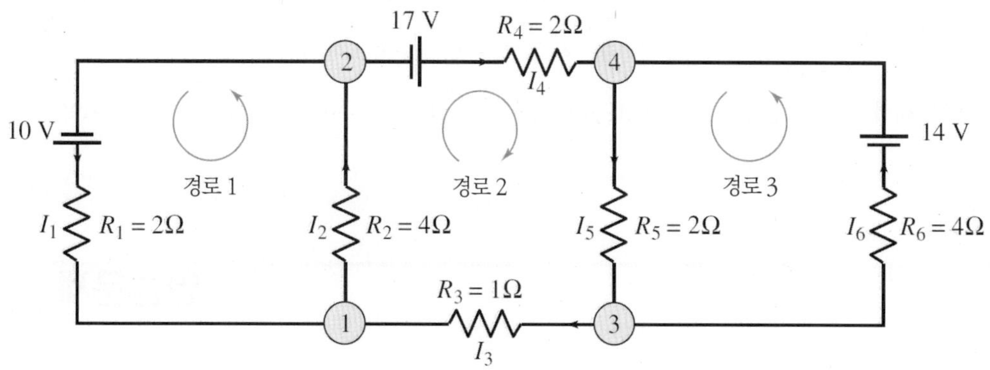

풀이

키르히호프의 제 1법칙을 네 개의 접합에 적용하면 다음 식을 얻는다.

$$I_1 + I_3 = I_2 \qquad \text{접합 1}$$
$$I_1 + I_4 = I_5 \qquad \text{접합 2}$$
$$I_3 + I_6 = I_5 \qquad \text{접합 3}$$
$$I_4 + I_6 = I_5 \qquad \text{접합 4}$$

또한 키르히호프의 제 2법칙을 세 개의 경로에 적용하면 다음 식을 얻는다.

$$\begin{aligned} 2I_1 + 4I_2 \qquad\qquad\qquad &= 10 \qquad \text{경로 1} \\ 4I_2 + I_3 + 2I_4 + 2I_5 \qquad &= 17 \qquad \text{경로 2} \\ 2I_5 + 4I_6 &= 14 \qquad \text{경로 3} \end{aligned}$$

그러면 다음과 같은 변수 I_1, I_2, I_3, I_4, I_5, I_6를 미지수로 갖는 일곱 개의 일차방정식으로 이루어진 연립방정식을 얻는다.

$$\begin{aligned} I_1 - I_2 + I_3 \qquad\qquad &= 0 \\ I_1 - I_2 \quad + I_4 \qquad\quad &= 0 \\ I_3 \quad - I_5 + I_6 &= 0 \\ I_4 - I_5 + I_6 &= 0 \\ 2I_1 + 4I_2 \qquad\qquad\qquad &= 10 \\ 4I_2 + I_3 + 2I_4 + 2I_5 \qquad &= 17 \\ 2I_5 + 4I_6 &= 14 \end{aligned}$$

이 연립방정식의 덧붙인 행렬은

$$\begin{bmatrix} 1 & -1 & 1 & 0 & 0 & 0 & 0 \\ 1 & -1 & 0 & 1 & 0 & 0 & 0 \\ 0 & 0 & 1 & 0 & -1 & 1 & 0 \\ 0 & 0 & 0 & 0 & -1 & 1 & 0 \\ 2 & 4 & 0 & 0 & 0 & 0 & 10 \\ 0 & 4 & 1 & 2 & 2 & 0 & 17 \\ 0 & 0 & 0 & 0 & 2 & 4 & 14 \end{bmatrix}$$

이다. 그래픽 계산기, 소프트웨어 프로그램 혹은 가우스-조던 소거법을 이용하여 이 연립방정식을 풀면

$$I_1 = 1,\ I_2 = 2,\ I_3 = 1,\ I_4 = 1,\ I_5 = 3,\ I_6 = 2$$

를 얻는다. 그래서 구하는 전류는 $I_1 = 1(\text{A})$, $I_2 = 2(\text{A})$, $I_3 = 1(\text{A})$, $I_4 = 1(\text{A})$, $I_5 = 3(\text{A})$, $I_6 = 2(\text{A})$이다. ■

1.3 연습문제

다항식 곡선 맞춤 1～12번에서는 (a) 그래프가 주어진 점을 모두 지나는 다항함수를 찾고, (b) 다항함수의 그래프를 그리고 주어진 점을 나타내시오.

1. $(2,5)$, $(3,2)$, $(4,5)$

2. $(0,0)$, $(2,-2)$, $(4,0)$

3. $(2,4)$, $(3,6)$, $(5,10)$

4. $(2,4)$, $(3,4)$, $(4,4)$

5. $(-1,3)$, $(0,0)$, $(1,1)$, $(4,58)$

6. $(0,42)$, $(1,0)$, $(2,-40)$, $(3,-72)$

7. $(-2,28)$, $(-1,0)$, $(0,-6)$, $(1,-8)$, $(2,0)$

8. $(-4,18)$, $(0,1)$, $(4,0)$, $(6,28)$, $(8,135)$

9. $(2013,5)$, $(2014,7)$, $(2015,12)$

10. $(2012,150)$, $(2013,180)$, $(2014,240)$, $(2015,360)$

11. $(0.072, 0.203)$, $(0.120, 0.238)$, $(0.148, 0.284)$

12. $(1,1)$, $(1.189, 1.587)$, $(1.316, 2.080)$, $(1.414, 2.520)$

13. $\sin 0 = 0$, $\sin\frac{\pi}{2} = 1$, $\sin\pi = 0$을 이용하여 $\frac{\pi}{3}$을 추정하시오.

14. $\log_2 1 = 0$, $\log_2 2 = 1$, $\log_2 4 = 2$를 이용하여 $\log_2 3$을 추정하시오.

원의 방정식 15번과 16번에서는 주어진 점을 지나는 원의 방정식을 구하시오.

15. $(1,3)$, $(-2,6)$, $(4,2)$

16. $(-5,1) <$ $(-3,2)$, $(-1,1)$

17. **인구수** 미국 인구 조사에 따르면 미국의 인구는 1990년에 2억 4천 9백만 명, 2000년에 2억 8천 2백만 명, 2010년에 3억 9백만 명이다. 이 세 점을 지나는 2차 다항함수를 구하고 구한 2차함수를 이용하여 2020년과 2030년의 인구수를 예측하시오.(출처: 미국 인구조사국)

18. **인구수** 다음은 1970년, 1980년, 1990년, 2000년의 미국 인구를 나타낸 표이다. (출처: 미국 인구 조사국)

연도	1970	1980	1990	2000
인구 (백만 명)	205	227	249	282

(a) 주어진 자료에 적합한 3차 다항 함수를 구하고 이를 이용하여 2010년의 인구를 추정하시오.

(b) 실제 201년의 인구는 3억 9백만 명이다. (a)에서 추정한 값과 비교하면 그 결과는 어떠한가?

19. **순이익** 다음은 마이크로소프트사의 2007년부터 2014년까지의 순이익(단위는 백만 달러)을 나타낸 표이다. (출처: 마이크로소프트사)

연도	2007	2008	2009	2010
순이익	14,065	17,681	14,569	18,760
연도	2011	2012	2013	2014
순이익	23,150	23,171	22,453	22,074

(a) 2007년, 2008년, 2009년, 2010년의 자료에 적합한 3차 다항식 모델을 구하기 위한 연립방정식을 세우시오.

(b) (a)에서 구한 연립방정식을 푸시오. 연립방정식의 해를 이용하여 만든 모델은 2010년 이후의 순이익을 예측하기 위해 합리적인 모델인가? 그 이유를 설명하시오.

20. **매출** 다음은 월마트의 2006년부터 2013년까지의 매출(단위는 십억 달러)을 나타낸 표이다. (출처: 월마트)

연도	2006	2007	2008	2009
매출	348.7	378.8	405.6	408.2
연도	2010	2011	2012	2013
매출	421.8	447.0	469.2	476.2

(a) 2006년, 2007년, 2008년, 2009년, 2010년의 자료에 적합한 4차 다항식 모델을 구하기 위한 연립방정식을 세우시오.

(b) (a)에서 구한 연립방정식을 푸시오. 연립방정식의 해를 이용하여 만든 모델은 2010년 이후의 매출을 예측하기 위해 합리적인 모델인가? 그 이유를 설명하시오.

21. **네트워크 분석** 다음 그림은 도로망을 지나는 교통량(시간당 통과 대수)을 나타낸 것이다.

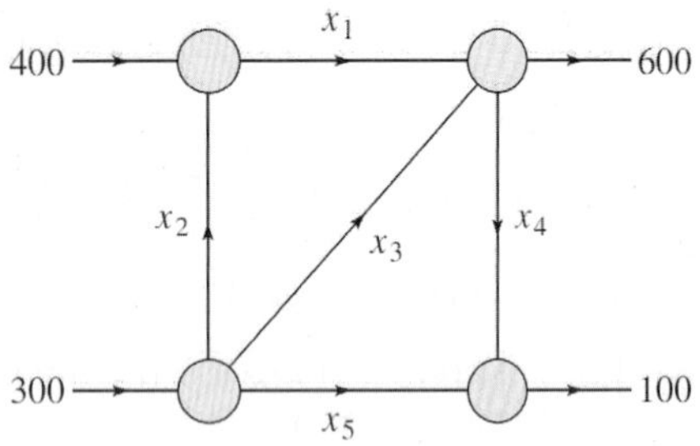

(a) $i = 1,\ 2,\ ...,\ 5$에 대하여 x_i에 대한 연립방정식을 푸시오.

(b) $x_3 = 0$이고 $x_5 = 100$일 때 교통량을 구하시오.

(c) $x_3 = x_5 = 100$일 때 교통량을 구하시오.

22. **네트워크 분석** 다음 그림은 도로망을 지나는 교통량(시간당 통과 대수)를 나타낸 것이다.

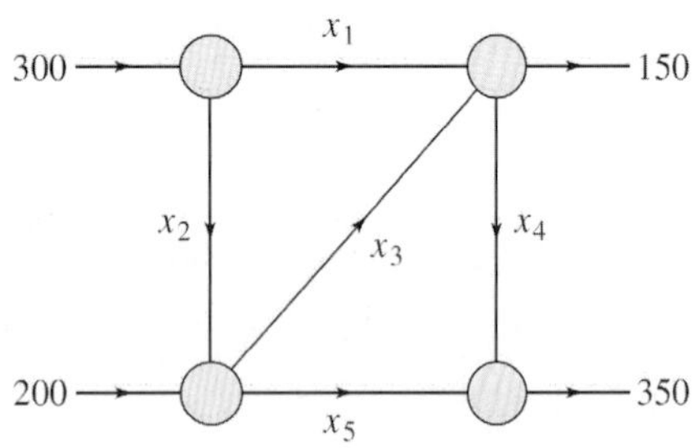

(a) $i = 1,\ 2,\ ...,\ 5$에 대하여 x_i에 대한 연립방정식을 푸시오.

(b) $x_2 = 200$이고 $x_3 = 50$일 때 교통량을 구하시오.

(c) $x_2 = 150$이고 $x_3 = 0$일 때 교통량을 구하시오.

23. **네트워크 분석** 다음 그림은 도로망을 지나는 교통량(시간당 통과 대수)를 나타낸 것이다.

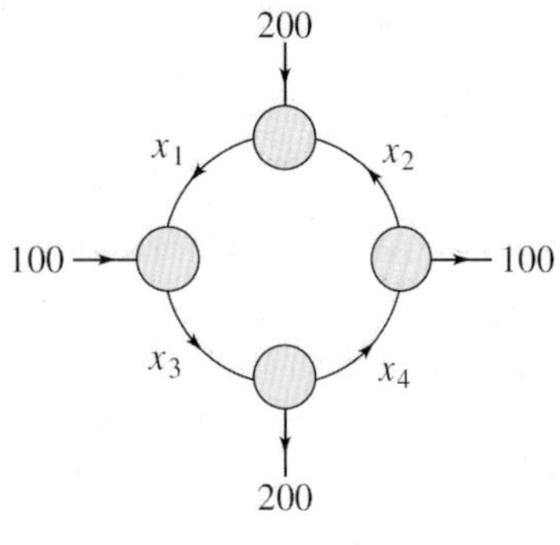

(a) $i = 1,\ 2,\ 3,\ 4$에 대하여 x_i에 대한 연립방정식을 푸시오.

(b) $x_4 = 0$일 때 교통량을 구하시오.

(c) $x_4 = 100$일 때 교통량을 구하시오.

(d) $x_1 = 2x_2$일 때 교통량을 구하시오.

24. **네트워크 분석** 다음 그림과 같이 파이프의 관계망으로 물이 흐르고 있다(시간당 1000 m^3).

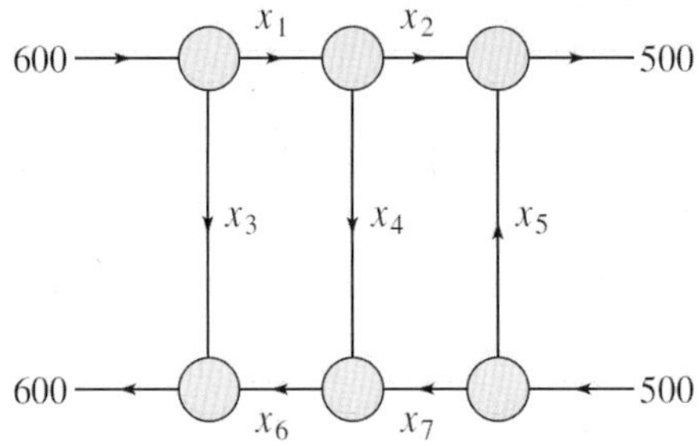

(a) $i = 1,\ 2,\ ...,\ 7$에 대하여 x_i가 흐르는 물의 양을 나타낼 때, x_i에 대한 연립방정식을 푸시오.

(b) $x_1 = x_2 = 100$일 때 흐르는 물의 양을 구하시오.

(c) $x_6 = x_7 = 0$일 때 흐르는 물의 양을 구하시오.

(d) $x_5 = 1000$이고 $x_6 = 0$일 때 흐르는 물의 양을 구하시오.

25. **네트워크 분석** 다음 그림과 같은 전기회로에서 전류 I_1, I_2, I_3를 구하시오.

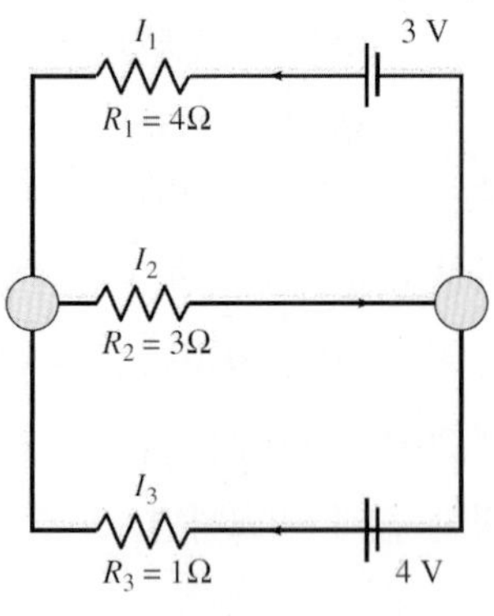

26. 네트워크 분석 다음 그림과 같은 전기회로에서 전류 I_1, I_2, I_3, I_4, I_5, I_6를 구하시오.

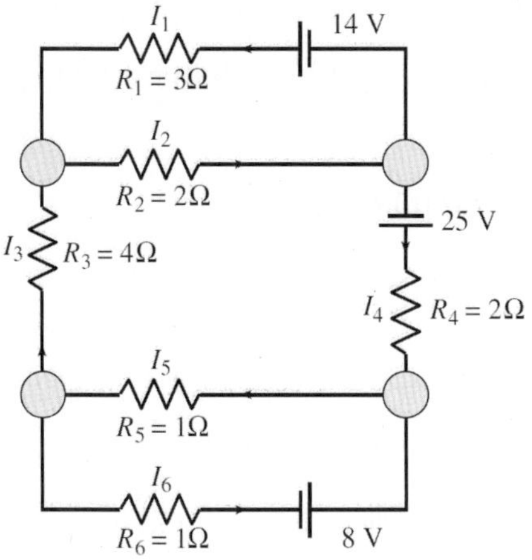

27. 네트워크 분석

(a) 다음 그림과 같은 전기회로에서 전류 I_1, I_2, I_3를 구하시오.

(b) A를 2(V)로 바꾸고 B를 6(V)로 바꾸면 결과에 어떤 영향을 주는가?

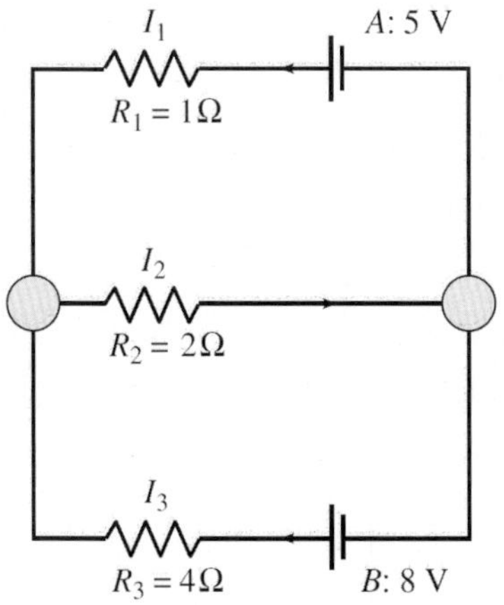

28. 캡스톤

(a) 다항함수 곡선 맞춤을 위해 연립일차방정식을 어떻게 사용했는지 설명하시오.

(b) 네트워크 분석을 위해 연립일차방정식을 어떻게 사용했는지 설명하시오.

온도 29번과 30번에서의 그림은 얇은 절연 금속판의 경계 온도(단위는 섭씨)를 나타낸 것이다. 내부의 접합에서의 안정 상태 온도는 주변 네 개의 접합에서의 온도의 평균과 거의 같다. 연립일차방정식을 사용하여 내부 온도 T_1, T_2, T_3, T_4의 근삿값을 구하시오.

29.

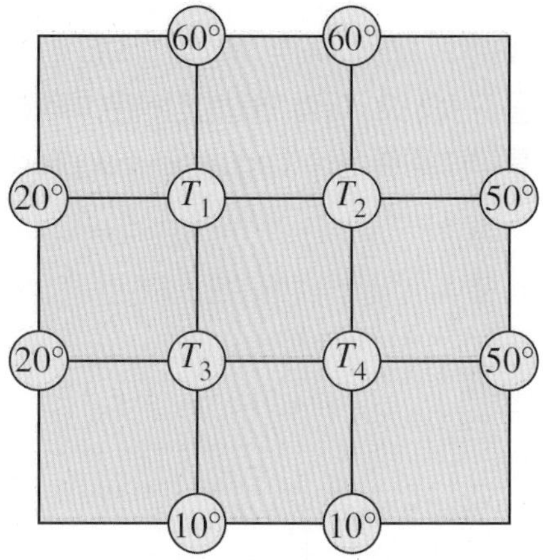

30.

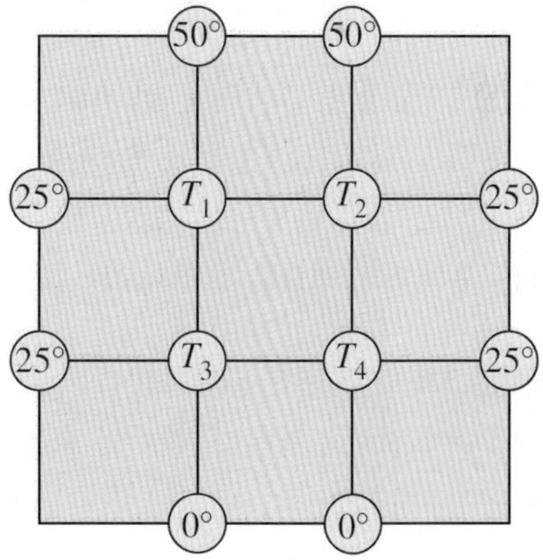

부분분수분해 31∼34번에서는 연립방정식을 이용하여 유리식의 부분분수분해를 구하시오. 행렬을 이용하여 연립방정식을 푸시오.

31. $\dfrac{4x^2}{(x+1)^2(x-1)} = \dfrac{A}{x-1} + \dfrac{B}{x+1} + \dfrac{C}{(x+1)^2}$

32. $\dfrac{3x^2-7x-12}{(x+4)(x-4)^2} = \dfrac{A}{x+4} + \dfrac{B}{x-4} + \dfrac{C}{(x-4)^2}$

33. $\dfrac{3x^2-3x-2}{(x+2)(x-2)^2}=\dfrac{A}{x+2}+\dfrac{B}{x-2}+\dfrac{C}{(x-2)^2}$

34. $\dfrac{20-x^2}{(x+2)(x-2)^2}=\dfrac{A}{x+2}+\dfrac{B}{x-2}+\dfrac{C}{(x-2)^2}$

미적분 35번과 36번에서는 연립방정식을 만족하는 x, y, λ의 값을 구하시오. 이런 연립방정식은 미적분 문제에 나오며 λ를 라그랑쥬 승수(Lagrange multiplier)라고 한다.

35.
$$\begin{aligned} 2x \quad\quad + \lambda \quad\quad &= 0 \\ 2y + \lambda \quad\quad &= 0 \\ x + \ y \quad\quad - 4 &= 0 \end{aligned}$$

36.
$$\begin{aligned} 2y + 2\lambda + \quad 2 &= 0 \\ 2x \quad\quad + \ \lambda + \quad 1 &= 0 \\ 2x + \ y \quad\quad - 100 &= 0 \end{aligned}$$

37. **미적분** 포물선의 그래프가 점 $(0,1)$, $\left(\dfrac{1}{2},\dfrac{1}{2}\right)$을 지나고 $\left(\dfrac{1}{2},\dfrac{1}{2}\right)$에서 수평접선을 갖는다. 포물선의 식을 구하고 그래프를 그리시오.

38. **미적분** 3차 다항함수의 그래프가 $(1,-2)$와 $(-1,2)$에서 수평 접선을 갖는다. 함수의 식을 구하고 그래프를 구하시오.

39. **단계별 증명** 다항함수 $p(x)=a_0+a_1x+a_2x^2$이 $x=-1$, $=0$, $x=1$에서 함숫값이 0이라면 $a_0=a_1=a_2=0$임을 증명하시오.

시작: 연립일차방정식을 세우고 a_0, a_1, a_2에 대하여 연립방정식을 푼다.

(i) $p(x)$에 $x=-1$, 0, 1을 대입한다.

(ii) 대입한 결과를 0이라고 놓는다.

(iii) 이렇게 세운 미지수 a_0, a_1, a_2에 대한 연립일차방정식을 푼다.

40. **증명** 39번의 결과를 일반화하면, 다항함수 $p(x)=a_0+a_1x+\cdots+a_{n-1}x^{n-1}$의 함숫값이 $n-1$개 보다 많은 x값에서 0이면 $a_0=a_1=\cdots=a_{n-1}=0$이다. 이 결과를 이용하여 x좌표가 서로 다른 n개의 점을 지나는 $n-1$차 다항함수는 기껏해야 하나만 존재함을 증명하시오.

41.
(a) 함수 f의 그래프는 $(0,1)$, $\left(2,\dfrac{1}{3}\right)$, $\left(4,\dfrac{1}{5}\right)$를 지난다. 이 점을 지나는 2차 함수를 구하시오.

(b) $(0,1)$, $(2,3)$, $(4,5)$를 지나는 2차 이하의 다항함수를 구하시오. 그리고 $y=\dfrac{1}{p(x)}$의 그래프를 그리고 이 그래프와 (a)에서 구한 함수의 그래프를 비교하시오.

42. **서술** 다음 표의 자료에 적합한 다항함수를 구해보시오. 어떤 결과가 나타나는 지 설명하고 그러한 이유를 서술하시오.

x	1	2	3	3	4
y	1	1	2	3	4

복습문제 01

일차방정식 1~6번에서는 주어진 방정식이 x와 y에 대한 일차방정식인지 확인하시오.

1. $2x - y^2 = 4$ **2.** $2xy - 6y = 0$

3. $(\cot 5)\,x - y = 3$ **4.** $e^{-2}x + 5y = 8$

5. $\frac{2}{x} + 4y = 3$ **6.** $\frac{x}{2} - \frac{y}{4} = 0$

매개변수 표현 7번과 8번에서 일차방정식의 해집합을 매개변수를 이용하여 나타내시오.

7. $-3x + 4y - 2z = 1$ **8.** $3x_1 + 2x_2 - 4x_3 = 0$

연립일차방정식 9~20번에서는 연립일차방정식을 푸시오.

9. $\begin{aligned} x + y &= 2 \\ 3x - y &= 0 \end{aligned}$ **10.** $\begin{aligned} x + y &= -1 \\ 3x + 2y &= 0 \end{aligned}$

11. $\begin{aligned} 3y &= 2x \\ y &= x + 4 \end{aligned}$ **12.** $\begin{aligned} x &= y + 3 \\ 4x &= y + 10 \end{aligned}$

13. $\begin{aligned} y + x &= 0 \\ 2x + y &= 0 \end{aligned}$ **14.** $\begin{aligned} y &= 5x \\ y &= -x \end{aligned}$

15. $\begin{aligned} x - y &= 9 \\ -x + y &= 1 \end{aligned}$ **16.** $\begin{aligned} 40x_1 + 30x_2 &= 24 \\ 20x_1 + 15x_2 &= -14 \end{aligned}$

17. $\begin{aligned} \frac{1}{2}x - \frac{1}{3}y &= 0 \\ 3x + 2(y+5) &= 10 \end{aligned}$ **18.** $\begin{aligned} \frac{1}{3}x + \frac{4}{7}y &= 3 \\ 2x + 3y &= 15 \end{aligned}$

19. $\begin{aligned} 0.2x_1 + 0.3x_2 &= 0.14 \\ 0.4x_1 + 0.5x_2 &= 0.20 \end{aligned}$ **20.** $\begin{aligned} 0.2x - 0.1y &= 0.07 \\ 0.4x - 0.5y &= -0.01 \end{aligned}$

행렬 크기 21번과 22번에서는 행렬의 크기를 구하시오.

21. $\begin{bmatrix} 1 & 2 & -5 \\ 2 & 1 & 5 \end{bmatrix}$ **22.** $\begin{bmatrix} 2 & 1 \\ -4 & -1 \\ 0 & 5 \end{bmatrix}$

덧붙인 행렬 23~25번에서는 덧붙인 행렬로 표현된 연립일차방정식의 해집합을 구하시오.

23. $\begin{bmatrix} 1 & 2 & -5 \\ 2 & 1 & 5 \end{bmatrix}$ **24.** $\begin{bmatrix} -2 & 3 & 0 \\ 0 & 0 & 0 \end{bmatrix}$

25. $\begin{bmatrix} 1 & 2 & 0 & 0 \\ 0 & 0 & 1 & 0 \\ 0 & 0 & 0 & 0 \end{bmatrix}$ **26.** $\begin{bmatrix} 1 & 2 & 3 & 0 \\ 0 & 0 & 0 & 1 \\ 0 & 0 & 0 & 0 \end{bmatrix}$

행사다리꼴 27~30번에서는 행렬이 행사다리꼴인지 확인하시오. 만약 행사다리꼴이라면 기약행사다리꼴인지도 확인하시오.

27. $\begin{bmatrix} 1 & 2 & -3 & 0 \\ 0 & 0 & 0 & 1 \\ 0 & 0 & 0 & 0 \end{bmatrix}$ **28.** $\begin{bmatrix} 1 & 0 & 1 & 1 \\ 0 & 1 & 2 & 1 \\ 0 & 0 & 0 & 1 \end{bmatrix}$

29. $\begin{bmatrix} -1 & 2 & 1 \\ 0 & 1 & 0 \\ 0 & 0 & 1 \end{bmatrix}$ **30.** $\begin{bmatrix} 0 & 1 & 0 & 0 \\ 0 & 0 & 1 & 2 \\ 0 & 0 & 0 & 0 \end{bmatrix}$

연립일차방정식 31~40번에서는 가우스 소거법과 역대입법 또는 가우스-조던 소거법을 이용하여 연립방정식을 푸시오.

31. $\begin{aligned} -x + y + 2z &= 1 \\ 2x + 3y + z &= -2 \\ 5x + 4y + 2z &= 4 \end{aligned}$ **32.** $\begin{aligned} 4x + 2y + z &= 18 \\ 4x - 2y - 2z &= 28 \\ 2x - 3y + 2z &= -8 \end{aligned}$

33. $\begin{aligned} 2x + 3y + 3z &= 3 \\ 6x + 6y + 12z &= 13 \\ 12x + 9y - z &= 2 \end{aligned}$ **34.** $\begin{aligned} 2x + y + 2z &= 4 \\ 2x + 2y &= 5 \\ 2x - y + 6z &= 2 \end{aligned}$

35. $\begin{aligned} x - 2y + z &= -6 \\ 2x - 3y &= -7 \\ -x + 3y - 3z &= 11 \end{aligned}$ **36.** $\begin{aligned} 2x + 6z &= -9 \\ 3x - 2y + 11z &= -16 \\ 3x - y + 7z &= -11 \end{aligned}$

37. $\begin{aligned} x + 2y + 6z &= 1 \\ 2x + 5y + 15z &= 4 \\ 3x + y + 3z &= -6 \end{aligned}$ **38.** $\begin{aligned} 2x_1 + 5x_2 - 19x_3 &= 34 \\ 3x_1 + 8x_2 - 31x_3 &= 54 \end{aligned}$

39. $\begin{aligned} 2x_1 + x_2 + x_3 + 2x_4 &= -1 \\ 5x_1 - 2x_2 + x_3 - 3x_4 &= 0 \\ -x_1 + 3x_2 + 2x_3 + 2x_4 &= 1 \\ 3x_1 + 2x_2 + 3x_3 - 5x_4 &= 12 \end{aligned}$

40.
$$\begin{aligned} x_1 + 5x_2 + 3x_3 \qquad\qquad &= 14 \\ 4x_2 + 2x_3 + 5x_4 \qquad &= 3 \\ 3x_3 + 8x_4 + 6x_5 &= 16 \\ 2x_1 + 4x_2 \qquad - 2x_5 &= 0 \\ 2x_1 \quad - x_3 \qquad\qquad &= 0 \end{aligned}$$

연립일차방정식 41~46번에서는 소프트웨어 프로그램이나 공학용 계산기를 이용하여 연립일차방정식을 푸시오.

41.
$$\begin{aligned} x_1 + x_2 + x_3 &= 15.4 \\ x_1 - x_2 - 2x_3 &= 27.9 \\ 3x_1 - 2x_2 + x_3 &= 76.9 \end{aligned}$$

42.
$$\begin{aligned} 1.1x_1 + 2.3x_2 + 3.4x_3 &= 0 \\ 1.1x_1 - 2.2x_2 - 4.4x_3 &= 0 \\ -1.7x_1 + 3.4x_2 + 6.8x_3 &= 1 \end{aligned}$$

43.
$$\begin{aligned} 3x + 3y + 12z &= 6 \\ x + y + 4z &= 2 \\ 2x + 5y + 20z &= 10 \\ -x + 2y + 8z &= 4 \end{aligned}$$

44.
$$\begin{aligned} x + 2y + z + 3w &= 0 \\ x - y \qquad + w &= 0 \\ 5y - z + 2w &= 0 \end{aligned}$$

45.
$$\begin{aligned} 2x + 10y + 2z &= 6 \\ x + 5y + 2z &= 6 \\ x + 5y + z &= 3 \\ -3x - 15y + 3z &= -9 \end{aligned}$$

46.
$$\begin{aligned} 2x + y - z + 2w &= -6 \\ 3x + 4y \qquad + w &= 1 \\ x + 5y + 2z + 6w &= -3 \\ 5x + 2y - z - w &= 3 \end{aligned}$$

47.
$$\begin{aligned} x_1 - 2x_2 - 8x_3 &= 0 \\ 3x_1 + 2x_2 \qquad &= 0 \end{aligned}$$

48.
$$\begin{aligned} 2x_1 + 4x_2 - 7x_3 &= 0 \\ x_1 - 3x_2 + 9x_3 &= 0 \end{aligned}$$

49.
$$\begin{aligned} -2x_1 + 7x_2 - 3x_3 &= 0 \\ 4x_1 - 12x_2 + 5x_3 &= 0 \\ 12x_2 + 7x_3 &= 0 \end{aligned}$$

50.
$$\begin{aligned} x_1 + 3x_2 + 5x_3 &= 0 \\ x_1 + 4x_2 + \frac{1}{2}x_3 &= 0 \end{aligned}$$

51. 다음 연립일차방정식이 해가 존재하지 않도록 하는 k의 값을 구하시오.

$$\begin{aligned} kx + y &= 0 \\ x + ky &= 1 \end{aligned}$$

52. 다음 연립일차방정식이 유일한 해를 갖도록 하는 k의 값을 구하시오.

$$\begin{aligned} x - y + 2z &= 0 \\ -x + y - z &= 0 \\ x + ky + z &= 0 \end{aligned}$$

53. 다음 연립일차방정식이 (a) 해가 없을 때, (b) 유일한 해를 가질 때, (c) 무수히 많은 해를 가질 때의 a와 b의 값을 각각 구하시오.

$$\begin{aligned} x + y &= 3 \\ ax + by &= -9 \end{aligned}$$

54. 다음 연립일차방정식이 (a) 해가 없을 때, (b) 유일한 해를 가질 때, (c) 무수히 많은 해를 가질 때의 a와 b의 값을 (구할 수 있다면) 각각 구하시오.

$$\begin{aligned} 2x - y + z &= a \\ x + y + 2z &= b \\ 3y + 3z &= c \end{aligned}$$

55. **서술** 두 행렬이 해동치임을 보일 수 있는 방법을 설명하시오. 다음 두 행렬은 행동치인가?

$$\begin{bmatrix} 1 & 1 & 2 \\ 0 & -1 & 2 \\ 3 & 1 & 2 \end{bmatrix}, \begin{bmatrix} 1 & 2 & 3 \\ 4 & 3 & 6 \\ 5 & 5 & 10 \end{bmatrix}$$

56. **서술** 2×3행렬 중 모든 기약행사다리꼴 행렬에 대하여 그 특징을 서술하시오. 그리고 제시한 설명이 옳다는 것을 예를 들어 설명하시오.

57. n은 $n \geq 3$인 실수일 때, 다음 $n\times n$행렬의 기약행사다리꼴 행렬을 구하시오.

$$\begin{bmatrix} 1 & 2 & 3 & \cdots & n \\ n+1 & n+2 & n+3 & \cdots & 2n \\ 2n+1 & 2n+2 & 2n+3 & \cdots & 3n \\ \vdots & \vdots & \vdots & & \vdots \\ n^2-n+1 & n^2-n+2 & n^2-n+3 & \cdots & n^2 \end{bmatrix}$$

58. 다음 연립일차방정식이 자명하지 않은 해를 갖게 하는 λ의 값을 모두 구하시오.

$$\begin{aligned} (\lambda+2)x_1 - \quad\ \ 2x_2 + 3x_3 &= 0 \\ -2x_1 + (\lambda-1)x_2 + 6x_3 &= 0 \\ x_1 + \quad\ \ 2x_2 + \lambda x_3 &= 0 \end{aligned}$$

참 또는 거짓? 59번과 60번에서는 각 명제가 참 또는 거짓인지 판별하시오. 만약 명제가 참이라면 그 이유를 제시하거나 본문에서 적절한 명제를 찾아 제시하시오. 만약 명제가 거짓이라면 명제가 참이 아니라는 예를 제시하고나 본문에서 적절한 명제를 찾아 제시하시오.

59. (a) 일차방정식의 해집합을 매개변수로 나타내는 방법은 유일하다.

(b) 연립일차방정식이 해를 가지면 그 연립방정식은 무수히 많은 해를 가진다.

60. (a) 동차연립일차방정식은 적어도 하나의 해를 가진다.

(b) 미지수보다 적은 수의 식을 가진 연립일차방정식은 항상 적어도 하나의 해를 가진다.

61. **스포츠** 1967년 1월 15일 제 1회 슈퍼볼에서 Green Bay Packers는 Kansas City Chiefs를 35 대 10으로 이겼다. 득점한 총점은 6점인 터치다운, 1점인 추가킥, 3점인 필드골의 조합으로 계산되었다. 터치다운의 개수와 추가킥의 개수는 같았다. 필드골보다 터치다운이 6배나 많았다. 터치다운의 수, 추가킥의 수, 필드골의 수를 구하시오.

(출처: National Football League)

부분분수분해 63번과 64번에서는 연립방정식을 이용하여 유리식의 부분분수분해를 구하시오. 연립방정식은 행렬을 이용하여 푸시오.

62. **농업** 해충을 죽이기 위해서는 24리터의 화학물질 A와 32리터의 화학물질 B, 52리터의 화학물질 C의 혼합물이 필요하다. 상업용 스프레이 X는 이러한 화학물질이 $1:2:2$의 비율로 들어있다. 상업용 스프레이 Y에는 화학물질 C만 들어있고, 상용용 스프레이 Z에는 화학물질 A, B, C가 같은 비율로 들어있다. 해충박멸을 위한 혼합물을 만들기 위해 상업용 스프레이 X, Y, Z는 각각 얼마나 필요한가?

63. $\dfrac{8x^2}{(x-1)^2(x+1)} = \dfrac{A}{x+1} + \dfrac{B}{x-1} + \dfrac{C}{(x-1)^2}$

64. $\dfrac{3x^2+3x-2}{(x+1)^2(x-1)} = \dfrac{A}{x+1} + \dfrac{B}{x-1} + \dfrac{C}{(x+1)^2}$

다항식 곡선 맞춤 65번과 66번에서는 (a) 주어진 점을 지나는 다항함수를 구하고, (b) 주어진 점을 표시하여 구한 다항함수의 그래프를 그리시오.

65. $(2, 5), (3, 0), (4, 20)$

66. $(-1, -1), (0, 0), (1, 1), (2, 4)$

67. **매출** 한 회사는 3년 동안 연이어 \$50, \$60, \$75 (단위 백만)의 매출을 달성했다. 주어진 데이터에 적합한 2차함수를 구하고 이 함수를 이용하여 4년 차의 매출을 예측하시오.

68. 다항함수 $p(x) = a_0 + a_1x + a_2x^2 + a_3x^3$은 $x = 1$, 2, 3, 4일 때 0이다. 이때 a_0, a_1, a_2, a_3의 값은 무엇인가?

69. **사슴 개체수** 야생동물관리팀은 어느 작은 야생동물보호구역에서의 사슴 개체수에 대해 연구했다. 다음 표는 연구를 시작한 이후 연 수와 개체수를 나타낸다.

년	0	4	80
개체수	80	68	30

(a) 주어진 데이터에 맞는 2차함수를 구하기 위한 연립방정식을 세우시오.

(b) (a)에서 세운 연립방정식을 푸시오.

(c) 공학용 계산기를 이용하여 주어진 데이터에 적합한 2차식 모델을 구하시오.

(d) (b)에서 구한 2차함수와 (c)에서 구한 2차식 모델을 비교하시오.

(e) 여러분이 제시한 답이 옳다는 것을 보여줄 명제를 본문 중에 찾아 인용하시오.

70. 수직운동 수직으로 운동하는 물체가 특정 시간, 특정 높이에 있다. 물체의 위치방정식

$s=\frac{1}{2}at^2+v_0t+s_0$를 구하시오.

(a) $t=0$ 초일 때 $s=50$ m
$t=1$ 초일 때 $s=29.9$ m
$t=2$ 초일 때 $s=0$ m

(b) $t=1$ 초일 때 $s=40$ m
$t=2$ 초일 때 $s=25.3$ m
$t=3$ 초일 때 $s=0.8$ m

(c) $t=1$ 초일 때 $s=56$ m
$t=2$ 초일 때 $s=35.2$ m
$t=3$ 초일 때 $s=4.6$ m

71. 네트워크 분석 다음 그림은 네트워크를 지나는 유량(flow)를 보여준다.

(a) $i=1,\ 2,\ ...,\ 6$일 때 x_i에 대한 연립방정식을 푸시오.

(b) $x_3=100,\ x_5=50,\ x_6=50$일 때의 유량(flow)를 구하시오.

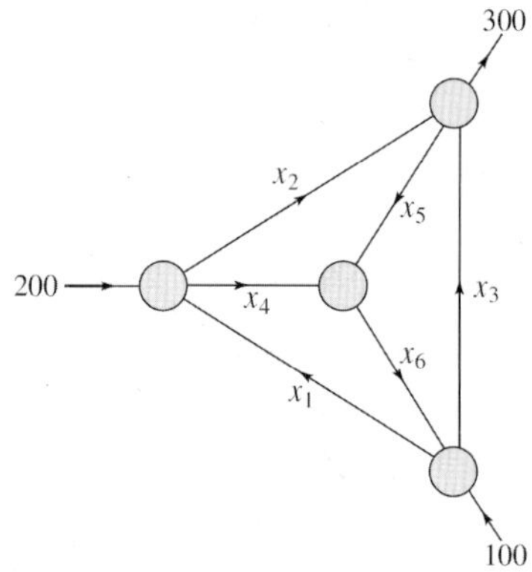

72. 네트워크 분석 다음 그림에서 전기회로의 전류 I_1, I_2, I_3를 결정하시오.

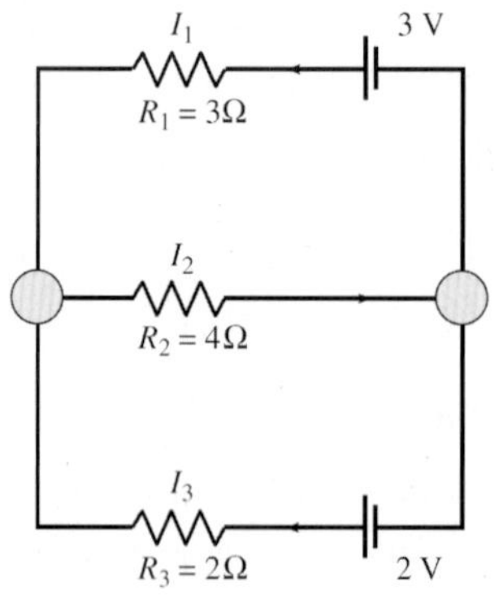

01 프로젝트

Projects

01 일차방정식 그래프 그리기

1.1절에서 두 개의 미지수 x, y에 대한 연립일차방정식이 기하적으로 평면 위의 두 직선으로 나타낼 수 있다는 것을 보았다. 이들 두 직선은 그림 1.8에서와 같이 한 점에서 만나거나, 일치하거나, 한 점에서 만난다.

1. 다음 연립방정식에 대하여 물음에 답하시오.

$$\begin{aligned} x - 2y &= 5 \\ ax + by &= 10 \end{aligned}$$

(단, a, b는 상수)

(a) 연립방정식이 유일한 해를 갖도록 하는 a와 b의 값을 구하시오.
(b) 연립방정식이 무수히 많은 해를 갖도록 하는 a와 b의 값을 구하시오.
(c) 연립방정식이 해가 없도록 하는 a와 b의 값을 구하시오.
(d) (a), (b), (c)에서 구한 연립방정식에 대한 그래프를 각각 그리시오.

2. x, y, z에 대한 세 개의 일차방정식으로 이루어진 연립방정식을 생각하자. 각 방정식은 3차원 좌표계에서 평면을 나타낸다.
(a) 그림 1.9(a)와 같이 세 평면이 한 직선에서 만나는 것을 나타내는 연립방정식의 예를 구하시오.
(b) 그림 1.9(b)와 같이 세 평면이 한 점에서 만나는 것을 나타내는 연립방정식의 예를 구하시오.
(c) 그림 1.9(c)와 같이 세 평면이 동시에 만나지 못하는 것을 나타내는 연립방정식의 예를 구하시오.
(d) 그림 1.9에 주어진 상황에 더불어 추가적인 상황을 나타내는 세 평면의 위치관계가 있는가? 설명하시오.

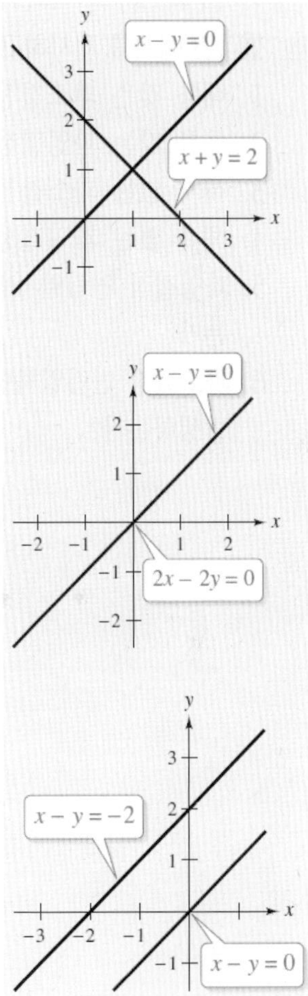

그림 1.8

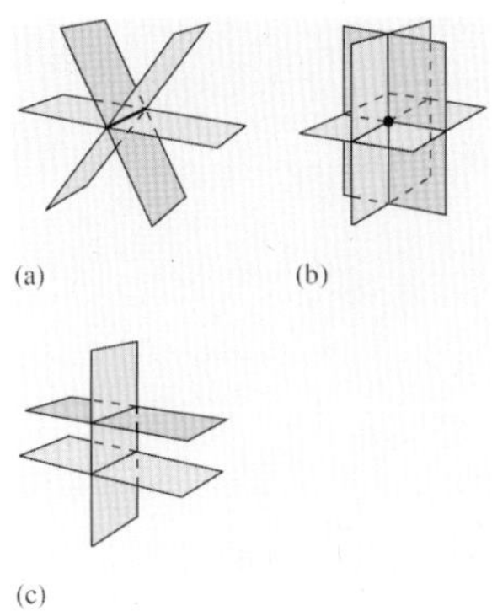

그림 1.9

02 과소결정 및 과잉결정 연립방정식

다음 연립일차방정식과 같이 식의 개수보다 미지수의 개수가 많으면 **과소결정**(underdetermined)이라 한다.

$$\begin{aligned} 2x_1 + 4x_2 - \ \ x_3 &= \ \ 3 \\ x_1 - 3x_2 + 2x_3 &= -1 \end{aligned}$$

마찬가지로 다음 연립방정식처럼 식의 개수가 미지수의 개수보다 많은 경우

과잉결정(overdetermined)이라 한다.

$$\begin{aligned} 2x_1 + \ \ x_2 &= \ \ 3 \\ 3x_1 - 3x_2 &= -2 \\ 5x_1 - \ \ x_2 &= \ \ 1 \end{aligned}$$

미지수의 개수와 식의 개수가 연립일차방정식의 해의 유무에 영향을 주는지 알아보시오. 1-4번에서 '예'라고 대답했다면 예시를 제시하고, '아니오'라고 대답했다면 아니라고 한 이유를 설명하시오.

1. 해를 갖는 과소결정 연립일차방정식을 찾을 수 있는가?
2. 해를 갖는 과잉결정 연립일차방정식을 찾을 수 있는가?
3. 해가 없는 과소결정 연립일차방정식을 찾을 수 있는가?
4. 해가 없는 과잉결정 연립일차방정식을 찾을 수 있는가?
5. 과잉결정 연립일차방정식이 해가 없을 것이라고 생각하는 이유를 설명하시오. 이러한 경우는 항상 발생하는가?
6. 과소결정 연립일차방정식이 무수히 많은 해를 갖는다고 생각하는 이유를 설명하시오. 이러한 경우는 항상 발생하는가?

02

행렬

02 행렬

2.1 행렬 연산

- 두 행렬이 같은지 확인하기
- 행렬의 덧셈, 뺄셈과 행렬에 스칼라 곱하기
- 두 행렬 곱하기
- 행렬을 사용하여 연립일차방정식 풀기
- 행렬의 분할과 열벡터의 일차결합으로 나타내기

행렬의 상등

1.2절에서 연립일차방정식을 풀기 위해 행렬을 사용했다. 이번 장에서는 몇 가지 행렬 이론의 기본내용과 행렬의 응용을 소개한다.

행렬은 다음 세 가지 중 하나로 나타낸다.

1. A, B, C와 같은 대문자
2. $[a_{ij}]$, $[b_{ij}]$, $[c_{ij}]$처럼 대괄호 안에 나타낸 대표 원소
3. 수로 이루어진 직사각형의 배열

$$\begin{bmatrix} a_{11} & a_{12} & \cdots & a_{1n} \\ a_{21} & a_{22} & \cdots & a_{2n} \\ \vdots & \vdots & & \vdots \\ a_{m1} & a_{m2} & \cdots & a_{mn} \end{bmatrix}$$

제1장에서 언급한 것처럼 이 책에서의 행렬은 기본적으로 실수행렬이다. 즉, 행렬의 성분은 실수이다.

두 행렬에 대하여 대응하는 성분이 모두 같을 때 두 행렬은 같다.

행렬의 상등의 정의

두 행렬 $A=[a_{ij}]$와 $B=[b_{ij}]$가 같은 크기($m\times n$)이고 $1\le i\le m$, $1\le j\le n$인 모든 i, j에 대하여 $a_{ij}=b_{ij}$이면 두 행렬 A와 B는 같다.

참고

"A와 B는 동치이다"라는 구문의 의미는 조건문에서 양방향 모두 성립함을 의미한다. 즉, "A이면 B이고, B이면 A이다"를 의미한다.

예제 1 행렬의 상등

네 개의 행렬

$$A=\begin{bmatrix}1 & 2\\3 & 4\end{bmatrix},\ B=\begin{bmatrix}1\\3\end{bmatrix},\ C=\begin{bmatrix}1 & 3\end{bmatrix},\ D=\begin{bmatrix}1 & 2\\x & 4\end{bmatrix}\text{에 대하여,}$$

행렬 A와 B는 크기가 다르기 때문에 같지 않다. 마찬가지로 행렬 B와 C도 같지 않다. 행렬 A와 D가 같은 것은 $x=3$인 것과 동치이다. ■

예제 1의 행렬 B와 같이 열이 하나뿐인 행렬을 **열행렬**(column matrix) 또는 **열벡터**(column vector)라고 한다. 마찬가지로 행렬 C처럼 행이 하나뿐인 행렬은 **행행렬**(row matrix) 또는 **행벡터**(row vector)라 한다. 열행렬과 행행렬은 종종 굵은 소문자로 나타낸다. 예를 들어 예제 1의 행렬 A는 다음과 같이 두 개의 열행렬 $\mathbf{a}_1=\begin{bmatrix}1\\3\end{bmatrix}$과 $\mathbf{a}_2=\begin{bmatrix}2\\4\end{bmatrix}$로 분할 할 수 있다.

$$A=\begin{bmatrix}1 & 2\\3 & 4\end{bmatrix}=\left[\begin{array}{c|c}1 & 2\\3 & 4\end{array}\right]=\left[\mathbf{a}_1 \mid \mathbf{a}_2\right]$$

행렬의 덧셈, 뺄셈, 스칼라곱

두 (같은 크기의) 행렬을 더하기 위해서 대응하는 각 성분끼리 더한다.

행렬 덧셈의 정의

두 행렬 $A=[a_{ij}]$와 $B=[b_{ij}]$의 크기가 모두 $m\times n$일 때, 두 행렬의 합 $A+B$는 $m\times n$행렬 $A+B=[a_{ij}+b_{ij}]$이다.

서로 다른 크기의 두 행렬의 덧셈은 정의되지 않는다.

참고

행렬의 모든 성분에서 c를 공통인수로 묶어내어 cA로 적는 것이 편리할 때도 있다. 예를 들어 다음과 같이 $\frac{1}{2}$를 묶어내어 행렬을 나타낼 수 있다.

$$\begin{bmatrix} \frac{1}{2} & -\frac{3}{2} \\ \frac{5}{2} & \frac{1}{2} \end{bmatrix} = \frac{1}{2}\begin{bmatrix} 1 & -3 \\ 5 & 1 \end{bmatrix}$$

예제 2 행렬 덧셈

a. $\begin{bmatrix} -1 & 2 \\ 0 & 1 \end{bmatrix} + \begin{bmatrix} 1 & 3 \\ -1 & 2 \end{bmatrix} = \begin{bmatrix} -1+1 & 2+3 \\ 0+(-1) & 1+2 \end{bmatrix} = \begin{bmatrix} 0 & 5 \\ -1 & 3 \end{bmatrix}$

b. $\begin{bmatrix} 0 & 1 & -2 \\ 1 & 2 & 3 \end{bmatrix} + \begin{bmatrix} 0 & 0 & 0 \\ 0 & 0 & 0 \end{bmatrix} = \begin{bmatrix} 0 & 1 & -2 \\ 1 & 2 & 3 \end{bmatrix}$

c. $\begin{bmatrix} 1 \\ -3 \\ -2 \end{bmatrix} + \begin{bmatrix} -1 \\ 3 \\ 2 \end{bmatrix} = \begin{bmatrix} 0 \\ 0 \\ 0 \end{bmatrix}$

d. $\begin{bmatrix} 2 & 1 & 0 \\ 4 & 0 & -1 \end{bmatrix} + \begin{bmatrix} 0 & 1 \\ -1 & 3 \end{bmatrix}$은 정의되지 않는다. ■

행렬을 이용하여 계산할 때, 실수는 스칼라로 취급한다. 행렬 A에 스칼라 c를 곱하려면 A의 각 성분에 c를 곱한다.

스칼라 곱의 정의

행렬 $A = [a_{ij}]$가 $m \times n$행렬이고 c가 스칼라이면 A에 스칼라 c를 곱한 것은 $m \times n$ 행렬 $cA = [ca_{ij}]$이다.

$-A$를 스칼라곱 $(-1)A$로 나타낼 수 있다. 만약 A와 B가 같은 크기라면 $A-B$는 A와 $(-1)B$의 합을 나타낸다. 즉 $A-B = A+(-1)B$이다.

예제 3 스칼라곱과 행렬뺄셈

행렬 $A = \begin{bmatrix} 1 & 2 & 4 \\ -3 & 0 & -1 \\ 2 & 1 & 2 \end{bmatrix}$, $B = \begin{bmatrix} 2 & 0 & 0 \\ 1 & -4 & 3 \\ -1 & 3 & 2 \end{bmatrix}$에 대하여 (a) $3A$, (b) $-B$, (c) $3A-B$를 구하시오.

풀이

a. $3A=3\begin{bmatrix}1 & 2 & 4\\ -3 & 0 & -1\\ 2 & 1 & 2\end{bmatrix}=\begin{bmatrix}3(1) & 3(2) & 3(4)\\ 3(-3) & 3(0) & 3(1)\\ 3(2) & 3(1) & 3(2)\end{bmatrix}=\begin{bmatrix}3 & 6 & 12\\ -9 & 0 & -3\\ 6 & 3 & 6\end{bmatrix}$

b. $-B=(-1)\begin{bmatrix}2 & 0 & 0\\ 1 & -4 & 3\\ -1 & 3 & 2\end{bmatrix}=\begin{bmatrix}-2 & 0 & 0\\ -1 & 4 & -3\\ 1 & -3 & -2\end{bmatrix}$

c. $3A-B=\begin{bmatrix}3 & 6 & 12\\ -9 & 0 & -3\\ 6 & 3 & 6\end{bmatrix}-\begin{bmatrix}2 & 0 & 0\\ 1 & -4 & 3\\ -1 & 3 & 2\end{bmatrix}=\begin{bmatrix}1 & 6 & 12\\ -10 & 4 & -6\\ 7 & 0 & 4\end{bmatrix}$ ■

행렬곱셈

또 다른 행렬의 기본 연산은 **행렬곱셈**이다. 이 연산의 유용함을 알아보기 위해 행렬이 정보를 구성하는데 도움을 주는 다음의 예를 생각해보자.

한 축구장은 남쪽, 북쪽, 서쪽 세 곳에 장내 매점이 있다. 가장 잘 팔리는 상품은 땅콩, 핫도그, 탄산음료이다. 하루의 매출은 다음의 첫 번째 행렬과 같고 세 상품의 가격은 두 번째 행렬과 같다.

판매된 상품의 수

	땅콩	핫도그	탄산음료	판매가격	
남쪽 매점	120	250	305	2.00	땅콩
북쪽 매점	207	140	419	3.00	핫도그
서쪽 매점	29	120	190	2.75	탄산음료

남쪽 매장에서 제일 잘 팔린 세 상품의 총 매출을 계산하려면 왼쪽에 있는 행렬의 첫 번째 행의 각 성분에 오른쪽에 있는 가격을 나타내는 열행렬의 대응하는 성분을 곱하고 그 결과를 더하면 된다. 남쪽 매장의 매출은 다음과 같다.

$$(120)(2.00)+(250)(3.00)+(305)(2.75)=\$1828.75 \qquad \text{남쪽 매장 매출}$$

마찬가지로 다른 두 곳 매장의 매출을 구하면 다음과 같다.

$$(207)(2.00)+(14)(3.00)+(419)(2.75)=\$1968.25 \qquad \text{북쪽 매장 매출}$$
$$(29)(2.00)+(120)(3.00)+(190)(2.75)=\$940.50 \qquad \text{서쪽 매장 매출}$$

앞의 예에서의 계산이 행렬 곱셈의 예이다. 이는 판매된 상품의 수를 나타내는 3×3행렬과 판매가격을 나타내는 3×1 행렬의 곱으로 다음과 같이 표현할 수 있다.

$$\begin{bmatrix} 120 & 250 & 305 \\ 207 & 140 & 419 \\ 29 & 120 & 190 \end{bmatrix}\begin{bmatrix} 2.00 \\ 3.00 \\ 2.75 \end{bmatrix} = \begin{bmatrix} 1828.75 \\ 1986.25 \\ 940.50 \end{bmatrix}$$

이들 행렬의 곱은 세 상품 각각의 총 매출을 나타내는 3×1 행렬이다.

다음에 설명된 두 행렬의 곱의 정의는 앞서 설명한 생각을 기본으로 하고 있다. 처음 보기엔 이 정의가 이상할 수 있지만 실제로 많은 응용분야가 있음을 알게 될 것이다.

> **행렬 곱셈의 정의**
>
> $A=[a_{ij}]$가 $m\times n$행렬이고 $B=[b_{ij}]$가 $n\times p$행렬이면 곱 AB는 $m\times p$행렬 $AB=[c_{ij}]$이다.
>
> 여기서
>
> $$\begin{aligned} c_{ij} &= \sum_{k=1}^{n} a_{ik}b_{kj} \\ &= a_{i1}b_{1j} + a_{i2}b_{2j} + a_{i3}b_{3j} + \cdots + a_{\in}b_{nj} \end{aligned}$$
>
> 이다.

이 정의에서 보면 곱 AB의 i번째 행 j번째 열 성분을 구하려면 A의 i번째 행의 각 성분에 B의 j번째 열의 대응하는 성분을 곱한 것을 모두 더해야 함을 알 수 있다. 다음은 이러한 과정을 보여주는 예이다.

예제 4 두 행렬의 곱 구하기

행렬 $A=\begin{bmatrix} -1 & 3 \\ 4 & -2 \\ 5 & 0 \end{bmatrix}$과 $B=\begin{bmatrix} -3 & 2 \\ -4 & 1 \end{bmatrix}$의 곱 AB를 구하시오.

풀이

우선, A의 크기는 3×2이고 B의 크기는 2×2이므로 곱 AB는 정의된다. 더욱이 곱 AB의 크기는 3×2이고 다음과 같은 형태가 될 것이다.

$$\begin{bmatrix} -1 & 3 \\ 4 & -2 \\ 5 & 0 \end{bmatrix}\begin{bmatrix} -3 & 2 \\ -4 & 1 \end{bmatrix} = \begin{bmatrix} c_{11} & c_{12} \\ c_{21} & c_{22} \\ c_{31} & c_{32} \end{bmatrix}$$

c_{11}(곱의 1행 1열 성분)을 구하려면 A의 첫 번째 행과 B의 첫 번째 행의 대응하는 성분을 곱해야 한다. 즉,

$c_{11} = (-1)(-3) + (3)(-4) = -9$

$$\begin{bmatrix} -1 & 3 \\ 4 & -2 \\ 5 & 0 \end{bmatrix}\begin{bmatrix} -3 & 2 \\ -4 & 1 \end{bmatrix} = \begin{bmatrix} -9 & c_{12} \\ c_{21} & c_{22} \\ c_{31} & c_{32} \end{bmatrix}.$$

이다.

마찬가지로 c_{12}를 구하기 위해 A의 첫 번째 행과 B의 두 번째 열의 대응하는 성분을 곱하면 다음을 얻는다.

$$c_{12} = (-1)(2) + (3)(1) = 1$$

$$\begin{bmatrix} -1 & 3 \\ 4 & -2 \\ 5 & 0 \end{bmatrix}\begin{bmatrix} -3 & 2 \\ -4 & 1 \end{bmatrix} = \begin{bmatrix} -9 & 1 \\ c_{21} & c_{22} \\ c_{31} & c_{32} \end{bmatrix}.$$

이 과정을 계속하면 다음과 같은 결과를 얻는다.

$$\begin{aligned} c_{21} &= (4)(-3) + (-2)(-4) = -4 \\ c_{22} &= (4)(2) + (-2)(1) = 6 \\ c_{31} &= (5)(-3) + (0)(-4) = -15 \\ c_{32} &= (5)(2) + (0)(1) = 10 \end{aligned}$$

따라서 행렬의 곱은

$$AB = \begin{bmatrix} -1 & 3 \\ 4 & -2 \\ 5 & 0 \end{bmatrix}\begin{bmatrix} -3 & 2 \\ -4 & 1 \end{bmatrix} = \begin{bmatrix} -9 & 1 \\ -4 & 6 \\ -15 & 10 \end{bmatrix}$$

이다. ■

행렬의 곱이 정의되려면 첫 번째 행렬의 열의 개수는 반드시 두 번째 행렬의 행의 개수와 같아야 함을 이해해야 한다. 즉,

$$\underset{m \times n}{A} \quad \underset{n \times p}{B} \quad = \quad \underset{m \times p}{AB}$$

갈다

AB의 크기

이다. 그래서 예제 4의 A와 B와 같은 행렬은 BA가 정의되지 않는다.

행렬 곱의 일반적인 형태는 다음과 같다. 곱 AB의 i행 j열 성분을 구하려면 A의 i번째 행과 B의 j번째 열을 사용해야 한다.

$$\begin{bmatrix} a_{11} & a_{12} & a_{13} & \cdots & a_{1n} \\ a_{21} & a_{22} & a_{23} & \cdots & a_{2n} \\ \vdots & \vdots & \vdots & & \vdots \\ a_{i1} & a_{i2} & a_{i3} & \cdots & a_{in} \\ \vdots & \vdots & \vdots & & \vdots \\ a_{m1} & a_{m2} & a_{m3} & \cdots & a_{mn} \end{bmatrix}\begin{bmatrix} b_{11} & b_{12} & \cdots & b_{1j} & \cdots & b_{1p} \\ b_{21} & b_{22} & \cdots & b_{2j} & \cdots & b_{2p} \\ b_{31} & b_{32} & \cdots & b_{3j} & \cdots & b_{3p} \\ \vdots & \vdots & & \vdots & & \vdots \\ b_{n1} & b_{n2} & \cdots & b_{nj} & \cdots & b_{np} \end{bmatrix} = \begin{bmatrix} c_{11} & c_{12} & \cdots & c_{1j} & \cdots & c_{1p} \\ c_{21} & c_{22} & \cdots & c_{2j} & \cdots & c_{2p} \\ \vdots & \vdots & & \vdots & & \vdots \\ c_{i1} & c_{i2} & \cdots & c_{ij} & \cdots & c_{ip} \\ \vdots & \vdots & & \vdots & & \vdots \\ c_{m1} & c_{m2} & \cdots & c_{mj} & \cdots & c_{mp} \end{bmatrix}$$

$$a_{i1}b_{1j} + a_{i2}b_{2j} + a_{i3}b_{3j} + \cdots + a_{in}b_{nj} = c_{ij}$$

아서 케일리(Arthur Cayley, 1821~1895)

영국 수학자 아서 케일리는 행렬을 추상적으로 정의한 것을 알려져 있다. 케일리는 캠브리지 대학을 졸업했으며 직업은 변호사였다. 그는 변환이론을 공부하면서 행렬에 대한 획기적인 연구를 시작하였다. 케일리는 또한 3장에서 배울 행렬식의 개발에도 중요한 역할을 했다. 케일리는 두 명의 미국 수학자 벤자민 피어스(1809~ 1880)와 그의 아들 찰스 S, 피어스(1839~1914)와 함께 "행렬대수"를 개발한 것으로 알려져 있다.

탐구활동

행렬 A와 B는 $A=\begin{bmatrix}1 & 2\\3 & 4\end{bmatrix}$, $B=\begin{bmatrix}0 & 1\\1 & 2\end{bmatrix}$라 하자.

1. $A+B$ 와 $B+A$를 구하시오 행렬덧셈은 교환법칙이 성립하는가?

2. AB와 BA를 구하시오. 행렬곱셈은 교환법칙이 성립하는가?

예제 5 행렬곱셈

이런 유형의 예제에 대한 대화형은 LarsonLinearAlgebra.com을 참고하시오.

a. $\underset{2\times 3}{\begin{bmatrix}1 & 0 & 3\\2 & -1 & -2\end{bmatrix}}\underset{3\times 3}{\begin{bmatrix}-2 & 4 & 2\\1 & 0 & 0\\-1 & 1 & -1\end{bmatrix}}=\underset{2\times 3}{\begin{bmatrix}-5 & 7 & -1\\-3 & 6 & 6\end{bmatrix}}$

b. $\underset{2\times 2}{\begin{bmatrix}3 & 4\\-2 & 5\end{bmatrix}}\underset{2\times 2}{\begin{bmatrix}1 & 0\\0 & 1\end{bmatrix}}=\underset{2\times 2}{\begin{bmatrix}3 & 4\\-2 & 5\end{bmatrix}}$

c. $\underset{2\times 2}{\begin{bmatrix}1 & 2\\1 & 1\end{bmatrix}}\underset{2\times 2}{\begin{bmatrix}-1 & 2\\1 & -1\end{bmatrix}}=\underset{2\times 2}{\begin{bmatrix}1 & 0\\0 & 1\end{bmatrix}}$

d. $\underset{1\times 3}{\begin{bmatrix}1 & -2 & -3\end{bmatrix}}\underset{3\times 1}{\begin{bmatrix}2\\-1\\1\end{bmatrix}}=\underset{1\times 1}{\begin{bmatrix}1\end{bmatrix}}$

e. $\underset{3\times 1}{\begin{bmatrix}2\\-1\\1\end{bmatrix}}\underset{1\times 3}{\begin{bmatrix}1 & -2 & -3\end{bmatrix}}=\underset{3\times 3}{\begin{bmatrix}2 & -4 & -6\\-1 & 2 & 3\\1 & -2 & -3\end{bmatrix}}$ ■

예제 5의 (d)와 (e)의 두 행렬곱 사이의 차이에 주목하자. 일반적으로 행렬곱은 교환법칙이 성립하지 않는다. 곱 AB가 곱 BA와 같다는 것은 대개 성립하지 않는다. (행렬곱이 교환법칙이 성립하지 않는 것에 대해서는 2.2절에서 좀 더 자세히 살펴볼 것이다.)

연립일차방정식

행렬곱의 실제 응용 중 하나는 연립일차방정식을 표현하는 것이다. 연립방정식

$$\begin{aligned} a_{11}x_1 + a_{12}x_2 + a_{13}x_3 &= b_1 \\ a_{21}x_1 + a_{22}x_2 + a_{23}x_3 &= b_2 \\ a_{31}x_1 + a_{32}x_2 + a_{33}x_3 &= b_3 \end{aligned}$$

이 행렬방정식 $A\mathrm{x} = \mathrm{b}$로 어떻게 표현되는지 주목하자. 여기서 A는 연립방정식의 계수로 이루어진 행렬(계수행렬 coefficient matrix))이고 x와 b는 열행렬이다.

$$\underset{A}{\begin{bmatrix} a_{11} & a_{12} & a_{13} \\ a_{21} & a_{22} & a_{23} \\ a_{31} & a_{32} & a_{33} \end{bmatrix}} \underset{\mathrm{x}}{\begin{bmatrix} x_1 \\ x_2 \\ x_3 \end{bmatrix}} = \underset{\mathrm{b}}{\begin{bmatrix} b_1 \\ b_2 \\ b_3 \end{bmatrix}}$$

예제 6 연립일차방정식 풀기

$A = \begin{bmatrix} 1 & -2 & 1 \\ 2 & 3 & -2 \end{bmatrix}$, $\mathrm{x} = \begin{bmatrix} x_1 \\ x_2 \\ x_3 \end{bmatrix}$, $0 = \begin{bmatrix} 0 \\ 0 \end{bmatrix}$ **일 때, 행렬방정식 $A\mathrm{x} = \mathrm{b}$를 푸시오.**

풀이

$A\mathrm{x} = 0$을 연립방정식으로 바꾸면

$$\begin{aligned} x_1 - 2x_2 + x_3 &= 0 \\ 2x_1 + 3x_2 - 2x_3 &= 0 \end{aligned}$$

이다. 이 연립방정식의 덧붙인 행렬에 가우스-조던 소거법을 적용하면 다음 기약행사다리꼴 행렬을 얻는다.

$$\begin{bmatrix} 1 & 0 & -\frac{1}{7} & 0 \\ 0 & 1 & -\frac{4}{7} & 0 \end{bmatrix}$$

따라서 연립방정식은 무수히 많은 해를 가진다. 여기서 매개변수를 $x_3 = 7t$로 선택하는 것이 편리하고 그러면 해는 $x_1 = t$ $x_2 = 4t$, $x_3 = 7t$ (t는 임의의 실수)이다. 행렬을 사용하여 나타내면 행렬방정식

> **기술**
>
> 많은 공학용 계산기와 소프트웨어 프로그램은 행렬덧셈, 스칼라곱, 행렬곱셈을 연산할 수 있다. 예제 6의 해 중 하나를 공학용 계산기를 통해 확인할 때 다음과 비슷한 화면을 볼 수 있다.
>
> ```
> [A]
>         [[1 -2  1 ]
>          [2  3 -2]]
> [B]
>              [[1]
>               [4]
>               [7]]
> [A]*[B]
>              [[0]
>               [0]]
> ```
>
> CengageBrain.com의 **기술가이드**는 공학적 도구를 이용해서 행렬연산을 수행할 수 있게 해준다.

$$\begin{bmatrix} 1 & -2 & 1 \\ 2 & 3 & -2 \end{bmatrix} \begin{bmatrix} x_1 \\ x_2 \\ x_3 \end{bmatrix} = \begin{bmatrix} 0 \\ 0 \end{bmatrix}$$

는

$$\mathrm{x} = \begin{bmatrix} x_1 \\ x_2 \\ x_3 \end{bmatrix} = \begin{bmatrix} t \\ 4t \\ 7t \end{bmatrix} = t \begin{bmatrix} 1 \\ 4 \\ 7 \end{bmatrix} \quad (t\text{는 임의의 실수})$$

로 표현되는 무수히 많은 해를 가진다. 즉, 오른쪽의 열행렬의 임의의 스칼라곱이 해가 된다. $\begin{bmatrix} 1 \\ 4 \\ 7 \end{bmatrix}$, $\begin{bmatrix} 2 \\ 8 \\ 14 \end{bmatrix}$, $\begin{bmatrix} 0 \\ 0 \\ 0 \end{bmatrix}$, $\begin{bmatrix} -1 \\ -4 \\ -7 \end{bmatrix}$는 해의 몇 가지 예이다. ■

행렬분할

행렬 A와 x를 다음과 같은 방법으로 분할하여 연립방정식 $A\mathrm{x} = \mathrm{b}$을 좀 더 편리하게 나타낼 수 있다. 만약

$$A = \begin{bmatrix} a_{11} & a_{12} & \cdots & a_{1n} \\ a_{21} & a_{22} & \cdots & a_{2n} \\ \vdots & \vdots & & \vdots \\ a_{m1} & a_{m2} & \cdots & a_{mn} \end{bmatrix}, \ \mathrm{x} = \begin{bmatrix} x_1 \\ x_2 \\ \vdots \\ x_n \end{bmatrix}, \ \mathrm{b} = \begin{bmatrix} b_1 \\ b_2 \\ \vdots \\ b_m \end{bmatrix}$$

이 각각 $m \times n$ 연립일차방정식 $A\mathrm{x} = \mathrm{b}$의 계수행렬, 미지수 열행렬, 우변의 상수 열행렬이라 하면

$$\begin{bmatrix} a_{11} & a_{12} & \cdots & a_{1n} \\ a_{21} & a_{22} & \cdots & a_{2n} \\ \vdots & \vdots & & \vdots \\ a_{m1} & a_{m2} & \cdots & a_{mn} \end{bmatrix} \begin{bmatrix} x_1 \\ x_2 \\ \vdots \\ x_n \end{bmatrix} = \mathrm{b}$$

$$\begin{bmatrix} a_{11}x_1 + a_{12}x_2 + \cdots + a_{1n}x_n \\ a_{21}x_1 + a_{22}x_2 + \cdots + a_{2n}x_n \\ \vdots \\ a_{m1}x_1 + a_{m2}x_2 + \cdots + a_{mn}x_n \end{bmatrix} = \mathrm{b}$$

$$x_1 \begin{bmatrix} a_{11} \\ a_{21} \\ \vdots \\ a_{m1} \end{bmatrix} + x_2 \begin{bmatrix} a_{12} \\ a_{22} \\ \vdots \\ a_{m2} \end{bmatrix} + \cdots + x_n \begin{bmatrix} a_{1n} \\ a_{2n} \\ \vdots \\ a_{mn} \end{bmatrix} = \mathrm{b}$$

이다. 다시 말해, a_1, a_2, ... a_n을 행렬 A의 열이라고 하면

$$A\mathrm{x}=x_1\mathrm{a}_1+x_2\mathrm{a}_2+\cdots+x_n\mathrm{a}_n=\mathrm{b}$$

이다. 식

$$x_1\begin{bmatrix}a_{11}\\a_{21}\\\vdots\\a_{m1}\end{bmatrix}+x_2\begin{bmatrix}a_{12}\\a_{22}\\\vdots\\a_{m2}\end{bmatrix}+\cdots+x_n\begin{bmatrix}a_{1n}\\a_{2n}\\\vdots\\a_{mn}\end{bmatrix}$$

를 계수 x_1, x_2, ..., x_n을 가진 열행렬 a_1, a_2, ... a_n의 **일차결합**(linear conbination)이라 한다.

열벡터의 일차결합

행렬곱 $A\mathrm{x}$는 계수행렬 A을 이루는 열벡터 a_1, a_2, ... a_n의 일차결합이다.

$$x_1\begin{bmatrix}a_{11}\\a_{21}\\\vdots\\a_{m1}\end{bmatrix}+x_2\begin{bmatrix}a_{12}\\a_{22}\\\vdots\\a_{m2}\end{bmatrix}+\cdots+x_n\begin{bmatrix}a_{1n}\\a_{2n}\\\vdots\\a_{mn}\end{bmatrix}$$

더욱이 연립방정식

$$A\mathrm{x}=\mathrm{b}$$

가 해를 갖기 위한 필요충분조건은 b가 위와 같은 일차결합으로 표현되는 것이다. 여기서 일차결합의 계수가 연립방정식의 해이다.

예제 7 연립일차방정식 풀기

연립일차방정식

$$\begin{aligned}x_1+2x_2+3x_3&=0\\4x_1+5x_2+6x_3&=3\\7x_1+8x_2+9x_3&=6\end{aligned}$$

는 행렬방정식 $A\mathrm{x}=\mathrm{b}$로 다음과 같이 나타낼 수 있다.

$$x_1\begin{bmatrix}1\\4\\7\end{bmatrix}+x_2\begin{bmatrix}2\\5\\8\end{bmatrix}+x_3\begin{bmatrix}3\\6\\9\end{bmatrix}=\begin{bmatrix}0\\3\\6\end{bmatrix}$$

가우스 소거법을 사용하여 이 연립방정식이 무수히 많은 해를 가지며 그 해들 중 하나가 $x_1=1$, $x_2=1$, $x_3=-1$임을 보일 수 있다.

$$1\begin{bmatrix}1\\4\\7\end{bmatrix}+1\begin{bmatrix}2\\5\\8\end{bmatrix}+(-1)\begin{bmatrix}3\\6\\9\end{bmatrix}=\begin{bmatrix}0\\3\\6\end{bmatrix}$$

즉, b는 A의 열의 일차결합으로 나타낼 수 있다. 하나의 열벡터를 다른 열벡터들로 표현하는 것은 선형대수학의 기본 주제이다. ■

A를 열로 분할하고 x를 행으로 분할하는 것과 마찬가지로 $m\times n$행렬을 더 작은 행렬로 분할하는 것은 종종 유용하다. 예를 들어 행렬을 다음과 같이도 분할할 수 있다.

$$\begin{bmatrix}1&2&0&0\\3&4&0&0\\-1&-2&2&1\end{bmatrix}\quad\left[\begin{array}{cc|cc}1&2&0&0\\3&4&0&0\\\hline -1&-2&2&1\end{array}\right]$$

행렬을 열행렬로 분할하거나

$$\left[\begin{array}{c|c|c|c}1&2&0&0\\3&4&0&0\\-1&-2&2&1\end{array}\right]=\begin{bmatrix}\mathrm{c}_1&\mathrm{c}_2&\mathrm{c}_3&\mathrm{c}_4\end{bmatrix}$$

또는 행행렬로도 분할할 수 있다.

$$\left[\begin{array}{cccc}1&2&0&0\\\hline 3&4&0&0\\\hline -1&-2&2&1\end{array}\right]=\begin{bmatrix}\mathrm{r}_1\\\mathrm{r}_2\\\mathrm{r}_3\end{bmatrix}$$

선형대수의 응용

실생활에서 연립일차방정식이 응용될 때에는 수많은 방정식과 미지수를 포함한다. 예를 들어 아메리칸 에어라인사의 비행승무원 스케줄 프로그램은 837개의 행과 12,750,000개 이상의 열을 가진 행렬의 연산이 필요하다. 선형계획이라는 응용을 풀기 위해서 연구자들은 이 문제를 작은 문제들로 분할하여 컴퓨터를 이용하여 풀어낸다.
(출처: Very Large-Scale Linear Programming. A Case Study in Combining Interior Point and Simplex Methods, Bixby, Robert E., et al., Operations Research, 40, no. 5)

2.1 연습문제

행렬의 상등 1~4번에서는 x와 y를 구하시오.

1. $\begin{bmatrix} x & -2 \\ 7 & y \end{bmatrix} = \begin{bmatrix} -4 & -2 \\ 7 & 22 \end{bmatrix}$

2. $\begin{bmatrix} -5 & x \\ y & 8 \end{bmatrix} = \begin{bmatrix} -5 & 13 \\ 12 & 8 \end{bmatrix}$

3. $\begin{bmatrix} 16 & 4 & 5 & 4 \\ -3 & 13 & 15 & 6 \\ 0 & 2 & 4 & 0 \end{bmatrix} = \begin{bmatrix} 16 & 4 & 2x+1 & 4 \\ -3 & 13 & 15 & 3x \\ 0 & 2 & 3y-5 & 0 \end{bmatrix}$

4. $\begin{bmatrix} x+2 & 8 & -3 \\ 1 & 2y & 2x \\ 7 & -2y & y+2 \end{bmatrix} = \begin{bmatrix} 2x+6 & 8 & -3 \\ 1 & 18 & -8 \\ 7 & -2 & 11 \end{bmatrix}$

행렬 연산 5~10번에서는 연산이 가능하다면 (a) $A+B$, (b) $A-B$, (c) $2A$, (d) $2A-B$, (e) $B+\frac{1}{2}A$를 구하시오.

5. $A = \begin{bmatrix} 1 & 2 \\ 2 & 1 \end{bmatrix}$, $B = \begin{bmatrix} -3 & -2 \\ 4 & 2 \end{bmatrix}$

6. $A = \begin{bmatrix} 6 & -1 \\ 2 & 4 \\ -3 & 5 \end{bmatrix}$, $B = \begin{bmatrix} 1 & 4 \\ -1 & 5 \\ 1 & 10 \end{bmatrix}$

7. $A = \begin{bmatrix} 2 & 1 & 1 \\ -1 & -1 & 4 \end{bmatrix}$, $B = \begin{bmatrix} 2 & -3 & 4 \\ -3 & 1 & -2 \end{bmatrix}$

8. $A = \begin{bmatrix} 3 & 2 & -1 \\ 2 & 4 & 5 \\ 0 & 1 & 2 \end{bmatrix}$, $B = \begin{bmatrix} 0 & 2 & 1 \\ 5 & 4 & 2 \\ 2 & 1 & 0 \end{bmatrix}$

9. $A = \begin{bmatrix} 6 & 0 & 3 \\ -1 & -4 & 0 \end{bmatrix}$, $B = \begin{bmatrix} 8 & -1 \\ 4 & -3 \end{bmatrix}$

10. $A = \begin{bmatrix} 3 \\ 2 \\ -1 \end{bmatrix}$, $B = \begin{bmatrix} -4 & 6 & 2 \end{bmatrix}$

11. $A = \begin{bmatrix} 5 & 4 & 4 \\ -3 & 1 & 2 \end{bmatrix}$, $B = \begin{bmatrix} 1 & 2 & -7 \\ 0 & -5 & 1 \end{bmatrix}$,
$C = 2A - 3B$일 때 (a) c_{21}, (b) c_{13}를 구하시오.

12. $A = \begin{bmatrix} 4 & 11 & -9 \\ 0 & 3 & 2 \\ -3 & 1 & 1 \end{bmatrix}$, $B = \begin{bmatrix} 1 & 0 & 5 \\ -4 & 6 & 11 \\ -6 & 4 & 9 \end{bmatrix}$,
$C = 5A + 2B$일 때, (a) c_{23}, (b) c_{32}를 구하시오.

13. 행렬방정식 $4\begin{bmatrix} x & y \\ z & -1 \end{bmatrix} = 2\begin{bmatrix} y & z \\ -x & 1 \end{bmatrix} + 2\begin{bmatrix} 4 & x \\ 5 & -x \end{bmatrix}$
에서 x, y ,z를 구하시오.

14. 행렬방정식 $\begin{bmatrix} w & x \\ y & x \end{bmatrix} = \begin{bmatrix} -4 & 3 \\ 2 & -1 \end{bmatrix} + 2\begin{bmatrix} y & w \\ z & x \end{bmatrix}$에서
x, y, z, w를 구하시오.

두 행렬의 곱 구하기 15~28번에서는 연산이 가능하다면 (a) AB, (b) BA를 구하시오.

15. $A = \begin{bmatrix} 1 & 2 \\ 4 & 2 \end{bmatrix}$, $B = \begin{bmatrix} 2 & -1 \\ -1 & 8 \end{bmatrix}$

16. $A = \begin{bmatrix} 2 & -2 \\ -1 & 4 \end{bmatrix}$, $B = \begin{bmatrix} 4 & 1 \\ 2 & -2 \end{bmatrix}$

17. $A = \begin{bmatrix} 2 & -1 & 3 \\ 5 & 1 & -2 \\ 2 & 2 & 3 \end{bmatrix}$, $B = \begin{bmatrix} 0 & 1 & 2 \\ -4 & 1 & 3 \\ -4 & -1 & -2 \end{bmatrix}$

18. $A = \begin{bmatrix} 1 & -1 & 7 \\ 2 & -1 & 8 \\ 3 & 1 & -1 \end{bmatrix}$, $B = \begin{bmatrix} 1 & 1 & 2 \\ 2 & 1 & 1 \\ 1 & -3 & 2 \end{bmatrix}$

19. $A = \begin{bmatrix} 2 & 1 \\ -3 & 4 \\ 1 & 6 \end{bmatrix}$, $B = \begin{bmatrix} 0 & -1 & 0 \\ 4 & 0 & 2 \\ 8 & -1 & 7 \end{bmatrix}$

20. $A = \begin{bmatrix} 3 & 2 & 1 \\ -3 & 0 & 4 \\ 4 & -2 & -4 \end{bmatrix}$, $B = \begin{bmatrix} 1 & 2 \\ 2 & -1 \\ 1 & -2 \end{bmatrix}$

21. $A = \begin{bmatrix} 3 & 2 & 1 \end{bmatrix}$, $B = \begin{bmatrix} 2 \\ 3 \\ 0 \end{bmatrix}$

22. $A=\begin{bmatrix}-1\\2\\-2\\1\end{bmatrix}$, $B=\begin{bmatrix}2 & 1 & 3 & 2\end{bmatrix}$

23. $A=\begin{bmatrix}-1 & 3\\4 & -5\\0 & 2\end{bmatrix}$, $B=\begin{bmatrix}1 & 2\\0 & 7\end{bmatrix}$

24. $A=\begin{bmatrix}2 & -3\\5 & 2\end{bmatrix}$, $B=\begin{bmatrix}2 & 1\\1 & 3\\2 & -1\end{bmatrix}$

25. $A=\begin{bmatrix}0 & -1 & 0\\4 & 0 & 2\\8 & -1 & 7\end{bmatrix}$, $B=\begin{bmatrix}2\\-1\\1\end{bmatrix}$

26. $A=\begin{bmatrix}2 & 1 & 2\\3 & -1 & -2\\-2 & 1 & -2\end{bmatrix}$, $B=\begin{bmatrix}4 & 0 & 1 & 3\\-1 & 2 & -3 & -1\\-2 & 1 & 4 & 3\end{bmatrix}$

27. $A=\begin{bmatrix}6\\-2\\1\\6\end{bmatrix}$, $B=\begin{bmatrix}10 & 12\end{bmatrix}$

28. $A=\begin{bmatrix}1 & 0 & 3 & -2 & 4\\6 & 13 & 8 & -17 & 20\end{bmatrix}$, $B=\begin{bmatrix}1 & 6\\4 & 2\end{bmatrix}$

행렬의 크기 29~36번에서 A, B, C, D, E는 다음과 같은 크기의 행렬이다.

A: 3×4 B: 3×4 C: 4×2 D: 4×2 E: 4×3

정의가 된다면 행렬의 크기를 구하고 정의가 되지 않는다면 그 이유를 설명하시오.

29. $A+B$

30. $C+E$

31. $\frac{1}{2}D$

32. $-4A$

33. AC

34. BE

35. $E-2A$

36. $2D+C$

행렬방정식 풀기 37번과 38번에서는 행렬방정식 $A\mathrm{x}=\mathrm{b}$를 푸시오.

37. $A=\begin{bmatrix}2 & -1 & -1\\1 & -2 & 2\end{bmatrix}$, $\mathrm{x}=\begin{bmatrix}x_1\\x_2\\x_3\end{bmatrix}$, $0=\begin{bmatrix}0\\0\end{bmatrix}$

38. $A=\begin{bmatrix}1 & 2 & 1 & 3\\1 & -1 & 0 & 1\\0 & 1 & -1 & 2\end{bmatrix}$, $\mathrm{x}=\begin{bmatrix}x_1\\x_2\\x_3\\x_4\end{bmatrix}$, $0=\begin{bmatrix}0\\0\\0\end{bmatrix}$

연립일차방정식 풀기 39~48번에서는 연립일차방정식을 $A\mathrm{x}=\mathrm{b}$의 꼴로 나타내고 이 행렬방정식을 x에 대해 푸시오.

39. $\begin{aligned}-x_1+x_2&=4\\-2x_1+x_2&=0\end{aligned}$

40. $\begin{aligned}2x_1+3x_2&=5\\x_1+4x_2&=10\end{aligned}$

41. $\begin{aligned}-2x_1-3x_2&=-4\\6x_1+x_2&=-36\end{aligned}$

42. $\begin{aligned}-4x_1+9x_2&=-13\\x_1-3x_2&=12\end{aligned}$

43. $\begin{aligned}x_1-2x_2+3x_3&=9\\-x_1+3x_2-x_3&=-6\\2x_1-5x_2+5x_3&=17\end{aligned}$

44. $\begin{aligned}x_1+x_2-3x_3&=-1\\-x_1+2x_2&=1\\x_1-x_2+x_3&=2\end{aligned}$

45. $\begin{aligned}x_1-5x_2+2x_3&=-20\\-3x_1+x_2-x_3&=8\\-2x_2+5x_3&=-16\end{aligned}$

46. $\begin{aligned}x_1-x_2+4x_3&=17\\x_1+3x_2&=-11\\-6x_2+5x_3&=40\end{aligned}$

47. $\begin{aligned}2x_1-x_2+x_4&=3\\3x_2-x_3-x_4&=-3\\x_1+x_3-3x_4&=-4\\x_1+x_2+2x_3&=0\end{aligned}$

48. $\begin{aligned}x_1+x_2&=0\\x_2+x_3&=0\\x_3+x_4&=0\\x_4+x_5&=0\\-x_1+x_2-x_3+x_4-x_5&=5\end{aligned}$

일차결합 표현 49~52번에서는 열행렬 b를 행렬 A의 열들의 일차결합으로 나타내시오.

49. $A=\begin{bmatrix}1 & -1 & 2\\ 3 & -3 & 1\end{bmatrix},\ \mathrm{b}=\begin{bmatrix}-1\\ 7\end{bmatrix}$

50. $A=\begin{bmatrix}1 & 2 & 4\\ -1 & 0 & 2\\ 0 & 1 & 3\end{bmatrix},\ \mathrm{b}=\begin{bmatrix}1\\ 3\\ 2\end{bmatrix}$

51. $A=\begin{bmatrix}1 & 1 & -5\\ 1 & 0 & -1\\ 2 & -1 & -1\end{bmatrix},\ \mathrm{b}=\begin{bmatrix}3\\ 1\\ 0\end{bmatrix}$

52. $A=\begin{bmatrix}-3 & 5\\ 3 & 4\\ 4 & -8\end{bmatrix},\ \mathrm{b}=\begin{bmatrix}-22\\ 4\\ 32\end{bmatrix}$

행렬방정식 풀기 53번과 54번에서는 행렬 A를 구하시오.

53. $\begin{bmatrix}1 & 2\\ 3 & 5\end{bmatrix}A=\begin{bmatrix}1 & 0\\ 0 & 1\end{bmatrix}$

54. $\begin{bmatrix}2 & -1\\ 3 & -2\end{bmatrix}A=\begin{bmatrix}1 & 0\\ 0 & 1\end{bmatrix}$

행렬방정식 풀기 55번과 56번에서는 a, b, c, d를 구하시오.

55. $\begin{bmatrix}1 & 2\\ 3 & 4\end{bmatrix}\begin{bmatrix}a & b\\ c & d\end{bmatrix}=\begin{bmatrix}6 & 3\\ 19 & 2\end{bmatrix}$

56. $\begin{bmatrix}a & b\\ c & d\end{bmatrix}\begin{bmatrix}2 & 1\\ 3 & 1\end{bmatrix}=\begin{bmatrix}3 & 17\\ 4 & -1\end{bmatrix}$

대각행렬 57번과 58번에서는 대각행렬에 대한 행렬곱 AA를 구하시오. 정사각행렬

$$A=\begin{bmatrix}a_{11} & 0 & 0 & \cdots & 0\\ 0 & a_{22} & 0 & \cdots & 0\\ 0 & 0 & a_{33} & \cdots & 0\\ \vdots & \vdots & \vdots & & \vdots\\ 0 & 0 & 0 & \cdots & a_{nn}\end{bmatrix}$$

처럼 주대각선 위의 성분이 아닌 모든 성분이 0인 행렬이 대각행렬이다.

57. $A=\begin{bmatrix}-1 & 0 & 0\\ 0 & 2 & 0\\ 0 & 0 & 0\end{bmatrix}$

58. $A=\begin{bmatrix}2 & 0 & 0\\ 0 & -3 & 0\\ 0 & 0 & 0\end{bmatrix}$

대각행렬의 곱 구하기 59번과 60번에서는 대각행렬에 대해 행렬곱 AB와 BA를 구하시오.

59. $A=\begin{bmatrix}2 & 0\\ 0 & -3\end{bmatrix},\ B=\begin{bmatrix}-5 & 0\\ 0 & 4\end{bmatrix}$

60. $A=\begin{bmatrix}3 & 0 & 0\\ 0 & -5 & 0\\ 0 & 0 & 0\end{bmatrix},\ B=\begin{bmatrix}-7 & 0 & 0\\ 0 & 4 & 0\\ 0 & 0 & 12\end{bmatrix}$

61. **힌트가 있는 증명** A와 B는 (같은 크기의) 대각 행렬이면 $AB=BA$임을 증명하시오.

시작: 행렬 AB와 BA가 같다는 것을 증명하려면 대응하는 성분끼리 같음을 보여야 한다.

(i) 두 행렬 $A=[a_{ij}]$, $B=[b_{ij}]$는 $n\times n$ 대각행렬이라 하고 증명을 시작하자.

(ii) 행렬곱 AB의 ij번째 성분은 $c_{ij}=\sum_{k=1}^{n}a_{ik}b_{kj}$ 이다.

(iii) $i\neq j$인 경우와 $i=j$인 경우로 나눠서 c_{ij}를 구한다.

(iv) 이러한 분석을 행렬곱 BA에 대해서도 반복한다.

62. **서술** A와 B는 3×3행렬이고 A는 대각행렬이라 하자.

(a) 행렬곱 AB를 설명하시오. 예를 들어 답을 설명하시오.

(b) 행렬곱 BA를 설명하시오. 예를 들어 답을 설명하시오.

(c) 행렬 A의 대각 성분이 모두 같을 때, (a)와 (b)에서의 결과가 어떻게 달라지는가?

행렬의 대각합 63~66번에서는 행렬의 대각합을 구하시오. $n\times n$행렬 A의 주대각성분의 합을 행렬 A의 대각합(trace)라고 한다. 즉 $\mathrm{Tr}(A)=a_{11}+a_{22}+\cdots+a_{nn}$이다.

63. $\begin{bmatrix}1 & 2 & 3\\ 0 & -2 & 4\\ 3 & 1 & 3\end{bmatrix}$

64. $\begin{bmatrix}1 & 0 & 0\\ 0 & 1 & 0\\ 0 & 0 & 1\end{bmatrix}$

65. $\begin{bmatrix}1 & 0 & 2 & 1\\ 0 & 1 & -1 & 2\\ 4 & 2 & 1 & 0\\ 0 & 0 & 5 & 1\end{bmatrix}$

66. $\begin{bmatrix}1 & 4 & 3 & 2\\ 4 & 0 & 6 & 1\\ 3 & 6 & 2 & 1\\ 2 & 1 & 1 & -3\end{bmatrix}$

67. **증명** A와 B가 n차 정사각행렬이고 c가 스칼라일 때 각 명제가 성립함을 증명하시오.

(a) $\mathrm{Tr}(A+B)=\mathrm{Tr}(A)+\mathrm{Tr}(B)$

(b) $\mathrm{Tr}(cA)=c\mathrm{Tr}(A)$

68. **증명** A와 B가 n차 정사각행렬이면 $\mathrm{Tr}(AB)=\mathrm{Tr}(BA)$임을 증명하시오.

69. 행렬 $A=\begin{bmatrix}w & x\\ y & z\end{bmatrix}$, $B=\begin{bmatrix}1 & 1\\ -1 & 1\end{bmatrix}$에 대하여 $AB=BA$가 성립하기 위한 w, x, y z의 조건을 구하시오.

70. 행렬 $A=\begin{bmatrix}\cos\alpha & -\sin\alpha\\ \sin\alpha & \cos\alpha\end{bmatrix}$, $B=\begin{bmatrix}\cos\beta & -\sin\beta\\ \sin\beta & \cos\beta\end{bmatrix}$에 대하여 $AB=BA$가 성립함을 확인하시오.

71. 행렬방정식 $\begin{bmatrix}1 & 1\\ 1 & 1\end{bmatrix}A=\begin{bmatrix}1 & 0\\ 0 & 1\end{bmatrix}$은 해가 없음을 보이시오.

72. 행렬방정식 $AB-BA=\begin{bmatrix}1 & 0\\ 0 & 1\end{bmatrix}$을 만족하는 2×2행렬 A와 B는 존재하지 않음을 보이시오.

73. **탐구** $i=\sqrt{-1}$이라 하고 $A=\begin{bmatrix}i & 0\\ 0 & i\end{bmatrix}$, $B=\begin{bmatrix}0 & -i\\ i & 0\end{bmatrix}$이라고 하자.

(a) A^2, A^3, A^4을 구하시오 (참고: $A^2=AA$, $A^3=AAA=A^2A$, ...) i^2, i^3, i^4과의 유사성도 확인하시오.

(b) B^2를 구하시오.

74. **힌트가 있는 증명** 행렬곱 AB가 정사각행렬이면 BA를 정의할 수 있음을 증명하시오.

시작: 행렬곱 BA가 정의됨을 증명하려면 B의 열의 개수와 A의 행의 개수가 같음을 보여야 한다.

(i) A의 열의 개수와 B의 행의 개수가 같다는 것에 주목하여 증명을 시작하자.

(ii) A의 크기는 $m\times n$이고 B의 크기는 $n\times p$라 하자.

(iii) 행렬곱 AB가 정사각행렬이라는 가정을 이용하자.

75. **증명** 행렬곱 AB와 BA가 모두 정의되면 AB와 BA는 모두 정사각행렬임을 증명하시오.

76. 두 행렬 A와 B는 행렬곱 AB가 정의되는 행렬이다. A의 두 행이 서로 같으면 여기에 대응하는 AB의 두 행도 역시 같다는 것을 증명하시오.

77. 행렬 A와 B는 $n\times n$행렬이다. A의 i번째 행의 성분이 모두 0이면 AB의 i번째 행도 모두 0임을 보이시오. 2×2행렬을 이용하여 역이 성립하지 않음을 보여줄 수 있는 예를 제시하시오.

78. **캡스톤** 행렬 A와 B는 각각 3×2와 2×2행렬이다. 각 물음에 답하고 그 이유를 설명하시오.

(a) $A=B$가 성립할 수 있는가?

(b) $A+B$는 정의되는가?

(c) AB는 정의되는 가? 만일 정의된다면 $AB=BA$가 성립할 수 있을까?

79. 농업 과일재배농부는 사과와 복숭아 두 가지 작물을 재배한다. 농부는 이 두 가지 작물을 세 곳의 매장으로 보낸다. 행렬

$$A=\begin{bmatrix}125 & 100 & 75\\100 & 175 & 125\end{bmatrix}$$

에서 a_{ij}는 매장 j로 보내지는 작물 i의 개수를 나타낸다. 행렬

$$B=[\$3.50 \quad \$6.00]$$

은 개당 이익을 나타낸다. 곱 BA를 구하고 행렬의 각 성분이 무엇을 나타내는지 서술하시오.

80. 생산 어느 회사는 세 개의 공장을 가지고 있는데, 각 공장에서는 어쿠스틱 기타와 일렉트릭 기타를 제조한다. 행렬

$$A=\begin{bmatrix}70 & 50 & 25\\35 & 100 & 70\end{bmatrix}$$

에서 a_{ij}는 공장 j에서 하루 동안 생산하는 종류 i의 기타의 수를 나타낸다. 생산을 20% 증가했을 때 생산량을 구하시오.

81. 정치 행렬

$$P=\overset{\text{에서}}{\overbrace{\begin{matrix}\text{R} & \text{D} & \text{I}\end{matrix}}}\atop\begin{bmatrix}0.6 & 0.1 & 0.1\\0.2 & 0.7 & 0.1\\0.2 & 0.2 & 0.8\end{bmatrix}\begin{matrix}\text{R}\\\text{D}\\\text{I}\end{matrix}\Bigg\}\text{로}$$

에서 각 성분 p_{ij} $(i \neq j)$는 정당 j에서 정당 i로 바꿔 투표한 사람들의 비율을 나타난대. 그리고 p_{ii}는 이번 투표와 다음 투표에서도 정당 i에 충직하게 투표하는 사람의 비율을 나타낸다. P끼리의 곱 P^2을 구하고 그 의미를 설명하시오.

82. 인구 다음 행렬은 2010년과 2013년 미국의 각 지역에서 살고 있는 사람의 수 (단위 천명)을 나타낸다. 지역인구는 3개의 연령대로 구분되어 있다. (출처: 미 인구통계청)

2010

	0-17	18-64	65+
북동부	12,306	35,240	7,830
중서부	16,095	41,830	9,051
남부	27,799	72,075	14,985
산악지역	5,698	13,717	2,710
해안가	12,222	31,867	5,901

2013

	0-17	18-64	65+
북동부	12,026	35,471	8,446
중서부	15,772	41,985	9,791
남부	27,954	73,703	16,727
산악지역	5,710	14,067	3,104
해안가	12,124	32,614	6,636

(a) 2010년 총 인구는 대약 3억 9백만 명이고 2013년 총 인구는 약 3억 1천 6백만 명이다. 행렬을 총 인구에 대한 비율로 다시 작성하시오.

(b) 각 지역에서의 2010년에서 2013년까지 연령별 인구의 변화를 백분율로 하여 행렬을 작성하시오.

(c) (b)의 행렬을 근거로 하면 2010년에서 2013년까지 어떤 연령대가 상대적 증가를 보여주었는가?

블록 곱셈 83번과 84번에서는 행렬 A와 B에 대하여 블록 곱셈을 수행하시오. 행렬 A와 B는 각각 4개의 부분행렬

$A=\begin{bmatrix}A_{11} & A_{12}\\A_{21} & A_{22}\end{bmatrix}$, $B=\begin{bmatrix}B_{11} & B_{12}\\B_{21} & B_{22}\end{bmatrix}$로 분할되었다면

부분행렬의 크기가 행렬곱셈과 덧셈이 정의되는 크기라고

할 때 A와 B의 블록 곱셈을 할 수 있다.

$$AB=\begin{bmatrix} A_{11} & A_{12} \\ A_{21} & A_{22} \end{bmatrix}\begin{bmatrix} B_{11} & B_{12} \\ B_{21} & B_{22} \end{bmatrix}$$

$$=\begin{bmatrix} A_{11}B_{11}+A_{12}B_{21} & A_{11}B_{12}+A_{12}B_{22} \\ A_{21}B_{11}+A_{22}B_{21} & A_{21}B_{12}+A_{22}B_{22} \end{bmatrix}$$

83. $$A=\left[\begin{array}{cc|cc} 1 & 2 & 0 & 0 \\ 0 & 1 & 0 & 0 \\ \hline 0 & 0 & 2 & 1 \end{array}\right],\ B=\left[\begin{array}{cc|c} 1 & 2 & 0 \\ -1 & 1 & 0 \\ \hline 0 & 0 & 1 \\ 0 & 0 & 3 \end{array}\right]$$

84. $$A=\left[\begin{array}{cc|c|c} 0 & 0 & 1 & 0 \\ 0 & 0 & 0 & 1 \\ \hline -1 & 0 & 0 & 0 \\ 0 & -1 & 0 & 0 \end{array}\right],\ B=\left[\begin{array}{ccc|c} 1 & 2 & 3 & 4 \\ 5 & 6 & 7 & 8 \\ \hline 1 & 2 & 3 & 4 \\ 5 & 6 & 7 & 8 \end{array}\right]$$

참 또는 거짓? 85번과 86번에서는 각 명제가 참 또는 거짓인지 판별하시오. 만약 명제가 참이라면 그 이유를 제시하거나 본문에서 적절한 명제를 찾아 제시하시오. 만약 명제가 거짓이라면 명제가 참이 아니라는 예를 제시하거나 본문에서 적절한 명제를 찾아 제시하시오.

85. (a) 행렬의 곱이 정의된 두 행렬의 곱에 대하여 첫 번째 행렬의 열의 개수는 두 번째 행렬의 행의 개수와 같아야 한다.

(b) 연립방정식 $A\mathrm{x}=\mathrm{b}$이 해를 갖는 것은 b가 A의 열의 일차결합으로 표현되는 것과 동치이다. 이때 일차결합의 계수가 연립방정식의 해이다.

86. (a) 행렬 A는 $m\times n$행렬이고 행렬 B는 $n\times r$행렬이면 행렬곱 AB는 $m\times r$행렬이다.

(b) 행렬방정식 $A\mathrm{x}=\mathrm{b}$는 연립일차방정식을 나타낼 때 사용될 수 있다. 여기서 A는 계수행렬이고 x와 b는 열행렬이다.

87. 행렬 T의 열은 삼각형의 꼭짓점의 좌표를 나타낸다. 행렬 A는 변환행렬이다.

$$A=\begin{bmatrix} 0 & -1 \\ 1 & 0 \end{bmatrix},\ T=\begin{bmatrix} 1 & 2 & 3 \\ 1 & 4 & 2 \end{bmatrix}$$

(a) AT와 AAT를 구하시오. 그리고 원래의 삼각형과 변환된 두 개의 삼각형을 그리시오. A는 어떤 변환을 나타내는가?

(b) AAT가 나타내는 삼각형이 있다. 이 삼각형으로부터 AT가 나타내는 삼각형을 만드는 변환과정과 T가 나타내는 삼각형을 만드는 변환과정을 설명하시오.

2.2 행렬 연산의 성질

- 행렬덧셈, 스칼라곱, 영행렬의 성질 이용하기
- 행렬곱과 항등행렬의 성질 이용하기
- 전치행렬 구하기

행렬의 대수적 성질

2.1절에서는 세 가지 행렬의 기본 연산인 행렬덧셈, 스칼라곱, 행렬곱셈의 원리에 대해 알아보았다. 이번 절에서는 **행렬의 대수적 성질**(algebra of matrices)에 대해 알아보려 한다. 행렬의 대수적 성질은 전부는 아니지만 그래도 많은 부분이 실수의 대수적 성질과 비슷함을 알게 될 것이다. 정리 2.1에서는 행렬덧셈과 스칼라곱의 몇 가지 성질을 나열하였다.

정리 2.1 행렬덧셈과 스칼라곱의 성질

행렬 A, B, C는 $m \times n$행렬이고 c, d는 스칼라라 하면 다음 성질이 성립한다.

1. $A+B=B+A$ 덧셈의 교환법칙
2. $A+(B+C)=(A+B)+C$ 덧셈의 결합법칙
3. $(cd)A=c(dA)$ 곱셈의 결합법칙
4. $1A=A$ 곱셈의 항등원
5. $c(A+B)=cA+cB$ 분배법칙
6. $(c+d)A=cA+dA$ 분배법칙

증명

6개 성질의 증명은 행렬덧셈, 스칼라곱, 이와 관련된 실수의 성질에 의해 바로 성립한다. 예를 들어, *행렬덧셈*의 교환법칙을 증명하려면 $A=[a_{ij}]$, $B=[b_{ij}]$라 하자. 그러면 *실수덧셈*의 교환법칙을 이용하여

$$A+B=[a_{ij}+b_{ij}]=[b_{ij}+a_{ij}]=B+A$$

가 성립함을 보일 수 있다. 마찬가지로 성질 5를 증명하려면 (*실수에서의*) 덧셈에 대한 곱셈의 분배법칙을 이용하여

$$c(A+B)=[c(a_{ij}+b_{ij})]=[ca_{ij}+cb_{ij}]=cA+cB$$

가 성립함을 보일 수 있다.
나머지 4가지 성질의 증명은 연습문제로 남긴다. (연습문제 61~64번을 참고하시오.) ■

앞 절에서 행렬의 덧셈을 이항연산인 두 행렬의 합으로 정의했다. 행렬덧셈에 대한 결합법칙은 $A+B+C$를 $(A+B)+C$ 또는 $A+(B+C)$로 계산할 수 있게 해준다. 이러한 이유로 네 개 혹은 그 이상의 행렬의 합에도 똑같이 적용할 수 있다.

예제 1 두 개 이상의 행렬의 덧셈

네 개의 행렬의 합을 구하려면 다음과 같이 대응하는 성분들을 더해야 한다.

$$\begin{bmatrix}1\\2\end{bmatrix}+\begin{bmatrix}-1\\-1\end{bmatrix}+\begin{bmatrix}0\\1\end{bmatrix}+\begin{bmatrix}2\\-3\end{bmatrix}=\begin{bmatrix}2\\-1\end{bmatrix}$$

■

실수 0이 덧셈에 대한 항등원이라는 것은 실수의 덧셈에서 중요한 성질 중 하나이다. 즉 임의의 실수 c에 대하여 $c+0=c$이다. 행렬에서도 비슷한 성질이 성립한다. 실제로 A가 $m\times n$행렬이고 O_{mn}은 모든 성분이 0인 $m\times n$행렬이라면 $A+O_{mn}=A$이다 .행렬 O_{mn}은 **영행렬**(zero matrix)이고 모든 $m\times n$행렬의 집합에서의 덧셈에 대한 항등원이다. 예를 들어 다음 행렬은 모든 2×3행렬의 집합에서의 덧셈에 대한 항등원이다.

$$O_{23}=\begin{bmatrix}0&0&0\\0&0&0\end{bmatrix}$$

행렬의 크기가 분명할 때는 영행렬은 간단히 O 또는 0으로 나타낸다.

다음에 제시된 영행렬의 성질은 쉽게 증명할 수 있어서 연습문제로 남긴다. (연습문제 65번 참고)

참고

성질2는 행렬 $-A$는 A의 덧셈에 대한 역원으로 설명할 수 있다.

정리 2.2 **영행렬의 성질**

A가 $m\times n$행렬이고 c는 스칼라일 때 다음 성질은 참이다.

1. $A+O_{mn}=A$
2. $A+(-A)=O_{mn}$
3. $cA=O$이면 $c=0$ 또는 $A=O_{mn}$이다.

실수에서의 대수와 행렬에서의 대수는 상당히 비슷하다. 예를 들어 다음 두 풀이를 비교해보자.

실수	$m \times n$ 행렬
(x를 구하기)	(X를 구하기)
$x+a=b$	$X+A=B$
$x+a+(-a)=b+(-a)$	$X+A+(-A)=B+(-A)$
$x+0=b-a$	$X+O=B-A$
$x=b-a$	$X=B-A$

예제 2는 행렬방정식을 푸는 과정을 보여준다.

예제 2 행렬방정식 풀기

두 행렬 $A=\begin{bmatrix}1 & -2\\ 0 & 3\end{bmatrix}$, $B=\begin{bmatrix}-3 & 4\\ 2 & 1\end{bmatrix}$**에 대하여, 방정식** $3X+A=B$**에서** X**를 구하시오.**

풀이

방정식을 풀어 X를 구하면

$$3X=B-A$$

$$X=\frac{1}{3}(B-A)$$

를 얻는다.

이제 행렬 A와 B를 이용하여 구하면

$$\begin{aligned}X&=\frac{1}{3}\left(\begin{bmatrix}-3 & 4\\ 2 & 1\end{bmatrix}-\begin{bmatrix}1 & -2\\ 0 & 3\end{bmatrix}\right)\\ &=\frac{1}{3}\begin{bmatrix}-4 & 6\\ 2 & -2\end{bmatrix}\\ &=\begin{bmatrix}-\frac{4}{3} & 2\\ \frac{2}{3} & -\frac{2}{3}\end{bmatrix}\end{aligned}$$

■

행렬곱셈의 성질

다음 정리는 행렬의 대수를 행렬곱셈의 유용한 성질까지로 확장시킨다. 성질 2의 증명은 다음과 같다. 나머지 성질의 증명은 연습문제로 남긴다. (연습문제 66번을 참고)

정리 2.3 **행렬곱셈의 성질**

행렬 A, B, C는 행렬곱셈이 정의되는 크기의 행렬이라면 다음 성질은 참이다.

1. $(AB)C = A(BC)$ 곱셈의 결합법칙
2. $A(B+C) = AB+AC$ 분배법칙
3. $(A+B)C = AC+BC$ 분배법칙
4. $c(AB) = (cA)B = A(cB)$

증명

성질 2를 증명하려면 행렬 $A(B+C)$와 $AB+AC$의 대응하는 성분끼리 같다는 것을 보여야 한다. A의 크기가 $m\times n$, B의 크기가 $n\times p$, C의 크기가 $n\times p$라 가정하자. 행렬곱셈의 정의에 의해 행렬 $A(B+C)$의 i번째 행, j번째 열의 성분은 $a_{i1}(b_{1j}+c_{1j})+a_{i2}(b_{2j}+c_{2j})+\cdots+a_{in}(b_{nj}+c_{nj})$이다. 또한 $AB+AC$의 i번째 행, j번째 열의 성분은

$$(a_{i1}b_{1j}+a_{i2}b_{2j}+\cdots+a_{in}b_{nj})+(a_{i1}c_{1j}+a_{i2}c_{2j}+\cdots+a_{in}c_{nj})$$

이다. 분배하고 다시 정리하면 대응하는 두 ij번째 성분이 같다는 것을 알 수 있다. 그래서

$$A(B+C) = AB+AC$$

이다. ■

참고

정리 2.3에는 행렬 곱셈에 대한 교환법칙은 제시되어 있지 않다. 행렬곱 AB는 예제 4에서와 같이 행렬곱 BA와 같지 않을 수도 있다.

곱셈의 결합법칙은 예제 3과 같이 ABC와 같은 행렬의 곱을 계산순서에 따른 모호함 없이 계산할 수 있게 해준다.

예제 3 행렬곱셈은 결합법칙이 성립

행렬곱 ABC를 $(AB)C$로 묶어서 구해보고 $A(BC)$로 묶어서 구해보시오. 두 방법 모두 같은 결과가 나옴을 보이시오.

$$A=\begin{bmatrix}1 & -2\\2 & -1\end{bmatrix},\ B=\begin{bmatrix}1 & 0 & 2\\3 & -2 & 1\end{bmatrix},\ C=\begin{bmatrix}-1 & 0\\3 & 1\\2 & 4\end{bmatrix}$$

풀이

행렬을 $(AB)C$와 같이 묶어서 계산하면

$$(AB)C=\left(\begin{bmatrix}1 & -2\\2 & -1\end{bmatrix}\begin{bmatrix}1 & 0 & 2\\3 & -2 & 1\end{bmatrix}\right)\begin{bmatrix}-1 & 0\\3 & 1\\2 & 4\end{bmatrix}$$

$$=\begin{bmatrix}-5 & 4 & 0\\-1 & 2 & 3\end{bmatrix}\begin{bmatrix}-1 & 0\\3 & 1\\2 & 4\end{bmatrix}=\begin{bmatrix}17 & 4\\13 & 14\end{bmatrix}$$

이다. 행렬을 $A(BC)$와 같이 묶어서 계산하면

$$A(BC)=\begin{bmatrix}1 & -2\\2 & -1\end{bmatrix}\left(\begin{bmatrix}1 & 0 & 2\\3 & -2 & 1\end{bmatrix}\begin{bmatrix}-1 & 0\\3 & 1\\2 & 4\end{bmatrix}\right)$$

$$=\begin{bmatrix}1 & -2\\2 & -1\end{bmatrix}\begin{bmatrix}3 & 8\\-7 & 2\end{bmatrix}=\begin{bmatrix}17 & 4\\13 & 14\end{bmatrix}$$

와 같이 같은 결과를 얻는다. ■

다음 예제는 행렬곱셈 AB와 BA가 모두 정의되어도 결과가 같지 않을 수 있다는 것을 보여준다.

예제 4 행렬곱셈의 비교환성

행렬 $A=\begin{bmatrix}1 & 3\\2 & -1\end{bmatrix}$, $B=\begin{bmatrix}2 & -1\\0 & 2\end{bmatrix}$에 대하여 AB와 BA가 같지 않음을 보이시오.

풀이

$AB=\begin{bmatrix}1 & 3\\2 & -1\end{bmatrix}\begin{bmatrix}2 & -1\\0 & 2\end{bmatrix}=\begin{bmatrix}2 & 5\\4 & -4\end{bmatrix}$, $BA=\begin{bmatrix}2 & -1\\0 & 2\end{bmatrix}\begin{bmatrix}1 & 3\\2 & -1\end{bmatrix}=\begin{bmatrix}0 & 7\\4 & -2\end{bmatrix}$

$AB\neq BA$ ■

예제 4를 보고 행렬곱셈 AB와 BA는 절대로 같지 않다고 결론 내리지는 말자. 예를 들어 행렬 $A=\begin{bmatrix}1 & 2\\1 & 1\end{bmatrix}$, $B=\begin{bmatrix}-2 & 4\\2 & -2\end{bmatrix}$에 대하여 AB와 BA를 구해보자. 그러면 두 결과가 같다는 것을 알 수 있을 것이다. 하지만 중요한 점은 AB와 BA가 어떤 경우에는 같을지라도 AB와 BA는 보통 다르다는 것이다.

행렬대수에서 또 다른 중요한 성질은 행렬곱셈에서 일반적으로 소거법칙이 성립하지 않는다는 것이다. 즉 $AC=BC$일 때 반드시 $A=B$가 참이 되는 것은 아니다. 예제 5는 이에 대한 예를 보여주고 있다. (다음 절에서 특별한 모습의 행렬에 대해서는 소거법칙이 성립하는 것을 살펴볼 것이다.)

예제 5 소거법칙이 성립하지 않는 예

세 행렬 $A=\begin{bmatrix}1&3\\0&1\end{bmatrix}$, $B=\begin{bmatrix}2&4\\2&3\end{bmatrix}$, $C=\begin{bmatrix}1&-2\\-1&2\end{bmatrix}$에 대하여 $AC=BC$임을 보이시오.

풀이

$AC=\begin{bmatrix}1&3\\0&1\end{bmatrix}\begin{bmatrix}1&-2\\-1&2\end{bmatrix}=\begin{bmatrix}-2&4\\-1&2\end{bmatrix}$, $BC=\begin{bmatrix}2&4\\2&3\end{bmatrix}\begin{bmatrix}1&-2\\-1&2\end{bmatrix}=\begin{bmatrix}-2&4\\-1&2\end{bmatrix}$

$AC=BC$ 이지만 $A\neq B$ 이다. ■

1이 주대각선에 있고 나머지 성분은 모두 0인 특별한 형태의 정사각행렬에 대하여 살펴보자.

$$I_n=\begin{bmatrix}1&0&\cdots&0\\0&1&\cdots&0\\\vdots&\vdots&&\vdots\\0&0&\cdots&1\end{bmatrix}$$

예를 들어 $n=1,\ 2,\ 3$일 때

$$I_1=[1],\ I_2=\begin{bmatrix}1&0\\0&1\end{bmatrix},\ I_3=\begin{bmatrix}1&0&0\\0&1&0\\0&0&1\end{bmatrix}$$

행렬의 차수가 n으로 알려져 있을 때 I_n은 간단히 I로 나타내기도 한다.

정리 2.4에서처럼 행렬 I_n은 행렬곱셈에 대한 항등원과 같은 역할을 한다. 그래서 이 행렬을 **n차 항등행렬**(identity matrix of order n)이라고 한다. 이 정리의 증명은 연습문제로 남긴다. (연습문제 67번 참고)

정리 2.4 **항등행렬의 성질**

$m\times n$행렬 A에 대하여 다음 성질은 참이다.

1. $AI_n=A$
2. $I_mA=A$

참고

A가 n차 정사각행렬이면 $AI_n=I_nA=A$이다.

예제 6 항등행렬 곱셈

a. $\begin{bmatrix} 3 & -2 \\ 4 & 0 \\ -1 & 1 \end{bmatrix}\begin{bmatrix} 1 & 0 \\ 0 & 1 \end{bmatrix} = \begin{bmatrix} 3 & -2 \\ 4 & 0 \\ -1 & 1 \end{bmatrix}$ b. $\begin{bmatrix} 1 & 0 & 0 \\ 0 & 1 & 0 \\ 0 & 0 & 1 \end{bmatrix}\begin{bmatrix} -2 \\ 1 \\ 4 \end{bmatrix} = \begin{bmatrix} -2 \\ 1 \\ 4 \end{bmatrix}$ ■

*정사각행렬*의 거듭제곱은 실수의 거듭제곱에서와 같이 지수표현을 사용한다. 즉 $A^1 = A$, $A^2 = AA$이고 양의 정수 k에 대하여 A^k은

$$A^k = \underbrace{AA \cdots A}_{k\text{번 거듭제곱}}$$

이다. n차 정사각행렬 A에 대하여 $A^0 = I$로 정의하는 것이 편리하다. 이러한 정의를 통해서 음이 아닌 정수 j와 k에 대하여 (1) $A^j A^k = A^{j+k}$, (2) $(A^j)^k = A^{jk}$이 성립함을 알 수 있다.

예제 7 정사각행렬의 거듭제곱

행렬 $A = \begin{bmatrix} 2 & -1 \\ 3 & 0 \end{bmatrix}$에 대하여

$A^3 = \left(\begin{bmatrix} 2 & -1 \\ 3 & 0 \end{bmatrix}\begin{bmatrix} 2 & -1 \\ 3 & 0 \end{bmatrix}\right)\begin{bmatrix} 2 & -1 \\ 3 & 0 \end{bmatrix} = \begin{bmatrix} 1 & -2 \\ 6 & -3 \end{bmatrix}\begin{bmatrix} 2 & -1 \\ 3 & 0 \end{bmatrix} = \begin{bmatrix} -4 & -1 \\ 3 & -6 \end{bmatrix}$. ■

1.1절에서 연립일차방정식은 유일한 해를 갖거나 무수히 많은 해를 갖거나 해가 없다는 것을 배웠다. 행렬대수를 이용하여 다음을 증명해보자.

정리 2.5 동차연립방정식의 해의 개수

연립일차방정식은 다음 중 정확히 하나만 성립한다.
1. 연립방정식은 정확히 하나의 해를 가진다.
2. 연립방정식은 무수히 많은 해를 가진다.
3. 연립방정식은 해가 없다.

증명

연립방정식을 행렬방정식 $A\mathrm{x} = \mathrm{b}$로 나타내자. 연립방정식이 정확히 하나의 해를 가지거나 해가 없으면 정리는 성립한다. 이제 연립방정식이 서로 다른 두 개의 해 x_1, x_2를 가진다고 가정하자. 이러한 가정이 연립방정식이 무수히 많은 해를 가지는 것을 의미하는 것이라면 증명은 끝난다. x_1과 x_2가 연립방정식의 해이므로 $A\mathrm{x}_1 = A\mathrm{x}_2 = \mathrm{b}$

이고 $A(\mathrm{x}_1-\mathrm{x}_2)=O$이다. 이는 (영벡터가 아닌) 열행렬 $\mathrm{x}_h=\mathrm{x}_1-\mathrm{x}_2$가 동차연립일차방정식 $A\mathrm{x}=O$의 해라는 것을 의미한다. 따라서 임의의 스칼라 c에 대하여

$$A(\mathrm{x}_1+c\mathrm{x}_h)=A\mathrm{x}_1+A(c\mathrm{x}_h)=\mathrm{b}+c(A\mathrm{x}_h)=\mathrm{b}+cO=\mathrm{b}$$

이 성립한다. 그러면 임의의 스칼라 c에 대하여 $\mathrm{x}_1+c\mathrm{x}_h$는 $A\mathrm{x}=\mathrm{b}$의 해가 된다. 선택할 수 있는 c가 무수히 많고 이러한 각각의 c는 서로 다른 해를 만들기 때문에 연립방정식의 무수히 많은 해를 가진다. ■

탐구활동

두 행렬 $A=\begin{bmatrix}1 & 2\\3 & 4\end{bmatrix}$와 $B=\begin{bmatrix}3 & 5\\1 & -1\end{bmatrix}$에 대하여 다음에 답하시오.

1. $(AB)^T$, A^TB^T, B^TA^T를 구하시오.
2. 두 정사각행렬의 곱의 전치행렬에 대하여 가설을 세우시오.
3. 또 다른 두 개의 정사각행렬을 택하여 2에서 세운 가설이 옳은지 확인하시오.

전치행렬

행렬 A의 **전치행렬**은 행렬 A의 행을 열로 작성하여 만들어진다. 예를 들어 A가 $m\times n$행렬가

$$A=\begin{bmatrix}a_{11} & a_{12} & a_{13} & \cdots & a_{1n}\\a_{21} & a_{22} & a_{23} & \cdots & a_{2n}\\a_{31} & a_{32} & a_{33} & \cdots & a_{3n}\\\vdots & \vdots & \vdots & & \vdots\\a_{m1} & a_{m2} & a_{m3} & \cdots & a_{mn}\end{bmatrix}$$

와 같다면 A^T로 표시되는 전치행렬은 $n\times m$행렬

$$A^T=\begin{bmatrix}a_{11} & a_{21} & a_{31} & \cdots & a_{m1}\\a_{12} & a_{23} & a_{32} & \cdots & a_{m2}\\a_{13} & a_{23} & a_{33} & \cdots & a_{m3}\\\vdots & \vdots & \vdots & & \vdots\\a_{1n} & a_{2n} & a_{3n} & \cdots & a_{mn}\end{bmatrix}$$

이다.

예제 8 전치행렬

각 행렬의 전치행렬을 구하시오.

a. $A=\begin{bmatrix}2\\8\end{bmatrix}$ b. $B=\begin{bmatrix}1&2&3\\4&5&6\\7&8&9\end{bmatrix}$

c. $C=\begin{bmatrix}1&2&0\\2&1&0\\0&0&1\end{bmatrix}$ d. $D=\begin{bmatrix}0&1\\2&4\\1&-1\end{bmatrix}$

풀이

a. $A^T=[2\quad 8]$ b. $B^T=\begin{bmatrix}1&4&7\\2&5&8\\3&6&9\end{bmatrix}$

c. $C^T=\begin{bmatrix}1&2&0\\2&1&0\\0&0&1\end{bmatrix}$ d. $D^T=\begin{bmatrix}0&2&1\\1&4&-1\end{bmatrix}$

■

참고

예제 8(c)의 정사각행렬은 그 전치행렬과 같다. 이러한 행렬을 **대칭(symmetric)**이라고 한다. 행렬 A가 $A=A^T$이면 A는 대칭이다. 이 정의로부터 대칭행렬은 정사각형이라는 것은 자명하다. 또한 $A=[a_{ij}]$가 대칭행렬이면 $i\neq j$인 모든 i, j에 대하여 $a_{ij}=a_{ji}$이다.

정리 2.6 **전치행렬의 성질**

(행렬연산이 정의되는 크기의) 행렬 A와 B, 그리고 스칼라 c에 대하여 다음 성질은 모두 참이다.

1. $(A^T)^T=A$ 전치행렬의 전치행렬
2. $(A+B)^T=A^T+B^T$ 합의 전치행렬
3. $(cA)^T=c(A^T)$ 스칼라곱의 전치행렬
4. $(AB)^T=B^TA^T$ 행렬곱의 전치행렬

증명

전치행렬은 행렬의 행과 열을 서로 바꾸어 얻는다. 그래서 성질 1은 당연해 보인다. 성질 1을 증명하기 위해 행렬 A를 $m\times n$행렬이라 하자. 그러면 A^T의 크기는 $n\times m$이고 $(A^T)^T$의 크기는 $m\times n$으로 A의 크기와 같다. 행렬 A의 ij번째 성분을 a_{ij}라고 하자. 그러면 a_{ij}는 A^T의 ji번째 성분이면서 $(A^T)^T$의 ij번째 성분이다. 따라서 성질 1이 성립함을 증명하였다. 나머지 성질에 대한 증명은 연습문제로 남긴다. (연습문제 68번을 참고하시오.) ■

성질 2와 4는 유한 개의 행렬의 합과 곱에 대한 성질로 일반화시킬 수 있다. 예를 들어 세 행렬의 합의 전치행렬은 $(A+B+C)^T = A^T + B^T + C^T$이고 세 행렬의 곱의 전치행렬은 $(ABC)^T = C^T B^T A^T$이다.

참고

행렬곱의 전치행렬을 구할 때 곱하는 순서가 뒤바뀌었음을 기억하자. 다시 말해 AB의 전치행렬은 $(AB)^T = B^T A^T$이고 보통은 $A^T B^T$와 같지 않다.

예제 9 행렬곱의 전치행렬 구하기

이런 유형의 예제에 대한 대화형은 LarsonLinearAlgebra.com을 참고하시오.

행렬 $A = \begin{bmatrix} 2 & 1 & -2 \\ -1 & 0 & 3 \\ 0 & -2 & 1 \end{bmatrix}$와 $B = \begin{bmatrix} 3 & 1 \\ 2 & -1 \\ 3 & 0 \end{bmatrix}$에 대하여, $(AB)^T$와 $B^T A^T$가 같음을 보이시오.

풀이

$$AB = \begin{bmatrix} 2 & 1 & -2 \\ -1 & 0 & 3 \\ 0 & -2 & 1 \end{bmatrix} \begin{bmatrix} 3 & 1 \\ 2 & -1 \\ 3 & 0 \end{bmatrix} = \begin{bmatrix} 2 & 1 \\ 6 & -1 \\ -1 & 2 \end{bmatrix}$$

$$(AB)^T = \begin{bmatrix} 2 & 6 & -1 \\ 1 & -1 & 2 \end{bmatrix}$$

$$B^T A^T = \begin{bmatrix} 3 & 2 & 3 \\ 1 & -1 & 0 \end{bmatrix} \begin{bmatrix} 2 & -1 & 0 \\ 1 & 0 & -2 \\ -2 & 3 & 1 \end{bmatrix} = \begin{bmatrix} 2 & 6 & -1 \\ 1 & -1 & 2 \end{bmatrix}$$

$$(AB)^T = B^T A^T$$ ■

예제 10 행렬의 곱과 그 전치행렬

행렬 $A = \begin{bmatrix} 1 & 3 \\ 0 & -2 \\ -2 & -1 \end{bmatrix}$에 대하여 AA^T를 구하고 AA^T는 대칭행렬임을 보이시오.

풀이

$$AA^T = \begin{bmatrix} 1 & 3 \\ 0 & -2 \\ -2 & -1 \end{bmatrix} \begin{bmatrix} 1 & 0 & -2 \\ 3 & -2 & -1 \end{bmatrix} = \begin{bmatrix} 10 & -6 & -5 \\ -6 & 4 & 2 \\ -5 & 2 & 5 \end{bmatrix}$$

$AA^T = (AA^T)^T$이 성립하므로 AA^T는 대칭이다. ■

참고

예제 10에서 이야기한 성질은 일반적으로 참이다. 다시 말해, 임의의 행렬 A에 대하여 행렬 AA^T은 대칭이다. A^TA 또한 대칭이다. 연습문제 69번에서 이 성질을 증명해보자.

선형대수의 응용

인터넷 검색엔진과 같은 정보검색시스템은 정보를 추적할 때 행렬이론과 선형대수를 이용한다. 이를 설명하기 위해 간단한 예를 생각해보자. n개의 문서로 이루어진 데이터베이스 내에 m개의 사용가능한 키워드가 나타나는 것을 키워드가 문서 내에 나타나면 성분이 1, 문서 내에 나타나지 않으면 성분이 0인 $m\times n$행렬 A로 나타낼 수 있다. 찾고 있는 키워드에 해당하는 행은 1을 성분으로 하고, 찾고 있지 않은 키워드에 해당하는 행은 0을 성분으로 하는 $m\times 1$ 열행렬 $\mathbf{x}$을 사용해서 검색을 나타낼 수 있다. 그러면 $n\times 1$ 크기의 행렬곱 $A^T\mathbf{x}$는 검색에서 n개의 문서 각각에서 일치하는 키워드의 수를 나타낸다. 구글 검색엔진에서 사용되는 PageRank 알고리즘에 대한 이야기는 2.5절을 참고하시오.

2.2 연습문제

식의 계산 1~6번에서는 식을 계산하시오.

1. $\begin{bmatrix}-5 & 0\\ 3 & -6\end{bmatrix}+\begin{bmatrix}7 & 1\\ -2 & -1\end{bmatrix}+\begin{bmatrix}-10 & -8\\ 14 & 6\end{bmatrix}$

2. $\begin{bmatrix}6 & 8\\ -1 & 0\end{bmatrix}+\begin{bmatrix}0 & 5\\ -3 & -1\end{bmatrix}+\begin{bmatrix}-11 & -7\\ 2 & -1\end{bmatrix}$

3. $4\left(\begin{bmatrix}-4 & 0 & 1\\ 0 & 2 & 3\end{bmatrix}-\begin{bmatrix}2 & 1 & -2\\ 3 & -6 & 0\end{bmatrix}\right)$

4. $\frac{1}{2}([5 \quad -2 \quad 4 \quad 0]+[14 \quad 6 \quad -18 \quad 9])$

5. $-3\left(\begin{bmatrix}0 & -3\\ 7 & 2\end{bmatrix}+\begin{bmatrix}-6 & 3\\ 8 & 1\end{bmatrix}\right)-2\begin{bmatrix}4 & -4\\ 7 & -9\end{bmatrix}$

6. $-\begin{bmatrix}4 & 11\\ -2 & -1\\ 9 & 3\end{bmatrix}+\frac{1}{6}\left(\begin{bmatrix}-5 & -1\\ 3 & 4\\ 0 & 13\end{bmatrix}+\begin{bmatrix}7 & 5\\ -9 & -1\\ 6 & -1\end{bmatrix}\right)$

행렬 연산 7~12번에서는 $a=3$, $b=-4$이고 $A=\begin{bmatrix}1 & 2\\ 3 & 4\end{bmatrix}$, $B=\begin{bmatrix}0 & 1\\ -1 & 2\end{bmatrix}$, $O=\begin{bmatrix}0 & 0\\ 0 & 0\end{bmatrix}$일 때, 주어진 행렬식을 계산하시오.

7. $aA+bB$
8. $A+B$
9. $ab(B)$
10. $(a+b)B$
11. $(a-b)(A-B)$
12. $(ab)O$

13. $A=\begin{bmatrix}-4 & 0\\ 1 & -5\\ -3 & 2\end{bmatrix}$, $B=\begin{bmatrix}1 & 2\\ -2 & 1\\ 4 & 4\end{bmatrix}$일 때 X를 구하시오.
(a) $3X+2A=B$ (b) $2A-5B=3X$
(c) $X-3A+2B=O$ (d) $6X-4A-3B=O$

14. $A=\begin{bmatrix}-2 & -1\\ 1 & 0\\ 3 & -4\end{bmatrix}$, $B=\begin{bmatrix}0 & 3\\ 2 & 0\\ -4 & -1\end{bmatrix}$일 때 X를 구하시오.

(a) $X=3A-2B$ (b) $2X=2A-B$

(c) $2X+3A=B$ (d) $2A+4B=-2X$

행렬 연산 15~22번에서는 $c=-2$이고

$$A=\begin{bmatrix}1&2&3\\0&1&-1\end{bmatrix},\ B=\begin{bmatrix}1&3\\-1&2\end{bmatrix},\ C=\begin{bmatrix}0&1\\-1&0\end{bmatrix}$$

일 때, 주어진 행렬식을 계산하시오.

15. $c(BA)$ **16.** $c(CB)$

17. $B(CA)$ **18.** $C(BC)$

19. $(B+C)A$ **20.** $B(C+O)$

21. $cB(C+C)$ **22.** $B(cA)$

행렬곱셈의 결합법칙 23번과 24번에서는 행렬을 (a) $(AB)C$로 묶어 계산하고 (b) $A(BC)$로 묶어서 계산하여 행렬곱 ABC를 구하시오. 두 가지 방법을 통해 얻은 결과가 같음을 보이시오.

23. $A=\begin{bmatrix}1&2\\3&4\end{bmatrix},\ B=\begin{bmatrix}0&1\\2&3\end{bmatrix},\ C=\begin{bmatrix}3&0\\0&1\end{bmatrix}$

24. $A=\begin{bmatrix}-4&2\\1&-3\end{bmatrix},\ B=\begin{bmatrix}1&-5&0\\-2&3&3\end{bmatrix},$

$C=\begin{bmatrix}-3&4\\0&1\\-1&1\end{bmatrix}$

행렬곱셈의 비교환성 25번과 26번에서는 주어진 행렬을 이용하여 계산한 AB와 BA가 같지 않음을 보이시오.

25. $A=\begin{bmatrix}-2&1\\0&3\end{bmatrix},\ B=\begin{bmatrix}4&0\\-1&2\end{bmatrix}$

26. $A=\begin{bmatrix}\frac{1}{4}&\frac{1}{2}\\\frac{1}{2}&\frac{1}{2}\end{bmatrix},\ B=\begin{bmatrix}\frac{1}{2}&\frac{1}{2}\\\frac{1}{2}&\frac{1}{4}\end{bmatrix}$

결과가 같은 행렬곱셈 27번과 28번에서는 $A\neq B$임에도 불구하고 $AC=BC$임을 보이시오.

27. $A=\begin{bmatrix}0&1\\0&1\end{bmatrix},\ B=\begin{bmatrix}1&0\\1&0\end{bmatrix},\ C=\begin{bmatrix}2&3\\2&3\end{bmatrix}$

28. $A=\begin{bmatrix}1&2&3\\0&5&4\\3&-2&1\end{bmatrix},\ B=\begin{bmatrix}4&-6&3\\5&4&4\\-1&0&1\end{bmatrix},$

$C=\begin{bmatrix}0&0&0\\0&0&0\\4&-2&3\end{bmatrix}$

영행렬곱셈 29번과 30번에서는 $A\neq O$, $B\neq O$임에도 불구하고 $AB=O$임을 보이시오.

29. $A=\begin{bmatrix}3&3\\4&4\end{bmatrix}$와 $B=\begin{bmatrix}1&-1\\-1&1\end{bmatrix}$

30. $A=\begin{bmatrix}2&4\\2&4\end{bmatrix}$와 $B=\begin{bmatrix}1&-2\\-\frac{1}{2}&1\end{bmatrix}$

행렬 연산 31~36번에서는 $A=\begin{bmatrix}1&2\\0&-1\end{bmatrix}$일 때, 주어진 행렬식을 계산하시오.

31. IA **32.** AI

33. $A(I+A)$ **34.** $A+IA$

35. A^2 **36.** A^4

서술 37번과 38번에서는 주어진 공식이 왜 행렬에서는 성립하지 않는지 설명하시오. 예를 들어 보시오.

37. $(A+B)(A-B)=A^2-B^2$

38. $(A+B)(A+B)=A^2+2AB+B^2$

전치행렬 구하기 39번과 40번에서는 주어진 행렬의 전치행렬을 구하시오.

39. $D=\begin{bmatrix}1&-2\\-3&4\\5&-1\end{bmatrix}$ **40.** $D=\begin{bmatrix}6&-7&19\\-7&0&23\\19&23&-32\end{bmatrix}$

두 행렬의 곱의 전치행렬 구하기 41~44번에서는 $(AB)^T=B^TA^T$임을 확인하시오.

41. $A=\begin{bmatrix}-1 & 1 & -2\\ 2 & 0 & 1\end{bmatrix}$과 $B=\begin{bmatrix}-3 & 0\\ 1 & 2\\ 1 & -1\end{bmatrix}$

42. $A=\begin{bmatrix}1 & 2\\ 0 & -2\end{bmatrix}$와 $B=\begin{bmatrix}-3 & -1\\ 2 & 1\end{bmatrix}$

43. $A=\begin{bmatrix}2 & 1\\ 0 & 1\\ -2 & 1\end{bmatrix}$과 $B=\begin{bmatrix}2 & 3 & 1\\ 0 & 4 & -1\end{bmatrix}$

44. $A=\begin{bmatrix}2 & 1 & -1\\ 0 & 1 & 3\\ 4 & 0 & 2\end{bmatrix}$와 $B=\begin{bmatrix}1 & 0 & -1\\ 2 & 1 & -2\\ 0 & 1 & 3\end{bmatrix}$

전치행렬의 곱셈 45~48번에서는 (a) A^TA와 (b) AA^T를 구하시오. 이렇게 구한 결과의 행렬이 대칭행렬임을 보이시오.

45. $A=\begin{bmatrix}4 & 2 & 1\\ 0 & 2 & -1\end{bmatrix}$

46. $A=\begin{bmatrix}1 & -1\\ 3 & 4\\ 0 & -2\end{bmatrix}$

47. $A=\begin{bmatrix}0 & -4 & 3 & 2\\ 8 & 4 & 0 & 1\\ -2 & 3 & 5 & 1\\ 0 & 0 & -3 & 2\end{bmatrix}$

48. $A=\begin{bmatrix}4 & -3 & 2 & 0\\ 2 & 0 & 11 & -1\\ -1 & -2 & 0 & 3\\ 14 & -2 & 12 & -9\\ 6 & 8 & -5 & 4\end{bmatrix}$

행렬의 거듭제곱 구하기 49~52번에서는 행렬

$$A=\begin{bmatrix}1 & 0 & 0 & 0 & 0\\ 0 & -1 & 0 & 0 & 0\\ 0 & 0 & 1 & 0 & 0\\ 0 & 0 & 0 & -1 & 0\\ 0 & 0 & 0 & 0 & 1\end{bmatrix}$$

에 대하여 A의 거듭제곱을 구하시오.

49. A^{16}

50. A^{17}

51. A^{19}

52. A^{20}

행렬의 n제곱근 구하기 53번과 54번에서는 행렬 B의 n제곱근을 구하시오. 행렬 B의 n제곱근은 $A^n=B$인 행렬 A이다.

53. $B=\begin{bmatrix}9 & 0\\ 0 & 4\end{bmatrix}$, $n=2$

54. $B=\begin{bmatrix}8 & 0 & 0\\ 0 & -1 & 0\\ 0 & 0 & 27\end{bmatrix}$, $n=3$

참 또는 거짓 55번과 56번에서는 각 명제가 참 또는 거짓인지 판별하시오. 만일 명제가 참이면 이유를 제시하거나 본문에서 적절한 명제를 찾아 제시하시오. 만일 명제가 거짓이면 성립하지 않는 예를 제시하거나 본문에서 적절한 명제를 찾아 제시하시오.

55. (a) 행렬덧셈은 교환법칙이 성립한다.

(b) 두 행렬의 곱의 전치행렬은 그 순서로 전치행렬의 곱과 같다. 즉, $(AB)^T=A^TB^T$이다.

(c) 임의의 행렬 C에 대하여 CC^T는 대칭행렬이다.

56. (a) 행렬곱셈은 교환법칙이 성립한다.

(b) 세 행렬 A, B, C가 $AB=AC$를 만족하면 $B=C$이다.

(c) 두 행렬의 합의 전치행렬은 그 순서대로 전치행렬의 합과 같다.

57. $X=\begin{bmatrix}1\\ 0\\ 1\end{bmatrix}$, $Y=\begin{bmatrix}1\\ 1\\ 0\end{bmatrix}$, $Z=\begin{bmatrix}2\\ -1\\ 3\end{bmatrix}$, $W=\begin{bmatrix}1\\ 1\\ 1\end{bmatrix}$에 대하여 다음 물음에 답하시오.

(a) $Z=aX+bY$가 성립하는 스칼라 a와 b를 구하시오.

(b) $W=aX+bY$를 만족하는 스칼라 a와 b는 존재하지 않음을 보이시오.

(c) $aX+bY+cW=O$이면 $a=0$, $b=0$, $c=0$임을 보이시오.

(d) $aX+bY+cZ=O$을 만족하며 적어도 하나는 0이 아닌 스칼라 a, b, c를 구하시오.

58. **캡스톤** 행렬방정식 $aX+A(bB)=b(AB+IB)$에서 X, A, B, I는 정사각행렬이고 a, b는 0이 아닌 스칼라이다. 다음 풀이의 각 단계가 성립하는 이유를 설명하시오.

$$aX+(Ab)B=b(AB+B)$$
$$aX+bAB=bAB+bB$$
$$aX+bAB+(-bAB)=bAB+bB+(-bAB)$$
$$aX=bAB+bB+(-bAB)$$
$$aX=bAB+(-bAB)+bB$$
$$aX=bB$$
$$X=\frac{b}{a}B$$

다항함수 59번과 60번에서는 다음 정의를 이용하여 $f(A)$를 구하시오.

$$f(x)=a_0+a_1x+a_2x^2+\cdots+a_nx^n$$

이 다항함수이면 정사각행렬 A에 대하여

$$f(A)=a_0I+a_1A+a_2A^2+\cdots+a_nA^n$$

이다.

59. $f(x)=2-5x+x^2,\ A=\begin{bmatrix}2 & 0\\ 4 & 5\end{bmatrix}$

60. $f(x)=-10+5x-2x^2+x^3,$

$$A=\begin{bmatrix}2 & 1 & -1\\ 1 & 0 & 2\\ -1 & 1 & 3\end{bmatrix}$$

61. **힌트가 있는 증명** 행렬덧셈의 결합법칙

$$A+(B+C)=(A+B)+C$$

을 증명하시오.

시작: $A+(B+C)$와 $(A+B)+C$가 같다는 것을 증명하려면 대응하는 성분이 같음을 보여야 한다.

(i) A, B, C는 $m\times n$ 행렬이라 하고 증명을 시작하자.

(ii) $B+C$의 ij번째 성분이 $b_{ij}+c_{ij}$임을 확인하시오.

(iii) 더불어 $A+(B+C)$의 ij성분은 $a_{ij}+(b_{ij}+c_{ij})$임을 확인하시오.

(iv) $(A+B)+C$의 ij번째 성분을 구하시오.

62. **증명** 스칼라곱의 결합법칙

$$(cd)A=c(dA)$$

가 성립함을 증명하시오.

63. **증명** 스칼라 1은 스칼라곱의 항등원 즉 $1A=A$임을 증명하시오.

64. **증명** 분배법칙

$$(c+d)A=cA+dA$$

가 성립함을 증명하시오.

65. **증명** 정리 2.2를 증명하시오.

66. **증명** 정리 2.3의 증명을 완성하시오.

(a) 곱셈의 결합법칙

$$A(BC)=(AB)C$$

가 성립함을 증명하시오.

(b) 분배법칙

$$(A+B)C=AC+BC$$

가 성립함을 증명하시오.

(c) $c(AB)=(cA)B=A(cB)$가 성립함을 증명하시오.

67. **증명** 정리 2.4를 증명하시오.

68. **증명** 정리 2.6의 성질 2, 3, 4를 증명하시오.

69. **힌트가 있는 증명** 행렬 A가 $m\times n$행렬일 때 AA^T와 A^TA는 대칭행렬임을 보이시오.

시작: AA^T가 대칭행렬임을 보이려면 전치행렬이 원래와 같음, 즉 $(AA^T)^T=AA^T$임을 보여야 한다.

(i) 좌변의 식 $(AA^T)^T$으로부터 증명을 시작한다.

(ii) 전치행렬 연산의 성질을 이용하여 $(AA^T)^T$를 우변의 식 AA^T와 같이 간단히 할 수 있음을 보인다.

(ii) 행렬곱 A^TA에 대해서도 이러한 방법을 반복한다.

70. **증명** 두 행렬 A와 B는 $n\times n$행렬이다.

(a) AB가 반드시 대칭행렬일 필요가 없다는 예를 제시하시오.

(b) 행렬곱 AB가 대칭행렬인 것은 $AB=BA$인 것과 동치힘을 증명하시오.

대칭과 반대칭 행렬 71~74번에서는 행렬이 대칭인지 비대칭인지 아무것도 아닌지 결정하시오. 정사각행렬 A가 $A^T=-A$를 만족하면 행렬 A는 반대칭행렬(skew-symmetric matrix)이라 한다.

71. $A=\begin{bmatrix}0&2\\-2&0\end{bmatrix}$

72. $A=\begin{bmatrix}2&1\\1&3\end{bmatrix}$

73. $A=\begin{bmatrix}0&2&1\\2&0&3\\1&3&0\end{bmatrix}$

74. $A=\begin{bmatrix}0&2&-1\\-2&0&-3\\1&3&0\end{bmatrix}$

75. **증명** 반대칭행렬의 주대각선의 성분은 모두 0임을 증명하시오.

76. **증명** A와 B가 $n\times n$ 반대칭행렬이면 $A+B$도 반대칭임을 증명하시오.

77. **증명** 행렬 A는 n차 정사각행렬이다.

(a) 행렬 $\frac{1}{2}(A+A^T)$는 대칭임을 보이시오.

(b) 행렬 $\frac{1}{2}(A-A^T)$는 반대칭임을 보이시오.

(c) 행렬 A는 대칭행렬 B와 반대칭행렬 C의 합, 즉 $A=B+C$로 나타낼 수 있음을 증명하시오.

(d) 다음 행렬을 대칭행렬과 반대칭행렬의 합으로 나타내시오.

$$A=\begin{bmatrix}2&5&3\\-3&6&0\\4&1&1\end{bmatrix}$$

78. **증명** A가 $n\times n$행렬일 때 행렬 $A-A^T$는 반대칭임을 증명하시오.

79. 다음과 같은 모양의 행렬에 대하여 물음에 답하시오.

$$A=\begin{bmatrix}0&a_{12}&a_{13}&\cdots&a_{1n}\\0&0&a_{23}&\cdots&a_{2n}\\\vdots&\vdots&\vdots&&\vdots\\0&0&0&\cdots&a_{n-1,n}\\0&0&0&\cdots&0\end{bmatrix}$$

(a) 행렬 A와 같은 꼴의 2×2행렬과 3×3행렬을 제시하시오.

(b) 공학용 계산기를 이용하여 지수를 높여가며 각 행렬의 거듭제곱을 구하시오. 결과를 설명하시오.

(c) (b)의 결과를 이용하여 A가 4×4행렬인 경우에 대한 가설을 세우시오. 공학용 계산기를 이용하여 여기서 세운 가설을 확인하시오.

(d) (b)와 (c)의 결과를 이용하여 A가 $n\times n$행렬인 경우에 대한 가설을 세우시오.

2.3 역행렬

- 행렬의 역행렬(존재하는 경우) 구하기
- 역행렬의 성질 이용하기
- 역행렬을 이용하여 연립일차방정식 풀기

행렬과 그 역행렬

2.2절에서 실수의 대수와 행렬의 대수의 비슷한 점에 대해 이야기하였다. 이번 절에서는 행렬곱셈이 포함된 행렬방정식의 풀이까지 포함하는 행렬 대수를 알아볼 것이다. 우선 실수 방정식 $ax=b$를 생각해보자. 이 방정식에서 x를 구하려면 방정식의 양변에 a^{-1} ($a\neq 0$인 경우)를 곱해야 한다.

$$ax=b$$

$$(a^{-1}a)x=a^{-1}b$$

$$(1)x=a^{-1}b$$

$$x=a^{-1}b$$

실수 a^{-1}는 $a^{-1}a=1$(곱셈에 대한 항등원)이므로 a의 곱셈에 대한 역원이라 한다. 행렬의 곱셈에 대한 역원도 비슷하게 정의한다.

역행렬의 정의

$n\times n$ 행렬 A에 대하여

$$AB=BA=I_n$$

이 성립하는 $n\times n$행렬 B가 존재하면 행렬 A는 **가역**(invertible) 또는 **정칙**(nonsingular)이라 한다. 여기서 I_n은 n차의 항등행렬이다. 행렬 B를 A의 역행렬이라 한다. **역행렬**을 갖지 않는 행렬은 **비가역**(noninvertible) 또는 **특이**(singular)라고 한다.

정사각행렬이 아닌 행렬은 역행렬을 갖지 않는다. 만일 $m \neq n$일 때 행렬 A가 $m \times n$행렬이고 B가 $n \times m$ 행렬이라면 행렬곱 AB와 BA는 서로 다른 크기이고 같을 수 없다. 모든 정사각행렬이 역행렬을 갖는 것은 아니다. (예제 4를 참고할 것.) 다음 정리는 만일 행렬이 역행렬을 갖는다면 그 역행렬은 유일하다는 것을 보여준다.

정리 2.7 **역행렬의 유일성**

행렬 A가 가역인 행렬이면 그 역행렬은 유일하다. A의 역행렬을 A^{-1}로 나타나낸다.

증명

행렬 A가 가역이면 $AB = I = BA$인 역행렬 B를 적어도 하나 갖는다.
A가 $AC = I = CA$를 만족하는 또 다른 역행렬 C를 가진다고 가정하자. 그러면 다음과 같이 두 행렬 B와 C는 같다는 것을 증명할 수 있다.

$$\begin{aligned} AB &= I \\ C(AB) &= CI \\ (CA)B &= C \\ IB &= C \\ B &= C \end{aligned}$$

결국 $B = C$이고 A의 역행렬은 유일하다. ■

가역행렬 A의 역행렬 A^{-1}는 유일하고 $AA^{-1} = A^{-1}A = I$이다.

예제 1 역행렬

두 행렬 $A = \begin{bmatrix} -1 & 2 \\ -1 & 1 \end{bmatrix}$, $B = \begin{bmatrix} 1 & -2 \\ 1 & -1 \end{bmatrix}$에 대하여 행렬 B가 행렬 A의 역행렬임을 보이시오.

풀이

역행렬의 정의를 이용하여 $AB = I = BA$임을 보여서 행렬 B가 행렬 A의 역행렬임을 보인다.

$$AB = \begin{bmatrix} -1 & 2 \\ -1 & 1 \end{bmatrix} \begin{bmatrix} 1 & -2 \\ 1 & -1 \end{bmatrix} = \begin{bmatrix} -1+2 & 2-2 \\ -1+1 & 2-1 \end{bmatrix} = \begin{bmatrix} 1 & 0 \\ 0 & 1 \end{bmatrix}$$

$$BA = \begin{bmatrix} 1 & -2 \\ 1 & -1 \end{bmatrix} \begin{bmatrix} -1 & 2 \\ -1 & 1 \end{bmatrix} = \begin{bmatrix} -1+2 & 2-2 \\ -1+1 & 2-1 \end{bmatrix} = \begin{bmatrix} 1 & 0 \\ 0 & 1 \end{bmatrix}$$ ■

다음 예제는 연립방정식으로 역행렬을 찾는 방법에 대한 것이다.

예제 2 역행렬 구하기

행렬 $A=\begin{bmatrix}1 & 4\\-1 & -3\end{bmatrix}$의 역행렬을 구하시오.

풀이

행렬 A의 역행렬을 구하려면 행렬방정식 $AX=I$를 풀어 X를 구해야 한다.

$$\begin{bmatrix}1 & 4\\-1 & -3\end{bmatrix}\begin{bmatrix}x_{11} & x_{12}\\x_{21} & x_{22}\end{bmatrix}=\begin{bmatrix}1 & 0\\0 & 1\end{bmatrix}$$

$$\begin{bmatrix}x_{11}+4x_{21} & x_{21}+4x_{22}\\-x_{11}-3x_{21} & -x_{12}-3x_{22}\end{bmatrix}=\begin{bmatrix}1 & 0\\0 & 1\end{bmatrix}$$

대응하는 성분이 같아야 하므로 다음과 같은 연립방정식을 얻을 수 있다.

$$\begin{aligned}x_{11}+4x_{21}&=1 \qquad & x_{12}+4x_{22}&=0\\-x_{11}-3x_{21}&=0 \qquad & -x_{12}-3x_{22}&=1\end{aligned}$$

첫 번째 연립방정식을 풀면 $x_{11}=-3$이고 $x_{21}=1$이다. 마찬가지로 두 번째 연립방정식을 풀면 $x_{12}=-4$이고 $x_{22}=1$이다. 따라서 A의 역행렬은

$$X=A^{-1}=\begin{bmatrix}-3 & -4\\1 & 1\end{bmatrix}$$

이다.
행렬 곱셈을 이용하여 역행렬이 맞는지 각자 확인해 보시오. ■

예제 2의 풀이 방법을 일반화하면 역행렬을 쉽게 구할 수 있는 방법을 알 수 있다. 두 연립방정식

$$\begin{aligned}x_{11}+4x_{21}&=1 \qquad & x_{12}+4x_{22}&=0\\-x_{11}-3x_{21}&=0 \qquad & -x_{12}-3x_{22}&=1\end{aligned}$$

는 같은 계수행렬을 가진다. $\begin{bmatrix}1 & 4 & 1\\-1 & -3 & 0\end{bmatrix}$과 $\begin{bmatrix}1 & 4 & 0\\-1 & -3 & 1\end{bmatrix}$로 나타내어지는 두 개의 연립방정식을 따로 따로 푸는 것보다는 계수행렬에 항등행렬을 결합하여 덧붙인 행렬

$$\begin{bmatrix}1 & 4 & 1 & 0\\-1 & -3 & 0 & 1\end{bmatrix}$$

을 만들어 두 연립방정식을 동시에 푸는 것이 더 효과적이다.

가우스-조던 소거법을 이 행렬에 적용하여 소거과정을 한 번씩만 시행하여 다음과 같이 두 연립방정식을 동시에 푼다.

$$\begin{bmatrix} 1 & 4 & 1 & 0 \\ 0 & 1 & 1 & 1 \end{bmatrix} \quad R_2 + R_1 \rightarrow R_2$$

$$\begin{bmatrix} 1 & 0 & -3 & -4 \\ 0 & 1 & 1 & 1 \end{bmatrix} \quad R_1 + (-4)R_2 \rightarrow R_1$$

"이중으로 덧붙여진" 행렬 $[A \quad I]$에 가우스-조던 소거법을 적용하여 행렬 $[I \quad A^{-1}]$을 얻는다.

$$\underset{A \qquad I}{\begin{bmatrix} 1 & 4 & 1 & 0 \\ -1 & -3 & 0 & 1 \end{bmatrix}} \quad \Rightarrow \quad \underset{I \qquad A^{-1}}{\begin{bmatrix} 1 & 0 & -3 & -4 \\ 0 & 1 & 1 & 1 \end{bmatrix}}$$

이러한 과정 (또는 알고리즘)은 임의의 $n \times n$행렬에 대해서도 적용할 수 있다. 행렬 A가 I_n으로 행축소되지 않는다면 A는 가역(또는 정칙)이 아니다. 이 과정은 다음 절에서 기본행렬이라는 개념을 소개한 후 엄밀히 다루어질 것이다. 지금은 다음과 같이 알고리즘을 요약할 수 있다.

가우스-조던 소거법을 이용하여 역행렬 구하기

행렬 A는 n차 정사각행렬이다.

1. 왼쪽에는 행렬 A가 있고 오른쪽에는 $n \times n$ 항등행렬 I가 있는 $n \times 2n$ 행렬 $[A \quad I]$를 만든다.
2. 가능하다면 행렬 A를 행렬 I로 행축소하는 기본행연산을 이용하여 $[A \quad I]$를 행축소한다. 그 결과는 $[I \quad A^{-1}]$가 될 것이다. 만일 이렇게 만들 수 없다면 A는 가역(또는 정칙)이 아니다.
3. 행렬의 곱셈을 이용하여 $AA^{-1} = I = A^{-1}A$임을 보여 결과가 올바름을 확인한다.

선형대수의 응용

탄성을 가진 물체의 상대적으로 작은 변형에 대해 설명한 훅의 법칙(Hooke's law)에 의하면 변형된 정도의 양은 변형을 일으키는 힘에 정비례한다. 한쪽이 고정되어진 탄성을 가진 막대에 여러 가지 힘이 작용하는 경우, 변형 $\mathbf{d}$와 힘 $\mathbf{w}$는 행렬방정식 $\mathbf{d} = F\mathbf{w}$라는 관계를 가진다. 여기서 F는 각 성분이 막대를 이루는 재료에 의해 결정되는 유연성 행렬(flexibility matrix)이다. 유연성 행렬의 역행렬 F^{-1}가 탄성계수행렬(stiffness matrix)이다. 연습문제 61번과 62번에서는 주어진 유연성행렬과 변형행렬에 대해 탄성계수행렬과 힘행렬 $\mathbf{w}$를 구해야 한다.

예제 3 역행렬 구하기

이런 유형의 예제의 대화형은 LarsonLinearAlgebra.com을 참고하시오.

행렬 $A=\begin{bmatrix}1 & -1 & 0\\ 1 & 0 & -1\\ -6 & 2 & 3\end{bmatrix}$의 역행렬을 구하시오.

풀이

행렬 A에 항등행렬을 덧붙여 덧붙인 행렬

$$[A \quad I]=\begin{bmatrix}1 & -1 & 0 & 1 & 0 & 0\\ 1 & 0 & -1 & 0 & 1 & 0\\ -6 & 2 & 3 & 0 & 0 & 1\end{bmatrix}$$

을 만들자. 다음과 같이 기본행연산을 이용하여 $[I \quad A^{-1}]$ 형태의 행렬을 구하자.

$$\begin{bmatrix}1 & -1 & 0 & 1 & 0 & 0\\ 0 & 1 & -1 & -1 & 1 & 0\\ -6 & 2 & 3 & 0 & 0 & 1\end{bmatrix} \quad R_2+(-1)R_1\rightarrow R_2$$

$$\begin{bmatrix}1 & -1 & 0 & 1 & 0 & 0\\ 0 & 1 & -1 & -1 & 1 & 0\\ 0 & -4 & 3 & 6 & 0 & 1\end{bmatrix} \quad R_3+(6)R_1\rightarrow R_3$$

$$\begin{bmatrix}1 & -1 & 0 & 1 & 0 & 0\\ 0 & 1 & -1 & -1 & 1 & 0\\ 0 & 0 & -1 & 2 & 4 & 1\end{bmatrix} \quad R_3+(4)R_2\rightarrow R_3$$

$$\begin{bmatrix}1 & -1 & 0 & 1 & 0 & 0\\ 0 & 1 & -1 & -1 & 1 & 0\\ 0 & 0 & 1 & -2 & -4 & -1\end{bmatrix} \quad (-1)R_3\rightarrow R_3$$

$$\begin{bmatrix}1 & -1 & 0 & 1 & 0 & 0\\ 0 & 1 & 0 & -3 & -3 & -1\\ 0 & 0 & 1 & -2 & -4 & -1\end{bmatrix} \quad R_2+R_3\rightarrow R_2$$

$$\begin{bmatrix}1 & 0 & 0 & -2 & -3 & -1\\ 0 & 1 & 0 & -3 & -3 & -1\\ 0 & 0 & 1 & -2 & -4 & -1\end{bmatrix} \quad R_1+R_2\rightarrow R_1$$

행렬 A는 가역이고 역행렬은

$$A^{-1}=\begin{bmatrix}-2 & -3 & -1\\ -3 & -3 & -1\\ -2 & -4 & -1\end{bmatrix}$$

이다. $AA^{-1}=I=A^{-1}A$가 됨을 확인하여 역행렬이라는 것을 확인하자. ■

기술

수많은 공학용 계산기와 프트웨어 프로그램으로 정사각 행렬의 역행렬을 찾을 수 있다. 공학용계산기를 사용한다면 예제 3의 경우를 적용했을 때 다음과 비슷한 화면이 나타날 것이다. CengageBrain.com의 Technical Guide는 행렬의 역행렬을 공학적 도구를 이용하여 구할 수 있도록 해준다.

```
A
        [[1  -1 0 ]
         [1  0  -1]
         [-6 2  3 ]]
A-1
        [[-2 -3 -1]
         [-3 -3 -1]
         [-2 -4 -1]]
```

예제 3에서 보여준 과정은 임의의 $n \times n$행렬 A에 적용할 수 있고 역행렬이 있다면 이를 통해 행렬 A의 역행렬을 구할 수 있다. A가 역행렬이 없을 때 이 과정은 역시 행렬이 역행렬을 갖지 않음을 이야기해준다. 다음 예제는 정칙이 아닌(역행렬이 없는) 행렬에 이 과정을 적용한 예를 보여준다.

예제 4 정칙이 아닌 행렬

다음 행렬은 역행렬을 갖지 않음을 보이시오.

$$A = \begin{bmatrix} 1 & 2 & 0 \\ 3 & -1 & 2 \\ -2 & 3 & -2 \end{bmatrix}$$

풀이

항등행렬과 A를 이어 붙여 다음과 같은 덧붙인 행렬을 만든다.

$$[A \quad I] = \begin{bmatrix} 1 & 2 & 0 & 1 & 0 & 0 \\ 3 & -1 & 2 & 0 & 1 & 0 \\ -2 & 3 & -2 & 0 & 0 & 1 \end{bmatrix}$$

그리고 가우스-조던 소거법을 이용하여 다음을 얻는다.

$$\begin{bmatrix} 1 & 2 & 0 & 1 & 0 & 0 \\ 0 & -7 & 2 & -3 & 1 & 0 \\ 0 & 0 & 0 & -1 & 1 & 1 \end{bmatrix}$$

덧붙인 행렬의 "A 부분"의 한 행이 모두 0임을 주목하자. 이러한 이유로 행렬 $[A \quad I]$를 $[I \quad A^{-1}]$의 꼴로 바꿀 수 없다. 이것은 행렬 A가 역행렬을 갖지 않음(또는 기역이 아님)을 의미한다. ■

가우스-조던 소거법을 이용하여 행렬의 역행렬을 구하는 방법은 3×3 혹은 그 이상의 크기를 갖는 행렬에 대해서도 상당히 효과적이다. 하지만 2×2 행렬에 대해서는 가우스-조던 소거법을 사용하는 것보다는 공식을 사용하는 편이 간편할 수 있다.

2×2행렬 $A = \begin{bmatrix} a & b \\ c & d \end{bmatrix}$에 대하여 A가 가역이면 $ad - bc \neq 0$이고 $ad - bc \neq 0$일 때 A는 가역이다. 더욱이 $ad - bc \neq 0$이면 이 때 역행렬 A^{-1}는

$$A^{-1} = \frac{1}{ad - bc} \begin{bmatrix} d & -b \\ -c & a \end{bmatrix}$$

이다.

참고

분모 $ad-bc$를 A의 **행렬식(determinant)**이라 한다. 행렬식에 대해서는 3장에서 다룰 것이다.

예제 5 2×2행렬의 역행렬 구하기

각 경우 역행렬이 존재한다면 역행렬을 구하시오.

a. $A=\begin{bmatrix} 3 & -1 \\ -2 & 2 \end{bmatrix}$ b. $B=\begin{bmatrix} 3 & -1 \\ -6 & 2 \end{bmatrix}$

풀이

a. 행렬 A에 2×2행렬의 역행렬에 대한 공식을 적용하면 $ad-bc=(3)(2)-(-1)(-2)=4$를 얻는다. 이 값은 0이 아니므로 A는 역행렬을 갖는다. 주대각선의 성분의 위치를 서로 바꾸고 나머지 두 성분의 부호를 바꾼 후 $\frac{1}{4}$를 곱해 다음과 같이 역행렬을 만든다.

$$A^{-1}=\frac{1}{4}\begin{bmatrix} 2 & 1 \\ 2 & 3 \end{bmatrix}=\begin{bmatrix} \frac{1}{2} & \frac{1}{4} \\ \frac{1}{2} & \frac{3}{4} \end{bmatrix}$$

b. 행렬 B는 $ad-bc=(3)(2)-(-1)(-6)=0$이므로 역행렬을 갖지 않는다. ■

역행렬의 성질

다음의 정리 2.8은 역행렬의 중요한 성질을 나열하고 있다.

정리 2.8 역행렬의 성질

행렬 A가 역행렬을 갖는 행렬이고 k는 양의 정수, c는 0이 아닌 스칼라라면 A^{-1}, A^k cA, A^T는 가역이며 다음이 성립한다.

1. $(A^{-1})^{-1}=A$
2. $(A^k)^{-1}=\underbrace{A^{-1}A^{-1}\cdots A^{-1}}_{k\text{개}}=(A^{-1})^k$
3. $(cA)^{-1}=\frac{1}{c}A^{-1}$
4. $(A^T)^{-1}=(A^{-1})^T$

증명

성질 1, 3, 4의 증명에서 중요한 점은 행렬의 역행렬이 유일하다(정리 2.7)는 것이다. 즉 만일 $BC=CB=I$라면 C는 B의

역행렬이다.

성질 1은 A^{-1}의 역행렬은 A 자신임을 설명하고 있다. 이를 증명하려면 $A^{-1}A=AA^{-1}=I$임을 확인하는데 이는 행렬 A가 A^{-1}의 역행렬이라는 의미이다. 따라서 $A=(A^{-1})^{-1}$이다.

마찬가지로, 성질 3은 $c\neq 0$일 때 $\frac{1}{c}A^{-1}$이 cA의 역행렬임을 설명하고 있다. 이를 증명하려면 정리 2.1과 2.3에서 제시한 스칼라곱의 성질을 이용해야 한다. 즉

$$(cA)\left(\frac{1}{c}A^{-1}\right)=\left(c\frac{1}{c}\right)AA^{-1}=(1)I=I$$

$$\left(\frac{1}{c}A^{-1}\right)(cA)=\left(\frac{1}{c}c\right)A^{-1}A=(1)I=I$$

이다. 그래서 $\frac{1}{c}A^{-1}$은 cA의 역행렬, 즉 $(cA)^{-1}=\frac{1}{c}A^{-1}$이다. 성질 2와 4는 직접 증명해보도록 남긴다. (연습문제 63번과 64번을 참고하라.) ■

정칙인 행렬에 대하여, 정사각행렬의 거듭제곱을 나타내는 지수표현은 음의 정수를 포함하는 경우까지 확장할 수 있다. 이는 A^{-k}을

$$A^{-k}=\underbrace{A^{-1}A^{-1}\cdots A^{-1}}_{k\text{개}}=(A^{-1})^k$$

로 정의함으로 가능해진다.

이러한 생각을 이용하면 임의의 정수 j와 k에 대하여 $A^jA^k=A^{j+k}$과 $(A^j)^k=A^{jk}$이 성립함을 보일 수 있다.

탐구활동

두 행렬 $A=\begin{bmatrix}1 & 2\\1 & 3\end{bmatrix}$과 $B=\begin{bmatrix}2 & -1\\1 & -1\end{bmatrix}$에 대하여 다음 물음에 답하시오.

1. $(AB)^{-1}$, $A^{-1}B^{-1}$, $B^{-1}A^{-1}$를 구하시오.

2. 두 가역행렬의 곱의 역행렬에 대한 가설을 세우시오. 그리고 나서 같은 차수이면서 가역인 두 개의 행렬을 선택하여 앞서 세운 가설이 옳은지 확인하시오.

예제 6 정사각행렬의 역행렬

행렬 $A=\begin{bmatrix}1 & 1\\2 & 4\end{bmatrix}$에 대하여 A^{-2}를 두 가지의 다른 방법을 이용하여 계산하고 두 결과가 같음을 보이시오.

풀이

A^{-2}을 구하는 한 가지 방법은 $(A^2)^{-1}$를 구하는 것이다. 행렬 A를 제곱하면

$$A^2=\begin{bmatrix}3 & 5\\10 & 18\end{bmatrix}$$

을 얻고 2×2 행렬의 역행렬에 대한 공식을 이용하면

$$(A^2)^{-1}=\frac{1}{4}\begin{bmatrix}18 & -5\\-10 & 3\end{bmatrix}=\begin{bmatrix}\frac{9}{2} & -\frac{5}{4}\\-\frac{5}{2} & \frac{3}{4}\end{bmatrix}$$

을 얻는다.

A^{-2}를 구하는 또 다른 방법은 $(A^{-1})^2$을 구하는 것이다. 행렬 A^{-1}를 구하면

$$A^{-1}=\frac{1}{2}\begin{bmatrix}4 & -1\\-2 & 1\end{bmatrix}=\begin{bmatrix}2 & -\frac{1}{2}\\-1 & \frac{1}{2}\end{bmatrix}$$

을 얻고 이제 이를 제곱하면

$$(A^{-1})^2=\begin{bmatrix}\frac{9}{2} & -\frac{5}{4}\\-\frac{5}{2} & \frac{3}{4}\end{bmatrix}$$

을 얻는다.

두 가지 방법으로 얻은 결과는 모두 같다. ■

다음 정리는 두 행렬 곱의 역행렬을 계산하는 공식에 대한 것이다.

정리 2.9 행렬곱의 역행렬

두 행렬 A와 B가 역행렬을 갖는 n차 정사각행렬이라면 AB는 역행렬을 갖고

$$(AB)^{-1}=B^{-1}A^{-1}$$

이다.

증명

$B^{-1}A^{-1}$가 AB의 역행렬임을 보이기 위해 역행렬의 정의를 만족함을 보이기만 하면 된다. 즉

$$(AB)(B^{-1}A^{-1})=A(BB^{-1})A^{-1}=A(I)A^{-1}=(AI)A^{-1}=AA^{-1}=I$$

이다. 마찬가지로 $(B^{-1}A^{-1})(AB)=I$가 성립한다. 따라서 AB는 역행렬을 가지며 그 역행렬은 $B^{-1}A^{-1}$이다. ■

정리 2.9는 두 가역행렬의 곱의 역행렬은 각 행렬의 역행렬들을 곱하는 순서를 반대로 하여 곱한 결과와 같음을 설명하고 있다. 이러한 사실은 다음과 같이 두 개 이상의 가역행렬들의 곱에 대한 경우로 일반화시킬 수 있다.

$$(A_1A_2A_3\cdots A_n)^{-1}=A_n^{-1}\cdots A_3^{-1}A_2^{-1}A_1^{-1}$$

(부록의 예제4를 참고하라.)

예제 7 행렬곱의 역행렬 구하기

행렬 $A=\begin{bmatrix}1&3&3\\1&4&3\\1&3&4\end{bmatrix}$, $B=\begin{bmatrix}1&2&3\\1&3&3\\2&4&3\end{bmatrix}$ **에 대하여** $A^{-1}=\begin{bmatrix}7&-3&-3\\-1&1&0\\-1&0&1\end{bmatrix}$, $B^{-1}=\begin{bmatrix}1&-2&1\\-1&1&0\\\frac{2}{3}&0&-\frac{1}{3}\end{bmatrix}$ **임을 이용하여** $(AB)^{-1}$**를 구하시오.**

풀이

정리 2.9를 이용하면

$$\begin{aligned}(AB)^{-1}&=B^{-1}A^{-1}\\&=\begin{bmatrix}1&-2&1\\-1&1&0\\\frac{2}{3}&0&-\frac{1}{3}\end{bmatrix}\begin{bmatrix}7&-3&-3\\-1&1&0\\-1&0&1\end{bmatrix}\\&=\begin{bmatrix}8&-5&-2\\-8&4&3\\5&-2&-\frac{7}{3}\end{bmatrix}\end{aligned}$$

이다. ■

참고

AB의 역행렬을 구하기 위해서는 곱하는 순서가 바뀐다. 즉 $(AB)^{-1}=B^{-1}A^{-1}$, 그리고 AB의 역행렬은 보통 $A^{-1}B^{-1}$와 같지는 않다.

실수의 대수에서 중요한 성질 중 하나는 소거의 성질이다. 즉 $ac=bc$ $(c\neq 0)$이면 $a=b$이다. 역행렬을 갖는 행렬은 이와 비슷한 소거의 성질을 가진다.

정리 2.10 **소거의 성질**

행렬 C가 역행렬을 갖는 행렬이라면 다음 성질이 성립한다.

$AC = BC$ 이면 $A = B$ 이다. 오른쪽 소거의 성질

$CA = CB$ 이면 $A = B$ 이다. 왼쪽 소거의 성질

증명

성질 1을 증명하려면 C가 역행렬을 가진다는 사실을 이용하여 다음과 같이 정리할 수 있다.

$$\begin{gathered} AC = BC \\ (AC)C^{-1} = (BC)C^{-1} \\ A(CC^{-1}) = B(CC^{-1}) \\ AI = BI \\ A = B. \end{gathered}$$

두 번째 성질도 마찬가지 방법으로 증명할 수 있다. (연습문제 65번을 참고하라.) ■

정리 2.10은 C가 역행렬을 가질 때만 적용할 수 있음을 명심하자. 만일 C가 역행렬을 갖지 않으면 소거의 성질은 보통 성립하지 않는다. 예를 들어 2.2절의 예제 5에서 $AC = BC$이지만 C가 역행렬을 갖지 않아 $A \neq B$인 예를 보여주었다.

연립방정식

정사각형 모양의 연립방정식(식의 개수와 미지수의 개수가 같은 연립방정식)에 대해 연립방정식이 유일한 해를 갖는지 여부에 대해 다음 정리를 사용할 수 있다.

정리 2.11 **유일한 해를 갖는 연립방정식**

행렬 A가 역행렬을 갖는다면 연립일차방정식 $A\mathrm{x} = \mathrm{b}$는 $\mathrm{x} = A^{-1}\mathrm{b}$를 유일한 해로 가진다.

증명

행렬 A가 역행렬을 가지므로 다음이 성립한다.

$$\begin{gathered} A\mathrm{x} = \mathrm{b} \\ A^{-1}A\mathrm{x} = A^{-1}\mathrm{b} \\ I\mathrm{x} = A^{-1}\mathrm{b} \\ \mathrm{x} = A^{-1}\mathrm{b} \end{gathered}$$

만일 x_1과 x_2가 연립방정식의 해라면 방정식 $A\mathrm{x}_1=\mathrm{b}=A\mathrm{x}_2$에 소거의 성질을 적용하여 $\mathrm{x}_1=\mathrm{x}_2$임을 얻을 수 있기 때문에 위에서 구한 해는 유일한다. ■

정리 2.11은 같은 계수행렬 A를 갖는 여러 개의 연립방정식을 풀 때 사용한다. 우선 역행렬을 구하고 행렬곱 $A^{-1}\mathrm{b}$를 계산해서 연립방정식을 풀 수 있다.

예제 8 역행렬을 이용하여 연립방정식 풀기

역행렬을 이용하여 각 연립방정식을 푸시오.

a. $\begin{aligned}2x+3y+z&=-1\\3x+3y+z&=1\\2x+4y+z&=-2\end{aligned}$ b. $\begin{aligned}2x+3y+z&=4\\3x+3y+z&=9\\2x+4y+z&=5\end{aligned}$ c. $\begin{aligned}2x+3y+z&=0\\3x+3y+z&=0\\2x+4y+z&=0\end{aligned}$

풀이

우선 각 연립방정식의 계수행렬은 $A=\begin{bmatrix}2&3&1\\3&3&1\\2&4&1\end{bmatrix}$이다. 가우스-조던 소거법을 사용하여 역행렬을 구하면 $A^{-1}=\begin{bmatrix}-1&1&0\\-1&0&1\\6&-2&-3\end{bmatrix}$이다.

a. $\mathrm{x}=A^{-1}\mathrm{b}=\begin{bmatrix}-1&1&0\\-1&0&1\\6&-2&-3\end{bmatrix}\begin{bmatrix}-1\\1\\-2\end{bmatrix}=\begin{bmatrix}2\\-1\\-2\end{bmatrix}$ 해는 $x=2,\ y=-1,\ z=-2$이다.

b. $\mathrm{x}=A^{-1}\mathrm{b}=\begin{bmatrix}-1&1&0\\-1&0&1\\6&-2&-3\end{bmatrix}\begin{bmatrix}4\\8\\5\end{bmatrix}=\begin{bmatrix}4\\1\\-7\end{bmatrix}$ 해는 $x=4,\ y=1,\ z=-7$이다.

c. $\mathrm{x}=A^{-1}\mathrm{b}=\begin{bmatrix}-1&1&0\\-1&0&1\\6&-2&-3\end{bmatrix}\begin{bmatrix}0\\0\\0\end{bmatrix}=\begin{bmatrix}0\\0\\0\end{bmatrix}$ 자명한 해를 갖는다. 즉 $x=0,\ y=0,\ z=0$이다. ■

2.3 연습문제

역행렬 1~6번에서는 B가 A의 역행렬임을 보이시오.

1. $A=\begin{bmatrix}2&1\\5&3\end{bmatrix},\ B=\begin{bmatrix}3&-1\\-5&2\end{bmatrix}$

2. $A=\begin{bmatrix}1&-1\\-1&2\end{bmatrix},\ B=\begin{bmatrix}2&1\\1&1\end{bmatrix}$

3. $A=\begin{bmatrix}1&2\\3&4\end{bmatrix},\ B=\begin{bmatrix}-2&1\\\frac{3}{2}&-\frac{1}{2}\end{bmatrix}$

4. $A=\begin{bmatrix}1&-1\\2&3\end{bmatrix},\ B=\begin{bmatrix}\frac{3}{5}&\frac{1}{5}\\-\frac{2}{5}&\frac{1}{5}\end{bmatrix}$

5. $A=\begin{bmatrix}-2&2&3\\1&-1&0\\0&1&4\end{bmatrix},\ B=\frac{1}{3}\begin{bmatrix}-4&-5&3\\-4&-8&3\\1&2&0\end{bmatrix}$

6. $A=\begin{bmatrix}2&-17&11\\-1&11&-7\\0&3&-2\end{bmatrix},\ B=\begin{bmatrix}1&1&2\\2&4&-3\\3&6&-5\end{bmatrix}$

역행렬 구하기 7~30번에서는 (역행렬이 존재한다면) 역행렬을 구하시오.

7. $\begin{bmatrix}2&0\\0&3\end{bmatrix}$

8. $\begin{bmatrix}2&-2\\2&2\end{bmatrix}$

9. $\begin{bmatrix}1&2\\3&7\end{bmatrix}$

10. $\begin{bmatrix}1&-2\\2&-3\end{bmatrix}$

11. $\begin{bmatrix}-7&33\\4&-19\end{bmatrix}$

12. $\begin{bmatrix}-1&1\\3&-3\end{bmatrix}$

13. $\begin{bmatrix}1&1&1\\3&5&4\\3&6&5\end{bmatrix}$

14. $\begin{bmatrix}1&2&2\\3&7&9\\-1&-4&-7\end{bmatrix}$

15. $\begin{bmatrix}1&2&-1\\3&7&-10\\7&16&-21\end{bmatrix}$

16. $\begin{bmatrix}10&5&-7\\-5&1&4\\3&2&-2\end{bmatrix}$

17. $\begin{bmatrix}1&1&2\\3&1&0\\-2&0&3\end{bmatrix}$

18. $\begin{bmatrix}3&2&5\\2&2&4\\-4&4&0\end{bmatrix}$

19. $\begin{bmatrix}2&0&0\\0&3&0\\0&0&5\end{bmatrix}$

20. $\begin{bmatrix}-\frac{5}{6}&\frac{1}{3}&\frac{11}{6}\\0&\frac{2}{3}&2\\1&-\frac{1}{2}&-\frac{5}{2}\end{bmatrix}$

21. $\begin{bmatrix}0.6&0&-0.3\\0.7&-1&0.2\\1&0&-0.9\end{bmatrix}$

22. $\begin{bmatrix}0.1&0.2&0.3\\-0.3&0.2&0.2\\0.5&0.5&0.5\end{bmatrix}$

23. $\begin{bmatrix}1&0&0\\3&4&0\\2&5&5\end{bmatrix}$

24. $\begin{bmatrix}1&0&0\\3&0&0\\2&5&5\end{bmatrix}$

25. $\begin{bmatrix}-8&0&0&0\\0&1&0&0\\0&0&0&0\\0&0&0&-5\end{bmatrix}$

26. $\begin{bmatrix}1&0&0&0\\0&2&0&0\\0&0&-2&0\\0&0&0&3\end{bmatrix}$

27. $\begin{bmatrix}1&-2&-1&-2\\3&-5&-2&-3\\2&-5&-2&-5\\-1&4&4&11\end{bmatrix}$

28. $\begin{bmatrix}4&8&-7&14\\2&5&-4&6\\0&2&1&-7\\3&6&-5&10\end{bmatrix}$

29. $\begin{bmatrix}1&0&3&0\\0&2&0&4\\1&0&3&0\\0&2&0&4\end{bmatrix}$

30. $\begin{bmatrix}1&3&-2&0\\0&2&4&6\\0&0&-2&1\\0&0&0&5\end{bmatrix}$

2×2행렬의 역행렬 구하기 31~36번에서는 2×2행렬의 역행렬에 대한 공식을 이용하여 (역행렬이 존재한다면) 2×2행렬의 역행렬을 구하시오.

31. $\begin{bmatrix} 2 & 3 \\ -1 & 5 \end{bmatrix}$

32. $\begin{bmatrix} 1 & -2 \\ -3 & 2 \end{bmatrix}$

33. $\begin{bmatrix} -4 & -6 \\ 2 & 3 \end{bmatrix}$

34. $\begin{bmatrix} -12 & 3 \\ 5 & -2 \end{bmatrix}$

35. $\begin{bmatrix} \frac{7}{2} & -\frac{3}{4} \\ \frac{1}{5} & \frac{4}{5} \end{bmatrix}$

36. $\begin{bmatrix} -\frac{1}{4} & \frac{9}{4} \\ \frac{5}{3} & \frac{8}{9} \end{bmatrix}$

정사각행렬의 역행렬 구하기 37~40번에서는 서로 다른 두 가지 방법으로 A^{-2}를 계산하고 그 결과가 같음을 보이시오.

37. $A = \begin{bmatrix} 0 & -2 \\ -1 & 3 \end{bmatrix}$

38. $A = \begin{bmatrix} 2 & 7 \\ -5 & 6 \end{bmatrix}$

39. $A = \begin{bmatrix} -2 & 0 & 0 \\ 0 & 1 & 0 \\ 0 & 0 & 3 \end{bmatrix}$

40. $A = \begin{bmatrix} 6 & 0 & 4 \\ -2 & 7 & -1 \\ 3 & 1 & 2 \end{bmatrix}$

행렬곱과 전치행렬의 역행렬 구하기 41~44번에서는 역행렬을 이용하여 (a) $(AB)^{-1}$, (b) $(A^T)^{-1}$, (c) $(2A)^{-1}$을 구하시오.

41. $A^{-1} = \begin{bmatrix} 2 & 5 \\ -7 & 6 \end{bmatrix}, \ B^{-1} = \begin{bmatrix} 7 & -3 \\ 2 & 0 \end{bmatrix}$

42. $A^{-1} = \begin{bmatrix} -\frac{2}{7} & \frac{1}{7} \\ \frac{3}{7} & \frac{2}{7} \end{bmatrix}, \ B^{-1} = \begin{bmatrix} \frac{5}{11} & \frac{2}{11} \\ \frac{3}{11} & -\frac{1}{11} \end{bmatrix}$

43. $A^{-1} = \begin{bmatrix} 1 & \frac{1}{2} & \frac{3}{4} \\ \frac{3}{2} & \frac{1}{2} & -2 \\ \frac{1}{4} & 1 & \frac{1}{2} \end{bmatrix}, \ B^{-1} = \begin{bmatrix} 2 & 4 & \frac{5}{2} \\ -\frac{3}{4} & 2 & \frac{1}{4} \\ \frac{1}{4} & \frac{1}{2} & 2 \end{bmatrix}$

44. $A^{-1} = \begin{bmatrix} 1 & -4 & 2 \\ 0 & 1 & 3 \\ 4 & 2 & 1 \end{bmatrix}, \ B^{-1} = \begin{bmatrix} 6 & 5 & -3 \\ -2 & 4 & -1 \\ 1 & 3 & 4 \end{bmatrix}$

역행렬을 이용하여 연립방정식 풀기 45~48번에서는 역행렬을 이용하여 각 연립일차방정식을 푸시오.

45. (a) $\begin{aligned} x + 2y &= -1 \\ x - 2y &= 3 \end{aligned}$

(b) $\begin{aligned} x + 2y &= 10 \\ x - 2y &= -6 \end{aligned}$

46. (a) $\begin{aligned} 2x - y &= -3 \\ 2x + y &= 7 \end{aligned}$

(b) $\begin{aligned} 2x - y &= -1 \\ 2x + y &= -3 \end{aligned}$

47. (a) $\begin{aligned} x_1 + 2x_2 + x_3 &= 2 \\ x_1 + 2x_2 - x_3 &= 4 \\ x_1 - 2x_2 + x_3 &= -2 \end{aligned}$

(b) $\begin{aligned} x_1 + 2x_2 + x_3 &= 1 \\ x_1 + 2x_2 - x_3 &= 3 \\ x_1 - 2x_2 + x_3 &= -3 \end{aligned}$

48. (a) $\begin{aligned} x_1 + x_2 - 2x_3 &= 0 \\ x_1 - 2x_2 + x_3 &= 0 \\ x_1 - x_2 - x_3 &= -1 \end{aligned}$

(b) $\begin{aligned} x_1 + x_2 - 2x_3 &= -1 \\ x_1 - 2x_2 + x_3 &= 2 \\ x_1 - x_2 - x_3 &= 0 \end{aligned}$

역행렬을 이용하여 연립방정식 풀기 49~52번에서는 소프트웨어 프로그램이나 공학용 계산기를 이용하여 역행렬을 구해 연립방정식을 푸시오.

49. $\begin{aligned} x_1 + 2x_2 - x_3 + 3x_4 - x_5 &= -3 \\ x_1 - 3x_2 + x_3 + 2x_4 - x_5 &= -3 \\ 2x_1 + x_2 + x_3 - 3x_4 + x_5 &= 6 \\ x_1 - x_2 + 2x_3 + x_4 - x_5 &= 2 \\ 2x_1 + x_2 - x_3 + 2x_4 + x_5 &= -3 \end{aligned}$

50. $\begin{aligned} x_1 + x_2 - x_3 + 3x_4 - x_5 &= 3 \\ 2x_1 + x_2 + x_3 + x_4 + x_5 &= 4 \\ x_1 + x_2 - x_3 + 2x_4 - x_5 &= 3 \\ 2x_1 + x_2 + 4x_3 + x_4 - x_5 &= -1 \\ 3x_1 + x_2 + x_3 - 2x_4 + x_5 &= 5 \end{aligned}$

51.
$$\begin{aligned} 2x_1 - 3x_2 + \ \ x_3 - 2x_4 + \ \ x_5 - 4x_6 &= \ \ 20 \\ 3x_1 + \ \ x_2 - 4x_3 + \ \ x_4 - \ \ x_5 + 2x_6 &= -16 \\ 4x_1 + \ \ x_2 - 3x_3 + 4x_4 - \ \ x_5 + 2x_6 &= -12 \\ -5x_1 - \ \ x_2 + 4x_3 + 2x_4 - 5x_5 + 3x_6 &= -2 \\ x_1 + \ \ x_2 - 3x_3 + 4x_4 - 3x_5 + \ \ x_6 &= -15 \\ 3x_1 - \ \ x_2 + 2x_3 - 3x_4 + 2x_5 - 6x_6 &= \ \ 25 \end{aligned}$$

역행렬과 같은 행렬 52번과 53번에는 역행렬이 원래의 행렬과 같아지도록 x를 구하시오.

52. $A = \begin{bmatrix} 3 & x \\ -2 & -3 \end{bmatrix}$

53. $A = \begin{bmatrix} 2 & x \\ -1 & -2 \end{bmatrix}$

역행렬이 없는 행렬 54번과 55번에서는 행렬이 역행렬을 갖지 않도록 x를 구하시오.

54. $A = \begin{bmatrix} 4 & x \\ -2 & -3 \end{bmatrix}$

55. $A = \begin{bmatrix} x & 2 \\ -3 & 4 \end{bmatrix}$

행렬방정식 풀기 56번과 57번에서는 A를 구하시오.

56. $(2A)^{-1} = \begin{bmatrix} 1 & 2 \\ 3 & 4 \end{bmatrix}$

57. $(4A)^{-1} = \begin{bmatrix} 2 & 4 \\ -3 & 2 \end{bmatrix}$

역행렬 구하기 58번과 59번에서는 행렬이 역행렬을 가짐을 보이고 그 역행렬을 구하시오.

58. $A = \begin{bmatrix} \sin\theta & \cos\theta \\ -\cos\theta & \sin\theta \end{bmatrix}$

59. $A = \begin{bmatrix} \sec\theta & \tan\theta \\ \tan\theta & \sec\theta \end{bmatrix}$

보의 휘어짐 60번과 61번에서는 간단히 받쳐 세워진 탄성이 있어 잘 휘는 보에 힘 w_1, w_2, w_3 (뉴턴 단위)가 작용하여 보에 d_1, d_2, d_3 (밀리미터 단위)의 휘어짐이 발생하였다(그림 참고).

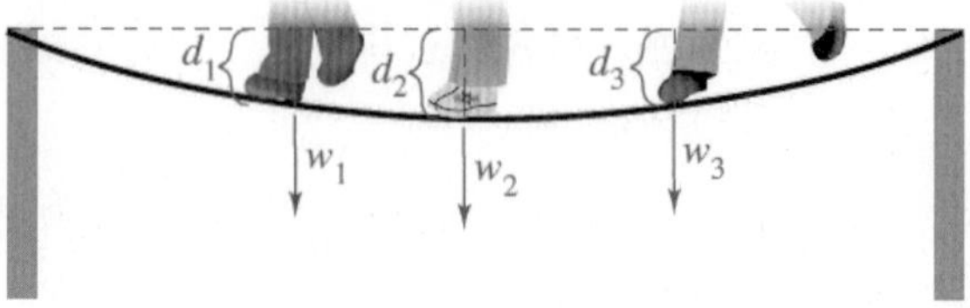

$\mathrm{d} = \begin{bmatrix} d_1 \\ d_2 \\ d_3 \end{bmatrix}$, $\mathrm{w} = \begin{bmatrix} w_1 \\ w_2 \\ w_3 \end{bmatrix}$이고 F는 보의 3×3 *유연성행렬(flexibility matrix)*일 때, 행렬방정식 $\mathrm{d} = F\mathrm{w}$를 이용하여 탄성계수행렬(stiffness matrix) F^{-1}와 힘행렬 w를 구하시오. F의 성분은 뉴톤 당 밀리미터의 단위로 측정되었다.

60. $F = \begin{bmatrix} 0.0457 & 0.0228 & 0.0171 \\ 0.0228 & 0.0343 & 0.0228 \\ 0.0171 & 0.0228 & 0.0457 \end{bmatrix}$, $\mathrm{d} = \begin{bmatrix} 14.859 \\ 16.256 \\ 21.209 \end{bmatrix}$

61. $F = \begin{bmatrix} 0.0971 & 0.0571 & 0.0457 \\ 0.0571 & 0.0685 & 0.0571 \\ 0.0457 & 0.0571 & 0.0971 \end{bmatrix}$, $\mathrm{d} = \begin{bmatrix} 0 \\ 3.810 \\ 0 \end{bmatrix}$

62. 증명 정리 2.8의 성질 2를 증명하시오: 행렬 A가 역행렬을 갖고 k가 양의 정수라면

$$(A^k)^{-1} = \underbrace{A^{-1}A^{-1}\cdots A^{-1}}_{k\text{개}} = (A^{-1})^k$$

이다.

63. 증명 정리 2.8의 성질 4를 증명하시오: 행렬 A가 역행렬을 가지면 $(A^T)^{-1} = (A^{-1})^T$이다.

64. 증명 정리 2.10의 성질 2를 증명하시오: 역행렬을 갖는 행렬 C가 $CA = CB$를 만족하면 $A = B$이다.

65. 증명 행렬 A가 $A^2 = A$를 만족하면 $I - 2A = (I - 2A)^{-1}$임을 증명하시오.

66. 힌트가 있는 증명 역행렬을 가지는 대칭행렬의 역행렬이 대칭임을 증명하시오.

시작: 행렬 A의 역행렬이 대칭임을 증명하려면 $(A^{-1})^T = A^{-1}$임을 보여야 한다.

(i) A는 대칭행렬이고 역행렬을 갖는 행렬이다.

(ii) 이는 $A^T = A$이고 A^{-1}가 존재함을 의미한다.

(iii) 전치행렬의 성질을 이용하여 $(A^{-1})^T$가 A^{-1}와 같다는 것을 보이시오.

67. 증명 세 행렬 A, B, C가 정사각행렬이고 $ABC = I$라면 B는 역행렬을 가지며 $B^{-1} = CA$임을 증명하시오.

68. **증명** 행렬 A가 역행렬을 갖고 $AB = O$이면 $B = O$임을 증명하시오.

69. **힌트가 있는 증명** 행렬 A가 $A^2 = A$를 만족하면 A는 역행렬을 갖지 않거나 $A = I$임을 보이시오.

시작: 행렬 A가 역행렬을 갖지 않거나 행렬 A가 항등행렬과 같음을 보여야 한다.

(i) 행렬 A가 역행렬을 갖지 않거나 또는 역행렬을 갖는 경우를 관찰하면서 증명을 시작하시오.

(ii) 행렬 A가 역행렬을 갖지 않는 경우라면 증명은 끝난다.

(iii) 행렬 A가 역행렬을 가지는 경우라면 역행렬 A^{-1}와 $A^2 = A$라는 가정을 이용하여 $A = I$임을 보이시오.

참 또는 거짓? 70번과 71번에서는 각 명제가 참 또는 거짓인지 판별하시오. 만약 명제가 참이라면 그 이유를 제시하거나 본문에서 적절한 명제를 찾아 제시하시오. 만약 명제가 거짓이라면 명제가 참이 아니라는 예를 제시하거나 본문에서 적절한 명제를 찾아 제시하시오.

70. (a) 행렬 A, B, C가 $BA = CA$이고 A가 역행렬을 가지면 $B = C$이다.

(b) 두 행렬의 곱의 역행렬은 각각의 역행렬의 곱이다. 즉, $(AB)^{-1} = A^{-1}B^{-1}$이다.

(c) 행렬 A가 항등행렬로 행축소되면 A는 역행렬을 가진다.

71. (a) 역행렬을 가지는 행렬 A의 역행렬의 역행렬, 즉 $(A^{-1})^{-1}$는 A 자신과 같다.

(b) 행렬 $\begin{bmatrix} a & b \\ c & d \end{bmatrix}$는 $ab - dc \neq 0$일 때 역행렬을 가진다.

(c) 행렬 A가 정사각행렬이면 연립일차방정식 $A\mathrm{x} = \mathrm{b}$는 유일한 해를 가진다.

72. **서술** 역행렬을 가지는 두 행렬의 합은 역행렬을 가지는가? 대답에 대한 이유를 설명하시오. 그리고 대답에 대한 적절한 예를 제시하시오.

73. **서술** 대각행렬

$$A = \begin{bmatrix} a_{11} & 0 & 0 & \dots & 0 \\ 0 & a_{22} & 0 & \dots & 0 \\ \vdots & \vdots & \vdots & & \vdots \\ 0 & 0 & 0 & \dots & a_{nn} \end{bmatrix}$$

는 어떤 조건을 만족할 때 역행렬을 가지는가? A가 역행렬을 가진다고 가정하고 그 역행렬을 구하시오.

74. 73번의 결과를 이용하여 다음 각 행렬에 대하여 A^{-1}를 구하시오.

(a) $A = \begin{bmatrix} -1 & 0 & 0 \\ 0 & 3 & 0 \\ 0 & 0 & 2 \end{bmatrix}$

(b) $A = \begin{bmatrix} \frac{1}{2} & 0 & 0 \\ 0 & \frac{1}{3} & 0 \\ 0 & 0 & \frac{1}{4} \end{bmatrix}$

75. 행렬 A는 $A = \begin{bmatrix} 1 & 2 \\ -2 & 1 \end{bmatrix}$이라 하자.

(a) 행렬 I는 2차 항등행렬일 때, $A^2 - 2A + 5I = O$임을 보이시오.

(b) $A^{-1} = \frac{1}{5}(2I - A)$임을 보이시오.

(c) $A^2 - 2A + 5I = O$를 만족하는 임의의 정사각행렬 A에 대하여 행렬 A의 역행렬은 $A^{-1} = \frac{1}{5}(2I - A)$임을 보이시오.

76. **증명** u는 $\mathrm{u}^T\mathrm{u} = I_1$을 만족하는 $n \times 1$ 열행렬이라 하자. $n \times n$행렬 $H = I_n - 2\mathrm{uu}^T$를 Householder 행렬이라고 한다.

(a) H는 대칭이고 역행렬을 가짐을 증명하시오.

(b) $\mathrm{u} = \begin{bmatrix} \sqrt{2}/2 \\ \sqrt{2}/2 \\ 0 \end{bmatrix}$라 하자. $\mathrm{u}^T\mathrm{u} = I_1$임을 보이고 Householder 행렬 H를 구하시오.

77. **증명** 행렬 A와 B는 $n \times n$행렬이라 하자. 행렬 $I - AB$가 역행렬을 가지면 $I - BA$도 역행렬을 가짐을 증명하시오.

78. 행렬 A, D, P는 $AP = PD$를 만족하는 $n \times n$행렬이라 하자. 행렬 P는 역행렬을 갖는 행렬이라 가정하고 이 방정식을 풀어 A를 구하시오. $A = D$는 항상 성립해야 하는가?

79. $A^2 = A$를 만족하면서 역행렬은 갖지 않는 2×2 행렬 A의 예를 구하시오.

80. **서술** 행렬의 역행렬이 존재하는지 여부를 결정하는 방법을 설명하시오. 역행렬이 존재한다면 그 역행렬을 구하는 방법을 설명하시오.

81. **캡스톤** 본문에서 설명한 2×2행렬의 역행렬에 대한 공식과 같이, 행렬 A가 2×2행렬

$$A = \begin{bmatrix} a & b \\ c & d \end{bmatrix}$$

라면 A가 역행렬을 가지면 $ad - bc \neq 0$이고 그 역 또한 성립한다. 행렬 A의 역행렬이

$$A^{-1} = \frac{1}{ad - bc}\begin{bmatrix} d & -b \\ -c & a \end{bmatrix}$$

임을 확인하시오.

82. **서술** 세 개의 미지수를 가진 세 개의 일차방정식으로 이루어진 연립방정식을 행렬 방정식 $A\mathrm{x} = \mathrm{b}$로 나타내는 방법과 역행렬을 이용하여 연립방정식을 푸는 방법을 설명하시오.

2.4 기본행렬

- 행렬을 기본행렬의 곱으로 분해하기
- 행렬의 LU-분해를 이용하여 연립일차방정식을 풀기

기본행렬과 기본행연산

1.2절에서 다음과 같은 세 가지 행렬의 기본행연산을 소개하였다.

1. 두 행의 위치 바꾸기
2. 행 하나에 0이 아닌 상수 곱하기
3. 한 행의 상수배를 다른 행에 더하기

이번 절에서는 이러한 연산을 수행하기 위해 행렬곱셈을 어떻게 이용하는지 살펴볼 것이다.

기본행렬의 정의

항등행렬 I_n에 기본행연산을 한 번만 수행하여 얻은 $n\times n$행렬이 **기본행렬**(elementary matrix)라고 한다.

참고

항등행렬 I_n은 이 정의에 따르면 기본행렬이다. 왜냐하면 항등행렬의 행 중 아무 행 하나에 1을 곱해서 얻을 수 있기 때문이다.

예제 1 기본행렬과 기본행렬이 아닌 행렬

다음 행렬 중 어느 것이 기본행렬인가? 기본행렬의 경우, 대응하는 기본행연산이 무엇인지 설명하시오.

a. $\begin{bmatrix} 1 & 0 & 0 \\ 0 & 3 & 0 \\ 0 & 0 & 1 \end{bmatrix}$ b. $\begin{bmatrix} 1 & 0 & 0 \\ 0 & 1 & 0 \end{bmatrix}$

c. $\begin{bmatrix} 1 & 0 & 0 \\ 0 & 1 & 0 \\ 0 & 0 & 0 \end{bmatrix}$ d. $\begin{bmatrix} 1 & 0 & 0 \\ 0 & 0 & 1 \\ 0 & 1 & 0 \end{bmatrix}$

e. $\begin{bmatrix} 1 & 0 \\ 2 & 1 \end{bmatrix}$

f. $\begin{bmatrix} 1 & 0 & 0 \\ 0 & 2 & 0 \\ 0 & 0 & -1 \end{bmatrix}$

풀이

a. 기본행렬이다. I_3에서 이 행렬을 얻기 위해서는 I_3의 두 번째 행에 3을 곱해야 한다.
b. 정사각행렬이 아니므로 기본행렬이 아니다.
c. I_3에서 이 행렬을 얻기 위해서는 I_3의 세 번째 행에 0을 곱해야 하므로 기본행렬이 아니다 (행곱셈은 반드시 0이 아닌 상수를 곱해야 한다).
d. 기본행렬이다. I_3에서 이 행렬을 얻기 위해서는 I_3의 두 번째 행과 세 번째 행을 바꿔야 한다.
e. 기본행렬이다. I_2에서 이 행렬을 얻기 위해서는 I_2의 첫 번째 행에 2를 곱하고 그 결과를 두 번째 행에 더해야 한다.
f. 이 행렬을 얻으려면 I_3에 기본행연산을 두 번 시행해야 하므로 기본행렬이 아니다. ■

예제 2에서 보여주는 것처럼 기본행연산의 시행을 행렬 곱으로 나타낼 수 있기 때문에 기본행렬은 유용하다.

예제 2 기본행렬과 기본행연산

a. 다음 행렬곱에서 행렬 E는 I_3의 처음 두 행을 서로 바꿔 얻은 기본행렬이다.

$$\underset{E}{\begin{bmatrix} 0 & 1 & 0 \\ 1 & 0 & 0 \\ 0 & 0 & 1 \end{bmatrix}} \underset{A}{\begin{bmatrix} 0 & 2 & 1 \\ 1 & -3 & 6 \\ 3 & 2 & -1 \end{bmatrix}} = \begin{bmatrix} 1 & -3 & 6 \\ 0 & 2 & 1 \\ 3 & 2 & -1 \end{bmatrix}$$

행렬 A의 왼쪽에 행렬 E를 곱하면 A의 처음 두 행이 바뀐다.

b. 다음 행렬곱에서 행렬 E는 I_3의 두 번째 행에 $\frac{1}{2}$를 곱해 얻은 기본행렬이다.

$$\underset{E}{\begin{bmatrix} 1 & 0 & 0 \\ 0 & \frac{1}{2} & 0 \\ 0 & 0 & 1 \end{bmatrix}} \underset{A}{\begin{bmatrix} 1 & 0 & -4 & 1 \\ 0 & 2 & 6 & -4 \\ 0 & 1 & 3 & 1 \end{bmatrix}} = \begin{bmatrix} 1 & 0 & -4 & 1 \\ 0 & 1 & 3 & -2 \\ 0 & 1 & 3 & 1 \end{bmatrix}$$

행렬 A의 왼쪽에 행렬 E를 곱하면 A의 두 번째 행에 $\frac{1}{2}$가 곱해진다.

c. 다음의 행렬곱에서 행렬 E는 I_3의 첫 번째 행의 2배를 두 번째 행에 더하여 얻은 기본행렬이다.

$$\overset{E}{\begin{bmatrix} 1 & 0 & 0 \\ 2 & 1 & 0 \\ 0 & 0 & 1 \end{bmatrix}} \overset{A}{\begin{bmatrix} 1 & 0 & -1 \\ -2 & -2 & 3 \\ 0 & 4 & 5 \end{bmatrix}} = \begin{bmatrix} 1 & 0 & -1 \\ 0 & -2 & 1 \\ 0 & 4 & 5 \end{bmatrix}$$

행렬 A의 왼쪽에 행렬 E를 곱하면 A의 첫 번째 행의 2배를 두 번째 행에 더해진다. ■

예제 2(b)에서 정사각행렬이 아닌 행렬에 기본행연산을 수행하기 위해 행렬곱셈을 사용할 수 있음을 주목하자. 행렬 A의 크기가 $n \times p$이면 기본행렬 E는 n차 정사각행렬이여야 한다.

예제 2의 세 개의 곱셈에서 행렬의 왼쪽에 기본행렬을 곱해서 기본행연산을 수행할 수 있었다. 다음 정리는 증명없이 받아들일 것이며 기본행렬의 이러한 성질을 일반화한 것이다.

정리 2.12 **기본행연산의 표현**

행렬 E는 항등행렬 I_m에 기본행연산을 한 번 수행해서 얻은 기본행렬이다. 같은 기본행연산을 $m \times n$행렬 A에 수행하면 그 결과는 행렬곱 EA와 같다.

참고

정리 2.12에서 기본행렬을 행렬 A의 왼쪽에 곱함에 주의하라. 이 책에서는 기본행렬을 오른쪽에 곱해서 열연산을 하도록하는 연산은 다루지 않는다.

기본행연산의 대부분의 응용은 연산을 여러 번 수행해야 한다. 예를 들어 가우스 소거법은 행렬을 행사다리꼴을 만들기 위해 보통 서너번 이상의 기본행연산을 필요로 한다. 이러한 상황은 여러 개의 기본행렬을 행렬 왼쪽에 곱하는 행렬곱으로 다시 적을 수 있다. 이때 곱셈의 순서는 중요하다. 행렬 A의 바로 왼쪽에 곱해진 기본행렬은 처음으로 수행된 기본행연산을 나타낸다. 예제 3에서 이러한 과정의 예를 보여준다.

예제 3 기본행렬 사용

행렬 $A = \begin{bmatrix} 0 & 1 & 3 & 5 \\ 1 & -3 & 0 & 2 \\ 2 & -6 & 2 & 0 \end{bmatrix}$를 행사다리꼴로 만들 때 사용한 기본행렬의 나열을 구하시오.

풀이

행렬	기본행연산	기본행렬
$\begin{bmatrix} 1 & -3 & 0 & 2 \\ 0 & 1 & 3 & 5 \\ 2 & -6 & 2 & 0 \end{bmatrix}$	$R_1 \leftrightarrow R_2$	$E_1 = \begin{bmatrix} 0 & 1 & 0 \\ 1 & 0 & 0 \\ 0 & 0 & 1 \end{bmatrix}$
$\begin{bmatrix} 1 & -3 & 0 & 2 \\ 0 & 1 & 3 & 5 \\ 0 & 0 & 2 & -4 \end{bmatrix}$	$R_3 + (-2)R_1 \rightarrow R_3$	$E_2 = \begin{bmatrix} 1 & 0 & 0 \\ 0 & 1 & 0 \\ -2 & 0 & 1 \end{bmatrix}$
$\begin{bmatrix} 1 & -3 & 0 & 2 \\ 0 & 1 & 3 & 5 \\ 0 & -0 & 1 & -2 \end{bmatrix}$	$\left(\dfrac{1}{2}\right)R_3 \rightarrow R_3$	$E_3 = \begin{bmatrix} 1 & 0 & 0 \\ 0 & 1 & 0 \\ 0 & 0 & \dfrac{1}{2} \end{bmatrix}$

세 개의 기본행렬 E_1, E_2, E_3는 기본행렬을 만들 때 사용한 연산을 수행하기 위해 사용될 수 있다.

$$B = E_1E_2E_3A = \begin{bmatrix} 1 & 0 & 0 \\ 0 & 1 & 0 \\ 0 & 0 & \dfrac{1}{2} \end{bmatrix} \begin{bmatrix} 1 & 0 & 0 \\ 0 & 1 & 0 \\ -2 & 0 & 1 \end{bmatrix} \begin{bmatrix} 0 & 1 & 0 \\ 1 & 0 & 0 \\ 0 & 0 & 1 \end{bmatrix} \begin{bmatrix} 0 & 1 & 3 & 5 \\ 1 & -3 & 0 & 2 \\ 2 & -6 & 2 & 0 \end{bmatrix}$$

$$= \begin{bmatrix} 1 & 0 & 0 \\ 0 & 1 & 0 \\ 0 & 0 & \dfrac{1}{2} \end{bmatrix} \begin{bmatrix} 1 & 0 & 0 \\ 0 & 1 & 0 \\ -2 & 0 & 1 \end{bmatrix} \begin{bmatrix} 1 & -3 & 0 & 2 \\ 0 & 1 & 3 & 5 \\ 2 & -6 & 2 & 0 \end{bmatrix}$$

$$= \begin{bmatrix} 1 & 0 & 0 \\ 0 & 1 & 0 \\ 0 & 0 & \dfrac{1}{2} \end{bmatrix} \begin{bmatrix} 1 & -3 & 0 & 2 \\ 0 & 1 & 3 & 5 \\ 0 & 0 & 2 & -4 \end{bmatrix} = \begin{bmatrix} 1 & -3 & 0 & 2 \\ 0 & 1 & 3 & 5 \\ 0 & -0 & 1 & -2 \end{bmatrix}$$

■

예제 3의 두 행렬 $A = \begin{bmatrix} 0 & 1 & 3 & 5 \\ 1 & -3 & 0 & 2 \\ 2 & -6 & 2 & 0 \end{bmatrix}$와 $B = \begin{bmatrix} 1 & -3 & 0 & 2 \\ 0 & 1 & 3 & 5 \\ 0 & -0 & 1 & -2 \end{bmatrix}$는 여러 번의 기본행연산을 연속시행하여 행렬 A로부터 행렬 B를 구해낼 수 있으므로 행동치이다.

행동치행렬의 정의는 기본행렬을 이용해서 다음과 같이 다시 서술할 수 있다.

> 행동치의 정의
>
> 행렬 A와 B는 $m \times n$행렬이다. $B = E_kE_{k-1} \cdots E_2E_2A$를 만족하는 유한 개의 기본행렬 E_1, E_2, ..., E_k가 존재하면 행렬 B가 행렬 A와 행동치이다.

2.3절에서 모든 정사각행렬이 역행렬을 갖는 것은 아니란 사실을 알았다. 하지만 기본행렬은 모두 역행렬을 가진다. 더욱이 기본행렬의 역행렬은 그 자체가 기본행렬이다.

정리 2.13 **기본행렬은 가역이다.**

행렬 E가 기본행렬이면 E^{-1}가 존재하고 그 역시도 기본행렬이다.

기본행렬 E의 역행렬은 행렬 E를 항등행렬 I_n으로 되돌리는 기본행렬이다. 예를 들어 예제 3에서의 세 개의 기본행렬의 역행렬은 다음과 같다.

기본행렬		역행렬	
$E_1 = \begin{bmatrix} 0 & 1 & 0 \\ 1 & 0 & 0 \\ 0 & 0 & 1 \end{bmatrix}$	$R_1 \leftrightarrow R_2$	$E_1^{-1} = \begin{bmatrix} 0 & 1 & 0 \\ 1 & 0 & 0 \\ 0 & 0 & 1 \end{bmatrix}$	$R_1 \leftrightarrow R_2$
$E_2 = \begin{bmatrix} 1 & 0 & 0 \\ 0 & 1 & 0 \\ -2 & 0 & 1 \end{bmatrix}$	$R_3 + (-2)R_1 \rightarrow R_3$	$E_2^{-1} = \begin{bmatrix} 1 & 0 & 0 \\ 0 & 1 & 0 \\ 2 & 0 & 1 \end{bmatrix}$	$R_3 + (2)R_1 \rightarrow R_3$
$E_3 = \begin{bmatrix} 1 & 0 & 0 \\ 0 & 1 & 0 \\ 0 & 0 & \frac{1}{2} \end{bmatrix}$	$\left(\frac{1}{2}\right)R_3 \rightarrow R_3$	$E_3^{-1} = \begin{bmatrix} 1 & 0 & 0 \\ 0 & 1 & 0 \\ 0 & 0 & 2 \end{bmatrix}$	$(2)R_3 \rightarrow R_3$

행렬곱을 계산해서 위의 결과가 맞는지 확인해보도록 하자.

다음 정리는 역행렬을 가지는 모든 행렬은 기본행렬의 곱으로 나타낼 수 있음에 대한 것이다.

정리 2.14 **역행렬을 갖는 행렬의 성질**

정사각행렬이 역행렬을 가지면 그 정사각행렬은 기본행렬의 곱으로 나타낼 수 있고, 그 역도 성립한다.

증명

우선 만약 행렬 A가 역행렬을 가지면 A는 기본행렬의 곱으로 나타낼 수 있음을 증명해야 한다. 그다음 행렬 A를 기본행렬의 곱으로 나타낼 수 있으면 A는 역행렬을 가짐을 증명해야 한다.

한쪽 방향으로 정리를 증명하려면 행렬 A가 역행렬을 갖는다고 가정하자. 그러면 정리 2.11에 의해 $A\mathrm{x}= O$으로 표현되는 연립일차방정식은 오로지 자명한 해만을 가진다. 이는 덧붙인 행렬 $[A \quad O]$를 기본행렬 $E_1,\ E_2,\ \ldots,\ E_k$에 대응하는 기본행연산을 이용하여 $[I \quad O]$ 꼴로 다시 나타낼 수 있다는 것을 의미한다. 그래서 $E_k \cdots E_2E_1A = I$이고

$A = E_1^{-1}E_2^{-1} \cdots E_k^{-1}$가 성립한다. 따라서 행렬 A는 기본행렬의 곱으로 나타낼 수 있다. 다른 방향으로 정리를 증명하려면 행렬 A는 기본행렬의 곱이라고 가정하자. 기본행렬은 모두 역행렬을 가지고 역행렬을 가지는 행렬의 곱도 역시 역행렬을 가진다. 따라서 행렬 A는 역행렬을 가진다. 이처럼 증명을 마무리한다. ■

예제 4는 위 증명의 첫 부분에 대한 예이다.

예제 4 행렬을 기본행렬의 곱으로 나타내기

역행렬을 가지는 행렬 $A = \begin{bmatrix} -1 & -2 \\ 3 & 8 \end{bmatrix}$을 곱으로 나타내는 기본행렬의 나열을 구하시오.

풀이

행렬 A를 기약 행사다리꼴로 나타낼 수 있게 하는 기본행연산의 나열을 찾으면서 시작하자.

행렬	기본행연산	기본행렬
$\begin{bmatrix} 1 & 2 \\ 3 & 8 \end{bmatrix}$	$(-1)R_1 \to R_1$	$E_1 = \begin{bmatrix} -1 & 0 \\ 0 & 1 \end{bmatrix}$
$\begin{bmatrix} 1 & 2 \\ 0 & 2 \end{bmatrix}$	$R_2 + (-3)R_1 \to R_2$	$E_2 = \begin{bmatrix} 1 & 0 \\ -3 & 1 \end{bmatrix}$
$\begin{bmatrix} 1 & 2 \\ 0 & 1 \end{bmatrix}$	$\left(\frac{1}{2}\right)R_2 \to R_2$	$E_3 = \begin{bmatrix} 1 & 0 \\ 0 & \frac{1}{2} \end{bmatrix}$
$\begin{bmatrix} 1 & 0 \\ 0 & 1 \end{bmatrix}$	$R_1 + (-2)R_2 \to R_1$	$E_4 = \begin{bmatrix} 1 & -2 \\ 0 & 1 \end{bmatrix}$

이제 행렬곱 $E_4E_3E_2E_1A = I$를 A에 대하여 풀면 $A = E_1^{-1}E_2^{-1}E_3^{-1}E_4^{-1}$를 얻는다. 즉 행렬 A는 기본행렬의 곱이다.

$$A = \underbrace{\begin{bmatrix} -1 & 0 \\ 0 & 1 \end{bmatrix}}_{E_1^{-1}} \underbrace{\begin{bmatrix} 1 & 0 \\ 3 & 1 \end{bmatrix}}_{E_2^{-1}} \underbrace{\begin{bmatrix} 1 & 0 \\ 0 & 2 \end{bmatrix}}_{E_3^{-1}} \underbrace{\begin{bmatrix} 1 & 2 \\ 0 & 1 \end{bmatrix}}_{E_4^{-1}} = \begin{bmatrix} -1 & -2 \\ 3 & 8 \end{bmatrix}$$

■

2.3절에서 역행렬을 갖는 행렬 A의 역행렬을 찾는 과정을 배웠다. 거기서 덧붙인 행렬 $[A \quad I]$를 $[I \quad A]$로 축소할 때 가우스-조던 소거법을 사용했다. 이제 정리 2.14를 이용하여 이 과정을 정확히 설명할 수 있다. 특히 정리 2.14의 증명은 행렬곱 $I = E_k \cdots E_2E_1A$가 성립함을 보여준다. 이 식의 오른쪽에 A^{-1}를 곱하면 $A^{-1} = E_k \cdots E_2E_1$이다. 다시 말해 행렬 A를 항등행렬 I로 축소하는 기본행렬의 나열은 행등행렬 I를 행렬 A^{-1}로 축소한다. 대응하는 기본행연산의 나열을 행렬 A와 항등행렬 I에 동시에 적용하면

$$E_k \cdots E_2 E_1 [A \quad I] = [I \quad A^{-1}]$$

가 된다. 물론 A가 역행렬을 갖지 않으면 이런 결과를 가능하게 하는 기본행렬의 나열은 존재하지 않는다.

다음 정리는 $n \times n$행렬과 연립일차방정식의 중요한 관계를 함께 묶어준다. 이 정리의 핵심부분은 이미 증명하였다. (정리 2.11과 2.14를 참고하라). 다른 부분에 대한 증명은 각자에게 남긴다.

정리 2.15 동치조건

행렬 A가 $n \times n$행렬이라면, 다음 명제는 동치이다.

1. A는 역행렬을 갖는다.
2. 모든 $n \times 1$ 열 행렬 b에 대하여 $A\mathrm{x} = \mathrm{b}$는 유일한 해를 갖는다.
3. $A\mathrm{x} = O$는 자명한 해만 갖는다.
4. A는 I_n과 행동치이다.
5. A는 기본행렬의 곱으로 나타낼 수 있다.

LU-분해

연립일차방정식 $A\mathrm{x} = \mathrm{b}$를 푸는 가장 효율적이고 현대적인 알고리즘의 핵심은 LU 분해이다. LU 분해는 행렬 A를 $A = LU$의 꼴의 곱으로 나타내는 방법이다. 여기서 정사각행렬 L은 주대각선 위의 성분이 모두 0인 **하삼각행렬**(lower triangular matrix)이고, 정사각행렬 U는 주대각선 아래의 성분이 모두 0인 **상삼각행렬**(upper triangular matrix)이다.

$$\begin{bmatrix} a_{11} & 0 & 0 \\ a_{21} & a_{22} & 0 \\ a_{31} & a_{32} & a_{33} \end{bmatrix} \qquad \begin{bmatrix} a_{11} & a_{12} & a_{13} \\ 0 & a_{22} & a_{23} \\ 0 & 0 & a_{33} \end{bmatrix}$$

3×3 하삼각행렬 3×3 상삼각행렬

LU-분해의 정의

$n \times n$행렬 A가 하삼각행렬 L과 상삼각행렬 U의 곱으로 나타내질 때 $A = LU$를 행렬 A의 LU-**분해**라고 한다.

예제 5 LU-분해

a. $\begin{bmatrix}1 & 2\\1 & 0\end{bmatrix}=\begin{bmatrix}1 & 0\\1 & 1\end{bmatrix}\begin{bmatrix}1 & 2\\0 & -2\end{bmatrix}=LU$는 하삼각행렬 $L=\begin{bmatrix}1 & 0\\1 & 1\end{bmatrix}$과 상삼각행렬 $U=\begin{bmatrix}1 & 2\\0 & -2\end{bmatrix}$의 곱인 행렬 $A=\begin{bmatrix}1 & 2\\1 & 0\end{bmatrix}$의 LU-분해이다.

b. $A=\begin{bmatrix}1 & -3 & 0\\0 & 1 & 3\\2 & -10 & 2\end{bmatrix}=\begin{bmatrix}1 & 0 & 0\\0 & 1 & 0\\2 & -4 & 1\end{bmatrix}\begin{bmatrix}1 & -3 & 0\\0 & 1 & 3\\0 & 0 & 14\end{bmatrix}=LU$는 행렬 A의 LU-분해이다. ■

선형대수의 응용

계산유체역학(Computational fluid dynamics, CFD)은 유체흐름, 열전도, 화학반응과 같은 실생활에서의 현상의 컴퓨터 기반 시뮬레이션이다. CFD 분석에서 에너지, 질량, 운동량 보존 방정식을 풀 때, 대규모 연립일차방정식이 포함될 수도 있다. 그래서 계산의 효율성을 위해 CFD 분석 알고리즘에서는 종종 행렬분해와 LU-분해가 사용된다. 보잉이나 에어버스와 같은 항공회사는 비행기 설계에 CFD 분석을 사용한다. 예를 들어 보잉의 기술자들은 이전의 보잉사에서 설계된 항공기보다 더 빠르고 효율적으로 설계하기 위해 보잉787기의 가상모델 주변의 공기흐름을 시뮬레이션할 때 CFD 분석을 사용한다.

정사각행렬 A가 한 행의 곱을 그 아래쪽의 다른 행에 더하는 행연산만 사용하여 상삼각행렬 U로 행축소된다면 행렬 A의 LU-분해를 찾는 것은 비교적 쉽다. 이를 구하기 위해서는 다음의 예제에서처럼 각 행연산만 잘 따라가면 된다.

예제 6 행렬의 LU-분해구하기

행렬 $A=\begin{bmatrix}1 & -3 & 0\\0 & 1 & 3\\2 & -10 & 2\end{bmatrix}$의 LU-분해를 구하시오.

풀이

행렬 A를 상삼각행렬꼴로 행축소하고 이때 사용한 각 행연산을 기본행렬로 나타내자.

행렬	기본행연산	기본행렬
$\begin{bmatrix}1 & -3 & 0\\0 & 1 & 3\\0 & -4 & 2\end{bmatrix}$	$R_3+(-2)R_1\rightarrow R_3$	$E_1=\begin{bmatrix}1 & 0 & 0\\0 & 1 & 0\\-2 & 0 & 1\end{bmatrix}$

행렬	기본행연산	기본행렬
$\begin{bmatrix}1 & -3 & 0\\0 & 1 & 3\\0 & 0 & 14\end{bmatrix}$	$R_3+(4)R_2\to R_3$	$E_2=\begin{bmatrix}1 & 0 & 0\\0 & 1 & 0\\0 & 4 & 1\end{bmatrix}$

위에서 축소된 행렬은 상삼각행렬 U이고 $E_2E_1A=U$ 또는 $A=E_1^{-1}E_2^{-1}U$로 나타낼 수 있다. 하삼각행렬의 곱

$$E_1^{-1}E_2^{-1}=\begin{bmatrix}1 & 0 & 0\\0 & 1 & 0\\2 & 0 & 1\end{bmatrix}\begin{bmatrix}1 & 0 & 0\\0 & 1 & 0\\0 & -4 & 1\end{bmatrix}=\begin{bmatrix}1 & 0 & 0\\0 & 1 & 0\\2 & -4 & 1\end{bmatrix}$$

은 하삼각행렬 L이다. 그래서 $A=LU$라는 분해가 완성된다. 이는 예제 5의 (b)에서의 LU-분해와 같다. ■

행렬 A가 한 행의 곱을 그 아래쪽의 다른 행에 더하는 행연산만 사용하여 상삼각행렬 U로 행축소된다면 행렬 A는 LU-분해가능하다.

$$E_k\cdots E_2E_1A=U$$

$$A=E_1^{-1}E_2^{-1}\cdots E_k^{-1}U=LU$$

여기서 L은 행축소에 사용된 기분행렬의 역행렬의 곱이다.

예제 6에서 행렬 A에서 U를 만들면서 행에 곱한 수는 -2와 4인데 이들은 행렬 L에서의 해당 위치의 성분과 반대 부호를 갖는다. 이러한 사실은 일반적으로 성립한다. 만일 행렬 U를 행렬 A로부터 한 행의 곱을 그 아래쪽 다른 행에 더하는 연산만을 사용해서 얻을 수 있다면 행렬 L은 (주대각선의 성분이 모두 1인) 하삼각행렬이고 행렬 A에서 U를 만들면서 행에 곱한 수의 반대 부호의 수가 행렬 U에서 주대각선 아래 0이 된 성분의 위치와 같은 위치에 있다.

행렬 A의 LU-분해를 구하면 n개의 변수를 가지고 n개의 식이 있는 연립일차방정식 $A\mathrm{x}=\mathrm{b}$를 다음 두 단계를 이용하여 효율적으로 풀 수 있다.

1. $\mathrm{y}=U\mathrm{x}$라 놓고 $L\mathrm{y}=\mathrm{b}$를 풀어 y를 구한다.
2. $U\mathrm{x}=\mathrm{y}$를 풀어 x를 구한다.

열행렬 x는 $A\mathrm{x}=LU\mathrm{x}=L\mathrm{y}=\mathrm{b}$이므로 주어진 연립방정식의 해이다.

두 번째 단계는 행렬 U가 상삼각행렬이므로 역대입법과 같다. 첫 번째 단계도 행렬 L이 하삼각행렬이므로 행렬의 첫 행에서 시작한다는 것을 제외하면 비슷하다. 이러한 이유로 첫 번째 단계를 종종 **전진대입법** (forward substitution)이라고 한다.

예제 7 LU-분해를 이용하여 연립방정식 풀기

이런 유형의 예제의 인터렉티브 버전은 LarsonLinearAlgebra.com을 참고하라.

연립일차방정식

$$\begin{aligned} x_1 - \ \ 3x_2 \qquad &= -5 \\ x_2 + 3x_3 &= -1 \\ 2x_1 - 10x_2 + 2x_3 &= -20 \end{aligned}$$

를 푸시오.

풀이

계수행렬 A의 LU-분해는 예제 6에서 이미 구했다.

$$A = \begin{bmatrix} 1 & -3 & 0 \\ 0 & 1 & 3 \\ 2 & -10 & 2 \end{bmatrix}$$

$$= \begin{bmatrix} 1 & 0 & 0 \\ 0 & 1 & 0 \\ 2 & -4 & 1 \end{bmatrix} \begin{bmatrix} 1 & -3 & 0 \\ 0 & 1 & 3 \\ 0 & 0 & 14 \end{bmatrix}$$

우선, $\mathbf{y} = U\mathbf{x}$라 치환하고 연립방정식 $L\mathbf{y} = \mathbf{b}$를 풀어 $\mathbf{y}$를 구하자.

$$\begin{bmatrix} 1 & 0 & 0 \\ 0 & 1 & 0 \\ 2 & -4 & 1 \end{bmatrix} \begin{bmatrix} y_1 \\ y_2 \\ y_3 \end{bmatrix} = \begin{bmatrix} -5 \\ -1 \\ -20 \end{bmatrix}$$

전진대입법을 이용하여 이 연립방정식을 풀자. 첫 번째 식으로부터 $y_1 = -5$를 얻는다. 두 번째 식에서 $y_2 = -1$을 얻는다. 마지막으로 세 번째 식에서

$$2y_1 - 4y_2 + y_3 = -20$$

$$y_3 = -20 - 2y_1 + 4y_2$$

$$y_3 = -20 - 2(-5) + 4(-1)$$

$$y_3 = -14$$

$L\mathbf{y} = \mathbf{b}$의 해는 $\mathbf{y} = \begin{bmatrix} -5 \\ -1 \\ -14 \end{bmatrix}$이다.

이제 후진대입법을 이용하여 연립방정식 $U\mathbf{x} = \mathbf{y}$를 풀어 $\mathbf{x}$를 구하자.

$$\begin{bmatrix} 1 & -3 & 0 \\ 0 & 1 & 3 \\ 0 & 0 & 14 \end{bmatrix} \begin{bmatrix} x_1 \\ x_2 \\ x_3 \end{bmatrix} = \begin{bmatrix} -5 \\ -1 \\ -14 \end{bmatrix}$$

맨 아래 식에서 $x_3=-1$이다. 그리고 두 번째 식에서

$$x_2+3(-1)=-1$$

이므로 $x_2=2$이다. 마지막으로 첫 번째 식에서

$$x_1-3(2)=-5$$

이므로 $x_1=1$이다. 따라서 주어진 연립방정식의 해는 $\mathrm{x}=\begin{bmatrix}1\\2\\-1\end{bmatrix}$이다. ■

2.4 연습문제

기본행렬 1~8번에서 행렬이 기본행렬인지 결정하시오. 만일 기본행렬이라면 행렬을 얻기 위해 시행한 기본행연산을 말하시오.

1. $\begin{bmatrix}1&0\\0&2\end{bmatrix}$

2. $\begin{bmatrix}1&0&0\\0&0&1\end{bmatrix}$

3. $\begin{bmatrix}1&0\\2&1\end{bmatrix}$

4. $\begin{bmatrix}0&1\\1&0\end{bmatrix}$

5. $\begin{bmatrix}2&0&0\\0&0&1\\0&1&0\end{bmatrix}$

6. $\begin{bmatrix}1&0&0\\0&1&0\\2&0&1\end{bmatrix}$

7. $\begin{bmatrix}1&0&0&0\\0&1&0&0\\0&-5&1&0\\0&0&0&1\end{bmatrix}$

8. $\begin{bmatrix}1&0&0&0\\2&1&0&0\\0&0&1&0\\0&0&-3&1\end{bmatrix}$

기본행렬 구하기 9~12번에서 행렬 A, B, C는 다음과 같다.

$$A=\begin{bmatrix}1&2&3\\0&1&2\\-1&2&0\end{bmatrix},\quad B=\begin{bmatrix}-1&2&0\\0&1&2\\1&2&-3\end{bmatrix},$$
$$C=\begin{bmatrix}0&4&-3\\0&1&2\\-1&2&0\end{bmatrix}$$

9. $EA=B$가 되는 기본행렬 E를 구하시오.

10. $EA=C$가 되는 기본행렬 E를 구하시오.

11. $EB=A$가 되는 기본행렬 E를 구하시오.

12. $EC=A$가 되는 기본행렬 E를 구하시오.

기본행렬의 나열 구하기 13~18번에서 행렬을 행사다리꼴로 나타낼 때 사용되는 기본행렬의 나열을 구하시오.

13. $\begin{bmatrix}0&1&7\\5&10&-5\end{bmatrix}$

14. $\begin{bmatrix}0&3&-3&6\\1&-1&2&-2\\0&0&2&2\end{bmatrix}$

15. $\begin{bmatrix}1&-2&-1&0\\0&4&8&-4\\-6&12&8&1\end{bmatrix}$

16. $\begin{bmatrix}1&3&0\\2&5&-1\\3&-2&-4\end{bmatrix}$

17. $\begin{bmatrix}-2&1&0\\3&-4&0\\1&-2&2\\-1&2&-2\end{bmatrix}$

18. $\begin{bmatrix}1&-6&0&2\\0&-3&3&9\\2&5&-1&1\\4&8&-5&1\end{bmatrix}$

기본행렬의 역행렬 구하기 19~24번에서 기본행렬의 역행렬을 구하시오.

19. $\begin{bmatrix}0&1\\1&0\end{bmatrix}$

20. $\begin{bmatrix}5&0\\0&1\end{bmatrix}$

21. $\begin{bmatrix} 0 & 0 & 1 \\ 0 & 1 & 0 \\ 1 & 0 & 0 \end{bmatrix}$

22. $\begin{bmatrix} 1 & 0 & 0 \\ 0 & 1 & 0 \\ 0 & -3 & 0 \end{bmatrix}$

23. $\begin{bmatrix} k & 0 & 0 \\ 0 & 1 & 0 \\ 0 & 0 & 1 \end{bmatrix}$
$k \neq 0$

24. $\begin{bmatrix} 1 & 0 & 0 & 0 \\ 0 & 1 & k & 0 \\ 0 & 0 & 1 & 0 \\ 0 & 0 & 0 & 1 \end{bmatrix}$

행렬의 역행렬 구하기 25~28번에서 기본행렬을 이용하여 행렬의 역행렬을 구하시오.

25. $\begin{bmatrix} 3 & -2 \\ 1 & 0 \end{bmatrix}$

26. $\begin{bmatrix} 2 & 0 \\ 1 & 1 \end{bmatrix}$

27. $\begin{bmatrix} 1 & 0 & -1 \\ 0 & 6 & -1 \\ 0 & 0 & 4 \end{bmatrix}$

28. $\begin{bmatrix} 1 & 0 & -2 \\ 0 & 2 & 1 \\ 0 & 0 & 1 \end{bmatrix}$

기본행렬의 나열 구하기 29~36번에서 곱이 역행렬을 갖는 주어진 행렬이 되는 기본행렬의 나열을 구하시오.

29. $\begin{bmatrix} 1 & 2 \\ 1 & 0 \end{bmatrix}$

30. $\begin{bmatrix} 0 & 1 \\ 1 & 0 \end{bmatrix}$

31. $\begin{bmatrix} 4 & -1 \\ 3 & -1 \end{bmatrix}$

32. $\begin{bmatrix} 1 & 1 \\ 2 & 1 \end{bmatrix}$

33. $\begin{bmatrix} 1 & -2 & 0 \\ -1 & 3 & 0 \\ 0 & 0 & 1 \end{bmatrix}$

34. $\begin{bmatrix} 1 & 2 & 3 \\ 2 & 5 & 6 \\ 1 & 3 & 4 \end{bmatrix}$

35. $\begin{bmatrix} 1 & 0 & 0 & 1 \\ 0 & -1 & 3 & 0 \\ 0 & 0 & 2 & 0 \\ 0 & 0 & 1 & -1 \end{bmatrix}$

36. $\begin{bmatrix} 4 & 0 & 0 & 2 \\ 0 & 1 & 0 & 1 \\ 0 & 0 & -1 & 2 \\ 1 & 0 & 0 & -2 \end{bmatrix}$

37. **서술** 두 개의 기본행렬의 곱은 항상 기본행렬인가? 설명하시오.

38. **서술** 행렬 E는 항등행렬 I_n의 두 행의 위치를 교환하여 얻은 기본행렬이다. 행렬 A는 $n \times n$행렬이다.

(a) 행렬 EA와 행렬 A를 비교하면 어떠한가?

(b) E^2를 구하시오.

39. 기본행렬을 이용하여 $A = \begin{bmatrix} a & 0 & 0 \\ 0 & 1 & 0 \\ a & b & c \end{bmatrix}$, $c \neq 0$의 역행렬을 구하시오.

40. 기본행렬을 이용하여

$$A = \begin{bmatrix} 1 & a & 0 \\ 0 & 1 & 0 \\ 0 & 0 & 1 \end{bmatrix} \begin{bmatrix} 1 & 0 & 0 \\ b & 1 & 0 \\ 0 & 0 & 1 \end{bmatrix} \begin{bmatrix} 1 & 0 & 0 \\ 0 & 1 & 0 \\ 0 & 0 & c \end{bmatrix}, \ c \neq 0$$

의 역행렬을 구하시오.

참 또는 거짓 41번과 42번에서 각 명제가 참 또는 거짓인지 판별하시오. 만약 명제가 참이라면 그 이유를 제시하거나 본문에서 적절한 명제를 찾아 제시하시오. 만약 명제가 거짓이라면 명제가 참이 아니라는 예를 제시하거나 본문에서 적절한 명제를 찾아 제시하시오.

41. (a) 항등행렬은 기본행렬이다.

(b) 행렬 E가 기본행렬이면 $2E$는 기본행렬이다.

(c) 기본행렬의 역행렬은 기본행렬이다.

42. (a) 영행렬은 기본행렬이다.

(b) 정사각행렬이 기본행렬의 곱으로 나타내어지면 그 행렬은 역행렬을 가진다.

(c) $A\mathrm{x} = O$가 자명한 해만을 가지면 $A\mathrm{x} = \mathrm{b}$는 모든 $n \times 1$ 열행렬 b에 대하여 유일한 해를 갖고 또한 그 역도 성립한다.

행렬의 LU-분해 구하기 43~36번에서 행렬의 LU-분해를 구하시오.

43. $\begin{bmatrix} 1 & 0 \\ -2 & 1 \end{bmatrix}$

44. $\begin{bmatrix} -2 & 1 \\ -6 & 4 \end{bmatrix}$

45. $\begin{bmatrix} 3 & 0 & 1 \\ 6 & 1 & 1 \\ -3 & 1 & 0 \end{bmatrix}$

46. $\begin{bmatrix} 2 & 0 & 0 \\ 0 & -3 & 1 \\ 10 & 12 & 3 \end{bmatrix}$

LU−분해를 이용하여 연립일차방정식 풀기 47번과 48번에서 계수행렬을 LU−분해하여 연립일차방정식을 푸시오.

47.
$$\begin{aligned} 2x+y \quad &= 1 \\ y-z &= 2 \\ -2x+y+z &= -2 \end{aligned}$$

48.
$$\begin{aligned} 2x_1 \qquad\qquad &= 4 \\ -2x_1+x_2-x_3 \quad &= -4 \\ 6x_1+2x_2+x_3 \quad &= 15 \\ -x_4 &= -1 \end{aligned}$$

멱등행렬 49~52번에서 행렬이 멱등행렬인지 결정하시오. 정사각행렬 A가 $A^2=A$를 만족하면 멱등이라 한다.

49. $\begin{bmatrix} 1 & 0 \\ 0 & 0 \end{bmatrix}$

50. $\begin{bmatrix} 0 & 1 \\ 1 & 0 \end{bmatrix}$

51. $\begin{bmatrix} 0 & 0 & 1 \\ 0 & 1 & 0 \\ 1 & 0 & 0 \end{bmatrix}$

52. $\begin{bmatrix} 0 & 1 & 0 \\ 1 & 0 & 0 \\ 0 & 0 & 1 \end{bmatrix}$

53. 행렬 $A=\begin{bmatrix} 1 & 0 \\ a & b \end{bmatrix}$가 멱등행렬이 되도록 a와 b를 결정하시오.

54. 힌트가 있는 증명 행렬 A가 멱등행렬이면 A^T도 멱등행렬이고 그 역도 역시 성립함을 증명하시오.

시작 : "~이고 그 역도 역시 성립한다"를 증명하기 위해서는 다음 두 명제를 증명해야 한다.

1. 행렬 A가 멱등행렬이면 A^T는 멱등행렬이다.
2. 행렬 A^T가 멱등행렬이면 A는 멱등행렬이다.

(i) 행렬 A가 멱등행렬이라고 가정하고 첫 번째 명제의 증명을 시작하자.

(ii) 멱등행렬이라는 것은 $A^2=A$라는 것을 의미한다.

(iii) 행렬 A^T가 멱등행렬이라는 것을 보이기 위해 전치행렬의 성질을 이용하자.

(iv) 두 번째 명제의 증명은 행렬 A^T가 멱등행렬이라고 가정하면서 시작하자.

55. 증명 행렬 A가 $n\times n$ 행렬이고 멱등이며 역행렬을 갖는다면 $A=I_n$임을 증명하시오.

56. 증명 행렬 A와 B가 멱등이고 $AB=BA$이면 AB는 멱등임을 보이시오.

57. 힌트가 있는 증명 행렬 A가 행렬 B와 행동치이고 행렬 B는 행렬 C와 행동치이면 행렬 A는 행렬 C와 행동치임을 증명하시오.

시작: 행렬 A가 행렬 C와 행동치라는 것을 증명하려면 $A=E_k\cdots E_2E_1C$를 만족하는 기본행렬 E_1, E_2, ..., E_k를 찾아야 한다.

(i) 행렬 A가 행렬 B와 행동치이고 행렬 B가 행렬 C와 행동치라는 사실을 생각하며 시작하자.

(ii) (i)의 사실은 $A=F_n\cdots F_2F_1B$이고 $B=G_m\cdots G_2G_1C$인 기본행렬 F_1, F_2, ..., F_n과 G_1, G_2, ..., G_m이 존재함을 의미한다.

(iii) 단계 (ii)에서 구한 행렬 방정식을 결합하자.

58. 증명 행렬 A가 행렬 B와 행동치이면 행렬 B는 행렬 A와 행동치임을 증명하시오.

59. 증명 행렬 A는 역행렬을 갖는 행렬이다 행렬 B가 행렬 A와 행동치이면 행렬 B도 역행렬을 가짐을 증명하시오.

60. 캡스톤

(a) 기본행렬을 찾는 방법을 설명하시오.

(b) 기본행렬을 이용하여 행렬의 LU-분해를 찾는 방법을 설명하시오.

(c) LU-분해를 이용하여 연립일차방정식을 푸는 방법을 설명하시오.

61. 다음 행렬은 LU-분해를 갖지 않음을 보이시오.

$$A=\begin{bmatrix} 0 & 1 \\ 1 & 0 \end{bmatrix}.$$

2.5 마코프 연쇄

- 확률행렬을 이용하여 마코프 연쇄의 n번째 상태행렬 찾기
- 마코프 행렬의 정상 상태 행렬 찾기
- 흡수 마코프 연쇄의 정상 상태 행렬 찾기

확률행렬과 마코프 연쇄

많은 유형의 응용에는 모집단의 상태의 유한집합 $\{S_1, S_2, \ldots, S_n\}$이 포함된다. 예를 들어 도시의 주민들은 시내나 또는 교외에 거주할 수도 있다. 유권자들은 민주당 후보, 공화당 후보, 또는 무소속 후보에 투표할 수도 있다. 탄산음료 소비자들은 코카콜라, 펩시콜라 또는 다른 상표의 음료를 구매할 수도 있다.

모집단 구성원이 j번째 상태에서 i번째 상태로 변할 확률을 p_{ij}로 나타내자. 여기서 $0 \le p_{ij} \le 1$이다. $p_{ij} = 0$이라는 확률은 구성원이 j번째 상태에서 i번째 상태로 확실히 변하지 않는다는 의미이다. 하지만 $p_{ij} = 1$이라는 확률은 구성원이 j번째 상태에서 i번째 상태로 확실히 변한다는 의미이다.

$$P = \overset{\overbrace{\begin{matrix} S_1 & S_2 & \cdots & S_n \end{matrix}}^{\sim\text{에서}}}{\begin{bmatrix} p_{11} & p_{12} & \cdots & p_{1n} \\ p_{21} & p_{22} & \cdots & p_{2n} \\ \vdots & \vdots & & \vdots \\ p_{n1} & p_{n2} & \cdots & p_{nn} \end{bmatrix}} \left.\begin{matrix} S_1 \\ S_2 \\ \vdots \\ S_n \end{matrix}\right\} \sim\text{으로}$$

모집단 내에서 가능한 형태의 전이(변화)에 대한 확률을 나타내므로 행렬 P를 **전이확률행렬**(matrix of transition probabilities)이라고 한다.

각 전이에서 주어진 상태의 구성원은 그 상태에 머물거나 다른 상태로 변해야 한다. 확률이므로 행렬 P의 한 열의 성분의 합은 1이다. 예를 들어 첫 번째 열에서

$$p_{11} + p_{21} + \cdots + p_{n1} = 1$$

이다. 이러한 행렬을 **확률적**(stochastic)이라 한다. 여기서 "확률적"은 "어림하여 짐작해서"라는 의미이다. 즉,

$n\times n$ 행렬 P의 각 성분이 0과 1 사이의 수이고 각 열의 성분의 합이 1일 때 행렬 P는 확률 행렬이다.

예제 1 확률행렬과 확률적이지 않은 행렬의 예

다음 (a), (b), (c)의 행렬은 확률적이지만 (d), (e), (f)의 행렬은 확률적이 아니다.

a. $\begin{bmatrix} 1 & 0 & 0 \\ 0 & 1 & 0 \\ 0 & 0 & 1 \end{bmatrix}$ b. $\begin{bmatrix} \frac{1}{4} & \frac{1}{5} & \frac{1}{3} & \frac{1}{2} \\ \frac{1}{4} & \frac{13}{60} & 0 & \frac{1}{6} \\ \frac{1}{4} & \frac{1}{3} & \frac{1}{3} & \frac{1}{6} \\ \frac{1}{4} & \frac{1}{4} & \frac{1}{3} & \frac{1}{6} \end{bmatrix}$ c. $\begin{bmatrix} 0.9 & 0.8 \\ 0.1 & 0.2 \end{bmatrix}$

d. $\begin{bmatrix} \frac{1}{2} & \frac{1}{4} \\ 0 & \frac{3}{4} \end{bmatrix}$ e. $\begin{bmatrix} \frac{1}{2} & \frac{1}{4} & \frac{1}{4} \\ \frac{1}{3} & 0 & \frac{2}{3} \\ \frac{1}{4} & \frac{3}{4} & 0 \end{bmatrix}$ f. $\begin{bmatrix} 0.1 & 0.2 & 0.3 & 0.4 \\ 0.2 & 0.3 & 0.4 & 0.5 \\ 0.3 & 0.4 & 0.5 & 0.6 \\ 0.4 & 0.5 & 0.6 & 0.7 \end{bmatrix}$ ■

예제 2 소비자 선호 모델

서로 경쟁 관계에 있는 두 회사는 100,000 가구가 살고 있는 어느 도시에 위성방송서비스를 제공한다. 그림 2.1은 매년 위성방송 가입에 대한 변화를 보여준다. 회사 A에는 15,000 가구가 가입해 있고 회사 B에는 20,000 가구가 가입해 있다. 1년 후 각 회사에 가입된 가구 수는 얼마나 되는가?

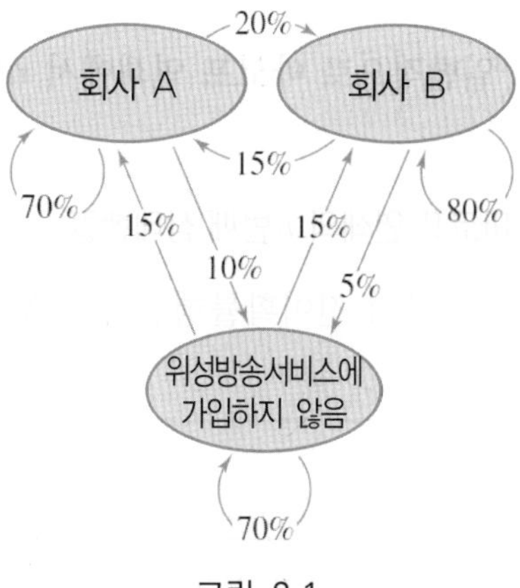

그림 2.1

풀이

전이확률 행렬은

$$P=\overbrace{\begin{bmatrix} 0.70 & 0.15 & 0.15 \\ 0.20 & 0.80 & 0.15 \\ 0.10 & 0.05 & 0.70 \end{bmatrix}}^{\text{~에서: A, B, 미가입}} \begin{matrix} \text{A} \\ \text{B} \\ \text{미가입} \end{matrix}\Bigg\} \text{~으로}$$

이고 세 가지 상태의 모집단 전체에 대한 비율을 나타내는 초기 상태행렬(state matrix)은

$$X_0 = \begin{bmatrix} 0.1500 \\ 0.2000 \\ 0.6500 \end{bmatrix}$$

이지로 이동할 확률이며 행렬 E는 모든 성분이 1인 $n \times n$행렬이다. 전이확률행렬이 M인 마코프 연쇄는 페이지의 순위 추정치를 제공하는 유일한 정상상태행렬로 수렴한다. 10.3절에서는 정상상태행렬을 추정할 때 사용할 수 있는 방법에 대해 다룰 것이다.

마코프 연쇄의 정상상태행렬

예제 3에서 10년 후와 15년 후의 가입 가구 수 사이에 약간 차이가 있다는 것에 주목하자. 예제에서 보여준 과정을 계속 반복하면 상태행렬 X_n은 결국 **정상상태**(steady state)에 도달한다. 다시 말해 행렬 P가 변하지 않는 한 행렬곱 $P^n X$은 극한 $\overline{X}$에 가까워진다. 예제 3에서 극한은 정상상태행렬

$$\overline{X} = \begin{bmatrix} \frac{1}{3} \\ \frac{10}{21} \\ \frac{4}{21} \end{bmatrix} \approx \begin{bmatrix} 0.3333 \\ 0.4762 \\ 0.1905 \end{bmatrix} \begin{matrix} \text{A} \\ \text{B} \\ \text{미가입} \end{matrix} \qquad \text{정상상태행렬}$$

이다. $P\overline{X} = \overline{X}$임을 다음과 같이 확인해보자.

$$P\overline{X} = \begin{bmatrix} 0.70 & 0.15 & 0.15 \\ 0.20 & 0.80 & 0.15 \\ 0.10 & 0.05 & 0.70 \end{bmatrix} \begin{bmatrix} \frac{1}{3} \\ \frac{10}{21} \\ \frac{4}{21} \end{bmatrix} = \begin{bmatrix} \frac{1}{3} \\ \frac{10}{21} \\ \frac{4}{21} \end{bmatrix} = \overline{X}$$

예제 5에서 정상상태행렬 $\overline{X}$를 찾음으로써 위의 결과를 확인할 수 있을 것이다.

앞서 사용했던 전이확률행렬 P는 정칙 확률행렬의 한 예이다. 확률행렬 P에 대해 P의 거듭제곱이 양의 성분만 가지고 있을 때 행렬 P를 **정칙**(regular)이라고 한다.

예제 4 정칙 확률행렬

a. 확률행렬 $P = \begin{bmatrix} 0.70 & 0.15 & 0.15 \\ 0.20 & 0.80 & 0.15 \\ 0.10 & 0.05 & 0.70 \end{bmatrix}$는 행렬 P^1이 양의 성분만 가지고 있으므로 정칙이다.

b. 확률행렬 $P=\begin{bmatrix}0.50 & 1.00\\0.50 & 0\end{bmatrix}$은 $P^2=\begin{bmatrix}0.75 & 0.50\\0.25 & 0.50\end{bmatrix}$이 양의 성분만 가지고 있으므로 정칙이다.

c. 확률행렬 $P=\begin{bmatrix}\frac{1}{3} & 0 & 1\\ \frac{1}{3} & 1 & 0\\ \frac{1}{3} & 0 & 0\end{bmatrix}$은 P의 모든 거듭제곱의 두 번째 열에 항상 두 개의 0을 가지고 있으므로 정칙이 아니다. 실제 그러한지 확인해 보시오. ■

참고

정칙 확률행렬 P에 대하여, 연속된 거듭제곱의 수열

$$P,\ P^2,\ P^3,\ \dots$$

은 안정행렬 $\overline{P}$에 가까워진다.

행렬 $\overline{P}$의 각 열의 성분은 정상상태행렬 $\overline{X}$의 대응하는 성분과 같다. 연습문제 55번이 이를 보이는 문제이다.

행렬 P가 정칙 확률행렬일 때 이에 대응하는 **정칙 마코프 연쇄**(regular Markov chain)

$$PX_0,\ P^2X_0,\ P^3X_0,\ \dots$$

은 유일한 정상상태행렬 $\overline{X}$에 가까워진다. 연습문제 56번이 이를 증명하는 문제이다.

예제 5 정상상태행렬 구하기

이런 유형의 예제에 대한 대화형은 LarsonLinearAlgebra.com을 참고하시오.

전이확률행렬이 정칙행렬 $P=\begin{bmatrix}0.70 & 0.15 & 0.15\\0.20 & 0.80 & 0.15\\0.10 & 0.05 & 0.70\end{bmatrix}$ **인 마코프 연쇄의 정상상태행렬** $\overline{X}$**를 구하시오.**

풀이

행렬 P는 예제2에서 찾은 전이확률행렬이고 이 행렬의 정상상태행렬 $\overline{X}$는 이미 앞선 설명에서 구하였다. $\overline{X}$를 찾기 위해 우선 $\overline{X}=\begin{bmatrix}x_1\\x_2\\x_3\end{bmatrix}$라 하고 시작하자. 그러면 행렬방정식 $P\overline{X}=\overline{X}$으로부터

$$\begin{bmatrix}0.70 & 0.15 & 0.15\\0.20 & 0.80 & 0.15\\0.10 & 0.05 & 0.70\end{bmatrix}\begin{bmatrix}x_1\\x_2\\x_3\end{bmatrix}=\begin{bmatrix}x_1\\x_2\\x_3\end{bmatrix}$$

또는

$$\begin{aligned} 0.70x_1+0.15x_2+0.15x_3&=x_1\\ 0.20x_1+0.80x_2+0.15x_3&=x_2\\ 0.10x_1+0.05x_2+0.70x_3&=x_3 \end{aligned}$$

를 얻는다. 이 방정식들과 $x_1+x_2+x_3=1$이라는 사실을 이용하면 다음과 같은 연립방정식을 구할 수 있다.

참고

예제 2에서 상태행렬의 성분은 전체에 대한 비율로 이루어져 있었다는 사실을 기억해보자. 그러면

$$x_1+x_2+x_3=1$$

이 성립할 것이다.

$$\begin{aligned} -0.30x_1+0.15x_2+0.15x_3&=0\\ 0.20x_1-0.20x_2+0.15x_3&=0\\ 0.10x_1+0.05x_2-0.30x_3&=0\\ x_1+\quad x_2+\quad x_3&=1 \end{aligned}$$

이 연립방정식을 풀어 해를 구하면 해는 $x_1=\dfrac{1}{3}$, $x_2=\dfrac{10}{21}$, $x_3=\dfrac{4}{21}$이다.

따라서 정상상태행렬은

$$\overline{X}=\begin{bmatrix}\dfrac{1}{3}\\ \dfrac{10}{21}\\ \dfrac{4}{21}\end{bmatrix}\approx\begin{bmatrix}0.3333\\0.4762\\0.1905\end{bmatrix}$$

이다. $P\overline{X}=\overline{X}$임을 직접 확인해 보자. ■

마코프 연쇄의 정상상태행렬 $\overline{X}$을 구하는 방법을 요약하면 다음과 같다.

마코프 연쇄의 정상상태행렬 구하기

1. 전이확률행렬 P가 정칙행렬인지 확인한다.
2. 방정식 $x_1+x_2+\cdots+x_n=1$과 함께 행렬방정식 $P\overline{X}=\overline{X}$로부터 얻은 연립방정식을 푼다.
3. 단계 2에서 찾은 행렬방정식 $P\overline{X}=\overline{X}$의 해를 확인한다.

참고

행렬 P가 정칙이 아니면 이에 대응하는 마코프 연쇄는 정상상태행렬이 유일할 수도 있고 아닐 수도 있다.

흡수 마코프 연쇄

예제 3과 예제 5에서 다룬 마코프 연쇄는 정칙이다. 실제 상황에서는 다른 유형의 마코프 연쇄가 사용되기도 한다. 이러한 유형 중 하나가 흡수 마코프 연쇄이다.

n개의 서로 다른 상태 $\{S_1, S_2, \ldots, S_n\}$를 갖는 마코프 연쇄를 생각하자. 전이확률행렬 P에서 $p_{ii}=1$일 때, i번째 상태 S_i를 **흡수상태**(absorbing state)라고 한다. 다시 말해, 행렬 P의 주대각선 위의 성분은 1이고 P의 i번째 열의 다른 성분은 0이다. 흡수 마코프 연쇄는 다음과 같은 두 가지 성질을 가진다.

1. 마코프 연쇄는 적어도 하나의 흡수상태를 갖는다.
2. 모집단의 구성원은 유한 번의 전이를 통해 비흡수상태에서 흡수상태로의 이동이 가능하다.

참고

연습문제 50번에서는 한계가 주어진 다른 유형의 마코프 연쇄에 대한 문제를 풀어볼 것이다.

예제 6 흡수 및 비흡수 마코프 연쇄

a. 행렬

$$P=\overbrace{\begin{matrix} S_1 & S_2 & S_3 \end{matrix}}^{\sim\text{으로부터}} \qquad P=\begin{bmatrix} 0.4 & 0 & 0 \\ 0 & 1 & 0.5 \\ 0.6 & 0 & 0.5 \end{bmatrix}\left.\begin{matrix} S_1 \\ S_2 \\ S_3 \end{matrix}\right\}\sim\text{로}$$

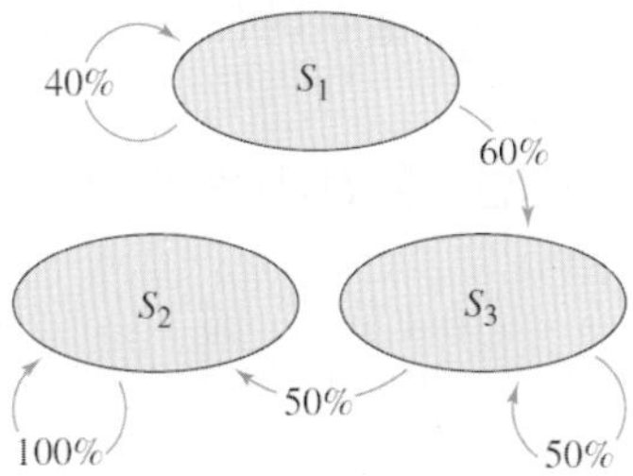

그림 2.2.

에 대하여 두 번째 열이 나타내는 두 번째 상태는 흡수상태이다. 더욱이 이에 대응하는 마코프 연쇄는 상태 S_1에서 상태 S_2로 두 번의 전이를 통해 이동할 수 있고, 상태 S_3에서 상태 S_2로 한 번의 전이를 통해 이동할 수 있기 때문에 흡수 마코프 연쇄이다. (그림 2.2 참고)

b. 행렬

$$\overbrace{\begin{matrix} S_1 & S_2 & S_3 & S_4 \end{matrix}}^{\sim\text{으로부터}} \qquad P=\begin{bmatrix} 0.5 & 0 & 0 & 0 \\ 0.5 & 1 & 0 & 0 \\ 0 & 0 & 0.4 & 0.5 \\ 0 & 0 & 0.6 & 0.5 \end{bmatrix}\left.\begin{matrix} S_1 \\ S_2 \\ S_3 \\ S_4 \end{matrix}\right\}\sim\text{로}$$

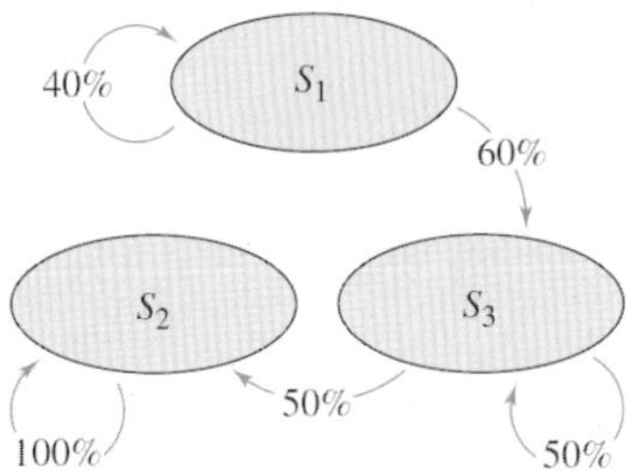

그림 2.3.

에서 두 번째 상태는 흡수상태이다. 하지만, 이에 대응하는 마코프 연쇄는 상태 S_3 또는 상태 S_4에서 S_2로 이동할 수 있는 방법이 없기 때문에 흡수 마코프 연쇄는 아니다. (그림 2.3 참고)

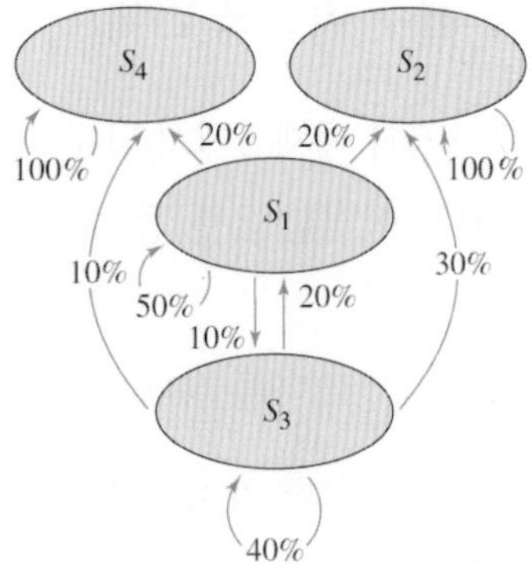

그림 2.4.

c. 행렬

$$P = \overbrace{\begin{matrix} S_1 & S_2 & S_3 & S_4 \end{matrix}}^{\sim\text{으로부터}} \qquad P=\begin{bmatrix} 0.5 & 0 & 0.2 & 0 \\ 0.2 & 1 & 0.3 & 0 \\ 0.1 & 0 & 0.4 & 0 \\ 0.2 & 0 & 0.1 & 1 \end{bmatrix}\left.\begin{matrix} S_1 \\ S_2 \\ S_3 \\ S_4 \end{matrix}\right\}\sim\text{로}$$

은 S_2와 S_4, 두 개의 흡수단계를 가진다. 더욱이 이 행렬에 대응하는 마코프 연쇄도 흡수가 아닌 단계 S_1 또는 S_3를 흡수단계 중 하나로 한 번에 이동시킬 수 있기 때문에 흡순이다. (그림 2.4 참고) ■

흡수 마코프 연쇄 중 일부는 유일한 정상상태를 가질 수도 있다. 그렇지 않은 흡수마코프 연쇄는 무수히 많은 정상상태를 가진다. 예제 7은 그러한 예를 보여준다.

예제 7 흡수 마코프 연쇄의 정상상태 구하기

다음 행렬 P를 전이확률행렬로 갖는 흡수 마코프 연쇄의 정상상태 행렬 $\overline{X}$를 구하시오.

a. $P=\begin{bmatrix} 0.4 & 0 & 0 \\ 0 & 1 & 0.5 \\ 0.6 & 0 & 0.5 \end{bmatrix}$ b. $P=\begin{bmatrix} 0.5 & 0 & 0.2 & 0 \\ 0.2 & 1 & 0.3 & 0 \\ 0.1 & 0 & 0.4 & 0 \\ 0.2 & 0 & 0.1 & 1 \end{bmatrix}$

풀이

a. 행렬방정식 $P\overline{X}=\overline{X}$ 혹은

$$\begin{bmatrix} 0.4 & 0 & 0 \\ 0 & 1 & 0.5 \\ 0.6 & 0 & 0.5 \end{bmatrix}\begin{bmatrix} x_1 \\ x_2 \\ x_3 \end{bmatrix}=\begin{bmatrix} x_1 \\ x_2 \\ x_3 \end{bmatrix}$$

와 방정식 $x_1+x_2+x_3=1$를 이용하여 연립방정식

$$\begin{aligned} -0.6x_1 \qquad\qquad &= 0 \\ 0.5x_3 &= 0 \\ 0.6x_1 \qquad -0.5x_3 &= 0 \\ x_1+x_2+\quad x_3 &= 1 \end{aligned}$$

을 세우자. 이 연립방정식의 해는 $x_1=0,\ x_2=1,\ x_3=0$이고 정상상태행렬은 $\overline{X}=[0\quad 1\quad 0]^T$이다. $\overline{X}$가 전이확률행렬 P의 두 번째 열과 일치함에 주목하자.

b. 행렬방정식 $P\overline{X}=\overline{X}$ 또는

$$\begin{bmatrix}0.5 & 0 & 0.2 & 0\\ 0.2 & 1 & 0.3 & 0\\ 0.1 & 0 & 0.4 & 0\\ 0.2 & 0 & 0.1 & 1\end{bmatrix}\begin{bmatrix}x_1\\x_2\\x_3\\x_4\end{bmatrix}=\begin{bmatrix}x_1\\x_2\\x_3\\x_4\end{bmatrix}$$

와 방정식 $x_1+x_2+x_3+x_4=1$을 이용하여 연립방정식

$$\begin{aligned}-0.5x_1 \quad +0.2x_3 \quad &=0\\ 0.2x_1 \quad +0.3x_3 \quad &=0\\ 0.1x_1 \quad -0.6x_3 \quad &=0\\ 0.2x_1 \quad +0.1x_3 \quad &=0\\ x_1+x_2+ \quad x_3+x_4 &=1\end{aligned}$$

을 세우자. 이 연립방정식의 해는 $x_1=0,\ x_2=1-t,\ x_3=0$ (여기서 t는 $0\le t\le 1$인 임의의 실수)이다. 따라서 정상상태행렬은 $\overline{X}=[0\quad 1-t\quad 0\quad t]^T$이다. 이 마코프 연쇄는 무수히 많은 정상상태행렬을 갖는다. ■

참고

흡수 마코프 연쇄의 정상상태행렬은 흡수상태에서만 0이 아닌 값을 갖는다. 이러한 상태는 모집합을 흡수한다.

일반적으로 정칙 마코프 연쇄 또는 하나의 흡수상태를 갖는 흡수 마코프 연쇄는 초기상태행렬에 대해 유일한 정상상태행렬을 갖는다. 더 나아가 두 개 또는 그 이상의 흡수상태를 갖는 마코프 연쇄는 무수히 많은 정상상태행렬을 갖는데 이 정상상태행렬들은 초기상태행렬에 따라 결정된다. 연습문제 49번은 전이확률행렬이 예제 7의 (b)처럼 주어진 마코프 연쇄의 종속성을 보이는 문제이다.

2.5 연습문제

확률행렬 1∼6번에서 주어진 행렬이 확률행렬인지 결정하시오.

1. $\begin{bmatrix} \frac{2}{5} & -\frac{2}{5} \\ \frac{3}{5} & \frac{7}{5} \end{bmatrix}$

2. $\begin{bmatrix} 1+\sqrt{2} & 1-\sqrt{2} \\ -\sqrt{2} & \sqrt{2} \end{bmatrix}$

3. $\begin{bmatrix} 0.\overline{3} & 0.1\overline{6} & 0.25 \\ 0.\overline{3} & 0.\overline{6} & 0.25 \\ 0.\overline{3} & 0.1\overline{6} & 0.5 \end{bmatrix}$

4. $\begin{bmatrix} 0.3 & 0.5 & 0.2 \\ 0.1 & 0.2 & 0.7 \\ 0.8 & 0.1 & 0.1 \end{bmatrix}$

5. $\begin{bmatrix} 1 & 0 & 0 & 0 \\ 0 & 1 & 0 & 0 \\ 0 & 0 & 1 & 0 \\ 0 & 0 & 0 & 1 \end{bmatrix}$

6. $\begin{bmatrix} \frac{1}{2} & \frac{2}{9} & \frac{1}{4} & \frac{4}{15} \\ \frac{1}{6} & \frac{1}{3} & \frac{1}{4} & \frac{4}{15} \\ \frac{1}{6} & \frac{2}{9} & \frac{1}{4} & \frac{4}{15} \\ \frac{1}{6} & \frac{2}{9} & \frac{1}{4} & \frac{1}{5} \end{bmatrix}$

7. **항공편 편성** 어느 항공사는 로스앤젤레스에 30대, 세인트루이스에 12대, 댈러스에 8대의 항공기를 가지고 있다. 8시간을 주기로 하는 한 주기 동안 로스앤젤레스에 있는 항공기 중 20%는 세인트루이스로, 10%는 댈러스로 이동한다. 세인트루이스에 있는 항공기 중 25%는 로스앤젤레스로, 50%는 댈러스로 이동한다. 댈러스에 있는 항공기의 12.5%는 로스앤젤레스로, 50%는 세인트루이스로 이동한다. 8시간 후 각 도시에는 있는 항공기의 대수는 얼마인가?

8. **화학** 화학 실험에서 어느 시험관에 10,000개의 화합물 분자가 들어 있다. 처음에 분자의 20%는 기체상태, 60%는 액체상태, 20%는 고체상태였다. 촉매가 한번 작용하면 기체 상태 분자의 40%는 액체로 변하고, 액체 상태 분자의 30%는 고체로 변하고, 고체 상태 분자의 50%는 액체로 변한다. 촉매를 한번 작용 후 각 상태에 남아있는 분자의 수는 얼마인가?

상태 행렬 구하기 9번과 10번에서 전이확률행렬 P와 초기상태행렬 X_0를 이용하여 상태행렬 X_1, X_2, X_3를 구하시오.

9. $$P = \begin{bmatrix} 0.6 & 0.1 & 0.1 \\ 0.2 & 0.7 & 0.1 \\ 0.2 & 0.2 & 0.8 \end{bmatrix},\ X_0 = \begin{bmatrix} 0.1 \\ 0.1 \\ 0.8 \end{bmatrix}$$

10. $$P = \begin{bmatrix} 0.6 & 0.2 & 0 \\ 0.2 & 0.7 & 0.1 \\ 0.2 & 0.01 & 0.9 \end{bmatrix},\ X_0 = \begin{bmatrix} \frac{1}{3} \\ \frac{1}{3} \\ \frac{1}{3} \end{bmatrix}.$$

11. **상품구매** 어느 생산업체의 시장조사 부서는 한 달 동안 제품을 구매한 사람의 20%는 다음 달에 그 제품을 구매하지 않는다고 판단한다. 반면, 한 달 동안 제품을 구매하지 않은 사람의 30%는 다음 달에 그 제품을 구매할 것이다. 1,000명 중 100명이 이 달에 해당 제품을 구매하였다. (a) 다음 달과 (b) 2개월 후 제품을 구해할 사람의 수는 각각 얼마인가?

12. **바이러스 확산** 어느 의학 연구자가 1000마리의 실험용 쥐를 이용하여 바이러스 확산을 연구하고 있다. 어떤 한 주 동안 감염된 쥐가 완치될 확률은 80%였고, 같은 주 동안 감염되지 않은 쥐가 감염될 확률은 10%였다. 현재 300마리의 쥐가 감염되었다. (a) 다음 주와 (b) 3주 후 감염된 쥐의 수는 각각 얼마인가?

13. **티비 시청** 어느 대학 기숙사에는 200명의 학생이 살고 있다. 어느 날 하루 동안 한 시간 혹은 그 이상 티비를 시청한 학생은 그다음 날 항상 한 시간 미만으로 티비를 시청한다. 하루에 한 시간 미만

으로 티비를 시청한 학생의 $\frac{1}{4}$는 그다음 날 한 시간 혹은 그 이상 티비를 시청한다. 오늘 학생들 중 절반이 한 시간 이상 티비를 시청했다. (a) 내일, (b) 2일 후, (c) 30일 후에 한 시간 이상 티비를 시청하는 학생의 수는 각각 얼마인가?

14. **스포츠 활동** 체육시간에 참석하는 학생들은 매일 수영과 농구 중 하나를 선택할 수 있다. 어느 날 하루 수영을 선택한 학생의 30%는 그다음 날에도 수영을 선택한다. 어느 날 하루 농구를 선택한 학생의 60%는 그다음 날에도 농구를 선택한다. 오늘 100명의 학생이 수영을 선택하고 150명의 학생이 농구를 선택했다. (a) 내일, (b) 2일 후, (c) 4일 후 수영을 선택하는 학생의 수는 각각 얼마인가?

15. **흡연자와 비흡연자** 10,000명 중 5,000명은 비흡연자이고 하루에 한 갑 이하로 흡연을 하는 사람은 2,500명, 하루에 한 갑 초과로 흡연하는 사람은 2,500명이라고 한다. 어느 한 달 동안 비흡연자는 5%의 확률로 하루에 한 갑 이하로 흡연을 시작하고 2%의 확률로 한 갑 초과로 흡연을 시작한다. 하루에 한 갑 이하로 흡연을 하는 사람들에 대해서는 10%의 확률로 금연하고 10%의 확률로 한 갑 초과로 흡연한다. 하루에 한 갑 초과로 흡연을 하는 사람들에 대해서는 5%의 확률로 금연하고 10%의 확률로 한 갑 이하로 흡연량을 줄인다. (a) 한 달 후, (b) 두 달 후, (c) 일 년 후, 각 그룹에 속한 사람 수는 각각 얼마인가?

16. **소비자 선호도** 100,000명의 소비자 중 A브랜드의 사용자는 20,000명, B브랜드의 사용자는 30,000명, 그리고 전혀 다른 브랜드를 사용하는 사용자는 50,000명이다. 어느 한 달 동안 A브랜드를 사용하는 사용자가 B브랜드로 바꿔 사용할 확률이 20%이고, 이 사용자가 두 브랜드를 모두 사용하지 않을 확률은 2%이다. B브랜드를 사용하는 사용자가 A브랜드로 바꿔 사용할 확률은 15%이고 이 사용자가 두 브랜드 모두 사용하지 않은 확률은 10%이다. 두 브랜드를 모두 사용하지 않는 사용자가 A브랜드를 사용할 확률은 10%이고 B브랜드를 사용할 확률은 15%이다. (a) 한 달 후, (b) 두 달 후, (c) 18개월 후, 각 그룹에 속한 사람의 수는 각각 얼마인가?

정칙과 정상상태행렬 17~30번에서 확률행렬 P가 정칙인지 결정하시오. 그리고 행렬 P를 전이확률행렬로 하는 마코프 연쇄의 정상상태행렬 $\overline{X}$를 구하시오.

17. $P=\begin{bmatrix}0.5 & 0.1\\ 0.5 & 0.9\end{bmatrix}$

18. $P=\begin{bmatrix}0 & 0.3\\ 1 & 0.7\end{bmatrix}$

19. $P=\begin{bmatrix}1 & 0.75\\ 0 & 0.25\end{bmatrix}$

20. $P=\begin{bmatrix}0.2 & 0\\ 0.8 & 1\end{bmatrix}$

21. $P=\begin{bmatrix}\frac{1}{2} & \frac{1}{3}\\ \frac{1}{2} & \frac{2}{3}\end{bmatrix}$

22. $P=\begin{bmatrix}\frac{2}{5} & \frac{7}{10}\\ \frac{3}{5} & \frac{3}{10}\end{bmatrix}$

23. $P=\begin{bmatrix}\frac{2}{5} & \frac{3}{10} & \frac{1}{2}\\ \frac{1}{5} & \frac{1}{5} & \frac{1}{10}\\ \frac{2}{5} & \frac{1}{2} & \frac{2}{5}\end{bmatrix}$

24. $P=\begin{bmatrix}\frac{2}{9} & \frac{1}{4} & \frac{1}{3}\\ \frac{1}{3} & \frac{1}{2} & \frac{1}{3}\\ \frac{4}{9} & \frac{1}{4} & \frac{1}{3}\end{bmatrix}$

25. $P=\begin{bmatrix}1 & 0 & 0.15\\ 0 & 1 & 0.10\\ 0 & 0 & 0.75\end{bmatrix}$

26. $P=\begin{bmatrix}\frac{1}{2} & \frac{1}{5} & 1\\ \frac{1}{3} & \frac{1}{5} & 0\\ \frac{1}{6} & \frac{3}{5} & 0\end{bmatrix}$

27. $P=\begin{bmatrix}0.22 & 0.20 & 0.65\\ 0.62 & 0.60 & 0.15\\ 0.16 & 0.20 & 0.20\end{bmatrix}$

28. $P=\begin{bmatrix}0.1 & 0 & 0.3\\ 0.7 & 1 & 0.3\\ 0.2 & 0 & 0.4\end{bmatrix}$

29.
$$P=\begin{bmatrix}\frac{1}{4} & \frac{1}{3} & \frac{1}{2} & 1\\ \frac{1}{4} & \frac{1}{3} & \frac{1}{2} & 0\\ \frac{1}{4} & \frac{1}{3} & 0 & 0\\ \frac{1}{4} & 0 & 0 & 0\end{bmatrix}$$

30.
$$P=\begin{bmatrix}1 & 0 & 0 & 0\\ 0 & 0 & 1 & 0\\ 0 & 1 & 0 & 0\\ 0 & 0 & 0 & 1\end{bmatrix}$$

31. (a) 연습문제 9번의 전이확률행렬 P를 이용하여 정상상태행렬 $\overline{X}$를 구하시오.

(b) 연습문제 10번의 전이확률행렬 P를 이용하여 정상상태행렬 $\overline{X}$를 구하시오.

32. 연습문제 1~6번의 각 확률행렬에 대한 정상상태 행렬을 구하시오.

33. **모금** 어느 비영리 단체에선 회원을 대상으로 기부금을 모금한다. 어느 해이든지 기부를 한 사람의 40%는 다음 해에 기부를 하지 않는다. 반면 기부를 하지 않은 사람의 10%는 다음 해에 기부를 한다. 이 상황의 정상상태 행렬을 구하고 그 의미를 설명하시오.

34. **성적분포** 대학의 어느 수업에서 한 과제에서 "A"를 받은 학생의 70%는 다음 과제에서도 "A"를 받는다. 그와 달리 한 과제에서 "A"를 받지 못한 학생의 10%는 다음 과제에서 "A"를 받는다. 이 상황의 정상상태행렬을 구하고 그 의미를 설명하시오.

35. **주식매매** 850명의 주주가 세 개의 주식 중 하나에 투자한다. 매달 A주식을 가진 사람의 25%가 B주식으로 투자처를 바꾸고 10%는 C주식으로 투자처를 바꾼다. B주식을 가진 사람 중 10%는 A주식으로 투자처를 바꾼다. C주식을 가진 사람 중 15%는 A주식으로 투자처를 바꾸고 5%는 B주식으로 투자처를 바꾼다. 이 상황의 정상상태행렬을 구하고 그 의미를 설명하시오.

36. **소비자 선호도** 매일 밤마다 다른 영화를 상영하는 두 개의 극장이 동일한 관람자를 상대로 경쟁한다. 어느 날 밤 A극장에서 영화를 관람한 사람의 10%는 다음 날 밤에도 A극장에서 영화를 관람하고 5%는 다음 날 밤 B극장에서 관람한다. B극장에서 어느 날 밤 영화를 관람한 사람 중 8%는 다음 날 다시 B극장에서 영화를 관람하고 6%는 다음 날 밤 A극장에서 영화를 관람한다. 어느 날 밤 두 극장 모두에서 영화를 관람하지 않은 사람의 3%는 다음 날 밤에 A극장에서 영화 관람을 하고 4%는 다음 날 밤에 B극장에서 영화 관람을 한다. 이 상황의 정상상태행렬을 구하고 그 의미를 설명하시오.

흡수마코프연쇄 37~40번에서 행렬 P를 전이확률행렬로 가지는 마코프연쇄가 흡수마코프연쇄인지 결정하고 그 이유를 설명하시오.

37.
$$P=\begin{bmatrix}0.8 & 0.3 & 0\\ 0.2 & 0.1 & 0\\ 0 & 0.6 & 1\end{bmatrix}$$

38.
$$P=\begin{bmatrix}1 & 0 & 0\\ 0 & 0.3 & 0.9\\ 0 & 0.7 & 0.1\end{bmatrix}$$

39.
$$P=\begin{bmatrix}\frac{2}{5} & \frac{1}{5} & 0 & 0\\ \frac{1}{5} & \frac{2}{5} & 0 & \frac{1}{2}\\ \frac{2}{5} & \frac{1}{5} & 1 & 0\\ 0 & 0 & 0 & 1\end{bmatrix}$$

40.
$$P=\begin{bmatrix}0.3 & 0.7 & 0.2 & 0\\ 0.2 & 0.1 & 0.1 & 0\\ 0.1 & 0.1 & 0.1 & 0\\ 0.4 & 0.1 & 0.6 & 1\end{bmatrix}$$

정상상태행렬 구하기 41～44번에서 행렬 P를 전이확률 행렬로 가지는 흡수마코프연쇄의 정상상태행렬 $\overline{X}$를 구하시오.

41. $P=\begin{bmatrix} 0.6 & 0 & 0.3 \\ 0.2 & 1 & 0.6 \\ 0.2 & 0 & 0.1 \end{bmatrix}$

42. $P=\begin{bmatrix} 0.1 & 0 & 0 \\ 0.2 & 1 & 0 \\ 0.7 & 0 & 1 \end{bmatrix}$

43. $P=\begin{bmatrix} 1 & 0.2 & 0.1 & 0.3 \\ 0 & 0.3 & 0.6 & 0.3 \\ 0 & 0.1 & 0.2 & 0.2 \\ 0 & 0.4 & 0.1 & 0.2 \end{bmatrix}$

44. $P=\begin{bmatrix} 0.7 & 0 & 0.2 & 0.1 \\ 0.1 & 1 & 0.5 & 0.6 \\ 0 & 0 & 0.2 & 0.2 \\ 0.2 & 0 & 0.1 & 0.1 \end{bmatrix}$

45. **확산모델** 인구 200,000명의 모집단에서 40,00명이 바이러스에 감염되었다. 한 사람이 감염되고 회복된 후 그 사람은 면역이 생긴다. 즉 다시 감염되지 않는다. 감염자의 5%는 매년 사망하고 나머지는 회복된다. 한 번도 감염되지 않는 사람의 25%가 매년 감염된다. 4년 후 얼마나 많은 사람이 감염되겠는가?

46. **체스 토너먼트** 두 사람이 체스 토너먼트 경기에 참가하였다. 두 사람은 각각 두 개의 두 개의 칩으로 경기를 시작한다. 각 경기 후, 진 사람은 이긴 사람에게 칩 한 개를 줘야 한다. 참가자2는 참가자1보다 실력이 더 좋고 참가자2는 각 경기에서 승률이 70%이다. 토너먼트 경기는 한 참가자가 4개의 칩을 모두 얻으면 끝이 난다. 참가자1이 토너먼트 경기에서 우승할 확률은 무엇인가?

47. 관찰을 통해 흡수마코프연쇄의 정상상태행렬 $\overline{X}$을 어떻게 결정할 수 있는지 설명하시오

48. **캡스톤**

(a) 마코프연쇄의 n번째 상태행렬을 구하는 방법을 설명하시오.

(b) 마코프연쇄의 정상상태행렬을 구하는 방법을 설명하시오.

(c) 정칙마코프연쇄란 무엇인가?

(d) 흡수마코프연쇄란 무엇인가?

(e) 흡수마코프연쇄와 정칙마코프연쇄는 어떻게 다른가?

49. 어느 마코프연쇄는 예제 7의 (b)에서의 행렬 P를 전이확률행렬로 갖는다고 하자. 주어진 초기상태행렬 X_0에 대해 정상상태행렬 $\overline{X}$를 구하여 정상상태행렬 $\overline{X}$가 초기상태행렬 X_0에따라 결정됨을 보이시오.

(a) $X_0=\begin{bmatrix} 0.25 \\ 0.25 \\ 0.25 \\ 0.25 \end{bmatrix}$ (b) $X_0=\begin{bmatrix} 0.25 \\ 0.25 \\ 0.40 \\ 0.10 \end{bmatrix}$

50. **반사경계를 갖는 마코프연쇄** 다음 그림은 반사경계를 갖는 마코프연쇄의 한 예를 보여준다.

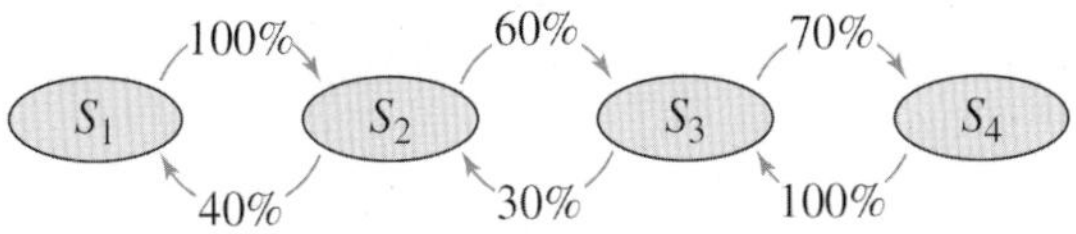

(a) 이런 종류의 마코프연쇄를 반사경계(reflecting boundaries)를 갖는다고 하는 것이 왜 적절한지 이유를 설명하시오.

(b) 그림을 이용하여 마코프연쇄의 전이확률행렬 P를 구하시오.

(c) P^{30}과 P^{31}를 구하시오. 이와 다른 몇몇 개의 짝수 거듭제곱 P^{2n}과 홀수 거듭제곱 P^{2n+1}도 구하시오. 여기서 보여지는 특징이 무엇인가?

(d) 마코프연쇄의 정상상태행렬 $\overline{X}$를 구하시오. P^{2n}과 P^{2n+1}의 열의 성분은 $\overline{X}$의 성분과 어떤 관계가 있는가?

비흡수마코프행렬 51번과 52번에서 행렬 P는 예제 6의 (b)에서의 행렬이라 하자.

51. 주어진 P에 대응하는 마코프연쇄의 정상상태행렬 $\overline{X}$를 구할 수 있는가? 만일 구할 수 있다면 정상상태행렬을 구하고, 그렇지 않으면 그 이유를 설명하시오.

52. 행렬 P의 두 번째 열을 $[0.6 \quad 0.4 \quad 0 \quad 0]^T$로 바꾸어 더 이상 흡수적이지 않은 새로운 행렬 P'을 만들자. 다음에 주어진 각 행렬 X가 행렬 P'에 대응하는 마코프연쇄의 정상상태행렬이 될 수 있는지 판단하고 그 이유를 설명하시오.

(a) $X=\begin{bmatrix} \frac{6}{11} \\ \frac{5}{11} \\ 0 \\ 0 \end{bmatrix}$ (b) $X=\begin{bmatrix} 0 \\ 0 \\ \frac{5}{11} \\ \frac{6}{11} \end{bmatrix}$

53. **증명** 두 개의 2×2 확률행렬의 곱이 다시 확률행렬임을 증명하시오.

54. **증명** 행렬 P는 2×2 확률행렬이다. $PX=X$가 성립하고 성분이 모두 음이 아닌 2×1 상태행렬 X가 존재함을 증명하시오.

55. 예제 5에서 정칙확률행렬 P에 대하여 연속해서 거듭제곱되어 있는 수열 P, P^2, P^3, ...은 안정행렬 $\overline{P}$로 수렴함을 보이시오. 여기서 $\overline{P}$의 각 열의 성분은 정상상태행렬 $\overline{X}$의 대응하는 성분과 같다. 몇몇의 다른 정칙확률행렬 P와 대응하는 정상상태행렬 $\overline{X}$를 이용해서 위의 과정을 반복하여 구해 보시오.

56. **증명** 행렬 P가 정칙 확률행렬일 때 대응하는 정칙 마코프연쇄 PX_0, P^2X_0, P^3X_0, ...가 유일한 정상상태행렬 $\overline{X}$로 수렴함을 증명하시오.

2.6 행렬 연산의 더 많은 응용

- 행렬곱셈을 이용하여 메시지를 암호화하고 복호화하기
- 행렬대수를 이용하여 경제 관련 연립방정식 분석하기(레온티에프 입력-출력모델)
- 데이터집합의 최소제곱 회귀선 구하기

암호

암호문(cryptogram)은 비밀문자로 적힌 메시지이다. (그리스어로 kryptos는 “숨겨진”이란 뜻이다.) 행렬곱셈을 이용해서 메시지를 암호화하고 복호화하는 하나의 방법은 다음과 같다.

우선 숫자를 알파벳의 각 문자에 다음과 같이 대응시키자. (빈칸은 0에 대응시키자)

0 = ___	9 = I	18 = R
1 = A	10 = J	19 = S
2 = B	11 = K	20 = T
3 = C	12 = L	21 = U
4 = D	13 = M	22 = V
5 = E	14 = N	23 = W
6 = F	15 = O	24 = X
7 = G	16 = P	25 = Y
8 = H	17 = Q	26 = Z

그런 후 메시지를 수로 변환하고 예제 1에서처럼 각각이 n개의 성분으로 이루어진 **암호화되지 않은 행 행렬**(uncoded row matrix)로 분할하자.

예제 1 암호화되지 않은 행 행렬 만들기

메시지 MEET ME MONDAY를 크기가 1×3인 암호화되지 않은 행 행렬로 변환하시오.

풀이

공백은 포함하지만 마침표는 무시하고 메시지를 세 개씩 그룹을 만들어 분할하여 다음과 같이 암호화되지 않은 행 행렬을 만든다.

$$\begin{matrix}[13 & 5 & 5] & [20 & 0 & 13] & [5 & 0 & 13] & [15 & 14 & 4] & [1 & 25 & 0] \\ M & E & E & T & \_ & M & E & \_ & M & O & N & D & A & Y & \_\end{matrix}$$

공백은 마지막의 암호화되지 않은 행 행렬의 자리를 채우기 위해 사용했다. ■

선형대수의 응용

온라인으로 비즈니스를 수행하는 경우 정보보호는 매우 중요하다. 만일 악의를 가진 참여자가 비밀번호, 개인식별번호, 신용카드번호, 사회보장번호, 은행계좌 상세정보 또는 민감한 기업정보와 같은 기밀정보를 얻으려 한다면 피해가 발생할 수 있다. 이러한 정보의 기밀성과 무결성을 보호하기 위해 인터넷 보안은 데이터 암호화의 사용을 포함할 수 있다. 데이터 암호화는 "전수공격(exhaustion attack)"을 제외하고는 키를 사용하는 것이 암호화된 정보를 복호화하는 유일한 방법이 되도록 정보를 암호화하는 과정이다. 데이터 암호화 기술은 여기서 제시한 내용을 기반한 알고리즘을 사용하지만, 훨씬 정교한 수준에서 악의적인 참여자가 키를 발견하지 못하도록 한다.

메시지를 암호화하기 위해 역행렬을 갖는 $n \times n$ 행렬 A를 선택하고 행렬 A를 암호화되지 않은 행행렬의 오른쪽에 곱해서 암호화된 행행렬을 얻는다. 예제 2는 이러한 과정을 보여준다.

예제 2 메시지 암호화

역행렬을 갖는 행렬 $A = \begin{bmatrix} 1 & -2 & 2 \\ -1 & 1 & 3 \\ 1 & -1 & -4 \end{bmatrix}$를 이용하여 메시지 MEET ME MONDAY를 암호화하시오.

풀이

예제 1에서 구한 암호화되지 않은 행행렬 각각을 행렬 A에 곱해서 암호화된 행행렬을 다음과 같이 구하자.

암호화되지 않은 행행렬	암호화 행렬 A	암호화된 행행렬

$$[13 \quad 5 \quad 5]\begin{bmatrix} 1 & -2 & 2 \\ -1 & 1 & 3 \\ 1 & -1 & -4 \end{bmatrix} = [13 \quad -26 \quad 21]$$

$$[20 \quad 0 \quad 13]\begin{bmatrix} 1 & -2 & 2 \\ -1 & 1 & 3 \\ 1 & -1 & -4 \end{bmatrix} = [33 \quad -53 \quad -12]$$

$$[5 \quad 0 \quad 13]\begin{bmatrix} 1 & -2 & 2 \\ -1 & 1 & 3 \\ 1 & -1 & -4 \end{bmatrix} = [18 \quad -23 \quad -42]$$

$$[15 \quad 14 \quad 4]\begin{bmatrix} 1 & -2 & 2 \\ -1 & 1 & 3 \\ 1 & -1 & -4 \end{bmatrix} = [5 \quad -20 \quad 56]$$

$$[1 \quad 25 \quad 0]\begin{bmatrix} 1 & -2 & 2 \\ -1 & 1 & 3 \\ 1 & -1 & -4 \end{bmatrix} = [-14 \quad 23 \quad 77]$$

암호화된 행행렬의 나열은

$$[13 \quad -26 \quad 21]\,[33 \quad -53 \quad -12]\,[18 \quad -23 \quad -42]\,[5 \quad -20 \quad 56]\,[-14 \quad 23 \quad 77]$$

이다. 결국 행렬기호를 제거하면 다음과 같은 암호문을 만들 수 있다.

$$13 \ -26 \ 21 \ 33 \ -53 \ -12 \ 18 \ -23 \ -42 \ 5 \ -20 \ 56 \ -24 \ 23 \ 77$$

■

암호화 행렬 A를 모르는 사람은 예제 2에서 만든 암호문을 복호화하는 것이 어렵다. 하지만 암호화 행렬 A를 알고 있는 허가된 수신자는 암호문을 복호화하는 것은 비교적 간단하다. 수신자는 암호화된 행행렬에 행렬 A^{-1}를 곱하기만 하면 암호화되지 않은 행행렬을 다시 찾을 수 있다. 다시 말해서, $X=[x_1 \quad x_2 \quad \cdots \quad x_n]$이 암호화되지 않은 $1\times n$행렬이라면 $Y=XA$가 대응하는 암호화된 행렬이다. 암호화된 행렬을 받은 수신자는 행렬 A^{-1}를 Y의 오른쪽에 곱해서

$$YA^{-1}=(XA)A^{-1}=X$$

를 얻을 수 있다. 예제 3은 이러한 과정을 보여준다.

예제 3 메시지 복호화

행렬 $A=\begin{bmatrix} 1 & -2 & 2 \\ -1 & 1 & 3 \\ 1 & -1 & -4 \end{bmatrix}$의 역행렬을 이용하여 암호문

$$13 \ -26 \ 21 \ 33 \ -53 \ -12 \ 18 \ -23 \ -42 \ 5 \ -20 \ 56 \ -24 \ 23 \ 77$$

를 복호화하시오.

풀이

가우스-조던 소거법을 이용하여 A^{-1}를 찾자.

$$\underset{[A \quad I]}{\begin{bmatrix} 1 & -2 & 2 & 1 & 0 & 0 \\ -1 & 1 & 3 & 0 & 1 & 0 \\ 1 & -1 & -4 & 0 & 0 & 1 \end{bmatrix}} \rightarrow \underset{[I \quad A^{-1}]}{\begin{bmatrix} 1 & 0 & 0 & -1 & -10 & -8 \\ 0 & 1 & 0 & -1 & -6 & -5 \\ 0 & 0 & 1 & 0 & -1 & -1 \end{bmatrix}}$$

이제 메시지를 복호화하기 이해 메시지를 3글자씩 분할하여 다음과 같이 암호화된 행행렬을 만들자.

$$[13 \quad -26 \quad 21]\,[33 \quad -53 \quad -12]\,[18 \quad -23 \quad -42]\,[5 \quad -20 \quad 56]\,[-14 \quad 23 \quad 77]$$

복호화된 메시지를 얻기 위해 각 암호화된 행행렬의 오른쪽에 행렬 A^{-1}를 곱하자.

암호화된 행행렬	복호화 행렬 A^{-1}	복호화된 행행렬

$$[13 \quad 5 \quad 5]\begin{bmatrix}-1 & -10 & -8\\ -1 & -6 & -5\\ 0 & -1 & -1\end{bmatrix}=[13 \quad 5 \quad 5]$$

$$[20 \quad 0 \quad 13]\begin{bmatrix}-1 & -10 & -8\\ -1 & -6 & -5\\ 0 & -1 & -1\end{bmatrix}=[20 \quad 0 \quad 13]$$

$$[5 \quad 0 \quad 13]\begin{bmatrix}-1 & -10 & -8\\ -1 & -6 & -5\\ 0 & -1 & -1\end{bmatrix}=[5 \quad 0 \quad 13]$$

$$[15 \quad 14 \quad 4]\begin{bmatrix}-1 & -10 & -8\\ -1 & -6 & -5\\ 0 & -1 & -1\end{bmatrix}=[15 \quad 14 \quad 4]$$

$$[1 \quad 25 \quad 0]\begin{bmatrix}-1 & -10 & -8\\ -1 & -6 & -5\\ 0 & -1 & -1\end{bmatrix}=[1 \quad 25 \quad 0]$$

복호화된 행행렬의 나열은

$$[13 \quad 5 \quad 5]\,[20 \quad 0 \quad 13]\,[5 \quad 0 \quad 13]\,[15 \quad 14 \quad 4]\,[1 \quad 25 \quad 0]$$

이고 메시지는

13	5	5	20	0	13	5	0	13	15	14	4	1	25	0.
M	*E*	*E*	*T*	_	*M*	*E*	_	*M*	*O*	*N*	*D*	*A*	*Y*	_

이다. ■

◉ 레온티예프 투입-산출 모델

1936년 미국 경제학자 웨슬리 W. 레온티예프(Wassily W. Leotieft, 1906~1999)는 경제 시스템의 투입과 산출에 관련된 모델을 발표하였다. 1973년 레온티예프는 경제학 분야에서의 그의 이러한 업적으로 노벨상을 수상하였다. 레온티예프의 모델에 대한 간략한 소개는 다음과 같다.

각각 **투입**(input) 수요(원자재, 시설 등)와 **산출**(output) (완성된 생산품)을 가진 n개의 서로 다른 산업 I_1, I_2, ..., I_n이 있는 경제 시스템을 생각해보자. 한 단위의 산출물을 생산할 때 자신을 포함한 다른 산업의 산출물을 사용할 수도 있다. 예를 들어 전기시설은 석탄, 물과 같은 다른 산업의 산출물을 사용하고 자신이 만든 전기도 사용한다.

d_{ij}는 j번째 산업이 연간 1단위 산출물을 생산하기 위해 필요한 i번째 산업의 산출물의 양이라 하자. 이러한 계수의 행렬을 **투입-산출 행렬**(input-output matrix)이라고 한다.

$$
\begin{array}{c}
\text{사용자 (산출)} \\
\overbrace{I_1 \quad I_2 \quad \cdots \quad I_n}
\end{array}
$$

$$
D=\begin{bmatrix} d_{11} & d_{12} & \cdots & d_{1n} \\ d_{21} & d_{22} & \cdots & d_{2n} \\ \vdots & \vdots & & \vdots \\ d_{n1} & d_{n2} & \cdots & d_{nn} \end{bmatrix} \begin{matrix} I_1 \\ I_2 \\ \vdots \\ I_n \end{matrix} \left.\vphantom{\begin{matrix} I_1 \\ I_2 \\ \vdots \\ I_n \end{matrix}}\right\} \text{공급자(투입)}
$$

이 행렬의 사용방법을 이해하기 위해 $d_{12}=0.4$라고 생각해보자. 이는 산업 2가 산출물 1단위를 만들기 위해 산업 1의 산출물 0.4단위를 사용해야 함을 의미한다. $d_{33}=0.2$라고 하면 산업 3은 1단위의 산출물을 만들기 위해 0.2단위의 자기가 만든 산출물이 필요하다. 이러한 모델이 작동하려면 d_{ij}의 값은 $0 \le d_{ij} \le 1$을 만족해야 하고 각 열의 성분의 합은 1 이하여야 한다.

예제 4 투입-산출 행렬 만들기

전기, 물, 석탄을 생산하는 세 개의 산업으로 구성된 간단한 경제시스템을 생각하자. 전기 1단위를 생산하려면 0.5단위의 전기, 0.25단위의 물, 0.25단위의 석탄이 필요하다. 물 1단위를 생산하려면 0.1단위의 전기, 0.6단위의 물, 0단위의 석탄이 필요하다. 석탄 1단위를 생산하려면 0.2단위의 전기, 0.15단위의 물, 0.5단위의 석탄이 필요하다. 이 시스템의 투입-산출 행렬을 구하시오.

풀이

열의 성분은 1단위 산출물을 생산하기 위해 각 산업이 다른 산업과 자기 자신에게 요구하는 산출물의 양을 나타낸다.

$$
\begin{array}{c}
\text{사용자 (산출)} \\
\overbrace{E \quad W \quad C}
\end{array}
$$

$$
D=\begin{bmatrix} 0.5 & 0.1 & 0.2 \\ 0.25 & 0.6 & 0.15 \\ 0.25 & 0 & 0.5 \end{bmatrix} \begin{matrix} E \\ W \\ C \end{matrix} \left.\vphantom{\begin{matrix} E \\ W \\ C \end{matrix}}\right\} \text{공급자(투입)}
$$

행의 성분은 1단위의 산출물을 생산하기 위해 각 산업이 다른 산업과 자기 자신에게 공급하는 양을 나타낸다. 예를 들어 전기 산업은 0.5단위를 자신에게 공급하고, 0.1단위를 물을 생산하는 산업에 공급하고, 0.2단위를 석탄 산업에 공급한다. ■

레온티예프 투입-산출 모델을 좀 더 발전시키기 위해 i번째 산업의 총 산출물의 양을 x_i라고 하자. 만일 경제시스템이 폐쇄적이라면, 즉 위의 예제처럼 경제시스템 내의 산업에만 산출물을 판매된다면, i번째 산업의 총 산출물의 양은

$$x_i = d_{i1}x_1 + d_{i2}x_2 + \cdots + d_{in}x_n \qquad \text{폐쇄 시스템}$$

이다.

반면, 시스템 내의 산업이 시스템 밖의 정부부처 또는 자선단체와 같은 비생산그룹에도 산출물을 판매를 하면 시스템은 개방적이라고 하고, 이때 i번째 산업의 총 산출물의 양은

$$x_1 = d_{i1}x_1 + d_{i2}x_2 + \cdots + d_{in}x_n + e_i \qquad \text{개방 시스템}$$

이다. 여기서 e_i는 i번째 산업의 산출물에 대한 외부에서의 수요량이다. n개의 일차방정식으로 이루어진 다음의 연립방정식은 개방 시스템에서의 총 산출물 양을 나타낸다.

$$\begin{aligned}
x_1 &= d_{11}x_1 + d_{12}x_2 + \cdots + d_{1n}x_n + e_1 \\
x_2 &= d_{21}x_1 + d_{22}x_2 + \cdots + d_{2n}x_n + e_2 \\
&\vdots \\
x_n &= d_{n1}x_1 + d_{n2}x_2 + \cdots + d_{nn}x_n + e_n
\end{aligned}$$

이 시스템의 행렬형은 $X = DX + E$이고 여기서 X를 **산출 행렬**(output matrix)이라 하고 E를 **외부수요행렬**(external demand matrix)이라 한다.

예제 5 개방 시스템의 산출 행렬 구하기

이러한 유형의 인터렉티브한 버전은 LarsonLinearAlgebra.com을 참고하시오.

세 개의 산업으로 구성된 어느 경제시스템은 다음과 같은 투입-산출 행렬을 갖고 있다.

$$\begin{array}{c}
\text{사용자 (산출)} \\
\overbrace{\begin{array}{ccc} \text{A} & \text{B} & \text{C} \end{array}}
\end{array}$$

$$D = \begin{bmatrix} 0.1 & 0.43 & 0 \\ 0.15 & 0 & 0.37 \\ 0.23 & 0.03 & 0.02 \end{bmatrix} \begin{matrix} \text{A} \\ \text{B} \\ \text{C} \end{matrix} \left.\vphantom{\begin{matrix}1\\1\\1\end{matrix}}\right\} \text{공급자(투입)}$$

외부수요행렬 E가 다음과 같을 때 산출 행렬 X를 구하시오.

$$E = \begin{bmatrix} 20{,}000 \\ 30{,}000 \\ 25{,}000 \end{bmatrix} \begin{matrix} \text{A} \\ \text{B} \\ \text{C} \end{matrix}$$

풀이

I가 항등행렬일 때 행렬방정식 $X=DX+E$는 $IX-D=E$이고 $(I-D)X=E$이다. 행렬 D를 이용하여

$$I-D=\begin{bmatrix} 0.9 & -0.43 & 0 \\ -0.15 & 1 & -0.37 \\ -0.23 & -0.03 & 0.98 \end{bmatrix}$$

을 얻는다. 가우스-조던 소거법을 이용하면

$$(I-D)^{-1}\approx\begin{bmatrix} 1.25 & 0.55 & 0.21 \\ 0.30 & 1.14 & 0.43 \\ 0.30 & 0.16 & 1.08 \end{bmatrix}$$

을 얻는다. 따라서 산출 행렬은

$$X=(I-D)^{-1}E\approx\begin{bmatrix} 1.25 & 0.55 & 0.21 \\ 0.30 & 1.14 & 0.43 \\ 0.30 & 0.16 & 1.08 \end{bmatrix}\begin{bmatrix} 20{,}000 \\ 30{,}000 \\ 25{,}000 \end{bmatrix}=\begin{bmatrix} 46{,}750 \\ 50{,}950 \\ 37{,}800 \end{bmatrix}\begin{matrix} \text{A} \\ \text{B} \\ \text{C} \end{matrix}$$

이다. 주어진 외부수요를 생산하기 위해 세 개의 산업의 총 산출물의 양은 대략 산업 A의 산출물 46,750단위, 산업 B의 산출물 50,950단위, 산업 C의 산출물 37,800단위이다. ■

참고

예제 4와 5에서 설명한 경제시스템은 물론 간단한 시스템이다. 실제 세상에서의 경제시스템은 많은 산업이나 산업그룹을 포함하고 있다. 레온티예프 투입-산출 모델을 이용한 상세한 분석은 100×100 크기 이상의 투입-산출 행렬이 필요할 수도 있다. 확실히 이런 유형의 분석은 컴퓨터의 도움이 필요하다.

최소제곱 회귀분석

이제 선형 모델을 만들기 위해 통계에서 사용하는 과정을 살펴보려 한다. 다음 예제는 데이터 점의 집합의 최적선을 근사화하는 시각적인 방법을 보여준다.

예제 6 시각적 직선 근사

점 $(1,1)$, $(2,2)$, $(3,4)$, $(4,4)$, $(5,6)$에 가장 적합한 직선을 결정하시오.

풀이

그림 2.5와 같이 주어진 점을 좌표평면에 나타내자. 기울기가 1이고 y절편이 0.5인 직선이 최적의 선택와 같이 보인다. 이 직선의 방정식은

$$y=0.5+x$$

이다. ■

로 나타낼 수 있다.

행렬 X는 1로 이루어진 열(a_0와 대응)과 x_i로 이루어진 열을 가지고 있다는 사실에 주목하자. 이 행렬방정식을 이용해서 다음과 같이 최소제곱 회귀선의 계수를 결정한다.

> 선형 회귀의 행렬형
>
> 회귀모델 $Y = XA + E$에 대하여 최소제곱 회귀선의 계수는 행렬방정식
>
> $$A = (X^T X)^{-1} X^T Y$$
>
> 의 형태로 주어지고 오차제곱합은 $E^T E$이다.

참고

이 과정에 대해서는 5.4절에서 자세히 다룰 것이다.

예제 7은 예제 6에서의 점 집합에 대한 최소제곱 회귀선을 구하는 과정을 보여준다.

예제 7 최소제곱 회귀선 구하기

점 $(1,1)$, $(2,2)$, $(3,4)$, $(4,4)$, $(5,6)$에 대한 최소제곱 회귀선을 구하시오.

풀이

행렬 X와 Y는 $X = \begin{bmatrix} 1 & 1 \\ 1 & 2 \\ 1 & 3 \\ 1 & 4 \\ 1 & 5 \end{bmatrix}$와 $Y = \begin{bmatrix} 1 \\ 2 \\ 4 \\ 4 \\ 6 \end{bmatrix}$이다.

그러면

$$X^T X = \begin{bmatrix} 1 & 1 & 1 & 1 & 1 \\ 1 & 2 & 3 & 4 & 5 \end{bmatrix} \begin{bmatrix} 1 & 1 \\ 1 & 2 \\ 1 & 3 \\ 1 & 4 \\ 1 & 5 \end{bmatrix} = \begin{bmatrix} 5 & 15 \\ 15 & 55 \end{bmatrix}$$

이고

$$C = \begin{bmatrix} 627 & 681 \\ 135 & 150 \end{bmatrix} \begin{matrix} \text{책상} \\ \text{의자} \end{matrix}$$

(열: 지점1, 지점2)

(a) 인건비는 비용의 $\frac{2}{3}$를 차지한다. 각 지점에서의 인건비를 나타내는 행렬 L을 구하시오.

(b) 각 지점에서의 재료비를 나타내는 행렬 M을 구하시오. (비용은 인건비와 재료비만 있다고 가정한다.)

50. **제조** 어느 회사는 네 곳의 공장을 가지고 있는데 각 공자에서는 스포츠 유틸리티 차량과 픽업트럭을 생산한다. 행렬 $A = \begin{bmatrix} 100 & 90 & 70 & 30 \\ 40 & 20 & 60 & 60 \end{bmatrix}$에서 a_{ij}는 공장 j에서 하루에 생산되는 형태 i의 차량의 수를 나타낸다. 생산이 10% 증가했을 때 생산량을 구하시오.

51. **휘발유 판매** 행렬 A는 주말동안 어느 주유소에서 판매된 옥탄가 87 휘발유, 옥탄가 89 휘발유, 옥탄가 93 휘발유의 리터 수를 나타낸다.

옥탄가

$$A = \begin{bmatrix} 2200 & 3180 & 1210 \\ 2120 & 1590 & 610 \\ 3250 & 3860 & 2040 \end{bmatrix} \begin{matrix} \text{금요일} \\ \text{토요일} \\ \text{일요일} \end{matrix}$$

(열: 87, 89, 93)

행렬 B는 세 등급 휘발유의 판매 가격(리터랑 달러)과 이익(리터당 달러)을 나타낸다.

$$B = \begin{bmatrix} b_{11} & 0.01 \\ b_{21} & 0.02 \\ b_{31} & 0.03 \end{bmatrix} \begin{matrix} 87 \\ 89 \\ 93 \end{matrix} \Big\} \text{옥탄가}$$

(열: 판매가격, 이익)

(a) AB를 구하고 결과의 의미를 설명하시오.

(b) 주말동안의 휘발유 판매를 보고 주유소의 이익을 구하시오.

52. **최종 성적** 교양대학의 어느 수업은 두 번의 중간고사와 한 번의 기말고사로 최종 성적이 결정된다. 다음 행렬은 6명의 학생들의 성적과 두 가지 평가방법을 나타낸다.

$$A = \begin{bmatrix} 78 & 82 & 80 \\ 84 & 88 & 85 \\ 92 & 93 & 90 \\ 88 & 86 & 90 \\ 74 & 78 & 80 \\ 97 & 95 & 98 \end{bmatrix} \begin{matrix} \text{학생1} \\ \text{학생2} \\ \text{학생3} \\ \text{학생4} \\ \text{학생5} \\ \text{학생6} \end{matrix}$$

(열: 중간고사 1, 중간고사 2, 기말고사)

$$B = \begin{bmatrix} 0.25 & 0.20 \\ 0.25 & 0.20 \\ 0.50 & 0.60 \end{bmatrix} \begin{matrix} \text{중간고사1} \\ \text{중간고사2} \\ \text{기말고사} \end{matrix}$$

(열: 평가방법1, 평가방법2)

(a) 행렬 B의 평가방법을 설명하시오.

(b) 두 가지 평가방법에 따라 6명 학생의 시험점수의 합을 가장 가까운 정수로 구하시오.

(c) 총합 90점 이상일 때 "A"를 부여할 때 얼마나 많은 학생들이 "A"를 받겠는가?

다항함수 53번과 54번에서는 다음 정의를 이용하여 $f(A)$를 구하시오.

$f(x) = a_0 + a_1x + a_2x^2 + \cdots + a_nx^n$이 다항함수일 때, 정사각행렬 A에 대하여
$f(A) = a_oI + a_1A + a_2A^2 + \cdots + a_nA^n$이다.

53. $f(x) = 6 - 7x + x^2,\ A = \begin{bmatrix} 5 & 4 \\ 1 & 2 \end{bmatrix}$

54. $f(x) = 2 - 3x + x^3,\ A = \begin{bmatrix} 2 & 1 \\ -1 & 0 \end{bmatrix}$

확률 행렬 55~58번에서는 행렬이 확률적인지 결정하시오.

55. $\begin{bmatrix} \frac{12}{25} & \frac{2}{25} \\ \frac{13}{25} & \frac{23}{25} \end{bmatrix}$

56. $\begin{bmatrix} 0.3 & 0.7 \\ 0 & 1 \end{bmatrix}$

57. $\begin{bmatrix} 1 & 0 & 0 \\ 0 & 0.5 & 01 \\ 0 & 0.1 & 0.5 \end{bmatrix}$

58. $\begin{bmatrix} 0.3 & 0.4 & 0.1 \\ 0.2 & 0.4 & 0.5 \\ 0.5 & 0.2 & 0.4 \end{bmatrix}$

상태 행렬 구하기 59~62번에서는 전이확률행렬 P와 초기상태행렬 X_0를 이용하여 상태행렬 X_1, X_2 ,X_3를 구하시오.

59. $P=\begin{bmatrix} \frac{1}{2} & \frac{1}{4} \\ \frac{1}{2} & \frac{3}{4} \end{bmatrix}$, $X_0=\begin{bmatrix} \frac{2}{3} \\ \frac{1}{3} \end{bmatrix}$

60. $P=\begin{bmatrix} 0.23 & 0.45 \\ 0.77 & 0.55 \end{bmatrix}$, $X_0=\begin{bmatrix} 0.65 \\ 0.35 \end{bmatrix}$

61. $P=\begin{bmatrix} 0.50 & 0.25 & 0 \\ 0.25 & 0.70 & 0.15 \\ 0.25 & 0.05 & 0.85 \end{bmatrix}$, $X_0=\begin{bmatrix} 0.5 \\ 0.5 \\ 0 \end{bmatrix}$

62. $P=\begin{bmatrix} \frac{1}{3} & \frac{1}{3} & \frac{2}{3} \\ \frac{1}{3} & 0 & \frac{1}{3} \\ \frac{1}{3} & \frac{2}{3} & 0 \end{bmatrix}$, $X_0=\begin{bmatrix} \frac{2}{9} \\ \frac{4}{9} \\ \frac{1}{3} \end{bmatrix}$

63. **카리브해 유람선** 300명의 사람이 카리브해 유람선을 타고 있다. 유람선이 어느 항구에 정박했을 때 승객들은 해변을 방문하던가 방문하지 않던가 선택할 수 있다. 어느 하루 해변을 방문한 사람의 70%는 다음 날 해변을 가지 않는다. 어느 하루 해변을 가지 않은 사람의 60%는 다음날 해변을 방문한다. 오늘 200명의 사람이 해변을 방문했다. (a) 내일과 (b) 모레 해변을 방문하는 사람의 수는 각각 얼마인가?

64. **이주민 수** 어느 지방은 세 곳의 지역으로 되어 있다. 매년 지역 1의 거주민의 10%는 지역 2로 이주하고 5%는 지역 3으로 이주한다. 지역 2의 거주민의 15%는 지역 1로 이주하고 5%는 지역 3으로 이주한다. 지역 3의 거주민의 10%는 지역 1로 이주하고 10%는 지역 2로 이주한다. 올해 각 지역의 인구는 100,000명이다. (a) 1년 후, (b) 3년 후의 각 지역의 인구를 구하시오.

정칙 정상상태행렬 65~68번에서는 확률행렬 P가 정칙인지 판별하시오. 그리고 전이확률행렬 P를 가진 마코프 연쇄의 정상상태행렬 $\overline{X}$를 구하시오.

65. $P=\begin{bmatrix} 0.8 & 0.5 \\ 0.2 & 0.5 \end{bmatrix}$

66. $P=\begin{bmatrix} 1 & \frac{4}{7} \\ 0 & \frac{3}{7} \end{bmatrix}$

67. $P=\begin{bmatrix} \frac{1}{3} & \frac{1}{6} & 0 \\ \frac{1}{6} & 0 & 0 \\ \frac{1}{2} & \frac{5}{6} & 1 \end{bmatrix}$

68. $P=\begin{bmatrix} 0 & 0 & 0.2 \\ 0.5 & 0.9 & 0 \\ 0.5 & 0.1 & 0.8 \end{bmatrix}$

69. **판매촉진** 판매촉진을 위해 매장에서는 매주 추첨 행사를 진행한다. 어느 한 주 동안이나 하나 이상의 경품권을 제출한 고객의 40%는 그 다음 주에도 경품권 제출하는 것을 마다하지 않는다. 하지만 그 반면에 경품권을 제출하지 않은 고객의 30%는 그 다음 주에 경품권을 하나 이상 제출한다. 이 상황의 정상상태행렬을 구하고 그 의미를 설명하시오.

70. **기밀문서** 어느 법정에는 2,000개의 문서가 있고 그 중 1,250개는 비밀문서로 분류된 문서이다. 매주 비밀로 분류된 문서의 10%는 비밀이 해제되며 20%는 영구 삭제된다. 또한 비밀로 분류되지 않은 문서의 20%는 비밀로 분류되며 5%는 영구 삭제된다. 이 상황의 정상상태행렬을 구하고 그 의미를 설명하시오.

흡수마코프연쇄 71번과 72번에서는 전이확률행렬 P를 가진 마코프연쇄가 흡수인지 판별하고 그 이유를 설명하시오.

71. $P = \begin{bmatrix} 0 & 0.4 & 0.1 \\ 0.7 & 0.3 & 0.4 \\ 0.3 & 0.3 & 0.5 \end{bmatrix}$

72. $P = \begin{bmatrix} 1 & 0 & 0.38 \\ 0 & 0.30 & 0 \\ 0 & 0.70 & 0.62 \end{bmatrix}$

참 또는 거짓 73~76번에서는 각 명제가 참 또는 거짓인지 판별하시오. 만약 명제가 참이라면 그 이유를 제시하거나 본문에서 적절한 명제를 찾아 제시하시오. 만약 명제가 거짓이라면 명제가 참이 아니라는 예를 제시하거나 본문에서 적절한 명제를 찾아 제시하시오.

73. (a) 행렬 덧셈은 교환법칙이 성립하지 않는다.

(b) 행렬합의 전치행렬은 그 행렬의 전치행렬의 합과 같다.

74. (a) $n \times n$행렬 A가 대칭적이지 않으면 A^TA도 대칭적이 아니다.

(b) 행렬 A와 B가 역행렬을 갖는 행렬이면 $A+B$도 역행렬을 갖는 행렬이다.

75. (a) 확률행렬은 음수인 성분을 가지고 있다.

(b) 정칙이 아닌 마코프연쇄는 유일한 정상상태행렬을 가질 수 있다.

76. (a) 정칙확률행렬은 0인 성분을 가질 수 있다.

(b) 흡수 마코프연쇄의 정상상태행렬은 항상 초기 상태행렬에 따라 달라진다.

메시지 암호화 77번과 78번에서는 메시지의 암호화되지 않은 행행렬을 구하시오. 그리고 행렬 A를 이용해서 메시지를 암호화하시오.

77. 메시지: ONE IF BY LAND

행행렬 크기: 1×2

암호화행렬: $A = \begin{bmatrix} 5 & 2 \\ 2 & 1 \end{bmatrix}$

78. 메시지: BEAM ME UP SCOTTY

행행렬 크기: 1×3

암호화행렬: $A = \begin{bmatrix} 2 & 1 & 4 \\ 3 & 1 & 3 \\ -2 & -1 & -3 \end{bmatrix}$

메시지 복호화 79~82번에서는 A^{-1}를 이용하여 암호문을 해독하시오.

79. $A = \begin{bmatrix} 3 & -2 \\ -4 & 3 \end{bmatrix}$

−45 34 36 −24 −43 37 −23 22 −37 29 57 −38 −39 31

80. $A = \begin{bmatrix} 1 & 4 \\ -1 & -3 \end{bmatrix}$

11 52 −8 −9 −13 −39 5 20 12 56 5 20 −2 7 9 41 25 100

81. $A = \begin{bmatrix} 1 & -2 & 2 \\ -1 & 1 & 3 \\ 1 & -1 & -4 \end{bmatrix}$

−2 2 5 39 −53 −72 −6 −9 93 4 −12 27 31 −49 −16 19 −24 −46 −8 −7 99

82. $A = \begin{bmatrix} 2 & 0 & 1 \\ 2 & -1 & 0 \\ 1 & 2 & -4 \end{bmatrix}$

66 27 −31 37 5 −9 61 46 −73 46 −14 9 94 21 −49 32 −4 12 66 31 −53 47 33 −67 32 19 −56 43 −9 −20 68 23 −34

83. **산업시스템** 어느 산업시스템은 다음과 같은 투입 조건을 가진 두 개의 산업을 가지고 있다.

(a) \$1.00 어치의 산출물을 생산하기 위해 산업 A는 \$0.20 어치의 자신의 산출물과 \$0.30 어치의 산업 B의 산출물이 필요하다.

(b) \$1.00 산출물을 생산하기 위해서 산업 B는 \$0.10 어치의 자신의 산출물과 \$0.50 어치의 산업 A의 산출물이 필요하다.
이 시스템의 투입-산출 행렬 D를 구하시오. 그리고 방정식 $X=DX+E$을 풀어 산출행렬 X를 구하시오. 단 E는 외부수요행렬이고 $E=\begin{bmatrix}40,000\\80,000\end{bmatrix}$이다.

84. 산출행렬 구하기 세 개의 산업을 가진 어느 산업시스템은 다음과 같은 투입-산출행렬 D와 외부수여행렬 E를 가지고 있다.

$$D=\begin{bmatrix}0.1 & 0.3 & 0.2\\0.0 & 0.2 & 0.3\\0.4 & 0.1 & 0.1\end{bmatrix},\ E=\begin{bmatrix}3000\\3500\\8500\end{bmatrix}$$

방정식 $X=DX+E$를 풀어 산출행렬 X를 구하시오.

최소제곱회귀선 구하기 85~88번에서는 최소제곱회귀선을 구하시오.

85. $(1,5),\ (2,4),\ (3,2)$

86. $(2,1),\ (3,3),\ (4,2),\ (5,4),\ (6,4)$

87. $(1,1),\ (1,3),\ (1,2)<\ (1,4),\ (2,5)$

88. $(-2,4),\ (-1,2),\ (0,1),\ (1,-2),\ (2,-3)$

89. 핸드폰 가입자 다음은 2008년부터 2013년까지 미국의 핸드폰 가입자 수 y (백만 명 단위)를 나타낸 표이다. (출처: CTIA-무선통신협회)

연도	2008	2009	2010	2011	2012	2013
가입자수 y	270	286	296	316	326	336

(a) 주어진 자료에 대한 최소제곱회귀선을 구하시오. x는 연도를 나타내는데 $x=8$은 2008년을 의미한다.

(b) 공학용 계산기의 선형회귀분석기능을 사용하여 주어진 자료의 선형모델을 구하시오. (a)에서 구한 모델과 이 모델과 비교하면 어떠한가?

(c) 선형모델을 이용하여 y의 값의 추정 표를 작성하시오. 실제 자료와 추정값을 비교하시오.

90. 메이저리그 야구선수 연봉 다음 표는 2008년부터 2013년까지 시즌 개막일의 메이저 리그 선수들의 평균연봉 y (백만 달러 단위)를 나타낸다. (출처: 메이저 리그 야구)

연도	2008	2009	2010	2011	2012	2013
연봉 y	2.93	3.00	3.01	3.10	3.21	3.39

(a) 주어진 자료에 대한 최소제곱회귀선을 구하시오. x는 연도를 나타내는데 $x=8$은 2008년을 의미한다.

(b) 공학용 계산기의 선형회귀분석기능을 사용하여 주어진 자료의 선형모델을 구하시오. (a)에서 구한 모델과 이 모델을 비료하면 어떠한가?

(c) 선형모델을 이용하여 y의 값의 추정 표를 작성하시오. 실제 자료와 추정값을 비교하시오.

02 프로젝트

Projects

01 행렬곱셈 탐구

표는 안나, 브루스, 크리스, 데이비드의 처음 두 개의 시험 정수를 나타낸다. 표를 이용하여 자료를 나타내는 행렬 M을 작성하시오. 행렬 M을 소프트웨어 프로그램 또는 공학용 계산기에 입력하고 이를 이용하여 다음 물음에 답하시오.

	시험1	시험2
안나	82	98
브루스	58	70
크리스	76	85
데이비드	84	90

1. 어떤 시험이 가장 어려웠는가? 어떤 시험이 가장 쉬웠는가? 이유를 설명하시오.
2. 4명의 학생의 성적의 등수를 어떻게 부여할 수 있을까?
3. 행렬곱셈 $M\begin{bmatrix}1\\0\end{bmatrix}$와 $M\begin{bmatrix}0\\1\end{bmatrix}$의 의미를 설명하시오.
4. 행렬곱셈 $[1\quad 0\quad 0\quad 0]M$과 $[0\quad 0\quad 1\quad 0]M$의 의미를 설명하시오.
5. 행렬곱셈 $M\begin{bmatrix}1\\1\end{bmatrix}$과 $\frac{1}{2}M\begin{bmatrix}1\\1\end{bmatrix}$의 의미를 설명하시오.
6. 행렬곱셈 $[1\quad 1\quad 1\quad 1]M$과 $\frac{1}{4}[1\quad 1\quad 1\quad 1]M$의 의미를 설명하시오.
7. 행렬곱셈 $[1\quad 1\quad 1\quad 1]M\begin{bmatrix}1\\1\end{bmatrix}$의 의미를 설명하시오.
8. 행렬곱셈을 사용하여 두 개 시험에 대한 전체 평균 점수를 구하시오.
9. 행렬곱셈을 사용하여 시험1의 점수를 1.1배 가중치를 주어 계산하려면 어떻게 해야 하는가?

02 멱영원 행렬

행렬 A는 영행렬이 아닌 행렬이다. $A^k = O$인 양의 정수 k가 존재할 수 있을까?

예를 들어 행렬 $A = \begin{bmatrix}0 & 2 & 1\\0 & 0 & 2\\0 & 0 & 0\end{bmatrix}$에 대하여 A^3을 구해보시오.

$A \neq O,\ A^2 \neq O,\ \ldots,\ A^{k-1} \neq O$ 이지만 $A^k = O$일 때 행렬 A는 k차 **멱영원**(nilpotent of index k)이라 한다.

1. 위에서 예로 든 행렬은 멱영원이다. 차수는 무엇인가?
2. 소프트웨어 프로그램이나 공학용 계산기를 이용하여 다음 행렬이 멱영원인지 판별하고 각 차수를 구

하시오.

(a) $\begin{bmatrix} 0 & 2 \\ 0 & 0 \end{bmatrix}$ (b) $\begin{bmatrix} 1 & 0 \\ 0 & 1 \end{bmatrix}$ (c) $\begin{bmatrix} 0 & 0 \\ 0 & 1 \end{bmatrix}$

(d) $\begin{bmatrix} 0 & 0 & 0 \\ -1 & 0 & 0 \\ 2 & 1 & 0 \end{bmatrix}$ (e) $\begin{bmatrix} 0 & 1 & 1 \\ 1 & 0 & 1 \\ 1 & 1 & 0 \end{bmatrix}$ (f) $\begin{bmatrix} 0 & 1 & 2 \\ 0 & 0 & 3 \\ 0 & 0 & 0 \end{bmatrix}$

3. 3×3행렬 중 2차, 3차인 멱영행렬을 각각 구하시오.

4. 4×4행렬 중 2차, 3차, 4차인 멱영행렬을 각각 구하시오.

5. 5차인 멱영행렬을 구하시오.

6. 멱영행렬은 역행렬을 가지는가? 대답을 증명하시오.

7. 행렬 A가 멱영행렬일 때, A^T도 멱영행렬인가? 대답을 증명하시오.

8. 행렬 A가 멱영행렬이라면 $I-A$는 역행렬이 있음을 보이시오..

03

행렬식

03 행렬식

3.1 행렬의 행렬식

- 2×2행렬의 행렬식 구하기
- 행렬의 소행렬식과 여인수 구하기
- 여인수전개를 이용하여 행렬의 행렬식 구하기
- 삼각행렬의 행렬식 구하기

2×2행렬의 행렬식

모든 정사각행렬은 *행렬식(determinant)* 이라고 하는 실수와 대응시킬 수 있다. 역사적으로 행렬식의 사용은 연립일차방정식의 해에서 나타내는 특별한 경우를 인식하는 데에서 시작하였다. 예를 들어 연립방정식

$$\begin{aligned} a_{11}x_1 + a_{12}x_2 &= b_1 \\ a_{21}x_1 + a_{22}x_2 &= b_2 \end{aligned}$$

는 $a_{11}a_{22} - a_{21}a_{12} \neq 0$일 때

$$x_1 = \frac{b_1a_{22} - b_2a_{12}}{a_{11}a_{22} - a_{21}a_{12}} \text{와 } x_2 = \frac{b_2a_{11} - b_1a_{21}}{a_{11}a_{22} - a_{21}a_{12}}$$

를 해로 가진다. (연습문제 53번 참고.) 두 분수는 모두 같은 분모 $a_{11}a_{22} - a_{21}a_{12}$를 갖고 있다는 것에 주목하자. 이 값을 연립방정식의 계수행렬의 *행렬식(determinant)* 이라 한다.

참고

우리 책에서는 $\det(A)$와 $|A|$를 A의 행렬식을 나타내는 기호로 번갈아 사용한다. 절댓값 기호는 실수의 절댓값을 나타낼 때도 사용하지만 문맥에 따라 그 의미가 달라진다. 더욱이 행렬을 나타내는 대괄호를 삭제하는 것이 보통이며 $\left|\begin{bmatrix} a_{11} & a_{12} \\ a_{21} & a_{22} \end{bmatrix}\right|$ 대신 $\begin{vmatrix} a_{11} & a_{12} \\ a_{21} & a_{22} \end{vmatrix}$를 사용한다.

> 2×2행렬의 행렬식의 정의
>
> 행렬 $A=\begin{bmatrix} a_{11} & a_{12} \\ a_{21} & a_{22} \end{bmatrix}$의 **행렬식**(determinant)은 $\det(A)=|A|=a_{11}a_{22}-a_{21}a_{12}$이다.

다음 그림은 2×2행렬의 행렬식의 공식을 기억하는데 편리한 방법을 보여준다.

$$|A| = \begin{vmatrix} a_{11} & a_{12} \\ a_{21} & a_{22} \end{vmatrix} = a_{11}a_{22} - a_{21}a_{12}$$

행렬식은 행렬의 두 대각선의 성분의 곱의 차이다. 곱하는 순서가 중요하다는 사실을 주목하자.

예제 1 2차 정사각행렬의 행렬식

a. 행렬 $A=\begin{bmatrix} 2 & -3 \\ 1 & 2 \end{bmatrix}$에 대하여 $|A|=\begin{vmatrix} 2 & -3 \\ 1 & 2 \end{vmatrix}=2(2)-1(-3)=4+3=7$.

b. 행렬 $B=\begin{bmatrix} 2 & 1 \\ 4 & 2 \end{bmatrix}$에 대하여 $|B|=\begin{vmatrix} 2 & 1 \\ 4 & 2 \end{vmatrix}=2(2)-4(1)=4-4=0$.

c. 행렬 $C=\begin{bmatrix} 0 & \frac{3}{2} \\ 2 & 4 \end{bmatrix}$에 대하여 $|C|=\begin{vmatrix} 0 & \frac{3}{2} \\ 2 & 4 \end{vmatrix}=0(4)-2\left(\frac{3}{2}\right)=0-3=-3$. ■

소행렬식과 여인수

2차 이상의 차수를 갖는 정사각행렬의 행렬식을 정의하려면 *소행렬식(minor)*과 *여인수(cofactor)*를 사용하는 것이 편리하다.

> 정사각행렬의 소행렬식과 여인수
>
> 행렬 A가 정사각행렬이면 성분 a_{ij}에 대한 **소행렬식**(minor) M_{ij}는 행렬 A의 i번째 행과 j번째 열을 제거한 행렬의 행렬식이다. 성분 a_{ij}에 대한 **여인수**(cofactor) C_{ij}는 $C_{ij}=(-1)^{i+j}M_{ij}$이다.

예를 들어 행렬 A가 3×3행렬이면 성분 a_{21}과 a_{22}의 소행렬식과 여인수는 다음과 같다.

성분 a_{21}에 대한 소행렬식

$$\begin{bmatrix} a_{11} & a_{12} & a_{13} \\ a_{21} & a_{22} & a_{23} \\ a_{31} & a_{32} & a_{33} \end{bmatrix}, \quad M_{21} = \begin{vmatrix} a_{12} & a_{13} \\ a_{32} & a_{33} \end{vmatrix}$$

2행 1열을 제거

성분 a_{21}에 대한 여인수

$$C_{21} = (-1)^{2+1} M_{21} = -M_{21}$$

성분 a_{22}에 대한 소행렬식

$$\begin{bmatrix} a_{11} & a_{12} & a_{13} \\ a_{21} & a_{22} & a_{23} \\ a_{31} & a_{32} & a_{33} \end{bmatrix}, \quad M_{22} = \begin{vmatrix} a_{11} & a_{13} \\ a_{31} & a_{33} \end{vmatrix}$$

2행 2열을 제거

성분 a_{22}에 대한 여인수

$$C_{22} = (-1)^{2+2} M_{22} = M_{22}$$

행렬의 소행렬식과 여인수는 부호만 다르다. 행렬의 여인수를 구하기 위해서는 우선 소행렬식을 구하고 왼쪽에 있는 +와 − 패턴의 바둑판을 적용하여 부호를 결정하자. 홀수 자리 ($i+j$가 홀수인 자리)는 음의 부호를 갖고 짝수 자리 ($i+j$가 짝수인 자리)는 양의 부호를 갖는다.

여인수의 부호패턴

$$\begin{bmatrix} + & - & + \\ - & + & - \\ + & - & + \end{bmatrix}$$

3×3행렬

$$\begin{bmatrix} + & - & + & - \\ - & + & - & + \\ + & - & + & - \\ - & + & - & + \end{bmatrix}$$

4×4행렬

$$\begin{bmatrix} + & - & + & - & + & \cdots \\ - & + & - & + & - & \cdots \\ + & - & + & - & + & \cdots \\ - & + & - & + & - & \cdots \\ + & - & + & - & + & \cdots \\ \vdots & \vdots & \vdots & \vdots & \vdots & \end{bmatrix}$$

$n\times n$행렬

예제 2 행렬의 소행렬식과 여인수

행렬 $A = \begin{bmatrix} 0 & 2 & 1 \\ 3 & -1 & 2 \\ 4 & 0 & 1 \end{bmatrix}$의 모든 소행렬식과 여인수를 구하시오.

풀이

소행렬식 M_{11}을 구하기 위해 행렬 A의 1행과 1열을 제거하고 남은 행렬의 행렬식을 구하자.

$$\begin{bmatrix} 0 & 2 & 1 \\ 3 & -1 & 2 \\ 4 & 0 & 1 \end{bmatrix}, \quad M_{11} = \begin{vmatrix} -1 & 2 \\ 0 & 1 \end{vmatrix} = -1(1) - 0(2) = -1$$

소행렬식은

$$M_{11} = -1 \qquad M_{12} = -5 \qquad M_{13} = 4$$
$$M_{21} = 2 \qquad M_{22} = -4 \qquad M_{23} = -8$$
$$M_{31} = 5 \qquad M_{32} = -3 \qquad M_{33} = -6$$

임을 확인해보자.

이제 여인수를 구하기 위해 이들 소행렬식을 앞서 설명한 3×3행렬의 부호를 나타내는 바둑판과 결합하면 다음을 얻는다.

$C_{11}=-1 \quad C_{12}=5 \quad C_{13}=4$

$C_{21}=-2 \quad C_{22}=-4 \quad C_{23}=8$

$C_{31}=5 \quad C_{32}=3 \quad C_{33}=-6$ ■

참고

1차 정사각행렬의 행렬식은 단순하게 행렬의 성분이다. 예를 들어 $A=[-2]$ 이면 $\det(A)=-2$이다.

정사각행렬의 행렬식

다음 정의는 n차 정사각행렬의 행렬식을 정의하기 위해 $n-1$차 정사각행렬의 행렬식을 사용하는 식의 귀납적 정의이다.

정사각행렬의 행렬식의 정의

$n \geq 2$인 정수일 때, 행렬 A가 n차 정사각행렬이면 행렬 A의 행렬식은 A의 첫 번째 행의 성분에 해당하는 여인수를 곱한 값의 합이다. 즉,

$$\det(A)=|A|=\sum_{j=1}^{n} a_{1j}C_{1j}=a_{11}C_{11}+a_{12}C_{12}+\cdots+a_{1n}C_{1n}$$

이다.

2×2행렬에 대해 확인해보면 이 정의는 다음과 같은 식을 유도한다.

$$|A|=a_{11}a_{22}-a_{12}a_{21}$$

그런데 이 식은 앞서 정의한 바와 같다.

행렬식을 구하기 위해 이 정의를 사용할 때는 **첫 번째 행에서 여인수 전개한다**. 예제 3은 이런 과정을 보여준다.

예제 3 3차 정사각행렬의 행렬식

행렬 $A=\begin{bmatrix} 0 & 2 & 1 \\ 3 & -1 & 2 \\ 4 & 0 & 1 \end{bmatrix}$ 의 행렬식을 구하시오.

풀이

주어진 행렬은 예제2에서의 행렬과 같다. 예제 2에서 첫 번째 행의 성분에 대한 여인수가

$$C_{11}=-1,\ C_{12}=5<\ C_{13}=4$$

임을 알았다. 그래서 행렬식의 정의에 따라

$$\begin{aligned}|A|&=a_{11}C_{11}+a_{12}C_{12}+a_{13}C_{13} &&\text{첫 번째 행 전개}\\ &=0(-1)+2(5)+1(4)\\ &=14\end{aligned}$$

가 된다. ■

행렬식은 첫 번째 행에서의 여인수 전개로 정의되지만 행렬식은 어떤 행에 대해서든지 어떤 열에 대해서든지 상관없이 여인수 전개로 계산할 수 있음을 보일 수 있다. 예를 들어, 예제 3의 행렬을 두 번째 행에 대해 여인수 전개를 하여

$$\begin{aligned}|A|&=a_{21}C_{21}+a_{22}C_{22}+a_{23}C_{23} &&\text{두 번째 행 전개}\\ &=3(-2)+(-1)(-4)+2(8)\\ &=14\end{aligned}$$

를 얻거나 첫 번째 열에 대해 여인수 전개를 하여

$$\begin{aligned}|A|&=a_{11}C_{11}+a_{21}C_{21}+a_{31}C_{31} &&\text{첫 번째 열 전개}\\ &=0(-1)+3(-2)+4(5)\\ &=14\end{aligned}$$

를 얻을 수도 있다.

행렬 A의 행렬식은 아무 행이나 열에 대해 여인수 전개하여도 구할 수 있다는 것을 확인하기 위해 나머지 경우에 대해서도 행렬식을 구해보자. 다음 정리는 이에 대한 내용을 담고 있는데, 이러한 방법은 프랑스 수학자 피에르 시몽 드 라플라스(Pierre Simon de Laplace, 1749~1827)의 이름을 따서 행렬식의 라플라스 전개(Laplace's Expansion)로 알려져 있다.

정리 3.1 여인수 전개

행렬 A는 n차 정사각행렬이다. 그러면 행렬 A의 행렬식은

$$\det(A)=|A|=\sum_{j=1}^{n}a_{ij}C_{ij}=a_{i1}C_{i1}+a_{i2}C_{i2}+\cdots+a_{in}C_{in} \qquad i\text{번째 행 전개}$$

또는

$$\det(A) = |A| = \sum_{i=1}^{n} a_{ij}C_{ij} = a_{1j}C_{1j} + a_{2j}C_{2j} + \cdots + a_{nj}C_{nj} \qquad j\text{번째 열 전개}$$

이다.

여인수 전개를 할 때 성분이 0인 경우 여인수를 곱해도 0이므로 성분이 0인 경우에 대한 여인수는 구하지 않아도 된다.

$$\begin{aligned} a_{ij}C_i &= (0)C_{ij} \\ &= 0 \end{aligned}$$

그러므로 0이 가장 많은 행(또는 열)은 대개 여인수 전개할 때 가장 좋은 선택지이다 다음 예제는 이러한 상황을 잘 보여준다.

예제 4 4차 정사각행렬의 행렬식

행렬 $A = \begin{bmatrix} 1 & -2 & 3 & 0 \\ -1 & 1 & 0 & 2 \\ 0 & 2 & 0 & 3 \\ 3 & 4 & 0 & -2 \end{bmatrix}$의 행렬식을 구하시오.

풀이

세 번째 열의 성분 중 3개가 0임에 주목하자. 전개식에서 계산을 줄이기 위해 세 번째 열을 이용해서 여인수 전개하면

$$|A| = 3(C_{13}) + 0(C_{23}) + 0(C_{33}) + 0(C_{43})$$

이다. 여인수 C_{23}, C_{33}, C_{43}은 계수가 0이므로 C_{13}의 값만 구하면 된다. 이를 위해 행렬 A의 첫 번째 행과 세 번째 열을 제거하고 남은 행렬의 행렬식을 구하면

$$C_{13} = (-1)^{1+3}\begin{vmatrix} -1 & 1 & 2 \\ 0 & 2 & 3 \\ 3 & 4 & -2 \end{vmatrix} \qquad \text{첫 번째 행과 세 번째 열을 제거}$$

$$= \begin{vmatrix} -1 & 1 & 2 \\ 0 & 2 & 3 \\ 3 & 4 & -2 \end{vmatrix} \qquad \text{간단히 정리}$$

을 얻는다.

두 번째 행에 대해 여인수 전개하면

$$\begin{aligned} C_{13} &= (0)(-1)^{2+1}\begin{vmatrix} 1 & 2 \\ 4 & -2 \end{vmatrix} + (2)(-1)^{2+2}\begin{vmatrix} -1 & 2 \\ 3 & -2 \end{vmatrix} + (3)(1)^{2+3}\begin{vmatrix} -1 & 1 \\ 3 & 4 \end{vmatrix} \\ &= 0 + 2(1)(-4) + 3(-1)(-7) \\ &= 13 \end{aligned}$$

이다. 따라서

$$\begin{aligned} |A| &= 3(13) \\ &= 39 \end{aligned}$$

이다. ■

기술

많은 공학용 계산기와 소프트웨어 프로그램은 정사각행렬의 행렬식을 구할 수 있다. 만약 공학용 계산기를 이용해서 행렬식을 구한다면 예제 4의 경우 다음 그림과 비슷한 화면을 볼 수 있다. CengageBrain.com에서 제공하는 기술가이드는 행렬식을 계산기나 컴퓨터를 이용해서 구하는데 도움을 줄 것이다.

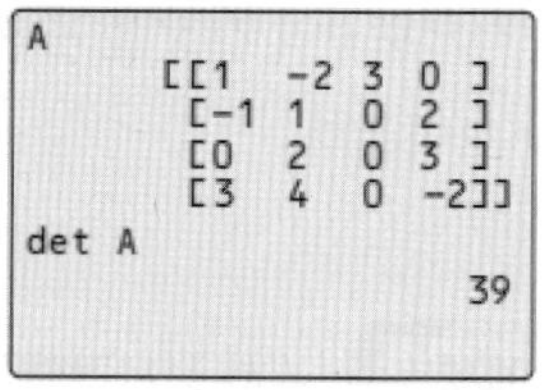

3×3행렬 A의 행렬식을 구할 때는 흔히 이와 다른 방법을 사용한다. 이 방법으로 행렬식을 구하려면 행렬 A의 첫 번째와 두 번째 열이 네 번째와 다섯 번째 열이 되도록 한 번 더 적는다. 그러면 다음 그림과 같이 여섯 개의 대각선의 곱을 더하거나 빼서 행렬 A의 행렬식을 얻는다.

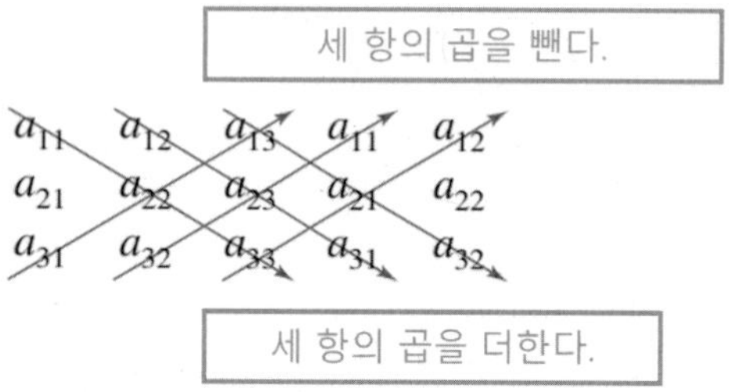

행렬 A의 행렬식이

$$|A| = a_{11}a_{22}a_{33} + a_{12}a_{23}a_{31} + a_{13}a_{21}a_{32} - a_{31}a_{22}a_{13} - a_{32}a_{23}a_{11} - a_{33}a_{21}a_{12}$$

임을 확인해보자.

예제 5 3차 정사각행렬의 행렬식

이런 유형의 예제의 대화형은 LarsonLinearAlgebra.com을 참조하라.

행렬 $A = \begin{bmatrix} 0 & 2 & 1 \\ 3 & -1 & 2 \\ 4 & -4 & 1 \end{bmatrix}$의 행렬식을 구하시오.

풀이

처음 두 개의 열을 다시 적고 나서 여섯 개의 대각선의 곱을 다음과 같이 계산하자.

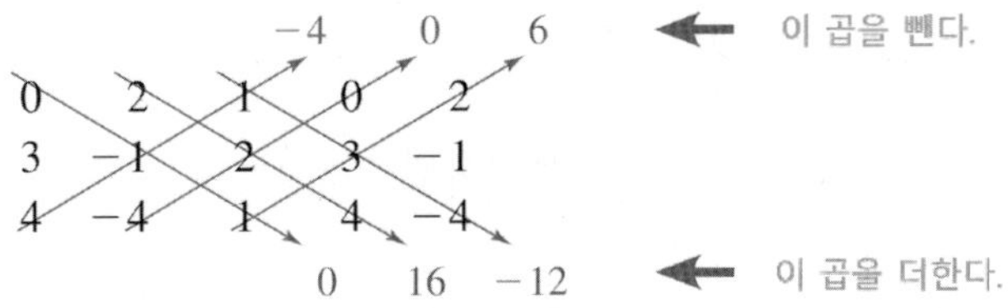

이제 아래 세 개의 곱을 더하고 위의 세 개의 곱을 빼면 행렬 A의 행렬식이

$$|A|=0+16+(-12)-(-4)-0-6=2$$

임을 알 수 있다. ■

예제 5에서 보여준 대각선을 이용한 방법은 오로지 3차 정사각행렬에서만 유효하다. 더 높은 차수의 정사각행렬에서는 다른 방법을 사용해야 한다.

선형대수의 응용

사면체는 네 개의 삼각형으로 구성된 다면체이다. 실제로 사용되는 행렬식의 응용 중 하나는 좌표공간에서 사면체의 부피를 구하는 것이다. 네 점 (x_1, y_1, z_1), (x_2, y_2, z_2), (x_3, y_3, z_3), (x_4, y_4, z_4)가 사면체의 네 꼭짓점이라고 하면 이 사면체의 부피는

$$\text{부피}=\pm\frac{1}{6}\det\begin{bmatrix} x_1 & y_1 & z_1 & 1 \\ x_2 & y_2 & z_2 & 1 \\ x_3 & y_3 & z_3 & 1 \\ x_4 & y_4 & z_4 & 1 \end{bmatrix}$$

이다. 이와 그 밖의 행렬식의 응용은 3.4절에서 다룰 것이다.

삼각행렬

오른쪽에서처럼 상삼각행렬은 정사각행렬의 주대각선 아래 모든 성분이 0이고 하삼각행렬은 정사각행렬의 주대각선 위 모든 성분이 0임을 2.4절에서 배웠다. **대각행렬**(diagonal matrix)은 상삼각행렬이면서 하삼각행렬이다. 즉 대각행렬은 주대각선 위와 아래가 모두 0인 행렬이다.

상삼각행렬

$$\begin{bmatrix} a_{11} & a_{12} & a_{13} & \cdots & a_{1n} \\ 0 & a_{22} & a_{23} & \cdots & a_{2n} \\ 0 & 0 & a_{33} & \cdots & a_{3n} \\ \vdots & \vdots & \vdots & & \vdots \\ 0 & 0 & 0 & \cdots & a_{nn} \end{bmatrix}$$

삼각행렬의 행렬식을 구하려면 간단하게 주대각선의 성분의 곱을 구하면 된다. 2차 혹은 3차 삼각행렬에 대해 이러한 설명이 옳다는 것은 쉽게 알 수 있을

것이다. 예를 들어 행렬

하삼각행렬

$$\begin{bmatrix} a_{11} & 0 & 0 & \cdots & 0 \\ a_{21} & a_{22} & 0 & \cdots & 0 \\ a_{31} & a_{32} & a_{33} & \cdots & 0 \\ \vdots & \vdots & \vdots & & \vdots \\ a_{n1} & a_{n2} & a_{n3} & \cdots & a_{nn} \end{bmatrix}$$

$$A=\begin{bmatrix} 2 & 3 & -1 \\ 0 & -1 & 2 \\ 0 & 0 & 3 \end{bmatrix}$$

의 행렬식을 구하기 위해 세 번째 행으로 여인수 전개하면

$$\begin{aligned} |A| &= 0(-1)^{3+1}\begin{vmatrix} 3 & -1 \\ -1 & 2 \end{vmatrix}+0(-1)^{3+2}\begin{vmatrix} 2 & -1 \\ 0 & 2 \end{vmatrix}+3(-1)^{3+3}\begin{vmatrix} 2 & 3 \\ 0 & -1 \end{vmatrix} \\ &= 3(1)(-2) \\ &= -6 \end{aligned}$$

을 얻는데 이는 주대각선 위 성분들의 곱이다.

정리 3.2 삼각행렬의 행렬식

행렬 A가 n차 삼각행렬이면 A의 행렬식은 주대각선 위 성분의 곱이다. 즉

$$\det(A)=|A|=a_{11}a_{22}a_{33}\cdots a_{nn}$$

증명

수학적 귀납법[1]을 이용하여 행렬 A가 상삼각행렬인 경우에 대해 이 정리가 성립함을 증명하자. 행렬 A가 하삼각행렬인 경우에 대한 증명은 비슷하다. 만일 행렬 A가 1차라면 $A=[a_{11}]$이고 $|A|=a_{11}$이다. $k-1$차 상삼각행렬에 대해 정리의 결과가 성립한다고 가정하고 행렬 A는 k차 상삼각행렬이라 하자. k번째 행에 대하여 여인수 전개하면

$$|A|=0C_{k1}+0C_{k2}+\cdots+0C_{k(k-1)}+a_{kk}C_{kk}=a_{kk}C_{kk}$$

이다. 그런데 $C_{kk}=(-1)^{2k}M_{kk}=M_{kk}$이고 M_{kk}는 행렬 A의 k번째 행과 k번째 열을 제거하여 만든 상삼각행렬의 행렬식이다. 이 행렬은 $k-1$차 이므로 귀납법의 가정을 적용하면

$$|A|=a_{kk}M_{kk}=a_{kk}(a_{11}a_{22}a_{33}\cdots a_{k-1,k-1})=a_{11}a_{22}a_{33}\cdots a_{kk}$$

가 된다. ■

1) 수학적 귀납법에 대한 논의는 부록을 참고하시오.

예제 6 삼각행렬의 행렬식

하삼각행렬 $A=\begin{bmatrix}2&0&0&0\\4&-2&0&0\\-5&6&1&0\\1&5&3&3\end{bmatrix}$ 의 행렬식은 $|A|=(2)(-2)(1)(3)=-12$이다.

■

3.1 연습문제

행렬의 행렬식 1~12번에서는 행렬의 행렬식을 구하시오.

1. $[1]$

2. $[-3]$

3. $\begin{bmatrix}2&1\\3&4\end{bmatrix}$

4. $\begin{bmatrix}-3&1\\5&2\end{bmatrix}$

5. $\begin{bmatrix}5&2\\-6&3\end{bmatrix}$

6. $\begin{bmatrix}2&-2\\4&3\end{bmatrix}$

7. $\begin{bmatrix}-7&6\\\frac{1}{2}&3\end{bmatrix}$

8. $\begin{bmatrix}\frac{1}{3}&5\\4&-9\end{bmatrix}$

9. $\begin{bmatrix}0&8\\0&4\end{bmatrix}$

10. $\begin{bmatrix}2&-3\\-6&9\end{bmatrix}$

11. $\begin{bmatrix}\lambda-3&2\\4&\lambda-1\end{bmatrix}$

12. $\begin{bmatrix}\lambda-2&0\\4&\lambda-4\end{bmatrix}$

행렬의 소행렬식과 여인수 구하기 13~16번에서는 행렬의 모든 소행렬식과 여인수를 구하시오.

13. $\begin{bmatrix}1&2\\3&4\end{bmatrix}$

14. $\begin{bmatrix}-5&6\\1&0\end{bmatrix}$

15. $\begin{bmatrix}-3&2&1\\4&5&6\\2&-3&1\end{bmatrix}$

16. $\begin{bmatrix}-3&4&2\\6&3&1\\4&-7&-8\end{bmatrix}$

17. 연습문제 15번에서의 행렬의 행렬식을 여인수 전개법을 이용하여 구하시오. 이때 (a) 두 번째 행과 (b) 두 번째 열을 이용하시오.

18. 연습문제 16번에서의 행렬의 행렬식을 여인수 전개법을 이용하여 구하시오. 이때 (a) 세 번째 행과 (b) 첫 번째 열을 이용하시오.

행렬식 구하기 19~32번에서는 여인수 전개를 이용하여 행렬의 행렬식을 구하시오.

19. $\begin{bmatrix}1&4&-2\\3&2&0\\-1&4&3\end{bmatrix}$

20. $\begin{bmatrix}3&-1&2\\4&1&4\\-2&0&1\end{bmatrix}$

21. $\begin{bmatrix}2&4&6\\0&3&1\\0&0&-5\end{bmatrix}$

22. $\begin{bmatrix}-3&0&0\\7&11&0\\1&2&2\end{bmatrix}$

23. $\begin{bmatrix}-0.4&0.4&0.3\\0.2&0.2&0.2\\0.3&0.2&0.2\end{bmatrix}$

24. $\begin{bmatrix}0.1&0.2&0.3\\-0.3&0.2&0.2\\0.5&0.4&0.4\end{bmatrix}$

25. $\begin{bmatrix}x&y&-1\\3&2&0\\1&1&1\end{bmatrix}$

26. $\begin{bmatrix}x&y&1\\-2&-2&1\\1&5&1\end{bmatrix}$

27. $\begin{bmatrix}5&3&0&6\\4&6&4&12\\0&2&-3&4\\0&1&-2&2\end{bmatrix}$

28. $\begin{bmatrix}3&0&7&0\\2&6&11&12\\4&1&-1&2\\1&5&2&10\end{bmatrix}$

29. $\begin{bmatrix} w & x & y & z \\ 21 & -15 & 24 & 30 \\ -10 & 24 & -32 & 18 \\ -40 & 22 & 32 & -35 \end{bmatrix}$

30. $\begin{bmatrix} w & x & y & z \\ 10 & 15 & -25 & 30 \\ -30 & 20 & -15 & -10 \\ 30 & 35 & -25 & -40 \end{bmatrix}$

31. $\begin{bmatrix} 5 & 2 & 0 & 0 & -2 \\ 0 & 1 & 4 & 3 & 2 \\ 0 & 0 & 2 & 6 & 3 \\ 0 & 0 & 3 & 4 & 1 \\ 0 & 0 & 0 & 0 & 2 \end{bmatrix}$

32. $\begin{bmatrix} -4 & 3 & 2 & -1 & -2 \\ 1 & -2 & 7 & -13 & -12 \\ -6 & 2 & -5 & -6 & -7 \\ 0 & 0 & 0 & 0 & 0 \\ 1 & -4 & -2 & 0 & -9 \end{bmatrix}$

행렬식 구하기 33번과 34번에서는 예제 5에서 보여준 방법을 사용하여 행렬의 행렬식을 구하시오.

33. $\begin{bmatrix} 3 & 0 & 4 \\ -2 & 4 & 1 \\ 1 & -3 & 1 \end{bmatrix}$ **34.** $\begin{bmatrix} 3 & 8 & -7 \\ 0 & -5 & 4 \\ 8 & 1 & 6 \end{bmatrix}$

행렬식 구하기 35~38번에서는 소프트웨어 프로그램 또는 공학용 계산기를 이용하여 행렬의 행렬식을 구하시오.

35. $\begin{bmatrix} 0.1 & 0.6 & -0.3 \\ 0.7 & -0.1 & 0.1 \\ 0.1 & 0.3 & -0.8 \end{bmatrix}$ **36.** $\begin{bmatrix} 4 & 3 & 2 & 5 \\ 1 & 6 & -1 & 2 \\ -3 & 2 & 4 & 5 \\ 6 & 1 & 3 & -2 \end{bmatrix}$

37. $\begin{bmatrix} 1 & 2 & -1 & 4 \\ 0 & 1 & 2 & -2 \\ 0 & 3 & 2 & -1 \\ 1 & 2 & 0 & -2 \end{bmatrix}$

38. $\begin{bmatrix} 8 & 5 & 1 & -2 & 0 \\ -1 & 0 & 7 & 1 & 6 \\ 0 & 8 & 6 & 5 & -3 \\ 1 & 2 & 5 & -8 & 4 \\ 2 & 6 & -2 & 0 & 6 \end{bmatrix}$

삼각행렬의 행렬식 구하기 39~42번에서는 삼각행렬의 행렬식을 구하시오.

39. $\begin{bmatrix} -2 & 0 & 0 \\ 4 & 6 & 0 \\ -3 & 7 & 2 \end{bmatrix}$ **40.** $\begin{bmatrix} 4 & 0 & 0 \\ 0 & 7 & 0 \\ 0 & 0 & -2 \end{bmatrix}$

41. $\begin{bmatrix} 5 & 8 & -4 & 2 \\ 0 & 0 & 6 & 0 \\ 0 & 0 & 2 & 2 \\ 0 & 0 & 0 & -1 \end{bmatrix}$ **42.** $\begin{bmatrix} 4 & 0 & 0 & 0 \\ -1 & \frac{1}{2} & 0 & 0 \\ 3 & 5 & 3 & 0 \\ -8 & 7 & 0 & -2 \end{bmatrix}$

참 또는 거짓? 43번과 44번에서는 각 명제가 참 또는 거짓인지 판별하시오. 만약 명제가 참이라면 그 이유를 제시하거나 본문에서 적절한 명제를 찾아 제시하시오. 만약 명제가 거짓이라면 명제가 참이 아니라는 예를 제시하거나 본문에서 적절한 명제를 찾아 제시하시오.

43. (a) 2×2행렬 A의 행렬식은 $a_{21}a_{12}-a_{11}a_{22}$이다.

(b) 1차 정사각행렬의 행렬식은 그 행렬의 성분이다.

(c) 정사각행렬 A의 (i, j)성분의 여인수는 행렬 A에서 i번째 행과 j번째 열을 제거하여 만든 행렬이다.

44. (a) 삼각행렬의 행렬식을 구하려면 주대각선 성분을 더해야 한다.

(b) 행렬의 행렬식을 구하려면 아무 행이나 열에 대해 여인수 전개를 하면 된다.

(c) 여인수 전개를 할 때 0인 성분의 여인수는 계산할 필요가 없다.

방정식 풀기 45~48번에서는 x를 구하시오.

45. $\begin{vmatrix} x+3 & 2 \\ 1 & x+2 \end{vmatrix}=0$ **46.** $\begin{vmatrix} x-6 & 3 \\ -2 & x+1 \end{vmatrix}=0$

47. $\begin{vmatrix} x-1 & 2 \\ 3 & x-2 \end{vmatrix}=0$ **48.** $\begin{vmatrix} x+3 & 1 \\ -4 & x-1 \end{vmatrix}=0$

방정식 풀기 49~52번에서는 행렬식이 0이 되는 λ를 구하시오.

방정식 풀기 45~48번에서는 x를 구하시오.

49. $\begin{vmatrix} \lambda+2 & 2 \\ 1 & \lambda \end{vmatrix}$

50. $\begin{vmatrix} \lambda-5 & 3 \\ 1 & \lambda-3 \end{vmatrix}$

51. $\begin{vmatrix} \lambda & 2 & 0 \\ 0 & \lambda+1 & 2 \\ 0 & 1 & \lambda \end{vmatrix}$

52. $\begin{vmatrix} \lambda & 0 & 1 \\ 0 & \lambda & 3 \\ 2 & 2 & \lambda-2 \end{vmatrix}$

53. 연립일차방정식

$$a_{11}x_1 + a_{12}x_2 = b_1$$
$$a_{21}x_1 + a_{22}x_2 = b_2$$

은 $a_{11}a_{22} - a_{21}a_{12} \neq 0$일 때

$$x_1 = \frac{b_1a_{22} - b_2a_{12}}{a_{11}a_{22} - a_{21}a_{12}} \text{ 과 } x_2 = \frac{b_2a_{11} - b_1a_{21}}{a_{11}a_{22} - a_{21}a_{12}}$$

가 해임을 보이시오.

54. 캡스톤

$n \times n$행렬 A에 대해 다음을 구하는 방법을 설명하시오.

(a) 성분 a_{ij}에 대한 소행렬식 M_{ij}

(b) 성분 a_{ij}에 대한 여인수 C_{ij}

(c) 행렬 A의 행렬식

수식이 포함된 성분 55~62번에서 성분이 함수인 행렬의 행렬식을 구하시오. 미적분에서 변수변환을 하는 경우에 이런 종류의 행렬식이 사용된다.

55. $\begin{vmatrix} 6u & -1 \\ -1 & 3v \end{vmatrix}$

56. $\begin{vmatrix} 3x^2 & 3y^2 \\ 1 & 1 \end{vmatrix}$

57. $\begin{vmatrix} e^{2x} & e^{3x} \\ 2e^{2x} & 3e^{3x} \end{vmatrix}$

58. $\begin{vmatrix} e^{-x} & xe^{-x} \\ -e^{-x} & (1-x)e^{-x} \end{vmatrix}$

59. $\begin{vmatrix} x & \ln x \\ 1 & 1/x \end{vmatrix}$

60. $\begin{vmatrix} x & x\ln x \\ 1 & 1+\ln x \end{vmatrix}$

61. $\begin{vmatrix} \cos\theta & -r\sin\theta & 0 \\ \sin\theta & r\cos\theta & 0 \\ 0 & 0 & 1 \end{vmatrix}$

62. $\begin{vmatrix} 1-v & -u & 0 \\ v(1-w) & u(1-w) & -uv \\ vw & uw & uv \end{vmatrix}$

등식 검증 63~68번에서는 행렬식을 구해서 등식이 성립함을 보이시오.

63. $\begin{vmatrix} w & x \\ y & z \end{vmatrix} = -\begin{vmatrix} y & z \\ w & x \end{vmatrix}$

64. $\begin{vmatrix} w & cx \\ y & cz \end{vmatrix} = c\begin{vmatrix} w & x \\ y & z \end{vmatrix}$

65. $\begin{vmatrix} w & x \\ y & z \end{vmatrix} = \begin{vmatrix} w & x+cw \\ y & z+cy \end{vmatrix}$

66. $\begin{vmatrix} w & x \\ cw & cx \end{vmatrix} = 0$

67. $\begin{vmatrix} 1 & x & x^2 \\ 1 & y & y^2 \\ 1 & z & z^2 \end{vmatrix} = (y-z)(z-x)(z-y)$

68. $\begin{vmatrix} 1 & 1 & 1 \\ a & b & c \\ a^2 & b^2 & c^2 \end{vmatrix} = (a-b)(b-c)(c-a)(a+b+c)$

69. 식 $\begin{vmatrix} x & 0 & c \\ -1 & x & b \\ 0 & -1 & a \end{vmatrix} = ax^2+bx+c$가 주어졌을 때 다음 물음에 답하시오.

(a) 식의 등호가 성립함을 확인하시오.

(b) 주어진 식을 예로 하여 결과가 ax^3+bx^2+cx+d와 같아지는 행렬식을 구하시오.

70. 2×2행렬의 행렬식은 두 개의 성분의 곱으로 된 두 개의 항으로 이루어져 있다. 3×3행렬의 행렬식은 세 개의 성분의 곱으로 된 여섯 개의 항으로 이루어져 있다. 4×4행렬은 네 개의 성분의 곱으로 된 24개의 항으로 이루어져 있음을 보이시오.

3.2 행렬식과 기본연산

- 기본행연산을 이용하여 행렬식 구하기
- 기본열연산을 이용하여 행렬식 구하기
- 행렬식이 0이 되는 조건 구별하기

행렬식과 기본행연산

다음 중 어떤 행렬식을 구하는 것이 더 쉬울까?

$$|A|=\begin{vmatrix} 1 & -2 & 3 & 1 \\ 4 & -6 & 3 & 2 \\ -2 & 4 & -9 & -3 \\ 3 & -6 & 9 & 2 \end{vmatrix},\quad |B|=\begin{vmatrix} 1 & -2 & 3 & 1 \\ 0 & 2 & -9 & -2 \\ 0 & 0 & -3 & -1 \\ 0 & 0 & 0 & -1 \end{vmatrix}$$

삼각행렬의 행렬식에 대해 할고 있는 사실을 고려하면 두 번째 행렬식을 구하는 것이 훨씬 쉽다 두 번째 행렬식은 주대각선의 성분을 곱하기만 하면 된다. 즉 $|B|=(1)(2)(-3)(-1)=6$이다. 지금까지 이야기한 행렬식을 구하는 유일한 방법인 여인수 전개를 이용해서 첫 번째 행렬의 행렬식을 구하는 것은 복잡하다. 예를 들어 첫 번째 행을 이용하여 여인수 전개하면

$$|A|=1\begin{vmatrix} -6 & 3 & 2 \\ 4 & -9 & -3 \\ -6 & 9 & 2 \end{vmatrix}+2\begin{vmatrix} 4 & 3 & 2 \\ -2 & -9 & -3 \\ 3 & 9 & 2 \end{vmatrix}+3\begin{vmatrix} 4 & -6 & 2 \\ -2 & 4 & -3 \\ 3 & -6 & 2 \end{vmatrix}-1\begin{vmatrix} 4 & -6 & 3 \\ -2 & 4 & -9 \\ 3 & -6 & 9 \end{vmatrix}$$

을 얻는다. 4개의 3×3행렬의 행렬식을 구하면

$$|A|=(1)(-60)+(2)(39)+(3)(-10)-(1)(-18)=6$$

이 된다. 두 행렬식 $|A|$와 $|B|$는 값이 같다는 사실에 주목하자. 그리고 행렬 B는 행렬 A의 첫 번째 행에 몇 배를 하여 각각 두 번째 행, 세 번째 행, 네 번째 행에 더해서 얻을 수 있다. (정말 그러한지 확인해보라.) 이번 절에서는 기본 행(또는 열) 연산이 행렬식에 주는 영향에 대해 공부할 것이다.

예제 1 기본행연산의 행렬식에 대한 영향

a. 행렬 B는 행렬 A의 행들을 교환하여 얻은 행렬이다.

$$|A| = \begin{vmatrix} 2 & -3 \\ 1 & 4 \end{vmatrix} = 11, \quad |B| = \begin{vmatrix} 1 & 4 \\ 2 & -3 \end{vmatrix} = -11$$

b. 행렬 B는 행렬 A의 첫 번째 행에 -2를 곱한 후 두 번째 행에 더해서 얻은 행렬이다.

$$|A| = \begin{vmatrix} 1 & -3 \\ 2 & -4 \end{vmatrix} = 2, \quad |B| = \begin{vmatrix} 1 & -3 \\ 0 & 2 \end{vmatrix} = 2$$

c. 행렬 B는 행렬 A의 첫 번째 행에 $\frac{1}{2}$를 곱해서 얻은 행렬이다.

$$|A| = \begin{vmatrix} 2 & -8 \\ -2 & 9 \end{vmatrix} = 2, \quad |B| = \begin{vmatrix} 1 & -4 \\ -2 & 9 \end{vmatrix} = 1$$

■

예제 1에서 행렬 A의 두 행을 교환하면 행렬식의 부호가 바뀌고 행렬 A의 첫 번째 행에 -2를 곱해서 두 번째 행에 더하는 것은 행렬식에 아무런 변화도 주지 않으며, 행렬 A의 첫 번째 행에 $\frac{1}{2}$를 곱하면 행렬식에 $\frac{1}{2}$를 곱하는 것과 같다. 다음 정리는 이러한 내용을 일반화한 것이다.

정리 3.3 **기본행연산과 행렬식**

행렬 A와 B는 정사각행렬이다.

1. 행렬 B가 행렬 A의 두 행을 교환하여 얻은 행렬이면 $\det(B) = -\det(A)$이다.
2. 행렬 B가 행렬 A의 한 행의 배수를 다른 행에 더해서 얻은 행렬이면 $\det(B) = \det(A)$이다.
3. 행렬 B가 행렬 A의 한 행에 0이 아닌 상수 c를 곱해서 얻은 행렬이면 $\det(B) = c\det(A)$이다.

참고

세 번째 성질은 공통인수로 행을 나눌 수 있게 한다. 예를 들어

$$\begin{vmatrix} 2 & 4 \\ 1 & 3 \end{vmatrix} = 2\begin{vmatrix} 1 & 2 \\ 1 & 3 \end{vmatrix} \quad \text{2로 첫 번째 행을 인수분해함.}$$

이다.

증명

첫 번째 성질에 대한 증명은 다음과 같다. 나머지 두 성질에 대한 증명은 연습문제로 남긴다. (연습문제 47번과 48번을 참고.) 행렬 A와 B는 2×2행렬

$$A=\begin{bmatrix} a_{11} & a_{12} \\ a_{21} & a_{22} \end{bmatrix} \text{와 } B=\begin{bmatrix} a_{21} & a_{22} \\ a_{11} & a_{12} \end{bmatrix}$$

라 가정하자. 그러면 $|A|=a_{11}a_{22}-a_{21}a_{12}$이고 $|B|=a_{21}a_{12}-a_{11}a_{22}$이다. 따라서 $|B|=-|A|$이다. 수학적 귀납법을 이용하여 $(n-1)$차 정사각행렬에 대하여 이 성질이 성립한다고 가정하자. 행렬 A는 $n\times n$의 행렬이고 행렬 B는 행렬 A의 두 행을 교환하여 얻은 행렬이라 하자. 그러면 행렬식 $|A|$와 $|B|$를 구하기 위해 교환된 두 행이 아닌 다른 한 행을 이용하여 여인수 전개하자. 행렬 B의 여인수와 이에 대응하는 행렬 A의 여인수는 $(n-1)\times(n-1)$의 행렬이고 두 행이 교환된 행렬이므로 귀납법의 가정으로부터 B의 여인수는 A의 여인수에 -1을 곱한 값이다. 결국 $|B|=-|A|$이고 이것으로 증명은 마무리된다. ■

오귀스탱-루이 코시 (Augustin-Louis cauchy, 1789~1857)

수학에 대한 코시의 공헌은 혁명적이었으며 그는 종종 현대수학에 엄격함을 가져온 것으로 인정받는다. 예를 들어, 그는 최초로 극한, 연속, 무한급수의 수렴에 대해 엄밀하게 정의하였다. 복소해석에서 알려진 그의 업적과 더불어 그는 행렬이론과 미분방정식에도 공헌하였다. 행렬식에 대한 코시의 업적이 케일리의 행렬에 대한 연구보다 앞선다는 것이 흥미롭다.

예제 2 기본행연산을 이용하여 행렬식 구하기

행렬 $A=\begin{bmatrix} 0 & -7 & 14 \\ 1 & 2 & -2 \\ 0 & 3 & -8 \end{bmatrix}$의 행렬식을 구하시오.

풀이

기본행연산을 이용하여 다음과 같이 행렬 A를 삼각행렬의 꼴로 바꾼다.

$$\begin{vmatrix} 0 & -7 & 14 \\ 1 & 2 & -2 \\ 0 & 3 & -8 \end{vmatrix} = -\begin{vmatrix} 1 & 2 & -2 \\ 0 & -7 & 14 \\ 0 & 3 & -8 \end{vmatrix}$$ ⟵ 첫 두 행을 교환

$$= 7\begin{vmatrix} 1 & 2 & -2 \\ 0 & 1 & -2 \\ 0 & 3 & -8 \end{vmatrix}$$ ⟵ -7로 두 번째 행을 인수분해

$$= 7\begin{vmatrix} 1 & 2 & -2 \\ 0 & 1 & -2 \\ 0 & 0 & -2 \end{vmatrix}$$ 두 번째 행의 -3배를 세 번째 행에 더해 새로운 ⟵ 세 번째 행을 만듦

위의 행렬은 삼각행렬이므로 행렬식은

$$|A|=7(1)(1)(-2)=-14$$

이다. ■

행렬식과 기본열연산

정리 3.3에서 기본행연산을 이용하여 설명하고 있지만 "행"이라는 말은 "열"이라는 말로 바꿔도 정리는 여전히 성립한다. 연산을 행렬의 행이 아니라 행렬의 열에 대해 시행하는 것을 **기본열연산**(elementary column operation)이라 한다. 그리고 한 행렬에 기본열연산을 시행하여 행렬을 얻었다면 두 행렬을 **열동치**(columnequivalent)라 한다. 다음은 정리 3.3의 성질1과 성질3을 열에 대한 이야기로 바꾼 예이다.

$$\begin{vmatrix} 2 & 1 & -3 \\ 4 & 0 & 1 \\ 0 & 0 & 2 \end{vmatrix} = -\begin{vmatrix} 1 & 2 & -3 \\ 0 & 4 & 1 \\ 0 & 0 & 2 \end{vmatrix}$$

첫 두 열을 교환

$$\begin{vmatrix} 2 & 3 & -5 \\ 4 & 1 & 0 \\ -2 & 4 & -3 \end{vmatrix} = 2\begin{vmatrix} 1 & 3 & -5 \\ 2 & 1 & 0 \\ -1 & 4 & -3 \end{vmatrix}$$

첫 번째 열을 2로 인수분해

행렬식을 계산할 때 예제 3에서처럼 기본열연산을 사용하는 것이 편리할 때도 종종 있다.

예제 3 기본열연산을 이용하여 행렬식 구하기

이런 유형의 예제의 대화형은 LarsonLinearAlgebra.com을 참고하라.

행렬 $A = \begin{bmatrix} -1 & 2 & 2 \\ 3 & -6 & 4 \\ 5 & -10 & -3 \end{bmatrix}$의 행렬식을 구하시오.

풀이

행렬 A의 첫 두 개의 열은 서로의 배수이다. 따라서 첫 번째 열에 2배를 하여 두 번째 열에 더하면 다음과 같이 0으로 이루어진 열을 얻을 수 있다.

$$\begin{vmatrix} -1 & 2 & 2 \\ 3 & -6 & 4 \\ 5 & -10 & -3 \end{vmatrix} = \begin{vmatrix} -1 & 0 & 2 \\ 3 & 0 & 4 \\ 5 & 0 & -3 \end{vmatrix}$$

열전체가 0으로 되어 있는 열이 있으므로 지금과 같은 경우에는 행렬을 삼각행렬의 꼴로 만들 필요는 없다. 행렬식이 0임을 쉽게 알 수 있다. 이러한 결론이 성립하는 이유는 정리 3.1에 의해서이다. 특히 두 번째 열에 대해 여인수 전개하면

$$|A| = (0)C_{12} + (0)C_{22} + (0)C_{32} = 0$$

이다. ■

선형대수의 응용

스도쿠 퍼즐에서 이 퍼즐의 목적은 부분적으로 채워져 있는 9×9 크기의 네모의 격자에 1부터 9까지의 수를 채워 각 열과 행, 그리고 3×3 크기의 작은 격자에 각 수가 한 번씩만 들어가도록 하는 것이다. 스도쿠의 퍼즐이 완성되었다는 것을 확인하려면 같은 순서로 되어 있는 행 또는 열이 없어야 한다. 만약 이러한 행이나 열이 있다면 1부터 9까지의 수로 채워진 9×9의 행렬의 행렬식은 0일 것이다. 이는 다음에 설명할 정리 3.4의 두 번째 조건의 결과로부터 직접 얻는다.

행렬식이 0인 행렬

예제 3에서 행렬의 두 열이 서로의 스칼라 곱의 배가 될 때 행렬의 행렬식은 0이 됨을 보았다. 이는 행렬식이 0이 되는 세 가지 조건 중 하나이다.

정리 3.4 행렬식이 0이 되는 조건

행렬 A가 정사각행렬이고 다음 조건 중 하나라도 성립하면 $\det(A)=0$이다.

1. 행 (또는 열) 전체의 성분이 모두 0이다.
2. 두 행(또는 열)이 같다.
3. 한 행(또는 열)이 다른 행(또는 열)의 배수이다.

증명

이 정리의 각 부분에 대한 성립여부는 기본행연산과 여인수 전개를 이용하여 증명할 것이다. 예를 들어 행 전체 혹은 열 전체가 0으로 되어 있다면 여인수 전개에서 각 여인수는 0이 곱해진다. 조건 2 또는 3이 성립할 때 기본행연산 또는 기본열연산을 사용하여 행 전체 혹은 열 전체가 0이 되도록 한다. ■

정리 3.4에서 언급한 조건이 확인되면 행렬식은 훨씬 쉽게 계산할 수 있다. 예를 들면 다음과 같다.

$$\begin{vmatrix} 0 & 0 & 0 \\ 2 & 4 & -5 \\ 3 & -5 & 2 \end{vmatrix} = 0 \qquad \begin{vmatrix} 1 & -2 & 4 \\ 0 & 1 & 2 \\ 1 & -2 & 4 \end{vmatrix} = 0 \qquad \begin{vmatrix} 1 & 2 & -3 \\ 2 & -1 & -6 \\ -2 & 0 & 6 \end{vmatrix} = 0$$

첫 번째 행이 모두 0이다.

첫 번째 행과 세 번째 행이 같다.

세 번째 열은 첫 번째 열의 배수이다.

정리 3.4의 조건들이 행렬식을 0으로 하는 유일한 조건은 아니다. 이 정리는 종종 바로 사용되는 것이 아니라 간접적으로 사용된다. 다시 말해 정리 3.4의 조건을 하나도 만족하지 않는 행렬을 기본행연산 또는 기본열연산을 이용하여 이 조건 중 하나를 만족하는 행렬로 바꾼다. 예제 4에서 이런 예를 확인할 수 있다.

예제 4 행렬식이 0이 되는 행렬

행렬 $A=\begin{bmatrix} 1 & 4 & 1 \\ 2 & -1 & 0 \\ 0 & 18 & 4 \end{bmatrix}$의 행렬식을 구하시오.

풀이

첫 번째 행에 -2를 곱해 두 번째 행에 더하여 행렬식을 구하면

$$|A|=\begin{vmatrix} 1 & 4 & 1 \\ 2+(-2)(1) & -1+(-2)(4) & 0+(-2)(1) \\ 0 & 18 & 4 \end{vmatrix}$$
$$=\begin{vmatrix} 1 & 4 & 1 \\ 0 & -9 & -2 \\ 0 & 18 & 4 \end{vmatrix}$$

이다. 이제 두 번째와 세 번째 행은 서로 배수 관계이므로 행렬식은 0이다. ■

예제 4에서 (두 번째 행의 2배를 세 번째 행에 더하는) 추가적인 기본행연산을 시행해서 행 전체가 0인 행을 만들 수 있었다. 즉 행렬식이 0인 정사각행렬은 적어도 하나의 행(또는 열)이 모두 0으로 이루어진 행렬과 행(또는 열)동치라는 것과 동치이다.

이제 우리는 행렬식을 구하는 두 가지 방법을 배웠다. 이 방법 중 기본행연산을 이용하여 행렬을 삼각행렬꼴로 축소하는 것은 행 또는 열을 이용한 여인수 전개보다 보통 더 빠르다. 만일 행렬의 크기가 크다면 여인수 전개에 필요한 연산의 횟수는 매우 많아질 수 있다. 이러한 이유로 대부분 컴퓨터와 계산기 알고리즘은 기본행연산을 포함한 방법을 사용한다. 다음 표는 3차, 5차, 10차 정사각행렬에 대해 두 가지 방법을 사용했을 때 필요한 덧셈(뺄셈 포함)과 곱셈(나눗셈 포함)의 최대 횟수를 나타낸다. (정말 그런지 확인해보시오.)

	여인수 전개		행 축소	
차수 n	덧셈	곱셈	덧셈	곱셈
3	5	9	8	10
5	119	205	40	44
10	3,628,799	6,235,300	330	339

실제, $n\times n$의 행렬을 여인수 전개할 때 덧셈의 최대 횟수만 보면 총 $n!-1$번이다. 30!의 값은 거의 2.65×10^{32}과 같으므로 비교적 작은 30×30의 행렬이라 할지라도 매우 거대한 횟수의 연산이 필요하다. 만약 컴퓨터가 초당 1조 회의 연산을 수행할 수 있다고 하면 여인수 전개를 이용해서 이 행렬의 행렬식을 구하려면 22조 년이라는 엄청난 시간이 걸릴 것이다. 하지만, 행축소 방법을 이용하여 단지 몇 분의 1초 정도 시간이 걸릴 것이다.

행렬식을 손으로 계산할 때 기본행(열)연산을 이용하여 성분 하나만 제외하고 나머지 성분이 모두 0인 행(또는 열)을 만들고 여인수 전개를 이용해서 행렬의 차수를 하나 줄이면 여러 계산 단계를 줄일 수 있다. 다음 두 개의 예제는 이러한 내용을 보여준다.

예제 5 행렬식 구하기

행렬 $A=\begin{bmatrix} -3 & 5 & 2 \\ 2 & -4 & -1 \\ -3 & 0 & 6 \end{bmatrix}$의 행렬식을 구하시오.

풀이

행렬 A는 이미 세 번째 행에 0이 하나 있음에 주목하자. 첫 번째 열에 2를 곱해서 세 번째 열에 더해서 다음과 같이 세 번째 행에 추가로 0을 더 만든다.

$$|A|=\begin{vmatrix} -3 & 5 & 2 \\ 2 & -4 & -1 \\ -3 & 0 & 6 \end{vmatrix}=\begin{vmatrix} -3 & 5 & -4 \\ 2 & -4 & 3 \\ -3 & 0 & 0 \end{vmatrix}$$

세 번째 행에 대해 여인수 전개하면

$$|A|=\begin{vmatrix} -3 & 5 & -4 \\ 2 & -4 & 3 \\ -3 & 0 & 0 \end{vmatrix}=-3(-1)^4\begin{vmatrix} 5 & -4 \\ -4 & 3 \end{vmatrix}=-3(1)(-1)=3$$

이다. ■

예제 6 행렬식 구하기

행렬 $A=\begin{bmatrix} 2 & 0 & 1 & 3 & -2 \\ -2 & 1 & 3 & 2 & -1 \\ 1 & 0 & -1 & 2 & 3 \\ 3 & -1 & 2 & 4 & -3 \\ 1 & 1 & 3 & 2 & 0 \end{bmatrix}$의 행렬식을 구하시오.

풀이

주어진 행렬의 두 번째 열은 이미 두 개의 0이 있다. 따라서 두 번째 열에 대해 여인수 전개한다. 두 번째 행을 네 번째 행에 더하고, 그 다음 두 번째 행의 -1배를 다섯 번째 행에 더하여 두 번째 열에 0을 두 개 더 추가로 만든다.

$$|A|=\begin{vmatrix} 2 & 0 & 1 & 3 & -2 \\ -2 & 1 & 3 & 2 & -1 \\ 1 & 0 & -1 & 2 & 3 \\ 3 & -1 & 2 & 4 & -3 \\ 1 & 1 & 3 & 2 & 0 \end{vmatrix}$$

$$=\begin{vmatrix} 2 & 0 & 1 & 3 & -2 \\ -2 & 1 & 3 & 2 & -1 \\ 1 & 0 & -1 & 2 & 3 \\ 1 & 0 & 5 & 6 & -4 \\ 3 & 0 & 0 & 0 & 1 \end{vmatrix}$$

$$=(1)(-1)^4\begin{vmatrix}2 & 1 & 3 & -2\\ 1 & -1 & 2 & 3\\ 1 & 5 & 6 & -4\\ 3 & 0 & 0 & 1\end{vmatrix}$$

이제 5×5의 행렬의 행렬식을 구하는 문제는 4×4의 행렬의 행렬식을 구하는 문제로 축소되었다. 네 번째 행에는 이미 두 개의 0이 있다. 그래서 네 번째 행을 선택해서 다음 여인수 전개를 한다. -3을 네 번째 열에 곱해서 첫 번째 열에 더하자.

$$|A|=\begin{vmatrix}2 & 1 & 3 & -2\\ 1 & -1 & 2 & 3\\ 1 & 5 & 6 & -4\\ 3 & 0 & 0 & 1\end{vmatrix}=\begin{vmatrix}8 & 1 & 3 & -2\\ -8 & -1 & 2 & 3\\ 13 & 5 & 6 & -4\\ 0 & 0 & 0 & 1\end{vmatrix}$$

$$=(1)(-1)^8\begin{vmatrix}8 & 1 & 3\\ -8 & -1 & 2\\ 13 & 5 & 6\end{vmatrix}$$

두 번째 행을 첫 번째 행에 더하고 첫 번째 행에 대해 여인수 전개하자.

$$|A|=\begin{vmatrix}8 & 1 & 3\\ -8 & -1 & 2\\ 13 & 5 & 6\end{vmatrix}=\begin{vmatrix}0 & 0 & 5\\ -8 & -1 & 2\\ 13 & 5 & 6\end{vmatrix}$$

$$=5(-1)^4\begin{vmatrix}-8 & -1\\ 13 & 5\end{vmatrix}$$

$$=5(1)(-27)$$

$$=-135$$

■

3.2 연습문제

행렬식의 성질 1~20번에서는 등식이 행렬식의 어떤 성질을 보여주고 있는지 결정하시오.

1. $\begin{vmatrix} 2 & -6 \\ 1 & -3 \end{vmatrix} = 0$

2. $\begin{vmatrix} -4 & 5 \\ 12 & -15 \end{vmatrix} = 0$

3. $\begin{vmatrix} 1 & 4 & 2 \\ 0 & 0 & 0 \\ 5 & 6 & -7 \end{vmatrix} = 0$

4. $\begin{vmatrix} -3 & 2 & 1 \\ 6 & 0 & 0 \\ -3 & 2 & 1 \end{vmatrix} = 0$

5. $\begin{vmatrix} 1 & 3 & 4 \\ -7 & 2 & -5 \\ 6 & 1 & 2 \end{vmatrix} = -\begin{vmatrix} 1 & 4 & 3 \\ -7 & -5 & 2 \\ 6 & 2 & 1 \end{vmatrix}$

6. $\begin{vmatrix} 1 & 3 & 4 & -5 \\ -2 & 2 & 0 & 1 \\ 1 & 6 & 2 & -7 \\ 0 & 5 & 3 & 8 \end{vmatrix} = -\begin{vmatrix} 1 & 6 & 2 & -7 \\ -2 & 2 & 0 & 1 \\ 1 & 3 & 4 & -5 \\ 0 & 5 & 3 & 8 \end{vmatrix}$

7. $\begin{vmatrix} 5 & 10 \\ 2 & -7 \end{vmatrix} = 5\begin{vmatrix} 1 & 2 \\ 2 & -7 \end{vmatrix}$

8. $\begin{vmatrix} 9 & 1 \\ 3 & 12 \end{vmatrix} = 3\begin{vmatrix} 3 & 1 \\ 1 & 12 \end{vmatrix}$

9. $\begin{vmatrix} 1 & 8 & -3 \\ 3 & -12 & 6 \\ 7 & 4 & 9 \end{vmatrix} = 12\begin{vmatrix} 1 & 2 & -1 \\ 3 & -3 & 2 \\ 7 & 1 & 3 \end{vmatrix}$

10. $\begin{vmatrix} 1 & 2 & 3 \\ 4 & -8 & 6 \\ 5 & 4 & 12 \end{vmatrix} = 6\begin{vmatrix} 1 & 1 & 1 \\ 4 & -4 & 2 \\ 5 & 2 & 4 \end{vmatrix}$

11. $\begin{vmatrix} -10 & 5 & 5 \\ 35 & -20 & 25 \\ 0 & 15 & 30 \end{vmatrix} = 5^3\begin{vmatrix} -2 & 1 & 1 \\ 7 & -4 & 5 \\ 0 & 3 & 6 \end{vmatrix}$

12. $\begin{vmatrix} 6 & 0 & 0 & 0 \\ 0 & 6 & 0 & 0 \\ 0 & 0 & 6 & 0 \\ 0 & 0 & 0 & 6 \end{vmatrix} = 6^4\begin{vmatrix} 1 & 0 & 0 & 0 \\ 0 & 1 & 0 & 0 \\ 0 & 0 & 1 & 0 \\ 0 & 0 & 0 & 1 \end{vmatrix}$

13. $\begin{vmatrix} 2 & -3 \\ 8 & 7 \end{vmatrix} = \begin{vmatrix} 2 & -3 \\ 0 & 19 \end{vmatrix}$

14. $\begin{vmatrix} 2 & 1 \\ 0 & -1 \end{vmatrix} = \begin{vmatrix} 2 & 1 \\ 4 & 1 \end{vmatrix}$

15. $\begin{vmatrix} 1 & -3 & 2 \\ 5 & 2 & -1 \\ -1 & 0 & 6 \end{vmatrix} = \begin{vmatrix} 1 & -3 & 2 \\ 0 & 17 & -11 \\ -1 & 0 & 6 \end{vmatrix}$

16. $\begin{vmatrix} 3 & 2 & 4 & 11 \\ -2 & 1 & 5 & 6 \\ 5 & -7 & -20 & 15 \\ 4 & -1 & 13 & 12 \end{vmatrix} = \begin{vmatrix} 3 & 2 & -6 & 11 \\ -2 & 1 & 0 & 6 \\ 5 & -7 & 15 & 15 \\ 4 & -1 & 8 & 12 \end{vmatrix}$

17. $\begin{vmatrix} 5 & 4 & 2 \\ 4 & -3 & 4 \\ 7 & 6 & 3 \end{vmatrix} = -\begin{vmatrix} 5 & 4 & 2 \\ -4 & 3 & -4 \\ 7 & 6 & 3 \end{vmatrix}$

18. $\begin{vmatrix} 3 & 2 & -2 \\ -1 & 0 & 3 \\ 4 & 2 & 0 \end{vmatrix} = -\begin{vmatrix} 3 & 2 & -2 \\ 4 & 2 & 0 \\ -1 & 0 & 3 \end{vmatrix}$

19. $\begin{vmatrix} 2 & 1 & -1 & 0 & 4 \\ 1 & 0 & 1 & 3 & 2 \\ 3 & 6 & 1 & -2 & 6 \\ 0 & 4 & 0 & 2 & 0 \\ -1 & 8 & 5 & 3 & 2 \end{vmatrix} = 0$

20. $\begin{vmatrix} 4 & 3 & 1 & 9 & 9 \\ 9 & -1 & 2 & 3 & -3 \\ 3 & 4 & 6 & 9 & 12 \\ 5 & 2 & 0 & 6 & 6 \\ 6 & 0 & 3 & 0 & 0 \end{vmatrix} = 0$

행렬식 구하기 21~24번에서는 기본행연산 또는 기본열연산을 이용하거나 여인수전개를 이용하여 행렬식을 직접 구하시오. 그러고 나서 소프트웨어 프로그램이나 공학용 계산기로 구한 답이 맞는지 확인하시오.

21. $\begin{vmatrix} 1 & 0 & 2 \\ -1 & 1 & 4 \\ 2 & 0 & 3 \end{vmatrix}$

22. $\begin{vmatrix} -1 & 3 & 2 \\ 0 & 2 & 0 \\ 1 & 1 & -1 \end{vmatrix}$

23. $\begin{vmatrix} 5 & 1 & 0 & 1 \\ 1 & 0 & -1 & -1 \\ 2 & 0 & 1 & 2 \\ -1 & 0 & 3 & 1 \end{vmatrix}$

24. $\begin{vmatrix} 3 & 2 & 1 & 1 \\ -1 & 0 & 2 & 0 \\ 4 & 1 & -1 & 0 \\ 3 & 1 & 1 & 0 \end{vmatrix}$

행렬식 구하기 25~36번에서는 기본행연산 또는 기본열 연산을 이용하여 행렬식을 구하시오.

25. $\begin{vmatrix} 1 & 7 & -3 \\ 1 & 3 & 1 \\ 4 & 8 & 1 \end{vmatrix}$

26. $\begin{vmatrix} 1 & 1 & 1 \\ 2 & -1 & -2 \\ 1 & -2 & -1 \end{vmatrix}$

27. $\begin{vmatrix} 2 & -1 & -1 \\ 1 & 3 & 2 \\ -6 & 3 & 3 \end{vmatrix}$

28. $\begin{vmatrix} 3 & 0 & 6 \\ 2 & -3 & 4 \\ 1 & -2 & 2 \end{vmatrix}$

29. $\begin{vmatrix} 3 & 2 & -3 \\ 7 & 5 & 1 \\ -1 & 2 & 6 \end{vmatrix}$

30. $\begin{vmatrix} 3 & 8 & -7 \\ 0 & -5 & 4 \\ 6 & 1 & 6 \end{vmatrix}$

31. $\begin{vmatrix} 4 & -7 & 9 & 1 \\ 6 & 2 & 7 & 0 \\ 3 & 6 & -3 & 3 \\ 0 & 7 & 4 & -1 \end{vmatrix}$

32. $\begin{vmatrix} 9 & -4 & 2 & 5 \\ 2 & 7 & 6 & -5 \\ 4 & 1 & -2 & 0 \\ 7 & 3 & 4 & 10 \end{vmatrix}$

33. $\begin{vmatrix} 1 & -2 & 7 & 9 \\ 3 & -4 & 5 & 5 \\ 3 & 6 & 1 & -1 \\ 4 & 5 & 3 & 2 \end{vmatrix}$

34. $\begin{vmatrix} 0 & -4 & 9 & 3 \\ 9 & 2 & -2 & 7 \\ -5 & 7 & 0 & 11 \\ -8 & 0 & 0 & 16 \end{vmatrix}$

35. $\begin{vmatrix} 1 & -1 & 8 & 4 & 2 \\ 2 & 6 & 0 & -4 & 3 \\ 2 & 0 & 2 & 6 & 2 \\ 0 & 2 & 8 & 0 & 0 \\ 0 & 1 & 1 & 2 & 2 \end{vmatrix}$

36. $\begin{vmatrix} 3 & -2 & 4 & 3 \\ -1 & 0 & 2 & 1 \\ 5 & -1 & 0 & 3 \\ 4 & 7 & -8 & 0 \\ 1 & 2 & 3 & 0 \end{vmatrix}$

참 또는 거짓? 37번과 38번에서는 각 명제가 참 또는 거짓인지 판별하시오. 만약 명제가 참이라면 그 이유를 제시하거나 본문에서 적절한 명제를 찾아 제시하시오. 만약 명제가 거짓이라면 명제가 참이 아니라는 예를 제시하거나 본문에서 적절한 명제를 찾아 제시하시오.

37. (a) 정사각행렬의 두 행의 위치를 바꾸면 행렬식의 부호가 바뀐다.

(b) 정사각행렬의 한 열에 0이 아닌 상수를 곱하면 행렬식에 같은 상수를 곱한 결과를 얻는다.

(c) 정사각행렬의 두 행이 같으면 행렬식은 0이다.

38. (a) 정사각행렬의 한 열의 상수배를 다른 열에 더하면 행렬식의 부호만 바뀐다.

(b) 한 행렬이 다른 행렬에 기본열연산을 시행하여 얻어질 때 두 행렬은 열동치이다.

(c) 정사각행렬의 한 행이 다른 행의 상수배이면 행렬식은 0이다.

기본행렬의 행렬식 구하기 39~42번에서는 기본행렬의 행렬식을 구하시오. (단 $k \neq 0$).

39. $\begin{bmatrix} 1 & 0 & 0 \\ 0 & k & 0 \\ 0 & 0 & 1 \end{bmatrix}$

40. $\begin{bmatrix} 0 & 0 & 1 \\ 0 & 1 & 0 \\ 1 & 0 & 0 \end{bmatrix}$

41. $\begin{bmatrix} 1 & 0 & 0 \\ k & 1 & 0 \\ 0 & 0 & 1 \end{bmatrix}$

42. $\begin{bmatrix} 1 & 0 & 0 \\ 0 & 1 & 0 \\ 0 & k & 1 \end{bmatrix}$

43. **증명** 다음 성질을 증명하시오.

$$\begin{vmatrix} a_{11} & a_{12} & a_{13} \\ a_{21} & a_{22} & a_{23} \\ a_{31} & a_{32} & a_{33} \end{vmatrix} + \begin{vmatrix} b_{11} & a_{12} & a_{13} \\ b_{21} & a_{22} & a_{23} \\ b_{31} & a_{32} & a_{33} \end{vmatrix} = \begin{vmatrix} (a_{11}+b_{11}) & a_{12} & a_{13} \\ (a_{21}+b_{21}) & a_{22} & a_{23} \\ (a_{31}+b_{31}) & a_{32} & a_{33} \end{vmatrix}$$

44. **증명** 다음 성질을 증명하시오.

$$\begin{bmatrix} 1+a & 1 & 1 \\ 1 & 1+b & 1 \\ 1 & 1 & 1+c \end{bmatrix} = abc\left(1+\frac{1}{a}+\frac{1}{b}+\frac{1}{c}\right)$$

$a \neq 0,\ b \neq 0,\ c \neq 0$

45. 각 행렬식을 구하시오.

(a) $\begin{vmatrix} \cos\theta & \sin\theta \\ -\sin\theta & \cos\theta \end{vmatrix}$ (b) $\begin{vmatrix} \sin\theta & 1 \\ 1 & \sin\theta \end{vmatrix}$

46. **캡스톤** $a=1,\ b=4,\ c=-3$일 때, 다음 행렬식을 구하시오.

(a) $\begin{vmatrix} 0 & b & 0 \\ a & 0 & 0 \\ 0 & 0 & c \end{vmatrix}$ (b) $\begin{vmatrix} a & 0 & 1 \\ 0 & c & 0 \\ b & 0 & -16 \end{vmatrix}$

47. **힌트가 있는 증명** 정리 3.3의 성질 2를 증명하시오. 즉 행렬 B는 행렬 a의 한 행의 상수배를 A의 다른 행에 더해서 얻은 행렬일 때 $\det(B) = \det(A)$임을 증명하시오.

시작: 행렬 B의 행렬식이 행렬 A의 행렬식과 같다는 것을 보이기 위해서 각각의 여인수들이 같다는 것을 보이면 된다.

(i) 행렬 B를 행렬 A의 j번째 행에 상수 c를 곱해 행렬 A의 i번째 행에 더해서 얻은 행렬이라 하자.

(ii) 행렬 B의 i번째 행에 대해 여인수 전개하여 행렬식을 구하시오.

(iii) 계수에 c가 포함된 항과 c를 포함하지 않은 항을 전개한 후 공통인수로 묶으시오.

(iv) 계수에 c를 포함하지 않은 항의 합은 행렬 A의 행렬식이고 계수에 c를 포함한 항의 합은 0임을 보이시오.

48. **힌트가 있는 증명** 정리 3.3의 성질 3을 증명하시오. 즉, 행렬 B가 행렬 A의 한 행에 0이 아닌 상수 c를 곱해서 얻은 행렬일 때, $\det(B) = c\det(A)$임을 증명하시오.

시작: 행렬 B의 행렬식이 행렬 A의 행렬식의 c배와 같음을 보이려면 행렬 B의 행렬식은 행렬 A의 행렬식의 여인수 전개한 결과의 c배와 같다는 것을 증명해야 한다.

(i) 행렬 B를 행렬 A의 i번째 행에 상수 c를 곱해서 얻은 행렬이라 하자.

(ii) 행렬 B의 i번째 행에 대해 여인수 전개하여 행렬 B의 행렬식을 구하시오.

(iii) 공통인수 c로 인수분해하시오.

(iv) 이 결과가 행렬 A의 행렬식의 c배라는 것을 보이시오.

3.3 행렬식의 성질

- 행렬곱의 행렬식과 행렬의 스칼라곱의 행렬식 구하기
- 역행렬의 행렬식 구하기와 역행렬을 갖는 행렬에 대한 동치조건 구별하기
- 전치행렬의 행렬식 구하기

행렬곱과 스칼라곱

이 절에서 행렬식에 대한 몇 가지 중요한 성질을 배울 것이다. 두 행렬의 곱의 행렬식에 대해서 우선 생각해 보자.

예제 1 행렬곱의 행렬식

두 행렬 $A=\begin{bmatrix}1 & -2 & 2\\ 0 & 3 & 2\\ 1 & 0 & 1\end{bmatrix}$와 $B=\begin{bmatrix}2 & 0 & 1\\ 0 & -1 & -2\\ 3 & 1 & -2\end{bmatrix}$에 대해 $|A|$, $|B|$와 $|AB|$를 구하시오.

풀이

$|A|$와 $|B|$를 구하면

$$|A|=\begin{vmatrix}1 & -2 & 2\\ 0 & 3 & 2\\ 1 & 0 & 1\end{vmatrix}=-7 \text{ 이고 } |B|=\begin{vmatrix}2 & 0 & 1\\ 0 & -1 & -2\\ 3 & 1 & -2\end{vmatrix}=11$$

이다. 행렬곱 AB는

$$AB=\begin{bmatrix}1 & -2 & 2\\ 0 & 3 & 2\\ 1 & 0 & 1\end{bmatrix}\begin{bmatrix}2 & 0 & 1\\ 0 & -1 & -2\\ 3 & 1 & -2\end{bmatrix}=\begin{bmatrix}8 & 4 & 1\\ 6 & -1 & -10\\ 5 & 1 & -1\end{bmatrix}$$

이다. 따라서

$$|AB|=\begin{vmatrix}8 & 4 & 1\\ 6 & -1 & -10\\ 5 & 1 & -1\end{vmatrix}=-77$$

이다. ■

참고

정리 3.5는 임의의 자연수 k에 대하여, k개의 행렬의 곱의 경우로 확장할 수 있다. 즉

$$|A_1A_2A_3 \cdots A_k| = |A_1||A_2||A_3| \cdots |A_k|$$

가 성립한다.

예제 1에서 $|AB| = |A||B|$ 혹은 $-77 = (-7)(11)$이다. 이런 성질은 일반적으로 성립한다.

정리 3.5 **행렬곱의 행렬식**

행렬 A와 B가 n차 정사각행렬이면

$$\det(AB) = \det(A)\det(B)$$

이다.

증명

우선, 행렬 E가 기본행렬이면 정리 3.3에 의해 다음 세 명제가 성립함을 알 수 있다. 행렬 E가 항등행렬 I의 두 행의 위치를 바꿔 얻은 행렬이면 $|E| = -1$이다. 행렬 E가 항등행렬 I의 한 행에 0이 아닌 상수 c를 곱해서 얻은 행렬이면 $|E| = c$이다. 행렬 E가 항등행렬 I의 한 행의 상수배를 다른 행에 더해서 얻은 행렬이면 $|E| = 1$이다. 또한, 정리 2.12에 의하면 행렬 E가 항등행렬 I에 기본행연산을 수행하여 얻은 행렬이고 같은 기본행연산을 행렬 B에 수행하면 그 결과는 EB가 된다. 따라서 $|EB| = |E||B|$이다.
이를 일반화하면 $|E_k \cdots E_2E_1B| = |E_k| \cdots |E_2||E_1||B|$도 성립한다. 여기서 E_i는 기본행렬이다. 이제 행렬 AB를 생각해보자. 행렬 A가 역행렬을 가지면 정리 2.14에 의해 행렬 A는 $A = E_k \cdots E_2E_1$과 같이 기본행렬의 곱으로 나타낼 수 있고,

$$\begin{aligned} |AB| &= |E_k \cdots E_2E_1B| \\ &= |E_k| \cdots |E_2||E_1||B| \\ &= |E_k \cdots E_2E_1||B| \\ &= |A||B| \end{aligned}$$

가 성립한다.
행렬 A가 역행렬을 갖지 않으면 행렬 A는 행의 모든 성분이 0인 행을 가진 행렬과 행동치이다. 정리 3.4에 의해 $|A| = 0$이다 더욱이 AB도 역행렬을 갖지 않는다 .(만일 AB가 역행렬을 가지면 $A[B(AB)^{-1}] = I$이 되어 A도 역행렬을 갖는다.) 따라서 $|AB| = 0$이고 $|AB| = |A||B|$가 성립한다. ■

다음 정리는 $|A|$와 $|cA|$의 관계를 보여준다.

정리 3.6 **행렬의 스칼라곱의 행렬식**

행렬 A가 n차 정사각행렬이고 c가 스칼라이면 행렬 cA의 행렬식은

$$\det(cA) = c^n \det(A)$$

이다.

증명

정리 3.3의 성질 3을 계속해서 적용하면 이 식을 증명할 수 있다. $|cA|$의 n개의 행 각각을 스칼라 c로 인수분해하여 $|cA| = c^n|A|$를 얻는다. ■

예제 2 **행렬의 스칼라곱의 행렬식**

행렬 $A = \begin{bmatrix} 10 & -20 & 40 \\ 30 & 0 & 50 \\ -20 & -30 & 10 \end{bmatrix}$의 행렬식을 구하시오.

풀이

$A = 10\begin{bmatrix} 1 & -2 & 4 \\ 3 & 0 & 5 \\ -2 & -3 & 1 \end{bmatrix}$이고 $\begin{vmatrix} 1 & -2 & 4 \\ 3 & 0 & 5 \\ -2 & -3 & 1 \end{vmatrix} = 5$이다. 따라서 정리 3.6을 적용하면

$$|A| = 10^3\begin{vmatrix} 1 & -2 & 4 \\ 3 & 0 & 5 \\ -2 & -3 & 1 \end{vmatrix} = 1000(5) = 5000$$

이다. ■

정리 3.5와 3.6은 두 행렬의 곱의 행렬식과 행렬의 스칼라곱의 행렬식에 대한 공식을 보여준다. 하지만 이 두 정리는 두 행렬의 합의 행렬식에 대한 공식을 보여주지는 않는다. 대개 두 행렬의 행렬식의 합이 행렬의 합의 행렬식과 같지는 않다. 즉 일반적으로 $|A| + |B| \neq |A+B|$이다. 예를 들어 두 행렬 $A = \begin{bmatrix} 6 & 2 \\ 2 & 1 \end{bmatrix}$과 $B = \begin{bmatrix} 3 & 7 \\ 0 & -1 \end{bmatrix}$에 대하여 $|A| = 2$이고 $|B| = -3$이다 하지만, $A+B = \begin{bmatrix} 9 & 9 \\ 2 & 0 \end{bmatrix}$이고 $|A+B| = -18$이다.

행렬식과 행렬의 역행렬

조사를 통해 행렬이 역행렬을 갖는지 여부를 알아내는 것은 어려울 수 있다. 두 행렬 $A=\begin{bmatrix}0 & 2 & -1\\3 & -2 & 1\\3 & 2 & -1\end{bmatrix}$와 $B=\begin{bmatrix}0 & 2 & -1\\3 & -2 & 1\\3 & 2 & 1\end{bmatrix}$ 중 어떤 행렬이 역행렬을 갖는지 판별할 수 있을까?

다음 정리는 행렬식이 정사각행렬이 역행렬을 갖는지 또는 그렇지 않은지 구별하는데 유용하다는 것을 보여준다.

정리 3.7 역행렬을 갖는 행렬의 행렬식

정사각행렬 A는 역행렬을 가지면 $\det(A)\neq 0$이고 그 역도 성립한다.

증명

우선 행렬 A가 역행렬을 가진다고 가정하자. 그러면 $AA^{-1}=I$이고 정리 3.5에 의해 $|A||A^{-1}|=|I|$가 성립한다. 그런데 $|I|=1$이므로 좌변의 각 항은 모두 0이 아니고 더욱이 $|A|\neq 0$이다.
반대로, 행렬 A의 행렬식이 0이 아니라 가정하자. 그러면 가우스-조던 소거법을 사용하여 행렬 A와 행동치인 기약행사다리꼴 행렬 B를 구하자. 행렬 B는 항등행렬 I이거나 행의 모든 성분이 0인 행이 적어도 하나 있는 행렬이어야 한다. 하지만 행렬 B가 행 하나 전체가 0이면 정리 3.4에 의해 $|B|=0$이고 그러면 $|A|=0$이 된다. $|A|\neq 0$라고 가정했기 때문에 $B=I$가 성립한다. 따라서 행렬 A는 항등행렬과 행동치이고 정리 2.15에 의해 A는 역행렬을 갖는다. ■

발견

행렬 $A=\begin{bmatrix}6 & 4 & 1\\0 & 2 & 3\\1 & 1 & 2\end{bmatrix}$라 하자.

1. 소프트웨어 프로그램 또는 공학용 계산기를 이용하여 A^{-1}를 구하시오.
2. $\det(A^{-1})$와 $\det(A)$를 비교하시오.
3. 행렬의 역행렬의 행렬식에 대한 가설을 세우시오.

예제 3 역행렬을 갖거나 갖지 않는 정사각행렬 구별하기

다음 행렬이 역행렬을 갖는지 판별하시오.

a. $\begin{bmatrix}0 & 2 & -1\\3 & -2 & 1\\3 & 2 & -1\end{bmatrix}$ b. $\begin{bmatrix}0 & 2 & -1\\3 & -2 & 1\\3 & 2 & 1\end{bmatrix}$

풀이

a. $\begin{vmatrix}0 & 2 & -1\\3 & -2 & 1\\3 & 2 & -1\end{vmatrix}=0.$

따라서 이 행렬은 역행렬을 갖지 않는다. (이 행렬은 특이(singular)이다.)

b. $\begin{vmatrix} 0 & 2 & -1 \\ 3 & -2 & 1 \\ 3 & 2 & 1 \end{vmatrix} = -12 \neq 0.$

따라서 이 행렬은 역행렬을 갖는다. (이 행렬은 정칙(nonsingular)이다.) ■

다음 정리는 역행렬의 행렬식을 구하는 방법을 보여준다.

정리 3.8 **역행렬의 행렬식**

행렬 A가 역행렬을 갖는 $n \times n$의 행렬이면 $\det(A^{-1}) = \dfrac{1}{\det(A)}$이다.

증명

행렬 A는 역행렬을 가진다. 따라서 $AA^{-1} = I$이고 정리 3.5에 의해 $|A||A^{-1}| = |I| = 1$이다. 정리 3.7에 의해 $|A| \neq 0$이고 양변을 $|A|$로 나누면

$$|A^{-1}| = \frac{1}{|A|}$$

이다. ■

예제 4 **행렬의 역행렬의 행렬식**

행렬 $A = \begin{bmatrix} 1 & 0 & 3 \\ 0 & -1 & 2 \\ 2 & 1 & 0 \end{bmatrix}$에 대해 $|A^{-1}|$를 구하시오.

풀이

이 문제를 푸는 첫 번째 방법은 A^{-1}를 구하고 행렬식을 계산하는 것이다. 하지만 정리 3.8을 이용하여 다음과 같이 구하는 것이 더 쉽다. 행렬 A의 행렬식을 구하면

$$|A| = \begin{vmatrix} 1 & 0 & 3 \\ 0 & -1 & 2 \\ 2 & 1 & 0 \end{vmatrix} = 4$$

이고 공식 $|A^{-1}| = \dfrac{1}{|A|}$를 이용하면 $|A^{-1}| = \dfrac{1}{4}$이다. ■

참고

행렬 A의 역행렬이

$$A^{-1}=\begin{bmatrix} -\frac{1}{2} & \frac{3}{4} & \frac{3}{4} \\ 1 & -\frac{1}{2} & -\frac{1}{2} \\ \frac{1}{2} & -\frac{1}{4} & -\frac{1}{4} \end{bmatrix}$$

이다. 이 행렬의 행렬식을 직접 구하시오 그리고 예제 4의 결과와 비교해보시오.

역행렬을 갖는 행렬의 동치조건

행렬 A가 $n\times n$의 행렬이면 다음 명제는 모두 동치이다.

1. A는 역행렬을 갖는다.
2. $A\mathrm{x}=\mathrm{b}$는 모든 $n\times 1$ 열행렬 b에 대하여 유일한 해를 갖는다.
3. $A\mathrm{x}=O$은 자명한 해만 갖는다.
4. 행렬 A는 항등행렬 I_n과 행동치이다.
5. 행렬 A는 기본행렬의 곱으로 나타낼 수 있다.
6. $\det(A)\neq 0$

참고

3.2절에서 정사각행렬 A는 행 전체가 0인 행이 적어도 하나 있는 행렬과 행동치이면 행렬식이 0임을 알았다. 이 명제는 명제 4와 6이 동치라는 사실에 의해 성립한다.

예제 5 연립일차방정식

다음 중 어떤 연립방정식이 유일한 해를 갖는가?

a.
$$\begin{aligned} 2x_2-x_3&=-1 \\ 3x_1-2x_2+x_3&=4 \\ 3x_1+2x_2-x_3&=-4 \end{aligned}$$

b.
$$\begin{aligned} 2x_2-x_3&=-1 \\ 3x_1-2x_2+x_3&=4 \\ 3x_1+2x_2+x_3&=-4 \end{aligned}$$

풀이

예제 3에서 주어진 두 연립방정식의 계수행렬이 다음과 같은 행렬식을 가짐을 살펴보았다.

a. $\begin{vmatrix} 0 & 2 & -1 \\ 3 & -2 & 1 \\ 3 & 2 & -1 \end{vmatrix}=0$　　b. $\begin{vmatrix} 0 & 2 & -1 \\ 3 & -2 & 1 \\ 3 & 2 & 1 \end{vmatrix}=-12$

위에서 설명한 동치조건을 이용하면 두 번째 연립방정식이 유일한 해를 가짐을 알 수 있다. ■

◎ 행렬식과 전치행렬

다음 정리에 의하면 정사각행렬의 전치행렬의 행렬식은 원래 행렬의 행렬식과 같다. 이 정리는 수학적 귀납법과 함께 행 또는 열에 대한 여인수를 사용하여 행렬식을 구할 수 있다는 정리 3.1을 이용해서 증명할 수 있다. 자세한 증명은 연습문제로 남긴다(연습문제 66번 참고).

정리 3.9 **전치행렬의 행렬식**

행렬 A가 정사각행렬이면

$$\det(A) = \det(A^T)$$

이다.

예제 6 전치행렬의 행렬식

이런 유형의 대화형 예제는 LarsonLinearAlgebra.com을 참고하라.

행렬 $A = \begin{bmatrix} 3 & 1 & -2 \\ 2 & 0 & 0 \\ -4 & -1 & 5 \end{bmatrix}$에 대해 $|A| = |A^T|$임을 보이시오.

풀이

행렬 A의 행렬식을 구하기 위해 두 번째 행에 대해 여인수 전개하면

$$\begin{aligned} |A| &= 2(-1)^3 \begin{vmatrix} 1 & -2 \\ -1 & 5 \end{vmatrix} \\ &= 2(-1)(3) \\ &= -6 \end{aligned}$$

을 얻는다. $A^T = \begin{bmatrix} 3 & 2 & -4 \\ 1 & 0 & -1 \\ -2 & 0 & 5 \end{bmatrix}$의 행렬식을 구하기 위해 두 번째 열에 대해 여인수 전개하면

$$\begin{aligned} |A^T| &= 2(-1)^3 \begin{vmatrix} 1 & -1 \\ -2 & 5 \end{vmatrix} \\ &= (2)(-1)(3) \\ &= -6 \end{aligned}$$

을 얻는다. ■

선형대수의 응용

연립선형미분방정식은 종종 공학과 제어이론에서 사용한다. 양의 실수 t에서 정의된 함수 $f(t)$에 대하여 이상적분이 존재한다면 $f(t)$의 **라플라스 변환**(Laplace transformation)은

$$F(s)=\int_0^{\infty} e^{-st}f(t)dt$$

로 정의한다. 라플라스 변환과 행렬식을 사용해서 연립일차방정식을 푸는 크래머 공식은 때때로 연립미분방정식을 풀 때 사용되기도 한다. 크래머 공식은 다음 절에서 배울 것이다.

3.3 연습문제

행렬곱의 행렬식 1~6번에서는 (a) $|A|$, (b) $|B|$, (c) AB, (d) $|AB|$를 구하시오. 그리고 $|A||B|=|AB|$임을 확인하시오.

1. $A=\begin{bmatrix}-2 & 1\\ 4 & -2\end{bmatrix},\ B=\begin{bmatrix}1 & 1\\ 0 & -1\end{bmatrix}$

2. $A=\begin{bmatrix}3 & 4\\ 4 & 3\end{bmatrix},\ B=\begin{bmatrix}2 & -1\\ 5 & 0\end{bmatrix}$

3. $A=\begin{bmatrix}-1 & 2 & 1\\ 1 & 0 & 1\\ 0 & 1 & 0\end{bmatrix},\ B=\begin{bmatrix}-1 & 0 & 0\\ 0 & 2 & 0\\ 0 & 0 & 3\end{bmatrix}$

4. $A=\begin{bmatrix}2 & 0 & 1\\ 1 & -1 & 2\\ 3 & 1 & 0\end{bmatrix},\ B=\begin{bmatrix}2 & -1 & 4\\ 0 & 1 & 3\\ 3 & -2 & 1\end{bmatrix}$

5. $A=\begin{bmatrix}2 & 0 & 1 & 1\\ 1 & -1 & 0 & 1\\ 2 & 3 & 1 & 0\\ 1 & 1 & 3 & 0\end{bmatrix},\ B=\begin{bmatrix}1 & 0 & -1 & 1\\ 2 & 1 & 0 & 2\\ 1 & 1 & -1 & 0\\ 3 & 2 & 1 & 0\end{bmatrix}$

6. $A=\begin{bmatrix}2 & 4 & 7 & 0\\ 1 & -2 & 1 & 1\\ 0 & 0 & 2 & 1\\ 1 & -1 & 1 & 0\end{bmatrix},\ B=\begin{bmatrix}6 & 1 & -1 & 0\\ -1 & 2 & 1 & 1\\ 0 & 0 & 1 & 2\\ 0 & 0 & 0 & -1\end{bmatrix}$

행렬의 스칼라곱의 행렬식 7~14에서는 $|cA|=c^n|A|$임을 이용하여 $n\times n$의 행렬의 행렬식을 계산하시오.

7. $A=\begin{bmatrix}5 & 15\\ 10 & -20\end{bmatrix}$

8. $A=\begin{bmatrix}21 & 7\\ 28 & -56\end{bmatrix}$

9. $A=\begin{bmatrix}-3 & 6 & 9\\ 6 & 9 & 12\\ 9 & 12 & 15\end{bmatrix}$

10. $A=\begin{bmatrix}4 & 16 & 0\\ 12 & -8 & 8\\ 16 & 20 & -4\end{bmatrix}$

11. $A=\begin{bmatrix}2 & -4 & 6\\ -4 & 6 & -8\\ 6 & -8 & 10\end{bmatrix}$

12. $A=\begin{bmatrix}40 & 25 & 10\\ 30 & 5 & 20\\ 15 & 35 & 45\end{bmatrix}$

13. $A=\begin{bmatrix}5 & 0 & -15 & 0\\ 0 & 5 & 0 & 0\\ -10 & 0 & 5 & 0\\ 0 & -20 & 0 & 5\end{bmatrix}$

14. $A=\begin{bmatrix}0 & 16 & -8 & -32\\ -16 & 8 & -8 & 16\\ 8 & -24 & 8 & -8\\ -8 & 32 & 0 & 32\end{bmatrix}$

행렬합의 행렬식 15~18번에서는 (a) $|A|$, (b) $|B|$, (c) $A+B$, (d) $|A+B|$를 구하시오. 그리고 $|A|+|B|\neq|A+B|$임을 확인하시오.

15. $A=\begin{bmatrix}-1 & 1\\ 2 & 0\end{bmatrix},\ B=\begin{bmatrix}1 & -1\\ -2 & 0\end{bmatrix}$

16. $A=\begin{bmatrix}1 & -2\\ 1 & 0\end{bmatrix},\ B=\begin{bmatrix}3 & -2\\ 0 & 0\end{bmatrix}$

17. $A=\begin{bmatrix}-1 & 1 & 2\\ 0 & 1 & 1\\ 1 & 1 & -1\end{bmatrix},\ B=\begin{bmatrix}1 & 0 & 1\\ -1 & 1 & 2\\ 0 & 1 & 2\end{bmatrix}$

18. $A=\begin{bmatrix}0 & 1 & 2\\ 1 & -1 & 0\\ 2 & 1 & 1\end{bmatrix},\ B=\begin{bmatrix}0 & 1 & -1\\ 2 & 1 & 1\\ 0 & 1 & 1\end{bmatrix}$

역행렬을 갖는 행렬과 역행렬을 갖지 않는 행렬의 구별 19~24번에서는 행렬식을 이용하여 역행렬을 갖는 행렬인지 역행렬을 갖지 않는 행렬인지 판별하시오.

19. $\begin{bmatrix}5 & 4\\ 10 & 8\end{bmatrix}$

20. $\begin{bmatrix}3 & -6\\ 4 & 2\end{bmatrix}$

21. $\begin{bmatrix}\frac{1}{2} & \frac{3}{2} & 2\\ \frac{2}{3} & -\frac{1}{3} & 0\\ 1 & 1 & 1\end{bmatrix}$

22. $\begin{bmatrix}14 & 5 & 7\\ -15 & -\frac{1}{3} & 0\\ 1 & -5 & -10\end{bmatrix}$

23. $\begin{bmatrix}1 & 0 & -8 & 2\\ 0 & 8 & -1 & 10\\ 0 & 0 & 0 & 1\\ 0 & 0 & 0 & 2\end{bmatrix}$

24. $\begin{bmatrix}0.8 & 0.2 & -0.6\\ -1.2 & 0.6 & 0.6\\ 0.7 & -0.3 & 0.1\\ 0.2 & -0.3 & 0.6\end{bmatrix}$

행렬의 역행렬의 행렬식 25~30번에서는 $|A^{-1}|$를 구하시오. A^{-1}를 구해서 행렬식을 계산하시오. $|A|$를 구한 후 정리 3.8의 공식 $|A^{-1}|=\dfrac{1}{|A|}$에 대입하여 구한 결과를 이용해서 확인하시오.

25. $A=\begin{bmatrix}2 & 3\\ 1 & 4\end{bmatrix}$

26. $A=\begin{bmatrix}1 & -2\\ 2 & 2\end{bmatrix}$

27. $A=\begin{bmatrix}2 & -2 & 3\\ 1 & -1 & 2\\ 3 & 0 & 3\end{bmatrix}$

28. $A=\begin{bmatrix}1 & 0 & 1\\ 2 & -1 & 2\\ 1 & -2 & 3\end{bmatrix}$

29. $A=\begin{bmatrix}1 & 0 & -1 & 3\\ 1 & 0 & 3 & -2\\ 2 & 0 & 2 & -1\\ 1 & -3 & 1 & 2\end{bmatrix}$

30. $A=\begin{bmatrix}0 & 1 & 0 & 3\\ 1 & -2 & -3 & 1\\ 0 & 0 & 2 & -2\\ 1 & -2 & -4 & 1\end{bmatrix}$

연립일차방정식 31~36번에서는 계수행렬의 행렬식을 이용하여 연립일차방정식이 유일한 해를 갖는지 여부를 판별하시오.

31. $\begin{aligned} x_1 - 3x_2 &= 2\\ 2x_1 + x_2 &= 1\end{aligned}$

32. $\begin{aligned} 3x_1 - 4x_2 &= 2\\ \frac{2}{3}x_1 - \frac{8}{9}x_2 &= 1\end{aligned}$

33. $\begin{aligned} x_1 - x_2 + x_3 &= 4\\ 2x_1 - x_2 + x_3 &= 6\\ 3x_1 - 2x_2 + 2x_3 &= 0\end{aligned}$

34. $\begin{aligned} x_1 + x_2 - x_3 &= 4\\ 2x_1 - x_2 + x_3 &= 6\\ 3x_1 - 2x_2 + 2x_3 &= 0\end{aligned}$

35. $\begin{aligned} 2x_1 + x_2 + 5x_3 + x_4 &= 5\\ x_1 + x_2 - 3x_3 - 4x_4 &= -1\\ 2x_1 + 2x_2 + 2x_3 - 3x_4 &= 2\\ x_1 + 5x_2 - 6x_3 &= 3\end{aligned}$

36. $\begin{aligned} x_1 - x_2 - x_3 - x_4 &= 0\\ x_1 + x_2 - x_3 - x_4 &= 0\\ x_1 + x_2 + x_3 - x_4 &= 0\\ x_1 + x_2 + x_3 + x_4 &= 6\end{aligned}$

역행렬을 갖지 않는 행렬 37~42번에서는 A가 역행렬을 갖지 않는 k의 값을 모두 구하시오.

37. $A=\begin{bmatrix}k-1 & 3\\ 2 & k-2\end{bmatrix}$

38. $A=\begin{bmatrix}k-1 & 2\\ 2 & k+2\end{bmatrix}$

39. $A=\begin{bmatrix}1 & 0 & 3\\ 2 & -1 & 0\\ 4 & 2 & k\end{bmatrix}$

40. $A=\begin{bmatrix}1 & k & 2\\ -2 & 0 & -k\\ 3 & 1 & -4\end{bmatrix}$

41. $A=\begin{bmatrix}0 & k & 1\\ k & 1 & k\\ 1 & k & 0\end{bmatrix}$

42. $A=\begin{bmatrix}k & -3 & -k\\ -2 & k & 1\\ k & 1 & 0\end{bmatrix}$

행렬식 구하기 43~50번에서는 (a) $|A^T|$, (b) $|A^2|$, (c) $|AA^T|$, (d) $|2A|$, (e) $|A^{-1}|$을 구하시오.

43. $A=\begin{bmatrix}6 & -11\\ 4 & -5\end{bmatrix}$

44. $A=\begin{bmatrix}-4 & 10\\ 5 & 6\end{bmatrix}$

45. $A=\begin{bmatrix}5 & 0 & 0\\ 1 & -3 & 0\\ 0 & -1 & 2\end{bmatrix}$

46. $A=\begin{bmatrix}1 & 5 & 4\\ 0 & -6 & 2\\ 0 & 0 & -3\end{bmatrix}$

47. $A=\begin{bmatrix}2 & 0 & 5\\ 4 & -1 & 6\\ 3 & 2 & 1\end{bmatrix}$

48. $A=\begin{bmatrix}4 & 1 & 9\\ -1 & 0 & -2\\ -3 & 3 & 0\end{bmatrix}$

49. $A=\begin{bmatrix}-3 & 0 & 0 & 0\\ 0 & 2 & 0 & 0\\ 0 & 0 & 1 & 0\\ 0 & 0 & 0 & 5\end{bmatrix}$

50. $A=\begin{bmatrix}2 & 0 & 0 & 1\\ 0 & -3 & 0 & 0\\ 0 & 0 & 4 & 0\\ 1 & 0 & 0 & 1\end{bmatrix}$

행렬식 구하기 51~56번에서는 소프트웨어 프로그램 또는 공학용 계산기를 이용하여 (a) $|A|$, (b) $|A^T|$, (c) $|A^2|$, (d) $|2A|$, (e) $|A^{-1}|$을 구하시오.

51. $A=\begin{bmatrix}4 & 2\\ -1 & 5\end{bmatrix}$

52. $A=\begin{bmatrix}-2 & 4\\ 6 & 8\end{bmatrix}$

53. $A=\begin{bmatrix}3 & 1 & -2\\ 2 & -1 & 3\\ -3 & 1 & 2\end{bmatrix}$

54. $A=\begin{bmatrix}\frac{3}{4} & \frac{2}{3} & -\frac{1}{4}\\ \frac{2}{3} & 1 & \frac{1}{3}\\ -\frac{1}{4} & \frac{1}{3} & \frac{3}{4}\end{bmatrix}$

55. $A=\begin{bmatrix}4 & -2 & 1 & 5\\ 3 & 8 & 2 & -1\\ 6 & 8 & 9 & 2\\ 2 & 3 & -1 & 0\end{bmatrix}$

56. $A=\begin{bmatrix}6 & 5 & 1 & -1\\ -2 & 4 & 3 & 5\\ 6 & 1 & -4 & -2\\ 2 & 2 & 1 & 3\end{bmatrix}$

57. 두 행렬 A와 B는 $|A|=-5$, $|B|=3$인 4차 정사각행렬이라 하자. (a) $|A^2|$, (b) $|B^2|$, (c) $|A^3|$, (d) $|B^4|$을 구하시오.

58. **캡스톤** 행렬 A와 B는 $|A|=4$이고 $|B|=5$인 3차 정사각행렬이다.

(a) $|AB|$를 구하시오.

(b) $|2A|$를 구하시오.

(c) 행렬 A와 B는 역행렬을 갖는 행렬인가? 또는 그렇지 않은 행렬인가? 설명하시오.

(d) 행렬 A와 B가 역행렬을 갖는다면 $|A^{-1}|$와 $|B^{-1}|$를 구하시오.

(e) $|(AB)^T|$를 구하시오.

59. **증명** 행렬 A와 B는 $AB=I$인 $n\times n$의 행렬이다. $|A|\neq 0$이고 $|B|\neq 0$임을 증명하시오.

60. **증명** 행렬 A와 B는 AB가 역행렬을 갖지 않는 행렬이 되는 $n\times n$의 행렬이다. A 또는 B는 역행렬을 갖지 않음을 증명하시오.

61. $|A|+|B|=|A+B|$가 성립하는 두 개의 2×2 행렬을 구하시오.

62. 식 $\begin{vmatrix}a+b & a & a\\ a & a+b & a\\ a & a & a+b\end{vmatrix}=b^2(3a+b)$가 성립하는지 확인하시오.

63. 행렬 A는 각 행의 성분의 합이 0인 행렬이다. $|A|$를 구하시오

64. 행렬 $A=\begin{bmatrix}2 & -1 & -1\\ -3 & 1 & 2\\ 0 & -2 & 2\end{bmatrix}$를 이용하여 63번의 결과를 설명하시오.

65. **힌트가 있는 증명** 역행렬을 갖는 행렬 A와 A^{-1}의 모든 성분이 정수일 때, 행렬 A의 행렬식은 ± 1임을 증명하시오.

시작: $\det(A)$를 x라 하고 $\det(A^{-1})$를 y라 하자. x와 y는 실수이다. $\det(A)$가 ± 1임을 증명하려면 x와 y는 서로 곱한 값 xy가 1인 정수임을 보여야 한다.

(i) 행렬곱의 행렬식의 성질을 이용하여 $xy=1$임을 보이시오.

(ii) 행렬의 정의와 행렬 A와 A^{-1}의 성분이 정수라는 사실을 이용하여 $x=\det(A)$와 $y=\det(A^{-1})$가 정수임을 보이시오.

(iii) 방정식 $xy=1$을 만족하는 정수해는 유일하므로 $x=\det(A)$는 1 또는 -1일 수 밖에 없다고 결론지을 수 있다.

66. **힌트가 있는 증명** 정리 3.9를 증명하시오. 즉 행렬 A가 정사각행렬이면 $\det(A)=\det(A^T)$임을 증명하시오.

시작: 행렬 A와 A^T의 행렬식이 같다는 것을 증명하려면 둘의 여인수 전개가 같다는 것을 보여야 한다. 여인수는 $\pm$(더 작은 행렬의 행렬식)이다. 그래서 수학적 귀납법을 이용해서 증명할 것이다.

(i) 귀납법의 첫 단계: 행렬 A가 1차 정사각행렬이면 $A=[a_{11}]=A^T$이므로 $\det(A)=\det(A^T)=a_{11}$이다.

(ii) 모든 $n-1$차 행렬에 대해 귀납법의 가정이 성립한다고 가정하자. 행렬 A는 n차 정사각행렬이라 하자. 행렬 A의 행렬식을 첫 번째 행에 대한 여인수 전개식으로 나타내시오.

(iii) 행렬 A^T의 행렬식을 첫 번째 열에 대한 여인수 전개식으로 나타내시오.

(iv) (ii)와 (iii)에서 구한 식을 비교하시오. 행렬 A의 첫 번째 행의 성분은 A^T의 첫 번째 열의 성분과 같다. 여인수(이 여인수는 $\pm$(서로의 전치행렬인 더 작은 행렬의 행렬식)이다)를 비교하고 귀납법의 가정을 이용해서 여인수들이 모두 같다고 결론지을 수 있다.

67. **서술** 행렬 A와 P는 $n\times n$ 행렬이고 P는 역행렬을 갖는다. $P^{-1}AP=A$가 성립하는가? 적절한 예를 들어 답에 대한 이유를 설명하시오. 행렬식 $|P^{-1}AP|$와 $|A|$에 대해서는 무슨 이야기를 할 수 있는가?

68. **서술** 행렬 A는 $A^{10}=O$인 영행렬이 아닌 $n\times n$ 행렬이다. 행렬 A가 역행렬이 없는 이유를 설명하시오. 행렬식의 어떤 성질을 이용하여 이유를 설명할 수 있을까?

69. **증명** $A^T=-A$인 정사각행렬 A를 반대칭(skew-symmetric)이라 한다. 행렬 A가 $n\times n$ 반대칭행렬이면 $|A|=(-1)^n|A|$임을 증명하시오.

70. **증명** 행렬 A는 홀수 차수의 반대칭 행렬이다. 69번의 결과를 이용하여 $|A|=0$임을 증명하시오.

참 또는 거짓? 71번과 72번에서는 각 명제가 참 또는 거짓인지 판별하시오. 만약 명제가 참이라면 그 이유를 제시하거나 본문에서 적절한 명제를 찾아 제시하시오. 만약 명제가 거짓이라면 명제가 참이 아니라는 예를 제시하거나 본문에서 적절한 명제를 찾아 제시하시오.

71. (a) 행렬 A는 $n\times n$ 행렬이고 c는 0이 아닌 스칼라라면 cA의 행렬식은 $nc\cdot\det(A)$이다.

(b) 행렬 A가 역행렬을 가지면 A^{-1}의 행렬식은 A의 행렬식의 역수이다.

(c) 행렬 A가 역행렬을 갖는 $n\times n$ 행렬이면 $A\mathbf{x}=\mathbf{b}$는 모든 $\mathbf{b}$에 대하여 유일한 해를 갖는다.

72. (a) 두 행렬의 합의 행렬식은 행렬식의 합과 같다.

(b) 행렬 A와 B가 n차 정사각행렬이고 $\det(A)=\det(B)$이면 $\det(AB)=\det(A^2)$이다.

(c) $n\times n$ 행렬 A의 행렬식이 0이 아니면 $A\mathrm{x}=O$는 자명한 해만 갖는다.

직교행렬 73~78번에서는 행렬이 직교인지 판별하시오. 역행렬을 갖는 정사각행렬 A가 $A^{-1}=A^T$일 때 행렬 A는 직교행렬이라 한다.

73. $\begin{bmatrix} 0 & 1 \\ 1 & 0 \end{bmatrix}$

74. $\begin{bmatrix} 1 & 0 \\ 1 & 1 \end{bmatrix}$

75. $\begin{bmatrix} 1 & -1 \\ -1 & -1 \end{bmatrix}$

76. $\begin{bmatrix} 1/\sqrt{2} & -1/\sqrt{2} \\ -1/\sqrt{2} & -1/\sqrt{2} \end{bmatrix}$

77. $\begin{bmatrix} 1 & 0 & 0 \\ 0 & 0 & 1 \\ 0 & 1 & 0 \end{bmatrix}$

78. $\begin{bmatrix} 1/\sqrt{2} & 1 & -1/\sqrt{2} \\ 0 & 1 & 0 \\ 1/\sqrt{2} & 0 & 1/\sqrt{2} \end{bmatrix}$

79. **증명** $n\times n$ 항등행렬은 직교임을 증명하시오.

80. **증명** 행렬 A가 직교행렬이면 $|A|=\pm 1$임을 증명하시오.

직교행렬 81번과 82번에서는 공학용계산기를 이용하여 행렬 A가 직교인지 판별하시오. 그러고 나서 $|A|=\pm 1$임을 확인하시오.

81. $A=\begin{bmatrix} \frac{3}{5} & 0 & -\frac{4}{5} \\ 0 & 1 & 0 \\ \frac{4}{5} & 0 & \frac{3}{5} \end{bmatrix}$

82. $A=\begin{bmatrix} \frac{2}{3} & \frac{2}{3} & \frac{1}{3} \\ \frac{2}{3} & \frac{1}{3} & -\frac{2}{3} \\ \frac{1}{3} & \frac{2}{3} & \frac{2}{3} \end{bmatrix}$

83. **증명** 행렬 A가 멱등행렬($A^2=A$)이면 A의 행렬식은 0 또는 1임을 증명하시오.

84. **증명** 행렬 S는 역행렬을 갖지 않는 $n\times n$행렬이다. 임의의 $n\times n$ 행렬 B에 대하여 행렬 SB 역시 역행렬을 갖지 않음을 증명하시오.

3.4 행렬식의 응용

- 행렬의 수반행렬을 구하고 이를 이용하여 행렬의 역행렬 구하기
- 크래머 공식을 이용하여 n개의 미지수에 대한 일차방정식 n개로 이루어진 연립방정식 풀기
- 행렬식을 이용하여 넓이, 부피, 직선 또는 평면의 방정식 구하기

행렬의 수반행렬

지금까지 행렬식을 구하는 과정과 성질에 대해 공부했다. 이 절에서는 역행렬을 갖는 행렬의 역행렬에 대한 명확한 공식과 이 공식을 이용해서 크래머 공식이라고 알려진 정리를 증명할 것이다. 그리고 크래머 공식을 이용해서 연립일차방정식을 풀고 행렬식을 이용한 몇 가지 다른 응용에 대해 공부할 것이다.

3.1절에서 정사각행렬 A의 여인수 C_{ij}는 i번째 행과 j번째 열을 제거해서 얻은 행렬의 행렬식의 $(-1)^{i+j}$ 배임을 기억하자. 행렬 A의 **여인수행렬**(matrix of cofactors)은

$$\begin{bmatrix} C_{11} & C_{12} & \cdots & C_{1n} \\ C_{21} & C_{22} & \cdots & C_{2n} \\ \vdots & \vdots & & \vdots \\ C_{n1} & C_{n2} & \cdots & C_{nn} \end{bmatrix}$$

의 모양을 갖는 행렬이다. 이 행렬의 전치행렬을 A의 **수반행렬**(adjoint)라하고 이를 기호로 $\text{adj}(A)$로 나타낸다. 즉

$$\text{adj}(A) = \begin{bmatrix} C_{11} & C_{21} & \cdots & C_{n1} \\ C_{12} & C_{22} & \cdots & C_{n2} \\ \vdots & \vdots & & \vdots \\ C_{1n} & C_{2n} & \cdots & C_{nn} \end{bmatrix}$$

이다.

예제 1 정사각행렬의 수반행렬 구하기

행렬 $A = \begin{bmatrix} -1 & 3 & 2 \\ 0 & -2 & 1 \\ 1 & 0 & -2 \end{bmatrix}$의 수반행렬을 구하시오.

풀이

여인수 C_{11}은

$$\begin{bmatrix} 1 & 3 & 2 \\ 0 & -2 & 1 \\ 1 & 0 & -2 \end{bmatrix} \Rightarrow C_{11} = (-1)^2 \begin{vmatrix} -2 & 1 \\ 0 & -2 \end{vmatrix} = 4$$

이러한 과정을 계속하면 다음과 같은 행렬 A의 여인수 행렬을 구할 수 있다.

$$\begin{bmatrix} 4 & 1 & 2 \\ 6 & 0 & 3 \\ 7 & 1 & 2 \end{bmatrix}$$

이 행렬의 전치행렬이 행렬 A의 수반행렬이다. 즉 $\text{adj}(A) = \begin{bmatrix} 4 & 6 & 7 \\ 1 & 0 & 1 \\ 2 & 3 & 2 \end{bmatrix}$이다. ■

행렬 A의 수반행렬은 다음 정리에서 설명하는 것과 같이 A의 역행렬을 구할 때 유용하다.

정리 3.10 수반행렬을 이용한 행렬의 역행렬

행렬 A가 역행렬을 갖는 $n \times n$행렬이면

$$A^{-1} = \frac{1}{\det(A)} \text{adj}(A)$$

이다.

참고

정리 3.10은 행렬의 역행렬을 구할 때 특별히 효과적이지는 않다. 2.3절에서 배웠던 가우스-조던 소거법이 훨씬 효과적이다. 하지만, 정리 3.10은 행렬의 역행렬에 대해 간결한 공식을 제시해주므로 이론적으로는 유용하다.

증명

행렬 A와 그 수반행렬의 곱이 A의 행렬식과 I_n의 곱과 같다는 것을 보여주면서 시작하자. 행렬곱

$$A[\text{adj}(A)] = \begin{bmatrix} a_{11} & a_{12} & \cdots & a_{1n} \\ a_{21} & a_{22} & \cdots & a_{2n} \\ \vdots & \vdots & & \vdots \\ a_{i1} & a_{i2} & \cdots & a_{in} \\ \vdots & \vdots & & \vdots \\ a_{n1} & a_{n2} & \cdots & a_{nn} \end{bmatrix} \begin{bmatrix} C_{11} & C_{21} & \cdots & C_{j1} & \cdots & C_{n1} \\ C_{21} & C_{22} & \cdots & C_{j2} & \cdots & C_{n2} \\ \vdots & \vdots & & \vdots & & \vdots \\ C_{1n} & C_{2n} & \cdots & C_{jn} & \cdots & C_{nn} \end{bmatrix}$$

을 생각하자. 이 행렬곱의 i번째 행과 j번째 열의 성분은

$$a_{i1}C_{j1} + a_{i2}C_{j2} + \cdots + a_{in}C_{jn}$$

이다. 만일 $i=j$이면, 이 합은 행렬 A의 i번째 행에 대한 여인수전개이다. 즉 이 합은 A의 행렬식이다. 반면 $i \neq j$이면 합은 0이다. (확인해보자.)

$$A[\text{adj}(A)] = \begin{bmatrix} \det(A) & 0 & \cdots & 0 \\ 0 & \det(A) & \cdots & 0 \\ \vdots & \vdots & & \vdots \\ 0 & 0 & \cdots & \det(A) \end{bmatrix} = \det(A)I$$

행렬 A는 역행렬을 갖는다. 그래서 $\det(A) \neq 0$이고

$$\frac{1}{\det(A)} A[\text{adj}(A)] = I \text{ 또는 } A\left[\frac{1}{\det(A)}\text{adj}(A)\right] = I$$

이다. 정리 2.7과 역행렬의 정의에 의해

$$\frac{1}{\det(A)}\text{adj}(A) = A^{-1}$$

이 성립한다. ■

참고

행렬 A가 $A = \begin{bmatrix} a & b \\ c & d \end{bmatrix}$인 2×2의 행렬이면 A의 수반행렬은

$$\text{adj}(A) = \begin{bmatrix} d & -b \\ -c & a \end{bmatrix}$$

이다. 더욱이 A가 역행렬을 가지면 정리 3.10에 의해

$$A^{-1} = \frac{1}{|A|}\text{adj}(A) = \frac{1}{ad-bc}\begin{bmatrix} d & -b \\ -c & a \end{bmatrix}$$

이고 이것은 2.3절의 공식과 같다.

예제 2 행렬의 수반행렬을 이용해서 역행렬 구하기

행렬 $A = \begin{bmatrix} -1 & 3 & 2 \\ 0 & -2 & 1 \\ 1 & 0 & -2 \end{bmatrix}$에 대하여 A의 수반행렬을 이용하여 A^{-1}를 구하시오.

풀이

주어진 행렬의 행렬식은 3이다. 예제 1에서 구한 A의 수반행렬을 이용하면 A의 역행렬은

$$A^{-1}=\frac{1}{|A|}\operatorname{adj}(A)=\frac{1}{3}\begin{bmatrix}4 & 6 & 7\\1 & 0 & 1\\2 & 3 & 2\end{bmatrix}=\begin{bmatrix}\frac{4}{3} & 2 & \frac{7}{3}\\ \frac{1}{3} & 0 & \frac{1}{3}\\ \frac{2}{3} & 1 & \frac{2}{3}\end{bmatrix}$$

이다. $AA^{-1}=I=A^{-1}A$를 계산하여 구한 행렬이 A의 역행렬임을 확인해보시오. ■

크래머 공식

가브리엘 크래머(Gabriel Cramer, 1704~1752)의 이름을 딴 크래머 공식은 행렬식을 이용해서 n개의 미지수를 갖고 있는 n개의 일차방정식으로 이루어진 연립방정식을 푸는 것이다. 이 공식은 유일한 해를 가지는 연립방정식에만 적용한다. 크래머 공식을 이용하여 어떻게 해를 구하는지를 알아보기 위해 3.1절의 시작에서 설명한 연립방정식의 해를 다른 관점으로 살펴보자. 연립방정식

$$\begin{aligned}a_{11}x_1+a_{12}x_2=b_1\\a_{21}x_1+a_{22}x_2=b_2\end{aligned}$$

의 해는 $a_{11}a_{22}-a_{21}a_{12}\neq 0$일 때

$$x_1=\frac{b_1a_{22}-b_2a_{12}}{a_{11}a_{22}-a_{21}a_{12}} \text{와 } x_2=\frac{b_2a_{11}-b_1a_{21}}{a_{11}a_{22}-a_{21}a_{12}}$$

이라고 했다. 이 해에서 분자와 분모는 다음과 같이 행렬식으로 나타낼 수 있다.

$$x_1=\frac{\begin{vmatrix}b_1 & a_{12}\\b_2 & a_{22}\end{vmatrix}}{\begin{vmatrix}a_{11} & a_{12}\\a_{21} & a_{22}\end{vmatrix}},\ x_1=\frac{\begin{vmatrix}a_{11} & b_1\\a_{21} & b_2\end{vmatrix}}{\begin{vmatrix}a_{11} & a_{12}\\a_{21} & a_{22}\end{vmatrix}},\ a_{11}a_{22}-a_{21}a_{22}\neq 0$$

x_1과 x_2의 분모는 주어진 연립방정식의 계수행렬 A의 행렬식이다. x_1과 x_2의 분자는 $|A|$에서 x_1과 x_2의 계수 대신 상수 열을 사용해서 만들었다. 분자의 두 행렬식을 다음과 같이 $|A_1|$과 $|A_2|$로 나타낸다.

$$|A_1|=\begin{vmatrix}b_1 & a_{12}\\b_2 & a_{22}\end{vmatrix},\ |A_2|=\begin{vmatrix}a_{11} & b_1\\a_{21} & b_2\end{vmatrix}$$

그래서 $x_1=\frac{|A_1|}{|A|}$와 $x_2=\frac{|A_2|}{|A|}$가 된다. 해를 이러한 행렬식꼴로 나타내는 것을 **크래머 공식**(Cramer's

Rule)이라 한다.

예제 3 크래머 공식

크래머 공식을 사용해서 연립일차방정식

$$4x_1 - 2x_2 = 10$$
$$3x_1 - 5x_2 = 11$$

을 푸시오.

풀이

먼저 계수행렬의 행렬식을 구하자.

$$|A| = \begin{vmatrix} 4 & -2 \\ 3 & -5 \end{vmatrix} = -14$$

행렬식은 0이 아니므로 연립방정식은 유일한 해를 갖는다. 크래머 공식을 사용하여 풀면

$$1111\, x_1 = \frac{|A_1|}{|A|} = \frac{\begin{vmatrix} 10 & -2 \\ 11 & -5 \end{vmatrix}}{-14} = \frac{-28}{-14} = 2$$

$$1011\, x_2 = \frac{|A_2|}{|A|} = \frac{\begin{vmatrix} 4 & 10 \\ 3 & 11 \end{vmatrix}}{-14} = \frac{14}{-14} = -1$$

해는 $x_1 = 2$와 $x_2 = -1$이다. ■

크래머 공식은 n개의 미지수에 대한 일차방정식 n개로 이루어진 연립방정식으로 일반화할 수 있다. 각 미지수의 값은 두 행렬식의 몫이다. 분모는 계수행렬의 행렬식이고 분자는 구하는 미지수에 해당하는 열을 상수를 나타내는 열로 바꿔 만든 행렬의 행렬식이다. 예를 들어 연립방식

$$\begin{aligned} a_{11}x_1 + a_{12}x_2 + a_{13}x_3 &= b_1 \\ a_{21}x_1 + a_{22}x_2 + a_{23}x_3 &= b_2 \\ a_{31}x_1 + a_{32}x_2 + a_{33}x_3 &= b_3 \end{aligned}$$

의 x_3의 값은

$$x_3 = \frac{|A_3|}{|A|} = \frac{\begin{vmatrix} a_{11} & a_{12} & b_1 \\ a_{21} & a_{22} & b_2 \\ a_{31} & a_{32} & b_3 \end{vmatrix}}{\begin{vmatrix} a_{11} & a_{12} & a_{13} \\ a_{21} & a_{22} & a_{23} \\ a_{31} & a_{32} & a_{33} \end{vmatrix}}$$

이다.

정리 3.11 크래머 공식

n개의 미지수에 대한 일차방정식 n개로 이루어진 연립방정식이 행렬식 $|A|$가 0이 아닌 계수행렬 A를 가지고 있으면 연립방정식의 해는

$$x_1 = \frac{\det(A_1)}{\det(A)},\ x_2 = \frac{\det(A_2)}{\det(A)},\ \ldots,\ x_n = \frac{\det(A_n)}{\det(A)}$$

이다. 이때 A_i의 i번째 열은 연립방정식의 상수 열이다.

증명

연립방정식을 $AX=B$로 나타내자. A의 행렬식은 0이 아니므로

$$X = A^{-1}B = \frac{1}{|A|}\text{adj}(A)B = [x_1 \quad x_2 \quad \ldots \quad x_n]$$

이다. B의 성분을 $b_1,\ b_2,\ \ldots,\ b_n$이라고 하면 $x_1 = \frac{1}{|A|}(b_1C_{1i} + b_2C_{2i} + \cdots + b_nC_{ni})$이다. 괄호 안에 있는 합은 정확히 A_i의 여인수 전개이고 이는 $x_i = |A_i|/|A|$임을 의미한다. 따라서 증명이 완료되었다. ■

예제 4 크래머 공식

이런 유형의 예제에 대한 대화형은 LarsonLinearAlgebra.com을 참고하시오.

크래머 공식을 사용하여 다음 연립일차방정식에서 x를 구하시오.

$$\begin{aligned} -x + 2y - 3z &= 1 \\ 2x \qquad\ + z &= 0 \\ 3x - 4y + 4z &= 2 \end{aligned}$$

풀이

계수행렬의 행렬식은 $|A|=\begin{vmatrix} -1 & 2 & -3 \\ 2 & 0 & 1 \\ 3 & -4 & 4 \end{vmatrix}=10$이다.

행렬식은 0이 아니므로 해는 유일하다. 크래머 공식을 이용해서 x를 구하면 다음과 같다.

$$x=\frac{\begin{vmatrix} 1 & 2 & -3 \\ 0 & 0 & 1 \\ 2 & -4 & 4 \end{vmatrix}}{10}=\frac{(1)(-1)^5\begin{vmatrix} 1 & 2 \\ 2 & -4 \end{vmatrix}}{10}=\frac{(1)(-1)(-8)}{10}=\frac{4}{5}$$ ■

참고

크래머 공식을 이용하여 y와 z를 구하시오. 그러면 해는 $y=-\frac{3}{2}$와 $z=-\frac{8}{5}$

넓이, 부피, 직선과 평면의 방정식

행렬식은 해석기하에서 많은 응용이 있다. 그 중 하나는 xy-평면 위의 삼각형의 넓이를 구하는 것이다.

xy-평면 위의 삼각형의 넓이

점 (x_1, y_1), (x_2, y_2), (x_3, y_3)을 꼭짓점으로 하는 삼각형의 넓이는

$$\text{넓이} =\pm\frac{1}{2}\begin{vmatrix} x_1 & y_1 & 1 \\ x_2 & y_2 & 1 \\ x_3 & y_3 & 1 \end{vmatrix}$$

이다. 여기서 부호($\pm$)는 계산 결과가 양수가 되도록 선택한다.

증명

$y_i > 0$인 경우에 대해 증명하자. $x_1 \le x_3 \le x_2$라 가정하고 (x_3, y_3)는 그림 3.1과 같이 (x_1, y_1)과 (x_2, y_2)를 연결하는 선분보다 위쪽에 있는 점이라 가정하자. 꼭짓점이 다음과 같은 세 개의 사다리꼴을 생각하자.

사다리꼴1: $(x_1, 0)$, (x_1, y_1), (x_3, y_3), $(x_3, 0)$

사다리꼴2: $(x_3, 0)$, (x_3, y_3), (x_2, y_2), $(x_2, 0)$

사다리꼴3: $(x_1, 0)$, (x_1, y_1), (x_2, y_2), $(x_2, 0)$

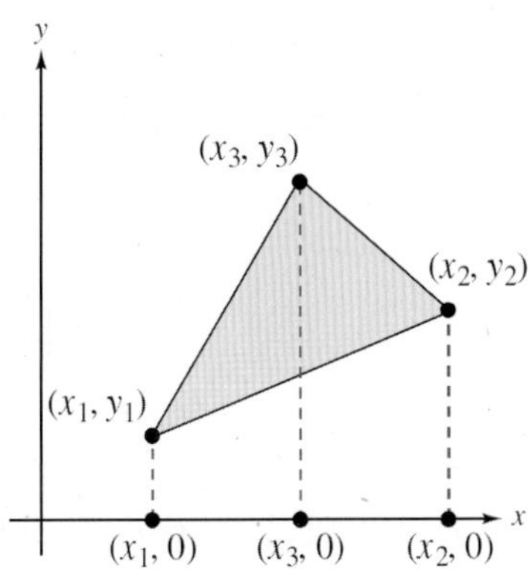

그림 3.1

삼각형의 넓이는 처음 두 사다리꼴의 넓이의 합에서 세 번째 사다리꼴의 넓이를 뺀

것과 같다. 그래서

$$\text{넓이} = \frac{1}{2}(y_1+y_3)(x_3-x_1)+\frac{1}{2}(y_3+y_2)(x_2-x_3)-\frac{1}{2}(y_1+y_2)(x_2-x_1)$$

$$= \frac{1}{2}(x_1y_2+x_2y_3+x_3y_1-x_1y_3-x_2y_1-x_3y_2)$$

$$= \frac{1}{2}\begin{vmatrix} x_1 & y_1 & 1 \\ x_2 & y_2 & 1 \\ x_3 & y_3 & 1 \end{vmatrix}$$

이다.

만일 점의 x좌표의 순서가 $x_1 \le x_3 \le x_2$가 아니거나 (x_3, y_3)가 나머지 두 점을 연결한 선분보다 위쪽에 있지 않으면 위에서 구한 식은 넓이의 음수가 될 것이다. 따라서 $\pm$를 이용하여 넓이가 양수가 되도록 적절한 부호를 선택하자. ■

예제 5 삼각형의 넓이 구하기

세 점 $(1, 1)$, $(2, 2)$, $(4, 3)$을 꼭짓점으로 하는 삼각형의 넓이를 구하시오.

풀이

세 점이 삼각형에서 어떤 순서로 꼭짓점을 이루고 있는지를 알 필요는 없다. 단지 행렬식만 계산하면

$$\frac{1}{2}\begin{vmatrix} 1 & 1 & 1 \\ 2 & 2 & 1 \\ 4 & 3 & 1 \end{vmatrix} = -\frac{1}{2}$$

이므로 삼각형의 넓이는 $\frac{1}{2}$이다. ■

예제 5의 세 점이 한 직선 위에 있을 때 넓이 공식을 이용해서 넓이를 구하면 어떻게 될까? 행렬식은 0이 될 것이다. 예를 들어 그림 3.2.와 같이 한 직선 위의 세 점 $(0, 1)$, $(2, 2)$, $(4, 3)$을 생각해보자. 세 점을 꼭짓점으로 하는 "삼각형"의 넓이를 구하는 행렬식은

$$\frac{1}{2}\begin{vmatrix} 0 & 1 & 1 \\ 2 & 2 & 1 \\ 4 & 3 & 1 \end{vmatrix} = 0$$

이다.

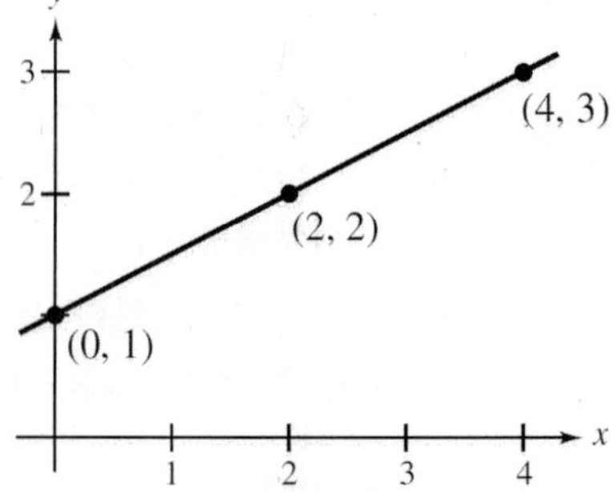

그림 3.2

xy-평면 위의 세 점이 한 직선 위에 있으면 삼각형의 넓이를 나타내는 행렬식의 값은 0이다.

xy-평면 위에서 한 직선 위의 점인가에 대한 판정

세 점 (x_1, y_1), (x_2, y_2), (x_3, y_3)가 한 직선 위에 있으면

$$\det\begin{bmatrix} x_1 & y_1 & 1 \\ x_2 & y_2 & 1 \\ x_3 & y_3 & 1 \end{bmatrix} = 0$$

이고 그 역도 성립한다.

한 직선 위에 있는 점인지 확인하는 판정은 다른 용도로도 적용이 가능하다. 즉, xy-평면 위에 두 점이 주어졌을 때 두 점을 지나는 직선의 방정식도 구할 수 있다.

직선의 방정식의 두 점 형식

서로 다른 점 (x_1, y_1)과 (x_2, y_2)를 지나는 직선의 방정식은

$$\det\begin{bmatrix} x & y & 1 \\ x_1 & y_1 & 1 \\ x_2 & y_2 & 1 \end{bmatrix} = 0$$

이다.

예제 6 두 점을 지나는 직선의 방정식 구하기

점 $(2, 4)$와 $(-1, 3)$을 지나는 직선의 방정식을 구하시오.

풀이

$(x_1, y_1) = (2, 4)$라 하고 $(x_2, y_2) = (-1, 3)$이라 하자. 직선의 방정식을 구하는 행렬식 공식에 대입하면

$$\begin{vmatrix} x & y & 1 \\ 2 & 4 & 1 \\ -1 & 3 & 1 \end{vmatrix} = 0$$

이다. 첫 번째 행에 대해 여인수 전개하여 이 행렬식을 계산하면

$$x\begin{vmatrix} 4 & 1 \\ 3 & 1 \end{vmatrix} - y\begin{vmatrix} 2 & 1 \\ -1 & 1 \end{vmatrix} + 1\begin{vmatrix} 2 & 4 \\ -1 & 3 \end{vmatrix} = 0$$

$$x(1)-y(3)+1(10)=0$$

$$x-3y+10=0$$

이다. 따라서 직선의 방정식은 $x-3y=-10$이다. ■

평면 위에 있는 삼각형의 넓이 공식은 3차원 공간에서의 내용으로 바로 확장할 수 있는데, 확장된 내용은 다음과 같고 증명없이 소개한다.

사면체의 부피

점 (x_1, y_1, z_1), (x_2, y_2, z_2), (x_3, y_3, z_3), (x_4, y_4, z_4)를 꼭짓점으로 하는 사면체의 부피는

$$\text{부피}=\pm\frac{1}{6}\det\begin{bmatrix} x_1 & y_1 & z_1 & 1 \\ x_2 & y_2 & z_2 & 1 \\ x_3 & y_3 & z_3 & 1 \\ x_4 & y_4 & z_4 & 1 \end{bmatrix}$$

이고 부호(±)는 계산결과가 양수가 되도록 선택한다.

예제 7 사면체의 부피 구하기

그림 3.3의 사면체의 부피를 구하시오.

풀이

사면체의 부피에 대한 행렬식 공식에 대입하면

$$\frac{1}{6}\begin{vmatrix} 0 & 4 & 1 & 1 \\ 4 & 0 & 0 & 1 \\ 3 & 5 & 2 & 1 \\ 2 & 2 & 5 & 1 \end{vmatrix}=\frac{1}{6}(-72)=-12$$

이다. 따라서 사면체의 부피는 12이다. ■

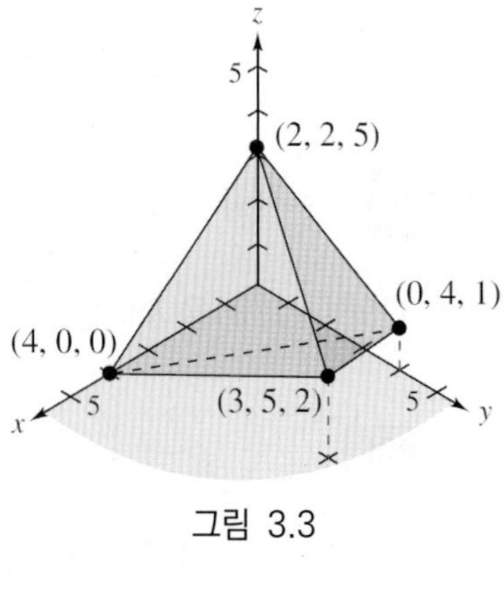

그림 3.3

3차원 공간의 네 점이 한 평면 위에 있다면 사면체의 부피에 대한 공식에서의 행렬식 값은 0이다. 따라서 다음과 같이 판정법을 생각할 수 있다.

공간에서 한 평면 위의 점인지에 대한 판정

네 점 (x_1, y_1, z_1), (x_2, y_2, z_2), (x_3, y_3, z_3), (x_4, y_4, z_4)이 한 평면 위에 있으면

$$\det\begin{bmatrix} x_1 & y_1 & z_1 & 1 \\ x_2 & y_2 & z_2 & 1 \\ x_3 & y_3 & z_3 & 1 \\ x_4 & y_4 & z_4 & 1 \end{bmatrix} = 0$$

이고 그 역도 성립한다.

이 판정법은 다음과 같이 공간에 있는 세 점을 지나는 평면의 방정식의 행렬식 형식을 구할 때 적용할 수 있다.

평면의 방정식의 세 점 형식

서로 다른 점 (x_1, y_1, z_1), (x_2, y_2, z_2), (x_3, y_3, z_3)을 지나는 평면의 방정식은

$$\det\begin{bmatrix} x & y & z & 1 \\ x_1 & y_1 & z_1 & 1 \\ x_2 & y_2 & z_2 & 1 \\ x_3 & y_3 & z_3 & 1 \end{bmatrix} = 0$$

이다.

예제 8 세 점을 지나는 평면의 방정식 구하기

점 $(0, 1, 0)$, $(-1, 3, 2)$, $(-2, 0, 1)$을 지나는 평면의 방정식을 구하시오.

풀이

평면의 방정식의 행렬식 형식에 대입하면

$$\begin{vmatrix} x & y & z & 1 \\ 0 & 1 & 0 & 1 \\ -1 & 3 & 2 & 1 \\ -2 & 0 & 1 & 1 \end{vmatrix} = 0$$

이다. 행렬식을 계산하기 위해 두 번째 열에서 네 번째 열을 빼면

$$\begin{vmatrix} x & y-1 & z & 1 \\ 0 & 0 & 0 & 1 \\ -1 & 2 & 2 & 1 \\ -2 & -1 & 1 & 1 \end{vmatrix} = 0$$

이다. 두 번째 행에 대해 여인수 전개하면

$$x\begin{vmatrix} 2 & 2 \\ -1 & 1 \end{vmatrix} - (y-1)\begin{vmatrix} -1 & 2 \\ -2 & 1 \end{vmatrix} + z\begin{vmatrix} -1 & 2 \\ -2 & -1 \end{vmatrix} = 0$$

$$x(4)-(y-1)(3)+z(5)=0$$

이다. 따라서 평면의 방정식은 $4x-3y+5z=-3$이다. ■

선형대수의 응용

2014년 11월 12일, 유럽우주국의 로제타 궤도 우주선은 탐사선 필래(Philae)를 혜성 67P/쿠류모프-제라시멘코(67P/Churyumov-Gerasimenko)의 표면에 착륙시켰다. 태양 주변을 돌고 있는 67P와 같은 혜성은 케플러 행성운동 제1 법칙을 따른다. 이 법칙은 궤도는 태양을 한 초점으로 하는 타원이라는 것이다. 타원과 같은 이차곡선의 일반형은

$$ax^2+by^2+cz^2+dx+ey+f=0$$

이다. 혜성의 궤도를 결정하기 위해서 천문학자는 $i=1, 2, 3, 4, 5$일 때, 다섯 개의 다른 지점의 혜성 좌표 (x_i, y_i)를 찾고, 이 좌표를 방정식

$$\begin{vmatrix} x^2 & xy & y^2 & x & y & 1 \\ x_1^2 & x_1y_1 & y_1^2 & x_1 & y_1 & 1 \\ x_2^2 & x_2y_2 & y_2^2 & x_2 & y_2 & 1 \\ x_3^2 & x_3y_3 & y_3^2 & x_3 & y_3 & 1 \\ x_4^2 & x_4y_4 & y_4^2 & x_4 & y_4 & 1 \\ x_5^2 & x_5y_5 & y_5^2 & x_5 & y_5 & 1 \end{vmatrix}=0$$

에 대입한다. 그러고 나서 첫 번째 행에 대해 여인수 전개하면 a, b, c, d, e, f를 찾을 수 있다. 예를 들어 x^2의 계수는

$$a=\begin{vmatrix} x_1y_1 & y_1^2 & x_1 & y_1 & 1 \\ x_2y_2 & y_2^2 & x_2 & y_2 & 1 \\ x_3y_3 & y_3^2 & x_3 & y_3 & 1 \\ x_4y_4 & y_4^2 & x_4 & y_4 & 1 \\ x_5y_5 & y_5^2 & x_5 & y_5 & 1 \end{vmatrix}$$

이다. 67P의 궤도 방정식을 알고 있으면 천문학자들이 탐사선을 보내는 최적의 시간을 결정하는 데 도움이 된다.

3.4 연습문제

행렬의 수반행렬과 역행렬 구하기 1~8번에서는 행렬 A의 수반행렬을 구하시오. 그리고 수반행렬을 이용하여 A의 역행렬을 구하시오.

1. $A=\begin{bmatrix}1&2\\3&4\end{bmatrix}$

2. $A=\begin{bmatrix}-1&0\\0&4\end{bmatrix}$

3. $A=\begin{bmatrix}1&0&0\\0&2&6\\0&-4&-12\end{bmatrix}$

4. $A=\begin{bmatrix}1&2&3\\0&1&-1\\2&2&2\end{bmatrix}$

5. $A=\begin{bmatrix}-3&-5&-7\\2&4&3\\0&1&-1\end{bmatrix}$

6. $A=\begin{bmatrix}0&1&1\\0&2&3\\-1&-1&-2\end{bmatrix}$

7. $A=\begin{bmatrix}-1&2&0&1\\3&-1&4&1\\0&0&1&2\\-1&1&1&2\end{bmatrix}$

8. $A=\begin{bmatrix}1&1&1&0\\1&1&0&1\\1&0&1&1\\0&1&1&1\end{bmatrix}$

크래머 공식 9~22번에서는 크래머 공식을 사용하여(가능한 경우) 연립일차방정식의 해를 구하시오.

9. $\begin{aligned}x_1+2x_2&=5\\-x_1+x_2&=1\end{aligned}$

10. $\begin{aligned}2x-y&=-10\\3x+2y&=-1\end{aligned}$

11. $\begin{aligned}3x+4y&=-2\\5x+3y&=4\end{aligned}$

12. $\begin{aligned}18x_1+12x_2&=13\\30x_1+24x_2&=23\end{aligned}$

13. $\begin{aligned}20x+8y&=11\\12x-24y&=21\end{aligned}$

14. $\begin{aligned}13x-6y&=17\\26x-12y&=8\end{aligned}$

15. $\begin{aligned}-0.4x_1+0.8x_2&=1.6\\2x_1-4x_2&=5.0\end{aligned}$

16. $\begin{aligned}-0.4x_1+0.8x_2&=1.6\\0.2x_1+0.3x_2&=0.6\end{aligned}$

17. $\begin{aligned}4x-y-z&=1\\2x+2y+3z&=10\\5x-2y-2z&=-1\end{aligned}$

18. $\begin{aligned}4x-2y+3z&=-2\\2x+2y+5z&=16\\8x-5y-2z&=4\end{aligned}$

19. $\begin{aligned}3x+4y+4z&=11\\4x-4y+6z&=11\\6x-6y&=3\end{aligned}$

20. $\begin{aligned}14x_1-21x_2-7x_3&=-21\\-4x_1+2x_2-2x_3&=2\\56x_1-21x_2+7x_3&=7\end{aligned}$

21. $\begin{aligned}4x_1-x_2+x_3&=-5\\2x_1+2x_2+3x_3&=10\\5x_1-2x_2+6x_3&=1\end{aligned}$

22. $\begin{aligned}2x_1+3x_2+5x_3&=4\\3x_1+5x_2+9x_3&=7\\5x_1+9x_2+17x_3&=13\end{aligned}$

크래머 공식 23~26번에서는 소프트웨어 프로그램이나 공학용 계산기와 크래머 공식을 사용해서 (가능한 경우) 연립일차방정식의 해를 구하시오.

23. $\begin{aligned}\frac{5}{6}x_1-x_2&=-20\\\frac{4}{3}x_1-\frac{7}{2}x_2&=-51\end{aligned}$

24. $\begin{aligned}-8x_1+7x_2-10x_3&=-151\\12x_1+3x_2-5x_3&=86\\15x_1-9x_2+2x_3&=187\end{aligned}$

25. $\begin{aligned}3x_1-2x_2+9x_3+4x_4&=35\\-x_1-9x_3-6x_4&=-17\\3x_3+x_4&=5\\2x_1+2x_2+8x_4&=-4\end{aligned}$

26. $\begin{aligned}-x_1-x_2+x_4&=-8\\3x_1+5x_2+5x_3&=24\\2x_3+x_4&=-6\\-2x_1-3x_2-3x_3&=-15\end{aligned}$

27. 크래머 공식을 사용하여 연립일차방정식을 풀어 x와 y를 구하시오.

$$\begin{aligned} kx + (1-k)y &= 1 \\ (1-k)x + \qquad ky &= 3 \end{aligned}$$

어떤 k에 대해 연립방정식의 해가 존재하지 않는가?

28. 그림과 같은 삼각형에서 $\cos A$, $\cos B$, $\cos C$에 대한 연립일차방정식이 성립함을 확인하시오.

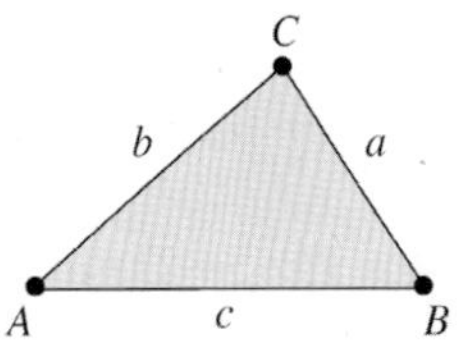

$$\begin{aligned} c\cos B + b\cos C &= a \\ c\cos A \qquad + a\cos C &= b \\ b\cos A + a\cos B \qquad &= c \end{aligned}$$

그리고 크래머 공식을 사용해서 $\cos C$를 구하고 이 결과를 이용해서 코사인 법칙

$$c^2 = a^2 + b^2 - 2ab\cos C$$

가 성립함을 확인하시오.

삼각형의 넓이 구하기 29~32번에서는 주어진 꼭짓점을 갖는 삼각형의 넓이를 구하시오.

29. $(0, 0),\ (2, 0)<\ (0, 3)$

30. $(1, 1),\ (2, 4),\ (4, 2)$

31. $(-1, 2),\ (2, 2),\ (-2, 4)$

32. $(1, 1),\ (-1, 1),\ (0, 2)$

한 직선 위의 점인지 판정하기 33~36번에서는 주어진 점이 한 직선 위에 있는지 판별하시오.

33. $(1, 2),\ (3, 4),\ (5, 6)$

34. $(-1, 0),\ (1, 1),\ (3, 3)$

35. $(-2, 5),\ (0, -1),\ (3, -9)$

36. $(-1, -3),\ (-4, 7),\ (2, -13)$

직선의 방정식 구하기 37~40번에서는 주어진 점을 지나는 직선의 방정식을 구하시오.

37. $(0, 0),\ (3, 4)$

38. $(-4, 7),\ (2, 4)$

39. $(-2, 3),\ (-2, -4)$

40. $(1, 4),\ (3, 4)$

사면체의 부피 구하기 41~46번에서 주어진 점을 꼭짓점으로 하는 사면체의 부피를 구하시오.

41. $(1, 0, 0),\ (0, 1, 0),\ (0, 0, 1),\ (1, 1, 1)$

42. $(1, 1, 1),\ (0, 0, 0),\ (2, 1, -1),\ (-1, 1, 2)$

43. $(3, -1, 1),\ (4, -4, 4),\ (1, 1, 1),\ (0, 0, 1)$

44. $(0, 0, 0),\ (0, 2, 0),\ (3, 0, 0),\ (1, 1, 4)$

45. $(-3, -3, -3),\ (3, -1, -3),\ (-3, -1, -3),\ (-2, 3, 2)$

46. $(5, 4, -3),\ (4, -6, -4),\ (-6, -6, -5),\ (0, 0, 10)$

한 평면 위의 점인지 판정하기 47~52번에서는 주어진 점이 한 평면 위에 있는지 판별하시오.

47. $(-4, 1, 0),\ (0, 1, 2),\ (4, 3, -1),\ (0, 0, 1)$

48. $(1, 2, 3),\ (-1, 0, 1),\ (0, -2, -5),\ (2, 6, 11)$

49. $(0, 0, -1),\ (0, -1, 0),\ (1, 1, 0),\ (2, 1, 2)$

50. $(1, 2, 7),\ (-3, 6, 6),\ (4, 4, 2),\ (3, 3, 4)$

51. $(-3, -2, -1),\ (2, -1, -2),\ (-3, -1, -2),\ (3, 2, 1)$

52. $(1, -5, 9),\ (-1, -5, 9),\ (1, -5, -9),\ (-1, -5, -9)$

평면의 방정식 구하기 53~58번에서는 주어진 점을 지나는 평면의 방정식을 구하시오.

53. $(1,\ -2,\ 1),\ (-1,\ -1,\ 7),\ (2,\ -1,\ 3)$

54. $(0,\ -1,\ 0),\ (1,\ 1,\ 0),\ (2,\ 1,\ 2)$

55. $(0,\ 0,\ 0),\ (1,\ -1,\ 0),\ (0,\ 1,\ -1)$

56. $(1,\ 2,\ 7),\ (4,\ 4,\ 2),\ (3,\ 3,\ 4)$

57. $(-4,\ -4,\ -4),\ (4,\ -1,\ -4),\ (-4, -1, -4)$

58. $(3,\ 2,\ -2),\ (3,\ -2,\ 2),\ (-3,\ -2,\ -2)$

크래머 공식 59번과 60번에서는 연립방정식을 풀기 위해 크래머 공식을 올바르게 사용하는지 판별하시오. 만일 올바르지 않다면 잘못된 부분을 찾으시오.

59.
$$\begin{aligned} x+2y+\ z&=2\\ -x+3y-2z&=4\\ 4x+\ y-\ z&=6 \end{aligned} \qquad y=\frac{\begin{vmatrix} 1 & 2 & 1\\ -1 & 3 & -2\\ 4 & 1 & -1 \end{vmatrix}}{\begin{vmatrix} 1 & 2 & 1\\ -1 & 4 & -2\\ 4 & 6 & -1 \end{vmatrix}}$$

60.
$$\begin{aligned} 5x-2y+\ z&=\ 15\\ 3x-3y-\ z&=-7\\ 2x-\ y-7z&=-3 \end{aligned} \qquad x=\frac{\begin{vmatrix} 15 & -2 & 1\\ -7 & -3 & -1\\ -3 & -1 & -7 \end{vmatrix}}{\begin{vmatrix} 5 & -2 & 1\\ 3 & -3 & -1\\ 2 & -1 & -7 \end{vmatrix}}$$

61. **소프트웨어 발매** 다음 표는 2011년부터 2013년까지 미국의 소프트웨어 발매회사의 추정 수익(10억 달러 단위)을 나타낸 것이다. (출처: 미국 인구통계청)

연도	매출, y
2011	156.8
2012	161.7
2013	177.2

(a) 자료를 곡선 $y=at^2+bt+c$에 맞추기 위한 연립일차방정식을 구하시오. 여기서 $t=1$은 2011에 해당하고 y는 매출액이다.

(b) 크래머 공식을 이용하여 연립방정식을 푸시오.

(c) 공학용계산기를 이용하여 자료에 해당하는 점을 찍고 같은 화면에 다항함수의 그래프를 그리시오.

(d) 다항함수가 자료에 얼마나 적절히 잘 맞는지 간단히 설명하시오.

62. **캡스톤** $a_1,\ b_1,\ c_1,\ a_2,\ b_2,\ c_2$가 실수인 연립일차 방정식

$$\begin{aligned} a_1x+b_1y&=c_1\\ a_2x+b_2y&=c_2 \end{aligned}$$

를 생각하자. $\begin{vmatrix} a_1 & b_1\\ a_2 & b_2 \end{vmatrix}=0$일 때 방정식이 나타내는 직선에 대해 어떤 성질이 성립하겠는가?

63. **증명** $|A|=1$이고 A의 모든 성분이 정수이면 A^{-1}의 모든 성분도 정수일 수밖에 없음을 증명하시오.

64. **증명** $n\times n$ 행렬 A가 역행렬을 갖지 않으면 $A[\mathrm{adj}(A)]$는 영행렬임을 증명하시오.

증명 65번과 66번에서는 역행렬을 갖는 $n\times n$행렬 A에 대한 다음 공식을 증명하시오. $n\geq 2$라 가정하자.

65. $|\mathrm{adj}(A)|=|A|^{n-1}$

66. $\mathrm{adj}[\mathrm{adj}(A)]=|A|^{n-2}A$

67. 역행렬을 갖는 2×2행렬 A를 이용하여 65번의 공식을 설명하시오.

68. 역행렬을 갖는 2×2행렬 A를 이용하여 66번의 공식을 설명하시오.

69. **증명** 행렬 A가 역행렬을 갖는 $n\times n$행렬이면 $\mathrm{adj}(A^{-1})=[\mathrm{adj}(A)]^{-1}$임을 증명하시오.

70. 역행렬을 갖는 2×2행렬 A를 이용하여 69번을 설명하시오.

복습문제 03

행렬의 행렬식 1~18번에서는 행렬의 행렬식을 구하시오.

1. $\begin{bmatrix} 4 & -1 \\ 2 & 2 \end{bmatrix}$

2. $\begin{bmatrix} 0 & -3 \\ 1 & 2 \end{bmatrix}$

3. $\begin{bmatrix} -3 & 1 \\ 6 & -2 \end{bmatrix}$

4. $\begin{bmatrix} -2 & 0 \\ 0 & 3 \end{bmatrix}$

5. $\begin{bmatrix} -1 & 3 & -4 \\ 0 & -2 & -1 \\ -1 & -1 & 1 \end{bmatrix}$

6. $\begin{bmatrix} 5 & 0 & 2 \\ 0 & -1 & 3 \\ 0 & 0 & 1 \end{bmatrix}$

7. $\begin{bmatrix} -2 & 0 & 0 \\ 0 & -3 & 0 \\ 0 & 0 & -1 \end{bmatrix}$

8. $\begin{bmatrix} -15 & 0 & 4 \\ 3 & 0 & -5 \\ 12 & 0 & 6 \end{bmatrix}$

9. $\begin{bmatrix} -3 & 6 & 9 \\ 9 & 12 & -3 \\ 0 & 15 & -6 \end{bmatrix}$

10. $\begin{bmatrix} -15 & 0 & 3 \\ 3 & 9 & -6 \\ 12 & 0 & 6 \end{bmatrix}$

11. $\begin{bmatrix} 2 & 0 & -1 & 4 \\ -1 & 2 & 0 & 3 \\ 3 & 0 & 1 & 2 \\ -2 & 0 & 3 & 1 \end{bmatrix}$

12. $\begin{bmatrix} 2 & 0 & 0 & 0 \\ -3 & 1 & 0 & 0 \\ 4 & -1 & 3 & 0 \\ 5 & 2 & 1 & -1 \end{bmatrix}$

13. $\begin{bmatrix} -4 & 1 & 2 & 3 \\ 1 & -2 & 1 & 2 \\ 2 & -1 & 3 & 4 \\ 1 & 2 & 2 & -1 \end{bmatrix}$

14. $\begin{bmatrix} 3 & -1 & 2 & 1 \\ -2 & 0 & 1 & -3 \\ -1 & 2 & -3 & 4 \\ -2 & 1 & -2 & 1 \end{bmatrix}$

15. $\begin{bmatrix} -1 & 1 & -1 & 0 & 0 \\ 0 & 1 & -1 & 0 & 1 \\ 1 & 0 & 1 & -1 & 0 \\ 0 & -1 & 0 & 1 & -1 \\ 0 & 1 & 1 & -1 & 1 \end{bmatrix}$

16. $\begin{bmatrix} 1 & 2 & -1 & 3 & 4 \\ 2 & 3 & -1 & 2 & -2 \\ 1 & 2 & 0 & 1 & -1 \\ 1 & 0 & 2 & -1 & 0 \\ 0 & -1 & 1 & 0 & 2 \end{bmatrix}$

17. $\begin{bmatrix} -1 & 0 & 0 & 0 & 0 \\ 0 & -1 & 0 & 0 & 0 \\ 0 & 0 & -1 & 0 & 0 \\ 0 & 0 & 0 & -1 & 0 \\ 0 & 0 & 0 & 0 & -1 \end{bmatrix}$

18. $\begin{bmatrix} 0 & 0 & 0 & 0 & 3 \\ 0 & 0 & 0 & 3 & 0 \\ 0 & 0 & 3 & 0 & 0 \\ 0 & 3 & 0 & 0 & 0 \\ 3 & 0 & 0 & 0 & 0 \end{bmatrix}$

행렬식의 성질 19~22번에서는 등식이 행렬식의 어떤 성질을 설명하고 있는지 판별하시오.

19. $\begin{vmatrix} 4 & -1 \\ 16 & -4 \end{vmatrix} = 0$

20. $\begin{vmatrix} 1 & 2 & -1 \\ 2 & 0 & 3 \\ 4 & -1 & 1 \end{vmatrix} = -\begin{vmatrix} 1 & -1 & 2 \\ 2 & 3 & 0 \\ 4 & 1 & -1 \end{vmatrix}$

21. $\begin{vmatrix} 2 & -4 & 3 & 2 \\ 0 & 4 & 6 & 1 \\ 1 & 8 & 9 & 0 \\ 6 & 12 & -6 & 1 \end{vmatrix} = -12\begin{vmatrix} 2 & 1 & 1 & 2 \\ 0 & -1 & 2 & 1 \\ 1 & -2 & 3 & 0 \\ 6 & -3 & -2 & 1 \end{vmatrix}$

22. $\begin{vmatrix} 1 & 3 & 1 \\ 0 & -1 & 2 \\ 1 & 2 & 1 \end{vmatrix} = \begin{vmatrix} 1 & 3 & 1 \\ 2 & 5 & 4 \\ 1 & 2 & 1 \end{vmatrix}$

행렬곱의 행렬식 23번과 24번에서는 (a) $|A|$, (b) $|B|$, (c) AB, (d) $|AB|$를 구하시오. 그리고 $|A||B| = |AB|$임을 확인하시오.

23. $A = \begin{bmatrix} -1 & 2 \\ 0 & 1 \end{bmatrix}$, $B = \begin{bmatrix} 3 & 4 \\ 2 & 1 \end{bmatrix}$

24. $A = \begin{bmatrix} 0 & 1 & 2 \\ 5 & 4 & 3 \\ 7 & 6 & 8 \end{bmatrix}$, $B = \begin{bmatrix} 2 & 1 & 2 \\ 1 & -1 & 0 \\ 0 & 3 & -2 \end{bmatrix}$

행렬식 구하기 25번과 26번에서는 (a) $|A^T|$, (b) $|A^3|$, (c) $|A^TA|$, (d) $|5A|$를 구하시오.

25. $A=\begin{bmatrix}-3 & 8\\ 4 & 1\end{bmatrix}$

26. $A=\begin{bmatrix}3 & 0 & 1\\ -1 & 0 & 0\\ 2 & 1 & 2\end{bmatrix}$

행렬식 구하기 27번과 28번에서는 (a) $|A|$, (b) $|A^{-1}|$를 구하시오.

27. $A=\begin{bmatrix}1 & 0 & -4\\ 0 & 3 & 2\\ -2 & 7 & 6\end{bmatrix}$

28. $A=\begin{bmatrix}-2 & 1 & 3\\ 2 & 0 & 4\\ -1 & 5 & 0\end{bmatrix}$

역행렬의 행렬식 29~32번에서는 $|A^{-1}|$를 구하시오. A^{-1}를 구하고 그 후 행렬식을 계산하시오. $|A|$를 구해 정리 3.8의 공식 $|A^{-1}|=\dfrac{1}{|A|}$에 대입하여 결과가 같은지 확인하시오.

29. $A=\begin{bmatrix}-2 & 4\\ 1 & 1\end{bmatrix}$

30. $A=\begin{bmatrix}10 & 2\\ -2 & 7\end{bmatrix}$

31. $A=\begin{bmatrix}1 & 0 & 1\\ 2 & -1 & 4\\ 2 & 6 & 0\end{bmatrix}$

32. $A=\begin{bmatrix}-1 & 1 & 2\\ 2 & 4 & 8\\ 1 & -1 & 0\end{bmatrix}$

연립일차방정식 풀기 33~36번에서는 다음 제시한 방법으로 연립일차방정식의 해를 구하시오.

(a) 후진대입법과 가우스 소거법

(b) 가우스-조던 소거법

(c) 크래머 공식

33.
$$\begin{aligned}3x_1+3x_2+\ \ 5x_3&=1\\ 3x_1+5x_2+\ \ 9x_3&=2\\ 5x_1+9x_2+17x_3&=4\end{aligned}$$

34.
$$\begin{aligned}x_1+2x_2+\ \ x_3&=4\\ -3x_1+\ \ x_2-2x_3&=1\\ 2x_1+3x_2-\ \ x_3&=9\end{aligned}$$

35.
$$\begin{aligned}x_1+2x_2-\ \ x_3&=-7\\ 2x_1-2x_2-2x_3&=-8\\ -x_1+3x_2+4x_3&=\ \ 8\end{aligned}$$

36.
$$\begin{aligned}2x_1+3x_2+\ \ 5x_3&=\ \ 4\\ 3x_1+5x_2+\ \ 9x_3&=\ \ 7\\ 5x_1+9x_2+13x_3&=17\end{aligned}$$

연립일차방정식 37~42번에서는 계수행렬의 행렬식을 이용하여 연립일차방정식이 유일한 해를 갖는지 판별하시오.

37.
$$\begin{aligned}6x+5y&=\ \ 0\\ x-\ \ y&=22\end{aligned}$$

38.
$$\begin{aligned}2x-5y&=2\\ 3x-7y&=1\end{aligned}$$

39.
$$\begin{aligned}-x+\ \ y+2z&=\ \ 1\\ 2x+3y+\ \ z&=-2\\ 5x+4y+2z&=\ \ 4\end{aligned}$$

40.
$$\begin{aligned}2x+3y+\ \ z&=10\\ 2x-3y-3z&=22\\ 8x+6y\qquad&=-2\end{aligned}$$

41.
$$\begin{aligned}x_1+2x_2+\ \ 6x_3&=\ \ 1\\ 2x_1+5x_2+15x_3&=\ \ 4\\ 3x_1+\ \ x_2+\ \ 3x_3&=-6\end{aligned}$$

42.
$$\begin{aligned}x_1+5x_2+3x_3\qquad\qquad\qquad&=14\\ 4x_1+2x_2+5x_3\qquad\qquad\qquad&=\ \ 3\\ 3x_3+8x_4+6x_5&=16\\ 2x_1+4x_2\qquad\qquad\quad-2x_5&=\ \ 0\\ 2x_1\qquad-\ \ x_3\qquad\qquad\qquad&=\ \ 0\end{aligned}$$

43. 행렬 A와 B는 $|A|=4$이고 $[B]=2$인 4차 정사각행렬이다. (a) $|BA|$, (b) $|B^2|$, (c) $|2A|$, (d) $|(AB)^T|$, (e) $|B^{-1}|$를 구하시오.

44. 행렬 A와 B는 $|A|=-2$이고 $|B|=5$인 3차 정사각행렬이다. (a) $|BA|$, (b) $|B^4|$, (c) $|2A|$, (d) $|(AB)^T|$, (e) $|B^{-1}|$를 구하시오.

45. **증명** 다음 성질을 증명하시오.

$$\begin{vmatrix}a_{11} & a_{12} & a_{13}\\ a_{21} & a_{22} & a_{23}\\ a_{31}+c_{31} & a_{32}+c_{32} & a_{33}+c_{33}\end{vmatrix}$$

$$=\begin{vmatrix}a_{11} & a_{12} & a_{13}\\ a_{21} & a_{22} & a_{23}\\ a_{31} & {}_{32} & a_{33}\end{vmatrix}+\begin{vmatrix}a_{11} & a_{12} & a_{13}\\ a_{21} & a_{22} & a_{23}\\ c_{31} & c_{32} & c_{33}\end{vmatrix}$$

46. 다음의 A, c_{31}, c_{32}, c_{33}를 이용하여 45번의 성질을 설명하시오.

$$A=\begin{bmatrix}1 & 0 & 2\\ 1 & -1 & 2\\ 2 & 1 & -1\end{bmatrix},\ c_{31}=3,\ c_{32}=0,\ c_{33}=1$$

47. 다음 $n\times n$ 행렬의 행렬식을 구하시오.

$$\begin{bmatrix}1-n & 1 & 1 & \cdots & 1\\ 1 & 1-n & 1 & \cdots & 1\\ \vdots & \vdots & \vdots & & \vdots\\ 1 & 1 & 1 & \cdots & 1-n\end{bmatrix}$$

48. 다음이 성립함을 보이시오.

$$\begin{vmatrix}a & 1 & 1 & 1\\ 1 & a & 1 & 1\\ 1 & 1 & a & 1\\ 1 & 1 & 1 & a\end{vmatrix}=(a+3)(a-1)^3$$

미적분 49~54번에서는 함수의 자코비안을 구하시오. x, y, z가 u, v, w에 대한 연속함수이고 연속인 1계 편도함수를 가지고 있다면 자코비안 $J(u,v)$와 $J(u,v,w)$는

$$J(u,v)=\begin{vmatrix}\frac{\partial x}{\partial u} & \frac{\partial x}{\partial v}\\ \frac{\partial y}{\partial u} & \frac{\partial y}{\partial v}\end{vmatrix},$$

$$J(u,v,w)=\begin{vmatrix}\frac{\partial x}{\partial u} & \frac{\partial x}{\partial v} & \frac{\partial x}{\partial w}\\ \frac{\partial y}{\partial u} & \frac{\partial y}{\partial v} & \frac{\partial y}{\partial w}\\ \frac{\partial z}{\partial u} & \frac{\partial z}{\partial v} & \frac{\partial z}{\partial w}\end{vmatrix}$$

이다.

49. $x=\frac{1}{2}(v-u),\ y=\frac{1}{2}(v+u)$

50. $x=au+bv,\ y=cu+dv$

51. $x=u\cos v,\ y=u\sin v$

52. $x=e^u\sin v,\ y=e^u\cos v$

53. $x=\frac{1}{2}(u+v),\ y=\frac{1}{2}(u-v),\ z=2uvw$

54. $x=u-v+w,\ y=2uv,\ z=u+v+w$

55. **서술** 행렬의 행렬식을 구하는 여러 가지 방법을 비교해보시오. 어떤 방법이 계산을 가장 적게 필요로 하는가? 0이 거의 없는 행렬의 경우 어떤 방법으로 계산하는 것이 좋겠는가?

56. **서술** 3.2절에서 보여준 여인수 전개법과 행축소법의 연산횟수 표를 사용하여 10×10 행렬의 행렬식을 여인수전개와 행축소법을 사용하여 계산할 때 사용되는 연산횟수를 비교하시오. 행렬식을 계산할 때 어떤 방법을 사용하는 것이 좋겠는가?

57. **서술** 다음 방정식이 풀 수 있는 식이라면 방정식을 풀어 x를 구하시오.

$$\begin{vmatrix}\cos x & 0 & \sin x\\ \sin x & 0 & \cos x\\ \sin x-\cos x & 1 & \sin x+\cos x\end{vmatrix}=0$$

58. **증명** $|A|=|B|\neq 0$이고 A와 B가 같은 크기인 행렬이면 $|C|=1$이고 $A=CB$인 행렬 C가 존재함을 증명하시오.

행렬의 수반행렬 구하기 59번과 60번에서는 주어진 행렬의 수반행렬을 구하시오.

59. $\begin{bmatrix}0 & 1\\ -2 & 1\end{bmatrix}$

60. $\begin{bmatrix}1 & -1 & 1\\ 0 & 1 & 2\\ 0 & 0 & -1\end{bmatrix}$

연립일차방정식 61~64번에서는 계수행렬의 행렬식을 사용하여 연립일차방정식의 해가 유일한지 판별하시오. 만일 유일한 해를 갖는다면 크래머 공식을 이용해서 해를 구하시오.

61. $\begin{aligned}0.2x-0.1y&=0.07\\ 0.4x-0.5y&=-0.01\end{aligned}$

62. $\begin{aligned}2x+y&=0.3\\ 3x-y&=-1.3\end{aligned}$

63. $$\begin{aligned} 2x_1+3x_2+\ \ 3x_3 &= \ \ 3 \\ 6x_1+6x_2+12x_3 &= 13 \\ 12x_1+9x_2-\ \ \ \ x_3 &= \ \ 2 \end{aligned}$$

64. $$\begin{aligned} 4x_1+4x_2+4x_3 &= 5 \\ 4x_1-2x_2-8x_3 &= 1 \\ 8x_1+2x_2-4x_3 &= 6 \end{aligned}$$

크래머 공식 65번과 66번에서는 소프트웨어 프로그램이나 공학용 계산기와 크래머 공식을 이용하여 (풀 수 있는 경우라면) 연립일차방정식의 해를 구하시오.

65. $$\begin{aligned} 0.2x_1-0.6x_2 &= \ \ 2.4 \\ -x_1+1.4x_2 &= -8.8 \end{aligned}$$

66. $$\begin{aligned} 4x_1-\ \ x_2+\ \ x_3 &= -5 \\ 2x_1+2x_2+3x_3 &= \ 10 \\ 5x_1-2x_2+6x_3 &= \ \ 1 \end{aligned}$$

삼각형의 넓이 구하기 67번과 68번에서는 행렬식을 사용하여 주어진 점을 꼭짓점으로 하는 삼각형의 넓이를 구하시오.

67. $(1, 0),\ (5, 0),\ (5, 8)$ **68.** $(-4, 0), (4, 0), (0, 6)$

직선의 방정식 구하기 69번과 70번에서는 행렬식을 사용하여 주어진 점을 지나는 직선의 방정식을 구하시오.

69. $(-4, 0),\ (4, 4)$ **70.** $(2, 5),\ (6, -1)$

평면의 방정식 구하기 71번과 72번에서는 행렬식을 사용하여 주어진 점을 지나는 평면의 방정식을 구하시오.

71. $(0, 0, 0),\ (1, 0, 3),\ (0, 3, 4)$

72. $(0, 0, 0),\ (2, -1, 1),\ (-3, 2, 5)$

73. **크래머 공식** 주어진 미지수를 구할 때 크래머 공식이 올바르게 사용했는지 판별하시오. 만일 올바르게 사용되지 않았다면 잘못된 곳을 찾으시오.

$$\begin{aligned} x-4y-\ z &= -1 \\ 2x-3y+\ z &= \ \ 6 \\ x+\ y-4z &= \ \ 1 \end{aligned} \qquad z=\frac{\begin{vmatrix} -1 & -4 & -1 \\ 6 & -3 & 1 \\ 1 & 1 & -4 \end{vmatrix}}{\begin{vmatrix} 1 & -4 & -1 \\ 2 & -3 & 1 \\ 1 & 1 & -4 \end{vmatrix}}$$

74. 의료비 다음 표는 2011년부터 2013년까지의 미국에서의 개인 의료비 지출액(십억 달러 단위)을 나타낸 것이다. (출처: 경제 분석국)

연도	2011	2012	2013
총액, y	1765	1855	1920

(a) 자료에 적합한 곡선 $y=at^2+bt+c$를 구하기 우한 연립일차방정식을 세우시오. 단, $t=1$은 2011에 대응하고 y는 지출 총액이다.

(b) 크래머 공식을 이용해서 연립방정식의 해를 구하시오.

(c) 공학용 계산기를 이용하여 자료를 점으로 나타내고 같은 화면에 다항함수 그래프를 그리시오.

(d) 다항함수가 얼마나 자료에 잘 맞는지 간단히 설명하시오.

참 또는 거짓? 75~78번에서는 각 명제가 참 또는 거짓인지 판별하시오. 만약 명제가 참이라면 그 이유를 제시하거나 본문에서 적절한 명제를 찾아 제시하시오. 만약 명제가 거짓이라면 명제가 모든 경우에 대해 참이 아니라는 예를 제시하거나 본문에서 적절한 명제를 찾아 제시하시오.

75. (a) 행렬의 여인수 C_{22}는 항상 양수이다.

(b) 정사각행렬 B는 행렬 A의 두 행의 위치를 교환하여 만들어졌다면 $\det(B)=\det(A)$이다.

(c) 정사각형행렬의 한 열이 다른 열의 배수이면 행렬식은 0이다.

(d) 행렬 A가 n차 정사각행렬이면 $\det(A)=-\det(A^T)$이다.

76. (a) 행렬 A와 B가 $\det(AB)=-1$가 되는 n차 정사각행렬이면 A와 B는 모두 역행렬을 갖는다.

(b) 행렬 A가 $\det(A)=5$인 3×3 행렬이면 $\det(2A)=10$이다.

(c) 행렬 A와 B가 n차 정사각행렬이면 $\det(A+B)=\det(A)+\det(B)$이다.

77. (a) 크래머 공식에서 x_i의 값은 두 행렬식의 분수꼴인데 분자는 계수행렬의 행렬식이다.

(b) 세 점 (x_1, y_1), (x_2, y_2), (x_3, y_3)는 처음 두 개의 열의 성분은 점의 좌표로 되어 있고 세 번째 열은 모두 1로 되어 있는 행렬의 행렬식이 0이 아니면 한 직선 위에 있다.

78. (a) 정사각행렬 A의 여인수 행렬이 A의 수반행렬이다.

(b) 크래머 공식에서 분모는 구하는 미지수에 해당하는 열을 상수를 나타내는 열로 바꾼 행렬의 행렬식이다.

03 프로젝트

01 확률행렬

2.5절에서 경쟁 관계에 있는 위성방송회사에 대한 소비자 선호 모델을 공부했다. 전이확률행렬은

$$P = \begin{bmatrix} 0.70 & 0.15 & 0.15 \\ 0.20 & 0.80 & 0.15 \\ 0.10 & 0.05 & 0.70 \end{bmatrix}$$

이었다. 초기상태행렬 X_0가 주어졌을 때, 1년 후 세 가지 상태(A회사에 가입, B회사에 가입, 어느 곳도 가입하지 않음)의 총가구 수는 $X_1 = PX_0$이었다.

$$X_0 = \begin{bmatrix} 0.1500 \\ 0.2000 \\ 0.6500 \end{bmatrix}$$

$$X_1 = PX_0 = \begin{bmatrix} 0.70 & 0.15 & 0.15 \\ 0.20 & 0.80 & 0.15 \\ 0.10 & 0.05 & 0.70 \end{bmatrix} \begin{bmatrix} 0.1500 \\ 0.2000 \\ 0.6500 \end{bmatrix} = \begin{bmatrix} 0.2325 \\ 0.2875 \\ 0.4800 \end{bmatrix}$$

15년 후, 상태행렬은 거의 안정상태가 된다.

$$X_{15} = P^{15} X_0 \approx \begin{bmatrix} 0.3333 \\ 0.4756 \\ 0.1911 \end{bmatrix}$$

즉, n이 충분히 크면 행렬곱 $P^n X$는 극한 $\overline{X}$와 가까워진다. $P\overline{X} = \overline{X}$이 된다.

$P\overline{X} = \overline{X} = 1\overline{X}$이므로 1은 대응하는 고유벡터 $\overline{X}$를 갖는 P의 고윳값이다. 7장에서 고윳값과 고유벡터에 대해 자세히 배울 것이다.

1. 소프트웨어 프로그램이나 공학용 계산기를 이용하여 다음 수와 벡터가 P의 고윳값과 고유벡터가 맞는지 확인하시오. 즉 $i = 1,\ 2,\ 3$일 때, $P\mathbf{x}_i = \lambda_i \mathbf{x}_i$임을 보이시오.

   고윳값:

   고유벡터: $\mathbf{x}_1 = \begin{bmatrix} 2 \\ -1 \\ -1 \end{bmatrix},\ \mathbf{x}_2 = \begin{bmatrix} 0 \\ 1 \\ -1 \end{bmatrix},\ \mathbf{x}_3 = \begin{bmatrix} 7 \\ 10 \\ 4 \end{bmatrix}$

2. 행렬 S는 열이 모두 P의 고유벡터로 되어 있는 행렬이다. $S^{-1}PS$가 대각행렬 D가 됨을 보이시오. 대각행렬 D의 주대각선 성분은 무엇인가?

3. $P^n = (SDS^{-1})^n = SD^nS^{-1}$임을 보이시오. 이 결과를 이용하여 X_{15}를 계산하고 위의 결과와 같은지 확인하시오.

02 케일리-해밀턴 정리

정사각행렬 A의 **특성다항식**(characteristic polynomial)은 행렬식 $|\lambda I - A|$이다. A의 차수가 n이면 고유다항식 $p(\lambda)$는 미지수 λ에 대한 n차 다항식이다.

$$p(\lambda) = \det(\lambda I - A) = \lambda^n + c_{n-1}\lambda^{n-1} + \cdots + c_2\lambda^2 + c_1\lambda + c_0$$

케일리-해밀턴 정리에 의하면 모든 정사각행렬은 자신의 특성다항식을 만족한다. 즉 임의의 $n \times n$행렬 A에 대하여 $p(A) = O$ 또는

$$A^n + c_{n-1}A^{n-1} + \cdots + c_2A^2 + c_1A + c_0I = O$$

이다. 위의 식은 행렬에 대한 식임에 주의하자. 우변은 $n \times n$ 영행렬이고 상수 c_0가 $n \times n$의 항등행렬 I에 곱해져 있다.

1. 행렬 $\begin{bmatrix} -2 & 1 \\ 1 & -2 \end{bmatrix}$에 대하여 케일리-해밀턴 정리가 성립함을 확인하시오.

2. 행렬 $\begin{bmatrix} 5 & -1 & 3 \\ -1 & 2 & 4 \\ 1 & 3 & 0 \end{bmatrix}$에 대하여 케일리-해밀턴 정리가 성립함을 확인하시오.

3. 일반적인 2×2행렬 $A = \begin{bmatrix} a & b \\ c & d \end{bmatrix}$에 대하여 케일리-해밀턴 정리가 성립함을 확인하시오.

4. 역행렬을 가지는 $n \times n$ 행렬 A에 대하여

$$A^{-1} = \frac{1}{c_0}(-A^{n-1} - c_{n-1}A^{n-2} - \cdots - c_2A - c_1I)$$

   임을 보이시오.

5. 케일리-해밀턴 정리는 정사각행렬 A의 거듭제곱 A^n을 계산하는데 유용하다. 예를 들어, 행렬 $A = \begin{bmatrix} 5 & -2 \\ 3 & -1 \end{bmatrix}$의 특성다항식은 $p(\lambda) = \lambda^2 - 4\lambda + 1$이다.
   케일리-해밀턴 정리를 이용하면

$$A^2 - 4A + I = O \text{ 또는 } A^2 = 4A - I$$

   이다. 그래서 A^2은 A와 I를 이용해서 다음과 같이 나타낼 수 있다.

$$A^2 = 4A - I = 4\begin{bmatrix} 5 & -2 \\ 3 & -1 \end{bmatrix} - \begin{bmatrix} 1 & 0 \\ 0 & 1 \end{bmatrix} = \begin{bmatrix} 19 & -8 \\ 12 & -5 \end{bmatrix}$$

   마찬가지로 $A^2 = 4A - I$의 양변에 A를 곱하면 A^3을 A^2, A, I를 이용해서 나타낼 수 있다. 더욱이, A^3은 A^2을 $4A - I$로 바꿔 나타내면 다음과 같이 A와 I만으로도 나타낼 수 있다.

$$A^3 = 4A^2 - A = 4(4A - I) - A = 15A - 4I$$

   (a) A^4을 A와 I로 나타내시오.

   (b) 행렬 $A = \begin{bmatrix} 0 & 0 & 2 \\ 1 & 1 & -2 \\ 2 & 0 & 1 \end{bmatrix}$에 대하여 A^5을 구하시오.

   (힌트: A의 특성다항식을 구하고, 케일리-해밀턴 정리를 사용하여 A^3을 A^2, A, I로 나타내자. 귀납적으로 A^5을 A^2, A, I로 나타내자.)

1-3 종합평가

홀수 번호의 풀이는 CalcChat.com을 참고하시오.

1~3장의 내용을 복습하기 위해 이 평가를 치르시오. 평가가 끝나고 나서 책의 뒤에 있는 해답과 자신의 풀이를 맞춰 보시오.

1번과 2번에서는 방정식이 x와 y에 대한 일차식인지 판별하시오

1. $\frac{4}{y}-x=10$

2. $\frac{3}{5}x+\frac{7}{10}y=2$

3번과 4번에서는 가우스 소거법을 이용하여 연립일차방정식의 해를 구하시오.

3. $\begin{aligned} x-2y&=5 \\ 3x+y&=1 \end{aligned}$

4. $\begin{aligned} 4x_1+x_2-3x_3&=11 \\ 2x_1-3x_2+2x_3&=9 \\ x_1+x_2+x_3&=-3 \end{aligned}$

5. 소프트웨어 프로그램 또는 공학용 계산기를 이용하여 다음 연립일차방정식의 해를 구하시오.

$$\begin{aligned} 0.2x-2.3y+1.4z-0.55w&=-110.6 \\ 3.4x+1.3y-1.7z+0.45w&=65.4 \\ 0.5x-4.9y+1.1z-1.6w&=-166.2 \\ 0.6x+2.8y-3.4z+0.3w&=189.6 \end{aligned}$$

6. 다음과 같은 덧붙인 행렬로 나타내어지는 연립일차방정식의 해집합을 구하시오.

$$\begin{bmatrix} 0 & 1 & -1 & 0 & 2 \\ 1 & 0 & 2 & -1 & 0 \\ 1 & 2 & 0 & -1 & 4 \end{bmatrix}$$

7. 행렬 $\begin{bmatrix} 1 & 2 & 1 & -2 \\ 0 & 0 & 2 & -4 \\ -2 & -4 & 1 & -2 \end{bmatrix}$을 계수행렬로 가지는 동차연립일차방정식의 해를 구하시오.

8. 다음 연립방정식이 해를 갖기 위한 k의 값을 모두 구하시오.

$$\begin{aligned} x+2y-z&=3 \\ -x-y+z&=2 \\ -x+y+z&=k \end{aligned}$$

9. 행렬 $A=\begin{bmatrix} -1 & 1 \\ 2 & 3 \end{bmatrix}$, $B=\begin{bmatrix} x & 2 \\ y & 5 \end{bmatrix}$에 대하여, 행렬 방정식 $2A-B=I$를 풀어 x, y를 구하시오.

10. 행렬 $A=\begin{bmatrix} 5 & 3 & 1 \\ 2 & 4 & 6 \end{bmatrix}$에 대하여 A^TA를 구하시오. 이 곱이 대칭행렬임을 보이시오.

11~14번에서는 주어진 행렬의 역행렬이 존재한다면 그 역행렬을 구하시오.

11. $\begin{bmatrix} -2 & 3 \\ 4 & 6 \end{bmatrix}$

12. $\begin{bmatrix} -2 & 3 \\ 3 & 6 \end{bmatrix}$

13. $\begin{bmatrix} -1 & 0 & 0 \\ 0 & \frac{1}{2} & 0 \\ 0 & 0 & 3 \end{bmatrix}$

14. $\begin{bmatrix} 1 & 1 & 0 \\ -3 & 6 & 5 \\ 0 & 1 & 0 \end{bmatrix}$

15번과 16번에서는 역행렬을 이용하여 연립일차방정식의 해를 구하시오.

15. $\begin{aligned} x+2y&=0 \\ 3x-6y&=8 \end{aligned}$

16. $\begin{aligned} 2x-y&=6 \\ 2x+y&=10 \end{aligned}$

17. 곱이 다음의 역행렬을 갖는 행렬이 되는 기본행렬의 나열을 구하시오.

$$\begin{bmatrix} 2 & -4 \\ 1 & 0 \end{bmatrix}$$

18. 행렬 $\begin{bmatrix} 4 & 0 & 3 & 2 \\ 0 & 1 & -3 & -5 \\ 0 & 1 & 5 & 1 \\ 1 & 1 & 0 & -3 \end{bmatrix}$의 행렬식을 구하시오.

19. (a) $|A|$, (b) $|B|$, (c) AB, (d) $|AB|$를 구하시오. 그리고 $|A||B|=|AB|$가 성립함을 확인하시오.

$$A=\begin{bmatrix}1 & -3\\4 & 2\end{bmatrix},\ B=\begin{bmatrix}-2 & 1\\0 & 5\end{bmatrix}$$

20. (a) $|A|$, (b) $|A^{-1}|$를 구하시오.

$$A=\begin{bmatrix}5 & -2 & -3\\-1 & 0 & 4\\6 & -8 & 2\end{bmatrix}$$

21. $|A|=7$이고 A는 4차 정사각행렬이면 다음 각 행렬식을 구하시오.

(a) $|3A|$　　(b) $|A^T|$

(c) $|A^{-1}|$　　(d) $|A^3|$

22. 행렬 $A=\begin{bmatrix}1 & -5 & -1\\0 & -2 & 1\\1 & 0 & 2\end{bmatrix}$의 수반행렬을 이용하여 A^{-1}를 구하시오.

23. x_1, x_2, x_3, b는 다음의 열행렬이다.

$$\mathrm{x}_1=\begin{bmatrix}1\\0\\1\end{bmatrix}\quad \mathrm{x}_2=\begin{bmatrix}1\\1\\0\end{bmatrix}\quad \mathrm{x}_3=\begin{bmatrix}0\\1\\1\end{bmatrix}\quad \mathrm{b}=\begin{bmatrix}1\\2\\3\end{bmatrix}$$

24. 연립일차방정식을 이용하여 점 $(-1, 2)$, $(0, 1)$, $(2, 6)$을 지나는 포물선 $y=ax^2+bx+c$를 구하시오.

25. 행렬식을 이용하여 점 $(1, 4)$, $(5, -2)$를 지나는 직선의 방정식을 구하시오.

26. 행렬식을 이용하여 점 $(-2, 2)$, $(8, 2)$, $(6, -5)$를 꼭짓점으로 하는 삼각형의 넓이를 구하시오.

27. 왼쪽의 그림과 같은 전기 회로에서 전류 I_1, I_2, I_3를 구하시오.

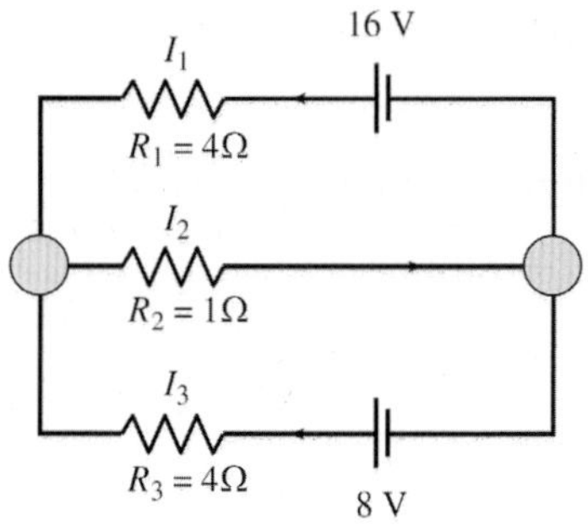

27번의 그림

28. 제조업자는 세 종류의 제품을 생산하여 두 곳의 창고에 보관한다. 행렬 $A=\begin{bmatrix}200 & 300\\600 & 350\\250 & 400\end{bmatrix}$에서 a_{ij}는 제품 i를 창고 j에 보관한 개수를 나타낸다. 행렬 $B=[12.50\quad 9.00\quad 21.50]$은 세 모델의 가격을 개당 달러의 단위로 나타낸 것이다. 행렬곱 BA를 구하고 각 성분이 나타내는 바를 설명하시오.

29. 영행렬이 아닌 세 행렬 A, B, C는 $AC=BC$인 $n\times n$행렬이다. $A=B$가 성립하는가? 만일 그렇다면 증명하시오. 그렇지 않다면 반례를 제시하시오.

04

벡터공간

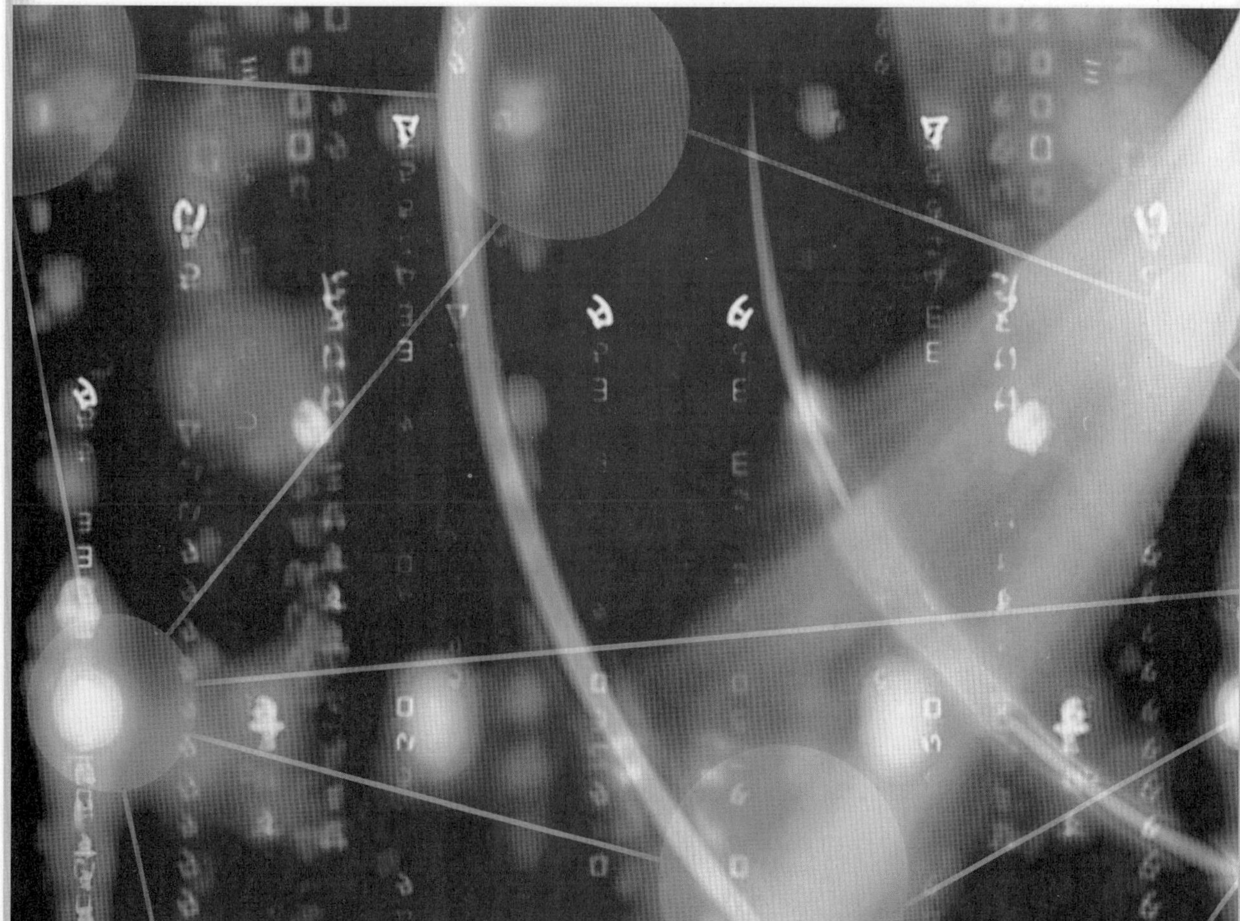

04 벡터공간

4.1 $\mathbb{R}^n$의 벡터

- 유향선분으로 벡터 나타내기
- $\mathbb{R}^2$에서 기본 벡터연산수행과 기하적으로 나타내기
- $\mathbb{R}^n$에서 기본 벡터연산하기
- 벡터를 다른 벡터의 일차결합으로 나타내기

평면에서의 벡터

물리학과 공학에서 *벡터(vector)*는 두 개의 양(길이와 방향)으로 구별되고 화살표가 있는 선분인 유향선분으로 나타낸다. 이 장에서는 벡터 기하적으로 표현하는 것이 훨씬 더 일반적으로 정의된 벡터를 이해하는데 도움이 된다.

기하적으로 **평면에서의 벡터**(vector in the plane)는 다음과 같이 원점을 **시작점**(initial point)으로 하고 점 (x_1, x_2)를 **끝점**(terminal point)으로 하는 **유향선분**(directed line segment)으로 나타낸다.

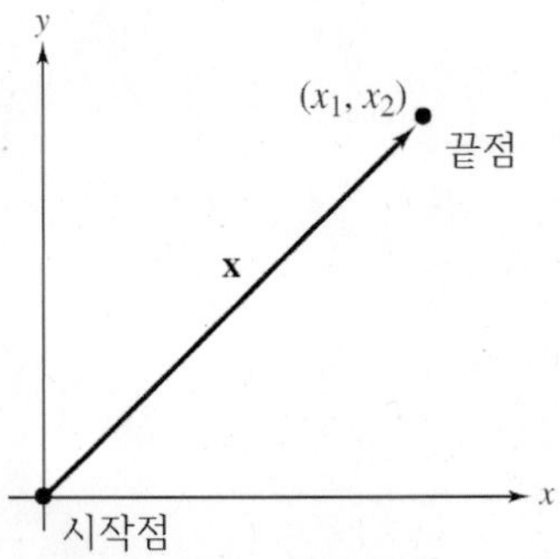

끝점을 나타내는 것과 같은 **순서쌍**은 벡터도 나타낸다. 즉 $\mathbf{x} = (x_1, x_2)$이다. 좌표 x_1와 x_2를 벡터 $\mathbf{x}$의 성분이라고 한다. 평면 위의 두 벡터 $\mathbf{u} = (u_1, u_2)$와 $\mathbf{v} = (v_1, v_2)$가 같으면 $u_1 = v_1$이고 $u_2 = v_2$이다. 그리고 $u_1 = v_1$이고 $u_2 = v_2$이면 두 벡터는 벡터의 상등 **같다**.

참고

*벡터(vector)*라는 용어는 "옮기다"라는 뜻의 라틴어 *vectus*에서 유래되었다. 무엇인가를 원점에서 점 (x_1, x_2)로 옮겼다면 그 이동은 $(0, 0)$에서 (x_1, x_2)으로의 유향선분으로 나타낸다. 벡터는 $\mathbf{u}$, $\mathbf{v}$, $\mathbf{w}$, $\mathbf{x}$처럼 굵은 소문자로 나타낸다.

예제 1 평면 위의 벡터

a. $\mathbf{u} = (2, 3)$은 그림 4.1(a)와 같이 원점부터 점 $(2, 3)$까지 유향선분을 그려 나타낸다.

b. $\mathbf{v} = (-1, 2)$는 그림 4.1(b)와 같이 원점부터 점 $(-1, 2)$까지 유향선분을 그려 나타낸다.

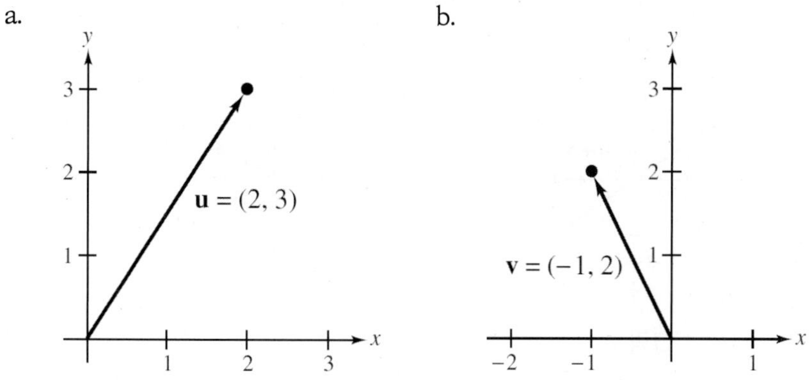

그림 4.1

■

벡터 연산

기본 연산 중 하나는 **벡터 덧셈**(vector addition)이다. 평면의 두 벡터를 더하려면 대응하는 성분끼리 더한다. 즉 u와 v의 **합**은 벡터

$$u+v=(u_1, u_2)+(v_1, v_2)=(u_1+v_1, u_2+v_2)$$

이다. 기하적으로 평면 위 두 벡터의 합은 그림 4.2와 같이 u와 v를 이웃하는 두 변으로 하는 평행사변형의 대각선으로 나타낼 수 있다.

다음 예제는 더하는 벡터 중 하나가 **영벡터**(zero vector)인 벡터 (0, 0)이다. 영벡터는 0으로 나타낸다.

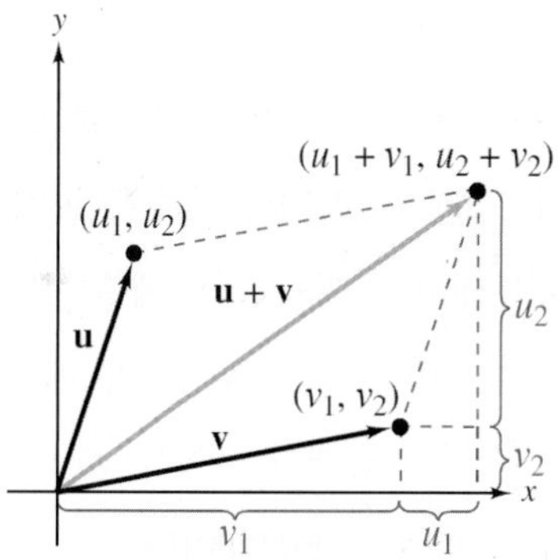

벡터 덧셈

그림 4.2

예제 2 평면 위 두 벡터 더하기

다음 각 벡터의 합 u+ v를 구하시오.

a. u = (1, 4), v = (2, −2)

b. u = (3, −2), v ≡ (−3, 2)

c. u = (2, 1), v = (0, 0)

풀이

a. u+v = (1, 4) + (2, −2) = (3, 2)

b. u+v = (3, −2) + (−3, 2) = (0, 0) = **0**

c. u+v = (2 1) + (0, 0) = (2, 1)

그림 4.3은 각 합의 기하적 표현을 보여준다.

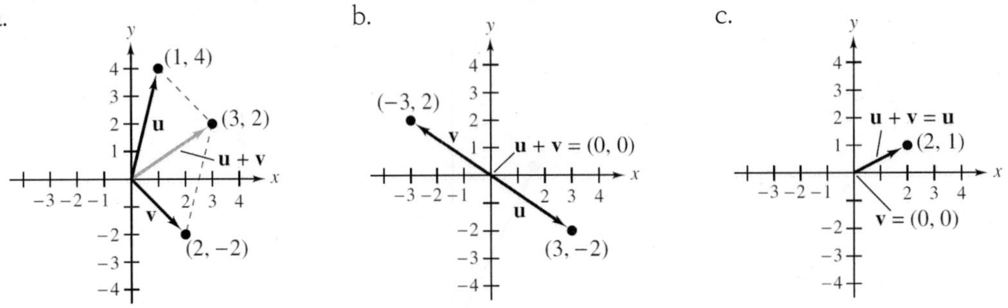

그림 4.3

■

또 다른 벡터의 기본 연산은 **스칼라곱**(scalar multiplication)이다. 벡터 v에 스칼라 c를 곱하려면 v의 각 성분에 c를 곱한다. 즉

$$c\mathbf{v} = c(v_1, v_2) = (cv_1, cv_2)$$

2장에서 *스칼라*는 실수를 의미하는 단어로 사용했다. 이런 단어의 사용은 역사적으로 벡터에 실수를 곱하는 것은 벡터의 "크기(scale)"을 변화시킨다는 사실에서 유래되었다. 예를 들어, 벡터 v에 2를 곱하면 곱한 결과인 2v는 v와 같은 방향을 갖고 길이가 두 배인 벡터이다. 일반적으로 스칼라 c에 대하여 벡터 cv는 v를 $|c|$배한 것이다. c가 양수이면 cv와 v는 같은 방향이고, c가 음수이면 cv와 v는 반대방향이다. 그림 4.4는 이런 상황을 보여준다.

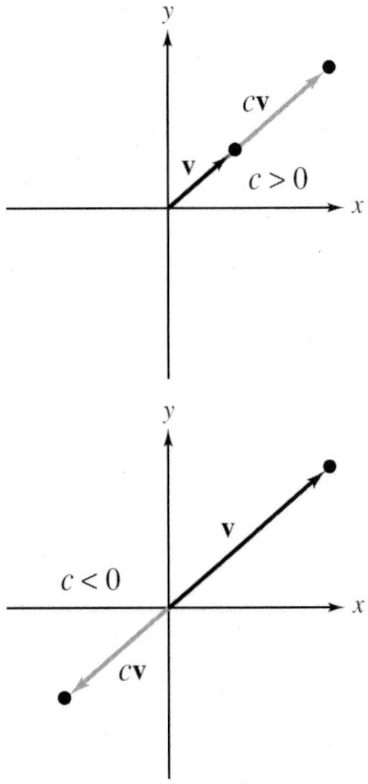

그림 4.4

벡터 v와 스칼라 -1의 곱은

$$-\mathbf{v} = (-1)\mathbf{v}$$

로 표시한다. 벡터 $-$v는 v의 **음벡터**(negative)라 한다. u와 v의 **차**(difference)는

$$\mathbf{u} - \mathbf{v} = \mathbf{u} + (-1)\mathbf{v}$$

이다. 벡터 v의 음벡터를 더해서 u에서 v를 뺀다.

예제 3 평면 위 벡터의 연산

v $= (-2, 5)$이고 u $= (3, 4)$이다. 다음 벡터 연산을 하시오.

a. $\frac{1}{2}\mathrm{v}$　　　　b. $\mathrm{u}-\mathrm{v}$　　　　c. $\frac{1}{2}\mathrm{v}+\mathrm{u}$

풀이

a. $\mathrm{v}=(-2, 5)$ 따라서 $\frac{1}{2}\mathrm{v}=\left(\frac{1}{2}(-2), \frac{1}{2}(5)\right)=\left(-1, \frac{5}{2}\right)$

b. 벡터 뺄셈의 정의에 따라 $\mathrm{u}-\mathrm{v}=(3-(-2), 4-5)=(5, -1)$

c. (a)의 결과를 이용하면 $\frac{1}{2}\mathrm{v}+\mathrm{u}=\left(-1, \frac{5}{2}\right)+(3, 4)=\left(2, \frac{13}{2}\right)$

그림 4.5는 위 벡터 연산의 기하적 표현을 보여준다. ■

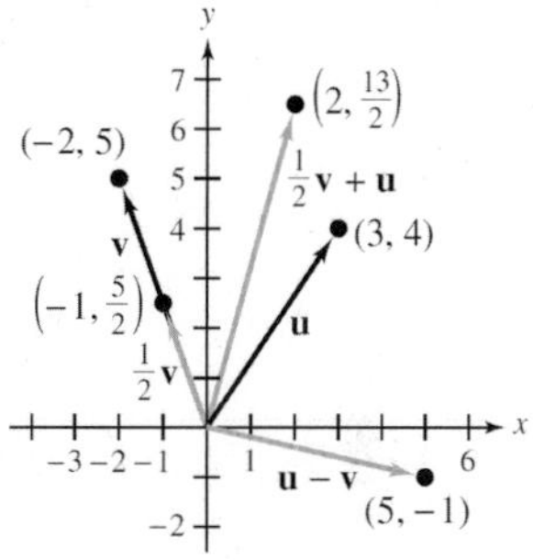

그림 4.5

벡터 덧셈과 스칼라곱은 행렬 덧셈과 스칼라곱과 많은 성질을 공유한다. 다음 정리에 나열한 10개의 성질은 선형대수의 기초적인 역할을 한다. 실제로 다음 절에서 이 10개의 성질은 벡터공간을 정의하는데 많은 도움이 된다.

정리 4.1　평면에서의 벡터덧셈과 스칼라곱의 성질

u, v, w는 평면 벡터이고 c와 d는 스칼라이다.

1. $\mathrm{u}+\mathrm{v}$는 평면 위의 벡터이다.	덧셈에 대해 닫힘
2. $\mathrm{u}+\mathrm{v}=\mathrm{v}+\mathrm{u}$	덧셈에 대한 교환법칙
3. $(\mathrm{u}+\mathrm{v})+\mathrm{w}=\mathrm{u}+(\mathrm{v}+\mathrm{w})$	덧셈에 대한 결합법칙
4. $\mathrm{u}+0=\mathrm{u}$	덧셈에 대한 항등원
5. $\mathrm{u}+(-\mathrm{u})=0$	덧셈에 대한 역원
6. $c\mathrm{u}$은 평면 위의 벡터이다.	스칼라곱에 대해 닫힘
7. $c(\mathrm{u}+\mathrm{v})=c\mathrm{u}+c\mathrm{v}$	분배법칙
8. $(c+d)\mathrm{u}=c\mathrm{u}+d\mathrm{v}$	분배법칙
9. $c(d\mathrm{u})=(cd)\mathrm{u}$	곱셈에 대한 결합법칙
10. $1(\mathrm{u})=\mathrm{u}$	곱셈에 대한 항등원

참고

벡터 덧셈에 대한 결합법칙은 $\mathrm{u}+\mathrm{v}+\mathrm{w}$와 같은 식을 어떤 것을 먼저 계산하든 상관없이 같은 벡터합이 되기 때문에 모호함 없이 사용할 수 있게 해준다.

증명

각 성질에 대한 증명은 바로 확인할 수 있다. 예를 들어 벡터덧셈의 결합법칙을 증명하면

$$\begin{aligned}(\mathbf{u}+\mathbf{v})+\mathbf{w} &= [(u_1,\ u_2)+(v_1,\ v_2)]+(w_1,\ w_2)\\ &= (u_1+v_1,\ u_2+v_2)+(w_1,\ w_2)\\ &= ((u_1+v_1)+w_1,\ (u_2+v_2)+w_2)\\ &= (u_1+(v_1+w_1),\ u_2+(v_2+w_2))\\ &= (u_1,\ u_2)+(v_1+w_1,\ v_2+w_2)\\ &= \mathbf{u}+(\mathbf{v}+\mathbf{w})\end{aligned}$$

이다. 마찬가지로 스칼라곱의 덧셈에 대한 오른쪽 분배법칙을 증명하면

$$\begin{aligned}(c+d)\mathbf{u} &= (c+d)(u_1,\ u_2)\\ &= ((c+d)u_1,\ (c+d)u_2)\\ &= (cu_1,\ cu_2)+(du_1,\ du_2)\\ &= c\mathbf{u}+d\mathbf{u}\end{aligned}$$

이다. 나머지 8가지 성질에 대한 증명은 연습문제로 남긴다. (연습문제 6.3을 참고하라.) ■

$\mathbb{R}^n$의 벡터

평면에서의 벡터에 대한 논의는 n-공간에서의 벡터에 대한 논의로 확장가능하다. n-공간에서의 벡터는 **순서 n쌍**(ordered n-tuple)으로 나타낸다. 예를 들어, 순서 세 쌍은 $(x_1,\ x_2,\ x_3)$의 꼴이고 순서 네 쌍은 $(x_1,\ x_2,\ x_3,\ x_4)$의 꼴이다. 일반적인 순서 n쌍은 $(x_1,\ x_2,\ x_3,\ ...,\ x_n)$의 꼴이다. 모든 순서 n쌍의 집합이 n-공간이고 $\mathbb{R}^n$으로 나타낸다.

$\mathbb{R}^1$=1-공간 =모든 실수의 집합

$\mathbb{R}^2$=2-공간 =실수의 모든 순서쌍의 집합

$\mathbb{R}^3$=3-공간 =실수의 모든 순서 세 쌍의 집합

$\vdots$

$\mathbb{R}^n$=n-공간 =실수의 모든 순서 n쌍의 집합

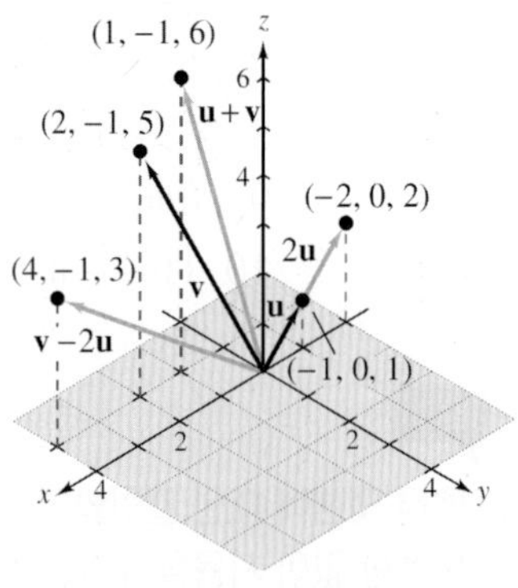

그림 4.6

순서 n쌍 $(x_1,\ x_2,\ x_3,\ \cdots,\ x_n)$은 x_i가 좌표인 $\mathbb{R}^n$에서의 한 점 또는 x_i가 성분인 **벡터** $\mathbf{x}=(x_1,\ x_2,\ x_3,\ ...,\ x_n)$으로 볼 수 있다. 평면 위(또는 $\mathbb{R}^2$)의 벡

터처럼 $\mathbb{R}^n$의 두 벡터는 대응하는 성분이 같으면 같은 벡터이고 그 역도 성립한다. [$n=2$ 또는 $n=3$인 경우 (x,y) 또는 (x,y,z)와 같은 익숙한 표현을 종종 사용한다.]

$\mathbb{R}^n$의 두 벡터의 합과 $\mathbb{R}^n$의 벡터의 스칼라곱을 $\mathbb{R}^n$의 **표준연산**(standard operation)이라 하고 다음과 같이 정의한다.

$\mathbb{R}^n$에서의 벡터덧셈과 스칼라곱의 정의

$\mathbf{u}=(u_1, u_2, u_3, \ldots, u_n)$와 $\mathbf{v}=(v_1, v_2, v_3, \ldots, v_n)$은 $\mathbb{R}^n$의 벡터이고 c는 실수이다. $\mathbf{u}$와 $\mathbf{v}$의 합은 벡터

$$\mathbf{u}+\mathbf{v}=(u_1+v_1, u_2+v_2, u_3+v_3, \ldots, u_n+v_n)$$

이고 $\mathbf{u}$의 스칼라곱은 벡터

$$c\mathbf{u}=(cu_1, cu_2, cu_3, \ldots, cu_n)$$

이다.

2-공간에서처럼 $\mathbb{R}^n$의 벡터의 음벡터는

$$-\mathbf{u}=(-u_1, -u_2, -u_3, \ldots, -u_n)$$

이고 $\mathbb{R}^n$의 두 벡터의 차는

$$\mathbf{u}-\mathbf{v}=(u_1-v_1, u_2-v_2, u_3-v_3, \ldots, u_n-v_n)$$

이다. $\mathbb{R}^n$의 영벡터는 $\mathbf{0}=(0, 0, 0, \ldots, 0)$로 나타낸다.

예제 4 $\mathbb{R}^3$에서의 벡터연산

이러한 유형의 대화형 예제는 LarsonLinearAgebra.com을 참조하라.

$\mathbf{u}=(-1, 0, 1)$와 $\mathbf{v}=(2, -1, 5)$는 $\mathbb{R}^3$의 벡터이다. 다음 벡터연산의 결과를 구하시오.

a. $\mathbf{u}+\mathbf{v}$
b. $2\mathbf{u}$
c. $\mathbf{v}-2\mathbf{u}$

풀이

a. 두 벡터를 더하려면 대응하는 성분끼리 더해야 한다.

$$\mathbf{u}+\mathbf{v}=(-1,0,1)+(2,\ -1,5)=(1,\ -1,0)$$

b. 벡터에 스칼라를 곱하려면 각 성분에 스칼라를 곱해야 한다.

$$2\mathbf{u}=2(-1,0,1)=(-2,0,2)$$

c. (b)의 결과를 이용하면

$$\mathbf{v}-2\mathbf{u}=(2,\ -1,5)-(-2,0,2)=(4,\ -1,3)$$

그림 4.6은 $\mathbb{R}^3$에서의 이들 벡터의 연산을 기하적으로 나타낸 것이다. ■

다음에 소개할 $\mathbb{R}^n$의 벡터에 대한 벡터 덧셈과 스칼라 곱의 성질은 정리 4.1에서 살펴본 $\mathbb{R}^2$의 벡터들에 대한 성질과 비슷하다. $\mathbb{R}^n$에서의 벡터 덧셈과 스칼라 곱에 대한 정의를 바탕으로 한 증명은 연습문제로 남긴다. (연습문제 64번 참고.)

정리 4.2 **$\mathbb{R}^n$에서의 벡터 덧셈과 스칼라 곱의 성질**

1. $\mathbf{u}+\mathbf{v}$는 평면 위의 벡터이다.	덧셈에 대해 닫힘
2. $\mathbf{u}+\mathbf{v}=\mathbf{v}+\mathbf{u}$	덧셈에 대한 교환법칙
3. $(\mathbf{u}+\mathbf{v})+\mathbf{w}=\mathbf{u}+(\mathbf{v}+\mathbf{w})$	덧셈에 대한 결합법칙
4. $\mathbf{u}+\mathbf{0}=\mathbf{u}$	덧셈에 대한 항등원
5. $\mathbf{u}+(-\mathbf{u})=\mathbf{0}$	덧셈에 대한 역원
6. $c\mathbf{u}$은 평면 위의 벡터이다.	스칼라곱에 대해 닫힘
7. $c(\mathbf{u}+\mathbf{v})=c\mathbf{u}+c\mathbf{v}$	분배법칙
8. $(c+d)\mathbf{u}=c\mathbf{u}+c\mathbf{v}$	분배법칙
9. $c(d\mathbf{u})=(cd)\mathbf{u}$	곱셈에 대한 결합법칙
10. $1(\mathbf{u})=\mathbf{u}$	곱셈에 대한 항등원

다음 예제에서처럼, 정리 4.2의 10가지 성질을 사용하여 실수에서 연산하는 것과 같이 $\mathbb{R}^n$의 벡터들의 대수적 연산을 할 수 있다.

예제 5 **$\mathbb{R}^4$에서의 벡터 연산**

$\mathbf{u}=(2,\ -1,5,0)$, $\mathbf{v}=(4,3,1,\ -1)$, $\mathbf{w}=(-6,2,0,3)$은 $\mathbb{R}^4$의 벡터이다.

기술
대부분의 공학용 계산기와 소프트웨어 프로그램으로 벡터덧셈과 스칼라곱을 계산할 수 있다. 공학용 계산기로 계산을 한다면 예제4(b)를 다음과 같이 확인해볼 수 있다. *CengageBrain.com*에서의 **기술가이드**는 벡터연산을 수행할 수 있도록 기술적으로 도움을 줄 수 있다.

```
VECTOR:U          3
 e1=-1
 e2=0
 e3=1
2U
            [-2 0 2]
```

윌리엄 로완 해밀턴 (William Rowan Hamilton, 1805~1865)

해밀턴은 아일랜드에서 가장 유명한 수학자이다. 1828년 그는 A Theory of Systems of Rays라는 제목의 광학에 대한 인상적인 논문을 발표하였는데, 해밀턴은 그 논문에 연립일차방정식을 푸는 자신만의 방법을 포함하여 발표하였다. 그는 또한 행렬의 고유방정식의 개념(7.1절을 참고하라)을 소개하였다. 해밀턴의 업적은 현대 벡터 기호의 발전을 이끌었다. 그가 $\mathbb{R}^3$에서 표준단위벡터를 나타낼 때 사용했던 $\mathbf{i}, \mathbf{j}, \mathbf{k}$를 지금도 여전히 사용하고 있다. (5.1절을 참고하라).

각 방정식을 풀어 x를 구하시오.

a. $\mathbf{x} = 2\mathbf{u} - (\mathbf{v} + 3\mathbf{w})$

b. $3(\mathbf{x} + \mathbf{w}) = 2\mathbf{u} - \mathbf{v} + \mathbf{x}$

풀이

a. 정리 4.2에 열거된 성질을 사용하면

$$\begin{aligned}\mathbf{x} &= 2\mathbf{u} - (\mathbf{v} + 3\mathbf{w}) \\ &= 2\mathbf{u} - \mathbf{v} - 3\mathbf{w} \\ &= 2(2, -1, 5, 0) - (4, 3, 1, -1) - 3(-6, 2, 0, 3) \\ &= (4, -2, 10, 0) - (4, 3, 1, -1) - (-18, 6, 0, 9) \\ &= (4 - 4 + 18, -2 - 3 - 6, 10 - 1 - 9, 0 + 1 - 9) \\ &= (18 \ -11, 9, -8)\end{aligned}$$

이다.

b. x에 대하여 풀면

$$\begin{aligned}3(\mathbf{x} + \mathbf{w}) &= 2\mathbf{u} - \mathbf{v} + \mathbf{x} \\ 3\mathbf{x} + 3\mathbf{w} &= 2\mathbf{u} - \mathbf{v} + \mathbf{x} \\ 3\mathbf{x} - \mathbf{x} &= 2\mathbf{u} - \mathbf{v} - 3\mathbf{w} \\ 2\mathbf{x} &= 2\mathbf{u} - \mathbf{v} - 3\mathbf{w} \\ \mathbf{x} &= \frac{1}{2}(2\mathbf{u} - \mathbf{v} - 3\mathbf{w})\end{aligned}$$

(a)의 결과를 이용하면

$$\begin{aligned}\mathbf{x} &= \frac{1}{2}(18, -11, 9, -8) \\ &= \left(9, -\frac{11}{2}, \frac{9}{2}, -4\right)\end{aligned}$$

이다. ■

$\mathbb{R}^n$의 영벡터 $\mathbf{0}$은 $\mathbb{R}^n$에서의 **덧셈에 대한 항등원**(additive identity)이다. 마찬가지로 벡터 $-\mathbf{v}$는 $\mathbf{v}$의 **덧셈에 대한 역원**(additive inverse)이다. 다음 정리는 $\mathbb{R}^n$에서의 덧셈에 대한 항등원과 덧셈에 대한 역원의 몇 가지 중요한 성질을 정리한 것이다.

정리 4.3 덧셈에 대한 항등원과 덧셈에 대한 역원의 성질

$\mathbf{v}$는 $\mathbb{R}^n$의 벡터이고 c는 스칼라이다. 그러면 다음이 성립한다.

1. 덧셈에 대한 항등원은 유일하다. 즉, $\mathbf{v} + \mathbf{u} = \mathbf{v}$이면 $\mathbf{u} = \mathbf{0}$이다.
2. $\mathbf{v}$의 덧셈에 대한 역원은 유일하다. 즉 $\mathbf{v} + \mathbf{u} = \mathbf{0}$이면 $\mathbf{u} = -\mathbf{v}$이다.

3. $0\mathbf{v} = \mathbf{0}$
4. $c\mathbf{0} = \mathbf{0}$
5. $c\mathbf{v} = \mathbf{0}$이면 $c = 0$ 또는 $\mathbf{v} = \mathbf{0}$이다.
6. $-(-\mathbf{v}) = \mathbf{v}$

참고

성질 3과 5에서 두 개의 다른 0이 사용되었는데 하나는 스칼라 0이고 다른 하나는 벡터 **0**이다.

증명

첫 번째 성질을 증명하기 위해 $\mathbf{v}+\mathbf{u}=\mathbf{v}$라고 가정하자. 그러면 정리 4.2에 의해 다음이 성립한다.

$\mathbf{v}+\mathbf{u}=\mathbf{v}$	주어짐
$(\mathbf{v}+\mathbf{u})+(-\mathbf{v})=\mathbf{v}+(-\mathbf{v})$	양변에 $-\mathbf{v}$를 더함
$(\mathbf{v}+\mathbf{u})+(-\mathbf{v})=\mathbf{0}$	덧셈에 대한 역원
$(\mathbf{u}+\mathbf{v})+(-\mathbf{v})=\mathbf{0}$	교환법칙
$\mathbf{u}+[\mathbf{v}+(-\mathbf{v})]=\mathbf{0}$	결합법칙
$\mathbf{u}+\mathbf{0}=\mathbf{0}$	덧셈에 대한 역원
$\mathbf{u}=\mathbf{0}$	덧셈에 대한 항등원

두 번째 성질을 증명하기 위해 $\mathbf{v}+\mathbf{u}=\mathbf{0}$이라 가정하자. 그러면 정리 4.2에 의해 다음이 성립한다.

$\mathbf{v}+\mathbf{u}=\mathbf{0}$	주어짐
$(-\mathbf{v})+(\mathbf{v}+\mathbf{u})=(-\mathbf{v})+\mathbf{0}$	양변에 $-\mathbf{v}$를 더함
$(-\mathbf{v})+(\mathbf{v}+\mathbf{u})=-\mathbf{v}$	덧셈에 대한 항등원
$[(-\mathbf{v})+\mathbf{v}]+\mathbf{u}=-\mathbf{v}$	결합법칙
$\mathbf{0}+\mathbf{u}=-\mathbf{v}$	덧셈에 대한 역원
$\mathbf{u}+\mathbf{0}=-\mathbf{v}$	교환법칙
$\mathbf{u}=-\mathbf{v}$	덧셈에 대한 항등원

벡터 대수가 포함된 증명을 읽고 쓰는 데 경험이 쌓일수록 위에서처럼 많은 단계를 모두 나열할 필요는 없다. 하지만 지금까지는 가능한 많은 단계를 나열하는 것이 좋다. 나머지 4가지 성질에 대한 증명은 연습문제로 남긴다. (연습문제 65~68번을 참고하라.) ■

선형대수의 응용

벡터는 공학과 물리 과학 분야에서 폭넓고 다양하게 응용된다. 예를 들어 경사각이 θ인 경사면 위로 물체를 당길 때 필요한 힘의 크기를 결정하려 하는데 오른쪽 그림을 이용해서 구해보자. 그림에서 벡터 W는 물체의 무게를 나타내고 벡터 F는 물체를 당길 때 필요한 힘을 나타낸다. 닮음 삼각형과 몇 가지 삼각비를 이용하면 필요한 힘은 $F= W\sin\theta$가 된다는 것을 알 수 있다. (확인해보라.)

Anne Kitzman/Shutterstock.com

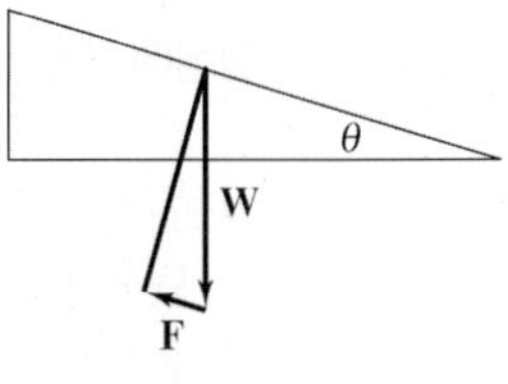

벡터의 일차결합

선형대수 문제 중 중요한 문제 중 하나는 벡터 $\mathbf{x}$를 다른 벡터 $\mathbf{v}_1, \mathbf{v}_2, \ldots, \mathbf{v}_n$의 스칼라 곱의 합으로 나타내는 것이다. 즉 스칼라 $c_1, c_2, \ldots, c_n$에 대하여

$$\mathbf{x} = c_1\mathbf{v}_1 + c_2\mathbf{v}_2 + \cdots + c_n\mathbf{v}_n$$

으로 나타내는 것이다. 이때 벡터 $\mathbf{x}$를 벡터 $\mathbf{v}_1, \mathbf{v}_2, \ldots, \mathbf{v}_n$의 **일차결합**(linear combination)이라 한다.

예제 6 벡터를 다른 벡터의 일차결합으로 나타내기

$\mathbf{x} = (-1, -2, -2)$, $\mathbf{u} = (0, 1, 4)$, $\mathbf{v} = (-1, 1, 2)$, $\mathbf{w} = (-3, 1, 2)$는 $\mathbb{R}^3$의 벡터이다. $\mathbf{x} = a\mathbf{u} + b\mathbf{v} + c\mathbf{w}$를 만족하는 스칼라 a, b, c를 구하시오.

풀이

주어진 벡터는

$$\begin{aligned} \overbrace{(-1, -2, -2)}^{\mathbf{x}} &= a\overbrace{(0, 1, 4)}^{\mathbf{u}} + b\overbrace{(-1, 1, 2)}^{\mathbf{v}} + c\overbrace{(3, 1, 2)}^{\mathbf{w}} \\ &= (-b+3c,\ a+b+c,\ 4a+2b+2c) \end{aligned}$$

로 나타낼 수 있고, 대응하는 성분끼리 같으므로 다음과 같이 a, b, c에 대한 세 개의 일차방정식으로 이루어진 연립방정식을 세울 수 있다.

$$\begin{aligned} -b+3c &= -1 \qquad &\text{첫 번째 성분에 대한 방정식} \\ a+b+c &= -2 \qquad &\text{두 번째 성분에 대한 방정식} \\ 4a+2b+2c &= -2 \qquad &\text{세 번째 성분에 대한 방정식} \end{aligned}$$

a, b, c를 구하면 $a=1$, $b=-2$, $c=-1$을 얻는다. $\mathbf{u}, \mathbf{v}, \mathbf{w}$의 일차결합으로 나타내면

$$\mathbf{x} = \mathbf{u} - 2\mathbf{v} - \mathbf{w}$$

이다.

벡터덧셈과 스칼라곱을 이용하여 결과를 확인할 수 있다. ■

발견

1. 벡터 $(1, 1)$은 벡터 $(1, 2)$와 $(-2, -4)$의 일차결합인가? 이들 벡터를 그려보고 기하적으로 답을 설명하시오.
2. 마찬가지로 벡터 $(1, 1)$은 벡터 $(1, 2)$와 $(2, 1)$의 일차결합인지 결정하시오.
3. 질문1과 질문2에서 기하적으로 알 수 있는 특징은 무엇인가?
4. $\mathbb{R}^2$의 모든 벡터는 벡터 $(1, -2)$와 $(-2, 1)$의 일차결합인가? 기하적으로 답을 설명하시오.

이와 같은 대화형 연습문제는 LarsonLinearAlgebra.com을 참고하시오.

$\mathbb{R}^n$의 벡터 $\mathbf{u} = (u_1, u_2, \ldots, u_n)$를 $1 \times n$의 행행렬(행벡터) 또는 $n \times 1$의 열행렬(열벡터)로 나타내면 편리하다. 행렬의 덧셈과 스칼라곱셈은 벡터의 덧셈과 스칼라곱과 결과가 같기 때문에 이러한 접근의 표현이 가능하다. 즉 행렬합

$$\mathbf{u}+\mathbf{v}=[u_1 \ \ u_2 \ \ \cdots \ \ u_n]+[v_1 \ \ v_2 \ \ \cdots \ \ v_n]$$
$$=[u_1+v_1 \ \ u_2+v_2 \ \ \cdots \ \ u_n+v_n]$$

과

$$\mathbf{u}+\mathbf{v}=\begin{bmatrix}u_1\\u_2\\\vdots\\u_n\end{bmatrix}+\begin{bmatrix}v_1\\v_2\\\vdots\\v_n\end{bmatrix}=\begin{bmatrix}u_1+v_1\\u_2+v_2\\\vdots\\u_n+v_n\end{bmatrix}$$

은 벡터덧셈

$$\mathbf{u}+\mathbf{v}=(u_1, u_2, \ldots, u_n)+(v_1, v_2, \ldots, v_n)$$
$$=(u_1+v_1, u_2+v_2, \ldots, u_n+v_n)$$

와 결과가 같다. 스칼라곱에 대해서도 마찬가지로 이야기할 수 있다. 이러한 표현의 유일한 차이는 성분을 어떤 방법으로 나타낼 것인가 하는 것이다.

4.1 연습문제

벡터의 성분꼴 구하기 1번과 2번에서는 벡터를 성분꼴로 나타내시오.

1.

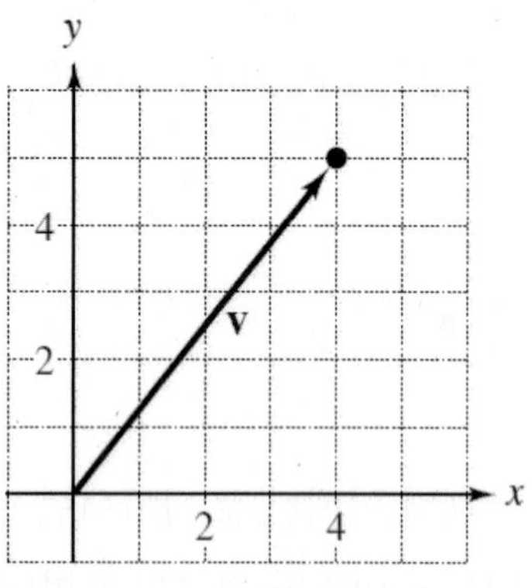

2.

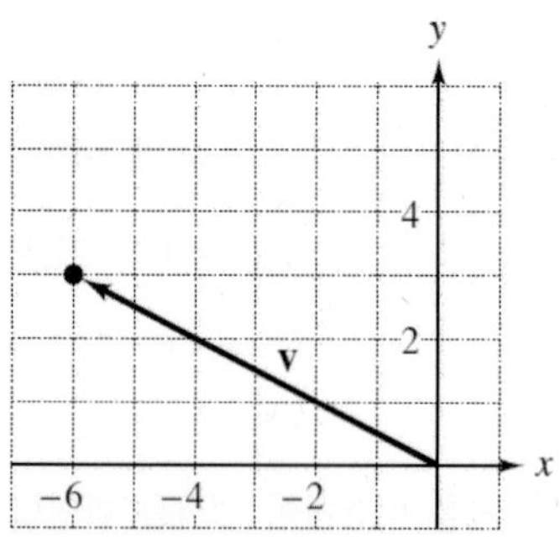

벡터 나타내기 3~6번에서는 유향선분을 이용하여 벡터를 나타내시오.

3. $\mathbf{u}=(2, -4)$

4. $\mathbf{v}=(-2, 3)$

5. $\mathbf{u}=(-3, -4)$

6. $\mathbf{v}=(-2, -5)$

두 벡터의 합 구하기 7~10번에서는 벡터의 합을 구하고 합을 그림으로 나타내시오.

7. $u=(1, 3)$, $v=(2, -2)$

8. $u=(-1, 4)$, $v=(4, -3)$

9. $u=(2, -3)$, $v=(-3, -1)$

10. $u=(4, -2)$, $v=(-2, -3)$

벡터 연산 11~16번에서는 벡터 v를 구하고 주어진 벡터 연산을 그림으로 나타내시오. 여기서 $u=(-2, 3)$이고 $w=(-3, -2)$이다.

11. $v=\frac{3}{2}u$

12. $v=u+w$

13. $v=u+2w$

14. $v=-u+w$

15. $v=\frac{1}{2}(3u+w)$

16. $v=u-2w$

17. 벡터 $v=(2, 1)$에 대하여 (a) $2v$, (b) $-3v$, (c) $\frac{1}{2}v$를 그리시오

18. 벡터 $v=(3, 2)$에 대하여 (a) $4v$, (b) $-\frac{1}{2}v$, (c) $0v$를 그리시오.

벡터 연산 19~24번에서는 $u=(1, 2, 3)$, $v=(2, 2, -1)$, $w=(4\ 0, -4)$이다.

19. $u-v$와 $v-u$를 구하시오.

20. $u-v+2w$를 구하시오.

21. $2u+4v-w$를 구하시오.

22. $5u-3v-\frac{1}{2}w$를 구하시오.

23. $3u-4z-w$일 때 z를 구하시오.

24. $2u+v-w+3z=0$일 때 z를 구하시오.

25. 벡터 $v=(1, 2, 2)$에 대하여 (a) $2v$, (b) $-v$, (c) $\frac{1}{2}v$를 그리시오

26. 벡터 $v=(2, 0, 1)$에 대하여 (a) $-v$, (b) $2v$, (c) $\frac{1}{2}v$를 그리시오

27. 주어진 벡터가 $z=(3, 2, -5)$의 스칼라 배인지 결정하시오.

(a) $v=\left(\frac{9}{2}, 3, -\frac{15}{2}\right)$

(b) $w=(9, -6, -15)$

28. 주어진 벡터가 $z=\left(\frac{1}{2}, -\frac{2}{3}, \frac{3}{4}\right)$의 스칼라 배인지 결정하시오.

(a) $u=(6, -4, 9)$

(b) $v=\left(-1, \frac{4}{3}, -\frac{3}{2}\right)$

벡터 연산 29~32번에서는 (a) $u-v$, (b) $2(u+3v)$, (c) $2v-u$를 구하시오.

29. $u=(4, 0, -3, 5)$, $v=(0, 2, 5, 4)$

30. $u=(0, 4, 3, 4, 4)$, $v=(6, 8, -3, 3, -5)$

31. $u=(-7, 0, 0, 0, 9)$, $v=(2, -3, -2, 3, 3)$

32. $u=(6, -5, 4, 3)$, $v=\left(-2, \frac{5}{3}, -\frac{4}{3}, -1\right)$

벡터 연산 33번과 34번에서는 공학용 계산기를 사용하여 다음 연산의 결과를 구하시오. 여기서 $u=(1, 2, -3, 1)$, $v=(0, 2, -1\ -2)$, $w=(2\ -2, 1, 3)$이다.

33. (a) $u+2v$

(b) $w-3u$

(c) $4v+\frac{1}{2}u-w$

34. (a) $v+3w$

(b) $2w-\frac{1}{2}u$

(c) $\frac{1}{2}(4v-3u+w)$

벡터방정식 풀기 35~38번에서는 $u=(1, -1, 0, 1)$, $v=(0, 2, 3, -1)$일 때 w를 구하시오.

35. $3\mathrm{w}=\mathrm{u}-2\mathrm{v}$

36. $\mathrm{w}+\mathrm{u}=-\mathrm{v}$

37. $\frac{1}{2}\mathrm{w}=2\mathrm{u}+3\mathrm{v}$

38. $\mathrm{w}+3\mathrm{v}=-2\mathrm{u}$

벡터방정식 풀기 39번과 40번에서는 $2\mathrm{u}+\mathrm{v}-3\mathrm{w}=0$을 만족하는 w를 구하시오.

39. $\mathrm{u}=(0, 2, 7, 5)$, $\mathrm{v}=(-3, 1, 4, -8)$

40. $\mathrm{u}=(-6, 0, 2, 0)$, $\mathrm{v}=(5, -3, 0, 1)$

일차결합으로 나타내기 41~46번에서는 $\mathrm{u}=(1, 2)$이고 $\mathrm{w}=(1, -1)$일 때, 가능한 경우, v를 u와 w의 일차결합으로 나타내시오.

41. $\mathrm{v}=(2, 1)$

42. $\mathrm{v}=(0, 3)$

43. $\mathrm{v}=(3, 3)$

44. $\mathrm{v}=(1, -1)$

45. $\mathrm{v}=(-1, -2)$

46. $\mathrm{v}=(1, -4)$

일차결합으로 나타내기 47~50번에서는 가능한 경우 v를 u_1, u_2, u_3의 일차결합으로 나타내시오.

47. $\mathrm{v}=(10, 1, 4)$, $\mathrm{u}_1=(2, 3, 5)$, $\mathrm{u}_2=(1, 2, 4)$, $\mathrm{u}_3=(-2, 2, 3)$

48. $\mathrm{v}=(-1, 7, 2)$, $\mathrm{u}_1=(1, 3, 5)$, $\mathrm{u}_2=(2, -1, 3)$, $\mathrm{u}_3=(-3, 2, -4)$

49. $\mathrm{v}=(0, 5, 3, 0)$, $\mathrm{u}_1=(1, 1, 2, 2)$, $\mathrm{u}_2=(2, 3, 5, 6)$, $\mathrm{u}_3=(-3, 1, -4, 2)$

50. $\mathrm{v}=(7, 2, 5, -3)$, $\mathrm{u}_1=(2, 1, 1, 2)$, $\mathrm{u}_2=(-3, 3, 4, -5)$, $\mathrm{u}_3=(-6, 3, 1, 2)$

일차결합으로 나타내기 51번과 52번에서는 가능한 경우, 행렬의 세 번째 열을 처음 두 개의 열의 일차결합으로 나타내시오.

51. $\begin{bmatrix} 1 & 2 & 3 \\ 7 & 8 & 9 \\ 4 & 5 & 6 \end{bmatrix}$

52. $\begin{bmatrix} 1 & 2 & 3 \\ 7 & 8 & 9 \\ 4 & 5 & 7 \end{bmatrix}$

일차결합으로 나타내기 53번과 54번에서는 소프트웨어 프로그램이나 공학용 계산기를 사용하여 v를 u_1, u_2, u_3, u_4, u_5의 일차결합으로 나타내시오. 그리고 결과가 올바른지 확인하시오.

53. $\mathrm{v}=(5, 3, -11, 11, 9)$

$\mathrm{u}_1=(1, 2, -3, 4, -1)$

$\mathrm{u}_2=(1, 2, 0, 2, 1)$

$\mathrm{u}_3=(0, 1, 1, 1, -4)$

$\mathrm{u}_4=(2, 1, -1, 2, 1)$

$\mathrm{u}_5=(0, 2, 2, -1, -1)$

54. $\mathrm{v}=(5, 8, 7, -2, 4)$

$\mathrm{u}_1=(1, 1, -1, 2, 1)$

$\mathrm{u}_2=(2, 1, 2, -1, 1)$

$\mathrm{u}_3=(1, 2, 0, 1, 2)$

$\mathrm{u}_4=(0, 2, 0, 1, -4)$

$\mathrm{u}_5=(1, 1, 2, -1, 2)$

일차결합으로 나타내기 55번과 56번에서는 영벡터 $\mathbf{0}=(0, 0, 0)$은 $\mathbf{0}=0\mathrm{v}_1+0\mathrm{v}_2+0\mathrm{v}_3$이므로 v_1, v_2, v_3의 일차결합으로 나타낼 수 있는데 이를 자명한 해라고 한다. 가능한 경우, $\mathbf{0}$을 이들 벡터의 자명하지 않은 일차결합으로 나타내는 방법을 구하시오.

55. $\mathrm{v}_1=(1, 0, 1)$, $\mathrm{v}_2=(-1, 1, 2)$, $\mathrm{v}_3=(0, 1, 4)$

56. $\mathrm{v}_1=(1, 0, 1)$, $\mathrm{v}_2=(-1, 1, 2)$, $\mathrm{v}_3=(0, 1, 3)$

참 또는 거짓? 57번과 58번에서는 각 명제가 참 또는 거짓인지 판별하시오. 만약 명제가 참이라면 그 이유를 제시하거나 본문에서 적절한 명제를 찾아 제시하시오. 만약 명제가 거짓이라면 명제가 참이 아니라는 예를 제시하거나 본문에서 적절한 명제를 찾아 제시하시오.

57. (a) $\mathbb{R}^n$의 두 벡터는 대응하는 성분이 같으면 같은 벡터이고 역으로 같은 벡터이면 대응하는 성분이 같다.

(b) 벡터 $-\mathrm{v}$는 v의 덧셈에 대한 항등원이다.

58. (a) $\mathbb{R}^n$의 두 벡터를 빼려면 대응하는 성분끼리 빼야 한다.

(b) $\mathbb{R}^n$의 영벡터 0은 벡터의 덧셈에 대한 역원이다.

59. **서술** $A\mathrm{x}=\mathrm{b}$는 n개의 미지수가 있는 m개의 일차방정식으로 이루어진 연립방정식이다. A의 열을 $\mathrm{a}_1, \mathrm{a}_2, ..., \mathrm{a}_n$이라 하자. b가 이들 n개의 열벡터의 일차결합일 때 연립방정식이 성립하는 이유를 설명하시오. b가 A의 열의 일차결합이 아닐 때 연립방정식에 대해 어떤 결론을 내릴 수 있는가?

60. **서술** 벡터 뺄셈은 기하적으로 어떻게 설명할 수 있을까? 벡터 뺄셈과 기본 벡터 연산인 덧셈과 스칼라곱 사이에는 어떤 관계가 있는가?

61. $\mathrm{u}=(2, -1, 3, 6)$, $\mathrm{v}=(1, 4, 0, 1)$, $\mathrm{w}=(3, 0, 2, 0)$, $d=-2$를 이용하여 정리 4.2의 성질 1-10을 설명하시오.

62. **캡스톤** 벡터 $\mathrm{u}=(3, -4)$, $\mathrm{v}=(9, 1)$에 대하여 다음 물음에 답하시오.

(a) 유향선분을 이용하여 각 벡터를 좌표평면 위에 그리시오.

(b) $\mathrm{u}+\mathrm{v}$를 구하시오.

(c) $2\mathrm{v}-\mathrm{u}$를 구하시오.

(d) $\mathrm{w}=(39, 0)$을 u와 v의 일차결합으로 나타내시오.

63. **증명** 정리 4.1의 증명을 완성하시오.

64. **증명** 정리 4.2의 벡터 덧셈과 스칼라 곱의 각 성질을 증명하시오.

증명 65~68번에서는 정리 4.3의 나머지 성질의 증명을 각 단계에 대한 논리적 근거를 넣어 완성하시오. 정리 4.2의 벡터 덧셈과 스칼라곱의 성질을 이용하시오.

65. 성질 3: $0\mathrm{v}=0$

$0\mathrm{v}=(0+0)\mathrm{v}$	a. ________
$0\mathrm{v}=0\mathrm{v}+0\mathrm{v}$	b. ________
$0\mathrm{v}+(-0\mathrm{v})=(0\mathrm{v}+0\mathrm{v})+(-0\mathrm{v})$	c. ________
$0=0\mathrm{v}+(0\mathrm{v}+(-0\mathrm{v}))$	d. ________
$0=0\mathrm{v}+0$	e. ________
$0=0\mathrm{v}$	f. ________

66. 성질 4: $c0=0$

$c0=c(0+0)$	a. ________
$c0=c0+c0$	b. ________
$c0+(-c0)=(c0+c0)+(-c0)$	c. ________
$0=c0+(c0+(-c0))$	d. ________
$0=c0+0$	e. ________
$0=c0$	f. ________

67. 성질 5: $c\mathrm{v}=0$이면 $c=0$ 또는 $\mathrm{v}=0$이다. $c=0$이면 성질은 성립한다. 만일 $c\neq 0$이면 c^{-1}가 존재하고

$c^{-1}(c\mathrm{v})=c^{-1}0$	a. ________
$(c^{-1}c)\mathrm{v}=0$	b. ________
$1\mathrm{v}=0$	c. ________
$\mathrm{v}=0$	d. ________

68. 성질 6: $-(-\mathrm{v})=\mathrm{v}$

$-(-\mathrm{v})+(-\mathrm{v})=0$이고 $\mathrm{v}+(-\mathrm{v})=0$	a. ________
$-(-\mathrm{v})+(-\mathrm{v})=\mathrm{v}+(-\mathrm{v})$	b. ________
$-(-\mathrm{v})+(-\mathrm{v})+\mathrm{v}=\mathrm{v}+(-\mathrm{v})+\mathrm{v}$	c. ________
$-(-\mathrm{v})+((-\mathrm{v})+\mathrm{v})=\mathrm{v}+((-\mathrm{v})+\mathrm{v})$	d. ________
$-(-\mathrm{v})+0=\mathrm{v}+0$	e. ________
$-(-\mathrm{v})=\mathrm{v}$	f. ________

4.2 벡터공간

- 벡터공간을 정의하고 중요 벡터공간 구별하기
- 주어진 집합이 벡터공간이 아님을 보이기

벡터공간의 정의

정리 4.2에서 $\mathbb{R}^n$에서의 벡터 덧셈과 스칼라곱의 10가지 성질을 나열하였다. 적절히 잘 정의된 덧셈과 스칼라곱은 다른 많은 수학적 대상(행렬, 다항식, 함수 등)과 마찬가지로 이 10가지 성질을 공유한다. 이 성질(또는 공리)를 만족하는 집합을 **벡터공간**(vector space)라 하고 이 집합의 원소를 **벡터**(vector)라 한다.

벡터공간에 대한 다음의 정의는 그저 하나의 *정의*라는 것을 깨달아야 한다. 벡터공간이 되기 위해 필요한 공리를 단순히 나열한 것이므로 어떤 것도 따로 증명할 필요는 없다. 이러한 정의를 추상화(abstraction)이라 하는데, 그 이유는 $\mathbb{R}^n$이라는 특정 상황으로부터 얻은 성질들을 추상화해서 보다 일반적인 상황을 위한 공리를 만들어내기 때문이다.

벡터공간의 정의

집합 V는 두 가지 연산(**벡터덧셈과 스칼라곱**)이 정의된 집합이다. 집합 V의 임의의 원소 $\mathbf{u}$, $\mathbf{v}$, $\mathbf{w}$와 모든 스칼라(실수) c와 d가 다음 나열된 공리를 만족하면 V는 벡터공간이다.

덧셈:

1. $\mathbf{u}+\mathbf{v}$는 V의 원소이다. — 덧셈에 대해 닫혀있음
2. $\mathbf{u}+\mathbf{v}=\mathbf{v}+\mathbf{u}$ — 교환법칙
3. $\mathbf{u}+(\mathbf{v}+\mathbf{w})=(\mathbf{u}+\mathbf{v})+\mathbf{w}$ — 결합법칙
4. 집합 V의 모든 원소 $\mathbf{u}$에 대하여 $\mathbf{u}+\mathbf{0}=\mathbf{u}$를 만족하는 영벡터(zero vector) $\mathbf{0}$이 집합 V에 존재한다. — 덧셈에 대한 항등원
5. 집합 V의 모든 원소 $\mathbf{u}$에 대하여 $\mathbf{u}+(-\mathbf{u})=\mathbf{0}$을 만족하는 원소 $-\mathbf{u}$가 V에 존재한다. — 덧셈에 대한 역원

스칼라곱:

6. $c\mathbf{u}$는 V의 원소이다. — 스칼라곱에 대해 닫혀있음
7. $c(\mathbf{u}+\mathbf{v})=c\mathbf{u}+c\mathbf{v}$ — 분배법칙

8. $(c+d)\mathrm{u}=c\mathrm{u}+d\mathrm{u}$	분배법칙
9. $c(d\mathrm{u})=(cd)\mathrm{u}$	결합법칙
10. $1(\mathrm{u})=\mathrm{u}$	스칼라 항등원

벡터공간은 벡터들의 집합, 스칼라들의 집합, 그리고 두 가지 연산의 네 가지 요소로 이루어져 있다는 것을 반드시 알고 있어야 한다. 벡터공간 V를 언급할 때는 확실하게 네 가지 요소가 모두 명확하게 설명되어 있거나 이해하고 있어야 한다. 다른 언급이 없다면 스칼라의 집합은 실수의 집합이다.

벡터공간에 대한 처음 두 가지 예는 그리 놀라운 것은 아니다. 실제 이 두 가지는 10가지 벡터공간의 공리를 확인하기 위해 사용하는 모델이다.

예제 1 표준연산을 가진 $\mathbb{R}^2$는 벡터공간

표준연산을 가진 실수의 모든 순서쌍의 집합 $\mathbb{R}^2$는 벡터공간이다. 이를 확인하기 위해 정리 4.1을 다시 살펴보자. 이 공간의 벡터는 $\mathrm{v}=(v_1, v_2)$ 꼴이다. ■

예제 2 표준연산을 가진 $\mathbb{R}^n$은 벡터공간

표준연산을 가진 실수의 모든 순서 n쌍의 집합 $\mathbb{R}^n$은 벡터공간이다. 정리 4.2가 이를 증명한다. 공간의 벡터는

$$\mathrm{v}=(v_1, v_2, v_3, \dots, v_n)$$

꼴이다. ■

참고

예제 2로부터 (보통의 덧셈과 곱셈을 가진) 실수의 집합 $\mathbb{R}^1$은 벡터공간임을 알 수 있다.

다음 세 가지 예제는 기본집합 V가 순서 n쌍으로 되어 있지 않은 벡터공간에 대한 것이다. 각 예제는 집합 V가 어떤 집합인지 설명하고 두 개의 벡터연산을 정의한다. 이렇게 정의된 집합이 벡터공간임을 보이기 위해 10개의 공리 모두를 만족한다는 것을 증명해야 한다.

예제 3 모든 2×3 행렬의 벡터공간

행렬 덧셈과 스칼라곱을 가진 모든 2×3 행렬의 집합은 벡터공간임을 보이시오.

풀이

A와 B는 2×3 행렬이고 c는 스칼라라 하면 $A+B$와 cA도 역시 2×3 행렬이다. 따라서 이 집합은 행렬덧셈과 스칼라곱에 대해 닫혀있다. 더욱이 나머지 8가지 벡터공간 공리는 정리 2.1과 2.2에 의해 바로 성립한다. (2.2절을 참고). 따라서 집합은 벡터공간이다. 이 공간의 벡터는

$$\mathsf{a}=A=\begin{bmatrix} a_{11} & a_{12} & a_{13} \\ a_{21} & a_{22} & a_{23} \end{bmatrix}$$

꼴이다. ■

참고

모든 2×3 행렬의 집합이 벡터공간임을 보일 수 있는 것처럼 모든 $m\times n$ 행렬의 집합 $M_{m,n}$이 벡터공간임을 보일 수 있다.

예제 4 2차 이하의 모든 다항식의 벡터공간

P_2는 $p(x)=a_0+a_1x+a_2x^2$ 꼴의 모든 다항식의 집합이다. 여기서 a_0, a_1, a_2는 실수이다. 두 다항식 $p(x)=a_0+a_1x+a_2x^2$과 $q(x)=b_0+b_1x+b_2x^2$의 합은 보통의 방법인

$$p(x)+q(x)=(a_0+b_0)+(a_1+b_1)x+(a_2+b_2)x^2$$

으로 정의하고 $p(x)$와 스칼라 c의 스칼라곱은

$$cp(x)=ca_0+ca_1x+ca_2x^2$$

으로 정의한다. P_2가 벡터공간임을 보이시오.

풀이

10가지 벡터공간 공리 하나하나에 대한 증명은 실수의 성질을 이용하여 바로 성립함을 알 수 있다. 예를 들어, 실수의 집합은 덧셈에 대해 닫혀 있다. 따라서 a_0+b_0, a_1+b_1, a_2+b_2는 실수이고

$$p(x)+q(x)=(a_0+b_0)+(a_1+b_1)x+(a_2+b_2)x^2$$

은 2차 이하의 다항식이므로 $p(x)+q(x)$는 집합 P_2에 속한다. 따라서 P_2는 덧셈에 대해 닫혀있다. 덧셈에 대한 교환법칙이 성립하는지 확인해보면

$$\begin{aligned} p(x)+q(x) &= (a_0+a_1x+a_2x^2)+(b_0+b_1x+b_2x^2) \\ &= (a_0+b_0)+(a_1+b_1)x+(a_2+b_2)x^2 \\ &= (b_0+a_0)+(b_1+a_1)x+(b_2+a_2)x^2 \\ &= (b_0+b_1x+b_2x^2)+(a_0+a_1x+a_2x^2) \end{aligned}$$

$$= q(x) + p(x)$$

이다. 어느 부분에서 실수의 덧셈에 대한 교환법칙이 사용되었는지 알 수 있을까? 이 공간의 영벡터는 영다항식 $\mathbf{0}(x) = 0 + 0x + 0x^2$이다. 다른 벡터공간 공리가 성립함을 보여서 P_2가 벡터공간임을 보이자. ■

참고

영다항식 $\mathbf{0}(x) = 0$은 차수가 없지만 P_2는 종종 2차 이하의 모든 다항식의 집합이라고 한다.

P_n은 (영다항식도 함께 포함하여) n차 이하의 모든 다항식의 집합이다. P_2가 벡터공간임을 보이는 과정은 보통의 다항식 덧셈과 스칼라곱을 가진 P_n이 벡터공간임을 보이는 것으로 확장할 수 있다.

예제 5 연속함수의 벡터공간(미적분)

이런 유형의 예제의 대화형은 LarsonLinearAlgebra.com을 참조하라.

집합 $C(-\infty, \infty)$는 실수 직선 전체에서 정의되고 실수를 함숫값으로 갖는 연속함수 전체의 집합이다. 이 집합은 다항함수 모두와 실수 직선 전체에서 정의된 다른 모든 연속함수를 원소로 갖는다. 예를 들어 $f(x) = \sin x$와 $g(x) = e^x$은 이 집합의 원소이다.

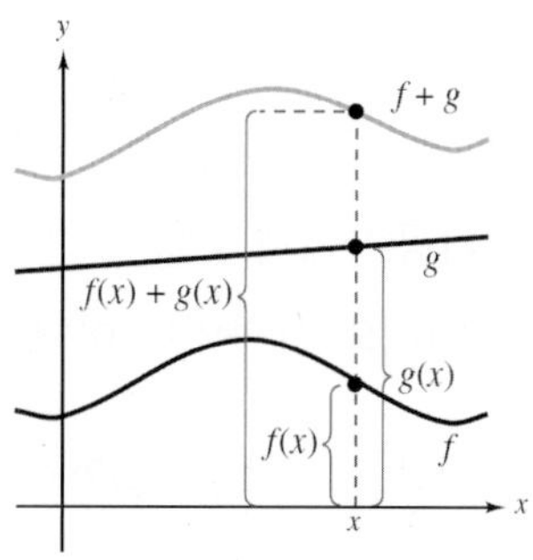

덧셈은 오른쪽의 그림처럼

$$(f+g)(x) = f(x) + g(x)$$

로 정의한다. 스칼라곱은

$$(cf)(x) = c[f(x)]$$

로 정의한다. $C(-\infty, \infty)$가 벡터공간임을 보이시오.

풀이

집합 $C(-\infty, \infty)$가 덧셈과 스칼라곱에 대해 닫혀있음을 보이기 위해 두 연속함수의 합은 연속이고 스칼라와 연속함수의 곱은 연속이라는 미적분의 결과를 이용하자. 집합 $C(-\infty, \infty)$가 덧셈에 대한 항등원을 갖고 있음을 보이기 위해 모든 x에 대해 함숫값이 0인 함수 f_0, 즉

$$\text{모든 실수 } x\text{에 대해 } f_0(x) = 0$$

인 함수를 생각하자. 이 함수는 실수 직선 전체에서 연속이다. (이 함수의 그래프는 단지 $y=0$인 직선이다.) 이는 이 함수가 $C(-\infty, \infty)$에 속한다는 것을 의미한다. 더욱이 f가 실수 직선 전체에서 연속인 다른 함수이면

$$(f + f_0)(x) = f(x) + f_0(x) = f(x) + 0 = f(x)$$

이다. 이는 f_0가 $C(-\infty, \infty)$에서의 덧셈에 대한 항등원임을 보여준다. 다른 벡터공간 공리에 대한 증명은 독자에게 남긴다. ■

다음 요약은 이 책에서 자주 언급되는 중요한 벡터공간을 나열한 것이다. 각 경우의 연산은 표준연산이다.

중요 벡터공간 요약

$$\mathbb{R} = \text{모든 실수의 집합}$$
$$\mathbb{R}^2 = \text{모든 순서쌍의 집합}$$
$$\mathbb{R}^3 = \text{모든 순서 세쌍의 집합}$$
$$\mathbb{R}^n = \text{모든 순서 } n\text{쌍의 집합}$$
$$C(-\infty, \infty) = \text{실수 직선 위에서 정의된 모든 연속함수의 집합}$$
$$C[a, b] = \text{닫힌구간 } [a, b]\text{에서 정의된 모든 연속함수의 집합, 여기서 } a \neq b$$
$$P = \text{모든 다항식의 집합}$$
$$P_n = n\text{차 이하의 모든 다항식의 집합 (영다항식 포함)}$$
$$M_{m,n} = \text{모든 } m \times n \text{ 행렬의 집합}$$
$$M_{n,n} = \text{모든 } n \times n \text{ 정사각행렬의 집합}$$

벡터공간 개념의 다양성을 보았다. 예를 들어, 벡터는 실수일 수도 있고, 순서 n쌍일 수도 있고 행렬, 다항식, 연속함수 등등일 수도 있다. 하지만, 이러한 추상화의 목적은 무엇이고 굳이 벡터공간을 정의해야 하는 이유는 무엇일까? 몇 가지 이유가 있지만 가장 중요한 이유는 효율성과 관계된다. 일단 어떤 정리가 추상적인 벡터공간에서 증명이 되면 순서 n쌍이나 행렬, 다항식 또는 다른 형태에 대해 따로 증명할 필요가 없다. 벡터의 형태와 상관없이 어떠한 벡터공간에서도 성립한다는 점을 지적하자. 정리 4.4가 이러한 과정을 보여준다.

정리 4.4 스칼라곱의 성질

$\mathbf{v}$는 벡터공간 V의 임의의 원소이고 c는 임의의 스칼라이다. 그러면 다음이 성립한다.

1. $0\mathbf{v} = \mathbf{0}$
2. $c\mathbf{0} = \mathbf{0}$
3. $c\mathbf{v} = \mathbf{0}$이면 $c = 0$이거나 $\mathbf{v} = \mathbf{0}$이다.
4. $(-1)\mathbf{v} = -\mathbf{v}$

증명

적절한 벡터공간의 공리를 사용하여 이 성질을 증명하자. 예를 들어, 두 번째 성질을 증명하기 위해 $\mathbf{0} = \mathbf{0} + \mathbf{0}$의 공리 4에 주목하자. 다음과 같은 단계로 정리할 수 있다.

$c\mathbf{0} = c(\mathbf{0} + \mathbf{0})$	덧셈에 대한 항등원
$c\mathbf{0} = c\mathbf{0} + c\mathbf{0} = c\mathbf{0} + c\mathbf{0}$	왼쪽 분배 법칙
$c\mathbf{0} + (-c\mathbf{0}) = (c\mathbf{0} + c\mathbf{0}) + (-c\mathbf{0})$	양변에 $-c\mathbf{0}$ 더하기

$$c\mathbf{0}+(-c\mathbf{0}) = c\mathbf{0}+[c\mathbf{0}+(-c\mathbf{0})] \qquad \text{결합법칙}$$

$$\mathbf{0} = c\mathbf{0}+\mathbf{0} \qquad \text{덧셈에 대한 역원}$$

$$\mathbf{0} = c\mathbf{0} \qquad \text{덧셈에 대한 항등원}$$

세 번째 성질을 증명하려면 $c\mathbf{v}=\mathbf{0}$이라 하자. 그러면 $c=0$ 또는 $\mathbf{v}=\mathbf{0}$ 중 하나가 성립함을 보이기 위해 $c\neq 0$이라고 가정하자. ($c=0$이면 더 이상 증명할 것은 없다.) 이제 $c\neq 0$이므로 $\mathbf{v}=\mathbf{0}$임을 보이기 위해 다음과 같이 역수 $\frac{1}{c}$를 이용할 수 있다.

$$\mathbf{v}=1\mathbf{v}=\left(\frac{1}{c}\right)(c)\mathbf{v}=\frac{1}{c}(c\mathbf{v})=\frac{1}{c}(\mathbf{0})=\mathbf{0}$$

마지막 단계에서는 성질 2 (지금 막 증명한 내용)를 사용함을 주목하자. 첫 번째와 네 번째 성질은 연습문제로 남긴다. (연습문제 51번과 52번을 참고하자.) ■

선형대수의 응용

스프링 질량계에서 움직임은 수직방향으로만 일어난다고 가정한다. 즉 계는 자유도 1을 가진다. 추를 아래로 당긴 후 놓으면 계는 진동한다. 만일 진동을 느리게 하거나 멈추게 하는 힘이 없다면 계는 감쇄되지 않고 무한히 진동할 것이다. 뉴톤의 제 2 운동법칙을 이 추에 적용하면 2계 미분방정식

$$x''+\omega^2 x=0$$

을 유도할 수 있다. 여기서 x는 시각 t일때의 변위이고 ω는 계의 고유진동수라는 고정된 상수이다. 이 미분방정식의 일반해는

$$x(t)=a_1\sin\omega t+a_2\cos\omega t$$

이다. 여기서 a_1과 a_2는 임의의 상수이다. (확인해보라.) 연습문제 45번에서 함수 $x(t)$의 전체집합이 벡터공간임을 보여야 한다.

벡터공간이 아닌 집합

이 절의 나머지 예제는 벡터공간이 되지 않는 집합에 대한 것이다. 어떤 집합이 벡터공간이 아니라는 것을 보이기 위해서는 만족하지 않는 공리를 하나만 찾으면 된다.

예제 6 정수 전체의 집합은 벡터공간이 아님

표준연산을 가진 정수 전체의 집합은 스칼라곱에 대해 닫혀있지 않기 때문에 벡터공간이 아니다. 예를 들어

$$\frac{1}{2}(1) = \frac{1}{2}$$

스칼라 정수 정수가 아님

이다. ■

참고

어떤 집합이 벡터공간이 아님을 보이는 것은 10가지 벡터공간 공리 중 하나를 만족하지 않음을 보여주는 것만으로도 충분하다.

예제 4에서 2차 이하의 모든 다항식의 집합이 벡터공간이 됨을 확인하였다. 하지만 2차 다항식 전체의 집합은 벡터공간이 되지 않는다.

예제 7 ▸ 2차 다항식의 집합은 벡터공간이 아님

2차 다항식 전체의 집합은 덧셈에 대해 닫혀있지 않으므로 벡터공간이 아니다. 이를 확인하기 위해 2차 다항식 $p(x)=x^2$과 $q(x)=1+x-x^2$을 살펴보면 두 다항식의 합 $p(x)+q(x)$는 1차 다항식 $1+x$이다. ■

참고

2차 다항식 전체의 집합은 스칼라곱에 대해 닫혀있지 않다. (정말 그러한지 확인해보라.)

예제 6과 7에서의 집합은 하나 또는 두 가지 연산에 대한 닫힘의 성질을 만족하지 않기 때문에 벡터공간이 아니다. 다음 예제는 연산에 대한 닫힘의 성질을 만족하지만 벡터공간이 되지 않는 집합에 대한 것이다.

예제 8 ▸ 벡터공간이 아닌 집합

집합 $V=\mathbb{R}^2$은 실수의 순서쌍 전체의 집합이고 표준연산으로 정의된 덧셈과 다음과 같이 표준연산이 아닌 스칼라곱을 가진 집합이다.

$$c(x_1,\, x_2) = (cx_1,\, 0)$$

집합 V가 벡터공간이 아님을 보이시오.

풀이

본 예제에서 스칼라곱 연산은 표준이 아니다. 예를 들어 스칼라 2와 순서쌍 $(3, 4)$의 곱은 $(6, 8)$이 아니라 곱의 두 번째 성분은 0이다. 즉

$$2(3, 4) = (2 \cdot 3, 0) = (6, 0)$$

이다. 본 예제는 벡터공간의 정의의 처음 9가지 공리를 모두 만족시키기 때문에(공리를 만족시키는지 확인해보라.) 흥미로운 예이다. 10번째 공리를 확인해보면 스칼라곱이 표준연산으로 정의되어 있지 않기 때문에

$$1(1, 1) = (1, 0) \neq (1, 1)$$

이다. 10번째 공리를 만족시키지 않으며 이 집합은 주어진 두 가지 연산에 대해서 벡터공간이 되지 않는다. ■

예제 8에서 사용된 스칼라곱의 기호를 혼동하지 말자. $c(x_1, x_2) = (cx_1, 0)$라고 나타내면 이 예제에서는 (x_1, x_2)에 스칼라 c를 곱하는 것을 $(cx_1, 0)$으로 정의하는 것이다.

4.2 연습문제

덧셈에 대한 항등원 설명하기 1~6번에서는 벡터공간에서의 영벡터(덧셈에 대한 항등원)을 설명하시오.

1. $\mathbb{R}^4$

2. $C[-1, 0]$

3. $M_{4,3}$

4. $M_{5,1}$

5. P_3

6. $M_{2,2}$

덧셈에 대한 역원 설명하기 7~12번에서는 벡터공간에서의 벡터의 덧셈에 대한 역원을 설명하시오.

7. $\mathbb{R}^3$

8. $C(-\infty, \infty)$

9. $M_{2,3}$

10. $M_{1,4}$

11. P_4

12. $M_{5,5}$

벡터공간인지 확인하기 13~36번에서는 표준연산이 주어진 집합이 벡터공간인지 확인하시오. 만일 벡터공간이 아니라면 10가지 벡터공간 공리 중 만족하지 않는 공리를 적어도 하나 밝히시오.

13. $M_{4,6}$

14. $M_{1,1}$

15. 3차 다항식 전체의 집합

16. 5차 다항식 전체의 집합

17. 원점을 지나는 1차 다항함수 ax 전체의 집합, 단 $a \neq 0$

18. 원점을 지나지 않는 1차 다항함수 $ax + b$ 전체의 집합, 단 $a, b \neq 0$

19. 4차 이하의 다항식 전체의 집합

20. 원점을 지나는 2차 함수 전체의 집합

21. 집합 $\{(x, y) : x \geq 0, y\text{는 실수}\}$

22. 집합 $\{(x, y) : x \geq 0,\ y \geq 0\}$

23. 집합 $\{(x, x) : x$는 실수$\}$

24. 집합 $\left\{\left(x, \frac{1}{2}x\right) : x\text{는 실수}\right\}$

25. $\begin{bmatrix} a & b \\ c & 0 \end{bmatrix}$꼴의 2×2 행렬 전체의 집합

26. $\begin{bmatrix} a & b \\ c & 1 \end{bmatrix}$꼴의 2×2 행렬 전체의 집합

27. $\begin{bmatrix} 0 & a & b \\ c & 0 & d \\ e & f & 0 \end{bmatrix}$꼴의 3×3 행렬 전체의 집합

28. $\begin{bmatrix} 1 & a & b \\ c & 1 & d \\ e & f & 1 \end{bmatrix}$꼴의 3×3 행렬 전체의 집합

29. $\begin{bmatrix} 0 & a & b & c \\ a & 0 & b & c \\ a & b & 0 & c \\ a & b & c & 1 \end{bmatrix}$꼴의 4×4 행렬 전체의 집합

30. $\begin{bmatrix} 0 & a & b & c \\ a & 0 & b & c \\ a & b & 0 & c \\ a & b & c & 0 \end{bmatrix}$꼴의 4×4 행렬 전체의 집합

31. 역행렬을 갖지 않는 2×2 행렬 전체의 집합

32. 역행렬을 갖는 2×2 행렬 전체의 집합

33. 2×2 대각행렬 전체의 집합

34. 3×3 상삼각행렬 전체의 집합

35. $C[0, 1]$, 구간 $[0, 1]$에서 정의된 연속함수 전체의 집합

36. $C[-1, 1]$, 구간 $[-1, 1]$에서 정의된 연속함수 전체의 집합

37. 집합 V는 양의 실수 전체의 집합이다. 다음과 같이 연산이 정의되었을 때 집합 V가 벡터공간인지 확인하시오.

$x + y = xy$ 덧셈

$cx = x^c$ 스칼라곱

38. 집합 $\mathbb{R}^2$가

$$(x_1, y_1) + (x_2, y_2) = (x_1 x_2, y_1 y_2)$$
$$c(x_1, y_1) = (cx_1, cy_1)$$

를 연산으로 가지고 있을 때 $\mathbb{R}^2$이 벡터공간인지 확인하시오. 만일 벡터공간이면 벡터공간의 공리를 만족시킴을 각각 확인하고, 그렇지 않으면 만족시키지 않는 모든 공리를 밝히시오.

39. **증명** 집합 $\{(x, 2x) : x$는 실수$\}$가 $\mathbb{R}^2$에서의 표준연산을 두 연산으로 가질 때 이 집합이 벡터공간이 됨을 자세히 증명하시오.

40. **증명** 표준연산을 가진 $M_{2,2}$가 벡터공간임을 자세히 증명하시오.

41. $\mathbb{R}^2$에서의 덧셈과 스칼라곱의 표준정의를 사용하지 않고 다음과 같이 연산이 주어졌다고 하자.

(a) $(x_1, y_1) + (x_2, y_2) = (x_1 + x_2,\ y_1 + y_2)$

$c(x, y) = (cx,\ y)$

(b) $(x_1, y_1) + (x_2, y_2) = (x_1, 0)$

$c(x, y) = (cx,\ cy)$

(c) $(x_1, y_1) + (x_2, y_2) = (x_1 + x_2,\ y_1 + y_2)$

$c(x, y) = (\sqrt{c}\,x,\ \sqrt{c}\,y)$

연산의 새로운 정의 각각에 대해 $\mathbb{R}^2$는 벡터공간을 이루는가? 그 이유를 설명하시오.

42. $\mathbb{R}^3$에서의 덧셈과 스칼라곱의 표준정의를 사용하지 않고 다음과 같이 연산이 주어졌다고 하자.

(a) $(x_1, y_1, z_1) + (x_2, y_2, z_2)$

$= (x_1 + x_2,\ y_1 + y_2,\ z_1 + z_2)$

$c(x, y, z) = (cx,\ cy,\ 0)$

(b) $(x_1, y_1, z_1)+(x_2, y_2, z_2)=(0, 0, 0)$

$$c(x, y, z)=(cx, cy, cz)$$

(c) $(x_1, y_1, z_1)+(x_2, y_2, z_2)$

$$=(x_1+x_2+1, y_1+y_2+1, z_1+z_2+1)$$

$$c(x, y, z)=(cx, cy, cz)$$

(d) $(x_1, y_1, z_1)+(x_2, y_2, z_2)$

$$=(x_1+x_2+1, y_1+y_2+1, z_1+z_2+1)$$

$$c(x, y, z)=(cx+c-1, cy+c-1, cz+c-1)$$

연산의 새로운 정의 각각에 대해 $\mathbb{R}^3$는 벡터공간을 이루는가? 그 이유를 설명하시오.

43. 임의의 벡터공간 V에서 영벡터는 유일함을 증명하시오.

44. 임의의 벡터공간 V에서 벡터의 덧셈에 대한 역원은 유일함을 증명하시오.

45. **질량-스프링계** 질량-스프링계 (그림 참고)에서 추를 아래로 당긴 후 놓아

$$x(t)=a_1\sin\omega t+a_2\cos\omega t$$

에 따라 진동하도록 하였다. 여기서 x는 시각 t에서의 변위이고 a_1과 a_2는 임의의 상수이며, ω는 고정된 상수이다. 함수 $x(t)$ 전체의 집합은 벡터공간이 됨을 보이시오.

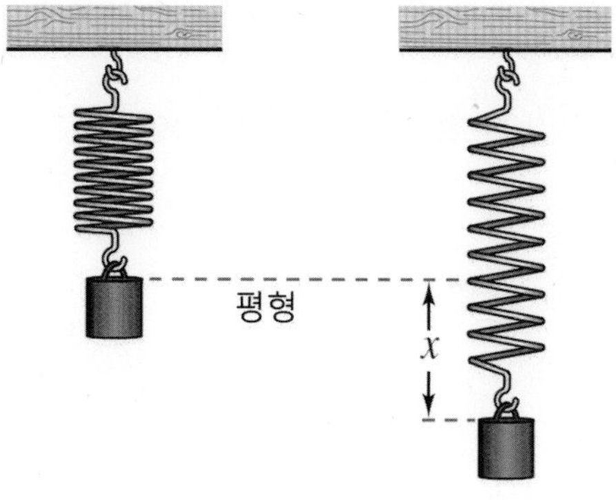

46. **캡스톤**

(a) 집합이 벡터공간이 되는 조건을 설명하시오.

(b) 벡터공간이 되는 집합의 예와 벡터공간이 되지 않는 집합의 예를 제시하시오.

47. **증명** 각 단계별로 이유를 적어 벡터덧셈에서의 소거법칙의 증명을 완성하시오.

u, v, w가 u+w=v+w를 만족하는 벡터공간 V의 벡터이면 u=v임을 증명하시오.

$\mathbf{u}+\mathbf{w}=\mathbf{v}+\mathbf{w}$

$(\mathbf{u}+\mathbf{w})+(-\mathbf{w})=(\mathbf{v}+\mathbf{w})+(-\mathbf{w})$ a. ________

$\mathbf{u}+(\mathbf{w}+(-\mathbf{w}))=\mathbf{v}+(\mathbf{w}+(-\mathbf{w}))$ b. ________

$\mathbf{u}+\mathbf{0}=\mathbf{v}+\mathbf{0}$ c. ________

$\mathbf{u}=\mathbf{v}$ d. ________

48. $\mathbb{R}^\infty$는 실수의 무한수열 전체의 집합이고 덧셈과 스칼라곱은

$$\mathbf{u}+\mathbf{v}=(u_1, u_2, u_3, \dots)+(v_1, v_2, v_3, \dots)$$
$$=(u_1+v_1, u_2+v_2, u_3+v_3, \dots)$$
$$c\mathbf{u}=c(u_1, u_2, u_3, \dots)$$
$$=(cu_1, cu_2, cu_3, \dots)$$

이다. $\mathbb{R}^\infty$가 벡터공간인지 확인하시오. 만일 벡터공간이라면 각 벡터공간 공리를 만족시킴을 증명하고, 그렇지 않으면 만족시키지 않는 공리를 모두 확인하시오.

참 또는 거짓? 49번과 50번에서는 각 명제가 참 또는 거짓인지 판별하시오. 만약 명제가 참이라면 그 이유를 제시하거나 본문에서 적절한 명제를 찾아 제시하시오. 만약 명제가 거짓이라면 명제가 참이 아니라는 예를 제시하거나 본문에서 적절한 명제를 찾아 제시하시오.

49. (a) 벡터공간은 벡터의 집합, 스칼라의 집합, 두 가지 연산, 이렇게 네 가지 성분으로 구성되어 있다.

(b) 표준연산을 가진 정수 전체의 집합은 벡터공간이다.

(c) $\mathbb{R}^3$에서의 표준연산을 연산으로 가지는 실수의 순서 세 쌍 (x, y, z) (단 $y \geq 0$) 전체의 집합은 벡터공간이다.

50. (a) 어떤 집합이 벡터공간이 아님을 보이려면 공리 하나만 만족시키지 않음을 보이는 것만으로도 충분하다.

(b) 표준연산을 가진 1차 다항식 전체의 집합은 벡터공간이다.

(c) $\mathbb{R}^2$에서의 표준연산을 연산으로 가지는 $(0, y)$ 꼴의 순서쌍 전체의 집합은 벡터공간이다.

51. **증명** 정리 4.4의 성질 1을 증명하시오.

52. **증명** 정리 4.4의 성질 4를 증명하시오.

4.3 벡터공간의 부분공간

- 벡터공간 V의 부분집합 W가 V의 부분공간인지 확인하기
- $\mathbb{R}^n$의 부분공간인지 확인하기

부분공간

선형대수의 여러 응용에서 벡터공간은 더 큰 공간의 **부분공간**(subspace)으로 다루어진다. 예를 들어, n개의 미지수를 가진 동차 연립일차방정식의 해집합은 $\mathbb{R}^n$의 부분공간이다. (정리 4.16을 참고하라.)

벡터공간의 공집합이 아닌 부분집합은 다음 정의에서처럼 원래 벡터공간과 같은 연산을 가진 벡터공간이 될 때 부분공간이 된다.

벡터공간의 부분공간의 정의

벡터공간 V의 공집합이 아닌 부분집합 W에 대하여 W가 V에서 정의된 덧셈과 스칼라곱을 연산으로 가진 벡터공간이 되면 W는 V의 **부분공간**(subspace)이다.

참고

W가 V의 부분공간이면 W는 V가 가진 연산에 대해 반드시 닫혀 있어야 한다.

예제 1 $\mathbb{R}^3$의 부분공간

집합 $W=\{(x_1, 0, x_3) : x_1$과 x_3는 실수$\}$은 표준연산을 가진 $\mathbb{R}^3$의 부분공간임을 보이시오.

풀이

집합 W는 영벡터 $(0, 0, 0)$를 가지고 있으므로 공집합이 아니다. 기하적으로 집합 W는 그림 4.7과 같이 xz-평면으로 해석할 수 있다. xz-평면 위의 두 벡터의 합은 다시 xz-평면 위의 벡터가 되므로 집합 W는 덧셈에 대해 닫혀 있다. 즉 $(x_1, 0, x_3)$와 $(y_1, 0, y_3)$가 W의 벡터이면 $(x_1+y_1, 0, x_3+y_3)$도 W의 벡터이다. 마찬가지로 W가 스칼라곱에 대해 닫혀있음을 보이기 위해 $(x_1, 0, x_3)$가 W의 벡터이고 c는 스칼라라 하자. 그러면 $c(x_1, 0, x_3)=(cx_1, 0, cx_3)$은 두 번째 성분이 0이어서 W의 벡터가 된다. 나머지 8가지 벡터공간 공리를 만족시키는지는 직접 증명해보기 바란다. ■

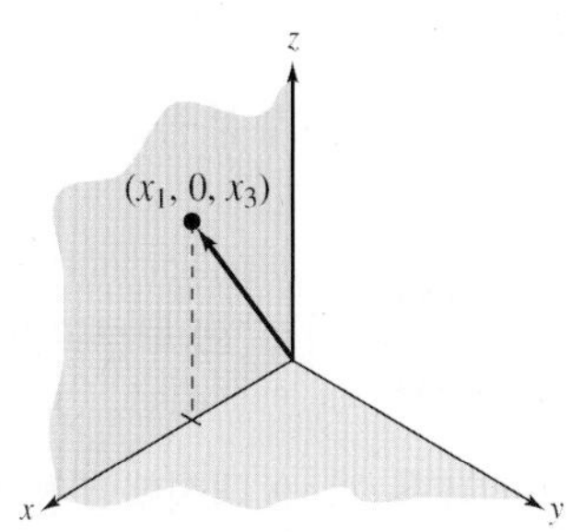

그림 4.7

집합 W가 벡터공간임을 증명하려면 10가지 벡터공간 공리를 모두 확인해야 한다. 하지만, W가 더 큰 벡터공간 V의 공집합이 아닌 부분집합이고 V에서 정의된 연산과 같은 연산이 W에서 정의되어 있으면, 10가지 성질 중 대부분은 더 큰 공간으로부터 물려받는 성질이고 이들은 확인하지 않아도 된다. 다음 정리는 벡터공간의 공집합이 아닌 부분집합이 부분공간이 됨을 증명하기 위해 연산에 대해 닫혀있음을 확인하는 것으로도 충분하다는 것을 보여준다.

정리 4.5 부분공간 판별

벡터공간 V의 공집합이 아닌 부분집합 W에 대해 W가 V의 부분공간이면 연산에 대한 닫혀있음의 다음 두 가지 조건을 만족시키고 그 역도 성립한다.
1. u와 v가 W의 벡터이면 $\mathrm{u}+\mathrm{v}$는 W의 벡터이다.
2. u가 W의 벡터이고 c가 임의의 스칼라이면 $c\mathrm{u}$는 W의 벡터이다.

증명

이 정리에서 한쪽 방향의 증명은 바로 성립한다. 즉 W가 V의 부분공간이면 W는 벡터공간이고 덧셈과 스칼라곱에 대해 반드시 닫혀있다.
이 정리의 반대쪽 방향을 증명하기 위해 W가 덧셈과 스칼라곱에 대해 닫혀있다고 가정하자. u, v, w가 W의 벡터이면 세 벡터는 역시 V의 벡터이다. 결국 벡터공간 공리 2, 3, 7, 8, 9, 10은 자동으로 만족시킨다. W는 덧셈과 스칼라곱에 대해 닫혀 있으므로 W의 임의의 벡터 v와 스칼라 $c=0$에 대하여 $c\mathrm{v}=\mathbf{0}$이고 $(-1)\mathrm{v}=-\mathrm{v}$가 모두 W의 벡터가 된다. 따라서 공리 4와 5를 만족시킨다. ■

참고

W가 V의 부분공간이면 W와 V는 모두 같은 영벡터 $\mathbf{0}$를 갖는다. (연습문제 55번에서 이를 증명해야 한다.)

벡터공간의 부분공간도 또한 벡터공간이므로 부분공간도 영벡터를 갖는다. 실제로 벡터공간 V의 가장 작은 부분공간은 영벡터로만 이루어진 부분공간 $W=\{\mathbf{0}\}$이다. 이 부분공간을 **영공간**(zero space)라 한다. V의 또 다른 부분공간은 V 자신이다. 모든 벡터공간은 이 두 개의 자명한 부분공간을 가지고 있으며 이들 부분공간이 아닌 다른 부분공간을 **진부분공간**(proper subspace) (또는 자명하지 않은 부분공간)이라 한다.

예제 2 $M_{2,2}$의 부분공간

집합 W를 2×2 대칭행렬 전체의 집합일 때, W는 행렬덧셈과 스칼라곱의 표준연산을 가진 벡터공간 $M_{2,2}$의 부분공간임을 보이시오.

풀이

전치행렬이 자기 자신과 같은 정사각행렬이 대칭행렬이라는 사실을 기억하자. 집합 $M_{2,2}$는 벡터공간이므로 W ($M_{2,2}$의 부분집합)이 정리 4.5의 조건을 만족시킴을 보이기만 하면 된다. W가 공집합이 아니라는 사실로부터 시작하자. W의 두 행렬 A_1, A_2에 대해여 $A_1 = A_1^T$, $A_2 = A_2^T$이고

$$(A_1 + A_2)^T = A_1^T + A_2^T = A_1 + A_2$$

이므로 W는 덧셈에 대해 닫혀있다. 따라서 A_1과 A_2가 2차의 대칭행렬이면 $A_1 + A_2$도 2차의 대칭행렬이다. 마찬가지로 $A = A^T$이면 $(cA)^T = cA^T = cA$이므로 W는 스칼라곱에 대해 닫혀있다. A가 2차의 대칭행렬이면 cA도 2차의 대칭행렬이다. ■

예제 2의 결과를 일반화할 수 있다. 즉 임의의 양의 정수 n에 대하여 n차의 대칭행렬의 집합은 표준연산을 가진 벡터공간 $M_{n,n}$의 부분공간이다. 다음 예제는 부분공간이 아닌 $M_{n,n}$의 부분집합에 대한 것이다.

예제 3 ▸ 행렬식이 0인 행렬의 집합은 $M_{n,n}$의 부분공간이 아님

집합 W는 역행렬을 갖지 않는 2차 정사각행렬의 집합일 때, W는 표준연산을 가진 $M_{2,2}$의 부분공간이 아님을 보이시오.

풀이

정리 4.5에 의하면, 부분집합 W가 부분공간이 아니라는 것을 보이려면 W가 공집합이거나 W가 덧셈에 대해 닫혀있지 않거나 스칼라곱에 대해 닫혀있지 않음을 보이야 한다. 이 예제에서 W는 공집합이 아니고 스칼라곱에 대해 닫혀있다. 하지만, 이 집합은 덧셈에 대해 닫혀있지 않다. 이를 증명하기 위해 A와 B를

$$A = \begin{bmatrix} 1 & 0 \\ 0 & 0 \end{bmatrix},\ B = \begin{bmatrix} 0 & 0 \\ 0 & 1 \end{bmatrix}$$

이라 하자. 그러면 A와 B는 모두 행렬식이 0이다(역행렬이 없다). 하지만 이 둘의 합

$$A + B = \begin{bmatrix} 1 & 0 \\ 0 & 1 \end{bmatrix}$$

은 행렬식이 0이 아니다(역행렬이 있다). 따라서 W는 덧셈에 대해 닫혀있지 않고 정리 4.5에 의해 W는 $M_{2,2}$의 부분공간이 아니다. ■

예제 4 ▸ 부분공간이 아닌 $\mathbb{R}^2$의 부분집합

표준연산이 정의된 집합 $W = \{(x_1, x_2) : x_1 \geq 0$이고 $x_2 \geq 0\}$는 $\mathbb{R}^2$의 부분공간이 아님을 보이시오.

풀이

이 집합은 공집합이 아니고 덧셈에 대해 닫혀있다. 하지만 스칼라곱에 대해 닫혀있지는 않다. 이를 보이기 위해 $(1, 1)$은 W의 벡터임을 주목하자. 하지만 스칼라곱 $(-1)(1, 1)=(-1, -1)$는 W의 벡터가 아니다. 따라서 W는 $\mathbb{R}^2$의 부분공간이 아니다. ■

서로 포함관계가 있는 부분공간의 나열을 종종 접하게 된다. 예를 들어 $k=1, 2, ..., n$에 대하여 P_k는 표준 연산을 가진 k차 이하의 다항식 전체의 집합이라고 할 때, 벡터공간 P_0, P_2, P_3, P_3, ..., P_n를 생각해보자. 이들 벡터공간은 $P_0 \subset P_1 \subset P_2 \subset P_3 \subset \cdots \subset P_n$의 포함관계를 가진다. $j \leq k$이면 P_j는 P_k의 부분공간이다. (연습문제 45에서 이를 증명할 것이다.) 예제 5는 포함관계가 있는 또 다른 부분공간에 대해 설명하고 있다.

예제 5 함수의 부분공간(미적분)

집합 W_4는 $[0, 1]$에서 정의된 함수 전체의 집합이고, W_1, W_2, W_3, W_4는 다음과 같이 정의되었다.

$W_1=[0, 1]$에서 정의된 다항함수 전체의 집합
$W_2=[0, 1]$에서 정의된 미분가능한 함수 전체의 집합
$W_3=[0, 1]$에서 정의된 연속함수 전체의 집합
$W_4=[0, 1]$에서 정의된 적분가능한 함수 전체의 집합

$W_1 \subset W_2 \subset W_3 \subset W_4 \subset W_5$임을 보이고 $i \leq j$일 때 W_i는 W_j의 부분공간임을 보이시오.

풀이

미적분에서 모든 다항함수는 $[0, 1]$에서 미분가능하다는 사실을 배웠다. 따라서 $W_1 \subset W_2$이다. 더욱이 모든 미분가능한 함수는 연속이고, 모든 연속함수는 적분가능하다. 그리고 적분가능한 함수는 함수이다. 이 사실은 $W_2 \subset W_3 \subset W_4 \subset W_5$임을 의미한다. 따라서 그림 4.8에서와 같이 $W_1 \subset W_2 \subset W_3 \subset W_4 \subset W_5$이다. $i \leq j$일 때 W_i가 W_j의 부분공간임을 보이는 것은 연습문제로 남긴다. (연습문제 46번 참고) ■

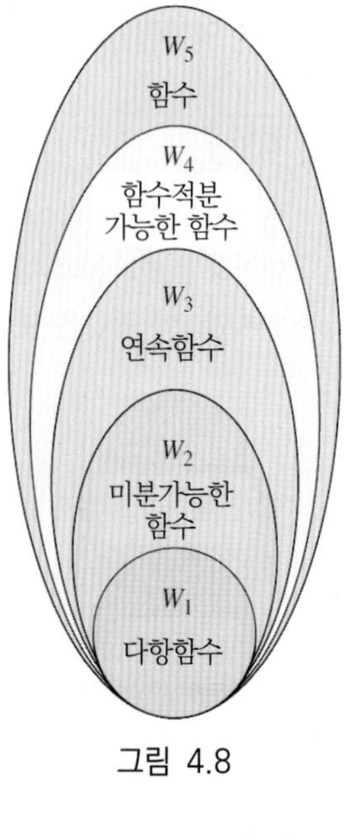

그림 4.8

예제 5에서 의미한 바와 같이 U, V, W는 W가 V의 부분공간이고 V가 U의 부분공간인 벡터공간이면 W는 U의 부분공간도 된다. 다음 정리는 두 부분공간의 교집합도 그림 4.9에서처럼 다시 부분공간이 된다는 사실을 설명하고 있다.

참고

정리 4.6은 두 부분공간의 교집합도 부분공간임을 설명하고 있다. 연습문제 56번에서는 두 부분공간의 합집합이 꼭 부분공간이 되는 것은 아니라는 사실을 증명해야 한다.

정리 4.6 **두 부분공간의 교집합은 부분공간**

V와 W가 모두 벡터공간 U의 부분공간이면 V와 W의 교집합($V \cap W$로 나타냄)도 U의 부분공간이다.

증명

V와 W는 모두 U의 부분공간이므로 두 공간 모두 $\mathbf{0}$를 포함하고 있고 $V \cap W$는 공집합이 아니다. $V \cap W$가 덧셈에 대해 닫혀있음을 보이기 위해 $\mathbf{v}_1$, $\mathbf{v}_2$를 $V \cap W$의 두 벡터라 하자. V와 W는 모두 U의 부분공간인데 이는 두 공간 모두 덧셈에 대해 닫혀있다는 것을 의미한다. $\mathbf{v}_1$과 $\mathbf{v}_2$ 모두 V의 원소이므로 합 $\mathbf{v}_1 + \mathbf{v}_2$는 V의 원소여야만 한다. 마찬가지로 $\mathbf{v}_1$과 $\mathbf{v}_2$ 모두 W의 원소이기도 하므로 합 $\mathbf{v}_1 + \mathbf{v}_2$는 W의 원소이다. 따라서 $\mathbf{v}_1 + \mathbf{v}_2$는 $V \cap W$의 원소이고 $V \cap W$는 덧셈에 대해 닫혀있다. 같은 방법으로 증명이 되는 $V \cap W$가 스칼라곱에 대해 닫혀있음은 연습문제로 남기겠다. (연습문제 59번을 참고하라.) ■

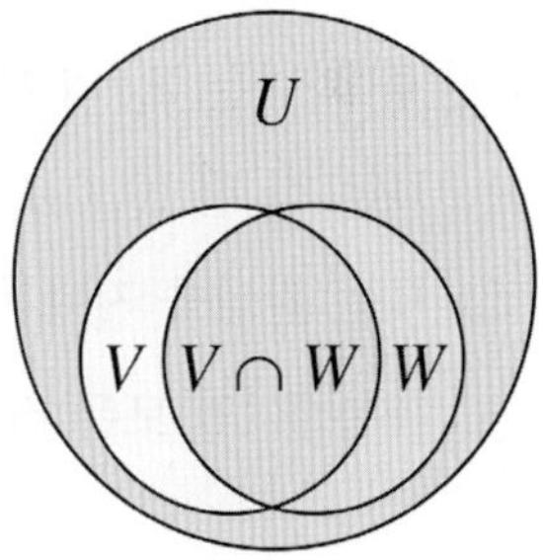

그림 4.9

$\mathbb{R}^n$의 부분공간

$\mathbb{R}^n$에서 많은 벡터공간의 예를 쉽게 얻을 수 있다. 그래서 이 절의 나머지 부분은 $\mathbb{R}^n$의 부분공간을 찾는데 할애하려 한다.

예제 6 $\mathbb{R}^2$의 부분공간 판별

각 부분집합이 $\mathbb{R}^2$의 부분공간인지 판별하시오.

a. 직선 $x + 2y = 0$ 위의 모든 점들의 집합

b. 직선 $x + 2y = 1$ 위의 모든 점들의 집합

풀이

a. x에 대하여 식을 풀면 $\mathbb{R}^2$의 점이 $(-2t, t)$꼴이면 직선 $x + 2y = 0$ 위에 있고 직선 $x + 2y = 0$ 위에 있는 점은 $(-2t, t)$꼴이다. 단 t는 실수. (그림 4.10 참고)
이 집합이 덧셈에 대해 닫혀있음을 보이기 위해 $\mathbf{v}_1 = (-2t_1, t_1)$과 $\mathbf{v}_2 = (-2t_2, t_2)$가 이 직선 위의 두 점이라 하자. 그러면 $t_3 = t_1 + t_2$라 하면

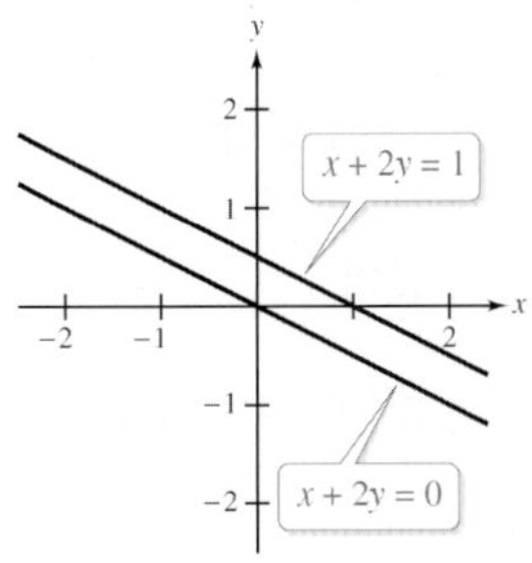

그림 4.10

$$\mathrm{v}_1+\mathrm{v}_2=(-2t_1, t_1)+(-2t_2, t_2)=(-2(t_1+t_2), t_1+t_2)=(-2t_3, t_3)$$

이고 $\mathrm{v}_1+\mathrm{v}_2$는 직선 위의 점이다. 따라서 이 집합은 덧셈에 대해 닫혀있다.

비슷한 방법으로 집합이 스칼라곱에 대해 닫혀있음을 보일 수 있다. 따라서 이 집합은 $\mathbb{R}^2$의 부분공간이다.

b. 이 부분집합은 $\mathbb{R}^2$의 부분공간이 아니다. 왜냐하면 모든 부분공간은 영벡터 $(0, 0)$를 포함해야 하는데 점 $(0, 0)$은 직선 $x+2y=1$ 위에 있지 않다. (그림 4.10 참고). ■

예제 6의 두 직선 중 $\mathbb{R}^2$의 부분공간인 직선은 원점을 지나는 직선이다. 이는 $\mathbb{R}^2$의 부분공간의 특징이다. 즉, W가 $\mathbb{R}^2$의 부분집합일 때, 이 집합이 부분공간이려면 다음에 나열된 것 중 중 하나여야 하고, 다음 나열된 것 중 하나는 $\mathbb{R}^2$의 부분공간이다.

1. W는 한 점 $(0, 0)$으로만 되어 있다.
2. W는 원점을 지나는 직선 위의 모든 점으로 이루어져 있다.
3. W는 $\mathbb{R}^2$의 모든 점으로 이루어져 있다.

그림 4.11은 위의 세 가지를 그림으로 보여준다.

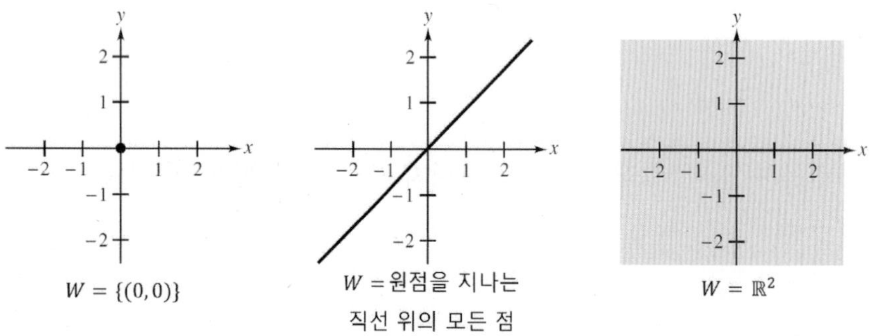

그림 4.11

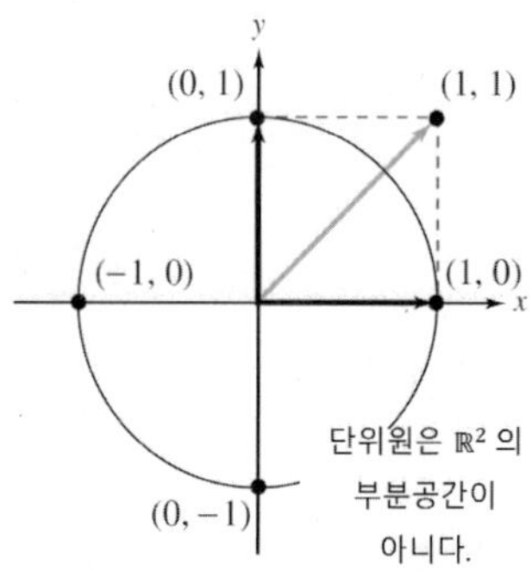

그림 4.12

예제 7 부분공간이 아닌 $\mathbb{R}^2$의 부분집합

$\mathbb{R}^2$의 부분집합인 $x^2+y^2=1$ 위의 모든 점의 집합은 부분공간이 아님을 보이시오.

풀이

$\mathbb{R}^2$의 이 부분집합은 부분공간이 아니다. 왜냐하면 점 $(1, 0)$과 $(0, 1)$는 부분집합의 원소이지만 이 두 원소의 합 $(1, 1)$은 부분집합의 원소가 아니다. (그림 4.12 참고.) 따라서 이 부분집합은 덧셈에 대해 닫혀있지 않다. ■

참고

그림 4.12의 부분집합이 $\mathbb{R}^2$의 부분공간이 아님을 구별하는 또 다른 방법은 영벡터(원점)를 포함하지 않음을 보여주는 것이다.

예제 8 $\mathbb{R}^3$의 부분공간 판별하기

이런 유형의 예제의 대화형은 LarsonLinearAlgebra.com을 참고하시오.

각 부분집합이 $\mathbb{R}^3$의 부분공간인지 판별하시오.

a. $W=\{(x_1,\ x_2,\ 1):\ x_1$과 x_2는 실수$\}$

b. $W=\{(x_1,\ x_1+x_3,\ x_3):\ x_1$과 x_3는 실수$\}$

풀이

a. 영벡터 $\mathbf{0}=(0,0,0)$은 W의 원소가 아니다. 따라서 W는 $\mathbb{R}^3$의 부분공간이 아니다.

b. 이 집합은 영벡터 $(0,0,0)$을 포함하고 있기 때문에 공집합은 아니다. $\mathbf{v}=(v_1,v_1+v_3,v_3)$, $\mathbf{u}=(u_1,u_1+u_3,u_3)$를 W의 두 벡터라 하고 c는 임의의 실수라 하자. $x_1=v_1+u_1$, $x_3=v_3+u_3$라 하면

$$\begin{aligned}\mathbf{v}+\mathbf{u}&=(v_1+u_1,\ v_1+v_3+u_1+u_3,\ v_3+u_3)\\&=(v_1+u_1,\ (v_1+u_1)+(v_3+u_3),\ v_3+u_3)\\&=(x_1,\ x_1+x_3,\ x_3)\end{aligned}$$

이고 $\mathbf{v}+\mathbf{u}$가 W의 원소가 되므로 W는 덧셈에 대해 닫혀 있다. 마찬가지로 $x_1=cv_1$, $x_3=cv_3$라 하면

$$\begin{aligned}c\mathbf{v}&=(cv_1,\ c(v_1+v_3),\ cv_3)\\&=(cv_1,\ cv_1+cv_3,\ cv_3)\\&=(x_1,\ x_1+x_3,\ x_3)\end{aligned}$$

이고 $c\mathbf{v}$는 W의 원소가 되므로 W는 스칼라곱에 대해 닫혀있다. 따라서 W는 $\mathbb{R}^3$의 부분공간이다. ■

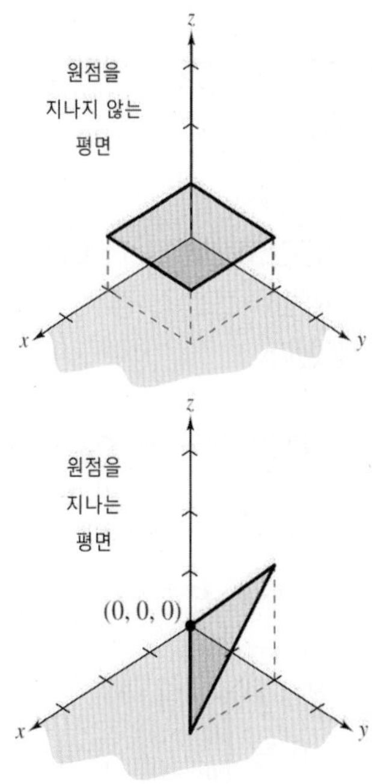

그림 4.13

예제 8에서 각 부분집합의 그래프는 $\mathbb{R}^3$에서의 평면이다. 하지만 부분공간이 되는 유일한 부분집합은 원점을 지나는 평면으로 나타나는 집합이다. (그림 4.13을 참고.) $\mathbb{R}^3$의 부분집합 W가 $\mathbb{R}^3$의 부분공간이면 W는 다음에 나열된 것 중 하나의 꼴이고 W가 다음에 나열된 것 중 하나의 꼴이면 $\mathbb{R}^3$의 부분공간이다.

1. W는 한 점 $(0, 0, 0)$으로만 이루어져 있다.
2. W는 원점을 지나는 직선 위의 모든 점으로 이루어져 있다.
3. W는 원점을 지나는 평면 위의 모든 점으로 이루어져 있다.
4. W는 $\mathbb{R}^3$의 모든 점으로 이루어져 있다.

선형대수의 응용

디지털 신호처리는 연속적인 신호를 디지털장치에서 사용할 수 있는 이산적인 수열로 바꾸는 샘플링의 의해 좌우된다. 전통적으로 샘플링은 균일하며 점별로 구하며 단일 벡터공간에서 얻는다. 그러고 나서 결과로 나온 수열은 연속인 집합에서의 신호로 재구성된다. 하지만 이러한 과정은 정보의 심각한 손실을 포함하고 있는데 이로 인해 낮은 품질의 재구성 신호를 만들기도 한다. 레이더, 지구물리학 및 무선통신과 같은 응용분야에서 연구자는 부분공간의 합집합으로부터 샘플링 했을 때 더 적절할 수 있는 상황을 결정하였다. *(출처: Sampling Signals from a Union of Subspaces-A New Perspective for the Extension of This Theory, Lu, Y.M. and Do, M.N., IEEE Signal Processing Magazine)*

4.3 연습문제

부분공간 확인하기 1~6번에서는 W가 V의 부분공간임을 확인하시오. 각 경우, V는 표준연산을 가지고 있다고 가정한다.

1. $W = \{(x_1, x_2, x_3, 0) : x_1,\ x_2,\ x_2\text{는 실수}\}$
$V = \mathbb{R}^4$

2. $\{(x, y, 4x-5y) :\ x\text{와 } y\text{는 실수}\}$
$V = \mathbb{R}^3$

3. W는 $\begin{bmatrix} 0 & a \\ b & 0 \end{bmatrix}$ 꼴의 2×2 행렬 전체의 집합
$V = M_{2,2}$

4. W는 $\begin{bmatrix} a & b \\ a-2b & 0 \\ 0 & c \end{bmatrix}$ 꼴의 3×2 행렬 전체의 집합
$V = M_{3,2}$

5. **미적분** W는 $[-1, 1]$에서 연속인 함수 전체의 집합. V는 $[-1, 1]$에서 적분가능한 함수 전체의 집합

6. **미적분** W는 $[-1, 1]$에서 미분가능한 함수 전체의 집합 V는 $[-1, 1]$에서 연속인 함수 전체의 집합이다.

부분공간이 아닌 부분집합 7~20번에서는 W는 벡터공간의 부분공간이 아니다. 부분공간 판별법(정리 4.5)를 만족하지 않는 예를 들어 부분집합이 부분공간이 아님을 확인하시오.

7. W는 세 번째 성분이 -1인 $\mathbb{R}^3$의 벡터 전체의 집합

8. W는 첫 번째 성분이 2인 $\mathbb{R}^2$의 벡터 전체의 집합

9. W는 성분이 모두 유리수인 $\mathbb{R}^2$의 벡터 전체의 집합

10. W는 성분이 모두 정수인 $\mathbb{R}^2$의 벡터 전체의 집합

11. W는 $C(-\infty, \infty)$의 함숫값이 음이 아닌 함수 전체의 집합

12. W는 $C(-\infty, \infty)$의 모든 일차함수 $ax+b$, $a \neq 0$ 전체의 집합

13. W는 성분이 모두 음이 아닌 $\mathbb{R}^3$의 벡터 전체의 집합

14. W는 성분이 피타고라스 삼중수인 $\mathbb{R}^3$의 벡터 전체의 집합

15. W는 $\begin{bmatrix} 1 & a & b \\ c & 1 & d \\ e & f & 0 \end{bmatrix}$ 꼴인 $M_{3,3}$의 행렬 전체의 집합

16. W는 $[\sqrt{a} \quad 0 \quad 3a]^T$ 꼴인 $M_{3,1}$의 행렬 전체의 집합

17. W는 행렬식이 1인 $M_{n,n}$의 행렬 전체의 집합

18. W는 $A^2 = A$를 만족하는 $M_{n,n}$의 행렬 전체의 집합

19. W는 두 번째 성분이 첫 번째 성분의 세제곱인 $\mathbb{R}^2$의 벡터 전체의 집합

20. W는 두 번째 성분이 첫 번째 성분의 제곱인 $\mathbb{R}^2$의 벡터 전체의 집합

$C(-\infty,\infty)$의 부분공간 판별하기 21~28번에서는 $C(-\infty,\infty)$의 부분집합이 표준연산을 가진 $C(-\infty,\infty)$의 부분공간인지 판별하시오. 그 이유를 설명하시오.

21. 함숫값이 양수인 함수 전체의 집합: $f(x) > 0$

22. 함숫값이 음수인 함수 전체의 집합: $f(x) < 0$

23. 우함수 전체의 집합: $f(-x) = f(x)$

24. 기함수 전체의 집합: $f(-x) = -f(x)$

25. 상수함수 전체의 집합: $f(x) = c$

26. 지수함수 전체의 집합: $f(x) = a^x$, 단 $a > 0$

27. $f(0) = 0$인 함수 전체의 집합

28. $f(0) = 1$인 함수 전체의 집합

$M_{n,n}$의 부분공간 판별하기 29~36번에서 $M_{n,n}$의 부분집합이 표준연산을 가진 $M_{n,n}$의 부분공간인지 판별하시오. 그 이유를 설명하시오.

29. $n \times n$ 상삼각행렬 전체의 집합

30. $n \times n$ 대각행렬 전체의 집합

31. 성분이 모두 정수인 $n \times n$행렬 전체의 집합

32. 주어진 행렬 B에 대하여 $AB = BA$이 성립하는 $n \times n$행렬 A 전체의 집합

33. 행렬식이 0인 $n \times n$행렬 전체의 집합

34. 역행렬을 가지는 $n \times n$행렬 전체의 집합

35. 모든 성분의 합이 0인 $n \times n$행렬 전체의 집합

36. 대각합이 0이 아닌 $n \times n$행렬 전체의 집합
(행렬의 대각합은 행렬의 주대각선 성분 전부의 합이다.)

$\mathbb{R}^3$의 부분공간 판별하기 37~42번에서는 집합 W가 표준연산을 가진 $\mathbb{R}^3$의 부분공간인지 판별하시오. 그 이유를 설명하시오.

37. $W = \{(0, x_2, x_3) : x_2$와 x_3는 실수$\}$

38. $W = \{(x_1, x_2, 4) : x_1$과 x_2는 실수$\}$

39. $W = \{(a, a-3b, b) : a$와 b는 실수$\}$

40. $W=\{(s, t, s+t):\ s$와 t는 실수$\}$

41. $W=\{(x_1, x_2, x_1x_2):\ x_1$과 x_2는 실수$\}$

42. $W=\{(x_1, 1/x_1, x_3):\ x_1$과 x_3는 실수, $x_1 \neq 0\}$

참 또는 거짓? 43번과 44번에서는 각 명제가 참 또는 거짓인지 판별하시오. 만약 명제가 참이라면 그 이유를 제시하거나 본문에서 적절한 명제를 찾아 제시하시오. 만약 명제가 거짓이라면 명제가 참이 아니라는 예를 제시하거나 본문에서 적절한 명제를 찾아 제시하시오.

43. (a) W가 벡터공간 V의 부분공간이면 V에서 정의된 스칼라곱에 대해 닫혀있다.

(b) V와 W가 모두 벡터공간 U의 부분공간이면 V와 W의 교집합도 부분공간이다.

(c) U, V, W가 W는 V의 부분공간이고 U는 V의 부분공간인 벡터공간이면 $W=U$이다.

44. (a) 모든 벡터공간 V는 영부분공간과 자기 자신, 이렇게 두 개의 진부분 공간을 갖는다.

(b) W가 $\mathbb{R}^2$의 부분공간이면 W는 $(0, 0)$을 포함해야 한다.

(c) W가 벡터공간 V의 부분공간이면 V에서 정의된 덧셈에 대해 닫혀 있다.

(d) W가 벡터공간 V의 부분공간이면 W도 벡터공간이다.

45. P_k는 k차 이하의 다항식 전체의 집합이라고 할 때, 벡터공간 P_0, P_1, P_2, ..., P_n은 표준연산을 가지고 있다고 하자. $j \le k$이면 P_j는 P_k의 부분공간임을 보이시오.

46. **미적분** W_1, W_2, W_3, W_4, W_5는 예제 5에서 정의된 집합이다. $i \le j$일 때, W_i가 W_j의 부분공간임을 보이시오.

47. **미적분** $F(-\infty,\infty)$는 실수 전체의 집합에서 정의된 실수를 함숫값으로 하는 함수의 벡터공간이다. 다음 각 집합이 $F(-\infty,\infty)$의 부분공간임을 보이시오.

(a) $C(-\infty,\infty)$

(b) 실수 전체의 집합에서 정의된 미분가능한 함수 f 전체의 집합

(c) 미분방정식 $f'-3f=0$를 만족하고 실수 전체집합에서 정의된 미분가능한 함수 f 전체의 집합

48. **미적분** 집합 $S=\left\{f\in C[0,1]:\ \int_0^1 f(x)dx=0\right\}$은 $C[0,1]$의 부분공간인지 판별하고 그 결과를 증명하시오.

49. W는 원점을 지나는 직선 위의 모든 점으로 이루어진 $\mathbb{R}^3$의 부분집합이라 하자. 그러한 직선은 매개방정식

$$x=at,\ y=bt,\ z=ct$$

로 나타낼 수 있다. 이 매개방정식을 이용하여 W가 $\mathbb{R}^3$의 부분공간임을 보이시오.

50. **캡스톤** 벡터공간의 공집합이 아닌 부분집합이 부분공간임을 증명하기 위해 연산에 대해 닫혀있음만 확인하면 되는 지 그 이유를 설명하시오.

51. **힌트가 있는 증명** 공집합이 아닌 집합 W가 벡터공간 V의 부분공간인 것은 모든 스칼라 a와 b, W의 모든 벡터 $\mathbf{x}$, $\mathbf{y}$에 대하여 $a\mathbf{x}+b\mathbf{y}$가 W의 원소인 것의 필요충분조건임을 증명하시오.

시작: 한쪽 방향은 W가 부분공간임을 가정하고 닫힘 공리를 사용해서 $a\mathbf{x}+b\mathbf{y}$가 W의 원소임을 보이자. 반대 방향은 모든 스칼라 a와 b, W의 모

든 벡터 x, y에 대하여 $a\mathrm{x}+b\mathrm{y}$가 W의 원소라 가정하고 W가 덧셈과 스칼라곱에 대해 닫혀있음을 확인하자.

(i) W가 V의 부분공간이면 스칼라곱에 대해 닫혀있음을 이용해서 $a\mathrm{x}$와 $b\mathrm{y}$가 W의 원소임을 보이자. 그럼 이제 덧셈에 대해 닫혀있음을 이용해서 원하는 결과를 얻자.

(ii) 역으로, $a\mathrm{x}+b\mathrm{y}$가 W의 원소라 가정하자. 특정 값을 a와 b에 대입하여 W가 덧셈과 스칼라곱에 대해 닫혀있음을 보이자.

52. x, y, z는 벡터공간 V의 벡터라 하자. x, y, z의 일차결합 전체의 집합

$$W=\{a\mathrm{x}+b\mathrm{y}+c\mathrm{z}:\ a,\ b,\ c\text{는 스칼라}\}$$

는 V의 부분공간임을 보이시오. 이 부분공간이 $\{\mathrm{x},\ \mathrm{y},\ \mathrm{z}\}$의 **생성**(span)이다.

53. **증명** A는 고정된 2×3 행렬이라 하자. 집합

$$W=\left\{x\in\mathbb{R}^3:\ A\mathrm{x}=\begin{bmatrix}1\\2\end{bmatrix}\right\}$$

는 $\mathbb{R}^3$의 부분공간이 아님을 증명하시오.

54. **증명** A는 고정된 $n\times n$ 행렬이라 하자. 집합

$$W=\{\mathrm{x}\in\mathbb{R}^3:\ \mathrm{Ax}=0\}$$

은 $\mathbb{R}^n$의 부분공간임을 증명하시오.

55. **증명** W는 벡터공간 V의 부분공간이라 하자. V의 영벡터는 또한 W의 영벡터임을 증명하시오.

56. 벡터공간 V의 두 부분공간의 합집합이 꼭 V의 부분공간이 될 필요는 없다는 예를 들어보시오.

57. **증명** A와 B는 고정된 2×2 행렬이라 하자. 집합

$$W=\{X:\ XAB=BAX\}$$

는 $M_{2,2}$의 부분공간임을 증명하시오.

58. **증명** V와 W는 벡터공간 U의 두 부분공간이라 하자.

(a) 집합

$$V+W=\{\mathrm{u}:\ \mathrm{u}=\mathrm{v}+\mathrm{w},\ \mathrm{v}\in V\text{이고 }\mathrm{w}\in W\}$$

는 U의 부분공간임을 증명하시오.

(b) V와 W가 $U=\mathbb{R}^2$의 부분공간일 때 $V+W$를 설명하시오. 단, $V=\{(x,0):\ x\text{는 실수}\}$이고 $W=\{(0,y):\ y\text{는 실수}\}$.

59. **증명** 벡터공간의 두 부분공간의 교집합이 스칼라곱에 대해 닫혀있음을 보임으로써 정리 4.6의 증명을 완성하시오.

4.4 생성집합과 일차독립

- 벡터공간 V의 벡터의 집합의 일차결합으로 나타내기
- 벡터공간 V의 벡터의 집합 S가 V의 생성집합인지 판별하기
- 벡터공간 V의 벡터의 집합이 일차독립인지 판별하기

벡터공간의 벡터의 일차결합

이 절에서는 벡터공간의 각 벡터를 공간의 선택된 몇 개의 벡터의 **일차결합**(linear combination)으로 나타내는 방법을 살펴보면서 시작하려 한다.

> 벡터의 일차결합의 정의
>
> 벡터공간 V의 벡터 v를
>
> $$\mathrm{v} = c_1\mathrm{u}_1 + c_2\mathrm{u}_2 + \cdots + c_k\mathrm{u}_k$$
>
> 의 꼴로 나타낼 수 있을 때 v를 V의 벡터 $\mathrm{u}_1, \mathrm{u}_2, \ldots, \mathrm{u}_k$의 **일차결합**(linear combination)이라 한다. 여기서 $c_1, c_2, \ldots, c_k$는 스칼라이다.

종종 어떤 집합의 하나 혹은 그 이상의 벡터가 그 집합의 다른 벡터의 일차결합으로 나타내어질 수도 있다. 예제 1과 2는 이러한 가능성을 보여준다.

예제 1 일차결합의 예

a. $\mathbb{R}^3$의 벡터의 집합

$$S = \{\overset{\mathrm{v}_1}{(1,\ 3,\ 1)},\ \overset{\mathrm{v}_2}{(0,\ 1,\ 2)},\ \overset{\mathrm{v}_3}{(1,\ 0,\ -5)}\}$$

에 대하여 v_1은 v_2와 v_3의 일차결합이다. 왜냐하면

$$\mathrm{v}_1 = 3\mathrm{v}_2 + \mathrm{v}_3 = 3(0,\ 1,\ 2) + (1,\ 0,\ -5) = (1,\ 3,\ 1)$$

이 성립하기 때문이다.

b. $M_{2,2}$의 벡터의 집합

$$S=\left\{\overset{\mathbf{v}_1}{\begin{bmatrix}0 & 8\\2 & 1\end{bmatrix}},\ \overset{\mathbf{v}_2}{\begin{bmatrix}0 & 2\\1 & 0\end{bmatrix}},\ \overset{\mathbf{v}_3}{\begin{bmatrix}-1 & 3\\1 & 2\end{bmatrix}},\ \overset{\mathbf{v}_4}{\begin{bmatrix}-2 & 0\\1 & 3\end{bmatrix}}\right\}$$

에 대하여 $\mathbf{v}_1$은 $\mathbf{v}_2$, $\mathbf{v}_3$와 $\mathbf{v}_4$의 일차결합이다. 왜냐하면

$$\begin{aligned}\mathbf{v}_1 &= \mathbf{v}_2+2\mathbf{v}_3-\mathbf{v}_4\\ &=\begin{bmatrix}0 & 2\\1 & 0\end{bmatrix}+2\begin{bmatrix}-1 & 3\\1 & 2\end{bmatrix}-\begin{bmatrix}-2 & 0\\1 & 3\end{bmatrix}\\ &=\begin{bmatrix}0 & 8\\2 & 1\end{bmatrix}\end{aligned}$$

■

예제 1에서 일차결합을 만드는 계수들이 주어졌기 때문에 집합 S의 벡터 중 하나가 다른 벡터들의 일차결합이라는 것을 확인하는 것은 비교적 쉽다. 예제 2는 이러한 계수를 찾는 방법을 보여준다.

예제 2 일차결합 구하기

$\mathbf{w}=(1, 1, 1)$을 집합

$$S=\{\overset{\mathbf{v}_1}{(1, 2, 3)},\ \overset{\mathbf{v}_2}{(0, 1, 2)},\ \overset{\mathbf{v}_3}{(-1, 0, 1)}\}$$

의 벡터의 일차결합으로 나타내시오.

풀이

$$\begin{aligned}(1, 1, 1) &= c_1(1, 2, 3)+c_2(0, 1, 2)+c_3(-1, 0, 1)\\ &=(c_1, 2c_1, 3c_1)+(0, c_2, 2c_2)+(-c_3, 0, c_3)=(c_1-c_3, 2c_1+c_2, 3c_1+2c_2+c_3)\end{aligned}$$

이 성립하는 스칼라 c_1, c_2, c_3를 구하자.

대응하는 성분끼리 같다는 사실은 다음과 같은 연립일차방정식을 만든다.

$$\begin{aligned}c_1 \qquad\quad -c_3 &= 1\\ 2c_1+c_2 \qquad\quad &= 1\\ 3c_1+2c_2+c_3 &= 1\end{aligned}$$

가우스-조던 소거법을 사용하면 이 연립방정식의 덧붙인 행렬은

$$\begin{bmatrix} 1 & 0 & -1 & 1 \\ 0 & 1 & 2 & -1 \\ 0 & 0 & 0 & 0 \end{bmatrix}$$

으로 축소된다.
따라서 이 연립방정식은

$$c_1 = 1+t,\ c_2 = -1-2t\ \ c_3 = t$$

의 꼴의 무수히 많은 해를 가진다.
하나의 해를 얻기 위해 $t=1$이라 하자. 그러면 $c_3=1$, $c_2=-3$, $c_1=2$이고

$$\mathrm{w} = 2\mathrm{v}_1 - 3\mathrm{v}_2 + \mathrm{v}_3$$

가 된다. (확인해보자.) t에 다른 값을 대입하면 w를 v_1, v_2, v_3의 또 다른 형태의 일차결합으로도 나타낼 수 있다. ■

예제 3 일차결합 구하기

벡터 $\mathrm{w} = (1,\ -2,\ 2)$를 예제 2의 집합 S의 벡터들의 일차결합으로 나타낼 수 있다면 그 일차결합을 구하시오.

풀이

예제 2에서의 방법을 따라 구하면 다음의 연립방정식을 얻는다.

$$\begin{aligned} c_1 \qquad - c_3 &= 1 \\ 2c_1 + c_2 \qquad &= -2 \\ 3c_1 + 2c_2 + c_3 &= 2 \end{aligned}$$

이 연립방식의 덧붙인 행렬은

$$\begin{bmatrix} 1 & 0 & -1 & 0 \\ 0 & 1 & 2 & 0 \\ 0 & 0 & 0 & 1 \end{bmatrix}$$

으로 축소된다.
세 번째 행으로부터 이 연립방정식은 해가 없음을 알 수 있다. 결국 w는 v_1, v_2, v_3의 일차결합으로 나타낼 수 없다.
■

생성집합

벡터공간의 모든 벡터가 집합 S의 벡터의 일차결합으로 나타낼 수 있다면 S는 벡터공간의 생성집합이다.

벡터공간의 생성집합의 정의

집합 $S=\{\mathrm{v}_1, \mathrm{v}_2, \ldots, \mathrm{v}_k\}$는 벡터공간 V의 부분집합이다. V의 모든 벡터를 S의 벡터의 일차결합으로 나타낼 수 있을 때 집합 S를 V의 **생성집합**(spanning set)이라고 한다.

예제 4 생성집합의 예

a. 집합 $S=\{(1, 0, 0), (0, 1, 0), (0, 0, 1)\}$는 $\mathbb{R}^3$를 생성한다. 왜냐하면 $\mathbb{R}^3$의 임의의 벡터 $\mathrm{u}=(u_1, u_2, u_3)$는

$$\mathrm{u}=u_1(1, 0, 0)+u_2(0, 1, 0)+u_3(0, 0, 1)=(u_1, u_2, u_3)$$

로 나타낼 수 있기 때문이다.

b. 집합 $S=\{1, x, x^2\}$는 P_2를 생성한다. 왜냐하면 P_2의 임의의 다항함수 $p(x)=a+bx+cx^2$은

$$\begin{aligned} p(x) &= a(1)+b(x)+c(x^2) \\ &= a+bx+cx^2 \end{aligned}$$

으로 나타낼 수 있기 때문이다. ■

예제 4에서의 생성집합을 각각 $\mathbb{R}^3$과 P_2의 **표준생성집합**(standard spanning set)이라 한다. (다음 절에서 표준생성집합에 대해 보다 많은 내용을 배울 것이다.) 다음 예제에서는 $\mathbb{R}^3$의 표준이 아닌 생성집합에 대해 살펴볼 것이다.

예제 5 $\mathbb{R}^3$의 생성집합

집합 $S=\{(1, 2, 3), (0, 1, 2), (-2, 0, 1)\}$가 $\mathbb{R}^3$의 생성집합임을 보이시오.

풀이

벡터 $\mathrm{u}=(u_1, u_2, u_3)$는 $\mathbb{R}^3$의 임의의 벡터이다.

$$\begin{aligned} (u_1, u_2, u_3) &= c_1(1, 2, 3)+c_2(0, 1, 2)+c_3(-2, 0, 1) \\ &= (c_1-2c_3, 2c_1+c_2, 3c_1+2c_2+c_3) \end{aligned}$$

가 성립하는 스칼라 c_1, c_2, c_3를 구하자.

이 벡터방정식을 통해 다음 연립방정식을 얻을 수 있다.

$$\begin{aligned} c_1 \qquad -2c_3 &= u_1 \\ 2c_1 + \ c_2 \qquad &= u_2 \\ 3c_1 + 2c_2 + \ c_3 &= u_3 \end{aligned}$$

이 연립방정식의 계수행렬의 행렬식은 0이 아니고(실제로 행렬식이 -1임을 확인해보자), 3.3절의 동치조건으로부터 연립방정식은 유일한 해가 존재한다. 따라서 $\mathbb{R}^3$의 임의의 벡터는 S의 벡터의 일차결합으로 나타낼 수 있고 집합 S는 $\mathbb{R}^3$를 생성한다. ■

참고

예제 3의 연립방정식의 계수행렬 $\begin{bmatrix} 1 & 0 & -2 \\ 2 & 1 & 0 \\ 3 & 2 & 1 \end{bmatrix}$은 행렬식이 0이 아니다. (확인해 볼 것.)

예제 6 $\mathbb{R}^3$을 생성하지 않는 집합

집합

$$S = \{(1, 2, 3), (0, 1, 2), (-1, 0, 1)\}$$

에 대하여, 예제 3에서 $\mathbf{w} = (1, -2, 2)$는 $\mathbb{R}^3$의 벡터이지만 S의 벡터의 일차결합으로 나타낼 수 없었기 때문에 집합 S는 $\mathbb{R}^3$를 생성하지 않는다. ■

예제 5와 6에서의 벡터의 집합을 비교해보면 세 번째 벡터에서 겉보기에 중요하지 않은 것 같은 차이를 제외하면 두 집합은 같다.

$$S_1 = \{(1, 2, 3), (0, 1, 2), (-2, 0, 1)\} \qquad \text{예제 5}$$

$$S_2 = \{(1, 2, 3), (0, 1, 2), (-1, 0, 1)\} \qquad \text{예제 6}$$

하지만, 집합 S_1은 $\mathbb{R}^3$를 생성하는 반면 S_2는 $\mathbb{R}^3$를 생성하지 못하므로 이 차이는 중요하다. 이러한 차이의 이유는 그림 4.14에서 알 수 있다. S_2의 벡터는 같은 평면에 놓여 있지만 S_1의 벡터는 그렇지 않다.

집합 S_2가 $\mathbb{R}$의 벡터를 모두 생성하는 것은 아니지만 $\mathbb{R}^3$의 부분공간, 즉 S_2의 벡터가 놓여 있는 평면을 생성한다. 이 부분공간을 다음 정의에서 설명하는 것처럼 **S_2의 생성**(span of S_2)이다.

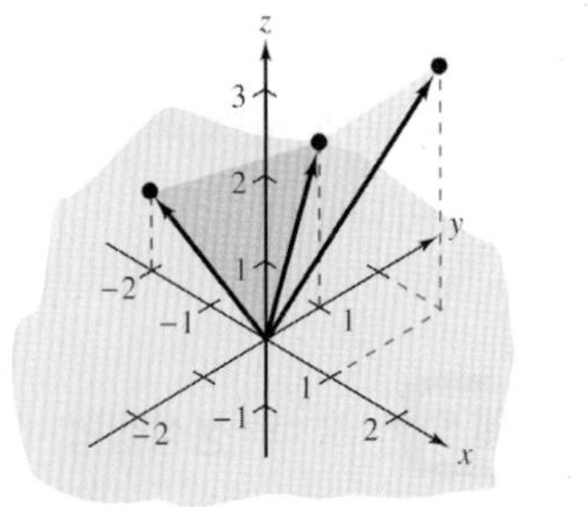

$S_1 = \{(1, 2, 3), (0, 1, 2), (-2, 0, 1)\}$
S_1의 벡터는 한 평면 위에 있지 않다.

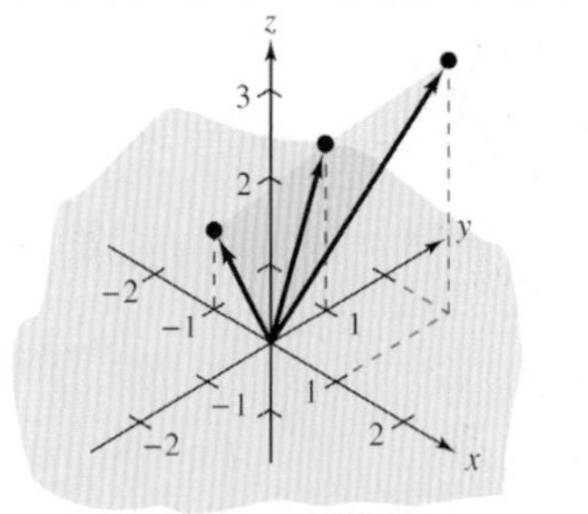

$S_2 = \{(1, 2, 3), (0, 1, 2), (-1, 0, 1)\}$
S_2의 벡터는 한 평면 위에 있다.

그림 4.14

집합의 생성의 정의

집합 $S=\{\mathrm{v}_1, \mathrm{v}_2, \ldots, \mathrm{v}_k\}$가 벡터공간 V의 벡터의 집합이면 **S의 생성**(span of S)**은** S의 벡터의 일차결합 전체의 집합이다. 즉,

$$\mathrm{span}(S)=\{c_1\mathrm{v}_1+c_2\mathrm{v}_2+\cdots+c_k\mathrm{v}_k : c_1, c_2, \ldots, c_k\text{는 실수}\}$$

이다.
S의 생성은

$$\mathrm{span}(S) \text{ 또는 } \mathrm{span}\{\mathrm{v}_1, \mathrm{v}_2, \ldots, \mathrm{v}_k\}$$

로 나타낸다.
$\mathrm{span}(S)=V$일 때, V는 $\{\mathrm{v}_1, \mathrm{v}_2, \ldots, \mathrm{v}_k\}$**에 의해 생성된다**고 하거나 S는 V**를 생성한다**고 한다.

다음 정리는 벡터공간 V의 공집합이 아닌 유한 부분집합의 생성은 V의 부분공간이라는 사실에 대한 것이다.

정리 4.7 Span(S)는 V의 부분공간임

집합 $S=\{\mathrm{v}_1, \mathrm{v}_2, \ldots, \mathrm{v}_k\}$가 벡터공간 V의 벡터의 집합이면 $\mathrm{span}(S)$는 V의 부분공간이다. 더욱이 S를 포함하는 V의 부분공간은 반드시 $\mathrm{span}(S)$를 포함한다는 점에서 $\mathrm{span}(S)$는 S를 포함하는 V의 가장 작은 부분공간이다.

증명

벡터 $\mathrm{v}_1, \mathrm{v}_2, \ldots, \mathrm{v}_k$의 일차결합 전체의 집합 $\mathrm{span}(S)$가 V의 부분공간임을 보이기 위해 덧셈과 스칼라곱에 대해 닫혀있음을 보이자. $\mathrm{span}(S)$의 임의의 두 벡터 u, v가

$$\mathrm{u}=c_1\mathrm{v}_1+c_2\mathrm{v}_2+\cdots+c_k\mathrm{v}_k$$
$$\mathrm{v}=d_1\mathrm{v}_1+d_2\mathrm{v}_2+\cdots+d_k\mathrm{v}_k$$

라 하자. 여기서 $c_1, c_2, \ldots, c_k$와 $d_1, d_2, \ldots, d_k$는 스칼라이다. 그러면

$$\mathrm{u}+\mathrm{v}=(c_1+d_1)\mathrm{v}_1+(c_2+d_2)\mathrm{v}_2+\cdots+(c_k+d_k)\mathrm{v}_k$$

이고

$$c\mathrm{u}=(cc_1)\mathrm{v}_1+(cc_2)\mathrm{v}_2+\cdots+(cc_k)\mathrm{v}_k$$

인데 이는 u+v와 cu가 S의 벡터의 일차결합으로 나타낼 수 있다는 의미이므로 u+v와 cu는 $\mathrm{span}(S)$의 원소임을 의미한다. 따라서 $\mathrm{span}(S)$는 V의 부분공간이다. 이제 $\mathrm{span}(S)$가 S를 포함하는 V의 가장 작은 부분공간이라는 사실에 대한 증명은 연습문제로 남긴다. (연습문제 59번 참고). ■

일차종속과 일차독립

벡터공간 V의 벡터의 집합

$$S=\{\mathrm{v}_1,\ \mathrm{v}_2,\ \dots,\ \mathrm{v}_k\}$$

에 대하여, 벡터방정식

$$c_1\mathrm{v}_1+c_2\mathrm{v}_2+\cdots+c_k\mathrm{v}_k=0$$

은 항상 자명한 해

$$c_1=0,\ c_2=0,\ \dots,\ c_k=0$$

을 갖는다.

하지만 경우에 따라 자명하지 않은 해도 갖는다. 예를 들어 예제 1(a)의 집합

$$S=\{\overset{\mathrm{v}_1}{(1,\ 3,\ 1)},\ \overset{\mathrm{v}_2}{(0,\ 1,\ 2)},\ \overset{\mathrm{v}_3}{(1,\ 0,\ -5)}\}$$

에서 벡터 v_1은 다음과 같이 나머지 두 벡터의 일차결합으로 나타낼 수 있다.

$$\mathrm{v}_1=3\mathrm{v}_2+\mathrm{v}_3$$

그래서 벡터방정식

$$c_1\mathrm{v}_1+c_2\mathrm{v}_2+c_3\mathrm{v}_3=0$$

는 계수가 모두 0이 아닌 비자명한 해를 가진다. 즉

$$c_1=1,\ c_2=-3,\ c_3=-1$$

비자명한 해를 가질 때, 집합 S는 **선형적으로 종속**(linearly dependent)이다. 자영한 해($c_1=c_2=c_3=0$)만을 가졌다면 집합 S는 **선형적으로 독립**(linearly independent)일 것이다. 이러한 개념은 선형대수 공부에서 매우 중요한 요소이다.

일차종속과 일차독립의 정의

벡터공간 V의 벡터의 집합 $S=\{\mathrm{v}_1,\ \mathrm{v}_2,\ \dots,\ \mathrm{v}_k\}$에 대하여 벡터방정식

$$c_1\mathrm{v}_1+c_2\mathrm{v}_2+\cdots+c_k\mathrm{v}_k=0$$

가 자명한 해

$$c_1 = 0,\ c_2 = 0,\ \ldots,\ c_k = 0$$

만을 가질 때 S는 **일차독립**(linearly independent)이다. 만일 비자명한 해도 가진다면 S는 **일차종속**(linearly dependent)이다.

예제 7 일차종속집합의 예

a. $\mathbb{R}^2$의 집합 $S = \{(1, 2), (2, 4)\}$는

$$-2(1, 2) + (2, 4) = (0, 0)$$

이므로 일차종속이다.

b. $\mathbb{R}^2$의 집합 $S = \{(1, 0), (0, 1), (-2, 5)\}$는

$$2(1, 0) - 5(0, 1) + (-2, 5) = (0, 0)$$

이므로 일차종속이다.

c. $\mathbb{R}^2$의 집합 $S = \{(0, 0), (1, 2)\}$는

$$1(0, 0) + 0(1, 2) = (0, 0)$$

이므로 일차종속이다. ■

다음 예제는 벡터의 집합이 일차독립인지 일차종속인지 판별하는 판별법을 보여준다.

예제 8

이런 유형의 예제의 대화형은 LarsonLinearAlgebra.com을 참고하라.

$\mathbb{R}^3$의 벡터의 집합이 일차독립인지 일차종속인지 판별하시오.

$$S = \{\mathbf{v}_1,\ \mathbf{v}_2,\ \mathbf{v}_3\} = \{(1, 2, 3),\ (0, 1, 2),\ (-2, 0, 1)\}$$

풀이

일차독립인지 일차종속인지 판별하기 위해 벡터방정식

$$c_1\mathbf{v}_1 + c_2\mathbf{v}_2 + c_3\mathbf{v}_3 = \mathbf{0}$$

을 세우자. 이 방정식의 유일한 해가 $c_1 = c_2 = c_3 = 0$이라면 집합 S는 일차독립이고 그렇지 않으면 S는 일차종속이다.

이 방정식을 전개하면

$$c_1(1, 2, 3) + c_2(0, 1, 2) + c_3(-2, 0, 1) = (0, 0, 0)$$
$$(c_1 - 2c_3,\ 2c_1 + c_2,\ 3c_1 + 2c_2 + c_3) = (0, 0, 0)$$

이 되고 이로부터 다음과 같은 c_1, c_2, c_3를 미지수로 하는 동차연립일차방정식을 만든다.

$$\begin{aligned} c_1 \qquad\quad - 2c_3 &= 0 \\ 2c_1 + \ c_2 \qquad\quad &= 0 \\ 3c_1 + 2c_2 + \ c_3 &= 0 \end{aligned}$$

이 연립방정식의 덧붙인 행렬은 가우스-조던 소거법을 이용하여 다음과 같이 축소된다.

$$\begin{bmatrix} 1 & 0 & -2 & 0 \\ 2 & 1 & 0 & 0 \\ 3 & 2 & 1 & 0 \end{bmatrix} \rightarrow \begin{bmatrix} 1 & 0 & 0 & 0 \\ 0 & 1 & 0 & 0 \\ 0 & 0 & 1 & 0 \end{bmatrix}$$

이는 유일한 해는 자명한 해 $c_1 = c_2 = c_3 = 0$ 뿐임을 의미한다. 따라서 S는 일차독립이다. ■

예제 8의 풀이단계는 다음과 같이 요약할 수 있다.

일차독립과 일차종속의 판별

집합 $S = \{\mathrm{v}_1, \mathrm{v}_2, \ldots, \mathrm{v}_k\}$는 벡터공간 V의 벡터의 집합이다. S가 일차독립인지 일차종속인지 판별하기 위해 다음과 같은 단계를 이용하자.

1. 벡터방정식 $c_1\mathrm{v}_1 + c_2\mathrm{v}_2 + \cdots + c_k\mathrm{v}_k = \mathbf{0}$에서 c_1, c_2, ..., c_k를 미지수로 하는 연립일차방정식을 세우자.
2. 연립방정식이 유일한 해를 갖는지 판별하자.
3. 만일 연립방정식이 오직 자명한 해 $c_1 = 0$, $c_2 = 0$, ..., $c_k = 0$만을 해로 가지면 집합 S는 일차독립이다. 만일 연립방정식이 자명하지 않은 해도 가지면 S는 일차종속이다.

선형대수의 응용

이미지 모핑(image morphing)은 하나의 이미지로부터 중간 단계의 합성 이미지들의 연속된 나열을 생성하여 다른 이미지로 변환하는 과정이다. 모핑은 영화의 특수효과, 연령진행 소프트웨어, 상처치유 및 성형수술결과 시뮬레이션과 같은 다양한 응용분야에서 사용된다. 이미지 모핑은 이미지의 일부가 왜곡되는 뒤틀림(warping)이라는 과정을 사용한다. 뒤틀림과 모핑에 사용되는 수학은 이미지의 삼각형 조각에 대응하는 벡터의 일차결합을 구성하고 이를 바탕으로 평행이동과 같은 아핀 변환을 수행하여 새로운 벡터와 왜곡된 이미지 부분을 생성한다. dundanim/Shutterstock.com

예제 9 일차독립 판별

P_2의 벡터 집합이 일차독립인지 일차종속인지 판별하시오.

$$S=\{\overset{\mathbf{v}_1}{1+x-2x^2},\ \overset{\mathbf{v}_2}{2+5x-x^2},\ \overset{\mathbf{v}_3}{x+x^2}\}$$

풀이

방정식 $c_1\mathbf{v}_1+c_2\mathbf{v}_2+c_3\mathbf{v}_3=\mathbf{0}$을 전개하면

$$c_1(1+x-2x^2)+c_2(2+5x-x^2)+c_3(x+x^2)=0+0x+0x^2$$

$$(c_1+2c_2)+(c_1+5c_2+c_3)x+(-2c_1-c_2+c_3)x^2=0+0x+0x^2$$

이다. x의 항들에 대응하는 계수로 식을 만들면 다음과 같은 $c_1,\ c_2,\ c_3$에 대한 동차연립일차방정식을 얻는다.

$$\begin{aligned} c_1+2c_2 \quad\ \ &=0\\ c_1+5c_2+c_3&=0\\ -2c_1-\ c_2+c_3&=0 \end{aligned}$$

이 연립방정식의 덧붙인 행렬은 가우스 소거법 이용하면 다음과 같이 축소된다.

$$\begin{bmatrix} 1 & 2 & 0 & 0\\ 1 & 5 & 1 & 0\\ -2 & -1 & 1 & 0 \end{bmatrix} \Rightarrow \begin{bmatrix} 1 & 2 & 0 & 0\\ 0 & 1 & \frac{1}{3} & 0\\ 0 & 0 & 0 & 0 \end{bmatrix}$$

이는 연립방정식이 무수히 많은 해를 가짐을 의미한다. 따라서 연립방정식은 자명하지 않은 해를 갖고, 집합 S는 일차종속임이라 결론내릴 수 있다.

자명하지 않은 해 중 하나는 $c_1=2,\ c_2=-1\langle\ c_3=3$이고 이 계수로 다음과 같이 자명하지 않은 일차결합을 만들 수 있다.

$$(2)(1+x-2x^2)+(-1)(2+5x-x^2)+(3)(x+x^2)=0$$ ■

예제 10 일차독립 판별

$M_{2,2}$의 벡터의 집합이 일차독립인지 일차종속인지 판별하시오.

$$S=\left\{\overset{\mathbf{v}_1}{\begin{bmatrix} 2 & 1\\ 0 & 1 \end{bmatrix}},\ \overset{\mathbf{v}_2}{\begin{bmatrix} 3 & 0\\ 2 & 1 \end{bmatrix}},\ \overset{\mathbf{v}_3}{\begin{bmatrix} 1 & 0\\ 2 & 0 \end{bmatrix}}\right\}$$

풀이

방정식 $c_1\mathbf{v}_1+c_2\mathbf{v}_2+c_3\mathbf{v}_3=\mathbf{0}$로부터

$$c_1\begin{bmatrix}2 & 1\\0 & 1\end{bmatrix}+c_2\begin{bmatrix}3 & 0\\2 & 1\end{bmatrix}+c_3\begin{bmatrix}1 & 0\\2 & 0\end{bmatrix}=\begin{bmatrix}0 & 0\\0 & 0\end{bmatrix}$$

을 얻고, 이 식으로부터 다음과 같은 c_1, c_2 c_3에 대한 일차연립방정식을 얻는다.

$$\begin{aligned}2c_1+3c_2+\ \ c_3&=0\\c_1\qquad\qquad\quad&=0\\2c_2+2c_3&=0\\c_1+\ \ c_2\qquad&=0\end{aligned}$$

가우스 소거법을 사용하여 이 연립방정식이 자명한 해만 가짐을 보일 수 있는데, 이는 S가 일차독립이라는 의미이다. ■

예제 11 일차독립 판별

$M_{4,1}$의 벡터의 집합이 일차독립인지 일차종속인지 판별하시오.

$$S=\{\mathbf{v}_1,\ \mathbf{v}_2,\ \mathbf{v}_3,\ \mathbf{v}_4\}=\left\{\begin{bmatrix}1\\0\\-1\\0\end{bmatrix},\begin{bmatrix}1\\1\\0\\2\end{bmatrix},\begin{bmatrix}0\\3\\1\\-2\end{bmatrix},\begin{bmatrix}0\\1\\-1\\2\end{bmatrix}\right\}$$

풀이

방정식 $c_1\mathbf{v}_1+c_2\mathbf{v}_2+c_3\mathbf{v}_3+c_3\mathbf{v}_4=\mathbf{0}$로부터

$$c_1\begin{bmatrix}1\\0\\-1\\0\end{bmatrix}+c_2\begin{bmatrix}1\\1\\0\\2\end{bmatrix}+c_3\begin{bmatrix}0\\3\\1\\-2\end{bmatrix}+c_4\begin{bmatrix}0\\1\\-1\\2\end{bmatrix}=\begin{bmatrix}0\\0\\0\\0\end{bmatrix}$$

를 얻는다. 이 방정식으로부터 다음과 같은 c_1, c_2, c_3, c_4에 대한 연립일차방정식을 세울 수 있다.

$$\begin{aligned}c_1+\ \ c_2\qquad\qquad\quad&=0\\c_2+3c_3+\ \ c_4&=0\\-c_1\qquad\ +\ \ c_3-\ \ c_4&=0\\2c_2-2c_3+2c_4&=0\end{aligned}$$

가우스 소거법을 사용하여 이 연립방정식이 자명한 해만 가짐을 보일 수 있는데, 이는 집합 S가 일차독립이라는 의미이다. ■

만일 벡터들의 집합이 일차종속이면 정의로부터 방정식 $c_1\mathbf{v}_1+c_2\mathbf{v}_2+\cdots+c_k\mathbf{v}_k=\mathbf{0}$는 자명하지 않은 해($c_i$

중 적어도 하나는 0이 아닌 해)를 가진다. 예를 들어, $c_1 \neq 0$이면 이 방정식을 v_1에 대해 풀 수 있고 v_1을 나머지 벡터 $\mathrm{v}_2, \mathrm{v}_3, \ldots, \mathrm{v}_k$의 일차결합으로 나타낼 수 있다. 다시 말해 벡터 v_1은 집합의 나머지 벡터들에 의해 결정된다. 이러한 성질은 일차종속집합의 특징이다.

정리 4.8 일차종속집합의 성질

집합 $S=\{\mathrm{v}_1, \mathrm{v}_2, \ldots, \mathrm{v}_k\}$, $k \geq 2$가 일차종속이면 벡터 v_i 중 적어도 하나는 S의 나머지 벡터의 일차결합으로 나타낼 수 있고, 그 역도 성립한다.

증명

한쪽 방향으로 정리를 증명하기 위해 집합 S가 일차종속집합이라고 가정하자. 그러면

$$c_1\mathrm{v}_1 + c_2\mathrm{v}_2 + \cdots + c_k\mathrm{v}_k = 0$$

인 스칼라 $c_1, c_2, c_3, \ldots, c_k$ (적어도 하나는 0이 아님)가 존재한다.

이 계수들 중 하나는 반드시 0이 아니므로 $c_1 \neq 0$라 가정하여도 일반성을 잃지 않는다. 그러면 v_1을 나머지 벡터들의 일차결합으로 풀면

$$c_1\mathrm{v}_1 = -c_2\mathrm{v}_2 - c_3\mathrm{v}_3 - \cdots - c_k\mathrm{v}_k$$

$$\mathrm{v}_1 = -\frac{c_2}{c_1}\mathrm{v}_2 - \frac{c_3}{c_1}\mathrm{v}_3 - \cdots - \frac{c_k}{c_1}\mathrm{v}_k$$

을 얻는다.

반대로, S의 벡터 v_1이 나머지 벡터의 일차결합이라고 가정하자. 즉

$$\mathrm{v}_1 = c_2\mathrm{v}_2 + c_3\mathrm{v}_3 + \cdots + c_k\mathrm{v}_k$$

이라고 가정하자. 그러면 방정식 $-\mathrm{v}_1 + c_2\mathrm{v}_2 + c_3\mathrm{v}_3 + \cdots + c_k\mathrm{v}_k = 0$은 계수 중 적어도 하나는 -1, 즉 0이 아니다. 따라서 S는 일차종속이다. ■

예제 12 한 벡터를 나머지 벡터의 일차결합으로 나타내기

예제 9에서 집합

$$S=\{\underbrace{1+x-2x^2}_{\mathrm{v}_1},\ \underbrace{2+5x-x^2}_{\mathrm{v}_2},\ \underbrace{x+x^2}_{\mathrm{v}_3}\}$$

이 일차종속임을 판별하였다. 이 집합의 벡터 중 하나를 나머지 두 벡터의 일차결합으로 나타낼 수 있음을 보이시오.

풀이

예제 9에서 방정식 $c_1\mathrm{v}_1+c_2\mathrm{v}_2+c_3\mathrm{v}_3=0$으로부터 연립방정식

$$\begin{aligned} c_1+2c_2 \quad\quad &=0 \\ c_1+5c_2+c_3 &=0 \\ -2c_1-c_2+c_3 &=0 \end{aligned}$$

을 유도하였다. 이 연립방정식은 $c_3=3t,\ c_2=-t,\ c_1=2t$의 꼴의 무수히 많은 해를 가진다. $t=1$이라 하면 방정식은 $2\mathrm{v}_1-\mathrm{v}_2+3\mathrm{v}_3=0$이 된다. 따라서 v_2는 다음과 같이 v_1과 v_3의 일차결합으로 나타낼 수 있다.

$$\mathrm{v}_2=2\mathrm{v}_1+3\mathrm{v}_3$$

이를 확인해보면

$$2+5x-x^2=2(1+x-2x^2)+3(x+x^2)=2+5x-x^2$$

이 성립한다. ■

정리 4.8은 실용적인 따름정리를 가지고 있는데 이 따름정리는 두 벡터가 일차종속인지 여부를 판별하는 간단한 검사법을 제공한다. 연습문제 77에서 이 따름정리를 증명할 것이다.

정리 4.8 따름정리

벡터공간의 두 벡터 u와 v가 일차종속이면 하나의 벡터가 나머지 벡터의 스칼라 배이고, 그 역도 성립한다.

참고

영벡터는 언제나 벡터공간의 다른 벡터의 스칼라배이다.

예제 13 ▸ 두 벡터의 일차종속성 판별검사

a. 집합 $S=\{\mathrm{v}_1,\ \mathrm{v}_2\}=\{(1,2,0),\ (-2,2,1)\}$은 일차독립이다. 왜냐하면 그림 4.15(a)와 같이 v_1과 v_2는 서로 스칼라 배가 아니기 때문이다.

b. 집합 $S=\{\mathrm{v}_1,\ \mathrm{v}_2\}=\{(4,-4,-2),\ (-2,2,1)\}$은 일차종속이다. 왜냐하면 그림 4.15(b)와 같이 $\mathrm{v}_1=-2\mathrm{v}_2$이기 때문이다.

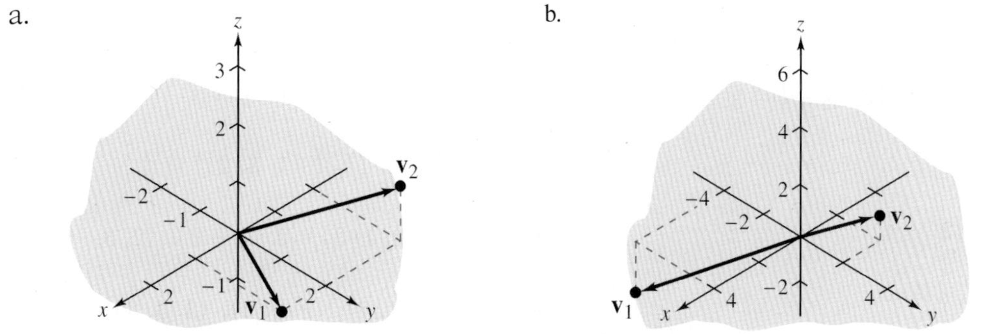

a. $S=\{(1, 2, 0), (-2, 2, 1)\}$
집합 S는 일차독립이다.

b. $S=\{(4, -4, -2), (-2, 2, 1)\}$
집합 S는 일차종속이다.

그림 4.15

■

4.4 연습문제

일차결합 1~4번에서는 주어진 벡터를 S의 벡터의 일차결합으로 (가능하다면) 나타내시오.

1. $S=\{(2, -1, 3), (5, 0, 4)\}$

(a) $\mathbf{z}=(-1, -2, 2)$ (b) $\mathbf{v}=\left(8, -\frac{1}{4}, \frac{27}{4}\right)$

(c) $\mathbf{w}=(1, -8, 12)$ (d) $\mathbf{u}=(1, 1, -1)$

2. $S=\{(1, 2, -2), (2, -1, 1)\}$

(a) $\mathbf{z}=(-4, -3, 3)$ (b) $\mathbf{v}=(-2, -6, 6)$

(c) $\mathbf{w}=(-1, -22, 22)$ (d) $\mathbf{u}=(1, -5, -5)$

3. $S=\{(2, 0, 7), (2, 4, 5), (2, -12, 13)\}$

(a) $\mathbf{u}=(-1, 5, -6)$ (b) $\mathbf{v}=(-3, 15, 18)$

(c) $\mathbf{w}=\left(\frac{1}{3}, \frac{4}{3}, \frac{1}{2}\right)$ (d) $\mathbf{z}=(2, 20, -3)$

4. $S=\{(6, -7, 8, 6), (4, 6, -4, 1)\}$

(a) $\mathbf{u}=(2, 19, -16, -4)$

(b) $\mathbf{v}=\left(\frac{49}{2}, \frac{99}{4}, -14, \frac{19}{2}\right)$

(c) $\mathbf{w}=\left(-4, -14, \frac{27}{2}, \frac{53}{8}\right)$

(d) $\mathbf{z}=\left(8, 4, -1, \frac{17}{4}\right)$

일차결합 5~8번에서는 $M_{2,2}$의 두 행렬 $A=\begin{bmatrix} 2 & -3 \\ 4 & 1 \end{bmatrix}$, $B=\begin{bmatrix} 0 & 5 \\ 1 & -2 \end{bmatrix}$에 대하여 주어진 행렬이 A와 B의 일차결합인지 판별하시오.

5. $\begin{bmatrix} 6 & -19 \\ 10 & 7 \end{bmatrix}$

6. $\begin{bmatrix} 6 & 2 \\ 9 & 11 \end{bmatrix}$

7. $\begin{bmatrix} -2 & 23 \\ 0 & -9 \end{bmatrix}$

8. $\begin{bmatrix} 0 & 0 \\ 0 & 0 \end{bmatrix}$

생성집합 9~18번에서는 집합 S가 $\mathbb{R}^2$를 생성하는지 판별하시오. 만일 집합이 $\mathbb{R}^2$를 생성하지 않는다면 그 집합이 생성하는 부분공간의 기하적 특징을 설명하시오.

9. $S=\{(2, 1), (-1, 2)\}$

10. $S=\{(-1, 1), (3, 1)\}$

11. $S=\{(5, 0), (5, -4)\}$

12. $S=\{(2, 0), (0, 1)\}$ **13.** $S=\{(-3, 5)\}$

14. $S=\{(1, 1)\}$

15. $S=\{(-1, 2), (2, -4)\}$

16. $S=\{(0, 2), (1, 4)\}$

17. $S=\{(1, 3), (-2, -6), (4, 12)\}$

18. $S=\{(-1, 2), (2, -1), (1, 1)\}$

생성집합 19∼24번에서는 집합 S가 $\mathbb{R}^3$를 생성하는지 판정하시오. 만일 집합이 $\mathbb{R}^3$를 생성하지 않으면 이 집합이 생성하는 부분공간을 기하적으로 설명하시오.

19. $S=\{(4, 7, 4), (-1, 2, 6), (2, -3, 5)\}$

20. $S=\{(5, 6, 5), (2, 1, -5), (0, -4, 1)\}$

21. $S=\{(-2, 5, 0), (4, 6, 3)\}$

22. $S=\{(1, 0, 1), (1, 1, 0), (0, 1, 1)\}$

23. $S=\{(1, -2, 0), (0, 0, 1), (-1, 2, 0)\}$

24. $S=\{(1, 0, 3), (2, 0, -1), (4, 0, 5), (2, 0, 6)\}$

25. 집합 $S=\{1, x^2, 2+x^2\}$이 P_2를 생성하는지 판정하시오.

26. 집합 $S=\{-2x+x^2, 8+x^3, -x^2+x^3, -4+x^2\}$이 P_3를 생성하는지 판정하시오.

일차독립성 판정 27∼40번에서는 집합 S가 일차독립인지 일차종속인지 판정하시오.

27. $S=\{(-2, 2), (3, 5)\}$

28. $S=\{(3, -6), (-1, 2)\}$

29. $S=\{(0, 0), (1, -1)\}$

30. $S=\{(1, 0), (1, 1), (2, -1)\}$

31. $S=\{(1, -4, 1), (6, 3, 2)\}$

32. $S=\{(6, 2, 1), (-1, 3, 2)\}$

33. $S=\{(-2, 1, 3), (2, 9, -3), (2, 3, -3)\}$

34. $S=\{(1, 1, 1), (2, 2, 2), (3, 3, 3)\}$

35. $S=\left\{\left(\frac{3}{4}, \frac{5}{2}, \frac{3}{2}\right), \left(3, 4, \frac{7}{2}\right), \left(-\frac{3}{2}, 6, 2\right)\right\}$

36. $S=\{(-4, -3, 4), (1, -2, 3), (6, 0, 0)\}$

37. $S=\{(1, 0, 0), (0, 4, 0), (0, 0, -6), (1, 5, -3)\}$

38. $S=\{(4, -3, 6, 2), (1, 8, 3, 1), (3, -2, -1, 0)\}$

39. $S=\{(0, 0, 0, 1), (0, 0, 1, 1), (0, 1, 1, 1), (1, 1, 1, 1)\}$

40. $S=\{(4, 1, 2, 3), (3, 2, 1, 4), (1, 5, 5, 9), (1, 3, 9, 7)\}$

일차독립 판정 41∼48번에서는 P_2의 벡터의 집합이 일차독립인지 일차종속인지 판정하시오.

41. $S=\{2-x, 2x-x^2, 6-5x+x^2\}$

42. $S=\{-1+x^2, 5+2x\}$

43. $S=\{1+3x+x^2, -1+x+2x^2, 4x\}$

44. $S=\{x^2, 1+x^2\}$

45. $S=\{-x+x^2, -5+x, -5+x^2\}$

46. $S=\{-2-x, 2+3x+x^2, 6+5x+x^2\}$

47. $S=\{7-3x+4x^2, 6+2x-x^2, 1-8x+5x^2\}$

48. $S=\{7-4x+4x^2, 6+2x-3x^2, 20-6x+5x^2\}$

일차독립 판정 49~52번에서는 $M_{2,2}$의 벡터의 집합이 일차독립인지 일차종속인지 판정하시오.

49. $A=\begin{bmatrix}1 & 0\\ 0 & -2\end{bmatrix},\ B=\begin{bmatrix}0 & 1\\ 1 & 0\end{bmatrix},\ C=\begin{bmatrix}-2 & 1\\ 1 & 4\end{bmatrix}$

50. $A=\begin{bmatrix}1 & 0\\ 0 & 1\end{bmatrix},\ B=\begin{bmatrix}0 & 1\\ 0 & 0\end{bmatrix},\ C=\begin{bmatrix}0 & 0\\ 1 & 0\end{bmatrix}$

51. $A=\begin{bmatrix}1 & -1\\ 4 & 5\end{bmatrix},\ B=\begin{bmatrix}4 & 3\\ -2 & 3\end{bmatrix},\ C=\begin{bmatrix}1 & -8\\ 22 & 23\end{bmatrix}$

52. $A=\begin{bmatrix}2 & 0\\ -3 & 1\end{bmatrix},\ B=\begin{bmatrix}-4 & -1\\ 0 & 5\end{bmatrix},$

$C=\begin{bmatrix}-8 & -3\\ -6 & 17\end{bmatrix}$

일차종속성 증명 53~56번에서는 주어진 집합의 벡터들의 합이 영벡터가 되는 자명하지 않은 일차결합을 찾아 집합이 일차종속임을 보이시오. 그리고 집합의 벡터 중 하나를 집합의 나머지 벡터들의 일차결합으로 나타내시오.

53. $S=\{(3, 4), (-1, 1), (2, 0)\}$

54. $S=\{(2, 4), (-1, -2), (0, 6)\}$

55. $S=\{(1, 1, 1), (1, 1, 0), (0, 1, 1), (0, 0, 1)\}$

56. $S=\{(1, 2, 3, 4), (1, 0, 1, 2), (1, 4, 5, 6)\}$

57. 각 집합이 일차독립이 되기 위한 t의 값은 무엇인가?

(a) $S=\{(t, 1, 1), (1, t, 1), (1, 1, t)\}$

(b) $S=\{(t, 1, 1), (1, 0, 1), (1, 1, 3t)\}$

58. 각 집합이 일차독립이 되기 위한 t의 값은 무엇인가?

(a) $S=\{(t, 0, 0), (0, 1, 0), (0, 0, 1)\}$

(b) $S=\{(t, t, t), (t, 1, 0), (t, 0, 1)\}$

59. **증명** 정리 4.7의 증명을 완성하시오.

60. **캡스톤** 각 집합이 왜 일차종속인지 직접 살펴보고 확인하시오.

(a) $S=\{(1, -2), (2, 3), (-2, 4)\}$

(b) $S=\{(1, -6, 2), (2, -12, 4)\}$

(c) $S=\{(0, 0), (1, 0)\}$

같은 부분공간의 생성 61번과 62번에서는 집합 S_1과 S_2는 $\mathbb{R}^3$의 같은 부분공간을 생성함을 보이시오.

61. $S_1=\{(1, 2, -1), (0, 1, 1), (2, 5, -1)\}$

$S_2=\{(-2, -6, 0), (1, 1, -2)\}$

62. $S_1=\{(0, 0, 1), (0, 1, 1), (2, 1, 1)\}$

$S_2=\{(1, 1, 1), (1, 1, 2), (2, 1, 1)\}$

참 또는 거짓? 63번과 64번에서는 각 명제가 참 또는 거짓인지 판별하시오. 만약 명제가 참이라면 그 이유를 제시하거나 본문에서 적절한 명제를 찾아 제시하시오. 만약 명제가 거짓이라면 명제가 참이 아니라는 예를 제시하거나 본문에서 적절한 명제를 찾아 제시하시오.

63. (a) 벡터공간의 벡터들의 집합 $S=\{\mathbf{v}_1, \mathbf{v}_2, ..., \mathbf{v}_k\}$는 벡터방정식 $c_1\mathbf{v}_1+c_2\mathbf{v}_2+\cdots+c_k\mathbf{v}_k=\mathbf{0}$이 자명한 해만 가질 때 일차종속이다.

(b) 집합 $S=\{(1, 0, 0, 0), (0, -1, 0, 0), (0, 0, 1, 0), (0, 0, 0, 1)\}$은 $\mathbb{R}^4$를 생성한다.

64. (a) 집합 $S=\{\mathbf{v}_1, \mathbf{v}_2, ..., \mathbf{v}_k\}$ $(k \geq 2)$가 일차독립일 필요충분조건은 벡터 $\mathbf{v}_i$ 중 적어도 하나를 S의 나머지 벡터의 일차결합으로 나타낼 수 있는 것이다.

(b) 부분집합 S가 벡터공간 V를 생성하면 V의 모든 벡터는 S의 벡터의 일차결합으로 나타낼 수 있다.

증명 65번과 66번에서는 벡터의 집합이 일차독립이고 $\mathbb{R}^3$를 생성함을 증명하시오.

65. $B=\{(1,1,1),\ (1,1,0),\ (1,0,0)\}$

66. $B=\{(1,2,3),\ (3,2,1),\ (0,0,1)\}$

67. **힌트가 있는 증명** 일차독립인 벡터들의 유한집합의 공집합이 아닌 부분집합은 일차독립임을 증명하시오.

시작: 벡터의 일차독립 집합의 부분집합은 일차종속일 수 없음을 증명해야 한다.

(i) 집합 S는 일차독립인 벡터의 집합이라 가정하고, T를 S의 부분집합이라 하자.

(ii) 만일 T가 일차종속이면 벡터방정식 $c_1\mathrm{v}_1+c_2\mathrm{v}_2+\cdots+c_k\mathrm{v}_k=0$를 만족하는 적어도 하나는 0이 아닌 상수가 존재한다.

(iii) 이 사실을 이용하여 모순을 이끌어내고 T가 일차독립이라는 결론을 얻는다.

68. **증명** 만일 S_1이 유한집합 S_2의 공집합이 아닌 부분집합이고 S_1이 일차종속이면 S_2도 일차종속임을 증명하시오.

69. **증명** 영벡터를 포함하는 벡터들의 임의의 집합은 일차종속임을 증명하시오.

70. **증명** 벡터들의 집합 $\{\mathrm{u}_1,\ \mathrm{u}_2,\ \ldots,\ \mathrm{u}_n\}$은 일차독립이고 집합 $\{\mathrm{u}_1,\ \mathrm{u}_2,\ \ldots,\ \mathrm{u}_k,\ \mathrm{v}\}$는 일차종속일 때, v는 u들의 일차결합임을 증명하시오.

71. **증명** 집합 $\{\mathrm{v}_1,\ \mathrm{v}_2,\ \ldots,\ \mathrm{v}_k\}$가 벡터공간 V의 벡터의 일차독립 집합이라 하자. 이 집합에서 v_k를 제거하면 집합 $\{\mathrm{v}_1,\ \mathrm{v}_2,\ \ldots,\ \mathrm{v}_{k-1}\}$는 V를 생성할 수 없음을 증명하시오.

72. **증명** V가 집합 $\{\mathrm{v}_1,\ \mathrm{v}_2,\ \ldots,\ \mathrm{v}_k\}$에 의해 생성되고 이 집합의 벡터 중 하나를 나머지 $k-1$개의 벡터들의 일차결합으로 나타낼 수 있을 때, 이 $k-1$개의 벡터들도 V를 생성함을 증명하시오.

73. **증명** 집합 $S=\{\mathrm{u},\ \mathrm{v}\}$는 일차독립집합이다. 집합 $\{\mathrm{u}+\mathrm{v},\ \mathrm{u}-\mathrm{v}\}$이 일차독립임을 증명하시오.

74. $\mathrm{u},\ \mathrm{v},\ \mathrm{w}$는 벡터공간 V의 임의의 세 벡터이다. 벡터들의 집합 $\{\mathrm{v}-\mathrm{u},\ \mathrm{w}-\mathrm{v},\ \mathrm{u}-\mathrm{w}\}$가 일차독립인지 일차종속인지 판정하시오.

75. **증명** A는 역행렬을 가진 3차 정사각행렬이다. 만일 $\{\mathrm{v}_1,\ \mathrm{v}_2,\ \mathrm{v}_3\}$이 $M_{3,1}$의 일차독립인 집합이면 집합 $\{A\mathrm{v}_1,\ A\mathrm{v}_2,\ A\mathrm{v}_3\}$도 또한 일차독립임을 증명하시오. A가 역행렬을 갖지 않으면 왜 이 사실이 참이 아닌지 예를 들어 설명하시오.

76. $f_1(x)=3x$이고 $f_2(x)=|x|$이다. 구간 $-2\le x\le 2$에서의 두 함수의 그래프를 그리시오. 이 함들은 벡터공간 $C[0,1]$에서는 일차종속이지만 벡터공간 $C[-1,1]$에서는 일차독립임을 보이시오.

77. **증명** 정리 4.8의 따름정리인 '두 벡터 u와 v가 일차종속이면 하나의 벡터가 다른 벡터의 스칼라배이고 그 역도 성립한다'를 증명하시오.

4.5 기저와 차원

- 벡터공간 $\mathbb{R}^n$, P_n, $M_{m,n}$의 기저 파악하기
- 벡터공간의 차원 구하기

벡터공간의 기저

이 절에서는 생성집합에 대해 계속해서 공부할 것이다. 특히 일차독립이면서 *동시에* 벡터공간 전체를 생성하는 벡터공간의 생성집합을 살펴볼 것이다. 이러한 집합은 벡터공간의 **기저**(basis)가 된다.

기저의 정의

벡터공간 V의 벡터들의 집합 $S=\{\mathrm{v}_1, \mathrm{v}_2, \ldots, \mathrm{v}_n\}$가 다음 조건을 모두 만족시킬 때, S를 **V의 기저**(basis for V)라 한다.

1. S는 V를 생성한다.
2. S는 일차독립이다.

참고

이 정의는 기저가 두 가지 특징을 가지고 있음을 전하고 있다. 기저 S는 V를 생성할 만큼 충분한 벡터를 가지고 있어야 하지만 S의 벡터 중 하나가 S의 나머지 벡터의 일차결합으로 표현될 정도로 많은 벡터를 가지고 있지 않아야 한다.

이 정의가 모든 벡터공간이 유한 개의 벡터로 이루어진 기저를 갖는다는 것을 의미하지는 않는다. 하지만, 우리 책에서는 유한 개의 벡터로 이루어진 기저에 대한 논의로 제한하고 있다. 만일 벡터공간 V가 유한 개의 벡터로 이루어진 기저를 갖는다면 V는 **유한차원**(finite dimensional)이라고 한다. 그렇지 않으면 V는 **무한차원**(infinite dimensional)이다. [모든 다항식으로 이루어진 벡터공간 P는 수직선 위에서 정의된 모든 연속함수의 벡터공간 $C(-\infty,\infty)$와 마찬가지로 무한차원이다.] 영벡터만으로 이루어진 벡터공간 $V=\{0\}$는 유한차원이다.

예제 1 $\mathbb{R}^3$의 표준기저

다음 집합이 $\mathbb{R}^3$의 기저임을 보이시오.

$S=\{(1,0,0), (0,1,0), (0,0,1)\}$

풀이

4.4절의 예제 4(a)에서 S가 $\mathbb{R}^3$를 생성함을 보였다. 더욱이 S는 벡터방정식

$$c_1(1, 0, 0) + c_2(0, 1, 0) + c_3(0, 0, 1) = (0, 0, 0)$$

이 자명한 해

$$c_1 = c_2 = c_3 = 0$$

만을 해로 가지므로 일차독립이다. (확인해 볼 것.) 그래서 S는 $\mathbb{R}^3$의 기저이다. (그림 4.16 참고) ■

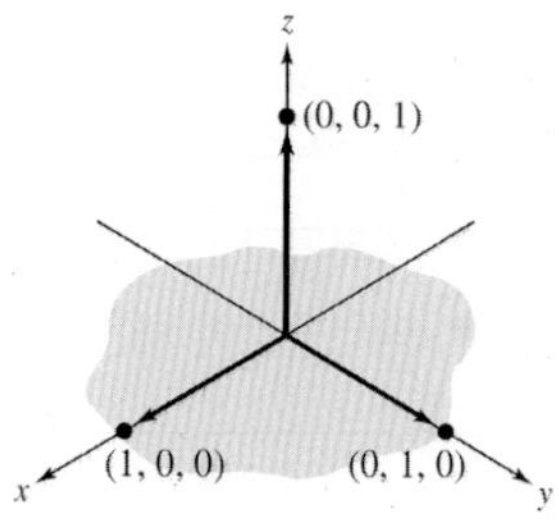

그림 4.16

이 기저

$$S = \{(1, 0, 0), (0, 1, 0), (0, 0, 1)\}$$

가 $\mathbb{R}^3$의 **표준기저**(standard basis)이다. 이는 n-공간으로 일반화시킬 수 있다. 즉, 벡터

$$\begin{aligned} \mathbf{e}_1 &= (1, 0, \ldots, 0) \\ \mathbf{e}_2 &= (0, 1, \ldots, 0) \\ &\vdots \\ \mathbf{e}_n &= (0, 0, \ldots, 1) \end{aligned}$$

은 $\mathbb{R}^n$의 **표준기저**(standard basis)를 이룬다.

예제 2 $\mathbb{R}^2$의 표준기저가 아닌 기저

집합

$$S = \{\overset{\mathbf{v}_1}{(1, 1)}, \overset{\mathbf{v}_2}{(1, -1)}\}$$

이 $\mathbb{R}^2$의 기저임을 보이시오.

풀이

벡터공간의 기저의 정의에 따라 S가 $\mathbb{R}^2$를 생성하고 S가 일차독립임을 보여야 한다. S가 $\mathbb{R}^2$을 생성함을 보이기 위해

$$\mathbf{x} = (x_1, x_2)$$

를 $\mathbb{R}^2$의 임의의 벡터라 하자. $\mathbf{x}$가 $\mathbf{v}_1$과 $\mathbf{v}_2$의 일차결합으로 나타내어짐을 보이기 위해 방정식

$$\begin{aligned} c_1\mathbf{v}_1 + c_2\mathbf{v}_2 &= \mathbf{x} \\ c_1(1, 1) + c_2(1, -1) &= (x_1, x_2) \\ (c_1 + c_2, c_1 - c_2) &= (x_1, x_2) \end{aligned}$$

을 생각하자. 대응하는 성분끼리 같음을 이용하면 다음과 같은 연립일차방정식을 얻는다.

$$\begin{aligned} c_1 + c_2 &= x_1 \\ c_1 - c_2 &= x_2 \end{aligned}$$

이 연립방정식의 계수행렬은 행렬식이 0이 아니므로 이 연립방정식은 유일한 해를 가진다. 따라서 S는 $\mathbb{R}^2$를 생성한다. S가 일차독립임을 보이는 한 가지 방법은 위의 연립방정식에 $(x_1, x_2) = (0, 0)$을 대입하여 동차연립방정식

$$\begin{aligned} c_1 + c_2 &= 0 \\ c_1 - c_2 &= 0 \end{aligned}$$

을 만들어 푸는 것이다. 이 연립방정식은 자명한 해

$$c_1 = c_2 = 0$$

만을 가진다. 따라서 S는 일차독립이다. S가 일차독립임을 보이는 또 다른 방법은 $\mathbf{v}_1 = (1, 1)$과 $\mathbf{v}_2 = (1, -1)$이 서로 스칼라배가 아니라는 점을 이용하는 것이다. 이는 정리 4.8의 따름정리에 의해 $S = \{(1, 1), (1, -1)\}$이 일차독립임을 의미한다.

집합 S는 $\mathbb{R}^2$를 생성하고 일차독립이므로 S는 $\mathbb{R}^2$의 기저라 할 수 있다. ■

예제 3 $\mathbb{R}^3$의 표준기저가 아닌 기저

이런 유형의 예제의 대화형은 LarsonLinearAlgebra.com을 참조하라.

풀이

바로 앞 절의 예제 5와 8에서 집합

$$S = \{(1, 2, 3),\ (0, 1, 2),\ (-2, 0, 1)\}$$

은 $\mathbb{R}^3$를 생성하고 일차독립임을 알았다. 따라서 S는 $\mathbb{R}^3$의 기저이다. ■

예제 4 다항식의 기저

벡터공간 P_3는 집합

$$S=\{1,\ x,\ x^2,\ x^3\}$$

를 기저로 가짐을 보이시오.

풀이

S의 생성은

$$a_0+a_1x+a_2x^2+a_3x^3\ (a_0,\ a_1,\ a_2,\ a_3\text{는 실수})$$

꼴의 모든 다항식으로 이루어져 있고, 이는 정확히 P_3에 속한 다항식의 꼴이기 때문에 S는 P_3를 생성한다.

S의 일차독립성을 확인하기 위해 P_3에서의 영벡터 $\mathbf{0}$은 모든 x에 대하여 $\mathbf{0}(x)=0$인 다항식임을 기억하자. 일차독립에 대한 판정은 등식

$$a_0+a_1x+a_2x^2+a_3x^3=\mathbf{0}(x)=0$$

을 유도한다. 이 3차 다항식은 모든 x에 대하여 항상 0이다. 다항식이 항상 0과 같으려면 모든 계수가 0이어야 한다. 즉

$$a_0=a_1=a_2=a_3=0$$

이다. 따라서 S는 일차독립이고 P_3의 기저이다. ■

참고

기저 $S=\{1,\ x,\ x^2,\ x^3\}$는 P_3의 **표준기저**이다. 마찬가지로 P_n의 **표준기저**는

$$S=\{1,\ x,\ x^2,\ \dots,\ x^n\}$$

이다.

예제 5 $M_{2,2}$의 기저

집합

$$S=\left\{\begin{bmatrix}1&0\\0&0\end{bmatrix},\ \begin{bmatrix}0&1\\0&0\end{bmatrix},\ \begin{bmatrix}0&0\\1&0\end{bmatrix},\ \begin{bmatrix}0&0\\0&1\end{bmatrix}\right\}$$

는 $M_{2,2}$의 기저이다. 이 집합은 $M_{2,2}$의 **표준기저**이다. 비슷한 방법으로 벡터공간 $M_{m,n}$의 표준기저는 하나의 성분만 1이고 나머지 성분은 모두 0인 mn개의 서로 다른 $m\times n$ 행렬로 이루어져 있다. ■

정리 4.9 기저표현의 유일성

만일 $S=\{\mathrm{v}_1,\mathrm{v}_2,\dots,\mathrm{v}_n\}$이 벡터공간 V의 기저이면 V의 모든 벡터는 오직 한 가지 방법으로 S의 벡터들의 일차결합으로 표현된다.

증명

존재성에 대한 증명은 바로 가능하다. 즉, S는 V를 생성하므로 V의 임의의 벡터 u를 $\mathrm{u}=c_1\mathrm{v}_1+c_2\mathrm{v}_2+\cdots+c_n\mathrm{v}_n$과 같이 나타낼 수 있다.

유일성(벡터가 오직 하나의 방법으로만 표현됨)을 증명하기 위해 u가

$$\mathrm{u}=b_1\mathrm{v}_1+b_2\mathrm{v}_2+\cdots+b_n\mathrm{v}_n$$

과 같이 다른 방법으로 표현된다고 가정하자. 첫 번째 표현에서 두 번째 표현을 빼면

$$\mathrm{u}-\mathrm{u}=(c_1-b_1)\mathrm{v}_1+(c_2-b_2)\mathrm{v}_2+\cdots+(c_n-b_n)\mathrm{v}_n=0$$

을 얻는다. 그런데 S는 일차독립이므로 이 방정식이 갖는 유일한 해는 자명한 해

$$c_1-b_1=0,\ c_2-b_2=0,\ ...,\ c_n-b_n=0$$

뿐이고 이는 모든 $i=1,\ 2,\ ...,\ n$에 대하여 $c_i=b_i$임을 의미한다. 따라서 u는 기저 S에 대하여 유일하게 표현된다. ■

예제 6 기저표현의 유일성

$\mathrm{u}=(u_1,\ u_2,\ u_3)$는 $\mathbb{R}^3$의 임의의 벡터라 하자. 방정식 $\mathrm{u}=c_1\mathrm{v}_1+c_2\mathrm{v}_2+c_3\mathrm{v}_3$는 기저 $S=\{\mathrm{v}_1,\ \mathrm{v}_2,\ \mathrm{v}_3\}=\{(1,\ 2,\ 3),\ (0,\ 1,\ 2),\ (-2,\ 0,\ 1)\}$에 대하여 유일한 해를 가짐을 보이시오.

풀이

방정식

$$\begin{aligned}(u_1,\ u_2,\ u_3)&=c_1(1,\ 2,\ 3)+c_2(0,\ 1,\ 2)+c_3(-2,\ 0,\ 1)\\&=(c_1-2c_3,\ 2c_1+c_2,\ 3c_1+2c_2+c_3)\end{aligned}$$

으로부터 다음 연립일차방정식을 얻는다.

$$\begin{aligned}c_1\qquad\ -2c_3&=u_1\\2c_1+\ c_2\qquad\ &=u_2\\3c_1+2c_2+\ c_3&=u_3\end{aligned}\qquad\qquad \underset{A}{\begin{bmatrix}1&0&-2\\2&1&0\\3&2&1\end{bmatrix}}\underset{\mathrm{c}}{\begin{bmatrix}c_1\\c_2\\c_3\end{bmatrix}}=\underset{\mathrm{u}}{\begin{bmatrix}u_1\\u_2\\u_3\end{bmatrix}}$$

행렬 A는 역행렬을 가진다. 따라서 이 연립방정식은 유일한 해 $\mathrm{c}=A^{-1}\mathrm{u}$를 가진다. A^{-1}를 찾아

$$\begin{aligned}c_1&=-u_1+4u_2-2u_3\\c_2&=\ 2u_1-7u_2+4u_3\\c_3&=-u_1+2u_2-\ u_3\end{aligned}$$

임을 확인해보라.

예를 들어, $\mathrm{u}=(1,0,0)$은 $-\mathrm{v}_1+2\mathrm{v}_2-\mathrm{v}_3$를 나타낸다. ■

기저와 관련된 두 개의 정리에 대해 살펴보자.

정리 4.10 기저와 일차종속성

만일 $S=\{\mathrm{v}_1, \mathrm{v}_2, ..., \mathrm{v}_n\}$가 벡터공간 V의 기저이면 n개보다 많은 V의 벡터를 가진 모든 V의 부분집합은 일차종속이다.

증명

$m>n$인 자연수 m에 대하여 집합 $S_1=\{\mathrm{u}_1, \mathrm{u}_2, ..., \mathrm{u}_m\}$은 V의 벡터 m개를 가진 집합이라 하자. S_1이 일차종속임을 보이려면

$$k_1\mathrm{u}_1+k_2\mathrm{u}_2+\cdots+k_m\mathrm{u}_m=0 \qquad \text{식1}$$

을 만족하는 스칼라 $k_1, k_2, ..., k_m$을 찾아야 한다.

S는 V의 기저이다. 따라서 각 u_i는 다음과 같이 S의 벡터의 일차결합으로 나타낼 수 있다.

$$\begin{aligned}
\mathrm{u}_1 &= c_{11}\mathrm{v}_1+c_{21}\mathrm{v}_2+\cdots+c_{n1}\mathrm{v}_n\\
\mathrm{u}_2 &= c_{12}\mathrm{v}_1+c_{22}\mathrm{v}_2+\cdots+c_{n2}\mathrm{v}_n\\
&\vdots\\
\mathrm{u}_m &= c_{1m}\mathrm{v}_1+c_{2m}\mathrm{v}_2+\cdots+c_{nm}\mathrm{v}_n
\end{aligned}$$

식1에 대입하고 v_i별로 묶어 정리하면

$$d_1\mathrm{v}_1+d_2\mathrm{v}_2+\cdots+d_n\mathrm{v}_n=0$$

을 얻는데, 여기서 $d_i=c_{i1}k_1+c_{i2}k_2+\cdots+c_{im}k_m$이다. v_i들은 일차독립이므로 모든 $i=1, 2, ..., n$에 대하여 $d_i=0$이고 다음과 같은 연립방정식을 얻는다.

$$\begin{aligned}
c_{11}k_1+c_{12}k_2+\cdots+c_{1m}k_m &= 0\\
c_{21}k_1+c_{22}k_2+\cdots+c_{2m}k_m &= 0\\
&\vdots\\
c_{n1}k_1+c_{n2}k_2+\cdots+c_{nm}k_m &= 0
\end{aligned}$$

이 동차연립방정식은 변수 $k_1, k_2, ..., k_m$보다 적은 수의 식으로 이루어져 있고, 정리 1.1에 의해 이 연립방정식은 자명하지 않은 해를 가진다. 결국 S_1은 일차종속이다. ■

예제 7 $\mathbb{R}^3$와 P_3에서의 일차종속집합

a. $\mathbb{R}^3$는 세 개의 벡터로 이루어진 기저를 가진다. 따라서 집합

$$S=\{(1, 2, -1), (1, 1, 0), (2, 3, 0), (5, 9, -1)\}$$

은 틀림없이 일차종속이다.

b. P_3는 네 개의 벡터로 이루어진 기저를 가진다. 따라서 집합

$$S=\{1, 1+x, 1-x, 1+x+x^2, 1-x+x^2\}$$

은 틀림없이 일차종속이다. ■

$\mathbb{R}^n$은 n개의 벡터로 이루어진 표준기저를 가진다. 따라서 정리 4.10에 의해 n개보다 많은 벡터를 가진 $\mathbb{R}^n$의 벡터들의 모든 집합은 틀림없이 일차종속이다. 다음 정리는 정리 4.10의 또 다른 중요한 결과를 설명하고 있다.

정리 4.11 **기저의 벡터의 개수**

만일 벡터공간 V가 n개의 벡터로 이루어진 기저를 가지면, V의 모든 기저는 n개의 벡터를 가진다.

증명

집합 $S_1=\{\mathrm{v}_1, \mathrm{v}_2, \ldots, \mathrm{v}_n\}$은 V의 기저이고 $S_2=\{\mathrm{u}_1, \mathrm{u}_2, \ldots, \mathrm{u}_m\}$는 V의 또 다른 기저라 하자. S_1은 기저이고 S_2는 일차독립이므로 정리 4.10에 의해 $m \le n$이다. 마찬가지로 S_1은 일차독립이고 S_2는 기저이므로 $n \le m$이다. 결국 $n=m$이다. ■

예제 8 생성집합과 기저

정리 4.11을 이용하여 각 명제가 참인지 설명하시오.

a. 집합 $S_1=\{(3, 2, 1), (7, -1, 4)\}$은 $\mathbb{R}^3$의 기저가 아니다.

b. 집합 $S_2=\{2+x, x^2, -1+x^3, 1+3x, 3-2x+x^2\}$은 P_3의 기저가 아니다.

풀이

a. $\mathbb{R}^3$의 표준기저 $S=\{(1,0,0), (0,1,0), (0,0,1)\}$은 세 개의 벡터를 가지고 있고 S_1은 단지 두 개의 벡터만 가지고 있다. 정리 4.11에 의해 S_1은 $\mathbb{R}^3$의 기저가 될 수 없다.

b. P_3의 표준기저 $S=\{1, x, x^2, x^3\}$은 네 개의 벡터를 가지고 있다. 정리 4.11에 의해 집합 S_2는 P_3의 기저가 되기에는 너무 많은 벡터를 가지고 있다. ■

선형대수의 응용

RGB 색상 모델은 시스템의 모든 색을 만들기 위해 빛의 삼원색으로 알려진 빨강(r), 초록(g), 파랑(b)의 조합을 사용한다. $\mathbb{R}^3$의 표준기저인 $\mathbf{r}=(1, 0, 0)$, $\mathbf{g}=(0, 1, 0)$, $\mathbf{b}=(0, 0, 1)$를 사용하여 모든 보이는 색상을 삼원색의 일차결합 $c_1\mathbf{r}+c_2\mathbf{g}+c_3\mathbf{b}$으로 나타낼 수 있다. 계수 c_i는 0과 정해진 최댓값 a 사이의 값이다. $c_1=c_2=c_3$일 때 색상은 회색의 그레이스케일이 되는데 $c_i=0$이면 검정을, $c_i=a$이면 흰색을 나타낸다. RGB 색상 모델은 컴퓨터, 스마트폰, 텔레비전 그리고 칼라 디스플레이가 설치된 다른 전자제품에서 공통으로 사용되고 있다.

벡터공간의 차원

정리 4.11에 의해 만일 벡터공간 V가 n개로 이루어진 기저를 가지고 있다면 이 공간의 다른 모든 기저도 역시 n개의 벡터를 가지고 있다. 이 수 n이 V의 **차원**(dimension)이다.

벡터공간의 차원의 정의

벡터공간 V가 n개의 벡터로 이루어진 기저를 가지고 있으면 n은 V의 **차원**(dimension)이고 $\dim(V)=n$으로 표시한다. V가 영벡터로만 이루어져 있을 때 V의 차원은 0으로 정의한다.

이 정의는 익숙한 벡터공간의 차원이 무엇인지 이야기할 수 있게 해준다. 다음에 나열된 각 예제에서 차원은 단지 표준기저의 벡터의 수다.

1. 표준연산을 벡터의 연산으로 가진 $\mathbb{R}^n$의 차원은 n이다.
2. 표준연산을 벡터의 연산으로 가진 P_n의 차원은 $n+1$이다.
3. 표준연산을 벡터의 연산으로 가진 $M_{m,n}$의 차원은 mn이다.

만일 W가 차원이 n인 벡터공간 V의 부분공간이라면 W의 차원은 n 이하가 됨을 보일 수 있다. (연습문제 83번 참고.) 다음 세 개의 예제에는 부분공간의 차원을 구하는 방법이 나타나 있다. 기본적으로 부분공간을 생성하는 일차독립인 벡터의 집합을 찾아서 차원을 구할 수 있다. 이 집합이 부분공간의 기저이고 부분공간의 차원은 이 기저에 있는 벡터의 수다.

예제 9 부분공간의 차원 구하기

$\mathbb{R}^3$의 각 부분공간의 차원을 구하시오.

a. $W=\{(d, c-d, c):\ c$와 d는 실수$\}$

b. $W=\{(2b, b, 0) : b$는 실수$\}$

풀이

a. W에 속한 벡터는 $(d, c-d, c)$의 꼴이고 이는

$$(d, c-d, c)=(0, c, c)+(d, -d, 0)=c(0, 1, 1)+d(1, -1, 0)$$

와 같이 나타낼 수 있는데 결국 W는 집합 $S=\{(0, 1, 1), (1, -1, 0)\}$에 의해 생성된다. 앞 절에서 설명했던 방법을 사용하여 이 집합이 일차독립임을 보일 수 있다. 따라서 S는 W의 기저이고 W는 $\mathbb{R}^3$의 2차원 부분공간이다.

b. W에 속한 벡터는 $(2b, b, 0)$의 꼴이고 이는 $b(2, 1, 0)$으로 나타낼 수 있는데 결국 W는 집합 $S=\{(2, 1, 0)\}$으로 생성된다. 따라서 W는 $\mathbb{R}^3$의 1차원 부분공간이다. ■

참고

예제 9(a)에서 부분공간 W는 벡터 $(0, 1, 1)$과 $(1, -1, 0)$으로 결정되는 $\mathbb{R}^3$에 속한 평면이다. 예제 9(b)에서 부분공간은 벡터 $(2, 1, 0)$으로 결정되는 직선이다.

예제 10 부분공간의 차원 구하기

집합

$$S=\{\mathrm{v}_1, \mathrm{v}_2, \mathrm{v}_3\}=\{(-1, 2, 5, 0), (3, 0, 1, -2), (-5, 4, 9, 2)\}$$

로 생성되는 $\mathbb{R}^4$의 부분공간의 차원을 구하시오.

풀이

집합 S는 W를 생성하지만 S는 일차종속이므로 W의 기저는 아니다. 특히 v_3는 $\mathrm{v}_3=2\mathrm{v}_1-\mathrm{v}_2$로 나타낼 수 있다. 이는 W가 집합 $S_1=\{\mathrm{v}_1, \mathrm{v}_2\}$로 생성된다는 의미이다. 더욱이 S_1의 어떤 벡터도 S_1의 다른 벡터의 스칼라배가 아니기 때문에 S_1은 일차독립이고 결국 W의 차원은 2이다. ■

예제 11 부분공간의 차원 구하기

W는 $M_{2,2}$의 모든 대칭행렬로 이루어진 부분공간이라 하자. W의 차원은 무엇인가?

풀이

모든 2×2 대칭행렬은

$$A=\begin{bmatrix} a & b \\ b & c \end{bmatrix}=a\begin{bmatrix} 1 & 0 \\ 0 & 0 \end{bmatrix}+b\begin{bmatrix} 0 & 1 \\ 1 & 0 \end{bmatrix}+c\begin{bmatrix} 0 & 0 \\ 0 & 1 \end{bmatrix}$$

의 꼴이다. 따라서 집합

$$S=\left\{\begin{bmatrix} 1 & 0 \\ 0 & 0 \end{bmatrix}, \begin{bmatrix} 0 & 1 \\ 1 & 0 \end{bmatrix}, \begin{bmatrix} 0 & 0 \\ 0 & 1 \end{bmatrix}\right\}$$

은 W를 생성한다. 더욱이 S가 일차독립임을 보일 수 있고, 결국 W의 차원은 3이다. ■

보통 집합 $S=\{\mathrm{v}_1, \mathrm{v}_2, ..., \mathrm{v}_n\}$이 벡터공간 V의 기저라고 판정하려면 S가 V를 생성하고 일차독립이라는 두 가지 조건을 만족함을 보여야 한다. 하지만, V의 차원이 n이라는 것을 알고 있다면 다음 정리는 두 가지 조건을 모두 확인할 필요가 없다는 것을 알려준다. 둘 중 하나만 확인하면 충분할 것이다. 증명은 연습문제로 남긴다. (연습문제 82번 참고.)

정리 4.12 n차원 공간의 기저 판정

V를 n차원 벡터공간이라 하자.
1. 만일 $S=\{\mathrm{v}_1, \mathrm{v}_2, ..., \mathrm{v}_n\}$이 V의 일차독립인 벡터들의 집합이라면 S는 V의 기저이다.
2. 만일 $S=\{\mathrm{v}_1, \mathrm{v}_2, ..., \mathrm{v}_n\}$이 V를 생성하면 S는 V의 기저이다.

예제 12 n차원 공간의 기저 판정

다음 벡터들의 집합이 $M_{5,1}$의 기저임을 보이시오.

$$S=\left\{\overset{\mathrm{v}_1}{\begin{bmatrix} 1 \\ 2 \\ -1 \\ 3 \\ 4 \end{bmatrix}}, \overset{\mathrm{v}_2}{\begin{bmatrix} 0 \\ 1 \\ 3 \\ -2 \\ 3 \end{bmatrix}}, \overset{\mathrm{v}_3}{\begin{bmatrix} 0 \\ 0 \\ 2 \\ -1 \\ 5 \end{bmatrix}}, \overset{\mathrm{v}_4}{\begin{bmatrix} 0 \\ 0 \\ 0 \\ 2 \\ -3 \end{bmatrix}}, \overset{\mathrm{v}_5}{\begin{bmatrix} 0 \\ 0 \\ 0 \\ 0 \\ -2 \end{bmatrix}}\right\}$$

풀이

S는 다섯 개의 벡터를 가지고 있고 $M_{5,1}$의 차원은 5이다. 따라서 정리 4.12를 이용하여 S가 일차독립이거나 $M_{5,1}$을 생성하는 것을 보임으로써 기저임을 보이자. S가 일차독립임을 보이기 위해 벡터방정식 $c_1\mathrm{v}_1+c_2\mathrm{v}_2+c_3\mathrm{v}_3+c_4\mathrm{v}_4+c_5\mathrm{v}_5=0$을 세우면 다음 연립방정식을 얻는다.

$$\begin{aligned} c_1 \qquad\qquad\qquad\qquad\quad &= 0 \\ 2c_1 + c_2 \qquad\qquad\qquad\quad &= 0 \\ -c_1 + 3c_2 + 2c_3 \qquad\qquad &= 0 \\ 3c_1 - 2c_2 - c_3 + 2c_4 \qquad &= 0 \\ 4c_1 + 3c_2 + 5c_3 - 3c_4 - 2c_5 &= 0 \end{aligned}$$

이 연립방정식은 자명한 해만 가진다. 따라서 S는 일차독립이다. 정리 4.12에 의해 S는 $M_{5,1}$의 기저이다. ■

4.5 연습문제

표준기저 구하기 1~6번에서는 주어진 벡터공간의 표준 기저를 적으시오.

1. $\mathbb{R}^6$ **2.** $\mathbb{R}^4$

3. $M_{3,3}$ **4.** $M_{4,1}$

5. P_4 **6.** P_2

기저가 되지 않는 이유 7~14번에서는 S가 $\mathbb{R}^2$의 기저가 되지 않는 이유를 설명하시오.

7. $S=\{(-4, 5), (0, 0)\}$

8. $S=\{(2, 3), (6, 9)\}$

9. $S=\{(-3, 2)\}$ **10.** $S=\{(5, -7)\}$

11. $S=\{(1, 2), (1, 0), (0, 1)\}$

12. $S=\{(-1, 2), (1, -2), (2, 4)\}$

13. $S=\{(6, -5), (12, -10)\}$

14. $S=\{(4, -3), (8, -6)\}$

기저가 되지 않는 이유 15~22번에서는 S가 $\mathbb{R}^3$의 기저가 되지 않는 이유를 설명하시오.

15. $S=\{(1, 3, 0), (4, 1, 2), (-2, 5, -2)\}$

16. $S=\{(2, 1, -2), (-2, -1, 2), (4, 2, -4)\}$

17. $S=\{(7, 0, 3), (8, -4, 1)\}$

18. $S=\{(1, 1, 2), (0, 2, 1)\}$

19. $S=\{(0, 0, 0), (1, 0, 0), (0, 1, 0)\}$

20. $S=\{(-1, 0, 0), (0, 0, 1), (1, 0, 0)\}$

21. $S=\{(1, 1, 1), (0, 1, 1), (1, 0, 1), (0, 0, 0)\}$

22. $S=\{(6, 4, 1), (3, -5, 1), (8, 13, 6), (0, 6, 9)\}$

기저가 되지 않는 이유 23~30번에서는 S가 P_2의 기저가 되지 않는 이유를 설명하시오.

23. $S=\{1, 2x, -4+x^2, 5x\}$

24. $S=\{2, x, 3+x, 3x^2\}$

25. $S=\{-x, 4x^2\}$ **26.** $S=\{-1, 11x\}$

27. $S=\{1+x^2, 1-x^2\}$

28. $S=\{1-2x+x^2, 3-6x+3x^2, -2+4x-2x^2\}$

29. $S=\{1-x, 1-x^2, -1-2x+3x^2\}$

30. $S=\{-3+6x,\ 3x^2,\ 1-2x-x^2\}$

기저가 되지 않는 이유 31~34번에서는 S가 $M_{2,2}$의 기저가 되지 않는 이유를 설명하시오.

31. $S=\left\{\begin{bmatrix}1 & 0\\0 & 1\end{bmatrix},\ \begin{bmatrix}0 & 1\\1 & 0\end{bmatrix}\right\}$

32. $S=\left\{\begin{bmatrix}1 & 1\\0 & 0\end{bmatrix},\ \begin{bmatrix}0 & 1\\1 & 0\end{bmatrix},\ \begin{bmatrix}-1 & 0\\1 & 0\end{bmatrix},\ \begin{bmatrix}0 & 0\\0 & 1\end{bmatrix}\right\}$

33. $S=\left\{\begin{bmatrix}1 & 0\\0 & 0\end{bmatrix},\ \begin{bmatrix}0 & 1\\1 & 0\end{bmatrix},\ \begin{bmatrix}1 & 0\\0 & 1\end{bmatrix},\ \begin{bmatrix}8 & -4\\-4 & 3\end{bmatrix}\right\}$

34. $S=\left\{\begin{bmatrix}1 &)\\0 & 1\end{bmatrix},\ \begin{bmatrix}0 & 1\\1 & 0\end{bmatrix},\ \begin{bmatrix}1 & 1\\0 & 0\end{bmatrix}\right\}$

기저 판정 35~38번에서는 집합 $\{\mathbf{v}_1,\ \mathbf{v}_2\}$가 $\mathbb{R}^2$의 기저인지 판정하시오.

35.

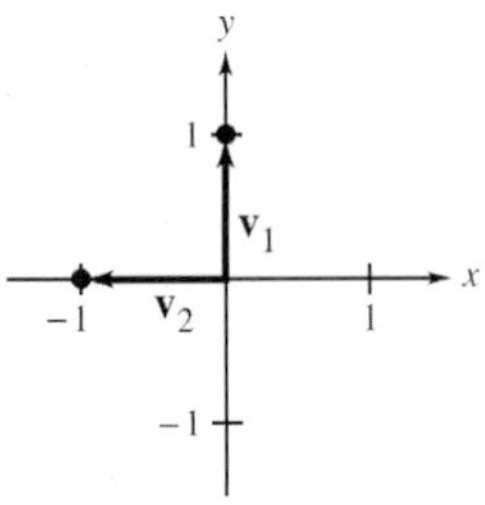

36.

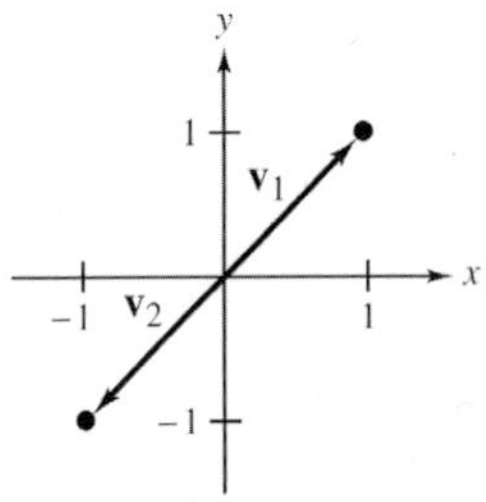

37.

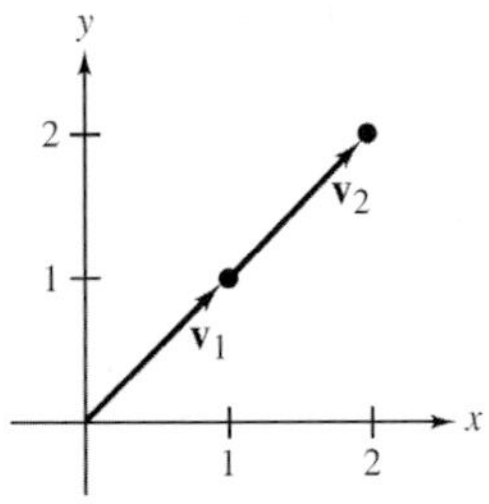

38.

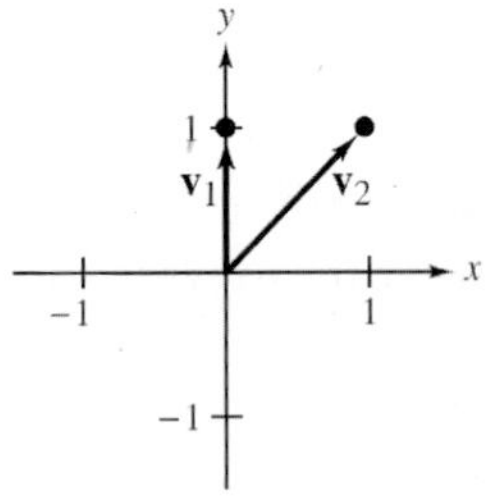

기저 판정 39~46번에서는 S가 주어진 벡터공간의 기저인지 판정하시오.

39. $\mathbb{R}^2$에서의 $S=\{(4,\ -3),\ (5,\ 2)\}$

40. $\mathbb{R}^2$에서의 $S=\{(1,\ 2),\ (1,\ -1)\}$

41. $\mathbb{R}^3$에서의 $S=\{(1,\ 5,\ 3),\ (0,\ 1,\ 2),\ (0,\ 0,\ 6)\}$

42. $\mathbb{R}^3$에서의 $S=\{(2,\ 1,\ 0),\ (0,\ -1,\ 1)\}$

43. $\mathbb{R}^3$에서의 $S=\{(0,\ 3,\ -2),\ (4,\ 0,\ 3),\ (-8,\ 15,\ -16)\}$

44. $\mathbb{R}^3$에서의 $S=\{(0,\ 0,\ 0),\ (1,\ 5,\ 6),\ (6,\ 2,\ 1)\}$

45. $\mathbb{R}^4$에서의 $S=\{(-1,\ 2,\ 0,\ 0),\ (2,\ 0,\ -1,\ 0),\ (3,\ 0,\ 0,\ 4),\ (0,\ 0,\ 5,\ 0)\}$

46. $\mathbb{R}^4$에서의 $S=\{(1,\ 0,\ 0,\ 1),\ (0,\ 2,\ 0,\ 2),\ (1,\ 0,\ 1,\ 0),\ (0,\ 2,\ 2,\ 0)\}$

기저 판정 47~50번에서는 S가 P_3의 기저인지 판정하시오.

47. $S=\{1-2t^2+t^3,\ -4+t^2,\ 2t+t^3,\ 5t\}$

48. $S=\{(4t-t^2,\ 5+t^3,\ 5+3t,\ -3t^2+2t^3\}$

49. $S=\{4-t,\ t^3,\ 6t^2,\ 3t+t^3,\ -1+4t\}$

50. $S=\{-1+t^3,\ 2t^2,\ 3+t,\ 5+2t+2t^2+t^3\}$

기저 판정 51번과 52번에서는 S가 $M_{2,2}$의 기저인지 판정하시오.

51. $S=\left\{\begin{bmatrix}2 & 0\\0 & 3\end{bmatrix},\ \begin{bmatrix}1 & 4\\0 & 1\end{bmatrix},\ \begin{bmatrix}0 & 1\\3 & 2\end{bmatrix},\ \begin{bmatrix}0 & 1\\2 & 0\end{bmatrix}\right\}$

52. $S=\left\{\begin{bmatrix}1 & 2\\-5 & 4\end{bmatrix},\begin{bmatrix}2 & -7\\6 & 2\end{bmatrix},\begin{bmatrix}4 & -9\\11 & 12\end{bmatrix},\begin{bmatrix}12 & -16\\17 & 42\end{bmatrix}\right\}$

기저 판정 53~56번에서는 S가 $\mathbb{R}^3$의 기저인지 판정하시오. 만일 기저라면 $\mathbf{u}=(8,\ 3,\ 8)$을 S의 벡터의 일차결합으로 나타내시오.

53. $S=\{(4,\ 3,\ 2),\ (0,\ 3,\ 2),\ (0,\ 0,\ 2)\}$

54. $S=\{(1,\ 0,\ 0),\ (1,\ 1,\ 0),\ (1,\ 1,\ 1)\}$

55. $S=\{(0,\ 0,\ 0),\ (1,\ 3,\ 4),\ (6,\ 1,\ -2)\}$

56. $S=\left\{\left(\frac{2}{3},\ \frac{5}{2},\ 1\right),\ \left(1,\ \frac{3}{2},\ 0\right),\ (2,\ 12,\ 6)\right\}$

벡터공간의 차원 구하기 57~64번에서는 벡터공간의 차원을 구하시오.

57. $\mathbb{R}^6$

58. $\mathbb{R}$

59. P_7

60. P_4

61. $M_{2,3}$

62. $M_{3,2}$

63. $\mathbb{R}^{3m}$

64. $P_{2m-1},\ m \geq 1$

65. 모든 3×3 대각행렬의 벡터공간의 기저를 구하시오. 이 벡터공간의 차원은 얼마인가?

66. 모든 3×3 대칭행렬의 벡터공간의 기저를 구하시오. 이 벡터공간의 차원은 얼마인가?

67. $\mathbb{R}^2$의 기저를 이루는, 집합

$$S = \{(1, 0),\ (0, 1),\ (1, 1)\}$$

의 모든 부분집합을 구하시오.

68. $\mathbb{R}^3$의 기저를 이루는, 집합

$$S = \{(1, 3, -2),\ (-4, 1, 1),\ (-2, 7, -3),\ (2, 1, 1)\}$$

의 모든 부분집합을 구하시오.

69. 벡터 $(2, 2)$를 포함하는 $\mathbb{R}^2$의 기저를 구하시오.

70. 벡터 $(1, 0, 2)$와 $(0, 1, 1)$을 포함하는 $\mathbb{R}^3$의 기저를 구하시오.

기하적 특성, 기저 그리고 차원 71번과 72번에서는 $\mathbb{R}^2$의 부분공간 W의 (a) 기하적 특성을 설명하고, (b) 기저, (c) 차원을 구하시오.

71. $W = \{(2t, t):\ t\text{는 실수}\}$

72. $W = \{(0, t):\ t\text{는 실수}\}$

기하적 특성, 기저 그리고 차원 73번과 74번에서는 $\mathbb{R}^3$의 부분공간 W의 (a) 기하적 특성을 설명하고, (b) 기저, (c) 차원을 구하시오.

73. $W = \{(2t, t, -t):\ t\text{는 실수}\}$

74. $W = \{(2s - t, s, t):\ s\text{와 } t\text{는 실수}\}$

기저와 차원 75~78번에서는 $\mathbb{R}^4$의 부분공간 W의 (a) 기저와 (b) 차원을 구하시오.

75. $W = \{(2s - t, s, t, s):\ s\text{와 } t\text{는 실수}\}$

76. $W = \{(5t, -3t, t, t):\ t\text{는 실수}\}$

77. $W = \{(0, 6t, t, -t):\ t\text{는 실수}\}$

78. $W = \{(s + 4t, t, s, 2s - t):\ s\text{와 } t\text{는 실수}\}$

참 또는 거짓? 79번과 80번에서는 각 명제가 참 또는 거짓인지 판별하시오. 만약 명제가 참이라면 그 이유를 제시하거나 본문에서 적절한 명제를 찾아 제시하시오. 만약 명제가 거짓이라면 명제가 참이 아니라는 예를 제시하거나 본문에서 적절한 명제를 찾아 제시하시오.

79. (a) 만일 $\dim(V) = n$이면 V를 생성하는 $n-1$개의 벡터로 이루어진 집합이 존재한다.

(b) 만일 $\dim(V) = n$이면 V를 생성하는 $n+1$개의 벡터로 이루어진 집합이 존재한다.

80. (a) 만일 $\dim(V) = n$이면 $n+1$개의 벡터로 이루어진 집합은 반드시 일차종속이다.

(b) 만일 $\dim(V) = n$이면 $n-1$개의 벡터로 이루어진 집합은 반드시 일차독립이다.

81. **증명** 만일 $S = \{\mathbf{v}_1, \mathbf{v}_2, \ldots, \mathbf{v}_n\}$이 벡터공간 V의 기저이고 c가 0이 아닌 스칼라이면 집합 $S_1 = \{c\mathbf{v}_1, c\mathbf{v}_2, \ldots, c\mathbf{v}_n\}$도 V의 기저이다.

82. **증명** 정리 4.12를 증명하시오.

83. **증명** 만일 W가 유한차원 벡터공간 V의 부분공간이면 $\dim(W) \le \dim(V)$임을 증명하시오.

84. **캡스톤**

(a) 집합 S_1은 $\mathbf{u} = (u_1, u_2, u_3)$의 꼴의 두 벡터로 이루어진 집합이다. S_1은 $\mathbb{R}^3$의 기저가 아님을 설명하시오.

(b) 집합 S_2는 $\mathbf{u} = (u_1, u_2, u_3)$의 꼴의 네 벡터로 이루어진 집합이다. S_2는 $\mathbb{R}^3$의 기저가 아님을 설명하시오.

(c) 집합 S_3는 $\mathbf{u} = (u_1, u_2, u_3)$의 꼴의 세 벡터로 이루어진 집합이다. S_3가 $\mathbb{R}^3$의 기저가 되기 위한 조건을 결정하시오.

85. **증명** 집합 S는 유한차원 벡터공간 V의 벡터로 이루어진 일차독립집합이다. 집합 S를 포함하는 V의 기저가 존재함을 증명하시오.

86. **힌트가 있는 증명** 집합 S는 유한차원 벡터공간 V의 생성집합이다. V의 기저를 이루는 S의 부분집합 S'이 존재함을 증명하시오.

시작: S는 생성집합이지만 이 집합은 일차종속일 수 있기 때문에 기저가 아닐 수 있다. 그러면 부분집합 S'이 생성집합이고 일차독립이 되도록 여분의 벡터를 제거해야 한다.

(i) S가 일차독립이면 증명이 끝난다. 만일 그렇지 않으면 S에서 S의 나머지 벡터들의 일차결합으로 표현되는 벡터 $\mathbf{v}$를 제거하자. 이 집합을 S_1이라 하자.

(ii) S_1이 일차독립이면 증명이 끝난다. 만일 그렇지 않으면 일차독립인 부분집합 S'을 만들 때까지 계속해서 종속인 벡터를 제거하자.

(iii) 결국 이 부분집합이 가장 작은 생성집합 S'이다.

4.6 행렬의 계수와 연립일차방정식

- 행공간의 기저, 열공간의 기저, 행렬의 계수 구하기
- 행렬의 영공간 구하기
- 성립하는 연립방정식 $A\mathrm{x}=\mathrm{b}$의 해를 $\mathrm{x}_p+\mathrm{x}_h$꼴로 구하기

행공간, 열공간, 행렬의 계수

이 절에서는 행렬의 행벡터(또는 열벡터)로 생성되는 벡터공간에 대해 살펴보자. 그러면 이러한 벡터공간이 연립일차방정식의 해와 어떤 관계가 있는 지 알 수 있을 것이다.

$m\times n$행렬 A에 대하여 A의 행에 대응하는 순서 n쌍을 A의 행벡터라고 했던 것을 기억하자.

$$A=\begin{bmatrix} a_{11} & a_{12} & \cdots & a_{1n} \\ a_{21} & a_{22} & \cdots & a_{2n} \\ \vdots & \vdots & & \vdots \\ a_{m1} & a_{m2} & \cdots & a_{mn} \end{bmatrix}$$

A의 행벡터

$$(a_{11}, a_{12}, \dots, a_{1n})$$
$$(a_{21}, a_{22}, \dots, a_{2n})$$
$$\vdots$$
$$(a_{m1}, a_{m2}, \dots, a_{mn})$$

마찬가지로 A의 열에 대응하는 $m\times 1$ 행렬은 A의 열벡터이다.

$$A=\begin{bmatrix} a_{11} & a_{12} & \cdots & a_{1n} \\ a_{21} & a_{22} & \cdots & a_{2n} \\ \vdots & \vdots & & \vdots \\ a_{m1} & a_{m2} & \cdots & a_{mn} \end{bmatrix}$$

A의 열벡터

$$\begin{bmatrix} a_{11} \\ a_{21} \\ \vdots \\ a_{m1} \end{bmatrix} \begin{bmatrix} a_{12} \\ a_{22} \\ \vdots \\ a_{m2} \end{bmatrix} \cdots \begin{bmatrix} a_{1n} \\ a_{2n} \\ \vdots \\ a_{mn} \end{bmatrix}$$

예제 1 행벡터와 열벡터

행렬 $A=\begin{bmatrix} 0 & 1 & -1 \\ -2 & 3 & 4 \end{bmatrix}$에 대하여 행벡터는 $(0, 1, -1)$와 $(-2, 3, 4)$이고 열벡터는 $\begin{bmatrix} 0 \\ -2 \end{bmatrix}$, $\begin{bmatrix} 1 \\ 3 \end{bmatrix}$, $\begin{bmatrix} -1 \\ 4 \end{bmatrix}$이다. ■

예제 1에서 $m\times n$ 행렬 A의 행벡터는 $\mathbb{R}^n$의 벡터이고 열벡터는 $\mathbb{R}^m$의 벡터이다. 이는 다음과 같이 행렬의 **행공간**(row space)과 **열공간**(column space)의 정의를 이끌어낸다.

> 행렬의 행공간과 열공간의 정의
>
> A는 $m\times n$ 행렬이다.
>
> 1. A의 **행공간**(row space)은 A의 행벡터로 생성되는 $\mathbb{R}^n$의 부분공간이다.
> 2. A의 **열공간**(column space)은 A의 열벡터로 생성되는 $\mathbb{R}^m$의 부분공간이다.

기본행연산으로 하나의 행렬로부터 다른 행렬을 얻을 수 있을 때 두 행렬이 행동치가 됨을 기억하자. 다음 정리는 행동치인 행렬들은 같은 행공간을 가짐을 설명하고 있다.

정리 4.13 **행동치인 행렬은 같은 행공간을 가짐**

$m\times n$ 행렬 A가 $m\times n$ 행렬 B와 행동치라면 A의 행공간은 B의 행공간과 같다.

참고

정리 4.13은 기본행연산은 행렬의 행공간을 바꾸지 않음을 설명한다. 하지만, 기본행연산은 행렬의 열공간은 변화시킨다.

증명

B의 행은 기본행연산(스칼라곱과 덧셈)을 이용하여 A의 행으로부터 얻을 수 있다. 따라서 B의 행벡터는 A의 행벡터의 일차결합으로 나타낼 수 있고 B의 행벡터로 생성되는 부분공간은 A의 행공간에 포함된다. 하지만 기본행연산으로 B의 행으로부터 A의 행도 얻을 수 있다. 따라서 두 행공간은 서로의 부분공간이고 결국 두 공간은 같다. ■

만일 행렬 B가 행사다리꼴이면 그 행렬의 영벡터가 아닌 행벡터는 일차독립 집합을 이룬다. (확인해보라.) 결국, 이 벡터들은 B의 행공간의 기저를 이루고, 정리 4.13에 의해 이 벡터들은 A의 행공간의 기저도 이룬다. 다름 정리는 이러한 중요한 결과를 설명하고 있다.

정리 4.14 **행렬의 행공간의 기저**

행렬 A가 행사다리꼴 행렬 B와 행동치라면 B의 영벡터가 아닌 행벡터는 A의 행공간의 기저를 이룬다.

예제 2 행공간의 기저 구하기

행렬

$$A=\begin{bmatrix} 1 & 3 & 1 & 3 \\ 0 & 1 & 1 & 0 \\ -3 & 0 & 6 & -1 \\ 3 & 4 & -2 & 1 \\ 2 & 0 & -4 & -2 \end{bmatrix}$$

의 행공간의 기저를 구하시오.

증명

기본행연산을 이용하여 A를 다음과 같이 행사다리꼴로 축소하자.

$$B=\begin{bmatrix} 1 & 3 & 1 & 3 \\ 0 & 1 & 1 & 0 \\ 0 & 0 & 0 & 1 \\ 0 & 0 & 0 & 0 \\ 0 & 0 & 0 & 0 \end{bmatrix} \begin{matrix} \mathrm{w}_1 \\ \mathrm{w}_2 \\ \mathrm{w}_3 \\ \\ \\ \end{matrix}$$

정리 4.14에 의해 영벡터가 아닌 B의 행벡터 $\mathrm{w}_1=(1, 3, 1, 3)$, $\mathrm{w}_2=(0, 1, 1, 0)$, $\mathrm{w}_3=(0, 0, 0, 1)$은 A의 행공간의 기저를 이룬다. ■

예제 2에서 행렬의 기저를 찾기 위해 사용한 방법은 $\mathbb{R}^n$의 집합 $S=\{\mathrm{v}_1, \mathrm{v}_2, \ldots, \mathrm{v}_k\}$으로 생성되는 부분공간의 기저를 찾을 때에도 사용할 수 있다. S의 벡터를 이용하여 행렬 A의 행을 만들고 기본행연산을 이용하여 A를 행사다리꼴로 축소하자. 그러면 이 행렬의 영이 아닌 행은 S가 생성한 부분공간의 기저를 이룬다. 예제 3은 이러한 과정을 보여준다.

예제 3 부분공간의 기저 찾기

집합

$$S=\{\mathrm{v}_1, \mathrm{v}_2, \mathrm{v}_3\}=\{(-1, 2, 5), (3, 0, 3), (5, 1, 8)\}$$

에 의해 생성되는 $\mathbb{R}^3$의 부분공간의 기저를 구하시오.

풀이

v_1, v_2, v_3를 행으로 하는 행렬 A를 만들고 A를 행사다리꼴로 변형하자.

$$A=\begin{bmatrix}-1 & 2 & 5\\ 3 & 0 & 3\\ 5 & 1 & 8\end{bmatrix}\begin{matrix}\mathrm{v}_1\\ \mathrm{v}_2\\ \mathrm{v}_3\end{matrix} \quad \Rightarrow \quad B=\begin{bmatrix}1 & -2 & -5\\ 0 & 1 & 3\\ 0 & 0 & 0\end{bmatrix}\begin{matrix}\mathrm{w}_1\\ \mathrm{w}_2\\ \\ \end{matrix}$$

행렬 B의 영벡터가 아닌 행벡터 $\mathrm{w}_1=(1, -2, -5)$와 $\mathrm{w}_2=(0, 1, 3)$은 A의 행공간의 기저를 이룬다. 즉 두 벡터는 $S=\{\mathrm{v}_1, \mathrm{v}_2, \mathrm{v}_3\}$로 생성되는 부분공간의 기저를 이룬다. ■

행렬 A의 열공간의 기저를 찾는 방법은 두 가지가 있다. 하나는 A의 열공간은 A^T의 행공간과 같다는 사실을 사용하여 예제 2에서의 방법은 행렬 A^T에 적용하는 것이다. 또 다른 하나는 기본행연산은 행렬의 열공간을 변화시키지만 열들끼리의 종속관계는 변화시키지 않는다는 사실을 살펴보는 것이다. (연습문제 80번에서 이를 증명해야 한다.) 예를 들어 예제 2의 행동치인 행렬 A와 B를 생각해보자.

$$A=\begin{bmatrix}1 & 3 & 1 & 3\\ 0 & 1 & 1 & 0\\ -3 & 0 & 6 & -1\\ 3 & 4 & -2 & 1\\ 2 & 0 & -4 & -2\end{bmatrix} \qquad B=\begin{bmatrix}1 & 3 & 1 & 3\\ 0 & 1 & 1 & 0\\ 0 & 0 & 0 & 1\\ 0 & 0 & 0 & 0\\ 0 & 0 & 0 & 0\end{bmatrix}$$
$$\quad \mathrm{a}_1 \quad \mathrm{a}_2 \quad \mathrm{a}_3 \quad \mathrm{a}_4 \qquad\qquad \mathrm{b}_1 \quad \mathrm{b}_2 \quad \mathrm{b}_3 \quad \mathrm{b}_4$$

행렬 B의 열 1, 2, 3은 $\mathrm{b}_3=-2\mathrm{b}_1+\mathrm{b}_2$를 만족하고 이에 대응하는 행렬 A의 열은 $\mathrm{a}_3=-2\mathrm{a}_1+\mathrm{a}_2$를 만족한다. 마찬가지로 행렬 B의 열벡터 b_1, b_2, b_4는 일차독립이고 이에 대응하는 행렬 A의 열도 일차독립이다.

다음 두 예제는 이러한 방법을 이용해서 행렬의 열공간의 기저를 어떻게 찾는지를 보여준다.

예제 4 행렬의 열공간의 기저 구하기 (방법 1)

예제 2의 행렬 A의 열공간의 기저를 A^T의 행공간의 기저를 찾아서 구하시오.

풀이

행렬 A의 전치행렬을 구하고 기본행연산을 이용해서 A^T를 행사다리꼴을 구하자.

$$A^T=\begin{bmatrix}1 & 0 & -3 & 3 & 2\\ 3 & 1 & 0 & 4 & 0\\ 1 & 1 & 6 & -2 & -4\\ 3 & 0 & -1 & 1 & -2\end{bmatrix} \quad \Rightarrow \quad \begin{bmatrix}1 & 0 & -3 & 3 & 2\\ 0 & 1 & 9 & -5 & -6\\ 0 & 0 & 1 & -1 & -1\\ 0 & 0 & 0 & 0 & 0\end{bmatrix}\begin{matrix}\mathrm{w}_1\\ \mathrm{w}_2\\ \mathrm{w}_3\\ \\ \end{matrix}$$

따라서 $\mathrm{w}_1=(1, 0, -3, 3, 2)$, $\mathrm{w}_2=(0, 1, 9, -5, -6)$, $\mathrm{w}_3=(0, 0, 1, -1, -1)$은 A^T의 행공간의 기저를 이룬다. 이는 열벡터 $[1 \ \ 0 \ \ -3 \ \ 3 \ \ 2]^T$, $[0 \ \ 1 \ \ 9 \ \ -5 \ \ -6]^T$, $[0 \ \ 0 \ \ 1 \ \ -1 \ \ -1]^T$이 A의 열공간의 기저를 이룬다는 것과 같은 이야기이다. ■

예제 5 행렬의 열공간의 기저 구하기 (방법 2)

예제 2의 행렬 A의 열공간의 기저를 열 간의 종속성을 이용하여 구하시오.

풀이

예제 2에서 원래 행렬 A에 행연산을 적용하여 행사다리꼴 B를 구했다. 앞서 언급한 바와 같이 행렬 B에서 첫 번째, 두 번째, 네 번째 열벡터(이 열들은 선행 1을 가지고 있다)는 일차독립이고 이에 대응하는 행렬 A의 열도 일차독립이다.

따라서 행렬 A의 열공간의 기저는 이들 벡터 $\begin{bmatrix} 1 \\ 0 \\ -3 \\ 3 \\ 2 \end{bmatrix}, \begin{bmatrix} 3 \\ 1 \\ 0 \\ 4 \\ 0 \end{bmatrix}, \begin{bmatrix} 3 \\ 0 \\ -1 \\ 1 \\ -2 \end{bmatrix}$로 이루어져 있다. ■

참고

행사다리꼴 B는 A의 어떤 열이 열공간의 기저를 구성하는지 알려준다는 사실을 주목하자. B의 열벡터를 기저로 사용하지는 않는다.

예제 5에서 구한 열공간의 기저는 예제 4에서 구한 기저와 다르다는 사실에 주목하자. 이들 기저가 모두 행렬 A의 열공간을 생성하는지 A의 열을 각 기저의 벡터의 일차결합으로 나타내봄으로써 확인해보자.

또한 예제 2, 4, 5에서 A의 행공간과 열공간 모두 차원이 3(두 기저가 모두 세 개의 벡터로 이루어져 있다)이라는 사실을 주목하자. 다음 정리는 이를 일반화한 것이다.

정리 4.15 **행공간과 열공간은 같은 차원을 갖음**

$m \times n$행렬 A의 행공간과 열공간은 같은 차원을 갖는다.

증명

행렬

$$A = \begin{bmatrix} a_{11} & a_{12} & \dots & a_{1n} \\ a_{21} & a_{22} & \dots & a_{2n} \\ \vdots & \vdots & & \vdots \\ a_{m1} & a_{m2} & \dots & a_{mn} \end{bmatrix}$$

에서 $\mathrm{v}_1, \mathrm{v}_2, \dots, \mathrm{v}_m$는 A의 행벡터이고 $\mathrm{u}_1, \mathrm{u}_2, \dots, \mathrm{u}_n$은 A의 열벡터라 하자. 행렬 A의 행공간의 차원을 r이라 가정하고 $S = \{\mathrm{b}_1, \mathrm{b}_2, \dots, \mathrm{b}_r\}$를 A의 행공간의 기저라 가정하자. 여기서 $\mathrm{b}_i = (b_{i1}, b_{i2}, \dots, b_{in})$이다. 이 기저를 이용해서 A의 행벡터를 나타내면 다음과 같다.

$$\mathrm{v}_1 = c_{11}\mathrm{b}_1 + c_{12}\mathrm{b}_2 + \cdots + c_{1r}\mathrm{b}_r$$

$$\begin{aligned} \mathrm{v}_2 &= c_{21}\mathrm{b}_1 + c_{22}\mathrm{b}_2 + \cdots + c_{2r}\mathrm{b}_r \\ &\vdots \\ \mathrm{v}_m &= c_{m1}\mathrm{b}_1 + c_{m2}\mathrm{b}_2 + \cdots + c_{mr}\mathrm{b}_r \end{aligned}$$

위의 벡터 연립방정식을 다음과 같이 다시 나타낼 수 있다.

$$\begin{aligned} (a_{11}, a_{12}, \dots, a_{1n}) &= c_{11}(b_{11}, b_{12}, \dots, b_{1n}) + c_{12}(b_{21}, b_{22}, \dots, b_{2n}) + \cdots + c_{1r}(b_{r1}, b_{r2}, \dots, b_{rn}) \\ (a_{21}, a_{22}, \dots, a_{2n}) &= c_{21}(b_{11}, b_{12}, \dots, b_{1n}) + c_{22}(b_{21}, b_{22}, \dots, b_{2n}) + \cdots + c_{2r}(b_{r1}, b_{r2}, \dots, b_{rn}) \\ &\vdots \\ (a_{m1}, a_{m2}, \dots, a_{mn}) &= c_{m1}(b_{11}, b_{12}, \dots, b_{1n}) + c_{m2}(b_{21}, b_{22}, \dots, b_{2n}) + \cdots + c_{mr}(b_{r1}, b_{r2}, \dots, b_{rn}) \end{aligned}$$

이제 행렬 A의 첫 번째 열에 해당하는 성분 살펴보면 다음과 같은 스칼라 연립방정식을 얻는다.

$$\begin{aligned} a_{11} &= c_{11}b_{11} + c_{12}b_{21} + \cdots + c_{1r}b_{r1} \\ a_{21} &= c_{21}b_{11} + c_{22}b_{21} + \cdots + c_{2r}b_{r1} \\ &\vdots \\ a_{m1} &= c_{m1}b_{11} + c_{m2}b_{21} + \cdots + c_{mr}b_{r1} \end{aligned}$$

마찬가지로 j번째 열의 성분에 대해서는 다음과 같은 연립방정식을 얻을 수 있다.

$$\begin{aligned} a_{1j} &= c_{11}b_{1j} + c_{12}b_{2j} + \cdots + c_{1r}b_{rj} \\ a_{2j} &= c_{21}b_{1j} + c_{22}b_{2j} + \cdots + c_{2r}b_{rj} \\ &\vdots \\ a_{mj} &= c_{m1}b_{1j} + c_{m2}b_{2j} + \cdots + c_{mr}b_{rj} \end{aligned}$$

벡터 c_i를

$$\mathrm{c}_i = [c_{1i} \quad c_{2i} \quad \dots \quad c_{mi}]^T$$

라 하자. 그러면 j번째 열에 대한 연립방정식은 다음과 같은 벡터방정식으로 나타낼 수 있다.

$$\mathrm{u}_j = b_{1j}\mathrm{c}_1 + b_{2j}\mathrm{c}_2 + \cdots + b_{rj}\mathrm{c}_r$$

모든 열벡터를 나타내면 다음과 같다.

$$\begin{aligned} \mathrm{u}_1 &= [a_{11} \quad a_{21} \quad \dots \quad a_{m1}]^T = b_{11}\mathrm{c}_1 + b_{21}\mathrm{c}_2 + \cdots + b_{r1}\mathrm{c}_r \\ \mathrm{u}_2 &= [a_{12} \quad a_{22} \quad \dots \quad a_{m2}]^T = b_{12}\mathrm{c}_1 + b_{22}\mathrm{c}_2 + \cdots + b_{r2}\mathrm{c}_r \\ &\vdots \\ \mathrm{u}_n &= [a_{1n} \quad a_{2n} \quad \dots \quad a_{mn}]^T = b_{1n}\mathrm{c}_1 + b_{2n}\mathrm{c}_2 + \cdots + b_{rn}\mathrm{c}_r \end{aligned}$$

행렬 A의 각 열은 r개의 벡터의 일차결합이다. 따라서 A의 열공간의 차원은 r(A의 행공간의 차원) 이하이다. 즉,

$$\dim(A\text{의 열공간}) \le \dim(A\text{의 행공간})$$

이 성립한다. 행렬 A^T에 대하여 위의 과정을 반복하면 A^T의 열공간의 차원은 A^T의 행공간의 차원 이하임을 알 수 있다. 이는 A의 행공간의 차원이 A의 열공간의 차원 이하라는 의미이다. 즉,

$$\dim(A\text{의 행공간}) \le \dim(A\text{의 열공간})$$

이 성립한다. 따라서 두 공간의 차원은 같다. ■

행렬의 행공간(열공간)의 차원을 행렬의 **계수**(rank)라 한다.

> **행렬의 계수의 정의**
>
> 행렬 A의 행공간(열공간)의 차원은 A의 **계수**(rank)라 하고 $\text{rank}(A)$로 나타낸다.

참고

어떤 책에서는 행렬의 행계수와 열계수를 구별한다. 하지만 이 계수는 같다 (정리 4.15). 따라서 우리 책에서는 이 둘을 구별하지 않는다.

예제 6 행렬의 계수 구하기

다음 행렬 A의 계수를 구하려면 행사다리꼴 행렬 B로 바꿔야 한다.

$$A = \begin{bmatrix} 1 & -2 & 0 & 1 \\ 2 & 1 & 5 & -3 \\ 0 & 1 & 3 & 5 \end{bmatrix} \quad \Rightarrow \quad B = \begin{bmatrix} 1 & -2 & 0 & 1 \\ 0 & 1 & 1 & -1 \\ 0 & 0 & 1 & 3 \end{bmatrix}$$

행렬 B는 세 개의 영벡터가 아닌 행을 가지고 있다. 따라서 A의 계수는 3이다. ■

행렬의 영공간

행공간과 열공간, 그리고 계수는 연립일차방정식에서 중요한 응용으로 사용된다. 우선 행렬 A는 $m \times n$ 행렬이고 $\mathbf{x} = [x_1 \quad x_2 \quad \cdots \quad x_n]^T$는 변수의 열벡터이고 $\mathbf{0} = [0 \quad 0 \quad \cdots \quad 0]^T$는 $\mathbb{R}^m$의 영벡터일 때, 동차 연립일차방정식 $A\mathbf{x} = \mathbf{0}$을 생각해보자. 다음 정리는 이 동차연립방정식의 해집합은 $\mathbb{R}^n$의 부분공간이라는 것을 이야기하고 있다.

참고

A의 영공간은 연립방정식 $A\mathbf{x} = \mathbf{0}$의 **해공간**(solution space)이라고도 불린다.

정리 4.16 **동차연립방정식의 해**

만일 A가 $m \times n$ 행렬이라면 동차연립일차방정식 $A\mathbf{x}=0$의 모든 해의 집합은 A의 **영공간(null space)**이라고 부르는 $\mathbb{R}^n$의 부분공간이고 $N(A)$로 나타낸다. 따라서

$$N(A)=\{x \in \mathbb{R}^n : \ A\mathbf{x}=0\}$$

이다. A의 영공간의 차원을 A의 **영공간차원(nullity)**라 한다.

증명

A의 크기는 $m \times n$이므로 $\mathbf{x}$의 크기는 $n \times 1$이고 주어진 연립방정식의 모든 해의 집합은 $\mathbb{R}^n$의 부분집합이다. $A0=0$이므로 이 집합은 틀림없이 공집합은 아니다. 이 집합이 덧셈과 스칼라곱에 대해 닫혀있다는 것을 보임으로써 부분공간이 됨을 확인하자. $\mathbf{x}_1$과 $\mathbf{x}_2$를 연립방정식 $A\mathbf{x}=0$의 두 해벡터라 하고 c를 임의의 스칼라라 하자. 그러면 $A\mathbf{x}_1=0$이고 $A\mathbf{x}_2=0$이므로

$$A(\mathbf{x}_1+\mathbf{x}_2)=A\mathbf{x}_1+A\mathbf{x}_2=0+0=0 \qquad \text{덧셈}$$

이고

$$A(c\mathbf{x}_1)=c(A\mathbf{x}_1)=c(0)=0 \qquad \text{덧셈}$$

가 성립한다. 따라서 $(\mathbf{x}_1+\mathbf{x}_2)$와 $c\mathbf{x}_1$은 모두 $A\mathbf{x}=0$의 해이고 모든 해의 집합은 $\mathbb{R}^n$의 부분공간이다. ■

선형대수의 응용

미국 중앙우체국은 우편번호와 주소를 바코드를 이용해서 표기한다. 왼쪽에서와 같은 ZIP+4 바코드는 긴 막대로 시작하고 그 다음은 ZIP+4의 각 숫자를 나타내는 짧은 막대와 긴 막대, 오류검증을 위한 부가 숫자로 이루어져 있으며, 이 코드의 제일 마지막은 긴막대로 끝난다. 숫자를 나타내는 코는 다음과 같다.

0 = 　 1 = 　 2 = 　 3 = 　 4 =

5 = 　 6 = 　 7 = 　 8 = 　 9 =

오류검증숫자는 ZIP+4 코드의 숫자를 모두 더했을 때 그 결과가 10의 배수가 되도록 하는 숫자이다. (그림에 있는 ZIP+4코드가 올바르게 작성되었는지 확인해보라.) 좀더 정교한 바코드는 오류수정숫자도 포함할 수 있다. 비슷하게 행렬을 메시지 전송에서 발생하는 오류를 확인하는데 사용할 수 있다. 열벡터 형태의 정보를 오류검증행렬에 곱한다. 곱한 결과가 오류검증행렬의 영공간에 있으면 전송 중 오류가 발생하지 않은 것이다. 그렇지 않으면 메시지의 어디인가에 오류가 발생한 것이다. 만일 오류검증행렬이 오류수정을 할 수 있다면 행렬곱의 결과는 오류가 어디서 발생했는지도 알려줄 수 있다.

예제 7 행렬의 영공간 구하기

행렬 $A=\begin{bmatrix}1 & 2 & -2 & 1\\ 3 & 6 & -5 & 4\\ 1 & 2 & 0 & 3\end{bmatrix}$의 영공간을 구하시오.

풀이

행렬 A의 영공간은 동차연립방정식 $A\mathrm{x}=0$의 해공간이다.

이 연립방정식을 풀기 위해 덧붙인 행렬 $[A \quad 0]$을 행사다리꼴로 바꿔 나타내자. 하지만 덧붙인행렬의 마지막 열은 전부 0으로 되어 있어서 행연산을 하는 동안 변하지 않는다. 따라서 A의 기약행사다리꼴만 구해도 충분한다.

$$A=\begin{bmatrix}1 & 2 & -2 & 1\\ 3 & 6 & -5 & 4\\ 1 & 2 & 0 & 3\end{bmatrix} \quad \longrightarrow \quad \begin{bmatrix}1 & 2 & 0 & 3\\ 0 & 0 & 1 & 1\\ 0 & 0 & 0 & 0\end{bmatrix}$$

기약행사다리꼴에 대응하는 연립방정식은

$$\begin{aligned} x_1+2x_2 \quad +3x_4 &= 0 \\ x_3+ \ x_4 &= 0 \end{aligned}$$

이다. x_2와 x_4를 자유변수로 하여 해를 다음과 같이 매개방정식으로 나타낼 수 있다.

$$x_1=-2s-3t,\ x_2=s,\ x_3=-t,\ x_4=t$$

이는 $A\mathrm{x}=0$의 해공간이

$$\mathrm{x}=\begin{bmatrix}x_1\\ x_2\\ x_3\\ x_4\end{bmatrix}=\begin{bmatrix}-2s-3t\\ s\\ -t\\ t\end{bmatrix}=s\begin{bmatrix}-2\\ 1\\ 0\\ 0\end{bmatrix}+t\begin{bmatrix}-3\\ 0\\ -1\\ 1\end{bmatrix}$$

의 꼴의 해벡터로 되어 있다는 의미이다. 따라서 A의 영공간의 기저는 두 벡터 $\begin{bmatrix}-2\\ 1\\ 0\\ 0\end{bmatrix}$와 $\begin{bmatrix}-3\\ 0\\ -1\\ 1\end{bmatrix}$로 이루어져 있다. 다시 말해, 이 두 벡터는 $A\mathrm{x}=0$의 해이고 이 두 벡터의 모든 일차결합도 해이다. ■

참고

예제 7은 기저가 해집합을 생성하는 것은 보여주지만 기저의 벡터가 서로 일차독립이라는 것은 보여주지 않는다. 기약행사다리꼴을 이용해서 동차연립방정식을 풀 때 생성집합은 항상 일차독립이다. 예제 7에서 구한 기저를 이용해서 이를 확인해보라.

예제 7에서 행렬 A는 네 개의 열을 가지고 있다. 더욱이 A의 계수는 2이고 영공간의 차원은 2이다. 따라서

$$\text{열의 개수} = \text{계수} + \text{영공간차원}$$

이 성립한다. 이를 확인하는 한 가지 방법은 A의 기약행사다리꼴

$$\begin{bmatrix} 1 & 2 & 0 & 3 \\ 0 & 0 & 1 & 1 \\ 0 & 0 & 0 & 0 \end{bmatrix}$$

을 살펴보는 것이다. 선행 1을 가지고 있는 열(1번 열과 3번 열)은 행렬의 계수를 결정한다. 나머지 열 (2번 열과 4번 열)은 자유변수와 관계가 있기 때문에 행렬의 영공간차원을 결정한다. 다음 정리는 이러한 관계를 일반화한 것이다.

정리 4.17 **해공간의 차원**

만일 A가 계수 r인 $m \times n$ 행렬이면 $A\mathbf{x} = \mathbf{0}$의 해공간의 차원은 $n - r$이다. 즉

$$n = \text{rank}(A) + \text{nullity}(A)$$

이다.

증명

행렬 A는 계수가 r이므로 r개의 영벡터가 아닌 행을 가진 적당한 기약행사다리꼴 행렬 B와 행동치이다. 일반성을 잃지 않고 B의 왼쪽 윗부분에 $r \times r$ 항등행렬 I_r 꼴이 있다고 가정할 수 있다. 더욱이 B의 행 중 모든 성분인 0인 행은 해를 구성하는 데 영향을 주지 않으므로 이 행을 무시하고 $r \times n$ 행렬 B'을 만들 수 있다. 여기서 B'은 덧붙인행렬 $[I_r \quad C]$이다. 행렬 C는 변수 $x_{r+1}, x_{r+2}, \ldots, x_n$에 대응하는 $n - r$개의 열을 가지고 있고 $A\mathbf{x} = \mathbf{0}$의 해공간은 연립방정식

$$\begin{aligned} x_1 \qquad\qquad &+ c_{11}x_{r+1} + c_{12}x_{r+2} + \cdots + c_{1,n-r}x_n = 0 \\ x_2 \qquad &+ c_{21}x_{r+1} + c_{22}x_{r+2} + \cdots + c_{2,n-r}x_n = 0 \\ &\quad \vdots \qquad\qquad \vdots \qquad\qquad\qquad \vdots \\ x_r &+ c_{r1}x_{r+1} + c_{r2}x_{r+2} + \cdots + c_{r,n-r}x_n = 0 \end{aligned}$$

을 만족한다. 처음 r개의 변수는 마지막의 $n - r$개의 변수로 나타낼 수 있으므로 해공간의 기저는 $n - r$개의 벡터로 되어 있고, 따라서 해공간의 차원은 $n - r$이다. ■

예제 8은 정리 4.17의 예를 보여주며 심지어 행렬의 열공간에 대해서도 살펴보고 있다.

예제 8 ▶ **행렬의 계수, 영공간차원 그리고 열공간의 기저**

이러한 유형의 대화형 예제는 LarsonLinearAgebra.com을 참조하라.

행렬 A의 열벡터를 $\mathbf{a}_1, \mathbf{a}_2, \mathbf{a}_3, \mathbf{a}_4, \mathbf{a}_5$로 나타내자. (a) A의 계수와 영공간차원을 구하고, (b) A의 열공간의 기저

를 이루는 A의 열벡터들의 부분집합을 구하시오.

$$A = \begin{bmatrix} 1 & 0 & -2 & 1 & 0 \\ 0 & -1 & -3 & 1 & 3 \\ -2 & -1 & 1 & -1 & 3 \\ 0 & 3 & 9 & 0 & -12 \end{bmatrix}$$
$$\quad \mathrm{a}_1 \quad \mathrm{a}_2 \quad \mathrm{a}_3 \quad \mathrm{a}_4 \quad \mathrm{a}_5$$

풀이

행렬 B를 A의 기약행다사다리꼴이라 하자.

$$A = \begin{bmatrix} 1 & 0 & -2 & 1 & 0 \\ 0 & -1 & -3 & 1 & 3 \\ -2 & -1 & 1 & -1 & 3 \\ 0 & 3 & 9 & 0 & -12 \end{bmatrix} \quad \rightarrow \quad B = \begin{bmatrix} 1 & 0 & -2 & 0 & 1 \\ 0 & 1 & 3 & 0 & -4 \\ 0 & 0 & 0 & 1 & -1 \\ 0 & 0 & 0 & 0 & 0 \end{bmatrix}$$

a. 행렬 B는 3개의 영벡터가 아닌 열을 가지고 있다. 따라서 A의 계수는 3이다. 또한 A이 열의 개수는 $n=5$이므로 이것은 A의 영공간차원이 $n-$계수$=5-3=2$이다.

b. 행렬 B의 첫 번째, 두 번째, 네 번째 열벡터는 일차독립이다. 따라서 이들에 대응하는 A의 열벡터

$$\mathrm{a}_1 = \begin{bmatrix} 1 \\ 0 \\ -2 \\ 0 \end{bmatrix}, \quad \mathrm{a}_2 = \begin{bmatrix} 0 \\ -1 \\ -1 \\ 3 \end{bmatrix}, \quad \mathrm{a}_4 = \begin{bmatrix} 1 \\ 1 \\ -1 \\ 0 \end{bmatrix}$$

은 A의 열공간의 기저를 이룬다. ■

연립일차방정식의 해

동차 연립일차방정식 $A\mathrm{x}=0$의 모든 해벡터의 집합은 부분공간이 됨을 알고 있다. $\mathrm{b} \neq 0$인 벡터 b에 대하여, 비동차 연립일차방정식 $A\mathrm{x}=\mathrm{b}$의 모든 해벡터의 집합은, 영벡터가 비동차 연립일차방정식의 해가 아니므로, 부분공간이 *아니다*. 하지만, 두 연립방정식 $A\mathrm{x}=0$과 $A\mathrm{x}=\mathrm{b}$의 해집합 사이에는 모종의 관계가 있다. 특히 x_p가 비동차 연립방정식 $A\mathrm{x}=\mathrm{b}$의 *특수*해라면 이 연립방정식의 *모든* 해는 대응하는 동차연립방정식 $A\mathrm{x}=0$ 의 해 x_h를 이용하여 $\mathrm{x}=\mathrm{x}_p+\mathrm{x}_h$의 꼴로 나타낼 수 있다. 다음 정리는 이러한 중요한 개념을 설명하고 있다.

정리 4.18 비동차 연립일차방정식의 해

만일 x_p가 비동차 연립방정식 $A\mathrm{x}=\mathrm{b}$의 해라면, 이 연립방정식의 모든 해는 $\mathrm{x}=\mathrm{x}_p+\mathrm{x}_h$의 꼴로 나타낼 수 있다. 여기서 x_h는 대응하는 동차연립방정식 $A\mathrm{x}=0$의 해이다.

증명

벡터 x가 $A\mathrm{x} = \mathrm{b}$의 임의의 해라고 하자. 그러면 $(\mathrm{x} - \mathrm{x}_p)$는

$$A(\mathrm{x} - \mathrm{x}_p) = A\mathrm{x} - A\mathrm{x}_p = \mathrm{b} - \mathrm{b} = 0$$

이므로 동차연립방정식 $A\mathrm{x} = 0$의 된다. $\mathrm{x}_h = \mathrm{x} - \mathrm{x}_p$라 하면 $\mathrm{x} = \mathrm{x}_p + \mathrm{x}_h$이다. ■

예제 9 비동차연립방정식의 해 구하기

연립일차방정식

$$\begin{aligned} x_1 \qquad - 2x_3 + x_4 &= 5 \\ 3x_1 + x_2 - 5x_3 \qquad &= 8 \\ x_1 + 2x_2 \qquad - 5x_4 &= -9 \end{aligned}$$

의 모든 해의 집합을 구하시오.

풀이

연립방정식의 $A\mathrm{x} = \mathrm{b}$의 덧붙인 행렬을 축소하면 다음과 같다.

$$\begin{bmatrix} 1 & 0 & -2 & 1 & 5 \\ 3 & 1 & -5 & 0 & 8 \\ 1 & 2 & 0 & -5 & -9 \end{bmatrix} \rightarrow \begin{bmatrix} 1 & 0 & -2 & 1 & 5 \\ 0 & 1 & 1 & -3 & -7 \\ 0 & 0 & 0 & 0 & 0 \end{bmatrix}$$

행사다리꼴에 대응하는 연립일차방정식은 다음과 같다.

$$\begin{aligned} x_1 \qquad - 2x_3 + x_4 &= 5 \\ x_2 + x_3 - 3x_4 &= -7 \end{aligned}$$

$x_3 = s$, $x_4 = t$라 하면 $A\mathrm{x} = 0$의 해를 다음과 같이 나타낼 수 있다.

$$\mathrm{x} = \begin{bmatrix} x_1 \\ x_2 \\ x_3 \\ x_4 \end{bmatrix} = \begin{bmatrix} 5 + 2s - t \\ -7 - s + 3t \\ 0 + s + 0t \\ 0 + 0s + t \end{bmatrix} = \begin{bmatrix} 5 \\ -7 \\ 0 \\ 0 \end{bmatrix} + s\begin{bmatrix} 2 \\ -1 \\ 1 \\ 0 \end{bmatrix} + t\begin{bmatrix} -1 \\ 3 \\ 0 \\ 1 \end{bmatrix} = \mathrm{x}_p + s\mathrm{u}_1 + t\mathrm{u}_2$$

x_p는 $A\mathrm{x} = \mathrm{b}$의 특수해벡터이고 $\mathrm{x}_h = s\mathrm{u}_1 + t\mathrm{u}_2$는 $A\mathrm{x} = 0$의 해공간에 있는 임의의 벡터를 나타낸다. ■

다음 정리는 행렬의 열공간을 이용하여 연립일차방정식이 해가 존재하는지를 어떻게 판단하는 지 설명해 준다.

정리 4.19 연립일차방정식의 해

연립방정식 $A\mathrm{x}=\mathrm{b}$가 해를 가지면 b는 A의 열공간에 속하고, b가 A의 열공간에 속하면 $A\mathrm{x}=\mathrm{b}$는 해를 가진다.

증명

연립방정식 $A\mathrm{x}=\mathrm{b}$에 대하여, A, x, b를 각각 $m\times n$ 계수행렬, 미지수의 $n\times 1$ 열행렬, 우변의 $m\times 1$ 열행렬이라 하자. 그러면

$$A\mathrm{x}=\begin{bmatrix} a_{11} & a_{12} & \dots & a_{1n} \\ a_{21} & a_{22} & \dots & a_{2n} \\ \vdots & \vdots & & \vdots \\ a_{m1} & a_{m2} & \dots & a_{mn} \end{bmatrix}\begin{bmatrix} x_1 \\ x_2 \\ \vdots \\ x_n \end{bmatrix}=x_1\begin{bmatrix} a_{11} \\ a_{21} \\ \vdots \\ a_{m1} \end{bmatrix}+x_2\begin{bmatrix} a_{12} \\ a_{22} \\ \vdots \\ a_{m2} \end{bmatrix}+\dots+x_n\begin{bmatrix} a_{1n} \\ a_{2n} \\ \vdots \\ a_{mn} \end{bmatrix}$$

이다. 따라서 $A\mathrm{x}=\mathrm{b}$이면 $\mathrm{b}=[b_1 \quad b_2 \quad \dots \quad b_m]^T$는 A의 열의 일차결합이고 그 역도 성립한다. 즉, 연립방정식이 해를 가지면 b는 A의 열로 생성된 $\mathbb{R}^m$의 부분공간에 속하고 그 역도 성립한다. ■

예제 10 연립일차방정식의 해의 존재성

연립일차방정식

$$\begin{aligned} x_1 + x_2 - x_3 &= -1 \\ x_1 \quad + x_3 &= 3 \\ 3x_1 + 2x_2 - x_3 &= 1 \end{aligned}$$

에 대한 덧붙인 행렬은

$$[A \quad \mathrm{b}]=\begin{bmatrix} 1 & 1 & -1 & -1 \\ 1 & 0 & 1 & 3 \\ 3 & 2 & -1 & 1 \end{bmatrix}$$
$$\quad\quad\quad\quad \mathrm{a}_1 \;\; \mathrm{a}_2 \;\;\; \mathrm{a}_3 \;\;\; \mathrm{b}$$

이다. 그런데 $\mathrm{b}=2\mathrm{a}_1-2\mathrm{a}_2+\mathrm{a}_3$이므로 b는 A의 열공간에 속하고 연립일차방정식은 해를 가진다. ■

참고

$[A \quad \mathrm{b}]$의 기약행사다리꼴은

$$\begin{bmatrix} 1 & 0 & 1 & 3 \\ 0 & 1 & -2 & -4 \\ 0 & 0 & 0 & 0 \end{bmatrix}$$

이다. (확인해보라.) 따라서 b는 수없이 많은 방법으로 A의 열의 일차결합으로 나타낼 수 있다.

다음은 연립일차방정식, 행렬, 행렬식, 그리고 벡터공간에 대한 몇몇 중요한 결과에 대한 요약이다.

> 정사각형행렬의 동치조건에 대한 요약
>
> 만일 A가 $n \times n$행렬이면, 다음 조건은 동치이다.
>
> 1. A는 역행렬을 갖는다.
> 2. 임의의 $n \times 1$ 행렬 $\mathbf{b}$에 대하여, $A\mathbf{x} = \mathbf{b}$는 유일한 해를 갖는다.
> 3. $A\mathbf{x} = \mathbf{0}$는 자명한 해만 갖는다.
> 4. A는 I_n과 행동치이다.
> 5. $|A| \neq 0$
> 6. $\text{Rank}(A) = n$
> 7. 행렬 A의 n개의 행벡터는 일차독립이다.
> 8. 행렬 A의 n개의 열벡터는 일차독립이다.

4.6 연습문제

행벡터와 열벡터 1~4번에서는 주어진 행렬의 (a) 행벡터와 (b) 열벡터를 구하시오.

1. $\begin{bmatrix} 0 & -2 \\ 1 & -3 \end{bmatrix}$

2. $\begin{bmatrix} 6 & 5 & -1 \end{bmatrix}$

3. $\begin{bmatrix} 4 & 3 & 1 \\ 1 & -4 & 0 \end{bmatrix}$

4. $\begin{bmatrix} 0 & 3 & -4 \\ 4 & 0 & -1 \\ -6 & 1 & 1 \end{bmatrix}$

행공간의 기저와 계수 구하기 5~12번에서는 주어진 행렬의 (a) 행공간의 기저와 (b) 계수를 구하시오.

5. $\begin{bmatrix} 1 & 0 \\ 0 & 2 \end{bmatrix}$

6. $\begin{bmatrix} 0 & 1 & -2 \end{bmatrix}$

7. $\begin{bmatrix} 1 & -3 & 2 \\ 4 & 2 & 1 \end{bmatrix}$

8. $\begin{bmatrix} 2 & 5 \\ -2 & -5 \\ -6 & -15 \end{bmatrix}$

9. $\begin{bmatrix} 1 & 6 & 18 \\ 7 & 40 & 116 \\ -3 & -12 & -27 \end{bmatrix}$

10. $\begin{bmatrix} 2 & -3 & 1 \\ 5 & 10 & 6 \\ 8 & -7 & 5 \end{bmatrix}$

11. $\begin{bmatrix} -2 & -4 & 4 & 5 \\ 3 & 6 & -6 & -4 \\ -2 & -4 & 4 & 9 \end{bmatrix}$

12. $\begin{bmatrix} 4 & 0 & 2 & 3 & 1 \\ 2 & -1 & 2 & 0 & 1 \\ 5 & 2 & 2 & 1 & -1 \\ 4 & 0 & 2 & 2 & 1 \\ 2 & -2 & 0 & 0 & 1 \end{bmatrix}$

부분공간의 기저 구하기 13~16번에서는 S로 생성되는 $\mathbb{R}^3$의 부분공간의 기저를 구하시오.

13. $S = \{(1, 2, 4),\ (-1, 3, 4),\ (2, 3, 1)\}$

14. $S=\{(2, 3, -1), (1, 3, -9), (0, 1, 5)\}$

15. $S=\{(4, 4, 8), (1, 1, 2), (1, 1, 1)\}$

16. $S=\{(1, 2, 2), (-1, 0, 0), (1, 1, 1)\}$

부분공간의 기저 구하기 17~20번에서는 S로 생성되는 $\mathbb{R}^4$의 기저를 구하시오.

17. $S=\{(2, 9, -2, 53), (-3, 2, 3, -2), (8, -3, -8, 17), (0, -3, 0, 15)\}$

18. $S=\{(6, -3, 6, 34), (3, -2, 3, 19), (8, 3, -9, 6), (-2, 0, 6, -5)\}$

19. $S=\{(-3, 1, 5, 28), (-6, 1, -8, -1), (14, -10, 12, -10), (0, 5, 12, 50)\}$

20. $S=\{(2, 5, -3, -2), (-2, -3, 2, -5), (1, 3, -2, 2), (-1, -5, 3, 5)\}$

열공간의 기저와 계수 구하기 21~26번에서는 주어진 행렬의 (a) 열공간의 기저와 (b) 계수를 구하시오.

21. $\begin{bmatrix} 2 & 4 \\ 1 & 6 \end{bmatrix}$

22. $\begin{bmatrix} 1 & 2 & 3 \end{bmatrix}$

23. $\begin{bmatrix} 1 & 2 & 4 \\ -1 & 2 & 1 \end{bmatrix}$

24. $\begin{bmatrix} 4 & 20 & 31 \\ 6 & -5 & -6 \\ 2 & -11 & -16 \end{bmatrix}$

25. $\begin{bmatrix} 2 & 4 & -3 & -6 \\ 7 & 14 & -6 & -3 \\ -2 & -4 & 1 & -2 \\ 2 & 4 & -2 & -2 \end{bmatrix}$

26. $\begin{bmatrix} 2 & 4 & -2 & 1 & 1 \\ 2 & 5 & 4 & -2 & 2 \\ 4 & 3 & 1 & 1 & 2 \\ 2 & -4 & 2 & -1 & 1 \\ 0 & 1 & 4 & 2 & -1 \end{bmatrix}$

행렬의 영공간 구하기 27~40번에서는 주어진 행렬의 영공간을 구하시오.

27. $A=\begin{bmatrix} 2 & -1 \\ -6 & 3 \end{bmatrix}$

28. $A=\begin{bmatrix} 2 & -1 \\ 1 & 3 \end{bmatrix}$

29. $A=\begin{bmatrix} 1 & 2 & 3 \end{bmatrix}$

30. $A=\begin{bmatrix} 1 & 4 & 2 \end{bmatrix}$

31. $A=\begin{bmatrix} 1 & 2 & 3 \\ 0 & 1 & 0 \end{bmatrix}$

32. $A=\begin{bmatrix} 1 & 4 & 2 \\ 0 & 0 & 1 \end{bmatrix}$

33. $A=\begin{bmatrix} 1 & 2 & -3 \\ 2 & -1 & 4 \\ 4 & 3 & -2 \end{bmatrix}$

34. $A=\begin{bmatrix} 3 & -6 & 21 \\ -2 & 4 & -14 \\ 1 & -2 & 7 \end{bmatrix}$

35. $A=\begin{bmatrix} 5 & 2 \\ 3 & -1 \\ 2 & 1 \end{bmatrix}$

36. $A=\begin{bmatrix} -16 & 1 \\ 48 & -3 \\ -80 & 5 \end{bmatrix}$

37. $A=\begin{bmatrix} 1 & 3 & -2 & 4 \\ 0 & 1 & -1 & 2 \\ -2 & -6 & 4 & -8 \end{bmatrix}$

38. $A=\begin{bmatrix} 1 & 4 & 2 & 1 \\ 0 & 1 & 1 & -1 \\ -2 & -8 & -4 & -2 \end{bmatrix}$

39. $A=\begin{bmatrix} 2 & 6 & 3 & 1 \\ 2 & 1 & 0 & -2 \\ 3 & -2 & 1 & 1 \\ 0 & 6 & 2 & 0 \end{bmatrix}$

40. $A=\begin{bmatrix} 1 & 4 & 2 & 1 \\ 2 & -1 & 1 & 1 \\ 4 & 2 & 1 & 1 \\ 0 & 4 & 2 & 0 \end{bmatrix}$

계수, 영공간차원, 기저, 일차독립성 41번과 42번에서는 행렬 A와 B가 행동치임을 이용하시오.

(a) 행렬 A의 계수와 영공간차원을 구하시오.

(b) 행렬 A의 영공간의 기저를 구하시오.

(c) 행렬 A의 행공간의 기저를 구하시오.

(d) 행렬 A의 열공간의 기저를 구하시오.

(e) 행렬 A의 행이 일차독립인지 판정하시오.

(f) 행렬 A의 열을 $\mathbf{a}_1$, $\mathbf{a}_2$, $\mathbf{a}_3$, $\mathbf{a}_4$, $\mathbf{a}_5$로 표시하자. 다음 집합이 일차독립인지 판정하시오.

(i) $\{\mathbf{a}_1, \mathbf{a}_2, \mathbf{a}_4\}$ (ii) $\{\mathbf{a}_1, \mathbf{a}_2, \mathbf{a}_3\}$
(iii) $\{\mathbf{a}_1, \mathbf{a}_3, \mathbf{a}_5\}$

41.
$$A=\begin{bmatrix}1&2&1&0&0\\2&5&1&1&0\\3&7&2&2&-2\\4&9&3&-1&4\end{bmatrix}$$
$$B=\begin{bmatrix}1&0&3&0&-4\\0&1&-1&0&2\\0&0&0&1&-2\\0&0&0&0&0\end{bmatrix}$$

42.
$$A=\begin{bmatrix}-2&-5&8&0&-17\\1&3&-5&1&5\\3&11&-19&7&1\\1&7&-13&5&-3\end{bmatrix}$$
$$B=\begin{bmatrix}1&0&1&0&1\\0&1&-2&0&3\\0&0&0&1&-5\\0&0&0&0&0\end{bmatrix}$$

기저와 차원 구하기 43~48번에서는 동차 연립일차방정식의 해공간의 (a) 기저와 (b) 차원을 구하시오.

43.
$$\begin{aligned}-x+y+z&=0\\3x-y&=0\\2x-4y-5z&=0\end{aligned}$$

44.
$$\begin{aligned}x-2y+3z&=0\\-3x+6y-9z&=0\end{aligned}$$

45.
$$\begin{aligned}3x_1+3x_2+15x_3+11x_4&=0\\x_1-3x_2+x_3+x_4&=0\\2x_1+3x_2+11x_3+8x_4&=0\end{aligned}$$

46.
$$\begin{aligned}2x_1+2x_2+4x_3-2x_4&=0\\x_1+2x_2+x_3+2x_4&=0\\-x_1+x_2+4x_3-2x_4&=0\end{aligned}$$

47.
$$\begin{aligned}9x_1-4x_2-2x_3-20x_4&=0\\12x_1-6x_2-4x_3-29x_4&=0\\3x_1-2x_2-7x_4&=0\\3x_1-2x_2-x_3-8x_4&=0\end{aligned}$$

48.
$$\begin{aligned}x_1+3x_2+2x_3+22x_4+13x_5&=0\\x_1+x_3-2x_4+x_5&=0\\3x_1+6x_2+5x_3+42x_4+27x_5&=0\end{aligned}$$

비동차 연립방정식 49~56번에서는 비동차 연립방정식 $A\mathrm{x}=\mathrm{b}$가 해를 갖는지 판정하시오. 만일 해를 갖는다면 해를 $\mathrm{x}=\mathrm{x}_p+\mathrm{x}_h$의 꼴로 나타내시오. 단, x_p는 $A\mathrm{x}=\mathrm{b}$의 특수해이고 x_h는 $A\mathrm{x}=0$의 해이다.

49.
$$\begin{aligned}x-4y&=17\\3x-12y&=51\\-2x+8y&=-34\end{aligned}$$

50.
$$\begin{aligned}x+2y-4z&=-1\\-3x-6y+12z&=3\end{aligned}$$

51.
$$\begin{aligned}x+3y+10z&=18\\-2x+7y+32z&=29\\-x+3y+14z&=12\\x+y+2z&=8\end{aligned}$$

52.
$$\begin{aligned}2x-4y+5z&=8\\-7x+14y+4z&=-28\\3x-6y+z&=12\end{aligned}$$

53.
$$\begin{aligned}3x-8y+4z&=19\\-6y+2z+4w&=5\\5x+22z+w&=29\\x-2y+2z&=8\end{aligned}$$

54.
$$\begin{aligned}3w-2x+16y-2z&=-7\\-w+5x-14y+18z&=29\\3w-x+14y+2z&=1\end{aligned}$$

55.
$$\begin{aligned}x_1+2x_2+x_3+x_4+5x_5&=0\\-5x_1-10x_2+3x_3+3x_4+55x_5&=-8\\x_1+2x_2+2x_3-3x_4-5x_5&=14\\-x_1-2x_2+x_3+x_4+15x_5&=-2\end{aligned}$$

56.
$$\begin{aligned}5x_1-4x_2+12x_3-33x_4+14x_5&=-4\\-2x_1+x_2-6x_3+12x_4-8x_5&=1\\2x_1-x_2+6x_3-12x_4+8x_5&=-1\end{aligned}$$

$A\mathrm{x}=\mathrm{b}$의 해의 존재성 57~62번에서는 b가 A의 열공간에 속하는지 판정하시오. 만일 속한다면 b를 A의 열벡터의 일차결합으로 나타내시오.

57. $A=\begin{bmatrix}-1&2\\4&0\end{bmatrix},\ \mathrm{b}=\begin{bmatrix}3\\4\end{bmatrix}$

58. $A=\begin{bmatrix}-1&2\\2&-4\end{bmatrix},\ \mathrm{b}=\begin{bmatrix}2\\4\end{bmatrix}$

59. $A=\begin{bmatrix}1&3&2\\-1&1&2\\0&1&1\end{bmatrix},\ \mathrm{b}=\begin{bmatrix}1\\1\\0\end{bmatrix}$

60. $A=\begin{bmatrix} 1 & 3 & 0 \\ -1 & 1 & 0 \\ 2 & 0 & 1 \end{bmatrix}$, $\mathrm{b}=\begin{bmatrix} 1 \\ 2 \\ -3 \end{bmatrix}$

61. $A=\begin{bmatrix} -1 & -1 & 1 \\ 1 & 0 & 1 \\ -3 & -2 & 1 \end{bmatrix}$, $\mathrm{b}=\begin{bmatrix} 0 \\ 3 \\ -3 \end{bmatrix}$

62. $A=\begin{bmatrix} 5 & 4 & 4 \\ -3 & 1 & -2 \\ 1 & 0 & 8 \end{bmatrix}$, $\mathrm{b}=\begin{bmatrix} -9 \\ 11 \\ -25 \end{bmatrix}$

63. **증명** 행렬 A가 정사각행렬이 아니라면 A의 행벡터 또는 A의 열벡터는 일차종속집합을 이룸을 증명하시오.

64. 두 행렬의 곱의 계수가 둘 중 한 행렬의 계수보다 작다는 것을 보여주는 예를 드시오.

65. 다음을 만족하는 같은 크기의 행렬 A와 B의 예를 드시오.

(a) $\mathrm{rank}(A+B) < \mathrm{rank}(A)$이고 $\mathrm{rank}(A+B) < \mathrm{rank}(B)$

(b) $\mathrm{rank}(A+B) = \mathrm{rank}(A)$이고 $\mathrm{rank}(A+B) = \mathrm{rank}(B)$

(c) $\mathrm{rank}(A+B) > \mathrm{rank}(A)$이고 $\mathrm{rank}(A+B) > \mathrm{rank}(B)$

66. **증명** 행사다리꼴 행렬의 영벡터가 아닌 행벡터는 일차독립임을 증명하시오.

67. A는 계수가 r인 $m\times n$ 행렬 $(m<n)$이라 하자.

(a) r의 최댓값은 얼마인가?

(b) A의 행공간의 기저 벡터는 몇 개인가?

(c) A의 열공간의 기저 벡터는 몇 개인가?

(d) 어떤 벡터공간 $\mathbb{R}^k$가 행공간을 부분공간으로 가지는가?

(e) 어떤 벡터공간 $\mathbb{R}^k$가 열공간을 부분공간으로 가지는가?

68. 세 점 (x_1, y_1), (x_2, y_2), (x_3, y_3)이 한 평면 위에 있기 위한 필요충분조건은 행렬

$$\begin{bmatrix} x_1 & y_1 & 1 \\ x_2 & y_2 & 1 \\ x_3 & y_3 & 1 \end{bmatrix}$$

이 계수가 3보다 작은 것임을 보이시오.

69. $m\times n$행렬 A와 $n\times p$행렬 B에 대하여, AB의 행벡터는 B의 행공간에 속하고 AB의 열벡터는 A의 열공간에 속함을 보이시오.

70. $n=2$, $n=3$, $n=4$일 때, 행렬

$$\begin{bmatrix} 1 & 2 & 3 & \cdots & n \\ n+1 & n+2 & n+3 & \cdots & 2n \\ 2n+1 & 2n+2 & 2n+3 & \cdots & 3n \\ \vdots & \vdots & \vdots & & \vdots \\ n^2-n+1 & n^2-n+2 & n^2-n+3 & \cdots & n^2 \end{bmatrix}$$

의 계수를 구하시오. 이렇게 구한 계수의 규칙을 찾을 수 있을까?

71. **증명** n개의 미지수를 가진 연립일차방정식 $A\mathrm{x}=\mathrm{b}$의 각 성질을 증명하시오.

(a) 만일 $\mathrm{rank}(A)=\mathrm{rank}([A\quad \mathrm{b}])=n$이면 연립방정식은 유일한 해를 갖는다.

(b) 만일 $\mathrm{rank}(A)=\mathrm{rank}([A\quad \mathrm{b}])<n$이면 연립방정식은 무수히 많은 해를 갖는다.

(c) 만일 $\mathrm{rank}(A)<\mathrm{rank}([A\quad \mathrm{b}])$이면 연립방정식은 해를 갖지 않는다.

72. **증명** 행렬 A는 $m\times n$행렬이라 하자. $N(A)\subset N(A^TA)$임을 증명하시오.

참 또는 거짓? 73~76번에서는 각 명제가 참 또는 거짓인지 판별하시오. 만약 명제가 참이라면 그 이유를 제시하거나 본문에서 적절한 명제를 찾아 제시하시오. 만약 명제가 거짓이라면 명제가 참이 아니라는 예를 제시하거나 본문에서 적절한 명제를 찾아 제시하시오.

73. (a) 행렬 A의 영공간은 동차연립방정식 $A\mathbf{x}=\mathbf{0}$의 해공간이다.

(b) 행렬 A의 영공간의 차원은 A의 영공간차원이다.

74. (a) 만일 $m\times n$ 행렬 A가 $m\times n$ 행렬 B와 행동치이면 A의 행공간은 B의 행공간과 동치이다.

(b) 만일 A가 계수가 r인 $m\times n$ 행렬이면 $A\mathbf{x}=\mathbf{0}$의 행공간의 차원은 $m-r$이다.

75. (a) $m\times n$ 행렬 B는 $m\times n$ 행렬 A에 기본행연산을 적용해서 얻어진다면 B의 열공간은 A의 열공간과 같다.

(b) 연립일차방정식 $A\mathbf{x}=\mathbf{b}$이 해를 갖지 않을 필요충분조건은 $\mathbf{b}$가 A의 열공간에 속하는 것이다.

76. (a) 행렬 A의 열공간은 A^T의 행공간과 같다.

(b) 행렬 A의 행공간은 A^T의 열공간과 같다.

77. 행렬 A와 B는 모든 $\mathbf{x}\in\mathbb{R}^n$에 대하여 $A\mathbf{x}=B\mathbf{x}$를 만족하는 정사각행렬이다.

(a) $A-B$의 계수와 영공간차원을 구하시오.

(b) A와 B는 정확히 일치함을 보이시오.

78. **캡스톤** 3×5 행렬 A의 행공간의 차원이 2이다.

(a) A의 열공간의 차원은 무엇인가?

(b) A의 계수는 무엇인가?

(c) A의 영공간차원은 무엇인가?

(d) 동차연립방정식 $A\mathbf{x}=\mathbf{0}$의 해공간의 차원은 무엇인가?

79. **증명** A는 $m\times n$ 행렬이다.

(a) 연립일차방정식 $A\mathbf{x}=\mathbf{b}$가 모든 열벡터 $\mathbf{b}$에 대하여 해를 가질 필요충분조건은 A의 계수가 m임을 증명하시오.

(b) 동차 연립일차방정식 $A\mathbf{x}=\mathbf{0}$이 자명한 해만을 가질 필요충분조건은 A의 열이 일차독립임을 증명하시오.

80. **증명** 행연산은 $m\times n$ 행렬의 열 사이의 종속관계를 변화시키지 않음을 증명하시오.

81. **서술** 4×3 행렬의 행벡터는 왜 일차종속집합을 이루는지 설명하시오. (행렬의 모든 성분은 다르다고 가정하자.)

4.7 좌표와 기저변환

- $\mathbb{R}^n$의 기저에 대한 좌표행렬 구하기
- $\mathbb{R}^n$에서 기저 B에서 기저 B'으로의 전이행렬 구하기
- 일반적인 n차원 공간에서 좌표 나타내기

$\mathbb{R}^n$에서의 좌표표현

정리 4.9에서 B가 벡터공간 V의 기저이면 V의 모든 벡터 x를 B의 벡터의 일차결합으로 유일하게 나타낼 수 있다고 하였다. 이러한 일차결합의 계수가 **B에 대한 x의 좌표**(coordinates of x relative to B)이다. 좌표에서는 기저의 벡터 순서가 중요하다. 따라서 이러한 기저는 때때로 *순서가 있는* 기저라고 하여 강조되기도 한다.

기저에 대한 좌표표현

집합 $B=\{\mathrm{v}_1, \mathrm{v}_2, \dots, \mathrm{v}_n\}$가 벡터공간 V의 순서가 있는 기저라 하고 x는

$$\mathrm{x}=c_1\mathrm{v}_1+c_2\mathrm{v}_2+\cdots+c_n\mathrm{v}_n$$

인 벡터라 하자. 스칼라 $c_1, c_2, \dots, c_n$이 **기저 B에 대한 x의 좌표**(coordinates of x relative to the basis B)이다. **기저 B에 대한 x의 좌표행렬**(coordinate matrix of x relative to the basis B) (**또는 좌표벡터**(coordinate vector))는 성분이 x의 좌표인 $\mathbb{R}^n$의 열벡터이다.

$$[\mathrm{x}]_B=\begin{bmatrix} c_1 \\ c_2 \\ \vdots \\ c_n \end{bmatrix}$$

$\mathbb{R}^n$에서 좌표행렬을 나타낼 때 열표현을 사용한다. 벡터 $\mathrm{x}=(x_1, x_2, \dots, x_n)$에 대하여 x_i는 표준기저 S에 대한 x의 좌표이다. 따라서

$$[\mathrm{x}]_S=\begin{bmatrix} x_1 \\ x_2 \\ \vdots \\ x_n \end{bmatrix}$$

이다.

예제 1 $\mathbb{R}^n$에서의 좌표와 성분

$\mathbb{R}^3$에서 표준기저

$$S = \{(1, 0, 0), (0, 1, 0), (0, 0, 1)\}$$

에 대한 $\mathbf{x} = (-2, 1, 3)$의 좌표행렬을 구하시오.

풀이

벡터 x는 $\mathbf{x} = (-2, 1, 3) = -2(1, 0, 0) + 1(0, 1, 0) + 3(0, 0, 1)$로 나타낼 수 있다. 따라서 표준기저에 대한 x의 좌표행렬은

$$[\mathbf{x}]_S = \begin{bmatrix} -2 \\ 1 \\ 3 \end{bmatrix}$$

으로 간단히 나타낼 수 있다. x의 성분은 표준기저에 대한 좌표와 같다. ■

예제 2 표준기저에 대한 좌표행렬 구하기

순서가 있는 (표준이 아닌) 기저 $B = \{\mathbf{v}_1, \mathbf{v}_2\} = \{(1, 0), (1, 2)\}$에 대한 $\mathbb{R}^2$의 벡터 x의 좌표행렬은

$$[\mathbf{x}]_B = \begin{bmatrix} 3 \\ 2 \end{bmatrix}$$

이다. 표준기저 $B' = \{\mathbf{u}_1, \mathbf{u}_2\} = \{(1, 0), (0, 1)\}$에 대한 x의 좌표행렬을 구하시오.

풀이

B에 대한 x의 좌표행렬은 $[\mathbf{x}]_B = \begin{bmatrix} 3 \\ 2 \end{bmatrix}$이다. 따라서

$$\mathbf{x} = 3\mathbf{v}_1 + 2\mathbf{v}_2 = 3(1, 0) + 2(1, 2) = (5, 4) = 5(1, 0)4(0, 1)$$

이다. B'에 대한 x의 좌표행렬은

$$[\mathbf{x}]_{B'} = \begin{bmatrix} 5 \\ 4 \end{bmatrix}$$

가 된다. 그림 4.17에서 두 좌표 표현을 비교해볼 수 있다. ■

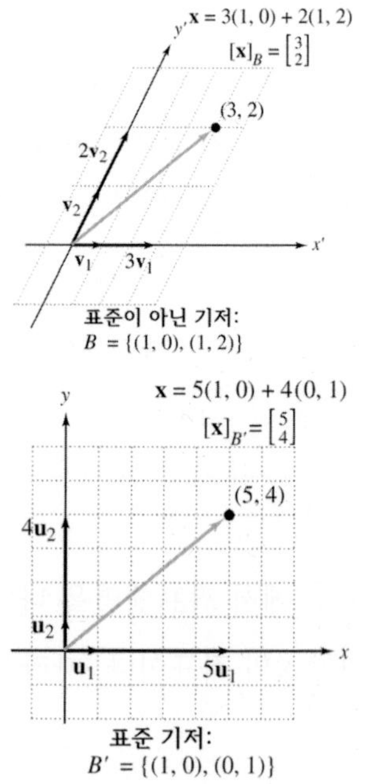

그림 4.17

예제 2는 표준기저에 대한 좌표행렬을 찾는 과정은 간단하다는 것을 보여준다. 하지만 표준기저가 아닌 기저에 대한 좌표행렬을 구하는 것은 훨씬 어렵다. 예는 다음과 같다.

예제 3 표준기저가 아닌 기저에 대한 좌표행렬 구하기

(표준이 아닌) 기저

$$B' = \{\mathbf{u}_1,\ \mathbf{u}_2,\ \mathbf{u}_3\} = \{(1, 0, 1),\ (0, -1, 2),\ (2, 3, -5)\}$$

에 대한 $\mathbb{R}^3$의 벡터 $\mathbf{x} = (1, 2, -1)$의 좌표행렬을 구하시오.

풀이

우선 $\mathbf{x}$를 $\mathbf{u}_1$, $\mathbf{u}_2$, $\mathbf{u}_3$의 일차결합으로 나타내자.

$$\mathbf{x} = c_1\mathbf{u}_1 + c_2\mathbf{u}_2 + c_3\mathbf{u}_3$$

$$(1, 2, -1) = c_1(1, 0, 1) + c_2(0, -1, 2) + c_3(2, 3, -5)$$

대응하는 성분끼리 식을 만들면 다음과 같은 연립방정식과 이에 대응하는 행렬방정식을 얻는다.

$$\begin{aligned} c_1 \qquad\ + 2c_3 &= 1 \\ -c_2 + 3c_3 &= 2 \\ c_1 + 2c_2 - 5c_3 &= -1 \end{aligned}$$

$$\begin{bmatrix} 1 & 0 & 2 \\ 0 & -1 & 3 \\ 1 & 2 & -5 \end{bmatrix} \begin{bmatrix} c_1 \\ c_2 \\ c_3 \end{bmatrix} = \begin{bmatrix} 1 \\ 2 \\ -1 \end{bmatrix}$$

이 방정식의 해는 $c_1 = 5$, $c_2 = -8$, $c_3 = -2$이다. 따라서

$$\mathbf{x} = 5(1, 0, 1) + (-8)(0, -1, 2) + (-2)(2, 3, -5)$$

이고 B'에 대한 $\mathbf{x}$의 좌표행렬은

$$[\mathbf{x}]_{B'} = \begin{bmatrix} 5 \\ -8 \\ -2 \end{bmatrix}$$

이다. ■

참고

좌표행렬을

$$\mathbf{x} = \begin{bmatrix} 5 \\ -8 \\ -2 \end{bmatrix}$$

로 적는 것은 올바르지 않다. 그 이유는 무엇일까?

$$Q = \begin{bmatrix} c_{11} & c_{12} & \cdots & c_{1n} \\ c_{21} & c_{22} & \cdots & c_{2n} \\ \vdots & \vdots & & \vdots \\ c_{n1} & c_{n2} & \cdots & c_{nn} \end{bmatrix}$$

이다.

증명 **(보조정리)**

벡터 $\mathrm{v} = d_1\mathrm{v}_1 + d_2\mathrm{v}_2 + \cdots + d_n\mathrm{v}_n$은 V의 임의의 벡터라 하자. 기저 B에 대한 v의 좌표행렬은

$$[\mathrm{v}]_B = \begin{bmatrix} d_1 \\ d_2 \\ \vdots \\ d_n \end{bmatrix}$$

이다. 그러면

$$Q[\mathrm{v}]_B = \begin{bmatrix} c_{11} & c_{12} & \cdots & c_{1n} \\ c_{21} & c_{22} & \cdots & c_{2n} \\ \vdots & \vdots & & \vdots \\ c_{n1} & c_{n2} & \cdots & c_{nn} \end{bmatrix} \begin{bmatrix} d_1 \\ d_2 \\ \vdots \\ d_n \end{bmatrix} = \begin{bmatrix} c_{11}d_1 + c_{12}d_2 + \cdots + c_{1n}d_n \\ c_{21}d_1 + c_{22}d_2 + \cdots + c_{2n}d_n \\ \vdots \qquad \vdots \qquad \vdots \\ c_{n1}d_1 + c_{n2}d_2 + \cdots + c_{nn}d_n \end{bmatrix}$$

이다. 한편

$$\begin{aligned} \mathrm{v} &= d_1\mathrm{v}_1 + d_2\mathrm{v}_2 + \cdots + d_n\mathrm{v}_n \\ &= d_1(c_{11}\mathbf{u}_1 + c_{21}\mathbf{u}_2 + \cdots + c_{n1}\mathbf{u}_n) + d_2(c_{12}\mathbf{u}_1 + c_{22}\mathbf{u}_2 + \cdots + c_{n2}\mathbf{u}_n) + \cdots \\ &\qquad + d_n(c_{1n}\mathbf{u}_1 + c_{2n}\mathbf{u}_2 + \cdots + c_{nn}\mathbf{u}_n) \\ &= (d_1c_{11} + d_2c_{12} + \cdots + d_nc_{1n})\mathbf{u}_1 + (d_1c_{21} + d_2c_{22} + \cdots + d_nc_{2n})\mathbf{u}_2 + \cdots \\ &\qquad + (d_1c_{n1} + d_2c_{n2} + \cdots + d_nc_{nn})\mathbf{u}_n \end{aligned}$$

이고 이는

$$[\mathrm{v}]_{B'} = \begin{bmatrix} c_{11}d_1 + c_{12}d_2 + \cdots + c_{1n}d_n \\ c_{21}d_1 + c_{22}d_2 + \cdots + c_{2n}d_n \\ \vdots \qquad \vdots \qquad \vdots \\ c_{n1}d_1 + c_{n2}d_2 + \cdots + c_{nn}d_n \end{bmatrix}$$

을 의미한다. 따라서 $Q[\mathrm{v}]_B = [\mathrm{v}]_{B'}$이고 Q는 B에서 B'으로의 전이행렬이다. ■

증명 **(정리 4.20)**

앞의 보조정리로부터 Q를 B에서 B'으로의 전이행렬이라 하자. 그러면 $[\mathrm{v}]_B = P[\mathrm{v}]_{B'}$이고 $[\mathrm{v}]_{B'} = Q[\mathrm{v}]_{B'}$이고 이는 $\mathbb{R}^n$의 모든 벡터 v에 대하여 $[\mathrm{v}]_B = PQ[\mathrm{v}]_B$임을 의미한다. 이로부터 $PQ = I$임을 알 수 있다. 따라서 P는 역행렬을 가지며 P^{-1}는 B에서 B'으로의 전이행렬 Q이다. ■

가우스-조던 소거법을 이용하여 전이행렬 P^{-1}을 구할 수 있다. 우선 B와 B'의 벡터가 행렬의 열이 되는 두 행렬 B와 B'을 정의하자. 즉

$$B=\begin{bmatrix} v_{11} & v_{12} & \cdots & v_{1n} \\ v_{21} & v_{22} & \cdots & v_{2n} \\ \vdots & \vdots & & \vdots \\ v_{n1} & v_{n2} & \cdots & v_{nn} \end{bmatrix}, \quad B'=\begin{bmatrix} u_{11} & u_{12} & \cdots & u_{1n} \\ u_{21} & u_{22} & \cdots & u_{2n} \\ \vdots & \vdots & & \vdots \\ u_{n1} & u_{n2} & \cdots & u_{nn} \end{bmatrix}$$
$$\quad\; \mathrm{v}_1 \quad \mathrm{v}_2 \qquad\quad \mathrm{v}_n \qquad\qquad \mathrm{u}_1 \quad \mathrm{u}_2 \qquad\quad \mathrm{u}_n$$

이라 하자. 그리고 나서 $n\times 2n$ 행렬 $[B' \quad B]$를 축소하여 B'을 항등행렬 I_n로 만들어 행렬 $[I_n \quad P^{-1}]$을 얻는다. 다음 정리는 이러한 과정을 명확히 설명한다.

참고

B에서 B'으로의 전이행렬 P^{-1}가 $(B')^{-1}B$임을 확인해보라. 또한 B'에서 B로의 전이행렬 P는 $B^{-1}B'$임을 확인해보라. 이러한 관계를 이용하여 가우스-조던 소거법으로 얻은 결과를 확인해볼 수 있다.

정리 4.21 **B에서 B'으로의 전이행렬**

집합

$$B=\{\mathrm{v}_1, \mathrm{v}_2, \ldots, \mathrm{v}_n\}\text{과 } B'=\{\mathrm{u}_1, \mathrm{u}_2, \ldots, \mathrm{u}_n\}$$

를 $\mathbb{R}^n$의 두 기저라 하자. 그러면 B에서 B'으로의 전이행렬 P^{-1}는 $n\times 2n$ 행렬 $[B' \quad B]$에 가우스-조던 소거법을 적용하여 다음과 같이 구할 수 있다.

$$[B' \quad B] \quad \longrightarrow \quad [I_n \quad P^{-1}]$$

증명

우선

$$\begin{aligned} \mathrm{v}_1 &= c_{11}\mathrm{u}_1 + c_{21}\mathrm{u}_2 + \cdots + c_{n1}\mathrm{u}_n \\ \mathrm{v}_2 &= c_{12}\mathrm{u}_1 + c_{22}\mathrm{u}_2 + \cdots + c_{n2}\mathrm{u}_n \\ &\vdots \\ \mathrm{v}_n &= c_{1n}\mathrm{u}_1 + c_{2n}\mathrm{u}_2 + \cdots + c_{nn}\mathrm{u}_n \end{aligned}$$

이라 하면 이는 $i=1, 2, \ldots, n$에 대하여

$$c_{1i}\begin{bmatrix}u_{11}\\u_{21}\\\vdots\\u_{n1}\end{bmatrix}+c_{2i}\begin{bmatrix}u_{12}\\u_{22}\\\vdots\\u_{n2}\end{bmatrix}+\cdots+c_{ni}\begin{bmatrix}u_{1n}\\u_{2n}\\\vdots\\u_{nn}\end{bmatrix}=\begin{bmatrix}v_{1i}\\v_{2i}\\\vdots\\v_{ni}\end{bmatrix}$$

임을 의미한다. 이 벡터 방정식으로부터 $i=1,\ 2,\ \ldots,\ n$에 대하여 n개의 연립일차방정식

$$\begin{aligned}u_{11}c_{1i}+u_{12}c_{2i}+\cdots+u_{1n}c_{ni}&=v_{1i}\\u_{21}c_{1i}+u_{22}c_{2i}+\cdots+u_{2n}c_{ni}&=v_{2i}\\&\vdots\\u_{n1}c_{1i}+u_{n2}c_{2i}+\cdots+u_{nn}c_{ni}&=v_{ni}\end{aligned}$$

을 얻는다. n개의 연립방정식 각각은 같은 계수행렬을 가지므로 n개의 연립방정식을 다음과 같은 덧붙인 행렬을 이용해서 동시에 축소할 수 있다.

$$\underbrace{\begin{bmatrix}u_{11}&u_{12}&\ldots&u_{1n}\\u_{21}&u_{22}&\ldots&u_{2n}\\\vdots&\vdots&&\vdots\\u_{n1}&u_{n2}&\ldots&u_{nn}\end{bmatrix}}_{B'}\underbrace{\begin{matrix}v_{11}&v_{12}&\ldots&v_{1n}\\v_{21}&v_{22}&\ldots&v_{2n}\\\vdots&\vdots&&\vdots\\v_{n1}&v_{n2}&\ldots&v_{nn}\end{matrix}\Bigg]}_{B}$$

이 행렬에 가우스-조던 소거법을 적용하여

$$\begin{bmatrix}1&0&\ldots&0&c_{11}&c_{12}&\ldots&c_{1n}\\0&1&\ldots&0&c_{21}&c_{22}&\ldots&c_{2n}\\\vdots&\vdots&&\vdots&\vdots&\vdots&&\vdots\\0&0&\ldots&1&c_{n1}&c_{n2}&\ldots&c_{nn}\end{bmatrix}$$

을 얻는다. 정리 4.20의 보조정리에 의해 행렬의 오른쪽은 $Q=P^{-1}$이고, 이는 행렬이 $[I\quad P^{-1}]$의 꼴이라는 것이며 이로써 정리가 증명된다. ■

다음 예제에서 예제 3에서의 기저변환 문제에 이 방법을 적용해 볼 것이다.

예제 4 전이행렬 구하기

이와 같은 대화형 예제는 LarsonLinearAlgebra.com을 참고하시오.

다음의 $\mathbb{R}^3$의 기저들에 대하여 B에서 B'으로의 전이행렬을 구하시오.

$$B=\{(1,0,0),\ (0,1,0),\ (0,0,1)\},\ B'=\{(1,0,1),\ (0,-1,2),\ (2,3,-5)\}$$

풀이

우선 두 기저의 벡터를 이용하여 행렬 B와 B'를 만들면

$$B=\begin{bmatrix}1&0&0\\0&1&0\\0&0&1\end{bmatrix},\ B'=\begin{bmatrix}1&0&2\\0&-1&3\\1&2&-5\end{bmatrix}$$

이다. 이들 행렬로 덧붙인 행렬 $[B' \quad B]$를 만들고 가우스-조던 소거법을 사용해서 $[B' \quad B]$를 $[I_3 \quad P^{-1}]$로 변환하면

$$\begin{bmatrix}1&0&2&1&0&0\\0&-1&3&0&1&0\\1&2&-5&0&0&1\end{bmatrix} \Rightarrow \begin{bmatrix}1&0&0&-1&4&2\\0&1&0&3&-7&-3\\0&0&1&1&-2&-1\end{bmatrix}$$

이다. 이로부터 B에서 B'으로의 전이행렬은

$$P^{-1}=\begin{bmatrix}-1&4&2\\3&-7&-3\\1&-2&-1\end{bmatrix}$$

을 얻는다. P^{-1}를 $\mathbf{x}=[1 \quad 2 \quad -1]^T$의 좌표행렬에 곱하면 예제 3의 결과와 같음을 알 수 있다. ■

발견

1. 집합 $B=\{(1,0),(1,2)\}$이고 $B'=\{(1,0),(0,1)\}$이다. 행렬 $[B' \quad B]$를 구하시오.
2. 표준기저가 아닌 기저에서 표준기저로 기저변화를 할 때 전이행렬 P^{-1}를 구할 때 가우스-조던 소거법을 사용해야 하는 필요성에 대한 가설을 세우시오.

선형대수의 응용

결정학(crystallography)는 원자와 분자구조에 대한 과학이다. 결정체에서 원자는 *격자(lattice)*라고 하는 반복패턴으로 나타난다. 격자에서 가장 간단한 반복단위가 단위셀(unit cell)이다. 결정학자는 $\mathbb{R}^3$에서의 기저와 좌표행렬을 사용해서 단위셀에서 원자의 위치를 지정할 수 있다. 예를 들어 다음 그림은 *단사정계(end-centered monoclinic)*라고 알려진 단위셀이다.

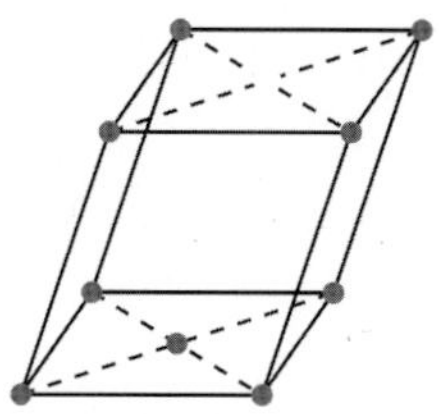

위의 단사정계 원자(파란색)을 표현하는 좌표행렬 중 하나는

$$[\mathbf{x}]_{B'}=\begin{bmatrix}\frac{1}{2}&\frac{1}{2}&1\end{bmatrix}^T \text{이다.}$$

Brazhnykov Andriy/Shutterstock.com

예제 4에서처럼 B가 표준기저일 때는 $[B' \quad B]$에서 $[I_n \quad P^{-1}]$로의 변환 과정은

$$[B' \quad I_n] \quad \Rightarrow \quad [I_n \quad P^{-1}]$$

이 됨을 주목하자. 하지만 이는 2.3절에서 역행렬을 찾을 때 사용했던 과정과 같은 과정이다. 다시 말해, B가 $\mathbb{R}^n$의 표준기저이면 B에서 B'으로의 전이행렬은

$$P^{-1} = (B')^{-1} \qquad \text{표준기저에서 표준기저가 아닌 기저로 변환}$$

이다. B'이 표준기저이면 $[B' \quad B]$는 이미

$$[I_n \quad B] = [I_n \quad P^{-1}]$$

꼴이므로 전이행렬을 찾는 과정은 더욱 간단하다. 이 경우, 전이행렬은 단순하게

$$P^{-1} = B \qquad \text{표준기저가 아닌 기저에서 표준기저로 변환}$$

이다.

> **기술**
>
> 많은 공학용 계산기와 소프트웨어 프로그램은 덧붙인 행렬을 만들고 이를 기약행사다리꼴로 변환할 수 있다. 만일 공학용 계산기를 사용한다면 예제 5에 대해서 다음과 비슷한 화면을 볼 수 있을 것이다.
>
> ```
> B
>             [[-3  4 ]
>              [2  -2]]
> BPRIME
>             [[-1  2 ]
>              [2  -2]]
> aug(BPRIME,B)
>       [[-1  2  -3  4 ]
>        [2  -2  2  -2]]
> rref aug(BPRIME,B)
>          [[1  0  -1  2]
>           [0  1  -2  3]]
> ```
>
> CengageBrain.com의 **기술 가이드**는 공학적 도구를 이용해서 전이행렬을 찾는 데 도움을 줄 수 있다.

예를 들어, 예제 2에서의 $B=\{(1, 0), (1, 2)\}$에서 $B'=\{(1, 0), (0, 1)\}$로의 전이행렬은

$$P^{-1} = B = \begin{bmatrix} 1 & 1 \\ 0 & 2 \end{bmatrix}$$

이다.

예제 5 전이행렬 구하기

다음 $\mathbb{R}^2$에서의 기저에 대해 B에서 B'으로의 전이행렬을 구하시오.

$$B=\{(-3, 2), (4, -2)\},\ B'=\{(-1, 2), (2, -2)\}$$

풀이

우선 행렬

$$[B' \quad B] = \begin{bmatrix} -1 & 2 & -3 & 4 \\ 2 & -2 & 2 & -2 \end{bmatrix}$$

를 만들고 가우스-조던 소거법을 이용하여 B에서 B'으로의 전이행렬 P^{-1}를 얻는다.

$$[I_2 \quad P^{-1}] = \begin{bmatrix} 1 & 0 & -1 & 2 \\ 0 & 1 & -2 & 3 \end{bmatrix}$$

따라서

$$P^{-1} = \begin{bmatrix} -1 & 2 \\ -2 & 3 \end{bmatrix}$$

이다. ■

예제 5에서 (B에서 B'으로의 전이행렬이 아니라) B'에서 B로의 전이행렬을 구했다면

$$[B \quad B'] = \begin{bmatrix} -3 & 4 & -1 & 2 \\ 2 & -2 & 2 & -2 \end{bmatrix}$$

을 만들고 이를 축소하여

$$[I_2 \quad P] = \begin{bmatrix} 1 & 0 & 3 & -2 \\ 0 & 1 & 2 & -1 \end{bmatrix}$$

을 얻는다. B'에서 B로의 전이행렬은

$$P = \begin{bmatrix} 3 & -2 \\ 2 & -1 \end{bmatrix}$$

이다. 이 행렬이 PP^{-1}를 계산해서 I_2가 되는지 확인하여 예제 5에서 구한 전이행렬의 역행렬임을 확인해보라.

n차원 일반 벡터공간에서의 좌표표현

좌표표현의 장점은 어떠한 n차원 공간의 벡터라도 $\mathbb{R}^n$에서 사용한 기호로 나타낼 수 있다는 것이다. 예를 들어, 예제 6에서 P_3의 벡터의 좌표행렬은 $\mathbb{R}^4$의 벡터임에 주목하자.

예제 6 P_3에서의 좌표표현

P_3의 표준기저 $S = \{1, x, x^2, x^3\}$에 대한 $p = 4 - 2x^2 + 3x^3$의 좌표행렬을 구하시오.

풀이

p를 (기저에서 나열된 순서대로) 기저의 벡터의 일차결합으로 나타내면

$$p = 4(1) + 0(x) + (-2)(x^2) + 3(x^3)$$

이다. 따라서 S에 대한 p의 좌표행렬은

$$[p]_S = \begin{bmatrix} 4 \\ 0 \\ -2 \\ 3 \end{bmatrix}$$

이다. ■

다음 예제에서 $M_{3,1}$의 벡터의 좌표행렬은 $\mathbb{R}^3$의 벡터이다.

예제 7 $M_{3,1}$에서의 좌표표현

$M_{3,1}$의 표준기저 $S = \left\{ \begin{bmatrix} 1 \\ 0 \\ 0 \end{bmatrix}, \begin{bmatrix} 0 \\ 1 \\ 0 \end{bmatrix}, \begin{bmatrix} 0 \\ 0 \\ 1 \end{bmatrix} \right\}$에 대한 $X = \begin{bmatrix} -1 \\ 4 \\ 3 \end{bmatrix}$의 좌표행렬을 구하시오.

풀이

X는

$$X = \begin{bmatrix} -1 \\ 4 \\ 3 \end{bmatrix} = (-1)\begin{bmatrix} 1 \\ 0 \\ 0 \end{bmatrix} + 4\begin{bmatrix} 0 \\ 1 \\ 0 \end{bmatrix} + 3\begin{bmatrix} 0 \\ 0 \\ 1 \end{bmatrix}$$

로 나타낼 수 있다. 따라서 S에 대한 X의 좌표행렬은

$$[X]_S = \begin{bmatrix} -1 \\ 4 \\ 3 \end{bmatrix}$$

이다. ■

참고

6.2절에서 임의의 n차원 벡터공간을 표현하기 위한 $\mathbb{R}^n$의 사용법을 더 많이 살펴볼 것이다.

정리 4.20과 4.21을 임의의 n차원 공간에 적용하기 위해 일반화시킬 수 있다. 하지만 이 책에서는 이 정리의 일반화는 다루지 않는다.

4.8 벡터공간의 응용

- 론스키안을 이용하여 선형동차미분방정식의 해 집합의 일차독립성 판정하기
- 이차곡선의 그래프를 확인하고 그린 후 축을 회전하기

선형미분방정식(미적분)

n**계 선형미분방정식**(linear differential equation of order n)은

$$y^{(n)} + g_{n-1}(x)y^{(n-1)} + \cdots + g_1(x)y' + g_0(x)y = f(x)$$

꼴의 식이며 여기서 g_0, g_1, …, g_{n-1}, f는 정의역이 같은 x의 함수이다. $f(x)=0$이면 이 방정식은 **동차**(homogeneous)이다. 그렇지 않은 경우 이 방정식은 **비동차**(nonhomogeneous)이다. 함수 y와 이 함수의 처음 n개의 도함수를 이 방정식에 대입했을 때 식이 성립하면 y는 선형미분방정식의 **해**(solution)이다.

예제 1 2계 선형미분방정식

$y_1 = e^x$과 $y_2 = e^{-x}$은 2계 선형미분방정식 $y'' - y = 0$의 해임을 보이시오.

풀이

함수 $y_1 = e^x$은 $y_1' = e^x$이고 $y_1'' = e^x$이다. 따라서

$$y_1'' - y_1 = e^x - e^x = 0$$

이고 $y_1 = e^x$이 주어진 미분방정식의 해이다. 마찬가지로 $y_2 = e^{-x}$는

$$y_2' = -e^{-x}\text{이고 } y_2'' = e^{-x}$$

이다. 따라서

$$y_2'' - y_2 = e^{-x} - e^{-x} = 0$$

이므로 $y_2 = e^{-x}$도 주어진 미분방정식의 해이다. ■

예제 1에서 두 가지 중요한 점을 살펴볼 수 있다. 첫 번째는 실수 전체에서 정의된 두 번 미분가능한 함수 모두의 벡터공간 $C''(-\infty, \infty)$에서 두 해 $y_1 = e^x$과 $y_2 = e^{-x}$은 일차독립이다. 이는 모든 x에 대해

$$C_1y_1 + C_2y_2 = 0$$

가 성립하는 유일한 해는 $C_1 = C_2 = 0$이라는 뜻이다. 두 번째는 y_1과 y_2의 모든 *일차결합*은 다시 주어진 미분방정식의 해가 된다는 것이다. 이를 확인하기 위해 $y = C_1y_1 + C_2y_2$라 하자. 그러면

$$y = C_1e^x + C_2e^{-x}$$
$$y' = C_1e^x - C_2e^{-x}$$
$$y'' = C_1e^x + C_2e^{-x}$$

이다. 미분방정식 $y'' - y = 0$에 대입하면

$$y'' - y = (C_1e^{x+}C_2e^{-x}) - (C_1e^x + C_2e^{-x}) = 0$$

이다. 따라서 $y = C_1e^x + C_2e^{-x}$은 해이다.

다음 정리는 이러한 내용을 일반화하는 것인데 증명없이 받아들이기로 하자.

선형동차미분방정식의 해

모든 n계 선형동차미분방정식

$$y^{(n)} + g_{n-1}(x)y^{(n-1)} + \cdots + g_1(x)y' + g_0(x)y = 0$$

은 n개의 일차독립인 해를 가진다. 더욱이 $\{y_1, y_2, \ldots, y_n\}$이 일차독립인 해의 집합이면 모든 해는

$$y = C_1y_1 + C_2y_2 + \cdots + C_ny_n$$

의 꼴이다. 여기서 $C_1, C_2, \ldots, C_n$은 실수이다.

참고

해 $y = C_1y_1 + C_2y_2 + \cdots + C_ny_n$은 미분방정식의 **일반해(general solution)**이다.

앞의 정리에 의하면 해집합이 일차독립인지를 판정할 수 있는 것은 중요하다. 일차독립을 판정하는 방법을 설명하기 전에 다음 정의를 살펴보자.

함수 집합의 론스키안 정의

집합 $\{y_1, y_2, \ldots, y_n\}$을 각각 구간 I에서 $n-1$개의 도함수를 갖는 함수의 집합이라 하자. 행렬식

$$W(y_1, y_2, \ldots, y_n) = \begin{vmatrix} y_1 & y_2 & \cdots & y_n \\ y_1' & y_2' & \cdots & y_n' \\ \vdots & \vdots & & \vdots \\ y_1^{(n-1)} & y_2^{(n-1)} & \cdots & y_n^{(n-1)} \end{vmatrix}$$

은 함수집합의 **론스키안**(Wronskian)이다.

참고

함수 집합의 론스키안은 폴란드 수학자 요세프 마리아 론스키(Josef Maria Wronski, 1778~1853)의 이름을 딴 것이다.

예제 2 함수집합의 론스키안 구하기

a. 집합 $\{1-x, 1+x, 2-x\}$의 론스키안은

$$W = \begin{vmatrix} 1-x & 1+x & 2-x \\ -1 & 1 & -1 \\ 0 & 0 & 0 \end{vmatrix} = 0$$

이다.

b. 집합 $\{x, x^2, x^3\}$의 론스키안은

$$W = \begin{vmatrix} x & x^2 & x^3 \\ 1 & 2x & 3x^2 \\ 0 & 2 & 6x \end{vmatrix} = 2x^3$$

이다. ■

예제 2(a)의 론스키안은 모든 x에 대해서 0이므로 항등적으로 0이다. (b)의 론스키안은 론스키안이 0이 되지 않는 x가 존재하므로 항등적으로 0인 것은 아니다.

다음 정리는 함수집합의 론스키안을 일차독립 판정법으로 어떻게 사용할 수 있는지를 보여준다.

일차독립성에 대한 론스키안 판정법

집합 $\{y_1, y_2, ..., y_n\}$를 n계 선형동차미분방정식의 n개의 해로 이루어진 집합이라 하자. 이 집합이 일차독립일 필요충분조건은 론스키안이 항등적으로 0인 것은 아닌 것이다.

이 정리에서 $n=2$인 경우에 대한 증명은 연습문제로 남긴다. (연습문제 40번을 참고하라.)

참고

이 판정법은 임의의 함수집합에 적용하지는 않는다. 각 함수 $y_1, y_2, ..., y_n$은 같은 n계 선형동차미분방정식의 해여야 한다.

예제 3 해집합의 일차독립성 판정

집합 $\{1, \cos x, \sin x\}$가 선형동차미분방정식

$$y''' + y' = 0$$

의 일차독립인 해의 집합인지 판정하시오.

풀이

우선 각 함수가 $y'''+y'=0$의 해가 됨을 각자 확인보자. 다음으로 일차독립성을 판정하기 위해 다음과 같이 세 함수의 론스키안을 구한다.

$$\begin{aligned} W &= \begin{vmatrix} 1 & \cos x & \sin x \\ 0 & -\sin x & \cos x \\ 0 & -\cos x & -\sin x \end{vmatrix} \\ &= \sin^2 x + \cos^2 x \\ &= 1 \end{aligned}$$

론스키안 W는 항등적으로 0인 것은 아니다. 따라서 집합

$$\{1, \cos x, \sin x\}$$

는 일차독립이다. 더욱이 이 집합은 3계 선형미분방정식의 일차독립인 해 세 개로 이루어졌다. 따라서 일반해는

$$y = C_1 + C_2\cos x + C_3\sin x$$

이고 여기서 C_1, C_2, C_3는 실수이다. ■

예제 4 해집합의 일차독립성 판정

이러한 유형의 대화형 예제는 LarsonLinearAgebra.com을 참조하라.

집합 $\{e^x, xe^x, (x+1)e^x\}$가 선형동차연립미분방정식

$$y''' - 3y'' + 3y' - y = 0$$

의 일차독립인 해의 집합인지 판정하시오.

풀이

예제 3에서와 같이 우선 각 함수가 $y''' - 3y'' + 3y' - y = 0$의 해임을 각자 확인해보자. 일차독립성을 판정하기 위해 다음과 같이 세 함수의 론스키안을 구한다.

$$W = \begin{vmatrix} e^x & xe^x & (x+1)e^x \\ e^x & (x+1)e^x & (x+2)e^x \\ e^x & (x+2)e^x & (x+3)e^x \end{vmatrix} = 0$$

따라서 집합 $\{e^x, xe^x, (x+1)e^x\}$은 일차종속이다. ■

예제 4에서 론스키안을 이용하여 집합 $\{e^x, xe^x, (x+1)e^x\}$이 일차종속이라는 것을 판정하였다. 이 집합이 일차종속임을 판정하는 또 다른 방법은 세 번째 함수가 처음 두 함수의 일차결합으로 나타내어짐을 살펴보는 것이다. 즉

$$(x+1)e^x = e^x + xe^x$$

이다. 다른 집합 $\{e^x, xe^x, x^2e^x\}$는 미분방정식

$$y''' - 3y'' + 3y' - y = 0$$

의 일차독립인 해 집합을 이룸을 확인해보라.

이차곡선과 회전

xy-평면 위의 모든 이차곡선의 방정식은

$$ax^2 + bxy + cy^2 + dx + ey + f = 0$$

의 꼴로 나타낼 수 있다. 이 방정식의 그래프를 구별하는 것은 xy항의 계수인 b가 0이면 매우 간단하다. b가

0일 때, 이차곡선의 축은 좌표축과 평행이고 방정식을 표준형(완전제곱꼴)로 나타내어서 구별할 수 있다. 네 가지 기본 이차곡선의 방정식의 표준형은 다음과 같이 요약할 수 있다. 원, 타원, 쌍곡선에서 점 $(h,\ k)$는 중심이고 포물선에서 점 $(h,\ k)$는 꼭짓점이다.

이차곡선의 방정식의 표준형

원 ($r=$반지름): $(x-h)^2+(y-k)^2=r^2$

타원 ($2\alpha=$장축의 길이, $2\beta=$단축의 길이):

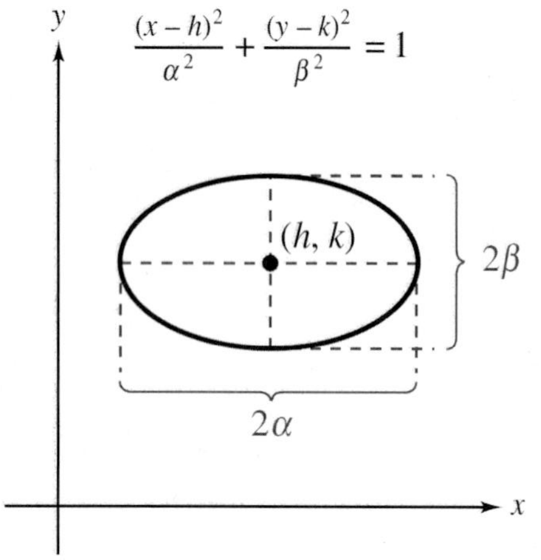

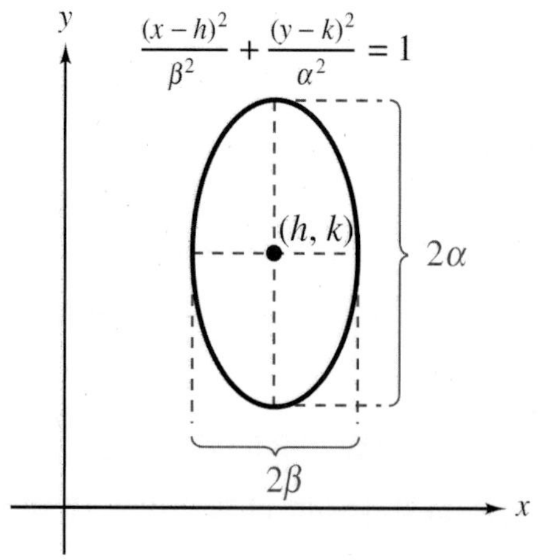

쌍곡선 ($2\alpha=$주축의 길이, $2\beta=$켤레축의 길이):

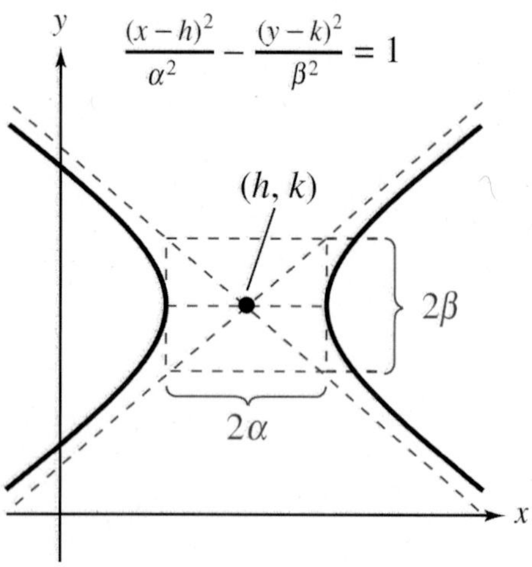

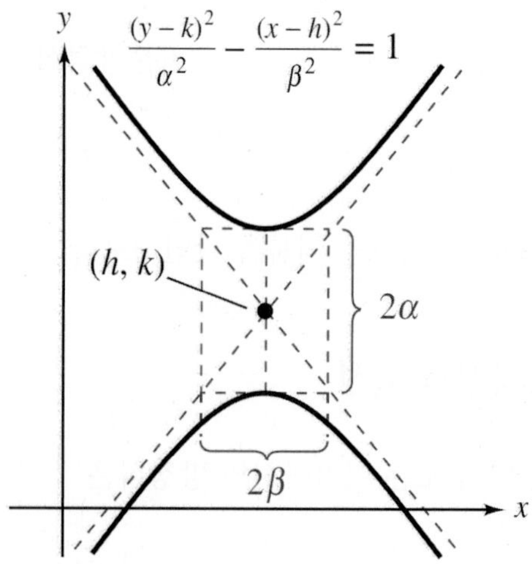

포물선 (p =꼭짓점과 초점 사이의 방향이 있는 거리):

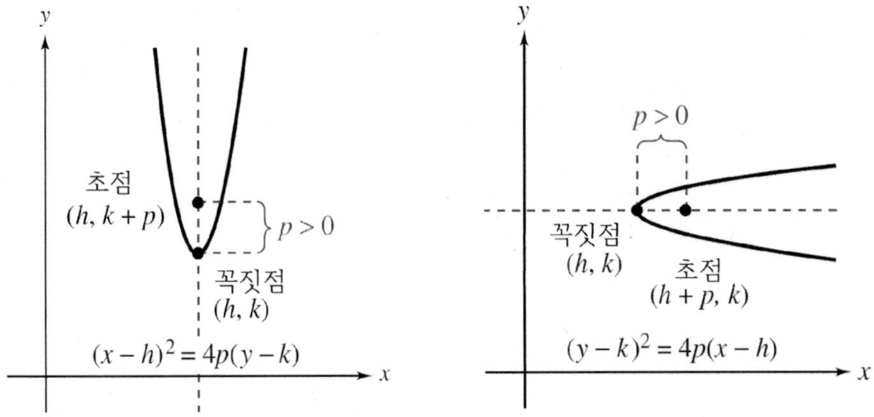

예제 5 이차곡선 구별

a. $x^2-2x+4y-3=0$의 표준형은

$$(x-1)^2=4(-1)(y-1)$$

이다. 이 방정식의 그래프는 꼭짓점이 $(h,\ k)=(1,\ 1)$인 포물선이다. 포물선의 축은 수직이다. 꼭짓점과 초점사이의 방향이 있는 거리 p는 $p=-1$이고 초점은 점 $(1,\ 0)$이다. 결국, 초점은 꼭짓점 아래에 위치하고, 따라서 포물선은 그림 4.18(a)와 같이 위로 볼록하다.

b. $x^2+4y^2+6x-8y+9=0$의 표준형은

$$\frac{(x+3)^2}{4}+\frac{(y-1)^2}{1}=1$$

이다. 이 방정식의 그래프는 중심이 $(h,\ k)=(-3,\ 1)$인 타원이다. 장축은 수평이고 그 길이는 $2\alpha=4$이다. 단축의 길이는 $2\beta=2$이다. 그림 4.18(b)와 같이 타원의 꼭짓점은 $(-5,\ 1)$과 $(-1,\ 1)$이고, 단축의 양끝점은 $(-3,\ 2)$와 $(-3,\ 0)$이다. ■

a.

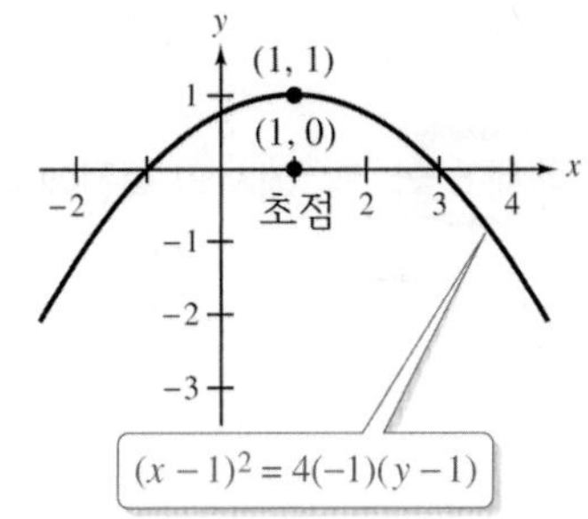

b.

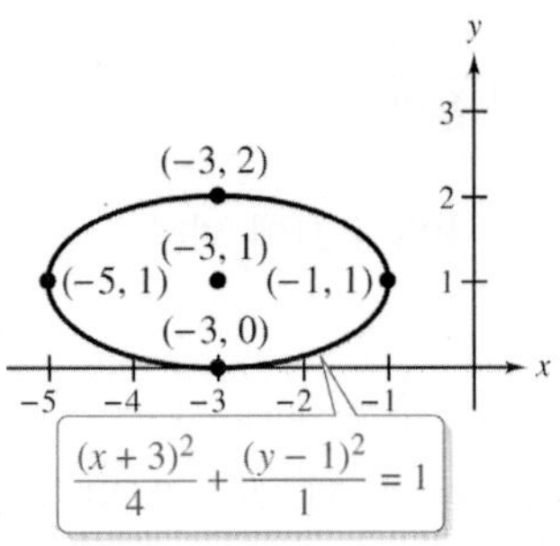

그림 4.18

예제 5의 이차곡선의 방정식에는 xy항이 없다. 따라서 이들 이차곡선의 그래프의 축은 좌표축과 평행하다. xy항을 가진 2차 방정식에 대하여 그 그래프의 축은 좌표축과 나란하지 않다. 이러한 경우, 표준 좌표축을 회전하여 새로운 x'축과 y'축을 만드는 것이 도움이 된다. 필요한 (시계반대방향으로 측정된) 회전각 θ는 방정식 $\cot 2\theta=(a-c)/b$를 사용해서 구할 수 있다. 그러면 $\mathbb{R}^2$의 표준기저

$$B = \{(1, 0), (0, 1)\}$$

를 회전하여 새로운 기저

$$B' = \{(\cos\theta, \sin\theta), (-\sin\theta, \cos\theta)\}$$

를 다음과 같이 만든다.

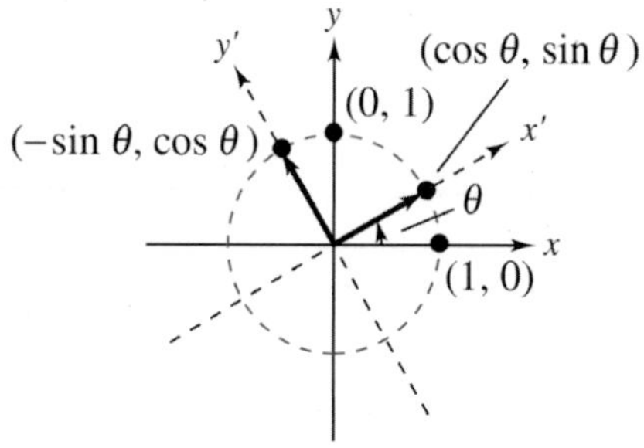

새로운 기저에 대한 점 (x, y)의 좌표를 구하기 위해 예제 6에서 보여주는 전이행렬을 사용할 수 있다.

예제 6 $\mathbb{R}^2$에서의 회전에 대한 전이행렬

기저

$$B' = \{(\cos\theta, \sin\theta), (-\sin\theta, \cos\theta)\}$$

에 대한 $\mathbb{R}^2$의 점 (x, y)의 좌표를 구하시오.

풀이

정리 4.21에 의해

$$[B' \quad B] = \begin{bmatrix} \cos\theta & -\sin\theta & 1 & 0 \\ \sin\theta & \cos\theta & 0 & 1 \end{bmatrix}$$

를 얻는다. B는 $\mathbb{R}^2$의 표준기저이므로 P^{-1}는 $(B')^{-1}$로 나타낼 수 있다. 2.3절에서 소개한 2×2 행렬의 역행렬에 대한 공식을 이용하여 $(B')^{-1}$를 구할 수 있다. 이는

$$[I \quad P^{-1}] = \begin{bmatrix} 1 & 0 & \cos\theta & \sin\theta \\ 0 & 1 & -\sin\theta & \cos\theta \end{bmatrix}$$

가 된다. (x', y')을 B'에 대한 (x, y)의 좌표라고 하면 다음과 같이 전이행렬을 이용할 수 있다.

$$\begin{bmatrix} \cos\theta & \sin\theta \\ -\sin\theta & \cos\theta \end{bmatrix} \begin{bmatrix} x \\ y \end{bmatrix} = \begin{bmatrix} x' \\ y' \end{bmatrix}$$

x'-과 y'-좌표는 $x' = x\cos\theta + y\sin\theta$, $y' = -x\sin\theta + y\cos\theta$이다. ■

예제 6의 마지막 두 식은 $x'y'$-좌표를 xy-좌표로 나타내었다. 일반적인 2차 식에 축의 회전을 수행하려면 xy-좌표를 $x'y'$_좌표로 나타내는 것이 도움이 된다. 이를 위해 예제 6의 마지막 두 식을 x와 y에 대해 풀어

$$x = x'\cos\theta - y'\sin\theta \text{와 } y = x'\sin\theta + y'\cos\theta$$

를 얻어야 한다. 주어진 이차 식의 x와 y에 이 식을 대입하면 $x'y'$항이 없는 x'과 y'에 대한 식을 얻을 수 있다.

축의 회전

$\cot 2\theta = \dfrac{a-c}{b}$를 만족하는 θ를 구해 그 θ만큼 축을 시계 반대방향으로 회전하면 일반적인 2차 방정식 $ax^2 + bxy + cy^2 + dx + ey + f = 0$을

$$a'(x')^2 + c'(y')^2 + d'x' + e'y' + f' = 0$$

의 꼴로 나타낼 수 있다. 새로 얻은 방정식의 계수는

$$x = x'\cos\theta - y'\sin\theta \text{와 } y = x'\sin\theta + y'\cos\theta$$

를 대입하여 얻을 수 있다.

위 결과의 증명은 연습문제로 남긴다. (연습문제 80번을 참고하라.)

선형대수의 응용

접시형의 위성안테나는 통신위성으로 신호를 전송하거나 동신위성에서 전달되어지는 신호를 수신하도록 설계된 안테나이다. 표준 접시형 위성 안테나는 그릇 모양의 표면과 표면을 향해있는 *피드혼(feed horn)*으로 구성되어 있다. 그릇 모양의 표면은 보통 회전된 타원포물면이 모양으로 되어 있다. (7.4절을 참고하라.) 표면의 단면은 보통 회전된 포물선의 모양을 하고 있다.

예제 7은 좌표축을 회전하여 2차 방정식의 그래프를 어떻게 구별하는지를 보여준다.

예제 7 ▸ 이차곡선의 회전

좌표축을 회전하여

$$5x^2 - 6xy + 5y^2 + 14\sqrt{2}x - 2\sqrt{2}y + 18 = 0$$

에서 xy항을 제거하라. 그리고 제거된 방정식의 그래프를 $x'y'$-평면에 그리시오.

풀이

식

$$\cot 2\theta = \frac{a-c}{b} = \frac{5-5}{-6} = 0$$

을 이용하여 회전각 θ를 구하면 $\theta = \frac{\pi}{4}$이다. 따라서

$$\sin\theta = \frac{1}{\sqrt{2}} \text{이고 } \cos\theta = \frac{1}{\sqrt{2}}$$

이다.

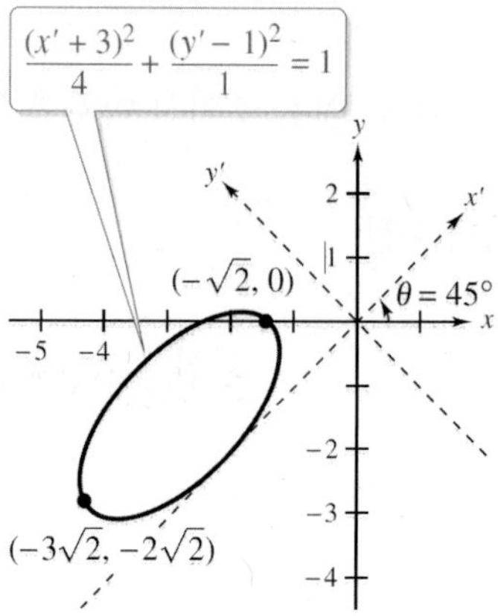

그림 4.19

$$x = x'\cos\theta - y'\sin\theta = \frac{1}{\sqrt{2}}(x'-y')$$

$$y = x'\sin\theta + y'\cos\theta = \frac{1}{\sqrt{2}}(x'+y')$$

을 원래의 식에 대입하여 정리하면

$$(x')^2 + 4(y')^2 + 6x' - 8y' + 9 = 0$$

을 얻는다. 결국, 완전제곱꼴로 고쳐서 이 방정식의 표준형을 구하면

$$\frac{(x'+3)^2}{2^2} + \frac{(y'-1)^2}{1^2} = \frac{(x'+3)^2}{4} + \frac{(y'-1)^2}{1} = 1$$

이고 이는 그림 4.19에서와 같이 타원의 방정식이다. ■

예제 7에서 $\mathbb{R}^2$의 (회전된) 새로운 기저는

$$B' = \left\{\left(\frac{1}{\sqrt{2}}, \frac{1}{\sqrt{2}}\right), \left(-\frac{1}{\sqrt{2}}, \frac{1}{\sqrt{2}}\right)\right\}$$

이고 타원의 꼭짓점의 B'에 대한 좌표는

$$\begin{bmatrix}-5\\1\end{bmatrix}, \begin{bmatrix}-1\\1\end{bmatrix}$$

이다.

꼭짓점의 표준기저 $B = \{(1, 0), (0, 1)\}$에 대한 좌표를 구하면 식

$$x = \frac{1}{\sqrt{2}}(x' - y')$$

$$y = \frac{1}{\sqrt{2}}(x' + y')$$

를 이용하여 그림 4.19에서처럼 $(-3\sqrt{2},\ -2\sqrt{2})$와 $(-\sqrt{2},\ 0)$을 얻는다.

4.8 연습문제

미분방정식의 해 결정하기 1∼12번에서는 어떤 함수가 선형미분방정식의 해가 되는지 결정하시오.

1. $y'' + y = 0$

(a) e^x (b) $\sin x$
(c) $\cos x$ (d) $\sin x - \cos x$

2. $y''' + y = 0$

(a) e^x (b) e^{-x}
(c) e^{-2x} (d) $2e^{-x}$

3. $y''' + y'' + y' + y = 0$

(a) x (b) e^x
(c) e^{-x} (d) xe^{-x}

4. $y'' - 6y' + 9y = 0$

(a) e^{3x} (b) xe^{3x}
(c) x^2e^{3x} (d) $(x+3)e^{3x}$

5. $y^{(4)} + y''' - 2y'' = 0$

(a) 1 (b) x
(c) x^2 (d) e^x

6. $y^{(4)} - 16y = 0$

(a) $3\cos x$ (b) $3\cos 2x$
(c) e^{-2x} (d) $3e^{2x} - 4\sin 2x$

7. $x^2y'' - 2y = 0$

(a) $\frac{1}{x^2}$ (b) x^2
(c) e^{x^2} (d) e^{-x^2}

8. $y' + (2x-1)y = 0$

(a) e^{x-x^2} (b) $2e^{x-x^2}$
(c) $3e^{x-x^2}$ (d) $4e^{x-x^2}$

9. $xy' - 2y = 0$

(a) $\sqrt{x}$ (b) x
(c) x^2 (d) x^3

10. $y'' + 2y' = 0$

(a) x (b) $\frac{1}{x}$ (c) xe^x
(d) e^{-x}

11. $y'' - y' - 12y = 0$

(a) e^{-4x} (b) e^{4x}

(c) e^{-3x} (d) e^{3}

12. $y' - 2xy = 0$

(a) $3e^{x^2}$ (b) xe^{x^2}

(c) x^2e^{x} (d) xe^{-x}

함수집합의 론스키안 구하기 13~26번에서는 주어진 함수집합의 론스키안을 구하시오.

13. $\{x, -\sin x\}$ **14.** $\{e^{3x}, \sin 2x\}$

15. $\{e^{x}, e^{-x}\}$ **16.** $\{e^{x^2}, e^{-x^2}\}$

17. $\{x, \sin x, \cos x\}$ **18.** $\{x, -\sin x, \cos x\}$

19. $\{e^{-x}, xe^{-x}, (x+3)e^{-x}\}$

20. $\{x, e^{-x}, e^{x}\}$ **21.** $\{1, e^{2}, e^{2x}\}$

22. $\{x^2, e^{x^2}, x^2e^{x}\}$ **23.** $\{1, x, x^2, x^3\}$

24. $\{x, x^2, e^{x}, e^{-x}\}$ **25.** $\{1, x, \cos x, e^{-x}\}$

26. $\{x, e^{x}, \sin x, \cos x\}$

일차독립성 증명하기 27~30번에서는 2계 선형동차미분방정식의 해집합이 일차독립임을 보이시오.

27. $\{e^{ax}, e^{bx}\},\ a \neq b$ **28.** $\{e^{ax}, xe^{ax}\}$

29. $\{\cos ax, \sin ax\},\ a \neq 0$

30. $\{e^{ax}\cos bx, e^{ax}\sin bx\},\ b \neq 0$

일차독립성 판정 31~28번에서는 (a) 각 해가 미분방정식을 만족하는 지 확인하고, (b) 해집합이 일차독립임을 판정한 후 (c) 해집합이 일차독립이면 미분방정식의 일반해를 구하시오.

	미분방정식	해
31.	$y'' + 16y = 0$	$\{\sin 4x, \cos 4x\}$
32.	$y'' - 4y' + 5y = 0$	$\{e^{2x}\sin x, e^{2x}\cos x\}$
33.	$y''' + 4y'' + 4y' = 0$	$\{e^{-2x}, xe^{-2x}, (2x+1)e^{-2x}\}$
34.	$y''' + 4y' = 0$	$\{1, 2\cos 2x, 2+\cos 2x\}$
35.	$y''' + 4y' = 0$	$\{1, \sin 2x, \cos 2x\}$
36.	$y''' + 3y'' + 3y' + y = 0$	$\{e^{-x}, xe^{-x}, x^2e^{-x}\}$
37.	$y''' + 3y'' + 3y' + y = 0$	$\{e^{-x}, xe^{-x}, e^{-x} + xe^{-x}\}$
38.	$y^{(4)} - 2y''' + y'' = 0$	$\{1, x, e^{x}, xe^{x}\}$

39. 진자 길이가 L인 진자가 중력에 의해서만 흔들리고 있다고 하자.

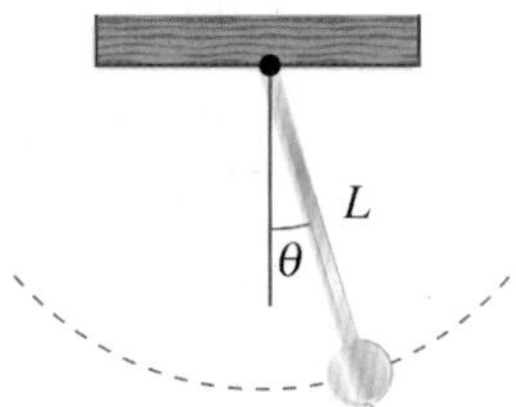

$\theta = \theta(t)$의 충분히 작은 값에 대하여 진자의 움직임은 미분방정식 $\dfrac{d^2\theta}{dt^2} + \dfrac{g}{L}\theta = 0$으로 근사시킬 수 있다. 여기서 g는 중력가속도이다.

(a) 집합 $\left\{\sin\sqrt{\dfrac{g}{L}}t, \cos\sqrt{\dfrac{g}{L}}t\right\}$은 주어진 미분방정식의 일차독립인 해인지 확인하시오.

(b) 미분방정식의 일반해를 찾고 그 해는

$\theta(t) = A\cos\left[\sqrt{\dfrac{g}{L}}(t+\phi)\right]$의 꼴임을 보이시오.

40. **증명** 집합 $\{y_1, y_2\}$가 2계 선형동차미분방정식의 해집합일 때 이 집합이 일차독립이면 론 스키안은 항등적으로 0인 것은 아니며 그 역도 성립함을 보이시오.

41. **서술** 비동차 선형미분방정식의 두 해의 합도 역시 해가 되는가? 이유를 설명하시오.

42. **서술** 비동차 선형미분방정식의 해의 스칼라 곱도 역시 해가 되는가? 이유를 설명하시오.

이차곡선의 구별과 그래프 그리기 43~58번에서는 이차곡선을 구별하고 그래프를 그리시오.

43. $y^2+x=0$

44. $x^2-6y=0$

45. $x^2+4y^2-16=0$

46. $5x^2+3y^2-15=0$

47. $\frac{x^2}{9}-\frac{y^2}{16}-1=0$

48. $\frac{x^2}{36}-\frac{y^2}{49}=1$

49. $x^2+4x+6y-2=0$

50. $y^2-6y-4x+21=0$

51. $16x^2+36y^2-64x-36y+73=0$

52. $4x^2+y^2-8x+3=0$

53. $9x^2-y^2+54x+10y+55=0$

54. $4y^2-2x^2-4y-8x-15=0$

55. $x^2+4y^2+4x+32y+64=0$

56. $4y^2+4x^2-24x+35=0$

57. $2x^2-y^2+4x+10y-22=0$

58. $y^2+8x+6y+25=0$

그래프에 맞는 식 연결하기 59~62번에서는 주어진 그래프의 식을 연결하시오. (그래프의 이름은 (a), (b), (c), (d)이다.)

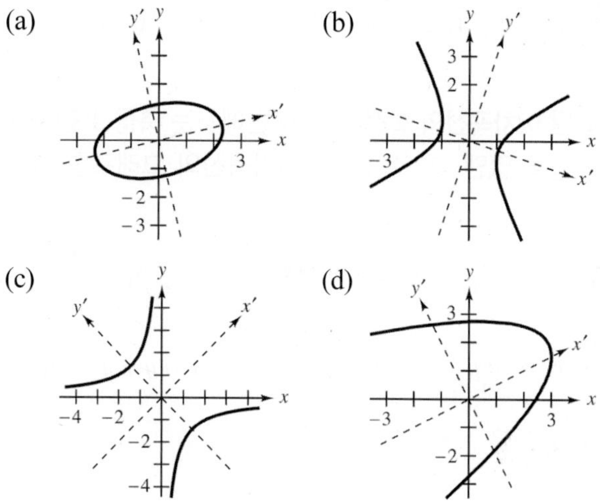

59. $xy+2=0$

60. $-2x^2+3xy+2y^2+3=0$

61. $x^2-xy+3y^2-5=0$

62. $x^2-4xy+4y^2+10x-30=0$

이차곡선의 회전 63~74번에서는 축을 회전시켜 xy–항을 없앤 후 이차곡선의 그래프를 그리시오.

63. $xy+1=0$

64. $xy-8x-4y=0$

65. $4x^2+2xy+4y^2-15=0$

66. $x^2+2xy+y^2-8x+8y=0$

67. $2x^2-3xy-2y^2+10=0$

68. $5x^2-2xy+5y^2-24=0$

69. $9x^2+24xy+16y^2+90x-130y=0$

70. $5x^2-6xy+5y^2-12=0$

71. $7x^2-6\sqrt{3}xy+13y^2-64=0$

72. $7x^2-2\sqrt{3}xy+5y^2=16$

73. $3x^2-2\sqrt{3}xy+y^2+2x+2\sqrt{3}y=0$

74. $x^2 + 2\sqrt{3}xy + 3y^2 - 2\sqrt{3}x + 2y + 16 = 0$

퇴화된 이차곡선의 회전 75~78번에서는 축을 회전하여 xy−항을 없앤 후 "퇴화된" 이차곡선의 그래프를 그리시오.

75. $x^2 - 2xy + y^2 = 0$

76. $5x^2 - 2xy + 5y^2 = 0$

77. $x^2 + 2xy + y^2 - 1 = 0$

78. $x^2 - 10xy + y^2 = 0$

79. **증명** $\theta = \dfrac{\pi}{4}$ 만큼의 회전이 방정식

$$ax^2 + bxy + ay^2 + dx + ey + f = 0$$

의 xy-항을 제거함을 증명하시오.

80. **증명** $\cot 2\theta = (a-c)/b$를 만족하는 θ에 대하여 θ만큼의 회전이 방정식

$$ax^2 + bxy + cy^2 + dx + ey + f = 0$$

의 xy-항을 제거함을 증명하시오.

81. **증명** 방정식 $ax^2 + bxy + cy^2 = 0$에 대하여 행렬 A를

$$A = \begin{bmatrix} a & b/2 \\ b/2 & c \end{bmatrix}$$

로 정의하자.

(a) 만일 $|A| = 0$이면 $ax^2 + bxy + cy^2 = 0$의 그래프는 하나의 직선임을 증명하시오.

(b) 만일 $|A| \neq 0$이면 $ax^2 + bxy + cy^2 = 0$의 그래프는 서로 만나는 두 직선임을 증명하시오.

82. **캡스톤**

(a) 론스키안을 이용하여 선형동차미분방정식의 해집합이 일차독립인지 판정하는 방법을 설명하시오.

(b) xy-항을 가지고 있는 이차곡선 방정식의 일반형에서 xy-항을 제거하는 방법에 대하여 설명하시오.

83. 학교 도서관이나 인터넷 또는 다른 여러 참고자료를 이용하여 (a) 선형미분방정식과 (b) 이차곡선의 회전에 대한 실생활에서의 응용 중 이 절에서 설명한 것과 다른 것을 찾아보시오.

복습문제 04

벡터연산 1~4번에서는 (a) $\mathrm{u}+\mathrm{v}$, (b) $2\mathrm{v}$, (c) $\mathrm{u}-\mathrm{v}$, (d) $3\mathrm{u}-2\mathrm{v}$를 구하시오.

1. $\mathrm{u}=(1, -2, -3)$, $\mathrm{v}=(3, 1, 0)$

2. $\mathrm{u}=(-1, 2, 1)$, $\mathrm{v}=(0, 1, 1)$

3. $\mathrm{u}=(3, -1, 2, 3)$, $\mathrm{v}=(0, 2, 2, 1)$

4. $\mathrm{u}=(0, 1, -1, 2)$, $\mathrm{v}=(1, 0, 0, 2)$

벡터방정식 풀기 5~8번에서는 $\mathrm{u}=(1, -1, 2)$, $\mathrm{v}=(0, 2, 3)$, $\mathrm{w}=(0, 1, 1)$일 때 x를 구하시오.

5. $2\mathrm{x}-\mathrm{u}+3\mathrm{v}+\mathrm{w}=0$

6. $3\mathrm{x}+2\mathrm{u}-\mathrm{v}+2\mathrm{w}=0$

7. $5\mathrm{u}-2\mathrm{x}=3\mathrm{v}+\mathrm{w}$

8. $3\mathrm{u}+2\mathrm{x}=\mathrm{w}-\mathrm{v}$

일차결합으로 나타내기 9~12번에서는 v를 가능하다면 u_1, u_2, u_3의 일차결합으로 나타내시오.

9. $\mathrm{v}=(3, 0, -6)$, $\mathrm{u}_1=(1, -1, 2)$, $\mathrm{u}_2=(2, 4, -2)$, $\mathrm{u}_3=(1, 2, -4)$

10. $\mathrm{v}=(4, 4, 5)$, $\mathrm{u}_1=(1, 2, 3)$, $\mathrm{u}_2=(-2, 0, 1)$, $\mathrm{u}_3=(1, 0, 0)$

11. $\mathrm{v}=(1, 2, 3, 5)$, $\mathrm{u}_1=(1, 2, 3, 4)$, $\mathrm{u}_2=(-1, -2, -3, 4)$, $\mathrm{u}_3=(0, -1, -1, -1)$

12. $\mathrm{v}=(4, -13, -5, -4)$, $\mathrm{u}_1=(1, -2, 1, 1)$, $\mathrm{u}_2=(-1, 2, 3, 2)$, $\mathrm{u}_3=(0, -1, -1, -1)$

영벡터와 덧셈에 대한 역원 구하기 13~16번에서는 주어진 벡터공간에서의 영벡터와 덧셈에 대한 역원을 구하시오.

13. $M_{4,2}$

14. P_8

15. $\mathbb{R}^5$

16. $M_{2,3}$

부분공간 판정 17~24번에서는 W가 벡터공간 V의 부분공간인지 판정하시오.

17. $W=\{(x, y): x=2y\}$, $V=\mathbb{R}^2$

18. $W=\{(x, y): x-y=1\}$, $V=\mathbb{R}^2$

19. $W=\{(x, y): y=ax$, a는 정수$\}$, $V=\mathbb{R}^2$

20. $W=\{(x, y): y=ax^2\}$, $V=\mathbb{R}^2$

21. $W=\{(x, 2x, 3x): x$는 실수$\}$, $V=\mathbb{R}^3$

22. $W=\{(x, y, z): x\geq 0\}$, $V=\mathbb{R}^3$

23. $W=\{f: f(0)=-1\}$, $V=C[-1, 1]$

24. $W=\{f: f(-1)=0\}$, $V=C[-1, 1]$

25. 다음의 $\mathbb{R}^3$의 부분집합 중 어느 것이 $\mathbb{R}^3$의 부분공간인가?

(a) $W=\left\{(x_1, x_2, x_3): x_1^2+x_2^2+x_3^2=0\right\}$

(b) $W=\left\{(x_1, x_2, x_3): x_1^2+x_2^2+x_3^2=1\right\}$

26. 다음의 $\mathbb{R}^3$의 부분집합 중 어느 것이 $\mathbb{R}^3$의 부분공간인가?

(a) $W=\{(x_1, x_2, x_3): x_1+x_2+x_3=0\}$

(b) $W=\{(x_1, x_2, x_3): x_1+x_2+x_3=1\}$

생성집합, 일차독립성, 기저 27~32번에서는 주어진 집합이 (a) $\mathbb{R}^3$를 생성하는지, (b) 일차독립인지, 그리고 (c) $\mathbb{R}^3$의 기저인지 판정하시오.

27. $S=\{(1,\ -5,\ 4),\ (11,\ 6,\ -1),\ (2,\ 3,\ 5)\}$

28. $S=\{(4,\ 0,\ 1),\ (0,\ -3,\ 2),\ (5,\ 10,\ 0)\}$

29. $S=\left\{\left(-\frac{1}{2},\ \frac{3}{4},\ -1\right),\ (5,\ 2,\ 3),\ (-4,\ 6,\ -8)\right\}$

30. $S=\{(2,\ 0,\ 1),\ (2,\ -1,\ 1),\ (4,\ 2,\ 0)\}$

31. $S=\{(1,\ 0,\ 0),(0,\ 1,\ 0),(0,\ 0,\ 1),\ (-1,\ 2,\ -3)\}$

32. $S=\{(1,\ 0,\ 0),\ (0,\ 1,\ 0),\ (0,\ 0,\ 1),\ (2,\ -1,\ 0)\}$

33. 집합 $S=\{1-t,\ 2t+3t^2,\ t^2-2t^3,\ 2+t^3\}$이 P_3의 기저인지 판정하시오.

34. 집합 $S=\{1,\ t,\ 1+t^2\}$이 P_2의 기저인지 판정하시오.

기저 판정 35번과 36번에서는 주어진 집합이 $M_{2,2}$의 기저인지 판정하시오.

35. $S=\left\{\begin{bmatrix}-2 & 3\\ 1 & 0\end{bmatrix},\ \begin{bmatrix}2 & 0\\ -4 & 0\end{bmatrix},\ \begin{bmatrix}1 & 3\\ -1 & 1\end{bmatrix},\ \begin{bmatrix}1 & 0\\ 2 & 1\end{bmatrix}\right\}$

36. $S=\left\{\begin{bmatrix}1 & 0\\ 0 & 1\end{bmatrix},\ \begin{bmatrix}-1 & 0\\ 1 & 1\end{bmatrix},\ \begin{bmatrix}2 & 1\\ 1 & 0\end{bmatrix},\ \begin{bmatrix}1 & 1\\ 0 & 1\end{bmatrix}\right\}$

행렬의 영공간, 영공간차원, 계수 37~42번에서는 행렬 A의 (a) 영공간, (b) 영공간차원, (c) 계수를 구하시오. n이 A의 열의 개수일 때, $\text{rank}(A)+\text{nullity}(A)=n$임을 확인하시오.

37. $A=\begin{bmatrix}-4 & 3\\ 12 & -9\end{bmatrix}$

38. $A=\begin{bmatrix}1 & 4\\ 3 & 2\end{bmatrix}$

39. $A=\begin{bmatrix}3 & -3 & -6 & 4\\ 1 & 5 & 3 & 11\\ 2 & 7 & -6 & 16\end{bmatrix}$

40. $A=\begin{bmatrix}1 & 0 & -2 & 0\\ 4 & -2 & 4 & -2\\ -2 & 0 & 1 & 3\end{bmatrix}$

41. $A=\begin{bmatrix}1 & 3 & 2\\ 4 & -1 & -18\\ -1 & 3 & 10\\ 1 & 2 & 0\end{bmatrix}$

42. $A=\begin{bmatrix}1 & 2 & 1 & 2\\ 1 & 4 & 0 & 3\\ -2 & 3 & 0 & 2\\ 1 & 2 & 6 & 1\end{bmatrix}$

행공간의 기저와 계수 찾기 43~46번에서는 (a) 행공간의 기저와 (b) 행렬의 계수를 구하시오.

43. $\begin{bmatrix}1 & 2\\ -4 & 3\\ 6 & 1\end{bmatrix}$

44. $\begin{bmatrix}2 & -1 & 4\\ 1 & 5 & 6\\ 1 & 16 & 14\end{bmatrix}$

45. $\begin{bmatrix}7 & 0 & 2\\ 4 & 1 & 6\\ -1 & 16 & 14\end{bmatrix}$

46. $\begin{bmatrix}1 & 2 & 0\\ -1 & 4 & 1\\ 0 & 1 & 3\end{bmatrix}$

기저와 차원 구하기 47~50번에서는 동차연립일차방정식의 해공간의 (a) 기저와 (b) 차원을 구하시오.

47.
$$\begin{aligned}2x_1+4x_2+3x_3-\ 6x_4&=0\\ x_1+2x_2+2x_3-\ 5x_4&=0\\ 3x_1+6x_2+5x_3-11x_4&=0\end{aligned}$$

48.
$$\begin{aligned}16x_1+24x_2+8x_3-32x_4&=0\\ 4x_1+\ 6x_2+2x_3-\ 8x_4&=0\\ 2x_1+\ 3x_2+\ x_3-\ 4x_4&=0\end{aligned}$$

49.
$$\begin{aligned}x_1-3x_2+\ x_3+\ x_4&=0\\ 2x_1+\ x_2-\ x_3+2x_4&=0\\ x_1+4x_2-2x_3+\ x_4&=0\\ 5x_1-8x_2+2x_3+5x_4&=0\end{aligned}$$

50.
$$\begin{aligned}-x_1+2x_2-\ x_3+\ 2x_4&=0\\ -2x_1+2x_2+\ x_3+\ 4x_4&=0\\ 3x_1+2x_2+2x_3+\ 5x_4&=0\\ -3x_1+8x_2+5x_3+17x_4&=0\end{aligned}$$

좌표행렬 구하기 51~56번에서는 주어진 $\mathbb{R}^n$의 (표준이 아닌) 기저 B에 대한 $\mathbf{x}$의 좌표행렬에 대하여 표준기저에 대한 좌표행렬을 구하시오.

51. $B=\{(1,1),(-1,1)\}$, $[\mathrm{x}]_B=[3 \quad 5]^T$

52. $B=\{(2,0),(3,3)\}$, $[\mathrm{x}]_B=[1 \quad 1]^T$

53. $B=\left\{\left(\frac{1}{2},\frac{1}{2}\right),(1,0)\right\}$, $[\mathrm{x}]_B=\left[\frac{1}{2} \quad \frac{1}{2}\right]^T$

54. $B=\{(2,4),(-1,1)\}$, $[\mathrm{x}]_B=[4 \quad -7]^T$

55. $B=\{(1,0,0),(1,1,0),(0,1,1)\}$,
$[\mathrm{x}]_B=[2 \quad 0 \quad -1]^T$

56. $B=\{(1,0,1),(0,1,0),(0,1,1)\}$,
$[\mathrm{x}]_B=[4 \quad 0 \quad 2]^T$

좌표행렬 구하기 57~62번에서는 $\mathbb{R}^n$의 벡터 x의 기저 B'에 대한 좌표행렬을 구하시오.

57. $B'=\{(5,0),(0,-8)\}$, $\mathrm{x}=(2,2)$

58. $B'=\{(2,2),(0,-1)\}$, $\mathrm{x}=(-1,2)$

59. $B'=\{(1,2,3),(1,2,0),(0,-6,2)\}$,
$\mathrm{x}=(3,-3,0)$

60. $B'=\{(1,0,0),(0,1,0),(1,1,1)\}$,
$\mathrm{x}=(4,-2,9)$

61. $B'=\{(9,-3,15,4),(-3,0,0,-1),$
$(0,-5,6,8),(-3,4,-2,3)\}$,
$\mathrm{x}=(21,-5,43,14)$

62. $B'=\{(1,-1,2,1),(1,1,-4,3),(1,2,0,3),$
$(1,2,-2,0)\}$,
$\mathrm{x}=(5,3,-6,2)$

전이행렬 구하기 63~68번에서는 B에서 B'으로의 전이행렬을 구하시오.

63. $B=\{(1,-1),(3,1)\}$, $B'=\{(1,0),(0,1)\}$

64. $B=\{(1,-1),(3,1)\}$, $B'=\{(1,2),(-1,0)\}$

65. $B=\{(1,0,0),(0,1,0),(0,0,1)\}$,
$B'=\{(0,0,1),(0,1,0),(1,0,0)\}$

66. $B=\{(1,1,1),(1,1,0),(1,0,0)\}$,
$B'=\{(1,2,3),(0,1,0),(1,0,1)\}$

67. $B=\{(1,1,2),(2,3,4),(3,3,3)\}$,
$B'=\{(7,-1,-1),(-3,1,0),(-3,0,1)\}$

68. $B=\{(1,1,1),(3,4,3),(3,3,4)\}$,
$B'=\left\{\left(1,-1,\frac{2}{3}\right),(-2,1,0),\left(1,0,-\frac{1}{3}\right)\right\}$

전이행렬과 좌표행렬 구하기 69~72번에서는 (a) B에서 B'으로의 전이행렬을 구하고, (b) B'에서 B로의 전이행렬도 구하시오. 그리고 (c) 두 전이행렬이 서로 역행렬관계임을 확인하고, (d) 주어진 좌표행렬 $[\mathrm{x}]_B$에 대해 좌표행렬 $[\mathrm{x}]_{B'}$을 구하시오.

69. $B=\{(-2,1),(1,-1)\}$, $B'=\{(0,2),(1,1)\}$,
$[\mathrm{x}]_B=[6 \quad 6]^T$

70. $B=\{(1,0),(1,-1)\}$, $B'=\{(1,1),(1,-1)\}$,
$[\mathrm{x}]_B=[2 \quad -2]^T$

71. $B=\{(1,0,0),(1,1,0),(1,1,1)\}$,
$B'=\{(0,0,1),(0,1,1),(1,1,1)\}$,
$[\mathrm{x}]_B=[-1 \quad 2 \quad -3]^T$

72. $B=\{(1,1,-1),(1,1,0),(1,-1,0)\}$,
$B'=\{(1,-1,2),(2,2,-1),(2,2,2)\}$,
$[\mathrm{x}]_B=[2 \quad 2 \quad -1]^T$

73. W는 $p(0)=0$인 P_3 [3차 이하의 다항식 $p(x)$ 전체의 집합]의 부분공간이고 U는 $p(1)=0$인 P_3의 부분공간이라 하자. W의 기저와 U의 기저, 그리고 이들의 교집합 $W \cap U$의 기저를 구하시오.

74. **미적분** $V=C'(-\infty,\infty)$를 실수에서 도함수도 연속인 함수 전체의 벡터공간이라 하자.

(a) $W=\{f : f'=4f\}$는 V의 부분공간임을 증명하시오.

(b) $U=\{f : f'=f+1\}$은 V의 부분공간이 아님을 증명하시오.

75. **서술** 집합 $B=\{p_1(x),\ p_2(x),\ \ldots,\ p_n(x),\ p_{n+1}(x)\}$를 P_n의 기저라 하자. B는 0, 1, 2, ..., n차의 다항식을 반드시 포함해야만 하는가? 설명하시오.

76. **증명** A와 B는 $A \neq O$이고 $B \neq O$인 $n \times n$ 정사각행렬이다. 만일 A가 대칭행렬이고 B는 반대칭행렬($B^T=-B$)이라면 $\{A, B\}$는 일차독립인 집합임을 증명하시오.

77. **증명** $V=P_5$이고, 집합 W를 P_2의 원소 $p(x)$에 대하여 $(x^3+x)p(x)$ 꼴의 다항식 전체의 집합이라 하자. W는 V의 부분공간인가? 답을 증명하시오.

78. $\mathbf{v}_1$, $\mathbf{v}_2$, $\mathbf{v}_3$는 벡터공간 V에 속한 일차독립인 세 벡터이다. 집합 $\{\mathbf{v}_1-2\mathbf{v}_2,\ 2\mathbf{v}_2-3\mathbf{v}_3,\ 3\mathbf{v}_3-\mathbf{v}_1\}$은 일차종속인가 아니면 일차독립인가? 그 이유를 설명하시오.

79. **증명** A는 $n \times n$ 정사각행렬이다. A의 행벡터가 일차독립이면 A의 열벡터도 독립이고, A의 열벡터가 일차독립이면 A의 행벡터도 일차독립임을 증명하시오.

80. **증명** A는 $n \times n$정사각행렬이고 λ는 스칼라이다. 집합 $S=\{\mathbf{x}: A\mathbf{x}=\lambda\mathbf{x}\}$는 $\mathbb{R}^n$의 부분공간임을 증명하시오. $\lambda=3$이고 $A=\begin{bmatrix}3&1&0\\0&3&0\\0&0&1\end{bmatrix}$일 때 S의 차원을 구하시오.

81. $f(x)=x$이고 $g(x)=|x|$이다.

(a) f와 g는 $C'[-1, 1]$에서 일차독립임을 보이시오.

(b) f와 g는 $C[0, 1]$에서 일차종속임을 보이시오.

82. 함수 집합의 정의역이 집합이 일차독립인지 혹은 일차종속인지에 어떻게 영향을 주는 지 설명하시오.

참 또는 거짓? 83~86번에서는 각 명제가 참 또는 거짓인지 판별하시오. 만약 명제가 참이라면 그 이유를 제시하거나 본문에서 적절한 명제를 찾아 제시하시오. 만약 명제가 거짓이라면 명제가 참이 아니라는 예를 제시하거나 본문에서 적절한 명제를 찾아 제시하시오.

83. (a) $\mathbb{R}^n$의 표준연산은 벡터덧셈과 스칼라곱이다.

(b) 벡터의 덧셈에 대한 역원은 유일하지 않다.

(c) 벡터공간은 벡터의 집합, 스칼라의 집합, 두 개의 연산, 이렇게 네 가지로 구성된다.

84. (a) 집합 $W=\{(0, x^2, x^3) : x^2$과 x^3은 실수$\}$는 $\mathbb{R}^3$의 부분공간이다.

(b) 벡터공간 V의 벡터의 집합 S가 V를 생성하고 일차독립이면 S는 V의 기저이다.

(c) 만일 A가 역행렬을 갖는 $n \times n$ 행렬이면, A의 n개의 행은 일차종속이다.

85. (a) 모든 n순서쌍의 집합은 n-공간이고 $\mathbb{R}^n$으로 나타낸다.

(b) 벡터공간의 덧셈에 대한 항등원은 유일하지 않다.

(c) 만일 어떠한 정리가 추상적인 벡터공간에 대해 성립함이 증명되었다면 n순서쌍, 행렬, 다항식에 대하여 그 정리를 따로 증명할 필요는 없다.

86. (a) 직선 $x+y=0$ 위의 점들의 집합은 $\mathbb{R}^2$의 부분공간이다.

(b) 기본행연산은 행렬 A의 열공간을 변화시키지 않는다.

미분방정식의 해 결정 87~90번에서는 어떤 함수가 주어진 선형미분방정식의 해인지 결정하시오.

87. $y''-y'-6y=0$

(a) e^{3x}　(b) e^{2x}

(c) e^{-3x}　(d) e^{-2x}

88. $y^{(4)}-y=0$

(a) e^{x}　(b) e^{-x}

(c) $\cos x$　(d) $\sin x$

89. $y'+2y=0$

(a) e^{-2x}　(b) e^{-x}

(c) x^2e^{-x}　(d) $2xe^{-2x}$

90. $y''+25y=0$

(a) $\sin 5x+\cos 5x$　(b) $5\sin x+5\cos x$

(c) $\sin 5x$　(d) $\cos 5x$

함수집합의 론스키안 구하기 91~94번에서는 함수집합의 론스키안을 구하시오.

91. $\{1, x, e^x\}$　**92.** $\{2, x^2, 3+x\}$

93. $\{1, \sin 2x, \cos 2x\}$　**94.** $\{x, \sin^2 x, \cos^2 x\}$

일차독립성 판정 95~98번에서는 (a) 각 해가 미분방정식을 만족시키는 지 확인하고, (b) 해집합이 일차독립인지 판정하시오. 그리고 (c) 만일 집합이 일차독립이면 미분방정식의 일반해를 구하시오.

	미분방정식	해
95.	$y''+6y'+9y=0$	$\{e^{-3x}, xe^{-3x}\}$
96.	$y''+6y'+9y-0$	$\{e^{-3x}, 3e^{-3x}\}$
97.	$y'''-6y''+11y'-6y=0$	$\{e^{x}, e^{2x}, e^{x}, -e^{2x}\}$
98.	$y''+9y=0$	$\{\sin 3x, \cos 3x\}$

이차곡선의 구별과 그래프그리기 99~106번에서는 이차곡선을 구별하고 그 그래프를 그리시오.

99. $x^2+y^2+4x-2y-11=0$

100. $9x^2+9y^2+18x-18y+14=0$

101. $x^2-y^2+2x-3=0$

102. $4x^2-y^2+8x-6y+4=0$

103. $2x^2-20x-y+46=0$

104. $y^2-4x-4=0$

105. $4x^2+y^2+32x+4y+63=0$

106. $16x^2+25y^2-32x-50y+16=0$

이차곡선의 회전 107~110번에서는 축을 회전하여 $xy-$항을 없앤 후 이차곡선의 그래프를 구하시오.

107. $xy=3$

108. $9x^2+4xy+9y^2-20=0$

109. $16x^2-24xy+9y^2-60x-80y+100=0$

110. $x^2+2xy+y^2+\sqrt{2}x-\sqrt{2}y=0$

04 프로젝트

Projects

01 연립일차방정식의 해

다음 질문에 답하시오. 계산은 하지 말고 책에서 배운 적절한 성질을 근거하여 답을 하시오.

1. 동차연립일차방정식

$$\begin{aligned} 2x + y + 4z + w &= 0 \\ 4x + y \qquad - w &= 0 \\ 2y + z - 9w &= 0 \end{aligned}$$

의 하나의 해는 $x=-1,\ y=5,\ z=-1,\ w=1$이다. $x=2,\ y=-10,\ z=2,\ w=-2$도 해가 되는 이유를 설명하시오.

2. 벡터 x_1와 x_2는 동차연립일차방정식 $A\mathrm{x}=0$의 해이다. 벡터 $5\mathrm{x}_1-2\mathrm{x}_2$도 해가 되는 이유를 설명하시오.

3. 덧붙인 행렬

$$\begin{bmatrix} 2 & -1 & 5 & 0 \\ 0 & 1 & 1 & 4 \\ 1 & -2 & 1 & -6 \end{bmatrix} \qquad \begin{bmatrix} 2 & -1 & 5 & 0 \\ 0 & 1 & 1 & -8 \\ 1 & -2 & 1 & 12 \end{bmatrix}$$

는 두 연립방정식을 나타낸다. 만일 첫 번째 연립방정식이 해를 가지면, 왜 두 번째 연립방정식도 해를 갖는가?

4. 벡터 x_1과 x_2는 연립일차방정식 $A\mathrm{x}=\mathrm{b}$의 해이다. 벡터 $5\mathrm{x}_1-2\mathrm{x}_2$도 해인가? 그렇게 생각한 이유는 무엇인가?

5. 연립일차방정식 $A\mathrm{x}=\mathrm{b}_1$과 $A\mathrm{x}=\mathrm{b}_2$는 모두 해를 가진다. $A\mathrm{x}=\mathrm{b}_1+\mathrm{b}_2$는 반드시 해를 갖는가? 그렇게 생각한 이유는 무엇인가?

02. 직합

이번 프로젝트에서는 부분공간의 **합**(sum)과 **직합**(direct sum)에 대해 알아볼 것이다. 4.3절의 연습문제 58번에서 벡터공간 V의 두 부분공간 U와 W에 대하여 $U+W=\{\mathrm{u}+\mathrm{w}:\mathrm{u}\in U,\ \mathrm{w}\in W\}$로 정의된 부분공간의 합 $U+W$는 V의 부분공간임을 증명하였다.

1. 다음과 같은 $V=\mathbb{R}^3$의 부분공간을 생각하자.

$U=\{(x+y,\ x,\ y):x,\ y\in\mathbb{R}\}$

$W = \{(x, x, 0) : x \in \mathbb{R}\}$
$Z = \{(x, x, x) : x \in \mathbb{R}\}$
$U + W$, $U + Z$, $W + Z$를 구하시오.

2. 만일 U와 W가 $V = U + W$이고 $U \cap W = \{0\}$인 V의 부분공간이면 V의 모든 벡터는 $\mathrm{u} + \mathrm{w}$의 꼴로 유일하게 표현할 수 있음을 증명하시오. 여기서 u는 U에 속하고 w는 W에 속한다. V를 U와 W의 **직합**(direct sum)이라고 하고

$$V = U \oplus W \qquad\qquad \text{직합}$$

로 나타낸다.
문항 (1)에서의 어떠한 합이 직합인가?

3. $V = U \oplus W$이고 $\{\mathrm{u}_1, \mathrm{u}_2, \ldots, \mathrm{u}_k\}$는 부분공간 U의 기저이고 $\{\mathrm{w}_1, \mathrm{w}_2, \ldots, \mathrm{w}_m\}$은 부분공간 W의 기저이다. 집합 $\{\mathrm{u}_1, \ldots, \mathrm{u}_k, \mathrm{w}_1, \ldots, \mathrm{w}_m\}$는 V의 기저임을 증명하시오.

4. 벡터공간 $V = \mathbb{R}^3$의 부분공간 $U = \{(y, 0, x) : x, y \in \mathbb{R}\}$와 $W = \{(x, y, 0) : x, y \in \mathbb{R}\}$에 대하여, $\mathbb{R}^3 = U + W$임을 보이시오. $\mathbb{R}^3$는 U와 W의 직합인가? U, W, $U \cap W$, $U + W$의 차원은 무엇인가? U, W, $U \cap W$, $U + W$의 차원과 관련된 추측을 세우시오.

5. 서로의 교집합의 원소가 영벡터뿐이고 2차원인 두 개의 $\mathbb{R}^3$의 부분공간이 존재하는가? 그렇게 생각한 이유는 무엇인가?

05

내적공간

5.1 $\mathbb{R}^n$에서의 길이와 점곱
5.2 내적공간
5.3 정규직교기저: Gram-Schmidt 과정
5.4 수학적 모델과 최소제곱분석
5.5 내적공간의 응용

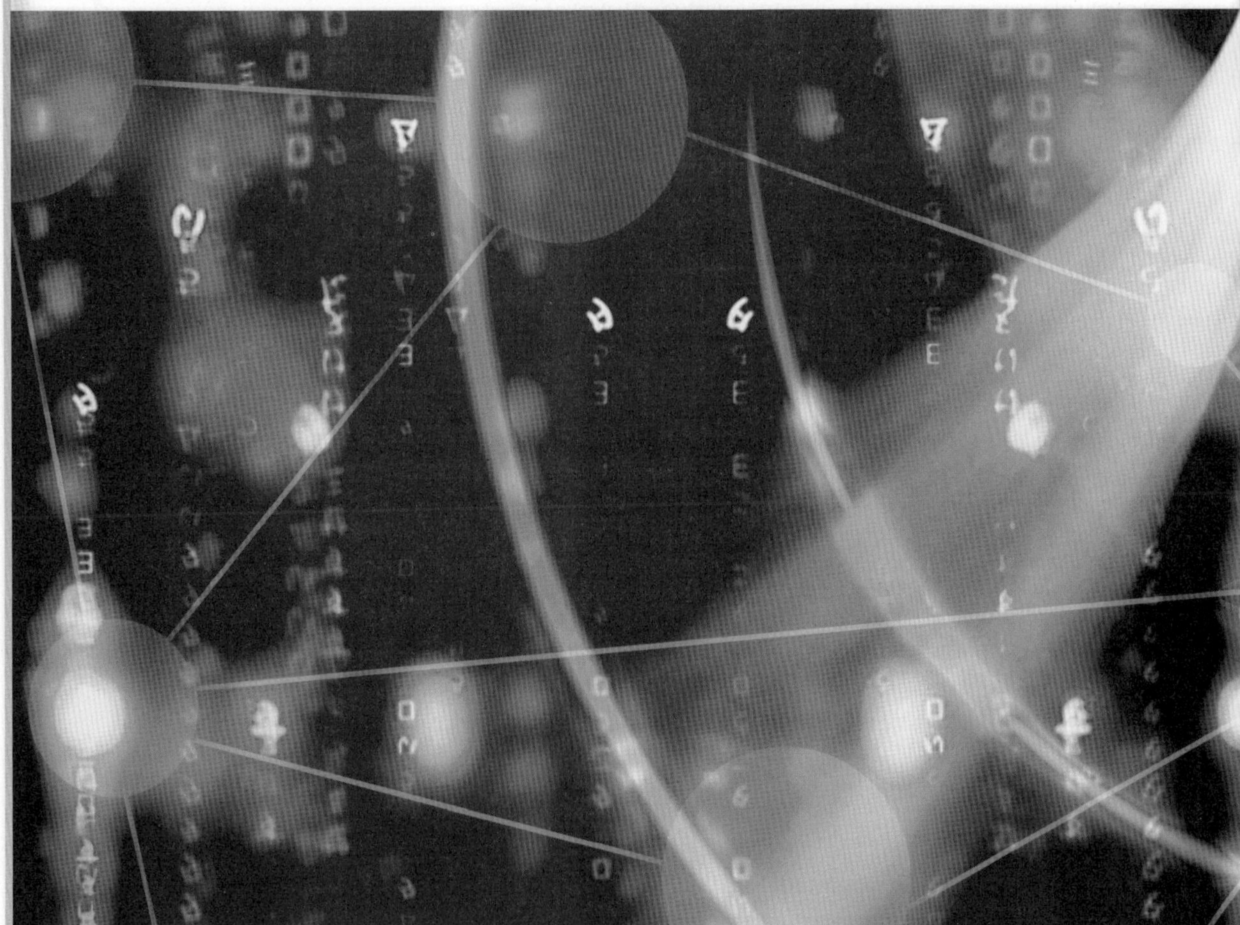

5.1 $\mathbb{R}^n$에서의 길이와 점곱

- 벡터의 길이와 단위벡터 구하기
- 두 벡터 사이의 거리 구하기
- 점곱과 두 벡터 사이의 각을 구하고, 직교여부 결정하고, Cauchy-Schwarz 부등식, 삼각부등식, 피타고리스 정리 확인하기
- 행렬곱을 이용하여 점곱 나타내기

벡터 길이와 단위 벡터

4.1절에서 벡터는 두 가지 양인 *길이*와 *방향*으로 특정할 수 있다고 했다. 이번 절에서는 이 두 가지와 $\mathbb{R}^n$의 벡터의 (거리와 각과 같은) 다른 기하적 성질을 정의할 것이다. 5.2절에서는 이러한 생각을 일반적인 벡터공간으로 확장할 것이다.

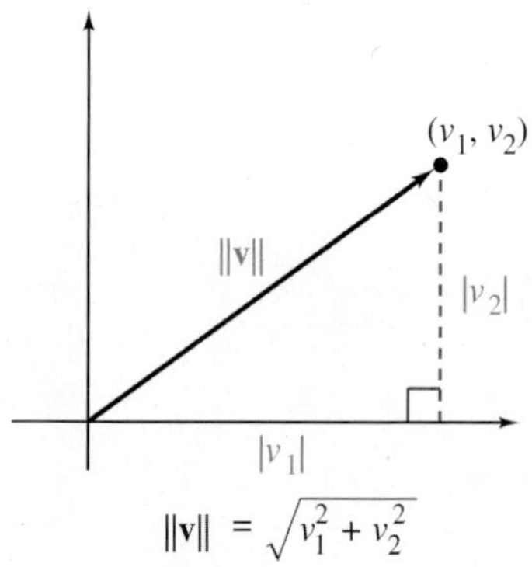

그림 5.1

$\mathbb{R}^2$의 벡터의 길이의 정의를 다시 살펴보면서 이 절을 시작하자. 만일 $\mathbf{v} = (v_1, v_2)$가 $\mathbb{R}^2$의 벡터라면 $\|\mathbf{v}\|$로 나타내는 $\mathbf{v}$의 *길이(length)* 또는 *크기(norm)*는 그림 5.1에서와 같이 밑변과 높이가 $|v_1|$과 $|v_2|$의 길이인 직각삼각형의 빗변의 길이이다. 피타고라스의 정리에 의해

$$\|\mathbf{v}\|^2 = |v_1|^2 + |v_2|^2 = v_1^2 + v_2^2$$
$$\|\mathbf{v}\| = \sqrt{v_1^2 + v_2^2}$$

이다. $\mathbb{R}^2$에서처럼 $\mathbb{R}^n$의 벡터의 길이도 다음과 같이 정의한다.

$\mathbb{R}^n$의 벡터의 길이의 정의

$\mathbb{R}^n$의 벡터 $\mathbf{v} = (v_1, v_2, \dots, v_n)$의 **길이**(length) 또는 **크기**(norm)는

$$\|\mathbf{v}\| = \sqrt{v_1^2 + v_2^2 + \cdots + v_n^2}$$

이다. 벡터의 길이는 벡터의 **정도**(magnitude)라고도 한다. 만일 $\|\mathbf{v}\| = 1$이면 벡터 $\mathbf{v}$는 **단위벡터**(unit vector)이다.

정의에서 보여지는 바와 같이 벡터의 길이는 음수가 될 수 없다. 즉 $\|\mathbf{v}\| \geq 0$이다. 더욱이 $\|\mathbf{v}\| = 0$이면 v는 영벡터이고 v가 영벡터이면 역시 $\|\mathbf{v}\| = 0$이다.

예제 1 $\mathbb{R}^n$의 벡터의 길이

a. $\mathbb{R}^5$에서 $\mathbf{v} = (0, -2, 1, 4, -2)$의 길이는

$$\|\mathbf{v}\| = \sqrt{0^2 + (-2)^2 + 1^2 + 4^2 + (-2)^2} = \sqrt{25} = 5$$

이다.

b. $\mathbb{R}^3$에서 $\mathbf{v} = (2/\sqrt{17}, -2/\sqrt{17}, 3/\sqrt{17})$의 길이는

$$\|\mathbf{v}\| = \sqrt{(2/\sqrt{17})^2 + (-2/\sqrt{17})^2 + (3/\sqrt{17})^2} = \sqrt{17/17} = 1$$

이다. v의 길이는 1이므로 그림 5.2에서와 같이 v는 단위벡터이다. ■

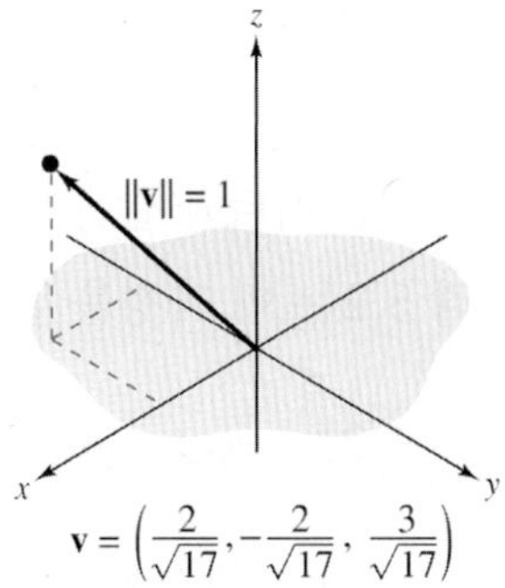

그림 5.2

$\mathbb{R}^n$의 표준기저의 각 벡터는 길이가 1이므로 $\mathbb{R}^n$의 **표준단위벡터**(standard unit vector)라 한다. 보통 $\mathbb{R}^2$와 $\mathbb{R}^3$의 표준단위벡터는

$$\{\mathbf{i}, \mathbf{j}\} = \{(1, 0), (0, 1)\}\text{과 } \{\mathbf{i}, \mathbf{j}, \mathbf{k}\} = \{(1, 0, 0), (0, 1, 0), (0, 0, 1)\}$$

로 나타낸다.

$\mathbb{R}^n$의 영벡터가 아닌 두 벡터 u와 v는 한 벡터가 다른 벡터의 스칼라배, 즉 $\mathbf{u} = c\mathbf{v}$일 때, **평행**(parallel)하다. 더욱이 만일 $c > 0$이면 u와 v는 **같은 방향**의 벡터이고 만일 $c < 0$이면 u와 v는 **반대방향**의 벡터이다. 다음 정리는 벡터의 스칼라배의 길이를 구하는 공식에 대한 것이다.

정리 5.1 **스칼라배의 길이**

v는 $\mathbb{R}^n$의 벡터이고 c는 스칼라이라 하자. 그러면

$$\|c\mathbf{v}\| = |c|\,\|\mathbf{v}\|$$

이다. 단 여기서 $|c|$는 c의 절댓값이다.

증명

$c\mathbf{v} = (cv_1, cv_2, \ldots, cv_n)$이므로

$$\begin{aligned}\|c\mathbf{v}\| &= \|(cv_1,\ cv_2,\ \ldots,\ cv_n)\| \\ &= \sqrt{(cv_1)^2+(cv_2)^2+\cdots+(cv_n)^2} \\ &= |c|\sqrt{v_1^2+v_2^2+\cdots+v_n^2} \\ &= |c|\,\|\mathbf{v}\|\end{aligned}$$

가 성립한다. ■

주어진 벡터와 같은 방향의 단위벡터를 구할 때 정리 5.1의 역할이 중요한다. 정리 5.2는 이 과정을 설명해준다.

기술

벡터 v의 길이, 스칼라배인 $c\mathbf{v}$의 길이 또는 v와 같은 방향의 단위벡터를 구할 때 공학용 계산기나 소프트웨어 프로그램을 사용할 수 있다. 예를 들어, 예제2의 내용을 공학용 계산기로 확인해본다면 다음과 비슷한 형태의 화면을 볼 수 있을 것이다.

```
VECTOR:V        3
 e1=3
 e2=-1
 e3=2
unitV V
  [.8018 -.2673 .5345]
```

$\frac{3}{\sqrt{14}} \approx 0.8018$,

$-\frac{1}{\sqrt{14}} \approx -0.2673$,

$\frac{2}{\sqrt{14}} \approx 0.5345$이다.

대화형 예제는 LarsonLinearAlgebra.com을 참고하라.

정리 5.2 **벡터 v 방향의 단위 벡터**

만일 v가 $\mathbb{R}^n$의 영벡터가 아닌 벡터라면 벡터

$$\mathbf{u} = \frac{\mathbf{v}}{\|\mathbf{v}\|}$$

는 길이가 1이고 v와 같은 방향을 가진다. 이 벡터 u는 v 방향의 단위벡터(the unit vector in the direction of v)이다.

증명

$\mathbf{v} \neq \mathbf{0}$이므로 $\|\mathbf{v}\| \neq 0$이다. 그리고 당연히 $1/\|\mathbf{v}\|$가 양수이므로 u를 v의 양의 배수로 나타낼 수 있다.

$$\mathbf{u} = \left(\frac{1}{\|\mathbf{v}\|}\right)\mathbf{v}$$

그러면

$$\|\mathbf{u}\| = \left\|\frac{\mathbf{v}}{\|\mathbf{v}\|}\right\| = \frac{1}{\|\mathbf{v}\|}\|\mathbf{v}\| = 1$$

이므로 u는 v와 같은 방향의 벡터이고 길이는 1이다. ■

벡터 v와 같은 방향의 단위벡터를 구하는 과정을 벡터 v의 **정규화**(normalizing)이라 한다.

예제 2 단위벡터 구하기

벡터 $\mathbf{v} = (3,\ -1,\ 2)$ 방향의 단위벡터를 구하고 그 벡터의 길이가 1인지 확인하시오.

풀이

벡터 v 방향의 단위벡터는

$$\frac{\mathbf{v}}{\|\mathbf{v}\|}=\frac{(3,\ -1,\ 2)}{\sqrt{3^2+(-1)^2+2^2}}=\frac{1}{\sqrt{14}}(3,\ -1,\ 2)$$
$$=\left(\frac{3}{\sqrt{14}},\ -\frac{1}{\sqrt{14}},\ \frac{2}{\sqrt{14}}\right)$$

이고 이 벡터는

$$\sqrt{\left(\frac{3}{14}\right)^2+\left(-\frac{1}{\sqrt{14}}\right)^2+\left(\frac{2}{\sqrt{14}}\right)^2}=\sqrt{\frac{14}{14}}=1$$

이므로 (그림 5.3 참고) 단위벡터이다. ■

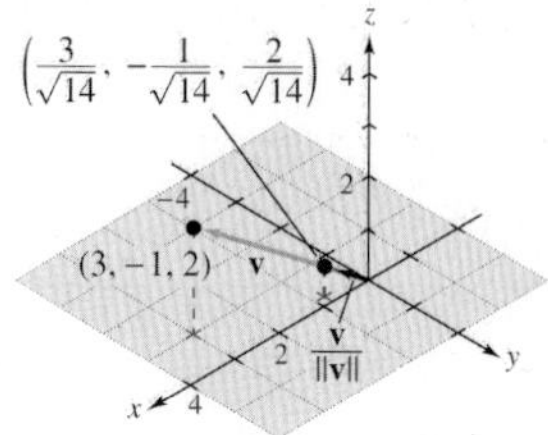

그림 5.3

● $\mathbb{R}^n$에서 두 벡터 사이의 거리

$\mathbb{R}^n$에서 두 벡터 사이의 거리를 정의하기 위해 $\mathbb{R}^2$의 경우를 예로 들어보자. 해석기하의 거리공식은 $\mathbb{R}^2$의 두 점 $(u_1,\ u_2)$와 $(v_1,\ v_2)$ 사이의 거리 d를

$$d=\sqrt{(u_1-v_1)^2+(u_2-v_2)^2}$$

라고 한다. 이를 벡터로 나타내면, 이 거리는 다음 그림에서처럼 $\mathbf{u}=(u_1,\ u_2)$와 $\mathbf{v}=(v_1,\ v_2)$에 대한 $\mathbf{u}-\mathbf{v}$의 길이로 볼 수 있다. 즉

$$\|\mathbf{u}-\mathbf{v}\|=\sqrt{(u_1-v_1)^2+(u_2-v_2)^2}$$

이다.

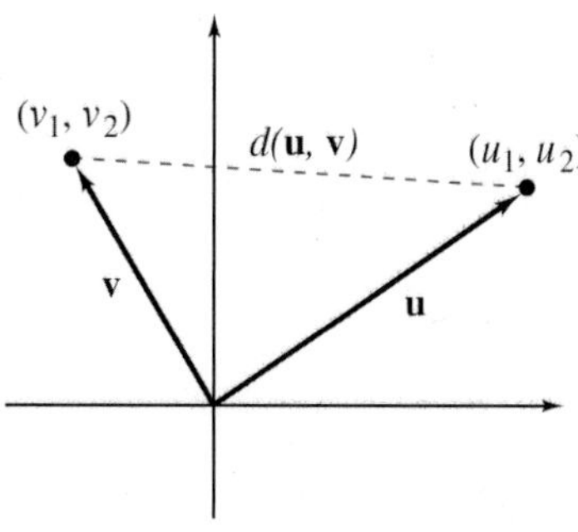

$$d(\mathbf{u},\mathbf{v})=\|\mathbf{u}-\mathbf{v}\|=\sqrt{(u_1-v_1)^2+(u_2-v_2)^2}$$

올가 타우스키-토드 (Olga Taussky-Todd, 1906~1995)

타우스키-토드는 현재의 체코에서 태어났다. 그녀는 어려서부터 수학에 흥미가 있었다. 타우스키-토드는 일생동안 탁월하고 왕성하게 활동하는 수학자였다. 그녀는 행렬이론, 군이론, 대수적 수론, 수치해석 분야에서 많은 논문을 썼다. 타우스키-토드는 그녀의 업적을 인정받아 많은 명예와 표창을 받았다. 일례로 그녀는 제곱합에 대한 그녀의 논문으로 미국수학회로부터 포드상을 수상하였다.

이로부터 다음과 같은 정의를 얻을 수 있다.

> **두 벡터 사이의 거리**
>
> $\mathbb{R}^n$의 두 벡터 u와 v의 거리는
>
> $$d(\mathrm{u}, \mathrm{v}) = \|\mathrm{u} - \mathrm{v}\|$$
>
> 이다.

다음의 거리에 대한 세 가지 성질이 성립함을 확인해보라.

1. $d(\mathrm{u}, \mathrm{v}) \geq 0$
2. $d(\mathrm{u}, \mathrm{v}) = 0$이면 $\mathrm{u} = \mathrm{v}$이고 , 역으로 $\mathrm{u} = \mathrm{v}$이면 $d(\mathrm{u}, \mathrm{v}) = 0$이다.
3. $d(\mathrm{u}, \mathrm{v}) = d(\mathrm{v}, \mathrm{u})$

예제 3 두 벡터 사이의 거리

a. $\mathrm{u} = (-1, -4)$와 $\mathrm{v} = (2, 3)$ 사이의 거리는

$$d(\mathrm{u}, \mathrm{v}) = \|\mathrm{u} - \mathrm{v}\| = \|(-1-2, -4-3)\| = \sqrt{(-3)^2 + (-7)^2} = \sqrt{58}$$

이다.

b. $\mathrm{u} = (0, 2, 2)$와 $\mathrm{v} = (2, 0, 1)$ 사이의 거리는

$$d(\mathrm{u}, \mathrm{v}) = \|\mathrm{u} - \mathrm{v}\| = \|(0-2, 2-0, 2-1)\| = \sqrt{(-2)^2 + 2^2 + 1^2} = 3$$

이다.

c. $\mathrm{u} = (3, -1, 0, -3)$와 $\mathrm{v} = (4, 0, 1, 2)$ 사이의 거리는

$$\begin{aligned} d(\mathrm{u}, \mathrm{v}) &= \|\mathrm{u} - \mathrm{v}\| \\ &= \|(3-4, -1-0, 0-1, -3-2)\| \\ &= \sqrt{(-1)^2 + (-1)^2 + (-1)^2 + (-5)^2} \\ &= \sqrt{28} \\ &= 2\sqrt{7} \end{aligned}$$

이다. ■

점곱과 두 벡터 사이의 각

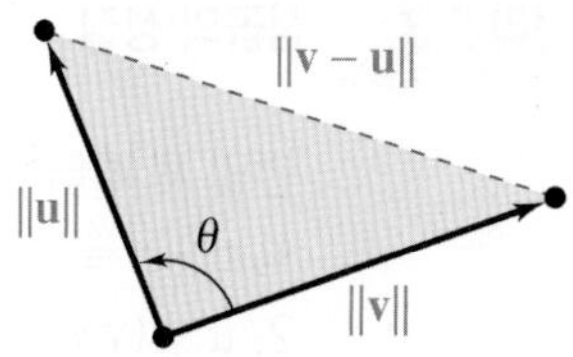

두 벡터 사이의 각

$\mathbb{R}^2$에서 영벡터가 아닌 두 벡터 $\mathbf{u}=(u_1,\ u_2)$와 $\mathbf{v}=(v_1,\ v_2)$ 사이의 각 θ $(0 \le \theta \le \pi)$를 구하기 위해 오른쪽의 삼각형에 코사인 법칙을 적용하여

$$\|\mathbf{v}-\mathbf{u}\|^2=\|\mathbf{u}\|^2+\|\mathbf{v}\|^2-2\|\mathbf{u}\|\,\|\mathbf{v}\|\cos\theta$$

를 얻는다. 이를 전개하여 $\cos\theta$를 구하면

$$\cos\theta=\frac{u_1v_1+u_2v_2}{\|\mathbf{u}\|\,\|\mathbf{v}\|}$$

이다. 위 분수의 분자가 u와 v의 **점곱**(dot product)이고

$$\mathbf{u}\cdot\mathbf{v}=u_1v_1+u_2v_2$$

로 나타낸다. 다음의 정의는 점곱을 $\mathbb{R}^n$으로 일반화한 것이다.

참고

두 벡터의 점곱은 벡터가 아니라 스칼라이다.

$\mathbb{R}^n$에서의 점곱의 정의

$\mathbf{u}=(u_1,\ u_2,\ \ldots,\ u_n)$과 $\mathbf{v}=(v_1,\ v_2,\ \ldots,\ v_n)$의 **점곱**(dot product)는 *스칼라*의 값이며

$$\mathbf{u}\cdot\mathbf{v}=u_1v_1+u_2v_2+\cdots+u_nv_n$$

이다.

기술

두 벡터의 점곱을 구할 때 공학용 계산기 또는 소프트웨어 프로그램을 사용할 수 있다. 공학용 계산기를 이용하여 예제 4를 확인한다면 다음과 같이 할 수 있다.

```
VECTOR:U        4
 e1=1
 e2=2
 e3=0
 e4=-3
VECTOR:V        4
 e1=3
 e2=-2
 e3=4
 e4=2
dot(U,V)
                -7
```

*CengageBrain.com*에서 제공하는 **기술가이드**는 점곱을 구할 때 공학도구를 사용하는데 도움을 줄 것이다.

예제 4 두 벡터의 점곱 구하기

$\mathbf{u}=(1,\ 2,\ 0,\ -3)$과 $\mathbf{v}=(3,\ -2,\ 4,\ 2)$의 점곱은

$$\mathbf{u}\cdot\mathbf{v}=(1)(3)+(2)(-2)+(0)(4)+(-3)(2)=-7$$

이다. ■

정리 5.3 **점곱의 성질**

만일 세 벡터 u, v, w는 $\mathbb{R}^n$의 벡터이고 c는 스칼라면 다음의 성질이 성립한다.

1. $\mathrm{u} \cdot \mathrm{v} = \mathrm{v} \cdot \mathrm{u}$
2. $\mathrm{u} \cdot (\mathrm{v} + \mathrm{w}) = \mathrm{u} \cdot \mathrm{v} + \mathrm{u} \cdot \mathrm{w}$
3. $c(\mathrm{u} \cdot \mathrm{v}) = (c\mathrm{u}) \cdot \mathrm{v} = \mathrm{u} \cdot (c\mathrm{v})$
4. $\mathrm{v} \cdot \mathrm{v} = \|\mathrm{v}\|^2$
5. $\mathrm{v} \cdot \mathrm{v} \geq 0$이고, 만일 $\mathrm{v} \cdot \mathrm{v} = 0$이면 $\mathrm{v} = \mathbf{0}$이고 역으로 $\mathrm{v} = \mathbf{0}$이면 $\mathrm{v} \cdot \mathrm{v} = 0$이다.

증명

제시된 성질들은 점곱의 정의로부터 성립한다. 예를 들어, 첫 번째 성질을 증명하면

$$\begin{aligned} \mathrm{u} \cdot \mathrm{v} &= u_1v_1 + u_2v_2 + \cdots + u_nv_n \\ &= v_1u_1 + v_2u_2 + \cdots\ v_nu_n \\ &= \mathrm{v} \cdot \mathrm{u} \end{aligned}$$

이다. ■

4.1절에서 $\mathbb{R}^n$은 실수로 이루어진 모든 n순서쌍들의 집합으로 정의했다. $\mathbb{R}^n$이 표준연산으로 정의된 벡터 덧셈과 스칼라곱, 벡터길이, 점곱을 갖추고 있을 때, 이 벡터공간이 **유클리드 n-공간**(Euclidean n-space)이다. 앞으로 특별히 언급이 없는 한, $\mathbb{R}^n$은 표준 유클리드 연산을 갖는다고 가정한다.

예제 5 점곱 구하기

$\mathrm{u} = (2, -2)$, $\mathrm{v} = (5, 8)$, $\mathrm{w} = (-4, 3)$**이라 하자. 다음의 값을 구하시오.**

a. $\mathrm{u} \cdot \mathrm{v}$ b. $(\mathrm{u} \cdot \mathrm{v})\mathrm{w}$ c. $\mathrm{u} \cdot (2\mathrm{v})$

d. $\|\mathrm{w}\|^2$ e. $\mathrm{u} \cdot (\mathrm{v} - 2\mathrm{w})$

풀이

a. 정의에 의해

$$\mathrm{u} \cdot \mathrm{v} = 2(5) + (-2)(8) = -6$$

이다.

b. (a)의 결과로부터

$$(\mathrm{u} \cdot \mathrm{v})\mathrm{w} = -6\mathrm{w} = -6(-4, 3) = (24, -18)$$

이다.

c. 정리 5.3의 성질 3에 의해

$$u \cdot (2v) = 2(u \cdot v) = 2(-6) = -12$$

이다.

d. 정리 5.3의 성질 4에 의해

$$\|w\|^2 = w \cdot w = (-4)(-4) + (3)(3) = 25$$

이다.

e. $2w = (-8, 6)$이므로

$$v - 2w = (5 - (-8),\ 8 - 6) = (13,\ 2)$$

이다. 결국

$$u \cdot (v - 2w) = 2(13) + (-2)(2) = 26 - 4 = 22$$

이다. ■

예제 6 점곱의 성질 이용

$u \cdot u = 39$, $u \cdot v = -3$, $v \cdot v = 79$인 $\mathbb{R}^n$의 두 벡터 u와 v에 대하여, $(u + 2v) \cdot (3u + v)$의 값을 구하시오.

> **발견**
> 1. $u = (1,\ 1)$과 $v = (-4,\ -3)$에 대해,
> 2. $u \cdot v$와 $\|u\|\|v\|$를 계산하시오.
> 3. u와 v를 다른 벡터로 선택하여 1의 계산을 다시 해 보시오.
> 4. 두 벡터의 점곱과 벡터의 길이의 곱 사이의 관계에 대한 추측식을 세우시오.

풀이

정리 5.3에 의해 주어진 점곱은 다음과 같이 구할 수 있다.

$$\begin{aligned}(u+2v) \cdot (3u+v) &= u \cdot (3u+v) + (2v) \cdot (3u+v) \\ &= u \cdot (3u) + u \cdot v + (2v) \cdot (3u) + (2v) \cdot v \\ &= 3(u \cdot u) + u \cdot v + 6(v \cdot u) + 2(v \cdot v) \\ &= 3(u \cdot u) + 7(u \cdot v) + 2(v \cdot v) \\ &= 3(39) + 7(-3) + 2(79) \\ &= 254\end{aligned}$$

■

$\mathbb{R}^n$의 영벡터가 아닌 두 벡터 u와 v 사이의 각 θ를 정의하기 위해 $\mathbb{R}^2$에서의 식

$$\cos\theta = \frac{u \cdot v}{\|u\|\|v\|}$$

를 이용하자. 하지만, 이와 같은 정의가 이치에 맞으려면 우변의 절댓값은 1을 넘어서는 안 된다. 이러한 사실은 프랑스 수학자 오귀스탱-루이 코시(Augustin-Louis Cauchy 1789~1857)와 독일 수학자 헤르만 슈바르츠(Hermmann Schwarz, 1843~1921)의 이름을 딴 유명한 정리로부터 성립한다.

정리 5.4 **코시-슈바르츠 부등식**

만일 u와 v가 $\mathbb{R}^n$의 벡터이면

$$|\mathrm{u} \cdot \mathrm{v}| \leq \|\mathrm{u}\|\|\mathrm{v}\|$$

가 성립한다. 단, $|\mathrm{u} \cdot \mathrm{v}|$는 $\mathrm{u} \cdot \mathrm{v}$의 절댓값을 나타낸다.

증명

Case 1. 만일 $\mathrm{u}=0$이면 $|\mathrm{u} \cdot \mathrm{v}|=|0 \cdot \mathrm{v}|=0$이고 $\|\mathrm{u}\|\|\mathrm{v}\|=0\|\mathrm{v}\|=0$이다. 따라서 $\mathrm{u}=0$이면 정리는 성립한다.
Case 2. $\mathrm{u} \neq 0$일 때 t를 임의의 실수라 하자. 벡터 $t\mathrm{u}+\mathrm{v}$에 대하여 곱 $(t\mathrm{u}+\mathrm{v}) \cdot (t\mathrm{u}+\mathrm{v})$는 음수가 아니다. 따라서

$$(t\mathrm{u}+\mathrm{v}) \cdot (t\mathrm{u}+\mathrm{v})=t^2(\mathrm{u} \cdot \mathrm{u})+2t(\mathrm{u} \cdot \mathrm{v})+\mathrm{v} \cdot \mathrm{v} \geq 0$$

가 성립한다.
이제 $a=\mathrm{u} \cdot \mathrm{u}$, $b=2(\mathrm{u} \cdot \mathrm{v})$, $c=\mathrm{v} \cdot \mathrm{v}$라 하면 이차부등식 $at^2+bt+c \geq 0$를 얻는다. 이 이차식은 절대 음수가 아니므로 실근이 없거나 실수인 중근을 가져야 한다. 이차방정식의 근의 판별 공식에 의해 판별식 b^2-4ac는 0 이하여야 한다.

$$\begin{aligned} b^2-4ac &\leq 0 \\ b^2 &\leq 4ac \\ 4(\mathrm{u} \cdot \mathrm{v})^2 &\leq 4(\mathrm{u} \cdot \mathrm{u})(\mathrm{v} \cdot \mathrm{v}) \\ (\mathrm{u} \cdot \mathrm{v})^2 &\leq (\mathrm{u} \cdot \mathrm{u})(\mathrm{v} \cdot \mathrm{v}) \end{aligned}$$

양변에 제곱근을 취하면

$$|\mathrm{u} \cdot \mathrm{v}| \leq \sqrt{\mathrm{u} \cdot \mathrm{u}}\sqrt{\mathrm{v} \cdot \mathrm{v}}=\|\mathrm{u}\|\|\mathrm{v}\|$$

이다. ■

예제 7 **코시-슈바르츠 부등식 확인**

$\mathrm{u}=(1, -1, 3)$과 $\mathrm{v}=(2, 0, -1)$에 대하여 코시-슈바르츠 부등식이 성립함을 확인하시오.

풀이

$\mathrm{u} \cdot \mathrm{v}=-1$, $\mathrm{u} \cdot \mathrm{u}=11$, $\mathrm{v} \cdot \mathrm{v}=5$이므로

$$|\mathrm{u} \cdot \mathrm{v}|=|-1|=1$$

이고

$$\begin{aligned}\|\mathbf{u}\|\|\mathbf{v}\| &= \sqrt{\mathbf{u}\cdot\mathbf{u}}\sqrt{\mathbf{v}\cdot\mathbf{v}}\\ &= \sqrt{11}\sqrt{5}\\ &= \sqrt{55}\end{aligned}$$

이다. $1 \le \sqrt{55}$ 이므로 부등식 $|\mathbf{u}\cdot\mathbf{v}| \le \|\mathbf{u}\|\|\mathbf{v}\|$가 성립한다. ■

코시-슈바르츠 부등식은 영벡터가 아닌 두 벡터 사이의 각의 정의를 $\mathbb{R}^n$으로 확장할 수 있도록 해준다.

$\mathbb{R}^n$의 두 벡터 사이의 각의 정의

$\mathbb{R}^n$의 영벡터가 아닌 두 벡터 사이의 각 θ는

$$\cos\theta = \frac{\mathbf{u}\cdot\mathbf{v}}{\|\mathbf{u}\|\|\mathbf{v}\|},\ 0 \le \theta \le \pi$$

를 이용하여 구할 수 있다.

참고

영벡터와 다른 벡터 사이의 각은 정의하지 않는다.

예제 8 두 벡터 사이의 각 구하기

이러한 유형의 대화형 예제는 LarsonLinearAlgebra.com을 참고하라.

$\mathbf{u} = (-4, 0, 2, -2)$와 $\mathbf{v} = (2, 0, -1, 1)$ 사이의 각은

$$\cos\theta = \frac{\mathbf{u}\cdot\mathbf{v}}{\|\mathbf{u}\|\|\mathbf{v}\|} = \frac{-12}{\sqrt{24}\sqrt{6}} = -\frac{12}{\sqrt{144}} = -1$$

을 만족한다. 따라서 $\theta = \pi$이다. $\mathbf{u} = -2\mathbf{v}$이므로 $\mathbf{u}$와 $\mathbf{v}$는 서로 반대 방향의 벡터인 것은 당연하다. ■

$\|\mathbf{u}\|$와 $\|\mathbf{v}\|$가 항상 양수이므로 $\mathbf{u}\cdot\mathbf{v}$와 $\cos\theta$는 항상 같은 부호를 갖는다. 더욱이 제 1사분면에서 코사인은 양수이고 제 2사분면에서는 음수이므로 두 벡터의 점곱의 부호를 두 벡터 사이의 각이 예각인지 혹은 둔각인지 결정하는 것과 같은 예에 사용할 수 있다.

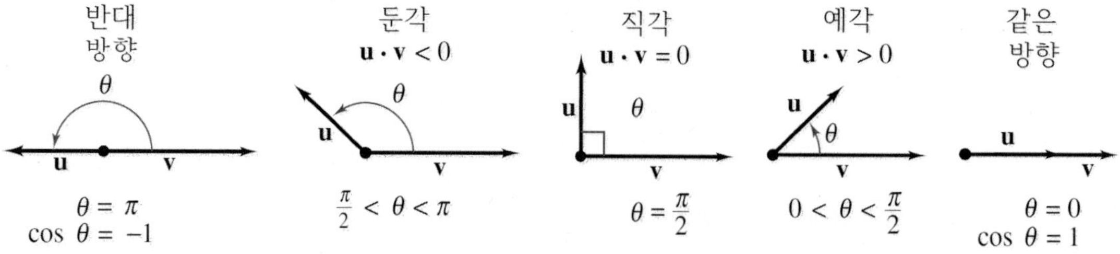

위의 사실로부터 영벡터가 아닌 두 벡터가 수직으로 만나면 두 벡터의 점곱은 0이고 역으로 두 벡터의 점곱이 0이면 두 벡터는 수직으로 만난다. 이러한 두 벡터는 **직교**(orthogonal) 또는 **수직**(perpendicular)이다.

참고

영벡터와 다른 벡터 사이의 각이 정의되지 않았음에도 불구하고 영벡터를 포함해서 직교를 정의하면 편리하다. 다시 말해 벡터 **0**는 모든 벡터와 직교이다.

직교인 벡터의 정의

$\mathbb{R}^n$의 두 벡터 $\mathbf{u}$와 $\mathbf{v}$는

$$\mathbf{u} \cdot \mathbf{v} = 0$$

일 때 **직교**(orthogonal)이다.

예제 9 $\mathbb{R}^n$에서 직교인 벡터

a. 벡터 $\mathbf{u} = (1, 0, 0)$과 $\mathbf{v} = (0, 1, 0)$은

$$\mathbf{u} \cdot \mathbf{v} = (1)(0) + (0)(1) + (0)(0) = 0$$

이므로 직교이다.

b. 벡터 $\mathbf{u} = (3, 2, -1, 4)$와 $\mathbf{v} = (1, -1, 1, 0)$은

$$\mathbf{u} \cdot \mathbf{v} = (3)(1) + (2)(-1) + (-1)(1) + (4)(0) = 0$$

이므로 직교이다. ■

예제 10 직교인 벡터 구하기

$\mathbf{u} = (4, 2)$에 수직인 $\mathbb{R}^2$의 모든 벡터를 결정하시오.

풀이

$\mathbf{v}=(v_1, v_2)$는 $\mathbf{u}$에 직교인 벡터라 하자. 그러면

$$\mathbf{u}\cdot\mathbf{v}=(4, 2)\cdot(v_1, v_2)=4v_1+2v_2=0$$

이고 이는 $2v_2=-4v_1$이므로 $v_2=-2v_1$이다. 따라서 $(4, 2)$에 직교인 모든 벡터는

$$\mathbf{v}=(t, -2t)=t(1, -2)$$

의 꼴인 벡터이다. 단 t는 임의의 실수이다. (그림 5.4 참고) ■

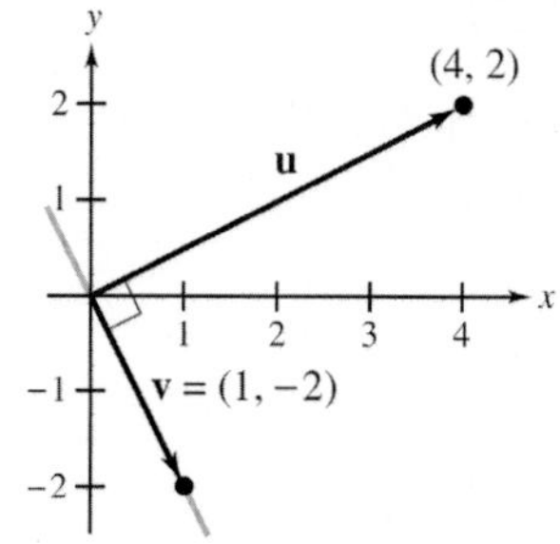

그림 5.4

코시-슈바르츠 부등식은 **삼각부등식**(triangle inequality) (정리 5.5)이라고 하는 또 다른 유명한 부등식을 증명하는데 사용할 수 있다. "삼각부등식"이라는 이름은 그림 5.5(a)에서 두 벡터 $\mathbf{u}$와 $\mathbf{v}$로 표현되는 $\mathbb{R}^2$에서의 정리의 해석으로부터 유도된 이름이다.

$$\|\mathbf{u}\|\text{와 }\|\mathbf{v}\|$$

를 삼각형의 두 변의 길이라 하면 세 번째 변의 길이는

$$\|\mathbf{u}+\mathbf{v}\|$$

이다. 더욱이 삼각형의 어느 변의 길이도 나머지 두 변의 길이의 합보다 클 수 없기 때문에

$$\|\mathbf{u}+\mathbf{v}\| \le \|\mathbf{u}\|+\|\mathbf{v}\|$$

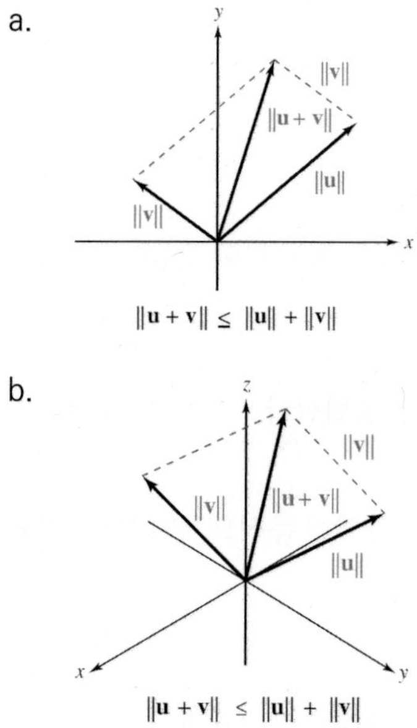

그림 5.5

가 성립한다. 그림 5.5(b)는 $\mathbb{R}^3$의 벡터 $\mathbf{u}$와 $\mathbf{v}$에 대한 삼각부등식을 설명하는 그림이다. 다음 정리는 이 결과를 $\mathbb{R}^n$으로 확장한 것이다.

정리 5.5 삼각부등식

만일 $\mathbf{u}$와 $\mathbf{v}$가 $\mathbb{R}^n$의 벡터이면

$$\|\mathbf{u}+\mathbf{v}\| \le \|\mathbf{u}\|+\|\mathbf{v}\|$$

가 성립한다.

참고

만일 삼각부등식의 등호가 성립하면 벡터 $\mathbf{u}$와 $\mathbf{v}$가 같은 방향이고 역으로 벡터 $\mathbf{u}$와 $\mathbf{v}$가 같은 방향이면 삼각부등식의 등호가 성립한다. (연습문제 86번 참고)

증명

점곱의 성질에 의해

$$\begin{aligned}\|u+v\|^2 &= (u+v)\cdot(u+v)\\ &= u\cdot(u+v)+v\cdot(u+v)\\ &= u\cdot u+2(u\cdot v)+v\cdot v\\ &= \|u\|^2+2(u\cdot v)+\|v\|^2\\ &\le \|u\|^2+2|u\cdot v|+\|v\|^2\end{aligned}$$

이 성립한다. 이제 코시-슈바르츠 부등식에 의 해 $|u\cdot v|\le\|u\|\|v\|$이고

$$\begin{aligned}\|u+v\|^2 &\le \|u\|^2+2|u\cdot v|+\|v\|^2\\ &\le \|u\|^2+2\|u\|\|v\|+\|v\|^2\\ &= (\|u\|+\|v\|)^2\end{aligned}$$

이다. $\|u+v\|$와 $(\|u\|+\|v\|)$는 모두 음수가 아니므로 양변에 제곱근을 취하면

$$\|u+v\|\le\|u\|+\|v\|$$

가 성립한다. ■

삼각부등식의 증명으로부터

$$\|u+v\|^2=\|u\|^2+2(u\cdot v)+\|v\|^2$$

이 성립한다. 만일 u와 v가 직교이면 $u\cdot v=0$이고 다음과 같이 피타고라스 정리를 $\mathbb{R}^n$으로 확장할 수 있다.

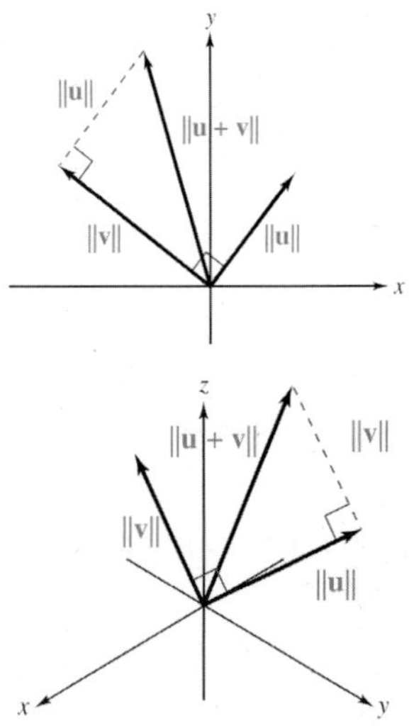

그림 5.6

정리 5.6 피타고라스 정리

u와 v가 $\mathbb{R}^n$의 벡터일 때, u와 v가 직교이면

$$\|u+v\|^2=\|u\|^2+\|v\|^2$$

이고 그 역도 성립한다.

그림 5.6은 $\mathbb{R}^2$와 $\mathbb{R}^3$의 이러한 관계를 그림으로 설명하고 있다.

점곱과 행렬곱셈

$\mathbb{R}^n$의 벡터를 $n\times 1$ 열행렬로 나타내는 것은 종종 유용할 때가 있다. 이러한 표현에서 두 벡터

$$\mathrm{u}=\begin{bmatrix}u_1\\u_2\\\vdots\\u_n\end{bmatrix} \text{와 } \mathrm{v}=\begin{bmatrix}v_1\\v_2\\\vdots\\v_n\end{bmatrix}$$

의 점곱은 다음과 같이 u의 전치행렬에 v를 곱한 행렬곱으로 나타낼 수 있다.

$$\mathrm{u}\cdot\mathrm{v}=\mathrm{u}^T\mathrm{v}=\begin{bmatrix}u_1 & u_2 & \cdots & u_n\end{bmatrix}\begin{bmatrix}v_1\\v_2\\\vdots\\v_n\end{bmatrix}=\begin{bmatrix}u_1v_1+u_2v_2+\cdots+u_nv_n\end{bmatrix}$$

예제 11 행렬곱셈으로 점곱 구하기

a. 벡터

$$\mathrm{u}=\begin{bmatrix}2\\0\end{bmatrix} \text{과 } \mathrm{v}=\begin{bmatrix}3\\1\end{bmatrix}$$

의 점곱은 $\mathrm{u}\cdot\mathrm{v}=\mathrm{u}^T\mathrm{v}=[2\quad 0]\begin{bmatrix}3\\1\end{bmatrix}=[(2)(3)+(0)(1)]=6$ 이다.

b. 벡터

$$\mathrm{u}=\begin{bmatrix}1\\2\\-1\end{bmatrix} \text{과 } \mathrm{v}=\begin{bmatrix}3\\-2\\4\end{bmatrix}$$

의 점곱은 $\mathrm{u}\cdot\mathrm{v}=\mathrm{u}^T\mathrm{v}=[1\quad 2\quad -1]\begin{bmatrix}3\\-2\\4\end{bmatrix}=[(1)(3)+(2)(-2)+(-1)(4)]=5$이다. ■

점곱의 많은 성질은 행렬곱셈의 성질 중 대응하는 성질로부터 바로 성립하는 결과이다. 연습문제 87번에서 행렬곱셈의 성질을 이용하여 정리 5.3의 성질을 증명해볼 것이다.

선형대수의 응용

전기공학자는 점곱을 이용하여 표면을 관통하는 전기 또는 자기장의 세기를 측정하는 플럭스(flux)를 계산할 수 있다. 넓이 소는 dA, 법선(수직)벡터가 $d\mathrm{A}$, 전기장벡터는 E, 자기장벡터는 B인 임의의 모양의 표면을 생각해보자. 전기플럭스 Φ_e는 면적분 $\Phi_e = \int \mathrm{E} \cdot d\mathrm{A}$로 구할 수 있고, 자기플럭스 Φ_m은 면적분 $\Phi_m = \int \mathrm{B} \cdot d\mathrm{A}$로 구할 수 있다. 전하를 둘러싼 폐곡면에 대하여 전기 플럭스는 전하와 비례하지만 순 자기 플럭스는 0이 된다는 것은 흥미로운 사실이다. 이는 전기장은 양전하에서 시작하고 음전하에서 끝나지만 자기장은 닫힌 루프를 형성해서 어떠한 지점에서도 시작과 끝이 발생하지 않기 때문이다. 이는 폐곡면으로 들어오는 자기장은 그 폐곡면을 빠져나가는 자기장과 같아야 한다는 것을 의미한다.

Awe Inspiring Images/Shutterstock.com

5.1 연습문제

벡터의 길이 구하기 1~4번에서는 주어진 벡터의 길이를 구하시오.

1. $\mathrm{v} = (4, 3)$

2. $\mathrm{v} = (0, 1)$

3. $\mathrm{v} = (5, -3, -4)$

4. $\mathrm{v} = (2, 0, -5, 5)$

벡터의 길이 구하기 5~8번에서는 (a) $\|\mathrm{u}\|$, (b) $\|\mathrm{v}\|$, (c) $\|\mathrm{u}+\mathrm{v}\|$를 구하시오.

5. $\mathrm{u} = \left(-1, \frac{1}{4}\right), \mathrm{v} = \left(4, -\frac{1}{8}\right)$

6. $\mathrm{u} = \left(1, \frac{1}{2}\right), \mathrm{v} = \left(2, -\frac{1}{2}\right)$

7. $\mathrm{u} = (3, 1, 3), \mathrm{v} = (0, -1, 1)$

8. $\mathrm{u} = (0, 1, -1, 2), \mathrm{v} = (1, 1, 3, 0)$

단위벡터 구하기 9~12번에서는 (a) u와 같은 방향의 단위벡터와 (b) u와 반대방향의 단위벡터를 구하시오. 구한 각 벡터의 길이가 1이 됨을 확인하시오.

9. $\mathrm{u} = (-5, 12)$

10. $\mathrm{u} = (2, -2)$

11. $\mathrm{u} = (3, 2, -5)$

12. $\mathrm{u} = (-1, 3, 4)$

벡터 구하기 13~16번에서는 벡터 u와 같은 방향이면서 주어진 값을 길이로 갖는 벡터 v를 구하시오.

13. $\|\mathrm{v}\| = 4,\ \mathrm{u} = (1, 1)$

14. $\|\mathrm{v}\| = 4,\ \mathrm{u} = (-1, 1)$

15. $\|\mathrm{v}\| = 5,\ \mathrm{u} = (\sqrt{5}, 5, 0)$

16. $\|\mathrm{v}\| = 3,\ \mathrm{u} = (0, 2, 1, -1)$

17. 벡터 $\mathrm{v} = (-1, 3, 0, 4)$에 대하여, 다음을 만족하는 u를 구하시오.

(a) u는 v와 같은 방향을 가지며 길이는 v의 길이의 $\frac{3}{2}$배이다.

(b) u는 v와 반대 방향을 가지며 길이는 v의 길이의 2배이다.

18. $\|c(1, 2, 3)\| = 1$이 되는 c의 값은 무엇인가?

두 벡터 사이의 길이 구하기 19~22번에서는 $\mathbf{u}$와 $\mathbf{v}$사이의 거리를 구하시오.

19. $\mathbf{u}=(1, -1),\ \mathbf{v}=(-1, 1)$

20. $\mathbf{u}=(-1, 2, 5),\ \mathbf{v}=(3, 0, -1)$

21. $\mathbf{u}=(1, 2, 0),\ \mathbf{v}=(-1, 4, 1)$

22. $\mathbf{u}=(0, 1, -1, 2),\ \mathbf{v}=(1, 1, 2, 2)$

점곱 구하기 23~26번에서는 (a) $\mathbf{u}\cdot\mathbf{v}$, (b) $\mathbf{v}\cdot\mathbf{v}$, (c) $\|\mathbf{u}\|^2$, (d) $(\mathbf{u}\cdot\mathbf{v})\mathbf{v}$, (e) $\mathbf{u}\cdot(5\mathbf{v})$를 구하시오.

23. $\mathbf{u}=(3, 4),\ \mathbf{v}=(2, -3)$

24. $\mathbf{u}=(-1, 2),\ \mathbf{v}=(2, -2)$

25. $\mathbf{u}=(2, -2, 1),\ \mathbf{v}=(2, -1, -6)$

26. $\mathbf{u}=(4, 0, -3, 5),\ \mathbf{v}=(0, 2, 5, 4)$

27. $\mathbf{u}\cdot\mathbf{u}=4,\ \mathbf{u}\cdot\mathbf{v}=-5,\ \mathbf{v}\cdot\mathbf{v}=10$일 때, $(\mathbf{u}+\mathbf{v})\cdot(2\mathbf{u}-\mathbf{v})$를 구하시오.

28. $\mathbf{u}\cdot\mathbf{u}=8,\ \mathbf{u}\cdot\mathbf{v}=7,\ \mathbf{v}\cdot\mathbf{v}=6$일 때, $(3\mathbf{u}-\mathbf{v})\cdot(\mathbf{u}-3\mathbf{v})$를 구하시오

길이, 단위벡터, 점곱 구하기 29~34번에서는 소프트웨어 프로그램 또는 공학용 계산기를 이용하여 (a) $\mathbf{u}$와 $\mathbf{v}$의 길이, (b) $\mathbf{v}$ 방향의 단위벡터, (c) $\mathbf{u}$와 반대방향의 단위벡터, (d) $\mathbf{u}\cdot\mathbf{v}$, (e) $\mathbf{u}\cdot\mathbf{u}$, (f) $\mathbf{v}\cdot\mathbf{v}$를 구하시오.

29. $\mathbf{u}=\left(1, \frac{1}{8}, \frac{2}{5}\right),\ \mathbf{v}=\left(0, \frac{1}{4}, \frac{1}{5}\right)$

30. $\mathbf{u}=\left(-1, \frac{1}{2}, \frac{1}{4}\right),\ \mathbf{v}=\left(0, \frac{1}{4}, -\frac{1}{2}\right)$

31. $\mathbf{u}=(0, 1, \sqrt{2}),\ \mathbf{v}=(-1, \sqrt{2}, -1)$

32. $\mathbf{u}=(-1, \sqrt{3}, 2),\ \mathbf{v}=(\sqrt{2}, -1, -\sqrt{2})$

33. $\mathbf{u}=(2, \sqrt{3}, \sqrt{2}, \sqrt{3})$,
$\mathbf{v}=(-2, \sqrt{2}, -\sqrt{3}, -\sqrt{2})$

34. $\mathbf{u}=(1, \sqrt{2}, -1, \sqrt{2})$,
$\mathbf{v}=\left(1, -\frac{1}{\sqrt{2}}, 1, -\frac{1}{\sqrt{2}}\right)$

코시-슈바르츠 부등식 확인 35~38번에서는 주어진 벡터에 대해 코시-슈바르츠 부등식이 성립하는지 확인하시오.

35. $\mathbf{u}=(6, 8),\ \mathbf{v}=(3, -2)$

36. $\mathbf{u}=(-1, 0),\ \mathbf{v}=(1, 1)$

37. $\mathbf{u}=(1, 1, -2),\ \mathbf{v}=(1, -3, -2)$

38. $\mathbf{u}=(1, -1, 0),\ \mathbf{v}=(0, 1, -1)$

두 벡터 사이의 각 구하기 39~46번에서는 주어진 벡터 사이의 각 θ를 구하시오.

39. $\mathbf{u}=(3, 1),\ \mathbf{v}=(-2, 4)$

40. $\mathbf{u}=(-4, 1),\ \mathbf{v}=(5, 0)$

41. $\mathbf{u}=\left(\cos\frac{\pi}{6}, \sin\frac{\pi}{6}\right),\ \mathbf{v}=\left(\cos\frac{3\pi}{4}, \sin\frac{3\pi}{4}\right)$

42. $\mathbf{u}=\left(\cos\frac{\pi}{3}, \sin\frac{\pi}{3}\right),\ \mathbf{v}=\left(\cos\frac{\pi}{4}, \sin\frac{\pi}{4}\right)$

43. $\mathbf{u}=(1, 1, 1),\ \mathbf{v}=(2, 1, -1)$

44. $\mathbf{u}=(2, 3, 1),\ \mathbf{v}=(-3, 2, 0)$

45. $\mathbf{u}=(0, 1, 0, 1),\ \mathbf{v}=(3, 3, 3, 3)$

46. $\mathbf{u}=(1, -1, 0, 1),\ \mathbf{v}=(-1, 2, -1, 0)$

두 벡터 사이의 관계 판정 47~54번에서는 $\mathbf{u}$와 $\mathbf{v}$가 직교인지, 평행인지 혹은 아무 관계도 아닌지 판정하시오.

47. $u=(2, 18),\ v=\left(\frac{3}{2}, -\frac{1}{6}\right)$

48. $u=(4, 3),\ v=\left(\frac{1}{2}, -\frac{2}{3}\right)$

49. $u=\left(-\frac{1}{3}, \frac{2}{3}\right),\ v=(2, -4)$

50. $u=(1, -1),\ v=(0, -1)$

51. $u=(0, 1, 0),\ v=(1, -2, 0)$

52. $u=(0, 3, -4),\ v=(1, -8, -6)$

53. $u=(-2, 5, 1, 0),\ v=\left(\frac{1}{4}, -\frac{5}{4}, 0, 1\right)$

54. $u=\left(4, \frac{3}{2}, -1, \frac{1}{2}\right),\ v=\left(-2, -\frac{3}{4}, \frac{1}{2}, -\frac{1}{4}\right)$

직교인 벡터 구하기 55~58번에서는 u에 직교인 모든 벡터 v를 구하시오.

55. $u=(0, 5)$

56. $u=(11, 2)$

57. $u=(2, -1, 1)$

58. $u=(4, -1, 0)$

삼각부등식 확인 59~62번에서는 벡터 u와 v에 대해 삼각부등식이 성립함을 확인하시오.

59. $u=(4, 0),\ v=(1, 1)$

60. $u=(-1, 1),\ v=(2, 0)$

61. $u=(1, 1, 1),\ v=(0, 1, -2)$

62. $u=(1, -1, 0),\ v=(0, 1, 2)$

피타고라스 정리 확인 63~66번에서는 벡터 u와 v에 대해 피타고라스 정리가 성립함을 확인하시오.

63. $u=(1, -1),\ v=(1, 1)$

64. $u=(3, -2),\ v=(4, 6)$

65. $u=(3, 4, -2),\ v=(4, -3, 0)$

66. $u=(4, 1, -5),\ v=(2, -3, 1)$

67. 행렬곱셈을 이용하여 23번을 다시 푸시오.

68. 행렬곱셈을 이용하여 24번을 다시 푸시오.

69. 행렬곱셈을 이용하여 25번을 다시 푸시오.

70. 행렬곱셈을 이용하여 26번을 다시 푸시오.

서술 71번과 72번에서는 주어진 벡터가 직교인지, 평행인지, 아니면 아무 관계도 아닌지 결정하고 그 이유를 설명하시오.

71. $u=(\cos\theta, \sin\theta, -1),\ v=(\sin\theta, -\cos\theta, 0)$

72. $u=(-\sin\theta, \cos\theta, 1),\ v=(\sin\theta, -\cos\theta, 0)$

참 또는 거짓? 73번과 74번에서는 각 명제가 참 또는 거짓인지 판별하시오. 만약 명제가 참이라면 그 이유를 제시하거나 본문에서 적절한 명제를 찾아 제시하시오. 만약 명제가 거짓이라면 명제가 참이 아니라는 예를 제시하거나 본문에서 적절한 명제를 찾아 제시하시오.

73. (a) 벡터의 길이 또는 크기는

$$\|v\| = |v_1 + v_2 + v_3 + \cdots + v_n|$$

이다.

(b) 두 벡터 u와 v의 점곱은

$$u \cdot v = (u_1v_1, u_2v_2, \ldots, u_nv_n)$$

인 또 다른 벡터이다.

74. (a) v가 $\mathbb{R}^n$의 영벡터가 아닌 벡터라면 v 방향의 단위벡터는 $u=\|v\|/v$이다.

(b) $u \cdot v < 0$이면 u와 v 사이의 각 θ는 예각이다.

서술 75번과 76번에서는 점곱을 포함한 각 식이 성립하지 않는지 설명하시오. u와 v가 $\mathbb{R}^n$의 벡터라 가정하고 c는 스칼라라 가정한다.

75. (a) $(\mathbf{u}\cdot\mathbf{v})-\mathbf{v}$ (b) $\mathbf{u}+(\mathbf{u}\cdot\mathbf{v})$

76. (a) $(\mathbf{u}\cdot\mathbf{v})\cdot\mathbf{u}$ (b) $c\cdot(\mathbf{u}\cdot\mathbf{v})$

직교 벡터 77번과 78번에서는 $\mathbf{v}=(v_1,\ v_2)$가 $\mathbb{R}^2$의 벡터이다. $(v_2,\ -v_1)$는 v에 직교임을 보이고, 이 사실을 이용하여 주어진 벡터에 직교인 두 단위벡터를 구하시오.

77. $\mathbf{v}=(12,\ 5)$ **78.** $\mathbf{v}=(8,\ 15)$

79. **수익** 벡터 $\mathbf{u}=(3140,\ 2750)$은 각각 길거리 패스트푸드 가게에서의 한 달 동안 판매된 햄버거와 핫도그의 수이다. 벡터 $\mathbf{v}=(2.25,\ 1.75)$는 각 음식 품목의 가격(달러 단위)이다. 점곱 $\mathbf{u}\cdot\mathbf{v}$를 구하고 결과를 이 문제에서의 상황으로 해석하시오.

80. **수익** 벡터 $\mathbf{u}=(4600,\ 4290,\ 5250)$은 생산된 핸드폰 세 모델의 각 판매수량이다. 벡터 $\mathbf{v}=(499.99,\ 199.99,\ 99.99)$는 핸드폰 세 모델 각각 가격을 달러로 나타낸 것이다. 점곱 $\mathbf{u}\cdot\mathbf{v}$를 구하고 이 결과를 이 문제에서의 상황으로 해석하시오.

81. 정육면체의 대각선과 한 변 사이의 각을 구하시오.

82. 정육면제의 대각선과 한 면의 대각선의 각을 구하시오.

83. **힌트가 있는 증명** 만일 u가 v와 w와 직교라면 임의의 스칼라 c와 d에 대하여 u는 $c\mathbf{v}+d\mathbf{w}$와 직교임을 증명하시오.

시작: u가 $c\mathbf{v}+d\mathbf{w}$와 수직임을 증명하기 위해 u와 $c\mathbf{v}+d\mathbf{w}$의 점곱이 0임을 보여야 한다.

(i) u와 $c\mathbf{v}+d\mathbf{w}$의 점곱을 정리 5.3의 성질 2와 3을 이용하여 $(\mathbf{u}\cdot\mathbf{v})$와 $(\mathbf{u}\cdot\mathbf{w})$의 일차결합으로 나타내시오.

(ii) u가 v와 w와 직교라는 사실과 (i)의 결과를 이용하여 u가 $c\mathbf{v}+d\mathbf{w}$와 직교라는 결론을 이끌어내시오.

84. **증명** 만일 u와 v가 $\mathbb{R}^n$의 벡터라면 $\mathbf{u}\cdot\mathbf{v}=\frac{1}{4}\|\mathbf{u}+\mathbf{v}\|^2-\frac{1}{4}\|\mathbf{u}-\mathbf{v}\|^2$임을 증명하시오.

85. **증명** 벡터 $\mathbf{u}=(\cos\theta,\ -\sin\theta)$와 $\mathbf{v}=(\sin\theta,\ \cos\theta)$는 임의의 각 θ에 대해 직교인 단위벡터임을 증명하시오. $\theta=\pi/3$일 때 u와 v를 그리시오.

86. **증명** $\|\mathbf{u}+\mathbf{v}\|=\|\mathbf{u}\|+\|\mathbf{v}\|$이면 u와 v는 같은 방향이고 역으로 u와 v는 같은 방향이면 $\|\mathbf{u}+\mathbf{v}\|=\|\mathbf{u}\|+\|\mathbf{v}\|$임을 증명하시오.

87. **증명** 행렬곱셈의 성질을 이용하여 정리5.3의 처음 세 개의 성질을 증명하시오.

88. **캡스톤** 다음 각 조건에 대해 영벡터가 아닌 두 벡터 u와 v 사이의 각 θ는 무엇이라 생각하는가?

(a) $\mathbf{u}\cdot\mathbf{v}=0$ (b) $\mathbf{u}\cdot\mathbf{v}>0$

(c) $\mathbf{u}\cdot\mathbf{v}<0$

89. **서술** x는 $m\times n$ 동차연립일차방정식 $A\mathbf{x}=\mathbf{0}$의 해이다. x는 A의 행벡터와 왜 직교인지 설명하시오.

5.2 내적공간

- 함수가 내적을 정의하는지 판정하고 $\mathbb{R}^n$, $M_{m,n}$, P_n, $C[a,b]$의 벡터의 내적을 구하기
- 내적공간에서 다른 벡터 위로의 벡터의 직교정사영 구하기

내적공간

5.1절에서 $\mathbb{R}^2$에서 정의된 길이, 거리, 각에 대한 개념을 $\mathbb{R}^n$으로 확장하였다. 이 절에서는 이 세 가지 개념을 두 벡터의 **내적**(inner product)라는 아이디어를 이용하여 일반 벡터공간으로 한 단계 더 확장하려 한다.

우리는 내적의 하나의 예인 $\mathbb{R}^n$에서의 *점곱*에 익숙하다. **유클리드 내적**(Euclidean inner product)라고 하는 점곱은 $\mathbb{R}^n$에서 정의할 수 있는 몇 가지 내적 중 하나일 뿐이다 표준 내적과 다른 정의 가능한 내적과 구별하기 위해 다음과 같이 기호를 사용하자.

$\mathrm{u} \cdot \mathrm{v}$ = 점곱 ($\mathbb{R}^n$에서의 유클리드 내적)

$< \mathrm{u}, \mathrm{v}>$= 벡터공간 V에서의 일반 내적

일반 내적은 일반 벡터공간을 정의한 것과 아주 비슷하게 정의한다. 다시 말해 내적이라고 할 수 있는 함수에 대하여 이 함수는 반드시 공리들의 모임을 만족해야 한다. 다음에 나열되는 공리는 정리 5.3에서 제시한 점곱의 성질 1, 2, 3, 5와 비슷하다.

내적의 정의

세 벡터 u, v, w는 벡터공간 V의 벡터이고 c는 임의의 스칼라이다. V의 **내적**(inner product)은 벡터 u와 v의 각 쌍에 대하여 실수 $< \mathrm{u}, \mathrm{v}>$를 대응시키는 함수이고 다음을 만족한다.

1. $< \mathrm{u}, \mathrm{v}> = < \mathrm{v}, \mathrm{u}>$
2. $< \mathrm{u}, \mathrm{v}+\mathrm{w} \geqq < \mathrm{u}, \mathrm{v}> + < \mathrm{u}, \mathrm{w}>$
3. $c < \mathrm{u}, \mathrm{v}> = < c\mathrm{u}, \mathrm{v}>$
4. $< \mathrm{v}, \mathrm{v}> \geqq 0$. 그리고 $< \mathrm{v}, \mathrm{v}> = 0$이면 $\mathrm{v} = 0$이고 역으로 $\mathrm{v} = 0$이면 $< \mathrm{v}, \mathrm{v}> = 0$이다.

내적이 정의된 벡터공간 V가 **내적공간**(inner product space)이다. 내적공간이라고 할 때마다 스칼라의 집합은 실수의 집합이라고 가정하자.

예제 1 $\mathbb{R}^n$에서의 유클리드 내적

$\mathbb{R}^n$에서의 점곱은 내적의 네 가지 공리를 만족함을 보이시오.

풀이

$\mathbb{R}^n$에서 두 벡터 $\mathrm{u}=(u_1, u_2, ..., u_n)$과 $\mathrm{v}=(v_1, v_2, ..., v_n)$의 점곱은

$$\mathrm{u}\cdot\mathrm{v}=u_1v_1+u_2v_2+\cdots+u_nv_n$$

이다. 정리 5.3에 의해 이렇게 정의된 점곱은 $\mathbb{R}^n$에서의 반드시 만족해야 할 네 가지 공리를 만족하고 따라서 점곱이 $\mathbb{R}^n$의 내적이다. ■

유클리드 내적은 $\mathbb{R}^n$에서 정의되는 유일한 내적은 아니다. 예제 2는 다른 내적을 보여준다. 어떤 함수가 내적임을 보이려면 이 함수가 네 가지 공리를 만족함을 보여야 한다.

예제 2 $\mathbb{R}^2$에서의 다른 내적

다음과 같이 정의되는 함수가 $\mathbb{R}^2$에서의 내적임을 보이시오. (단 $\mathrm{u}=(u_1, u_2)$, $\mathrm{v}=(v_1, v_2)$.)

$$<\mathrm{u}, \mathrm{v}>=u_1v_1+2u_2v_2$$

풀이

1. 실수의 곱은 교환법칙이 성립한다. 따라서

$$<\mathrm{u}, \mathrm{v}>=u_1v_1+2u_2v_2=v_1u_1+2v_2u_2=<\mathrm{u}, \mathrm{v}>$$

가 성립한다.

2. $\mathrm{w}=(w_1, w_2)$라 하자. 그러면

$$\begin{aligned}<\mathrm{u}, \mathrm{v}+\mathrm{w}>&=u_1(v_1+w_1)+2u_2(v_2+w_2)\\&=u_1v_1+u_1w_1+2u_2v_2+2u_2w_2\\&=(u_1v_1+2u_2v_2)+(u_1w_1+2u_2w_2)\\&=<\mathrm{u}, \mathrm{v}>+<\mathrm{u}, \mathrm{w}>\end{aligned}$$

가 성립한다.

3. 만일 c가 임의의 스칼라이면

$$c<\mathrm{u}, \mathrm{v}>=c(u_1v_1+2u_2v_2)=(cu_1)v_1+2(cu_2)v_2=<c\mathrm{u}, \mathrm{v}>$$

가 정립한다.

4. 실수의 제곱은 음이 아니다. 따라서

$$<\mathrm{v}, \mathrm{v}> = v_1^2 + 2v_2^2 \geq 0$$

가 성립한다. 더욱이 식의 값이 0이면 $\mathrm{v} = 0$ (즉 $v_1 = v_2 = 0$)이고 $\mathrm{v} = 0$이면 식의 값은 0이다. ■

예제 2를 일반화할 수 있다. 함수

$$<\mathrm{u}, \mathrm{v}> = c_1u_1v_1 + c_2u_2v_2 + \cdots + c_nu_nv_n,\ c_i > 0$$

은 $\mathbb{R}^n$의 내적이다. (연습문제 89번에서 이를 증명해야 한다.) 양의 상수 c_1, ..., c_n은 **가중치**(weight)이다. 만일 어떤 c_i가 음수이거나 0이면 이 함수는 내적이 될 수 없다.

예제 3 내적이 아닌 함수

다음과 같이 정의된 함수가 $\mathbb{R}^3$의 내적이 아님을 보이시오. (단, $\mathrm{u} = (u_1, u_2, u_3)$, $\mathrm{v} = (v_1, v_2, v_3)$.)

$$<\mathrm{u}, \mathrm{v}> = u_1v_1 - 2u_2v_2 + u_3v_3$$

풀이

공리 4를 만족하지 않음을 살펴보자. 예를 들어 $\mathrm{v} = (1, 2, 1)$에 대하여 $<\mathrm{v}, \mathrm{v}> = (1)(1) - 2(2)(2) + (1)(1) = -6$이고 이 값은 0보다 작다. ■

예제 4 $M_{2,2}$에서의 내적

행렬 $A = \begin{bmatrix} a_{11} & a_{12} \\ a_{21} & a_{22} \end{bmatrix}$와 $B = \begin{bmatrix} b_{11} & b_{12} \\ b_{21} & b_{22} \end{bmatrix}$는 벡터공간 $M_{2,2}$의 행렬이다. 함수

$$<A, B> = a_{11}b_{11} + a_{12}b_{12} + a_{21}b_{21} + a_{22}b_{22}$$

는 $M_{2,2}$의 내적이다. 네 가지 공리를 만족한다는 것을 확인하는 일은 연습문제로 남긴다.
(연습문제 27번 참고) ■

다음 예제에서의 내적은 미적분을 이용하여 구할 수 있다. 내적의 성질은 정적분의 성질로부터 확인할 수 있다.

참고

a와 b는 반드시 달라야 함을 기억하자. 만일 그렇지 않으면

$$\int_a^b f(x)g(x)dx$$

는 함수 f와 g의 선택에 상관없이 항상 0이다.

예제 5 정적분으로 정의된 내적(미적분)

함수 f와 g는 벡터공간 $C[a,\ b]$의 실수를 함숫값으로 가지는 연속함수이다.

$$< f,\ g >= \int_a^b f(x)g(x)dx$$

은 $C[a,\ b]$에서의 내적이 됨을 보이시오.

풀이

미적분에서의 익숙한 정적분의 성질을 이용하여 정의의 네 가지 성질을 확인하자.

1. $< f, g > = \int_a^b f(x)g(x)dx = \int_a^b g(x)f(x)dx = < g, f >$
2. $< f, g+h > = \int_a^b f(x)[g(x)+h(x)]dx = \int_a^b [f(x)g(x)+f(x)h(x)]dx$

   $= \int_a^b f(x)g(x)dx + \int_a^b f(x)h(x)dx = < f, g > + < f, h >$
3. $c < f, g > = c\int_a^b f(x)g(x)dx = \int_a^b cf(x)g(x)dx = < cf, g >$
4. 모든 x에 대하여 $[f(x)]^2 \ge 0$이므로 정적분의 성질로부터

$$< f, f > = \int_a^b [f(x)]^2 dx \ge 0$$

이 성립하고

$$< f, f > = \int_a^b [f(x)]^2 dx = 0$$

이면 f는 $C[a, b]$의 영함수이고, 그 역도 성립함을 알 수 있다. ■

다음 정리는 내적의 몇몇 성질을 나열한 것이다.

정리 5.7 **내적의 성질**

세 벡터 u, v, w는 내적공간 V의 벡터이고 c는 임의의 실수이다.

1. $< 0, \mathrm{v} > = < \mathrm{v}, 0 > = 0$
2. $< \mathrm{u} + \mathrm{v}, \mathrm{w} > = < \mathrm{u}, \mathrm{w} > + < \mathrm{v}, \mathrm{w} >$
3. $< \mathrm{u}, c\mathrm{v} > = c < \mathrm{u}, \mathrm{v} >$

증명

첫 번째 성질에 대한 증명만 할 것이다. 나머지 두 가지 성질에 대한 증명은 연습문제로 남긴다. (연습문제 91번과 92번을 참고하라.) 내적의 정의로부터 $< 0, \mathrm{v} > = < \mathrm{v}, 0 >$가 성립하므로 이 중 하나만 0임을 보이면 된다. $0(\mathrm{v}) = 0$임을 이용하면

$$\begin{aligned} < 0, \mathrm{v} > &= < 0(\mathrm{v}), \mathrm{v} > \\ &= 0 < \mathrm{v}, \mathrm{v} > \\ &= 0 \end{aligned}$$

이 성립한다. ■

일반 벡터공간에서의 길이(또는 크기), 거리, 각의 정의는 유클리드 n-공간에서의 정의와 비슷하다.

길이, 거리, 각의 정의

두 벡터 u와 v는 내적공간 V의 벡터이다.

1. u의 **길이**(length) **혹은 크기**(norm)는 $\|\mathrm{u}\| = \sqrt{< \mathrm{u}, \mathrm{u} >}$이다.
2. u와 v 사이의 **거리**(distance)는 $d(\mathrm{u}, \mathrm{v}) = \|\mathrm{u} - \mathrm{v}\|$이다.
3. 영벡터가 아닌 두 벡터 u와 v 사이의 **각**(angle)은

$$\cos\theta = \frac{< \mathrm{u}, \mathrm{v} >}{\|\mathrm{u}\|\|\mathrm{v}\|}, \quad 0 \le \theta \le \pi$$

   를 이용하여 구할 수 있다.
4. $< \mathrm{u}, \mathrm{v} > = 0$일 때, u와 v는 **직교**(orthogonal)이다.

만일 $\|\mathrm{u}\| = 1$이면 u는 **단위벡터**(unit vector)이다. 더욱이, v가 내적공간 V의 영벡터가 아닌 임의의 벡터이면 벡터 $\mathrm{u} = \mathrm{v}/\|\mathrm{v}\|$는 v **방향의 단위벡터**(unit vector in the direction of v)이다.

u와 v 사이의 각 θ의 정의는 (유클리드 n-공간과 같은) 일반내적공간에서

$$-1 \leq \frac{<\mathrm{u}, \mathrm{v}>}{\|\mathrm{u}\| \|\mathrm{v}\|} \leq 1$$

임을 가정하고 있음에 주목하자. 이 부등식은 정리 5.8의 코시-슈바르츠 부등식에 의해 성립한다.

예제 6 내적 구하기

벡터공간 P_n의 다항식 $p = a_0 + a_1 x + \cdots + a_n x^n$과 $q = b_0 + b_1 x + \cdots + b_n x^n$에 대하여 함수 $<p, q> = a_0 b_0 + a_1 b_1 + \cdots + a_n b_n$은 내적이다. (연습문제 34번에서 이를 보일 것이다.)
$p(x) = 1 - 2x^2$, $q(x) = 4 - 2x + x^2$, $r(x) = x + 2x^2$은 P_2의 다항식일 때, 다음을 구하시오.

a. $<p, q>$　　b. $<q, r>$　　c. $\|q\|$　　d. $d(p, q)$

풀이

a. p와 q의 내적은

$$<p, q> = a_0 b_0 + a_1 b_1 + a_2 b_2 = (1)(4) + (0)(-2) + (-2)(1) = 2$$

이다.

b. q와 r의 내적은 $<q, r> = (4)(0) + (-2)(1) + (1)(2) = 0$이다. 벡터 q와 r은 직교이다.

c. q의 길이는 $\|q\| = \sqrt{<q, q>} = \sqrt{4^2 + (-2)^2 + 1^2} = \sqrt{21}$이다.

d. p와 q 사이의 거리는

$$\begin{aligned} d(p, q) &= \|p - q\| \\ &= \|(1 - 2x^2) - (4 - 2x + x^2)\| \\ &= \|-3 + 2x - 3x^2\| \\ &= \sqrt{(-3)^2 + 2^2 + (-3)^2} \\ &= \sqrt{22} \end{aligned}$$

이다. ■

직교성은 내적에 의해 결정된다. 즉, 두 벡터는 한 내적으로는 직교이지만 다른 내적으로는 직교가 아닐 수도 있다. 내적 $<p, q> = a_0 b_0 + a_1 b_1 + 2a_2 b_2$를 이용하여 예제 6의 (a)와 (b)를 다시 살펴보자. 이 내적으로는 p와 q가 직교이고 q와 r은 직교가 아니다.

예제 7 $C[0, 1]$에서 내적사용하기 (미적분)

예제 5에서 정의한 내적을 이용하여 $C[0, 1]$의 함수 $f(x)=x$와 $g(x)=x^2$에 대한 다음 값을 각각 구하시오.

a. $\|f\|$ b. $d(f, g)$

풀이

a. $f(x)=x$이므로

$$\|f\|^2=< f, f >=\int_0^1 f(x)f(x)dx=\int_0^1 x^2dx=\left[\frac{x^3}{3}\right]_0^1=\frac{1}{3}$$

이다. 따라서 $\|f\|=\frac{1}{\sqrt{3}}$이다.

b. $d(f, g)$를 구하면

$$\begin{aligned}[d(f, g)]^2 &=< f-g, f-g >\\ &=\int_0^1 [f(x)-g(x)]^2dx=\int_0^1 [x-x^2]^2dx\\ &=\int_0^1 [x^2-2x^3+x^4]dx=\left[\frac{x^3}{3}-\frac{x^4}{2}+\frac{x^5}{5}\right]_0^1=\frac{1}{30}\end{aligned}$$

이므로 $d(f, g)=\frac{1}{\sqrt{30}}$이다. ■

기술

대부분의 공학용 계산기와 소프트웨어 프로그램은 정적분의 근삿값을 구할 수 있다. 예를 들어, 공학용 계산기를 사용하면 예제 7(b)를 다음과 같이 확인할 수 있다.

```
√(fnInt((x-x²)²,x,0,1
))
         .182574185835
```

결과값은 대략

$0.183 \approx \frac{1}{\sqrt{30}}$이다.

*CengageBrain.com*의 **기술 가이드**는 공학도구를 이용하여 정적분의 근삿값을 구하는데 도움을 줄 수 있다.

예제 7에서 $C[0, 1]$에서 함수 $f(x)=x$와 $g(x)=x^2$의 거리는 $1/\sqrt{30}\approx 0.183$이다. 실제로 두 벡터 사이의 거리는 둘 이상의 벡터 쌍 사이의 상대거리만큼 유용하지는 않다. 예를 들어, $C[0, 1]$에서의 $g(x)=x^2$와 $h(x)=x^2+1$ 사이의 거리는 1이다. (거리가 1인지 직접 확인해보라.) 다음 그림에서 보면 f와 g가 g와 h보다 더 가깝다고 하는 것이 합리적인 것처럼 보인다.

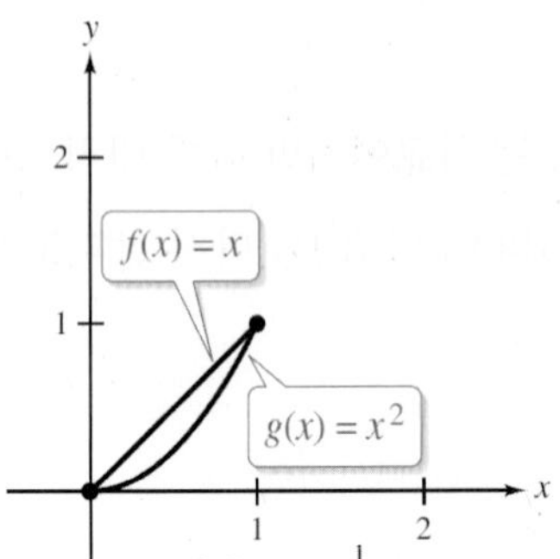

$d(f, g)=\frac{1}{\sqrt{30}}$

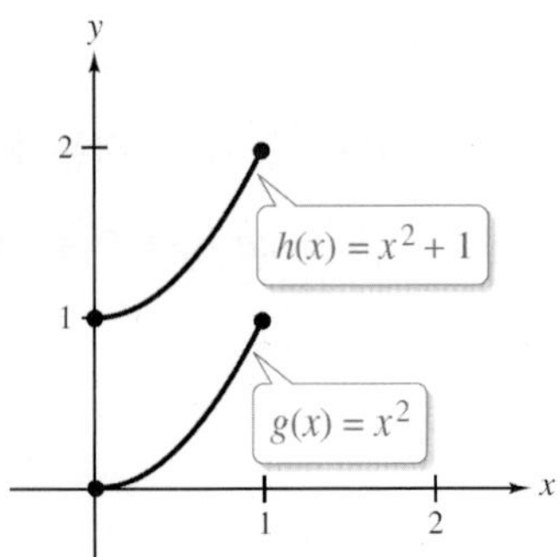

$d(h, g)=1$

앞 절에서 나열한 $\mathbb{R}^n$에서의 길이와 거리에 대한 성질은 일반내적공간에서도 성립한다. 예를 들어, u와 v가 내적공간의 벡터라면 다음 나열한 성질은 모두 성립한다.

길이의 성질	거리의 성질
1. $\|\mathrm{u}\| \geq 0$	1. $d(\mathrm{u}, \mathrm{v}) \geq 0$
2. $\|\mathrm{u}\| = 0$이면 $\mathrm{u} = \mathbf{0}$이고 그 역도 성립한다.	2. $d(\mathrm{u}, \mathrm{v}) = 0$이면 $\mathrm{u} = \mathrm{v}$이고 그 역도 성립한다.
3. $\|c\mathrm{u}\| = \|c\|\|\mathrm{u}\|$	3. $d(\mathrm{u}, \mathrm{v}) = d(\mathrm{v}, \mathrm{u})$

정리 5.8은 일반내적공간에서의 코시-슈바르츠 부등식, 삼각부등식, 피타고라스 정리에 대한 것이다.

정리 5.8

두 벡터 u와 v는 내적공간 V의 벡터이다.

1. 코시-슈바르츠 부등식: $|< \mathrm{u}, \mathrm{v} >| \leq \|\mathrm{u}\|\|\mathrm{v}\|$
2. 삼각부등식: $\|\mathrm{u} + \mathrm{v}\| \leq \|\mathrm{u}\| + \|\mathrm{v}\|$
3. 피타고라스 정리: u와 v가 직교이면

$$\|\mathrm{u} + \mathrm{v}\|^2 = \|\mathrm{u}\|^2 + \|\mathrm{v}\|^2$$

이 성립하고, 그 역도 성립한다.

정리 5.8의 각각에 대한 증명은 정리 5.4, 5.5, 5.6의 증명과 비슷하다. 각 증명에서 단지 유클리드 내적 $\mathrm{u} \cdot \mathrm{v}$를 $< \mathrm{u}, \mathrm{v} >$로 치환하면 된다.

예제 8 코시-슈바르츠 부등식의 예 (미적분)

두 함수 $f(x) = 1$과 $g(x) = x$는 예제 5에서 정의된 내적을 가지고 있는 벡터공간 $C[0, 1]$에서의 함수이다. $|< f, g >| \leq \|f\|\|g\|$가 성립함을 확인하시오.

풀이

주어진 부등식의 좌변은

$$< f, g > = \int_0^1 f(x)g(x)dx = \int_0^1 x dx = \left[\frac{x^2}{2}\right]_0^1 = \frac{1}{2}$$

이다. 주어진 부등식의 우변은

$$\|f\|^2 = \int_0^1 f(x)f(x)dx = \int_0^1 dx = [x]_0^1 = 1$$

이고

$$\|g\|^2 = \int_0^1 g(x)g(x)dx = \int_0^1 x^2 dx = \left[\frac{x}{3}\right]_0^1 = \frac{1}{3}$$

이다. 따라서

$$\|f\|\|g\| = \sqrt{(1)\left(\frac{1}{3}\right)} = \frac{1}{\sqrt{3}} \approx 0.577$$

이므로 $|<f, g>| \leq \|f\|\|g\|$이다. ■

선형대수의 응용

일의 개념은 다양한 작업을 수행하는데 필요한 에너지를 결정하는 데 중요하다. 만일 상수인 힘 F가 물체를 A지점에서 B지점으로 이동시키기 위해 물체의 이동경로와 각 θ를 이루면서 작용하고 있다면 이 힘이 하는 일 W는

$$\begin{aligned} W &= (\cos\theta)\|\mathrm{F}\|\|\overrightarrow{AB}\| \\ &= \mathrm{F} \cdot \overrightarrow{AB} \end{aligned}$$

이고 여기서 $\overrightarrow{AB}$는 A에서 B로의 유향선분을 나타낸다. $(\cos\theta)\|\mathrm{F}\|$의 값은 F의 $\overrightarrow{AB}$ 위로의 직교 정사영의 길이이다. 직교정사영은 바로 다음에 살펴볼 것이다.

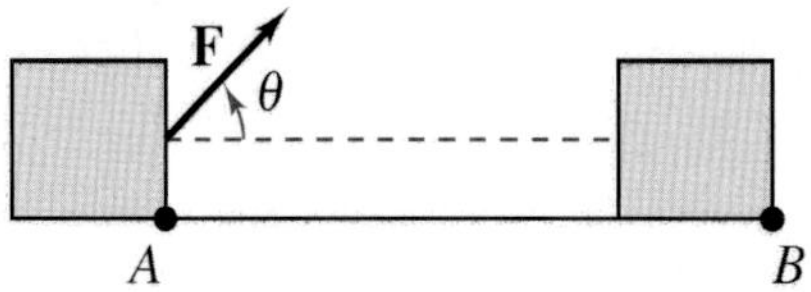

iStockphoto.com/kupicoo

내적공간에서의 직교정사영

두 벡터 u와 v는 $\mathbb{R}^2$의 벡터이다. 만일 v가 영벡터가 아니라면 그림 5.7과 같이 수직으로 u의 그림자를 v 위로 내릴 수 있다. 이 그림자 벡터는 $\mathrm{proj_v u}$라고 표시하는데, 이는 v의 스칼라 배이다. 따라서 $\mathrm{proj_v u} = a\mathrm{v}$로 적을 수 있다. 만일 그림 5.7(a)에서와 같이 $a > 0$이면 $\cos\theta > 0$이고 $\mathrm{proj_v u}$의 길이는

$$\|a\mathrm{v}\| = |a|\,\|\mathrm{v}\| = a\|\mathrm{v}\| = \|\mathrm{u}\|\cos\theta = \frac{\|\mathrm{u}\|\|\mathrm{v}\|\cos\theta}{\|\mathrm{v}\|} = \frac{\mathrm{u} \cdot \mathrm{v}}{\|\mathrm{v}\|}$$

이고 $a = (\mathrm{u} \cdot \mathrm{v})/\|\mathrm{v}\|^2 = (\mathrm{u} \cdot \mathrm{v})/(\mathrm{v} \cdot \mathrm{v})$이다. 따라서

$$\text{proj}_{\mathbf{v}}\mathbf{u} = \frac{\mathbf{u}\cdot\mathbf{v}}{\mathbf{v}\cdot\mathbf{v}}\mathbf{v}$$

이다. 만일 그림 5.7(b)에서와 같이 $a < 0$이면 u의 v 위로의 직교 정사영은 같은 식을 이용하여 구할 수 있다. (확인해보라.)

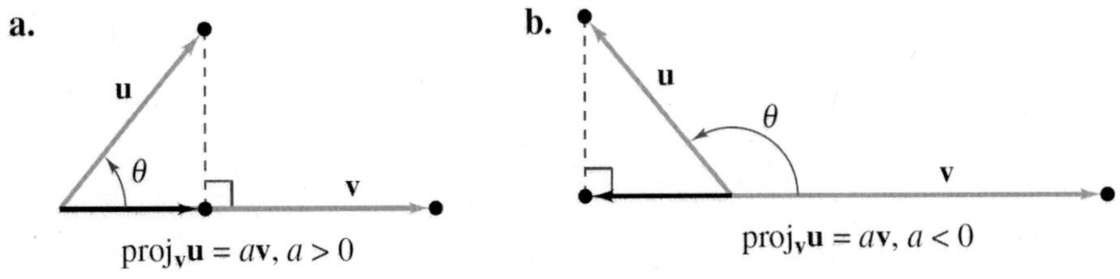

그림 5.7

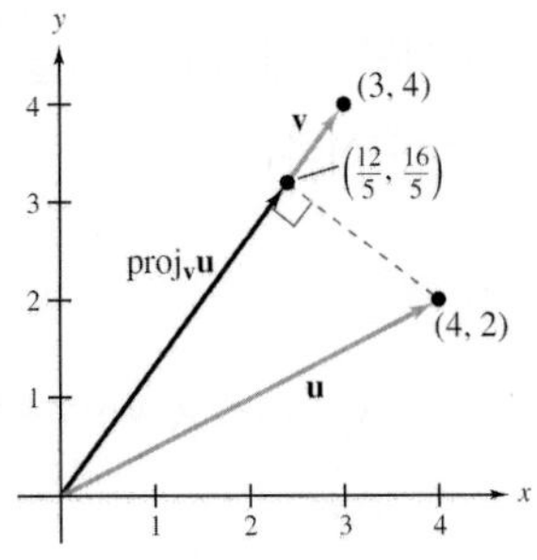

그림 5.8

예제 9 u의 v 위로의 정사영 구하기

3, 44, 2$\mathbb{R}^2$에서 $\mathbf{u} = (4, 2)$의 $\mathbf{v} = (3, 4)$ 위로의 직교 정사영은 그림 5.8과 같이

$$\text{proj}_{\mathbf{v}}\mathbf{u} = \frac{\mathbf{u}\cdot\mathbf{u}}{\mathbf{v}\cdot\mathbf{v}}\mathbf{v} = \frac{(4,\ 2)\cdot(3,4)}{(3,\ 4)\cdot(3,4)}(3,4) = \frac{20}{25}(3,\ 4) = \left(\frac{12}{5},\ \frac{16}{5}\right)$$

이다. ■

일반내적공간에서의 직교 정사영은 다음과 같이 정의한다.

직교 정사영의 정의

두 벡터 u와 v는 내적공간 V의 벡터이고 $\mathbf{v} \neq 0$이다. **u의 v 위로의 직교 정사영**(orthogonal projection of u onto v)은

$$\text{proj}_{\mathbf{v}}\mathbf{u} = \frac{\langle \mathbf{u},\ \mathbf{v}\rangle}{\langle \mathbf{v},\ \mathbf{v}\rangle}\mathbf{v}$$

이다.

참고

만일 v가 단위벡터이면 $\langle \mathbf{v},\ \mathbf{v}\rangle = \|\mathbf{v}\|^2 = 1$이고 u의 v 위로의 직교 정사영 식은

$$\text{proj}_{\mathbf{v}}\mathbf{u} = \langle \mathbf{u},\ \mathbf{v}\rangle\mathbf{v}$$

와 같이 훨씬 간단히 할 수 있다.

예제 10 $\mathbb{R}^3$에서 직교 정사영 구하기

이러한 유형의 예제의 대화형 버전은 LarsonLinearAlgebra.com을 참고하라.

$\mathbb{R}^3$에서의 유클리드 내적을 이용하여 $\mathbf{u}=(6, 2, 4)$의 $\mathbf{v}=(1, 2, 0)$ 위로의 직교 정사영을 구하시오.

풀이

$\mathbf{u}\cdot\mathbf{v}=10$이고 $\mathbf{v}\cdot\mathbf{v}=5$이므로 u의 v 위로의 직교 정사영은 그림 5.9에서처럼

$$\text{proj}_{\mathbf{v}}\mathbf{u}=\frac{<\mathbf{u}, \mathbf{v}>}{<\mathbf{v}, \mathbf{v}>}\mathbf{v}=\frac{10}{5}(1, 2, 0)=2(1, 2, 0)=(2, 4, 0)$$

이다. ■

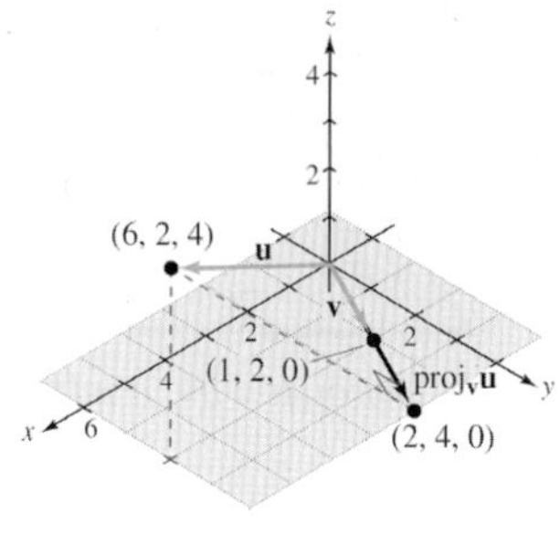

그림 5.9

예제 10에서의 $\mathbf{u}-\text{proj}_{\mathbf{v}}\mathbf{u}=(6, 2, 4)-(2, 4, 0)=(4, -2, 4)$가 $\mathbf{v}=(1, 2, 0)$과 직교임을 확인해보라. 이는 일반적으로 성립한다. 만일 u와 v가 내적공간의 영벡터가 아닌 벡터라면 $\mathbf{u}-\text{proj}_{\mathbf{v}}\mathbf{u}$는 v와 직교이다. (연습문제 90번에서 이를 증명할 것이다.)

수학적 모델링(5.4절을 참고하라)에서 사용되는 직교 정사영의 중요한 성질은 다음 정리와 같다. 정리의 의미는 벡터 v의 가능한 모든 스칼라 배 중에서 u의 v 위로의 직교 정사영은 그림 5.10에서와 같이 u에 가장 가까운 벡터라는 것이다. 예를 들어, 예제 10에서 이 정리는 벡터 $\mathbf{v}=(1, 2, 0)$의 가능한 모든 스칼라 배 중에서 벡터 $\text{proj}_{\mathbf{v}}\mathbf{u}=(2, 4, 0)$은 $\mathbf{u}=(6, 2, 4)$에 가장 가깝다. 연습문제 101번에서 이를 명확히 증명해야 한다.

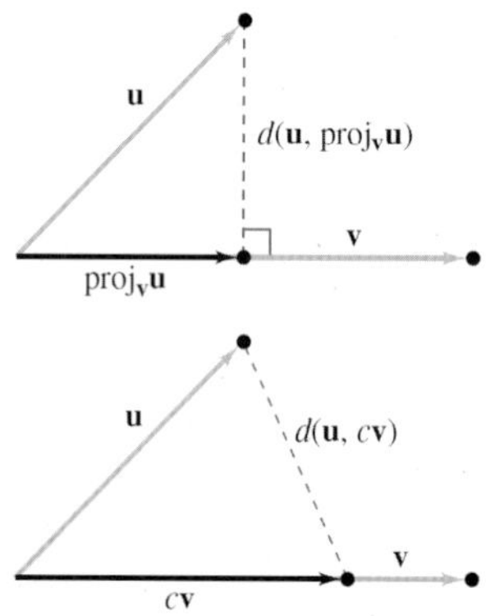

그림 5.10

정리 5.9 직교 정사영과 거리

두 벡터 u와 v는 내적공간 V의 벡터이고 $\mathbf{v}\neq\mathbf{0}$이다. 그러면

$$d(\mathbf{u}, \text{proj}_{\mathbf{v}}\mathbf{u})<d(\mathbf{u}, c\mathbf{v}),\ c\neq\frac{<\mathbf{u}, \mathbf{v}>}{<\mathbf{v}, \mathbf{v}>}$$

이다.

증명

$b=<\mathbf{u}, \mathbf{v}>/<\mathbf{v}, \mathbf{v}>$라 하자. 그러면

$$\|\mathrm{u}-c\mathrm{v}\|^2=\|(\mathrm{u}-b\mathrm{v})+(b-c)\mathrm{v}\|^2$$

이고 여기서 $(\mathrm{u}-b\mathrm{v})$와 $(b-c)\mathrm{v}$는 직교이다. 내적의 공리를 사용하여 $<(\mathrm{u}-b\mathrm{v}),(b-c)\mathrm{v}>=0$임을 보임으로써 확인해보라. 이제 피타고라스 정리에 의해

$$\|(\mathrm{u}-b\mathrm{v})+(b-c)\mathrm{v}\|^2=\|\mathrm{u}-b\mathrm{v}\|^2+\|(b-c)\mathrm{v}\|^2$$

이고 이를 정리하면

$$\|\mathrm{u}-c\mathrm{v}\|^2=\|\mathrm{u}-b\mathrm{v}\|^2+(b-c)^2\|\mathrm{v}\|^2$$

을 얻는다. $b\neq c$이고 $\mathrm{v}\neq \mathbf{0}$이므로 $(b-c)^2\|\mathrm{v}\|^2>0$이다. 이는

$$\|\mathrm{u}-b\mathrm{v}\|^2<\|\mathrm{u}-c\mathrm{v}\|^2$$

을 의미하고 $d(\mathrm{u},b\mathrm{v})<d(\mathrm{u},c\mathrm{v})$가 성립한다. ■

다음 예제는 내적공간 $C[a,b]$에서의 직교 정사영에 대한 것이다.

예제 11 ▶ $C[a,b]$에서 직교 정사영 구하기 (미적분)

두 함수 $f(x)=1$과 $g(x)=x$는 $C[0,1]$에서의 함수이다. 예제 5에서 정의한 $C[a,b]$에서의 내적

$$<f,g>=\int_a^b f(x)g(x)dx$$

를 이용하여 f의 g 위로의 직교 정사영을 구하시오.

풀이

예제 8에서 $<f,g>=\frac{1}{2}$, $<g,g>=\|g\|^2=\frac{1}{3}$임을 알았다. 따라서 f의 g 위로의 직교 정사영은

$$\mathrm{proj}_g f=\frac{<f,g>}{<g,g>}g=\frac{1/2}{1/3}x=\frac{3}{2}x$$

이다. ■

5.2 연습문제

내적임을 보이기 1~4번에서는 주어진 함수가 $\mathbb{R}^2$에서의 내적을 정의함을 보이시오. 단, $\mathrm{u} = (u_1, u_2)$이고 $\mathrm{v} = (v_1, v_2)$이다.

1. $< \mathrm{u}, \mathrm{v} > = 3u_1v_1 + u_2v_2$

2. $< \mathrm{u}, \mathrm{v} > = u_1v_1 + 9u_2v_2$

3. $< \mathrm{u}, \mathrm{v} > = \frac{1}{2}u_1v_1 + \frac{1}{4}u_2v_2$

4. $< \mathrm{u}, \mathrm{v} > = 2u_1v_1 + u_2v_1 + u_1v_2 + 2u_2v_2$

내적임을 보이기 5~8번에서는 주어진 함수가 $\mathbb{R}^3$에서의 내적을 정의함을 보이시오. 단, $\mathrm{u} = (u_1, u_2, u_3)$이고 $\mathrm{v} = (v_1, v_2, v_3)$이다.

5. $< \mathrm{u}, \mathrm{v} > = 2u_1v_1 + 3u_2v_2 + u_3v_3$

6. $< \mathrm{u}, \mathrm{v} > = u_1v_1 + 2u_2v_2 + u_3v_3$

7. $< \mathrm{u}, \mathrm{v} > = 4u_1v_1 + 3u_2v_2 + 2u_3v_3$

8. $< \mathrm{u}, \mathrm{v} > = \frac{1}{2}u_1v_1 + \frac{1}{4}u_2v_2 + \frac{1}{2}u_3v_3$

내적이 아님을 보이기 9~12번에서는 주어진 함수가 $\mathbb{R}^2$에서의 내적을 정의*하지 못함*을 보이시오. 단, $\mathrm{u} = (u_1, u_2)$이고 $\mathrm{v} = (v_1, v_2)$이다.

9. $< \mathrm{u}, \mathrm{v} > = u_1v_1$

10. $< \mathrm{u}, \mathrm{v} > = u_1v_1 - 6u_2v_2$

11. $< \mathrm{u}, \mathrm{v} > = u_1^2v_1^2 - u_2^2v_2^2$

12. $< \mathrm{u}, \mathrm{v} > = 3u_1v_2 - u_2v_1$

내적이 아님을 보이기 13~16번에서는 함수가 $\mathbb{R}^3$에서의 내적을 정의*하지 못함*을 보이시오. 단, $\mathrm{u} = (u_1, u_2, u_3)$이고 $\mathrm{v} = (v_1, v_2, v_3)$이다.

13. $< \mathrm{u}, \mathrm{v} > = -u_1u_2u_3$

14. $< \mathrm{u}, \mathrm{v} > = u_1v_1 - u_2v_2 - u_3v_3$

15. $< \mathrm{u}, \mathrm{v} > = u_1^2v_1^2 + u_2^2v_2^2 + u_3^2v_2^2$

16. $< \mathrm{u}, \mathrm{v} > = 2u_1u_2 + 3v_1v_2 + u_3v_3$

내적, 길이, 거리 구하기 17~26번에서는 $\mathbb{R}^n$에서 정의된 주어진 내적에 대해 (a) $< \mathrm{u}, \mathrm{v} >$, (b) $\|\mathrm{u}\|$, (c) $\|\mathrm{v}\|$, (d) $d(\mathrm{u}, \mathrm{v})$를 구하시오.

17. $\mathrm{u} = (3, 4)$, $\mathrm{v} = (5, -12)$, $< \mathrm{u}, \mathrm{v} > = \mathrm{u} \cdot \mathrm{v}$

18. $\mathrm{u} = (-1, 1)$, $\mathrm{v} = (6, 8)$, $< \mathrm{u}, \mathrm{v} > = \mathrm{u} \cdot \mathrm{v}$

19. $\mathrm{u} = (-4, 3)$, $\mathrm{v} = (0, 5)$,
$< \mathrm{u}, \mathrm{v} > = 3u_1v_1 + u_2v_2$

20. $\mathrm{u} = (0, -6)$, $\mathrm{v} = (-1, 1)$,
$< \mathrm{u}, \mathrm{v} > = u_1v_1 + 2u_2v_2$

21. $\mathrm{u} = (0, 7, 2)$, $\mathrm{v} = (9, -3, -2)$,
$< \mathrm{u}, \mathrm{v} > = \mathrm{u} \cdot \mathrm{v}$

22. $\mathrm{u} = (0, 1, 2)$, $\mathrm{v} = (1, 2, 0)$, $< \mathrm{u}, \mathrm{v} > = \mathrm{u} \cdot \mathrm{v}$

23. $\mathrm{u} = (8, 0, -8)$, $\mathrm{v} = (8, 3, 16)$,
$< \mathrm{u}, \mathrm{v} > = 2u_1v_1 + 3u_2v_2 + u_3v_3$

24. $\mathrm{u} = (1, 1, 1)$, $\mathrm{v} = (2, 5, 2)$,
$< \mathrm{u}, \mathrm{v} > = u_1v_1 + 2u_2v_2 + u_3v_3$

25. $\mathrm{u} = (-1, 2, 0, 1)$, $\mathrm{v} = (0, 1, 2, 2)$,
$< \mathrm{u}, \mathrm{v} > = \mathrm{u} \cdot \mathrm{v}$

26. $\mathrm{u} = (1, -1, 2, 0)$, $\mathrm{v} = (2, 1, 0, -1)$,
$< \mathrm{u}, \mathrm{v} > = \mathrm{u} \cdot \mathrm{v}$

내적임을 보이기 27번과 28번에서는 $A=\begin{bmatrix} a_{11} & a_{12} \\ a_{21} & a_{22} \end{bmatrix}$와 $B=\begin{bmatrix} b_{11} & b_{12} \\ b_{21} & b_{22} \end{bmatrix}$는 벡터공간 $M_{2,2}$의 행렬이다. 주어진 함수가 $M_{2,2}$에서의 내적을 정의함을 보이시오.

27. $< A, B > = a_{11}b_{11} + a_{12}b_{12} + a_{21}b_{21} + a_{22}b_{22}$

28. $< A, B > = 2a_{11}b_{11} + a_{12}b_{12} + a_{21}b_{21} + 2a_{22}b_{22}$

내적, 길이, 거리 구하기 29~32번에서는 내적 $< A, B > = 2a_{11}b_{11} + a_{12}b_{12} + a_{21}b_{21} + 2a_{22}b_{22}$를 이용하여 $M_{2,2}$의 행렬에 대한 (a) $< A, B >$, (b) $\|A\|$, (c) $\|B\|$, (d) $d(A, B)$를 구하시오.

29. $A=\begin{bmatrix} 2 & -4 \\ -3 & 1 \end{bmatrix},\ B=\begin{bmatrix} -2 & 1 \\ 1 & 0 \end{bmatrix}$

30. $A=\begin{bmatrix} 1 & 0 \\ 0 & 1 \end{bmatrix},\ B=\begin{bmatrix} 0 & 1 \\ 1 & 0 \end{bmatrix}$

31. $A=\begin{bmatrix} 1 & -1 \\ 2 & 4 \end{bmatrix},\ B=\begin{bmatrix} 0 & 1 \\ -2 & 0 \end{bmatrix}$

32. $A=\begin{bmatrix} 1 & 0 \\ 0 & -1 \end{bmatrix},\ B=\begin{bmatrix} 1 & 1 \\ 0 & -1 \end{bmatrix}$

내적임을 보이기 33번과 34번에서는 주어진 함수가 다항식 $p(x)=a_0+a_1x+\cdots+a_nx^n$과 $q(x)=b_0+b_1x+\cdots+b_nx^n$에 대한 내적을 정의함을 보이시오.

33. P_2에서 $< p, q > = a_0b_0 + 2a_1b_1 + a_2b_2$

34. P_n에서 $< p, q > = a_0b_0 + a_1b_1 + \cdots + a_nb_n$

내적, 길이, 거리 구하기 35~38번에서는 내적 $< p, q > = a_0b_0 + a_1b_1 + a_2b_2$를 이용하여 P_2의 다항식에 대해 (a) $< p, q >$, (b) $\|p\|$, (c) $\|q\|$, (d) $d(p, q)$를 구하시오.

35. $p(x)=1-x+3x^2,\ q(x)=x-x^2$

36. $p(x)=1+x+\frac{1}{2}x^2,\ q(x)=1+2x^2$

37. $p(x)=1+x^2,\ q(x)=1-x^2$

38. $p(x)=1-3x+x^2,\ q(x)=-x+2x^2$

미적분 39~42번에서는 $C[-1, 1]$의 함수 f와 g를 이용하여 내적 $< f, g > = \int_{-1}^{1} f(x)g(x)dx$에 대한 (a) $< f, g >$, (b) $\|f\|$, (c) $\|g\|$, (d) $d(f, g)$를 구하시오.

39. $f(x)=1,\ g(x)=4x^2-1$

40. $f(x)=-x,\ g(x)=x^2-x+2$

41. $f(x)=x,\ g(x)=e^x$

42. $f(x)=x,\ g(x)=e^{-x}$

두 벡터 사이의 각 구하기 43~52번에서는 벡터 사이의 각 θ를 구하시오.

43. $\mathrm{u}=(3, 4),\ \mathrm{v}=(5, -12),\ < \mathrm{u}, \mathrm{v} > = \mathrm{u}\cdot\mathrm{v}$

44. $\mathrm{u}=(3, -1),\ \mathrm{v}=\left(\frac{1}{3}, 1\right),\ < \mathrm{u}, \mathrm{v} > = \mathrm{u}\cdot\mathrm{v}$

45. $\mathrm{u}=(-4, 3), \mathrm{v}=(0, 5), < \mathrm{u}, \mathrm{v} > = 3u_1v_1 + u_2v_2$

46. $\mathrm{u}=\left(\frac{1}{4}, -1\right), \mathrm{v}=(2, 1), < \mathrm{u}, \mathrm{v} > = 2u_1v_1 + u_2v_2$

47. $\mathrm{u}=(1, 1, 1),\ \mathrm{v}=(2, -2, 2),$
$< \mathrm{u}, \mathrm{v} > = u_1v_1 + 2u_2v_2 + u_3v_3$

48. $\mathrm{u}=(0, 1, -2), \mathrm{v}=(3, -2, 1), < \mathrm{u}, \mathrm{v} > = \mathrm{u}\cdot\mathrm{v}$

49. $p(x)=1-x+x^2,\ q(x)=1+x+x^2,$
$< p, q > = a_0b_0 + a_1b_1 + a_2b_2$

50. $p(x)=1+x^2,\ q(x)=x-x^2,$
$< p, q > = a_0b_0 + 2a_1b_1 + a_2b_2$

51. **미적분** $f(x)=x,\ g(x)=x^2$,

$<f, g>=\int_{-1}^{1} f(x)g(x)dx$

52. **미적분** $f(x)=1,\ g(x)=x^2$,

$<f, g>=\int_{-1}^{1} f(x)g(x)dx$

부등식 확인 53~64번에서는 주어진 벡터와 내적에 대하여 (a) 코시-슈바르츠 부등식과 (b) 삼각부등식이 성립하는지 확인하시오.

53. $\mathrm{u}=(5, 12),\ \mathrm{v}=(3, 4),\ <\mathrm{u}, \mathrm{v}>=\mathrm{u}\cdot\mathrm{v}$

54. $\mathrm{u}=(-1, 1),\ \mathrm{v}=(1, -1),\ <\mathrm{u}, \mathrm{v}>=\mathrm{u}\cdot\mathrm{v}$

55. $\mathrm{u}=(0, 1, 5),\ \mathrm{v}=(-4, 3, 3),\ <\mathrm{u}, \mathrm{v}>=\mathrm{u}\cdot\mathrm{v}$

56. $\mathrm{u}=(1, 0, 2),\ \mathrm{v}=(1, 2, 0),\ <\mathrm{u}, \mathrm{v}>=\mathrm{u}\cdot\mathrm{v}$

57. $p(x)=2x,\ q(x)=1+3x^2$,

$<p, q>=a_0b_0+a_1b_1+a_2b_2$

58. $p(x)=x,\ q(x)=1+3x^2$,

$<p, q>=a_0b_0+2a_1b_1+a_2b_2$

59. $A=\begin{bmatrix}0 & 3\\ 2 & 1\end{bmatrix},\ B=\begin{bmatrix}-3 & 1\\ 4 & 3\end{bmatrix}$,

$<A, B>=a_{11}b_{11}+a_{12}b_{12}+a_{21}b_{21}+a_{22}b_{22}$

60. $A=\begin{bmatrix}0 & 1\\ 2 & -1\end{bmatrix},\ B=\begin{bmatrix}1 & 1\\ 2 & -2\end{bmatrix}$,

$<A, B>=a_{11}b_{11}+a_{12}b_{12}+a_{21}b_{21}+a_{22}b_{22}$

61. **미적분** $f(x)=\sin x,\ g(x)=\cos x$,

$<f, g>=\int_{0}^{\pi/4} f(x)g(x)dx$

62. **미적분** $f(x)=x,\ g(x)=\cos\pi x$,

$<f, g>=\int_{0}^{2} f(x)g(x)dx$

63. **미적분** $f(x)=x,\ g(x)=e^x$,

$<f, g>=\int_{0}^{1} f(x)g(x)dx$

64. **미적분** $f(x)=x,\ g(x)=e^{-x}$,

$<f, g>=\int_{0}^{1} f(x)g(x)dx$

미적분 65~68번에서는 함수 f와 g가 $<f, g>=\int_a^b f(x)g(x)dx$를 내적으로 갖는 내적공간 $C[a, b]$에서 직교임을 보이시오.

65. $C[-\pi/2, \pi/2],\ f(x)=\cos x,\ g(x)=\sin x$

66. $C[-1, 1],\ f(x)=x,\ g(x)=\frac{1}{2}(3x^2-1)$

67. $C[-1, 1],\ f(x)=x,\ g(x)=\frac{1}{2}(5x^3-3x)$

68. $C[0, \pi],\ f(x)=1,\ g(x)=\cos(2nx)$,

$n=1<\ 2,\ 3,\ \ldots$

$\mathbb{R}^2$에서 직교 정사영 구하고 그리기 69~72번에서는 (a) $\mathrm{proj_v u}$를 구하고, (b) $\mathrm{proj_u v}$를 구하고, (c) $\mathrm{proj_v u}$와 $\mathrm{proj_u v}$를 모두 그리시오. 유클리드 내적을 이용하시오.

69. $\mathrm{u}=(1, 2),\ \mathrm{v}=(2, 1)$

70. $\mathrm{u}=(-3, -1),\ \mathrm{v}=(6, 3)$

71. $\mathrm{u}=(-1, 3),\ \mathrm{v}=(4, 4)$

72. $\mathrm{u}=(2, -2),\ \mathrm{v}=(3, 1)$

직교 정사영 구하기 73~76번에서는 (a)$\mathrm{proj_v u}$와 (b) $\mathrm{proj_u v}$를 구하시오. 유클리드 내적을 이용하시오.

73. $\mathrm{u}=(5, -3, 1),\ \mathrm{v}=(1, -1, 0)$

74. $\mathrm{u}=(1, 2, -1),\ \mathrm{v}=(-1, 2, -1)$

75. $\mathrm{u}=(0,\ 1,\ 3,\ -6),\ \mathrm{v}=(-1,\ 1,\ 2,\ 2)$

76. $\mathrm{u}=(-1,\ 4,\ -2,\ 3),\ \mathrm{v}=(2,\ -1,\ 2,\ -1)$

미적분 77~84번에서는 f의 g 위로의 직교 정사영을 구하시오. $C[a,\ b]$에서의 내적 $<f,\ g>=\int_a^b f(x)g(x)dx$를 이용하시오.

77. $C[-1,\ 1],\ f(x)=x,\ g(x)=1$

78. $C[-1,\ 1],\ f(x)=x^3-x,\ g(x)=2x-1$

79. $C[0,\ 1],\ f(x)=,\ g(x)=e^x$

80. $C[0,\ 1],\ f(x)=x,\ g(x)=e^{-x}$

81. $C[-\pi,\ \pi],\ f(x)=\sin x,\ g(x)=\cos x$

82. $C[-\pi,\ \pi],\ f(x)=\sin 2x,\ g(x)=\cos 2x$

83. $C[-\pi,\ \pi],\ f(x)=x,\ g(x)=\sin 2x$

84. $C[-\pi,\ \pi],\ f()=x,\ g(x)=\cos 2x$

참 또는 거짓? 85번과 86번에서는 각 명제가 참 또는 거짓인지 판별하시오. 만약 명제가 참이라면 그 이유를 제시하거나 본문에서 적절한 명제를 찾아 제시하시오. 만약 명제가 거짓이라면 명제가 참이 아니라는 예를 제시하거나 본문에서 적절한 명제를 찾아 제시하시오.

85. (a) 점곱은 $\mathbb{R}^n$에서 정의할 수 있는 유일한 내적이다.

(b) 내적공간의 영벡터가 아닌 벡터는 크기가 0일 수 있다.

86. (a) 벡터 u의 크기는 u와 x축의 양의 방향과 이루는 각이다.

(b) 벡터 v와 u의 v 위로의 정사영 사이의 각 θ는 $a<0$이면 둔각이고, $a>0$이면 예각이다. 여기서 $a\mathrm{v}=proj_{\mathrm{v}}\mathrm{u}$이다.

87. $\mathrm{u}=(4,\ 2)$와 $\mathrm{v}=(2,\ -2)$는 내적 $<\mathrm{u},\mathrm{v}>=u_1v_1+2u_2v_2$가 정의된 $\mathbb{R}^2$의 벡터이다.

(a) u와 v가 직교임을 보이시오.

(b) u와 v를 그리시오. 두 벡터는 유클리드 기하에서의 수직인가?

88. **증명** 내적공간 V의 임의의 벡터 u와 v에 대하여 $\|\mathrm{u}+\mathrm{v}\|^2+\|\mathrm{u}-\mathrm{v}\|^2=2\|\mathrm{u}\|^2+2\|\mathrm{v}\|^2$을 증명하시오.

89. **증명** 다음 함수가 $\mathbb{R}^n$의 내적임을 증명하시오.

$<\mathrm{u},\mathrm{v}>=c_1u_1v_1+c_2u_2v_2+\cdots+c_nu_nv_n,\ c_i>0.$

90. **증명** 두 벡터 u와 v는 내적공간 V의 벡터이다. $\mathrm{u}-proj_{\mathrm{v}}\mathrm{u}$는 v와 직교임을 증명하시오.

91. **증명** 정리 5.7의 성질 2를 증명하시오: 만일 u, v, w가 내적공간 V의 벡터이면, $<\mathrm{u}+\mathrm{v},\mathrm{w}>=<\mathrm{u},\mathrm{w}>+<\mathrm{v},\mathrm{w}>$가 성립한다.

92. **증명** 정리 5.7의 성질 3을 증명하시오: 만일 u와 v이 내적공간 V의 벡터이고 c는 임의의 스칼라이면 $<\mathrm{u},c\mathrm{v}>=c<\mathrm{u},\mathrm{v}>$가 성립한다.

93. **힌트가 있는 증명** W는 내적공간 V의 부분공간이다. 집합

$$W^{\perp}=\{\mathrm{v}\in V:\ \text{모든 } \mathrm{w}\in W\text{에 대하여 } <\mathrm{v},\mathrm{w}>=0\}$$

는 V의 부분공간임을 증명하시오.

시작: $W^{\perp}$이 V의 부분공간임을 증명하려면 $W^{\perp}$은 공집합이 아니고 부분공간이기 위한 닫힘 조건이 성립함(정리 4.5)을 보여야 한다.

(i) $W^{\perp}$의 원소를 찾아 공집합이 아님을 보인다.

(ii) $W^{\perp}$이 덧셈에 대해 닫혀있음을 보이려면 임의의 벡터 $\mathrm{v}_1,\ \mathrm{v}_2\in W$에 대하여, $<\mathrm{v}_1+\mathrm{v}_2,\mathrm{w}>=0$이 모든 $\mathrm{w}\in W$에 대해 성립한다는 것을

보여야 한다. 내적의 성질과 $< \mathrm{v}_1, \mathrm{w}>$와 $< \mathrm{v}_2, \mathrm{w}>$가 모두 0이라는 것을 이용하여 이를 보일 수 있다.

(iii) 스칼라 곱에 대해 닫혀있음을 보이려면 (ii)에서처럼 증명한다. 내적의 성질과 $W^{\perp}$에 속하기 위한 조건을 사용하여 이를 보일 수 있다.

94. 연습문제 93번의 결과를 이용하여 W가 $V=\mathbb{R}^3$에서 $(1, 2, 3)$의 생성일 때, $W^{\perp}$를 구하시오.

95. 힌트가 있는 증명 $\langle \mathrm{u}, \mathrm{v} \rangle$는 $\mathbb{R}^n$의 유클리드 내적이다. $\langle \mathrm{u}, \mathrm{v} \rangle = \mathrm{u}^T\mathrm{v}$임을 이용하여 $n \times n$ 행렬 A에 대해

(a) $\langle A^TA\mathrm{u}, \mathrm{v} \rangle = \langle A\mathrm{u}, A\mathrm{v} \rangle$

(b) $\langle A^TA\mathrm{u}, \mathrm{u} \rangle = \|A\mathrm{u}\|^2$

임을 증명하시오.

시작: (a)와 (b)를 증명하기 위해 전치행렬의 성질 두 가지(정리 2.6) 모두와 점곱의 성질(정리 5.3)을 이용한다.

(i) (a)를 증명하기 위해 $\langle \mathrm{u}, \mathrm{v} \rangle = \mathrm{u}^T\mathrm{v}$라는 성질과 정리 2.6의 성질 4를 이용한다.

(ii) (b)를 증명하기 위해 $\langle \mathrm{u}, \mathrm{v} \rangle = \mathrm{u}^T\mathrm{v}$라는 성질, 정리 2.6의 성질 4, 정리 5.3의 성실 4를 이용한다.

96. 캡스톤

(a) 함수가 내적인지를 판별하는 방법을 설명하시오.

(b) 두 벡터 u와 v는 내적공간 V의 벡터이고 $\mathrm{v} \neq 0$이다. u의 v 위로의 직교 정사영을 구하는 방법을 설명하시오.

내적 가중치 구하기 97~100번에서는 $\mathbb{R}^2$의 내적 $< \mathrm{u}, \mathrm{v} > = c_1u_1v_1 + c_2u_2v_2$에 대하여 다음 그림과 같이 그래프가 단위원이 되도록 c_1과 c_2를 구하시오.

97.

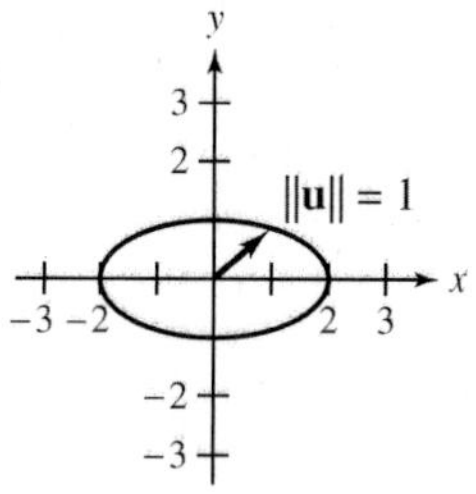

98.

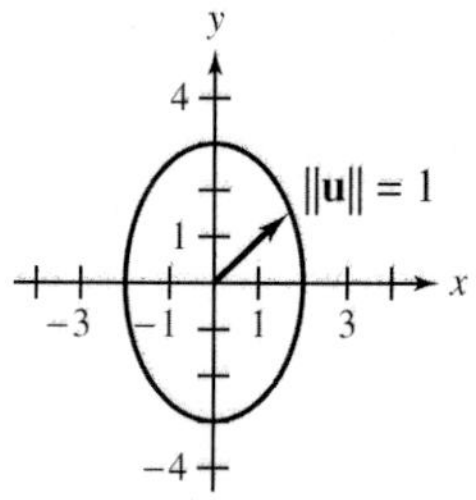

99.

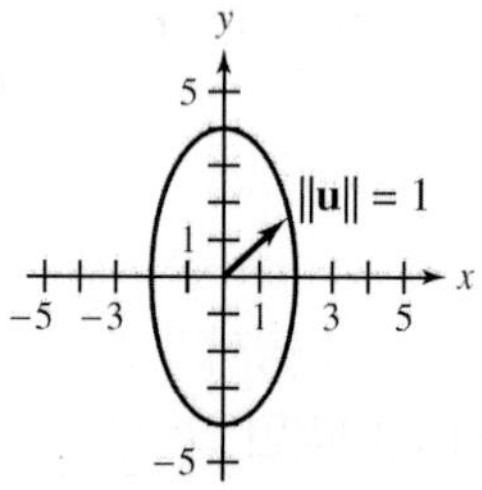

100.

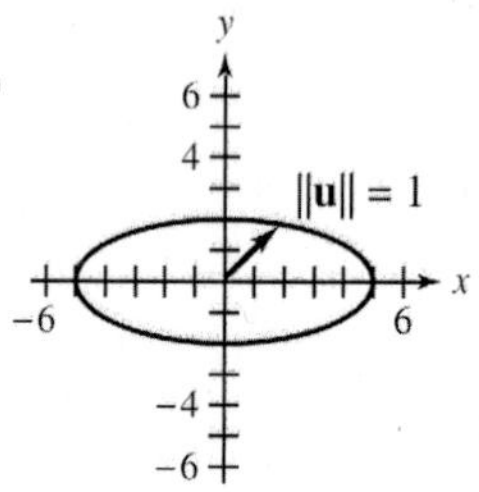

101. 예제 10의 벡터 $\mathrm{u}=(6, 2, 4)$와 $\mathrm{v}=(1, 2, 0)$에 대하여, 정리 5.9를 사용하지 않고 v의 모든 스칼라 배 $c\mathrm{v}$ 중에서 u의 v 위로의 정사영이 u에 가장 가까운 벡터임을 보이시오. 즉, $d(\mathrm{u}, \mathrm{proj}_{\mathrm{v}}\mathrm{u})$가 최소가 됨을 보이시오.

5.3 정규직교기저: 그람-슈미트 과정

- 벡터의 집합이 직교임과 정규직교기저를 이룸을 보이고 벡터를 정규직교기저로 나타내기
- 그람-슈미트 정규직교화 과정을 적용하기

직교 집합과 정규직교 집합

4.7절에서 벡터공간은 매우 다양한 기저를 가질 수 있음을 살펴보았다. 이 절을 공부하면서 몇몇 기저는 다른 기저보다 사용하기 편리하고 생각할 수도 있다. 예를 들어, $\mathbb{R}^3$에는 기저 $B=\{(1, 0, 0), (0, 1, 0), (0, 0, 1)\}$가 있다. 이 집합은 특히 유용한 중요한 성질을 가지고 있는 $\mathbb{R}^3$의 표준기저이다. 첫 번째 중요한 성질은 기저에 있는 세 벡터는 *서로 직교*이다. 즉

$$(1, 0, 0) \cdot (0, 1, 0) = 0$$
$$(1, 0, 0) \cdot (0, 0, 1) = 0$$
$$(0, 1, 0) \cdot (0, 0, 1) = 0$$

이다. 두 번째 중요한 성질은 기저의 각 벡터는 *단위* 벡터이다. (이를 확인해보라.)

이 절에서는 서로 직교인 단위벡터로 이루어진 기저를 사용하는 몇 가지 장점을 밝히고 이러한 기저를 만드는 과정인 그람-슈미트 정규직교화 과정을 설명한다.

참고

이 절에서 내적공간이 $\mathbb{R}^n$이거나 $\mathbb{R}^n$의 부분공간일 때 다른 언급이 없다면 사용하는 내적은 유클리드 내적(점곱)이라 가정하자.

직교 집합과 정규직교 집합의 정의

내적공간 V의 벡터들의 집합 S의 모든 벡터의 쌍이 직교이면 집합 S는 **직교**(orthogonal) 이다. 더욱이, 집합의 모든 벡터가 단위벡터이면 S는 **정규직교**(orthonormal)이다.

집합 $S=\{\mathrm{v}_1,\ \mathrm{v}_2,\ ...,\ \mathrm{v}_n\}$에 대하여 이 정의는 다음과 같은 수식으로 나타낼 수 있다.

직교	정규직교
1. $<\mathrm{v}_i, \mathrm{v}_j>=0,\ i \neq j$	1. $<\mathrm{v}_i, \mathrm{v}_j>=0,\ i \neq j$
	2. $\lVert\mathrm{v}_i\rVert=1,\ i=1,\ 2,\ ...,\ n$

만일 S가 기저이면 S는 각각 **직교 기저**(orthogonal basis) 또는 **정규직교 기저**(orthonormal basis)이다.

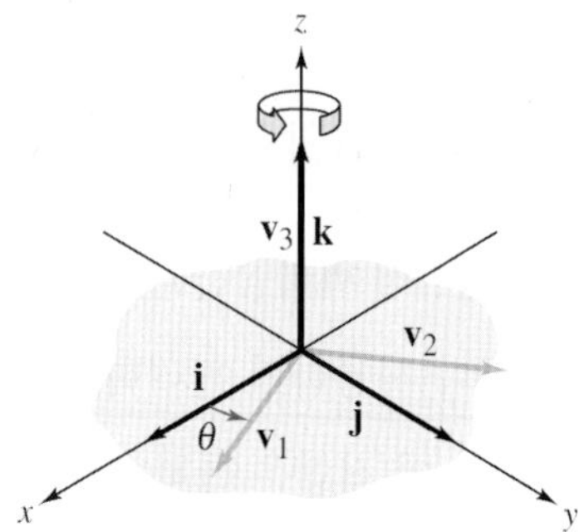

$\mathbb{R}^n$의 표준기저는 정규직교이지만 $\mathbb{R}^n$의 단 하나의 정규직교 기저인 것은 아니다. 예를 들어, 다음 그림과 같이 표준기저를 z축을 중심으로 회전하여 얻은

$$B=\{(\cos\theta,\ \sin\theta,\ 0),\ (-\sin\theta,\ \cos\theta,\ 0),\ (0,\ 0,\ 1)\}$$

는 $\mathbb{R}^n$의 표준이 아닌 정규직교 기저가 될 수 있다. B의 서로 다른 두 벡터의 점곱이 0이고 B의 각 벡터가 단위 벡터임을 확인해보라.

예제 1은 $\mathbb{R}^3$의 또 다른 표준이 아닌 정규직교 기저를 보여준다.

예제 1 $\mathbb{R}^3$의 표준이 아닌 정규직교 기저

집합 S가 $\mathbb{R}^3$의 정규직교 기저임을 보이시오.

$$S=\{\mathrm{v}_1,\ \mathrm{v}_2,\ \mathrm{v}_3\}=\left\{\left(\frac{1}{\sqrt{2}},\ \frac{1}{\sqrt{2}},\ 0\right),\left(-\frac{\sqrt{2}}{6},\ \frac{\sqrt{2}}{6},\ \frac{2\sqrt{2}}{3}\right),\left(\frac{2}{3},\ -\frac{2}{3},\ \frac{1}{3}\right)\right\}$$

풀이

우선 세 벡터가 서로 직교임을 보인다.

$$\mathrm{v}_1\cdot\mathrm{v}_2=-\frac{1}{6}+\frac{1}{6}+0=0$$

$$\mathrm{v}_1\cdot\mathrm{v}_3=\frac{2}{3\sqrt{2}}-\frac{2}{3\sqrt{2}}+0=0$$

$$\mathrm{v}_2\cdot\mathrm{v}_3=-\frac{\sqrt{2}}{9}-\frac{\sqrt{2}}{9}+\frac{2\sqrt{2}}{9}=0$$

그리고

$$\|\mathbf{v}_1\| = \sqrt{\mathbf{v}_1 \cdot \mathbf{v}_1} = \sqrt{\frac{1}{2}+\frac{1}{2}+0} = 1$$

$$\|\mathbf{v}_2\| = \sqrt{\mathbf{v}_2 \cdot \mathbf{v}_2} = \sqrt{\frac{1}{18}+\frac{1}{18}+\frac{8}{9}} = 1$$

$$\|\mathbf{v}_3\| = \sqrt{\mathbf{v}_3 \cdot \mathbf{v}_3} = \sqrt{\frac{4}{9}+\frac{4}{9}+\frac{1}{9}} = 1$$

이므로 각 벡터의 길이는 1이다. 따라서 S는 정규직교 집합이다. 이 세 벡터는 한 평면에 있지 않다 (그림 5.11 참고). 따라서 이 벡터들은 $\mathbb{R}^3$는 생성함을 알 수 있다. 정리 4.12에 의해 이 벡터들은 $\mathbb{R}^3$의 (표준이 아닌) 정규직교 기저를 이룬다. ■

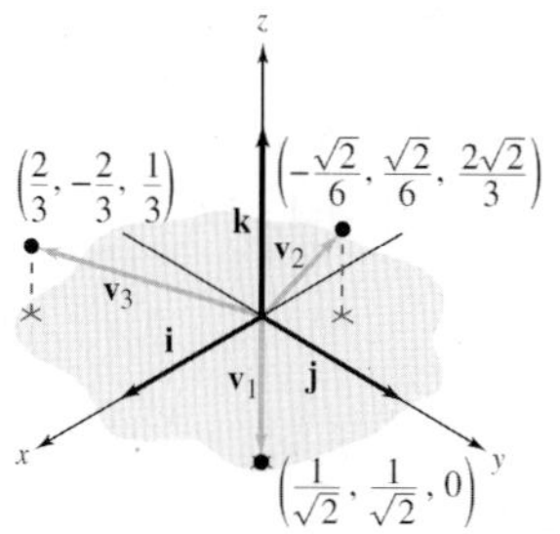

그림 5.11

예제 2 P_3의 정규직교 기저

$< p, q > = a_0b_0 + a_1b_1 + a_2b_2 + a_3b_3$를 내적으로 가지는 P_3에서 표준기저 $B = \{1,\ x,\ x^2,\ x^3\}$는 정규직교이다. 이를 확인하는 것은 연습문제로 남긴다. (연습문제 17을 참고하라.) ■

선형대수의 응용

심장 박동 간격의 리듬 변화(심박수 변이도 또는 HRV라 함)와 같은 불규칙한 생체 신호의 시간-주파수 분석은 어려울 수 있다. 이런 이유는 신호의 구조가 여러 주기적, 비주기적 및 유사 주기적 성분을 포함하고 있기 때문이다. 연구자들은 정규직교 기저 분할 및 시간-주파수 표현(OPTR)이라고 하는 간소화된 HRV 분석법을 제안하고 검증하였다. 이 방법은 HRV 신호 구조에서의 급격한 변화와 느린 변화를 모두 감지하고, 비정상적인 HRV 신호를 "덜 비정상적인" 부분으로 나누며, HRV의 패턴을 결정한다. 연구자들은 OPTR 방법이 서서히 변하는 신호에 대한 시간 분해 능력은 낮지만 다양한 구성요소와 급격한 변화가 나타나는 실제와 시뮬레이션 HRV 신호 모두를 정확하게 표현했다는 것을 발견했다.
(출처: Orthonormal-Basis Partitioning and Time-Frequency Representation of Cardiac Rhythm Dynamics, Aysin, Benhur, et al, IEEE Transactions on Biomedical Engineering, 52, no. 5)

Sebastian Kaulitzki/Shutterstock.com

다음 예제의 직교 집합은 연속함수의 푸리에 근사를 구할 때 사용된다.

예제 3 $C[0,\ 2\pi]$에서의 직교 집합 (미적분)

$< f, g > = \int_0^{2\pi} f(x)g(x)dx$를 내적으로 가지는 $C[0,\ 2\pi]$에서 집합 $S = \{1,\ \sin x,\ \cos x,\ \sin 2x,\ \cos 2x,\ \ldots,\ \sin nx,\ \cos nx\}$는 직교임을 보이시오.

풀이

집합 S가 직교임을 보이기 위해 다음의 내적을 확인하자. 여기서 m과 n은 양의 정수이다.

$$< 1,\ \sin x > = \int_0^{2\pi} \sin nx dx = 0$$

$$< 1,\ \cos x > = \int_0^{2\pi} \cos nx dx = 0$$

$$< \sin mx,\ \cos nx > = \int_0^{2\pi} \sin mx \cos nx dx = 0$$

$$< \sin mx,\ \sin nx > = \int_0^{2\pi} \sin mx \cos nx dx = 0,\ \ m \neq n$$

$$< \cos mx,\ \cos nx > = \int_0^{2\pi} \cos mx \cos nx dx = 0,\ \ m \neq n$$

이 내적들 중 하나를 다음과 같이 확인하고 나머지는 직접 확인해보라. 만일 $m \neq n$이면 삼각함수의 곱을 합으로 변형하여 다음을 얻는다.

$$\int_0^{2\pi} \sin mx \cos nx dx = \frac{1}{2}\int_0^{2\pi} [\sin(m+n)x + \sin(m-n)x]\, dx = 0$$

만일 $m = n$이면

$$\int_0^{2\pi} \sin nx \cos nx dx = \frac{1}{2n}\left[\sin^2 nx\right]_0^{2x} = 0$$

이다. ■

예제 3에서의 집합 S는 직교이지만 정규직교는 아니다. 하지만, S의 각 벡터를 정규화하여 정규직교 집합을 만들 수 있다. 즉,

$$\|1\|^2 = \int_0^{2\pi} dx = 2\pi$$

$$\|\sin nx\|^2 = \int_0^{2\pi} \sin^2 nx dx = \pi$$

$$\|\cos nx\|^2 = \int_0^{2\pi} \cos^2 nx dx = \pi$$

이므로 집합

$$\left\{ \frac{1}{\sqrt{2\pi}},\ \frac{1}{\sqrt{\pi}}\sin x,\ \frac{1}{\sqrt{\pi}}\cos x,\ \ldots,\ \frac{1}{\sqrt{\pi}}\sin nx,\ \frac{1}{\sqrt{\pi}}\cos nx \right\}$$

장 바티스트 조셉 푸리에 (Jean-Baptiste Joseph Fourier, 1768~1830)

푸리에는 프랑스의 오세르에서 태어났다. 그는 과학자, 수학자, 그리고 공학자를 위한 교육 분야에 중요한 기여자로 인정된다. 그의 연구는 고윳값(7.1절), 미분방정식, 그리고 후에 푸리에 급수(삼각함수의 급수로의 함수표현)로 알려지게 되는 결과와 관련된 중요한 결과들을 이끌어 냈다. 그의 연구 결과는 지금까지 받아들여졌지만 제한적인 함수의 정의를 수학자들로 하여금 다시 고민하게 하였다.

는 정규직교이다.

예제 1, 2, 3에서의 각 집합은 일차독립이다. 이는 영벡터가 아닌 벡터들의 직교집합의 특성이며 다음 정리와 같이 서술할 수 있다.

정리 5.10 **직교집합은 일차독립**

만일 $S=\{\mathrm{v}_1, \mathrm{v}_2, \ldots, \mathrm{v}_n\}$가 내적공간 V의 영벡터가 아닌 벡터의 직교집합이라면 S는 일차독립이다.

증명

벡터방정식

$$c_1\mathrm{v}_1 + c_2\mathrm{v}_2 + \cdots + c_n\mathrm{v}_n = 0$$

가 성립하면 $c_1 = c_2 = \cdots = c_n = 0$임을 보여야 한다. 이를 위해 S의 각 벡터를 주어진 방정식의 양변에 내적을 취한다. 즉 모든 i에 대하여

$$< (c_1\mathrm{v}_1 + c_2\mathrm{v}_2 + \cdots + c_i\mathrm{v}_i + \cdots + c_n\mathrm{v}_n), \mathrm{v}_i > = < 0, \mathrm{v}_i >$$

$$c_1 < \mathrm{v}_1, \mathrm{v}_i > + c_2 < \mathrm{v}_2, \mathrm{v}_i > + \cdots + c_i < \mathrm{v}_i, \mathrm{v}_i > + \cdots + c_n < \mathrm{v}_n, \mathrm{v}_i > = 0$$

이제 S가 직교이므로 $i \neq j$에 대하여 $< \mathrm{v}_i, \mathrm{v}_j > = 0$이고 식을 정리하면

$$c_i < \mathrm{v}_i, \mathrm{v}_i > = 0$$

이다. 하지만 S의 각 벡터는 영벡터가 아니므로

$$< \mathrm{v}_i, \mathrm{v}_j > = \|\mathrm{v}_i\|^2 \neq 0$$

이다. 이는 모든 c_i가 0이어야 하며 집합은 일차독립임을 의미한다. ■

정리 4.12와 5.10에 의해 다음의 따름정리를 얻는다.

정리 5.10 **따름정리**

만일 V가 n차원 내적공간이면 n개의 영벡터가 아닌 벡터들의 직교집합은 V의 기저이다.

예제 4 기저검증을 위해 직교성 이용하기

다음의 집합 S가 $\mathbb{R}^4$의 기저임을 보이시오.

$$S=\{\overset{\mathrm{v}_1}{(2,\ 3,\ 2,\ -2)},\ \overset{\mathrm{v}_2}{(1,\ 0,\ 0,\ 1)},\ \overset{\mathrm{v}_3}{(-1,\ 0,\ 2,\ 1)},\ \overset{\mathrm{v}_4}{(-1,\ 2,\ -1,\ 1)}\}$$

풀이

집합 S는 네 개의 벡터를 가지고 있다 정리 5.10의 따름정리에 의해 S가 직교집합임을 보이면 S가 $\mathbb{R}^4$의 기저임을 보일 수 있다.

$$\begin{aligned}
\mathrm{v}_1\cdot\mathrm{v}_2&=2+0+0-2=0\\
\mathrm{v}_1\cdot\mathrm{v}_3&=-2+0+4-2=0\\
\mathrm{v}_1\cdot\mathrm{v}_4&=-2+6-2-2=0\\
\mathrm{v}_2\cdot\mathrm{v}_3&=-1+0+0+1=0\\
\mathrm{v}_2\cdot\mathrm{v}_4&=-1+0+0+1=0\\
\mathrm{v}_3\cdot\mathrm{v}_4&=1+0-2+1=0
\end{aligned}$$

S는 직교이고 정리 5.10의 따름정리에 의해 $\mathbb{R}^4$의 기저이다. ■

4.7절에서 표준이 아닌 기저에 대한 좌표표현을 구하는 방법에 대해 논의하였다. 기저가 정규직교일 때, 이 과정은 간소화할 수 있다.

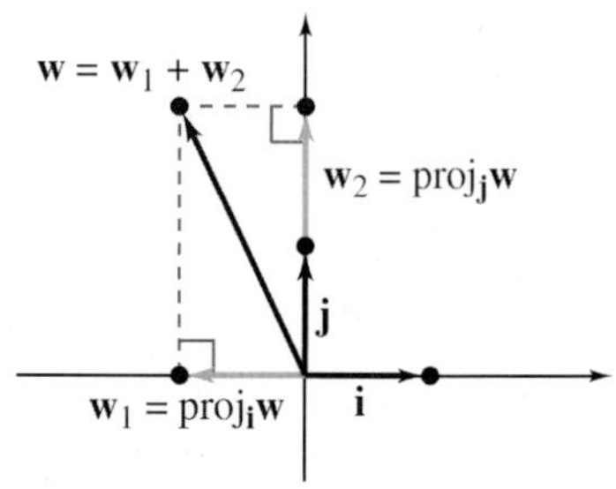

그림 5.12

이 과정을 살펴보기 전에 $\mathbb{R}^2$에서의 예를 생각해보자. 그림 5.12는 $\mathbb{R}^2$에서의 직교기저인 $\mathrm{i}=(1,\ 0)$과 $\mathrm{j}=(0,\ 1)$을 보여준다. $\mathbb{R}^2$의 임의의 벡터 w를 $\mathrm{w}_1=\mathrm{proj}_{\mathrm{i}}\mathrm{w}$와 $\mathrm{w}_2=\mathrm{proj}_{\mathrm{j}}\mathrm{w}$를 이용하여 $\mathrm{w}=\mathrm{w}_1+\mathrm{w}_2$로 나타낼 수 있다. 두 벡터 i와 j는 단위벡터이므로 $\mathrm{w}_1=(\mathrm{w}\cdot\mathrm{i})\mathrm{i}$이고 $\mathrm{w}_2=(\mathrm{w}\cdot\mathrm{j})\mathrm{j}$이다. 결국

$$\mathrm{w}=\mathrm{w}_1+\mathrm{w}_2=(\mathrm{w}\cdot\mathrm{i})\mathrm{i}+(\mathrm{w}\cdot\mathrm{j})\mathrm{j}=c_1\mathrm{i}+c_2\mathrm{j}$$

가 되는데, 이 식은 계수 c_1과 c_2가 단지 w와 각 기저 벡터와의 점곱임을 보여준다. 다음 정리는 이를 일반화한 것이다.

정리 5.11 정규직교 기저에 대한 좌표

만일 $B=\{\mathrm{v}_1,\ \mathrm{v}_2,\ ...,\ \mathrm{v}_n\}$가 내적공간 V의 정규직교 기저이면 B에 대한 벡터 w의 좌표표현은

$$\mathrm{w}=<\mathrm{w},\ \mathrm{v}_1>\mathrm{v}_1+<\mathrm{w},\ \mathrm{v}_2>\mathrm{v}_2+\cdots+<\mathrm{w},\ \mathrm{v}_n>\mathrm{v}_n$$

이다.

증명

B는 V의 기저이므로

$$\mathrm{w} = c_1\mathrm{v}_1 + c_2\mathrm{v}_2 + \cdots + c_n\mathrm{v}_n$$

을 만족하는 스칼라 c_1, c_2, ..., c_n이 반드시 유일하게 존재한다. 이 식의 양변에 (v_i로) 내적을 취하면

$$\begin{aligned} < \mathrm{w}\ \mathrm{v}_i > &= < (c_1\mathrm{v}_1 + c_2\mathrm{v}_2 + \cdots + c_n\mathrm{v}_n), \mathrm{v}_i > \\ &= c_1 < \mathrm{v}_1, \mathrm{v}_i > + c_2 < \mathrm{v}_2, \mathrm{v}_i > + \cdots + c_n < \mathrm{v}_n, \mathrm{v}_i > \end{aligned}$$

이고 B의 직교성에 의해 이 식은

$$< \mathrm{w}, \mathrm{v}_i > = c_i < \mathrm{v}_i, \mathrm{v}_i >$$

으로 간단히 할 수 있다. B는 정규직교이므로 $< \mathrm{v}_i, \mathrm{v}_i > = \|\mathrm{v}_i\|^2 = 1$이고 $< \mathrm{w}, \mathrm{v}_i > = c_i$이다. ■

정리 5.11에서 *정규직교* 기저 B에 대한 w의 좌표를 장 바스티스트 조셉 푸리에의 이름을 따서 w의 **푸리에 계수**(Fourier coefficient)라 한다. B에 대한 w의 대응하는 좌표행렬은

$$[\mathrm{w}]_B = [c_1 \quad c_2 \quad \cdots \quad c_n]^T = [< \mathrm{w}, \mathrm{v}_1 > \quad < \mathrm{w}, \mathrm{v}_2 > \quad \cdots \quad < \mathrm{w}, \mathrm{v}_n >]^T$$

이다.

예제 5 정규직교 기저로 벡터 나타내기

다음과 같은 $\mathbb{R}^3$의 정규직교 기저 B에 대한 $\mathrm{w} = (5, -5, 2)$의 좌표행렬을 구하시오.

$$B = \Big\{ \underset{\mathrm{v}_1}{\left(\frac{3}{5}, \frac{4}{5}, 0\right)}, \underset{\mathrm{v}_2}{\left(-\frac{4}{5}, \frac{3}{5}, 0\right)}, \underset{\mathrm{v}_3}{(0, 0, 1)} \Big\}$$

풀이

B는 정규직교(이를 확인해보라)이므로 정리 5.11을 사용하여

$$\mathrm{w} \cdot \mathrm{v}_1 = (5, -5, 2) \cdot \left(\frac{3}{5}, \frac{4}{5}, 0\right) = -1$$

$$\mathrm{w} \cdot \mathrm{v}_2 = (5, -5, 2) \cdot \left(-\frac{4}{5}, \frac{3}{5}, 0\right) = -7$$

$$\mathrm{w} \cdot \mathrm{v}_3 = (5, -5, 2) \cdot (0, 0, 1) = 2$$

와 같이 계산하여 좌표를 구한다. 그러면 B에 대한 좌표행렬은 $[\mathrm{w}]_B = [-1 \quad -7 \quad 2]^T$이다. ■

그람-슈미트 정규직교화 과정

정규직교 기저의 장점 중 하나(좌표표현의 직관성)를 살펴본 후 이러한 기저를 찾는 과정에 대해 알아볼 것이다. 이 과정을 덴마크 수학자 요르겐 페터손 그람(Jorgen Pederson Gram, 1850~1916)과 독일 수학자 에어하르트 슈미트(Erhardt Scmidt, 1876~1959)의 이름을 따서 **그람-슈미트 정규직교화 과정**(Gram-Schmidt orthonormalization process)라 한다. 이 과정은 세 단계로 되어 있다.

1. 내적공간의 하나의 기저를 가지고 시작한다. 이 기저의 벡터들은 서로 직교이거나 단위벡터일 필요는 없다.
2. 기저를 직교 기저로 변형한다.
3. 직교 기저의 벡터를 정규화하여 정규직교 기저를 만든다.

참고

그람-슈미트 정규직교화 과정을 이용하여 2장에서 공부한 LU-분해와 비슷한 행렬 분해를 할 수 있다. 프로젝트1에서 이 QR-분해에 대해 살펴볼 것이다.

정리 5.12 그람-슈미트 정규직교화 과정

1. $B=\{\mathrm{v}_1, \mathrm{v}_2, ..., \mathrm{v}_n\}$은 내적공간 V의 기저이다.
2. $B'=\{\mathrm{w}_1, \mathrm{w}_2, ..., \mathrm{w}_n\}$은 다음과 같다.

$$\mathrm{w}_1=\mathrm{v}_1$$

$$\mathrm{w}_2=\mathrm{v}_2-\frac{<\mathrm{v}_2, \mathrm{w}_1>}{<\mathrm{w}_1, \mathrm{w}_1>}\mathrm{w}_1$$

$$\mathrm{w}_3=\mathrm{v}_3-\frac{<\mathrm{v}_3, \mathrm{w}_1>}{<\mathrm{w}_1, \mathrm{w}_1>}\mathrm{w}_1-\frac{<\mathrm{v}_3, \mathrm{w}_2>}{<\mathrm{w}_2, \mathrm{w}_2>}\mathrm{w}_2$$

$$\vdots$$

$$\mathrm{w}_n=\mathrm{v}_n-\frac{<\mathrm{v}_n, \mathrm{w}_1>}{<\mathrm{w}_1, \mathrm{w}_1>}\mathrm{w}_1-\frac{<\mathrm{v}_n, \mathrm{w}_2>}{<\mathrm{w}_2, \mathrm{w}_2>}\mathrm{w}_2-\cdots-\frac{<\mathrm{v}_n, \mathrm{w}_{n-1}>}{<\mathrm{w}_{n-1}, \mathrm{w}_{n-1}>}\mathrm{w}_{n-1}$$

그러면 B'은 V의 직교 기저이다.

3. $\mathrm{u}_i=\dfrac{\mathrm{w}_i}{\|\mathrm{w}_i\|}$라 하자. 그러면 $B''=\{\mathrm{u}_1, \mathrm{u}_2, ..., \mathrm{u}_n\}$은 V의 정규직교 기저이다. 또한 $k=1, 2, ..., n$에 대하여 $\mathrm{span}\{\mathrm{v}_1, \mathrm{v}_2, ..., \mathrm{v}_k\}=\mathrm{span}\{\mathrm{u}_1, \mathrm{u}_2, ..., \mathrm{u}_k\}$이다.

이 정리의 증명을 하기 보다 기하학적 모델을 이용하여 나타낼 수 있는 특별한 경우에 대해 이야기하는 것이 더 이해하는데 도움이 될 것이다. $\{\mathrm{v}_1, \mathrm{v}_2\}$를 그림 5.13과 같이 $\mathbb{R}^2$의 기저라 하자. $\mathbb{R}^2$의 직교 기저를 결정하기 위해 첫 번째로 원래 벡터 중 하나를 선택한다. 이를 $\mathbf{v}_1$이라 하자. 그리고 이 벡터를 $\mathbf{w}_1$이라 하자. 이제 $\mathbf{w}_1$과 직교인 두 번째 벡터를 찾으려 한다. 다음 그림에서처럼 $\mathbf{v}_2 - \text{proj}_{\mathbf{v}_1}\mathbf{v}_2$는 $\mathbf{w}_1$과 직교라는 성질을 만족한다.

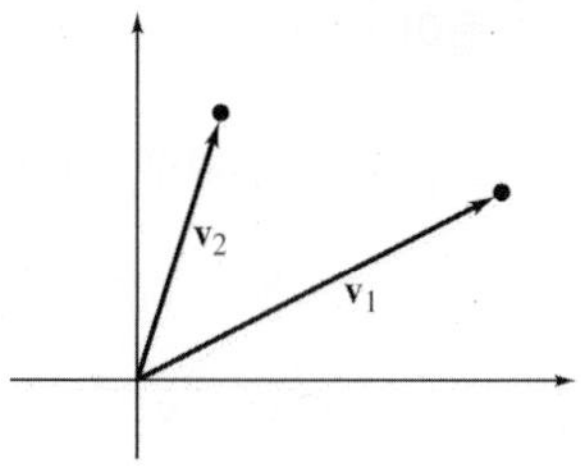

$\{\mathbf{v}_1, \mathbf{v}_2\}$는 $\mathbb{R}^2$의 기저이다.

그림 5.13

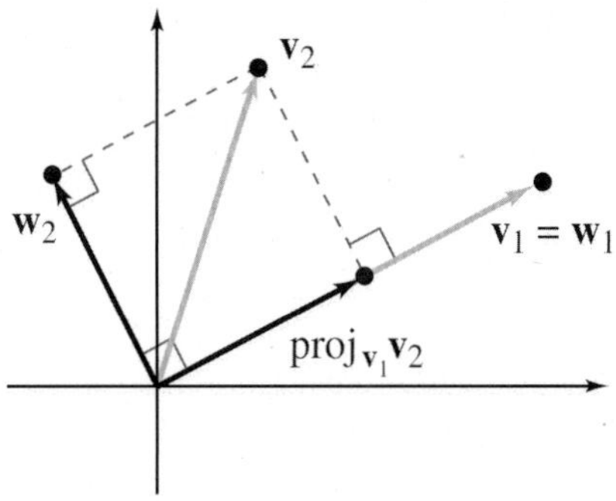

$\mathbf{w}_2 = \mathbf{v}_2 - \text{proj}_{\mathbf{v}_1}\mathbf{v}_2$는 $\mathbf{w}_1 = \mathbf{v}_1$과 직교이다.

$\mathbf{w}_1 = \mathbf{v}_1$이라 하고 $\mathbf{w}_2 = \mathbf{v}_2 - \text{proj}_{\mathbf{v}_1}\mathbf{v}_2 = \mathbf{v}_2 - \dfrac{\mathbf{v}_2 \cdot \mathbf{w}_1}{\mathbf{w}_1 \cdot \mathbf{w}_1}\mathbf{w}_1$이라 하면 집합 $\{\mathbf{w}_1, \mathbf{w}_2\}$는 직교이다. 정리 5.10의 따름정리에 의해 이 집합은 $\mathbb{R}^2$의 기저이다. 끝으로 $\mathbf{w}_1$와 $\mathbf{w}_2$를 정규화하면 다음과 같은 $\mathbb{R}^2$의 정규직교 기저를 얻는다.

$$\{\mathbf{u}_1, \mathbf{u}_2\} = \left\{\frac{\mathbf{w}_1}{\|\mathbf{w}_1\|}, \frac{\mathbf{w}_2}{\|\mathbf{w}_2\|}\right\}$$

참고

그람-슈미트 정규화 과정으로 얻은 정규직교 집합은 기저의 벡터의 순서에 따라 달라진다. 예를 들어, 예제 6을 원래 기저를 $\{\mathbf{v}_1, \mathbf{v}_2\}$가 아니라 $\{\mathbf{v}_2, \mathbf{v}_1\}$로 다시 풀어보자.

예제 6 그람-슈미트 정규화 과정 적용하기

$\mathbb{R}^2$의 다음과 같은 기저 B에 그람-슈미트 정규직교화 과정을 적용하시오.

$$B = \{\overset{\mathbf{v}_1}{(1, 1)}, \overset{\mathbf{v}_2}{(0, 1)}\}$$

풀이

그람-슈미트 직교정규화 과정을 적용하면

$$\mathbf{w}_1 = \mathbf{v}_1 = (1, 1)$$

$$\mathbf{w}_2 = \mathbf{v}_2 - \frac{\mathbf{v}_2 \cdot \mathbf{w}_1}{\mathbf{w}_1 \cdot \mathbf{w}_1}\mathbf{w}_1 = (0, 1) - \frac{1}{2}(1, 1) = \left(-\frac{1}{2}, \frac{1}{2}\right)$$

을 얻는다. 집합 $B' = \{\mathbf{w}_1, \mathbf{w}_2\}$는 $\mathbb{R}^2$의 직교 기저이다. B'의 각 벡터를 정규화하면

$$\mathbf{u}_1 = \frac{\mathbf{w}_1}{\|\mathbf{w}_1\|} = \frac{1}{\sqrt{2}}(1, 1) = \left(\frac{\sqrt{2}}{2}, \frac{\sqrt{2}}{2}\right)$$

$$\mathbf{u}_2 = \frac{\mathbf{w}_2}{\|\mathbf{w}_2\|} = \frac{1}{1/\sqrt{2}}\left(-\frac{1}{2}, \frac{1}{2}\right) = \sqrt{2}\left(-\frac{1}{2}, \frac{1}{2}\right) = \left(-\frac{\sqrt{2}}{2}, \frac{\sqrt{2}}{2}\right)$$

이다. 따라서 $B'' = \{\mathbf{u}_1, \mathbf{u}_2\}$는 $\mathbb{R}^2$의 정규직교 기저이다. 그림 5.14를 참고하라. ■

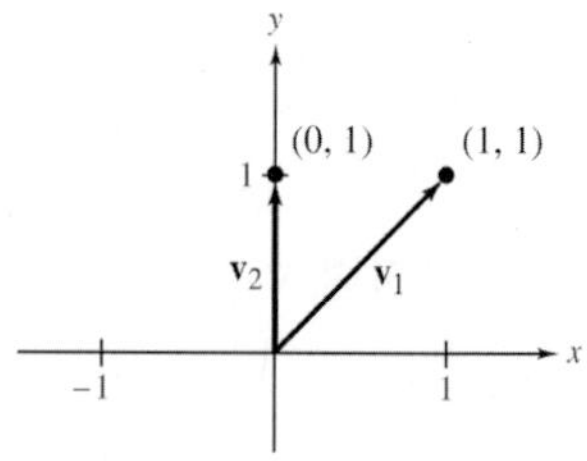

주어진 기저: $B = \{\mathbf{v}_1, \mathbf{v}_2\}$

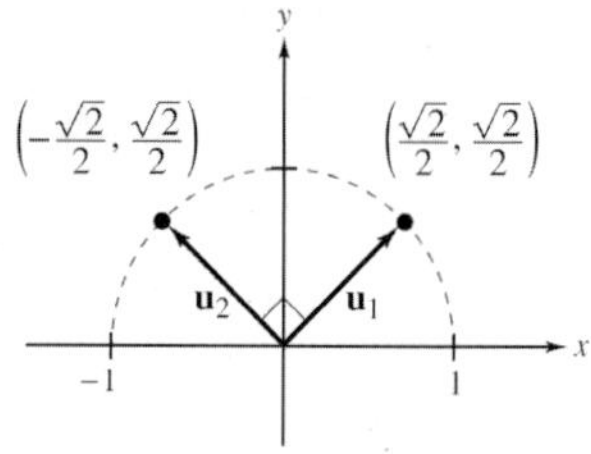

정규직교 기저: $B'' = \{\mathbf{u}_1, \mathbf{u}_2\}$

그림 5.14

예제 7 그람-슈미트 과정 적용하기

$\mathbb{R}^3$의 다음과 같은 기저 B에 그람-슈미트 정규직교화 과정을 적용하시오.

$$B = \{\underset{\mathbf{v}_1}{(1, 1, 0)}, \underset{\mathbf{v}_2}{(1, 2, 0)}, \underset{\mathbf{v}_3}{(0, 1, 2)}\}$$

풀이

그람-슈미트 정규직교화 과정을 적용하면

$$\mathbf{w}_1 = \mathbf{v}_1 = (1, 1, 0)$$

$$\mathbf{w}_2 = \mathbf{v}_2 - \frac{\mathbf{v}_2 \cdot \mathbf{w}_1}{\mathbf{w}_1 \cdot \mathbf{w}_1}\mathbf{w}_1 = (1, 2, 0) - \frac{3}{2}(1, 1, 0) = \left(-\frac{1}{2}, \frac{1}{2}, 0\right)$$

$$\begin{aligned}\mathbf{w}_3 &= \mathbf{v}_3 - \frac{\mathbf{v}_3 \cdot \mathbf{w}_1}{\mathbf{w}_1 \cdot \mathbf{w}_1}\mathbf{w}_1 - \frac{\mathbf{v}_3 \cdot \mathbf{w}_2}{\mathbf{w}_2 \cdot \mathbf{w}_2}\mathbf{w}_2 \\ &= (0, 1, 2) - \frac{1}{2}(1, 1, 0) - \frac{1/2}{1/2}\left(-\frac{1}{2}, \frac{1}{2}, 0\right) \\ &= (0, 0, 2)\end{aligned}$$

를 얻는다. 집합 $B' = \{\mathbf{w}_1, \mathbf{w}_2, \mathbf{w}_3\}$는 $\mathbb{R}^3$의 직교기저이다. B'의 각 벡터를 정규화하면

$$\mathbf{u}_1 = \frac{\mathbf{w}_1}{\|\mathbf{w}_1\|} = \frac{1}{\sqrt{2}}(1, 1, 0) = \left(\frac{\sqrt{2}}{2}, \frac{\sqrt{2}}{2}, 0\right)$$

$$u_2 = \frac{w_2}{\|w_2\|} = \frac{1}{1/\sqrt{2}}\left(-\frac{1}{2},\ \frac{1}{2},\ 0\right) = \left(-\frac{\sqrt{2}}{2},\ \frac{\sqrt{2}}{2},\ 0\right)$$

$$u_3 = \frac{w_3}{\|w_3\|} = \frac{1}{2}(0, 0, 2) = (0, 0, 1)$$

이다. 따라서 $B'' = \{u_1,\ u_2,\ u_3\}$는 $\mathbb{R}^3$의 정규직교 기저이다. ■

예제 6과 7은 $\mathbb{R}^2$와 $\mathbb{R}^3$의 기저에 그람-슈미트 직교정규화 과정을 적용하였다. 이 과정은 내적공간의 부분공간에도 적용할 수 있다. 다음 예제는 이를 보여준다.

예제 8 그람-슈미트 정규직교화 과정 적용하기

이러한 유형의 대화형 버전의 예제는 LarsonLinearAlgebra.com을 참고하라.

두 벡터

$$v_1 = (0,\ 1,\ 0)\text{와 } v_2 = (1,\ 1,\ 1)$$

은 $\mathbb{R}^3$에서 평면을 생성한다. 이 부분공간의 정규직교 기저를 구하시오.

풀이

그람-슈미트 직교정규화 과정을 적용하면

$$w_1 = v_1 = (0, 1, 0)$$

$$w_2 = v_2 - \frac{v_2 \cdot w_1}{w_1 \cdot w_1} w_1 = (1, 1, 1) - \frac{1}{1}(0, 1, 0) = (1, 0, 1)$$

을 얻는다.

w_1과 w_2를 정규화하면 정규직교 집합

$$u_1 = \frac{w_1}{\|w_1\|} = (0, 1, 0)$$

$$u_2 = \frac{w_2}{\|w_2\|} = \frac{1}{\sqrt{2}}(1, 0, 1) = \left(\frac{\sqrt{2}}{2},\ 0,\ \frac{\sqrt{2}}{2}\right)$$

를 얻는다. 그림 5.15를 참고하라. ■

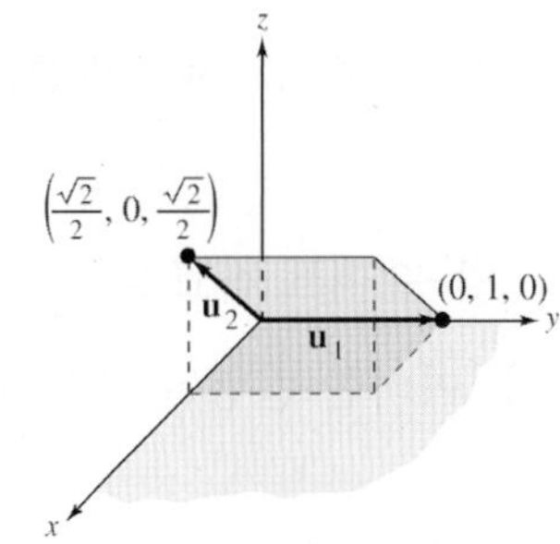

그림 5.15

예제 9 그람-슈미트 직교정규화 과정 적용하기 (미적분)

내적 $<p,\ q> = \int_{-1}^{1} p(x)q(x)dx$를 이용하여 P_2의 기저 $B = \{1,\ x,\ x^2\}$에 그람-슈미트 정규직교화 과정을 적용

하시오.

풀이

$B=\{1, x, x^2\}=\{\mathrm{v}_1,\ \mathrm{v}_2,\ \mathrm{v}_3\}$라 하자. 그러면

$$\mathrm{w}_1=\mathrm{v}_1=1$$
$$\mathrm{w}_2=\mathrm{v}_2-\frac{\mathrm{v}_2\cdot\mathrm{w}_1}{\mathrm{w}_1\cdot\mathrm{w}_1}\mathrm{w}_1=x-\frac{0}{2}(1)=x$$
$$\mathrm{w}_3=\mathrm{v}_3-\frac{\mathrm{v}_3\cdot\mathrm{w}_1}{\mathrm{w}_1\cdot\mathrm{w}_1}\mathrm{w}_1-\frac{\mathrm{v}_3\cdot\mathrm{w}_2}{\mathrm{w}_2\cdot\mathrm{w}_2}\mathrm{w}_2=x^2-\frac{2/3}{2}(1)-\frac{0}{2/3}(x)=x^2-\frac{1}{3}$$

을 얻는다. 이제 $B'=\{\mathrm{w}_1,\ \mathrm{w}_2,\ \mathrm{w}_3\}$를 정규화하면

$$\mathrm{u}_1=\frac{\mathrm{w}_1}{\|\mathrm{w}_1\|}=\frac{1}{\sqrt{2}}(1)=\frac{1}{\sqrt{2}}$$
$$\mathrm{u}_2=\frac{\mathrm{w}_2}{\|\mathrm{w}_2\|}=\frac{1}{\sqrt{2/3}}(x)=\frac{\sqrt{3}}{\sqrt{2}}x$$
$$\mathrm{u}_3=\frac{\mathrm{w}_3}{\|\mathrm{w}_3\|}=\frac{1}{\sqrt{8/45}}\left(x^2-\frac{1}{3}\right)=\frac{\sqrt{5}}{2\sqrt{2}}(3x^2-1)$$

이다. 연습문제 43~48번에서 이 계산을 확인해야 한다. ■

참고

예제 9의 다항식 u_1, u_2, u_3을 프랑스 수학자 아드리앙 마리 르장드르(Adrien-Marie Legendre, 1752~1833)의 이름을 따서 처음 세 개의 **정규화된 르장드르 다항식**(normalized Legendre polynomial)이라고 한다.

그람-슈미트 직교정규화 과정에서 w_i의 다음 벡터를 구하기 전 w_i를 정규화하면 계산은 때때로 더 간단해진다. 이러한 변형된 그람-슈미트 정규직교화 과정은 다음과 같다.

$$\mathrm{u}_1=\frac{\mathrm{w}_1}{\|\mathrm{w}_1\|}=\frac{\mathrm{v}_1}{\|\mathrm{v}_1\|}$$
$$\mathrm{u}_2=\frac{\mathrm{w}_2}{\|\mathrm{w}_2\|},\ \text{여기서 } \mathrm{w}_2=\mathrm{v}_2-<\mathrm{v}_2, \mathrm{u}_1>\mathrm{u}_1$$
$$\mathrm{u}_3=\frac{\mathrm{w}_3}{\|\mathrm{w}_3\|},\ \text{여기서 } \mathrm{w}_3=\mathrm{v}_3-<\mathrm{v}_3, \mathrm{u}_1>\mathrm{u}_1-<\mathrm{v}_3, \mathrm{u}_2>\mathrm{u}_2$$
$$\vdots$$
$$\mathrm{u}_n=\frac{\mathrm{w}_n}{\|\mathrm{w}_n\|},\ \text{여기서 } \mathrm{w}_n=\mathrm{v}_n-<\mathrm{v}_n, \mathrm{u}_1>\mathrm{u}_1-\cdots-<\mathrm{v}_n, \mathrm{u}_{n-1}>\mathrm{u}_{n-1}$$

예제 10 그람-슈미트 직교정규화 과정의 변형

동차연립일차방정식

$$\begin{aligned} x_1 + x_2 \qquad\quad + 7x_4 &= 0 \\ 2x_1 + x_2 + 2x_3 + 6x_4 &= 0 \end{aligned}$$

의 해공간의 정규직교 기저를 구하시오.

풀이

주어진 연립방정식의 덧붙인 행렬은 다음과 같다.

$$\begin{bmatrix} 1 & 1 & 0 & 7 & 0 \\ 2 & 1 & 2 & 6 & 0 \end{bmatrix} \rightarrow \begin{bmatrix} 1 & 0 & 2 & -1 & 0 \\ 0 & 1 & -2 & 8 & 0 \end{bmatrix}$$

만일 $x_3 = s,\ x_4 = t$라 하면 연립방정식의 해는 다음과 같은 꼴이다.

$$\begin{bmatrix} x_1 \\ x_2 \\ x_3 \\ x_4 \end{bmatrix} = \begin{bmatrix} -2s+t \\ 2s-8t \\ s \\ t \end{bmatrix} = s\begin{bmatrix} -2 \\ 2 \\ 1 \\ 0 \end{bmatrix} + t\begin{bmatrix} 1 \\ -8 \\ 0 \\ 1 \end{bmatrix}$$

따라서 해공간의 기저는

$$B = \{\mathrm{v}_1,\ \mathrm{v}_2\} = \{(-2, 2, 1, 0), (1, -8, 0, 1)\}$$

이다.

정규직교 기저 $B' = \{\mathrm{u}_1,\ \mathrm{u}_2\}$를 구하기 위해 다음과 같이 그람-슈미트 정규직교화 과정의 변형을 사용한다.

$$\begin{aligned} \mathrm{u}_1 &= \frac{\mathrm{v}_1}{\|\mathrm{v}_1\|} \\ &= \left(-\frac{2}{3}, \frac{2}{3}, \frac{1}{3}, 0\right) \end{aligned}$$

$$\begin{aligned} \mathrm{w}_2 &= \mathrm{v}_2 - <\mathrm{v}_2, \mathrm{u}_1> \mathrm{u}_1 \\ &= (1, -8, 0, 1) - \left[(1, -8, 0, 1) \cdot \left(-\frac{2}{3}, \frac{2}{3}, \frac{1}{3}, 0\right)\right]\left(-\frac{2}{3}, \frac{2}{3}, \frac{1}{3}, 0\right) \\ &= (-3, -4, 2, 1) \end{aligned}$$

$$\begin{aligned} \mathrm{u}_2 &= \frac{\mathrm{w}_2}{\|\mathrm{w}_2\|} \\ &= \left(-\frac{3}{\sqrt{30}}, -\frac{4}{\sqrt{30}}, \frac{2}{\sqrt{30}}, \frac{1}{\sqrt{30}}\right) \end{aligned}$$

■

5.3 연습문제

직교 집합과 정규직교 집합 1~12번에서는 (a) $\mathbb{R}^n$의 벡터의 집합이 직교인지 확인하고, (b) 만일 집합이 직교이면 정규직교인지 확인하시오. 그리고 (c) 이 집합이 $\mathbb{R}^n$의 기저인지 확인하시오.

1. $\{(2, -4), (2, 1)\}$

2. $\{(-3, 5), (4, 0)\}$

3. $\left\{\left(\frac{3}{5}, \frac{4}{5}\right), \left(-\frac{4}{5}, \frac{3}{5}\right)\right\}$

4. $\left\{(2, 1), \left(\frac{1}{3}, -\frac{2}{3}\right)\right\}$

5. $\{(4, -1, 1), (-1, 0, 4), (-4, -17, 1)\}$

6. $\{(2, -4, 2), (0, 2, 4), (-10, -4, 2)\}$

7. $\left\{\left(\frac{\sqrt{2}}{3}, 0, -\frac{\sqrt{2}}{6}\right), \left(0, \frac{2\sqrt{5}}{5}, -\frac{\sqrt{5}}{5}\right), \left(\frac{\sqrt{5}}{5}, 0, \frac{1}{2}\right)\right\}$

8. $\left\{\left(\frac{\sqrt{2}}{2}, 0, \frac{\sqrt{2}}{2}\right), \left(-\frac{\sqrt{6}}{6}, \frac{\sqrt{6}}{3}, \frac{\sqrt{6}}{3}\right), \left(\frac{\sqrt{3}}{3}, \frac{\sqrt{3}}{3}, -\frac{\sqrt{3}}{3}\right)\right\}$

9. $\{(2, 5, -3), (4, 2, 6)\}$

10. $\{(-6, 3, 2, 1), (2, 0, 6, 0)\}$

11. $\left\{\left(\frac{\sqrt{2}}{2}, 0, 0, \frac{\sqrt{2}}{2}\right), \left(0, \frac{\sqrt{2}}{2}, \frac{\sqrt{2}}{2}, 0\right), \left(-\frac{1}{2}, \frac{1}{2}, -\frac{1}{2}, \frac{1}{2}\right)\right\}$

12. $\left\{\left(\frac{\sqrt{10}}{10}, 0, 0, \frac{3\sqrt{10}}{10}\right), (0, 0, 1, 0), (0, 1, 0, 0), \left(-\frac{3\sqrt{10}}{10}, 0, 0, \frac{\sqrt{10}}{10}\right)\right\}$

직교집합의 정규화 13~16번에서는 (a) $\mathbb{R}^n$의 벡터의 집합이 직교임을 보이고 (b) 이 집합을 정규화하여 정규직교 집합을 만드시오.

13. $\{(-1, 3), (12, 4)\}$

14. $\{(2, -5), (10, 4)\}$

15. $\{(\sqrt{3}, \sqrt{3}, \sqrt{3}), (-\sqrt{2}, 0, \sqrt{2})\}$

16. $\left\{\left(\frac{6}{13}, -\frac{2}{13}, \frac{3}{13}\right), \left(\frac{2}{13}, \frac{6}{13}, 0\right)\right\}$

17. 집합 $\{1, x, x^2, x^3\}$가 내적 $< p, q > = a_0b_0 + a_1b_1 + a_2b_2 + a_3b_3$를 가진 P_3의 정규직교 기저임을 확인하여 예제 2를 마무리 지으시오.

18. 집합 $\{(\sin\theta, \cos\theta), (\cos\theta, -\sin\theta)\}$은 $\mathbb{R}^2$의 정규직교 기저임을 확인하시오.

좌표행렬 구하기 19~24번에서는 $\mathbb{R}^n$의 정규직교 기저 B에 대한 $\mathbf{w}$의 좌표행렬을 구하시오.

19. $\mathbf{w} = (1, 2)$,
$B = \left\{\left(-\frac{2\sqrt{13}}{13}, \frac{3\sqrt{13}}{13}\right), \left(\frac{3\sqrt{13}}{3}, \frac{2\sqrt{13}}{13}\right)\right\}$

20. $\mathbf{w} = (4, -3)$,
$B = \left\{\left(\frac{\sqrt{3}}{3}, \frac{\sqrt{6}}{3}\right), \left(-\frac{\sqrt{6}}{3}, \frac{\sqrt{3}}{3}\right)\right\}$

21. $\mathbf{w} = (2, -2, 1)$,
$B = \left\{\left(\frac{\sqrt{10}}{10}, 0, \frac{3\sqrt{10}}{10}\right), (0, 1, 0), \left(-\frac{3\sqrt{10}}{10}, 0, \frac{\sqrt{10}}{10}\right)\right\}$

22. $\mathbf{w} = (3, -5, 11)$,
$B = \{(1, 0, 0), (0, 1, 0), (0, 0, 1)\}$

23. $\mathbf{w}=(5, 10, 15)$,

$B=\left\{\left(\frac{3}{5}, \frac{4}{5}, 0\right), \left(-\frac{4}{5}, \frac{3}{5}, 0\right), (0, 0, 1)\right\}$

24. $\mathbf{w}=(2, -1, 4, 3)$,

$B=\left\{\left(\frac{5}{13}, 0, \frac{12}{13}, 0\right), (0, 1, 0, 0), \left(-\frac{12}{13}, 0, \frac{5}{13,} 0\right), (0, 0, 0, 1)\right\}$

그람-슈미트 과정 적용하기 25~34번에서는 그람-슈미트 직교정규화 과정을 적용하여 주어진 $\mathbb{R}^n$의 기저를 정규직교 기저로 변형하시오. 벡터는 기저에서 주어진 순서대로 사용하시오.

25. $B=\{(3, 4), (1, 0)\}$ **26.** $B=\{(-1, 2), (1, 0)\}$

27. $B=\{(0, 1), (2, 5)\}$ **28.** $B=\{(4, -3), (3, 2)\}$

29. $B=\{(2, 1, -2), (1, 2, 2), (2, -2, 1)\}$

30. $B=\{(1, 0, 0), (1, 1, 1), (1, 1, -1)\}$

31. $B=\{(4, -3, 0), (1, 2, 0), (0, 0, 4)\}$

32. $B=\{(0, 1, 2), (2, 0, 0), (1, 1, 1)\}$

33. $B=\{(0, 1, 1), (1, 1, 0), (1, 0, 1)\}$

34. $B=\{(3, 4, 0, 0), (-1, 1, 0, 0), (2, 1, 0, -1), (0, 1, 1, 0)\}$

그람-슈미트 과정 적용하기 35~40번에서는 그람-슈미트 정규직교화 과정을 이용하여 $\mathbb{R}^n$의 부분공간의 주어진 기저를 정규직교 기저로 변형하시오. 벡터는 기저에서 주어진 순서대로 사용하시오.

35. $B=\{(-8, 3, 5)\}$ **36.** $B=\{(2, -9, 6)\}$

37. $B=\{(3, 4, 0), (2, 0, 0)\}$

38. $B=\{(1, 3, 0), (3, 0, -3)\}$

39. $B=\{(1, 2, -1, 0), (2, 2, 0, 1), (1, 1, -1, 0)\}$

40. $B=\{(7, 24, 0, 0), (0, 0, 1, 1), (0, 0, 1, -2)\}$

41. $\mathbb{R}^2$에서의 내적 $\langle \mathbf{u}, \mathbf{v}\rangle = 2u_1v_1+u_2v_2$를 사용하고 그람-슈미트 정규직교화 과정을 이용하여 $\{(2, -1), (-2, 10)\}$를 정규직교 기저로 변형하시오.

42. **서술** 연습문제 41번의 결과는 $\mathbb{R}^2$에서의 유클리드 내적을 사용했을 때 정규직교 기저가 되지 않는 이유를 설명하시오.

미적분 43~48번에서는 $B=\{1, x, x^2\}$이 내적 $\langle p, q\rangle = \int_{-1}^{1} p(x)q(x)dx$를 가진 P_2의 기저이다. 다음 내적을 확인하여 예제 9를 마무리하시오.

43. $\langle x, 1\rangle = 0$ **44.** $\langle 1, 1\rangle = 2$

45. $\langle x^2, 1\rangle = \frac{2}{3}$ **46.** $\langle x^2, x\rangle = 0$

47. $\langle x, x\rangle = \frac{2}{3}$

48. $\left\langle x^2-\frac{1}{3}, x^2-\frac{1}{3}\right\rangle = \frac{8}{45}$

그람-슈미트 과정의 변형 적용하기 49~54번에서는 그람-슈미트 정규직교화 과정의 변형을 작용하여 주어진 동차 연립일차방정식의 해공간의 정규직교 기저를 구하시오.

49. $x_1-2x_2+x_3=0$ **50.** $x_1+3x_2-3x_3=0$

51.
$$\begin{aligned} x_1 - x_2 + x_3 + x_4 &= 0 \\ x_1 - 2x_2 + x_3 + x_4 &= 0 \end{aligned}$$

52.
$$\begin{aligned} x_1 + x_2 - x_3 - x_4 &= 0 \\ 2x_1 + x_2 - 2x_3 - 2x_4 &= 0 \end{aligned}$$

53.
$$\begin{aligned} 2x_1 + \ \ x_2 - 6x_3 + 2x_4 &= 0 \\ x_1 + 2x_2 - 3x_3 + 4x_4 &= 0 \\ x_1 + \ \ x_2 - 3x_3 + 2x_4 &= 0 \end{aligned}$$

54.
$$\begin{aligned} -x_1 + x_2 - \ \ x_3 + x_4 - \ \ x_5 &= 0 \\ 2x_1 - x_2 + 2x_3 - x_4 + 2x_5 &= 0 \end{aligned}$$

참 또는 거짓? 55번과 56번에서는 각 명제가 참 또는 거짓인지 판별하시오. 만약 명제가 참이라면 그 이유를 제시하거나 본문에서 적절한 명제를 찾아 제시하시오. 만약 명제가 거짓이라면 명제가 참이 아니라는 예를 제시하거나 본문에서 적절한 명제를 찾아 제시하시오.

55. (a) 내적공간 V의 벡터의 집합 S의 벡터들의 모든 쌍이 직교이면 S는 직교이다.

(b) 그람-슈미트 정규직교화 과정으로 만든 정규직교 기저는 원래 기저의 벡터의 순서에 상관이 없다.

56. (a) 내적공간 V의 벡터의 집합 S의 모든 벡터가 단위벡터이고 벡터의 모든 쌍이 직교이면 S는 정규직교이다.

(b) 만일 내적공간 V의 영벡터가 아닌 벡터의 집합 S가 직교이면 S는 일차독립이다.

P_2의 정규직교 집합 57~62번에서는 $p(x) = a_0 + a_1x + a_2x^2$, $q(x) = b_0 + b_1x + b_2x^2$는 내적 $\langle p, q\rangle = a_0b_0 + a_1b_1 + a_2b_2$를 가진 P_2의 벡터이다. 주어진 다항식이 정규직교 집합을 이루는지 판별하시오. 만일 정규직교 집합이 아니라면 그람-슈미트 정규직교화 과정을 이용하여 정규직교 집합으로 변형하시오.

57. $\{1, x, x^2\}$

58. $\{x^2, 2x + x^2, 1 + 2x + x^2\}$

59. $\{-1 + x^2, -1 + x\}$

60. $\left\{\dfrac{5x + 12x^2}{13}, \dfrac{12x - 5x^2}{13}, 1\right\}$

61. $\left\{\dfrac{1 + x^2}{\sqrt{2}}, \dfrac{-1 + x + x^2}{\sqrt{3}}\right\}$

62. $\{\sqrt{2}(-1 + x^2), \sqrt{2}(2 + x + x^2)\}$

63. **증명** 집합 $\{\mathbf{u}_1, \mathbf{u}_2, ..., \mathbf{u}_n\}$은 $\mathbb{R}^n$의 정규직교 기저이다. $\mathbb{R}^n$의 임의의 벡터 $\mathbf{v}$에 대하여

$$\|\mathbf{v}\|^2 = |\mathbf{v} \cdot \mathbf{u}_1|^2 + |\mathbf{v} \cdot \mathbf{u}_2|^2 + \cdots + |\mathbf{v} \cdot \mathbf{u}_n|^2$$

이 성립함을 증명하시오. 이 등식이 **파르세발의 등식**(Parseval's equality)이다.

64. **힌트가 있는 증명** 만일 벡터 $\mathbf{w}$가 $S = \{\mathbf{v}_1, \mathbf{v}_2, ..., \mathbf{v}_n\}$의 각 벡터와 직교라면 $\mathbf{w}$는 S의 벡터의 일차결합으로 나타내지는 모든 벡터와 직교임을 증명하시오.

시작: $\mathbf{w}$가 S의 벡터의 일차결합으로 나타내지는 모든 벡터와 직교임을 증명하려면 이들의 내적이 0임을 보여야 한다.

(i) $\mathbf{v}$를 임의의 스칼라 $c_1, ..., c_n$을 이용하여 S의 벡터의 일차결합으로 나타낸다.

(ii) $\mathbf{w}$와 $\mathbf{v}$의 내적을 구한다.

(iii) 내적의 성질을 이용하여 내적 $\langle \mathbf{w}, \mathbf{v}\rangle$를 내적 $\langle \mathbf{w}, \mathbf{v}_i\rangle$, $(i = 1, ..., n)$의 일차결합으로 다시 나타낸다.

(iv) $\mathbf{w}$가 S의 각 벡터와 직교라는 사실을 이용하여 $\mathbf{w}$가 $\mathbf{v}$와 직교라는 결론을 이끌어 낸다.

65. **증명** P는 $n \times n$행렬이다. 다음 세 조건이 동치임을 증명하시오.

(a) $P^{-1} = P^T$ (이런 행렬이 *직교행렬*이다.)

(b) P의 행벡터는 $\mathbb{R}^n$의 정규직교 기저를 이룬다.

(c) P의 열벡터는 $\mathbb{R}^n$의 정규직교 기저를 이룬다.

66. **증명** 집합 W는 $\mathbb{R}^n$의 부분공간이다. W와 $W^\perp$의 교집합은 $\{0\}$임을 증명하시오. 여기서 $W^\perp$는 $\mathbb{R}^n$의 부분공간이며

$$W^\perp = \{\mathbf{v}: W\text{의 모든 벡터 } \mathbf{w}\text{에 대하여 } \mathbf{w}\cdot\mathbf{v}=0\}$$

이다.

기본 부분공간 67번과 68번에서는 행렬 A의 다음 네 가지 기본 부분공간의 기저를 구하시오.

$N(A) = A$의 영공간 $\quad N(A^T) = A^T$의 영공간

$R(A) = A$의 열공간 $\quad R(A^T) = A^T$의 열공간

그리고 $N(A) = R(A^T)^\perp$이고 $N(A^T) = R(A)^\perp$임을 보이시오.

67. $\begin{bmatrix} 1 & 1 & -1 \\ 0 & 2 & 1 \\ 1 & 3 & 0 \end{bmatrix}$

68. $\begin{bmatrix} 0 & 1 & -1 \\ 0 & -2 & 2 \\ 0 & -1 & 1 \end{bmatrix}$

69. 행렬 A는 $m\times n$ 행렬이고 $N(A)$, $N(A^T)$, $R(A)$, $R(A^T)$는 연습문제 67번과 68번에서의 부분공간이다.

(a) $R(A^T)$가 왜 A의 행공간과 같은지 설명하시오.

(b) $N(A) \subset R(A^T)^\perp$임을 증명하시오.

(c) $N(A) = R(A^T)^\perp$임을 증명하시오.

(d) $N(A^T) = R(A)^\perp$임을 증명하시오.

70. **캡스톤** 집합 B는 내적공간 V의 기저이다. 그람-슈미트 정규직교화 과정을 적용하여 V의 정규직교 기저 B'을 구하는 방법을 설명하시오.

71. 두 벡터

$$\mathbf{v}_1 = \left(\frac{1}{\sqrt{2}}, 0, \frac{1}{\sqrt{2}}, 0\right)\text{와}$$

$$\mathbf{v}_2 = \left(0, -\frac{1}{\sqrt{2}}, 0, \frac{1}{\sqrt{2}}\right)$$

를 포함하는 $\mathbb{R}^4$의 정규직교 기저를 구하시오.

5.4 수학적 모델과 최소제곱분석

- 최소제곱문제 정의하기
- 부분공간의 직교여공간과 부분공간 위로의 벡터의 정사영 구하기
- 행렬의 네 기본 부분공간 구하기
- 최소제곱문제 해결하기
- 수학적 모델링에 최소제곱 사용하기

최소제곱문제

이 절에서는 *해가 존재하지 않는* 연립일차방정식에 대해 공부할 것이고 이런 연립방정식의 "최적 가능해"를 찾는 방법을 배울 것이다. 해가 존재하지 않는 연립방정식을 풀어야 할 필요성은 예제 1에서 보여지는 바와 같이 최소제곱 회귀선의 계산과정에서 나타난다.

예제 1 최소제곱 회귀선

$(1, 0)$, $(2, 1)$, $(3, 3)$은 그림 5.16에서와 같이 $\mathbb{R}^2$의 세 점이다. 이 점들에 "가장 적합한" 직선 $y = c_0 + c_1 x$를 어떻게 찾을 수 있을까? 한 가지 방법은 만일 세 점이 한 직선 위의 점이라면 다음의 연립방정식은 해를 가진다.

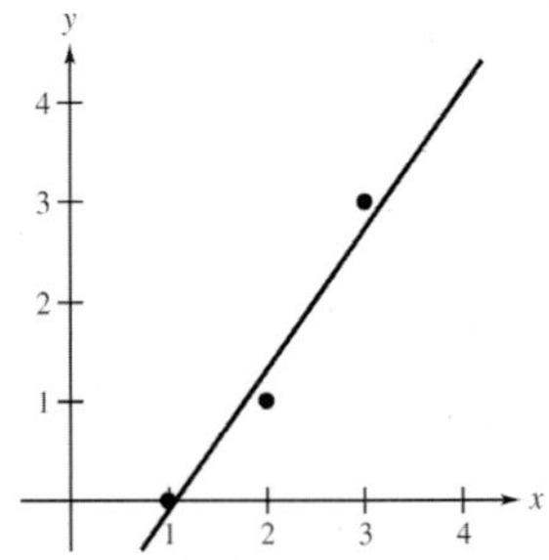
그림 5.16

$$\begin{aligned} c_0 + \ \ c_1 &= 0 \\ c_0 + 2c_1 &= 1 \\ c_0 + 3c_1 &= 3 \end{aligned}$$

이 연립방정식은 행렬의 식으로 나타내면 $A\mathbf{x} = \mathbf{b}$이다. 여기서

$$A = \begin{bmatrix} 1 & 1 \\ 1 & 2 \\ 1 & 3 \end{bmatrix}, \ \mathbf{b} = \begin{bmatrix} 0 \\ 1 \\ 3 \end{bmatrix}, \ \mathbf{x} = \begin{bmatrix} c_0 \\ c_1 \end{bmatrix}$$

이다. 하지만, 세 점이 한 직선 위에 있지 않으면 이 연립방정식은 해가 없다. $A\mathbf{x} = \mathbf{b}$를 만족하는 $\mathbf{x}$를 찾을 수 없음에도 불구하고 오차 $\|A\mathbf{x} - \mathbf{b}\|$의 크기가 최소가 되는 $\mathbf{x}$를 찾을 수는 있다. 이 최소화 문제의 해 $\mathbf{x} = [c_0 \quad c_1]^T$로 **최소제곱 회귀선**(least squares regression line) $y = c_0 + c_1 x$을 얻을 수 있다. ■

2.6절에서 최소제곱 회귀선에 대해 간단히 배웠고 행렬을 이용해서 계산하는 방법을 배웠다. 이제 직교성

과 정사영의 아이디어를 결합하여 보다 일반적인 개념을 만들어 낼 것이다. 우선, 연립일차방정식 $A\mathbf{x}=\mathbf{b}$를 생각해보자. 여기서 A는 $m\times n$ 행렬이고 $\mathbf{b}$는 $\mathbb{R}^m$의 열벡터이다. 연립방정식이 해를 가지고 있으면 가우스 소거법과 역대입법을 이용하여 해 $\mathbf{x}$를 구할 수 있다. 하지만, 연립방정식의 해가 없을 때라 해도 "최적의 가능한" 해, 즉, $A\mathbf{x}$와 $\mathbf{b}$ 사이의 차가 최소가 되는 벡터 $\mathbf{x}$를 구하는 것은 여전히 필요한 일이다. "최적의 가능한"의 의미를 정의하는 한 가지 방법은 $A\mathbf{x}-\mathbf{b}$의 크기를 최소화하는 것을 필요로 한다. 이 정의는 **최소제곱 문제**(least squares problem)의 핵심이다.

참고

최소제곱(least squares)라는 용어는 $\|A\mathbf{x}-\mathbf{b}\|$를 최소화하는 것은 제곱의 합인 $\|A\mathbf{x}-\mathbf{b}\|^2$을 최소화하는 것과 동치라는 사실에서 유래했다.

최소제곱 문제

$m\times n$ 행렬 A와 $\mathbb{R}^m$의 벡터 $\mathbf{b}$에 대하여 **최소제곱 문제**(least squares problem)는 $\|A\mathbf{x}-\mathbf{b}\|^2$을 최소화하는 $\mathbb{R}^n$의 벡터 $\mathbf{x}$를 구하는 것이다.

직교 부분공간

최소제곱 문제를 풀기 위해서는 직교 부분공간이라는 개념이 필요하다. $\mathbb{R}^n$의 두 부분공간에 대하여 각 부분공간의 벡터가 상대 부분공간의 벡터와 직교이면 두 부분공간은 **직교**(orthogonal)이다.

직교 부분공간의 정의

$\mathbb{R}^n$의 두 부분공간 S_1과 S_2에 대하여 S_1의 모든 $\mathbf{v}_1$과 S_2의 모든 $\mathbf{v}_2$가 $\mathbf{v}_1\cdot\mathbf{v}_2=0$일 때, S_1과 S_2는 **직교**(orthogonal)이다.

예제 2 직교 부분공간

부분공간

$$S_1=\operatorname{span}\left\{\begin{bmatrix}1\\0\\1\end{bmatrix},\begin{bmatrix}1\\1\\0\end{bmatrix}\right\}\text{와 } S_2=\operatorname{span}\left\{\begin{bmatrix}-1\\1\\1\end{bmatrix}\right\}$$

는 직교이다. 왜냐하면 S_1의 임의의 벡터와 S_2의 임의의 벡터의 점곱이 0이다. ■

예제 2에서 영벡터는 S_1과 S_2 모두에 속한 유일한 공통벡터임에 주목하자. 일반적으로 이런 사실은 참이다. 만일 S_1과 S_2가 $\mathbb{R}^n$의 직교 부분공간이면 이 둘의 교집합은 영벡터로만 되어 있다. 이는 연습문제 45번에서 증명할 것이다.

$\mathbb{R}^n$의 부분공간 S에 대하여, S의 모든 벡터와 직교인 벡터 모두의 집합은 다음 정의에서처럼 S의 **직교 여공간**(orthogonal complement)이다.

직교 여공간의 정의

만일 S가 $\mathbb{R}^n$의 부분공간이면 S의 **직교 여공간**(orthogonal complement)은 집합

$$S^{\perp} = \{\mathrm{u} \in \mathbb{R}^n : \text{모든 } \mathrm{v} \in S\text{에 대하여 } \mathrm{v} \cdot \mathrm{u} = 0\}$$

이다.

자명한 부분공간 $\{0\}$의 직교 여공간은 $\mathbb{R}^n$의 모든 벡터이고, 역으로 $\mathbb{R}^n$의 직교 여공간은 자명한 부분공간 $\{0\}$이다. 예제 2에서 부분공간 S_1은 S_2의 직교 여공간이고, 부분공간 S_2는 S_1의 직교 여공간이다. $\mathbb{R}^n$의 부분공간의 직교 여공간은 $\mathbb{R}^n$의 부분공간이다. (연습문제 46번 참고). 예제 3에서 보여지는 바와 같이 행렬의 영공간을 찾아서 R^n의 부분공간의 직교 여공간을 찾을 수 있다.

선형대수의 응용

최소제곱 문제는 실생활에서 다양한 분야에 응용된다. 예를 들면, 예제 9와 10, 연습문제 39번, 40번, 41번은 모두 최소제곱 분석 문제이고 전 세계 인구, 천문학, 석사학위수여, 회사의 수입, 그리고 동물의 달리기 속도와 같은 다양한 주제에 대한 것이다. 이러한 각각의 응용에서 데이터 집합이 주어지고 이 데이터에 대한 수학적 모델을 세워야 한다. 예를 들어 연습문제 40번에서는 General Dynamics Corporation의 2008년부터 2013년까지 매년 매출이 주어진다. 이 자료에 대한 최소제곱 회귀 2차식과 3차식을 찾아야 하고 2018년의 매출을 예측해야 하며 미래의 매출을 예측하는 보다 정확한 모델을 결정해야 한다.

예제 3 직교 여공간 구하기

행렬 A의 두 열벡터 v_1과 v_2로 생성되는 $\mathbb{R}^4$의 부분공간 S의 직교 여공간을 구하시오.

$$A=\begin{bmatrix}1&0\\2&0\\1&0\\0&1\end{bmatrix}$$
$$\quad\ \mathrm{v}_1\ \ \mathrm{v}_2$$

풀이

벡터 $\mathrm{u}\in\mathbb{R}^4$는 A의 열 v_1과 v_2와의 점곱이 0일 때 S의 직교 여공간에 속한다. 따라서 S의 직교 여공간은 $A^T\mathrm{u}=0$을 만족하는 모든 벡터 u로 이루어져 있다.

$$A^T\mathrm{u}=0$$

$$\begin{bmatrix}1&2&1&0\\0&0&0&1\end{bmatrix}\begin{bmatrix}x_1\\x_2\\x_3\\x_4\end{bmatrix}=\begin{bmatrix}0\\0\end{bmatrix}$$

즉, S의 직교 여공간은 행렬 A^T의 영공간이다:

$$S^\perp=N(A^T)$$

동차연립일차방정식을 풀면 직교 여공간의 기저

$$\mathrm{u}_1=[-2\quad 1\quad 0\quad 0]^T\text{와 }\mathrm{u}_2=[-1\quad 0\quad 1\quad 0]^T$$

를 구할 수 있다. ■

예제 3에서 $\mathbb{R}^4$는 두 개의 부분공간 $S=\mathrm{span}\{\mathrm{v}_1, \mathrm{v}_2\}$와 $S^\perp=\mathrm{span}\{\mathrm{u}_1, \mathrm{u}_2\}$로 분해됨에 주목하자. 실제로 네 개의 벡터 v_1, v_2, u_1, u_2는 $\mathbb{R}^4$의 기저를 이룬다. $\mathbb{R}^4$의 각 벡터는 S의 벡터와 $S^\perp$의 벡터의 합으로 유일하게 나타낼 수 있다. 다음 정의는 이러한 개념을 일반화한 것이다.

> **직합의 정의**
>
> S_1과 S_2는 $\mathbb{R}^n$의 두 부분공간이다. 만일 모든 $\mathrm{x}\in\mathbb{R}^n$를 S_1의 벡터 s_1과 S_2의 벡터 s_2의 합 $\mathrm{x}=\mathrm{s}_1+\mathrm{s}_2$로 유일하게 나타낼 수 있다면 $\mathbb{R}^n$은 S_1과 S_2의 **직합**(direct sum)이고 $\mathbb{R}^n=S_1\oplus S_2$로 나타낸다.

예제 4 직합

a. 예제 2에서 $\mathbb{R}^3$은 부분공간

$$S_1 = \text{span}\left\{\begin{bmatrix}1\\0\\1\end{bmatrix}, \begin{bmatrix}1\\1\\0\end{bmatrix}\right\} \text{와 } S_2 = \text{span}\left\{\begin{bmatrix}-1\\1\\1\end{bmatrix}\right\}$$

의 직합이다.

b. 예제 3에서 $\mathbb{R}^4 = S \oplus S^{\perp}$ 임을 알 수 있다. 여기서

$$S = \text{span}\left\{\begin{bmatrix}1\\2\\1\\0\end{bmatrix}, \begin{bmatrix}0\\0\\0\\1\end{bmatrix}\right\} \text{와 } S^{\perp} = \text{span}\left\{\begin{bmatrix}-2\\1\\0\\0\end{bmatrix}, \begin{bmatrix}-1\\0\\1\\0\end{bmatrix}\right\}$$

이다. ■

다음 정리는 직교 여공간과 직합에 대한 중요한 사실에 대한 것이다.

정리 5.13 **직교 여공간의 성질**

S는 $\mathbb{R}^n$의 부분공간이다. 그러면 다음 나열된 성질은 모두 참이다.

1. $\dim(S) + \dim(S^{\perp}) = n$
2. $\mathbb{R}^n = S \oplus S^{\perp}$
3. $(S^{\perp})^{\perp} = S$

증명

1. 만일 $S = \mathbb{R}^n$이거나 $S = \{0\}$이라면 성질 1은 자명하다. 그래서 $\{\mathrm{v}_1, \mathrm{v}_2, \ldots, \mathrm{v}_t\}$ $(0 < t < n)$ 을 S의 기저라 하자. A는 각 열이 기저 벡터 v_i인 $n \times t$ 행렬이라 하자. 그러면 $S = R(A)$ (A의 열공간)이고 $S^{\perp} = N(A^T)$ 이다. 여기서 A^T는 계수(rank)가 t인 $t \times n$행렬이다. (5.3절의 연습문제 69번 참고). $N(A^T)$의 차원은 $n-t$ 이고

$$\dim(S) + \dim(S^{\perp}) = t + (n-t) = n$$

이 성립한다.

2. 만일 $S = \mathbb{R}^n$ 또는 $S = \{0\}$이면 성질 2는 자명하다. 그래서 $\{\mathrm{v}_1, \mathrm{v}_2, \ldots, \mathrm{v}_t\}$는 S의 기저이고 $\{\mathrm{v}_{t+1}, \mathrm{v}_{t+2}, \ldots, \mathrm{v}_n\}$을 $S^{\perp}$의 기저라 하자. 집합 $\{\mathrm{v}_1, \mathrm{v}_2, \ldots, \mathrm{v}_t, \mathrm{v}_{t+1}, \ldots, \mathrm{v}_n\}$은 일차독립이고 $\mathbb{R}^n$의 기저를 이룬다. (이를 확인해보라.) $\mathrm{x} \in \mathbb{R}^n$에 대하여 $\mathrm{x} = c_1\mathrm{v}_1 + \cdots + c_t\mathrm{v}_t + c_{t+1}\mathrm{v}_{t+1} + \cdots + c_n\mathrm{v}_n$이다. 만일 $\mathrm{v} = c_1\mathrm{v}_1 + \cdots + c_t\mathrm{v}_t$ 이고 $\mathrm{w} = c_{t+1}\mathrm{v}_{t+1} + \cdots + c_n\mathrm{v}_n$라 하면 임의의 벡터 x를 S의 벡터와 $S^{\perp}$의 벡터의 합 $\mathrm{x} = \mathrm{v} + \mathrm{w}$로 나타낼

수 있다.

표현의 유일성을 보이기 위해서 $x = v + w = \hat{v} + \hat{w}$라 가정하자. (여기서 $\hat{v}$는 S에 속하고 $\hat{w}$는 $S^{\perp}$에 속한다.) 그러면 $\hat{v} - v = \hat{w} - w$가 성립한다. 두 벡터 $\hat{v} - v$와 $\hat{w} - w$는 모두 S와 $S^{\perp}$에 속하고 $S \cap S^{\perp} = \{0\}$이다. 따라서 $\hat{v} = v$이고 $\hat{w} = w$가 성립한다.

3. $v \in S$라 하자. 그러면 모든 $u \in S^{\perp}$에 대하여 $v \cdot u = 0$인데 이는 $v \in (S^{\perp})^{\perp}$을 의미한다. 반대로 $v \in (S^{\perp})^{\perp}$라 하자. 그러면 $v \in \mathbb{R}^n = S \oplus S^{\perp}$이므로 v를 S의 벡터 s와 $S^{\perp}$의 벡터 w의 합 $v = s + w$로 유일하게 나타낼 수 있다. w는 $S^{\perp}$에 속하므로 S의 모든 벡터와 직교이고, v와도 직교이다. 그러므로

$$0 = w \cdot v = w \cdot (s + w) = w \cdot s + w \cdot w = w \cdot w$$

이다. 이는 $w = 0$임을 의미하고 $v = s + w \in S$를 의미한다. ■

5.2절에서 다른 벡터 위로의 한 벡터의 정사영에 대해 공부하였다. 이제 이를 한 벡터 v의 부분공간 S 위로의 정사영으로 일반화하려 한다. $\mathbb{R}^n = S \oplus S^{\perp}$이므로 $\mathbb{R}^n$의 모든 벡터 v는 S의 벡터와 $S^{\perp}$의 벡터의 합으로 다음과 같이 유일하게 나타낼 수 있다.

$$v = v_1 + v_2,\ v_1 \in S,\ v_2 \in S^{\perp}$$

벡터 v_1은 v를 부분공간 S 위로 내린 **정사영**(projection)이고 $v_1 = \mathrm{proj}_S v$로 나타낸다. 그래서 $v_2 = v - v_1 = v - \mathrm{proj}_S v$이고 이는 벡터 $v - \mathrm{proj}_S v$가 부분공간 S와 직교임을 의미한다.

정리 5.14 부분공간으로의 정사영

만일 $\{u_1, u_2, \dots, u_t\}$가 $\mathbb{R}^n$의 부분공간 S의 정규직교 기저이고 $v \in \mathbb{R}^n$이면,

$$\mathrm{proj}_S v = (v \cdot u_1)u_1 + (v \cdot u_2)u_2 + \cdots + (v \cdot u_t)u_t$$

이다.

예제 5 부분공간 위로의 정사영

벡터 $w_1 = \begin{bmatrix} 0 \\ 3 \\ 1 \end{bmatrix}$과 $w_2 = \begin{bmatrix} 2 \\ 0 \\ 0 \end{bmatrix}$으로 생성되는 $\mathbb{R}^3$의 부분공간 S 위로의 벡터 $v = \begin{bmatrix} 1 \\ 1 \\ 3 \end{bmatrix}$의 정사영을 구하시오.

풀이

w_1과 w_2를 정규화하면 S의 정규직교 기저

$$\{\mathbf{u}_1,\ \mathbf{u}_2\}=\left\{\frac{1}{\sqrt{10}}\mathbf{w}_1,\ \frac{1}{2}\mathbf{w}_2\right\}=\left\{\begin{bmatrix}0\\ \frac{3}{\sqrt{10}}\\ \frac{1}{\sqrt{10}}\end{bmatrix},\ \begin{bmatrix}1\\0\\0\end{bmatrix}\right\}$$

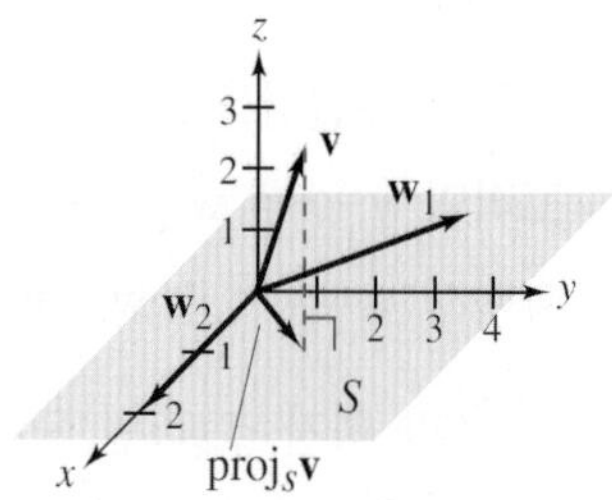

그림 5.17

을 얻는다. 정리 5.14를 이용하여 S 위로의 v의 정사영을 구한다.

$$\text{proj}_S\mathbf{v}=(\mathbf{v}\cdot\mathbf{u}_1)\mathbf{u}_1+(\mathbf{v}\cdot\mathbf{u}_2)\mathbf{u}_2=\frac{6}{\sqrt{10}}\begin{bmatrix}0\\ \frac{3}{\sqrt{10}}\\ \frac{1}{\sqrt{10}}\end{bmatrix}+1\begin{bmatrix}1\\0\\0\end{bmatrix}=\begin{bmatrix}1\\ \frac{9}{5}\\ \frac{3}{5}\end{bmatrix}$$

그림 5.17은 평면 S 위로의 v의 정사영을 나타낸다. ■

정리 5.9는 벡터 u의 모든 스칼라 배의 벡터들 중에서 v의 u 위로의 직교 정사영이 v에 가장 가까운 벡터임을 설명한다. 예제 5는 이 성질이 부분공간 위로의 정사영에서도 성립함을 보여준다. 즉, 부분공간 S의 모든 벡터들 중 벡터 $\text{proj}_S\mathbf{v}$가 v에 가장 가까운 벡터이다. 그림 5.18은 이 두 가지 결과를 보여준다.

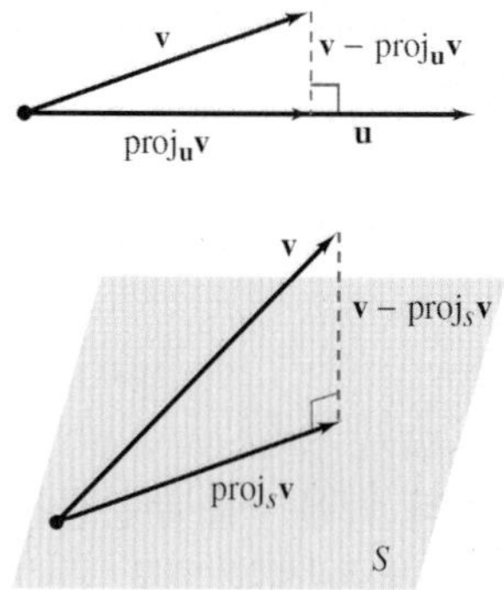

그림 5.18

정리 5.15 직교 정사영과 거리

S는 $\mathbb{R}^n$의 부분공간이고 $\mathbf{v}\in\mathbb{R}^n$이다. 그러면 $\mathbf{u}\neq\text{proj}_S\mathbf{v}$인 모든 $\mathbf{u}\in S$에 대하여

$$\|\mathbf{v}-\text{proj}_S\mathbf{v}\|<\|\mathbf{v}-\mathbf{u}\|$$

이다.

증명

$\mathbf{u}\in S$이고 $\mathbf{u}\neq\text{proj}_S\mathbf{v}$라 하자. $\text{proj}_S\mathbf{v}$를 벡터 $\mathbf{v}-\mathbf{u}$에 더하고, $\mathbf{v}-\mathbf{u}$에서 빼면

$$\mathbf{v}-\mathbf{u}=(\mathbf{v}-\text{proj}_S\mathbf{v})+(\text{proj}_S\mathbf{v}-\mathbf{u})$$

를 얻는다. $(\text{proj}_S\mathbf{v}-\mathbf{u})$는 S에 속하고 $(\mathbf{v}-\text{proj}_S\mathbf{v})$는 S와 직교이다. 따라서 $(\mathbf{v}-\text{proj}_S\mathbf{v})$와 $(\text{proj}_S\mathbf{v}-\mathbf{u})$는 직교인 벡터이고 피타고라스 정리(정리 5.6)로부터

$$\|\mathbf{v}-\mathbf{u}\|^2=\|\mathbf{v}-\text{proj}_S\mathbf{v}\|^2+\|\text{proj}_S\mathbf{v}-\mathbf{u}\|^2$$

을 얻는다. $\mathbf{u}\neq\text{proj}_S\mathbf{v}$이므로 $\|\text{proj}_S\mathbf{v}-\mathbf{u}\|^2$은 양수이고

$$\|\mathbf{v}-\text{proj}_S\mathbf{v}\|<\|\mathbf{v}-\mathbf{u}\|$$

이다. ■

행렬의 기본 부분공간

A가 $m\times n$행렬이면 A의 열공간은 $\mathbf{x}\in\mathbb{R}^n$에 대하여 $A\mathbf{x}$꼴의 모든 벡터로 이루어진 $\mathbb{R}^m$의 부분공간임을 기억하자. 행렬 A의 네 개의 **기본 부분공간**(fundamental subspace)은 다음과 같다. (5.3절의 연습문제 67번을 참고하라.)

$N(A)=A$의 영공간 $\qquad N(A^T)=A^T$의 영공간

$R(A)=A$의 열공간 $\qquad R(A^T)=A^T$의 열공간

이 부분공간은 최소제곱 문제의 해에 대하여 중요한 역할을 한다.

예제 6 기본 부분공간

행렬 $A=\begin{bmatrix}1&2&0\\0&0&1\\0&0&0\\0&0&0\end{bmatrix}$의 네 개의 기본 부분공간을 구하시오

풀이

A의 열공간은 두 번째 열은 첫 번째의 스칼라곱이므로 간단히 첫 번째와 세 번째 열의 생성이다. A^T의 열공간은 A의 행공간과 같은데, A의 행공간은 처음 두 개의 행으로 생성된다. A의 영공간은 동차연립방정식 $A\mathbf{x}=\mathbf{0}$의 해공간이다. 끝으로 A^T의 영공간은 A^T를 계수행렬로 하는 동차연립방정식의 해공간이다. 이를 정리하면 다음과 같다.

$$R(A)=\text{span}\left\{\begin{bmatrix}1\\0\\0\\0\end{bmatrix},\begin{bmatrix}0\\1\\0\\0\end{bmatrix}\right\}\qquad R(A^T)=\text{span}\left\{\begin{bmatrix}1\\2\\0\end{bmatrix},\begin{bmatrix}0\\0\\1\end{bmatrix}\right\}$$

$$N(A)=\text{span}\left\{\begin{bmatrix}-2\\1\\0\end{bmatrix}\right\}\qquad N(A^T)=\text{span}\left\{\begin{bmatrix}0\\0\\1\\0\end{bmatrix},\begin{bmatrix}0\\0\\0\\1\end{bmatrix}\right\}$$

■

예제 6에서 $R(A)$와 $N(A^T)$는 $\mathbb{R}^4$의 직교 부분공간이고, $R(A^T)$와 $N(A)$는 $\mathbb{R}^3$의 직교 부분공간임을 알 수 있다. 네 기본 부분공간의 이러한 성질과 다른 몇 가지 성질은 다음 정리에 서술된 바와 같다.

정리 5.16 **행렬의 기본 부분공간**

만일 A가 $m\times n$ 행렬이면,

1. $R(A)$와 $N(A^T)$는 $\mathbb{R}^m$의 직교 부분공간이다.

2. $R(A^T)$와 $N(A)$는 $\mathbb{R}^n$의 직교 부분공간이다.
3. $R(A) \oplus N(A^T) = \mathbb{R}^m$.
4. $R(A^T) \oplus N(A) = \mathbb{R}^n$.

증명

성질 1을 증명하기 위해, $\mathrm{v} \in R(A)$이고 $\mathrm{u} \in N(A^T)$라 하자. A의 열공간은 A^T의 행공간과 같다. 따라서 $A^T\mathrm{u} = 0$인 것은 $\mathrm{u} \cdot \mathrm{v} = 0$임을 의미한다. 성질 2는 성질 1을 A^T에 적용하여 성립함을 확인할 수 있다.

성질 3을 증명하기 위해, $R(A)^\perp = N(A^T)$이고 $\mathbb{R}^m = R(A) \oplus R(A)^\perp$ 임을 이용하면 $\mathbb{R}^m = R(A) \oplus N(A^T)$이다. 이와 비슷한 방법을 $R(A^T)$에 적용하면 성질 4도 증명된다. ■

최소제곱 문제 해법

지금까지 최소제곱 문제를 해결하는데 필요한 도구를 개발했다. A가 $m \times n$ 행렬이고 b가 $\mathbb{R}^m$의 벡터일 때, $\|A\mathrm{x} - \mathrm{b}\|$를 최소로 하는 벡터 x를 찾으려 한다. S를 A의 열공간 $S = R(A)$라 하자. 벡터 b는 S에 속하지 않는다고 가정하자. 만일 b가 S에 속하면 연립방정식 $A\mathrm{x} = \mathrm{b}$는 해를 가진다. 그림 5.19에서와 같이 가능하면 b에 가까운 S의 벡터 $A\mathrm{x}$를 찾고자 한다.

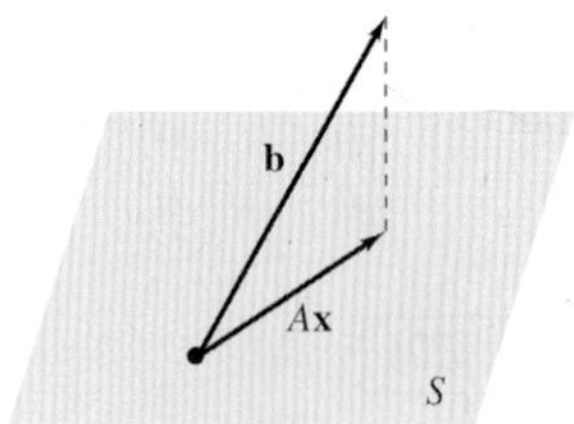

그림 5.19

정리 5.15로부터, 구하고자 하는 벡터는 b의 S 위로의 정사영이다. 따라서 $A\mathrm{x} = \mathrm{proj}_S b$이고 $A\mathrm{x} - \mathrm{b} = \mathrm{proj}_S \mathrm{b} - \mathrm{b}$는 $S = R(A)$와 직교이다. 하지만 이는 $A\mathrm{x} - \mathrm{b}$가 $R(A)^\perp$에 속함을 의미하고, $R(A)^\perp$는 $N(A^T)$와 같다. 이는 중요한 사실이다. $A\mathrm{x} - \mathrm{b}$는 A^T의 영공간에 속한다. 따라서

$$A^T(A\mathrm{x} - \mathrm{b}) = 0$$
$$A^TA\mathrm{x} - A^T\mathrm{b} = 0$$
$$A^TA\mathrm{x} = A^T\mathrm{b}$$

이다. 최소제곱 문제의 해는 $n \times n$ 연립일차방정식 $A^TA\mathrm{x} = A^T\mathrm{b}$를 풀어서 얻는다. 이 식이 최소제곱 문제 $A\mathrm{x} = \mathrm{b}$의 **정규방정식**(normal equation)이다.

예제 7 최소제곱 해 구하기

이러한 유형의 대화형 예제는 LarsonLinearAlgebra.com을 참고하라

예제 1의 최소제곱 문제

$$A\mathrm{x} = \mathrm{b}$$

$$\begin{bmatrix} 1 & 1 \\ 1 & 2 \\ 1 & 3 \end{bmatrix} \begin{bmatrix} c_0 \\ c_1 \end{bmatrix} = \begin{bmatrix} 0 \\ 1 \\ 3 \end{bmatrix}$$

의 해를 구하시오.

풀이

우선 다음과 같이 행렬곱을 구하면

$$A^TA = \begin{bmatrix} 1 & 1 & 1 \\ 1 & 2 & 3 \end{bmatrix} \begin{bmatrix} 1 & 1 \\ 1 & 2 \\ 1 & 3 \end{bmatrix} = \begin{bmatrix} 3 & 6 \\ 6 & 14 \end{bmatrix}$$

$$A^T\mathrm{b} = \begin{bmatrix} 1 & 1 & 1 \\ 1 & 2 & 3 \end{bmatrix} \begin{bmatrix} 0 \\ 1 \\ 3 \end{bmatrix} = \begin{bmatrix} 4 \\ 11 \end{bmatrix}$$

이다. 정규방정식은 다음과 같다.

$$A^TA\mathrm{x} = A^T\mathrm{b}$$

$$\begin{bmatrix} 3 & 6 \\ 6 & 14 \end{bmatrix} \begin{bmatrix} c_0 \\ c_1 \end{bmatrix} = \begin{bmatrix} 4 \\ 11 \end{bmatrix}$$

이 연립방정식의 해는 $\mathrm{x} = \begin{bmatrix} -\frac{5}{3} \\ \frac{3}{2} \end{bmatrix}$ 이고 이는 주어진 자료에 대한 최소제곱 회귀선이 그림과 같이 $y = -\frac{5}{3}x + \frac{3}{2}$ 임을 의미한다. ■

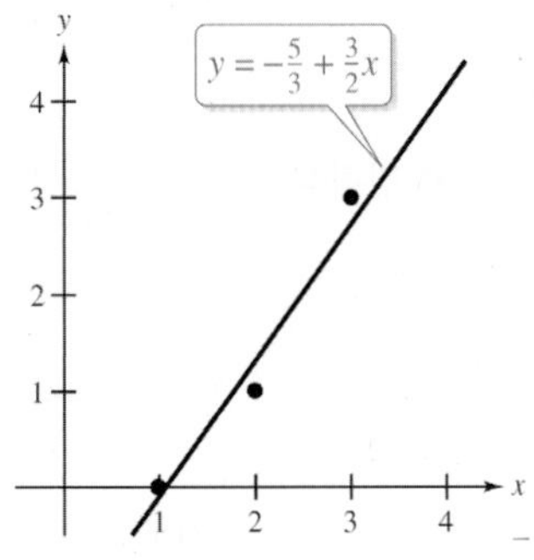

$m \times n$ 행렬 A에 대하여 정규방정식은 $n \times n$ 연립일차방정식이다. 이 연립방정식은 항상 해를 가지며, 무수히 많은 해를 가질 수도 있다. 하지만, A의 계수가 n이면 해가 유일하다는 것을 보일 수 있다.

다음 예제는 예제 5의 정사영 문제를 정규방정식을 이용하여 어떻게 푸는 지를 보여준다.

예제 8 부분공간 위로의 직교 정사영

행렬 $A = \begin{bmatrix} 0 & 2 \\ 3 & 0 \\ 1 & 0 \end{bmatrix}$ 의 열공간 S 위로의 벡터 $\mathrm{b} = \begin{bmatrix} 1 \\ 1 \\ 3 \end{bmatrix}$ 의 직교 정사영을 구하시오.

풀이

S 위로의 b의 직교 정사영을 구하기 위해, 우선 최소제곱 문제 $A\mathrm{x}=\mathrm{b}$를 푼다.

예제 7에서처럼 행렬곱 A^TA와 $A^T\mathrm{b}$를 구하자.

$$A^TA = \begin{bmatrix} 0 & 3 & 1 \\ 2 & 0 & 0 \end{bmatrix} \begin{bmatrix} 0 & 2 \\ 2 & 0 \\ 1 & 0 \end{bmatrix} = \begin{bmatrix} 10 & 0 \\ 0 & 4 \end{bmatrix}$$

$$A^T\mathrm{b} = \begin{bmatrix} 0 & 3 & 1 \\ 2 & 0 & 0 \end{bmatrix} \begin{bmatrix} 1 \\ 1 \\ 3 \end{bmatrix} = \begin{bmatrix} 6 \\ 2 \end{bmatrix}$$

정규방정식은 다음 연립방정식과 같다.

$$A^TA\mathrm{x} = A^T\mathrm{b}$$
$$\begin{bmatrix} 10 & 0 \\ 0 & 4 \end{bmatrix} \begin{bmatrix} x_1 \\ x_2 \end{bmatrix} = \begin{bmatrix} 6 \\ 2 \end{bmatrix}$$

이 방정식의 해를 구하면

$$\mathrm{x} = \begin{bmatrix} x_1 \\ x_2 \end{bmatrix} = \begin{bmatrix} \frac{3}{5} \\ \frac{1}{2} \end{bmatrix}$$

이다. 결국 S 위로의 b의 정사영은

$$A\mathrm{x} = \begin{bmatrix} 0 & 2 \\ 3 & 0 \\ 1 & 0 \end{bmatrix} \begin{bmatrix} \frac{3}{5} \\ \frac{1}{2} \end{bmatrix} = \begin{bmatrix} 1 \\ \frac{9}{5} \\ \frac{3}{5} \end{bmatrix}$$

이고 이는 예제 5에서의 해와 일치한다. ■

◉ 수학적 모델링

최소제곱 문제는 실생활에서 나타나는 현상을 수학적으로 모델링하는 데에 있어 중요한 역할을 한다. 다음 예제는 최소제곱 이차 다항함수를 이용하여 세계 인구문제를 어떻게 모델링하는 가를 보여준다.

예제 9 세계 인구

다음은 지난 6개년 간 세계 인구(단위 10억)를 나타낸 표이다. (출처: 미국 인구조사국)

연도	1985	1990	1995	2000	2005	2010
인구수, y	4.9	5.3	5.7	6.1	6.5	6.9

$x=5$는 1985년을 나타내기로 하자. 주어진 자료에 대한 최소제곱 이차 다항함수 $y=c_0+c_1x+c_2x^2$를 구하고 이 모델을 이용하여 2020년의 인구수를 추정하시오.

풀이

자료에서 주어진 점 $(5, 4.9)$, $(10, 5.3)$, $(15, 5.7)$, $(20, 6.1)$, $(25, 6.5)$, $(30, 6.9)$를 이차 다항함수 $y=c_0+c_1x+c_2x^2$에 대입하여 다음과 같은 연립방정식을 구한다.

$$\begin{aligned} c_0+5c_1+25c_2&=4.9\\ c_0+10c_1+100c_2&=5.3\\ c_0+15c_1+225c_2&=5.7\\ c_0+20c_1+400c_2&=6.1\\ c_0+25c_1+625c_2&=6.5\\ c_0+30c_1+900c_2&=6.9 \end{aligned}$$

이는 다음과 같은 최소제곱 문제가 된다.

$$A\mathrm{x}=\mathrm{b}$$

$$\begin{bmatrix}1&5&25\\1&10&100\\1&15&225\\1&20&400\\1&25&625\\1&30&900\end{bmatrix}\begin{bmatrix}c_0\\c_1\\c_2\end{bmatrix}=\begin{bmatrix}4.9\\5.3\\5.7\\6.1\\6.5\\6.9\end{bmatrix}$$

정규방정식은 다음과 같은 연립방정식이다.

$$A^TA\mathrm{x}=A^T\mathrm{b}$$

$$\begin{bmatrix}6&105&2275\\105&2275&55,125\\2275&55,125&1,421,875\end{bmatrix}\begin{bmatrix}c_0\\c_1\\c_2\end{bmatrix}=\begin{bmatrix}35.4\\654.5\\14,647.5\end{bmatrix}$$

이 방정식의 해를 구하면 $\mathrm{x}=\begin{bmatrix}c_0\\c_1\\c_2\end{bmatrix}=\begin{bmatrix}4.5\\0.08\\0\end{bmatrix}$이다.

$c_2=0$임에 주목하자. 따라서 최소제곱 다항함수는 일차 다항함수 $y=4.5+0.08x$이다. $x=40$일 때의 함숫값을 구하면 2020년의 세계 인구수를 추정할 수 있다. $y=4.5+0.08(40)=7.7$ ($\times 10$억) 명이다. ■

최소제곱 모델은 다양한 상황에서 발생한다. 5.5절에서는 최소제곱 모델을 이용한 함수 근사에 대한 몇 가지 응용을 살펴볼 것이다. 다음 예제에서는 1.3절의 자료를 이용하여 행성의 공전 주기와 태양으로부터 행성까지의 평균 거리 사이의 비선형 관계를 찾을 것이다.

예제 10 천문학에서의 응용

다음은 태양으로부터 가까운 여섯 개의 행성의 평균 거리 x와 공전 주기 y를 나타낸 표이다. 평균 거리는 '천문단위(AU)'를 사용하고 주기는 '연(year)'를 사용한다. 자료에 대한 모델을 구하시오.

행성	수성	금성	지구	화성	목성	토성
거리, x	0.387	0.723	1.000	1.524	5.203	9.537
공전주기, y	0.241	0.615	1.000	1.881	11.862	29.457

풀이

주어진 자료를 좌표평면 위에 점으로 나타내면, 이 점들은 일직선 위에 있지 않다. 하지만, 각 좌표의 자연로그를 구하면 다음 표에서와 같이 $(\ln x, \ln y)$ 꼴의 점을 얻는다.

행성	수성	금성	지구	화성	목성	토성
$\ln x$	-0.949	-0.324	0.0	0.421	1.649	2.225
$\ln y$	-1.423	-0.486	0.0	0.632	2.473	3.383

이와 같이 변환된 점들의 그래프는 최소제곱 회귀선에 적합한 모델이다.

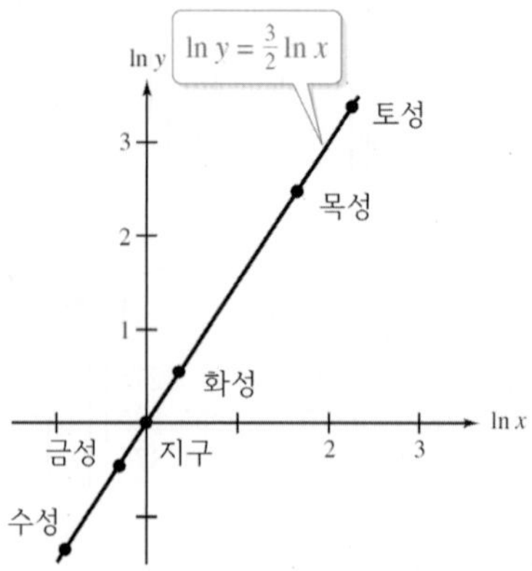

이 절에서 배운 방법을 연립방정식

$$\begin{aligned} c_0 - 0.949c_1 &= -1.423 \\ c_0 - 0.324c_1 &= -0.486 \\ c_0 \qquad\quad &= \quad 0.0 \\ c_0 + 0.421c_1 &= \quad 0.632 \\ c_0 + 1.649c_1 &= \quad 2.473 \\ c_0 + 2.255c_1 &= \quad 3.383 \end{aligned}$$

에 적용하여 직선의 방정식이 $\ln y = \frac{3}{2}\ln x$ 또는 $y = x^{3/2}$임을 확인해보라. ■

참고

공학용 계산기나 소프트웨어 프로그램을 사용하여 예제 10의 결과를 확인할 수 있다. 예를 들어, 첫 번째 표의 자료를 이용하여 공학용 계산기를 사용하면 지수회귀모델 $y \approx 1.00029x^{1.49972}$를 얻는다. *CengageBrain.com*의 **기술가이드**는 자료의 모델을 구하기 위해 기술을 사용할 때 도움을 줄 수 있다.

5.4 연습문제

최소제곱 회귀선 1～4번에서는 점들이 일직선 위에 있는지 판별하시오. 만일 일직선 위에 있다면 점들이 지나는 직선 $y = c_0 + c_1x$를 구하시오.

1. $(0, 1), (1, 3), (2, 5)$ **2.** $(0, 0), (3, 1), (4, 2)$

3. $(-2, 0), (0, 2), (2, 2)$

4. $(-1, 5), (1, -1), (1, -4)$

직교 부분공간 5～8번에서는 부분공간이 직교인지 확인하시오.

5. $S_1 = \text{span}\left\{\begin{bmatrix} 3 \\ 2 \\ -2 \end{bmatrix}, \begin{bmatrix} 0 \\ 1 \\ 0 \end{bmatrix}\right\}$ $S_2 = \text{span}\left\{\begin{bmatrix} 2 \\ -3 \\ 0 \end{bmatrix}\right\}$

6. $S_1 = \text{span}\left\{\begin{bmatrix} -3 \\ 0 \\ 1 \end{bmatrix}\right\}$ $S_2 = \text{span}\left\{\begin{bmatrix} 2 \\ 1 \\ 6 \end{bmatrix}, \begin{bmatrix} 0 \\ 1 \\ 0 \end{bmatrix}\right\}$

7. $S_1 = \text{span}\left\{\begin{bmatrix} 1 \\ 1 \\ 1 \\ 1 \end{bmatrix}\right\}$ $S_2 = \text{span}\left\{\begin{bmatrix} -1 \\ 1 \\ -1 \\ 1 \end{bmatrix}, \begin{bmatrix} 0 \\ 2 \\ -2 \\ 0 \end{bmatrix}\right\}$

8. $S_1 = \text{span}\left\{\begin{bmatrix} 0 \\ 0 \\ 2 \\ 1 \end{bmatrix}, \begin{bmatrix} 0 \\ 0 \\ 1 \\ -2 \end{bmatrix}\right\}$ $S_2 = \text{span}\left\{\begin{bmatrix} 3 \\ 2 \\ 0 \\ 0 \end{bmatrix}, \begin{bmatrix} 0 \\ 1 \\ -2 \\ 2 \end{bmatrix}\right\}$

직교 여공간과 직합 구하기 9～14번에서는 (a) 직교 여공간 $S^\perp$를 구하고, (b) 직합 $S \oplus S^\perp$을 구하시오.

9. $S = \text{span}\left\{\begin{bmatrix} 0 \\ 1 \\ 0 \end{bmatrix}, \begin{bmatrix} 2 \\ 0 \\ 1 \end{bmatrix}\right\}$ **10.** $S = \text{span}\left\{\begin{bmatrix} 0 \\ -2 \\ 1 \end{bmatrix}\right\}$

11. $S = \text{span}\left\{\begin{bmatrix} 0 \\ 1 \\ -1 \\ 1 \end{bmatrix}\right\}$

12. $S = \text{span}\left\{\begin{bmatrix}0\\1\\-1\\1\\-1\end{bmatrix}, \begin{bmatrix}0\\1\\0\\2\\-1\end{bmatrix}, \begin{bmatrix}2\\0\\1\\0\\2\end{bmatrix}\right\}$

13. S는 xy-평면으로 이루어진 $\mathbb{R}^3$의 부분공간이다.

14. S는 세 번째 성분과 네 번째 성분이 0인 모든 벡터로 이루어진 $\mathbb{R}^5$의 부분공간이다.

15. 연습문제 11(a)에서 구한 부분공간의 직교 여공간을 구하시오.

16. 연습문제 12(a)에서 구한 부분공간의 직교 여공간을 구하시오.

부분공간 위로의 정사영 17~20번에서는 부분공간 S 위로의 벡터 v의 정사영을 구하시오.

17. $S = \text{span}\left\{\begin{bmatrix}0\\0\\-1\\1\end{bmatrix}, \begin{bmatrix}0\\1\\1\\1\end{bmatrix}\right\}, \ \mathrm{v} = \begin{bmatrix}1\\0\\1\\1\end{bmatrix}$

18. $S = \text{span}\left\{\begin{bmatrix}-1\\2\\0\\0\end{bmatrix}, \begin{bmatrix}0\\0\\1\\0\end{bmatrix}, \begin{bmatrix}0\\0\\0\\1\end{bmatrix}\right\}, \ \mathrm{v} = \begin{bmatrix}1\\1\\1\\1\end{bmatrix}$

19. $S = \text{span}\left\{\begin{bmatrix}1\\0\\1\end{bmatrix}, \begin{bmatrix}0\\1\\1\end{bmatrix}\right\}, \ \mathrm{v} = \begin{bmatrix}2\\3\\4\end{bmatrix}$

20. $S = \text{span}\left\{\begin{bmatrix}1\\1\\1\\1\end{bmatrix}, \begin{bmatrix}0\\1\\-1\\0\end{bmatrix}, \begin{bmatrix}0\\1\\1\\0\end{bmatrix}\right\}, \ \mathrm{v} = \begin{bmatrix}1\\2\\3\\4\end{bmatrix}$

기본 부분공간 21~24번에서는 행렬 A의 네 개의 기본 부분공간을 구하시오.

21. $A = \begin{bmatrix}1 & 2 & 3\\0 & 1 & 0\end{bmatrix}$

22. $A = \begin{bmatrix}0 & -1 & 1\\1 & 2 & 0\\1 & 1 & 1\end{bmatrix}$

23. $A = \begin{bmatrix}1 & 0 & 0\\0 & 1 & 1\\1 & 1 & 1\\1 & 2 & 2\end{bmatrix}$

24. $A = \begin{bmatrix}1 & 0 & -1\\0 & -1 & 1\\1 & 1 & 0\\1 & 0 & 1\end{bmatrix}$

최소제곱 해 구하기 25~28번에서는 연립방정식 $A\mathrm{x} = \mathrm{b}$의 최소제곱 해를 구하시오.

25. $A = \begin{bmatrix}2 & 1\\1 & 2\\1 & 1\end{bmatrix} \quad \mathrm{b} = \begin{bmatrix}2\\0\\-3\end{bmatrix}$

26. $A = \begin{bmatrix}1 & -1 & 1\\1 & 1 & 1\\0 & 1 & 1\\1 & 0 & 1\end{bmatrix} \quad \mathrm{b} = \begin{bmatrix}2\\1\\0\\2\end{bmatrix}$

27. $A = \begin{bmatrix}1 & 0 & 1\\1 & 1 & 1\\0 & 1 & 1\\1 & 1 & 0\end{bmatrix} \quad \mathrm{b} = \begin{bmatrix}4\\-1\\0\\1\end{bmatrix}$

28. $A = \begin{bmatrix}0 & 2 & 1\\1 & 1 & -1\\2 & 1 & 0\\1 & 1 & 1\\0 & 2 & -1\end{bmatrix} \quad \mathrm{b} = \begin{bmatrix}1\\0\\1\\-1\\0\end{bmatrix}$

부분공간 위로의 직교 정사영 29번과 30번에서는 예제 8에서의 방법을 이용하여 행렬 A의 열공간 위로의 $\mathrm{b} = [2 \ \ -2 \ \ 1]^T$의 직교 정사영을 구하시오.

29. $A = \begin{bmatrix}1 & 2\\0 & 1\\1 & 1\end{bmatrix}$

30. $A = \begin{bmatrix}0 & 2\\1 & 1\\1 & 3\end{bmatrix}$

최소제곱 회귀선 구하기 31~34번에서는 주어진 자료 점에 대한 최소제곱 회귀선을 구하시오. 점을 좌표평면 위에 나타내고 직선을 같은 좌표평면 위에 그리시오.

31. $(-1, 1), \ (1, 0), \ (3, -3)$

32. $(1, 1), \ (2, 3), \ (4, 5)$

33. $(-2, 1), \ (-1, 2), \ (0, 1), \ (1, 2), \ (2, 1)$

34. $(-2, 0), \ (-1, 2), \ (0, 3), \ (1, 5), \ (2, 6)$

최소제곱 이차 다항함수 구하기 35~38번에서는 주어진 자료 점에 대한 최소제곱 회귀 이차 다항함수를 구하시오.

35. $(0, 0), (2, 2), (3, 6), (4, 12)$

36. $(0, 2), \left(1, \dfrac{3}{2}\right), \left(2, \dfrac{5}{2}\right), (3, 4)$

37. $(-2, 0), (-1, 0), (0, 1), (1, 2), (2, 5)$

38. $(-2, 6), (-1, 5), \left(0, \dfrac{7}{2}\right), (1, 2), (2, -1)$

39. **석사 학위** 다음은 미국에서 2009년부터 2012년까지 수여된 석사 학위의 수 y(1000 단위)를 나타낸 표이다. 자료에 대한 최소제곱 회귀선을 구하시오. 그리고 모델을 이용하여 2019년 수여될 학위의 수를 예측하시오. t는 연도를 나타내고, $t=9$는 2009년에 해당한다. (출처: 미국 국립 교육통계센터)

연도	2009	2010	2011	2012
석사 학위 수, y	662.1	693.0	730.6	754.2

40. **수익** 다음은 General Dynamics Corporation 사의 2008년부터 2013년까지의 수익 y(10억 달러 단위)을 나타낸 표이다. 자료에 대한 최소제곱 이차 다항함수와 삼차 다항함수를 구하시오. 그리고 각 모델을 이용하여 2018년의 수익을 예측하시오. t는 연도를 나타내고 $t=9$은 2008년에 해당한다. 어떤 모델이 미래의 수익을 더 정확히 예측하는 것으로 보이는가? (출처: General Dynamics Corporation)

연도	2008	2009	210
수익, y	29.3	32.0	32.5

연도	2011	2012	2013
수익, y	32.7	31.7	31.2

41. **동물의 달리기 속도** 네 발을 가진 동물이 달릴 때 두 가지의 다른 방식으로 달리는데, 이는 대각선으로 앞뒤 다리를 짝지어 달리는 트로팅(trotting)이라고 하는 방식과 네 다리를 한 번에 점프하는 방식으로 달리는 갤로핑(galloping)이라는 방식이다. 트로팅으로 달리는 동물은 항상 네 발 중 적어도 하나는 땅을 딛고 있지만, 갤로핑으로 달리는 동물은 달리는 동안 어떤 순간엔 네 발이 모두 땅에서 떨어져 있다. 동물이 트로팅에서 갤로핑으로 바뀌는 분당 걸음 수는 동물의 무게에 따라 다르다. 표와 예제 10의 방법을 이용하여 동물의 무게 x (kg 단위)와 갤로핑으로 달리는 최소 속도 y (분당 걸음 수) 사이의 관계식을 구하시오.

무게, x	11.3	15.9	22.7
갤로핑 속도, y	191.5	182.7	173.8

무게, x	34.0	226.8	453.6
갤로핑 속도, y	164.2	125.9	114.2

42. **캡스톤** 직교성, 직교 여공간, 벡터의 정사영, 기본 부분공간이 최소제곱 문제의 해를 구할 때 어떻게 사용되는지 설명하시오.

참 또는 거짓? 43번과 44번에서는 각 명제가 참 또는 거짓인지 판별하시오. 만약 명제가 참이라면 그 이유를 제시하거나 본문에서 적절한 명제를 찾아 제시하시오. 만약 명제가 거짓이라면 명제가 참이 아니라는 예를 제시하거나 본문에서 적절한 명제를 찾아 제시하시오.

43. (a) $\mathbb{R}^n$의 직교 여공간은 공집합이다.

(b) 만일 각 벡터 $\mathbf{v} \in \mathbb{R}^n$을 S_1의 벡터 $\mathbf{s}_1$과 S_2의 벡터 $\mathbf{s}_2$의 합으로 유일하게 나타낼 수 있으면 R^n은 S_1과 S_2의 직합이다.

44. (a) 만일 A가 $m \times n$ 행렬이라면, $R(A)$와 $N(A^T)$는 $\mathbb{R}^n$의 직교 부분공간이다.

(b) 부분공간 S의 모든 벡터와 직교인 벡터 모두의 집합은 S의 직교 여공간이다.

(c) 임의의 $m \times n$ 행렬 A와 $\mathbb{R}^m$의 임의의 벡터 b에 대하여, 최소제곱 문제는 $\|A\mathrm{x} - \mathrm{b}\|^2$이 최소가 되는 $\mathbb{R}^n$의 벡터 x를 구하는 것이다.

45. **증명** 만일 S_1과 S_2가 $\mathbb{R}^n$의 직교 부분공간이라면 이들의 교집합은 영벡터로만 이루어져 있음을 증명하시오.

46. **증명** $\mathbb{R}^n$의 부분공간의 직교 여공간은 $\mathbb{R}^n$의 부분공간임을 증명하시오.

47. **증명** 정리 5.14를 증명하시오.

48. **증명** 만일 S_1과 S_2가 $\mathbb{R}^n$의 부분공간이고 $\mathbb{R}^n = S_1 \oplus S_2$라면, $S_1 \cap S_2 = \{0\}$임을 증명하시오.

5.5 내적공간의 응용

- $\mathbb{R}^3$의 두 벡터의 외적 구하기
- 함수의 일차 혹은 이차 최소제곱 근사 구하기
- 함수의 n차 푸리에 근사 구하기

$\mathbb{R}^3$의 두 벡터의 외적

이번에는 두 벡터와 직교인 $\mathbb{R}^3$의 벡터를 만드는 벡터곱에 대해 알아볼 것이다. 이 벡터곱을 **외적**(cross product)이라 하는데, 이를 가장 편리하게 정의하고 계산하는 방법은

$$\mathbf{v} = (v_1, v_2, v_3) = v_1\mathbf{i} + v_2\mathbf{j} + v_3\mathbf{k}$$

와 같이 표준단위벡터 꼴로 벡터를 나타내는 것이다.

참고

외적은 $\mathbb{R}^3$의 벡터에 대해서만 정의된다. 두 $n \neq 3$인 $\mathbb{R}^n$의 두 벡터의 외적은 여기서는 정의하지 않는다.

두 벡터의 외적의 정의

두 벡터 $\mathbf{u} = u_1\mathbf{i} + u_2\mathbf{j} + u_3\mathbf{k}$와 $\mathbf{v} = v_1\mathbf{i} + v_2\mathbf{j} + v_3\mathbf{k}$는 $\mathbb{R}^3$의 벡터이다. u와 v의 **외적**(cross product)은 벡터

$$\mathbf{u} \times \mathbf{v} = (u_2v_3 - u_3v_2)\mathbf{i} - (u_1v_3 - u_3v_1)\mathbf{j} + (u_1v_2 - u_2v_1)\mathbf{k}$$

이다.

외적 $\mathbf{u} \times \mathbf{v}$를 구하는 공식을 외우는 편리한 방법은 다음과 같이 행렬식을 사용하는 것이다.

$$\mathbf{u} \times \mathbf{v} = \begin{vmatrix} \mathbf{i} & \mathbf{j} & \mathbf{k} \\ u_1 & u_2 & u_3 \\ v_1 & v_2 & v_3 \end{vmatrix} \begin{matrix} \\ \longleftarrow \text{u의 성분} \\ \longleftarrow \text{v의 성분} \end{matrix}$$

실제로 이 식은 실수가 아니라 벡터이므로 행렬식은 아니다. 그럼에도 불구하고 외적을 구하는 공식을 외우는데 도움을 주기에 유용하다. 첫 번째 행에 대해 여인수 전개를 하면

$$\mathrm{u}\times\mathrm{v}=\begin{vmatrix} u_2 & u_3 \\ v_2 & v_3 \end{vmatrix}\mathrm{i}-\begin{vmatrix} u_1 & u_3 \\ v_1 & v_3 \end{vmatrix}\mathrm{j}+\begin{vmatrix} u_1 & u_2 \\ v_1 & v_2 \end{vmatrix}\mathrm{k}$$
$$=(u_2v_3-u_3v_2)\mathrm{i}-(u_1v_3-u_3v_1)\mathrm{j}+(u_1v_2-u_2v_1)\mathrm{k}$$

를 얻을 수 있고, 이는 외적 정의의 식이다. j-성분은 음의 부호가 됨에 주의하자.

선형대수의 응용

물리학에서, 외적을 그림에서와 같이 점 A를 중심으로 하는 힘 F의 모멘트 M인 *회전력(torque)*을 측정하는데 사용할 수 있다. 힘의 작용점이 B일 때, A를 중심으로 하는 F의 모멘트는

$$\mathrm{M}=\overrightarrow{AB}\times\mathrm{F}$$

이고 여기서 $\overrightarrow{AB}$는 시작점이 A이고 끝점이 B인 벡터를 나타낸다. 모멘트 M의 크기로 $\overrightarrow{AB}$가 벡터 M의 방향의 축을 중심으로 시계 반대방향으로 회전하려는 경향성을 측정한다.

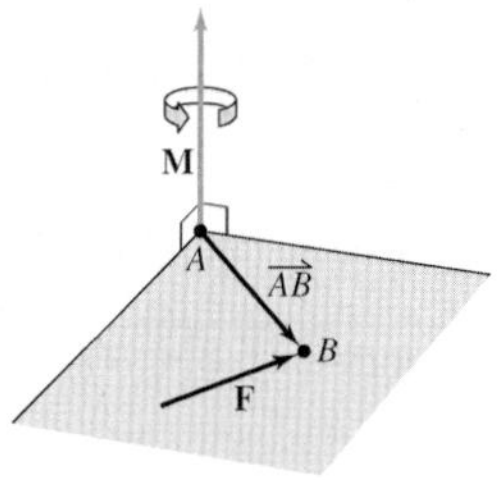

mark cinotti/Shutterstock.com

예제 1 두 벡터의 외적 구하기

두 벡터 $\mathrm{u}=\mathrm{i}-2\mathrm{j}+\mathrm{k}$와 $\mathrm{v}=3\mathrm{i}+\mathrm{j}-2\mathrm{k}$에 대하여, 각 외적을 구하시오.

a. $\mathrm{u}\times\mathrm{v}$ b. $\mathrm{v}\times\mathrm{u}$ c. $\mathrm{v}\times\mathrm{v}$

풀이

a. $$\mathrm{u}\times\mathrm{v}=\begin{vmatrix} \mathrm{i} & \mathrm{j} & \mathrm{k} \\ 1 & -2 & 1 \\ 3 & 1 & -2 \end{vmatrix}$$
$$=\begin{vmatrix} -2 & 1 \\ 1 & -2 \end{vmatrix}\mathrm{i}-\begin{vmatrix} 1 & 1 \\ 3 & -2 \end{vmatrix}\mathrm{j}\begin{vmatrix} 1 & -2 \\ 3 & 1 \end{vmatrix}\mathrm{k}$$
$$=3\mathrm{i}+5\mathrm{j}+7\mathrm{k}$$

b. $$\mathrm{v}\times\mathrm{u}=\begin{vmatrix} \mathrm{i} & \mathrm{j} & \mathrm{k} \\ 3 & 1 & -2 \\ 1 & -2 & 1 \end{vmatrix}$$
$$=\begin{vmatrix} 1 & -2 \\ -2 & 1 \end{vmatrix}\mathrm{i}-\begin{vmatrix} 3 & -2 \\ 1 & 1 \end{vmatrix}\mathrm{j}+\begin{vmatrix} 3 & 1 \\ 1 & -2 \end{vmatrix}\mathrm{k}$$
$$=-3\mathrm{i}-5\mathrm{j}-7\mathrm{k}$$

이 계산의 결과는 (a)의 결과와 부호가 반대이다.

기술

외적을 구할 수 있는 공학용 계산기와 소프트웨어 프로그램은 많다. 예를 들어, 예제 1(b)의 결과를 확인하려고 공학용 계산기를 사용한다면 다음과 비슷한 화면을 볼 수도 있다.

```
VECTOR:U          3
 e1=1
 e2=-2
 e3=1
VECTOR:V          3
 e1=3
 e2=1
 e3=-2
cross(V,U)
            [-3 -5 -7]
```

c. $\mathbf{v}\times\mathbf{v}=\begin{vmatrix}\mathbf{i} & \mathbf{j} & \mathbf{k}\\ 3 & 1 & -2\\ 3 & 1 & -2\end{vmatrix}$

$=\begin{vmatrix}1 & -2\\ 1 & -2\end{vmatrix}\mathbf{i}-\begin{vmatrix}3 & -2\\ 3 & -2\end{vmatrix}\mathbf{j}+\begin{vmatrix}3 & 1\\ 3 & 1\end{vmatrix}\mathbf{k}$

$=0\mathbf{i}+0\mathbf{j}+0\mathbf{k}=\mathbf{0}$ ■

예제 1의 결과는 외적의 몇몇 재미있는 *대수적* 성질을 보여준다. 예를 들면

$$\mathbf{u}\times\mathbf{v}=-(\mathbf{v}\times\mathbf{u})\text{와 }\mathbf{v}\times\mathbf{v}=\mathbf{0}$$

와 같은 성질이다.

정리 5.17은 몇몇의 다른 성질과 함께 이러한 성질을 설명하고 있다.

정리 5.17 외적의 대수적 성질

만일 $\mathbf{u}$, $\mathbf{v}$, $\mathbf{w}$가 $\mathbb{R}^3$의 벡터이고 c가 스칼라이면 다음의 성질이 성립한다.

1. $\mathbf{u}\times\mathbf{v}=-(\mathbf{v}\times\mathbf{u})$
2. $\mathbf{u}\times(\mathbf{v}+\mathbf{w})=(\mathbf{u}\times\mathbf{v})+(\mathbf{u}\times\mathbf{w})$
3. $c(\mathbf{u}\times\mathbf{v})=c\mathbf{u}\times\mathbf{v}=\mathbf{u}\times c\mathbf{v}$
4. $\mathbf{u}\times\mathbf{0}=\mathbf{0}\times\mathbf{u}=\mathbf{0}$
5. $\mathbf{u}\times\mathbf{u}=\mathbf{0}$
6. $\mathbf{u}\cdot(\mathbf{v}\times\mathbf{w})=(\mathbf{u}\times\mathbf{v})\cdot\mathbf{w}$

증명

첫 번째 성질은 여기서 증명할 것이다. 다른 성질에 대한 증명은 연습문제로 남긴다. (연습문제 55~59번을 참고하라.) 두 벡터 $\mathbf{u}$와 $\mathbf{v}$가

$$\mathbf{u}=u_1\mathbf{i}+u_2\mathbf{j}+u_3\mathbf{k}$$

와

$$\mathbf{v}=v_1\mathbf{i}+v_2\mathbf{j}+v_3\mathbf{k}$$

라 하자 그러면 $\mathbf{u}\times\mathbf{v}$는

$$\begin{aligned}\mathbf{u}\times\mathbf{v}&=\begin{vmatrix}\mathbf{i} & \mathbf{j} & \mathbf{k}\\ u_1 & u_2 & u_3\\ v_1 & v_2 & v_3\end{vmatrix}\\ &=(u_2v_3-u_3v_2)\mathbf{i}-(u_1v_3-u_3v_1)\mathbf{j}+(u_1v_2-u_2v_1)\mathbf{k}\end{aligned}$$

이고 v×u는

$$\begin{aligned}\mathbf{v}\times\mathbf{u}&=\begin{vmatrix}\mathbf{i}&\mathbf{j}&\mathbf{k}\\ v_1&v_2&v_3\\ u_1&u_2&u_3\end{vmatrix}\\&=(v_2u_3-v_3u_2)\mathbf{i}-(v_1u_3-v_3u_1)\mathbf{j}+(v_1u_2-v_2u_1)\mathbf{k}\\&=-(u_2v_3-u_3v_2)\mathbf{i}+(u_1v_3-u_3v_1)\mathbf{j}+(u_1v_2-u_2v_1)\mathbf{k}\\&=-(\mathbf{u}\times\mathbf{v}).\end{aligned}$$

■

정리 5.17의 성질 1은 u×v와 v×u의 길이는 같지만, 방향은 정반대라는 것을 설명한다. 이 성질의 기하적 의미는 두 벡터의 외적의 몇 가지 기하적 성질을 확인한 후 알아보도록 하자.

정리 5.18 외적의 기하적 성질

만일 u와 v가 $\mathbb{R}^3$의 벡터라면 다음의 성질은 모두 성립한다.

1. u×v는 u와 v에 대해 모두 직교이다.
2. u와 v 사이의 각 θ는 $\|\mathbf{u}\times\mathbf{v}\|=\|\mathbf{u}\|\|\mathbf{v}\|\sin\theta$를 이용하여 구할 수 있다.
3. u와 v가 평행하면 $\mathbf{u}\times\mathbf{v}=\mathbf{0}$이고, 그 역도 성립한다.
4. u와 v를 이웃하는 두변으로 하는 평행사변형의 넓이는 $\|\mathbf{u}\times\mathbf{v}\|$이다.

증명

여기서는 성질 4에 대한 증명만 할 것이다. 다른 성질에 대한 증명은 연습문제로 남긴다. (연습문제 62~65번을 참고하라.) u와 v는 그림 5.20에서처럼 평행사변형의 이웃하는 두 변을 나타낸다고 하자. 성질 2에 의해 평행사변형의 넓이는

그림 5.20

$$\text{넓이}=\overbrace{\|\mathbf{u}\|}^{\text{밑변의 길이}}\overbrace{\|\mathbf{v}\|\sin\theta}^{\text{높이}}=\|\mathbf{u}\times\mathbf{v}\|$$

이다. ■

성질 1은 벡터 u×v는 u와 v에 모두 직교임을 설명한다. 이는 u×v(그리고 v×u)는 u와 v에 의해 결정되는 평면에 직교임을 의미한다. 벡터 u, v, u×v의 방향을 기억하는 방법 중 하나는 다음 그림과 같이 단위벡터 i, j, k에 비유해보는 것이다. 세 벡터 u, v, u×v는 *오른손 좌표계*를 이루지만 u, v, v×u는 *왼손 좌표계*를 이룬다.

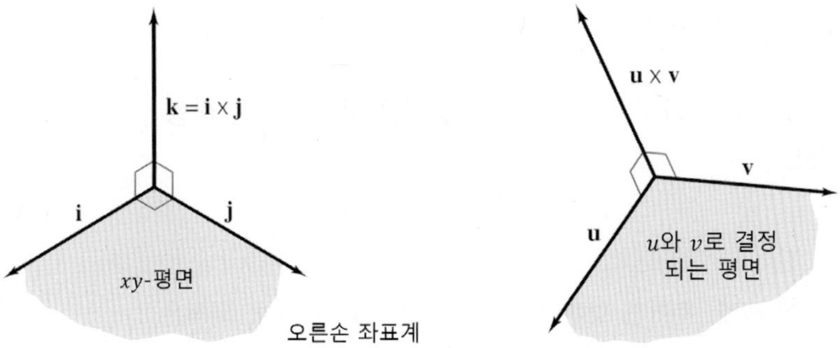

오른손 좌표계

예제 2 주어진 두 벡터와 직교인 벡터 구하기

이러한 유형의 예제의 대화형 버전은 LarsonLinearAlgebra.com을 참고하라.

두 벡터 $\mathbf{u}=\mathbf{i}-4\mathbf{j}+\mathbf{k}$와 $\mathbf{v}=2\mathbf{i}+3\mathbf{j}$에 모두 직교인 단위벡터를 구하시오.

풀이

정리 5.18의 성질 1에 의해, 외적

$$\mathbf{u}\times\mathbf{v}=\begin{vmatrix}\mathbf{i} & \mathbf{j} & \mathbf{k}\\ 1 & -4 & 1\\ 2 & 3 & 0\end{vmatrix}=-3\mathbf{i}+2\mathbf{j}+11\mathbf{k}$$

는 그림 5.21과 같이 u와 v 모두에 직교이다. 이제 $\mathbf{u}\times\mathbf{v}$의 길이

$$\|\mathbf{u}\times\mathbf{v}\|=\sqrt{(-3)^2+2^2+11^2}=\sqrt{134}$$

로 나누면, 단위벡터

$$\frac{\mathbf{u}\times\mathbf{v}}{\|\mathbf{u}\times\mathbf{v}\|}=-\frac{3}{\sqrt{134}}\mathbf{i}+\frac{2}{\sqrt{134}}\mathbf{j}+\frac{11}{\sqrt{134}}\mathbf{k}$$

를 얻는다. 이 벡터는

$$\left(-\frac{3}{\sqrt{134}},\ \frac{2}{\sqrt{134}},\ \frac{11}{\sqrt{134}}\right)\cdot(1,\ -4,\ 1)=0$$

이고

$$\left(-\frac{3}{\sqrt{134}},\ \frac{2}{\sqrt{134}},\ \frac{11}{\sqrt{134}}\right)\cdot(2,\ 3,\ 0)=0$$

이므로 u와 v 모두에 직교이다. ■

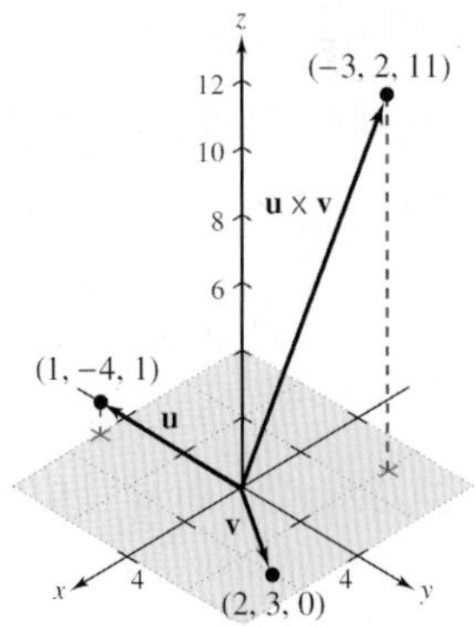

그림 5.21

예제 3 평행사변형의 넓이 구하기

그림 5.22와 같이 $\mathbf{u}=-3\mathbf{i}+4\mathbf{j}+\mathbf{k}$와 $\mathbf{v}=-2\mathbf{j}+6\mathbf{k}$를 이웃하는 변으로 하는 평행사변형의 넓이를 구하시오.

풀이

정리 5.18의 성질 4에 의해, 주어진 평행사변형의 넓이는 $\|\mathbf{u}\times\mathbf{v}\|$이다. 외적은

$$\mathbf{u}\times\mathbf{v}=\begin{vmatrix}\mathbf{i} & \mathbf{j} & \mathbf{k}\\ -3 & 4 & 1\\ 0 & -2 & 6\end{vmatrix}=26\mathbf{i}+18\mathbf{j}+6\mathbf{k}$$

이다. 따라서 평행사변형의 넓이는

$$\|\mathbf{u}\times\mathbf{v}\|=\sqrt{26^2+18^2+6^2}=\sqrt{1036}\approx 32.19$$

이다. ■

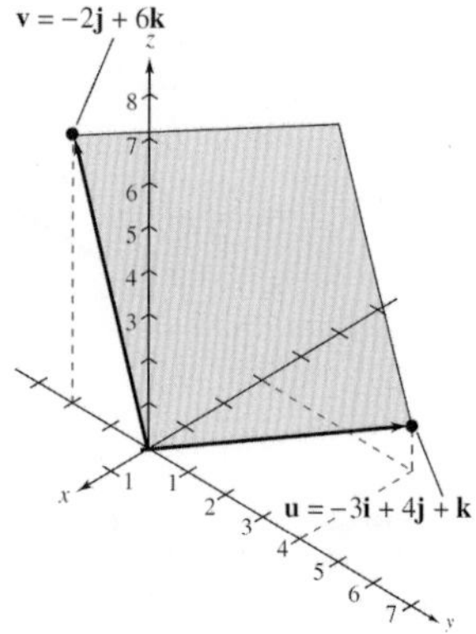

평행사변형의 넓이는 $\|\mathbf{u}\times\mathbf{v}\|=\sqrt{1036}$ 이다.

그림 5.22

최소제곱 근사(미적분)

물리학과 공학에는 함수 f를 다른 함수 g로의 근사하는 것을 포함한 문제들이 많다. 만일 f가 $C[a, b]$ ($[a, b]$에서 정의된 모든 연속함수의 내적공간)에 속하면 g는 보통 $C[a, b]$의 부분공간 W에서 선택된다. 예를 들어, 함수

$$f(x)=e^x,\ 0\le x\le 1$$

를 근사시키기 위해, 다음 나열된 것 중 하나를 g의 꼴로 선택할 수 있다.

1. $g(x)=a_0+a_1x,\ 0\le x\le 1$ 일차식
2. $g(x)=a_0+a_1x+a_2x^2,\ 0\le x\le 1$ 이차식
3. $g(x)=a_0+a_1\cos x+a_2\sin x,\ 0\le x\le 1$ 삼각함수

함수 g를 구하는 방법을 설명하기 전에 하나의 함수가 다른 함수에 얼마나 '최적'으로 근사되었는지를 정의해야 한다. 이를 정의하는 자연스러운 방법 중 하나는 다음과 같이 부분공간 W의 다른 함수와 비교하여 구간 $[a, b]$ 위에서의 f와 g의 그래프로 둘러싸인 넓이

$$\text{넓이}=\int_a^b |f(x)-g(x)|dx$$

를 최소화하는 것이다.

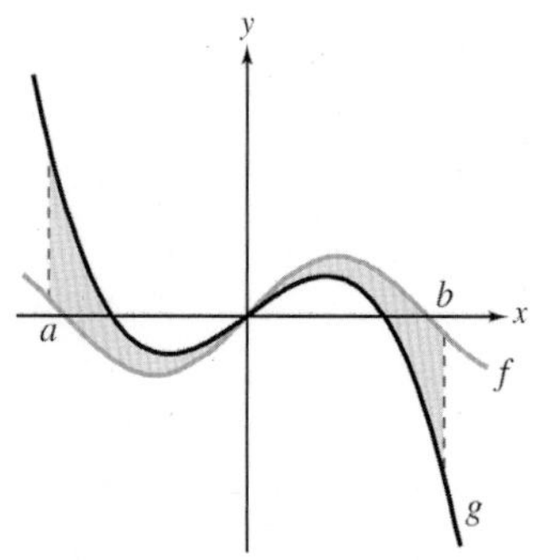

하지만, 절대값을 포함한 피적분함수는 때로는 계산하기 어렵다. 그래서 피적분함수를 제곱하여

$$\int_a^b [f(x)-g(x)]^2 dx$$

를 계산하는 것이 일반적이다. 이러한 기준에 따라 함수 g는 내적공간 W에 대한 f의 **최소제곱 근사**(least squares approximation)이다.

> **최소제곱 근사의 정의**
>
> 함수 f는 $[a, b]$에서 연속이고, W는 $C[a, b]$의 부분공간이다. 식의 값
>
> $$I=\int_a^b [f(x)-g(x)]^2 dx$$
>
> 가 W의 다른 함수들과 비교하여 최소일 때, W의 함수 g는 W에 대한 f의 **최소제곱 근사**(least squares approximation)이다.

만일 정의에서 부분공간 W가 $C[a, b]$ 전체공간이면 $g(x)=f(x)$이고 이는 $I=0$임을 의미한다.

예제 4 최소제곱 근사 구하기

함수 $f(x)=e^x$, $0 \le x \le 1$의 최소제곱 근사 $g(x)=a_0+a_1x$를 구하시오.

풀이

이 근사를 구하기 위해서는

$$I = \int_0^1 [f(x) - g(x)]^2 dx$$
$$= \int_0^1 (e^x - a_0 - a_1 x)^2 dx$$

를 최소로 만드는 상수 a_0와 a_1을 구해야 한다. 적분을 계산하면

$$I = \int_0^1 (e^x - a_0 - a_1 x) dx$$
$$= \int_0^1 (e^{2x} - 2a_0 e^x - 2a_1 x e^x + a_0^2 + 2a_0 a_1 x + a_1^2 x^2) dx$$
$$= \left[\frac{1}{2}e^{2x} - 2a_0 e^x - 2a_1 e^x (x-1) + a_0^2 x + a_{0a_1} x^2 + a_1^2 \frac{x^3}{3}\right]_0^1$$
$$= \frac{1}{2}(e^2 - 1) - 2a_0(e-1) - 2a_1 + a_0^2 + a_0 a_1 + \frac{1}{3}a_1^2$$

이다. 이제, I를 a_0와 a_1을 변수로 가지는 함수로 생각하여 I를 최소로 만드는 a_0와 a_1의 값을 미적분을 사용하여 결정한다. 실제로, 편도함수

$$\frac{\partial f}{\partial a_0} = 2a_0 - 2e + 2 + a_1$$
$$\frac{\partial f}{\partial a_1} = a_0 + \frac{2}{3}a_1 - 2$$

가 0라 놓고 식을 만들면 다음과 같은 a_0와 a_1에 대한 연립일차방정식을 얻는다.

$$2a_0 + a_1 = 2(e-1)$$
$$3a_0 + 2a_1 = 6$$

이 연립방정식의 해는

$$a_0 = 4e - 10 \approx 0.873\text{과 } a_1 = 18 - 6e \approx 1.690$$

이다. (확인해 볼 것.) 따라서 구간 $[0, 1]$에서의 $f(x)$의 최적의 선형근사는

$$g(x) - 4e - 10 + (18 - 6e)x \approx 0.873 + 1.690x$$

이다. 그림 5.23은 구간 $[0, 1]$에서의 함수 f와 g의 그래프를 나타낸 것이다. ■

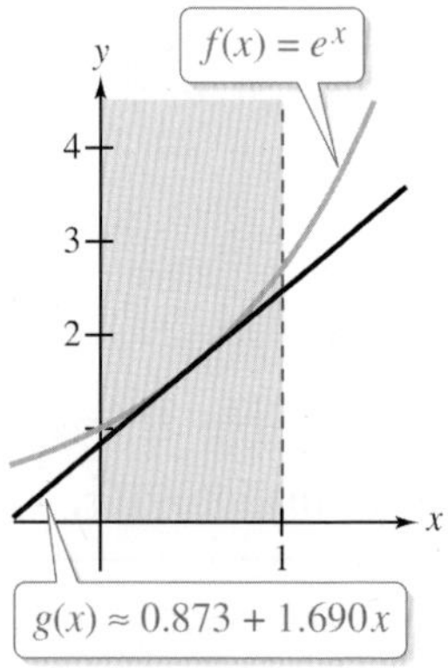

그림 5.23

물론, 예제 4에서 구한 근사가 최적 근사인지 여부는 최적 근사의 정의에 달려있다. 예를 들어, 만일 최적근사의 정의가 중심이 0.5인 *1차 테일러 다항식*이었다면 근사함수 g는

$$g(x) = f(0.5) + f'(0.5)(x - 0.5)$$
$$= e^{0.5} + e^{0.5}(x - 0.5)$$
$$\approx 0.824 + 1.649x$$

이다.

더욱이, 예제 4에서 구한 함수 g는 (최소제곱 기준으로) 유일한 최적 선형근사이다. 예제 5에서는 최적 이차 근사를 구해볼 것이다.

예제 5 최소제곱 근사 구하기

함수 $f(x)=e^x$, $0 \le x \le 1$의 최소제곱 근사 $g(x)=a_0+a_1x+a_2x^2$을 구하시오.

풀이

이 근사를 구하기 위해

$$\begin{aligned} I &= \int_0^1 [f(x)-g(x)]^2 dx \\ &= \int_0^1 (e^x - a_0 - a_1x - a_2x^2)^2 dx \\ &= \frac{1}{2}(e^2-1)+2a_0(1-e)+2a_2(2-e) \\ &\qquad + a_0^2 + a_0a_1 + \frac{2}{3}a_0a_2 + \frac{1}{2}a_1a_2 + \frac{1}{3}a_1^2 + \frac{1}{5}a_2^2 - 2a_1 \end{aligned}$$

이 최소가 되는 a_0, a_1, a_2의 값을 구해야 한다. I의 (a_0, a_1, a_2에 대한) 편도함수를 0이 되도록 놓으면 다음과 같은 연립일차방정식을 얻을 수 있다. (확인해 볼 것.)

$$\begin{aligned} 6a_0 + 3a_1 + 2a_2 &= 6(e-1) \\ 6a_0 + 4a_1 + 3a_2 &= 12 \\ 20a_0 + 15a_1 + 12a_2 &= 60(e-2) \end{aligned}$$

이 연립방정식의 해는

$$a_0 = -105+39e \approx 1.013$$

$$a_1 = 588-216e \approx 0.851$$

$$a_2 = -570+210e \approx 0.839$$

이다. (확인해 볼 것.) 따라서 근사함수 g는 $g(x) \approx 1.013+0.851x+0.839x^2$이다. 그림 5.24는 구간 $[0, 1]$에서의 함수 f와 g의 그래프를 나타낸 것이다. ■

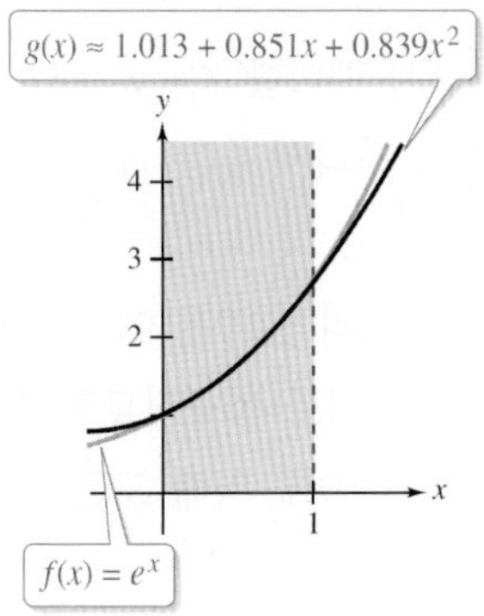

그림 5.24

최소제곱 근사의 정의에서의 적분 I는 벡터의 꼴로 나타낼 수 있다. 이를 위해, 5.2절 예제 5에서 정의한 내적

$$\langle f, g \rangle = \int_a^b f(x)g(x)dx$$

을 이용하자. 이 내적을 이용하면

$$I=\int_a^b[f(x)-g(x)]^2dx=\langle f-g,\, f-g\rangle=\|f-g\|^2$$

을 얻는다. 이는 최소제곱 근사함수 g가 $\|f-g\|^2$를 최소로 만들거나 또는 $\|f-g\|$를 최소로 만드는 함수라는 의미이다. 다시 말해, 함수 f의 최소제곱 근사는 내적 $\langle f,\, g\rangle$에 대해 (부분공간 W에서) f에 가장 가까운 함수 g이다. 다음 정리는 함수 g를 구하는 방법을 설명해준다.

정리 5.19 최소제곱 근사

함수 f는 구간 $[a,\, b]$에서 연속이고 W는 $C[a,\, b]$의 유한차원 부분공간이다. W에 대한 함수 f의 최소제곱 근사함수는

$$g=\langle f,\, \mathbf{w}_1\rangle\mathbf{w}_1+\langle f,\, \mathbf{w}_2\rangle\mathbf{w}_2+\cdots+\langle f,\, \mathbf{w}_n\rangle\mathbf{w}_n$$

이다. 여기서 $B=\{\mathbf{w}_1,\, \mathbf{w}_2,\, \ldots,\, \mathbf{w}_n\}$은 W의 정규직교기저이다.

증명

g가 f의 최소제곱 근사함수임을 보이려면 W의 임의의 벡터 $\mathbf{w}$에 대하여 부등식 $\|f-g\|\le\|f-\mathbf{w}\|$가 성립함을 증명해야 한다. $f-g$는

$$f-g=f-\langle f,\mathbf{w}_1\rangle\mathbf{w}_1-\langle f,\mathbf{w}_2\rangle\mathbf{w}_2-\cdots-\langle f,\mathbf{w}_n\rangle\mathbf{w}_n$$

이므로 $f-g$는 각 $\mathbf{w}_i$와 직교이고 이는 W의 모든 벡터와 직교임을 의미한다. 특히, $f-g$는 $g-\mathbf{w}$와 직교이다. 따라서 벡터합 $f-\mathbf{w}=(f-g)+(g-\mathbf{w})$에 피타고라스 정리를 적용하면 $\|f-\mathbf{w}\|^2=\|f-g\|^2+\|g-\mathbf{w}\|^2$이 성립한다. 따라서 $\|f-g\|^2\le\|f-\mathbf{w}\|^2$이고 $\|f-g\|\le\|f-\mathbf{w}\|$이다. ■

이제, 정리 5.19를 이용해서 예제 4에서 구한 최소제곱 근사를 어떻게 구하는지 알아보자. 우선 표준기저 $\{1,\, x\}$에 그람-슈미트 정규직교화 과정을 적용하여 정규직교기저 $B=\{1,\ \sqrt{3}(2x-1)\}$를 구한다. (확인해 볼 것.) 그러면 정리 5.19에 의해 모든 일차함수의 부분공간에서의 e^x의 최소제곱 근사는

$$\begin{aligned}g(x)&=\langle e^x,\, 1\rangle(1)+\langle e^x,\ \sqrt{3}(2x-1)\rangle\ \sqrt{3}(2x-1)\\&=\int_0^1 e^x dx+\sqrt{3}(2x-1)\int_0^1\sqrt{3}e^x(2x-1)dx\\&=\int_0^1 e^x dx+3(2x-1)\int_0^1 e^x(2x-1)dx\\&=4e-10+(18-6e)x\end{aligned}$$

이고, 이는 예제 4에서 구한 결과와 같다. ■

예제 6 최소제곱 근사 구하기

2차 이하의 다항함수의 부분공간 W에 대한 $f(x)=\sin x$, $0 \le x \le \pi$의 최소제곱 근사를 구하시오.

풀이

정리 5.19를 이용하기 위해 그람-슈미트 정규직교화 과정을 W의 표준기저 $\{1,\ x,\ x^2\}$에 적용하면 정규직교기저

$$B=\{\mathrm{w}_1,\ \mathrm{w}_2,\ \mathrm{w}_3\}=\left\{\frac{1}{\sqrt{\pi}},\ \frac{\sqrt{3}}{\pi\sqrt{\pi}}(2x-\pi),\ \frac{\sqrt{5}}{\pi^2\sqrt{\pi}}(6x^2-6\pi x+i\pi^2)\right\}$$

를 얻는다. (확인해 볼 것.) 최소제곱 근사함수 g는

$$g(x)=\langle f, \mathrm{w}_1\rangle \mathrm{w}_1+\langle f, \mathrm{w}_2\rangle \mathrm{w}_2+\langle f, \mathrm{w}_3\rangle \mathrm{w}_3$$

이고

$$\langle f, \mathrm{w}_1\rangle=\frac{1}{\sqrt{\pi}}\int_0^{\pi}\sin x dx=\frac{2}{\sqrt{\pi}}$$

$$\langle f, \mathrm{w}_2\rangle=\frac{\sqrt{3}}{\pi\sqrt{\pi}}\int_0^{\pi}\sin x(2x-\pi)dx=0$$

$$\langle f, \mathrm{w}_3\rangle=\frac{\sqrt{5}}{\pi^2\sqrt{\pi}}\int_0^{\pi}\sin x(6x^2-6\pi x+\pi^2)dx=\frac{2\sqrt{5}}{\pi^2\sqrt{\pi}}(\pi^2-12)$$

이다. 따라서 g는

$$g(x)=\frac{2}{\pi}+\frac{10(\pi^2-12)}{\pi^5}(6x^2-6\pi x+\pi^2)\approx -0.4177x^2+1.3122x-0.0505$$

이다. 그림 5.25는 f와 g의 그래프를 나타낸 것이다. ■

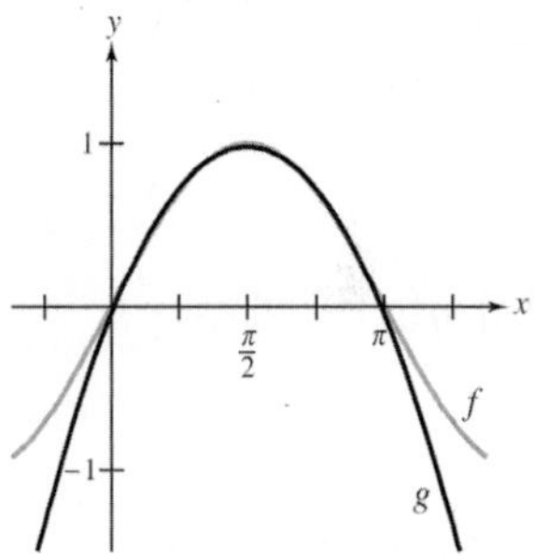

그림 5.25

푸리에 근사(미적분)

이제 **푸리에 근사**(Fourier approximation)라고 하는 특별한 모습의 최소제곱 근사를 살펴보려한다. 이 근사에서는 기저

$$S=\{1,\ \cos x,\ \cos 2x,\ \dots,\ \cos nx,\ \sin x,\ \sin 2x,\ \dots,\ \sin nx\}$$

에 의해 생성되는 $C[0, 2\pi]$의 부분공간 W에 속하는

$$g(x)=\frac{a_0}{2}+a_1\cos x+\cdots+a_n\cos nx+b_1\sin x+\cdots+b_n\sin nx$$

꼴의 함수를 다룬다. 이 $2n+1$개의 벡터는 5.3절의 예제 3에서 본 것처럼

$$\langle f, g\rangle = \int_0^{2\pi} f(x)g(x)dx$$
$$= 0,\ f \neq g$$

이므로 내적공간 $C[0, 2\pi]$에서 직교이다. 더욱이, 이 기저의 각 함수를 정규화하여 정규직교기저

$$B = \{\mathbf{w}_0, \mathbf{w}_1, \ldots, \mathbf{w}_n, \mathbf{w}_{n+1}, \ldots, \mathbf{w}_{2n}\}$$
$$= \left\{\frac{1}{\sqrt{2\pi}}, \frac{1}{\sqrt{\pi}}\cos x, \ldots, \frac{1}{\sqrt{\pi}}\cos nx, \frac{1}{\sqrt{\pi}}\sin x, \ldots, \frac{1}{\sqrt{\pi}}\sin nx\right\}$$

를 얻는다. 이 정규직교기저를 이용하여 정리 5.19를 적용하면

$$g(x) = \langle f, \mathbf{w}_0\rangle\mathbf{w}_0 + \langle f, \mathbf{w}_1\rangle\mathbf{w}_1 + \cdots + \langle f, \mathbf{w}_{2n}\rangle\mathbf{w}_{2n}$$

을 얻는다. 식

$$g(x) = \frac{a_0}{2} + a_1\cos x + \cdots + a_n\cos nx + b_1\sin x + \cdots + b_n\sin nx$$

에서 $g(x)$의 계수

$$a_0, a_1, \ldots, a_n, b_1, \ldots, b_n$$

은 적분을 이용하여 다음과 같이 구할 수 있다.

$$a_0 = \langle f, \mathbf{w}_0\rangle\frac{2}{\sqrt{2\pi}} = \frac{2}{\sqrt{2\pi}}\int_0^{2\pi} f(x)\frac{1}{\sqrt{2\pi}}dx = \frac{1}{\pi}\int_0^{2\pi} f(x)dx$$
$$a_1 = \langle f, \mathbf{w}_1\rangle\frac{1}{\sqrt{\pi}} = \frac{1}{\sqrt{\pi}}\int_0^{2\pi} f(x)\frac{1}{\sqrt{\pi}}\cos x dx = \frac{1}{\pi}\int_0^{2\pi} f(x)\cos x dx$$
$$\vdots$$
$$a_n = \langle f, \mathbf{w}_n\rangle\frac{1}{\sqrt{\pi}} = \frac{1}{\sqrt{\pi}}\int_0^{2\pi} f(x)\frac{1}{\sqrt{\pi}}\cos nx dx = \frac{1}{\pi}\int_0^{2\pi} f(x)\cos nx dx$$
$$b_1 = \langle f, \mathbf{w}_{n+1}\rangle\frac{1}{\sqrt{\pi}} = \frac{1}{\sqrt{\pi}}\int_0^{2\pi} f(x)\frac{1}{\sqrt{\pi}}\sin x dx = \frac{1}{\pi}\int_0^{2\pi} f(x)\sin x dx$$
$$\vdots$$
$$b_n = \langle f, \mathbf{w} = \frac{1}{\sqrt{\pi}}\int_0^{2\pi} f(x)\frac{1}{\sqrt{\pi}}\sin nx dx = \frac{1}{\pi}\int_0^{2\pi} f(x)\sin x dx$$

함수 $g(x)$는 구간 $[0, 2\pi]$에서의 f의 n**차 푸리에 근사**(nth-order Fourier approximation)이다. 이 함수도 푸리에 계수와 같이 프랑스 수학자 장 바티스트 조셉 푸리에의 이름을 딴 것이다. 다음의 정리 5.20은 푸리에 계수에 대한 내용이다.

정리 5.20 푸리에 근사

구간 $[0, 2\pi]$ 위에서 집합

$$\{1,\ \cos x,\ ...,\ \cos nx,\ \sin x,\ ...,\ \sin nx\}$$

에 의해 생성되는 벡터공간에 대한 연속함수 f의 최소제곱 근사는

$$g(x) = \frac{a_0}{2} + a_1 \cos x + \cdots + a_n \cos nx + b_1 \sin x + \cdots + b_n \sin nx$$

이다 여기서 푸리에 계수 $a_0,\ a_1,\ ...,\ a_n,\ b_1,\ ...,\ b_n$은

$$a_0 = \frac{1}{\pi}\int_0^{2\pi} f(x)dx$$

$$a_j = \frac{1}{\pi}\int_0^{2\pi} f(x)\cos jx\,dx,\ j = 1,\ 2,\ ...,\ n$$

$$b_j = \frac{1}{\pi}\int_0^{2\pi} f(x)\sin jx\,dx,\ j = 1,\ 2,\ ...,\ n$$

이다.

예제 7 푸리에 근사 구하기

$f() = x,\ 0 \le x \le 2\pi$의 3차 푸리에 근사를 구하시오.

풀이

정리 5.20을 이용하면

$$g(x) = \frac{a_0}{2} + a_1\cos x + a_2\cos 2x + a_3\cos 3x + b_1\sin x + b_2\sin 2x + b_3\sin 3x$$

를 얻는다. 여기서

$$a_0 = \frac{1}{\pi}\int_0^{2\pi} x\,dx = \frac{1}{\pi}2\pi^2 = 2\pi$$

$$a_j = \frac{1}{\pi}\int_0^{2\pi} x\cos jx\,dx = \left[\frac{1}{\pi j^2}\cos jx + \frac{x}{\pi j}\sin jx\right]_0^{2\pi} = 0$$

$$b_j = \frac{1}{\pi}\int_0^{2\pi} x\sin jx\,dx = \left[\frac{1}{\pi j^2}\sin jx - \frac{x}{\pi j}\cos jx\right]_0^{2\pi} = -\frac{2}{j}$$

이다 따라서 $a_0 = 2\pi\langle\ a_1 = 0,\ a_2 = 0,\ a_3 = 0,\ b_1 = -2,\ b_2 = -\frac{2}{2} = -1,$

$b_3 = -\frac{2}{3}$이고,

$$\begin{aligned} g(x) &= \frac{2\pi}{2} - 2\sin x - \sin 2x - \frac{2}{3}\sin 3x \\ &= \pi - 2\sin x - \sin 2x - \frac{2}{3}\sin 3x \end{aligned}$$

이다. 오른쪽 그림은 f와 g의 그래프를 비교한 것이다. ■

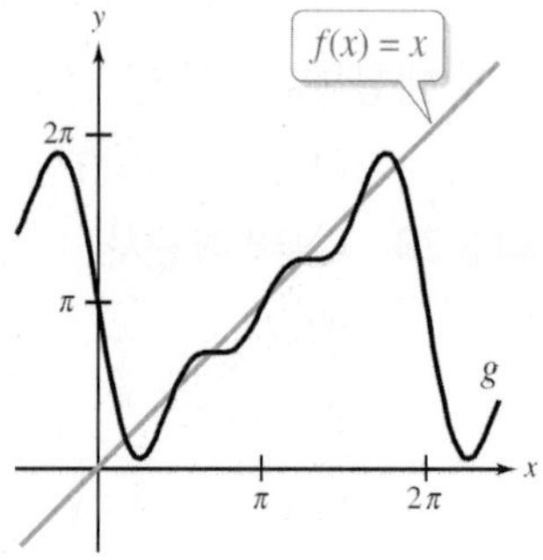

3차 푸리에 근사

예제 7에서 푸리에 계수의 규칙은 $a_0 = 2\pi,\ a_1 = a_2 = \cdots = a_n = 0$이고

$$b_1 = -\frac{2}{1},\ b_2 = -\frac{2}{2},\ \ldots,\ b_n = -\frac{2}{n}$$

이었다. $f(x) = x$의 n차 푸리에 근사는

$$g(x) = \pi - 2\left(\sin x + \frac{1}{2}\sin 2x + \frac{1}{3}\sin 3x + \cdots + \frac{1}{n}\sin nx\right)$$

이다. n이 증가하면 푸리에 근사는 점점 참값에 가까워진다. 예를 들어, 다음 그림은 $f(x) = x,\ 0 \le x \le 2\pi$의 4차와 5차 푸리에 근사를 보여준다.

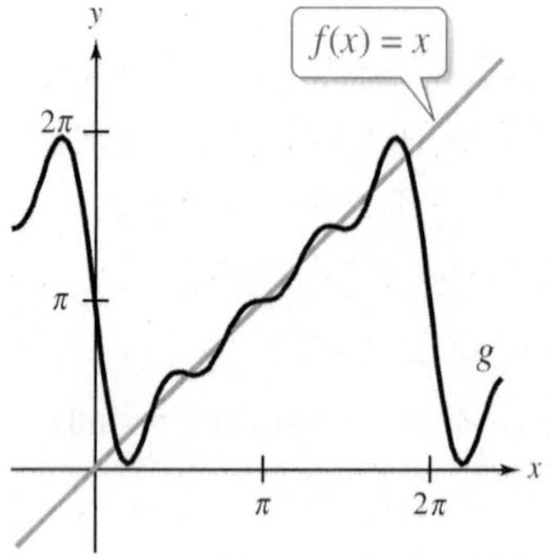

4차 푸리에 근사

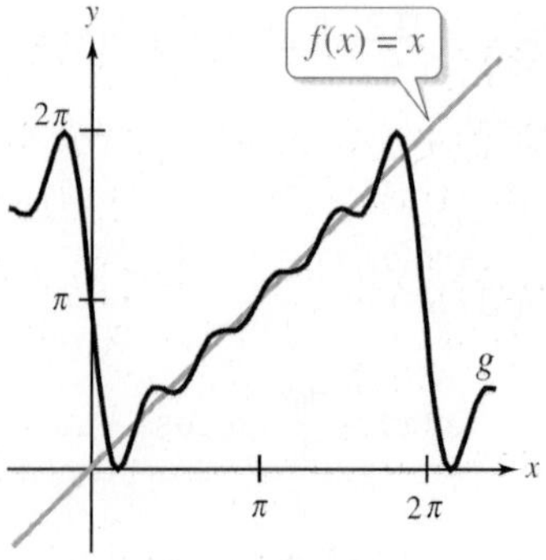

5차 푸리에 근사

심화과정에서는 $n\to\infty$이면 근사 오차 $\|f-g\|$가 0으로 수렴함을 보여준다. 무한 *급수* $g(x)$가 *푸리에 급수* *(Fourier series)*이다.

예제 8 푸리에 근사 구하기

$f(x) = |x - \pi|,\ 0 \le x \le 2\pi$의 4차 푸리에 근사를 구하시오.

풀이

정리 5.20를 이용하면 다음과 같이 푸리에 계수를 구할 수 있다.

$$a_0 = \frac{1}{\pi}\int_0^{2\pi} |x-\pi|\,dx = \pi$$

$$a_j = \frac{1}{\pi}\int_0^{2\pi} |x-\pi|\cos jx\,dx$$

$$= \frac{2}{\pi}\int_0^{\pi} (\pi - x)\cos jx\,dx$$

$$= \frac{2}{\pi j^2}(1-\cos j\pi)$$

$$b_j = \frac{1}{\pi}\int_0^{2\pi} |x-\pi|\sin jx\,dx$$

$$= 0$$

따라서, $a_0 = \pi$, $a_1 = \frac{4}{\pi}$, $a_2 = 0$, $a_3 = \frac{4}{9\pi}$, $a_4 = 0$, $b_1 = 0$, $b_2 = 0$, $b_3 = 0$, $b_4 = 0$이고 f의 4차 푸리에 근사는

$$g(x) = \frac{\pi}{2} + \frac{4}{\pi}\cos x + \frac{4}{9\pi}\cos 3x$$

이다. 그림 5.26은 g와 g를 비교한 것이다. ■

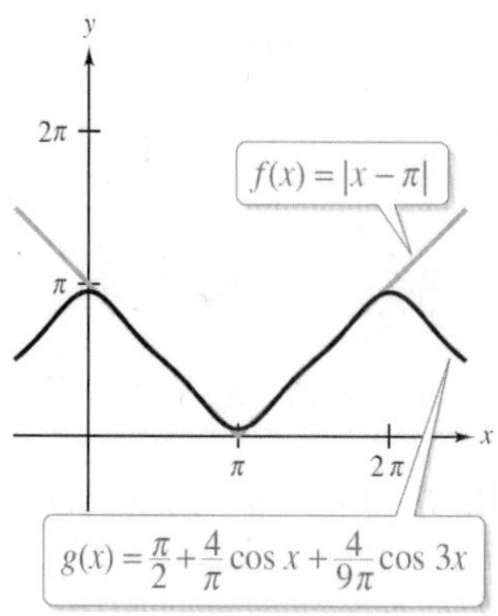

그림 5.26

5.5 연습문제

외적 구하기 1~6번에서는 단위벡터의 외적을 구하시오. [여기서 $\mathrm{i}=(1, 0, 0)$, $\mathrm{j}=(0, 1, 0)$, $\mathrm{k}=(0, 0, 1)$이다.] 그리고 구한 외적을 그리시오.

1. $\mathrm{j}\times\mathrm{i}$

2. $\mathrm{i}\times rj$

3. $\mathrm{j}\times\mathrm{k}$

4. $\mathrm{k}\times\mathrm{j}$

5. $\mathrm{i}\times\mathrm{k}$

6. $\mathrm{k}\times\mathrm{i}$

외적 구하기 7~14번에서는 (a) $\mathrm{u}\times\mathrm{v}$, (b) $\mathrm{v}\times\mathrm{u}$, (c) $\mathrm{v}\times\mathrm{v}$를 구하시오.

7. $\mathrm{u}=\mathrm{i}-\mathrm{j}$, $\mathrm{v}=\mathrm{j}+\mathrm{k}$

8. $\mathrm{u}=2\mathrm{i}+\mathrm{k}$, $\mathrm{v}=\mathrm{i}+3\mathrm{k}$

9. $\mathrm{u}=\mathrm{i}+2\mathrm{j}-\mathrm{k}$, $\mathrm{v}=\mathrm{i}+\mathrm{j}+2\mathrm{k}$

10. $\mathrm{u}=\mathrm{i}-\mathrm{j}-\mathrm{k}$, $\mathrm{v}=2\mathrm{i}+2\mathrm{j}+2\mathrm{k}$

11. $\mathrm{u}=(-1, -1, 1)$, $\mathrm{v}=(-1, 1, -1)$

12. $\mathrm{u}=(3, -3, -3)$, $\mathrm{v}=(3, -3, 3)$

13. $\mathrm{u}=(3, -2, 4)$, $\mathrm{v}=(1, 5, -3)$

14. $\mathrm{u}=(-2, 9, -3)$, $\mathrm{v}=(4, 6, -5)$

외적 구하기 15~26번에서는 $\mathrm{u}\times\mathrm{v}$를 구하고 u와 v에 동시에 직교임을 보이시오.

15. $\mathrm{u}=(0, 1, -2)$, $\mathrm{v}=(1, -1, 0)$

16. $\mathrm{u}=(-1, 1, 2)$, $\mathrm{v}=(0, 1, -1)$

17. $\mathrm{u}=(12, -3, 1)$, $\mathrm{v}=(-2, 5, 1)$

18. $\mathrm{u}=(-2, 1, 1)$, $\mathrm{v}=(4, 2, 0)$

19. $\mathrm{u}=(2, -3, 1)$, $\mathrm{v}=(1, -2, 1)$

20. $\mathrm{u}=(4, 1, 0)$, $\mathrm{v}=(3, 2, -2)$

21. $\mathrm{u}=\mathrm{j}+6\mathrm{k}$, $\mathrm{v}=2\mathrm{i}-\mathrm{k}$

22. $\mathrm{u}=2\mathrm{i}-\mathrm{j}+\mathrm{k}$, $\mathrm{v}=3\mathrm{i}-\mathrm{j}$

23. $\mathrm{u}=\mathrm{i}+\mathrm{j}+\mathrm{k}$, $\mathrm{v}=2\mathrm{i}+\mathrm{j}-\mathrm{k}$

24. $\mathrm{u}=\mathrm{i}-2\mathrm{j}+\mathrm{k}$, $\mathrm{v}=-\mathrm{i}+3\mathrm{j}-2\mathrm{k}$

25. $\mathrm{u}=3\mathrm{i}+2\mathrm{j}+4\mathrm{k}$, $\mathrm{v}=4\mathrm{i}+5\mathrm{j}+6\mathrm{k}$

26. $\mathrm{u}=-5\mathrm{i}+19\mathrm{j}-12\mathrm{k}$, $\mathrm{v}=5\mathrm{i}-19\mathrm{j}+12\mathrm{k}$

외적 구하기 27~34번에서는 공학용 계산기를 이용하여 $\mathrm{u}\times\mathrm{v}$를 구하고 u와 v에 동시에 직교임을 보이시오.

27. $\mathrm{u}=(1, 2, -1)$, $\mathrm{v}=(2, 1, 2)$

28. $\mathrm{u}=(1, 2, -3)$, $\mathrm{v}=(-1, 1, 2)$

29. $\mathrm{u}=(0, 1, -1)$, $\mathrm{v}=(1, 2, 0)$

30. $\mathrm{u}=(2, 0, -1)$, $\mathrm{v}=(-1, 0, -4)$

31. $\mathrm{u}=-2\mathrm{i}+\mathrm{j}-\mathrm{k}$, $\mathrm{v}=-\mathrm{i}+2\mathrm{j}-\mathrm{k}$

32. $\mathrm{u}=3\mathrm{i}-\mathrm{j}+\mathrm{k}$, $\mathrm{v}=2\mathrm{i}+\mathrm{j}-\mathrm{k}$

33. $\mathrm{u}=2\mathrm{i}+\mathrm{j}-\mathrm{k}$, $\mathrm{v}=\mathrm{i}-\mathrm{j}+2\mathrm{k}$

34. $\mathrm{u}=4\mathrm{i}+2\mathrm{j}$, $\mathrm{v}=\mathrm{i}-4\mathrm{k}$

외적 이용하기 35~42번에서는 u와 v에 모두 직교인 단위벡터를 구하시오.

35. $\mathbf{u}=(-4,3,-2)$, $\mathbf{v}=(-1,1,0)$

36. $\mathbf{u}=(2,-1,3)$, $\mathbf{v}=(1,0,-2)$

37. $\mathbf{u}=3\mathbf{i}+\mathbf{j}$, $\mathbf{v}=\mathbf{j}+\mathbf{k}$

38. $\mathbf{u}=\mathbf{i}+2\mathbf{j}$, $\mathbf{v}=\mathbf{i}-3\mathbf{k}$

39. $\mathbf{u}=-3\mathbf{i}+2\mathbf{j}-5\mathbf{k}$, $\mathbf{v}=\frac{1}{2}\mathbf{i}-\frac{3}{4}\mathbf{j}+\frac{1}{10}\mathbf{k}$

40. $\mathbf{u}=7\mathbf{i}-14\mathbf{j}+5\mathbf{k}$, $\mathbf{v}=14\mathbf{i}+28\mathbf{j}-15\mathbf{k}$

41. $\mathbf{u}=-\mathbf{i}-\mathbf{j}+\mathbf{k}$, $\mathbf{v}=\mathbf{i}-\mathbf{j}-\mathbf{k}$

42. $\mathbf{u}=\mathbf{i}-2\mathbf{j}+2\mathbf{k}$, $\mathbf{v}=2\mathbf{i}-\mathbf{j}-2\mathbf{k}$

평행사변형의 넓이 구하기 43~46번에서는 주어진 벡터를 이웃하는 두 변으로 하는 평행사변형의 넓이를 구하시오.

43. $\mathbf{u}=\mathbf{j}$, $\mathbf{v}=\mathbf{j}+\mathbf{k}$

44. $\mathbf{u}=\mathbf{i}-\mathbf{j}+\mathbf{k}$, $\mathbf{v}=\mathbf{i}+\mathbf{k}$

45. $\mathbf{u}=(3,2,-1)$, $\mathbf{v}=(1,2,3)$

46. $\mathbf{u}=(2,-1,0)$, $\mathbf{v}=(-1,1,0)$

외적의 기하적 응용 47번과 48번에서는 주어진 점이 평행사변형 위의 점인지 확인하고 그 평행사변형의 넓이를 구하시오.

47. $(1,1,1)$, $(2,3,4)$, $(6,5,2)$, $(7,7,5)$

48. $(1,-2,0)$, $(4,0,3)$, $(-1,0,0)$, $(2,2,3)$

삼각형의 넓이 구하기 49번과 50번에서는 주어진 점을 꼭짓점으로 하는 삼각형의 넓이를 구하시오. $\mathbf{u}$와 $\mathbf{v}$를 이웃하는 두 변으로 하는 삼각형의 넓이 A는 $A=\frac{1}{2}\|\mathbf{u}\times\mathbf{v}\|$임을 이용하시오.

49. $(3,5,7)$, $(5,5,0)$, $(-4,0,4)$

50. $(2,-3,4)$, $(0,1,2)$, $(-1,2,0)$

삼중스칼라곱 51~54번에서는 $\mathbf{u}\cdot(\mathbf{v}\times\mathbf{w})$를 하시오. 이 값을 $\mathbf{u}$, $\mathbf{v}$, $\mathbf{w}$의 **삼중스칼라곱(triple scalar product)**이라 한다.

51. $\mathbf{u}=\mathbf{i}$, $\mathbf{v}=\mathbf{j}$, $\mathbf{w}=\mathbf{k}$

52. $\mathbf{u}=-\mathbf{i}$, $\mathbf{v}=-\mathbf{j}$, $\mathbf{w}=\mathbf{k}$

53. $\mathbf{u}=(3,3,3)$, $\mathbf{v}=(1,2,3)$, $\mathbf{w}=(0,-1,0)$

54. $\mathbf{u}=(2,0,1)$, $\mathbf{v}=(0,3,0)$, $\mathbf{w}=(0,0,1)$

55. 증명 $\mathbf{u}\times(\mathbf{v}+\mathbf{w})=(\mathbf{u}\times\mathbf{v})+(\mathbf{u}\times\mathbf{w})$임을 증명하시오.

56. 증명 $c(\mathbf{u}\times\mathbf{v})=c\mathbf{u}\times\mathbf{v}=\mathbf{u}\times c\mathbf{v}$임을 증명하시오.

57. 증명 $\mathbf{u}\times\mathbf{0}=\mathbf{0}\times\mathbf{u}=\mathbf{0}$임을 증명하시오.

58. 증명 $\mathbf{u}\times\mathbf{u}=\mathbf{0}$임을 증명하시오.

59. 증명 $\mathbf{u}\cdot(\mathbf{v}\times\mathbf{w})=(\mathbf{u}\times\mathbf{v})\cdot\mathbf{w}$임을 증명하시오.

60. 증명 라그랑쥬 항등식:

$$\|\mathbf{u}\times\mathbf{v}\|^2=\|\mathbf{u}\|^2\|\mathbf{v}\|^2-(\mathbf{u}\cdot\mathbf{v})^2$$

을 증명하시오.

61. 평행육면체의 부피 $\mathbf{u}$, $\mathbf{v}$, $\mathbf{w}$를 이웃하는 변으로 하는 평행육면체의 부피 V가 $V=|\mathbf{u}\cdot(\mathbf{v}\times\mathbf{w})|$임을 보이시오.

62. 평행육면체 부피 구하기 연습문제 61번의 결과를 이용하여 각 평행육면체의 부피를 구하시오.

(a) $\mathbf{u}=\mathbf{i}+\mathbf{j}$, $\mathbf{v}=\mathbf{j}+\mathbf{k}$, $\mathbf{w}=\mathbf{i}+2\mathbf{k}$

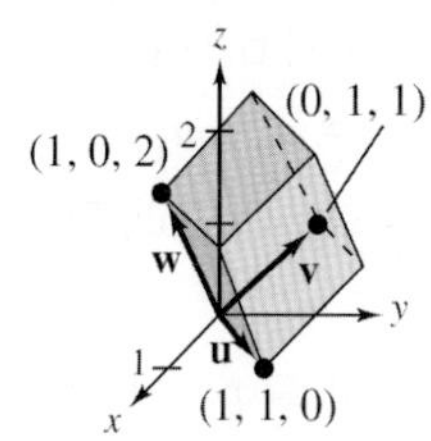

(b) $\mathbf{u} = \mathbf{i} + \mathbf{j}$

$\mathbf{v} = \mathbf{j} + \mathbf{k}$

$\mathbf{w} = \mathbf{i} + \mathbf{k}$

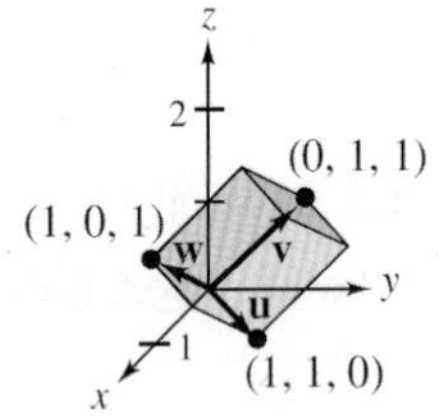

© $\mathbf{u} = (0,\ 0,\ 2)$

$\mathbf{v} = (0,\ 0,\ -2)$

$\mathbf{w} = (3,\ 0,\ 2)$

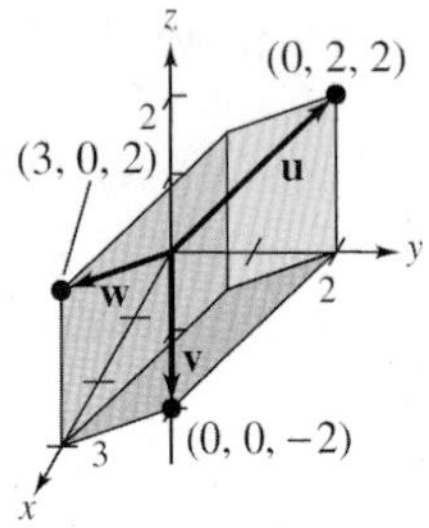

(d) $\mathbf{u} = (1,\ 2,\ -1)$

$\mathbf{v} = (-1,\ 2,\ 2)$

$\mathbf{w} = (2,\ 0,\ 1)$

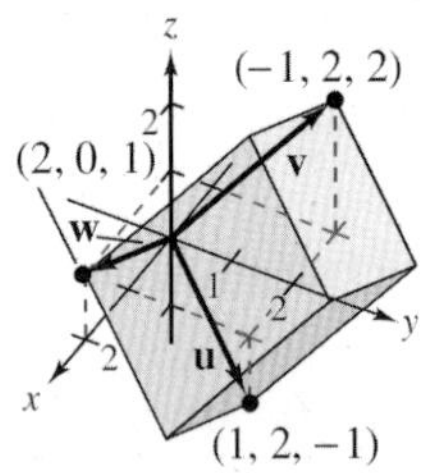

63. **증명** $\mathbf{u} \times \mathbf{v}$가 $\mathbf{u}$와 $\mathbf{v}$ 모두와 직교임을 증명하시오.

64. **증명** $\mathbf{u}$와 $\mathbf{v}$ 사이의 각 θ는 $\|\mathbf{u} \times \mathbf{v}\| = \|\mathbf{u}\|\|\mathbf{v}\| \sin\theta$를 이용하여 구할 수 있음을 증명하시오.

65. **증명** $\mathbf{u}$와 $\mathbf{v}$가 평행하면 $\mathbf{u} \times \mathbf{v} = \mathbf{0}$이고 그 역도 성립함을 증명하시오.

66. **증명**

(a) $\mathbf{u} \times (\mathbf{v} \times \mathbf{w})(\mathbf{u} \cdot \mathbf{w})\mathbf{v} - (\mathbf{u} \cdot \mathbf{v})\mathbf{w}$ 임을 증명하시오.

(b) $\mathbf{u} \times (\mathbf{v} \times \mathbf{w}) \neq (\mathbf{u} \times \mathbf{v}) \times \mathbf{w}$ 임을 증명하시오.

최소제곱 근사 구하기 67~72번에서는 (a) 함수 f의 최소제곱근사식 $g(x) = a_0 + a_1 x$를 구하고, (b) 공학용 계산기를 이용하여 f와 g의 그래프를 한 화면에 그리시오.

67. $f(x) = x^2,\ 0 \le x \le 1$

68. $f(x) = \sqrt{x},\ 1 \le x \le 4$

69. $f(x) = e^{2x},\ 0 \le x \le 1$

70. $f(x) = e^{-2x},\ 0 \le x \le 1$

71. $f(x) = \cos x,\ 0 \le x \le \pi$

72. $f(x) = \sin x,\ 0 \le x \le \frac{\pi}{2}$

최소제곱 근사 구하기 73~76번에서는, (a) 함수 f의 최소제곱 근사식 $g(x) = a_0 + a_1 x + a_2 x^2$를 구하고, (b) 공학용 계산기를 이용하여 f와 g의 그래프를 한 화면에 그리시오.

73. $f(x) = x^3,\ 0 \le x \le 1$

74. $f(x) = \sqrt{x},\ 1 \le x \le 4$

75. $f(x) = \sin x,\ -\frac{\pi}{2} \le x \le \frac{\pi}{2}$

76. $f(x) = \cos x,\ -\frac{\pi}{2} \le x \le \frac{\pi}{2}$

푸리에 근사 구하기 77~88번에서는 함수의 구간 $[0,\ 2\pi]$에서의 주어진 차수의 푸리에 근사를 구하시오.

77. $f(x) = \pi - x$, 3차

78. $f(x) = \pi - x$, 4차

79. $f(x) = (x - \pi)^2$, 3차

80. $f(x) = (x - \pi)^2$, 4차

81. $f(x) = e^{-x}$, 4차

82. $f(x) = e^{-x}$, 3차

83. $f(x) = e^{-2x}$, 1차

84. $f(x) = e^{-2x}$, 2차

85. $f(x) = 1 + x$, 3차

86. $f(x) = 1 + x$, 4차

87. $f(x) = 2\sin x \cos x$, 4차

88. $f(x) = \sin^2 x$, 4차

89. 연습문제 77번과 78번의 결과를 이용하여 $f(x) = \pi - x$의 구간 $[0, 2\pi]$에서의 n차 푸리에 근사를 구하시오.

90. 연습문제 79번과 80번의 결과를 이용하여 $f(x) = (x - \pi)^2$의 구간 $[0, 2\pi]$에서의 n차 푸리에 근사를 구하시오.

91. 연습문제 81번과 82번의 결과를 이용하여 $f(x) = e^{-x}$의 구간 $[0, 2\pi]$에서의 n차 푸리에 근사를 구하시오.

92. 캡스톤

(a) $\mathbb{R}^3$의 두 벡터의 외적을 구하는 방법을 설명하시오.

(b) $C[a, b]$의 부분공간 W에 대한 함수 $f \in C[a, b]$의 최소제곱 근사를 구하는 방법을 설명하시오.

(c) $\{1, \cos x < \ldots, \cos nx, \sin x, \ldots, \sin nx\}$에 의해 생성되는 부분공간에 대한 연속함수 f의 구간 $[0, 2\pi]$에서의 n차 푸리에 근사를 구하는 방법을 설명하시오.

93. 학교 도서관, 인터넷 또는 다른 참고자료를 이용하여 함수의 근사를 실생활에서 사용하는 예를 찾아보시오.

복습문제 05

길이, 점곱, 거리 구하기 1~8번에서는 (a) $\|\mathrm{u}\|$, (b) $\|\mathrm{v}\|$, (c) $\mathrm{u}\cdot\mathrm{v}$, (d) $d(\mathrm{u},\mathrm{v})$를 구하시오.

1. $\mathrm{u}=(1, 4)$, $\mathrm{v}=(2, 1)$

2. $\mathrm{u}=(-1, 2)$, $\mathrm{v}=(2, 3)$

3. $\mathrm{u}=(2, 1, 1)$, $\mathrm{v}=(3, 2, -1)$

4. $\mathrm{u}=(-3, 2, -2)$, $\mathrm{v}=(1, 3, 5)$

5. $\mathrm{u}=(1, -2, 0, 1)$, $\mathrm{v}=(1, 1, -1, 0)$

6. $\mathrm{u}=(1, -2, 2, 0)$, $\mathrm{v}=(2, -1, 0, 2)$

7. $\mathrm{u}=(0, 1, -1, 1, 2)$, $\mathrm{v}=(0, 1, -2, 1, 1)$

8. $\mathrm{u}=(1, -1, 0, 1, 1)$, $\mathrm{v}=(0, 1, -2, 2, 1)$

길이와 단위벡터 구하기 9~12번에서는 $\|\mathrm{v}\|$를 구하고 v의 방향의 단위벡터를 구하시오.

9. $\mathrm{v}=(5, 3, -2)$

10. $\mathrm{v}=(-1, -4, 1)$

11. $\mathrm{v}=(-1, 1, 2)$

12. $\mathrm{v}=(0, 2, -1)$

13. 벡터 $\mathrm{v}=(8, 8, 6)$에 대하여 다음을 만족하는 u를 각각 구하시오.

(a) u는 v와 같은 방향이고 길이는 v의 길이의 $\frac{1}{2}$배이다.

(b) u는 v와 반대방향이고 길이는 v의 길이의 $\frac{1}{4}$배이다.

(c) u는 v와 반대방향이고 길이는 v의 길이의 2배이다.

14. $\|c(2, 2, -1)\|=3$이 성립하는 c의 값은 무엇인가?

두 벡터의 사잇각 구하기 15~20번에서는 주어진 두 벡터의 사잇각 θ를 구하시오.

15. $\mathrm{u}=(3, 3)$, $\mathrm{v}=(-2, 2)$

16. $\mathrm{u}=(1, -1)$, $\mathrm{v}=(0, 1)$

17. $\mathrm{u}=\left(\cos\frac{3\pi}{4}, \sin\frac{3\pi}{4}\right)$, $\mathrm{v}=\left(\cos\frac{2\pi}{3}, \sin\frac{2\pi}{3}\right)$

18. $\mathrm{u}=\left(\cos\frac{\pi}{6}, \sin\frac{\pi}{6}\right)$, $\mathrm{v}=\left(\cos\frac{5\pi}{6}, \sin\frac{5\pi}{6}\right)$

19. $\mathrm{u}=(10, -5, 15)$, $\mathrm{v}=(-2, 1, -3)$

20. $\mathrm{u}=(0, 4, 0, -1)$, $\mathrm{v}=(1, 1, 3, -3)$

직교 벡터 구하기 21~24번에서는 u와 직교인 벡터 v를 모두 결정하시오.

21. $\mathrm{u}=(0, -4, 3)$

22. $\mathrm{u}=(1, -2, 1)$

23. $\mathrm{u}=(2, -1, 1, 2)$

24. $\mathrm{u}=(0, 1, 2, -1)$

25. $\mathrm{u}=\left(4, -\frac{1}{2}, -1\right)$와 $\mathrm{v}=\left(\frac{1}{2}, 3, 1\right)$에 대하여, (a) $\langle\mathrm{u}, \mathrm{v}\rangle=u_1v_1+2u_2v_2+3u_3v_3$로 정의된 내적을 구하고, (b) 이 내적을 이용하여 u와 v 사이의 거리를 구하시오.

26. $\mathbf{u}=\left(0,\ 3,\ \frac{1}{3}\right)$와 $\mathbf{v}=\left(\frac{4}{3},\ 1,\ -3\right)$에 대하여, (a) $\langle \mathbf{u}, \mathbf{v} \rangle += 2u_1v_1+u_2v_2+2u_3v_3$로 정의된 내적을 구하고, (b) 이 내적을 이용하여 u와 v 사이의 거리를 구하시오.

27. 연습문제 25번의 u와 v에 대하여 삼각부등식과 코시-슈바르츠 부등식이 성립함을 확인하시오. (연습문제 25번의 내적을 사용하시오.)

28. 연습문제 26번의 u와 v에 대하여 삼각부등식과 코시-슈바르츠 부등식이 성립함을 확인하시오. (연습문제 26번의 내적을 사용하시오.)

미적분 29번과 30번에서는 (a) 내적을 구하고, (b) 벡터들이 직교인지 판별하고, (c) 벡터들에 대하여 코시-슈바르츠 부등식이 성립함을 확인하시오.

29. $f(x)=x,\ g(x)=\dfrac{1}{x^2+1},$

$\langle f, g\rangle = \int_{-1}^{1} f(x)g(x)dx$

30. $f(x)=x,\ g(x)=4x^2,$

$\langle f, g\rangle = \int_{0}^{1} f(x)g(x)dx$

직교정사영 구하기 31~36번에서는 $\mathrm{proj}_{\mathbf{v}}\mathbf{u}$를 구하시오.

31. $\mathbf{u}=(2, 4),\ \mathbf{v}=(1, -5)$

32. $\mathbf{u}=(2, 3),\ \mathbf{v}=(0, 4)$

33. $\mathbf{u}=(2, 5)<\ \mathbf{v}=(0, 5)$

34. $\mathbf{u}=(2, -1),\ \mathbf{v}=(7, 6)$

35. $\mathbf{u}=(0, -1, 2)<\ \mathbf{v}=(3, 2, 4)$

36. $\mathbf{u}=(-1, 3, 1),\ \mathbf{v}=(4, 0, 5)$

그람-슈미트 과정 응용 37~40번에서는 그람-슈미트 직교정규화 과정을 적용하여 주어진 $\mathbb{R}^n$의 기저를 직교기저로 변형하시오. $\mathbb{R}^n$의 유클리드 내적을 이용하고 벡터는 주어진 순서대로 이용하시오.

37. $B=\{(1, 1), (0, 2)\}$

38. $B=\{(3, 4), (1, 2)\}$

39. $B=\{(0, 3, 4), (1, 0, 0), (1, 1, 0)\}$

40. $B=\{0, 0, 2), (0, 1, 1), (1, 1, 1)\}$

41. 집합 $B=\{(0, 2, -2), (1, 0, -2)\}$는 $\mathbb{R}^3$의 부분공간의 기저이고 벡터 $\mathbf{x}=(-1, 4, -2)$는 이 부분공간의 벡터이다.

(a) 벡터 x를 B의 벡터의 일차결합으로 나타내시오. 즉, B에 대한 x의 좌표를 구하시오.

(b) 그람-슈미트 직교정규화 과정을 적용하여 B를 정규직교집합 B'로 변형하시오.

(c) 벡터 x를 B'의 벡터의 일차결합으로 나타내시오. 즉, B'에 대한 x의 좌표를 구하시오.

42. 집합 $B=\{(-1, 2, 2), (1, 0, 0)\}$와 $\mathbf{x}=(-3, 3, 4)$에 대하여 연습문제 41번을 한 번 더 푸시오.

미적분 43~46번에서는 f와 g는 내적 $\langle f, g\rangle = \int_a^b f(x)g(x)dx$가 정의되어 있는 벡터공간 $C[a, b]$의 함수이다.

43. $f(x)=\sin x$와 $g(x)=\cos x$가 $C[0, 2\pi]$에서 직교임을 보이시오.

44. $f(x)=\sqrt{1-x^2}$과 $g(x)=2xsqrt1-x^2$은 $C[-1, 1]$에서 직교임을 보이시오.

45. $f(x)=x$와 $g(x)=x^3$는 $C[0,1]$의 벡터이다.

(a) $\langle f, g\rangle$를 구하시오.

(b) $\|g\|$fmf rngktldh

(c) 집합 $B=\{f, g\}$를 정규직교화하시오.

46. $f(x)=x+2$와 $g(x)=15x-8$는 $C[0,1]$의 벡터이다.

(a) $\langle f, g\rangle$를 구하시오.

(b) $\langle -4f, g\rangle$를 구하시오.

(c) 집합 $B=\{f, g\}$를 정규직 교화하시오.

47. 다음의 유클리드 3-공간의 부분공간의 정규직교 기저를 구하시오.

$$W=\{(x_1, x_2, x_3):\ x_1+x_2+x_3=0\}$$

48. 동차연립일차방정식의 해공간의 정규직교기저를 구하시오.

$$\begin{aligned} x+y-z+\ \ w&=0\\ 2x-y+z+2w&=0 \end{aligned}$$

49. **증명** 만일 u, v, w가 $\mathbb{R}^n$의 벡터라면 $(\mathrm{u}+\mathrm{v})\cdot\mathrm{w}=\mathrm{u}\cdot\mathrm{w}+\mathrm{v}\cdot\mathrm{w}$임을 증명하시오.

50. **증명** 만일 u와 v가 $\mathbb{R}^n$의 벡터라면 $\|\mathrm{u}+\mathrm{v}\|^2+\|\mathrm{u}-\mathrm{v}\|^2=2\|\mathrm{u}\|^2+2\|\mathrm{v}\|^2$임을 증명하시오.

51. **증명** u와 v는 $\|\mathrm{u}\|\le 1$이고 $\|\mathrm{v}\|\le 1$인 내적공간의 벡터라면 $|\langle \mathrm{u}, \mathrm{v}\rangle|\le 1$임을 증명하시오.

52. **증명** u와 v가 내적공간 V의 벡터라면 $|\,\|\mathrm{u}\|-\|\mathrm{v}\|\,|\le\|\mathrm{u}\pm\mathrm{v}\|$임을 증명하시오.

53. **증명** $m<n$인 m에 대하여 V는 $\mathbb{R}^n$의 m차원 부분공간이다. $\mathbb{R}^n$의 임의의 벡터 u는 $\mathrm{u}=\mathrm{v}+\mathrm{w}$의 꼴로 유일하게 나타낼 수 있음을 증명하시오. 여기서 v는 V에 속하고 w는 V의 모든 벡터와 직교이다.

54. V는 $(0,1,0,1)$과 $(0,2,0,0)$으로 생성되는 $\mathbb{R}^4$의 2차원 부분공간이다. 벡터 $\mathrm{u}=(1,1,1,1)$을 $\mathrm{u}=\mathrm{v}+\mathrm{w}$의 꼴로 나타내시오. 여기서 v는 V에 속하며 w는 V의 모든 벡터와 직교이다.

55. **증명** 집합 $\{\mathrm{u}_1, \mathrm{u}_2, \ldots, \mathrm{u}_m\}$는 $\mathbb{R}^n$의 정규직교 부분집합이고, v는 $\mathbb{R}^n$의 임의의 벡터이다. $\|\mathrm{v}\|^2\ge\sum_{i=1}^{m}(\mathrm{v}\cdot\mathrm{u}_i)^2$이 성립함을 증명하시오.

(이 부등식을 **베셀의 부등식**(Bessel's inequality)라 한다.)

56. **증명** 집합 $\{x_1, x_2, \ldots, x_n\}$는 실수의 집합이다. 코시-슈바르츠 부등식을 이용하여

$$(x_1+x_2+\cdots+x_n)^2\le n(x_1^2+x_2^2+\cdots+x_n^2)$$

임을 증명하시오.

57. **증명** u와 v는 내적공간 V의 벡터이다. $\|\mathrm{u}+\mathrm{v}\|=\|\mathrm{u}-\mathrm{v}\|$이면 u와 v는 직교이고, 그 역도 성립함을 증명하시오.

58. **서술** 집합 $\{\mathrm{u}_1, \mathrm{u}_2, \ldots, \mathrm{u}_n\}$은 내적공간 V의 벡터들로 이루어진 종속집합이다. 이 집합에 그람-슈미트 정규직교화 과정을 적용한 결과를 설명하시오.

59. 행렬 $A=\begin{bmatrix}1 & 2\\ 2 & 1\\ 0 & -1\end{bmatrix}$의 두 열벡터로 생성된 $\mathbb{R}^3$의 부분공간 S의 직교 여공간 $S^\perp$을 구하시오.

60. 벡터 $\mathrm{v}=[1\ \ 0\ \ -2]^T$의 부분공간 $S=\mathrm{span}\left\{\begin{bmatrix}0\\ -1\\ 1\end{bmatrix}, \begin{bmatrix}0\\ 1\\ 1\end{bmatrix}\right\}$ 위로의 정사영을 구하시오.

61. 행렬 $A=\begin{bmatrix}0 & 1 & 0\\ 0 & -3 & 0\\ 1 & 0 & 1\end{bmatrix}$의 네 개의 기본 부분공간의 기저를 각각 구하시오.

62. 자료점의 집합 $\{(-2, 2), (-1, 1), (0, 1), (1, 3)\}$에 대한 최소제곱 회귀선을 구하시오.

63. **매출** 다음 표는 구글의 2006년부터 2013년까지의 매출 y(10억 달러 단위)를 나타낸 것이다. 이 자료에 대한 최소제곱 회귀 2차식을 구하시오. 그리고 구한 모델을 이용하여 2018년의 매출을 예측하시오. t는 연도를 나타내는데 $t=6$은 2006년에 대응한다. (출처: 구글)

연도	2006	2007	2008	2009
매출 y	10.6	16.6	21.8	23.7

연도	2010	2011	2012	2013
매출 y	29.3	37.9	50.2	59.8

64. **석유생산** 다음 표는 2006년부터 2013년까지의 북미의 석유생산량 y (백만 배럴/일 단위)을 나타낸 것이다. 이 자료에 대한 최소제곱 회귀선과 최소제곱 회귀 2차식을 구하시오. 그리고 구한 모델을 이용하여 2018년 석유생산량을 예측하시오. t는 연도를 나타내는데 $t=6$은 2006년에 대응한다. 어떤 모델이 미래의 석유생산량을 더 정확히 예측하는 것으로 나타났는가? (출처: 미국 에너지 정보국)

연도	2006	2007	2008	2009
매출 y	15.3	15.4	15.1	15.4

연도	2010	2011	2012	2013
매출 y	16.1	16.7	17.9	19.3

외적 구하기 65~68번에서는 $\mathbf{u}\times\mathbf{v}$를 구하고, $\mathbf{u}$와 $\mathbf{v}$ 모두와 직교임을 보이시오.

65. $\mathbf{u}=(1, 1, 0)$, $\mathbf{v}=(0, 3, 0)$

66. $\mathbf{u}=(1, -1, 1)$, $\mathbf{v}=(0, 1, 1)$

67. $\mathbf{u}=\mathbf{j}+6\mathbf{k}$, $\mathbf{v}=\mathbf{i}-2\mathbf{j}+\mathbf{k}$

68. $\mathbf{u}=2\mathbf{i}-\mathbf{k}$, $\mathbf{v}=\mathbf{i}+\mathbf{j}-\mathbf{k}$

평행육면체 부피 구하기 69~72번에서는 $\mathbf{u}$, $\mathbf{v}$, $\mathbf{w}$를 이웃하는 변으로 하는 평행육면체의 부피 V를 공식 $V=|\mathbf{u}\cdot(\mathbf{v}\times\mathbf{w})|$을 이용하여 구하시오.

69. $\mathbf{u}=(1, 0, 0)$
$\mathbf{v}=(0, 0, 1)$
$\mathbf{w}=(0, 1, 0)$

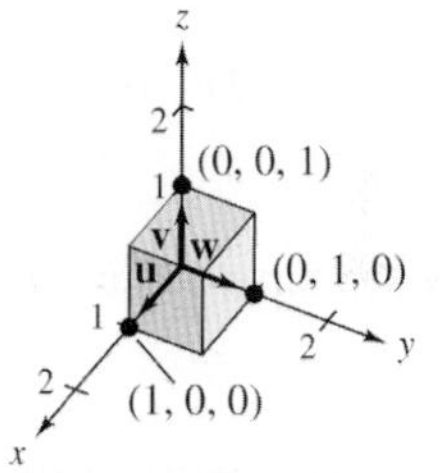

70. $\mathbf{u}=(1, 2, 1)$
$\mathbf{v}=(-1, -1, 0)$
$\mathbf{w}=(3, 4, -1)$

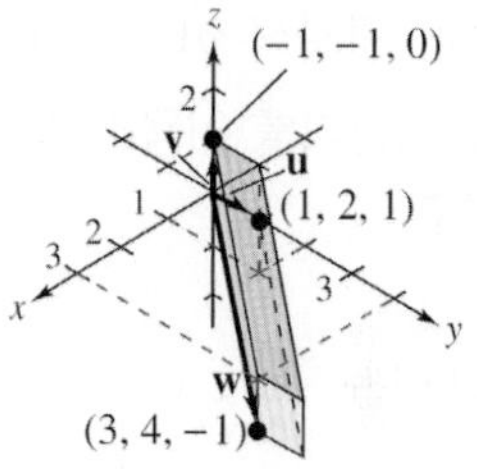

71. $\mathbf{u}=-2\mathbf{i}+\mathbf{j}$
$\mathbf{v}=3\mathbf{i}-2\mathbf{j}+\mathbf{k}$
$\mathbf{w}=2\mathbf{i}-3\mathbf{j}-2\mathbf{k}$

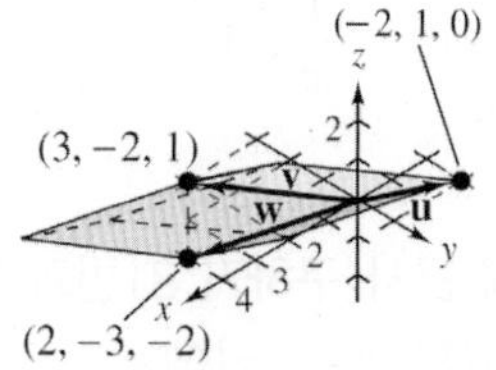

72. $\mathbf{u}=\mathbf{i}+\mathbf{j}+3\mathbf{k}$
$\mathbf{v}=3\mathbf{j}+3\mathbf{k}$
$\mathbf{w}=3\mathbf{i}+3\mathbf{k}$

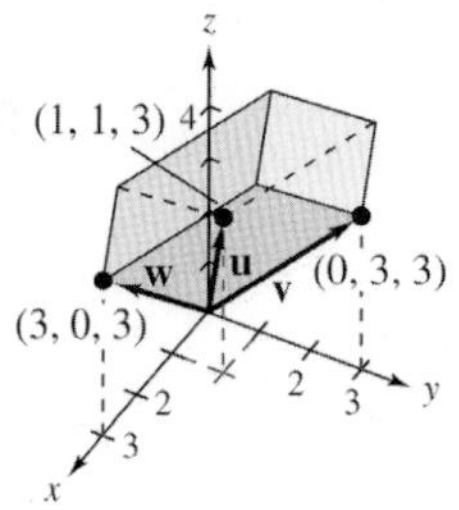

73. 벡터 $\mathbf{u}=(1, 3, 0)$과 $\mathbf{v}=(-1, 0, 2)$를 이웃하는 두 변으로 가지는 평행사변형의 넓이를 구하시오.

74. **증명** $\|\mathbf{u}\times\mathbf{v}\|=\|\mathbf{u}\|\|\mathbf{v}\|$이면 $\mathbf{u}$와 $\mathbf{v}$는 직교이고, 그 역도 성립함을 보이시오.

최소제곱 근사 구하기 75~78번에서는 (a) 함수 f의 최소제곱 근사식 $g(x)=a_0+a_1x$를 구하고, (b) 공학용 계산기를 이용하여 f와 g의 그래프를 한 화면에 그리시오.

75. $f(x)=x^3,\ -1\le x\le 1$

76. $f(x)=x^3,\ 0\le x\le 2$

77. $f(x)=\sin 2x,\ 0\le x\le \dfrac{\pi}{2}$

78. $f(x)=\sin x\cos x,\ 0\le x\le \pi$

최소제곱 근사 구하기 79번과 80번에서는 (a) 함수 f의 최소제곱 근사식 $g(x)=a_0+a_1x+a_2x^2$을 구하고, (b) 공학용 계산기를 이용하여 f와 g의 그래프를 한 화면에 그리시오.

79. $f(x)=\sqrt{x},\ 0\le x\le 1$

80. $f(x)=\dfrac{1}{x},\ 1\le x\le 2$

푸리에 근사 구하기 81번과 82번에서는 주어진 함수에 대한 구간 $[-\pi,\pi]$에서의 주어진 차수의 푸리에 근사식을 구하시오.

81. $f(x)=x^2$, 1차 **82.** $f(x)=x$, 2차

참 또는 거짓? 83번과 84번에서는 각 명제가 참 또는 거짓인지 판별하시오. 만약 명제가 참이라면 그 이유를 제시하거나 본문에서 적절한 명제를 찾아 제시하시오. 만약 명제가 거짓이라면 명제가 참이 아니라는 예를 제시하거나 본문에서 적절한 명제를 찾아 제시하시오.

83. (a) $\mathbb{R}^3$의 영벡터가 아닌 두 벡터의 외적은 처음 두 벡터와 직교인 벡터를 만든다.

(b) $\mathbb{R}^3$의 영벡터가 아닌 두 벡터의 외적은 교환법칙이 성립한다.

(c) 함수 f의 최소제곱 근사는 (부분공간 W에 있는 벡터 중) 내적 $\langle f, g\rangle$의 관점에서 f에 가장 가까운 함수 g이다.

84. (a) $\mathbb{R}^3$의 벡터 $\mathbf{u}\times\mathbf{v}$와 $\mathbf{v}\times\mathbf{u}$는 길이는 같지만 방향은 정반대이다.

(b) 만일 $\mathbf{u}$와 $\mathbf{v}$가 $\mathbb{R}^3$의 영벡터가 아닌 두 벡터이면 $\mathbf{u}$와 $\mathbf{v}$가 평행한 것은 $\mathbf{u}\times\mathbf{v}=\mathbf{0}$인 것과 동치이다.

(c) 최소제곱 근사의 특별한 형식인 푸리에 근사는 기저 $S=\{1, \cos x, \cos 2x, \ldots, \cos nx, \sin x, \sin 2x, \ldots, \sin nx\}$에 의해 생성된다.

05 프로젝트

Projects

01 QR–분해

그람-슈미트 직교정규화과정을 통해 QR-**분해**(QR-fractorization)라고 하는 중요한 행렬 분해를 할 수 있다. 만일 A가 계수가 n인 $m\times n$행렬이라면 A는 $A = QR$과 같이 $m\times n$행렬 Q와 $n\times n$행렬 R의 곱으로 나타낼 수 있다. 여기서 Q는 정규직교인 열로 이루어져 있으며 R은 상삼각행렬이다.

A의 열은 $\mathbb{R}^m$의 부분공간의 기저로 볼 수 있고 그러면 Q의 열은 A의 열 벡터의 집합에 그람-슈미트 직교정규화과정을 적용한 결과이다.

5.3절의 예제 7에서 그람-슈미트 정규직교화 과정을 행렬

$$A = \begin{bmatrix} 1 & 1 & 0 \\ 1 & 2 & 1 \\ 0 & 0 & 2 \end{bmatrix}$$

의 열벡터 $\mathbf{v}_1$, $\mathbf{v}_2$, $\mathbf{v}_3$에 사용해서 $\mathbb{R}^3$의 정규직교기저를 만들었던 것을 기억해보자. 여기서 그 벡터들을 $\mathbf{q}_1$, $\mathbf{q}_2$, $\mathbf{q}_3$라 이름을 붙이자. 즉

$$\mathbf{q}_1 = \left(\frac{\sqrt{2}}{2}, \frac{\sqrt{2}}{2}, 0\right),\ \mathbf{q}_2 = \left(-\frac{\sqrt{2}}{2}, \frac{\sqrt{2}}{2}, 0\right),\ \mathbf{q}_3 = (0, 0, 1)$$

이다. 이 벡터들은 행렬 Q의 열을 이룬다.

$$Q = \begin{bmatrix} \frac{\sqrt{2}}{2} & -\frac{\sqrt{2}}{2} & 0 \\ \frac{\sqrt{2}}{2} & \frac{\sqrt{2}}{2} & 0 \\ 0 & 0 & 1 \end{bmatrix}$$

상삼각행렬 R은

$$R = \begin{bmatrix} \mathbf{v}_1\cdot\mathbf{q}_1 & \mathbf{v}_2\cdot\mathbf{q}_1 & \mathbf{v}_3\cdot\mathbf{q}_1 \\ 0 & \mathbf{v}_2\cdot\mathbf{q}_2 & \mathbf{v}_3\cdot\mathbf{q}_2 \\ 0 & 0 & \mathbf{v}_3\cdot\mathbf{q}_3 \end{bmatrix} = \begin{bmatrix} \sqrt{2} & \frac{3\sqrt{2}}{2} & \frac{\sqrt{2}}{2} \\ 0 & \frac{\sqrt{2}}{2} & \frac{\sqrt{2}}{2} \\ 0 & 0 & 2 \end{bmatrix}$$

이다. $A = QR$임을 확인해보시오.

일반적으로 만일 A가 계수가 n이고 v_1, v_2, ..., v_n을 열로 가지는 $m\times n$ 행렬이면 A의 QR-분해는

$$A = QR$$

$$\begin{bmatrix}\mathrm{v}_1 & \mathrm{v}_2 & \cdots & \mathrm{v}_n\end{bmatrix} = \begin{bmatrix}\mathrm{q}_1 & \mathrm{q}_2 & \cdots & \mathrm{q}_n\end{bmatrix}\begin{bmatrix}\mathrm{v}_1\cdot\mathrm{q}_1 & \mathrm{v}_2\cdot\mathrm{q}_1 & \cdots & \mathrm{v}_n\cdot\mathrm{q}_1 \\ 0 & \mathrm{v}_2\cdot\mathrm{q}_2 & \cdots & \mathrm{v}_n\cdot\mathrm{q}_2 \\ \vdots & \vdots & & \vdots \\ 0 & 0 & \cdots & \mathrm{v}_n\cdot\mathrm{q}_n\end{bmatrix}$$

이다. 여기서 $m\times n$행렬 Q의 열 q_1, q_2, ..., q_n은 그람-슈미트 정규직교화 과정으로 얻은 정규직교 벡터이다.

1. 각 행렬의 QR-분해를 구하시오.

(a) $A = \begin{bmatrix}1 & 0 \\ 1 & 1 \\ 1 & 1\end{bmatrix}$ (b) $A = \begin{bmatrix}1 & 2 \\ 1 & 0 \\ 0 & 0 \\ 0 & 1\end{bmatrix}$ (c) $A = \begin{bmatrix}2 & 0 & -2 \\ 2 & 1 & 0 \\ 2 & 1 & 0 \\ 2 & 0 & 0\end{bmatrix}$

2. $A = QR$는 계수가 n인 $m\times n$ 행렬 A의 QR-분해이다. QR-분해를 이용하여 최소제곱 문제를 어떻게 풀 수 있는지 보여주시오.

3. 2번의 결과를 이용하여 최소제곱 문제 $A\mathrm{x} = \mathrm{b}$를 푸시오. 여기서 A는 1번의 (a)에서의 행렬이고 $\mathrm{b} = [1 \ \ -1 \ \ 1]^T$이다.

참고

행렬의 QR-분해는 선형대수의 많은 알고리즘의 기본이 된다. 고윳값(7장 참고)을 계산하는 알고리즘뿐만 아니라 자료점의 집합에 대한 최소제곱 회귀선을 계산한 알고리즘도 이 분해를 기반으로 한다. 실제로는 그람-슈미트 직교정규화과정 외에도 다른 기법이 행렬의 QR-분해를 계산할 때 사용된다.

02 직교행렬과 기저 변환

집합 $B = \{\mathrm{v}_1, \mathrm{v}_2, ..., \mathrm{v}_n\}$는 벡터공간 V의 순서가 있는 기저이다. V의 벡터 $\mathrm{x} = c_1\mathrm{v}_1 + c_2\mathrm{v}_2 + \cdots + c_n\mathrm{v}_n$의 좌표행렬은

$$[\mathrm{x}]_B = \begin{bmatrix}c_1 \\ c_2 \\ \vdots \\ c_n\end{bmatrix}$$

이었다.

만일 B'이 V의 또 다른 기저이면 B'에서 B로의 전이행렬 P는 다음과 같이 B'에 대한 좌표행렬을 B에 대한 좌표행렬로 변환한다.

$$P[\mathbf{x}]_{B'} = [\mathbf{x}]_B$$

지금부터 살펴볼 질문은 좌표행렬의 크기를 보존하는 전이행렬 P가 존재하는지 여부이다. 즉, $P[\mathbf{x}]_{B'} = [\mathbf{x}]_B$이면 $\| [\mathbf{x}]_{B'} \| = \| [\mathbf{x}]_B \|$ 인가?

예를 들어, $\mathbb{R}^2$의 기저 $B' = \{(1, -2), (-2, 2)\}$에서 $B = \{(4, 3), (-3, 2)\}$로의 전이행렬 $P = \begin{bmatrix} 4 & -2 \\ 5 & -2 \end{bmatrix}$에 대하여, 만일 $\mathbf{x} = (2, -6)$이면 $[\mathbf{x}]_{B'} = [4 \quad 1]^T$이고 $[\mathbf{x}]_B = P[\mathbf{x}]_{B'} = [14 \quad 18]^T$이다. (확인해 볼 것.) 따라서 $\mathbb{R}^2$에서의 유클리드 놈을 사용하면

$$\| [\mathbf{x}]_{B'} \| = \sqrt{17} \neq 2\sqrt{130} = \| [\mathbf{x}]_B \|$$

이다.

이번 프로젝트에서는 만일 전이행렬이 **직교**(orthogonal)이면 좌표벡터의 크기는 변하지 않는다는 것을 알게 될 것이다. 3.3절(연습문제 73~82번)과 5.3절(연습문제 65번)에서 직교행렬을 이용하여 문제를 해결했었다.

직교행렬의 정의

정사각행렬 P가 역행렬이 있고 $P^{-1} = P^T$이면 P는 **직교**(orthogonal)이다.

1. 앞에서 정의된 행렬 P는 직교가 아님을 보이시오.
2. 임의의 실수 θ에 대하여 행렬 $\begin{bmatrix} \cos\theta & \sin\theta \\ -\sin\theta & \cos\theta \end{bmatrix}$는 직교임을 보이시오.
3. 행렬이 직교이면 이 행렬의 열은 모두 쌍마다 직교이고 그 역도 성립함을 보이시오.
4. 직교행렬의 역행렬도 직교임을 증명하시오.
5. 직교행렬의 합도 직교인가? 직교행렬의 곱도 직교인가? 적절한 예를 이용하여 그 이유를 설명하시오.
6. 만일 P가 $n \times n$의 직교행렬이면 $\mathbb{R}^n$의 모든 벡터 $\mathbf{x}$에 대하여 $\| P\mathbf{x} \| = \| \mathbf{x} \|$ 임을 증명하시오.
7. 기저 $B = \{(1, 0), (0, 1)\}$와 $B' = \left\{ \left(\frac{2}{\sqrt{13}}, \frac{3}{\sqrt{13}} \right), \left(-\frac{3}{\sqrt{13}}, \frac{2}{\sqrt{13}} \right) \right\}$를 이용하여 6번의 결과를 확인하시오.

4-5 종합평가

홀수 번호의 풀이는 CalcChat.com을 참고하시오.

4장과 5장의 내용을 복습하기 위해 이 평가를 치르시오. 평가가 끝나고 나서 책의 뒤에 있는 해답과 자신의 풀이를 맞춰보시오.

1. 벡터 $\mathbf{v} = (1, -2)$와 $\mathbf{w} = (2, 5)$에 대하여, 각 벡터를 구하고 그리시오.

(a) $\mathbf{v} + \mathbf{w}$ (b) $3\mathbf{v}$ (c) $2\mathbf{v} - 4\mathbf{w}$

2. $\mathbf{w} = (7, 2, 4)$를 (가능하다면) $\mathbf{v}_1 = (2, 1, 0)$, $\mathbf{v}_2 = (1, -1, 0)$, $\mathbf{v}_3 = (0, 0, 6)$의 일차결합으로 나타내시오.

3. 행렬의 세 번째 열을 (가능하다면) 처음 두 개의 열의 일차결합으로 나타내시오.

$$\begin{bmatrix} 1 & 0 & -2 \\ 4 & 2 & -2 \\ 7 & 5 & 1 \end{bmatrix}$$

4. 소프트웨어 프로그램이나 공학용 계산기를 이용하여 $\mathbf{v}$를 $\mathbf{u}_1$, $\mathbf{u}_2$, $\mathbf{u}_3$, $\mathbf{u}_4$, $\mathbf{u}_5$, $\mathbf{u}_6$의 일차결합으로 나타내시오. 그리고 결과를 확인하시오.

$\mathbf{v} = (10, 30, -13, 14, -7, 27)$

$\mathbf{u}_1 = (1, 2, -3, 4, -1, 2)$

$\mathbf{u}_2 = (1, -2, 1, -1, 2, 1)$

$\mathbf{u}_3 = (0, 2, -1, 2, -1, -1)$

$\mathbf{u}_4 = (1, 0, 3, -4, 1, 2)$

$\mathbf{u}_5 = (1, -2, 1, -1, 2, -3)$

$\mathbf{u}_6 = (3, 2, 1, -2, 3, 0)$

5. 정칙이 아닌 모든 3×3 행렬의 집합은 벡터공간이 아님을 증명하시오.

6. 다음 집합이 $\mathbb{R}^4$의 부분공간인지 판정하시오.

$$\{(x, x+y, y, y) : x, y \in \mathbb{R}\}$$

7. 다음 집합이 $\mathbb{R}^3$의 부분공간인지 판정하시오.

$$\{(x, xy, y) : x, y \in \mathbb{R}\}$$

8. 행렬 A의 열이 $\mathbb{R}^4$를 생성하는지 판정하시오.

$$A = \begin{bmatrix} 1 & 2 & -1 & 0 \\ 1 & 3 & 0 & 2 \\ 0 & 0 & 1 & -1 \\ 1 & 0 & 0 & 1 \end{bmatrix}$$

9. (a) 벡터의 집합이 *일차독립*이라는 것이 무슨 뜻인지 설명하시오.

(b) 집합 S가 일차종속인지 일차독립인지 판정하시오.

$$S = \{(1, 0, 1, 0), (0, 3, 0, 1), (1, 1, 2, 2), (3, 4, 1, -2)\}$$

10. (a) 벡터공간의 *기저*를 정의하시오.

(b) 왼쪽의 그림에서와 같은 집합 $\{\mathbf{v}_1, \mathbf{v}_2\}$는 $\mathbb{R}^2$의 기저인지 판정하시오.

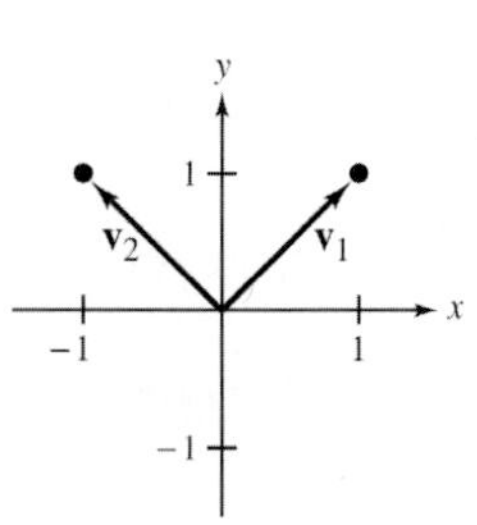

10(b)에 대한 그림

(c) 다음 집합이 $\mathbb{R}^3$의 기저인지 판정하시오.

$$\{(1, 2, 1), (0, 1, 2)< (2, 1, -3)\}$$

11. $A\mathbf{x} = \mathbf{0}$의 해공간의 기저를 구하시오.

$$A = \begin{bmatrix} 1 & 1 & 0 & 0 \\ -2 & -2 & 0 & 0 \\ 0 & 0 & 1 & 1 \\ 1 & 1 & 0 & 0 \end{bmatrix}$$

12. 벡터 $v=(1, 2, -3)$의 기저 $B=\{(0, 1, 1), (1, 1, 1), (1, 0, 1)\}$에 대한 좌표 $[v]_B$를 구하시오.

13. 기저 $B=\{(2, 1, 0), (1, 0, 0), (0, 1, 1)\}$에서 기저 $B'=\{(1, 1, 2), (1, 1, 1), (0, 1, 2)\}$로의 전이행렬을 구하시오.

14. $u=(1, 2, 0)$이고 $v=(1, -3, 2)$이다.

(a) $\|u\|$ 을 구하시오.

(b) u와 v 사이의 거리를 구하시오.

(c) $u \cdot v$를 구하시오.

(d) u와 v 사이의 각 θ를 구하시오.

15. $\langle f, g\rangle = \int_0^1 f(x)g(x)dx$를 이용하여 $C[0, 1]$의 $f(x)=x^2$과 $g(x)=x+2$의 내적을 구하시오.

16. 그람-슈미트 직교정규화 과정을 적용하여 다음과 같은 벡터의 집합을 $\mathbb{R}^3$의 정규직교 기저로 변환하시오.

$$\{(2, 0, 0), (1, 1, 1), (0, 1, 2)\}$$

17. $u=(1, 2)$이고 $v=(-3, 2)$이다. $\mathrm{proj}_v u$를 구하고 u< v, $\mathrm{proj}_v u$를 같은 좌표축의 집합 위에 그리시오.

18. 행렬 $A=\begin{bmatrix} 0 & 1 & 1 & 0 \\ -1 & 0 & 0 & 1 \\ 1 & 1 & 1 & 1 \end{bmatrix}$의 4개의 기본 부분공간을 구하시오.

19. 집합 $S=\mathrm{span}\left\{\begin{bmatrix} 1 \\ 0 \\ 1 \end{bmatrix}, \begin{bmatrix} -1 \\ 1 \\ 0 \end{bmatrix}\right\}$의 직교여공간 $S^\perp$을 구하시오.

20. n개의 일차독립인 벡터의 집합 $S=\{x_1, x_2, \ldots, x_n\}$에 대하여, 만일 y가 span$(S)$의 원소가 아니라면 집합 $S_1=\{x_1, x_2, \ldots, x_n, y\}$는 일차독립임을 증명하시오.

21. 집합 $\{(1, 1), (2, 0), (5, -5)\}$의 점에 대한 최소제곱 회귀선을 구하시오. 이 점과 직선을 그리시오.

22. 두 행렬 A와 B는 행동치이다.

$$A=\begin{bmatrix} 2 & -4 & 0 & 1 & 7 & 11 \\ 1 & -2 & -1 & 1 & 9 & 12 \\ -1 & 2 & 1 & 3 & -5 & 16 \\ 4 & -8 & 1 & -1 & 6 & -2 \end{bmatrix}$$

$$B=\begin{bmatrix} 1 & -2 & 0 & 0 & 3 & 2 \\ 0 & 0 & 1 & 0 & -5 & -3 \\ 0 & 0 & 0 & 1 & 1 & 7 \\ 0 & 0 & 0 & 0 & 0 & 0 \end{bmatrix}$$

(a) A의 계수를 구하시오.

(b) A의 행공간의 기저를 구하시오.

(c) A의 열공간의 기저를 구하시오.

(d) A의 영공간의 기저를 구하시오.

(e) A의 마지막 열은 처음 세 개의 열의 생성에 속하는가?

(f) A의 처음 세 개의 열은 일차독립인가?

(g) A의 마지막 열은 첫 번째, 세 번째, 네 번째 열의 생성에 속하는가?

(h) 첫 번째, 세 번째, 네 번째 열은 일차종속인가?

23. S_1과 S_2는 $\mathbb{R}^3$의 이차원 부분공간이다. $S_1 \cap S_2=\{(0, 0, 0)\}$이 될 수 있는가? 그 이유를 설명하시오.

24. V는 n차원 벡터공간이다. n개 이하의 벡터들로 이루어진 어떠한 집합도 V를 생성할 수 없음을 증명하시오.

06

선형변환

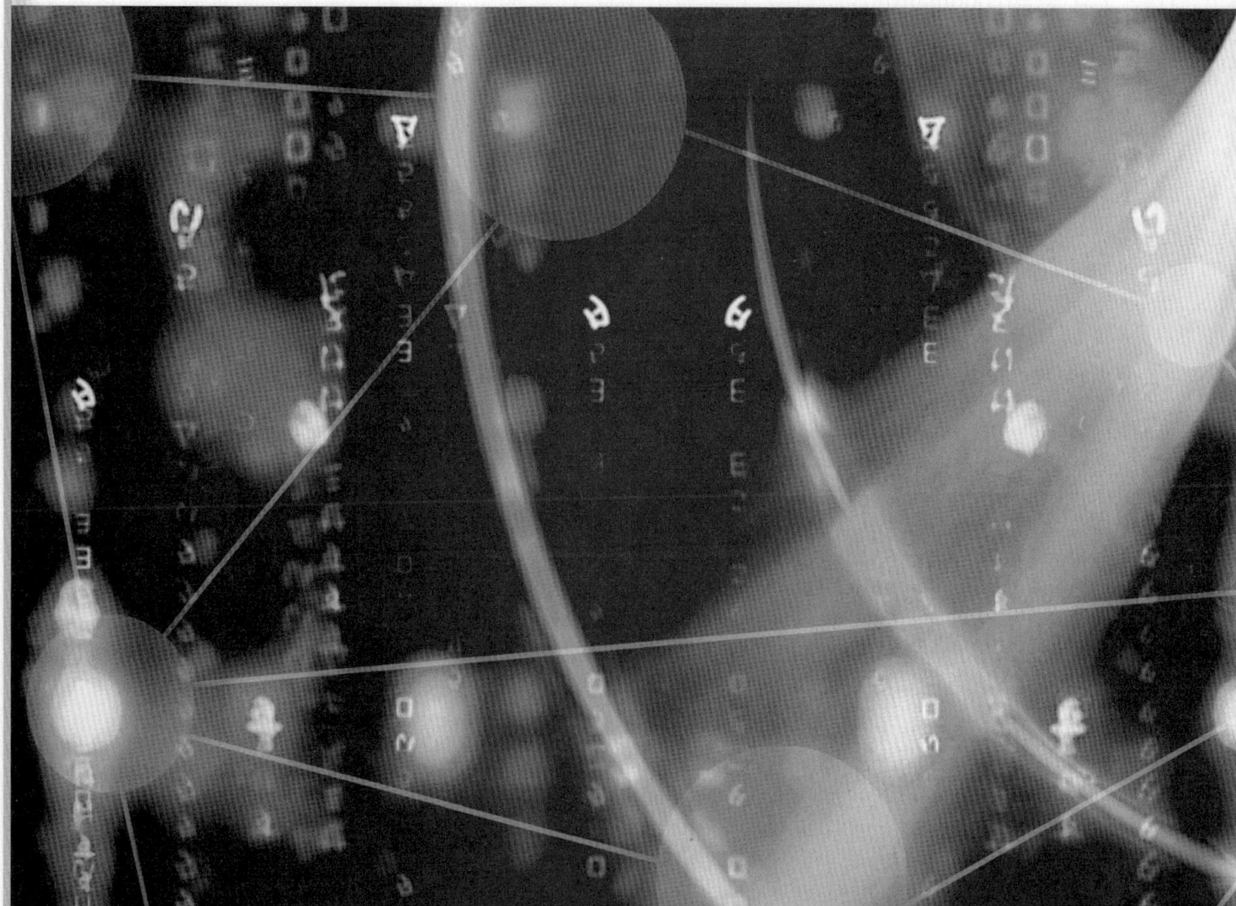

6.1 선형변환 소개

- 함수의 상과 원상 구하기
- 함수가 선형변환임을 보이기와 선형변환 구하기

함수의 상과 원상

이번 장에서는 벡터공간 V에서 벡터공간 W로 대응되는 함수에 대해 살펴볼 것이다. 이런 종류의 함수는

$$T: V \to W$$

로 나타낸다. 이러한 함수에도 함수에서의 표준적인 용어가 사용된다. 예를 들어, V는 T의 **정의역**(domain)이고, W는 T의 **공역**(codomain)이다. 만일 V의 원소 $\mathbf{v}$와 W의 원소 $\mathbf{w}$가 $T(\mathbf{v})=\mathbf{w}$라면 $\mathbf{w}$는 T에 대한 $\mathbf{v}$의 **상**(image)이다. V의 원소에 대한 모든 상의 집합은 T의 **치역**(range)이고, $T(\mathbf{v})=\mathbf{w}$를 만족하는 V의 모든 원소 $\mathbf{v}$의 집합은 $\mathbf{w}$의 **원상**(preimage)이다. (다음을 참고하라.)

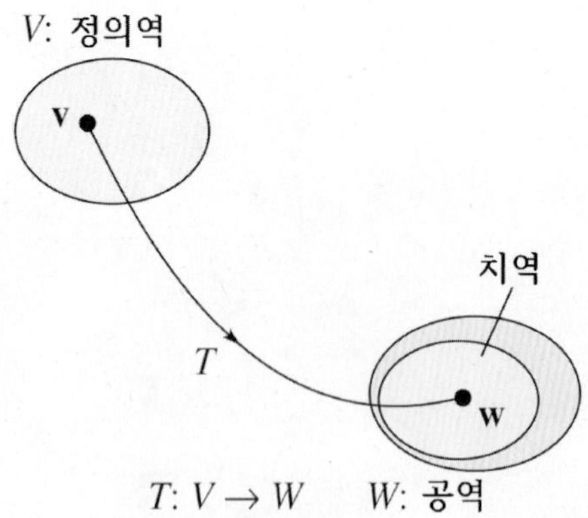

참고

$\mathbb{R}^n$의 벡터 $\mathbf{v}=(v_1, v_2, \dots, v_n)$에 대하여, $T(\mathbf{v})$를 나타내기 위해 이중괄호를 써서 $T(\mathbf{v})=T((v_1, v_2, \dots, v_n))$으로 나타내는 것이 더 정확한 표현이다. 하지만, 편의를 위해 괄호 하나를 빼서 $T(\mathbf{v})=T(v_1, v_2, \dots, v_n)$으로 나타내자.

예제 1 $\mathbb{R}^2$에서 $\mathbb{R}^2$으로의 함수

이러한 유형의 예제의 대화형 버전은 LarsonLinearAlgebra.com을 참고하라.

$\mathbb{R}^2$의 임의의 벡터 $\mathbf{v}=(v_1, v_2)$에 대하여 $T: \mathbb{R}^2 \to \mathbb{R}^2$를

$$T(v_1, v_2)=(v_1-v_2, v_1+2v_2)$$

로 정의하자.

a. $\mathbf{v}=(-1, 2)$의 상을 구하시오.

b. $\mathbf{v}=(0, 0)$의 상을 구하시오.

c. $\mathbf{w}=(-1, 11)$의 원상을 구하시오.

풀이

풀이

a. $\mathbf{v}=(-1, 2)$에 대하여

$$T(-1, 2)=(-1-2, -1+2(2))=(-3, 3)$$

이다.

b. 만일 $\mathbf{v}=(0, 0)$이면

$$T(0, 0)=(0-0, 0+2(0))=(0, 0)$$

이다.

c. 만일 $T(\mathbf{v})=(v_1-v_2, v_1+2v_2)=(-1, 11)$이면

$$\begin{aligned} v_1 - \ v_2 &= -1 \\ v_1 + 2v_2 &= 11 \end{aligned}$$

이다. 이 연립방정식은 유일한 해 $v_1=3$, $v_2=4$를 갖는다. 따라서 $(-1, 11)$의 원상은 하나의 벡터 $(3, 4)$로 이루어진 $\mathbb{R}^2$의 집합이다. ■

선형변환

이 장은 한 벡터공간에서 다른 벡터공간으로 대응이 되며 벡터 덧셈과 스칼라곱이 보존되는 함수에 대해 다룬다. 그러한 함수를 **선형변환**(linear transformation)이라 한다.

선형변환의 정의

V와 W는 벡터공간이다. 함수

$$T: V \to W$$

가 V의 모든 $\mathbf{u}$와 $\mathbf{v}$, 그리고 임의의 스칼라 c에 대하여 다음 두 가지 성질을 만족하면 T는 V에서 W로의 **선형변환**(linear transformation)이다.

1. $T(\mathbf{u}+\mathbf{v}) = T(\mathbf{u}) + T(\mathbf{v})$
2. $T(c\mathbf{u}) = cT(\mathbf{u})$

선형변환을 적용하기 전 또는 후 상관없이 덧셈과 스칼라곱 연산을 시행해도 같은 결과를 얻기 때문에 선형변환은 *연산보존적(operation preserving)*이다. V와 W 모두에서의 연산을 같은 기호로 나타내지만 다음 그림에서처럼 각 연산은 다를 수 있음을 명심하자.

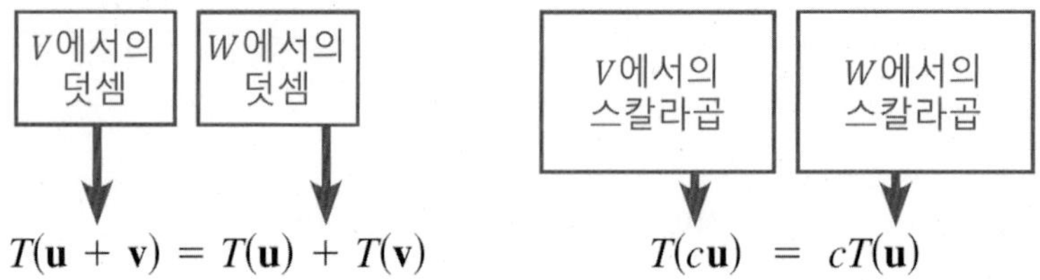

예제 2 $\mathbb{R}^2$에서 $\mathbb{R}^2$의 선형변환 확인하기

예제 1에서의 함수가 $\mathbb{R}^2$에서 $\mathbb{R}^2$로의 선형변환임을 보이시오.

$$T(v_1, v_2) = (v_1 - v_2, v_1 + 2v_2)$$

풀이

함수 T가 선형변환임을 보이려면 이 함수가 벡터덧셈과 스칼라곱을 보존한다는 것을 보여야만 한다. 이를 위해 $\mathbf{v} = (v_1, v_2)$와 $\mathbf{u} = (u_1, u_2)$는 $\mathbb{R}^2$의 벡터이고 c는 임의의 실수라 하자. 그러면 벡터덧셈과 스칼라곱의 성질에 의해 다음 두 가지 사실을 얻는다.

1. $\mathbf{u}+\mathbf{v} = (u_1, u_2) + (v_1, v_2) = (u_1 + v_1, u_2 + v_2)$이므로

$$\begin{aligned} T(\mathrm{u}+\mathrm{v}) &= T(u_1+v_1,\, u_2+v_2) \\ &= ((u_1+v_1)-(u_2+v_2),\, (u_1+v_1)+2(u_2+v_2)) \\ &= ((u_1-u_2)+(v_1-v_2),\, (u_1+2u_2)+(v_1+2v_2)) \\ &= (u_1-u_2,\, u_1+2u_2)+(v_1-v_2,\, v_1+2v_2) \\ &= T(\mathrm{u})+T(\mathrm{v}) \end{aligned}$$

이다.

2. $c\mathrm{u}=c(u_1, u_2)=(cu_1, cu_2)$이므로

$$\begin{aligned} T(c\mathrm{u}) &= T(cu_1,\, cu_2) \\ &= (cu_1-cu_2,\, cu_1+2cu_2) \\ &= c(u_1-u_2,\, u_1+2u_2) \\ &= cT(\mathrm{u}) \end{aligned}$$

이다.

따라서 T는 선형변환이다. ■

참고

(예제 2에서의) 벡터공간 자신에서 자신으로의 선형변환 $T: V \to V$을 **선형연산자**(linear operator)라 한다.

예제 3에서처럼 일반적으로 흔히 볼 수 있는 함수들은 선형변환이 아니다.

예제 3 선형변환이 아닌 함수들

a $f(x)=\sin x$는 $\mathbb{R}$에서 $\mathbb{R}$로의 선형변환이 아니다. 왜냐하면, 일반적으로 $\sin(x_1+x_2) \neq \sin x_1 + \sin x_2$이기 때문이다. 예를 들어

$$\sin\left[\left(\frac{\pi}{2}\right)+\left(\frac{\pi}{3}\right)\right] \neq \sin\left(\frac{\pi}{2}\right)+\sin\left(\frac{\pi}{3}\right)$$

이다.

b. $f(x)=x^2$은 $\mathbb{R}$에서 $\mathbb{R}$로의 선형변환이 아니다. 왜냐하면, 일반적으로 $(x_1+x_2)^2 \neq x_1^2+x_2^2$이기 때문이다. 예를 들어 $(1+2)^2 \neq 1^2+2^2$이다.

c. $f(x)=x+1$은 $\mathbb{R}$에서 $\mathbb{R}$로의 선형변환이 아니다. 왜냐하면

$$f(x_1+x_2)=x_1+x_2+1$$

이지만

$$f(x_1)+f(x_2)=(x_1+1)+(x_2+1)=x_1+x_2+2$$

이다. 따라서 $f(x_1+x_2)\neq f(x_1)+f(x_2)$이다. ■

참고

예제3(c)의 함수는 *선형적(linear)* 라는 단어의 두 가지 의미를 알려준다 함수 $f(x)=x+1$는 그래프가 직선이므로 선형 함수이다. 하지만, $\mathbb{R}$에서 $\mathbb{R}$로의 선형변환은 아니다. 왜냐하면 벡터덧셈 또는 스칼라곱을 보존하지 못하기 때문이다.

다음과 같이 정의된 영변환(zero transformation)과 항등변환(identity transformation)은 간단한 선형변환이다.

1. 모든 v에 대해 $T(\mathrm{v})=0$ 영변환 $(T: V\rightarrow W)$
2. 모든 v에 대해 $T(\mathrm{v})=\mathrm{v}$ 항등변환 $(T: V\rightarrow W)$

연습문제 77번에서 두 함수가 선형변환임을 증명할 것이다.

예제 1의 선형변환은 영벡터는 영벡터로 대응되는 성질을 가지고 있다. 즉 예제 1(b)에서와 같이 $T(0)=0$이다 이 성질은 모든 선형변환에 대해 참이며 다음 정리의 첫 번째 성질이다.

참고

정리 6.1의 좋은 점 하나는 선형변환이 아닌 함수를 구별해내는 빠른 방법을 제공한다는 것이다. 즉, 선형변환이라면 정리의 네 가지 조건 모두를 반드시 만족해야 하는데, 함수 T가 이 성질 중 하나라도 만족하지 않는다면 T는 선형변환이 아니다. 예를 들어, 함수

$$T(x_1,\ x_2)=(x_1+1,\ x_2)$$

는 $T(0,\ 0)\neq(0,\ 0)$이므로 $\mathbb{R}^2$에서 $\mathbb{R}^2$의 선형변환이 아니다.

정리 6.1 선형변환의 성질

T는 V에서 W로의 선형변환이고 u와 v는 V의 벡터이다. 그러면 다음 성질은 참이다.

1. $T(0)=0$
2. $T(-\mathrm{v})=-T(\mathrm{v})$
3. $T(\mathrm{u}-\mathrm{v})=T(\mathrm{u})-T(\mathrm{v})$
4. 만일 $\mathrm{v}=c_1\mathrm{v}_1+c_2\mathrm{v}_2+\cdots+c_n\mathrm{v}_n$이면

$$\begin{aligned}T(\mathrm{v})&=T(c_1\mathrm{v}_1+c_2\mathrm{v}_2+\cdots+c_n\mathrm{v}_n)\\&=c_1T(\mathrm{v}_1)+c_2T(\mathrm{v}_2)+\cdots+c_nT(\mathrm{v}_n)\end{aligned}$$

증명

첫 번째 성질을 증명하면, 우선 $0\mathrm{v} = 0$임에 주목하자. 그러면

$$T(0) = T(0\mathrm{v}) = 0\,T(\mathrm{v}) = 0$$

가 성립한다.

두 번째 성질은 $-\mathrm{v} = (-1)\mathrm{v}$로부터 성립한다. 즉

$$T(-\mathrm{v}) = T[(-1)\mathrm{v}] = (-1)\,T(\mathrm{v}) = -T(\mathrm{v})$$

이다.

세 번째 성질은 $\mathrm{u} - \mathrm{v} = \mathrm{u} + (-1)\mathrm{v}$로부터 성립한다. 즉,

$$T(\mathrm{u} - \mathrm{v}) = T[\mathrm{u} + (-1)\mathrm{v}] = T(\mathrm{u}) + (-1)\,T(\mathrm{v}) = T(\mathrm{u}) - T(\mathrm{v})$$

이다.

네 번째 성질에 대한 증명은 직접 해보기 바란다. ■

정리 6.1의 성질 4는 선형변환 $T: V \to W$가 V의 기저에 어떻게 작용하는지에 의해서 완전히 결정됨을 의미한다. 다시 말해, 만일 $\{\mathrm{v}_1, \mathrm{v}_2, \ldots, \mathrm{v}_n\}$가 벡터공간 V의 기저이고 $T(\mathrm{v}_1), T(\mathrm{v}_2), \ldots, T(\mathrm{v}_n)$이 주어졌다면 V의 임의의 벡터 v에 대하여 $T(\mathrm{v})$을 결정할 수 있다. 예제 4가 이러한 성질의 사용의 예를 보여준다.

예제 4 선형변환과 기저

$T: \mathbb{R}^3 \to \mathbb{R}^3$는

$$\begin{aligned} T(1, 0, 0) &= (2, -1, 4) \\ T(0, 1, 0) &= (1, 5, -2) \\ T(0, 0, 1) &= (0, 3, 1) \end{aligned}$$

을 만족하는 선형변환이다. $T(2, 3, -2)$를 구하시오.

풀이

$(2, 3, -2) = -2(1, 0, 0) + 3(0, 1, 0) - 2(0, 0, 1)$이므로 정리 6.1의 성질 3를 사용하면

$$\begin{aligned} T(2, 3, -2) &= 2T(1, 0, 0) + 3T(0, 1, 0) - 2T(0, 0, 1) \\ &= 2(2, -1, 4) + 3(1, 5, -2) - 2(0, 3, 1) \\ &= (7, 7, 0) \end{aligned}$$

이다. ■

다음 예제에서는 행렬로 $\mathbb{R}^2$에서 $\mathbb{R}^3$로의 선형변환을 정의한다. 벡터 $\mathrm{v}=(v_1, v_2)$을 행렬로 나타내면

$$\mathrm{v}=\begin{bmatrix} v_1 \\ v_2 \end{bmatrix}$$

이므로 3×2의 행렬을 이 벡터의 왼쪽에 곱할 수 있다.

예제 5

함수 $T:\mathbb{R}^2 \to \mathbb{R}^3$를

$$T(\mathrm{v}) = A\mathrm{v}=\begin{bmatrix} 3 & 0 \\ 2 & 1 \\ -1 & -2 \end{bmatrix}\begin{bmatrix} v_1 \\ v_2 \end{bmatrix}$$

로 정의하자.

a. $\mathrm{v}=(2, -1)$일 때, $T(\mathrm{v})$를 구하시오.

b. T는 $\mathbb{R}^2$에서 $\mathbb{R}^3$로의 선형변환임을 보이시오.

풀이

a. $\mathrm{v}=(2, -1)$이므로

$$T(\mathrm{v}) = A\mathrm{v}=\begin{bmatrix} 3 & 0 \\ 2 & 1 \\ -1 & -2 \end{bmatrix}\begin{bmatrix} 2 \\ -1 \end{bmatrix}=\begin{bmatrix} 6 \\ 3 \\ 0 \end{bmatrix}$$

$\mathbb{R}^2$의 벡터 | $\mathbb{R}^3$의 벡터

인데 이는 $T(2, -1)=(6, 3, 0)$을 의미한다.

b. T는 $\mathbb{R}^2$의 벡터를 $\mathbb{R}^3$의 벡터에 대응시킨다. T가 선형변환임을 보이기 위해 정리 2.3의 성질을 이용한다. $\mathbb{R}^2$의 임의의 벡터 u와 v에 대하여, 덧셈에 대한 행렬곱셈의 분배성질에 의해

$$T(\mathrm{u}+\mathrm{v}) = A(\mathrm{u}+\mathrm{v}) = A\mathrm{u}+A\mathrm{v} = T(\mathrm{u}) + T(\mathrm{v})$$

가 성립한다.

마찬가지로 $\mathbb{R}^2$의 임의의 벡터 u와 임의의 스칼라 c에 대하여, 행렬곱셈과 스칼라곱의 교환성질에 의해

$$T(c\mathrm{u}) = A(c\mathrm{u}) = c(A\mathrm{u}) = cT(\mathrm{u})$$

가 성립한다. ■

예제 5는 $\mathbb{R}^n$에서 $\mathbb{R}^m$으로의 선형변환의 표현에 대한 중요한 결과를 보여준다. 이 결과는 두 단계로 설명된다. 다음의 정리 6.2는 모든 $m \times n$ 행렬을 이용하여 $\mathbb{R}^n$에서 $\mathbb{R}^m$으로의 선형변환을 만들 수 있음을 설명하고 있다. 그리고 정리 6.3에서는 $\mathbb{R}^n$에서 $\mathbb{R}^m$으로의 모든 선형변환은 $m \times n$ 행렬로 나타낼 수 있음을 설명하고 있다.

정리 6.2 행렬로 만든 선형변환

A는 $m \times n$행렬이다. 함수 T가

$$T(\mathrm{v}) = A\mathrm{v}$$

로 정의되면 T는 $\mathbb{R}^n$에서 $\mathbb{R}^m$으로의 선형변환이다. $m \times n$ 행렬과의 곱셈이 성립하기 위해서 $n \times 1$행렬은 $\mathbb{R}^n$의 벡터를 나타내고 $m \times 1$행렬은 $\mathbb{R}^m$의 벡터를 나타낸다.

참고

$m \times n$ 영행렬은 $\mathbb{R}^n$에서 $\mathbb{R}^m$으로의 영변환에 대응하고 $n \times n$ 항등행렬 I_n은 $\mathbb{R}^n$에서 $\mathbb{R}^n$으로의 항등변환에 대응한다.

$m \times n$ 행렬 A가 $\mathbb{R}^n$에서 $\mathbb{R}^m$으로의 선형변환을 정의함을 명심하라.

$$A\mathrm{v} = \begin{bmatrix} a_{11} & a_{12} & \cdots & a_{1n} \\ a_{21} & a_{22} & \cdots & a_{2n} \\ \vdots & \vdots & & \vdots \\ a_{m1} & a_{m2} & \cdots & a_{mn} \end{bmatrix} \begin{bmatrix} v_1 \\ v_2 \\ \vdots \\ v_n \end{bmatrix} = \begin{bmatrix} a_{11}v_1 + a_{12}v_2 + \cdots + a_{1n}v_n \\ a_{21}v_1 + a_{22}v_2 + \cdots + a_{2n}v_n \\ \vdots \qquad \vdots \qquad \vdots \\ a_{m1}v_1 + a_{m2}v_2 + \cdots + a_{mn}v_n \end{bmatrix}$$

$\mathbb{R}^n$의 벡터 (↑ v) $\mathbb{R}^n$의 벡터 (↑ $A\mathrm{v}$)

예제 6 행렬로 정의된 선형변환

$T(\mathrm{v}) = A\mathrm{v}$로 정의된 선형변환 $T: \mathbb{R}^n \to \mathbb{R}^m$에 대하여, 다음 행렬로 정의되는 선형변환의 $\mathbb{R}^n$과 $\mathbb{R}^m$의 차원을 구하시오.

a. $A = \begin{bmatrix} 0 & 1 & -1 \\ 2 & 3 & 0 \\ 4 & 2 & 1 \end{bmatrix}$ b. $A = \begin{bmatrix} 2 & -3 \\ -5 & 0 \\ 0 & -2 \end{bmatrix}$ c. $A = \begin{bmatrix} 1 & 0 & -1 & 2 \\ 3 & 1 & 0 & 0 \end{bmatrix}$

풀이

a. 행렬의 크기는 3×3이므로 주어진 행렬은 $\mathbb{R}^3$에서 $\mathbb{R}^3$으로의 선형변환을 정의한다.

$$A\mathrm{v}=\begin{bmatrix}0&1&-1\\2&3&0\\4&2&1\end{bmatrix}\begin{bmatrix}v_1\\v_2\\v_3\end{bmatrix}=\begin{bmatrix}u_1\\u_2\\u_3\end{bmatrix}$$

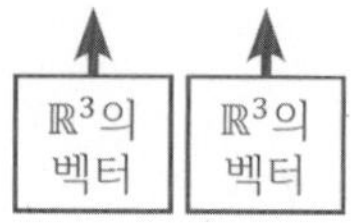

b. 행렬의 크기가 3×2이므로 주어진 행렬은 $\mathbb{R}^2$에서 $\mathbb{R}^3$로의 선형변환을 정의한다.

c. 행렬의 크기가 2×4이므로 주어진 행렬은 $\mathbb{R}^4$에서 $\mathbb{R}^2$로의 선형변환을 정의한다. ■

다음 예제는 $\mathbb{R}^2$에서 $\mathbb{R}^2$로의 일반적인 유형의 선형변환에 대한 것이다.

예제 7 $\mathbb{R}^2$에서의 회전

행렬 $A=\begin{bmatrix}\cos\theta&-\sin\theta\\\sin\theta&\cos\theta\end{bmatrix}$로 나타내어지는 선형변환 $T:\mathbb{R}^2\to\mathbb{R}^2$은 $\mathbb{R}^2$의 모든 벡터를 원점을 중심으로 시계 반대 방향으로 θ만큼 회전시킴을 보이시오.

풀이

정리 6.2로부터 T는 선형변환이다. $\mathbb{R}^2$의 모든 벡터를 원점을 중심으로 시계 반대 방향으로 θ만큼 회전시킴을 보이기 위해 $\mathrm{v}=(x, y)$는 $\mathbb{R}^2$ 의 벡터라 하자. 극좌표를 이용하면 v를

$$\begin{aligned}\mathrm{v}&=(x, y)\\&=(r\cos\alpha, r\sin\alpha)\end{aligned}$$

로 나타낼 수 있다. 여기서 r은 v의 길이이고 α는 x축의 양의 방향으로부터 v까지 시계 반대 방향으로 측정한 각이다. 이제, 선형변환 T를 v에 적용하면

$$\begin{aligned}T(\mathrm{v})&=A\mathrm{v}\\&=\begin{bmatrix}\cos\theta&-\sin\theta\\\sin\theta&\cos\theta\end{bmatrix}\begin{bmatrix}x\\y\end{bmatrix}\\&=\begin{bmatrix}\cos\theta&-\sin\theta\\\sin\theta&\cos\theta\end{bmatrix}\begin{bmatrix}r\cos\alpha\\r\sin\alpha\end{bmatrix}\\&=\begin{bmatrix}r\cos\theta\cos\alpha-r\sin\theta\sin\alpha\\r\sin\theta\cos\alpha+r\cos\theta\sin\alpha\end{bmatrix}\\&=\begin{bmatrix}r\cos(\theta+\alpha)\\r\sin(\theta+\alpha)\end{bmatrix}\end{aligned}$$

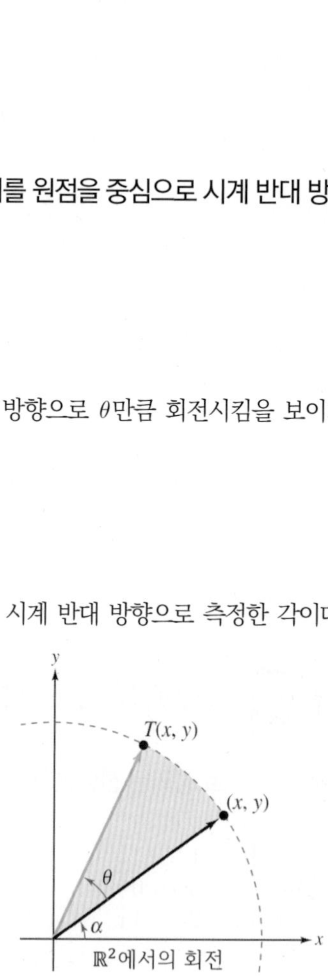

$\mathbb{R}^2$에서의 회전

이다. $T(\mathrm{v})$는 v와 같은 길이임을 확인하자. 더욱이 x축의 양의 방향에서 $T(\mathrm{v})$까지의 각은

$$\theta+\alpha$$

이다. 따라서 $T(\mathrm{v})$는 다음 그림과 같이 벡터 v를 시계 반대 방향으로 회전하여 얻은 벡터이다. ■

예제 7에서의 선형변환은 $\mathbb{R}^2$에서의 **회전**(rotation)이다. $\mathbb{R}^2$에서의 회전은 벡터의 길이와 두 벡터 사이의 각을 보존한다. 즉 $\|T(\mathrm{v})\|=\|\mathrm{u}\|$, $\|T(\mathrm{v})\|=\|\mathrm{v}\|$이고 $T(\mathrm{u})$와 $T(\mathrm{v})$ 사이의 각은 u와 v 사이의 각과 같다.

예제 8 $\mathbb{R}^3$에서의 정사영

행렬 $A=\begin{bmatrix}1&0&0\\0&1&0\\0&0&0\end{bmatrix}$로 표현되는 선형변환 $T:\mathbb{R}^3\to\mathbb{R}^3$는 $\mathbb{R}^3$의 **정사영**(projection)이다. 만일 $\mathrm{v}=(x,\ y,\ z)$가 $\mathbb{R}^3$의 벡터이면 $T(\mathrm{v})=(x,\ y,\ 0)$이다. 다시 말해, T는 다음 그림과 같이 $\mathbb{R}^3$의 모든 벡터를 xy-평면으로의 직교 정사영에 대응시킨다. ■

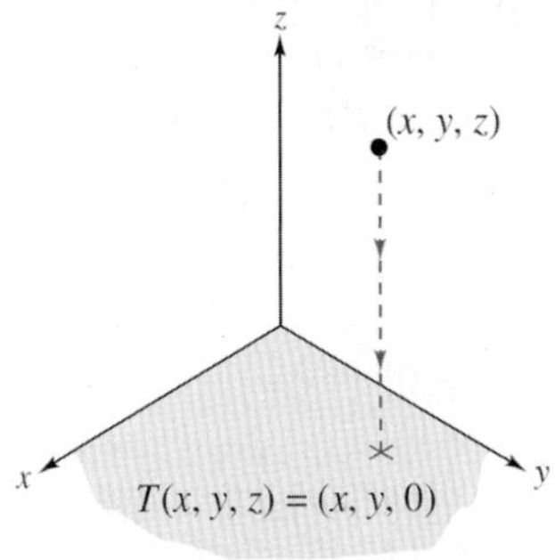

xy-평면 위로의 정사영

지금까지 $\mathbb{R}^n$에서 $\mathbb{R}^m$으로 또는 $\mathbb{R}^n$에서 $\mathbb{R}^n$으로의 선형변환만 살펴보았다. 이 절의 나머지 부분에서는 $\mathbb{R}^n$ 이외의 벡터공간과 관련된 선형변환을 살펴볼 것이다.

예제 9 $M_{m,n}$에서 $M_{n,m}$으로의 선형변환

$T: M_{m,n}\to M_{n,m}$은 $m\times n$ 행렬 A를 A의 전치행렬로 대응시키는 함수이다. 즉,

$$T(A)=A^T$$

이다. T가 선형변환임을 보이시오.

풀이

A와 B는 $m\times n$행렬이고 c는 임의의 스칼라이다. 정리 2.6으로부터

$$T(A+B)=(A+B)^T=A^T+B^T=T(A)+T(B)$$

이고

$$T(cA)=(cA)^T=cA^T=cT(A)$$

이다. 따라서 T는 $M_{m,n}$에서 $M_{n,m}$으로의 선형변환이다. ■

선형대수의 응용

여러 개의 변량을 다루는 많은 통계적 방법에서 선형변환을 사용할 수 있다. 예를 들어, 어떤 *다중회귀분석*에서는 두 개 이상의 독립변수와 하나의 종속변수가 있다. 선형변환은 종속변수의 값을 예측하기 위해 독립변수에 지정해야 할 가중치를 찾는데 유용하다. 또한 표준상관분석에서는 두 개 이상의 독립변수와 두 개 이상의 종속변수가 있다. 선형변환은 종속변수의 일차결합의 값을 예측하기 위한 독립변수의 일차결합을 찾는데 도움이 된다.

wrangler/Shutterstock.com

예제 10 미분연산자 (미적분)

집합 $C'[a, b]$는 $[a, b]$에서 도함수가 연속인 모든 함수의 집합이다. 미분연산자 D_x는 $C'[a, b]$에서 $C[a, b]$로의 선형변환이 됨을 보이시오.

풀이

연산자 기호를 사용하면

$$D_x(f) = \frac{d}{dx}[f]$$

로 나타낼 수 있는데, 여기서 f는 $C'[a, b]$의 원소이다. D_x가 선형변환임을 보이기 위해서는 미적분을 사용해야만 한다. 특히, 미분가능한 두 함수의 합의 도함수는 그 도함수의 합과 같으므로

$$D_x(f+g) = \frac{d}{dx}[f+g] = \frac{d}{dx}[f] + \frac{d}{dx}[g] = D_x(f) + D_x(g)$$

가 성립한다. 여기서 g는 $C'[a, b]$의 원소이다. 마찬가지로 미분가능한 함수의 스칼라 배 cf의 도함수는 그 도함수의 스칼라 배와 같으므로

$$D_x(cf) = \frac{d}{dx}[cf] = c\left(\frac{d}{dx}[f]\right) = cD_x(f)$$

가 성립한다.

두 연속함수의 합은 연속이고 연속함수의 스칼라 배도 연속이므로 D_x는 $C'[a, b]$에서 $C[a,b]$로의 선형변환이다. ■

예제 10의 선형변환 D_x를 **미분연산자**(differential operator)라 한다. 다항함수에 대하여, $n(\geq 1)$차 다항함수의 도함수는 $n-1$차 다항함수이므로 미분연산자는 P_n에서 P_{n-1}로의 선형변환이다. 즉,

$$D_x(a_0 + a_1 x + \cdots + a_n x^n) = a_1 + \cdots + na_n x^{n-1}$$

이다.

다음 예제는 다항함수의 벡터공간 P에서 실수의 벡터공간 $\mathbb{R}$로의 선형변환에 대한 것이다.

예제 11 선형변환으로서의 정적분 (미적분)

함수 $T: P \to \mathbb{R}$은

$$T(p) = \int_a^b p(x)dx$$

로 정의되었다. 여기서 p는 다항함수이다. T는 다항함수의 벡터공간 P에서 실수의 벡터공간 $\mathbb{R}$로의 선형변환임을 보이시오.

풀이

정적분의 성질을 이용하면

$$T(p+q) = \int_a^b [p(x)+q(x)]dx = \int_a^b p(x)dx + \int_a^b q(x)dx = T(p) + T(q)$$

가 성립한다. 여기서 q는 다항함수이다. 그리고

$$T(cp) = \int_a^b [cp(x)]dx = c\int_a^b p(x)dx = cT(p)$$

가 성립한다. 여기서 c는 스칼라이다. 따라서 T는 선형변환이다. ■

6.1 연습문제

상과 원상 구하기 1~8번에서는 함수를 이용하여 (a) v의 상과 (b) w의 원상을 구하시오.

1. $T(v_1, v_2) = (v_1 + v_2, v_1 - v_2)$,
$\mathbf{v} = (3, 4)$, $\mathbf{w} = (3, 19)$

2. $T(v_1, v_2) = (v_1, 2v_2 - v_1, v_2)$,
$\mathbf{v} = (0, 4)$, $\mathbf{w} = (2, 4, 3)$

3. $T(v_1, v_2, v_3) = (2v_1 + v_2, 2v_2 - 3v_1, v_1 - v_3)$,
$\mathbf{v} = (-4, 5, 1)$, $\mathbf{w} = (4, 1, -1)$

4. $T(v_1, v_2, v_3) = (v_2 - v_1, v_1 + v_2, 2v_1)$,
$\mathbf{v} = (2, 3, 0)$, $\mathbf{w} = (-11, -1, 10)$

5. $T(v_1, v_2, v_3) = (4v_2 - v_1, 4v_1 + 5v_2)$,
$\mathbf{v} = (2, -3, -1)$, $\mathbf{w} = (3, 9)$

6. $T(v_1, v_2, v_3) = (2v_1 + v_2, v_1 - v_2)$,
$\mathbf{v} = (2, 1, 4)$, $\mathbf{w} = (-1, 2)$

7. $T(v_1, v_2) = \left(\frac{\sqrt{2}}{2}v_1 - \frac{\sqrt{2}}{2}v_2, v_1 + v_2, 2v_1 - v_2\right)$,
$\mathbf{v} = (1, 1)$, $\mathbf{w} = (-5\sqrt{2}, -2, -16)$

8. $T(v_1, v_2) = \left(\frac{\sqrt{3}}{2}v_1 - \frac{1}{2}v_2, v_1 - v_2, v_2\right)$,
$\mathbf{v} = (2, 4)$, $\mathbf{w} = (\sqrt{3}, 2, 0)$

선형변환 9~22번에서는 함수가 선형변환인지 판정하시오.

9. $T: \mathbb{R}^2 \to \mathbb{R}^2$, $T(x, y) = (x, 1)$

10. $T: \mathbb{R}^2 \to \mathbb{R}^2$, $T(x, y) = (x, y^2)$

11. $T: \mathbb{R}^3 \to \mathbb{R}^3$, $T(x, y, z) = (x + y, x - y, z)$

12. $T: \mathbb{R}^3 \to \mathbb{R}^3$, $T(x, y, z) = (x + 1, y + 1, z + 1)$

13. $T: \mathbb{R}^2 \to \mathbb{R}^3$, $T(x, y) = (\sqrt{x}, xy, \sqrt{y})$

14. $T: \mathbb{R}^2 \to \mathbb{R}^3$, $T(x, y) = (x^2, xy, y^2)$

15. $T: M_{2,2} \to \mathbb{R}$, $T(A) = |A|$

16. $T: M_{2,2} \to \mathbb{R}$, $T(A) = a + b + c + d$, 여기서
$A = \begin{bmatrix} a & b \\ c & d \end{bmatrix}$

17. $T: M_{2,2} \to \mathbb{R}$, $T(A) = a - b - c - d$, 여기서
$A = \begin{bmatrix} a & b \\ c & d \end{bmatrix}$

18. $T: M_{2,2} \to \mathbb{R}$, $T(A) = b^2$, 여기서 $A = \begin{bmatrix} a & b \\ c & d \end{bmatrix}$

19. $T: M_{3,3} \to M_{3,3}$, $T(A) = \begin{bmatrix} 0 & 0 & 1 \\ 0 & 1 & 0 \\ 1 & 0 & 0 \end{bmatrix} A$

20. $T: M_{3,3} \to M_{3,3}$, $T(A) = \begin{bmatrix} 3 & 0 & 0 \\ 0 & 2 & 0 \\ 0 & 0 & -10 \end{bmatrix} A$

21. $T: P_2 \to P_2$, $T(a_0 + a_1x + a_2x^2)$
$= (a_0 + a_1 + a_2) + (a_1 + a_2)x + a_2x^2$

22. $T: P_2 \to P_2$, $T(a_0 + a_1x + a_2x^2) = a_1 + 2a_2x$

23. T는 $T(1, 0) = (1, 1)$이고 $T(0, 1) = (-1, 1)$인 $\mathbb{R}^2$에서 $\mathbb{R}^2$로의 선형변환이다. $T(1, 4)$와 $T(-2, 1)$을 구하시오.

24. T는 $T(1, 2) = (1, 0)$이고 $T(-1, 1) = (0, 1)$인 $\mathbb{R}^2$에서 $\mathbb{R}^2$로의 선형변환이다. $T(2, 0)$과 $T(0, 3)$을 구하시오.

선형변환과 기저 25~28번에서는 $T: \mathbb{R}^3 \to \mathbb{R}^3$는 $T(1, 0, 0) = (2, 4, -1)$, $T(0, 1, 0) = (1, 3, -2)$, $T(0, 0, 1) = (0, -2, 2)$인 선형변환이다. 다음 상을 구하시오.

25. $T(1, -3, 0)$

26. $T(2, -1, 0)$

27. $T(2, -4, 1)$

28. $T(-2, 4, -1)$

선형변환과 기저 29~32번에서는 $T: \mathbb{R}^3 \to \mathbb{R}^3$은 $T(1, 1, 1) = (2, 0, -1)$, $T(0, -1, 2) = (-3, 2, -1)$, $T(1, 0, 1) = (1, 1, 0)$인 선형변환이다. 다음 상을 구하시오.

29. $T(4, 2, 0)$

30. $T(0, 2, -1)$

31. $T(2, -1, 1)$

32. $T(-2, 1, 0)$

행렬로 주어진 선형변환 33~38번에서는 선형변환 $T: \mathbb{R}^n \to \mathbb{R}^m$은 $T(\mathbf{v}) = A\mathbf{v}$로 정의한다. $\mathbb{R}^n$과 $\mathbb{R}^m$의 차원을 구하시오.

33. $A = \begin{bmatrix} 0 & -1 \\ -1 & 0 \end{bmatrix}$

34. $A = \begin{bmatrix} 1 & 2 \\ -2 & 4 \\ -2 & 2 \end{bmatrix}$

35. $A = \begin{bmatrix} 1 & 0 & 0 & 0 \\ 0 & -1 & 0 & 0 \\ 0 & 0 & 1 & 0 \\ 0 & 0 & 0 & 2 \end{bmatrix}$

36. $A = \begin{bmatrix} -1 & 2 & 1 & 3 & 4 \\ 0 & 0 & 2 & -1 & 0 \end{bmatrix}$

37. $A = \begin{bmatrix} 0 & 1 & -2 & 1 \\ -1 & 4 & 5 & 0 \\ 0 & 1 & 3 & 1 \end{bmatrix}$

38. $A = \begin{bmatrix} 0 & 2 & 0 & 2 & 0 \\ 1 & 0 & 1 & 0 & 1 \\ 1 & 2 & 2 & 2 & 1 \end{bmatrix}$

39. 연습문제 33번에서의 선형변환에 대하여 (a) $T(1, 1)$, (b) $(1, 1)$의 원상, (c) $(0, 0)$의 원상을 구하시오.

40. **서술** 연습문제 34번에서의 선형변환에 대하여 (a) $T(2, 4)$와 (b) $(-1, 2, 2)$의 원상을 구하시오. 그리고 (c) 벡터 $(1, 1, 1)$은 이 선형변환에 대한 원상이 존재하지 않는 이유를 설명하시오.

41. 연습문제 35번에서의 선형변환에 대하여 (a) $T(2, 1, 2, 1)$과 (b) $(-1, -1, -1, -1)$의 원상을 구하시오.

42. 연습문제 36번에서의 선형변환에 대하여 (a) $T(1, 0, -1, 3)$과 (b) $(-1, 8)$의 원상을 구하시오.

43. 연습문제 37번에서의 선형변환에 대하여 (a) $T(1, 0, 2, 3)$과 (b) $(0, 0, 0)$의 원상을 구하시오.

44. 연습문제 38번에서의 선형변환에 대하여 (a) $T(0, 1, 0, 1, 0)$과 (b) $(0, 0, 0)$의 원상, 그리고 (c) $(1, -1, 2)$의 원상을 구하시오.

45. T는 $T(x, y) = (x\cos\theta - y\sin\theta,\ x\sin\theta + y\cos\theta)$로 정의된 $\mathbb{R}^2$에서 $\mathbb{R}^2$로의 선형변환이다. (a) $\theta = 45°$일 때 $T(4, 4)$, (b) $\theta = 30°$일 때 $T(4, 4)$, 그리고 (c) $\theta = 120°$일 때 $T(5, 0)$을 구하시오.

46. 연습문제 45번에서의 선형변환에 대하여 $\theta = 45°$일 때 $\mathbf{v} = (1, 1)$의 원상을 구하시오.

47. 예제 7에서의 행렬 A의 역행렬을 구하시오. A^{-1}는 $\mathbb{R}^2$에서 $\mathbb{R}^2$로의 어떠한 선형변환을 나타내는가?

48. 행렬 $A=\begin{bmatrix} a & -b \\ b & a \end{bmatrix}$로 주어진 선형변환 $T:\mathbb{R}^2 \to \mathbb{R}^2$에 대하여, $T(12, 5)=(13, 0)$을 만족하는 a와 b를 구하시오.

$\mathbb{R}^3$로의 정사영 49번과 50번에서는 행렬 A가 선형변환 $T:\mathbb{R}^3 \to \mathbb{R}^3$를 나타낸다. T가 $\mathbb{R}^3$의 모든 벡터를 어떤 직교정사영으로 대응시키는지 설명하시오.

49. $A=\begin{bmatrix} 1 & 0 & 0 \\ 0 & 0 & 0 \\ 0 & 0 & 1 \end{bmatrix}$

50. $A=\begin{bmatrix} 0 & 0 & 0 \\ 0 & 1 & 0 \\ 0 & 0 & 1 \end{bmatrix}$

행렬로 주어진 선형변환 51~54번에서는 $n\times n$ 행렬 A를 포함하는 함수가 선형변환인지 판별하시오.

51. $T: M_{n,n} \to M_{n,n},\ T(A)=A^{-1}$

52. $T: M_{n,n} \to M_{n,n},\ T(A)=AX-XA$, 여기서 X는 고정된 $n\times m$ 행렬

53. $T: M_{n,n} \to M_{n,m},\ T(A)=AB$, 여기서 B는 고정된 $n\times m$ 행렬

54. $T: M_{n,n} \to \mathbb{R},\ T(A)=a_{11}\cdot a_{22}\cdot \cdots \cdot a_{nn}$, 여기서 $A=[a_{ij}]$

55. T는 $T(1)=x,\ T(x)=1+x,\ T(x^2)=1+x+x^2$를 만족하는 P_2에서 P_2로의 선형변환이다. $T(2-6x+x^2)$을 구하시오.

56. T는 $T\left(\begin{bmatrix} 1 & 0 \\ 0 & 0 \end{bmatrix}\right)=\begin{bmatrix} 1 & -1 \\ 0 & 2 \end{bmatrix}$, $T\left(\begin{bmatrix} 0 & 1 \\ 0 & 0 \end{bmatrix}\right)=\begin{bmatrix} 0 & 2 \\ 1 & 1 \end{bmatrix}$, $T\left(\begin{bmatrix} 0 & 0 \\ 1 & 0 \end{bmatrix}\right)=\begin{bmatrix} 1 & 2 \\ 0 & 1 \end{bmatrix}$, $T\left(\begin{bmatrix} 0 & 0 \\ 0 & 1 \end{bmatrix}\right)=\begin{bmatrix} 3 & -1 \\ 1 & 0 \end{bmatrix}$을 만족하는 $M_{2,2}$에서 $M_{2,2}$로의 선형변환이다. $T\left(\begin{bmatrix} 1 & 3 \\ -1 & 4 \end{bmatrix}\right)$를 구하시오.

미적분 57~60번에서는 D_x는 예제 10에서의 $C'[a, b]$에서 $C[a, b]$로의 선형변환이다. 각 명제가 참인지 혹은 거짓인지 판별하고 그 이유를 설명하시오.

57. $D_x(e^{x^2}+2x)=D_x(e^{x^2})+2D_x(x)$

58. $D_x(x^2-\ln x)=D_x(x^2)-D_x(\ln x)$

59. $D_x(\sin 3x)=3D_x(\sin x)$

60. $D_x\left(\cos\dfrac{x}{2}\right)=\dfrac{1}{2}D_x(\cos x)$

미적분 61~64번에서는 예제 10의 선형변환에 대한 각 함수의 원상을 구하시오.

61. $D_x(f)=4x+3$

62. $D_x(f)=e^x$

63. $D_x(f)=\sin x$

64. $D_x(f)=\dfrac{1}{x}$

65. **미적분** T는 $T(p)=\int_0^1 p(x)dx$로 정의된 P에서 $\mathbb{R}$로의 선형변환이다. (a) $T(-2+3x^2)$, (b) $T(x^3-x^5)$, (c) $T(-6+4x)$를 구하시오.

66. **미적분** T는 연습문제 65번에서의 적분을 이용하여 정의한 P_2에서 $\mathbb{R}$로의 선형변환이다. 1의 원상을 구하시오 즉, $T(p)=1$인 2차 이하의 다항함수(들)을 구하시오.

참 또는 거짓? 67번과 68번에서는 각 명제가 참 또는 거짓인지 판별하시오. 만약 명제가 참이라면 그 이유를 제시하거나 본문에서 적절한 명제를 찾아 제시하시오. 만약 명제가 거짓이라면 명제가 참이 아니라는 예를 제시하거나 본문에서 적절한 명제를 찾아 제시하시오.

67. (a) 함수 $f(x)=\cos x$는 $\mathbb{R}$에서 $\mathbb{R}$로의 선형변환이다.

(b) 다항함수에 대하여, 미분연산자 D_x는 P_n에서 P_{n-1}로의 선형변환이다.

68. (a) 함수 $g(x)=x^3$은 $\mathbb{R}$에서 $\mathbb{R}$로의 선형변환이다.

(b) $f(x)=ax+b$ 꼴의 임의의 일차함수는 $\mathbb{R}$에서 $\mathbb{R}$로의 선형변환이다.

69. **서술** $T:\mathbb{R}^2\to\mathbb{R}^2$은 $T(1, 0)=(1, 0)$이고 $T(0, 1)=(0, 0)$인 선형변환이다.

(a) $\mathbb{R}^2$의 벡터 (x, y)에 대하여 $T(x, y)$를 결정하시오.

(b) T를 기하적으로 설명하시오.

70. **서술** $T:\mathbb{R}^2\to\mathbb{R}^2$는 $T(1, 0)=(0, 1)$이고 $T(0, 1)=(1, 0)$인 선형변환이다.

(a) $\mathbb{R}^2$의 벡터 (x, y)에 대하여 $T(x, y)$를 결정하시오.

(b) T를 기하적으로 설명하시오.

71. **증명** T는 $T(\mathrm{u})=\mathrm{proj}_{\mathrm{v}}\mathrm{u}$로 정의된 $\mathbb{R}^2$에서 $\mathbb{R}^2$로의 선형변환이다. 여기서 $\mathrm{v}=(1, 1)$이다.

(a) $T(x, y)$를 구하시오.

(b) $T(5, 0)$을 구하시오.

(c) T가 $\mathbb{R}^2$에서 $\mathbb{R}^2$로의 선형변환임을 증명하시오.

72. **서술** 연습문제 71번에서 $T(3, 4)$와 $T(T(3, 4))$를 구하고 이 결과를 기하적으로 설명하시오.

73. 연습문제 71번에의 T가 $A=\begin{bmatrix}\frac{1}{2} & \frac{1}{2}\\ \frac{1}{2} & \frac{1}{2}\end{bmatrix}$로 표현됨을 보이시오.

74. **캡스톤** 함수 $T: V\to W$가 선형변환인지를 판별하는 방법을 설명하시오.

75. **증명** 선형변환 $T: V\to V$의 고정점 개념을 사용하시오. 벡터 u는 $T(\mathrm{u})=\mathrm{u}$일 때 **고정점(fixed point)**이다.

(a) $\mathbf{0}$은 어떤 선형변환 $T: V\to V$에 대하서도 고정점임을 증명하시오.

(b) 선형변환 $T: V\to V$의 고정점의 집합은 V의 부분공간임을 증명하시오.

(c) $T(x, y)=(x, 2y)$로 나타내어지는 선형변환 $T:\mathbb{R}^2\to\mathbb{R}^2$의 모든 고정점을 결정하시오.

(d) $T(x, y)=(y, x)$로 나타내어지는 선형변환 $T:\mathbb{R}^2\to\mathbb{R}^2$의 모든 고정점을 결정하시오.

76. $\mathbb{R}^2$에서의 **평행이동(translation)**은 $T(x, y)=(x-h, y-k)$ 꼴의 함수이다. 여기서 두 상수 h와 k 중 적어도 하나는 0이 아니다.

(a) $\mathbb{R}^2$에서의 평행이동은 선형변환이 아님을 보이시오.

(b) 평행이동 $T(x, y)=(x-2, y+1)$에 대하여 $(0, 0)$, $(2, -1)$, $(5, 4)$의 상을 결정하시오.

(c) $\mathbb{R}^2$의 평행이동은 고정점을 갖지 않음을 보이시오.

77. **증명** (a) 영변환과 (b) 항등변환은 선형변환임을 증명하시오.

78. $S=\{\mathrm{v}_1, \mathrm{v}_2, \mathrm{v}_3\}$는 $\mathbb{R}^3$의 일차독립인 벡터의 집합이다 .$\{T(\mathrm{v}_1), T(\mathrm{v}_2), T(\mathrm{v}_3)\}$가 일차종속이 되는 $\mathbb{R}^3$에서 $\mathbb{R}^3$로의 선형변환을 구하시오

79. **증명** 집합 $S=\{\mathrm{v}_1, \mathrm{v}_2, ..., \mathrm{v}_n\}$은 V의 일차종속인 벡터의 집합이고, T는 V에서 V로의 선형변환이다. 집합 $\{T(\mathrm{v}_1)\ T(\mathrm{v}_2), ..., T(\mathrm{v}_n)\}$은 일차종속임을 증명하시오.

80. 증명 V는 내적공간이다. V의 고정된 벡터 v_0에 대하여, 선형변환 $T: V \to \mathbb{R}$는 $T(\mathrm{v}) = \langle \mathrm{v}, \mathrm{v}_0 \rangle$로 정의하자. T는 선형변환임을 증명하시오.

81. 증명 $T: M_{n,n} \to \mathbb{R}$을 $T(A) = a_{11} + a_{22} + \cdots + a_{nn}$($A$의 대각합)으로 정의하자. T는 선형변환임을 증명하시오.

82. V는 내적공간이고 V의 부분공간 W는 $= \{\mathrm{w}_1, \mathrm{w}_2, \ldots, \mathrm{w}_n\}$을 정규직교기저로 갖는다. V의 임의의 벡터 v에 대하여 함수 $T: V \to W$가

$$T(\mathrm{v}) = \langle \mathrm{v}, \mathrm{w}_1 \rangle \mathrm{w}_1 + \langle \mathrm{v}, \mathrm{w}_2 \rangle \mathrm{w}_2 + \cdots + \langle \mathrm{v}, \mathrm{w}_n \rangle \mathrm{w}_n$$

로 표현되면 T는 선형변환임을 보이시오. T를 V의 W로의 **직교정사영(orthogonal projection)**이라 한다.

83. 힌트가 있는 증명 집합 $\{\mathrm{v}_1, \mathrm{v}_2, \ldots, \mathrm{v}_n\}$은 벡터공간 V의 기저이다. 만일 선형변환 $T: V \to V$가 모든 $i = 1, 2, \ldots, n$에 대하여 $T(\mathrm{v}_i) = 0$를 만족하면 T는 영변환임을 증명하시오.

시작: T가 영변환임을 증명하려면 V의 모든 벡터 v에 대하여 $T(\mathrm{v}) = 0$임을 보여야 한다.

(i) 벡터 v는 V의 임의의 벡터이고

$$\mathrm{v} = c_1\mathrm{v}_1 + c_2\mathrm{v}_2 + \cdots + c_n\mathrm{v}_n$$

이다.

(ii) 선형변환의 정의와 성질을 이용하여 $T(\mathrm{v})$를 $T(\mathrm{v}_i)$의 일차결합으로 나타내자.

(iii) $T(\mathrm{v}_i) = 0$이라는 사실을 이용하여 $T(\mathrm{v}) = 0$가 성립함을 보여 결국 T는 영변환이라는 결론을 이끌어 내자.

84. 힌트가 있는 증명 $T: V \to W$가 선형변환이라는 사실은 모든 벡터 u와 v, 그리고 모든 스칼라 a와 b에 대하여

$$T(a\mathrm{u} + b\mathrm{v}) = aT(\mathrm{u}) + bT(\mathrm{v})$$

이라는 사실과 동치임을 증명하시오.

시작: 이 명제는 "동치" 명제이다. 따라서 양쪽 방향으로 모두 증명해야 한다. T가 선형변환임을 증명하려면 함수가 선형변환의 정의를 만족함을 보여야 한다. 반대 방향을 증명하기 위해 T를 선형변환이라 하자. 선형변환의 정의와 성질을 이용하여 $T(a\mathrm{u} + b\mathrm{v}) = aT(\mathrm{u}) + bT(\mathrm{v})$임을 증명한다.

(i) $T(a\mathrm{u} + b\mathrm{v}) = aT(\mathrm{u}) + bT(\mathrm{v})$하자. 적절한 a와 b의 값을 선택하여 T는 벡터덧셈과 스칼라곱의 성질이 보존됨을 보이자.

(ii) 반대방향의 명제를 증명하기 위해 T가 선형변환이라고 가정하자. 선형변환의 정의와 성질을 이용하여 $T(a\mathrm{u} + b\mathrm{v}) = aT(\mathrm{u}) + bT(\mathrm{v})$임을 보이자.

6.2 선형변환의 핵과 치역

- 선형변환의 핵 구하기
- 선형변환의 치역의 기저, 계수, 영공간 차원 구하기
- 선형변환이 일대일인지 또는 위로의 함수인지 판별하기
- 벡터공간이 동형인지 판별하기

선형변환의 핵

정리 6.1로부터 임의의 선형변환 $T: V \to W$에 대하여 V의 영벡터는 W의 영벡터로 대응됨을 알았다. 즉, $T(0)=0$이다. 이 절에서 다루는 첫 번째 질문은 $T(\mathrm{v})=0$인 또 다른 벡터 v가 있는가 하는 것이다. 이러한 모든 원소의 모임이 T의 **핵**(kernel)이다. V와 W의 영벡터가 종종 다름에도 불구하고 기호 0는 V와 W의 영벡터를 나타낸다.

> 선형변환의 핵의 정의
>
> $T: V \to W$는 선형변환이다. 그러면 $T(\mathrm{v})=0$이 되는 V의 모든 v의 집합은 T의 **핵**(kernel)이고 $\ker(T)$로 나타낸다.

때때로 변환의 핵은 예제 1, 2, 3에서처럼 관찰을 통해 구할 수도 있다.

예제 1 선형변환의 핵 구하기

선형변환 $T: M_{3,2} \to M_{2,3}$은 3×2 행렬 A를 그 전치행렬로 대응시킨다고 하자. 즉 $T(A)=A^T$이다. T의 핵을 구하시오.

풀이

이 선형변환은 명백하게 3×2의 영행렬을 그 전치행렬이 $M_{2,3}$의 영행렬이 되는 $M_{3,2}$의 유일한 행렬이다. 따라서 T의 핵은 하나의 원소, $M_{3,2}$의 영행렬로만 이루어져 있다. ■

예제 2 영변환과 항등변환의 핵

a. 영변환 $T: V \to W$의 핵은 V의 모든 v에 대하여 $T(\mathbf{v}) = \mathbf{0}$이므로 V의 모든 벡터로 이루어져 있다. 즉 $\ker(T) = V$이다.

b. 항등변환 $T: V \to W$의 핵은 $\mathbf{0}$ 하나의 원소로만 이루어졌다. 즉 $\ker(T) = \{\mathbf{0}\}$이다. ■

예제 3 선형변환의 핵 구하기

$T(x, y, z) = (x, y, 0)$인 정사영 $T: \mathbb{R}^3 \to \mathbb{R}^3$의 핵을 구하시오.

풀이

이 선현변환은 $\mathbb{R}^3$의 벡터 (x, y, z)를 xy-평면의 벡터 $(x, y, 0)$으로 정사영시킨다. 핵은 z-축 위의 모든 벡터로 이루어져 있다. 즉

$$\ker(T) = \{(0, 0, z) : z\text{는 실수}\}$$

이다. (그림 6.1 참고) ■

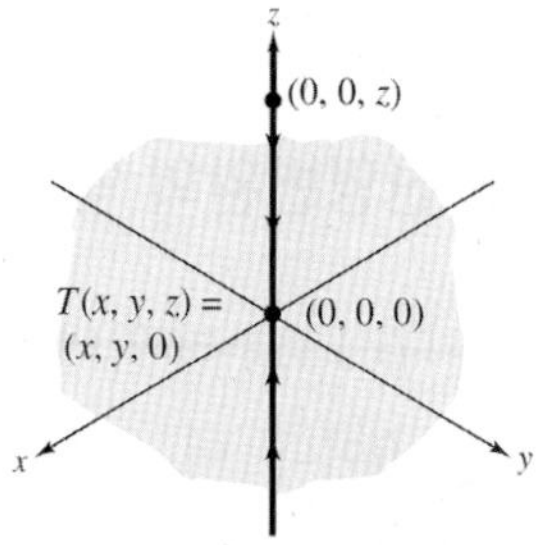

T의 핵은 z-축 위의 모든 벡터의 집합이다.

그림 6.1

예제 1, 2, 3에서 선형변환의 핵을 구하는 것은 비교적 쉬웠다. 때로는 다음 두 개의 예제에서처럼 선형변환의 핵이 명확하지 않을 때도 있다.

예제 4 선형변환의 핵 구하기

$\mathbb{R}^2$의 임의의 벡터 (x_1, x_2)에 대하여

$$T(x_1, x_2) = (x_1 - 2x_2, 0, -x_1)$$

으로 나타내어지는 선형변환 $T: \mathbb{R}^2 \to \mathbb{R}^3$의 핵을 구하시오.

풀이

$\ker(T)$를 구하려면

$$T(x_1, x_2) = (x_1 - 2x_2, 0, -x_1) = (0, 0)$$

인 $\mathbb{R}^2$의 모든 $\mathbf{x} = (x_1, x_2)$를 찾아야 한다. 이 식으로부터 동차연립방정식

$$\begin{aligned} x_1 - 2x_2 &= 0 \\ 0 &= 0 \\ -x_1 \quad\quad &= 0 \end{aligned}$$

$$\begin{aligned} x_1 - 2x_2 &= 0 \\ 0 &= 0 \\ -x_1 \qquad &= 0 \end{aligned}$$

을 얻는데, 이 연립방정식은 $(x_1, x_2)=(0, 0)$을 유일한 해로 가진다. 따라서

$$\ker(T)=\{(0, 0)\}=\{\mathbf{0}\}$$

이다. ■

예제 5 선형변환의 핵 구하기

행렬 $A=\begin{bmatrix} 1 & -1 & -2 \\ -1 & 2 & 3 \end{bmatrix}$에 대하여, $T(\mathbf{x})=A\mathbf{x}$로 정의된 선형변환의 핵을 구하시오.

풀이

T의 핵은 $T(x_1, x_2, x_3)=(0, 0)$인 $\mathbb{R}^3$의 모든 $\mathbf{x}=(x_1, x_2, x_3)$의 집합이다. 이 식으로부터 다음과 같은 동차연립방정식을 얻는다.

$$\begin{bmatrix} 1 & -1 & -2 \\ -1 & 2 & 3 \end{bmatrix}\begin{bmatrix} x_1 \\ x_2 \\ x_3 \end{bmatrix}=\begin{bmatrix} 0 \\ 0 \end{bmatrix} \quad \Rightarrow \quad \begin{aligned} x_1 - x_2 - 2x_3 &= 0 \\ -x_1 + 2x_2 + 3x_3 &= 0 \end{aligned}$$

이 연립방정식의 덧붙인 행렬의 기약행사다리꼴은 다음과 같다.

$$\begin{bmatrix} 1 & 0 & -1 & 0 \\ 0 & 1 & 1 & 0 \end{bmatrix} \quad \Rightarrow \quad \begin{aligned} x_1 &= x_3 \\ x_2 &= -x_3 \end{aligned}$$

매개 변수 $t=x_x$라 하면 해 모임은

$$\begin{bmatrix} x_1 \\ x_2 \\ x_3 \end{bmatrix}=\begin{bmatrix} t \\ -t \\ t \end{bmatrix}=t\begin{bmatrix} 1 \\ -1 \\ 1 \end{bmatrix}$$

이다. 따라서 T의 핵은

$$\ker(T)=\{t(1, -1, 1): t\text{는 실수}\}=\text{span}\{(1, -1, 1)\}$$

이다. (그림 6.2 참고). ■

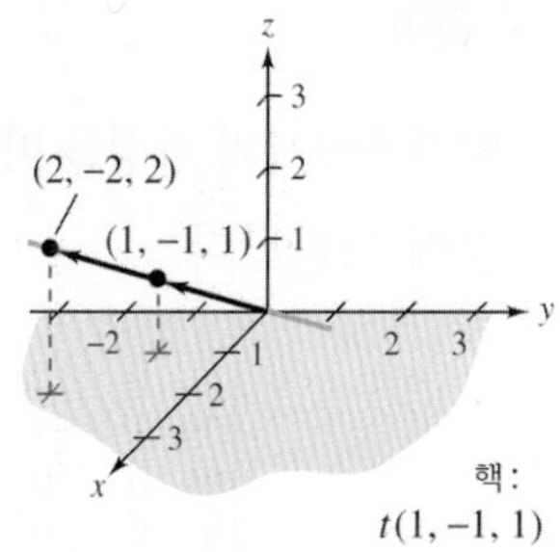

그림 6.2

예제 5에서 T의 핵은 무수히 많은 벡터로 이루어져 있음을 주목하자. 물론 $\ker(T)$에는 영벡터도 있다. 하지만, 핵은 그림 6.2에서처럼 $(1, -1, 1)$과 $(2, -2, 2)$와 같이 영이 아닌 벡터도 포함하고 있다. 그림 6.2는 핵이 원점을 지나는 직선이고 $\mathbb{R}^3$의 부분공간임을 보여준다. 다음의 정리 6.3에서 모든 선형변환 $T: V \to W$의 핵은 V의 부분공간임을 설명한다.

정리 6.3 **핵은 V의 부분공간**

선형변환 $T: V \to W$의 핵은 정의역 V의 부분공간이다.

증명

정리 6.1로부터 $\ker(T)$는 V의 공집합이 아닌 부분집합임을 알 수 있다. 따라서 정리 4.5에 의해 $\ker(T)$가 벡터덧셈과 스칼라곱에 대해 닫혀있음을 보여줌으로써 $\ker(T)$가 V의 부분공간임을 보일 수 있다. 이를 위해, u와 v는 T의 핵의 두 벡터라 하자. 그러면 $T(\mathbf{u}+\mathbf{v}) = T(\mathbf{u}) + T(\mathbf{v}) = \mathbf{0}+\mathbf{0} = \mathbf{0}$이고 이는 $\mathbf{u}+\mathbf{v}$가 핵에 속함을 의미한다. 더욱이 만일 c가 임의의 스칼라라면 $T(c\mathbf{u}) = cT(\mathbf{u}) = c\mathbf{0} = \mathbf{0}$이고 이는 $c\mathbf{u}$가 핵에 속함을 의미한다. ■

참고

T의 핵은 때때로 T의 **영공간(nullspace)**이라고도 한다.

다음 예제는 행렬로 정의된 변환의 핵의 기저를 어떻게 구하는지 보여준다.

예제 6 **핵의 기저 구하기**

$\mathbb{R}^5$의 벡터 x와 $A = \begin{bmatrix} 1 & 2 & 0 & 1 & -1 \\ 2 & 1 & 3 & 1 & 0 \\ -1 & 0 & -2 & 0 & 1 \\ 0 & 0 & 0 & 2 & 8 \end{bmatrix}$에 대하여, $T: \mathbb{R}^5 \to \mathbb{R}^4$는 $T(\mathbf{x}) = A\mathbf{x}$로 정의한다. $\mathbb{R}^5$의 부분공간으로서 $\ker(T)$의 기저를 구하시오.

풀이

예제 5에서의 과정을 따르면 덧붙인 행렬 $[A \quad \mathbf{0}]$의 기약행사다리꼴은 다음과 같이 나타난다.

$$\begin{bmatrix} 1 & 0 & 2 & 0 & -1 & 0 \\ 0 & 1 & -1 & 0 & -2 & 0 \\ 0 & 0 & 0 & 1 & 4 & 0 \\ 0 & 0 & 0 & 0 & 0 & 0 \end{bmatrix} \quad \longrightarrow \quad \begin{aligned} x_1 &= -2x_3 + x_5 \\ x_2 &= x_3 + 2x_5 \\ x_4 &= -4x_5 \end{aligned}$$

$x_3 = s$라 하고 $x_5 = t$라 하면

$$\mathbf{x} = \begin{bmatrix} x_1 \\ x_2 \\ x_3 \\ x_4 \\ x_5 \end{bmatrix} = \begin{bmatrix} -2s + t \\ s + 2t \\ s + 0t \\ 0s - 4t \\ 0s + t \end{bmatrix} = s\begin{bmatrix} -2 \\ 1 \\ 1 \\ 0 \\ 0 \end{bmatrix} + t\begin{bmatrix} 1 \\ 2 \\ 0 \\ -4 \\ 1 \end{bmatrix}$$

이다. 따라서 T의 핵의 기저는 $B = \{(-2, 1, 1, 0, 0), (1, 2, 0, -4, 1)\}$이다. ■

발견

1. 예제 6에서 행렬 A의 계수는 무엇인가?
2. 핵, 계수, 그리고 A의 열의 개수와 관계된 식을 세워보시오.
3. 예제 5에서의 행렬에 대해서도 가설이 옳은지 확인하시오.

예제 6의 해에서 T의 핵의 기저는 $A\mathbf{x}=\mathbf{0}$으로 나타내어지는 동차연립방정식을 풀어서 구했다. 이 과정은 A의 *영공간*을 구할 때 사용했던 과정과 같다. 다시 말해, 다음의 정리 6.3의 따름정리에서처럼 T의 핵은 $A\mathbf{x}=\mathbf{0}$의 해공간이다.

정리 6.3 따름정리

$T: \mathbb{R}^n \to \mathbb{R}^m$은 $T(\mathbf{x}) = A\mathbf{x}$로 정의된 선형변환이다. 그러면 T의 핵은 $A\mathbf{x}=\mathbf{0}$의 해공간과 같다.

선형변환의 치역

핵은 선형변환과 관련된 중요한 부분공간 두 개 중 하나이다. 나머지 하나는 T의 치역이고 range(T)로 나타낸다. 6.1절에서 $T: V \to W$의 치역은 V의 벡터의 상이 되는 W의 벡터 $\mathbf{w}$ 모두의 집합이라 했다. 즉

$$\text{range}(T) = \{T(\mathbf{v}) : \mathbf{v} \in V\}$$

이다.

정리 6.4 T의 치역은 W의 부분공간

선형변환 $T: V \to W$의 치역은 W의 부분공간이다.

증명

$T(\mathbf{0}) = \mathbf{0}$이라는 것은 치역에 영벡터가 포함됨을 의미하므로 T의 치역은 공집합은 아니다. 벡터덧셈에 대하여 닫혀있음을 보이기 위해 $T(\mathbf{u})$와 $T(\mathbf{v})$가 T의 치역의 벡터라 하자. 벡터 $\mathbf{u}$와 $\mathbf{v}$는 V에 속한다. 따라서 $\mathbf{u}+\mathbf{v}$도 V에 속하고 합

$$T(\mathbf{u}) + T(\mathbf{v}) = T(\mathbf{u}+\mathbf{v})$$

는 T의 치역에 속한다.

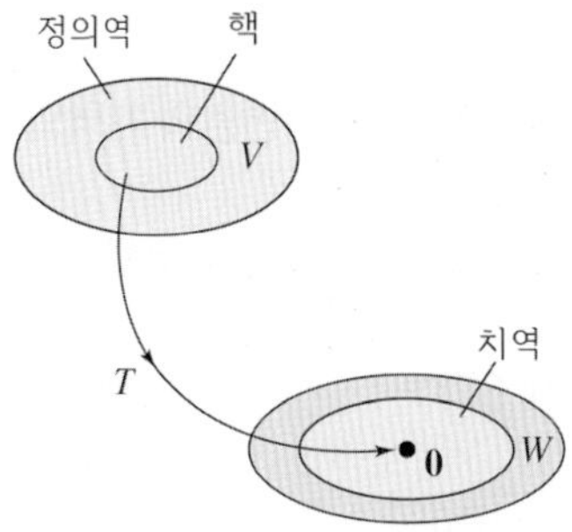

그림 6.3

스칼라곱에 대해 닫혀있음을 보이기 위해 $T(\mathbf{u})$는 T의 치역에 속한 벡터라 하고 c는 임의의 스칼라라 하자. $\mathbf{u}$는 V에 속한다. 따라서 $c\mathbf{u}$도 V에 속하고 스칼라곱 $cT(\mathbf{u}) = T(c\mathbf{u})$는 T의 치역에 속한다. ■

선형변환 $T: V \to W$의 핵과 치역은 그림 6.3에서처럼 각각 V와 W의 부분공간임에 주목하자.

선형변환 $T(\mathbf{x}) = A\mathbf{x}$의 치역의 기저를 구하려면 치역은 연립방정식 $A\mathbf{x}=\mathbf{b}$가 해를 갖는 모든 벡터 $\mathbf{b}$로 이

루어졌음을 살펴야 한다. 연립방정식

$$\begin{bmatrix} a_{11} & a_{12} & \cdots & a_{1n} \\ a_{21} & a_{22} & \cdots & a_{2n} \\ \vdots & \vdots & & \vdots \\ a_{m1} & a_{m2} & \cdots & a_{mn} \end{bmatrix} \begin{bmatrix} x_1 \\ x_2 \\ \vdots \\ x_n \end{bmatrix} = \begin{bmatrix} b_1 \\ b_2 \\ \vdots \\ b_m \end{bmatrix}$$

을

$$A\mathbf{x} = x_1 \begin{bmatrix} a_{11} \\ a_{21} \\ \vdots \\ a_{m1} \end{bmatrix} + x_2 \begin{bmatrix} a_{12} \\ a_{22} \\ \vdots \\ a_{m2} \end{bmatrix} + \cdots + x_n \begin{bmatrix} a_{1n} \\ a_{2n} \\ \vdots \\ a_{mn} \end{bmatrix} = \begin{bmatrix} b_1 \\ b_2 \\ \vdots \\ b_{m1} \end{bmatrix} = \mathbf{b}$$

의 꼴로 나타내고 나면 $\mathbf{b}$가 T의 치역에 속하면 $\mathbf{b}$는 A의 열벡터의 일차결합이고, 그 역도 성립함을 알 수 있다. 따라서 *행렬 A의 열공간은 T의 치역과 같다.*

정리 6.4 따름정리

$T: \mathbb{R}^n \to \mathbb{R}^m$은 $T(\mathbf{x}) = A\mathbf{x}$로 정의된 선형변환이다. 그러면 A의 열공간은 T의 치역과 같다.

4.6절의 예제 4와 예제 5에서 행렬의 열공간의 기저를 구하는 두 가지 과정을 알아보았다. 다음 예제는 4.6절의 예제 5에서 사용한 과정을 이용하여 행렬로 정의된 선형변환의 치역의 기저를 구하는 것이다.

예제 7 선형변환의 치역의 기저 구하기

이러한 유형의 대화형 예제는 LarsonLinearAlgebra.com을 참고하라

예제 6의 $\mathbb{R}^5 \to \mathbb{R}^4$인 선형변환에 대하여 T의 치역의 기저를 구하시오.

풀이

예제 6에서 구한 A의 기약행사다리꼴을 이용하자.

$$A = \begin{bmatrix} 1 & 2 & 0 & 1 & -1 \\ 2 & 1 & 3 & 1 & 0 \\ -1 & 0 & -2 & 0 & 1 \\ 0 & 0 & 0 & 2 & 8 \end{bmatrix} \quad \Rightarrow \quad \begin{bmatrix} 1 & 0 & 2 & 0 & -1 & 0 \\ 0 & 1 & -1 & 0 & -2 & 0 \\ 0 & 0 & 0 & 1 & 4 & 0 \\ 0 & 0 & 0 & 0 & 0 & 0 \end{bmatrix}$$

선행 1은 오른쪽의 기약행사다리꼴 행렬의 첫 번째, 두 번째, 그리고 네 번째 열에 위치한다. 따라서 A에서 대응하는 열이 A의 열공간의 기저를 이룬다. T의 치역의 기저는 $B = \{(1, 2, -1, 0),\ (2, 1, 0, 0),\ (1, 1, 0, 2)\}$이다. ■

예제 11 몇몇 결과의 정리

$T(\mathrm{x}) = A\mathrm{x}$로 정의된 선형변환 $T: \mathbb{R}^n \to \mathbb{R}^m$에 대하여, T의 영공간차원과 계수를 구하고, T가 일대일함수, 위로의 함수, 혹은 아무것도 아닌지 판별하시오.

a. $A = \begin{bmatrix} 1 & 2 & 0 \\ 0 & 1 & 1 \\ 0 & 0 & 1 \end{bmatrix}$ b. $A = \begin{bmatrix} 1 & 2 \\ 0 & 1 \\ 0 & 0 \end{bmatrix}$

c. $A = \begin{bmatrix} 1 & 2 & 0 \\ 0 & 1 & -1 \end{bmatrix}$ d. $A = \begin{bmatrix} 1 & 2 & 0 \\ 0 & 1 & 1 \\ 0 & 0 & 0 \end{bmatrix}$

풀이

$T: \mathbb{R}^n \to \mathbb{R}^m$	dim(정의역)	dim(치역) rank(T)	dim(핵) nullity(T)	일대일 함수	위로의 함수
a. $T: \mathbb{R}^3 \to \mathbb{R}^3$	3	3	0	예	예
b. $T: \mathbb{R}^2 \to \mathbb{R}^3$	2	2	0	예	아니오
c. $T: \mathbb{R}^3 \to \mathbb{R}^2$	3	2	1	아니오	예
d. $T: \mathbb{R}^3 \to \mathbb{R}^3$	3	2	1	아니오	아니오

■

벡터공간의 동형사상

$\mathbb{R}^3$과 $M_{3,1}$과 같이 서로 다른 벡터공간은 "근본적으로 같은" 공간이라고 생각할 수 있다. 즉 벡터덧셈과 스칼라곱의 연산에 대해서 같은 공간이라고 생각할 수 있다. 그러한 공간은 서로 **동형**(isomorphic)이다.(그리스어로 *isos*는 "같은"이란 뜻이다.)

> 동형사상의 정의
>
> 일대일이고 위로의 함수인 선형변환 $T: V \to W$를 **동형사상**(isomorphism)이라 한다. 더욱이, 만일 V와 W가 V에서 W로의 동형사상이 존재하는 벡터공간이라면 V와 W는 서로 **동형**(isomorphic)이다.

동형인 벡터공간은 같은 유한차원을 가지며 같은 유한 차원의 벡터공간은 동형이다. 이는 다음 정리와 같이 서술할 수 있다.

정리 6.9 **동형인 공간과 차원**

두 개의 유한 차원 벡터공간 V와 W가 동형이면 두 공간은 같은 차원이며, 그 역도 성립한다.

증명

V가 W와 동형이라 가정하자. 여기서 V는 n차원이다. 동형인 공간의 정의에 의해 일대일이면 위로의 함수인 선형변환 $T: V \rightarrow W$가 존재한다. 따라서 $\dim(\text{핵})=0$이고 이는

$$\dim(\text{치역})=\dim(\text{정의역})=n$$

임을 의미한다. 게다가 T는 위로의 함수이므로 $\dim(\text{치역})=\dim(W)=n$이다.

역을 증명하기 위해 V와 W는 모두 같은 n차원이라 가정하자. $B=\{\mathbf{v}_1, \mathbf{v}_2, \ldots, \mathbf{v}_n\}$은 V의 기저이고 $B'=\{\mathbf{w}_1, \mathbf{w}_2, \ldots, \mathbf{w}_n\}$은 W의 기저라 하자. 그러면 V의 임의의 벡터는

$$\mathbf{v}=c_1\mathbf{v}_1+c_2\mathbf{v}_2+\cdots+c_n\mathbf{v}_n$$

으로 나타낼 수 있고, 선형변환 $T: V \rightarrow W$를 다음과 같이 정의할 수 있다.

$$T(\mathbf{v})=c_1\mathbf{w}_1+c_2\mathbf{w}_2+\cdots+c_n\mathbf{w}_n$$

이 선형변환이 일대일이고 위로의 함수임을 확인해보라. 따라서 V와 W는 동형이다. ■

참고

벡터공간에 대한 공부는 $\mathbb{R}^n$에 대한 내용을 다른 벡터공간에 대한 내용보다 더 많이 담고 있다. 이와 같이 $\mathbb{R}^n$을 훨씬 많이 다루는 이유는 기호적인 편리함과 함께 $\mathbb{R}^2$와 $\mathbb{R}^3$와 같이 기하적 예를 사용할 수 있기 때문이다.

예제 12에서는 $\mathbb{R}^4$와 동형인 몇 가지 벡터공간을 나열했다.

예제 12 동형인 벡터공간

다음 벡터공간은 서로 동형이다.

a. $\mathbb{R}^4=4$-공간

b. $M_{4,1}=$모든 4×1 행렬의 집합

c. $M_{2,2}=$모든 2×2 행렬의 집합

d. $P_3=3$차 이하의 모든 다항식의 집합

e. $V=\{(x_1, x_2, x_3, x_4, 0): x_i\text{는 실수}\}$ ($\mathbb{R}^5$의 부분공간) ■

예제 12는 이 공간의 원소는 임의의 벡터 $\mathbf{v}=(v_1, v_2, v_3, v_4)$와 같은 방법으로 작용한다는 것을 알려준다.

6.2 연습문제

선형변환의 핵 구하기 1~10번에서는 선형변환의 핵을 구하시오.

1. $T: \mathbb{R}^3 \to \mathbb{R}^3,\ T(x, y, z) = (0, 0, 0)$

2. $T: \mathbb{R}^3 \to \mathbb{R}^3,\ T(x, y, z) = (x, 0, z)$

3. $T: \mathbb{R}^4 \to \mathbb{R}^4,\ T(x, y, z, w) = (y, x, w, z)$

4. $T: \mathbb{R}^3 \to \mathbb{R}^3,\ T(x, y, z) = (-z, -y, -x)$

5. $T: P_3 \to \mathbb{R},\ T(a_0 + a_x + a_2x^2 + a_3x^3) = a_1 + a_2$

6. $T: P_2 \to \mathbb{R},\ T(a_0 + a_1x + a_2x^2) = a_0$

7. $T: P_2 \to P_1,\ T(a_0 + a_1x + a_2x^2) = a_1 + 2a_2x$

8. $T: P_3 \to P_2,$
$T(a_0 + a_1x + a_2x^2 + a_3x^3) = a_1 + 2a_2x + 3a_3x^2$

9. $T: \mathbb{R}^2 \to \mathbb{R}^2,\ T(x, y) = (x + 2y, y - x)$

10. $T: \mathbb{R}^3 \to \mathbb{R}^2,\ T(x, y) = (x - y, y - x)$

핵과 치역 구하기 11~18번에서는 선형변환 T를 $T(\mathrm{x}) = A\mathrm{x}$로 정의하자. (a) T의 핵과 (b) T의 치역을 구하시오.

11. $A = \begin{bmatrix} 1 & 2 \\ 3 & 4 \end{bmatrix}$

12. $A = \begin{bmatrix} 1 & 2 \\ -3 & -6 \end{bmatrix}$

13. $A = \begin{bmatrix} 1 & -1 & 2 \\ 0 & 1 & 2 \end{bmatrix}$

14. $A = \begin{bmatrix} 1 & -2 & 1 \\ 0 & 2 & 1 \end{bmatrix}$

15. $A = \begin{bmatrix} 1 & 3 \\ -1 & -3 \\ 2 & 2 \end{bmatrix}$

16. $A = \begin{bmatrix} 1 & 1 \\ -1 & 2 \\ 0 & 1 \end{bmatrix}$

17. $A = \begin{bmatrix} 1 & 2 & -1 & 4 \\ 3 & 1 & 2 & -1 \\ -4 & -3 & -1 & -3 \\ -1 & -2 & 1 & 1 \end{bmatrix}$

18. $A = \begin{bmatrix} -1 & 3 & 2 & 1 & 4 \\ 2 & 3 & 5 & 0 & 0 \\ 2 & 1 & 2 & 1 & 0 \end{bmatrix}$

핵, 영공간차원, 치역, 그리고 계수 구하기 19~32번에서는 선형변환 T를 $T(\mathrm{x}) = A\mathrm{x}$로 정의하자. (a) $\mathrm{ker}(T)$, (b) $\mathrm{nullity}(T)$, (c) $\mathrm{range}(T)$, (d) $\mathrm{rank}(T)$를 구하시오.

19. $A = \begin{bmatrix} -1 & 1 \\ 1 & 1 \end{bmatrix}$

20. $A = \begin{bmatrix} 3 & 2 \\ -9 & -6 \end{bmatrix}$

21. $A = \begin{bmatrix} 5 & -3 \\ 1 & 1 \\ 1 & -1 \end{bmatrix}$

22. $A = \begin{bmatrix} 4 & 1 \\ 0 & 0 \\ 2 & -3 \end{bmatrix}$

23. $A = \begin{bmatrix} \frac{9}{10} & \frac{3}{10} \\ \frac{3}{10} & \frac{1}{10} \end{bmatrix}$

24. $A = \begin{bmatrix} \frac{1}{26} & -\frac{5}{26} \\ -\frac{5}{26} & \frac{25}{26} \end{bmatrix}$

25. $A = \begin{bmatrix} 1 & 0 & 1 \\ 0 & 1 & 0 \\ 1 & 0 & 1 \end{bmatrix}$

26. $A = \begin{bmatrix} 1 & 0 & 0 \\ 0 & 0 & 0 \\ 0 & 0 & 1 \end{bmatrix}$

27. $A = \begin{bmatrix} \frac{4}{9} & -\frac{4}{9} & \frac{2}{9} \\ -\frac{4}{9} & \frac{4}{9} & -\frac{2}{9} \\ \frac{2}{9} & -\frac{2}{9} & \frac{1}{9} \end{bmatrix}$

28. $A = \begin{bmatrix} -\frac{1}{3} & \frac{2}{3} & -\frac{1}{3} \\ \frac{2}{3} & \frac{1}{3} & \frac{2}{3} \\ -\frac{1}{3} & \frac{2}{3} & -\frac{1}{3} \end{bmatrix}$

29. $A = \begin{bmatrix} 0 & -2 & 3 \\ 4 & 0 & 11 \end{bmatrix}$

30. $A = \begin{bmatrix} 1 & 1 & 0 & 0 \\ 0 & 0 & 1 & 1 \end{bmatrix}$

31. $A = \begin{bmatrix} 2 & 2 & -3 & 1 & 13 \\ 1 & 1 & 1 & 1 & -1 \\ 3 & 3 & -5 & 0 & 14 \\ 6 & 6 & -2 & 4 & 16 \end{bmatrix}$

32. $$A=\begin{bmatrix}3 & -2 & 6 & -1 & 15\\ 4 & 3 & 8 & 10 & -14\\ 2 & -3 & 4 & -4 & 20\end{bmatrix}$$

영공간차원 구하고 핵과 치역 설명하기 33~40번에서는 $T: \mathbb{R}^3 \to \mathbb{R}^3$는 선형변환이다. T의 영공간차원을 구하고 T의 핵과 치역의 기하적 특성을 서술하시오.

33. $\mathrm{rank}(T)=2$ **34.** $\mathrm{rank}(T)=1$

35. $\mathrm{rank}(T)=0$ **36.** $\mathrm{rank}(T)=3$

37. T는 z축을 중심으로 시계 반대방향으로의 $45°$ 회전이다:

$$T(x, y, z) = \left(\frac{\sqrt{2}}{2}x-\frac{\sqrt{2}}{2}y,\ \frac{\sqrt{2}}{2}x+\frac{\sqrt{2}}{2}y,\ z\right)$$

38. T는 yz-평면에 대한 대칭이다:

$$T(x, y, z)=(-x, y, z)$$

39. T는 벡터 $\mathbf{v}=(1, 2, 2)$ 위로의 정사영이다:

$$T(x, y, z)=\frac{x+2y+2z}{9}(1, 2, 2)$$

40. T는 xy-평면 위로의 정사영이다:

$$T(x, y, z)=(x, y, 0)$$

선형변환의 영공간차원 구하기 41~46번에서는 T의 영공간차원을 구하시오.

41. $T: \mathbb{R}^4 \to \mathbb{R}^2$, $\mathrm{rank}(T)=2$

42. $T: \mathbb{R}^4 \to \mathbb{R}^4$, $\mathrm{rank}(T)=0$

43. $T: P_5 \to P_2$, $\mathrm{rank}(T)=3$

44. $T: P_3 \to P_1$, $\mathrm{rank}(T)=2$

45. $T: M_{2,4} \to M_{4,2}$, $\mathrm{rank}(T)=4$

46. $T: M_{3,3} \to M_{2,3}$, $\mathrm{rank}(T)=6$

T가 일대일 함수이고 위로의 함수임을 확인하기 47~50번에서는 행렬이 일대일 함수이고 위로의 함수인 선형변환을 정의하는지 확인하시오.

47. $A=\begin{bmatrix}-2 & 0\\ 0 & 2\end{bmatrix}$ **48.** $A=\begin{bmatrix}1 & 0\\ 0 & -1\end{bmatrix}$

49. $A=\begin{bmatrix}1 & 0 & 0\\ 0 & 0 & 1\\ 0 & 1 & 0\end{bmatrix}$ **50.** $A=\begin{bmatrix}1 & 2 & 3\\ -1 & 2 & 4\\ 0 & 4 & 1\end{bmatrix}$

T가 일대일 함수인지, 위로의 함수인지, 아무것도 아닌지 판별하기 51~54번에서는 선형변환이 일대일 함수인지, 위로의 함수인지, 아무것도 아닌지 판별하시오.

51. 연습문제 3의 T **52.** 연습문제 10의 T

53. $T: \mathbb{R}^2 \to \mathbb{R}^3$, $T(\mathbf{x})=A\mathbf{x}$, 여기서 A는 연습문제 21에서 주어진 행렬이다.

54. $T: \mathbb{R}^5 \to \mathbb{R}^3$, $T(\mathbf{x})=A\mathbf{x}$, 여기서 A는 연습문제 18에서 주어진 행렬이다.

55. 예제 12의 동형인 벡터공간 각각의 영벡터과 표준기저를 구하시오.

56. 어떤 벡터공간이 $\mathbb{R}^6$와 동형인가?

(a) $M_{2,3}$ (b) P_6 (c) $C[0, 6]$

(d) $M_{6,1}$ (e) P_5 (f) $C'[-3, 3]$

(g) $\{(x_1, x_2, x_3, 0, x_5, x_6, x_7):\ x_i$는 실수$\}$

57. **미적분** $T: P_4 \to P_3$을 $T(p)=p'$으로 정의하자. T의 핵은 무엇인가?

58. **미적분** $T: P_2 \to \mathbb{R}$를 $T(p)=\int_0^1 p(x)dx$로 정의하자. T의 핵은 무엇인가?

59. $T: \mathbb{R}^3 \to \mathbb{R}^3$는 u를 $\mathrm{v} = (2, -1, 1)$에 정사영시키는 선형변환이다.

(a) T의 계수와 영공간차원을 구하시오.

(b) T의 핵의 기저를 구하시오.

60. **캡스톤** $T: \mathbb{R}^4 \to \mathbb{R}^3$는 $T(\mathrm{x}) = A\mathrm{x}$로 정의된 선형변환이다. 여기서

$$A = \begin{bmatrix} 1 & -2 & 1 & 0 \\ 0 & 1 & 2 & 3 \\ 0 & 0 & 0 & 1 \end{bmatrix}$$

이다.

(a) 정의역의 차원을 구하시오.

(b) 치역의 차원을 구하시오.

(c) 핵의 차원을 구하시오.

(d) T는 일대일 함수인가? 이유를 설명하시오.

(e) T는 위로의 함수인가? 이유를 설명하시오.

(f) T는 동형사상인가? 이유를 설명하시오.

61. $T(\mathrm{x}) = A\mathrm{x}$로 정의된 선형변환 $T: \mathbb{R}^n \to \mathbb{R}^m$에 대하여 (a) $\det(A) \neq 0$일 때와 (b) $\det(A) = 0$일 때 T의 계수에 대하여 각각 어떤 이야기할 수 있을까?

62. **서술** $T: \mathbb{R}^m \to \mathbb{R}^n$은 선형변환이다. 일대일 함수와 위로의 함수의 개념 사이의 차이를 설명하시오. T가 위로의 함수이면 m과 n에 대해 어떤 이야기를 할 수 있을까? T가 일대일 함수이면 m과 n에 대해 어떤 이야기를 할 수 있을까?

63. $T: M_{n,n} \to M_{n,n}$을 $T(A) = A - A^T$로 정의하자. T의 핵은 $n \times n$ 대칭행렬의 집합임을 보이시오.

64. $M_{m,n}$과 $M_{j,k}$가 동형일 때 m, n, j, k 사이의 관계를 결정하시오.

참 또는 거짓? 65번과 66번에서는 각 명제가 참 또는 거짓인지 판별하시오. 만약 명제가 참이라면 그 이유를 제시하거나 본문에서 적절한 명제를 찾아 제시하시오. 만약 명제가 거짓이라면 명제가 참이 아니라는 예를 제시하거나 본문에서 적절한 명제를 찾아 제시하시오.

65. (a) 선형변환 T에 의해 벡터공간 V에서 대응하는 또 다른 벡터공간 W의 모든 벡터의 집합이 T의 핵이다.

(b) 벡터공간 V에서 벡터공간 W로의 선형변환의 치역은 V의 부분공간이다.

(c) 벡터공간 $\mathbb{R}^3$와 $M_{3,1}$은 서로 동형이다.

66. (a) 벡터공간 V에서 벡터공간 W로의 선형변환의 차원이 T의 계수이다.

(b) V에서 W로이 선형변환은 치역의 모든 w의 원상이 유일한 벡터 v로만 되어 있으면 일대일 함수이다.

(c) 벡터공간 $\mathbb{R}^2$와 P_1은 서로 동형이다.

67. **힌트가 있는 증명** B는 역행렬을 갖는 $n \times n$ 행렬이다. $T(A) = AB$로 정의된 선형변환 $T: M_{n,n} \to M_{n,n}$은 동형사상임을 증명하시오.

시작: 선형변환이 동형사상임을 보이려면 T가 일대일함수인 동시에 위로의 함수임을 보여야 한다.

(i) T는 같은 차원을 갖는 벡터공간 사이의 선형변환이다. 따라서 정리 6.8에 의해 T는 일대일 함수임을 보기만 하면 된다.

(ii) T가 일대일 함수임을 보이려면 T의 핵을 구하여 그 핵이 $\{0\}$임을 보이면 된다. B가 역행렬을 갖는 $n \times n$행렬이고 $T(A) = AB$로 정의됨을 이용하자.

(iii) T는 동형사상이라고 결론지을 수 있다.

68. **증명** $T: V \to W$는 선형변환이다. T가 일대일 함수이면 T의 계수는 V이 차원과 같고, 그 역도 성립함을 증명하시오.

69. **증명** 정리 6.7을 증명하시오.

70. **증명** $T: V \to W$는 선형변환이고 U는 W의 부분공간이다. 집합 $T^{-1}(U) = \{\mathrm{v} \in V: T(\mathrm{v}) \in U\}$는 V의 부분공간임을 증명하시오. $U = \{0\}$일 때, $T^{-1}(U)$는 무엇인가?

6.3 선형변환의 행렬

- 선형변환의 표준행렬 구하기
- 선형변환의 합성의 표준행렬을 구하고 역변환을 가지는 선형변환의 역변환 구하기
- 비표준기저에 대한 선형변환의 행렬 구하기

선형변환의 표준행렬

$T: \mathbb{R}^3 \to \mathbb{R}^3$에 대하여 다음 중 어떠한 표현방법이 더 나은가?

$$T(x_1,\ x_2,\ x_3) = (2x_1 + x_2 - x_3,\ -x_1 + 3x_2 - 2x_3,\ 3x_2 + 4x_3)$$

또는

$$T(\mathrm{x}) = A\mathrm{x} = \begin{bmatrix} 2 & 1 & -1 \\ -1 & 3 & -2 \\ 0 & 3 & 4 \end{bmatrix} \begin{bmatrix} x_1 \\ x_2 \\ x_3 \end{bmatrix}$$

두 번째 표현방법이 첫 번째 표현방법보다 더 간단히 나타낼 수 있으며, 더 쉽게 읽을 수 있고, 계산기 혹은 수학 소프트웨어에 쉽게 입력할 수 있다는 세 가지 관점에 대해 더 낫다. 나중에는 선형변환의 행렬표현이 몇몇 이론적인 부분에서도 장점을 가지고 있다는 것을 알게 될 것이다. 이 절에서는 유한차원 벡터공간을 다루는 선형변환에 대하여 행렬로 나타내는 것이 항상 가능하다는 것을 배울 것이다.

선형변환 $T:\ V \to W$를 행렬로 표현할 때 중요한 점은 이 선형변환이 V의 기저에 어떤 작용을 하는지 결정하는 것이다. 일단 기저에 있는 모든 벡터의 상을 알게 되면 선형변환의 성질을 이용하여 V의 임의의 v에 대하여 $T(\mathrm{v})$를 결정할 수 있다.

$\mathbb{R}^n$의 표준기저를 열벡터 표현으로 적으면

$$\begin{aligned} B &= \{\mathrm{e}_1,\ \mathrm{e}_2,\ \ldots,\ \mathrm{e}_n\} \\ &= \left\{ \begin{bmatrix} 1 \\ 0 \\ \vdots \\ 0 \end{bmatrix}, \begin{bmatrix} 0 \\ 1 \\ \vdots \\ 0 \end{bmatrix}, \ldots, \begin{bmatrix} 0 \\ 0 \\ \vdots \\ 1 \end{bmatrix} \right\} \end{aligned}$$

임을 기억하자.

정리 6.10 **선형변환의 표준행렬**

$T: \mathbb{R}^n \to \mathbb{R}^m$은 $\mathbb{R}^n$의 표준 기저 벡터 e_i를

$$T(\mathrm{e}_1)=\begin{bmatrix} a_{11} \\ a_{21} \\ \vdots \\ a_{m1} \end{bmatrix},\ T(\mathrm{e}_2)=\begin{bmatrix} a_{12} \\ a_{22} \\ \vdots \\ a_{m2} \end{bmatrix},\ \ldots,\ T(\mathrm{e}_n)=\begin{bmatrix} a_{1n} \\ a_{2n} \\ \vdots \\ a_{mn} \end{bmatrix}$$

로 대응시키는 선형변환이다. 그러면 $T(\mathrm{e}_i)$를 n개의 열로 가지는 $m\times n$행렬

$$A=\begin{bmatrix} a_{11} & a_{12} & \cdots & a_{1n} \\ a_{21} & a_{22} & \cdots & a_{2n} \\ \vdots & \vdots & & \vdots \\ a_{m1} & a_{m2} & \cdots & a_{mn} \end{bmatrix}$$

은 $\mathbb{R}^n$의 모든 v에 대하여 $T(\mathrm{v})=A\mathrm{v}$를 만족한다. A를 T의 **표준행렬(standard matrix)**라 한다.

증명

$\mathbb{R}^n$의 임의의 v에 대하여 $T(\mathrm{v})=A\mathrm{v}$임을 보이기 위해

$$\mathrm{v}=\begin{bmatrix} v_1 & v_2 & \cdots & v_n \end{bmatrix}^T=v_1\mathrm{e}_1+v_2\mathrm{e}_2+\cdots+v_n\mathrm{e}_n$$

이라 하자. T는 선형변환이므로

$$\begin{aligned} T(\mathrm{v}) &= T(v_1\mathrm{e}_1+v_2\mathrm{e}_2+\cdots+v_n\mathrm{e}_n) \\ &= T(v_1\mathrm{e}_1)+T(v_2\mathrm{e}_2)+\cdots+T(v_n\mathrm{e}_n) \\ &= v_1T(\mathrm{e}_1)+v_2T(\mathrm{e}_2)+\cdots+v_nT(\mathrm{e}_n) \end{aligned}$$

이다. 반면, 행렬곱 $A\mathrm{v}$는

$$\begin{aligned} A\mathrm{v} &= \begin{bmatrix} a_{11} & a_{12} & \cdots & a_{1n} \\ a_{21} & a_{22} & \cdots & a_{2n} \\ \vdots & \vdots & & \vdots \\ a_{m1} & a_{m2} & \cdots & a_{mn} \end{bmatrix}\begin{bmatrix} v_1 \\ v_2 \\ \vdots \\ v_n \end{bmatrix} \\ &= \begin{bmatrix} a_{11}v_1+a_{12}v_2+\cdots+a_{1n}v_n \\ a_{21v_1}+a_{22}v_2+\cdots+a_{2n}v_n \\ \vdots \qquad \vdots \qquad \vdots \\ a_{m1}v_1+a_{m2}v_2+\cdots+a_{mn}v_n \end{bmatrix} \\ &= v_1\begin{bmatrix} a_{11} \\ a_{21} \\ \vdots \\ a_{m1} \end{bmatrix}=v_2\begin{bmatrix} a_{12} \\ a_{22} \\ \vdots \\ a_{m2} \end{bmatrix}+\cdots+v_n\begin{bmatrix} a_{1n} \\ a_{2n} \\ \vdots \\ a_{mn} \end{bmatrix} \\ &= v_1T(\mathrm{e}_1)+v_2T(\mathrm{e}_2)+\cdots+v_nT(\mathrm{e}_n) \end{aligned}$$

따라서 $\mathbb{R}^n$의 각 v에 대하여 $T(\mathrm{v})=A\mathrm{v}$이다. ■

예제 1 선형변환의 표준행렬 구하기

이러한 유형의 예제의 대화형 버전은 LarsonLinearAlgebra.com을 참고하라.

$T(x, y, z) = (x-2y, 2x+y)$로 정의된 선형변환 $R: \mathbb{R}^3 \to \mathbb{R}^2$의 표준행렬을 구하시오.

풀이

우선, e_1, e_2, e_3의 상을 구하자.

벡터표현	행렬표현
$T(\mathrm{e}_1) = T(1, 0, 0) = (1, 2)$	$T(\mathrm{e}_1) = T\left(\begin{bmatrix}1\\0\\0\end{bmatrix}\right) = \begin{bmatrix}1\\2\end{bmatrix}$
$T(\mathrm{e}_2) = T(0, 1, 0) = (-2, 1)$	$T(\mathrm{e}_2) = T\left(\begin{bmatrix}0\\1\\0\end{bmatrix}\right) = \begin{bmatrix}-2\\1\end{bmatrix}$
$T(\mathrm{e}_3) = T(0, 0, 1) = (0, 0)$	$T(\mathrm{e}_3) = T\left(\begin{bmatrix}0\\0\\1\end{bmatrix}\right) = \begin{bmatrix}0\\0\end{bmatrix}$

정리 6.10에 의해 행렬 A의 열은 $T(\mathrm{e}_1)$, $T(\mathrm{e}_2)$, $T(\mathrm{e}_3)$로 이루어져 있고,

$$A = [\,T(\mathrm{e}_1) \quad T(\mathrm{e}_2) \quad T(\mathrm{e}_3)\,] = \begin{bmatrix}1 & -2 & 0\\2 & 1 & 0\end{bmatrix}$$

이다. ■

참고

확인해보면

$$A\begin{bmatrix}x\\y\\z\end{bmatrix} = \begin{bmatrix}1 & -2 & 0\\2 & 1 & 0\end{bmatrix}\begin{bmatrix}x\\y\\z\end{bmatrix} = \begin{bmatrix}x-2y\\2x+y\end{bmatrix}$$

이고 이는

$$T(x, y, z) = (x-2y, 2x+y)$$

와 같다.

과정을 잘 살펴보면 예제 1에서와 같은 선형변환의 표준행렬을 약간의 계산으로도 구할 수 있다. 예를 들어, 선형변환

$$T(x_1, x_2, x_3) = (x_1 - 2x_2 + 5x_3,\ 2x_1 + 3x_3,\ 4_1 + x_2 - 2x_3)$$

의 표준행렬을 구하기 위해 다음과 같이 x_1, x_2 x_3의 계수를 A의 행으로 구성한다.

$$A = \begin{bmatrix} 1 & -2 & 5 \\ 2 & 0 & 3 \\ 4 & 1 & -2 \end{bmatrix} \begin{array}{l} \leftarrow\ 1x_1 - 2x_2 + 5x_3 \\ \leftarrow\ 2x_1 + 0x_2 + 3x_3 \\ \leftarrow\ 4x_1 + 1x_2 - 2x_3 \end{array}$$

예제 2 선형변환의 표준행렬 구하기

선형변환 $T: \mathbb{R}^2 \to \mathbb{R}^2$는 $\mathbb{R}^2$의 각 점을 오른쪽 그림과 같이 x축 위로 정사영시킨다. T의 표준행렬을 구하시오.

풀이

이 선형변환은

$$T(x, y) = (x, 0)$$

으로 나타내어진다. 따라서 T이 표준행렬은

$$A = [\,T(1, 0) \quad T(1, 0)\,] = \begin{bmatrix} 1 & 0 \\ 0 & 0 \end{bmatrix}$$

이다. ■

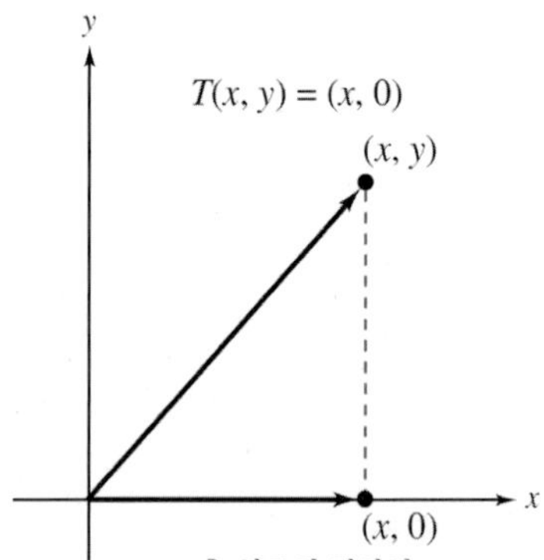

x축 위로의 정사영

$\mathbb{R}^n$에서 $\mathbb{R}^m$으로의 영변환의 표준행렬은 $m \times n$ 영행렬이고 $\mathbb{R}^n$에서 $\mathbb{R}^n$으로의 항등변환의 표준행렬은 I_n이다.

선형대수의 응용

사다리망은 회로설계를 포함하여 전기 공학자에게 유용한 도구이다. 사다리망에서 어떤 회로의 출력전압 V와 전류 I는 그 회로 다음 회로의 입력전압과 전류가 된다. 다음과 같은 사다리망에서 선형변환은 각 회로(점선으로 된 사각형 내부)의 입력과 출력을 연관 지을 수 있다. 키르히코프의 전압과 전류법칙과 옴의 법칙을 사용하면

$$\begin{bmatrix} V_2 \\ I_2 \end{bmatrix} = \begin{bmatrix} 1 & 0 \\ -1/R_1 & 1 \end{bmatrix} \begin{bmatrix} V_1 \\ I_1 \end{bmatrix}$$

이고

$$\begin{bmatrix} V_3 \\ I_3 \end{bmatrix} = \begin{bmatrix} 1 & -R_2 \\ 0 & 1 \end{bmatrix} \begin{bmatrix} V_2 \\ I_2 \end{bmatrix}$$

이다. 합성은 사다리망 전체의 입력과 출력을 연관 지을 수 있다. 즉, V_1와 I_1을 V_3와 I_3와 연관 지을 수 있다. 선형변환의 합성에 대한 토의는 바로 다음에 시작된다.

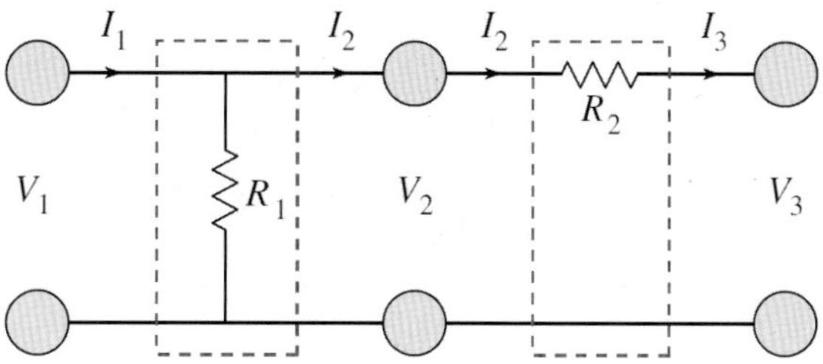

any_keen/Shutterstock.com

선형변환의 합성

$T_1 : \mathbb{R}^n \to \mathbb{R}^m$과 $T_2 : \mathbb{R}^m \to \mathbb{R}^p$의 **합성**(composition) T는

$$T(\mathrm{v}) = T_2(T_1(\mathrm{v}))$$

이고, 여기서 v는 $\mathbb{R}^n$의 벡터이다. 이 합성을

$$T = T_2 \circ T_1$$

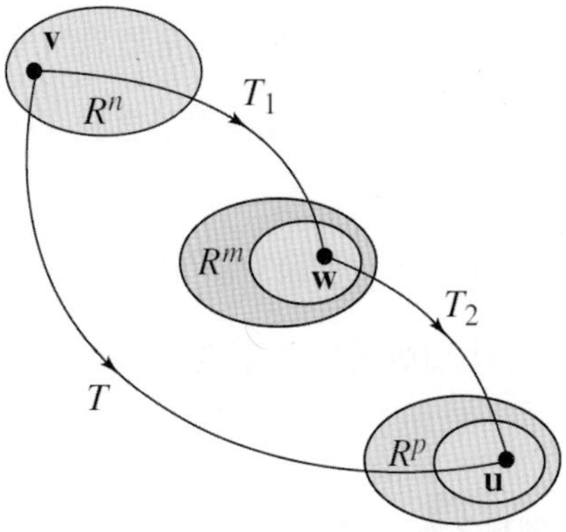

으로 나타낸다. T의 정의역은 T_1의 정의역이다. 또한 다음 그림처럼 T_1의 치역이 T_2의 정의역에 속하지 않으면 합성은 정의되지 않는다.

다음 정리는 선형변환을 나타내는 행렬의 유용함을 강조하고 있다. 이 정리는 두 선형변환의 합성도 선형변환이 된다는 것을 설명함과 동시에 원래 두 선형변환이 표준행렬의 곱이 합성의 표준행렬이 된다는 것을 설명하고 있다.

정리 6.11 **선형변환의 합성**

$T_1 : \mathbb{R}^n \to \mathbb{R}^m$과 $T_2 : \mathbb{R}^m \to \mathbb{R}^p$는 각각의 표준행렬이 A_1, A_2인 선형변환이다. $T(\mathrm{v}) = T_2(T_1(\mathrm{v}))$로 나타내어지는 **합성변환**(composition) $T: \mathbb{R}^n \to \mathbb{R}^p$는 선형변환이다. 더욱이 T의 표준행렬 A는 행렬곱

$$A = A_2 A_1$$

이다.

증명

T가 선형변환임을 보이기 위해, u와 v를 $\mathbb{R}^n$의 벡터라 하고, c를 임의의 스칼라라 하자. T_1과 R_2는 선형변환이므로

$$\begin{aligned} T(\mathrm{u}+\mathrm{v}) &= T_2T_1(\mathrm{u}+\mathrm{v})) \\ &= T_2(T_1(\mathrm{u})+T_1(\mathrm{v})) \\ &= T_2(T_1(\mathrm{u}))+T_2(T_2(\mathrm{v})) \\ &= T(\mathrm{u})+T(\mathrm{v}) \end{aligned}$$

$$\begin{aligned} T(c\mathrm{v}) &= T_2(T_1(c\mathrm{v})) \\ &= T_2(cT_1(\mathrm{v})) \\ &= cT_2(T_1(\mathrm{v})) \\ &= cT(\mathrm{v})) \end{aligned}$$

이다. 이제 A_2A_1이 T의 표준행렬임을 보이면, 행렬곱의 결합법칙에 의하여

$$T(\mathrm{v})=T_2(T_1(\mathrm{v}))=T_2(A_1\mathrm{v}))=A_2(A_1\mathrm{v})=(A_2A_1)\mathrm{v}$$

가 성립한다. ∎

정리 6.11은 n개의 선형변환의 합성으로 일반화시킬 수 있다. 즉, 만일 T_1, T_2, ..., T_n의 표준행렬이 각각 A_1, A_2, ..., A_n이라면 합성변환 $T(\mathrm{v})=T_n(T_{n-1}\cdots(T_2(T_2(\mathrm{v}))\cdots)$의 표준행렬은 $A=A_nA_{n-1}\cdots A_2A_1$으로 나타내어진다.

행렬곱은 교환법칙이 성립하지 않는다. 따라서 선형변환을 합성할 때엔 그 순서가 중요하다. 다음 예제에서처럼 일반적으로 합성 $T_2 \circ T_1$은 $T_1 \circ T_2$와 같지 않다.

예제 3 합성의 표준행렬

T_1과 T_2는

$$T_1(x,\ y,\ z)=(2x+y,\ 0,\ x+z) \text{이고 } T_2(x,\ y,\ z)=(x-y,\ z,\ y)$$

로 정의된 $\mathbb{R}^3$에서 $\mathbb{R}^3$로의 선형변환이다. 합성 $T=T_2\circ T_1$과 $T'=T_1\circ T_2$의 표준행렬을 구하시오.

풀이

T_1과 T_2의 표준행렬은

$$A_1 = \begin{bmatrix} 2 & 1 & 0 \\ 0 & 0 & 0 \\ 1 & 0 & 1 \end{bmatrix} \text{이고 } A_2 = \begin{bmatrix} 1 & -1 & 0 \\ 0 & 0 & 1 \\ 0 & 1 & 0 \end{bmatrix}$$

이다. 정리 6.11에 의해 T의 표준행렬은

$$\begin{aligned} A &= A_2 A_1 \\ &= \begin{bmatrix} 1 & -1 & 0 \\ 0 & 0 & 1 \\ 0 & 1 & 0 \end{bmatrix} \begin{bmatrix} 2 & 1 & 0 \\ 0 & 0 & 0 \\ 1 & 0 & 1 \end{bmatrix} \\ &= \begin{bmatrix} 2 & 1 & 0 \\ 1 & 0 & 1 \\ 0 & 0 & 0 \end{bmatrix} \end{aligned}$$

이고 T'의 표준행렬은

$$\begin{aligned} A' &= A_1 A_2 \\ &= \begin{bmatrix} 2 & 1 & 0 \\ 0 & 0 & 0 \\ 1 & 0 & 1 \end{bmatrix} \begin{bmatrix} 1 & -1 & 0 \\ 0 & 0 & 1 \\ 0 & 1 & 0 \end{bmatrix} \\ &= \begin{bmatrix} 2 & -2 & 1 \\ 0 & 0 & 0 \\ 1 & 0 & 0 \end{bmatrix} \end{aligned}$$

이다. ■

행렬표현의 또 다른 장점은 선형변환의 **역변환**(inverse)를 구할 수 있다는 것이다. 이를 구하는 방법은 알아보기 전에 다음을 정의하자.

역선형변환의 정의

만일 $T_1 : \mathbb{R}^n \to \mathbb{R}^n$와 $T_2 : \mathbb{R}^n \to \mathbb{R}^n$이 $\mathbb{R}^n$의 모든 v에 대하여,

$$T_2(T_1(\mathrm{v})) = \mathrm{v} \text{ 이고 } T_1(T_2(\mathrm{v})) = \mathrm{v}$$

를 만족하는 선형변환이라면 T_2는 T_1의 **역변환**(inverse)이고 T_1은 **가역**(invertible)이라 한다.

모든 선형변환이 가역인 것은 아니다. 하지만, 만일 변환 T_1이 가역이면 역변환은 유일하고 이를 T_1^{-1}으로 나타낸다.

실변수 함수의 역함수를 그 함수가 작용한 것을 되돌리는 것처럼 생각하듯이 선형변환 T의 역변환도 T에 의한 대응을 되돌리는 것으로 생각할 수 있다. 예를 들어, 만일 T가

$$T(1, 4, -5) = (2, 3, 1)$$

인 $\mathbb{R}^3$에서 $\mathbb{R}^3$로의 선형변환이고 T^{-1}가 존재한다면 T^{-1}는 $(2, 3, 1)$을 T에서의 원상으로 되돌려 대응시킨다. 즉,

$$T^{-1}(2, 3, 1) = (1, 4, -5)$$

이다.

다음 정리는 선형변환이 가역이면 그 변환은 동형사상(일대일 함수이고 위로의 함수)이고, 그 역도 성립한다고 한다. 이 정리는 연습문제 56번에서 증명할 것이다.

정리 6.12 **역변환의 존재성**

$T: \mathbb{R}^n \to \mathbb{R}^n$은 표준행렬 A를 가진 선형변환이다. 그러면 다음 조건은 서로 동치이다.

1. T는 가역이다.
2. T는 동형사상이다.
3. A는 가역이다.

만일 T가 표준행렬 A를 가진 가역인 선형변환이면 T^{-1}의 표준행렬은 A^{-1}이다.

참고

정리 6.12에서 나열된 세 가지 조건과 동치인 몇 가지 다른 조건이 있다. 4.6절의 정사각행렬에 대한 동치조건의 요약을 참고하라.

예제 4 **선형변환의 역변환 구하기**

선형변환 $T: \mathbb{R}^3 \to \mathbb{R}^3$은

$$T(x_1, x_2, x_3) = (2x_1 + 3x_2 + x_3,\ 3x_1 + 3x_2 + x_3,\ 2x_1 + 4x_2 + x_3)$$

로 정의된다. T가 가역임을 보이고 그 역변환을 구하시오.

풀이

T의 표준행렬은

$$A = \begin{bmatrix} 2 & 3 & 1 \\ 3 & 3 & 1 \\ 2 & 4 & 1 \end{bmatrix}$$

이다. 2.3절에서의 방법 또는 공학용 계산기를 이용하여 A가 가역임을 알 수 있고 그 역행렬은

$$A^{-1}=\begin{bmatrix}-1 & 1 & 0\\ -1 & 0 & 1\\ 6 & -2 & -3\end{bmatrix}$$

임을 알 수 있다. 따라서 T는 가역이고 T^{-1}의 표준행렬은 A^{-1}이다. ■

역변환의 표준행렬을 이용하면 임의의 벡터 $\mathrm{x}=(x_1, x_2, x_3)$의 상을 계산하여 T^{-1}의 규칙을 구할 수 있는데,

$$A^{-1}\mathrm{x}=\begin{bmatrix}-1 & 1 & 0\\ -1 & 0 & 1\\ 6 & -2 & -3\end{bmatrix}\begin{bmatrix}x_1\\ x_2\\ x_3\end{bmatrix}$$

$$=\begin{bmatrix}-x_1+x_2\\ -x_1+x_3\\ 6x_1-2x_2-3x_3\end{bmatrix}$$

또는

$$T^{-1}(x_1, x_2, x_3)=(-x_1+x_2,\ -x_1+x_3,\ 6x_1-2x_2-3x_3)$$

이다.

비표준기저와 일반벡터공간

선형변환 $T: V \to W$에 대한 행렬을 구하는 조금 더 일반적인 문제를 다루려 한다. 여기서 B와 B'은 각각 V와 W의 순서기저이다. B에 대한 v의 좌표행렬을 $[\mathrm{v}]_B$로 나타내었다. 선형변환 T를 행렬로 표현하기 위해서 A에 *B에 대한 좌표행렬*을 곱해 *B'에 대한 좌표행렬*을 구한다. 즉 $[T(\mathrm{v})]_{B'}=A[\mathrm{v}]_B$를 계산한다. 행렬 A를 **기저 B와 B'에 대한 T의 행렬**(matrix of T relative to the bases B and B')이라 한다.

행렬 A를 구하기 위해 T의 표준행렬을 구했던 과정과 비슷한 과정으로 구할 것이다. 즉, B에 있는 벡터의 상을 기저 B'에 대한 좌표행렬로 나타낸다. 이 좌표행렬이 A의 열을 구성한다.

비표준기저에 대한 변환행렬

V와 W는 B와 B'를 각각의 기저로 가지고 있는 유한차원 벡터공간이다. 여기서

$$B=\{\mathrm{v}_1, \mathrm{v}_2, \ldots, \mathrm{v}_n\}$$

이다. 만일 $T: V \to W$가

$$[T(\mathbf{v}_1)]_{B'}=\begin{bmatrix}a_{11}\\a_{21}\\\vdots\\a_{m1}\end{bmatrix},\ [T(\mathbf{v}_2)]_{B'}=\begin{bmatrix}a_{12}\\a_{22}\\\vdots\\a_{m2}\end{bmatrix},\ \ldots,\ [T(\mathbf{v}_n)]_{B'}=\begin{bmatrix}a_{1n}\\a_{2n}\\\vdots\\a_{mn}\end{bmatrix}$$

인 선형변환이라면, n개의 열이 $[T(\mathbf{v}_i)]_{B'}$에 대응하는 $m\times n$ 행렬

$$A=\begin{bmatrix}a_{11}&a_{12}&\cdots&a_{1n}\\a_{21}&a_{22}&\cdots&a_{2n}\\\vdots&\vdots&&\vdots\\a_{m1}&a_{m2}&\cdots&a_{mn}\end{bmatrix}$$

은 V의 모든 $\mathbf{v}$에 대하여 $[T(\mathbf{v})]_{B'}=A[\mathbf{v}]_B$이다.

예제 5 비표준기저에 대한 행렬 구하기

$T:\mathbb{R}^2\to\mathbb{R}^2$는 $T(x_1, x_2)=(x_1+x_2, 2x_1-x_2)$로 정의된 선형변환이다. 기저

$$B=\{\overset{\mathbf{v}_1}{(1, 2)}, \overset{\mathbf{v}_2}{(-1, 1)}\}\text{와 } B'=\{\overset{\mathbf{w}_1}{(1, 0)}, \overset{\mathbf{w}_2}{(0, 1)}\}$$

에 대한 T의 행렬을 구하시오.

풀이

T의 정의에 의해

$$T(\mathbf{v}_1)=T(1, 2)=(3, 0)=3\mathbf{w}_1+0\mathbf{w}_2$$

$$T(\mathbf{v}_2)=T(-1, 1)=(0, -3)=0\mathbf{w}_1-3\mathbf{w}_2$$

이다. $T(\mathbf{v}_1)$과 $T(\mathbf{v}_2)$의 B'에 대한 좌표행렬은

$$[T(\mathbf{v}_1)]_{B'}=\begin{bmatrix}3\\0\end{bmatrix}\text{와 }[T(\mathbf{v}_2)]_{B'}=\begin{bmatrix}0\\-3\end{bmatrix}$$

이다. 이 좌표행렬을 열로 하여 B와 B'에 대한 T의 행렬을 만들면

$$A=\begin{bmatrix}3&0\\0&-3\end{bmatrix}$$

이다. ■

예제 6 행렬을 이용하여 선형변환 표현하기

예제 5의 선형변환 $T: \mathbb{R}^2 \to \mathbb{R}^2$에 대하여 행렬 A를 이용하여 $\mathrm{v} = (2, 1)$에 대한 $T(\mathrm{v})$를 구하시오.

풀이

기저 $B = \{(1, 2), (-1, 1)\}$을 아용하면 $\mathrm{v} = (2, 1) = 1(1, 2) - 1(-1, 1)$이고 이는

$$[\mathrm{v}]_B = [1 \quad -1]^T$$

임을 의미한다. 따라서 $[T(\mathrm{v})]_{B'}$은

$$A[\mathrm{v}]_B = \begin{bmatrix} 3 & 0 \\ 0 & -3 \end{bmatrix} \begin{bmatrix} 1 \\ -1 \end{bmatrix} = \begin{bmatrix} 3 \\ 3 \end{bmatrix}$$

이다. 결국, $B' = \{(1, 0), (0, 1)\}$이므로

$$T(\mathrm{v}) = 3(1, 0) + 3(0, 1) = (3, 3)$$

이다. 예제 5에서의 T의 정의를 이용하여 $T(\mathrm{v})$를 직접 계산하여 이 결과를 확인해보면

$$T(2, 1) = (2+1,\ 2(2)-1) = (3, 3)$$

이다. ■

$V = W$이고 $B = B'$인 특별한 경우에는 행렬 A를 **기저 B에 대한 T의 행렬**(matrix of T relative to the basis B)이라 한다. 이 경우, 항등변환의 행렬은 I_n이다. 이를 확인하기 위해 $B = \{\mathrm{v}_1, \mathrm{v}_2, \dots, \mathrm{v}_n\}$이라 하자. 항등변환은 각 v_i를 자기 자신으로 대응시킨다. 따라서 $[T(\mathrm{v}_1)]_B = [1 \quad 0 \quad \cdots \quad 0]^T$, $[T(\mathrm{v}_2)]_B = [0 \quad 1 \quad \cdots \quad 0]^T$, ..., $[T(\mathrm{v}_n)]_B = [0 \quad 0 \quad \cdots \quad 1]^T$이고 $A = I_n$이다.

다음 예제에서는 6.1절의 예제 10에서 다루었던 미분연산자를 표현하는 행렬을 만들어 볼 것이다.

예제 7 미분연산자에 대한 행렬(미적분)

함수 $D_x : P_2 \to P_1$은 2차 이하의 다항함수 p를 그 도함수 p'로 대응시키는 미분연산자이다. 기저

$$B = \{1, x, x^2\}\text{와 } B' = \{1, x\}$$

를 이용하여 D_x에 대한 행렬을 구하시오.

풀이

기저 벡터의 도함수는

$$D_x(1)=0=0(1)+0(x)$$

$$D_x(x)=1=1(1)+0(x)$$

$$D_x(x^2)=2x=0(1)+2(x)$$

이다. 따라서 B'에 대한 좌표행렬은

$$[D_x(1)]_{B'}=\begin{bmatrix}0\\0\end{bmatrix},\ [D_x(x)]_{B'}=\begin{bmatrix}1\\0\end{bmatrix},\ [D_x(x^2)]_{B'}=\begin{bmatrix}0\\2\end{bmatrix}$$

이고 D_x에 대한 행렬은

$$A=\begin{bmatrix}0&1&0\\0&0&2\end{bmatrix}$$

이다. 이 행렬은 이차 다항함수 $p(x)=a+bx+cx^2$의 도함수를 다음과 같이 실제로 만들어낸다.

$$Ap=\begin{bmatrix}0&1&0\\0&0&2\end{bmatrix}\begin{bmatrix}a\\b\\c\end{bmatrix}=\begin{bmatrix}b\\2c\end{bmatrix}\Rightarrow b+2cx=D_x[a+bx+cx^2]$$ ■

6.3 연습문제

선형변환의 표준행렬 1~6번에서는 선형변환 T의 표준행렬을 구하시오.

1. $T(x,\ y)=(x+2y,\ x-2y)$

2. $T(x,\ y)=(2x-3y,\ x-y,\ y-4x)$

3. $T(x,\ y,\ z)=(x+y,\ x-y,\ z-x)$

4. $T(x,\ y)=(5x+y,\ 0,\ 4x-5y)$

5. $T(x,\ y,\ z)=(3x-2z,\ 2y-z)$

6. $T(x_1,\ x_2,\ x_3,\ x_4)=(0,\ 0,\ 0,\ 0)$

벡터의 상 구하기 7~10번에서는 선형변환 T의 표준행렬을 이용하여 벡터 v의 상을 구하시오.

7. $T(x,\ y,\ z)=(2x+y,\ 3y-z)$, $\mathrm{v}=(0,\ 1,\ -1)$

8. $T(x,\ y)=(x+y,\ x-y,\ 2x,\ 2y)$, $\mathrm{v}=(3,\ -3)$

9. $T(x,\ y)=(x-3y,\ 2x+y,\ y)$, $\mathrm{v}=(-2,\ 4)$

10. $T(x_1,\ x_2,\ x_3,\ x_4)=$
$(x_1-x_3,\ x_2-x_4,\ x_3-x_1,\ x_2+x_4)$,
$\mathrm{v}=(1,\ 2,\ 3,\ -2)$

표준행렬과 상 구하기 11~22번에서는 (a) 선형변환 T의 표준행렬 A를 구하고, (b) A를 이용하여 벡터 v의 상을 구하고, (c) v와 그 상을 그리시오.

11. T는 $\mathbb{R}^2$에서 원점에 대한 대칭이다:
$T(x,\ y)=(-x,\ -y)$, $\mathrm{v}=(3,\ 4)$.

12. T는 $\mathbb{R}^2$에서 직선 $y=x$에 대한 대칭이다:
$T(x,\ y)=(y,\ x)$, $\mathrm{v}=(3,\ 4)$.

13. T는 $\mathbb{R}^2$에서 y축에 대한 대칭이다: $T(x, y) = (-x, y)$, $\mathrm{v} = (2, -3)$.

14. T는 $\mathbb{R}^2$에서 x축에 대한 대칭이다: $T(x, y) = (x, -y)$, $\mathrm{v} = (4, -1)$.

15. T는 $\mathbb{R}^2$에서 시계 반대 방향으로 $45°$ 만큼의 회전이다: $\mathrm{v} = (2, 2)$.

16. T는 $\mathbb{R}^2$에서 시계 반대 방향으로 $120°$ 만큼의 회전이다: $\mathrm{v} = (2, 2)$.

17. T는 $\mathbb{R}^2$에서 시계 방향(θ는 음수)으로 $60°$ 만큼의 회전이다: $\mathrm{v} = (1, 2)$.

18. T는 $\mathbb{R}^2$에서 시계 방향(θ는 음수)으로 $30°$ 만큼의 회전이다: $\mathrm{v} = (2, 1)$.

19. T는 $\mathbb{R}^3$에서 xy-평면에 대한 대칭이다: $T(x, y, z) = (x, y, -z)$, $\mathrm{v} = (3, 2, 2)$.

20. T는 $\mathbb{R}^3$에서 yz-평면에 대한 대칭이다: $T(x, y, z) = (-x, y, z)$, $\mathrm{v} = (2, 3, 4)$.

21. T는 $\mathbb{R}^2$에서 $\mathrm{w} = (3, 1)$ 위로의 정사영이다: $T(\mathrm{v}) = \mathrm{proj}_{\mathrm{w}}\mathrm{v}$, $\mathrm{v} = (1, 4)$.

22. T는 $\mathbb{R}^2$에서 $\mathrm{w} = (3, 1)$에 대한 대칭이다: $T(\mathrm{v}) = 2\mathrm{proj}_{\mathrm{w}}\mathrm{v} - \mathrm{v}$, $\mathrm{v} = (1, 4)$.

표준행렬과 상 구하기 23~26번에서는 (a) 선형변환 T에 대한 표준행렬 A를 구하고 (b) A를 사용하여 벡터 v의 상을 구하시오. 소프트웨어 프로그램이나 공학용 계산기를 이용하여 결과를 확인하시오.

23. $T(x, y, z) = (2x_{3y} - z, 3x - 2z, 2x - y + z)$, $\mathrm{v} = (1, 2, -1)$

24. $T(x, y, z) = (x + 2y - 3z, 3x - 5y, y - 3z)$, $\mathrm{v} = (3, 13, 4)$

25. $T(x_1, x_2, x_3, x_4) = (x_1 - x_2, x_3, x_1 + 2x_2 - x_4, x_4)$, $\mathrm{v} = (1, 0, 1, -1)$

26. $T(x_1, x_2, x_3, x_4) = (x_1 + 2x_2, x_2 - x_1, 2x_3 - x_4, x_1)$, $\mathrm{v} = (0, 1, -1, 1)$

합성변환의 표준행렬 구하기 27~30번에서는 $T = T_2 \circ T_1$과 $T' = T_1 \circ T_2$의 표준행렬 A와 A'을 구하시오.

27. $T_1 : \mathbb{R}^2 \to \mathbb{R}^2$, $T_1(x, y) = (x - 2y, 2x + 3y)$
$T_2 : \mathbb{R}^2 \to \mathbb{R}^2$, $T_2(x, y) = (y, 0)$

28. $T_1 : \mathbb{R}^3 \to \mathbb{R}^3$, $T_1(x, y, z) = (x, y, z)$
$T_2 : \mathbb{R}^3 \to \mathbb{R}^3$, $T(x, y, z) = (0, x, 0)$

29. $T_1 : \mathbb{R}^2 \to \mathbb{R}^3$,
$T_1(x, y) = (-2x + 3y, x + y, x - 2y)$
$T_2 : \mathbb{R}^3 \to \mathbb{R}^2$, $T_2(x, y, z) = (x - 2y, z + 2x)$

30. $T_1 : \mathbb{R}^2 \to \mathbb{R}^3$, $T_1(x, y) = (x, y, y)$
$T_2 : \mathbb{R}^3 \to \mathbb{R}^2$, $T_2(x, y, z) = (y, z)$

선형변환의 역변환 구하기 31~36번에서는 선형변환이 가역인지 판정하고, 만일 가역이라면 역변환을 구하시오.

31. $T(x, y) = (-4x, 4y)$ 32. $T(x, y) = (2x, 0)$

33. $T(x, y) = (x + y, 3x + 3y)$

34. $T(x, y) = (x + y, x - y)$

35. $T(x_1, x_2, x_3) = (x_1, x_1 + x_2, x_1 + x_2 + x_3)$

36. $T(x_1, x_2, x_3, x_4) = (x_1 - 2x_2, x_2, x_3 + x_4, x_3)$

두 가지 방법으로 상구하기 37~42번에서는 $T(\mathrm{v})$를 (a) 표준행렬을 이용하여 구하고, (b) B와 B'에 대한 행렬을 이용하여 구하시오.

37. $T: \mathbb{R}^2 \to \mathbb{R}^3$, $T(x, y) = (x+y, x, y)$, $\mathrm{v} = (5, 4)$,
$B = \{(1, -1), (0, 1)\}$,
$B' = \{(1, 1, 0), (0, 1, 1), (1, 0, 1)\}$

38. $T: \mathbb{R}^3 \to \mathbb{R}^2$, $T(x, y, z) = (x-y, y-z)$,
$\mathrm{v} = (2, 4, 6)$,
$B = \{(1, 1, 1), (1, 1, 0), (0, 1, 1)\}$,
$B' = \{(1, 1), (2, 1)\}$

39. $T: \mathbb{R}^3 \to \mathbb{R}^4$,
$T(x, y, z) = (2x, x+y, y+z, x+z)$,
$\mathrm{v} = (1, -5, 2)$,
$B = \{(2, 0, 1), (0, 2, 1), (1, 2, 1)\}$,
$B' = \{(1, 0, 0, 1), (0, 1, 0, 1), (1, 0, 1, 0), (1,$

40. $T: \mathbb{R}^4 \to \mathbb{R}^2$,
$T(x_1, x_2, x_3, x_4) = (x_1 + x_2 + x_3 + x_4, x_4 - x_1)$,
$\mathrm{v} = (4, -3, 1, 1)$,
$B = \{(1, 0, 0, 1), (0, 1, 0, 1), (1, 0, 1, 0), (1, 1, 0, 0)\}$,
$B' = \{(1, 1), (2, 0)\}$

41. $T: \mathbb{R}^3 \to \mathbb{R}^3$,
$T(x, y, z) = (x+y+z, 2z-x, 2y-z)$,
$\mathrm{v} = (4, -5, 10)$,
$B = \{(2, 0, 1), (0, 2, 1), (1, 2, 1)\}$,
$B' = \{(1, 1, 1), (1, 1, 0), (0, 1, 1)\}$

42. $T: \mathbb{R}^2 \to \mathbb{R}^2$, $T(x, y) = (3x - 13y, x - 4y)$,
$\mathrm{v} = (4, 8)$,
$B = B' = \{(2, 1), (5, 1)\}$

43. $T: P_2 \to P_3$ 는 $T(p) = xp$인 선형변환이다. 기저 $B = \{1, x, x^2\}$와 $B' = \{1, x, x^2, x^3\}$에 대한 T의 행렬을 구하시오.

44. $T: P_2 \to P_4$는 $T(p) = x^2 p$인 선형변환이다. 기저 $B = \{1, x, x^2\}$와 $B' = \{1, x, x^2, x^3, x^4\}$에 대한 T의 행렬을 구하시오.

45. **미적분** $B = \{1, x, e^x, xe^x\}$은 연속함수의 공간의 부분공간 W의 기저이고, D_x는 W에서 정의된 미분연산자이다. 기저 B에 대한 D_x의 행렬을 구하시오.

46. **미적분** $B = \{e^{2x}, xe^{2x}, x^2 e^{2x}\}$일 때, 연습문제 45번를 다시 구하시오.

47. **미적분** 연습문제 45번의 행렬을 이용하여 $D_x[4x - 3xe^x]$을 계산하시오.

48. **미적분** 연습문제 46번의 행렬을 이용하여 $D_x[5e^{2x} - 3xe^{2x} + x^2 e^{2x}]$를 계산하시오.

49. **미적분** $B = \{1, x, x^2, x^3\}$는 P_3의 기저이고, $T: P_3 \to P_4$는 $T(x^k) = \int_0^x t^k dt$로 정의된 선형변환이다.

(a) B와 P_4의 표준기저에 대한 T의 행렬 A를 구하시오.

(b) A를 이용하여 $p(x) = 8 - 4x + 3x^3$을 적분하시오.

50. **캡스톤**

(a) 선형변환의 표준행렬을 구하는 방법을 설명하시오.

(b) 선형변환의 합성변환을 구하는 방법을 설명하시오.

(c) 선형변환의 역변환을 구하는 방법을 설명하시오.

(d) 비표준기저에 대한 변환행렬을 구하는 방법을 설명하시오.

51. $T: M_{2,3} \to M_{3,2}$를 $T(A) = A^T$로 정의하자.

(a) $M_{2,3}$과 $M_{3,2}$의 표준기저에 대한 T의 행렬을 구하시오.

(b) T가 동형사상임을 보이시오.

(c) T의 역변환에 대한 행렬을 구하시오.

52. T는 $\mathbb{R}^n$의 $\mathbf{v}$에 대하여 $T(\mathbf{v}) = k\mathbf{v}$인 선형변환이다. T의 표준행렬을 구하시오.

참 또는 거짓? 53번과 54번에서는 각 명제가 참 또는 거짓인지 판별하시오. 만약 명제가 참이라면 그 이유를 제시하거나 본문에서 적절한 명제를 찾아 제시하시오. 만약 명제가 거짓이라면 명제가 참이 아니라는 예를 제시하거나 본문에서 적절한 명제를 찾아 제시하시오.

53. (a) 만일 $T: \mathbb{R}^n \to \mathbb{R}^m$이

$$T(\mathbf{e}_1) = [a_{11} \quad a_{21} \quad \cdots \quad a_{m1}]^T$$
$$T(\mathbf{e}_2) = [a_{12} \quad a_{22} \quad \cdots \quad a_{m2}]^T$$
$$\vdots$$
$$T(\mathbf{e}_n) = [a_{1n} \quad a_{2n} \quad \cdots \quad a_{mn}]^T$$

인 선형변환이면 $T(\mathbf{e}_i)$를 열로 가지고 $\mathbb{R}^n$의 모든 $\mathbf{v}$에 대하여 $T(\mathbf{v}) = A\mathbf{v}$인 $m \times n$ 행렬 $A = [a_{ij}]$를 T의 표준행렬이라 한다.

(b) 모든 선형변환 T는 유일한 역변환 T^{-1}를 갖는다.

54. (a) $T(\mathbf{v}) = T_2(T_1(\mathbf{v}))$인 선형변환 T_1과 T_2의 합성변환 T는 T_1의 치역이 T_2의 정의역 안에 있을 때 정의한다.

(b) 일반적으로, 합성변환 $T_2 \circ T_1$과 $T_1 \circ T_2$는 같은 표준행렬 A를 갖는다.

55. **힌트가 있는 증명** $T_1 : V \to V$와 $T_2 : V \to V$는 일대일 선형변환이다. 합성변환 $T = T_2 \circ T_1$은 일대일 함수이고 역변환 T^{-1}이 존재하며 그 역변환은 $T_1^{-1} \circ T_2^{-1}$과 같음을 증명하시오.

시작: T가 일대일 함수임을 보이려면 일대일 선형변환의 정의를 이용하여 $T(\mathbf{u}) = T(\mathbf{v})$이면 $\mathbf{u} = \mathbf{v}$임을 보여야 한다. 두 번째 명제를 증명하려면, 우선 정리 6.8와 6.12를 이용하여 T가 가역임을 보이고 $T \circ (T_1^{-1} \circ T_2^{-1})$과 $(T_1^{-1} \circ T_2^{-1}) \circ T$가 항등변환임을 보여야 한다.

(i) $T(\mathbf{u}) = T(\mathbf{v})$라 하자. 모든 벡터 $\mathbf{v}$에 대하여 $(T_2 \circ T_1)(\mathbf{v}) = T_2(T_1(\mathbf{v}))$이므로, T_2와 T_1이 일대일 함수라는 사실을 이용하여 $\mathbf{u} = \mathbf{v}$라고 결론지을 수 있다.

(ii) 정리 6.8과 6.12를 이용하여 T_1, T_2, T가 모두 가역인 변환임을 보이자. 그러면 T_1^{-1}와 T_2^{-1}는 존재한다.

(iii) 합성변환 $T' = T_1^{-1} \circ T_2^{-1}$라 하자. 그러면 이 변환은 V에서 V로의 선형변환이다. 이 변환이 T의 역변환임을 보이려면 T와 T'의 양쪽에서의 합성변환이 항등변환인지 판별해야 한다.

56. **증명** 정리 6.12를 증명하시오.

57. **서술** $\mathbb{R}^n$의 표준기저를 사용하는 것이 항상 좋은가? 다른 기저를 사용했을 때의 장점과 단점을 이야기 해보시오.

58. **서술** 정리 4.19를 이 장에서 배운 용어로 다시 적어보시오.

6.4 전이행렬과 닮음

- 선형변환의 행렬을 구하고 이용하기
- 두 행렬이 닮았음을 보이고 닮은 행렬의 성질 이용하기

선형변환의 행렬

6.3절에서 선형변환 $T: V \to V$의 행렬은 V의 기저에 따라 달라짐을 알았다. 다시 말해, 기저 B에 대한 T의 행렬은 또 다른 기저 B'에 대한 T의 행렬과 다르다.

B에 대한 T의 행렬이 대각행렬이 되는 기저 B를 구할 수 있는지를 결정하는 것은 선형대수에서의 고전적인 문제이다. 이 문제의 해답은 7장에서 논한다. 이 절에서는 이 문제를 해결하기 위한 기초를 마련한다. 서로 다른 두 기저에 대한 선형변환의 행렬들이 어떤 관계를 가지고 있는지 알게 될 것이다. 이 절에서 A, A', P, P^{-1}는 다음을 나타내는 행렬이다.

1. B에 대한 T의 행렬: A
2. B'에 대한 T의 행렬: A'
3. B'에서 B로의 전이행렬: P
4. B에서 B'으로의 전이행렬: P^{-1}

그림 6.4를 보면 좌표행렬 $[\mathbf{v}]_{B'}$에서 좌표행렬 $[T(\mathbf{v})]_{B'}$를 구하는 방법이 두 가지가 있다. 하나는 A'를 직접 사용하여

$$A'[\mathbf{v}]_{B'} = [T(\mathbf{v})]_{B'}$$

를 얻는 것이다. 다른 하나는 간접적으로 행렬 P, A, P^{-1}를 이용하여

$$P^{-1}AP[\mathbf{v}]_{B'} = [T(\mathbf{v})]_{B'}$$

를 얻는 것이다. 이는 $A' = P^{-1}AP$임을 의미한다. 예제 1은 이러한 관계를 보여준다.

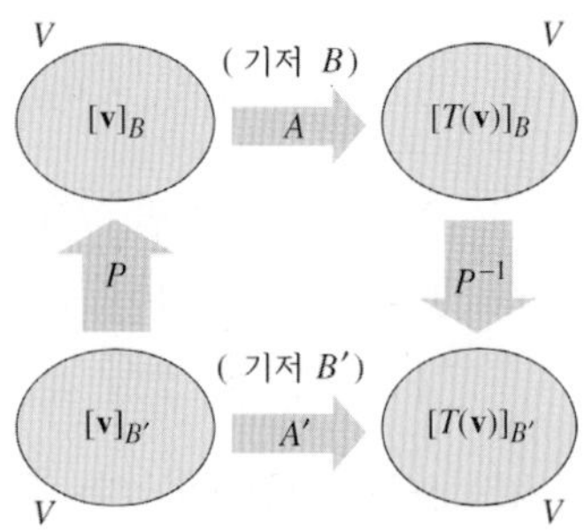

그림 6.4

예제 1 선형변환의 행렬 구하기

$T(x_1, x_2) = (2x_1 - 2x_2, \ -x_1 + 3x_2)$일 때, 기저 $B' = \{(1, 0), (1, 1)\}$에 대한 $T: \mathbb{R}^2 \to \mathbb{R}^2$의 행렬 A'을 구하시오.

풀이

T의 표준행렬은 $A = \begin{bmatrix} 2 & -2 \\ -1 & 3 \end{bmatrix}$이다.

또한, 4.7절의 방법을 이용하여 B'에서 표준기저 $B = \{(1, 0), (0, 1)\}$로의 전이행렬을 구하면

$$P = \begin{bmatrix} 1 & 1 \\ 0 & 1 \end{bmatrix}$$

이다. 이 행렬의 역행렬은 B에서 B'으로의 전이행렬이고,

$$P^{-1} = \begin{bmatrix} 1 & -1 \\ 0 & 1 \end{bmatrix}$$

이다. 따라서 B'에 대한 T의 행렬은

$$A' = P^{-1}AP = \begin{bmatrix} 1 & -1 \\ 0 & 1 \end{bmatrix}\begin{bmatrix} 2 & -2 \\ -1 & 3 \end{bmatrix}\begin{bmatrix} 1 & 1 \\ 0 & 1 \end{bmatrix} = \begin{bmatrix} 3 & -2 \\ -1 & 2 \end{bmatrix}$$

이다. ■

예제 1에서 기저 B는 $\mathbb{R}^2$의 표준기저이다. 다음 예제에서는 B와 B'이 모두 비표준기저이다.

예제 2 선형변환의 행렬 구하기

$B = \{(-3, 2), (4, -2)\}$와 $B' = \{(-1, 2), (2, -2)\}$는 $\mathbb{R}^2$의 기저이고 행렬

$$A = \begin{bmatrix} -2 & 7 \\ -3 & 7 \end{bmatrix}$$

은 B에 대한 $T: \mathbb{R}^2 \to \mathbb{R}^2$의 행렬이다. B'에 대한 T의 행렬 A'을 구하시오.

풀이

4.7절의 예제 5에서 $P = \begin{bmatrix} 3 & -2 \\ 2 & -1 \end{bmatrix}$이고 $P^{-1} = \begin{bmatrix} -1 & 2 \\ -2 & 3 \end{bmatrix}$임을 알았다. 따라서 B'에 대한 T의 행렬은

$$A' = P^{-1}AP = \begin{bmatrix} -1 & 2 \\ -2 & 3 \end{bmatrix}\begin{bmatrix} -2 & 7 \\ -3 & 7 \end{bmatrix}\begin{bmatrix} 3 & -2 \\ 2 & -1 \end{bmatrix} = \begin{bmatrix} 2 & 1 \\ -1 & 3 \end{bmatrix}$$

이다. ■

행렬 A, A', P, P'의 역할을 기억하는데 그림 6.4가 도움이 될 것이다.

예제 3 선형변환의 행렬 이용하기

예제 2의 선형변환 $T: \mathbb{R}^2 \to \mathbb{R}^2$에 대하여, 좌표행렬이 $[\mathrm{v}]_{B'} = [-3 \quad -1]^T$인 벡터 v의 $[\mathrm{v}]_B$, $[T(\mathrm{v})]_B$, $[T(\mathrm{v})]_{B'}$을 구하시오.

풀이

$[\mathrm{v}]_B$를 구하기 위해 B'에서 B로의 전이행렬 P를 이용하여

$$[\mathrm{v}]_B = P[\mathrm{v}]_{B'} = \begin{bmatrix} 3 & -2 \\ 2 & -1 \end{bmatrix}\begin{bmatrix} -3 \\ -1 \end{bmatrix} = \begin{bmatrix} -7 \\ -5 \end{bmatrix}$$

를 얻는다.
$[T(\mathrm{v})]_B$를 구하기 위해 행렬 A를 $[\mathrm{v}]_B$의 왼쪽에 곱하여

$$[T(\mathrm{v})]_B = A[\mathrm{v}]_B = \begin{bmatrix} -2 & 7 \\ -3 & 7 \end{bmatrix}\begin{bmatrix} -7 \\ -5 \end{bmatrix} = \begin{bmatrix} -21 \\ -14 \end{bmatrix}$$

를 얻는다.
$[T(\mathrm{v})]_{B'}$를 구하기 위해 P^{-1}를 $[T(\mathrm{v})]_B$의 왼쪽에 곱하여

$$[T(\mathrm{v})]_{B'} = P^{-1}[T(\mathrm{v})]_B = \begin{bmatrix} -1 & 2 \\ -2 & 3 \end{bmatrix}\begin{bmatrix} -21 \\ -14 \end{bmatrix} = \begin{bmatrix} -7 \\ 0 \end{bmatrix}$$

을 얻거나 A'을 $[\mathrm{v}]_{B'}$의 왼쪽에 곱하여

$$[T(\mathrm{v})]_{B'} = A'[\mathrm{v}]_{B'} = \begin{bmatrix} 2 & 1 \\ -1 & 3 \end{bmatrix}\begin{bmatrix} -3 \\ -1 \end{bmatrix} = \begin{bmatrix} -7 \\ 0 \end{bmatrix}$$

를 얻는다. ■

참고

규칙 $T(x, y) = \left(x - \frac{3}{2}y, 2x + 4y\right)$는 예제 2와 3에서의 선형변환 T를 나타낸다. $\mathrm{v} = (1, -4)$이고 $T(\mathrm{v}) = (7, -14)$임을 보여서 예제 3의 결과를 확인해 보자.

선형대수의 응용

영국수학자 패트릭 H. 레즐리(Patrick H. Leslie, 1900~1974)의 이름을 딴 **레즐리 행렬(Leslie matrix)**은 시간에 따른 인구의 연령과 성장분포를 찾을 때 사용할 수 있다. $n \times n$ 레즐리 행렬 L의 첫 번째 행의 성분은 n개의 연령별 세대 각각의 구성원 당 평균 자손의 수이다. 나머지 행의 성분은 $i+1$행 i열은 p_i이고 나머지 성분은 0인데 여기서 p_i는 i번째 세대 구성원이 살아남아서 $(i+1)$번째 세대의 구성원이 될 확률이다. 만일 x_j가 j번째 시간 기간의 세대별 분포 벡터라면 $(j+1)$번째 시간 기간의 세대별 분포 벡터는 선형변환 $\mathrm{x}_{j+1} = L\mathrm{x}_j$를 이용하여 구할 수 있다. 7.4절에서 레즐리 행렬을 이용한 개체수 증가모델에 대해 더 자세히 공부할 것이다.

Rich Lindie/Shutterstock.com

닮은 행렬

$A' = P^{-1}AP$가 성립하는 두 정사각행렬 A와 A'를 **닮은**(similar) 행렬이라 하는데 이는 다음과 같이 정의한다.

> 닮은 행렬의 정의
>
> n차 정사각행렬 A와 A'에 대하여, $A' = P^{-1}AP$가 성립하는 가역인 행렬 P가 존재할 때 A'은 A와 **닮았다**.

만일 A'이 A와 닮았으면 A는 A'과 역시 닮았다. 이는 다음 정리와 같이 설명할 수 있다. 따라서 간단히 **A와 A'은 닮았다**고 할 수 있다.

정리 6.13 **닮은 행렬의 성질**

A, B, C는 n차 정사각행렬이다. 그러면 다음이 성립한다.
1. A는 A와 닮았다.
2. 만일 A가 B와 닮았다면 B는 A와 닮았다.
3. 만일 A가 B와 닮고 B는 C와 닮았다면 A는 C와 닮았다.

증명

첫 번째 성질은 $A = I_n A I_n$이라는 사실에 의해 성립한다. 두 번째 성질을 증명하면

$$A = P^{-1}BP$$
$$PAP^{-1} = P(P^{-1}BP)P^{-1}$$
$$PAP^{-1} = B$$
$$Q^{-1}AQ = B, \text{ 여기서 } Q = P^{-1}$$

이다.

세 번째 성질의 증명은 연습문제로 남긴다. (연습문제 33번 참고) ■

닮음의 정의에 의해 같은 선형변환 $T: V \to V$를 다른 기저에 대하여 나타낸 두 행렬은 반드시 닮았다.

예제 4 닮은 행렬

이러한 유형의 예제의 대화형 버전은 LarsonLinearAlgebra.com을 참고하라.

a. 예제 1에서 행렬

$$A = \begin{bmatrix} 2 & -2 \\ -1 & 3 \end{bmatrix} \text{과 } A' = \begin{bmatrix} 3 & -2 \\ -1 & 2 \end{bmatrix}$$

는 $P = \begin{bmatrix} 1 & 1 \\ 0 & 1 \end{bmatrix}$에 대하여 $A' = P^{-1}AP$이므로 닮았다.

b. 예제 2에서 행렬

$$A = \begin{bmatrix} -2 & 7 \\ -3 & 7 \end{bmatrix} \text{과 } A' = \begin{bmatrix} 2 & 1 \\ -1 & 3 \end{bmatrix}$$

은 $P = \begin{bmatrix} 3 & -2 \\ 2 & -1 \end{bmatrix}$에 대하여 $A' = P^{-1}AP$이므로 닮았다. ■

선형변환 $T: V \to V$의 행렬은 V에서 사용하는 기저에 따라 달라짐을 알았다. 이러한 사실은 어떤 기저를 선택해야 T의 행렬을 가능한 간단하게 나타낼 수 있을까?라고 자연스럽게 질문하도록 만든다. 항상 *표준*기저가 그러한 기저인가? 꼭 그럴 필요는 없다. 다음 예제가 이런 사실에 대해 보여준다.

예제 5 선형변환의 두 행렬의 비교

행렬

$$A = \begin{bmatrix} 1 & 3 & 0 \\ 3 & 1 & 0 \\ 0 & 0 & -2 \end{bmatrix}$$

는 표준기저에 대한 $T: \mathbb{R}^3 \to \mathbb{R}^3$의 행렬이다. 기저 $B' = \{(1, 1, 0), (1, -1, 0), (0, 0, 1)\}$에 대한 T의 행렬을 구하시오.

풀이

B'으로부터 표준기저로의 전이행렬은 B'의 벡터를 열로 가진 행렬

$$P = \begin{bmatrix} 1 & 1 & 0 \\ 1 & -1 & 0 \\ 0 & 0 & 1 \end{bmatrix}$$

이고

$$P^{-1} = \begin{bmatrix} \frac{1}{2} & \frac{1}{2} & 0 \\ \frac{1}{2} & -\frac{1}{2} & 0 \\ 0 & 0 & 1 \end{bmatrix}$$

이다. 따라서 B'에 대한 T의 행렬은

$$\begin{aligned} A' &= P^{-1}AP \\ &= \begin{bmatrix} \frac{1}{2} & \frac{1}{2} & 0 \\ \frac{1}{2} & -\frac{1}{2} & 0 \\ 0 & 0 & 1 \end{bmatrix} \begin{bmatrix} 1 & 3 & 0 \\ 3 & 1 & 0 \\ 0 & 0 & -2 \end{bmatrix} \begin{bmatrix} 1 & 1 & 0 \\ 1 & -1 & 0 \\ 0 & 0 & 1 \end{bmatrix} \\ &= \begin{bmatrix} 4 & 0 & 0 \\ 0 & -2 & 0 \\ 0 & 0 & -2 \end{bmatrix} \end{aligned}$$

이다. 행렬 A'은 대각행렬이다. ■

대각행렬은 대각행렬이 아닌 행렬에 비해 많은 계산적인 장점을 가지고 있다. 예를 들어 대각행렬

$$D = \begin{bmatrix} d_1 & 0 & \cdots & 0 \\ 0 & d_2 & \cdots & 0 \\ \vdots & \vdots & & \vdots \\ 0 & 0 & \cdots & d_n \end{bmatrix}$$

에 대하여 D의 k제곱은

$$D^k = \begin{bmatrix} d_1^k & 0 & \cdots & 0 \\ 0 & d_2^k & \cdots & 0 \\ \vdots & \vdots & & \vdots \\ 0 & 0 & \cdots & d_n^k \end{bmatrix}$$

이다. 또한 대각행렬의 전치행렬은 자기 자신이다. 그리고 만일 대각행렬의 주대각선 성분이 모두 영이 아니면 역행렬도 주대각선 성분이 원래 행렬의 대응하는 성분의 역수인 대각행렬이다. 이러한 계산적 장점을 생각할 때, 변환행렬을 대각행렬로 만드는 것이 가능하다면 V의 기저를 선택하여 변환행렬이 예제 5와 같이 대각행렬이 되도록 하는 방법을 찾는 것은 중요하다. 이 문제에 대해서 다음 장에서 탐구할 것이다.

6.4 연습문제

선형변환의 행렬 구하기 1～12번에서는 기저 B'에 대한 T의 행렬 A'을 구하시오.

1. $T: \mathbb{R}^2 \to \mathbb{R}^2$, $T(x, y) = (2x - y, y - x)$, $B' = \{(1, -2), (0, 3)\}$

2. $T: \mathbb{R}^2 \to \mathbb{R}^2$, $T(x, y) = (2x + y, x - 2y)$, $B' = \{(1, 2), (0, 4)\}$

3. $T: \mathbb{R}^2 \to \mathbb{R}^2$, $T(x, y) = (x + y, 4y)$, $B' = \{(-4, 1), (1, -1)\}$

4. $T: \mathbb{R}^2 \to \mathbb{R}^2$, $T(x, y) = (x - 2y, 4x)$, $B' = \{(-2, 1), (-1, 1)\}$

5. $T: \mathbb{R}^2 \to \mathbb{R}^2$, $T(x, y) = (-3x + y, 3x - y)$, $B' = \{(1, -1), (-1, 5)\}$

6. $T: \mathbb{R}^2 \to \mathbb{R}^2$, $T(x, y) = (5x + 4y, 4x + 5y)$, $B' = \{(-4, 1), (1, -1)\}$

7. $T: \mathbb{R}^3 \to \mathbb{R}^3$, $T(x, y, z) = (x, y, z)$, $B' = \{(1, 1, 0), (1, 0, 1), (0, 1, 1)\}$

8. $T: \mathbb{R}^3 \to \mathbb{R}^3$, $T(x, y, z) = (0, 0, 0)$, $B' = \{(1, 1, 0), (1, 0, 1), (0, 1, 1)\}$

9. $T: \mathbb{R}^3 \to \mathbb{R}^3$, $T(x, y, z) = (y + z, x + z, x + y)$, $B' = \{(5, 0, -1), (-3, 2, -1), (4, -6, 5)\}$

10. $T: \mathbb{R}^3 \to \mathbb{R}^3$, $T(x, y, z) = (-x, x - y, y - z)$, $B' = \{(0, -1, 2), (-2, 0, 3), (1, 3, 0)\}$

11. $T: \mathbb{R}^3 \to \mathbb{R}^3$, $T(x, y, z) = (x - y + 2z, 2x + y - z, x + 2y + z)$, $B' = \{(1, 0, 1), (0, 2, 2), (1, 2, 0)\}$

12. $T: \mathbb{R}^3 \to \mathbb{R}^3$, $T(x, y, z) = (x, x + 2y, x + y + 3z)$, $B' = \{(1, -1, 0), (0, 0, 1), (0, 1, -1)\}$

13. $B = \{(1, 3), (-2, -2)\}$와 $B' = \{(-12, 0), (-4, 4)\}$는 $\mathbb{R}^2$의 기저이고 행렬

$$A = \begin{bmatrix} 3 & 2 \\ 0 & 4 \end{bmatrix}$$

는 B에 대한 $T: \mathbb{R}^2 \to \mathbb{R}^2$의 행렬이다.

(a) B'에서 B로의 전이행렬 P를 구하시오.

(b) 행렬 P와 A를 이용하여 $[\mathbf{v}]_B$와 $[T(\mathbf{v})]_B$를 구하시오. 단 $[\mathbf{v}]_{B'} = [-1 \quad 2]^T$이다.

(c) P^{-1}와 A' (B'에 대한 T의 행렬)을 구하시오.

(d) $[T(\mathbf{v})]_{B'}$를 두 가지 방법으로 구하시오.

14. 연습문제 13번을 $B = \{(1, 1), (-2, 3)\}$, $B' = \{(1, -1), (0, 1)\}$, $[\mathbf{v}]_{B'} = [1 \quad -3]^T$에 대한 문제로 바꿔 다시 푸시오. (연습문제 13번의 행렬 A를 이용할 것)

15. $B = \{(1, 2), (-1, -1)\}$과 $B' = \{(-4, 1), (0, 2)\}$는 $\mathbb{R}^2$의 기저이고 행렬

$$A = \begin{bmatrix} 2 & 1 \\ 0 & -1 \end{bmatrix}$$

는 B에 대한 $T: \mathbb{R}^2 \to \mathbb{R}^2$의 행렬이다.

(a) B'에서 B로의 전이행렬 P를 구하시오.

(b) P와 A를 이용하여 $[\mathbf{v}]_B$와 $[T(\mathbf{v})]_B$를 구하시오. 단 $[\mathbf{v}]_{B'} = [-1 \quad 4]^T$이다.

(c) P^{-1}와 A' (B'에 대한 T의 행렬)을 구하시오.

(d) $[T(\mathbf{v})]_{B'}$를 두 가지 방법으로 구하시오.

16. 연습문제 15번을 $B=\{(1,\ -1),\ (-2,1)\}$, $B'=\{(-1,1),\ \ (1,2)\}$, $[\mathrm{v}]_{B'}=[1\ \ -4]^T$에 대한 문제로 바꿔 다시 푸시오. (연습문제 15번의 행렬 A를 이용할 것)

17. $B=\{(1,1,0),(1,0,1),(0,1,1)\}$와 $B'=\{(1,0,0),(0,1,0),(0,0,1)\}$는 $\mathbb{R}^3$의 기저이고 행렬

$$A=\begin{bmatrix} \frac{3}{2} & -1 & -\frac{1}{2} \\ -\frac{1}{2} & 2 & \frac{1}{2} \\ \frac{1}{2} & 1 & \frac{5}{2} \end{bmatrix}$$

는 B에 대한 $T:\mathbb{R}^3\to\mathbb{R}^3$의 행렬이다.

(a) B'에서 B로의 전이행렬 P를 구하시오.

(b) P와 A를 이용하여 $[\mathrm{v}]_B$와 $[T(\mathrm{v})]_B$를 구하시오. 단 $[\mathrm{v}]_{B'}=[1\ \ \ 0\ \ -1]^T$이다.

(c) P^{-1}와 A' (B'에 대한 T의 행렬)을 구하시오.

(d) $[T(\mathrm{v})]_{B'}$를 두 가지 방법으로 구하시오.

18. 연습문제 17번을 $B=\{(1,1,-1),(1,-1,1),(-1,1,1)\}$, $B'=\{(1,0,0),(0,1,0),(0,0,1)\}$, $[\mathrm{v}]_{B'}=[2\ \ \ 1\ \ \ 1]^T$에 대한 문제로 바꿔 다시 푸시오. (연습문제 17번의 행렬 A를 이용할 것)

닮은 행렬 19~22번에서는 행렬 P를 이용하여 행렬 A와 A'이 닮았음을 보이시오.

19. $P=\begin{bmatrix} -1 & -1 \\ 1 & 2 \end{bmatrix}$, $A=\begin{bmatrix} 12 & 7 \\ -20 & -11 \end{bmatrix}$,

$A'=\begin{bmatrix} 1 & -2 \\ 4 & 0 \end{bmatrix}$

20. $P=A=A'=\begin{bmatrix} 1 & -12 \\ 0 & 1 \end{bmatrix}$

21. $P=\begin{bmatrix} 5 & 0 & 0 \\ 0 & 4 & 0 \\ 0 & 0 & 3 \end{bmatrix}$, $A=\begin{bmatrix} 5 & 10 & 0 \\ 8 & 4 & 0 \\ 0 & 9 & 6 \end{bmatrix}$,

$A'=\begin{bmatrix} 5 & 8 & 0 \\ 10 & 4 & 0 \\ 0 & 12 & 6 \end{bmatrix}$

22. $P=\begin{bmatrix} 1 & 1 & 1 \\ 0 & 1 & 1 \\ 0 & 0 & 1 \end{bmatrix}$, $A=\begin{bmatrix} 5 & 0 & 0 \\ 0 & 3 & 0 \\ 0 & 0 & 1 \end{bmatrix}$,

$A'=\begin{bmatrix} 5 & 2 & 2 \\ 0 & 3 & 2 \\ 0 & 0 & 1 \end{bmatrix}$

선형변환의 대각행렬 23번과 24번에서는 A는 표준기저에 대한 $T:\mathbb{R}^3\to\mathbb{R}^3$의 행렬이다. B'에 대한 T의 대각행렬 A'을 구하시오.

23. $A=\begin{bmatrix} 0 & 2 & 0 \\ 1 & -1 & 0 \\ 0 & 0 & 1 \end{bmatrix}$

$B'=\{(-1,1,0),\ (2,1,0),\ (0,0,1)\}$

24. $A=\begin{bmatrix} \frac{3}{2} & -1 & -\frac{1}{2} \\ -\frac{1}{2} & 2 & \frac{1}{2} \\ \frac{1}{2} & 1 & \frac{5}{2} \end{bmatrix}$

$B'=\{(1,1,-1),\ (1,-1,1),\ (-1,1,1)\}$

25. **증명** 만일 A와 B가 닮았으면 $|A|=|B|$를 증명하시오. 역도 성립하는가?

26. 행렬

$A=\begin{bmatrix} 1 & 0 & 0 \\ 0 & -2 & 0 \\ 0 & 0 & 3 \end{bmatrix}$, $B=\begin{bmatrix} 11 & 7 & 10 \\ 10 & 8 & 10 \\ -18 & -12 & -17 \end{bmatrix}$,

$P=\begin{bmatrix} -1 & 1 & 0 \\ 2 & 1 & 2 \\ 1 & 1 & 1 \end{bmatrix}$, $P^{-1}=\begin{bmatrix} -1 & -1 & 2 \\ 0 & -1 & 2 \\ 1 & 2 & -3 \end{bmatrix}$

를 이용하여 연습문제 25의 결과를 설명하시오. 여기서 $B=P^{-1}AP$이다.

27. **증명** 만일 A와 B가 닮은 행렬이면 $B^k = P^{-1}A^kP$가 성립하는 행렬 P가 존재함을 증명하시오.

28. 행렬

$$A=\begin{bmatrix}1 & 0\\0 & 2\end{bmatrix},\ B=\begin{bmatrix}-4 & -15\\2 & 7\end{bmatrix},\ P=\begin{bmatrix}2 & 5\\1 & 3\end{bmatrix},$$

$$P^{-1}=\begin{bmatrix}3 & -5\\-1 & 2\end{bmatrix}$$

에 대하여 $B=P^{-1}AP$일 때, 연습문제 27번의 결과를 이용하여 B^4을 구하시오.

29. I_n과 닮은 $n\times n$행렬을 모두 결정하시오.

30. **증명** 만일 A가 멱등행렬이고 B는 A와 닮은 행렬이라면 B는 멱등행렬임을 증명하시오. ($n\times n$ 행렬 A가 $A=A^2$이면 A는 멱등(idempotent)이다.)

31. **증명** A는 $A^2=O$인 $n\times n$행렬이다. 만일 B가 A와 닮았으면 $B^2=O$임을 증명하시오.

32. **증명** 행렬방정식 $B=P^{-1}AP$에 대하여, 만일 $A\mathrm{x}=\mathrm{x}$이면 $PBP^{-1}\mathrm{x}=\mathrm{x}$임을 증명하시오.

33. **증명** 정리 6.13의 성질 3: n차 정사각행렬 A, B, C에 대하여 만일 A가 B와 닮았고, B가 C와 닮았으면 A는 C와 닮았음을 증명하시오.

34. **서술** 닮은 두 행렬이 같은 계수를 가지는 이유를 설명하시오.

35. **증명** 만일 A와 B가 닮은 행렬이면 A^T와 B^T도 닮은 행렬임을 증명하시오.

36. **증명** 만일 A와 B가 닮은 행렬이고 A가 가역이면 B도 가역이고 A^{-1}와 B^{-1}는 닮은 행렬임을 증명하시오.

37. **증명** $n\times n$ 행렬 C와 D에 대하여 $A=CD$이고 C는 가역이다. 행렬곱 DC는 A와 닮았음을 증명하시오.

38. **증명** $A=[a_{ij}]$, $P=[p_{ij}]$일 때 $B=P^{-1}AP$이고 B는 주대각선 성분이 $b_{11}, b_{22}, \ldots, b_{nn}$인 대각행렬이다. $i=1, 2, \ldots, n$에 대하여

$$\begin{bmatrix}a_{11} & a_{12} & \cdots & a_{1n}\\a_{21} & a_{22} & \cdots & a_{2n}\\\vdots & \vdots & & \vdots\\a_{n1} & a_{n2} & \cdots & a_{nn}\end{bmatrix}\begin{bmatrix}p_{1i}\\p_{2i}\\\vdots\\p_{\ni}\end{bmatrix}=b_{ii}\begin{bmatrix}p_{1i}\\p_{2i}\\\vdots\\p_{ni}\end{bmatrix}$$

임을 증명하시오.

39. **서술** $B=\{\mathrm{v}_1, \mathrm{v}_2, \ldots, \mathrm{v}_n\}$은 벡터공간 V의 기저이고, B'은 표준기저이다. 항등변환 $I: V\to V$에 대하여, B에 대한 I의 행렬은 무엇인가? 또 B'에 대한 행렬은 무엇인가? 또한 정의역의 기저가 B이고 치역의 기저가 B'일 때는 무엇인가?

40. **캡스톤**

(a) 벡터공간 V에 대한 두 기저 B와 B'과 B에 대한 선형변환 $T: V\to V$의 행렬을 생각하자. v가 V의 벡터일 때, 좌표행렬 $[\mathrm{v}]_{B'}$로부터 좌표행렬 $[T(\mathrm{v})]_{B'}$을 구하는 방법을 설명하시오.

(b) n차인 두 정사각행렬 A와 A'이 닮았는지 판별하는 방법을 설명하시오.

참 또는 거짓? 41번과 42번에서는 각 명제가 참 또는 거짓인지 판별하시오. 만약 명제가 참이라면 그 이유를 제시하거나 본문에서 적절한 명제를 찾아 제시하시오. 만약 명제가 거짓이라면 명제가 참이 아니라는 예를 제시하거나 본문에서 적절한 명제를 찾아 제시하시오.

41. (a) 기저 B'에 대한 선형변환의 행렬 A'은 행렬곱 $P^{-1}AP$와 같다. 여기서 P^{-1}는 B에서 B'으로의 전이행렬이고, A는 기저 B에 대한 선형변환의 행렬이고, P는 B'에서 B로의 전이행렬이다.

(b) 같은 선형변환 $T: V \to V$를 다른 두 기저에 대해 나타내는 두 행렬은 닮아야 할 필요는 없다.

42. (a) 기저 B에 대한 선형변환의 행렬 A는 행렬곱 $PA'P^{-1}$와 같다. 여기서 P는 B'에서 B로의 전이행렬이고, A'은 기저 B'에 대한 선형변환의 행렬이고, P^{-1}는 B에서 B'으로의 전이행렬이다.

(b) $\mathbb{R}^n$의 표준기저는 선형변환 T에 대한 좌표행렬을 항상 가능한 가장 간단한 행렬로 만들 수 있다.

6.5 선형변환의 응용

- $\mathbb{R}^2$에서의 대칭, 확대, 축소, 전단으로 정의된 선형변환 구하기
- $\mathbb{R}^3$에서 선형변환을 이용하여 도형 회전하기

$\mathbb{R}^2$에서의 선형변환의 기하적 성질

2×2 기본 행렬로 정의된 선형변환의 기하적 성질을 설명하면서 이 절을 시작한다. 다양한 형태의 2×2 기본행렬에 대한 요약한 후 각 형태의 행렬에 대해 예를 들어 자세히 설명할 것이다.

$\mathbb{R}^2$에서의 선형변환의 기본행렬

y축에 대한 대칭

$$A=\begin{bmatrix}-1 & 0\\ 0 & 1\end{bmatrix}$$

x축에 대한 대칭

$$A=\begin{bmatrix}1 & 0\\ 0 & -1\end{bmatrix}$$

직선 $y=x$에 대한 대칭

$$A=\begin{bmatrix}0 & 1\\ 1 & 0\end{bmatrix}$$

수평 확대($k>1$) 또는 축소($0<k<1$)

$$A=\begin{bmatrix}k & 0\\ 0 & 1\end{bmatrix}$$

수직 확대($k>1$) 또는 축소($0<k<1$)

$$A=\begin{bmatrix}1 & 0\\ 0 & k\end{bmatrix}$$

수평 전단

$$A=\begin{bmatrix}1 & k\\ 0 & 1\end{bmatrix}$$

수직 전단

$$A=\begin{bmatrix}1 & 0\\ k & 1\end{bmatrix}$$

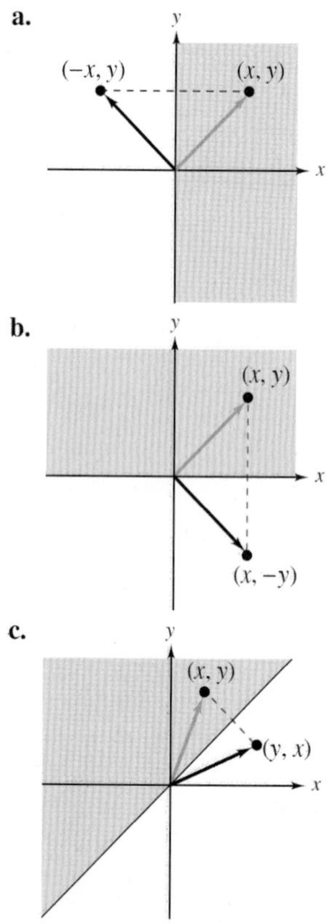

$\mathbb{R}^2$에서의 대칭

그림 6.5

예제 1 $\mathbb{R}^2$에서의 대칭

다음 변환은 **대칭**(reflection)이다. 이 변환은 그림 6.5에서와 같이 xy-평면 위의 한 점을 좌표축 중 하나 또는 직선 $y=x$에 대한 "대칭된 상"으로 대응시키는 효과가 있다.

a. y축에 대한 대칭:

$$T(x, y) = (-x, y)$$
$$\begin{bmatrix} -1 & 0 \\ 0 & 1 \end{bmatrix} \begin{bmatrix} x \\ y \end{bmatrix} = \begin{bmatrix} -x \\ y \end{bmatrix}$$

b. x축에 대한 대칭:

$$T(x, y) = (x, -y)$$
$$\begin{bmatrix} 1 & 0 \\ 0 & -1 \end{bmatrix} \begin{bmatrix} x \\ y \end{bmatrix} = \begin{bmatrix} x \\ -y \end{bmatrix}$$

c. 직선 $y = x$에 대한 대칭:

$$T(x, y) = (y, x)$$
$$\begin{bmatrix} 0 & 1 \\ 1 & 0 \end{bmatrix} \begin{bmatrix} x \\ y \end{bmatrix} = \begin{bmatrix} y \\ x \end{bmatrix}$$

■

예제 2 $\mathbb{R}^2$에서의 확대와 축소

다음 변환은 양의 스칼라 k의 값에 따라 **확대**(expansion) 또는 **축소**(contraction)이다.

a. 수평 확대와 축소:

$$T(x, y) = (kx, y)$$
$$\begin{bmatrix} k & 0 \\ 0 & 1 \end{bmatrix} \begin{bmatrix} x \\ y \end{bmatrix} = \begin{bmatrix} kx \\ y \end{bmatrix}$$

b. 수직 확대와 축소:

$$T(x, y) = (x, ky)$$
$$\begin{bmatrix} 1 & 0 \\ 0 & k \end{bmatrix} \begin{bmatrix} x \\ y \end{bmatrix} = \begin{bmatrix} x \\ ky \end{bmatrix}$$

다음 그림에서 점 (x, y)가 축소 또는 확대에 의해 이동한 거리는 x좌표 또는 y좌표에 비례한다. 예를 들어

$$T(x, y) = (2x, y)$$

로 정의된 변환에 의해 점 $(1, 3)$은 오른쪽으로 1만큼 이동하지만, 점 $(4, 3)$은 오른쪽으로 4만큼 이동한다. 그리고

$$T(x, y) = \left(x, \frac{1}{2}y\right)$$

로 정의된 변환에 의해 점 $(1, 4)$는 아래로 2만큼 이동하지만, 점 $(1, 2)$는 아래로 1만큼 이동한다.

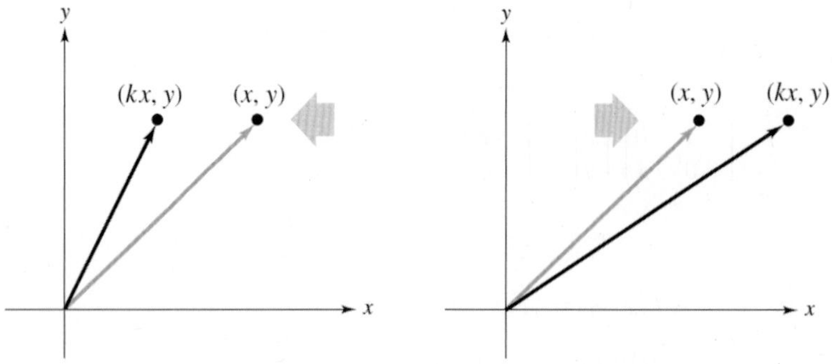

축소 $(0 < k < 1)$ 확대 $(k > 1)$

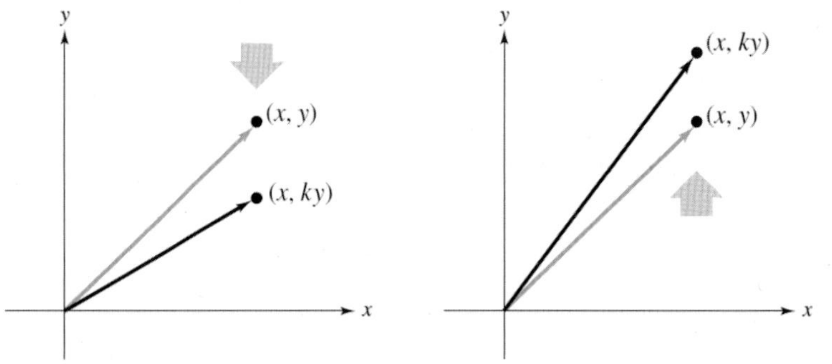

축소 $(0 < k < 1)$ 확대 $(k > 1)$ ■

기본행렬에 대응하는 $\mathbb{R}^2$의 또 다른 형태의 선형변환은 예제 3에서 설명하는 것과 같은 *전단(shear)* 이다.

예제 3 $\mathbb{R}^2$에서의 전단

다음 변환은 **전단(shear)** 이다.

$$T(x, y) = (x + ky, y) \qquad T(x, y) = (x, y + kx)$$

$$\begin{bmatrix} 1 & k \\ 0 & 1 \end{bmatrix}\begin{bmatrix} x \\ y \end{bmatrix} = \begin{bmatrix} x + ky \\ y \end{bmatrix} \qquad \begin{bmatrix} 1 & 0 \\ k & 1 \end{bmatrix}\begin{bmatrix} x \\ y \end{bmatrix} = \begin{bmatrix} x \\ kx + y \end{bmatrix}$$

a. $T(x, y) = (x + 2y, y)$로 정의된 수평전단변환은 오른쪽 그림과 같다. x축 위쪽 평면의 점은 그 점의 y좌표에 비례하여 오른쪽으로 "전단(shear)"되어 이동한다. x축 아래 평면의 점은 그 점의 y좌표의 절댓값에 비례하여 왼쪽으로 "전단"되어 이동한다. x축 위의 점들은 이 변환에 의해 이동하지 않는다.

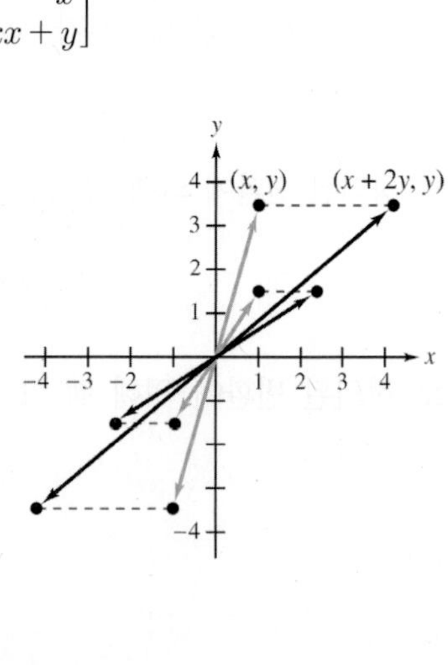

b. $T(x, y) = (x, y + 2x)$로 정의된 수직전단변환은 다음 그림과 같다. 여기서 y축 오른쪽 평면의 점은 그 점의 x좌표에 비례하여 위쪽으로 "전단"되어 이동한다. y축 왼쪽 평면의 점은 그 점의 x좌표의 절댓값에 비례하여 아래로 "전단"되어 이동한다. y축 위의 점은 이동하지 않는다.

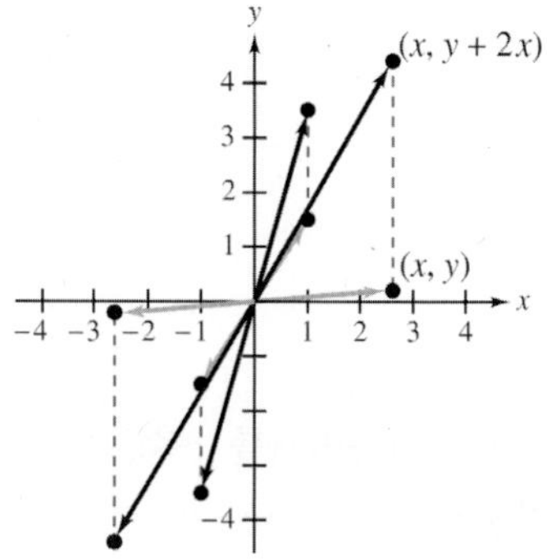

선형대수의 응용

컴퓨터 그래픽의 사용은 여러 분야에서 일반화되었다. 그래픽 소프트웨어를 사용하여 디자이너는 대상물을 만들기도 전에 "볼 수가 있다". 선형변환은 컴퓨터 그래픽에서 유용하다. 이를 설명하기 위해 간단한 예를 생각해보자. 단지 23개의 $\mathbb{R}^3$의 점을 사용하여 왼쪽의 그림과 같은 장난감 보트의 이미지를 만들었다. 대부분의 그래픽 소프트웨어는 이러한 최소한의 정보를 활용하여 임의의 시점에서의 이미지의 뷰를 생성할 뿐만 아니라 적절한 색상, 음영 및 렌더링을 수행할 수 있다. 선형변환, 특히 $\mathbb{R}^3$에서 회전을 생성하는 변환은 다양한 뷰를 표현할 수 있다. 이 절의 나머지는 $\mathbb{R}^3$에서의 회전에 대한 토의이다.

$\mathbb{R}^3$에서의 회전

6.1절의 예제 7에서 선형변환을 이용하여 $\mathbb{R}^2$에서의 도형을 어떻게 회전시키는지를 보았다. 지금은 선형변환을 이용하여 $\mathbb{R}^3$에서의 도형을 어떻게 회전시키는지 알아볼 것이다.

그림 6.6에서처럼 점 (x, y, z)를 z축을 중심으로 시계 반대방향으로 각 θ만큼 회전시키려고 한다. 회전된 점의 좌표를 (x', y', z')이라고 하면,

$$\begin{bmatrix} x' \\ y' \\ z' \end{bmatrix} = \begin{bmatrix} \cos\theta & -\sin\theta & 0 \\ \sin\theta & \cos\theta & 0 \\ 0 & 0 & 1 \end{bmatrix} \begin{bmatrix} x \\ y \\ z \end{bmatrix} = \begin{bmatrix} x\cos\theta - y\sin\theta \\ x\sin\theta + y cos\theta \\ z \end{bmatrix}$$

이다. 예제 4에서는 이 행렬을 이용하여 3차원 공간의 도형을 회전시킨다.

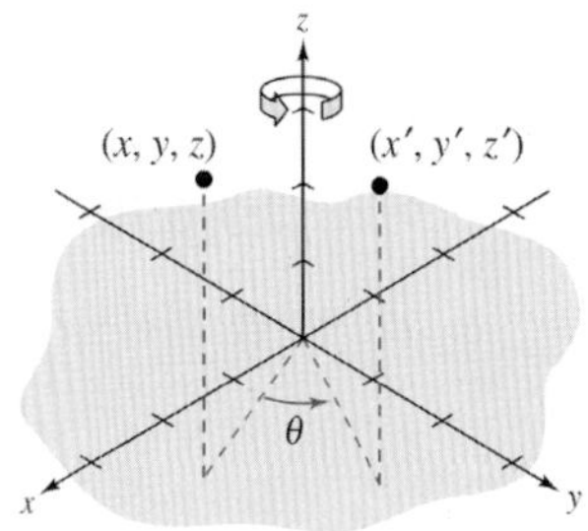

그림 6.6

예제 4 z축에 대한 회전

오른 쪽 그림과 같은 직육면체의 여덟 개의 점은

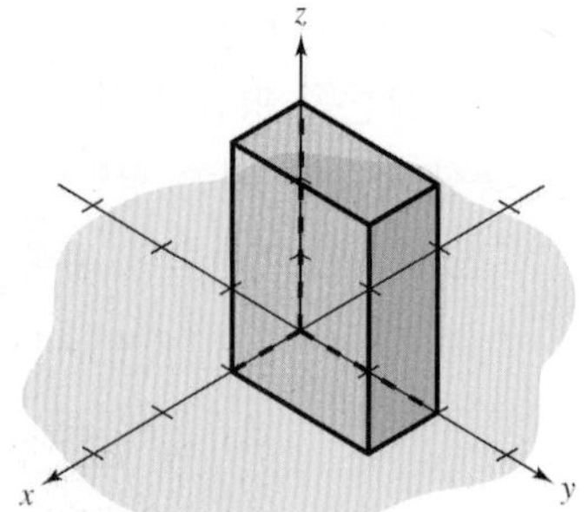

$$V_1(0,\ 0,\ 0) \qquad V_2(1,\ 0,\ 0)$$
$$V_3(1,\ 2,\ 0) \qquad V_4(0,\ 2,\ 0)$$
$$V_5(0,\ 0,\ 3) \qquad V_6(1,\ 0,\ 3)$$
$$V_7(1,\ 2,\ 0) \qquad V_8(0,\ 2,\ 3)$$

이다. 직육면체를 z축을 중심으로 시계 반대방향으로 (a) $\theta = 60^\circ$, (b) $\theta = 90^\circ$, (c) $\theta = 120^\circ$ 만큼 회전시킨 후의 좌표를 각각 구하시오.

풀이

a. 60° 만큼 회전시키는 행렬은

$$A = \begin{bmatrix} \cos 60^\circ & -\sin 60^\circ & 0 \\ \sin 60^\circ & \cos 60^\circ & 0 \\ 0 & 0 & 1 \end{bmatrix} = \begin{bmatrix} \frac{1}{2} & -\frac{\sqrt{3}}{2} & 0 \\ \frac{\sqrt{3}}{2} & \frac{1}{2} & 0 \\ 0 & 0 & 1 \end{bmatrix}$$

이다. 이 행렬을 각 벡터에 대응하는 열벡터에 곱하면 다음과 같은 회전된 벡터를 구할 수 있다.

$$V_1'(0,\ 0,\ 0) \quad V_2'(0.5,\ 0.87,\ 0) \quad V_3'(-1.23,\ 1.87,\ 0) \quad V_4'(-1.73,\ 1,\ 0)$$
$$V_5'(0,\ 0,\ 3) \quad V_6'(0.5,\ 0.87,\ 3) \quad V_7'(-1.23,\ 1.87,\ 3) \quad V_8'(-1.73,\ 1,\ 3)$$

그림 6.7(a)은 회전된 직육면체를 나타낸 것이다.

b. 90° 만큼 회전시키는 행렬은

$$A = \begin{bmatrix} \cos 90^\circ & -\sin 90^\circ & 0 \\ \sin 90^\circ & \cos 90^\circ & 0 \\ 0 & 0 & 1 \end{bmatrix} = \begin{bmatrix} 0 & -1 & 0 \\ 1 & 0 & 0 \\ 0 & 0 & 1 \end{bmatrix}$$

이고, 그림 6.7(b)는 회전된 직육면체를 나타낸 것이다.

c. 120° 만큼 회전시키는 행렬은

$$A = \begin{bmatrix} \cos 120^\circ & -\sin 120^\circ & 0 \\ \sin 120^\circ & \cos 120^\circ & 0 \\ 0 & 0 & 1 \end{bmatrix} = \begin{bmatrix} -\frac{1}{2} & \frac{\sqrt{3}}{2} & 0 \\ \frac{\sqrt{3}}{2} & -\frac{1}{2} & 0 \\ 0 & 0 & 1 \end{bmatrix}$$

이고, 그림 6.7(c)는 회전된 직육면체를 나타낸 것이다. ■

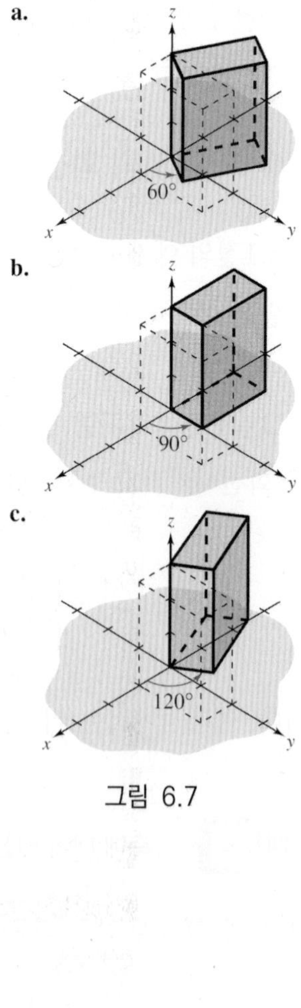

그림 6.7

예제 4에서는 z축 중심으로 회전을 시킬 때 행렬을 사용했다. 마찬가지로 x축 또는 y축 중심으로 도형을 회전할 때에도 행렬을 사용할 수 있다. 이러한 세 종류의 회전은 다음과 같이 정리할 수 있다.

x축 중심 회전 $\begin{bmatrix} 1 & 0 & 0 \\ 0 & \cos\theta & -\sin\theta \\ 0 & \sin\theta & \cos\theta \end{bmatrix}$ y축 중심 회전 $\begin{bmatrix} \cos\theta & 0 & \sin\theta \\ 0 & 1 & 0 \\ -\sin\theta & 0 & \cos\theta \end{bmatrix}$ z축 중심 회전 $\begin{bmatrix} \cos\theta & -\sin\theta & 0 \\ \sin\theta & \cos\theta & 0 \\ 0 & 0 & 1 \end{bmatrix}$

각 경우, 회전은 다음과 같이 각 회전축에 대하여 ("오른손 법칙"을 사용하여) 시계 반대방향으로의 회전이다.

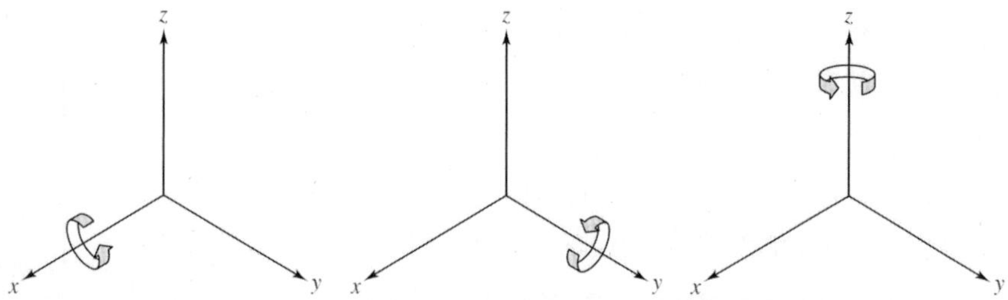

x축 중심 회전 y축 중심 회전 z축 중심 회전

참고

오른손 법칙을 설명하기 위해 오른손의 엄지손가락이 축의 양의 방향을 가리킨다고 하자. 나머지 손가락은 시계 반대방향을 향할 것이다. 다음 그림은 z축 중심의 시계 반대방향 회전을 나타낸다.

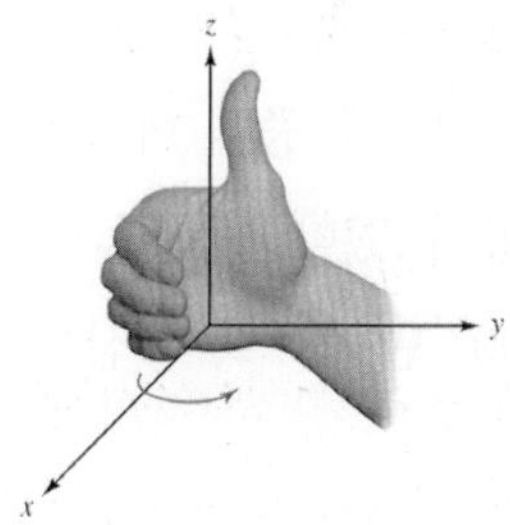

예제 5 x축과 y축 중심의 회전

이러한 유형의 예제의 대화형 버전은 LarsonLinearAlgebra.com을 참고하라.

a. x축 중심으로 $90°$ 만큼의 회전시키는 행렬은

$$A = \begin{bmatrix} 1 & 0 & 0 \\ 0 & \cos 90° & -\sin 90° \\ 0 & \sin 90° & \cos 90° \end{bmatrix} = \begin{bmatrix} 1 & 0 & 0 \\ 0 & 0 & -1 \\ 0 & 1 & 0 \end{bmatrix}$$

이다. 그림 6.8(a)는 예제 4의 직육면체를 x축 중심으로 $90°$ 만큼 회전한 것이다.

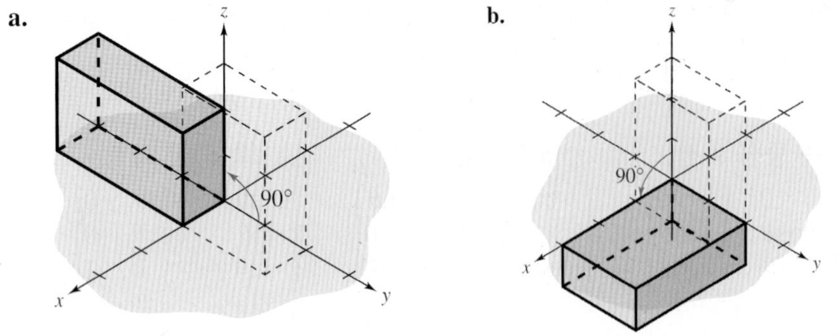

그림 6.8

b. y축 중심으로 $90°$ 만큼의 회전시키는 행렬은

$$A=\begin{bmatrix} \cos 90° & 0 & \sin 90° \\ 0 & 1 & 0 \\ -\sin 90° & 0 & \cos 90° \end{bmatrix}=\begin{bmatrix} 0 & 0 & 1 \\ 0 & 1 & 0 \\ -1 & 0 & 0 \end{bmatrix}$$

이다. 그림 6.8(b)는 예제 4의 직육면체를 y축 중심으로 $90°$ 만큼 회전한 것이다. ■

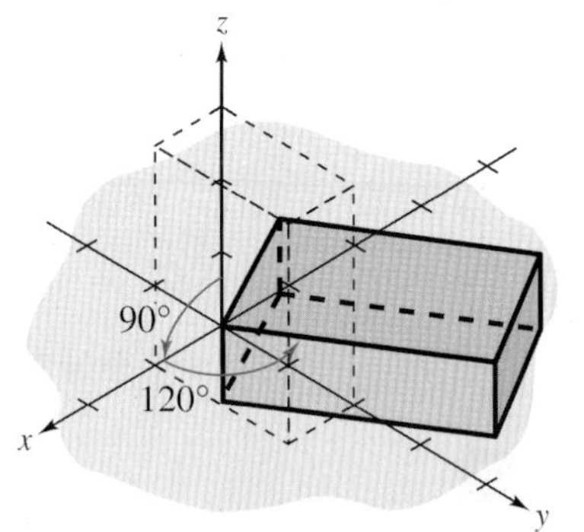

그림 6.9

좌표축 중심 회전을 합성하면 원하는 시점에서의 도형의 모습을 구할 수 있다. 예를 들어 그림 6.9는 예제 4의 직육면체를 y축 중심으로 $90°$ 만큼, z축 중심으로 $120°$ 만큼 회전한 것이다.

6.5 연습문제

1. 선형변환 $T: \mathbb{R}^2 \to \mathbb{R}^2$은 x축에 대한 대칭이다. 각 벡터의 상을 구하시오.
(a) $(3, 5)$ (b) $(2, -1)$ (c) $(a, 0)$
(d) $(0, b)$ (e) $(-c, d)$ (f) $(f, -g)$

2. 선형변환 $T: \mathbb{R}^2 \to \mathbb{R}^2$은 y축에 대한 대칭이다. 각 벡터의 상을 구하시오.
(a) $(5, 2)$ (b) $(-1, -6)$ (c) $(a, 0)$
(d) $(0, b)$ (e) $(c, -d)$ (f) (f, g)

3. 선형변환 $T: \mathbb{R}^2 \to \mathbb{R}^2$은 직선 $y=x$에 대한 대칭이다. 각 벡터의 상을 구하시오.
(a) $(0, 1)$ (b) $(-1, 3)$ (c) $(a, 0)$
(d) $(0, b)$ (e) $(-c, d)$ (f) $(f, -g)$

4. 선형변환 $T: \mathbb{R}^2 \to \mathbb{R}^2$은 직선 $y=-x$에 대한 대칭이다. 각 벡터의 상을 구하시오.
(a) $(-1, 2)$ (b) $(2, 3)$ (c) $(a, 0)$
(d) $(0, b)$ (e) $(e, -d)$ (f) $(-f, g)$

5. $T(1, 0)=(2, 0)$이고 $T(0, 1)=(0, 1)$이다.
(a) 임의의 (x, y)에 대한 $T(x, y)$를 결정하시오.
(b) T의 기하적 특성을 설명하시오.

6. $T(1, 0)=(1, 1)$이고 $T(0, 1)=(0, 1)$이다.
(a) 임의의 (x, y)에 대한 $T(x, y)$를 결정하시오.
(b) T의 기하적 특성을 설명하시오.

변환을 구별하고 표현하기 7~14번에서는 (a) 변환이 어떠한 변환인지 말하고, (b) $\mathbb{R}^2$의 임의의 벡터에 대하여 그 변환을 그림으로 나타내시오.

7. $T(x, y)=(x, y/2)$
8. $T(x, y)=(x/4, y)$
9. $T(x, y)=(12, y)$
10. $T(x, y)=(x, 3y)$
11. $T(x, y)=(x+3y, y)$
12. $T(x, y)=(x+4y, y)$
13. $T(x, y)=(x, 5x+y)$
14. $T(x, y)=(x, 9x+y)$

선형변환의 고정점 구하기 15~22번에서는 선형변환의 고정점을 모두 구하시오. $T(\mathrm{v})=\mathrm{v}$일 때, 벡터 v를 T의 고정점이라고 한다.

15. y축에 대한 대칭
16. x축에 대한 대칭
17. 직선 $y=x$에 대한 대칭
18. 직선 $y=-x$에 대한 대칭
19. 수직 축소
20. 수평 확대
21. 수평 전단
22. 수직 전단

단위 정사각형의 변환된 형태 그리기 22~30번에서는 주어진 변환에 의해 단위 정사각형($(0, 0)$, $(1, 0)$, $(1, 1)$, $(0, 1)$을 꼭짓점으로 가지는 정사각형)의 변환된 모습을 그림으로 그리시오.

23. T는 x축에 대한 대칭이다.
24. T는 직선 $y=x$에 대한 대칭이다.
25. T는 $T(x, y)=(x/2, y)$로 정의된 축소이다.
26. T는 $T(x, y)=(x, y/4)$로 정의된 축소이다.
27. T는 $T(x, y)=(x, 3y)$로 정의된 확대이다.
28. T는 $T(x, y)=(5x, y)$로 정의된 확대이다.
29. T는 $T(x, y)=(x+2y, y)$로 정의된 전단이다.
30. T는 $T(x, y)=(x, y+3x)$로 정의된 전단이다.

직사각형의 변환된 형태 그리기 31~38번에서는 주어진 변환에 의해 $(0,0)$, $(1,0)$, $(1,2)$, $(0,2)$를 꼭짓점으로 가지는 직사각형이 변환된 형태를 그림으로 그리시오.

31. T는 y축에 대한 대칭이다.

32. T는 직선 $y=x$에 대한 대칭이다.

33. T는 $T(x, y)=(x/3, y)$로 정의된 축소이다.

34. T는 $T(x, y)=(x, y/2)$로 정의된 축소이다.

35. T는 $T(x, y)=(x, 6y)$로 정의된 확대이다.

36. T는 $T(x, y)=(2x, y)$로 정의된 확대이다.

37. T는 $T(x, y)=(x+y, y)$로 정의된 전단이다.

38. T는 $T(x, y)=(x, y+2x)$로 정의된 전단이다.

변환된 도형 그리기 39~44번에서는 각 도형이 주어진 변환에 의해 변환된 모습을 그림으로 그리시오.

(a)

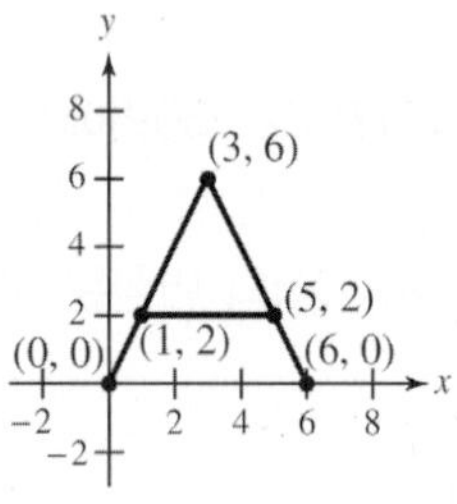

(b)

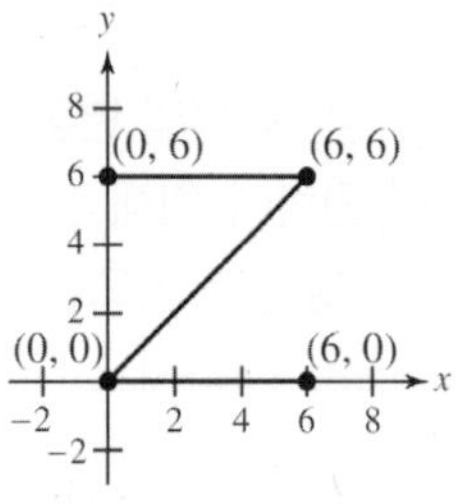

39. T는 x축에 대한 대칭이다.

40. T는 직선 $y=x$에 대한 대칭이다.

41. T는 $T(x, y)=(x+y, y)$로 정의된 전단이다.

42. T는 $T(x, y)=(x, x+y)$로 정의된 전단이다.

43. T는 $T(x, y)=\left(2x, \frac{1}{2}y\right)$로 정의된 확대축소이다.

44. T는 $T(x, y)=\left(\frac{1}{2}x, 2y\right)$로 정의된 확대축소이다.

기하적으로 설명하기 45~50번에서는 기본행렬로 정의된 선형변환을 기하적으로 설명하시오.

45. $A=\begin{bmatrix}2 & 0\\ 0 & 1\end{bmatrix}$

46. $A=\begin{bmatrix}1 & 0\\ 2 & 1\end{bmatrix}$

47. $A=\begin{bmatrix}1 & 5\\ 0 & 1\end{bmatrix}$

48. $A=\begin{bmatrix}1 & 0\\ 0 & \frac{1}{2}\end{bmatrix}$

49. $A=\begin{bmatrix}1 & 0\\ 0 & -2\end{bmatrix}$

50. $A=\begin{bmatrix}-\frac{1}{4} & 0\\ 0 & 1\end{bmatrix}$

기하적으로 설명하기 51번과 52번에서는 행렬곱으로 정의된 선형변환을 기하적으로 설명하시오.

51. $A=\begin{bmatrix}2 & 0\\ 2 & 1\end{bmatrix}=\begin{bmatrix}2 & 0\\ 0 & 1\end{bmatrix}\begin{bmatrix}1 & 0\\ 2 & 1\end{bmatrix}$

52. $A=\begin{bmatrix}0 & 3\\ 1 & 0\end{bmatrix}=\begin{bmatrix}0 & 1\\ 1 & 0\end{bmatrix}\begin{bmatrix}1 & 0\\ 0 & 3\end{bmatrix}$

53. 주대각선 성분이 양수인 대각행렬로 정의된 선형변환을 **확대(magnification)**라 한다. 행렬 A로 정의된 선형변환에 의해 $(1,0)$, $(0,1)$, $(2,2)$가 변환된 결과를 구하고, 구한 결과를 기하적으로 설명하시오.

$$A=\begin{bmatrix}2 & 0\\ 0 & 3\end{bmatrix}$$

54. **캡스톤** 각 행렬로 정의된 변환을 설명하시오. k와 θ는 양의 스칼라라 가정하자.

(a) $\begin{bmatrix}-1 & 0\\ 0 & 1\end{bmatrix}$　(b) $\begin{bmatrix}1 & 0\\ 0 & -1\end{bmatrix}$

(c) $\begin{bmatrix}0 & 1\\ 1 & 0\end{bmatrix}$　(d) $\begin{bmatrix}k & 0\\ 0 & 1\end{bmatrix}$, $k>1$

(e) $\begin{bmatrix}k & 0\\ 0 & 1\end{bmatrix}$, $0<k<1$

(f) $\begin{bmatrix}1 & 0\\ 0 & k\end{bmatrix}$, $k>1$　(g) $\begin{bmatrix}1 & 0\\ 0 & k\end{bmatrix}$, $0<k<1$

(h) $\begin{bmatrix} 1 & k \\ 0 & 1 \end{bmatrix}$ (i) $\begin{bmatrix} 1 & 0 \\ k & 1 \end{bmatrix}$

(j) $\begin{bmatrix} 1 & 0 & 0 \\ 0 & \cos\theta & -\sin\theta \\ 0 & \sin\theta & \cos\theta \end{bmatrix}$

(k) $\begin{bmatrix} \cos\theta & 0 & \sin\theta \\ 0 & 1 & 0 \\ -\sin\theta & 0 & \cos\theta \end{bmatrix}$

(l) $\begin{bmatrix} \cos\theta & -\sin\theta & 0 \\ \sin\theta & \cos\theta & 0 \\ 0 & 0 & 1 \end{bmatrix}$

회전변환을 나타내는 행렬 구하기 55~58번에서는 주어진 회전변환을 나타내는 행렬을 구하시오.

55. z축 중심으로 30° 회전

56. x축 중심으로 60° 회전

57. x축 중심으로 120° 회전

58. y축 중심으로 60° 회전

벡터의 변환결과 구하기 59~62번에서는 벡터 $(1, 1, 1)$의 회전된 결과를 구하시오.

59. z축 중심으로 30° 회전

60. x축 중심으로 60° 회전

61. x축 중심으로 120° 회전

62. y축 중심으로 60° 회전

회전 결정하기 63~68번에서는 x축, y축, z축을 중심으로 하는 시계 반대방향으로의 회전변환 중 어떤 회전 변환 하나가 회전된 사면체를 만드는지 결정하시오. 오른쪽 그림은 회전되기 전의 사면체의 모습이다.

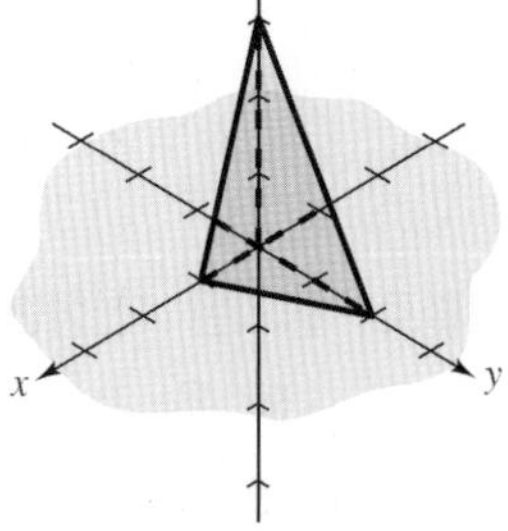

63.

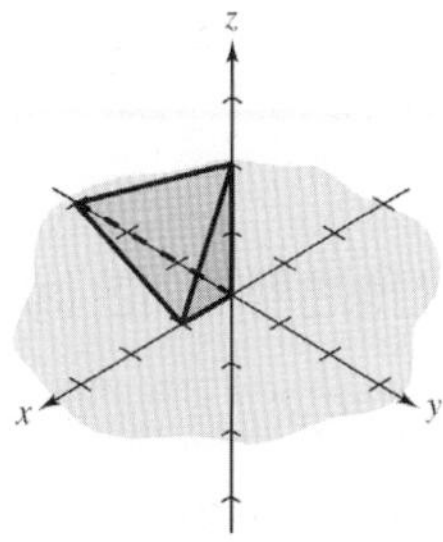

64.

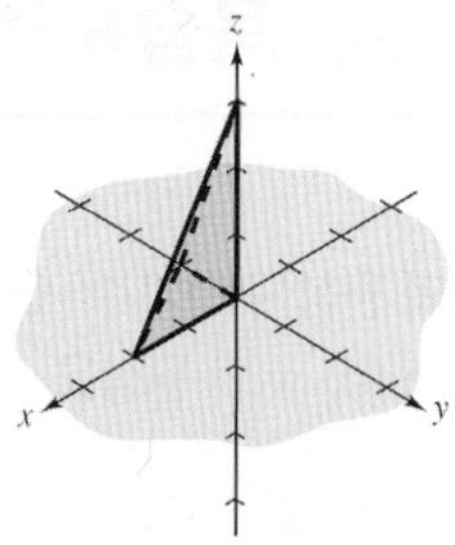

65.

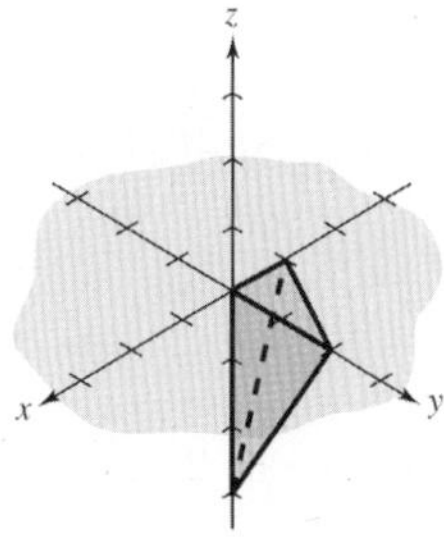

66.

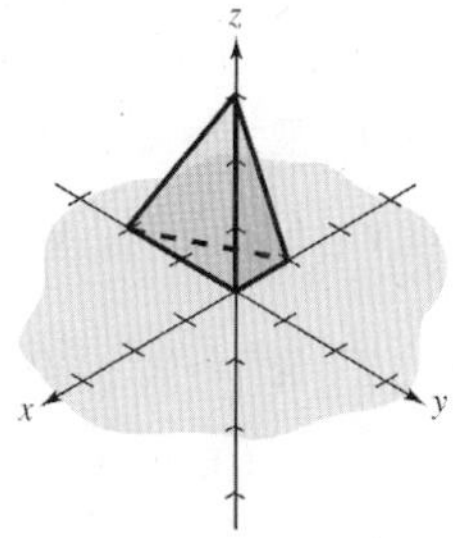

67.

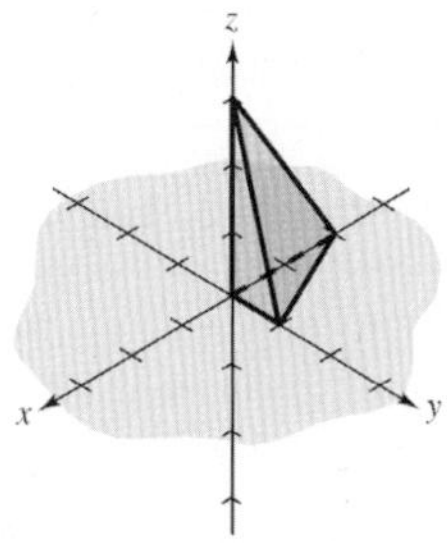

68.

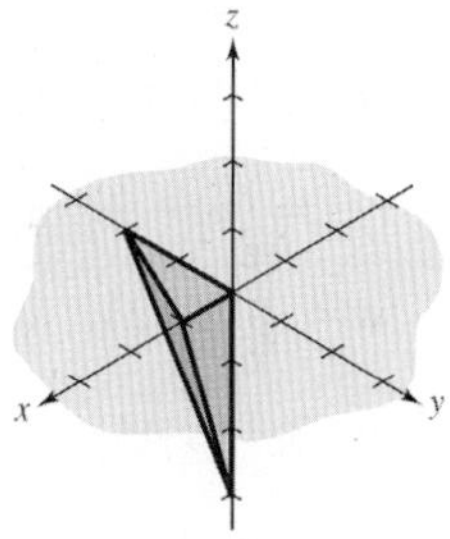

두 번의 회전을 정의하는 행렬 결정하기 69~72번에서는 두 번의 회전을 정의하는 행렬을 결정하시오. 그리고 이 회전에 의한 벡터 $(1, 1, 1)$의 변환 결과를 구하시오.

69. x축을 중심으로 90° 회전 후 y축을 중심으로 90° 회전

70. z축 중심으로 30° 회전 후 y축 중심으로 60° 회전

71. z축 중심으로 45° 회전 후 x축 중심으로 135° 회전

72. x축 중심으로 120° 회전 후 z축 중심으로 135° 회전

복습문제 06

상과 원상 구하기 1~6번에서는 선형변환에 대한 (a) v의 상과 (b) w의 원상을 구하시오.

1. $T: \mathbb{R}^2 \to \mathbb{R}^2$, $T(v_1, v_2) = (v_1, v_1 + 2v_2)$, v$= (2, -3)$, w$= (4, 12)$

2. $T: \mathbb{R}^2 \to \mathbb{R}^2$, $T(v_1, v_2) = (v_1 + v_2, 2v_2)$, v$= (4, -1)$, w$= (8, 4)$

3. $T: \mathbb{R}^3 \to \mathbb{R}^3$, $T(v_1, v_2, v_3)$ $= (0, v_1 + v_2, v_2 + v_3)$,v$= (-3, 2, 5)$, w$= (0, 2, 5)$

4. $T: \mathbb{R}^3 \to \mathbb{R}^3$, $T(v_1, v_2, v_3)$ $= (v_1 + v_2, v_2 + v_3, v_3)$, v$= (-2, 1, 2)$, w$= (0, 1, 2)$

5. $T: \mathbb{R}^2 \to \mathbb{R}^3$, $T(v_1, v_2)$ $= (v_1 + v_2, v_1 - v_2, 2v_1 + 3v_2)$, v$= (2, -3)$, w$= (1, -3, 4)$

6. $T: \mathbb{R}^2 \to \mathbb{R}$, $T(v_1, v_2) = (2v_1 - v_2)$, v$= (2, -3)$, w$= 4$

선형변환과 표준행렬 7~18번에서는 함수가 선형변환인지 판정하시오. 만일 선형변환이라면 그 선형변환의 표준행렬 A를 구하시오.

7. $T: \mathbb{R} \to \mathbb{R}^2$, $T(x) = (x, x+2)$

8. $T: \mathbb{R}^2 \to \mathbb{R}$, $T(x_1, x_2) = (x_1 + x_2)$

9. $T: \mathbb{R}^2 \to \mathbb{R}^2$, $T(x_1, x_2) = (x_1 + 2x_2, -x_1 - x_2)$

10. $T: \mathbb{R}^2 \to \mathbb{R}^2$, $T(x_1, x_2) = (x_1 + 3, x_2)$

11. $T: \mathbb{R}^2 \to \mathbb{R}^2$, $T(x, y) = (x - 2y, 2y - x)$

12. $T: \mathbb{R}^2 \to \mathbb{R}^2$, $T(x, y) = (x_{y,}\, y)$

13. $T: \mathbb{R}^2 \to \mathbb{R}^2$, $T(x, y) = (x + h, y + k) <$ $h \neq 0$ 또는 $k \neq 0$ ($\mathbb{R}^2$에서의 평행이동)

14. $T: \mathbb{R}^2 \to \mathbb{R}^2$, $T(x, y) = (|x|, |y|)$

15. $T: \mathbb{R}^3 \to \mathbb{R}^3$, $T(x_1, x_2, x_3) = (x_1 + x_2, 2, x_3 - x_1)$

16. $T: \mathbb{R}^3 \to \mathbb{R}^3$, $T(x_1, x_2, x_3) = (x_1 - x_2, x_2 - x_3, x_3 - x_1)$

17. $T: \mathbb{R}^3 \to \mathbb{R}^3$, $T(x, y, z) = (z, y, x)$

18. $T: \mathbb{R}^3 \to \mathbb{R}^3$, $T(x, y, z) = (x, 0, -y)$

19. T는 $T(2, 0) = (1, 1)$, $T(0, 3) = (3, 3)$인 $\mathbb{R}^2$에서 $\mathbb{R}^2$로의 선형변환이다. $T(1, 1)$과 $T(0, 1)$을 구하시오.

20. T는 $T(1, 1, 1) = 1$, $T(1, 1, 0) = 2$, $T(1, 0, 0) = 3$인 $\mathbb{R}^3$에서 $\mathbb{R}$로의 선형변환이다. $T(0, 1, 1)$을 구하시오.

21. T는 $T(4, -2) = (2, -2)$, $T(3, 3) = (-3, 3)$인 $\mathbb{R}^2$에서 $\mathbb{R}^2$로의 선형변환이다. $T(-7, 2)$를 구하시오.

22. T는 $T(1, -1) = (2, -3)$, $T(0, 2) = (0, 8)$인 $\mathbb{R}^2$에서 $\mathbb{R}^2$로의 선형변환이다. $T(2, 4)$를 구하시오.

행렬로 정의된 선형변환 23~28번에서는 선형변환 $T: \mathbb{R}^n \to \mathbb{R}^m$은 $T(\mathrm{v}) = A\mathrm{v}$로 정의된다. 행렬 A를 이용하여 (a) $\mathbb{R}^n$과 $\mathbb{R}^m$의 차원을 결정하고, (b) v의 상을 구하고, (c) w의 원상을 구하시오.

23. $A = \begin{bmatrix} 0 & 1 & 2 \\ -2 & 0 & 0 \end{bmatrix}$, $\mathrm{v} = (6, 1, 1)$, $\mathrm{w} = (3, 5)$

24. $A = \begin{bmatrix} 1 & 2 & -1 \\ 1 & 0 & 1 \end{bmatrix}$, $\mathrm{v} = (5, 2, 2)$, $\mathrm{w} = (4, 2)$

25. $A = \begin{bmatrix} 1 & 1 & 1 \\ 0 & 1 & 1 \\ 0 & 0 & 1 \end{bmatrix}$, $\mathrm{v} = (2, 1, -5)$, $\mathrm{w} = (6, 4, 2)$

26. $A = \begin{bmatrix} 2 & 1 \\ 0 & 1 \end{bmatrix}$, $\mathrm{v} = (8, 4)$, $\mathrm{w} = (5, 2)$

27. $A = \begin{bmatrix} 4 & 0 \\ 0 & 5 \\ 1 & 1 \end{bmatrix}$, $\mathrm{v} = (2, 2)$, $\mathrm{w} = (4, -5, 0)$

28. $A = \begin{bmatrix} -1 & 0 \\ 0 & 1 \\ -1 & -3 \end{bmatrix}$, $\mathrm{v} = (3, 5)$, $\mathrm{w} = (5, 2, -1)$

29. $\mathbb{R}^2$에서 시계 반대방향의 회전에 대한 표준행렬을 이용하여 세 점 $(3, 5)$, $(5, 3)$, $(3, 0)$을 꼭짓점으로 하는 삼각형을 원점을 중심으로 시계 반대방향으로 $90°$ 회전시키시오. 회전되기 전과 후의 삼각형을 그리시오.

30. 연습문제 29번의 삼각형을 점 $(5, 3)$을 중심으로 시계방향으로 $90°$ 회전하시오. 회전하기 전과 후의 삼각형을 그리시오.

핵과 치역 구하기 31~34번에서는 (a) $\ker T$와 (b) $\mathrm{range}(T)$를 구하시오.

31. $T: \mathbb{R}^4 \to \mathbb{R}^3$,
$T(w, x, y, z)$
$= (2w + 4x + 6y + 5z, -w - 2x + 2y, 8y + 4z)$

32. $T: \mathbb{R}^3 \to \mathbb{R}^3$,
$T(x, y, z) = (x + 2y, y + 2z, z + 2x)$

33. $T: \mathbb{R}^3 \to \mathbb{R}^3$, $T(x, y, z) = (x, y, z + 3y)$

34. $T: \mathbb{R}^3 \to \mathbb{R}^3$, $T(x, y, z) = (x + y, y + z, x - z)$

핵, 영공간차원, 치역, 계수 구하기 35~38번에서는 선형변환 T를 $T(\mathrm{v}) = A\mathrm{v}$로 정의한다. (a) $\ker(T)$, (b) $\mathrm{nullity}(T)$, (c) $\mathrm{range}(T)$, (d) $\mathrm{rank}(T)$를 구하시오.

35. $A = \begin{bmatrix} 1 & 2 \\ -1 & 0 \\ 1 & 1 \end{bmatrix}$

36. $A = \begin{bmatrix} -1 & 2 \\ 0 & -1 \\ -2 & 2 \end{bmatrix}$

37. $A = \begin{bmatrix} 2 & 1 & 3 \\ 1 & 1 & 0 \\ 0 & 1 & -3 \end{bmatrix}$

38. $A = \begin{bmatrix} 1 & 1 & -1 \\ 1 & 2 & 1 \\ 0 & 1 & 0 \end{bmatrix}$

39. $\mathrm{nullity}(T) = 2$인 선형변환 $T: \mathbb{R}^5 \to \mathbb{R}^3$에 대하여, $\mathrm{rnak}(T)$를 구하시오.

40. $\mathrm{nullity}(T) = 4$인 선형변환 $T: P_5 \to P_3$에 대하여, $\mathrm{rnak}(T)$를 구하시오.

41. $\mathrm{rank}(T) = 3$인 선형변환 $T: P_4 \to \mathbb{R}^5$에 대하여, $\mathrm{nuliity}(T)$를 구하시오.

42. $\mathrm{rank}(T) = 5$인 선형변환 $T: M_{3,3} \to M_{3,3}$에 대하여, $\mathrm{nuliity}(T)$를 구하시오.

표준행렬의 거듭제곱 구하기 43~46번에서는 T의 표준행렬 A의 주어진 거듭제곱을 구하시오.

43. $T: \mathbb{R}^3 \to \mathbb{R}^3$, xy평면에 대한 대칭. A^2을 구하시오.

44. $T: \mathbb{R}^3 \to \mathbb{R}^3$, xy평면으로의 정사영. A^2을 구하시오.

45. $T: \mathbb{R}^2 \to \mathbb{R}^2$, 각 θ만큼 시계 반대방향으로 회전. A^3을 구하시오.

46. **미적분** $T: P_3 \to P_3$, 미분연산자 D_x. A^2을 구하시오.

합성변환의 표준행렬 구하기 47번과 48번에서는 $T = T_2 \circ T_1$과 $T' = T_1 \circ T_2$에 대한 표준행렬을 구하시오.

47. $T_1: \mathbb{R}^2 \to \mathbb{R}^3$, $T_1(x, y) = (x, x + y, y)$
$T_2: \mathbb{R}^3 \to \mathbb{R}^2$, $T_2(x, y, z) = (0, y)$

48. $T_1 : \mathbb{R} \to \mathbb{R}^2,\ T_1(x) = (x, 4x)$

$T_2 : \mathbb{R}^2 \to \mathbb{R},\ T_2(x, y) = (y + 3x)$

선형변환의 역변환 구하기 49~52번에서는 선형변환이 가역인지 판별하시오. 만일 가역이라면 역변환을 구하시오.

49. $T: \mathbb{R}^2 \to \mathbb{R}^2,\ T(x, y) = (0, y)$

50. $T: \mathbb{R}^2 \to \mathbb{R}^2,$

$T(x, y) = (x\cos\theta - y\sin\theta,\ x\sin\theta + y\cos\theta)$

51. $T: \mathbb{R}^2 \to \mathbb{R}^2,\ T(x, y) = (x, -y)$

52. $T: \mathbb{R}^3 \to \mathbb{R}^2,\ T(x, y, z) = (x + y, y - z)$

일대일, 위로의 변환과 가역 변환 53~56번에서는 행렬 A로 표현되는 선형변환이 (a) 일대일인지, (b) 위로의 변환인지, (c) 가역인지 판별하시오.

53. $A = \begin{bmatrix} 6 & 0 \\ 0 & -1 \end{bmatrix}$

54. $A = \begin{bmatrix} 1 & \frac{1}{4} \\ 0 & 1 \end{bmatrix}$

55. $A = \begin{bmatrix} 1 & 1 & 1 \\ 0 & 1 & 1 \end{bmatrix}$

56. $A = \begin{bmatrix} 4 & 0 & 7 \\ 5 & 5 & 1 \\ 0 & 0 & 2 \end{bmatrix}$

두 가지 방법으로 상 구하기 57번과 58번에서는 (a) 표준행렬과 (b) B에서 B'으로의 행렬을 이용하여 $T(\mathrm{v})$를 구하시오.

57. $T: \mathbb{R}^2 \to \mathbb{R}^3,$

$T(x, y) = (-x, y, x + y),\ \mathrm{v} = (0, 1),$

$B = \{(1, 1), (1, -1)\},\ B' = \{(0, 1, 0),$
$(0, 0, 1), (1, 0, 0)\}$

58. $T: \mathbb{R}^2 \to \mathbb{R}^2,$

$T(x, y) = (2y, 0(,\ \mathrm{v} = (-1, 3),$

$B = \{(2, 1), (-1, 0)\},\ B' = \{(-1, 0), (2, 2)\}$

선형변환의 행렬 구하기 59번과 60번에서는 기저 B'에 대한 T의 행렬 A'을 구하시오.

59. $T: \mathbb{R}^2 \to \mathbb{R}^2,\ T(x, y) = (x - 3y, y - x),$

$B' = \{(1, -1), (1, 1)\}$

60. $T: \mathbb{R}^3 \to \mathbb{R}^3,\ T(x, y, z)(x + 3y, 3x + y, -2x),$

$B' = \{(1, 1, 0), (1, -1, 0), (0, 0, 1)\}$

닮은 행렬 61번과 62번에서는 행렬 P를 이용하여 A와 A'이 닮았음을 보이시오.

61. $P = \begin{bmatrix} 2 & -1 \\ 3 & 5 \end{bmatrix},\ A = \begin{bmatrix} 6 & -3 \\ 2 & -2 \end{bmatrix},\ A' = \begin{bmatrix} 1 & -9 \\ -1 & 3 \end{bmatrix}$

62. $P = \begin{bmatrix} 1 & 2 & 0 \\ 0 & 1 & -1 \\ 1 & 0 & 0 \end{bmatrix},\ A = \begin{bmatrix} 1 & 0 & 1 \\ -1 & 3 & 1 \\ 0 & 0 & 2 \end{bmatrix},$

$A' = \begin{bmatrix} 2 & 0 & 0 \\ 0 & 1 & 0 \\ 0 & 0 & 3 \end{bmatrix}$

63. 벡터 $\mathrm{u} = (0, 1, 2)$에 대하여, 선형변환 $T: \mathbb{R}^3 \to \mathbb{R}^3$을 $T(\mathrm{v}) = \mathrm{proj}_{\mathrm{u}}\mathrm{v}$로 정의하자.

(a) T의 표준행렬 A를 구하시오.

(b) S는 $I - A$로 표현되는 선형변환이다. S가

$S(\mathrm{v}) = \mathrm{proj}_{\mathrm{w}_1}\mathrm{v} + \mathrm{proj}_{\mathrm{w}_2}\mathrm{v}$

꼴임을 보이시오. 단, w_1과 w_2는 $\mathbb{R}^3$의 고정된 벡터이다.

(c) T의 핵이 S의 치역과 같음을 보이시오.

64. 벡터 $\mathrm{u} = (4, 3)$에 대하여, 선형변환 $T: \mathbb{R}^2 \to \mathbb{R}^2$을 $T(\mathrm{v}) = \mathrm{proj}_{\mathrm{u}}\mathrm{v}$로 정의하자.

(a) T의 표준행렬 A를 구하고, $A^2 = A$임을 보이시오.

(b) $(I - A)^2 = I - A$임을 보이시오.

(c) $\mathrm{v} = (5, 0)$일 때, $A\mathrm{v}$와 $(I - A)\mathrm{v}$를 구하시오.

(d) $\mathrm{u}<\ \mathrm{v},\ A\mathrm{v},\ (I - A)\mathrm{v}$를 그리시오.

65. S와 T는 V에서 W로의 선형변환이다. $S+T$와 kT는 모두 선형변환임을 보이시오. 단, $(S+T)(\mathrm{v}) = S(\mathrm{v})+T(\mathrm{v})$이고 $(kT)(\mathrm{v})=kT(\mathrm{v})$이다.

66. **증명** $T: \mathbb{R}^2 \to \mathbb{R}^2$은 $T(\mathrm{v}) = A\mathrm{v}+\mathrm{b}$이고, A는 2×2 행렬이다. (이런 변환을 **아핀변환**(affine transformation)이라 한다.) T가 선형변환이면 $\mathrm{b}=0$이고 그 역도 성립함을 증명하시오.

두 선형변환의 합 67번과 68번에서 두 선형변환 $S: V \to W$와 $T: V \to W$의 합 $S+T$는 $(S+T)(\mathrm{v}) = S(\mathrm{v})+T(\mathrm{v})$이다.

67. **증명** $\mathrm{rank}(S+T) \le \mathrm{rank}(S)+\mathrm{rank}(T)$를 증명하시오.

68. 각 경우에 대한 예를 제시하시오.

(a) $\mathrm{rank}(S+T) = \mathrm{rank}(S)+\mathrm{rank}(T)$

(b) $\mathrm{rank}(S+T) < \mathrm{rank}(S)+\mathrm{rank}(T)$

69. **증명** $T: P_3 \to \mathbb{R}$은 $T(a_0+a_1x+a_2x^2+a_3x^3) = a_0+a_1+a_2+a_3$이다.

(a) T가 선형변환임을 증명하시오.

(b) T의 계수와 영공간차원을 구하시오.

(c) T의 핵에 대한 기저를 구하시오.

70. **증명** $T: V \to U$와 $S: U \to W$는 선형변환이다.

(a) $\ker(T)$는 $\ker(S\circ T)$에 속함을 증명하시오.

(b) 만일 $S\circ T$가 위로의 함수이면 S도 위로의 함수임을 증명하시오.

71. V는 내적공간이다. 고정된 영벡터가 아닌 V의 벡터 v_0에 대하여 $T: V \to \mathbb{R}$은 $T(\mathrm{v}) = \langle \mathrm{v}, \mathrm{v}_0 \rangle$인 선형변환이다. T의 핵, 치역, 계수, 영공간차원을 구하시오.

72. **미적분** $B=\{1, x, \sin x, \cos x\}$는 연속함수의 공간의 부분공간 W의 기저이고, D_x는 W 위에서의 미분연산자이다. 기저 B에 대한 D_x의 행렬을 구하시오. D_x의 치역과 핵을 구하시오.

73. **서술** 벡터공간 $\mathbb{R}^4$, $M_{2,2}$, $M_{1,4}$는 정확히 같은 공간인가? 이 공간의 비슷한 점과 다른 점을 설명하시오.

74. **미적분** $T: P_3 \to P_3$는

$$T(p) = p(x)+p'(x)$$

로 정의한다. T의 계수와 영공간차원을 구하시오.

변환의 구별과 표현 75~80번에서는 (a) 변환이 어떤 변환인지 말하고, (b) $\mathbb{R}^2$의 임의의 벡터에 대한 변환을 그림으로 그리시오.

75. $T(x, y) = (x, 2y)$

76. $T(x, y) = (x+y, y)$

77. $T(x, y) = (x, y+3x)$

78. $T(x, y) = (5x, y)$

79. $T(x, y) = (x+5y, y)$

80. $T(x, y) = \left(x, y+\frac{3}{2}x\right)$

삼각형의 상 그리기 81~84번에서는 $(0, 0)$, $(1, 0)$, $(0, 1)$을 꼭짓점으로 하는 삼각형을 주어진 변환에 의해 변환시킨 상을 그리시오.

81. T는 x축에 대한 대칭이다.

82. T는 $T(x, y) = (2x, y)$로 표현되는 확대이다.

83. T는 $T(x, y) = (x+3y, y)$로 표현되는 전단이다.

84. T는 $T(x, y) = (x, y+2x)$로 표현되는 전단이다.

기하적 성질 설명 85번과 86번에서는 행렬곱으로 정의된 선형변환의 기하적 성질을 설명하시오.

85. $\begin{bmatrix} 0 & 12 \\ 1 & 0 \end{bmatrix} = \begin{bmatrix} 12 & 0 \\ 0 & 1 \end{bmatrix}\begin{bmatrix} 0 & 1 \\ 1 & 0 \end{bmatrix}$

86. $\begin{bmatrix} 1 & 0 \\ 6 & 2 \end{bmatrix} = \begin{bmatrix} 1 & 0 \\ 0 & 2 \end{bmatrix}\begin{bmatrix} 1 & 0 \\ 3 & 1 \end{bmatrix}$

회전을 나타내는 행렬 구하기 87~90번에서는 회전을 나타내는 행렬을 구하시오. 그리고 벡터 $(1, -1, 1)$의 상을 구하시오.

87. z축 중심으로 $45°$ 회전

88. x축 중심으로 $90°$ 회전

89. x축 중심으로 $60°$ 회전

90. y축 중심으로 $30°$ 회전

두 개의 회전을 나타내는 행렬 결정 91~94번에서는 두 개의 회전을 나타내는 행렬을 결정하시오.

91. x축 중심으로 $60°$ 회전시킨 후 z축 중심으로 $30°$ 회전

92. y축 중심으로 $120°$ 회전시킨 후 z축 중심으로 $45°$ 회전

93. y축 중심으로 $30°$ 회전시킨 후 z축 중심으로 $45°$ 회전

94. x축 중심으로 $60°$ 회전시킨 후 z축 중심으로 $60°$ 회전

단위 정육면체의 상 구하기 95~98번에서는 $(0, 0, 0)$, $(1, 0, 0)$, $(1, 1, 0)$, $(0, 1, 0)$, $(0, 0, 1)$, $(1, 0, 1)$, $(1, 1, 1)$, $(0, 1, 1)$을 꼭짓점으로 하는 단위 정육면체를 주어진 각도만큼 회전했을 때의 상을 구하시오.

95. z축 중심으로 $45°$

96. x축 중심으로 $90°$

97. x축 중심으로 $30°$

98. z축 중심으로 $120°$

참 또는 거짓? 99~102번에서는 각 명제가 참 또는 거짓인지 판별하시오. 만약 명제가 참이라면 그 이유를 제시하거나 본문에서 적절한 명제를 찾아 제시하시오. 만약 명제가 거짓이라면 명제가 참이 아니라는 예를 제시하거나 본문에서 적절한 명제를 찾아 제시하시오.

99. (a) xy 평면 위의 점을 직선 $y=x$에 대해 대칭시켜 얻은 상으로 대응시키는 대칭은 행렬 $\begin{bmatrix} 1 & 0 \\ 0 & 1 \end{bmatrix}$로 정의되는 선형변환이다.

(b) 수평확대 또는 축소는 행렬 $\begin{bmatrix} k & 0 \\ 0 & 1 \end{bmatrix}$로 정의된 선형변환이다.

100. (a) xy 평면 위의 점을 x축에 대해 대칭시켜 얻은 상에 대응시키는 대칭은 행렬 $\begin{bmatrix} 1 & 0 \\ 0 & -1 \end{bmatrix}$로 정의된 선형변환이다.

(b) 수직 확대 또는 축소는 행렬 $\begin{bmatrix} 1 & 0 \\ 0 & k \end{bmatrix}$로 정의된 선형변환이다.

101. (a) 미적분에서 임의의 일차함수는 $\mathbb{R}^2$에서 $\mathbb{R}^2$로의 선형변환이다.

(b) 선형변환이 위로의 함수이면 V의 모든 $\mathbf{u}$와 $\mathbf{v}$에 대하여, $T(\mathbf{u})=T(\mathbf{v})$이면 $\mathbf{u}=\mathbf{v}$이고 그 역도 성립한다.

(c) 계산을 쉽게 하려면 변환행렬이 대각행렬이 되는 기저를 선택하는 것이 가장 좋다.

102. (a) 다항함수에 대하여 미분연산자 D_x는 P_n에서 P_{n-1}로의 선형변환이다.

(b) $T(\mathbf{v})=\mathbf{v}$인 V의 모든 벡터 $\mathbf{v}$의 집합은 T의 핵이다.

(c) 두 선형변환의 합성 $T(\mathbf{v})=T_2(T_1(\mathbf{v}))$의 표준행렬 A는 T_2의 표준행렬과 T의 표준행렬의 곱이다.

06 프로젝트

Projects

ℓ은 $\mathbb{R}^2$에서의 직선 $ax+by=0$이다. 점 (x, y)를 ℓ에 대해 대칭시킨 상으로 대응시키는 선형변환 $L: \mathbb{R}^2 \to \mathbb{R}^2$를 직선 ℓ에 대한 **대칭**(reflection)이라 한다. (그림 6.10을 참고하라.) 다음 두 프로젝트의 목적은 표준 기저에 대한 이러한 대칭의 행렬을 구하는 것이다.

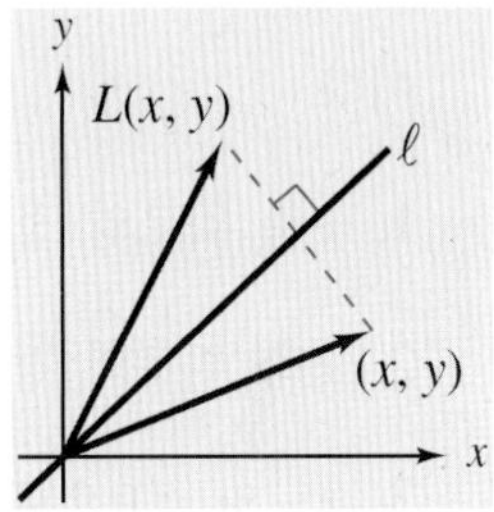

그림 6.10

01 $\mathbb{R}^2$에서의 대칭 (I)

이 프로젝트에서는 전이행렬을 이용하여 직선 $ax+by=0$에 대한 대칭 L에 대한 표준행렬을 결정한다.

1. 직선 $x=0$에 대한 L의 표준행렬을 구하시오.

2. 직선 $y=0$에 대한 L의 표준행렬을 구하시오.

3. 직선 $x-y=0$에 대한 L의 표준행렬을 구하시오.

4. $x-3y=0$으로 표현되는 직선 ℓ에 대하여, ℓ과 평행인 벡터 $\mathbf{v}$와 ℓ에 수직인 또 다른 벡터 $\mathbf{w}$를 구하시오. 순서가 있는 기저 $\{\mathbf{v}, \mathbf{w}\}$에 대한 ℓ에 대한 대칭의 행렬 A를 결정하시오. 그리고 적절한 전이행렬을 이용하여 표준기저에 대한 이 대칭의 행렬을 구하시오. 이 행렬을 이용하여 점 $(3, 1)$, $(2, -1)$, $(0, 5)$의 상을 구하시오.

5. $ax+by=0$으로 표현되는 일반적인 직선에 대하여, ℓ과 평행인 벡터 $\mathbf{v}$와 ℓ에 수직인 또 다른 벡터 $\mathbf{w}$를 구하시오. 순서가 있는 기저 $\{\mathbf{v}, \mathbf{w}\}$에 대한 ℓ에 대한 대칭의 행렬 A를 결정하시오. 그리고 적절한 전이행렬을 이용하여 표준기저에 대한 이 대칭의 행렬을 구하시오.

6. 직선 $2x+3y=0$에 대한 대칭의 표준행렬을 구하시오. 이 행렬을 이용하여 점 $(2, 3)$, $(-3, 2)$, $(13, 0)$의 상을 구하시오.

02 $\mathbb{R}^2$에서의 대칭 (II)

이 프로젝트에서는 정사영을 이용하여 직선 $ax+by=0$에 대한 대칭 L의 표준행렬을 결정한다. 벡터 v 위로의 벡터 u의 정사영(오른쪽 그림 참고)은

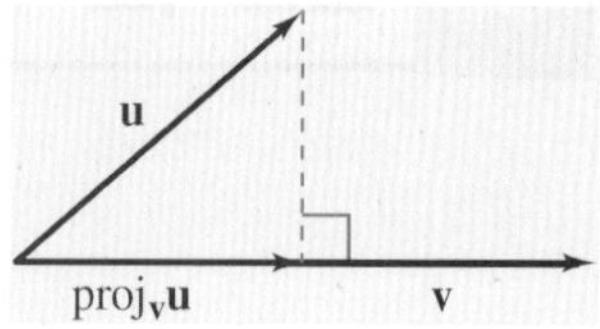

$$\text{proj}_{\mathbf{v}}\mathbf{u}=\frac{\mathbf{u}\cdot\mathbf{v}}{\mathbf{v}\cdot\mathbf{v}}\mathbf{v}$$

이다.

1. y축 위로의 정사영의 표준행렬을 구하시오. 즉 $\mathbf{v}=(0,1)$일 때, $\text{proj}_{\mathbf{v}}\mathbf{u}$의 표준행렬을 구하시오.

2. x축 위로의 정사영의 표준행렬을 구하시오.

3. $x-3y=0$으로 표현되는 직선 ℓ에 대하여, ℓ과 평행인 벡터 v와 ℓ에 수직인 또 다른 벡터 u를 구하시오. 순서가 있는 기저 $\{\mathbf{v},\mathbf{w}\}$에 대한 ℓ 위로의 정사영의 행렬 A를 결정하시오. 그리고 적절한 전이행렬을 이용하여 표준기저에 대한 정사영의 행렬을 구하시오. 이 행렬을 이용하여 $\mathbf{u}=(3,1)$, $\mathbf{u}=(2,1)$, $\mathbf{u}=(0,5)$에 대한 $\text{proj}_{\mathbf{v}}\mathbf{u}$를 구하시오.

4. $ax+by=0$으로 표현되는 일반적인 직선 ℓ에 대하여, ℓ과 평행인 벡터 v와 ℓ에 수직인 또 다른 벡터 u를 구하시오. 순서가 있는 기저 $\{\mathbf{v},\mathbf{w}\}$에 대한 ℓ 위로의 정사영의 행렬 A를 결정하시오. 그리고 적절한 전이행렬을 이용하여 표준기저에 대한 정사영의 행렬을 구하시오.

5. 그림 6.11을 이용하여 $\text{proj}_{\mathbf{v}}\mathbf{u}=\frac{1}{2}(\mathbf{u}+L(\mathbf{u}))$임을 보이시오. 단 L은 직선 ℓ에 대한 대칭이다. 이 방정식을 풀어 L을 구하고, 첫 번째 프로젝트에서 구한 공식과 비교해 보시오.

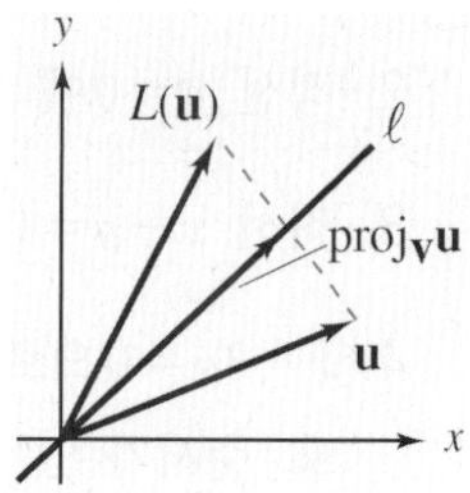

그림 6.11

07

고윳값과 고유벡터

7.1 고윳값과 고유벡터

- 고윳값과 대응하는 고유벡터 확인하기
- 고윳값과 대응하는 고유벡터 구하기
- 특성방정식을 이용하여 고윳값과 고유벡터를 구하고 삼각행렬의 고윳값과 고유벡터 구하기
- 선형변환의 고윳값과 고유벡터 구하기

고윳값과 고유벡터

이 절에서는 선형대수에서 가장 중요한 문제 중 하나인 고윳값 문제를 다룬다. 이 절의 중심 문제는, 만일 A가 $n \times n$ 행렬이라면 Ax가 x의 스칼라곱이 되는 0이 아닌 $\mathbb{R}^n$의 벡터 x가 존재하느냐? 하는 것이다. 이때 이 스칼라 λ를 행렬 A의 고윳값(eigenvalue)이라고 부르고 그리스 문자 (λ, lambda)로 표시한다. 또 이때 0이 아닌 벡터 x를 λ에 대응하는 A의 고유벡터(eigenvector)라고 부른다. 고윳값과 고유벡터는 독일어 Eigenwert에서 파생된 단어로 "적당한 값"이라는 뜻이다. 3.4절에서 고윳값 문제가 소개되었다. 그러나 이 장에서는 다른 방향에서 이 문제를 다루고자 한다. 고윳값과 고유벡터는 많은 부분에서 응용되고 있으며 그 중 중요한 것들은 7.4절에 예로 들었다.

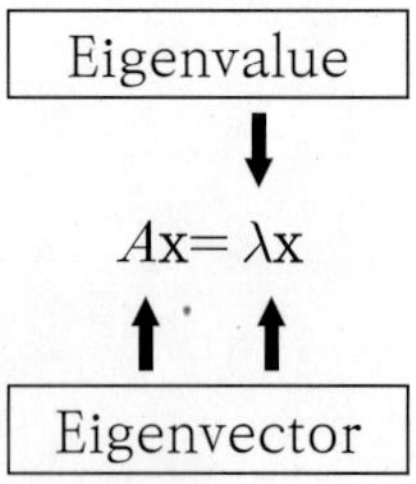

지금 간단히 $\mathbb{R}^2$에서 이 문제를 기하학적으로 설명해보자. 만일 λ가 행렬 A의 고윳값이고 x가 λ가 대응하는 A의 고유벡터라고 하면 Ax와 λx는 같고 이것은 그림 7.1과 같이 x와 평행하다.

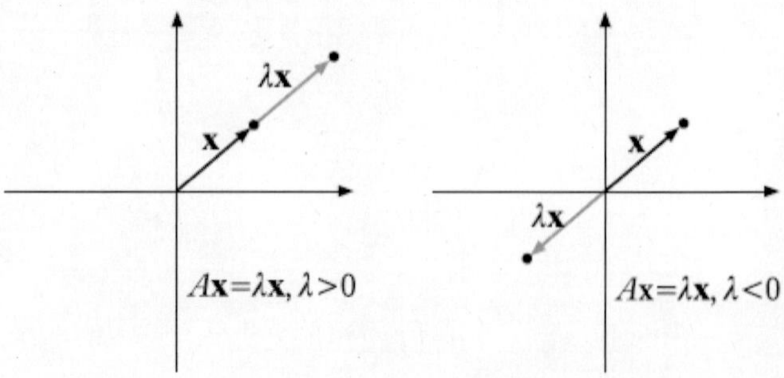

고윳값과 고유벡터의 정의

A는 $n \times n$행렬이다. 만일 x가 0이 아닌 벡터로써

$$A\mathrm{x} = \lambda \mathrm{x}$$

일 때 λ를 A의 **고윳값**(eigenvalue)이라고 부른다. 또 벡터 x를 λ에 대응하는 A의 **고유벡터**(eigenvector)라고 부른다. 이 장에서는 실수 고윳값만 생각한다.

참고

고유벡터 x는 0이 아님에 주의하자. x가 0일 경우는 $A0 = \lambda 0$이 되어 식이 항상 성립하므로 정의 자체가 아무 의미가 없다. 그러나 고윳값이 $\lambda = 0$인 경우는 가능하다(예제 2).

행렬은 한 개 이상의 고윳값이 존재함을 예제 1과 예제 2에서 확인할 수 있다.

예제 1 고윳값과 고유벡터의 증명

행렬 $A = \begin{bmatrix} 2 & 0 \\ 0 & -1 \end{bmatrix}$일 때,

$\mathrm{x}_1 = (1,0)$는 고윳값 $\lambda_1 = 2$에 대응하는 A의 고유벡터임을 밝혀라.

또 $\mathrm{x}_2 = (0,1)$은 고윳값 $\lambda_2 = -1$에 대응하는 A의 고유벡터임을 밝혀라.

풀이

AX_1을 구해보면

$$AX_1 = \begin{bmatrix} 2 & 0 \\ 0 & -1 \end{bmatrix}\begin{bmatrix} 1 \\ 0 \end{bmatrix} = \begin{bmatrix} 2 \\ 0 \end{bmatrix} = 2\begin{bmatrix} 1 \\ 0 \end{bmatrix}$$

따라서 $X_1 = (1,0)$는 고윳값 $\lambda_1 = 2$에 대응하는 행렬 A의 고유벡터이다. 마찬가지로 $\mathrm{x}_2 = (0,1)$은 고윳값 $\lambda_2 = -1$에 대응하는 A의 고유벡터이다. ■

예제 2 고윳값과 고유벡터의 증명

$A = \begin{bmatrix} 1 & -2 & 1 \\ 0 & 0 & 0 \\ 0 & 1 & 1 \end{bmatrix}$일 때,

$X_1 = (-3,-1,1)$과 $X_2 = (1,0,0)$는 A의 고유벡터이다. 고유벡터에 대응하는 고윳값을 찾으시오.

풀이

AX_1을 구하면

$$A\mathrm{x}_1 = \begin{bmatrix} 1 & -2 & 1 \\ 0 & 0 & 0 \\ 0 & 1 & 1 \end{bmatrix} \begin{bmatrix} -3 \\ -1 \\ 1 \end{bmatrix} = \begin{bmatrix} 0 \\ 0 \\ 0 \end{bmatrix} = 0 \begin{bmatrix} -3 \\ -1 \\ 1 \end{bmatrix}$$

이다. 따라서 $\mathrm{x}_1 = (-3, -1, 1)$은 고윳값 $\lambda_1 = 0$에 대응하는 A의 고유벡터이다. 마찬가지로 AX_2를 구하면

$$A\mathrm{x}_2 = \begin{bmatrix} 1 & -2 & 1 \\ 0 & 0 & 0 \\ 0 & 1 & 1 \end{bmatrix} \begin{bmatrix} 1 \\ 0 \\ 0 \end{bmatrix} = \begin{bmatrix} 1 \\ 0 \\ 0 \end{bmatrix} = 1 \begin{bmatrix} 1 \\ 0 \\ 0 \end{bmatrix}$$

이다. 따라서 $\mathrm{x}_2 = (1, 0, 0)$는 고윳값 $\lambda_2 = 1$에 대응하는 A의 고유벡터이다. ■

탐구활동

1. 예제 2에서 $\lambda_2 = 1$은 행렬 A의 고윳값이다. 행렬 $A - \lambda_2 I_3$의 행렬식을 계산해 보자. 여기서 I_3는 3×3 항등행렬이다.
2. $\lambda_1 = 0$일 때도 $A - \lambda_2 I_1$의 행렬식을 계산해 보자.
3. 일반적으로 만일 λ가 행렬 A의 고윳값이면 $|A - \lambda I|$의 값은 얼마인가?

고유공간

예제 1과 2에서 각 고윳값에 해당하는 고유벡터 한 개만을 적었다. 그러나 실제로 예제 1과 2의 4개의 고윳값 각각은 무한히 많은 고유벡터를 가진다. 예제 1에서 벡터 $(2,\ 0), (-3,\ 0)$은 모두 고윳값 $\lambda = 2$에 대응하는 A의 고유벡터이다. 실제로 A가 $n \times n$ 행렬이고 λ가 A의 고윳값, 대응하는 고유벡터가 X라고 하면 X의 모든 0이 아닌 스칼라곱은 A의 고유벡터가 된다. 그 이유는 만일 $c \neq 0$라고 하면

$$A(c\mathrm{x}) = c(A\mathrm{x}) = c(\lambda\mathrm{x}) = \lambda(c\mathrm{x})$$

이기 때문이다. 마찬가지로 만일 X_1과 X_2가 같은 고윳값 λ에 대응하는 고유벡터이면 합 $\mathrm{x}_1 + \mathrm{x}_2$도 역시 λ에 대응하는 고유벡터이다. 그 이유는

$$A(\mathrm{x}_1 + \mathrm{x}_2) = A\mathrm{x}_1 + A\mathrm{x}_2 = \lambda\mathrm{x}_1 + \lambda\mathrm{x}_2 = \lambda(\mathrm{x}_1 + \mathrm{x}_2)$$

가 되기 때문이다. 다시 말하면 고윳값 λ에 대한 모든 고유벡터의 집합에 영 벡터 0을 첨가시키면 $\mathbb{R}^n$의 부분공간이 된다. $\mathbb{R}^n$의 특별한 공간을 A의 **고유공간**(eigenspace)이라고 부른다.

정리 7.1 **λ의 고유벡터들은 부분공간을 만든다.**

만일 A가 고윳값이 λ인 $n\times n$ 행렬이라면, 고윳값의 모든 고유벡터들의 집합과 영벡터 $\mathbf{0}$의 합집합 즉, $\{\mathbf{0}\}\cup\{\mathbf{x}:\mathbf{x}$는 λ의 고유벡터$\}$은 $\mathbb{R}^n$의 부분공간이다. 이 부분공간을 λ의 **고유공간**(eigenspace)이라고 부른다.

행렬의 고윳값과 고유벡터에 대응하는 고유공간을 구하는 것은 매우 어렵다. 그러나 어떤 때는 비교적 간단히 고윳값과 고유공간을 구할 수 있음을 예제 3에서 확인할 수 있다.

예제 3 평면에서의 고유공간의 예

$A=\begin{bmatrix}-1 & 0\\ 0 & 1\end{bmatrix}$의 고윳값과 대응하는 고유공간을 구하시오.

풀이

기하적으로 $\mathbb{R}^2$위의 벡터 (x,y)에 A를 곱하면 y축에 대칭이 된다. 따라서 $v=(x,y)$라 하면 $Av=\begin{bmatrix}-1 & 0\\ 0 & 1\end{bmatrix}\begin{bmatrix}x\\ y\end{bmatrix}=\begin{bmatrix}-x\\ y\end{bmatrix}$이다.

그림 7.1의

x-축 위의 벡터 $\qquad$ y-축 위의 벡터

$$\begin{bmatrix}-1 & 0\\ 0 & 1\end{bmatrix}\begin{bmatrix}x\\ 0\end{bmatrix}=\begin{bmatrix}-x\\ 0\end{bmatrix}=-1\begin{bmatrix}x\\ 0\end{bmatrix}\quad\begin{bmatrix}-1 & 0\\ 0 & 1\end{bmatrix}\begin{bmatrix}0\\ y\end{bmatrix}=\begin{bmatrix}0\\ y\end{bmatrix}=-1\begin{bmatrix}0\\ y\end{bmatrix}$$

↑ 고유값은 $\lambda_1=-1$ $\qquad$ ↑ 고유값은 $\lambda_2=1$

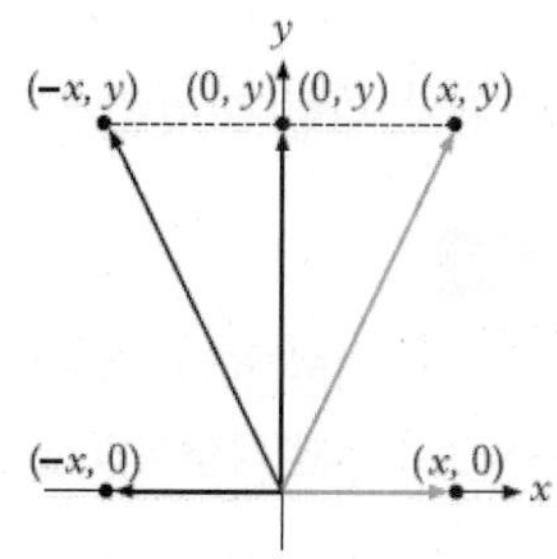

A는 벡터를 y축에 대칭시킨다

그림 7.1

그림 7.1에서 보면 어떤 벡터의 스칼라배 한 것이 y축에 대칭되는 것은 x축과 y축 위에 있을 뿐이다(부호에 따라서 같은 방향 또는 반대 방향). 따라서 $\lambda_1=-1$에 대응하는 고유벡터들은 x축 위의 0이 아닌 벡터들이고 $\lambda_2=1$에 대응하는 고유벡터들은 y축 위의 0이 아닌 벡터들이다. 즉 $\lambda_1=-1$에 대응하는 고유공간은 x축이고, $\lambda_2=1$에 대응하는 고유공간은 y축이다. ■

고윳값과 고유벡터 구하기

예제 3에서 그림으로 고윳값과 고유벡터를 구했으나 이것은 일반적인 방법이 아니다.

지금부터 일반적인 풀이 법을 알아보자. $n\times n$ 행렬에서 고윳값과 고유벡터를 구하기 위해서 I_n를 $n\times n$ 항등행렬이라고 하자.

연립방정식 $A\mathrm{x}=\lambda\mathrm{x}$는 $A\mathrm{x}=\lambda I_n\mathrm{x}$와 같이 변형할 수 있다. 이 식은

$$(A-\lambda I_n)\mathrm{x}=0$$

와 같이 변형할 수 있고, 이 식을 통해 고윳값과 고유벡터를 구할 수 있다.

이 동차 연립방정식이 0 아닌 해를 가질 필요충분조건은 계수행렬 $A-\lambda I_n$가 가역이 아닐 경우이다. 즉 $A-\lambda I_n$의 행렬식이 0일 경우이다. 따라서 다음 정리를 얻을 수 있다.

정리 7.2 행렬의 고윳값과 고유벡터

A는 $n\times n$행렬이다.
1. A의 고윳값은 방정식 $\det(A-\lambda I_n)=0$의 근인 스칼라 λ이다.
2. λ에 대응하는 A의 고유벡터는 $(A-\lambda I_n)\mathrm{x}=\mathbf{0}$을 만족하는 영벡터가 아닌 벡터이다.

방정식 $\det(A-\lambda I_n)=0$을 A의 **특성방정식**(characteristic equation)이라고 부른다. 또 이것을

$$\det(A-\lambda I_n)=|A-\lambda I_n|=\lambda^n+c_{n-1}\lambda^{n-1}+\cdots+c_1\lambda^1+c_0=0$$

와 같은 다항식으로 표현하여 행렬 A의 **특성다항식**(characteristic polynomial)이라고 부른다. 이 정의에 의해서 $n\times n$ 행렬 A의 고윳값은 A의 특성다항식의 근과 같음을 알 수 있다. A의 특성다항식의 차수는 n이므로 A의 서로 다른 고윳값은 n개 이하이다.

참고

대수의 기본정리에 의해서 n차 다항식은 n개의 근을 가진다. 이 n개의 근 중에는 중근도 있고 복소수도 있다. 이 장에서는 오직 특성다항식의 실근만을 취급한다. 즉, 실수 고윳값만 생각한다.

예제 4 고윳값과 고유벡터 구하기

행렬 $A=\begin{bmatrix}2 & -12\\ 1 & -5\end{bmatrix}$의 고윳값과 대응하는 고유벡터를 구하시오.

풀이

A의 특성다항식은

$$|\lambda_2 I-A|=\begin{vmatrix}\lambda-2 & 12\\ 1 & \lambda+5\end{vmatrix}=\lambda^2+3\lambda+2=(\lambda+1)(\lambda+2)=0$$

따라서 특성방정식은 $(\lambda+1)(\lambda+2)=0$이다. $\lambda_1=-1$과 $\lambda_2=-2$는 고윳값이다. 대응하는 고유벡터를 구하기 위해서는 동차연립방정식 $(A-\lambda I_2)\mathrm{x}=0$을 가우스-조던 소거법을 이용하여 구할 수 있다. $\lambda_1=-1$일 경우 계수행렬은

$$(-1)I_2-A=\begin{bmatrix}-1-2 & 12\\ -1 & -1+5\end{bmatrix}=\begin{bmatrix}-3 & 12\\ -1 & 4\end{bmatrix}$$

이고 기약행렬은 $\begin{bmatrix}1 & -4\\ 0 & 0\end{bmatrix}$이다.

따라서 $x_1-4x_2=0$이고, $x_2=t$로 두면 $\lambda_1=-1$의 모든 고유벡터는

$$\mathrm{x}=\begin{bmatrix}x_1\\ x_2\end{bmatrix}=\begin{bmatrix}4t\\ t\end{bmatrix}=t\begin{bmatrix}4\\ 1\end{bmatrix},\ t\neq 0$$

와 같은 모양이다.

$\lambda_2=-2$일 경우는

$$(-2)I_2-A=\begin{bmatrix}-2-2 & 12\\ -1 & -2+5\end{bmatrix}=\begin{bmatrix}-4 & 12\\ -1 & 3\end{bmatrix}\rightarrow\begin{bmatrix}1 & -3\\ 0 & 0\end{bmatrix}$$

와 같다.

따라서 $x_2=t$로 두면 $\lambda_2=-2$의 모든 고유벡터는

$$\mathrm{x}=\begin{bmatrix}x_1\\ x_2\end{bmatrix}=\begin{bmatrix}3t\\ t\end{bmatrix}=t\begin{bmatrix}3\\ 1\end{bmatrix},\ t\neq 0$$

와 같다는 것을 알 수 있다. ■

이 예제에서 고윳값과 고유벡터 각각에 대하여 $A\mathrm{x}=\lambda\mathrm{x}$가 성립하는지 확인해 보자. 고유벡터를 구하기 위해서 만드는 동차연립방정식을 기약행사다리꼴행렬로 만들면 반드시 한 개 이상의 모두 0인 행이 나오게 된다. 그 이유는 이 식이 0이 아닌, 즉 비자명(非自明)해를 가져야 하기 때문이다.

행렬의 고윳값과 대응하는 고유벡터를 구하는 순서를 간단히 적으면 다음과 같다.

고윳값과 고유벡터 구하기

A를 $n\times n$ 행렬이라고 하자.

1. 특성방정식 $|\lambda_n I-A|=0$을 만든다.
   이 식은 변수 λ에 대한 n차 다항방정식이다.
2. 이 특성방정식의 실근을 구한다. 이것이 A의 고윳값이다.
3. 각 고윳값 λ_i에 대해서 동차연립방정식 $(\lambda_i I_n-A)\mathrm{x}=\mathbf{0}$을 풀어서 λ_i에 대응하는 고유벡터를 구한다. 이 과정에서 $n\times n$ 기약행사다리꼴행렬은 적어도 한 개 이상의 모두 0인 행을 가진다.

$n \times n$ 행렬의 고윳값을 구하기 위해서는 n차 다항식을 인수분해 해야 하기 때문에 매우 어렵다. 그러나 일단 고윳값을 구하고 나서 대응되는 고유벡터를 구하는 것은 가우스-조던 소거법을 응용하면 쉽게 풀 수 있다.

예제 5 고윳값과 고유벡터 구하기

다음 행렬 A의 고윳값과 대응되는 고유벡터를 구하시오. 그리고 각 고윳값의 고유공간의 차원을 구하시오.

$$A = \begin{bmatrix} 2 & 1 & 0 \\ 0 & 2 & 0 \\ 0 & 0 & 2 \end{bmatrix}$$

풀이

A의 특성다항식은

$$|\lambda I_3 - A| = \begin{vmatrix} \lambda-2 & -1 & 0 \\ 0 & \lambda-2 & 0 \\ 0 & 0 & \lambda-2 \end{vmatrix} = (\lambda-2)^3 = 0$$

이다. 따라서 고윳값은 $\lambda = 2$가 유일하다. $\lambda = 2$에 대한 고유벡터를 구하기 위해서 동차선형연립방정식

$$|2I_3 - A| = \begin{vmatrix} 0 & -1 & 0 \\ 0 & 0 & 0 \\ 0 & 0 & 0 \end{vmatrix}$$

을 풀어보자. 이 식에서 $x_2 = 0$이다. 그리고 $x_1 = s$와 $x_3 = t$로 두면 $\lambda = 2$일 때 고유벡터는

$$\mathrm{x} = \begin{bmatrix} x_1 \\ x_2 \\ x_3 \end{bmatrix} = \begin{bmatrix} s \\ 0 \\ t \end{bmatrix} = s \begin{bmatrix} 1 \\ 0 \\ 0 \end{bmatrix} + t \begin{bmatrix} 0 \\ 0 \\ 1 \end{bmatrix}$$

이다. 단, s와 t는 0이 아닌 임의의 실수가 되는데 $\lambda = 2$는 두 개의 일차독립인 고유벡터를 가지므로, 따라서 고유공간의 차원은 2이다. ■

만일 고윳값 λ_1이 특성다항식에서 k중근일 때 k를 λ_1의 **중복도**(multiplicity)라고 부른다. 이 말은 특성다항식이 $(\lambda - \lambda_1)^k$ 형태의 인수를 가지며 $(\lambda - \lambda_1)^{k+1}$ 형태의 인수는 가지지 않음을 뜻한다. 예를 들어서 예제 5의 고윳값 $\lambda = 2$는 중복도 3이다. 또 예제 5에서 $\lambda = 2$의 고유공간의 차원은 2이다. 일반적으로 고윳값의 중복도는 항상 그 고유공간의 차원보다는 크거나 같다.

예제 6 고윳값과 고유벡터 구하기

다음 행렬의 고윳값을 구하시오. 또 대응하는 각 고유공간의 기저를 구하시오.

$$A=\begin{bmatrix}1&0&0&0\\0&1&5&-10\\1&0&2&0\\1&0&0&3\end{bmatrix}$$

풀이

A의 특성다항식은

$$|\lambda I_4-A|=(\lambda-1)^2(\lambda-2)(\lambda-3)=0$$

이다. 따라서 고윳값은 1과 2 그리고 3이고 $\lambda=1$의 중복도는 2이다. $\lambda=1$의 고유공간의 기저는 행렬

$$I_4-A=\begin{bmatrix}0&0&0&0\\0&0&5&-10\\-1&0&-1&0\\-1&0&0&-2\end{bmatrix}\to\begin{bmatrix}1&0&0&2\\0&0&1&2\\0&0&0&0\\0&0&0&0\end{bmatrix}$$

에서 $x_2=s$로 $x_4=t$로 치환하여 얻은

$$X=\begin{bmatrix}x_1\\x_2\\x_3\\x_4\end{bmatrix}=\begin{bmatrix}-2t\\s\\2t\\t\end{bmatrix}=s\begin{bmatrix}0\\1\\0\\0\end{bmatrix}+t\begin{bmatrix}-2\\0\\2\\1\end{bmatrix}$$

에서 구할 수 있다. 따라서 $\lambda=1$에 대응하는 고유공간의 기저는

$$B_1=\{(0,1,0,0),(-2,0,2,1)\}$$

이다. 그리고 $\lambda_2=2$와 $\lambda_3=3$에 대한 기저는 각각 $B_2=\{(0,5,1,0)\}$와 $B_3=\{(0,-5,1,0)\}$임을 알 수 있다. ■

크기가 4 이상인 행렬의 고윳값과 고유벡터를 구하는 것은 매우 힘들고 지루하다. 컴퓨터로 근을 구하는 것도 반올림 등에서 오차가 생기기 쉽다. 따라서 예제 6과 같은 과정을 컴퓨터를 이용하여 계산하는 것은 효과적이지 않다. 결국 큰 행렬의 고윳값의 근사값을 수치 해석적으로 구하는 방법이 필요하다. 이러한 방법은 좀 더 고급선형대수와 수치해석 책에서 취급한다.

또 어떤 행렬은 아주 쉽게 고윳값을 구할 수 있다. 다음 정리에서 보면 $n\times n$ 삼각행렬의 고윳값은 주대각선의 성분이 된다. 그 이유는 삼각행렬의 행렬식은 대각선원소의 곱이 되기 때문이다.

기술

비교적 많은 계산기에는 $n\times n$ 행렬의 고윳값과 고유벡터의 대략 값을 구하는 프로그래밍이 내장되어 있다. 예를 들어 예제 6의 행렬 A를 입력하면 4개의 고윳값 {1 1 2 3}을 얻을 수 있다. 여기서 1은 2중근임을 알 수 있다. 또 각 열이 대응하는 고유벡터가 되는 행렬도 찾을 수 있다. 이 값은 때때로 고급 휴대용 계산기로도 구할 수 있다.

정리 7.3 삼각행렬의 고윳값

만일 A가 $n\times n$ 삼각행렬이면 고윳값은 A의 주대각선에 있는 성분이다.

예제 7 삼각행렬과 대각행렬의 고유값 찾기

다음 삼각행렬과 대각행렬의 고윳값을 구하시오.

(a) $A=\begin{bmatrix} 2 & 0 & 0 \\ -1 & 1 & 0 \\ 5 & 3 & -3 \end{bmatrix}$ (b) $B=\begin{bmatrix} -1 & 0 & 0 & 0 & 0 \\ 0 & 2 & 0 & 0 & 0 \\ 0 & 0 & 0 & 0 & 0 \\ 0 & 0 & 0 & -4 & 0 \\ 0 & 0 & 0 & 0 & 3 \end{bmatrix}$

풀이

(a) 정리 7.3을 쓰지 말고 직접 풀어보면

$$|\lambda I_3 - A| = \begin{vmatrix} \lambda-2 & 0 & 0 \\ -1 & \lambda-1 & 0 \\ 5 & 3 & \lambda+3 \end{vmatrix} = (\lambda-2)(\lambda-1)(\lambda+3)$$

이다. 따라서 고윳값은 $\lambda=2, \lambda=1$과 $\lambda=-3$인데 이것은 바로 A의 주대각선의 원소이다.

(b) 이 경우는 정리 7.3을 이용해서 구하면 고윳값은 주대각선의 성분인 -1, 2, 0, -4, 그리고 3이다. ■

선형대수의 응용

고윳값과 고유벡터는 실생활 현상을 모델링하는데 유용하다. 예를 들어 한 플라스크에 들어있는 유체가 투과 가능한 얇은 막을 통과하여 다른 쪽 플라스크로 확산된 후 두 번째 플라스크 밖으로 확산하는 것을 확인하는 실험을 생각해보자. 만약 연구자들이 플라스크 사이의 유속이 처음 플라스크에 들어 있는 유체의 부피의 두 배이고 두 번째 플라스크에서 나오는 유속이 두 번째 플라스크에 있는 유체의 부피의 세 배로 판단한다면 다음의 연립선형미분방정식은 이 상황을 모델링한 것이다.

$$\begin{aligned} y_1' &= -2y_1 \\ y_2' &= \ \ 2y_1 - 3y_2 \end{aligned}$$

여기서 y_i는 플라스크 i에 들어 있는 유체의 부피를 나타낸다.

7.4절에 고윳값과 고유벡터를 이용하여 이러한 연립선형미분방정식을 풀 것이다. 지금은 이 연립미분방정식의 해가

$$\begin{aligned} y_1 &= C_1 e^{-2t} \\ y_2 &= 2C_1 e^{-2t} + C_2 e^{-3t} \end{aligned}$$

임을 확인해보라.

◎ 선형변환의 고윳값과 고유벡터

이 장을 처음 시작할 때 우리는 행렬의 고윳값과 고유벡터를 정의하였다. 그러나 앞에서 배운 것과 같이 선형변환과 행렬은 매우 밀접한 관계가 있다. 따라서 우리는 선형변환에 대해서도 같은 정의를 내릴 수 있다. $T: V \to V$가 선형변환일 때 $T(x) = \lambda x$를 만족시키는 0이 아닌 벡터 x가 존재할 때 λ를 T의 **고윳값**이라고 부른다. 또 벡터 x를 λ에 대응하는 T의 **고유벡터**라고 부른다. 또 λ에 대응하는 모든 고유벡터의 집합에 영벡터를 합한 것을 λ의 **고유공간**이라고 부른다. 선형변환 $T: \mathbb{R}^3 \to \mathbb{R}^3$의 표준기저에 대한 행렬이

$$A = \begin{bmatrix} 1 & 3 & 0 \\ 3 & 1 & 0 \\ 0 & 0 & -2 \end{bmatrix} (\text{표준기저 } B = \{(1,0,0),(0,1,0),(0,0,1)\})$$

이면 6.4절의 예제 5에서와 같은 식으로 T의 기저 B'에 대한 행렬은

$$A^{'} = \begin{bmatrix} 4 & 0 & 0 \\ 0 & -2 & 0 \\ 0 & 0 & -2 \end{bmatrix} (\text{표준기저 } B^{'} = \{(0,1,0),(1,-1,0),(0,0,1)\})$$

이다. 여기서 $A^{'}$은 대각행렬임에 유의하시오. 한 가지 의문은 “선형변환 T에 대하여 대응하는 행렬이 대각행렬이 되는 기저 $B^{'}$는 어떻게 찾을까”하는 것이다.

예제 8 ▸ 고윳값과 고유공간 구하기

다음 행렬 A의 고윳값과 대응하는 고유공간을 구하시오.

$$A = \begin{bmatrix} 1 & 3 & 0 \\ 3 & 1 & 0 \\ 0 & 0 & -2 \end{bmatrix}$$

풀이

$$|\lambda I_3 - A| = \begin{vmatrix} \lambda-1 & -3 & 0 \\ 3 & \lambda-1 & 0 \\ 0 & 0 & \lambda+2 \end{vmatrix} = [(\lambda-1)^2 - 9](\lambda+2) = (\lambda-4)(\lambda+2)^2 = 0$$

이므로 A의 고윳값은 $\lambda_1 = 4$와 $\lambda_2 = -2$이고, 이 두 고윳값에 대응하는 고유공간은 각각 아래와 같다.

$B_1 = \{(1,1,0)\}$ $\lambda_1 = 4$에 대한 기저

$B_2 = \{(1,-1,0),(0,0,1)\}$ $\lambda_2 = -2$에 대한 기저 ■

위의 예제 8에서 우리는 매우 중요한 그리고 놀랄 만한 결과를 알 수 있다.

1. $T:\mathbb{R}^3 \to \mathbb{R}^3$가 선형변환으로써 표준기저일 때의 행렬을 A라 하고, B'를 예제 8에서와 같이 일차독립인 3개의 고유벡터로 된 $\mathbb{R}^3$의 기저라고 하면 B'에 대한 T의 행렬 A'는 대각행렬이 된다.

$$A' = \begin{bmatrix} 4 & 0 & 0 \\ 0 & -2 & 0 \\ 0 & 0 & -2 \end{bmatrix}$$

↑ ↑ ↑ A의 고유값

피표준기저 :

$$B' = \{(1,\ 1,\ 0),\ (1,\ -1,\ 0),\ (0,\ 0,\ 1)\}$$

↑ ↑ ↑ A의 고유벡터

2. 행렬 A'의 주대각성분은 A의 고윳값이다.

다음 절에서 이 두 가지 결과를 좀 더 자세히 살펴보고 대각행렬로 표시되는 선형변환의 성질을 알아본다.

7.1 연습문제

고윳값과 고유벡터 1~6번에서는 λ_i가 A의 고윳값임을 보이고, 또 x_i는 대응하는 고유벡터임을 보여라.

1. $A = \begin{bmatrix} 2 & 0 \\ 0 & -2 \end{bmatrix}$,

$\lambda_1 = 2,\ \mathrm{x}_1 = (1,0),\ \lambda_2 = -2,\ \mathrm{x}_2 = (0,1)$

2. $A = \begin{bmatrix} 4 & -5 \\ 2 & -3 \end{bmatrix}$,

$\lambda_1 = -1,\ \mathrm{x}_1 = (1,1),\ \lambda_2 = 2,\ \mathrm{x}_2 = (5,2)$

3. $A = \begin{bmatrix} 2 & 3 & 1 \\ 0 & -1 & 2 \\ 0 & 0 & 3 \end{bmatrix}$, $\lambda_1 = 2,\ \mathrm{x}_1 = (1,0,0)$,

$\lambda_2 = -1,\ \mathrm{x}_2 = (1,-1,0),\ \lambda_3 = 3,\ \mathrm{x}_3 = (5,1,2)$

4. $A = \begin{bmatrix} -2 & 2 & -3 \\ 2 & 1 & -6 \\ -1 & -2 & 0 \end{bmatrix}$, $\lambda_1 = 5,\ \mathrm{x}_1 = (1,2,-1)$,

$\lambda_2 = -3,\ \mathrm{x}_2 = (-2,1,0),\ \lambda_3 = -3,\ \mathrm{x}_3 = (3,0,1)$

5. $A = \begin{bmatrix} 0 & 1 & 0 \\ 0 & 0 & 1 \\ 1 & 0 & 0 \end{bmatrix}$, $\lambda_1 = 1,\ \mathrm{x}_1 = (1,1,1)$

6. $A = \begin{bmatrix} 4 & -1 & 3 \\ 0 & 2 & 1 \\ 0 & 0 & 3 \end{bmatrix}$, $\lambda_1 = 4,\ \mathrm{x}_1 = (1,0,0)$,

$\lambda_2 = 2,\ \mathrm{x}_2 = (1,2,0),\ \lambda_3 = 3,\ \mathrm{x}_3 = (-2,1,1)$

7. 위의 연습문제 1에서

(a) 모든 실수 c에 대하여 $A(c\mathrm{x}_1) = 2(c\mathrm{x}_1)$임을 보여라.

(b) 모든 실수 c에 대하여 $A(c\mathrm{x}_2) = 2(c\mathrm{x}_2)$임을 보여라.

8. 위의 연습문제 4에서

(a) 모든 실수 c에 대하여 $A(c\mathrm{x}_1) = 5(c\mathrm{x}_1)$임을 보여라.

(b) 모든 실수 c에 대하여 $A(c\mathrm{x}_2) = -3(c\mathrm{x}_2)$임을 보여라.

(c) 모든 실수 c에 대하여 $A(c\mathbf{x}_3) = -3(c\mathbf{x}_3)$임을 보여라.

9~12번에서는 $\mathbf{x}$가 A의 고유벡터인지 판별하시오.

9. $A = \begin{bmatrix} 7 & 2 \\ 2 & 4 \end{bmatrix}$, $(a)\mathbf{x} = (1,2)$, $(b)\mathbf{x} = (2,1)$, $(c)\mathbf{x} = (1,-2)$, $(d)\mathbf{x} = (-1,0)$

10. $A = \begin{bmatrix} -3 & 10 \\ 5 & 2 \end{bmatrix}$, $(a)\mathbf{x} = (4,4)$, $(b)\mathbf{x} = (-8,4)$, $(c)\mathbf{x} = (-4,8)$, $(d)\mathbf{x} = (5,-3)$

11. $A = \begin{bmatrix} -1 & -1 & 1 \\ -2 & 0 & -2 \\ 3 & -3 & 1 \end{bmatrix}$,

$(a)\mathbf{x} = (2,-4,6)$, $(b)\mathbf{x} = (2,0,6)$,
$(c)\mathbf{x} = (2,2,0)$, $(d)\mathbf{x} = (-1,0,1)$

12. $A = \begin{bmatrix} 1 & 0 & 5 \\ 0 & -2 & 4 \\ 1 & -2 & 9 \end{bmatrix}$, $(a)\mathbf{x} = (1,1,0)$,

$(b)\mathbf{x} = (-5,2,1)$, $(c)\mathbf{x} = (0,0,0)$
$(d)\mathbf{x} = (2\sqrt{6}-3, -2\sqrt{6}+6, 3)$

13번과 14번에서는 평면 $\mathbb{R}^2$ 상에서 기하학적인 해석으로 고윳값과 고유벡터를 찾으시오. 예제 3번을 참고하시오.

13. $A = \begin{bmatrix} 1 & 0 \\ 0 & -1 \end{bmatrix}$

14. $A = \begin{bmatrix} 1 & k \\ 0 & 1 \end{bmatrix}$, $k \in R$.

15~28번에서는 다음 행렬의 (a) 특성방정식과 (b) 고윳값과 대응하는 고유벡터를 구하시오.

15. $A = \begin{bmatrix} 6 & -3 \\ -2 & 1 \end{bmatrix}$

16. $A = \begin{bmatrix} 1 & -4 \\ -2 & 8 \end{bmatrix}$

17. $A = \begin{bmatrix} 1 & 2 \\ 2 & 1 \end{bmatrix}$

18. $A = \begin{bmatrix} -2 & 4 \\ 1 & 1 \end{bmatrix}$

19. $A = \begin{bmatrix} 1 & -\frac{3}{2} \\ \frac{1}{2} & -1 \end{bmatrix}$

20. $A = \begin{bmatrix} \frac{1}{4} & \frac{1}{4} \\ \frac{1}{2} & 0 \end{bmatrix}$

21. $A = \begin{bmatrix} 2 & -2 & 3 \\ 0 & 3 & -2 \\ 0 & -1 & 2 \end{bmatrix}$

22. $A = \begin{bmatrix} 3 & 2 & 1 \\ 0 & 0 & 2 \\ 0 & 2 & 0 \end{bmatrix}$

23. $A = \begin{bmatrix} 1 & 2 & -2 \\ -2 & 3 & -2 \\ -6 & 6 & -3 \end{bmatrix}$

24. $A = \begin{bmatrix} 3 & 2 & -3 \\ -3 & -4 & 0 \\ -1 & -2 & 3 \end{bmatrix}$

25. $A = \begin{bmatrix} 0 & -3 & 5 \\ -4 & 4 & -10 \\ 0 & 0 & 4 \end{bmatrix}$

26. $A = \begin{bmatrix} 1 & -\frac{3}{2} & \frac{3}{2} \\ -2 & \frac{13}{2} & -10 \\ \frac{3}{2} & \frac{9}{2} & 8 \end{bmatrix}$

27. $A = \begin{bmatrix} 2 & 0 & 0 & 0 \\ 0 & 2 & 0 & 0 \\ 0 & 0 & 3 & 1 \\ 0 & 0 & 4 & 0 \end{bmatrix}$

28. $A = \begin{bmatrix} 5 & 0 & 0 & 0 \\ 1 & 4 & 0 & 0 \\ 0 & 0 & 1 & 3 \\ 0 & 0 & 0 & 4 \end{bmatrix}$

29~40번에서는 다음 행렬의 고윳값을 컴퓨터를 이용하여 구하시오.

29. $\begin{bmatrix} -4 & 5 \\ -2 & 3 \end{bmatrix}$

30. $\begin{bmatrix} 2 & 3 \\ 3 & -6 \end{bmatrix}$

31. $\begin{bmatrix} \frac{1}{2} & \frac{1}{3} \\ -\frac{1}{3} & -\frac{1}{3} \end{bmatrix}$

32. $\begin{bmatrix} \frac{1}{2} & \frac{1}{2} \\ -\frac{1}{2} & -\frac{1}{2} \end{bmatrix}$

33. $\begin{bmatrix} 2 & 4 & 2 \\ 1 & 0 & 1 \\ 1 & -4 & 5 \end{bmatrix}$

34. $\begin{bmatrix} 1 & 2 & -1 \\ 1 & 0 & 1 \\ 1 & -1 & 2 \end{bmatrix}$

35. $\begin{bmatrix} 3 & -\frac{1}{2} & 5 \\ -\frac{1}{3} & -\frac{1}{6} & -\frac{1}{4} \\ 0 & 0 & 4 \end{bmatrix}$

36. $\begin{bmatrix} \frac{1}{2} & 0 & 5 \\ -2 & \frac{1}{5} & \frac{1}{4} \\ 1 & 0 & 3 \end{bmatrix}$

37. $\begin{bmatrix} 1 & 1 & 2 & 3 \\ 2 & 2 & 4 & 6 \\ 3 & 3 & 6 & 9 \\ 4 & 4 & 8 & 12 \end{bmatrix}$

38. $\begin{bmatrix} 1 & 1 & 0 & 0 \\ 4 & 4 & 0 & 0 \\ 0 & 0 & 1 & 1 \\ 0 & 0 & 2 & 2 \end{bmatrix}$

39. $\begin{bmatrix} 1 & 0 & -1 & 1 \\ 0 & 1 & 0 & 1 \\ -2 & 0 & 2 & -2 \\ 0 & 2 & 0 & 2 \end{bmatrix}$ **40.** $\begin{bmatrix} 1 & -3 & 3 & 3 \\ -1 & 4 & -3 & -3 \\ -2 & 0 & 1 & 1 \\ 1 & 0 & 0 & 0 \end{bmatrix}$

41~44번에서는 다음 삼각 혹은 대각행렬의 고윳값을 구하시오.

41. $\begin{bmatrix} 2 & 0 & 1 \\ 0 & 3 & 4 \\ 0 & 0 & 1 \end{bmatrix}$ **42.** $\begin{bmatrix} -5 & 0 & 0 \\ 3 & 7 & 0 \\ 4 & -2 & 3 \end{bmatrix}$

43. $\begin{bmatrix} -6 & 0 & 0 & 0 \\ 0 & 5 & 0 & 0 \\ 0 & 0 & -4 & 0 \\ 0 & 0 & 0 & -4 \end{bmatrix}$ **44.** $\begin{bmatrix} \frac{1}{2} & 0 & 0 & 0 \\ 0 & \frac{5}{4} & 0 & 0 \\ 0 & 0 & 0 & 0 \\ 0 & 0 & 0 & \frac{3}{4} \end{bmatrix}$

45~48번에서는 선형변환 $\mathbb{R}^n \to \mathbb{R}^n$에 대한 표준행렬의 고윳값과 고유공간을 구하시오. 그리고 고유공간의 기저와 대각행렬을 구하시오.

45. $\begin{bmatrix} 2 & -2 \\ 1 & 5 \end{bmatrix}$ **46.** $\begin{bmatrix} -8 & 16 \\ 1 & -2 \end{bmatrix}$

47. $\begin{bmatrix} 0 & 2 & -1 \\ -1 & 3 & 1 \\ 0 & 0 & -1 \end{bmatrix}$ **48.** $\begin{bmatrix} 3 & 1 & 4 \\ 2 & 4 & 0 \\ 5 & 5 & 6 \end{bmatrix}$

Cayley-Hamilton정리 행렬 $A = \begin{bmatrix} 1 & -3 \\ 2 & 5 \end{bmatrix}$의 특성방정식은 $\lambda^2 - 6\lambda + 11 = 0$이고, λ 대신 A를 대입한 식은 정리에 의해서 $A^2 - 6A + 11I_2 = O$가 항상 성립한다.

49~52번에서는 주어진 행렬이 케일리-해밀턴정리를 만족하는지 확인하시오.

49. $A = \begin{bmatrix} 5 & 0 \\ -7 & 3 \end{bmatrix}$ **50.** $A = \begin{bmatrix} 6 & -1 \\ 1 & 5 \end{bmatrix}$

51. $A = \begin{bmatrix} 1 & 0 & -4 \\ 0 & 3 & 1 \\ 2 & 0 & 1 \end{bmatrix}$ **52.** $A = \begin{bmatrix} -3 & 1 & 0 \\ -1 & 3 & 2 \\ 0 & 4 & 3 \end{bmatrix}$

53. 문제 15~27(홀수)에서 찾은 고윳값에 대해서 다음을 계산해서 확인하시오.

(a) n개의 고윳값의 합은 행렬의 대각선의 합과 같다.
(이 합을 A의 **대각합**(trace)이라고 한다.)

(b) n개의 고윳값의 곱은 $|A|$와 같다.
(만일 고윳값의 중복도가 k이면 k번 곱해야 한다.)

54. 문제 16~28(짝수)에서 찾은 고윳값에 대해서 다음을 계산해서 확인하시오.

(a) n개의 고윳값의 합은 행렬의 대각선의 합과 같다.
(이 합을 A의 **대각합**(trace)이라고 한다.)

(b) n개의 고윳값의 곱은 $|A|$와 같다.
(만일 고윳값의 중복도가 k이면 k번 곱해야 한다.)

55. $n \times n$행렬 A의 i행과 단위행렬 I_n의 i행이 일치하면, 1은 행렬 A의 고윳값이다.

56. **증명** A의 고윳값일 필요충분조건은 A가 특이행렬이다.

57. **증명** 행렬 A에 대하여 A와 A^{-1}의 고유벡터는 같음을 증명하시오. 또 A의 고윳값과 A^{-1}의 고윳값은 어떠한가?

58. **증명** A와 A^T는 고윳값이 같음을 증명하시오. 그리고 고유공간도 같은지 조사하시오.

59. **증명** 특성방정식의 상수항은 $\pm|A|$±|A|임을 증명하시오.

60. 선형변환 $\mathbb{R}^n \to \mathbb{R}^n$는 $T(v) = \mathrm{proj}_{\mathrm{u}}\mathrm{v}$와 같이 정의될 때, T의 표준기저에 대한 행렬 A의 고윳값은 0과 1임을 보여라.

61. **힌트가 있는 증명** 삼각행렬이 정칙일 필요충분조건은 고윳값이 0이 아닌 실수일 경우임을 증명하시오.

시작: 정리 3.2와 3.7을 이용한다.

(i) 우선 삼각행렬 A가 정칙이라고 하자. 정칙과 삼각행렬 또 행렬식에 대한 사전지식으로 A의 주대각선의 성분은 모두 0이 아님을 알 수 있다.

(ii) A가 삼각행렬이므로 정리 7.3과 (i)에 의해서 고윳값은 0이 아닌 실수이다.

(iii) 역으로 삼각행렬 A의 고윳값은 0이 아닌 실수라 하자. (i)과 (ii)를 역으로 생각하면 A가 정칙임을 증명할 수 있다.

62. **힌트가 있는 증명** 만일 $A^2=0$이면 A의 고윳값은 0뿐임을 증명하시오.

시작: 0이 아닌 벡터 $\mathbf{x}$와 실수 λ가 있어서 $A\mathbf{x}=\lambda\mathbf{x}$라 하자. 만일 $A^2=0$이면 $\lambda=0$임을 보이자.

(i) $A^2=A\cdot A$이므로 $A^2=A(A\mathbf{x})$이다.

(ii) $A\mathbf{x}=\lambda\mathbf{x}$이므로 (i)에 대입하면 $A^2\mathbf{x}=\lambda^2\mathbf{x}$를 얻는다.

(iii) $A^2=0$이므로 $\lambda=0$이 된다.

63. "고윳값의 중복도는 고유공간의 차원보다 크거나 같다"는 것을 증명하시오.

64. **캡스톤** $n\times n$행렬 A의 특성방정식은 $|\lambda I-A|=(\lambda+2)(\lambda-1)(\lambda-3)^2=0$이다.

(a) A의 고윳값은?

(b) A의 차수는?

(c) $\lambda I-A$는 정칙인가?

(d) A는 정칙인가?

65. $A=\begin{bmatrix} a & b \\ 0 & d \end{bmatrix}$의 고윳값이 0과 1이면 a와 d의 값은 얼마인가?

66. $A=\begin{bmatrix} 0 & 1 \\ -1 & 0 \end{bmatrix}$는 실수인 고윳값을 가지지 않음을 보여라.

참 또는 거짓? 67번과 68번에서 참, 거짓을 판단하시오. 만일 참이면 그 이유를 밝히거나 책에서 그 내용을 찾으시오. 또 만일 거짓이면 거짓인 예를 찾거나 바른 서술을 찾아서 써라.

67. (a) 스칼라 λ가 $n\times n$행렬 A의 고윳값일 필요충분조건은 $A\mathbf{x}=\lambda\mathbf{x}$을 만족하는 벡터 $\mathbf{x}$가 존재하는 것이다.

(b) $n\times n$행렬 A의 고윳값을 구하기 위해서는 특성방정식 $|\lambda I-A|=0$을 풀면 된다.

68. (a) 기하학적으로 λ가 행렬 A의 고윳값이고 λ에 대응하는 A의 고유벡터가 $\mathbf{x}$이면, $A\mathbf{x}$는 $\mathbf{x}$와 평행한 $\lambda\mathbf{x}$을 만든다.

(b) $n\times n$ 행렬 A의 고윳값이 λ이면, λ의 모든 고유벡터의 집합은 $\mathbb{R}^n$의 부분공간이다.

69~72번에서는 고윳값 $\lambda=3$에 대응하는 고유공간의 차원을 구하시오.

69. $A=\begin{bmatrix} 3 & 0 & 0 \\ 0 & 3 & 0 \\ 0 & 0 & 3 \end{bmatrix}$

70. $A=\begin{bmatrix} 3 & 1 & 0 \\ 0 & 3 & 0 \\ 0 & 0 & 3 \end{bmatrix}$

71. $A=\begin{bmatrix} 3 & 1 & 0 \\ 0 & 3 & 1 \\ 0 & 0 & 3 \end{bmatrix}$

72. $A=\begin{bmatrix} 3 & 1 & 1 \\ 0 & 3 & 1 \\ 0 & 0 & 3 \end{bmatrix}$

73. 해석학 선형변환 $T: C'[0,1]\to C[0,1]$가 $T(f)=f'$와 정의된다. $\lambda=1$는 고유벡터 $f(x)=e^x$에 대응하는 T의 고윳값임을 보여라.

74. 문제 73에 주어진 벡터 T의 고유벡터 $f(x)=e^{-2x}$에 대응하는 고윳값을 구하시오.

75. 선형변환 $T: P_2 \to P_2$는 $T(a_0+a_1x+a_2x^2)=(-3a_1+5a_2)+(-4a_0+4a_1-10a_2)x+4a_2x^2$와 같이 정의된다. 표준기저 $\{1, x, x^2\}$에 대한 T의 고윳값과 고유벡터를 구하시오.

76. 선형변환 $T: P_2 \to P_2$는 $T(a_0+a_1x+a_2x^2)=(2a_0+a_1-a_2)+(-a_1+2a_2)x-a_2x^2$와 같이 정의된다. 표준기저 $\{1, x, x^2\}$에 대한 T의 고윳값과 고유벡터를 구하시오.

77. 선형변환 $T: M_{2,2} \to M_{2,2}$는 $T\left(\begin{bmatrix} a & b \\ c & d \end{bmatrix}\right)=\begin{bmatrix} a-c+d & b+d \\ -2a+2c-2d & 2b+2d \end{bmatrix}$와 같이 정의된다.

표준기저 $B=\left\{\begin{bmatrix} 1 & 0 \\ 0 & 0 \end{bmatrix}, \begin{bmatrix} 0 & 1 \\ 0 & 0 \end{bmatrix}, \begin{bmatrix} 0 & 0 \\ 1 & 0 \end{bmatrix}, \begin{bmatrix} 0 & 0 \\ 0 & 1 \end{bmatrix}\right\}$

대한 T의 고윳값과 고유벡터를 구하시오.

78. 행렬 $A=\begin{bmatrix} \cos\theta & -\sin\theta \\ \sin\theta & \cos\theta \end{bmatrix}$가 실수인 고윳값을 가질 때 각 θ의 모든 값을 구하시오. 또 이 풀이를 기하학적으로 표시하여 설명하시오.

79. 멱등원행렬의 고윳값은 어떤 모양인가? (정사각행렬 A가 $A^2=A$일 때 **멱등원**(idempotent)이라고 부른다.)

80. 멱영원행렬의 고윳값은 어떤 모양인가? (정사각행렬 A가 어떤 양의 정수 k가 있어서 $A^k=O$일 때 **멱영원**(nilpotent)이라고 한다.)

81. $n \times n$ 행렬 A의 각 행 원소의 합은 모두 r이다. r은 A의 고윳값임을 증명하시오. 또 예를 들어서 이 사실을 밝혀라.

7.2 대각화

- 닮은 행렬의 고윳값을 구하고 행렬 A가 대각화 가능한지 확인하며 $P^{-1}AP$가 대각행렬인 행렬 P 구하기
- 선형변환 $T: V \to V$에 대하여, 기저 B에 대한 T의 행렬이 대각행렬인 V의 기저 B 구하기

7.1절에서는 주로 고윳값 문제에 대해서 공부하였다. 이 절에서는 선형대수에서 오래전부터 중요하게 다룬 내용인 **대각화문제**(diagonalization problem)에 대해서 공부하겠다. 행렬형식[2)]으로 표시된 이 문제는 다음과 같다: 주어진 정사각행렬 A에 대해서 $P^{-1}AP$가 대각행렬이 되는 가역행렬 P가 존재하는가?

6.4절에서 두 정사각행렬 A와 B가 가역행렬 P가 있어서 $B = P^{-1}AP$일 때, A와 B를 **닮았다**(similar)라고 불렀다. 어떤 행렬이 대각행렬과 닮았을 때 그 행렬을 **대각화가능**(diagonalizable)이라고 부른다.

대각화가능 행렬의 정의

$n \times n$ 행렬 A가 대각화가능(diagonalizable)이라는 말은 A가 대각행렬과 닮은 경우를 말한다. 즉 어떤 가역행렬 P가 존재하여 $P^{-1}AP$가 대각행렬일 때, A는 **대각화가능**이다.

이 정의에 따르면 대각화 문제는 다음과 같이 말할 수 있다. "어떤 정사각행렬이 대각화가 가능한가?" 먼저 모든 대각행렬 D는 대각화가능이다. 왜냐하면 항등행렬 I는 가역이므로 $D = I^{-1}DI$로 적으면 된다. 예제 1에서 대각화가능행렬의 다른 예를 볼 수 있다.

예제 1 대각화가능행렬

6.4절 예제 5의 행렬 $A = \begin{bmatrix} 1 & 3 & 0 \\ 3 & 1 & 0 \\ 0 & 0 & -2 \end{bmatrix}$는 대각화가능이다. 왜냐하면

$P = \begin{bmatrix} 1 & 1 & 0 \\ 1 & -1 & 0 \\ 0 & 0 & 1 \end{bmatrix}$라 두면 $P^{-1}AP = \begin{bmatrix} 4 & 0 & 0 \\ 0 & -2 & 0 \\ 0 & 0 & -2 \end{bmatrix}$가 된다. ■

앞 절 예제 8에서 본 바와 같이 고윳값문제는 대각화문제와 매우 밀접한 관련이 있다. 다음 두 정리는 이 관계를 잘 보여준다. 처음 정리에서 닮은 두 행렬은 동일한 고윳값을 가짐을 알 수 있다.

2) 이 절의 끝에서 선형변환형식으로 표시된 대각화문제에 대해서도 공부한다.

정리 7.4 **닮은 행렬은 동일한 고윳값을 가진다.**

만일 A와 B가 닮은 $n\times n$ 행렬이면 두 행렬의 고윳값은 같다.

증명

A와 B가 닮았으므로 가역행렬 P가 있어서 $B=P^{-1}AP$로 쓸 수 있다. 행렬식의 성질에 의해서

$$\begin{aligned}|\lambda I-B| &= |\lambda I-P^{-1}AP| \\ &= |P^{-1}\lambda IP-P^{-1}AP| \\ &= |P^{-1}(\lambda I-A)P| \\ &= |P^{-1}||\lambda I-A||P| \\ &= |P^{-1}||P||\lambda I-A| \\ &= |P^{-1}P||\lambda I-A| \\ &= |\lambda I-A|\end{aligned}$$

이다. 이 사실로부터 A와 B의 특성다항식이 같음을 알 수 있다. 따라서 그들은 같은 고윳값을 가진다. ■

예제 2 닮은 행렬의 고윳값 구하기

다음 두 행렬 A와 D는 닮았다. 정리 7.4를 써서 A와 D의 고윳값을 구하시오.

$$A=\begin{bmatrix}1&0&0\\-1&1&1\\-1&-2&4\end{bmatrix},\quad D=\begin{bmatrix}1&0&0\\0&2&0\\0&0&3\end{bmatrix}$$

풀이

D는 대각행렬이므로 고윳값은 단순히 주대각선의 원소이다. 즉 $\lambda_1=1,\lambda_2=2,\lambda_3=3$이다. 한편 A는 D와 닮았으므로 정리 7.4에 의해서 A도 동일한 고윳값을 가진다. 실제로 A의 특성다항식을 구해보면 $|\lambda I-A|=(\lambda-1)(\lambda-2)(\lambda-3)$ |가 된다. ■

참고

예제 2는 단순히 A와 D는 닮은 것만을 말했다. 아래 행렬 P와 P^{-1}를 써서 실제로 $D=P^{-1}AP$가 됨을 확인해 보라.

$$P=\begin{bmatrix}1&0&0\\1&1&1\\1&2&4\end{bmatrix} \text{와 } P^{-1}=\begin{bmatrix}1&0&0\\-1&2&-1\\0&-1&1\end{bmatrix}$$

실제로 P의 열은 A의 고윳값 1, 2, 3에 대응하는 고유벡터이다.

예제 1과 2에 있는 두 개의 대각화가능행렬에서 우리는 대각화문제의 중요한 실마리를 찾을 수 있다. 두 행렬은 모두 3개의 일차독립인 고유벡터를 가지는데 (예제 3) 이것은 아래 정리 7.5에 나오는 대각화가능행렬의 특징이 된다.

정리 7.5 **대각화가능의 조건**

$n \times n$ 행렬 A가 대각화가능일 필요충분조건은 A가 n개의 일차독립인 고유벡터를 가지는 것이다.

증명

먼저 A가 대각화가능이라고 하자. 정의에서 $D = P^{-1}AP$인 가역인 P가 존재한다. D의 주대각성분을 λ_1, λ_2, $\cdots$, λ_n라 하고 P의 열벡터를 p_1, p_2, $\cdots$, p_n라 하자. PD를 계산하면

$$PD = [\mathbf{p}_1 : \mathbf{p}_2 : \cdots : \mathbf{p}_n]\begin{bmatrix} \lambda_1 & 0 & \cdots & 0 \\ 0 & \lambda_2 & \cdots & 0 \\ \vdots & \vdots & & \vdots \\ 0 & 0 & \cdots & \lambda n \end{bmatrix} = [\lambda_1\mathbf{p}_1 \ \vdots \ \lambda_2\mathbf{p}_2 \ \vdots \cdots \vdots \ \lambda_n\mathbf{p}_n]$$

이다. 한편 $D = P^{-1}AP$이므로 $AP = PD$이고, 따라서

$$[A_1\mathbf{p}_1 \ \vdots \ A_2\mathbf{p}_2 \ \vdots \cdots \vdots \ A_n\mathbf{p}_n] = [\lambda_1\mathbf{p}_1 \ \vdots \ \lambda_2\mathbf{p}_2 \ \vdots \cdots \vdots \ \lambda_n\mathbf{p}_n]$$

이다. 즉 모든 p_i에 대해서 $Ap_i = \lambda_i p_i$이다. 이 사실로부터 P의 열벡터 p_i가 A의 고유벡터가 됨을 알 수 있다. 더욱이 P는 가역이므로 그 열벡터는 일차독립이다. 따라서 A는 n개의 일차독립인 고유벡터를 가진다.

역으로 A가 고윳값 λ_1, λ_2, $\cdots$, λ_n에 대응하는 n개의 일차독립인 고유벡터 p_1, p_2, $\cdots$, p_n을 가진다고 가정하자. 또 P를 n개의 고유벡터를 열로 하는 행렬이라고 하자. 즉 $P = [\mathbf{p}_1 : \mathbf{p}_2 : \ \cdots : \mathbf{p}_n]$이다. 각 p_i는 A의 고유벡터이므로 $Ap_i = \lambda_i p_i$이고

$$AP = A[\mathbf{p}_1 : \mathbf{p}_2 : \ \cdots \ : \mathbf{p}_n] = [\lambda_1\mathbf{p}_1 \ \vdots \ \lambda_2\mathbf{p}_2 \ \vdots \cdots \vdots \ \lambda_n\mathbf{p}_n]$$

이다. 또한,

$$[\lambda_1\mathbf{p}_1 \ \vdots \ \lambda_2\mathbf{p}_2 \ \vdots \cdots \vdots \ \lambda_n\mathbf{p}_n] = [\mathbf{p}_1 : \mathbf{p}_2 : \cdots : \mathbf{p}_n]\begin{bmatrix} \lambda_1 & 0 & \cdots & 0 \\ 0 & \lambda_2 & \cdots & 0 \\ \vdots & \vdots & & \vdots \\ 0 & 0 & \cdots & \lambda_n \end{bmatrix} = PD$$

가 성립한다. 결국 벡터 $\mathbf{p}_1$, $\mathbf{p}_2$, $\cdots$, $\mathbf{p}_n$은 일차독립이므로 P는 가역이고 또 $AP = PD$이므로 $D = P^{-1}AP$이다. 이 사실로부터 A는 대각화가능이다. ■

이 증명의 요점은 대각화가능행렬에서 P의 열은 n개의 일차독립인 고유벡터로 만들어진다는 사실이다. 다음 예제 3에서 예제 1, 2의 행렬에 대한 이 성질을 확인해 보자.

예제 3 대각화가능행렬

(a) 예제 1의 행렬은 다음과 같은 고윳값과 대응하는 고유벡터를 가진다.

$$\lambda_1 = 4,\ \mathbf{p}_1 = \begin{bmatrix}1\\1\\0\end{bmatrix};\ \lambda_2 = -2,\ \mathbf{p}_2 = \begin{bmatrix}1\\-1\\0\end{bmatrix};\ \lambda_3 = -2,\ \mathbf{p}_3 = \begin{bmatrix}0\\0\\1\end{bmatrix}$$

또 P는 열이 고유벡터에 대응되기 때문에 $P = \begin{bmatrix}1 & 1 & 0\\1 & -1 & 0\\0 & 0 & 1\end{bmatrix}$이다. 더욱이 P는 항등행렬과 행-동치이므로 고유벡터 p_1, p_2, p_3는 일차독립이다.

(b) 예제 2의 행렬은 아래와 같은 고윳값과 대응하는 고유벡터를 가진다.

$$\lambda_1 = 1,\ \mathbf{p}_1 = \begin{bmatrix}1\\1\\1\end{bmatrix};\ \lambda_2 = 2,\ \mathbf{p}_2 = \begin{bmatrix}0\\1\\1\end{bmatrix};\ \lambda_3 = 3,\ \mathbf{p}_3 = \begin{bmatrix}0\\1\\2\end{bmatrix}$$

또 P는 열이 고유벡터에 대응되기 때문에 $P = \begin{bmatrix}1 & 0 & 0\\1 & 1 & 1\\1 & 1 & 2\end{bmatrix}$이다. 역시 P는 항등행렬과 행-동치이므로 고유벡터 $\mathbf{p}_1, \mathbf{p}_2, \mathbf{p}_3$는 일차독립이다. ■

정리 7.5의 둘째 부분의 증명과 예제 3에서 아래와 같이 행렬을 대각화시키는 순서를 나타낼 수 있다.

$n \times n$ 정사각행렬을 대각화시키는 순서

A를 $n \times n$ 행렬이라 하자.

1. 먼저 A의 고윳값 $\lambda_1, \lambda_2, \cdots, \lambda_n$을 구하고, 이에 대응하는 n개의 1차 독립인 고유벡터 $\mathbf{p}_1, \mathbf{p}_2, \cdots, \mathbf{p}_n$을 구한다. 만일 n개의 1차 독립인 고유벡터가 존재하지 않으면 A는 대각화시킬 수 없다.
2. 만일 A가 n개의 1차 독립인 고유벡터를 가지면 이 고유벡터를 열로 가지는 $n \times n$ 행렬 P를 만든다. 즉 $P = [\mathbf{p}_1 : \mathbf{p}_2 : \cdots : \mathbf{p}_n]$이다.
3. 대각행렬 $D = P^{-1}AP$는 주대각선이 고윳값 $\lambda_1, \lambda_2, \cdots, \lambda_n$이 된다(나머지 성분은 모두 0). 특히 P를 만드는데 사용된 고유벡터의 순서와 D의 대각선에 나타나는 고윳값의 순서는 동일해야 한다.

예제 4 행렬의 대각화

아래 A는 대각화 가능임을 보여라. 또 $P^{-1}AP$가 대각행렬이 되는 P를 찾으시오.

$$A = \begin{bmatrix} 1 & -1 & -1 \\ 1 & 3 & 1 \\ -3 & 1 & -1 \end{bmatrix}$$

풀이

A의 특성방정식은

$$|\lambda I - A| = \begin{vmatrix} \lambda-1 & 1 & 1 \\ -1 & \lambda-3 & -1 \\ 3 & -1 & \lambda+1 \end{vmatrix} = (\lambda-2)(\lambda+2)(\lambda-3)$$

이다. 따라서 A의 고윳값은 $\lambda_1 = 2, \lambda_2 = -2, \lambda_3 = 3$이다. 이 고윳값으로부터 다음과 같이 기약 행-사다리꼴을 구해서 대응하는 고유벡터를 얻을 수 있다.

$$2I - A = \begin{bmatrix} 1 & 1 & 1 \\ -1 & -1 & -1 \\ 3 & -1 & 3 \end{bmatrix} \to \begin{bmatrix} 1 & 0 & 1 \\ 0 & 1 & 0 \\ 0 & 0 & 0 \end{bmatrix} \Rightarrow \begin{vmatrix} -1 \\ 0 \\ 1 \end{vmatrix}$$

$$-2I - A = \begin{bmatrix} -3 & 1 & 1 \\ -1 & -5 & -1 \\ 3 & -1 & -1 \end{bmatrix} \to \begin{bmatrix} 1 & 0 & -\frac{1}{4} \\ 0 & 1 & \frac{1}{4} \\ 0 & 0 & 0 \end{bmatrix} \Rightarrow \begin{vmatrix} 1 \\ -1 \\ 4 \end{vmatrix}$$

$$3I - A = \begin{bmatrix} 2 & 1 & 1 \\ -1 & 0 & -1 \\ 3 & -1 & 4 \end{bmatrix} \to \begin{bmatrix} 1 & 0 & 1 \\ 0 & 1 & -1 \\ 0 & 0 & 0 \end{bmatrix} \Rightarrow \begin{vmatrix} -1 \\ 1 \\ 1 \end{vmatrix}$$

여기서 얻은 고유벡터를 열로 하는 행렬 P는

$$P = \begin{bmatrix} -1 & 1 & -1 \\ 0 & -1 & 1 \\ 1 & 4 & 1 \end{bmatrix}$$

이다. 이 행렬은 정칙이므로 고유벡터는 일차독립이고 따라서 A는 대각화가능이다. 따라서

$$P^{-1}AP = \begin{bmatrix} 2 & 0 & 0 \\ 0 & -2 & 0 \\ 0 & 0 & 3 \end{bmatrix}$$

가 된다. ■

예제 5 행렬의 대각화

다음 행렬 A는 대각화가능임을 보여라. 그리고 $P^{-1}AP$가 대각행렬이 되는 P를 찾으시오.

$$A = \begin{bmatrix} 1 & 0 & 0 & 0 \\ 0 & 1 & 5 & -10 \\ 1 & 0 & 2 & 0 \\ 1 & 0 & 0 & 3 \end{bmatrix}$$

풀이

7.1절 예제 6에서 고윳값은 $\lambda_1=1, \lambda_2=2, \lambda_3=3$이 되었다. 또 대응하는 고유벡터는

$$\lambda_1=1, \begin{pmatrix}0\\1\\0\\0\end{pmatrix}, \begin{pmatrix}-2\\0\\2\\1\end{pmatrix}; \ \lambda_2=2, \begin{pmatrix}0\\5\\1\\0\end{pmatrix}; \ \lambda_3=3, \begin{pmatrix}0\\-5\\0\\1\end{pmatrix}$$

이다. 여기에서 얻은 고유벡터를 열로 하는 행렬 P를 만들면

$$P=\begin{bmatrix}0&-2&0&0\\1&0&5&-5\\0&2&1&0\\0&1&0&1\end{bmatrix}$$

이다. P는 가역이므로(각자 해 볼 것) 이 열벡터는 일차독립이다. 따라서 A는 대각화가능이고

$$P^{-1}AP=\begin{bmatrix}1&0&0&0\\0&1&0&0\\0&0&2&0\\0&0&0&3\end{bmatrix}$$

이다. ■

예제 6 대각화 불가능인 행렬

행렬 $A=\begin{bmatrix}1&2\\0&1\end{bmatrix}$은 대각화할 수 없음을 보여라.

풀이

A는 삼각행렬이므로 고윳값은 단순히 주대각선의 원소이다. 따라서 고윳값은 $\lambda=1$ 한 개뿐이다. 행렬$(I-A)$를 기약행사다리꼴로 고치면

$$I-A=\begin{bmatrix}0&-2\\0&0\end{bmatrix}\to\begin{bmatrix}0&1\\0&0\end{bmatrix}$$

와 같이 된다. 따라서 $x_2=0$이다. 그래서 $x_1=t$로 두면 A의 모든 고유벡터는

$$X=\begin{bmatrix}x_1\\x_2\end{bmatrix}=\begin{bmatrix}t\\0\end{bmatrix}=t\begin{bmatrix}1\\0\end{bmatrix}$$

와 같다. 따라서 A는 2개의 일차독립인 고유벡터를 가지지 않으므로 대각화 불가능이다. ■

크기가 n인 정사각행렬 A가 대각화가 가능하기 위해서는 고유공간의 차원의 합이 n이 되어야 한다. 만일 A가 n개의 서로 다른 고윳값을 가지면 이 조건이 만족된다. 따라서 다음 정리를 얻을 수 있다.

정리 7.6 **대각화의 충분조건**

만일 $n \times n$ 행렬 A가 n개의 서로 다른 고윳값을 가지면 대응하는 고유벡터는 일차독립이고 A는 대각화 가능이다.

증명

$\lambda_1, \lambda_2, \cdots, \lambda_n$을 A의 n개의 서로 다른 고윳값이라 하고 대응하는 고유벡터를 $\mathbf{x}_1, \mathbf{x}_2, \cdots, \mathbf{x}_n$라 하자. 이 고유벡터들이 일차종속이라 가정하자. 이 고유벡터들을 순서를 바꾸어서 처음 m개의 고유벡터들은 일차독립이고 다음 한 개를 더한 $m+1$개는 일차종속이라고 하자($m < n$). 즉 일차독립인 최대의 개수가 m이다. $\{\mathbf{x}_1, \mathbf{x}_2, \cdots, \mathbf{x}_m, \mathbf{x}_{m+1}\}$은 일차종속이므로

$$\mathbf{x}_{m+1} = c_1\mathbf{x}_1 + c_2\mathbf{x}_2 + \cdots + c_m\mathbf{x}_m \tag{1}$$

와 같이 쓸 수 있다. 단 c_i는 모두가 0은 아니다. 식 (1)의 양변에 행렬 A를 곱하면

$$A_{m+1} = Ac_1\mathbf{x}_1 + Ac_2\mathbf{x}_2 + \cdots + \mathrm{A}\mathrm{c}_\mathrm{m}\mathbf{x}_\mathbf{m}$$

와 같다. 또한

$$\lambda_{m+1}\mathbf{x}_{m+1} = c_1\lambda_1\mathbf{x}_1 + c_2\lambda_2\mathbf{x}_2 + \cdots + c_m\lambda_m\mathbf{x}_m \tag{2}$$

이고 식 (1)의 양변에 λ_{m+1}을 곱하면

$$\lambda_{m+1}\mathbf{x}_{m+1} = c_1\lambda_{m+1}\mathbf{x}_1 + c_2\lambda_{m+1}\mathbf{x}_2 + \cdots + c_m\lambda_{m+1}\mathbf{x}_m \tag{3}$$

이다. 식 (3)에서 식 (2)을 빼면,

$$c_1(\lambda_{m+1} - \lambda_1)\mathbf{x}_1 + c_2(\lambda_{m+1} - \lambda_2)\mathbf{x}_2 + \cdots + c_m(\lambda_{m+1} - \lambda_m)\mathbf{x}_m = 0$$

이다. 한편, 처음 m개의 고유벡터는 일차독립이므로 이 식의 모든 계수는 0이다. 따라서

$$c_1(\lambda_{m+1} - \lambda_1) + c_2(\lambda_{m+1} - \lambda_2) + \cdots + c_m(\lambda_{m+1} - \lambda_m) = 0$$

이다. 또한 모든 고윳값은 서로 다르므로 결국 모든 $c_i = 0,\ i = 1, \cdots, m$이다. 그런데 이것을 처음 식 (1)에 대입해보면 $\mathbf{x}_{m+1} = 0$이 되어 모순이다. 따라서 고유벡터들의 집합은 일차독립이 되고 정리 7.5에 의해서 A는 대각화 가능이다. ■

예제 7 **행렬의 대각화 가능성 판별**

다음 행렬 A는 대각화가 가능한지 아닌지 판별하시오.

$$A = \begin{bmatrix} 1 & -2 & 1 \\ 0 & 0 & 1 \\ 0 & 0 & -3 \end{bmatrix}$$

풀이

A는 삼각행렬이므로 고윳값은 주대각선의 성분이다. 즉 $\lambda_1 = 1, \lambda_2 = 0, \lambda_3 = -3$이다. 또 이 3개의 값은 모두 틀리므로 정리 7.6에 의해서 A는 대각화가 가능하다. ■

참고

정리 7.6의 조건은 행렬은 대각화에 대한 충분조건이지 필요조건은 아니다. 예제 5에서 본 바와 같이 대각화 가능인 행렬이 같은 고윳값을 가질 경우도 있다.

대각화와 선형변환

지금까지는 행렬에서만 대각화문제를 생각했다. 선형변환에 대한 대각화문제는 다음과 같이 말할 수 있다. 선형변환 T: $V \rightarrow V$에 내해서 T의 B에 대한 행렬이 대각행렬이 되는 V의 기저 B가 존재하느냐? 이 질문에 대한 답은 T에 대한 표준행렬이 대각화가 가능하면 "그렇다"이다.

예제 8 선형변환에 대한 대각행렬 찾기

선형변환 $T: \mathbb{R}^3 \rightarrow \mathbb{R}^3$는

$$T(x_1, x_2, x_3) = (x_1 - x_2 - x_3, x_1 + 3x_2 + x_3, -3x_1 + x_2 - x_3)$$

이다. 만일 가능하면, $\mathbb{R}^3$의 기저 B에 대한 T의 행렬이 대각행렬이 되는 기저 B를 찾으시오.

풀이

T에 대한 표준행렬은

$$A = \begin{bmatrix} 1 & -1 & -1 \\ 1 & 3 & 1 \\ -3 & 1 & -1 \end{bmatrix}$$

이다. 예제 4에서 이 행렬 A는 대각화 가능임을 배웠다. 따라서 예제 4에서 구한 일차독립인 세 개의 고유벡터로 기저 B를 만들면

$$B = \{(-1,0,1),\ (1,-1,4),\ (-1,1,1)\}$$

가 우리가 구하는 기저가 된다. 또 이 기저에 대한 T의 행렬은

$$D = \begin{bmatrix} 2 & 0 & 0 \\ 0 & -2 & 0 \\ 0 & 0 & 3 \end{bmatrix}$$

이다. ■

선형대수의 응용

유전학(genetics)은 유전에 대한 과학이다. 화학과 생물학의 융합으로서 유전학은 종의 디옥시리보핵산(DNA)을 기반으로 하여 세대 간의 유전적 진화와 유전자 이동을 설명하려 한다. 특정 집단의 유전 구조에 초점을 맞춘 집단 유전학(population genetics)이라는 유전학 분야의 연구가 오늘날 특히 인기가 있다. 이러한 연구를 통해 유전의 유형을 더 잘 이해할 수 있게 되었다. 예를 들어, 인간의 경우 X-연관 유전(성연관 유전)이라는 유전의 한 유형이 있는데, 이는 X 염색체의 열성 유전자와 관련된 것이다. 남성은 X 염색체 1개, Y 염색체 1개를 가지고 있고, 여성은 X 염색체 2개를 가지고 있다. 남성의 X 염색체에 결함이 있는 유전자가 있는 경우, Y 염색체에는 활동을 억제하는 정상적인 유전자가 없기 때문에 그에 상응하는 특성이 발현된다. 여성의 경우 희귀한 경우를 제외하고는 X 염색체 두 개 모두에 이러한 결함이 존재하지 않으므로 이 특성이 발현되지 않는다. 그래서 유전병이나 질환이 일반적으로 남성에게서 발견되며, 성연관 유전이라는 용어가 사용된다. 이러한 유전병에는 혈우병 A, 더케인 근위축증, 적록색맹 및 남성형 대머리가 포함됩니다. 행렬 고유값과 대각화를 이용하여 모집단의 X 연관 유전을 설명하는 수학적 모델을 만들 수 있다.

7.2 연습문제

대각화 1~6번에서는 A가 대각화가능한 행렬임을 보이기 위해 $P^{-1}AP$를 계산하시오.

1. $A=\begin{bmatrix}-11 & 36\\ -3 & 10\end{bmatrix},\quad P=\begin{bmatrix}-3 & -4\\ -1 & -1\end{bmatrix}$

2. $A=\begin{bmatrix}1 & 3\\ -1 & 5\end{bmatrix},\quad P=\begin{bmatrix}3 & 1\\ 1 & 1\end{bmatrix}$

3. $A=\begin{bmatrix}3 & -2\\ 2 & -2\end{bmatrix},\quad P=\begin{bmatrix}1 & 2\\ 2 & 1\end{bmatrix}$

4. $A=\begin{bmatrix}4 & -5\\ 2 & -3\end{bmatrix},\quad P=\begin{bmatrix}1 & 5\\ 1 & 2\end{bmatrix}$

5. $A=\begin{bmatrix}-1 & 1 & 0\\ 0 & 3 & 0\\ 4 & -2 & 5\end{bmatrix},\quad P=\begin{bmatrix}0 & 1 & -3\\ 0 & 4 & 0\\ 1 & 2 & 2\end{bmatrix}$

6. $A=\begin{bmatrix}0.80 & 0.10 & 0.05 & 0.05\\ 0.10 & 0.80 & 0.05 & 0.05\\ 0.05 & 0.05 & 0.80 & 0.10\\ 0.05 & 0.05 & 0.10 & 0.80\end{bmatrix},$

$P=\begin{bmatrix}1 & -1 & 0 & -1\\ 1 & -1 & 0 & -1\\ 1 & 1 & 1 & 0\\ 1 & 1 & -1 & 0\end{bmatrix}$

7~14번에서는 A에 대하여 $P^{-1}AP$를 만족하는 비정칙 행렬 P(가능하면?)을 찾으시오. 행렬 $P^{-1}AP$의 대각 원소가 A의 고윳값임을 확인하시오.

7. $A=\begin{bmatrix}6 & -3\\ -2 & 1\end{bmatrix}$
(See Exercise 15, Section 7.1.)

8. $A=\begin{bmatrix}\frac{1}{4} & \frac{1}{4}\\ \frac{1}{2} & 0\end{bmatrix}$
(See Exercise 20, Section 7.1.)

9. $A=\begin{bmatrix}2 & -2 & 3\\ 0 & 3 & -2\\ 0 & -1 & 2\end{bmatrix}$
(See Exercise 21, Section 7.1.)

10. $A=\begin{bmatrix}3 & 2 & 1\\ 0 & 0 & 2\\ 0 & 2 & 0\end{bmatrix}$
(See Exercise 22, Section 7.1.)

11. $A=\begin{bmatrix}1 & 2 & -2\\ -2 & 5 & -2\\ -6 & 6 & -2\end{bmatrix}$
(See Exercise 23, Section 7.1.)

12. $A=\begin{bmatrix}3 & 2 & -3\\ -3 & -4 & 9\\ -1 & -2 & 5\end{bmatrix}$
(See Exercise 24, Section 7.1.)

13. $A = \begin{bmatrix} 1 & 0 & 0 \\ 1 & 2 & 1 \\ 1 & 0 & 2 \end{bmatrix}$

14. $A = \begin{bmatrix} 2 & 0 & 0 \\ 4 & 4 & 0 \\ 0 & 4 & 4 \end{bmatrix}$

15~22번에서는 다음 행렬은 대각화 불가능임을 보여라.

15. $\begin{bmatrix} 0 & 0 \\ 5 & 0 \end{bmatrix}$

16. $\begin{bmatrix} 1 & \frac{1}{2} \\ -2 & -1 \end{bmatrix}$

17. $\begin{bmatrix} 7 & 7 \\ 0 & 7 \end{bmatrix}$

18. $\begin{bmatrix} 1 & 0 \\ -2 & -1 \end{bmatrix}$

19. $\begin{bmatrix} 1 & -2 & 1 \\ 0 & 1 & 4 \\ 0 & 0 & 2 \end{bmatrix}$

20. $\begin{bmatrix} 3 & 2 & -2 \\ 0 & -2 & 3 \\ 0 & 0 & -2 \end{bmatrix}$

21. $\begin{bmatrix} 1 & 0 & -1 & 1 \\ 0 & 1 & 0 & 1 \\ -2 & 0 & 2 & -2 \\ 0 & 2 & 0 & 2 \end{bmatrix}$

(See Exercise 39, Section 7.1.)

22. $\begin{bmatrix} 1 & -3 & 3 & 3 \\ -1 & 4 & -3 & -3 \\ -2 & 0 & 1 & 1 \\ 1 & 0 & 0 & 0 \end{bmatrix}$

(See Exercise 40, Section 7.1.)

23~26번에서는 행렬의 고윳값을 구하고 주어진 행렬이 정리 7.6에 의해서 대각화 가능을 위한 충분한 고윳값이 있는지 조사하시오.

23. $\begin{bmatrix} 1 & 1 \\ 1 & 1 \end{bmatrix}$

24. $\begin{bmatrix} 2 & 0 \\ 5 & 2 \end{bmatrix}$

25. $\begin{bmatrix} -3 & -2 & 3 \\ 3 & 4 & -9 \\ 1 & 2 & -5 \end{bmatrix}$

26. $\begin{bmatrix} 4 & 3 & -2 \\ 0 & 1 & 1 \\ 0 & 0 & -2 \end{bmatrix}$

27~30번에서는 선형변환 T의 정의구역에 대한 기저 B가 B에 대한 T의 행렬이 대각행렬이 되도록 B를 만들어라.

27. $T: \mathbb{R}^2 \to \mathbb{R}^2 : T(x, y) = (x+y, x+y)$

28. $T: \mathbb{R}^3 \to \mathbb{R}^3 :\ T(x, y, z) =$
$(-2x+2y-3z, 2x+y-6z, -x-2y)$

29. $T: P_1 \to P_1 : T(a+bx) = a+(a+2b)x$

30. $T: P_2 \to P_2 :$
$T(c+bx+ax^2) = (3c+a)+(2b+3a)x+ax^2$

31. A는 $n \times n$ 대각화 가능행렬이고, P는 $n \times n$ 가역행렬로서 A의 대각형인 $B = P^{-1}AP$을 만족한다. 다음을 증명하시오.

$$A^k = PB^kP^{-1} (k\text{는 양의정수})$$

32. $\lambda_1, \lambda_2, \cdots, \lambda_n$는 $n \times n$ 행렬 A의 서로 다른 고윳값이다. 문제 31의 결과를 이용하여 A^k의 고윳값을 구하시오.

33~36번에서는 문제 31의 결과를 이용하여 주어진 A의 거듭제곱의 값을 구하시오.

33. $A = \begin{bmatrix} 10 & 18 \\ -6 & -11 \end{bmatrix}, A^6$

34. $A = \begin{bmatrix} 1 & 3 \\ 2 & 0 \end{bmatrix}, A^7$

35. $A = \begin{bmatrix} 2 & 0 & -2 \\ 0 & 2 & -2 \\ 3 & 0 & -3 \end{bmatrix}, A^5$

36. $A = \begin{bmatrix} 2 & 3 & -2 \\ -2 & -5 & 0 \\ -2 & -1 & 4 \end{bmatrix}$, .

참 혹은 거짓 37~38번에서 참인지 거짓을 판단하시오. 만일 참이면 그 이유를 밝히거나 책에서 그 내용을 찾으시오. 또 만일 거짓이면 거짓인 예를 찾거나 바른 서술을 찾아서 써라.

37. (a) 만일 A와 B가 닮은 $n\times n$ 행렬이면, 두 행렬의 특성다항식은 같다.

(b) $n\times n$ 행렬 A가 n개의 서로 다른 고윳값을 가진다는 사실은 A가 대각화 가능임을 보장하지 못한다.

38. (a) A가 대각화 가능행렬이면 A는 n개의 일차독립인 고유벡터를 가진다.

(b) $n\times n$ 행렬 A가 대각화 가능이면 A는 n개의 서로 다른 고윳값을 가진다.

39. 다음 두 행렬은 닮았는가? 만일 그렇다면 $B=P^{-1}AP$가 되는 행렬 P를 찾으시오.

$$A=\begin{bmatrix}1&0&0\\0&2&0\\0&0&3\end{bmatrix}\quad B=\begin{bmatrix}3&0&0\\0&2&0\\0&0&1\end{bmatrix}$$

40. **미적분학** x가 실수일 때 e^x은 x에 관한 급수

$$e^x=1+x+\frac{x^2}{2!}+\frac{x^3}{3!}+\frac{x^4}{4!}+\cdots$$

로 표시된다. 마찬가지로 X가 정방행렬일 때 e^X는 급수

$$e^x=1+\mathrm{X}+\frac{1}{2!}\mathrm{X}^2+\frac{1}{3!}\mathrm{X}^3+\frac{1}{4!}\mathrm{X}^4+\cdots$$

로 표시된다. X가 아래와 같을 때 e^X를 구하시오.

(a) $\mathrm{X}=\begin{bmatrix}1&0\\0&1\end{bmatrix}$ (b) $\mathrm{X}=\begin{bmatrix}1&0\\1&0\end{bmatrix}$

(c) $\mathrm{X}=\begin{bmatrix}0&1\\1&0\end{bmatrix}$ (d) $\mathrm{X}=\begin{bmatrix}2&0\\0&-2\end{bmatrix}$

41. **쓰기** 어떤 행렬이 서로 다른 두 대각행렬과 닮을 수 있는가? 그 이유를 쓰라.

42. A가 대각화 가능이면 A^T도 대각화 가능임을 증명하시오.

43. A는 n개의 실 고윳값 $\lambda_1,\lambda_2,\cdots,\lambda_n$을 가진 대각화 가능행렬이다.

그러면 $|A|=\lambda_1\cdot\lambda_2\cdot\cdots\cdot\lambda_n$임을 증명하시오.

44. 행렬 $A=\begin{bmatrix}a\,b\\c\,d\end{bmatrix}$에 대하여 $-4bc<(a-d)^2$이면 대각화 가능이고, $-4bc>(a-d)^2$이면 대각화 불가능임을 증명하시오.

45. **힌트가 있는 증명** 대각화 가능행렬 A의 고윳값이 ±1이면 $A=A^{-1}$을 증명하시오.

시작: A와 그 역행렬 A^{-1}이 같음을 보이기 위해서, $D=P^{-1}AP$를 만족하는 행렬 P가 존재하여 $D=P^{-1}AP$와 D의 주대각성분이 ±1인 대각행렬이 된다는 사실을 이용한다.

(i) $D=P^{-1}AP$, D는 주대각성분이 ±1인 대각행렬

(ii) A를 P와 P^{-1} 그리고 D로 나타낸다.

(iii) D가 대각행렬이라는 사실과 (ii)에서 구한 행렬의 곱의 역에 대한 성질을 이용하여 A^{-1}를 구한다.

(iv) $A=A^{-1}$를 증명

46. **힌트가 있는 증명** O이 아닌 멱영행렬 A는 대각화 불가능임을 증명하시오.

시작: 7.1절의 문제 80에서 멱영행렬 고윳값은 0뿐임을 알고 있다.

(i) 만일 A가 대각화 가능이면 $P^{-1}AP=D$, P는 가역행렬, D는 영행렬이 되는 P, D가 존재한다.

(ii) A를 P와 P^{-1} 그리고 D로 나타낸다.

(iii) 모순이 유도되므로 (i)이 틀리는 가정임을 밝힌다.

47. 증명 만일 A가 정칙인 대각화가능 행렬이면 A^{-1}도 역시 대각화 가능함을 증명하시오.

A^{-1}는 A의 역행렬

48. 캡스톤 $n \times n$행렬 A가 대각화 가능한지를 (a) 닮은 행렬, (b) 고유벡터, 그리고 (c) 서로 다른 고윳값을 각각 이용하여 판별하는 방법을 설명하시오.

행렬이 대각화 가능하지 않음을 보이기 49번과 50번에서는 주어진 행렬이 대각화 가능하지 않음을 보이시오.

49. $\begin{bmatrix} 4 & k \\ 0 & 4 \end{bmatrix}, \ k \neq 0$

50. $\begin{bmatrix} 0 & 0 \\ k & 0 \end{bmatrix}, \ k \neq 0$

7.3 대칭행렬과 직교대각화

- 대칭행렬의 성질을 파악하고 활용하기
- 직교행렬의 성질을 파악하고 활용하기
- 대칭행렬 A를 직교대각화시키는 직교행렬 P 구하기

대칭행렬

대부분의 행렬은 대각화가 가능한지 아닌지 알기 위해서는 대각화시키는 과정을 거쳐야 한다. 즉 대각화 가능성보다는 대각화 과정을 먼저 행하는 것이 보통이다. 그러나 삼각행렬은 예외이다. 삼각행렬의 주대각선이 모두 일치하는지 아닌지를 보면 대각화 가능성을 알 수 있다. 이 절에서는 또 다른 이러한 행렬, 즉 그냥 간단한 방법으로 대각화 가능성을 알 수 있는 행렬을 소개한다. 바로 **대칭행렬**이다.

대칭행렬의 정의

정사각행렬 A가 그 전치행렬 A^T과 같을 때 **대칭행렬**(symmetric matrix)이라고 부른다. 즉, $A = A^T$일 때 A는 대칭행렬이다.

대칭행렬의 판단은 주대각선을 중심으로 해서 양편의 성분을 비교함으로써 간단히 알 수 있다.

예제 1 대칭행렬과 대칭이 아닌 행렬

A, B는 대칭행렬이고 C는 아니다.

$$A = \begin{bmatrix} 0 & 1 & -2 \\ 1 & 3 & 0 \\ -2 & 0 & 5 \end{bmatrix} \quad B = \begin{bmatrix} 4 & 3 \\ 3 & 1 \end{bmatrix} \quad C = \begin{bmatrix} 3 & 2 & 1 \\ 1 & -4 & 0 \\ 1 & 0 & 5 \end{bmatrix}$$

■

대칭행렬은 대칭이 아닌 행렬에는 없는 몇 가지 성질이 있다. 다음을 살펴보자.

1. 대칭이 아닌 행렬은 대각화 불가능일 수 있다.
2. 대칭이 아닌 행렬은 고윳값이 실수가 아닐 때가 있다. 예를 들어 행렬

$$A = \begin{bmatrix} 0 & -1 \\ 1 & 0 \end{bmatrix}$$

의 특성방정식이 $\lambda^2+1=0$이고 그 고윳값은 $\lambda=\pm i$이다.

3. 대칭이 아닌 행렬에서는 고윳값에 대응하는 일차독립인 고유벡터의 수가 고윳값의 중복도보다 적을 수 있다(7.2절 예제 6).

탐구활동

1. 임의의 대칭이 아닌 정사각행렬을 택하여 고윳값을 구하시오.
2. 실수가 아닌 고윳값을 가지는 대칭이 아닌 정사각행렬을 찾을 수 있을까?
3. 이번에는 임의의 대칭행렬을 택하여 고윳값을 구하시오.
4. 고윳값이 실수가 아닌 대칭행렬을 찾을 수 있을까?
5. 대칭행렬에 대해 어떤 결론을 내릴 수 있을까?

이러한 유형의 연습문제에 대한 대화영 버전은 LarsonLinearAlgebra.com을 참고하라.

정리 7.7에서 대칭행렬의 특징을 알 수 있다.

정리 7.7 대칭행렬의 고윳값

만일 A가 $n\times n$ 대칭행렬이면 다음 성질을 가진다.

1. A는 대각화 가능이다.
2. A의 모든 고윳값은 실수이다.
3. 만일 λ가 중복도 k인 A의 고윳값이면 λ는 k개의 일차독립인 고유벡터를 가진다. 다시 말하면 λ의 고유공간의 차원은 k이다.

참고

정리 7.7을 **실 스펙트럼정리**(real spectral theorem)라고 부른다. 또 A의 고윳값의 집합을 A의 **스펙트럼**(spectrum)이라고 부른다.

정리 7.7의 일반적인 증명은 매우 어렵다. 자세한 증명을 알고 싶은 사람은 한 단계 높은 선형대수책을 참고하기 바란다. 예제 2는 2×2 대칭행렬은 대각화가 가능하다는 것을 설명한다.

예제 2 2×2대칭행렬의 고윳값과 고유벡터

대칭행렬 $A=\begin{bmatrix} a & c \\ c & b \end{bmatrix}$는 대각화 가능임을 증명하시오.

풀이

A의 특성다항식은

$$|\lambda I-A|=\begin{vmatrix} \lambda-a & c \\ c & \lambda-b \end{vmatrix}=\lambda^2-(a+b)\lambda+ab-c^2$$

이다. λ에 대한 2차 다항식의 판별식을 구하면

$$\begin{aligned} D&=(a+b)^2-4(ab-c^2)=a^2+2ab+b^2-4ab+4c^2 \\ &=a^2-2ab+b^2+4c^2=(a-b)^2+4c^2 \end{aligned}$$

이다. 제곱의 합은 항상 0이다. 만일 $(a-b)^2+4c^2=0$이면 $a=b,c=0$이므로 행렬 A는

$$A=\begin{bmatrix} a & 0 \\ 0 & a \end{bmatrix}$$

대각행렬이다. 또 만일 $(a-b)^2+4c^2>0$이면 A의 특성다항식은 서로 다른 두 실근을 가진다. 이 사실로부터 A는 서로 다른 두 실 고윳값을 가지므로 역시 A는 대각화가능이다. ■

예제 3 대칭행렬의 고유공간의 차원

다음 대칭행렬 A의 고윳값을 구하고 또 대응하는 고유공간의 차원을 구하시오.

$$A=\begin{bmatrix} 1 & -2 & 0 & 0 \\ -2 & 1 & 0 & 0 \\ 0 & 0 & 1 & -2 \\ 0 & 0 & -2 & 1 \end{bmatrix}$$

풀이

A의 특성다항식은

$$|\lambda I-A|=\begin{vmatrix} \lambda-1 & -2 & 0 & 0 \\ -2 & \lambda-1 & 0 & 0 \\ 0 & 0 & \lambda-1 & -2 \\ 0 & 0 & -2 & \lambda-1 \end{vmatrix}=(\lambda+1)^2(\lambda-3)^2$$

이다. 따라서 A의 고윳값은 $\lambda_1=-1, \lambda_2=3$이다. 각 고윳값의 중복도는 2이므로 정리 7.7에 의해서 각 고윳값에 대응하는 고유공간의 차원도 2가 된다. 실제로 $\lambda_1=-1$에 대한 고유공간의 기저는 $B_1=\{(1,1,0,0),\ (0,0,1,1)\}$이고 $\lambda_2=3$에 대한 고유공간의 기저는 $B_2=\{(1,-1,0,0),\ (0,0,1,-1)\}$이다. ■

직교행렬

정방행렬 A를 대각화하기 위해서는 $P^{-1}AP$가 대각행렬이 되는 가역행렬 P를 구해야 한다. 특히 대칭행렬 P는 $P^{-1}=P^T$을 만족한다. 이와 같은 특별한 성질을 만족시키는 행렬을 아래와 같이 정의한다.

> 직교행렬의 정의
>
> 정방행렬 P가 가역이고 $P^{-1}=P^T$을 만족할 때, 행렬 P를 **직교행렬**(orthogonal matrix)이라 부른다.

예제 4 직교행렬

(a) 행렬 $P=\begin{bmatrix} 0 & 1 \\ -1 & 0 \end{bmatrix}$는 직교행렬이다. 왜냐하면 $P^{-1}=P^T=\begin{bmatrix} 0 & -1 \\ 1 & 0 \end{bmatrix}$이기 때문이다.

(b) 행렬 $P=\begin{bmatrix} \frac{3}{5} & 0 & -\frac{4}{5} \\ 0 & 1 & 0 \\ \frac{4}{5} & 0 & \frac{3}{5} \end{bmatrix}$는 $P^{-1}=P^T=\begin{bmatrix} \frac{3}{5} & 0 & \frac{4}{5} \\ 0 & 1 & 0 \\ -\frac{4}{5} & 0 & \frac{3}{5} \end{bmatrix}$이므로 직교행렬이다.

■

위의 예 (a)와 (b)에서 행렬 P의 열은 각각 $\mathbb{R}^2$와 $\mathbb{R}^3$의 정규직교집합이다. 이 결과로 다음과 같은 정리를 얻을 수 있다.

정리 7.8 정규행렬의 성질

$n\times n$ 행렬 P가 정규가 될 필요충분조건은 열벡터가 정규직교집합이 되는 것이다.

증명

P의 열벡터가 정규직교집합이라고 하고

$$P=\begin{bmatrix} \mathrm{p}_1 & \mathrm{p}_2 & \cdots & \mathrm{p}_\mathrm{n} \end{bmatrix}=\begin{bmatrix} \mathrm{p}_{11} & \mathrm{p}_{12} & \cdots & \mathrm{p}_{1\mathrm{n}} \\ \mathrm{p}_{21} & \mathrm{p}_{22} & \cdots & \mathrm{p}_{2\mathrm{n}} \\ \vdots & \vdots & & \vdots \\ \mathrm{p}_{\mathrm{n}1} & \mathrm{p}_{\mathrm{n}2} & \cdots & \mathrm{p}_{\mathrm{nn}} \end{bmatrix}$$

라 표시하자. 그러면 P^TP는

$$P^TP = \begin{bmatrix} \mathrm{p}_1 \cdot \mathrm{p}_1 & \mathrm{p}_1 \cdot \mathrm{p}_2 & \cdots & \mathrm{p}_1 \cdot \mathrm{p}_n \\ \mathrm{p}_2 \cdot \mathrm{p}_1 & \mathrm{p}_2 \cdot \mathrm{p}_2 & \cdots & \mathrm{p}_2 \cdot \mathrm{p}_n \\ \vdots & \vdots & & \vdots \\ \mathrm{p}_n \cdot \mathrm{p}_1 & \mathrm{p}_n \cdot \mathrm{p}_2 & \cdots & \mathrm{p}_n \cdot \mathrm{p}_n \end{bmatrix}$$

와 같다. 집합 $\{\mathrm{p}_1, \mathrm{p}_2, \ldots \mathrm{p}_n\}$은 정규직교이므로

$$\mathrm{p}_i \cdot \mathrm{p}_j = 0,\ i \neq j \text{ 이고 } \mathrm{p}_i \cdot \mathrm{p}_i = \| \mathrm{p}_i \| = 1$$

를 만족한다. 따라서

$$P^TP = \begin{bmatrix} 1 & 0 & \cdots & 0 \\ 0 & 1 & \cdots & 0 \\ \vdots & \vdots & & \vdots \\ 0 & 0 & \cdots & 1 \end{bmatrix} = I_n$$

을 만족한다. 이는 $P^T = P^{-1}$임의 의미하므로 P는 직교행렬이다.
역으로 만일 P가 직교행렬이면 위의 순서를 반대로 따라가면 P의 열벡터는 정규직교집합이 됨을 쉽게 증명할 수 있다. ■

예제 5 직교행렬

행렬 $P = \begin{bmatrix} \frac{1}{3} & \frac{2}{3} & \frac{2}{3} \\ -\frac{2}{\sqrt{5}} & \frac{1}{\sqrt{5}} & 0 \\ -\frac{2}{3\sqrt{5}} & -\frac{4}{3\sqrt{5}} & \frac{5}{3\sqrt{5}} \end{bmatrix}$가 직교라는 것을 증명하기 위해 $P^{-1} = P^T$을 보여라.

또 P의 열벡터는 정규직교집합이 됨을 보여라.

풀이

$$PP^T = \begin{bmatrix} \frac{1}{3} & \frac{2}{3} & \frac{2}{3} \\ -\frac{2}{\sqrt{5}} & \frac{1}{\sqrt{5}} & 0 \\ -\frac{2}{3\sqrt{5}} & -\frac{4}{3\sqrt{5}} & \frac{5}{3\sqrt{5}} \end{bmatrix} \begin{bmatrix} \frac{1}{3} & -\frac{2}{\sqrt{5}} & -\frac{2}{3\sqrt{5}} \\ \frac{2}{3} & \frac{1}{\sqrt{5}} & -\frac{4}{3\sqrt{5}} \\ \frac{2}{3} & 0 & \frac{5}{3\sqrt{5}} \end{bmatrix} = I_3$$

이므로 $P^{-1} = P^T$이다. 각 열

$$p_1 = \begin{bmatrix} \frac{1}{3} \\ -\frac{2}{\sqrt{5}} \\ -\frac{2}{3\sqrt{5}} \end{bmatrix} \text{와 } p_2 = \begin{bmatrix} \frac{2}{3} \\ \frac{1}{\sqrt{5}} \\ -\frac{4}{3\sqrt{5}} \end{bmatrix} \text{ 그리고 } p_3 = \begin{bmatrix} \frac{2}{3} \\ 0 \\ \frac{5}{3\sqrt{5}} \end{bmatrix}$$

는

$$\mathrm{p}_1 \cdot \mathrm{p}_2 = \mathrm{p}_1 \cdot \mathrm{p}_3 = \mathrm{p}_2 \cdot \mathrm{p}_3 = 0 \text{와 } \|\mathrm{p}_1\| = \|\mathrm{p}_2\| = \|\mathrm{p}_3\| = 1$$

을 만족한다. 따라서 정리 7.8에 의해서 $\{p_1, p_2, p_3\}$는 정규집교집합이다. ■

또 대칭행렬에서는 서로 다른 고윳값에 대응하는 고유벡터는 서로 수직이라는 것을 다음 정리는 설명한다.

정리 7.9 대칭행렬의 성질

A를 $n \times n$ 대칭행렬이라고 하자. 만일 λ_1과 λ_2가 A의 서로 다른 고윳값이라면, 이들 각각에 대응하는 고유벡터 x_1과 x_2는 수직이다.

증명

λ_1과 λ_2가를 서로 다른 고윳값이라고 하고, 이 고윳값에 대응하는 고유벡터를 각각 x_1과 x_2라고 하자. 그러면 $A\mathrm{x}_1 = \lambda_1\mathrm{x}_1$와 $A\mathrm{x}_2 = \lambda_2\mathrm{x}_2$을 만족한다. 그리고 5장 1절의 벡터 내적 정의에서 $\mathrm{x}_1 \cdot \mathrm{x}_2 = \mathrm{x}_1^T\mathrm{x}_2$을 만족한다. 그러면

$$\begin{aligned} \lambda_1(\mathrm{x}_1 \cdot \mathrm{x}_2) &= (\lambda_1\mathrm{x}_1) \cdot \mathrm{x}_2 = (A\mathrm{x}_1) \cdot \mathrm{x}_2 = (A\mathrm{x}_1)^T\mathrm{x}_2 \\ &= (\mathrm{x}_1^T A^T)\mathrm{x}_2 = (\mathrm{x}_1^T A)\mathrm{x}_2 = \mathrm{x}_1^T(A\mathrm{x}_2) = \mathrm{x}_1^T(A\mathrm{x}_2) \\ &= \mathrm{x}_1^T(\lambda_2\mathrm{x}_2) = \mathrm{x}_1 \cdot (\lambda_2\mathrm{x}_2) = \lambda_2(\mathrm{x}_1 \cdot \mathrm{x}_2) \end{aligned}$$

을 만족한다. 따라서 $(\lambda_1 - \lambda_2)(\mathrm{x}_1 \cdot \mathrm{x}_2) = 0$이고 $\lambda_1 \neq \lambda_2$이므로 $\mathrm{x}_1 \cdot \mathrm{x}_2 = 0$이다. 그러므로 x_1과 x_2는 수직이다. ■

예제 6 대칭행렬의 고유벡터

행렬 $A = \begin{bmatrix} 3 & 1 \\ 1 & 3 \end{bmatrix}$의 서로 다른 고윳값에 대응하는 고유벡터는 수직임을 보여라.

풀이

A의 특성다항식은

$$|\lambda I - A| = \begin{vmatrix} \lambda-3 & -1 \\ -1 & \lambda-3 \end{vmatrix} = (\lambda-2)(\lambda-4)$$

이므로 A의 고윳값은 $\lambda_1 = 2$와 $\lambda_2 = 4$이다. $\lambda_1 = 2$와 $\lambda_2 = 4$에 대응하는 고유벡터는 각각

$$\mathrm{x}_1 = \begin{bmatrix} s \\ -s \end{bmatrix},\ s \neq 0\text{와 } \mathrm{x}_2 = \begin{bmatrix} \mathrm{t} \\ \mathrm{t} \end{bmatrix},\ \mathrm{t} \neq 0$$

이다. 따라서

$$\mathrm{x}_1 \cdot \mathrm{x}_2 = st - st = 0$$

이므로 x_1과 x_2는 서로 수직이다. ■

직교대각화

행렬 A에 대하여 $P^{-1}AP = D$가 대각행렬이 되는 직교행렬 P가 존재할 때 A를 **직교대각화 가능**(orthogonally diagonalizable)이라고 한다. 다음의 정리에서 직교대각화 가능행렬의 집합은 실제로 대칭행렬의 집합과 동일함을 알 수 있다.

정리 7.10 **대칭행렬의 기본정리**

A는 $n \times n$ 행렬이다. A가 직교대각화 가능이고 실고윳값을 가질 필요충분조건은 A가 대칭이다.

증명

만일 A가 직교대각화 가능이면 정의에 따라서 직교행렬 P가 존재해서 $P^{-1}AP = D$는 대각행렬이 된다. 한편

$$P^{-1} = P^T \text{ 이므로 } A = PDP^{-1} = PDP^T$$

이다. 따라서

$$A^T = (PDP^T)^T = (P^T)^T D^T P^T = PDP^T = A$$

이므로 A는 대칭이다.

역방향으로의 증명은 조금 복잡하다. 그러나 중요한 정리이므로 증명해보자. A가 대칭이라고 가정한다. 만일 A가 중복도가 k인 고윳값 λ를 가진다고 하면 정리 7.7에 의해서 λ는 k개의 일차독립인 고유벡터를 가진다. Gram-Schmidt의 정규직교화과정을 통해서 이 k개의 벡터로 λ에 대응하는 고유공간의 정규직교기저를 만들 수 있다. 이와 같은 방법으로 A의 모든 고윳값에 대한 기저를 만든다. 모든 기저의 벡터들은 정리 7.9에 의해서 서로 수직이다. 다시 모든 기저의 벡터들의 정규화과정을 거치면 n개의 정규직교벡터들의 집합을 얻을 수 있다. 이 벡터들을 열로 하는 행렬을 P라 하면 정리 7.8에 의해서 P는 직교행렬이 된다. 마지막으로 정리 7.5에 의해서 $P^{-1}AP$는 대각행렬이 되므로 결국 A는 직교대각화가능이다. ■

예제 7 행렬이 직교 대각화 가능한지 여부 결정

아래 행렬 중 직교대각화 가능인 것을 구하시오.

$$A_1 = \begin{bmatrix} 1 & 1 & 1 \\ 1 & 0 & 1 \\ 1 & 1 & 1 \end{bmatrix} \quad A_2 = \begin{bmatrix} 5 & 2 & 1 \\ 2 & 1 & 8 \\ -1 & 8 & 0 \end{bmatrix}$$

$$A_3 = \begin{bmatrix} 3 & 2 & 0 \\ 2 & 0 & 1 \end{bmatrix} \quad A_4 = \begin{bmatrix} 0 & 0 \\ 0 & -2 \end{bmatrix}$$

풀이

정리 7.10에 의해서 대칭이 되어야 하므로 A_1과 A_4이다. ■

대칭행렬을 직교대각화시키는 과정은 다음과 같다. 그 순서는 정리 7.10의 역방향 증명과 동일한 과정이다.

> **대칭행렬의 직교대각화**
>
> A는 $n \times n$ 대칭행렬이다.
>
> 1. A의 고윳값을 구하고 각 고윳값의 중복도를 구한다.
> 2. 중복도가 1인 고윳값에 대해서는 단위벡터를 택한다(아무 벡터나 택해서 길이가 1이 되게 하면 됨).
> 3. 중복도가 $k \geq 2$인 고윳값에 대해서는 k개의 일차독립인 고유벡터를 구한다(정리 7.7에 의해서 가능). 만일 이 집합이 정규직교가 아니면 Gram-Schmidt의 정규직교화과정을 적용함.
> 4. 2와 3의 과정을 거쳐서 만든 모든 벡터는 개수가 n인 정규직교 고유벡터의 집합이다. 이 벡터를 열로 하는 행렬 P를 만들면 $P^{-1}AP = P^TAP = D$는 대각행렬이 된다(D의 주대각성분은 A의 고윳값이다).

예제 8 직교대각화

행렬 $A = \begin{bmatrix} -2 & 2 \\ 2 & 1 \end{bmatrix}$를 대각화시키는 직교행렬 P를 구하시오.

풀이

1. A의 특성다항식은

$$|\lambda I - A| = \begin{vmatrix} \lambda+2 & -2 \\ -2 & \lambda-1 \end{vmatrix} = (\lambda+3)(\lambda-2)$$

이므로 A의 고윳값은 $\lambda_1=-3$와 $\lambda_2=2$이다.

2. 각 고윳값에 대해서 $\lambda I-A$를 기약 행-사다리꼴로 바꾸어서 고유벡터를 구하면

$$-3I-A=\begin{bmatrix}-1&-2\\-2&-4\end{bmatrix}\to\begin{bmatrix}1&2\\0&0\end{bmatrix}\to\begin{bmatrix}-2\\1\end{bmatrix}$$

$$2I-A=\begin{bmatrix}4&-2\\-2&1\end{bmatrix}\to\begin{bmatrix}1&-\frac{1}{2}\\0&0\end{bmatrix}\to\begin{bmatrix}1\\2\end{bmatrix}$$

이다. 고유벡터 (-2, 1)과 (1, 2)는 R^2에 대한 직교기저이다. 이 고유벡터를 정규화시켜서 정규직교기저를 구하면

$$\mathrm{p}_1=\frac{(-2,1)}{\|(-2,1)\|}=\left(-\frac{2}{\sqrt5},\frac{1}{\sqrt5}\right)\text{과 }\mathrm{p}_2=\frac{(1,2)}{\|(1,2)\|}=\left(\frac{1}{\sqrt5},\frac{2}{\sqrt5}\right)$$

와 같다.

3. 모든 고윳값의 중복도는 1이므로 바로 4번으로 간다.

4. p_1와 p_2를 열벡터로 하는 행렬은 $P=\begin{bmatrix}-\frac{2}{\sqrt5}&\frac{1}{\sqrt5}\\\frac{1}{\sqrt5}&\frac{2}{\sqrt5}\end{bmatrix}$와 같다. 그리고

$$P^TAP=P^{-1}AP=\begin{bmatrix}-\frac{2}{\sqrt5}&\frac{1}{\sqrt5}\\\frac{1}{\sqrt5}&\frac{2}{\sqrt5}\end{bmatrix}\begin{bmatrix}-2&2\\2&1\end{bmatrix}\begin{bmatrix}-\frac{2}{\sqrt5}&\frac{1}{\sqrt5}\\\frac{1}{\sqrt5}&\frac{2}{\sqrt5}\end{bmatrix}=\begin{bmatrix}-3&0\\0&2\end{bmatrix}$$

이므로 P는 직교이고 대각화 가능한 행렬이다. ■

예제 9 직교대각화

행렬 $A=\begin{bmatrix}2&2&-2\\2&-1&4\\-2&4&-1\end{bmatrix}$를 대각화시키는 직교행렬 P를 구하시오.

풀이

1. A의 특성다항식은

$$|\lambda I-A|=(\lambda+6)(\lambda-3)^2$$

이므로 A의 고윳값은 $\lambda_1=-6$와 $\lambda_2=3$이다. λ_1의 중복도는 1이고 λ_2의 중복도는 2이다.

2. λ_1에 대한 고유벡터는 $\mathrm{v}_1=(1,\ -2,\ 2)$이고 정규화하면

$$\mathrm{u}_1=\frac{\mathrm{v}_1}{\|\mathrm{v}_1\|}=\left(\frac{1}{3},\ -\frac{2}{3},\ \frac{2}{3}\right)$$

와 같다.

3. λ_2에 대한 두 고유벡터는

$$\mathrm{v}_2 = (2, 1, 0) \text{와 } \mathrm{v}_3 = (-2, 0, 1)$$

이다. 정리 7.9는 v_1은 v_2와 v_3와 수직이고 v_2와 v_3는 수직이 아니라는 것을 보여준다. λ_2에 대한 정규직교 고유벡터를 구하기 위해서 Gram-Schmidt과정을 이용하면

$$\mathrm{w}_2 = \mathrm{v}_2 = (2, 1, 0) \text{와 } \mathrm{w}_3 = \mathrm{v}_3 - \left(\frac{\mathrm{v}_3 \cdot \mathrm{w}_2}{\mathrm{w}_2 \cdot \mathrm{w}_2}\right)\mathrm{w}_2 = \left(-\frac{2}{5}, \frac{4}{5}, 1\right)$$

와 같고, 이 벡터를 다시 정규화하면 다음과 같다.

$$\mathrm{u}_2 = \frac{\mathrm{w}_2}{\|\mathrm{w}_2\|} = \left(\frac{2}{\sqrt{5}}, \frac{1}{\sqrt{5}}, 0\right),\ \mathrm{u}_3 = \frac{\mathrm{w}_3}{\|\mathrm{w}_3\|} = \left(\frac{2}{3\sqrt{5}}, \frac{4}{3\sqrt{5}}, \frac{5}{3\sqrt{5}}\right).$$

4. P의 열벡터는 $\{\mathrm{u}_1, \mathrm{u}_2, \mathrm{u}_3\}$이므로

$$P = \begin{bmatrix} \frac{1}{3} & \frac{2}{\sqrt{5}} & -\frac{2}{3\sqrt{5}} \\ -\frac{2}{3} & \frac{1}{\sqrt{5}} & \frac{4}{3\sqrt{5}} \\ \frac{2}{3} & 0 & \frac{5}{3\sqrt{5}} \end{bmatrix}$$

이고 $P^{-1}AP = P^TAP = \begin{bmatrix} -6 & 0 & 0 \\ 0 & 3 & 0 \\ 0 & 0 & 3 \end{bmatrix}$ 이다. ■

선형대수의 응용

헤세 행렬은 다변수 함수의 극대값과 극솟값을 구하는데 도움이 되는 대칭행렬이다. 두 변수 x와 y에 대한 함수 f, 즉 그래프가 $\mathbb{R}^3$의 곡면인 함수에 대하여 헤세 행렬은

$$\begin{bmatrix} f_{xx} & f_{xy} \\ f_{yx} & f_{yy} \end{bmatrix}$$

의 꼴이다. f_x와 f_y의 값이 영인 점에서 계산된 이 행렬의 행렬식은 극값에 대한 이계도함수 판정법에서 사용되는 식이다.

7.3 연습문제

대칭행렬과 직교대각화

1번과 2번에서는 다음 행렬이 대칭인지 아닌지 판별하시오.

1. $\begin{bmatrix} 4 & -2 & 1 \\ 3 & 1 & 2 \\ 1 & 2 & 1 \end{bmatrix}$

2. $\begin{bmatrix} 2 & 0 & 3 & 5 \\ 0 & 11 & 0 & -2 \\ 3 & 0 & 5 & 0 \\ 5 & -2 & 0 & 1 \end{bmatrix}$

3~6번에서는 다음 대칭행렬이 대각화 가능함을 증명하시오.

3. $A = \begin{bmatrix} 0 & 0 & a \\ 0 & a & 0 \\ a & 0 & 0 \end{bmatrix}$

4. $A = \begin{bmatrix} 0 & a & 0 \\ a & 0 & a \\ 0 & a & 0 \end{bmatrix}$

5. $A = \begin{bmatrix} a & 0 & a \\ 0 & a & 0 \\ a & 0 & a \end{bmatrix}$

6. $A = \begin{bmatrix} a & a & a \\ a & a & a \\ a & a & a \end{bmatrix}$

7~18번에서는 다음 대칭행렬의 고윳값을 구하시오. 또 각 고윳값에 대해서 대응하는 고유공간의 차원을 구하시오.

7. $\begin{bmatrix} 2 & 1 \\ 1 & 2 \end{bmatrix}$

8. $\begin{bmatrix} 3 & 0 \\ 0 & 3 \end{bmatrix}$

9. $\begin{bmatrix} 3 & 0 & 0 \\ 0 & 2 & 0 \\ 0 & 0 & 2 \end{bmatrix}$

10. $\begin{bmatrix} 2 & 1 & 1 \\ 1 & 2 & 1 \\ 1 & 1 & 2 \end{bmatrix}$

11. $\begin{bmatrix} 0 & 2 & 2 \\ 2 & 0 & 2 \\ 2 & 2 & 0 \end{bmatrix}$

12. $\begin{bmatrix} 0 & 4 & 4 \\ 4 & 2 & 0 \\ 4 & 0 & -2 \end{bmatrix}$

13. $\begin{bmatrix} 0 & 1 & 1 \\ 1 & 0 & 1 \\ 1 & 1 & 1 \end{bmatrix}$

14. $\begin{bmatrix} 2 & -1 & -1 \\ -1 & 2 & -1 \\ -1 & -1 & 2 \end{bmatrix}$

15. $\begin{bmatrix} 3 & 0 & 0 & 0 \\ 0 & 3 & 0 & 0 \\ 0 & 0 & 3 & 5 \\ 0 & 0 & 5 & 3 \end{bmatrix}$

16. $\begin{bmatrix} -1 & 2 & 0 & 0 \\ 2 & -1 & 0 & 0 \\ 0 & 0 & -1 & 2 \\ 0 & 0 & 2 & -1 \end{bmatrix}$

17. $\begin{bmatrix} 2 & -1 & 0 & 0 & 0 \\ -1 & 2 & 0 & 0 & 0 \\ 0 & 0 & 2 & 0 & 0 \\ 0 & 0 & 0 & 2 & 0 \\ 0 & 0 & 0 & 0 & 2 \end{bmatrix}$

18. $\begin{bmatrix} 1 & -1 & 0 & 0 & 0 \\ -1 & 1 & 0 & 0 & 0 \\ 0 & 0 & 1 & 0 & 0 \\ 0 & 0 & 0 & 1 & -1 \\ 0 & 0 & 0 & -1 & 1 \end{bmatrix}$

19~32번에서는 다음 행렬이 직교행렬인지 아닌지 판별하시오. 만약 직교행렬이면 각 행렬의 열벡터가 정규직교 집합임을 보여라.

19. $\begin{bmatrix} \frac{\sqrt{2}}{2} & \frac{\sqrt{2}}{2} \\ -\frac{\sqrt{2}}{2} & \frac{\sqrt{2}}{2} \end{bmatrix}$

20. $\begin{bmatrix} \frac{4}{9} & -\frac{4}{9} \\ \frac{4}{9} & \frac{3}{9} \end{bmatrix}$

21. $\begin{bmatrix} -0.936 & -0.352 \\ 0.352 & -0.936 \end{bmatrix}$

22. $\begin{bmatrix} \frac{1}{2} & \frac{\sqrt{3}}{2} \\ -\frac{\sqrt{3}}{2} & \frac{1}{2} \end{bmatrix}$

23. $\begin{bmatrix} 0 & 0 & 0 \\ 0 & 1 & 0 \\ 1 & 0 & 1 \end{bmatrix}$

24. $\begin{bmatrix} 1 & 0 & 0 \\ 0 & 1 & 0 \\ 0 & 0 & 1 \end{bmatrix}$

25. $\begin{bmatrix} \frac{2}{3} & -\frac{2}{3} & \frac{1}{3} \\ \frac{2}{3} & \frac{1}{3} & -\frac{2}{3} \\ \frac{1}{3} & \frac{2}{2} & \frac{2}{3} \end{bmatrix}$

26. $\begin{bmatrix} -\frac{4}{5} & 0 & \frac{3}{5} \\ 0 & 1 & 0 \\ \frac{3}{5} & 0 & \frac{4}{5} \end{bmatrix}$

27. $\begin{bmatrix} -4 & 0 & 3 \\ 0 & 1 & 0 \\ 3 & 0 & 4 \end{bmatrix}$

28. $\begin{bmatrix} 4 & -1 & -4 \\ -1 & 0 & -17 \\ 1 & 4 & -1 \end{bmatrix}$

29. $\begin{bmatrix} \frac{\sqrt{2}}{2} & -\frac{\sqrt{6}}{6} & \frac{\sqrt{3}}{3} \\ 0 & \frac{\sqrt{6}}{3} & \frac{\sqrt{3}}{3} \\ \frac{\sqrt{2}}{2} & \frac{\sqrt{6}}{6} & -\frac{\sqrt{3}}{3} \end{bmatrix}$

30. $\begin{bmatrix} \frac{\sqrt{2}}{3} & 0 & \frac{\sqrt{5}}{2} \\ 0 & \frac{\sqrt[2]{5}}{5} & 0 \\ -\frac{\sqrt{2}}{6} & -\frac{\sqrt{5}}{5} & \frac{1}{2} \end{bmatrix}$

31. $\begin{bmatrix} \frac{1}{8} & 0 & 0 & \frac{3}{8}\sqrt{7} \\ 0 & 1 & 0 & 0 \\ 0 & 0 & 1 & 0 \\ \frac{3}{8}\sqrt{7} & 0 & 0 & \frac{1}{8} \end{bmatrix}$

32. $\begin{bmatrix} \frac{1}{10}\sqrt{10} & 0 & 0 & -\frac{3}{10}\sqrt{10} \\ 0 & 0 & 1 & 0 \\ 0 & 1 & 0 & 0 \\ \frac{3}{10}\sqrt{10} & 0 & 0 & \frac{1}{10}\sqrt{10} \end{bmatrix}$

33~38번에서는 다음 대칭행렬의 서로 다른 두 고윳값에 대응하는 고유벡터가 직교임을 보여라.

33. $\begin{bmatrix} 3 & 3 \\ 3 & 3 \end{bmatrix}$　　**34.** $\begin{bmatrix} -1 & -2 \\ -2 & 2 \end{bmatrix}$

35. $\begin{bmatrix} 1 & 0 & 0 \\ 0 & 1 & 0 \\ 0 & 0 & 2 \end{bmatrix}$　　**36.** $\begin{bmatrix} 3 & 0 & 0 \\ 0 & -3 & 0 \\ 0 & 0 & 2 \end{bmatrix}$

37. $\begin{bmatrix} 0 & \sqrt{3} & 0 \\ \sqrt{3} & 0 & -1 \\ 0 & -1 & 0 \end{bmatrix}$　　**38.** $\begin{bmatrix} 1 & 0 & 1 \\ 0 & 1 & 0 \\ 1 & 0 & -1 \end{bmatrix}$

39~42번에서는 다음 행렬이 정규 대각화가 가능한 행렬인지 아닌지를 결정하시오.

39. $\begin{bmatrix} 4 & 5 \\ 0 & 1 \end{bmatrix}$　　**40.** $\begin{bmatrix} 3 & 2 & -3 \\ -2 & -1 & 2 \\ -3 & 2 & 3 \end{bmatrix}$

41. $\begin{bmatrix} 5 & -3 & 8 \\ -3 & -3 & -3 \\ 8 & -3 & 8 \end{bmatrix}$　　**42.** $\begin{bmatrix} 0 & 1 & 0 & -1 \\ 1 & 0 & -1 & 0 \\ 0 & -1 & 0 & -1 \\ -1 & 0 & -1 & 0 \end{bmatrix}$

43~52번에서는 행렬 A를 대각화하는 행렬 P을 구하고, P^TAP가 대각행렬임을 입증하시오.

43. $A = \begin{bmatrix} 1 & 1 \\ 1 & 1 \end{bmatrix}$　　**44.** $A = \begin{bmatrix} 4 & 2 \\ 2 & 4 \end{bmatrix}$

45. $A = \begin{bmatrix} 2 & \sqrt{2} \\ \sqrt{2} & 1 \end{bmatrix}$　　**46.** $A = \begin{bmatrix} 0 & 1 & 1 \\ 1 & 0 & 1 \\ 1 & 1 & 0 \end{bmatrix}$

47. $A = \begin{bmatrix} 0 & 10 & 10 \\ 10 & 5 & 0 \\ 10 & 0 & -5 \end{bmatrix}$　　**48.** $A = \begin{bmatrix} 0 & 3 & 0 \\ 3 & 0 & 4 \\ 0 & 4 & 0 \end{bmatrix}$

49. $A = \begin{bmatrix} 1 & -1 & 2 \\ -1 & 1 & 2 \\ 2 & 2 & 2 \end{bmatrix}$　　**50.** $A = \begin{bmatrix} -2 & 2 & 4 \\ 2 & -2 & 4 \\ 4 & 4 & 4 \end{bmatrix}$

51. $A = \begin{bmatrix} 4 & 2 & 0 & 0 \\ 2 & 4 & 0 & 0 \\ 0 & 0 & 4 & 2 \\ 0 & 0 & 2 & 4 \end{bmatrix}$　　**52.** $A = \begin{bmatrix} 1 & 1 & 0 & 0 \\ 1 & 1 & 0 & 0 \\ 0 & 0 & 1 & 1 \\ 0 & 0 & 1 & 1 \end{bmatrix}$

참, 거짓을 판단하시오. 53번과 54번에서는 만일 참이면 그 이유를 밝히거나 책에서 그 참인 내용을 찾아 적어라. 또 만일 거짓이면 거짓인 예를 찾거나 바른 내용을 찾아서 적어라.

53. (a) A는 $n \times n$ 행렬이다. A가 대칭행렬이 될 필요충분조건은 A가 직교대각화가능이다.

(b) 정방행렬에서 서로 다른 고윳값에 대응하는 고유벡터는 서로 수직이다.

54. (a) 정방행렬 P가 가역이면, P는 직교행렬이 된다. 즉, $P^T = P^{-1}$.

(b) 만일 A가 $n \times n$ 대칭행렬이면 A는 실수 고윳값을 가진다.

55. A와 B가 모두 $n \times n$ 직교행렬이면 AB와 BA도 직교행렬임을 증명하시오.

56. 만일 대칭행렬 A가 하나의 고윳값 λ를 가지면 $A = \lambda I$임을 증명하시오.

57. A가 직교행렬이면 A^T와 A^{-1}도 직교행렬임을 증명하시오.

58. 캡스톤

행렬 $A = \begin{bmatrix} -1 & 0 & -1 & 0 & 1 \\ 0 & 1 & 0 & -1 & 0 \\ -1 & 0 & 1 & 0 & -1 \\ 0 & -1 & 0 & -1 & 0 \\ 1 & 0 & -1 & 0 & -1 \end{bmatrix}$을 생각하자.

(a) 행렬 A는 대칭인가? 설명하시오.

(b) 행렬 A는 대각 가능한가? 설명하시오.

(c) 행렬 A의 고윳값은 실수인가? 설명하시오.

(d) 행렬 A는 고윳값은 서로 다르다. 각 고윳값에 대응하는 고유공간의 차원은 얼마인가? 설명하시오.

(e) 행렬 A는 직교인가? 설명하시오.

(f) 행렬 A의 고윳값에 대응하는 고유벡터는 직교인가? 설명하시오.

(9) 행렬 A는 직교 대각화 가능인가? 설명하시오.

59. 임의의 각 θ에 대해서 행렬

$A = \begin{bmatrix} \cos\theta & -\sin\theta & 0 \\ \sin\theta & \cos\theta & 0 \\ 0 & 0 & 1 \end{bmatrix}$는 직교행렬임을 보여라.

60. 행렬 $\begin{bmatrix} 1 & -3 & 2 \\ 4 & -6 & 1 \end{bmatrix}$에 대하여, A^TA와 AA^T을 구하고 그 의미를 말하시오.

7.4 고윳값과 고유벡터의 응용

- 세대별 전이행렬과 세대별 분포벡터를 이용하여 개체 증가를 모델링하고 정상 세대별 분포벡터를 구하기
- 행렬방정식을 이용하여 연립 1계 선형미분방정식을 풀기
- 이차형식의 행렬을 구하고 주축정리를 이용하여 이차곡선과 이차곡면의 축의 회전을 시행하기
- 제약조건이 있는 최적화 문제 풀기

개체수 증가

행렬은 개체수 증가에 대한 모델에 사용할 수 있다. 이 과정의 첫 단계는 같은 간격으로 세대를 나누는 것이다. 예를 들어 최대 생존가능 기간이 M년이라고 하면, M을 n개의 구간으로 나눈다.

$$\underbrace{\left[0, \frac{M}{n}\right)}_{\text{첫 번째 세대}} \underbrace{\left[\frac{M}{n}, \frac{2M}{n}\right)}_{\text{두 번째 세대}}, \cdots, \underbrace{\left[\frac{(n-1)M}{n}, M\right]}_{n\text{번째 세대}}$$

구간 $\left[\frac{(i-1)M}{n}, \frac{iM}{n}\right)$에 속하는 개체수를 $x_i(i=1, \cdots, n)$라 하자. 그러면 **세대별 분포벡터**(age distribution vector)는 $\mathbf{x}=(x_1, \cdots, x_n)^T$와 같다. i구간의 개체가 $\frac{M}{n}$년의 기간 동안 살아남아 $i+1$구간의 개체가 될 확률을 p_i로 표현하면 $0 \le p_i \le 1(i=1, \cdots, n-1)$이다. 또 i번째 구간에서 1개체에서 태어난 자손의 평균수를 b_i로 표현하면 $0 \le b_i(i=1, \cdots, n)$가 된다. 이것을 행렬로 표현하면

$$L=\begin{bmatrix} b_1 & b_2 & \cdots & b_{n-1} & b_n \\ p_1 & 0 & \cdots & 0 & 0 \\ 0 & p_2 & \cdots & 0 & 0 \\ \vdots & \vdots & & \vdots & \vdots \\ 0 & 0 & \cdots & p_{n-1} & 0 \end{bmatrix}$$

와 같다. 이 행렬 L를 세대별 전이행렬(age transition matrix)이라고 부른다. 세대별 전이행 L와 i구간의 세대별 분포벡터 $\mathbf{x}_i$를 곱하면 다음 구간의 세대별 분포벡터 $\mathbf{x}_{i+1}$이 된다. 즉, $L\mathbf{x}_i=\mathbf{x}_{i+1}$. 이다. 예제 1에서 이 과정을 설명한다.

예제 1 개체수 증가 모델

실험실에서 조사한 토끼의 개체수는 다음과 같은 특징을 갖는다.

(a) 토끼의 최대수명은 3년이고 토끼 중 반만 다음 해까지 살아남는다.

(b) 첫해에는 토끼는 새끼를 낳지 않는다. 둘째 해에는 1마리가 평균 6마리의 새끼를 낳고 셋째 해에는 8마리를 낳는다.

현재 실험실의 개체수는 1살짜리가 24마리, 2살짜리도 24마리, 3살짜리는 20마리이다. 1년 후에는 각각 몇 마리나 될까 조사하시오.

풀이

현재의 나이분포벡터는 $\mathrm{x}_1 = (24, 24, 20)^T$이고, 나이추이행렬은 $L = \begin{bmatrix} 0 & 6 & 8 \\ 0.5 & 0 & 0 \\ 0 & 0.5 & 0 \end{bmatrix}$이다. 1년 후 나이분포벡터는

$$\mathrm{x}_2 = L\mathrm{x}_1 = \begin{bmatrix} 0 & 6 & 8 \\ 0.5 & 0 & 0 \\ 0 & 0.5 & 0 \end{bmatrix} \begin{bmatrix} 24 \\ 24 \\ 20 \end{bmatrix} = \begin{bmatrix} 304 \\ 12 \\ 12 \end{bmatrix}$$

와 같이 된다. ■

참고

2년 후 세대별 분포벡터는

$$\mathrm{x}_3 = L\mathrm{x}_2 = \begin{bmatrix} 0 & 6 & 8 \\ 0.5 & 0 & 0 \\ 0 & 0.5 & 0 \end{bmatrix} \begin{bmatrix} 304 \\ 12 \\ 12 \end{bmatrix} = \begin{bmatrix} 168 \\ 152 \\ 6 \end{bmatrix}$$

와 같이 된다. 세대별 분포벡터 x_i로 i년 후의 토끼의 나이별 분포 비율도 알 수 있다. 연구실에서는 그 전 해와 다음 해의 토끼의 분포가 항상 같도록 하고 싶다. 즉 증가율이 안정되어서 세대별 토끼의 비가 항상 일정하게 유지하기를 원한다. 이와 같이 개체수가 안정화되기 위해서는 $(n+1)$년 후 세대별 분포벡터는 x_n의 스칼라 곱이 되어야 한다. 즉,

$$\mathrm{x}_{n+1} = L\mathrm{x}_n = \lambda \mathrm{x}_n$$

이다. 위의 식은 L의 고유벡터를 구함으로써 해결할 수 있다. 따라서 연구실에서는 매 구간의 세대의 비가 매년 일정하게 유지되도록 성장률을 조절할 수 있다. 예제 2를 보면서 이 문제를 풀어보자.

예제 2 안정된 세대별 분포벡터 구하기

예제 1에서 개체의 세대별 분포가 안정(stable)되게 하시오.

풀이

이 문제를 풀기 위해서 $L\mathrm{x}=\lambda\mathrm{x}$를 만족시키는 고윳값 λ와 대응하는 고유벡터를 구하면 된다. L의 특성 다항식은

$$|\lambda I-L|=\begin{vmatrix}-\lambda & -6 & -8\\ -0.5 & -\lambda & 0\\ 0 & -0.5 & -\lambda\end{vmatrix}=(\lambda+1)^2(\lambda-2)$$

이므로 고윳값은 −1과 2이다. 고윳값 2에 대응하는 고유벡터는 행렬 $(2I-L)$을 이용하면

$$\mathrm{x}=\begin{bmatrix}x_1\\ x_2\\ x_3\end{bmatrix}=\begin{bmatrix}16t\\ 4t\\ t\end{bmatrix}=t\begin{bmatrix}16\\ 4\\ 1\end{bmatrix}$$

와 같다. $t=2$라 하면 $\mathrm{x}_1=\begin{bmatrix}32\\ 8\\ 2\end{bmatrix}$이고

$$\mathrm{x}_2=L\mathrm{x}_1=\begin{bmatrix}0 & 6 & 8\\ 0.5 & 0 & 0\\ 0 & 0.5 & 0\end{bmatrix}\begin{bmatrix}32\\ 8\\ 2\end{bmatrix}=\begin{bmatrix}64\\ 16\\ 4\end{bmatrix}$$

가 된다. 처음이나 다음 해나 세대별 비는 항상 16:4:1이고 이론적으로 이 비는 항상 유지된다. ■

연립 선형미분방정식(해석학)

연립 1계 선형미분방정식(system of first-order linear differential equations)는

$$\begin{aligned}
y_1' &= a_{11}y_1+a_{12}y_2+\cdots+a_{1n}y_n\\
y_2' &= a_{21}y_1+a_{22}y_2+\cdots+a_{2n}y_n\\
&\vdots\\
y_n' &= a_{n1}y_1+a_{n2}y_2+\cdots+a_{nn}y_n
\end{aligned}$$

와 같은 모양이고 t에 관한 함수 y_i의 미분은 $y_i'=\dfrac{dy_i}{dt}$이다. 여기서

$$\mathrm{y}'=\begin{bmatrix}y_1'\\ y_2'\\ \vdots\\ y_n'\end{bmatrix},\quad \mathrm{y}=\begin{bmatrix}y_1\\ y_2\\ \vdots\\ y_n\end{bmatrix},\quad \text{그리고}\quad A=\begin{bmatrix}a_{11} & a_{12} & \cdots & a_{1n}\\ a_{21} & a_{22} & \cdots & a_{2n}\\ \vdots & \vdots & & \vdots\\ a_{n1} & a_{n2} & \cdots & a_{nn}\end{bmatrix}$$

라고 하면

$$\mathrm{y}'=A\mathrm{y}$$

와 같이 표현할 수 있다.

예제 3 연립 선형미분방정식

연립 선형미분방정식

$$y_1' = 4y_1,\ y_2' = -y_2,\ y_3' = 2y_3$$

을 풀어라.

풀이

해석학에서 미분방정식 $y' = ky$의 해는

$$y = Ce^{kt}$$

이다. 따라서 이 연립방정식의 해는

$$y_1 = C_1e^{4t},\ y_2 = C_2e^{-t},\ y_3 = C_3e^{2t}$$

이다. ■

예제 3의 선형미분방정식계를 행렬형식으로 나타내면 $\mathrm{y}' = A\mathrm{y}$, 즉

$$\begin{bmatrix} y_1' \\ y_2' \\ y_3' \end{bmatrix} = \begin{bmatrix} 4 & 0 & 0 \\ 0 & -1 & 0 \\ 0 & 0 & 2 \end{bmatrix} \begin{bmatrix} y_1 \\ y_2 \\ y_3 \end{bmatrix}$$

이다. 따라서 해 $y_i = C_ie^{\lambda_i t}$에서 t의 계수 λ_i는 행렬 A의 고윳값이 됨을 알 수 있다.

A가 대각행렬이면

$$\mathrm{y}' = A\mathrm{y}$$

의 해는 예제 3과 같이 즉시 구할 수 있다. 만일 A가 대각행렬이 아니면 해를 구하기가 어렵다. 먼저 A를 대각화시키는 행렬 P를 찾아서 변수를 치환시킨다. 즉 $\mathrm{y} = P\mathrm{w}$이면 $\mathrm{y}' = P\mathrm{w}'$이고

$$P\mathrm{w}' = \mathrm{y}' = A\mathrm{y} = AP\mathrm{w} \Rightarrow \mathrm{w}' = P^{-1}AP\mathrm{w}$$

이다. 단, $P^{-1}AP$는 대각행렬이다. 예제 4에서 자세히 살펴보자.

예제 4 선형미분방정식계의 풀이

다음 선형미분방정식계를 풀어라.

$$y_1' = 3y_1 + 2y_2$$
$$y_2' = 6y_1 - y_2$$

풀이

먼저 행렬 $A = \begin{bmatrix} 3 & 2 \\ 6 & -1 \end{bmatrix}$을 대각화시키는 행렬 P를 찾아야 한다. A의 고윳값은 -3과 5이고 각각의 고윳값에 대응하는 고유벡터는

$$\mathrm{p}_1 = \begin{bmatrix} 1 \\ -3 \end{bmatrix} \text{와 } \mathrm{p}_2 = \begin{bmatrix} 1 \\ 1 \end{bmatrix}$$

이다. p_1과 p_2를 열벡터로 가지는 행렬 $P = \begin{bmatrix} 1 & 1 \\ -3 & 1 \end{bmatrix}$은 A를 대각화시킨다. 그리고 $P^{-1}AP = \begin{bmatrix} -3 & 0 \\ 0 & 5 \end{bmatrix}$는 대각행렬이다. 주어진 연립선형미분방정식은 $\mathrm{w}' = P^{-1}AP\mathrm{w}$와 같이 표현할 수 있으므로

$$\begin{bmatrix} w_1' \\ w_2' \end{bmatrix} = \begin{bmatrix} -3 & 0 \\ 0 & 5 \end{bmatrix} \begin{bmatrix} w_1' \\ w_2' \end{bmatrix} \Rightarrow w_1' = -3w_1, w_2' = 5w_2$$

이고 이 미분방정식의 해는 $\mathrm{w}_1 = C_1e^{-3t}, \mathrm{w}_2 = C_2e^{5t}$이다. $\mathrm{y} = P\mathrm{w}$를 이용해서 다시 원래 변수 y_1과 y_2로 표현하면

$$\begin{bmatrix} y_1 \\ y_2 \end{bmatrix} = \begin{bmatrix} 1 & 1 \\ -3 & 1 \end{bmatrix} \begin{bmatrix} w_1 \\ w_2 \end{bmatrix}$$

이므로 해는

$$y_1 = w_1 + w_2 = C_1e^{-3t} + C_2e^{5t}$$
$$y_2 = -3w_1 + w_2 = -3C_1e^{-3t} + C_2e^{5t}$$

이다. ■

만일 A의 고윳값 중복도가 1 이상이거나 복소수이면, 위와 같은 풀이는 약간 변형되어야 한다. 이 경우의 풀이는 미분방정식에서 자세히 배운다. 아래 두 예에서 간단한 변형을 소개하겠다.

1. 고윳값의 중복도가 1 이상인 경우

$$\begin{aligned} y_1' &= 2y_2 \\ y_2' &= -4y_1 + 4y_2 \end{aligned} \quad \text{의 계수행렬은 } A = \begin{bmatrix} 0 & 1 \\ -4 & 4 \end{bmatrix} \text{이다.}$$

A의 고윳값은 2뿐이고 이 식의 해는

$$y_1 = C_1 e^{2t} + C_2 t e^{2t}$$
$$y_2 = (2C_1 + C_2)e^{2t} + 2C_2 t e^{2t}$$

이다.

2. 복소수 고윳값:

$$\begin{aligned} y_1' &= -y_2 \\ y_2' &= y_1 \end{aligned}$$ 의 계수행렬은 $A = \begin{bmatrix} 0 & -1 \\ 1 & 0 \end{bmatrix}$이다.

A의 고윳값은 1과 -1이다. 이 식의 해는

$$y_1 = C_1 \cos t + C_2 \sin t$$
$$y_2 = -C_2 \cos t + C_1 \sin t$$

이다. 실제로 이 값이 해가 되는지 원 식에 대입해서 확인하여 보라.

이차형식

4.8절에서 소개된 좌표축의 회전문제의 풀이에도 고윳값과 고유벡터가 이용된다. 아래와 같은 식

$$ax^2 + bxy + cy^2 + dx + ey + f = 0$$

을 **이차식**(quadratic equation)이라고 한다. 이 식에서 xy항이 없으면($b=0$) 비교적 쉽게 그래프를 그릴 수 있다. 만일 xy항이 있으면 축을 회전시킴으로써 xy항을 소거시킬 수 있다. 새 축을 $x'y'$-축이라고 하면 결국

$$a'(x')^2 + c'(y')^2 + d'x' + e'y' + f' = 0$$

형으로 변형된다. 여기서 a'과 c'는 행렬의 고윳값임을 유의하라. 식

$$ax^2 + bxy + cy^2$$

을 2차식 $ax^2 + bxy + cy^2 + dx + ey + f = 0$에 관한 **이차형식**(quadratic form)이라고 한다. 또 행렬 $A = \begin{bmatrix} a & \frac{b}{2} \\ \frac{b}{2} & c \end{bmatrix}$

를 이차형식의 행렬이라고 부른다. 대칭행렬 A가 대각행렬이 될 필요충분조건은 $b=0$, 즉 대응하는 이차형

식의 xy항이 없을 경우이다. 아래 예를 살펴보자.

예제 5 이차형식의 행렬 구하기

아래 이차식에 대한 이차형식의 행렬을 구하시오.

(a) $4x^2 + 9y^2 - 36 = 0$

(b) $13x^2 - 10xy + 13y^2 - 72 = 0$

풀이

(a) $a=4,\ b=0,\ c=9$이므로 $A=\begin{bmatrix} 4 & 0 \\ 0 & 9 \end{bmatrix}$은 대각행렬이고, xy항이 없다.

(b) $a=13,\ b=-10,\ c=13$이므로 $A=\begin{bmatrix} 13 & -5 \\ -5 & 13 \end{bmatrix}$은 비대각행렬이고, xy항이 있다. ■

이차방정식 $4x^2+9y^2-36=0$의 표준식은 $\frac{x^2}{3^2}+\frac{y^2}{2^2}=1$이다. 이것은 그림 7.2에 보는 것과 같은 타원의 식이다. 직관적으로는 판단하기는 어렵지만 이차방정식 $13x^2-10xy+13y^2-72=0$는 x축과 y축을 시계바늘 반대방향으로 45° 회전시킨 새로운 축 x'축과 y'축으로 표시하면

$$\frac{x'^2}{3^2}+\frac{y'^2}{2^2}=1$$

와 같이 되고, 그림 7.3과 같은 타원형이다.

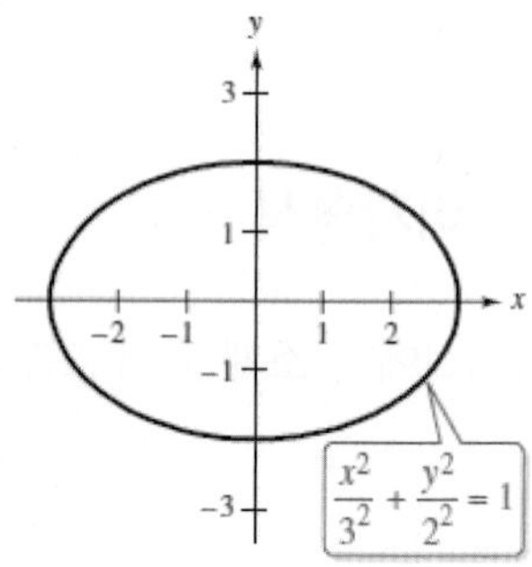

그림 7.2

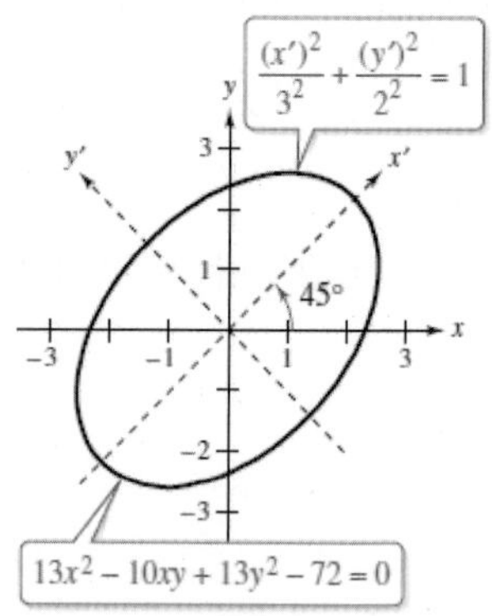

그림 7.3

이차형식의 행렬이 축의 회전에 어떻게 사용되는지 확인하기 위해서 $\mathbf{x}=\begin{bmatrix} x \\ y \end{bmatrix}$라 하면 이차식 $ax^2+bxy+cy^2+dx+ey+f=0$은 다음과 같은 행렬형식으로 쓸 수 있다.

$$\mathbf{x}^TA\mathbf{x}+[d\,e]\mathbf{x}+f=[x\,y]\begin{bmatrix} a & \frac{b}{2} \\ \frac{b}{2} & c \end{bmatrix}\begin{bmatrix} x \\ y \end{bmatrix}+[d\,e]\begin{bmatrix} x \\ y \end{bmatrix}+f$$

$$=ax^2+bxy+cy^2+dx+ey+f$$

참고

간단하게 나타내기 위해 1×1 행렬 $[f]$와 $[ax^2+bxy+xy^2+ey+f]$는 대괄호 없이 나타낸다.

만일 $b=0$이면 회전은 필요 없다. 그러나 만일 $b\neq0$이면 A가 대칭이므로 정리 7.10으로부터 $P^TAP=D$가 대각행렬이 되는 직교행렬 P가 존재한다. 따라서

$$P^T\mathrm{x}=\mathrm{x}'=\begin{bmatrix}x'\\y'\end{bmatrix}$$

라 치환하면 $\mathrm{x}=P\mathrm{x}'$이고

$$\mathrm{x}^TA\mathrm{x}=(P\mathrm{x}')^TA(P\mathrm{x}')=(\mathrm{x}')^TD\mathrm{x}'$$

가 된다. 행렬 P를 택할 때 주의해야 한다. 왜냐하면 P는 직교행렬이므로 행렬식은 ±1이다. 한편 $|P|=1$이면 P는

$$P=\begin{bmatrix}\cos\theta & -\sin\theta\\ \sin\theta & \cos\theta\end{bmatrix}$$

와 같은 형태로 쓸 수 있다(연습문제 67). $|P|=-1$이면 한 열에 -1을 곱해서 $|P|=11$로 만든다. 단 여기서 θ는 x축에서 x'축으로 회전시킨 각이다. 이 사실로부터 다음 주축 정리(Principal Axes Theorem)을 얻을 수 있다.

주축 정리

이차식 $ax^2+bxy+cy^2+dx+ey+f=0$을 주어진 원추곡선에서 $\mathrm{x}=P\mathrm{x}'$로 두어 회전시킬 때 P가 $|P|=1$인 직교행렬이면 xy항이 소거된다. 또

$$P^TAP=\begin{vmatrix}\lambda_1 & 0\\ 0 & \lambda_2\end{vmatrix}$$

는 대각행렬이 되어 A를 대각화시킨다. 물론 여기서 λ_1과 λ_2는 A의 고윳값이다. 회전시킨 방정식은 다음과 같다.

$$\lambda_1(x')^2+\lambda_2(y')^2+[d\,e]P\mathrm{x}'+f=0$$

참고

행렬의 곱 $[d\,e]P\mathbf{x}'$는

$$(d\cos\theta+\theta\sin\theta)x'+(-d\sin\theta+\theta\cos\theta)y'$$

이 된다.

예제 6 이차곡선의 회전

이차식 $13x^2-10xy+13y^2-72=0$을 회전시켜서 xy항을 소거시켜라.

풀이

이 식에 대한 이차형식의 행렬은

$$A=\begin{bmatrix}13 & -5\\ -5 & 13\end{bmatrix}$$

이고 A의 특성다항식은

$$\begin{vmatrix}\lambda-13 & -5\\ -5 & \lambda-13\end{vmatrix}=(\lambda-13)^2-25=(\lambda-8)(\lambda-18)$$

이므로 A의 고윳값은 8과 18이다. 따라서 회전시킨 식은

$$8(x')^2+18(y')^2-72=0$$

이고 이 식을 표준꼴로 고쳐 쓰면

$$\frac{x'^2}{3^2}+\frac{y'^2}{2^2}=1$$

와 같이 타원의 식이다(그림 7.3). ■

예제 6에서 A의 고유벡터는

$$\mathbf{x}_1=\begin{bmatrix}1\\1\end{bmatrix} \text{와 } \mathbf{x}_2=\begin{bmatrix}-1\\1\end{bmatrix}$$

이므로 P의 열을 정규화시켜 구하면

$$P=\begin{bmatrix}\frac{1}{\sqrt{2}} & -\frac{1}{\sqrt{2}}\\ \frac{1}{\sqrt{2}} & \frac{1}{\sqrt{2}}\end{bmatrix}=\begin{bmatrix}\cos\theta & -\sin\theta\\ \sin\theta & \cos\theta\end{bmatrix}$$

이다. $|P|=1$이므로 P는 회전을 의미한다. 더욱이 $\cos 45^o = \dfrac{1}{\sqrt{2}} = \sin 45^o$이므로 그림 7.3과 같이 $\theta = 45^o$가 된다.

기본축 정리의 직교행렬 P는 딱 1개만 존재하는 것이 아니다. P의 항은 고윳값 λ_1과 λ_2의 순서에 따라서 정해지므로 결국 이에 대응하는 고유벡터 x_1과 x_2에 의해 결정된다. 예를 들어 예제 6의 풀이에서 P는 다음처럼 여러 경우가 있을 수 있다.

$$\begin{bmatrix} -\frac{1}{\sqrt{2}} & \frac{1}{\sqrt{2}} \\ -\frac{1}{\sqrt{2}} & -\frac{1}{\sqrt{2}} \end{bmatrix} \qquad \begin{bmatrix} -\frac{1}{\sqrt{2}} & -\frac{1}{\sqrt{2}} \\ \frac{1}{\sqrt{2}} & -\frac{1}{\sqrt{2}} \end{bmatrix} \qquad \begin{bmatrix} \frac{1}{\sqrt{2}} & \frac{1}{\sqrt{2}} \\ -\frac{1}{\sqrt{2}} & \frac{1}{\sqrt{2}} \end{bmatrix}$$

$$\lambda_1 = 8,\ \lambda_2 = 18 \qquad \lambda_1 = 18,\ \lambda_2 = 8 \qquad \lambda_1 = 18,\ \lambda_2 = 8$$

$$\theta = 225^o \qquad \theta = 135^o \qquad \theta = 315^o$$

P를 어느 것으로 선택하든 회전시킨 이차곡선의 모양은 같다.

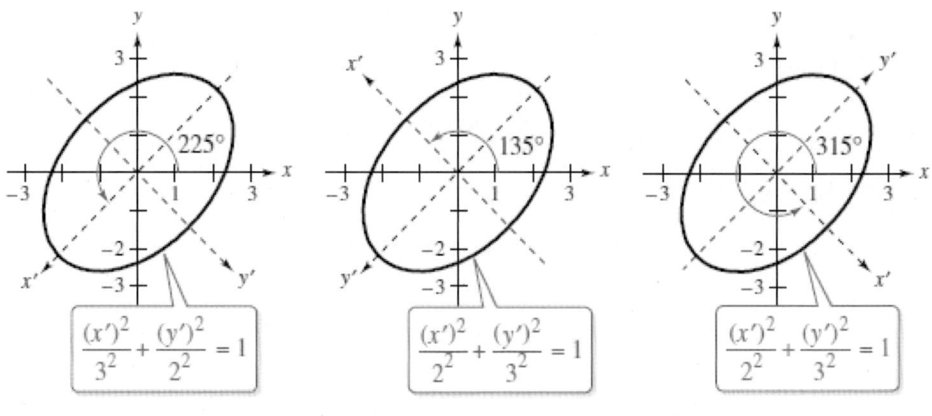

λ_1과 λ_2의 순서에 따라서 정해지므로 결국 이에 대응하는 고유벡터 x_1과 x_2에

기본축정리를 적용하는 순서를 요약하면 다음과 같다.

1. 행렬 A로부터 고윳값 λ_1과 λ_2를 구한다.
2. λ_1과 λ_2에 대응하는 고유벡터를 X_1과 X_2구하고, 주어진 고유벡터를 이용하여 정규행렬 P의 열을 구한다.
3. 만일 $|P|=-1$이면 P의 한 열에 -1을 곱해서 $|P|=1$로 만들면

$$P = \begin{bmatrix} \cos\theta & -\sin\theta \\ \sin\theta & \cos\theta \end{bmatrix}$$

와 같은 형이 된다.

4. 각 θ는 회전각을 나타낸다.
5. 회전시킨 이차곡선의 식은 다음과 같다.

$$\lambda_1(x')^2+\lambda_2(y')^2+[d\,e]P\mathbf{x}'+f=0.$$

예제 7에서는 중심이 원점이 아닌 이차곡선에 기본축정리를 적용해 보겠다.

예제 7 이차곡선의 회전

이차식 $3x^2-10xy+3y^2+16\sqrt{2}\,x-32=0$을 회전시켜서 xy항을 소거시켜라.

풀이

이 식에 대한 이차형식의 행렬은

$$A=\begin{bmatrix}3&-5\\-5&3\end{bmatrix}$$

이다. 행렬 A의 고윳값은

$$\lambda_1=8\text{과 }\lambda_2=-2$$

이고 각 고윳값에 대응하는 고유벡터는

$$\mathbf{x}_1=(-1,1)\text{과 }\mathbf{x}_2=(-1,-1)$$

이다. 정규행렬 P는

$$P=\begin{bmatrix}-\frac{1}{\sqrt{2}}&-\frac{1}{\sqrt{2}}\\\frac{1}{\sqrt{2}}&-\frac{1}{\sqrt{2}}\end{bmatrix}=\begin{bmatrix}\cos\theta&-\sin\theta\\\sin\theta&\cos\theta\end{bmatrix}$$

와 같고 $\cos135^o=-\frac{1}{\sqrt{2}}$이고 $\sin135^o=\frac{1}{\sqrt{2}}$이다. 그래서 $\theta=135^o$가 된다.

마지막으로 행렬의 곱에서

$$[d\,e]P\mathbf{x}'=[16\sqrt{2}\ 0]\begin{bmatrix}-\frac{1}{\sqrt{2}}&-\frac{1}{\sqrt{2}}\\\frac{1}{\sqrt{2}}&-\frac{1}{\sqrt{2}}\end{bmatrix}\begin{bmatrix}x'\\y'\end{bmatrix}=-16x'-16y'$$

이므로 회전시킨 이차곡선의 식은

$$8(x')^2-2(y')^2-16x'-16y'-32=0$$

이고 이 식을 표준꼴로 고치면

$$\frac{(x'-1)^2}{1^2}-\frac{(y'+4)^2}{2^2}=1$$

와 같다. 위 식은 그림 7.4과 같은 쌍곡선이 된다. ■

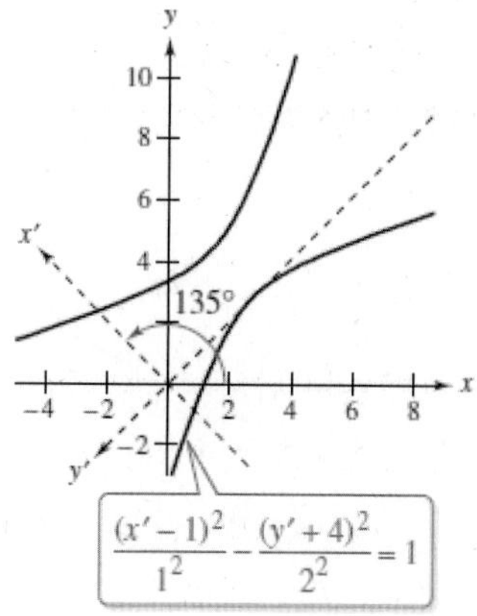

그림 7.4

이차형식은 이차곡선과 마찬가지로 3차원 공간에서 이차 곡면의 식을 분석하는 데에도 이용된다. 3차원 공간에서의 이차 곡면의 식은 세 변수가 2차식으로

$$ax^2+by^2+cz^2+dxy+exz+fyz+gx+hy+iz+j=0$$

와 같이 주어진다. 이차 곡면은 6개의 기본형이 있는데 타원면, 일엽쌍곡면, 이엽쌍곡, 타원뿔, 타원포물면, 말안장(쌍곡포물면)이다. 이 곡면과 각 좌표면과의 접선을 **절선**(trace)이라 하는데 이것으로 그 곡면의 모양을 대략 상상할 수 있다. 대략 모양을 보면 다음과 같다.

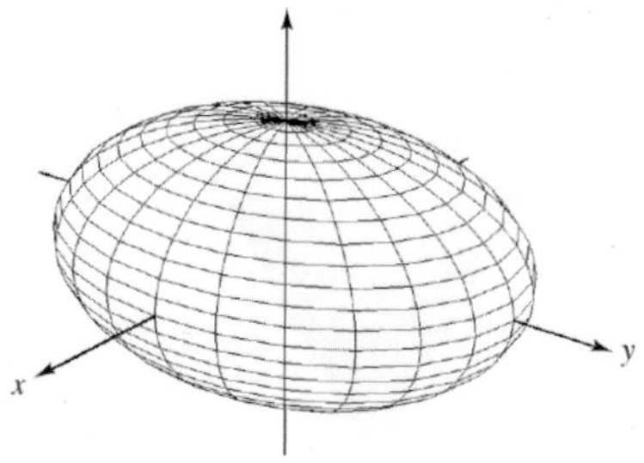

타원면

$$\frac{x^2}{a^2}+\frac{y^2}{b^2}+\frac{z^2}{c^2}=1$$

절선	면
타원	xy-평면에 평행
타원	xz-평면에 평행
타원	yz-평면에 평행

$a=b=c\neq 0$일 때 곡면은 구이다.

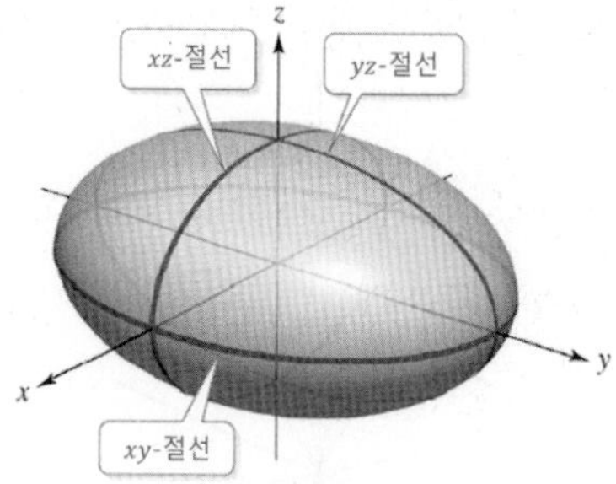

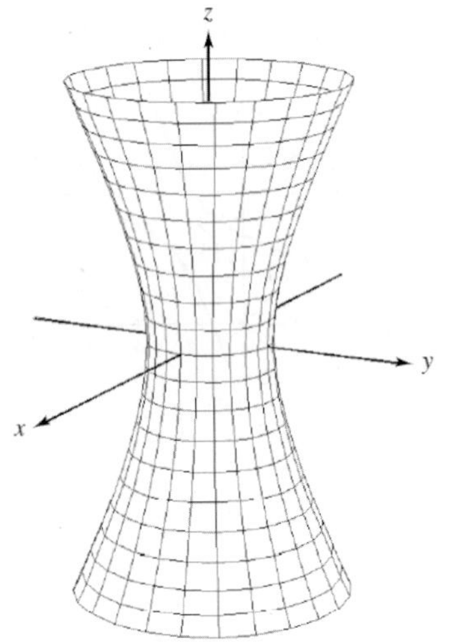	**일엽쌍곡면** $$\frac{x^2}{a^2}+\frac{y^2}{b^2}-\frac{z^2}{c^2}=1$$ **절선** **면** 타원 xy-평면에 평행 쌍곡선 xz-평면에 평행 쌍곡선 yz-평면에 평행 쌍곡면의 축은 계수가 음수인 변수가 나타내는 축이다.	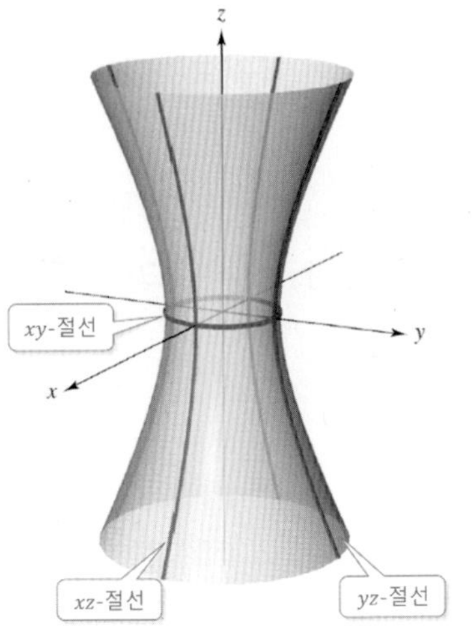
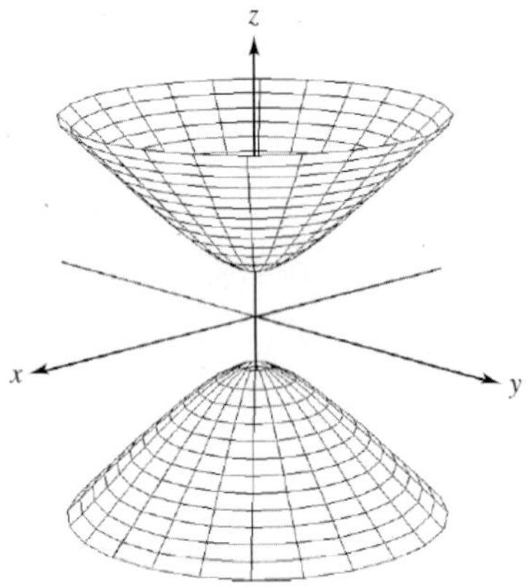	**이엽쌍곡면** $$\frac{z^2}{c^2}-\frac{x^2}{a^2}-\frac{y^2}{b^2}=1$$ **절선** **면** 타원 xy-평면에 평행 쌍곡선 xz-평면에 평행 쌍곡선 yz-평면에 평행 쌍곡면의 축은 계수가 양수인 변수가 나타내는 축이다. 이 축에 수직인 좌표평면 위의 절선은 존재하지 않는다.	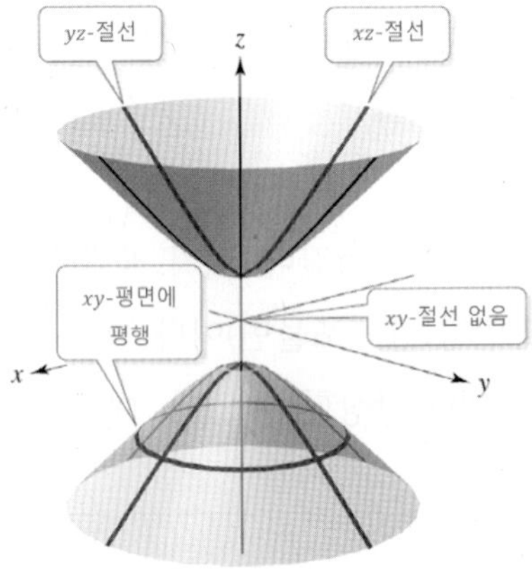
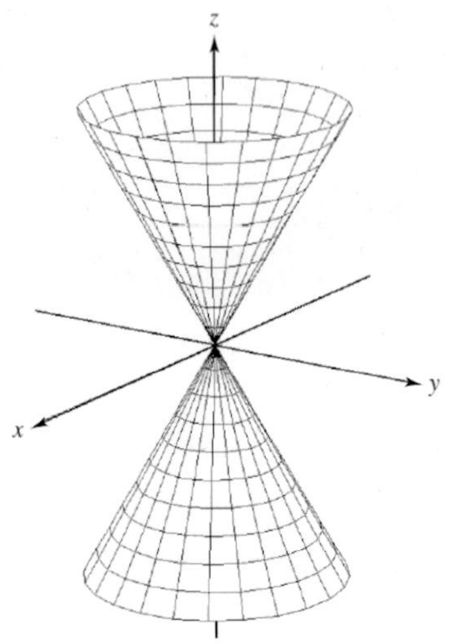	**타원뿔** $$\frac{x^2}{a^2}+\frac{y^2}{b^2}-\frac{z^2}{c^2}=0$$ **절선** **면** 타원 xy-평면에 평행 쌍곡선 xz-평면에 평행 쌍곡선 yz-평면에 평행 타원뿔의 축은 계수가 음수인 변수가 나타내는 축이다. 이 축에 평행한 좌표평면 위의 절선은 한점에서 만난다.	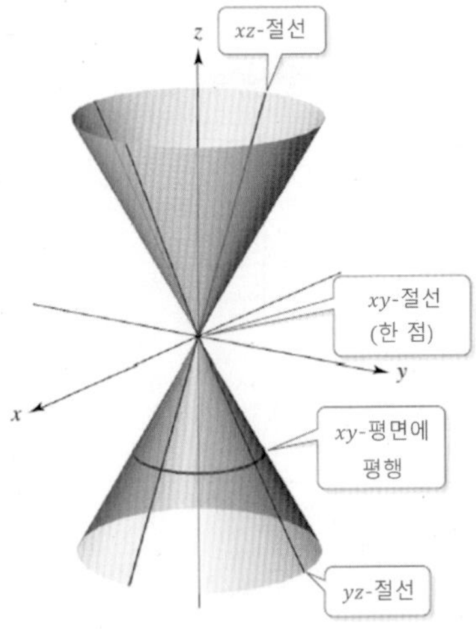

<table>
<tr>
<td>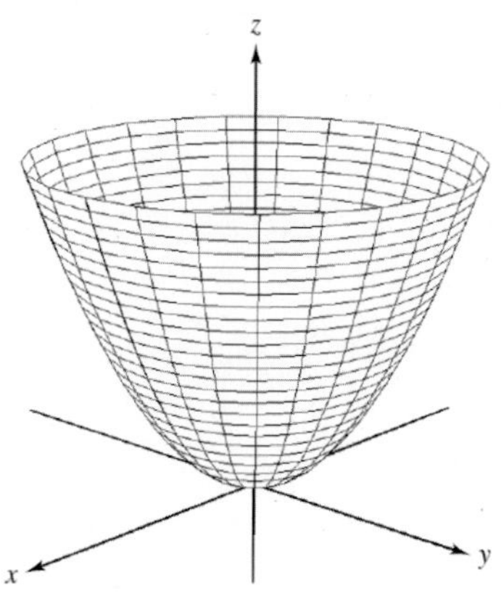
</td>
<td>타원포물면
$$z=\frac{x^2}{a^2}+\frac{y^2}{b^2}$$
절선 면
타원 xy-평면에 평행
포물선 xz-평면에 평행
포물선 yz-평면에 평행
포물면의 축은 1차인 변수가 나타내는 축이다.</td>
<td>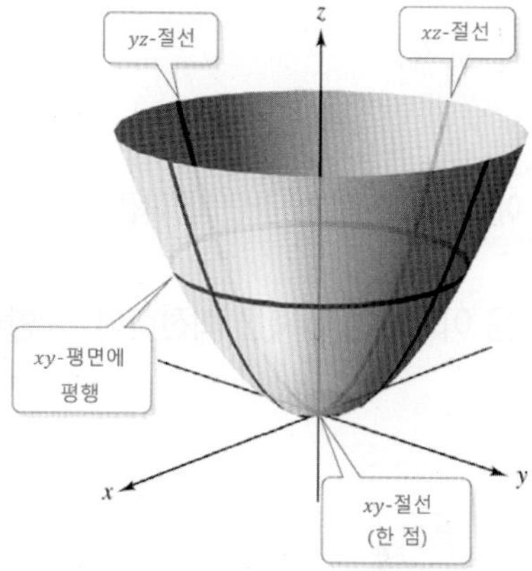
</td>
</tr>
<tr>
<td>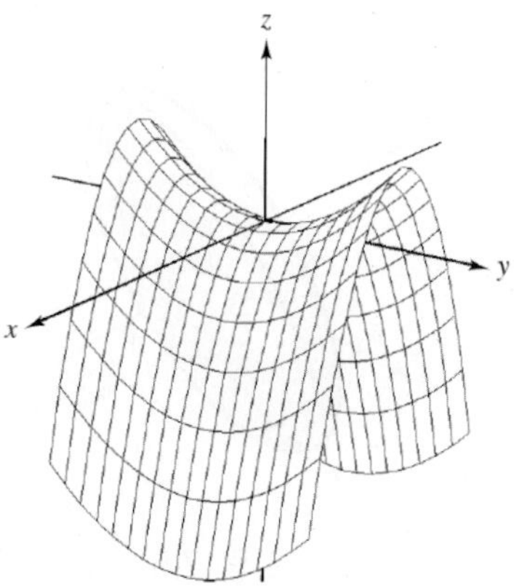
</td>
<td>쌍곡포물면
$$z=\frac{y^2}{b^2}-\frac{x^2}{a^2}$$
절선 면
쌍곡선 xy-평면에 평행
포물선 xz-평면에 평행
포물선 yz-평면에 평행
포물면의 축은 1차인 변수가 나타내는 축이다.</td>
<td>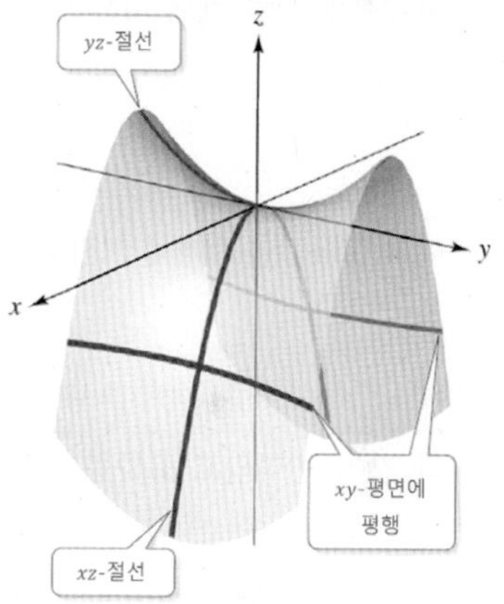
</td>
</tr>
</table>

이차곡면

$$ax^2+by^2+cz^2+dxy+exz+fyz+gx+hy+iz+j=0$$

의 이차형식은

$$ax^2+by^2+cz^2+dxy+exz+fyz$$

와 같고 그 행렬은

$$A=\begin{bmatrix} a & \frac{d}{2} & \frac{e}{2} \\ \frac{d}{2} & b & \frac{f}{2} \\ \frac{e}{2} & \frac{f}{2} & c \end{bmatrix}$$

와 같다.

3차원 공간에서의 기본축정리는 A의 고윳값과 고유벡터로 이용하여 회전된 곡면의 식을 결정한다. 예제 8을 보자.

예제 8 이차 곡면의 회전

다음 이차식에서 축을 회전하여 xz 항을 소거하시오.

$$5x^2+4y^2+5z^2+8xz-36=0$$

풀이

이차식에 대한 행렬 A는

$$A=\begin{bmatrix}5&0&4\\0&4&0\\4&0&5\end{bmatrix}$$

이고 고윳값은 1과 4 그리고 9이다. 따라서 회전시킨 새로운 축 $x'y'z'$ 시스템에서는 이차식

$$(x')^2+4(y')^2+9(z')^2-36=0$$

와 같이 변형되고 표준형식은

$$\frac{(x')^2}{6^2}+\frac{(y')^2}{3^2}+\frac{(z')^2}{2^2}=1$$

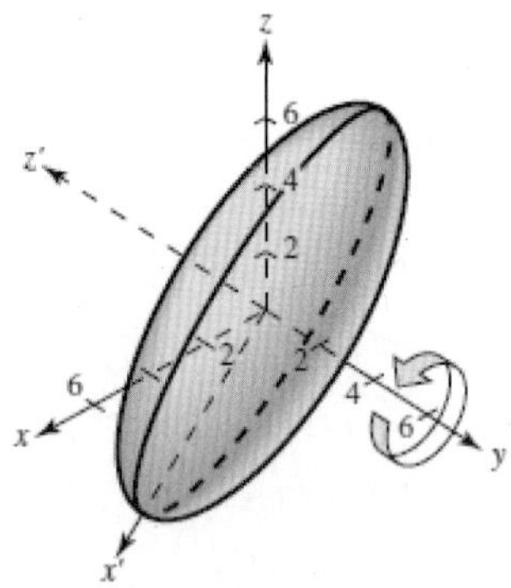

그림 7.5

이다. 이 식의 그래프는 타원면이다. 그림 7.5과 같이 $x'y'z'$축은 y축을 시계반대방향으로 $45°$ 회전시킨 것이다. 또 직교행렬은

$$P=\begin{bmatrix}\frac{1}{\sqrt{2}}&0&\frac{1}{\sqrt{2}}\\0&1&0\\-\frac{1}{\sqrt{2}}&0&\frac{1}{\sqrt{2}}\end{bmatrix}$$

이고 각 열은 A의 고유벡터이다. 또 P는 직교행렬이고 P^TAP는 대각행렬이 된다. ■

선형대수의 응용

세계에서 가장 독특한 건축물 중 몇몇은 이차곡면을 사용하여 건축되었다. 예를 들어, 브라질의 브라질리아에 위치한 아파레시다 성모 국립 대성당(Catedral Metropolitana Nossa Senhora Aparecida)은 일엽쌍곡면의 모양을 한 건축물이다. 이 건축물은 프리츠커 상을 수상한 오스카 니마이어(Oscar Niemeyer)가 디자인하여 1970년에 헌정하였다. 16개의 동일하게 휘어진 철제 기둥은 하늘을 향해 뻗고 있는 두 손을 상징화하였다. 기둥이 형성하는 삼각형 공간에는 반투명의 스테인드 글라스가 사용되어 거의 기둥의 전체 높이까지 빛이 내부를 비추도록 하였다.

제약조건이 있는 최적화

많은 실제 삶의 응용에서는 제약조건을 만족하면서 주어진 양의 최댓값 또는 최솟값을 결정해야 합니다. 예를 들어, 곡면 $f(x,y)=9x^2+5y^2$과 반지름이 1인 원통 $x^2+y^2=1$이 접하는 곡면에 따라 구성된 곡선의 최댓값과 최솟값을 찾는 것을 생각하여 보자. 점 $x=\pm 1$과 $y=0$에서 함수 f는 최댓값 9을 $x=0$과 $y=\pm 1$에서 함수 f는 최솟값 5을 가짐을 알 수 있다.

다음 정리는 대칭행렬의 고윳값과 고유벡터를 이용하여 제한된 영역에서 최적화 문제를 해결할 수 있음을 설명하여 준다. 증명은 생략한다.

제약조건이 있는 최적화 정리

제약조건 $\|\mathbf{x}\|^2=1$에서 대칭행렬 A로 포함한 n개 변수로 이루어진 2차 형식 f의 최댓값은 대칭행렬 A의 가장 큰 고윳값이고, 2차 형식 f의 최솟값은 대칭행렬 A의 최소 고윳값이다.

증명

이차형식 f를

$$f(x_1, x_2, \ldots, x_n)=\mathbf{x}^T A\mathbf{x}$$

와 같이 나타낼 수 있다. 이차형식의 행렬 A는 대칭이므로 A는 n개(중복을 허락하여)의 실수인 고윳값을 가진다. 이 고윳값들을 $\lambda_1,\ \lambda_2,\ \ldots,\ \lambda_n$이라 하고 $\lambda_1 \geq \lambda_2 \geq \cdots \geq \lambda_n$이라 가정하자. 이제 변수변환 $\mathbf{x}=P\mathbf{x}'$을 생각하자. 여기서 $\mathbf{x}'=[x_1' \quad x_2' \quad \ldots \quad x_n']^T$이고 P는 A를 대각화시키는 직교행렬이다. 그러면

$$\begin{aligned} f(x_1, x_2, \ldots, x_n) &= \mathbf{x}^T A\mathbf{x} \\ &= (P\mathbf{x}')^T A(P\mathbf{x}') \\ &= (\mathbf{x}')^T P^T A P\mathbf{x}' \\ &= \lambda_1(x_1')^2+\lambda_2(x_2')^2+\cdots+\lambda_n(x_n')^2 \end{aligned}$$

이고

$$\begin{aligned} \|\mathbf{x}\|^2 &= \|P\mathbf{x}'\|^2 \\ &= (P\mathbf{x}')^T(P\mathbf{x}') \\ &= (\mathbf{x}')^T P^T P\mathbf{x}' \\ &= (\mathbf{x}')^T\mathbf{x}' \\ &= (x_1')^2+(x_2')^2+\cdots+(x_n')^2 \\ &= \|\mathbf{x}'\|^2, \end{aligned}$$

$\|\mathbf{x}\|^2 = 1$이므로 $\|\mathbf{x}'\| = 1$이고

$$\begin{aligned}\lambda_1 &= \lambda_1\left[(x_1{}')^2 + (x_2{}')^2 + \cdots + (x_n{}')^2\right] \\ &\geq \lambda_1(x_1{}')^2 + \lambda_2(x_2{}')^2 + \cdots + \lambda_n(x_n{}')^2 \\ &\geq \lambda_n\left[(x_1{}')^2 + (x_2{}')^2 + \cdots + (x_n{}')^2\right] \\ &= \lambda_n\end{aligned}$$

이다. 이는 $\lambda_1 \geq \mathbf{x}^T A\mathbf{x} \geq \lambda_n$임을 의미한다. 따라서 $\|\mathbf{x}\| = 1$일 때, $f(x_1, x_2, ..., x_n) = \mathbf{x}^T A\mathbf{x}$이 가질 수 있는 모든 값은 λ_1과 λ_n 사이에 있다. 만일 $\mathbf{x}$가 λ_1에 대응하는 정규화된 고유벡터라면

$$f(x_1, x_2, ..., x_n) = \mathbf{x}^T A\mathbf{x} = \mathbf{x}^T(\lambda_1\mathbf{x}) = \lambda_1\|\mathbf{x}\|^2 = \lambda_1$$

이다. 만일 $\mathbf{x}$가 λ_n에 대응하는 정규화된 고유벡터라면

$$f(x_1, x_2, ..., x_n) = \mathbf{x}^T A\mathbf{x} = \mathbf{x}^T(\lambda_n\mathbf{x}) = \lambda_n\|\mathbf{x}\|^2 = \lambda_n$$

이다. 따라서 f는 제약조건을 만족하는 최댓값 λ_1과 제약조건을 만족하는 최솟값 λ_n을 가진다. ■

예제 9 최댓값과 최솟값 구하기

영역 $\|\mathbf{x}\|^2 = 1$에서 함수 $z = f(x_1, x_2) = 9x_1^2 + 5x_2^2$의 최댓값과 최솟값을 찾으시오.

풀이

이차형식의 대칭행렬 $A = \begin{bmatrix} 9 & 0 \\ 0 & 5 \end{bmatrix}$의 대각행렬이다. 위 정리에 따라서 z의 최댓값은 행렬 A의 고윳값 9이고, 최솟값은 행렬 A의 고윳값 5이다. ■

예제 10 최댓값과 최솟값 구하기

영역 $\|\mathbf{x}\|^2 = 1$에서 함수 $z = f(x_1, x_2) = 7x_1^2 + 6x_1x_2 + 7x_2^2$의 최댓값과 최솟값을 찾고, 그 값에 대응하는 정규 고유벡터를 찾으시오.

풀이

이차함수 f는

$$z = f(x_1, x_2) = \mathbf{x}^T A\mathbf{x} = \begin{bmatrix} x_1 & x_2 \end{bmatrix}\begin{bmatrix} 7 & 3 \\ 3 & 7 \end{bmatrix}\begin{bmatrix} x_1 \\ x_2 \end{bmatrix}$$

와 같이 변형할 수 있다. 대칭행렬 $A=\begin{bmatrix}7&3\\3&7\end{bmatrix}$의 고윳값은 10과 4이고 고윳값에 대응하는 고유벡터는 각각

$$\begin{bmatrix}1\\1\end{bmatrix}\text{과 }\begin{bmatrix}-1\\1\end{bmatrix}$$

이다.

제한된 영역의 최댓값 10은 $(x_1,x_2)=\left(\frac{1}{\sqrt{2}},\frac{1}{\sqrt{2}}\right)$에서 발생하고, 제한된 영역의 최솟값 4는 $(x_1,x_2)=\left(-\frac{1}{\sqrt{2}},\frac{1}{\sqrt{2}}\right)$에서 발생한다. ■

예제 11 변수 변환을 이용하기

영역 $9x^2+4y^2=36$에서 함수 $z=4xy$의 최댓값과 최솟값을 찾는 것을 생각하여 보자. 영역이 $\|x\|^2=1$이 아니므로 위의 정리를 적용할 수 없다. 그래서 $x=2x'$와 $y=3y'$와 같이 치환하면, 영역 $(x')^2+(y')^2=1$에서 $z=24x'y'$의 최댓값과 최솟값을 찾을 수 있다. 대칭행렬 $A=\begin{bmatrix}0&12\\12&0\end{bmatrix}$의 고윳값은 12와 −12이다.

제한된 영역의 최댓값 12는 $(x',y')=\left(\frac{1}{\sqrt{2}},\frac{1}{\sqrt{2}}\right)$ 혹은 $(x,y)=\left(\sqrt{2},\frac{3}{\sqrt{2}}\right)$에서 발생하고, 제한된 영역의 최솟값 −12는 $(x',y')=\left(\frac{1}{\sqrt{2}},-\frac{1}{\sqrt{2}}\right)$ 혹은 $(x,y)=\left(\sqrt{2},-\frac{3}{\sqrt{2}}\right)$에서 발생한다. ■

7.4 연습문제

세대별 분포벡터 구하기

1~6번에서는 세대별 전이행렬 L과 세대별 분포벡터 x_1을 이용해서 세대별 분포벡터 x_2와 x_3을 구하고 안정된 세대별 분포벡터도 구하시오.

1. $L=\begin{bmatrix}0&2\\\frac{1}{2}&0\end{bmatrix},\ \mathrm{x}_1=\begin{bmatrix}10\\10\end{bmatrix}$

2. $L=\begin{bmatrix}0&4\\\frac{1}{10}&0\end{bmatrix},\ \mathrm{x}_1=\begin{bmatrix}160\\160\end{bmatrix}$

3. $L=\begin{bmatrix}0&3&4\\1&0&0\\0&\frac{1}{2}&0\end{bmatrix},\ \mathrm{x}_1=\begin{bmatrix}12\\12\\12\end{bmatrix}$

4. $L=\begin{bmatrix}0&2&0\\\frac{1}{2}&0&0\\0&\frac{1}{2}&0\end{bmatrix},\ \mathrm{x}_1=\begin{bmatrix}8\\8\\8\end{bmatrix}$

5.
$$L = \begin{bmatrix} 0 & 2 & 2 & 0 \\ \frac{1}{4} & 0 & 0 & 0 \\ 0 & 1 & 0 & 0 \\ 0 & 0 & \frac{1}{2} & 0 \end{bmatrix}, \ \mathbf{x}_1 = \begin{bmatrix} 100 \\ 100 \\ 100 \end{bmatrix}$$

6.
$$L = \begin{bmatrix} 0 & 6 & 4 & 0 & 0 \\ \frac{1}{2} & 0 & 0 & 0 & 0 \\ 0 & 1 & 0 & 0 & 0 \\ 0 & 0 & \frac{1}{2} & 0 & 0 \\ 0 & 0 & 0 & \frac{1}{2} & 0 \end{bmatrix}, \ \mathbf{x}_1 = \begin{bmatrix} 24 \\ 24 \\ 24 \\ 24 \\ 24 \end{bmatrix}$$

7. **개체수 증가 모델** 어떤 개체가 다음과 같은 특성을 가진다.

(a) 첫 해 75%의 개체가 살아남는다. 그 75%의 생존 개체 중 25%만이 다음 해까지 살아남는다. 최대 생존 기간은 3년이다.

(b) 개체 당 낳는 자손의 평균수는 첫 해는 2, 두 번째 해는 4, 세 번째 해는 2이다.
현재 개체수는 각 세대별로 160 개체씩 구성되어 있다. 1년 후와 2년 후의 각 세대별 개체수가 어떻게 되는가?

8. **개체수 증가 모델** 어떤 개체가 다음과 같은 특성을 가진다.

(a) 첫 해 80%의 개체가 살아남는다. 그 80%의 생존 개체 중 25%만이 다음 해까지 살아남는다. 최대 생존 기간은 3년이다.

(b) 개체 당 낳는 자손의 평균수는 첫 해는 3, 두 번째 해는 6, 세 번째 해는 3이다.
현재 개체수는 각 세대별로 120 개체씩 구성되어 있다. 1년 후와 2년 후의 각 세대별 개체수가 어떻게 되는가?

9. **개체수 증가 모델** 어떤 개체가 다음과 같은 특성을 가진다.

(a) 첫 해 60%의 개체가 살아남는다. 그 60%의 생존 개체 중 50%만이 다음 해까지 살아남는다. 최대 생존 기간은 3년이다.

(b) 개체 당 낳는 자손의 평균 수는 첫 해는 2, 두 번째 해는 5, 세번째 해는 2이다.
현재 개체수는 각 세대별로 100 개체씩 구성되어 있다. 1년 후와 2년 후의 각 세대별 개체수가 어떻게 되는가?

10. 행렬 $A = \begin{bmatrix} 0 & 2 \\ \frac{1}{2} & 0 \end{bmatrix}$와 벡터 $\mathbf{x}_1 = \begin{bmatrix} a \\ a \end{bmatrix}$에 대하여, $\lim_{n\to\infty} A^n \mathbf{x}_1$을 (존재한다면) 구하시오.

연립 선형미분방정식 풀기(해석학) 11~20번에서는 주어진 연립 1계 선형미분방정식을 푸시오.

11. $y_1' = 2y_1$
$y_2' = y_2$

12. $y_1' = -5y_1$
$y_2' = 4y_2$

13. $y_1' = -4y_1$
$y_2' = -\frac{1}{2}y_2$

14. $y_1' = \frac{1}{2}y_1$
$y_2' = \frac{1}{8}y_2$

15. $y_1' = -y_1$
$y_2' = 6y_2$
$y_3' = y_3$

16. $y_1' = 5y_1$
$y_2' = -2y_2$
$y_3' = -3y_3$

17. $y_1' = -0.3y_1$
$y_2' = 0.4y_2$
$y_3' = -0.6y_3$

18. $y_1' = -\frac{2}{3}y_1$
$y_2' = -\frac{3}{5}y_2$
$y_3' = -8y_3$

19. $y_1' = 7y_1$
$y_2' = 9y_2$
$y_3' =- 7y_3$
$y_4' =- 9y_4$

20. $y_1' =- 0.1y_1$
$y_2' =- \frac{7}{4}y_2$
$y_3' =- 2\pi y_3$
$y_4' = \sqrt{5}\,y_4$

연립 선형미분방정식 풀기 21～28번에서는 주어진 연립 1계 선형미분방정식을 푸시오.

21. $y_1' = y_1 - 4y_2$
$y_2' = 2y_2$

22. $y_1' = y_1 - 4y_2$
$y_2' =- 2y_1 + 8y_2$

23. $y_1' = y_1 + 2y_2$
$y_2' = 2y_1 + y_2$

24. $y_1' = y_1 - y_2$
$y_2' = 2y_1 + 4y_2$

25. $y_1' = y_1 - 2y_2 + y_3$
$y_2' = 2y_2 + 4y_3$
$y_3' = 3y_3$

26. $y_1' = 2y_1 + y_2 + y_3$
$y_2' = y_1 + y_2$
$y_3' = y_1 + y_3$

27. $y_1' = 3y_2 - 5y_3$
$y_2' = 4y_1 - 4y_2 + 10y_3$
$y_3' = -4y_3$

28. $y_1' =- 2y_1 + y_3$
$y_2' = 3y_2 + 4y_3$
$y_3' = y_3$

연립미분방정식을 세우고 일반해 확인하기 29～32번에서는 연립 1계 선형미분방정식을 행렬방정식 $\mathbf{y}' = A\mathbf{y}$의 꼴로 나타내시오. 그리고 나서 일반해를 확인하시오.

29. $A = \begin{bmatrix} 1 & 1 \\ 0 & 1 \end{bmatrix}$, $y_1 = C_1e^t + C_2te^t$, $y_2 = C_2e^t$

30. $A = \begin{bmatrix} 1 & -1 \\ 0 & 1 \end{bmatrix}$, $y_1 = C_1e^t \cos t + C_2e^t \sin t$, $y_2 =- C_2e^t \cos t + C_1e^t \sin t$

31. $A = \begin{bmatrix} 0 & 1 & 0 \\ 0 & 0 & 1 \\ 0 & -4 & 0 \end{bmatrix}$,

$y_1 = C_1 + C_2 \cos 2t + C_3 \sin 2t$
$y_2 = 2C_3 \cos 2t - 2C_2 \sin 2t$
$y_3 = -4C_2 \cos 2t - 4C_3 \sin 2t$

32. $A = \begin{bmatrix} 0 & 1 & 0 \\ 0 & 0 & 1 \\ 1 & -3 & 3 \end{bmatrix}$,

$y_1 = C_1e^t + C_2te^t + C_3t^2e^t$
$y_2 = (C_1 + C_2)e^t + (C_2 + 2C_3)te^t + C_3t^2e^t$
$y_3 = (C_1 + 2C_2 + 2C_3)e^t + (C_2 + 4C_3)te^t + C_3t^2e^t$

이차형식의 행렬 구하기 33～38번에서는 주어진 식에 대응하는 이차형식의 행렬을 구하시오.

33. $x^2 + y^2 - 4 = 0$

34. $x^2 - 4xy + y^2 - 4 = 0$

35. $9x^2 + 10xy - 4y^2 - 36 = 0$

36. $12x^2 - 5xy - x + 2y - 20 = 0$

37. $10xy - 10y^2 + 4x - 48 = 0$

38. $16x^2 - 4xy + 20y^2 - 72 = 0$

이차형식의 행렬 구하기 39～44번에서는 주어진 식에 대응하는 이차형식의 행렬을 구하시오. 그리고 나서 대칭행렬 A의 고윳값과 P^TAP이 대각행렬이 되는 직교행렬 P를 구하시오.

39. $2x^2 - 3xy - 2y^2 + 10 = 0$

40. $5x^2 - 2xy + 5y^2 + 10x - 17 = 0$

41. $13x^2 + 6\sqrt{3}\,xy + 7y^2 - 16 = 0$

42. $3x^2 - 2\sqrt{3}\,xy + y^2 + 2x + 2\sqrt{3y} = 0$

43. $16x^2 - 24xy + 9y^2 - 60x - 80y + 100 = 0$

44. $17x^2 + 32xy - 7y^2 - 75 = 0$

이차곡선의 회전 45～52번에서는 주축정리를 이용하여 이차식에서의 xy항을 제거되도록 축을 회전하시오. 회전된 결과를 이용하여 어떤 이차곡선인지 말하고 새로운 좌표계에서의 식을 구하시오.

45. $13x^2 - 8xy + 7y^2 - 45 = 0$

46. $x^2+4xy+y^2-9=0$

47. $2x^2-4xy+5y^2-36=0$

48. $7x^2+32xy-17y^2-50=0$

49. $2x^2+4xy+2y^2+6\sqrt{2}x+2\sqrt{2}y+4=0$

50. $8x^2+8xy+8y^2+10\sqrt{2}x+26\sqrt{2}y+31=0$

51. $xy+x-2y+3=0$

52. $5x^2-2xy+5y^2+10\sqrt{2}x=0$

이차곡면의 회전 53~56번에서는 주어진 식에 대응하는 이차형식의 행렬을 구하시오. 그리고 나서 회전된 $x'y'z'$-좌표계에서의 이차곡면의 식을 구하시오.

53. $3x^2-2xy+3y^2+8z^2-16=0$

54. $x^2+2y^2+2z^2+2yz-1=0$

55. $x^2+2y^2+2z^2+2yz-1=0$

56. $x^2+y^2+z^2+2xy-8=0$

제약조건이 있는 최적화 57~66번에서는 주어진 제약조건을 만족하는 이차형식의 최댓값과 최솟값, 그리고 최댓값과 최솟값을 갖는 벡터를 구하시오.

57. $z=3x_1^2+2x_2^2;\ \|\mathbf{x}\|^2=1$

58. $z=11x_1^2+4x_2^2;\ \|\mathbf{x}\|^2=1$

59. $z=x_1^2+12x_2^2;\ 4x_1^2+25x_2^2=100$

60. $z=-5x^2+9y^2;\ x^2+9y^2=9$

61. $z=5x^2+12xy+5y^2;\ x^2+y^2=1$

62. $z=5x_1^2+12x_1x_2;\ \|\mathbf{x}\|^2=1$

63. $z=6x_1x_2;\ \|\mathbf{x}\|^2=1$

64. $z=9xy;9x^2+16y^2=144$

65. $\mathrm{w}=x^2+3y^2+z^2+2xy+2xz+2yz;x^2+y^2+z^2=1$

66. $\mathrm{w}=2x^2-y^2-z^2+4xy-4xz+8yz;x^2+y^2+z^2=1$

67. 2×2 직교행렬 P는 $|P|=1$을 만족한다. $P=\begin{bmatrix}\cos\theta & -\sin\theta\\ \sin\theta & \cos\theta\end{bmatrix}$가 직교행렬이고 $|P|=1$을 만족하는 $\theta(0\le\theta\le 2\pi)$값이 존재함을 보여라.

68. 캡스톤

(a) 세대별 전이행렬과 세대별 분포벡터를 이용하여 개체수 증가를 모델링하는 방법과 안정화된 세대별 분포벡터를 구하는 방법을 설명하시오.

(b) 행렬방정식을 사용하여 연립 1계 선형미분방정식을 푸는 방법을 설명하시오.

(c) 주축정리를 이용하여 이차곡선과 이차곡면의 축을 회전하는 방법을 설명하시오.

(d) 제약조건이 있는 최적화문제를 푸는 방법을 설명하시오.

69. 학교 도서관, 인터넷, 또는 다른 참고자료를 활용하여 제약조건이 있는 최적화 문제의 실생활 응용사례를 찾아보시오.

복습문제 07

특성방정식, 고윳값, 기저 1~6번에서는 (a) A이 특성방정식, (b) A의 고윳값, (c) 각 고윳값에 대응하는 고유공간의 기저를 구하시오.

1. $A=\begin{bmatrix}2 & 1\\5 & -2\end{bmatrix}$

2. $A=\begin{bmatrix}2 & 1\\-4 & -2\end{bmatrix}$

3. $A=\begin{bmatrix}9 & 4 & -3\\-2 & 0 & 6\\-1 & -4 & 11\end{bmatrix}$

4. $A=\begin{bmatrix}-4 & 1 & 2\\0 & 1 & 1\\0 & 0 & 3\end{bmatrix}$

5. $A=\begin{bmatrix}2 & 0 & 1\\0 & 3 & 4\\0 & 0 & 1\end{bmatrix}$

6. $A=\begin{bmatrix}1 & 0 & 4\\0 & 1 & -2\\1 & 0 & -2\end{bmatrix}$

특성방정식, 고윳값, 기저 7번과 8번에는 소프트웨어 프로그램 또는 공학용 계산기를 이용하여 (a) A의 특성방정식, (b) A의 고윳값, (c) 고윳값에 대응하는 고유공간의 기저를 구하시오.

7. $A=\begin{bmatrix}2 & 1 & 0 & 0\\1 & 2 & 0 & 0\\0 & 0 & 2 & 1\\0 & 0 & 1 & 2\end{bmatrix}$

8. $A=\begin{bmatrix}3 & 0 & 2 & 0\\1 & 3 & 1 & 0\\0 & 1 & 1 & 0\\0 & 0 & 0 & 4\end{bmatrix}$

대각화 가능한 행렬인지 판별 9~14번에서는 A가 대각화 가능한지 판별하시오. 만일 대각화 가능하다면 $P^{-1}AP$가 대각행렬이 되는 가역행렬 P를 구하시오.

9. $A=\begin{bmatrix}1 & -4\\-2 & 8\end{bmatrix}$

10. $A=\begin{bmatrix}\frac{1}{6} & \frac{1}{4}\\\frac{2}{3} & 0\end{bmatrix}$

11. $A=\begin{bmatrix}-2 & -1 & 3\\0 & 1 & 2\\0 & 0 & 1\end{bmatrix}$

12. $A=\begin{bmatrix}3 & -2 & 2\\-2 & 0 & -1\\2 & -1 & 0\end{bmatrix}$

13. $A=\begin{bmatrix}1 & 0 & 2\\0 & 1 & 0\\2 & 0 & 1\end{bmatrix}$

14. $A=\begin{bmatrix}2 & -1 & 1\\-2 & 3 & -2\\-1 & 1 & 0\end{bmatrix}$

15. 행렬 $A=\begin{bmatrix}0 & 1\\a & 1\end{bmatrix}$이 다음과 같은 특성을 가지는 a의 값을 구하시오.

(a) A는 중복도 2인 고윳값을 가진다.

(b) A는 -1과 2를 고윳값으로 가진다.

(c) A는 실수인 고윳값을 가진다.

16. 만일 $0<\theta<\pi$이면 각 θ만큼 시계 반대방향으로 회전하는 변환은 실수인 고윳값을 가지지 않음을 보이시오.

서술 17~20번에서는 행렬이 대각화 가능하지 않은 이유를 설명하시오.

17. $A=\begin{bmatrix}0 & 9\\0 & 0\end{bmatrix}$

18. $A=\begin{bmatrix}-1 & 2\\0 & -1\end{bmatrix}$

19. $A=\begin{bmatrix}3 & 0 & 0\\1 & 3 & 0\\0 & 0 & 3\end{bmatrix}$

20. $A=\begin{bmatrix}-2 & 3 & 1\\0 & 4 & 3\\0 & 0 & -2\end{bmatrix}$

행렬의 닮음 판별 21~24번에서는 두 행렬이 닮음인지 판별하시오. 만일 두 행렬이 닮았다면 $A=P^{-1}BP$인 행렬 P를 구하시오.

21. $A=\begin{bmatrix}1 & 0\\0 & 2\end{bmatrix},\ B=\begin{bmatrix}2 & 0\\0 & 1\end{bmatrix}$

22. $A=\begin{bmatrix}5 & 0\\0 & 3\end{bmatrix},\ B=\begin{bmatrix}7 & 2\\-4 & 1\end{bmatrix}$

23. $A=\begin{bmatrix}1 & 1 & 0\\0 & 1 & 1\\0 & 0 & 1\end{bmatrix},\ B=\begin{bmatrix}1 & 1 & 0\\0 & 1 & 0\\0 & 0 & 1\end{bmatrix}$

24. $A=\begin{bmatrix}1 & 0 & 0\\0 & -2 & 0\\0 & 0 & -2\end{bmatrix},\ B=\begin{bmatrix}1 & -3 & -3\\3 & -5 & -3\\-3 & 3 & 1\end{bmatrix}$

대칭이고 직교인 행렬 판별 25~32번에서는 행렬이 대칭인지, 직교인지, 둘다 해당하는 지 아니면 둘다 해당하지 않는지 판별하시오.

25. $A=\begin{bmatrix} -\frac{\sqrt{2}}{2} & \frac{\sqrt{2}}{2} \\ \frac{\sqrt{2}}{2} & \frac{\sqrt{2}}{2} \end{bmatrix}$

26. $A=\begin{bmatrix} \frac{2\sqrt{5}}{5} & \frac{\sqrt{5}}{5} \\ \frac{\sqrt{5}}{5} & -\frac{2\sqrt{5}}{5} \end{bmatrix}$

27. $A=\begin{bmatrix} 0 & 0 & 1 \\ 0 & 1 & 0 \\ 1 & 0 & 0 \end{bmatrix}$

28. $A=\begin{bmatrix} 0 & 0 & 1 \\ 0 & 1 & 0 \\ 1 & 0 & 1 \end{bmatrix}$

29. $A=\begin{bmatrix} \frac{1}{3} & \frac{1}{2} & \frac{1}{3} \\ \frac{1}{3} & 0 & \frac{1}{3} \\ \frac{1}{3} & \frac{1}{2} & \frac{1}{3} \end{bmatrix}$

30. $A=\begin{bmatrix} \frac{4}{5} & 0 & \frac{3}{5} \\ 0 & 1 & 0 \\ -\frac{3}{5} & 0 & \frac{4}{5} \end{bmatrix}$

31. $A=\begin{bmatrix} -\frac{2}{3} & \frac{1}{3} & -\frac{2}{3} \\ \frac{2}{3} & \frac{2}{3} & -\frac{1}{3} \\ \frac{1}{3} & -\frac{2}{3} & \frac{2}{3} \end{bmatrix}$

32. $A=\begin{bmatrix} \frac{\sqrt{3}}{3} & \frac{\sqrt{3}}{3} & \frac{\sqrt{3}}{3} \\ \frac{\sqrt{3}}{3} & \frac{2\sqrt{3}}{3} & 0 \\ \frac{\sqrt{3}}{3} & 0 & \frac{\sqrt{3}}{3} \end{bmatrix}$

대칭행렬의 고유벡터 33~36번에서는 서로 다른 고윳값에 대응하는 대칭행렬의 두 고유벡터가 직교임을 보이시오.

33. $\begin{bmatrix} 2 & 0 \\ 0 & -3 \end{bmatrix}$

34. $\begin{bmatrix} 4 & -2 \\ -2 & 1 \end{bmatrix}$

35. $\begin{bmatrix} -1 & 0 & -1 \\ 0 & -1 & 0 \\ -1 & 0 & 1 \end{bmatrix}$

36. $\begin{bmatrix} 2 & 0 & 0 \\ 0 & 2 & 0 \\ 0 & 0 & 5 \end{bmatrix}$

직교 대각화가능 행렬 37~40번에서는 주어진 행렬이 직교 대각화 가능인지 판별하시오.

37. $\begin{bmatrix} -3 & -1 \\ -1 & -2 \end{bmatrix}$

38. $\begin{bmatrix} -4 & 1 \\ -1 & 3 \end{bmatrix}$

39. $\begin{bmatrix} 4 & 1 & 2 \\ 0 & -1 & 0 \\ 2 & 1 & -5 \end{bmatrix}$

40. $\begin{bmatrix} 5 & 4 & -1 \\ 4 & 1 & 3 \\ -1 & 3 & -2 \end{bmatrix}$

직교대각화 41~46번에서는 A를 직교대각화시키는 행렬 P를 구하시오. P^TAP가 대각행렬이 되는지 확인하시오.

41. $A=\begin{bmatrix} 3 & 4 \\ 4 & -3 \end{bmatrix}$

42. $A=\begin{bmatrix} 8 & 15 \\ 15 & -8 \end{bmatrix}$

43. $A=\begin{bmatrix} 1 & 1 & 0 \\ 1 & 1 & 0 \\ 0 & 0 & 0 \end{bmatrix}$

44. $A=\begin{bmatrix} 3 & 0 & -3 \\ 0 & -3 & 0 \\ -3 & 0 & 3 \end{bmatrix}$

45. $A=\begin{bmatrix} 2 & 0 & -1 \\ 0 & 1 & 0 \\ -1 & 0 & 2 \end{bmatrix}$

46. $A=\begin{bmatrix} 1 & 2 & 0 \\ 2 & 1 & 0 \\ 0 & 0 & 5 \end{bmatrix}$

정상상태 확률벡터 47~54번에서는 주어진 행렬의 정상상태 확률벡터를 구하시오. $n\times n$행렬 A의 고유벡터 v가 $A\mathrm{v}=\mathrm{v}$이고 v의 성분의 합이 1이면 v는 정상상태 확률벡터이다.

47. $A=\begin{bmatrix} \frac{2}{3} & \frac{1}{2} \\ \frac{1}{3} & \frac{1}{2} \end{bmatrix}$

48. $A=\begin{bmatrix} \frac{1}{2} & 1 \\ \frac{1}{2} & 0 \end{bmatrix}$

49. $A=\begin{bmatrix} 0.8 & .3 \\ 0.2 & 0.7 \end{bmatrix}$

50. $A=\begin{bmatrix} 0.4 & 0.2 \\ 0.6 & 0.8 \end{bmatrix}$

51. $A=\begin{bmatrix} \frac{1}{2} & \frac{1}{4} & 0 \\ \frac{1}{2} & \frac{1}{2} & \frac{1}{2} \\ 0 & \frac{1}{4} & \frac{1}{2} \end{bmatrix}$

52. $A=\begin{bmatrix} \frac{1}{3} & \frac{2}{3} & \frac{1}{3} \\ \frac{1}{3} & \frac{1}{3} & 0 \\ \frac{1}{3} & 0 & \frac{2}{3} \end{bmatrix}$

53. $A = \begin{bmatrix} 0.7 & 0.1 & 0.1 \\ 0.2 & 0.7 & 0.1 \\ 0.1 & 0.2 & 0.8 \end{bmatrix}$

54. $A = \begin{bmatrix} 0.3 & 0.1 & 0.4 \\ 0.2 & 0.4 & 0.0 \\ 0.5 & 0.5 & 0.6 \end{bmatrix}$

55. **증명** 만일 A가 $n \times n$ 대칭행렬이면 임의의 $n \times n$행렬 P에 대하여 P^TAP는 대칭행렬임을 증명하시오.

56. 행렬

$$A = \begin{bmatrix} 0 & 1 & 0 & 0 & \cdots & 0 \\ 0 & 0 & 1 & 0 & \cdots & 0 \\ \vdots & \vdots & \vdots & \vdots & & \vdots \\ 0 & 0 & 0 & 0 & \cdots & 1 \\ -a_0 & -a_1 & -a_2 & -a_3 & \cdots & -a_{n-1} \end{bmatrix}$$

의 특성다항식이 $p(\lambda) = \lambda^n + a_{n-1}\lambda^{n-1} + \cdots + a_2\lambda^2 + a_1\lambda + a_0$임을 보이시오. 행렬 A를 다항식 p의 **동반행렬**(companion mattrix)라 한다.

동반행렬과 고윳값 구하기 57번과 58번에서는 56번의 결과를 이용하여 다항식의 동반행렬 A를 구하고 A의 고윳값을 구하시오.

57. $p(\lambda) = 4\lambda^2 - 9\lambda$

58. $p(\lambda) = 2\lambda^3 - 7\lambda^2 - 120\lambda + 189$

59. 행렬 $A = \begin{bmatrix} 8 & -4 \\ 2 & 2 \end{bmatrix}$의 특성방정식은 $\lambda^2 - 10\lambda + 24 = 0$이다. $A^2 - 10A + 24I_2 = O_2$임을 이용하여 다음과 같은 방법으로 A의 거듭제곱을 구할 수 있다.

$$A^2 = 10A - 24I_2,\ A^3 = 10A^2 - 24A,$$
$$A^4 = 10A^3 - 24A^2,\ \ldots$$

이 방법을 이용하여 A^2, A^3, A^4을 구하시오.

60. 행렬 $A = \begin{bmatrix} 9 & 4 & -3 \\ -2 & 0 & 6 \\ -1 & -4 & 11 \end{bmatrix}$에 대하여 59번의 과정을 반복하시오.

61. **증명** 행렬 A는 $n \times n$행렬이다.

(a) A의 고유벡터는 A^2의 고유벡터가 됨을 증명하거나 반례를 드시오.

(b) A^2의 고유벡터는 A의 고유벡터가 됨을 증명하거나 반례를 드시오.

62. **증명** 행렬 A는 $n \times n$행렬이다. 만일 $A\mathbf{x} = \lambda\mathbf{x}$이면 $\mathbf{x}$는 $(A + cI)$의 고유벡터임을 증명하시오. 여기서 λ와 c는 스칼라이다. 대응하는 고윳값은 무엇인가?

63. **증명** 행렬 A와 B는 $n \times n$행렬이다. 만일 A가 가역이면 AB는 BA와 닮음임을 증명하시오.

64. (a) 행렬 $A = \begin{bmatrix} 2 & 1 \\ 1 & 2 \end{bmatrix}$에 대하여 $B^2 = A$가 성립하는 대칭행렬 B를 구하시오.

(b) 만일 A가 양수인 고윳값을 갖는 $n \times n$ 대칭행렬이면 $B^2 = A$가 성립하는 대칭행렬 B가 존재함을 증명하여 (a)의 결과를 일반화하시오.

65. 0을 유일한 고윳값을 가지는 $n \times n$ 대칭행렬을 모두 구하시오.

66. 행렬 $A = \begin{bmatrix} a & b \\ b & a \end{bmatrix}$에 대하여 $P^{-1}AP$가 대각행렬이 되는 직교행렬 P를 구하시오.

67. **서술** 행렬 A는 $A^2 = A$가 성립하는 $n \times n$ 멱등행렬이다. A의 고윳값을 구하시오.

68. **서술** 다음 행렬은 중복도가 4인 고윳값 $\lambda = 2$를 가진다.

$$A = \begin{bmatrix} 2 & a & 0 & 0 \\ 0 & 2 & b & 0 \\ 0 & 0 & 2 & c \\ 0 & 0 & 0 & 2 \end{bmatrix}$$

(a) 행렬 A가 대각화 가능한 조건을 구하시오.

(b) $\lambda = 2$의 고유공간의 차원이 1, 2, 3이 되는 조건을 각각 구하시오.

참 또는 거짓? 69번과 70번에서는 각 명제가 참 또는 거짓인지 판별하시오. 만약 명제가 참이라면 그 이유를 제시하거나 본문에서 적절한 명제를 찾아 제시하시오. 만약 명제가 거짓이라면 명제가 참이 아니라는 예를 제시하거나 본문에서 적절한 명제를 찾아 제시하시오.

69. (a) $n\times n$ 행렬 A의 고유벡터는 $A\mathbf{x}$가 $\mathbf{x}$의 스칼라 배가 되는 $\mathbb{R}^n$의 영벡터가 아닌 벡터 $\mathbf{x}$이다.

(b) 닮은 행렬은 고윳값이 같을 수도 있고, 틀릴 수도 있다.

(c) 정사각행렬 A를 대각화하려면 $P^{-1}AP$가 대각행렬이 되는 가역행렬 P를 구해야 한다.

70. (a) 행렬 A의 고윳값은 $\det(\lambda I-A)=0$인 스칼라 λ이다.

(b) 고유벡터는 영벡터 $\mathbf{0}$일 수도 있다.

(c) $P^{-1}AP=D$가 대각행렬이 되는 직교행렬 P가 존재할 때 행렬 A는 직교 대각화 가능하다.

연령분포행렬 구하기 71~74번에서는 연령전이행렬 L과 연령분포벡터 $\mathbf{x}_1$을 이용하여 연령분포벡터 $\mathbf{x}_2$와 $\mathbf{x}_3$를 구하시오. 그리고 정상연령분포벡터를 구하시오.

71. $L=\begin{bmatrix}0 & 1\\ \frac{1}{4} & 0\end{bmatrix},\ \mathbf{x}_1=\begin{bmatrix}100\\100\end{bmatrix}$

72. $L=\begin{bmatrix}0 & 1\\ \frac{3}{4} & 0\end{bmatrix},\ \mathbf{x}_1=\begin{bmatrix}32\\32\end{bmatrix}$

73. $L=\begin{bmatrix}0 & 3 & 12\\ 1 & 0 & 0\\ 0 & \frac{1}{6} & 0\end{bmatrix},\ \mathbf{x}_1=\begin{bmatrix}300\\300\\300\end{bmatrix}$

74. $L=\begin{bmatrix}0 & 2 & 2\\ \frac{1}{2} & 0 & 0\\ 0 & 0 & 0\end{bmatrix},\ \mathbf{x}_1=\begin{bmatrix}240\\240\\240\end{bmatrix}$

75. **개체수 증가 모델** 어떤 개체가 다음과 같은 특징을 가지고 있다.

(a) 첫 해에는 개체의 90%가 살아남는다. 그 90% 중 75%가 두 번째 해에 살아남는다. 최대 수명은 3년이다.

(b) 개체 하나가 낳는 자손의 평균 수는 첫 해에는 4이고 두 번째 해에는 6이며 세 번째 해는 2이다.

현재 개체의 각 세대는 120 개체씩 구성되어 있다. 1년 후, 2년 후 각 세대별 개체수는 각각 얼마인가?

76. **개체수 증가 모델** 어떤 개체가 다음과 같은 특징을 가지고 있다.

(a) 첫 해에는 개체의 75%가 살아남는다. 그 75% 중 60%만 두 번째 해에 살아남는다. 최대 수명은 3년이다.

(b) 개체 하나가 낳는 자손의 평균 수는 첫해에는 4이고 두 번째 해에는 8이며 세 번째 해는 2이다.

현재 개체의 각 세대는 120 개체씩 구성되엉 있다. 1년 후, 2년 후 각 세대별 개체수는 각각 얼마인가?

연립 선형미분방정식 풀기 77~80번에서는 연립 1계 선형미분방정식을 푸시오.

77. $\begin{aligned} y_1' &= 3y_1\\ y_2' &= y_1-y_2\end{aligned}$

78. $\begin{aligned} y_1' &= y_2\\ y_2' &= y_1\end{aligned}$

79. $\begin{aligned} y_1' &= 3y_1\\ y_2' &= 8y_2\\ y_3' &= -8y_3\end{aligned}$

80. $\begin{aligned} y_1' &= 6y_1-y_2+2y_3\\ y_2' &= \qquad 3y_2-y_3\\ y_3' &= \qquad\qquad y_3\end{aligned}$

원뿔곡선의 회전 81~84번에서는 (a) 이차식에 대한 이차형식의 행렬 A를 구하고, (b) P^TAP가 대각행렬이 되는 직교행렬 P를 구하고, (c) 기본축이론을 이용하여 이차식에서 xy 항을 제거하도록 축을 회전하고, (d) 각 이차식의 그래프를 그리시오.

81. $x^2 + 3xy + y^2 - 3 = 0$

82. $x^2 - \sqrt{3}\,xy + 2y^2 - 10 = 0$

83. $xy - 2 = 0$

84. $9x^2 - 24xy + 16y^2 - 400x - 300y = 0$

제약조건이 있는 최적화 85~88번에서는 주어진 제약조건 아래에서 이차형식의 최댓값과 최솟값, 그리고 최대와 최소가 생기는 벡터를 구하시오.

85. $z = x^2 - y^2;\ x^2 + y^2 = 1$

86. $z = x_1x_2;\ 25x_1^2 + 4x_2^2 = 100$

87. $z = 15x_1^2 - 4x_1x_2 + 15x_2^2;\ \|\mathbf{x}\|^2 = 1$

88. $z = -11x^2_{10xy} - 11y^2;\ x^2 + y^2 = 1$

07 프로젝트

Projects

01 개체수 증가와 동역학계

연립미분방정식은 동물의 다양한 종의 개체수 증가와 관련된 생명공학 분야의 응용에서 종종 사용된다. 이러한 방정식은 시간에 대한 함수로써 계의 변화를 설명해주므로 **동역학계**(dynamical system)라 부른다. 생명공학자가 포식자 상어의 개체수 $y_1(t)$와 작은 물고기 피식자 개체수 $y_2(t)$를 시간에 대해 연구한다고 가정해보자. 이들 개체수에 대한 상대적 증가 모델 중 하나는

$$\begin{aligned} y_1{}'(t) &= ay_1(t) + by_2(t) & \quad \textbf{포식자} \\ y_2{}'(t) &= cy_1(t) + dy_2(t) & \quad \textbf{피식자} \end{aligned}$$

이다. 여기서 $a,\ b,\ c,\ d$는 상수이다. 상수 a와 d는 양수이고, 이들 종의 개체수 증가율을 반영한다. 포식자-피식자 관계에서 피식자 물고기의 수 y_2의 증가는 포식자 상어의 수 y_1을 증가시키고 반대로 y_1의 증가는 y_2를 감소시키기 때문에 $b > 0$이고 $c < 0$이다.

다음 연립선형미분방정식은 상어의 개체수 $y_1(t)$와 피식자 물고기의 개체수 $y_2(t)$를 시각 $t = 0$에서의 개체수와 함께 나타낸다.

$$\begin{aligned} y_1{}'(t) &= 0.3y_1(t) + 0.5y_2(t) & \qquad y_1(0) = 40 \\ y_2{}'(t) &= -0.6y_1(t) + 2.0y_2(t) & \qquad y_2(0) = 107 \end{aligned}$$

1. 이 장에서 배운 대각화기법을 이용하여 임의의 시각 $t > 0$에서의 개체수 $y_1(t)$와 $y_2(t)$를 구하시오.
2. 두 종의 장기적인 개체수의 추세에 대한 관점으로 미분방정식의 해를 해석하시오. 결국 한 종은 사라지는가? 왜 사라질까? 혹은 왜 사라지지 않을까?
3. 정의역이 $0 \le t \le 5$일 때 미분방정식의 해 $y_1(t)$와 $y_2(t)$의 그래프를 그리시오.
4. t가 증가할 때 몫 $y_2(t)/y_1(t)$가 왜 수렴하는지 이유를 설명하시오.

02 피보나치 수열

피보나치 수열(Fibonacci sequence)은 이탈리아 수학자인 피사의 레오나르드 피보나치(Leonard Fibonacci, 1170~1250)의 이름을 딴 것이다. 이 수열을 만들기 위해 처음 두 항 $x_1 = 1$과 $x_2 = 1$을 정의하고, 그런 다음 n번째 항은 바로 직전의 두 항의 합으로 정의한다. 즉, $x_n = x_{n-1} + x_{n-2}$이다. 따라서 세 번째 항은 $2 = 1 + 1$이고, 네 번째 항은 $3 = 2 + 1$과 같이 정의된다. 식 $x_n = x_{n-1} + x_{n-2}$는 n번째 항을 계산하기 전에

처음 $n-1$개의 항을 계산해야 하므로 귀납적(recursive)이라고 부른다. 본 프로젝트에서 고윳값과 대각화를 이용하여 피보나치 수열의 n번째 항의 구체적인 식을 구할 것이다.

1. 피보나치 수열의 처음 15개의 항을 계산하시오.
2. 행렬항등식 $\begin{bmatrix}1 & 1\\ 1 & 0\end{bmatrix}\begin{bmatrix}x_{n-1}\\ x_{n-2}\end{bmatrix}=\begin{bmatrix}x_{n-1}+x_{n-2}\\ x_{n-1}\end{bmatrix}$이 어떻게 피보나치 수열을 귀납적으로 생성할 수 있는지 설명하시오.
3. $\begin{bmatrix}x_1\\ x_2\end{bmatrix}=\begin{bmatrix}1\\ 1\end{bmatrix}$부터 시작해서 $A^{n-2}\begin{bmatrix}1\\ 1\end{bmatrix}=\begin{bmatrix}x_n\\ x_{n-1}\end{bmatrix}$임을 보이시오. 여기서 $A=\begin{bmatrix}1 & 1\\ 1 & 0\end{bmatrix}$이다.
4. A를 대각화시키는 행렬 P를 구하시오.
5. 피보나치 수열의 n번째 항의 구체적인 식을 유도하시오. 이 식을 이용하여 x_1, x_2, x_3를 계산하시오.
6. n이 무한대에 가까워질 때, x_n/x_{n-1}의 극한을 구하시오. 이 수가 어떤 수인지 알겠는가?

참고

대부분의 미분방정식의 책에서 동역학계와 개체수 모델링에 대하여 더 많은 것을 배울 수 있다.
대부분의 정수론 책에서 피보나치 수열에 대해서도 더 많이 배울 수 있다.
피보나치 학회의 공식 저널인 *Fibnacci Quarterly*를 살펴보는 것도 흥미로울 수 있다.

6-7 종합평가

홀수 번호의 풀이는 CalcChat.com을 참고하시오.

6~7장의 내용을 복습하기 위해 이 평가를 치르시오. 평가가 끝나고 나서 책의 뒤에 있는 해답과 자신의 풀이를 맞춰 보시오.

1번과 2번에서 함수가 선형변환인지 판별하시오.

1. $T: \mathbb{R}^3 \to \mathbb{R}^2,\ T(x, y, z) = (2x, x+y)$

2. $T: M_{2,2} \to \mathbb{R},\ T(A) = |A + A^T|$

3. $T: \mathbb{R}^n \to \mathbb{R}^m$은 $T(\mathbf{v}) = A\mathbf{v}$로 정의된 선형변환이다. 여기서 $A = \begin{bmatrix} 3 & 0 & 1 & 0 \\ 0 & 3 & 0 & 2 \end{bmatrix}$이다. $\mathbb{R}^n$과 $\mathbb{R}^m$의 차원을 구하시오.

4. $T: \mathbb{R}^n \to \mathbb{R}^m$은 $T(\mathbf{v}) = A\mathbf{v}$로 정의된 선형변환이다. 여기서 $A = \begin{bmatrix} -2 & 0 \\ 1 & 0 \\ 0 & 0 \end{bmatrix}$이다. (a) $T(2, -1)$과 (b) $(-6, 3, 0)$의 원상을 구하시오.

5. 선형변환

$$T: \mathbb{R}^4 \to \mathbb{R}^4,\ T(x_1, x_2, x_3, x_4) = (x_1 - x_2, x_2 - x_1, 0, x_3 + x_4)$$

의 핵을 구하시오.

6. $T: \mathbb{R}^4 \to \mathbb{R}^2$는 $T(\mathbf{v}) = A\mathbf{v}$로 정의된 선형변환이다. 여기서 $A = \begin{bmatrix} 1 & 0 & 1 & 0 \\ 0 & -1 & 0 & -1 \end{bmatrix}$이다. (a) T의 핵의 기저와 (b) T의 치역의 기저를 구하시오. (c) 계수와 T의 영공간 차원을 구하시오.

7~10번에서는 선형변환 T의 표준행렬을 구하시오.

7. $T(x, y) = (3x + 2y, 2y - x)$

8. $T(x, y, z) = (x + y, y + z, x - z)$

9. $T(x, y, z) = (3z - 2y, 4x + 11z)$

10. $T(x_1, x_2, x_3) = (0, 0, 0)$

11. 그림과 같이 임의의 벡터 $\mathbf{u}$를 벡터 $\mathbf{v} = [1 \ \ -1]^T$에 대한 $\mathbf{u}$의 정사영에 대응시키는 선형변환 $\text{proj}_{\mathbf{v}}\mathbf{u}: \mathbb{R}^2 \to \mathbb{R}^2$의 표준행렬 A를 구하시오. 이 행렬을 이용하여 벡터 $(1, 1)$과 $(-2, 2)$의 상을 구하시오.

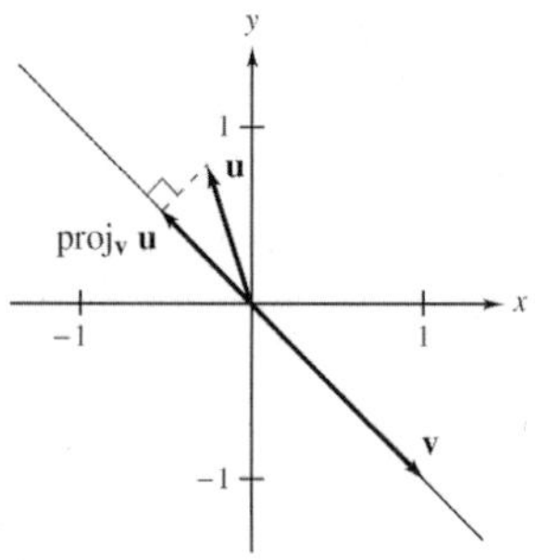

12. 선형변환 $T: \mathbb{R}^2 \to \mathbb{R}^2$는 $\mathbb{R}^2$ 위에서 시계 반대방향으로 $30°$ 회전하는 선형변환이다.

(a) 이 선형변환의 표준행렬 A를 구하시오.

(b) A를 이용하여 벡터 $\mathbf{v} = (1, 2)$의 상을 구하시오.

(c) $\mathbf{v}$와 그 상을 그리시오.

13번과 14번에서는 $T = T_2 \circ T_1$과 $T' = T_1 \circ T_2$의 표준행렬을 구하시오.

13. $T_1: \mathbb{R}^2 \to \mathbb{R}^2,\ T_1(x, y) = (x - 2y, 2x + 3y)$

$T_2: \mathbb{R}^2 \to \mathbb{R}^2,\ T_2(x, y) = (2x, x - y)$

14. $T_1: \mathbb{R}^3 \to \mathbb{R}^3$,

$T_1(x, y, z) = (x + 2y, y - z, -2x + y + 2z)$

$T_2 : \mathbb{R}^3 \to \mathbb{R}^3$,
$T_2(x, y, z) = (y+z, x+z, 2y-2z)$

15. $T(x, y) = (x-y, 2x+y)$로 정의된 선형변환 $T: \mathbb{R}^2 \to \mathbb{R}^2$의 역변환을 구하시오. $(T^{-1} \circ T)(3, -2) = (3, -2)$임을 확인하시오.

16. $T(x_1, x_2, x_3) = (x_1+x_2, x_2+x_3, x_1+x_3)$로 정의된 선형변환 $T: \mathbb{R}^3 \to \mathbb{R}^3$가 가역인지 판별하시오. 만일 T가 가역이라면 그 역변환을 구하시오.

17. $\mathbb{R}^2$의 기저 $B = \{(1, 1), (1, 0)\}$와 $\mathbb{R}^3$의 기저 $B' = \{(1, 0, 0), (1, 1, 0), (1, 1, 1)\}$에 대한 선형변환 $T(x, y) = (y, 2x, x+y)$의 행렬을 구하시오. 이 행렬을 이용하여 벡터 $(0, 1)$의 상을 구하시오.

18. $B = \{(1, 0), (0, 1)\}$와 $B' = \{(1, 1), (1, 2)\}$는 $\mathbb{R}^2$의 기저이다.

(a) 기저 B에 대한 $T: \mathbb{R}^2 \to \mathbb{R}^2$, $T(x, y) = (x-2y, x+4y)$의 행렬 A를 구하시오.

(b) B'에서 B로의 전이행렬 P를 구하시오.

(c) 기저 B'에 대한 T의 행렬 A'을 구하시오.

(d) $[\mathrm{v}]_{B'} = \begin{bmatrix} 3 \\ -2 \end{bmatrix}$일 때, $[T(\mathrm{v})]_{B'}$를 구하시오.

(e) $[\mathrm{v}]_B$와 $[T(\mathrm{v})]_{B'}$를 구하여 (d)의 결과를 확인하시오.

19~22번에서는 주어진 행렬의 고윳값과 대응하는 고유벡터를 구하시오.

19. $\begin{bmatrix} 7 & 2 \\ -2 & 3 \end{bmatrix}$

20. $\begin{bmatrix} -15 & -5 \\ 0 & 5 \end{bmatrix}$

21. $\begin{bmatrix} 1 & 2 & 1 \\ 0 & 3 & 1 \\ 0 & -3 & -1 \end{bmatrix}$

22. $\begin{bmatrix} 1 & -1 & 1 \\ 0 & 1 & 2 \\ 0 & 0 & 1 \end{bmatrix}$

23번과 24번에서는 $P^{-1}AP$가 대각행렬이 되는 가역행렬 P를 구하시오.

23. $A = \begin{bmatrix} 2 & 3 & 1 \\ 0 & -1 & 2 \\ 0 & 0 & 3 \end{bmatrix}$

24. $A = \begin{bmatrix} 0 & -3 & 5 \\ -4 & 4 & -10 \\ 0 & 0 & 4 \end{bmatrix}$

25. $\mathbb{R}^3$의 기저 B에 대한 선형변환 $T: \mathbb{R}^3 \to \mathbb{R}^3$, $T(x, y, z) = (2x-2z, 2y-2z, 3x-3z)$의 행렬이 대각행렬이 되는 기저 B를 구하시오.

26. 대칭행렬 $A = \begin{bmatrix} 1 & 3 \\ 3 & 1 \end{bmatrix}$에 대하여, P^TAP가 대각행렬이 되는 직교행렬 P를 구하시오.

27. 그람-슈미트 정규직교화 과정을 이용하여 대칭행렬 $A = \begin{bmatrix} 0 & 2 & 2 \\ 2 & 0 & 2 \\ 2 & 2 & 0 \end{bmatrix}$에 대하여 P^TAP가 대각행렬이 되는 직교행렬 P를 구하시오.

28. 연립미분방정식

$$\begin{aligned} y_1{}' &= y_1 \\ y_2{}' &= 9y_2 \end{aligned}$$

를 푸시오.

29. 이차식 $3x^2 - 16xy + 3y^3 - 13 = 0$에 대한 이차형식의 행렬을 구하시오.

30. 어떤 개체가 다음과 같은 특성을 가지고 있다.

(a) 개체의 80%가 첫 해에 살아남는다. 그 80% 중 40%가 두 번째 해에 살아남는다. 최대 수명은 3년이다.

(b) 개체 하나가 낳는 자손의 평균 수는 첫 개에 3, 두 번째 해에 6, 그리고 세 번째 해에 2이다.

현재 개체의 각 세대는 150 개체씩 구성되어 있다. 1년 후, 2년 후 각 세대별 개체수는 각각 얼마인가?

31. 직교행렬의 정의를 서술하시오.

32. 만일 행렬 A가 행렬 B와 닮았고, A가 대각화 가능하면 B도 대각화 가능함을 증명하시오.

부록

수학적 귀납법과 여러 가지 증명 방법

부록 수학적 귀납법과 여러 가지 증명 방법

- 수학적 귀납의 원리를 이용하여 양의 정수 n이 포함된 명제 증명하기
- 모순을 이용하여 수학 명제가 참임을 증명하기
- 반례를 들어 수학 명제가 거짓임을 보이기

수학적 귀납법

부록에서 수학적 귀납법, 귀류법, 반례의 사용과 같은 수학적으로 증명하는 몇 가지 기본 전략에 대해 공부할 것이다.

예제 1은 수학적 귀납법의 사용이 필요한 논리적 이유를 보여준다.

예제 1 홀수인 정수의 합

다음 규칙을 이용하여 처음 n개의 홀수인 정수의 합 공식을 제시하시오.

$$1 = 1$$
$$1 + 3 = 4$$
$$1 + 3 + 5 = 9$$
$$1 + 3 + 5 + 7 = 16$$
$$1 + 3 + 5 + 7 + 9 = 25$$

풀이

오른쪽의 합은 제곱수 1^2, 2^2, 3^2, 4^2, 5^2임에 주목하자. 이러한 규칙으로부터 처음 n개의 홀수인 정수의 합 S_n은

$$S_n = 1 + 3 + 5 + 7 + \cdots + (2n-1) = n^2$$

이다. ■

이러한 특별한 공식이 성립함에도 불구하고 규칙을 알아채고 나서 단순히 이러한 규칙이 n의 모든 값에 대해 성립할 것이라고 결론을 내리는 것은 논리적으로 증명하는 올바른 방법은 아니다 작은 n에 대해서는 규칙이 성립하지만 어느 순간 규칙이 깨져버리는 수많은 예들이 있다. 이러한 경우 중 아주 유명한 경우 중 하나는 프

랑스 수학자 피에르 드 페르마 (Pierre de Fermat, 1601-1665)가 세운 가설로

$$F_n = 2^{2^n} + 1,\ n = 0,\ 1,\ 2,\ \ldots$$

꼴의 수는 모두 소수라는 가정이다. $n=0,\ 1,\ 2,\ 3,\ 4$에 대하서 가설은 참이다.

$$F_0 = 3,\ F_1 = 5〈\ F_2 = 17,\ F_3 = 257〈\ F_4 = 65,537$$

다음 페르마 수($F_5 = 4,294,967,297$)의 크기는 매우 커서 이 수가 소수인지 아닌지를 페르마는 판정할 수 없었다. 하지만, 또 다른 유명한 수학자 레온하르트 오일러(Leonhard Eular, 1707~1783)는 후에

$$F_5 = 4,294,967,297 = (641)(6,700,417)$$

로 인수분해 됨을 알았고, 이는 F_5가 소수가 아니라는 증명이므로 페르마의 가설은 틀렸다.

단지 몇 개의 n에 대해 규칙, 패턴, 공식이 성립하는 것처럼 보인다는 이유로 합당한 증명없이 모든 n에 성립한다고 간단히 결론을 내릴 수 없다. 그러한 가설을 증명하는 합당한 방법 중 하나가 **수학적 귀납법의 원리**(Principle of Mathematical Induction)이다.

수학적 귀납법의 원리

P_n은 양의 정수 n을 포함한 명제이다. 만일

1. P_1이 참이고,
2. 모든 양의 정수 k에 대하여, P_k의 참이 P_{k+1}의 참을 의미한다면,

명제 P_n은 모든 양의 정수 n에 대하여 틀림없이 성립한다.

다음 예제는 수학적 귀납법의 원리를 사용하여 예제의 가설을 증명한다.

예제 2 수학적 귀납법의 이용

수학적 귀납법을 이용하여 다음 공식을 증명하시오.

$$S_n = 1 + 3 + 5 + 7 + \cdots + (2n-1) = n^2$$

풀이

수학적 귀납법은 두 개의 부분으로 이루어졌다. 우선, $n=1$일 때 공식이 성립함을 보여야 한다.

1. $n=1$일 때, $S_1=1=1^2$이므로 공식은 성립한다.

   수학적 귀납법의 두 번째 부분은 두 단계로 이루어졌다. 첫 번째 단계는 공식이 어떤 정수 k에서 참이라고 가정하는 것이다. (**귀납법의 가정**). 두 번째 단계는 이 가정을 이용하여 다음 정수 $k+1$에서 성립함을 증명하는 것이다.

2. 공식

$$S_k=1+3+5+7+\cdots+(2k-1)=k^2$$

   가 참이라고 가정한 후, 공식 $S_{k+1}=(k+1)^2$이 참임을 보여야 한다.

$$\begin{aligned} S_{k+1} &= 1+3+5+7+\cdots+(2k-1)+[(2k+1)+1] \\ &= [1+3+5+7+\cdots+(2k-1)]+(2k+2-1) \\ &= S_k+(2k+1) && S_k\text{를 만들기 위해 항을 묶음} \\ &= k^2+2k+1 && S_k\text{를 } k^2\text{으로 치환} \\ &= (k+1)^2 \end{aligned}$$

   (1)과 (2)에서의 결과를 종합하면 수학적 귀납법에 의해 공식은 모든 양의 정수 n에 대해 참이라고 결론지을 수 있다. ■

수학적 귀납법의 원리가 성립하는 이유를 설명해주는 유명한 그림은 그림 A.1의 끝없이 이어진 도미노이다. 만일 무한히 많은 도미노가 일렬로 놓여있다면 한 번에 하나의 도미노만 넘어뜨려서는 모든 도미노를 넘어뜨릴 수 없을 것이다. 하지만, 만일 각 도미노가 넘어지면서 다음 도미노를 넘어뜨린다면 단지 처음 하나의 도미노를 밀어 넘어뜨려서 연쇄반응을 시작시키면 모든 도미노를 넘어뜨릴 수 있을 것이다.

그림 A.1

수학적 귀납법도 같은 원리로 작동된다. 만일 P_k의 참이 P_{k+1}의 참을 의미하고 P_1이 참이라면 다음과 같은 연쇄반응이 일어난다.

P_1이면 P_2이다.

P_2이면 P_3이다.

P_3이면 P_4이다. 그리고 계속해서 성립한다.

다음 예제에서 미적분에서 종종 사용되는 공식을 증명할 것이다.

예제 3 수학적 귀납법의 이용

수학적 귀납법을 이용하여 처음 n개의 제곱수의 합의 공식을 증명하시오.

$$S_n = 1^2 + 2^2 + 3^2 + 4^2 + \cdots + n^2 = \frac{n(n+1)(2n+1)}{6}$$

풀이

1. $n=1$일 때,

$$S_1 = 1^2 = \frac{1(1+1)[2(1)+1]}{6} = \frac{1(2)(3)}{6} = 1$$

이므로 공식은 성립한다.

2. k에 대하여 공식

$$S_k = 1^2 + 2^2 + 3^2 + 4^2 + \cdots + k^2 = \frac{k(k+1)(2k+1)}{6}$$

이 참이라 가정한 후 $k+1$에 대하여 참임을 증명해야 한다.

$$S_{k+1} = \frac{(k+1)[(k+1)+1)][2(k+1)+1]}{6} = \frac{(k+1)(k+2)(2k+3)}{6}$$

이를 위해 S_{k+1}를 S_k와 $(k+1)$번째 항 $(k+1)^2$의 합으로 나타내면

$$\begin{aligned} S_{k+1} &= (1^2 + 2^2 + 3^2 + 4^2 + \cdots + k^2) + (k+1)^2 \\ &= \frac{k(k+1)(2k+1)}{6} + (k+1)^2 && \text{귀납법의 가정} \\ &= \frac{(k+1)(2k^2+7k+6)}{6} && \text{분수를 통분하여 정리} \\ &= \frac{(k+1)(k+2)(2k+3)}{6} && S_k\text{가 성립하면 } S_{k+1}\text{이 성립} \end{aligned}$$

이다. (1)과 (2)의 결과를 종합하면 수학적 귀납법에 의해 모든 양의 정수 n에 대하여 공식이 성립한다고 결론지을 수 있다. ■

선형대수의 많은 증명이 수학적 귀납법을 이용한다. 2장에서의 예제가 그것이다.

예제 4 선형대수에서의 수학적 귀납법 이용

만일 $A_1, A_2, \ldots, A_n$이 가역 행렬이면 정리 2.9의 일반화

$$(A_1 A_2 A_3 \cdots A_n)^{-1} = A_n^{-1} \cdots A_3^{-1} A_2^{-1} A_1^{-1}$$

를 증명하시오.

풀이

1. $n=1$일 때, $A_1^{-1}=A_1^{-1}$이므로 공식은 성립한다.
2. k에 대하여 공식 $(A_1A_2A_3\cdots A_k)^{-1}=A_k^{-1}\cdots A_3^{-1}A_2^{-1}A_1^{-1}$이 성립한다고 가정한 후, $k+1$일 때에도 공식이 성립함을 보여야 한다. 이를 위해 두 가역 행렬의 곱의 역행렬은 그들의 역행렬을 순서를 바꿔 곱한 것이라는 정리 2.9를 사용한다.

$$
\begin{aligned}
(A_1A_2A_3\cdots A_kA_{k+1})^{-1} &= [(A_1A_2A_3\cdots A_k)A_{k+1}]^{-1} \\
&= A_{k+1}^{-1}(A_1A_2A_3\cdots A_k)^{-1} && \text{정리 2.9} \\
&= A_{k+1}^{-1}(A_k^{-1}\cdots A_3^{-1}A_2^{-1}A_1^{-1}) && \text{귀납법의 가정} \\
&= A_{k+1}^{-1}A_k^{-1}\cdots A_3^{-1}A_2^{-1}A_1^{-1} && S_k\text{가 성립하면 } S_{k+1}\text{이 성립}
\end{aligned}
$$

(1)과 (2)의 결과를 종합하면, 수학적 귀납법에 의해 공식은 모든 양의 정수 n에 대하여 성립한다고 결론지을 수 있다. ■

귀류법

증명을 하는 또 다른 기본적인 방법은 *귀류법(Proof by contradiction)*을 이용하는 것이다. 수학 논리에서 다음과 같은 동치명제로 귀류법을 설명할 수 있다.

'p는 q를 의미한다'는 'q가 아닌 것은 p가 아님을 의미한다'와 동치이다.

q가 참인 명제임을 증명하는 방법 중 하나는 q가 참이 아니라고 가정하는 것이다. 만일 이러한 가정이 참으로 알고 있던 명제가 거짓이란 결론을 이끌어내면 q는 참일 수밖에 없다.

예제 5는 귀류법을 이용해서 $\sqrt{2}$가 무리수임을 증명하는 방법을 보여준다.

예제 5 귀류법의 이용

$\sqrt{2}$가 무리수임을 증명하시오.

풀이

우선, $\sqrt{2}$가 무라수가 아니라는 가정으로 시작하자. 그러면 $\sqrt{2}$는 유리수이고 공통 약수를 가지지 않는 두 정수 a와 b $(b\neq 0)$의 분수꼴로 나타낼 수 있다.

$\sqrt{2}=\frac{a}{b}$	$\sqrt{2}$가 유리수라 가정
$2b^2=a^2$	양변을 제곱하여 b^2으로 나눔

이는 2는 a^2의 약수임을 의미한다. 따라서 2는 a의 약수이다. $a=2c$라 하자.

$2b^2=(2c)^2$	a를 $2c$로 치환
$b^2=2c^2$	정리한 후 양변을 2로 나눔

이는 2가 b^2의 약수라는 의미이며, b의 약수도 됨을 의미한다. 따라서 2는 a와 b의 공통 약수이다. 하지만, a와 b는 공통 약수를 가지지 않으므로 이러한 일은 일어날 수 없다. $\sqrt{2}$가 유리수라는 것은 불가능한 일이다. 결국 $\sqrt{2}$는 무리수라고 결론지을 수 있다. ■

예제 6 귀류법의 이용

1보다 큰 정수가 1과 자기 자신만을 양의 약수로 가질 때, 그 수는 *소수(prime)*이고, 자신과 다른 소수인 약수를 적어도 하나 가지면 *합성수(composite)*이다. 무수히 많은 소수가 존재함을 증명하시오.

풀이

유한 개의 소수 p_1, p_2, ..., p_n만 존재한다고 가정하자. $N=p_1p_2\cdots p_n+1$이라 하자. 이 수는 소수이거나 합성수이다. $N\neq p_i$이므로 N은 소수가 아니다. 하지만 소수 (p_1, p_2, ...,, p_n) 중 어떠한 수도 n을 정확히 나누지 못하므로 N은 합성수가 아니다. 이는 모순이고 따라서 가정은 거짓이다.

무수히 많은 소수가 존재한다는 사실은 정립한다. ■

귀류법을 이용해서 선형대수의 많은 정리를 증명할 수 있다.

예제 7 선형대수에서 귀류법 이용

A와 B는 AB가 비가역인 $n\times n$ 행렬이다. A 또는 B가 비가역임을 증명하시오.

풀이

A와 B가 모두 비가역이라고 가정하자. 행렬이 비가역이면 행렬식은 0이고 그 역도 성립한다. 따라서 $\det(A)$와 $\det(B)$는 모두 0이 아닌 실수이다. 정리 3.5에 의하여 $\det(AB)=\det(A)\det(B)$이다. 따라서 0이 아닌 두 실수의 곱도 0이 아니므로 $\det(AB)$는 0이 아니다. 하지만 이는 AB가 비가역행렬이라는 사실에 모순이다. 결국 가정이 틀렸고 A 또는 B는 비가역이라고 결론지을 수 있다. ■

반례를 이용하기

종종 반례를 들어 명제가 거짓임을 보일 수 있다. 예를 들어, 오일러가 $F_n = 2^{2^n}+1,\ =0,\ 1,\ 2,\ \ldots$ 꼴의 소수에 대한 페르마의 가설이 틀렸다는 것을 보일 때, 오일러는 소수가 아닌 반례 $F_5 = 4{,}294{,}967{,}297$를 사용하였다.

예제 8 반례의 이용

반례를 들어 다음 명제가 거짓임을 보이시오.

모든 올수는 소수이다.

풀이

틀림없이, 소수인 홀수 (3, 5, 7, 11)을 나열할 수 있다. 하지만, 앞의 명제는 참이 아니다. 왜냐하면 9는 홀수이지만 소수가 아니기 때문이다. 자연수 9가 반례이다. ■

반례는 선형대수에서도 명제가 거짓임을 보일 때 다음 두 개의 예제에서처럼 사용할 수 있다.

예제 9 선형대수에서의 반례 이용

반례를 들어 다음 명제가 거짓임을 보이시오.

만일 A와 B가 n차의 비가역인 정사각행렬이라면 $A+B$도 n차의 비가역행렬이다.

풀이

$A=\begin{bmatrix}1&0\\0&0\end{bmatrix}$와 $B=\begin{bmatrix}0&0\\0&1\end{bmatrix}$에 대하여, A와 B는 모두 2차의 비가역행렬이다. 하지만,

$$A+B=\begin{bmatrix}1&0\\0&1\end{bmatrix}$$

는 2차 항등행렬이고, 이는 가역이다. ■

예제 10 선형대수에서의 반례 이용

반례를 들어 다음 명제가 거짓임을 보이시오.

표준연산이 정의되어 있는

$$\begin{bmatrix} 1 & b \\ c & d \end{bmatrix}$$

꼴의 모든 2×2행렬의 집합은 벡터공간이다.

풀이

이 행렬의 집합이 벡터공간이 아님을 보이기 위해,

$$A=\begin{bmatrix} 1 & 2 \\ 3 & 4 \end{bmatrix},\ B=\begin{bmatrix} 1 & 5 \\ 6 & 7 \end{bmatrix}$$

이라 하자. A와 B는 모두 주어진 집합의 원소이지만 이 행렬의 합

$$A+B=\begin{bmatrix} 2 & 7 \\ 9 & 11 \end{bmatrix}$$

은 그렇지 않다. 이는 집합이 덧셈에 대해 닫혀있지 않다는 의미이고, 따라서 이 집합은 벡터공간의 정의 첫 번째 공리를 만족하지 않는다. ■

참고

집합이 벡터공간이 되기 위해서는 벡터공간의 10가지 공리 하나하나를 모두 만족해야 됨을 기억하자. (4.2절 참고)

연습문제

수학적 귀납법 이용 1~4번에서는 수학적 귀납법을 이용하여 모든 양의 정수 n에 대한 각 공식을 증명하시오.

1. $$1+2+3+\cdots+n=\frac{n(n+1)}{2}$$

2. $$1^3+2^3+3^3+\cdots+n^3=\frac{n^2(n+1)^2}{4}$$

3. $$3+7+11+\cdots+(4n-1)=n(2n+1)$$

4. $$\left(1+\frac{1}{1}\right)\left(1+\frac{1}{2}\right)\left(1+\frac{1}{3}\right)\cdots\left(1+\frac{1}{n}\right)=n+1$$

공식을 제시하고 수학적 귀납법 이용하기 5번과 6번에서는 수열의 처음 n항의 합을 말하시오. 그리고 수학적 귀납법을 이용하여 그 공식을 증명하시오.

5. $2^1,\ 2^2,\ 2^3,\ \ldots$

6. $\frac{1}{1\cdot 2},\ \frac{1}{2\cdot 3},\ \frac{1}{3\cdot 4},\ \ldots$

수학적 귀납법 이용 7~14번에서는 수학적 귀납법을 이용하여 각 명제를 증명하시오.

7. $n! > 2^n,\ n \ge 4$

8. $$\frac{1}{\sqrt{1}}+\frac{1}{\sqrt{2}}+\frac{1}{\sqrt{3}}+\cdots+\frac{1}{\sqrt{n}} > \sqrt{n},\ n \ge 2$$

9. $n>0$인 모든 정수에 대하여,

$$a^0+a^1+a^2+\cdots+a^n=\frac{1-a^{n+1}}{1-a},\ a\neq 1$$

10. 만일 $x_1 \neq 0,\ x_2 \neq 0,\ \ldots,\ x_n \neq 0$이면

$$(x_1x_2x_3\cdots x_n)^{-1}=x_1^{-1}x_2^{-1}x_3^{-1}\cdots x_n^{-1}$$

이다.

11. (2장에서) 만일 A가 가역행렬이고 k가 양의 정수이면,

$$(A^k)^{-1}=\underbrace{A^{-1}A^{-1}\cdots A^{-1}}_{k\text{개의 곱}}=(A^{-1})^k$$

이다.

12. (2장에서) $(A_1A_2A_3\cdots A_n)^T=A_n^T\cdots A_3^TA_2^TA_1^T$. 단, $A_1,\ A_2,\ A_3,\ \ldots,\ A_n$은 곱셈이 정의되는 크기를 가진 행렬이라 가정한다.

13. (3장에서) $|A_1A_2A_3\cdots A_n|=|A_1||A_2||A_3|\cdots|A_n|$. 여기서 $A_1,\ A_2,\ A_3,\ \ldots,\ A_n$은 같은 차수의 정사각행렬이다.

14. (6장에서) 만일 선형변환 $T_1,\ T_2,\ T_3,\ \ldots,\ T_n$의 표준행렬이 각각 $A_1,\ A_2,\ A_3,\ \ldots,\ A_n$이라면, 합성변환

$$T(\mathrm{v})=T_n(T_{n-1}\cdots(T_3(T_2(T_1(\mathrm{v}))))\cdots)$$

의 표준행렬은 $A=A_nA_{n-1}\cdots A_3A_2A_1$이다.

귀류법의 이용 15~26번에서는 귀류법을 이용하여 각 명제를 증명하시오.

15. 만일 p가 정수이고 p^2가 홀수이면, p는 홀수이다. (힌트: 홀수는 $2n+1$로 나타낼 수 있다. 여기서 n은 정수.)

16. 만일 p가 양의 정수이고 p^2가 2로 나눠떨어지면 p도 2로 나눠떨어진다.

17. 만일 a와 b가 실수이고 $a \le b$이면 $a+c \le b+c$이다.

18. 만일 a, b, c가 $ac \geq bc$, $c > 0$인 실수이면 $a \geq b$이다.

19. 만일 a와 b가 실수이고 $1 < a < b$이면 $a^{-1} > b^{-1}$이다.

20. 만일 a와 b가 실수이고 $(a+b)^2 = a^2 + b^2$이면, $a = 0$ 또는 $b = 0$ 또는 $a = b = 0$이다.

21. 만일 a가 실수이고 $0 < a < 1$이면 $a^2 < a$이다.

22. 유리수와 무리수의 합은 무리수이다.

23. (3장에서) 만일 A와 B가 n차 정사각행렬이고 $\det(AB) = 1$이면 A와 B는 모두 가역이다.

24. (4장에서) 벡터공간에서 영벡터는 유일하다.

25. (4장에서) $S = \{\mathrm{u}, \mathrm{v}\}$는 일차독립인 집합이다. 집합 $\{\mathrm{u} - \mathrm{v}, \mathrm{u} + \mathrm{v}\}$는 일차독립임을 증명하시오.

26. (5장에서) $S = \{\mathrm{x}_1, \mathrm{x}_2, \ldots \mathrm{x}_n\}$은 일차독립인 집합이다. 만일 벡터 y가 $\mathrm{span}(S)$에 속하지 않으면 집합 $S_1 = \{\mathrm{x}_1, \mathrm{x}_2, \ldots, \mathrm{x}_n, \mathrm{y}\}$는 일차독립임을 증명하시오.

반례의 이용 27~33번에서는 반례를 들어 각 명제가 거짓임을 보이시오.

27. 만일 a와 b가 실수이고 $a < b$이면 $a^2 < b^2$이다.

28. 두 무리수의 곱은 무리수이다.

29. 만일 f가 다항함수이고 $f(a) = f(b)$이면 $a = b$이다.

30. 만일 f와 g가 미분가능한 함수이고 $t = f(x)g(x)$이면, $y' = f'(x)g'(x)$이다.

31. 표준연산이 정의된 $\begin{bmatrix} 0 & a \\ b & 2 \end{bmatrix}$ 꼴의 모든 2×2 행렬의 집합은 벡터공간이다.

32. $T: \mathbb{R}^2 \to \mathbb{R}^2$, $T(x_1, x_2) = (x_1 + 4, x_2)$는 선형변환이다.

33. (2장에서) 만일 A, B, C가 $AC = BC$인 행렬이면 $A = B$이다.

행렬 덧셈과 스칼라곱의 성질

만일 A, B, C가 $m \times n$ 행렬이고 c와 d가 스칼라라면 다음 성질은 모두 성립한다.

1. $A+B=B+A$ 덧셈의 교환법칙
2. $A+(B+C)=(A+B)+C$ 덧셈의 결합법칙
3. $(cd)A=c(dA)$ 곱셈의 결합법칙
4. $1A=A$ 곱셈의 항등원
5. $c(A+B)=cA+cB$ 분배법칙
6. $(c+d)A=cA+dA$ 분배법칙

행렬곱셈의 성질

만일 A, B, C가 행렬곱셈이 정의되는 크기의 행렬이고 c가 스칼라라면 다음 성질은 모두 성립한다.

1. $A(BC)=(AB)C$ 곱셈의 결합법칙
2. $A(B+C)=AB+AC$ 분배법칙
3. $(A+B)C=AC+BC$ 분배법칙
4. $c(AB)=(cA)B=A(cB)$

항등행렬의 성질

만일 A가 $m \times n$의 행렬이라면 다음 성질은 성립한다.

1. $AI_n=A$
2. $I_mA=A$

$\mathbb{R}^n$에서의 벡터덧셈과 스칼라곱의 성질

$\mathbf{u}$, $\mathbf{v}$, $\mathbf{w}$는 $\mathbb{R}^n$의 벡터이고 c와 d는 스칼라이다.

1. $\mathbf{u}+\mathbf{v}$는 $\mathbb{R}^n$의 벡터이다. 덧셈에 대하여 닫힘
2. $\mathbf{u}+\mathbf{v}=\mathbf{v}+\mathbf{u}$ 덧셈의 교환법칙
3. $(\mathbf{u}+\mathbf{v})+\mathbf{w}=\mathbf{u}+(\mathbf{v}+\mathbf{w})$ 덧셈의 결합법칙
4. $\mathbf{u}+\mathbf{0}=\mathbf{u}$ 덧셈에 대한 항등원 성질
5. $\mathbf{u}+(-\mathbf{u})=\mathbf{0}$ 덧셈에 대한 역원 성질
6. $c\mathbf{u}$는 $\mathbb{R}^n$의 벡터이다. 스칼라곱에 대하여 닫힘
7. $c(\mathbf{u}+\mathbf{v})=c\mathbf{u}+c\mathbf{v}$ 분배법칙
8. $(c+d)\mathbf{u}=c\mathbf{u}+c\mathbf{v}$ 분배법칙
9. $c(d\mathbf{u})=(cd)\mathbf{u}$ 곱셈의 결합법칙
10. $1(\mathbf{u})=\mathbf{u}$ 곱셈에 대한 항등원 성질

중요한 벡터공간 정리

1. $\mathbb{R}=$ 모든 실수의 집합
2. $\mathbb{R}^2=$ 모든 순서쌍의 집합
3. $\mathbb{R}^3=$ 모든 순서 세 쌍의 집합
4. $\mathbb{R}^n=$ 모든 순서 n쌍의 집합
5. $C(-\infty, \infty)=$ 실수에서 정의된 모든 연속함수의 집합
6. $C[a, b]=$ 닫힌구간 $[a, b]$에서 정의된 모든 연속함수의 집합, 여기서 $a \neq b$
7. $P=$ 모든 다항식의 집합
8. $P_n=n$차 이하의 모든 다항식의 집합 (영다항식도 포함)
9. $M_{m,n}=$ 모든 $m \times n$ 행렬의 집합
10. $M_{n,n}=$ 모든 $n \times n$ 정사각행렬의 집합

정사각행렬에 대한 동치조건 정리

만일 A가 $n\times n$ 행렬이면 다음 조건은 모두 동치이다.

1. A는 가역이다.
2. $A\mathrm{x}=\mathrm{b}$는 임의의 $n\times 1$ 행렬 b에 대하여 유일한 해를 가진다.
3. $A\mathrm{x}=0$은 자명한 해만 가진다.
4. A는 I_n과 행동치이다.
5. $|A|\neq 0$
6. $\mathrm{rank}(A)=n$
7. A의 n개의 행벡터는 일차독립이다.
8. A의 n개의 열벡터는 일차독립이다.

점곱의 성질

만일 u, v, wrk $\mathbb{R}^n$의 벡터이고 c가 스칼라라면 다음 성질은 성립한다.

1. $\mathrm{u}\cdot\mathrm{v}=\mathrm{v}\cdot\mathrm{u}$
2. $\mathrm{u}\cdot(\mathrm{v}+\mathrm{w})=\mathrm{u}\cdot\mathrm{v}+\mathrm{u}\cdot\mathrm{w}$
3. $c(\mathrm{u}\cdot\mathrm{v})=(c\mathrm{u})\cdot\mathrm{v}=\mathrm{u}\cdot(c\mathrm{v})$
4. $\mathrm{v}\cdot\mathrm{v}=\|\mathrm{v}\|^2$
5. $\mathrm{v}\cdot\mathrm{v}\geq 0$이고, 더욱이 $\mathrm{v}\cdot\mathrm{v}=0$인 것은 $\mathrm{v}=0$인 것과 동치이다.

외적의 성질

만일 u, v, w가 $\mathbb{R}^3$의 벡터이고 c가 스칼라라면 다음 성질은 성립한다.

1. $\mathrm{u}\times\mathrm{v}=-(\mathrm{v}\times\mathrm{u})$
2. $\mathrm{u}\times(\mathrm{v}+\mathrm{w})=(\mathrm{u}\times\mathrm{v})+(\mathrm{u}\times\mathrm{w})$
3. $c(\mathrm{u}\times\mathrm{v})=c\mathrm{u}\times\mathrm{v}=\mathrm{u}\times c\mathrm{v}$
4. $\mathrm{u}\times 0=0\times\mathrm{u}=0$
5. $\mathrm{u}\times\mathrm{u}=0$
6. $\mathrm{u}\cdot(\mathrm{v}\times\mathrm{w})=(\mathrm{u}\times\mathrm{v})\cdot\mathrm{w}$

고윳값과 고유벡터 구하기

A는 $n\times n$ 행렬이다.

1. 특성방정식 $|\lambda I-A|=0$을 세운다. 이 식은 λ를 미지수로 하는 n차 다항식이다.
2. 특성방정식의 실근을 구한다. 이 근이 A의 고윳값이다.
3. 각 고윳값 λ_i에 대하여 동차연립방정식 $(\lambda_i I-A)\mathrm{x}=0$을 풀어 λ_i에 대응하는 고유벡터를 구한다. 이때 $n\times n$ 행렬의 행축소 과정이 필요하다. 이렇게 구한 기약행사다리꼴은 0으로만 되어 있는 행이 반드시 하나 이상 있어야 한다.

찾아보기

ㄹ

ㅁ

ㅂ

ㅅ

ㅇ

ㅈ

ㅊ

H

L

M

N

Q

R

V

수학교재편찬위원회

최승회 · 정민석 · 권혁남 · 김도진
김진홍 · 박부성 · 이용훈 · 최원영

제8판

기본 선형대수학

Elementary Linear Algebra

초판발행 2025년 1월 20일
저 자 Ron Larson
역 자 수학교재편찬위원회
펴낸이 오판근
펴낸곳 (주) 교우
주 소 서울시 동대문구 약령시로 8 교우빌딩 2층 (주)교우
전 화 02-925-2861 / **팩 스** 02-925-2860, **편집부** 02-925-2825
홈페이지&북스토어 www.kyowoo.co.kr / 이메일 kyowoo@kyowoo.co.kr
등 록 1994년 3월 24일 제1994-000013호
ISBN 979-11-251-0405-6 (93410)

Published by Kyowoo Co., Ltd. Printed in Korea
Copyright© 2025 수학교재편찬위원회 Kyowoo Co., Ltd.
이 책의 저작권은 수학교재편찬위원회와 (주) 교우에 있습니다.
저작권법에 의해 보호를 받는 저작물이므로 무단 복제 및 전재를 금합니다.

(주) 교우는 보다 혁신적이고 참신한 도서를 다양하게 기획하고 있습니다.
책으로 펴내고자 하는 아이디어나 원고는 메일로 보내주세요.
(주) 교우는 전과정을 책임지고 최선을 다하겠습니다.

가격 45,000원

교우미디어는 (주) 교우의 Imprint 사입니다.
수학정원·과학정원은 (주) 교우의 새로운 브랜드명입니다.

잘못된 책은 구입하신 서점에서 교환해 드립니다.